生命科学实验指南系列

活细胞成像

（第二版）

Live Cell Imaging
A Laboratory Manual
Second Edition

〔美〕R. D. 戈德曼
〔英〕J. R. 斯瓦罗　　编著
〔美〕D. L. 斯佩克特

方玉达 等　译

科 学 出 版 社
北 京

图字：01 - 2011 - 3186 号

内 容 简 介

本书包括活细胞成像的基础理论、最新发展和实验指南。系统介绍了荧光蛋白的各种光谱变体，表达载体构建，活细胞成像用CCD相机的类型及工作原理，常用显微镜系统（如宽视场、共聚焦和转盘式共聚焦），以及新一代超分辨率显微镜系统，图像处理方法和软件，各种定量成像等分析分子动力学的方法。作为实验指南，本书以各种不同细胞和生物体为对象给出了具体的成像实例，包括染色质、蛋白质和RNA的标记定位，蛋白质与蛋白质相互作用检测，金属离子和pH的生物传感器，脂类物质的标记等。

本书既可以作为活细胞成像领域的入门读物，又可以作为人类、动物、植物、昆虫和微生物等专业科研人员的理论基础读物和具体实验操作指南。

图书在版编目（CIP）数据

活细胞成像/（美）戈德曼（Goldman，R. D.）等编著；方玉达等译.
—2版. —北京：科学出版社，2012
（生命科学实验指南系列）
书名原文：Live Gell Imaging A Laboratory Manual
ISBN 978-7-03-034119-8

Ⅰ.①活… Ⅱ.①戈… ②方… Ⅲ.①细胞学—实验 Ⅳ.①Q2-33

中国版本图书馆CIP数据核字（2012）第078349号

责任编辑：夏 梁 贺窑青/责任校对：林青梅
责任印制：赵 博/封面设计：耕者设计工作室

科学出版社 出版
北京东黄城根北街16号
邮政编码：100717
http://www.sciencep.com

北京建宏印刷有限公司印刷
科学出版社发行 各地新华书店经销
*
2012年5月第 一 版 开本：787×1092 1/16
2025年1月第六次印刷 印张：47 1/2
字数：1 123 000

定价：240.00元

（如有印装质量问题，我社负责调换）

我们希望把这本书献给
Anna Goldman、Melpi Platani、Jan and Lena Swedlow 和
Mona Spector，因为她们在这本书的准备过程中
持续地支持、忠心和理解。

译 者 序

生命科学最终要揭示活体生物内所有细胞的动态和功能。近年来，荧光蛋白及其各种光谱变体的开发和荧光显微镜及其相关技术的发展为研究活细胞结构、动态和功能开启了一扇大门。本书不仅是一本活细胞成像的实验指南，而且系统地介绍了与活细胞成像有关的基础知识和理论以及最新发展。内容包括荧光蛋白的各种光谱变体，表达载体构建及其注意事项，活细胞成像所用的CCD相机的类型及工作原理，常用显微镜系统（如宽视场、共聚焦和转盘式共聚焦）及新一代超分辨显微镜系统，图像处理方法和软件，各种定量成像等分析分子动力学的方法。同时，以各种不同细胞和生物体为对象给出了具体的成像实例，包括染色质、蛋白质和RNA的标记定位，蛋白质与蛋白质互作检测，金属离子和pH的生物传感器，脂类物质的标记等。另外，每章还列出了相关参考文献、网站和软件。有的章节间内容有交叉，读者在阅读时可以针对某一具体内容交叉参考。虽然本书涉及许多不同细胞和生物体的不同成像方法，但是这些方法不是独立的，它们可以相互借鉴、相互参考。

本书可以作为活细胞成像的入门读物，也可以作为一线科研人员的理论基础读物和具体实验步骤指南。同时，本书还可以作为活细胞成像课程的教科书。由于本书内容很广，教师在教学时应根据学生对象不同有目的地作部分删减。

我有幸参加了本书英文版的撰写工作，一直梦想将此书翻译成中文，介绍给更广大的读者。感谢科学出版社生物分社王静社长的支持；感谢来自中国科学院上海生命科学研究院、美国冷泉港实验室、北京东胜创新生物科技有限公司、奥林巴斯（中国）有限公司、上海锋致光电科技有限公司的所有参译者；感谢我的家人王静、方凯琳和方凯西在本书繁忙紧迫的翻译和校对工作中提供的理解和支持使得梦想成真！

方玉达

中国科学院上海生命科学研究院

植物生理生态研究所植物分子遗传国家重点实验室（yfang@sippe. ac. cn）

前　　言

这本书里许多令人惊叹的活细胞图像和分子动态特性分析可以追溯到 20 世纪 70 年代技术上的发展。在这期间，配置了有效分色滤光系统的荧光显微镜被推上市场。这些显微镜代替传统的暗场透射光镜使得细胞生物学家能充分利用非直接免疫荧光技术。细胞首次可以在 15～30s 曝光时间内被记录到 35mm 胶片上，而广泛使用的暗场系统则需要几分钟的曝光时间。另外，荧光使得高数值孔径的油镜可以同时作为聚光镜和物镜来使用。伴随着显微镜技术的发展，抗体的生产和应用使得双标记甚至三标记间接免疫荧光得到广泛应用，因此研究者可以仔细地研究同一个亚细胞结构域内不同组分之间的相互关联。接着，荧光原位杂交（FISH）的发展使特异 mRNA 和单个基因在染色体上的定位成为可能。最近，随着共聚焦、去卷积、多光子、OMX 和 SPIM 显微镜的推出以及图像收集系统的不断进步，使图像分辨率得到改善，细胞内的三维结构逐一被细化，图像收集的速度得到大幅度提高，达到毫秒级范围。

用高分辨免疫荧光技术产生的图像揭示了细胞结构的高度复杂性，从而对许多主要细胞结构有了更深入的了解，这些结构包括不同的细胞骨架系统、细胞核和核内各种亚结构以及有膜的细胞器。然而，细胞经固定和染色产生的图像是静态的，是这些结构组成和特性的一个简单快照。这个重大的缺陷促使细胞生物学家和显微镜学家利用荧光成像的灵敏度去发展新技术以便研究活细胞中特定种类的分子或者多组分复合体。首先，制备比较纯的蛋白质（如细胞骨架系统中的微管蛋白、波形蛋白或肌动蛋白）。其次，将这些蛋白质直接与荧光素（如 X-罗丹明）偶联，这些经标记的蛋白质通常被注射到细胞中，随时间推移这些蛋白质逐步整合到含有与它们同源的内源蛋白的细胞结构中。这种方法开辟了许多激动人心的时程观察，并在活细胞中初步进行了荧光漂白后恢复（FRAP）和荧光共振能量转移（FRET）实验以监测活细胞中特定蛋白质的动态特征。然而，这种方法特别费力费时，而且只限于那些能被生物化学提纯、标记及注射入细胞后功能正常的蛋白质。最后，显微镜视野内样品的光漂白限制了可被收集的可时间分辨的图像的数目。

在 20 世纪 90 年代，研究者惊讶地发现遗传编码的绿色荧光蛋白（GFP）可以在细胞和生物体中表达，这在细胞生物学领域引起了一场革命。例如，本书从头到尾所描述的，使用 GFP 及其光谱变体进行标记的融合蛋白有许多优点，最主要的优点是借助于它能多收集可时间分辨的图像，这让研究者可以在长时间内观察标记分子的动态特性，并从活细胞中提取出定量生物学信息。

本书第二版共 37 章，描述了活细胞成像的特异方法，全部由世界著名的权威专家撰写。每章附有精彩的图像，并且在许多情况下还在相关网站（http：//www.cshprotocols.org/livecellimaging）配有影像，这些影像清楚地表明综合运用显微成像技术新进展所带来的巨大好处。这些新进展也使研究者能以无可比拟的方式去探究亚细胞动态和功能的谜团。结果是，细胞生物学家现在正用以前梦想不到的方式进行活细胞实验和分析。

在这本第二版的《活细胞成像》中，有 21 章得到了更新，新增加了 16 章，内容涉及活细胞成像的最新技术和方法。第二版特有的内容是关于显微镜的几个重要进展，包括采用 OMX 的结构照明显微镜、采用 SPIM 的光片式显微镜以及动物和植物的单细胞成像方法。另外，还描述了新的分析方法，如活的哺乳动物细胞的高通量/高容量筛选以及活细胞数据的计算机分析。本书分两篇。上篇是“活细胞成像的检测和方法”，为活细胞成像技术方面的内容。通过此篇，读者学习荧光蛋白变体、如何在细胞中最好地表达荧光蛋白以及利用荧光融合蛋白的不同成像方式。下篇是“活细胞和生物体的成像”，为成像的特异例子。这些例子用荧光蛋白和各种不同成像途径以单分子的培养物、组织和动物中的单细胞来研究亚细胞结构和动态。每一章的写作方式不仅对从未在自己的研究中接触过活细胞成像的门外汉，而且对显微镜专业人员都非常有用。另外，这本书还提供了非常好的参考文献，使学生可以学习利用活细胞成像方法从细胞和生物体中提取重要的功能信息，这些信息是用其他传统的生物化学、分子生物学和遗传学方法所无法获得的。

我们感谢全世界范围的本书所有作者和他们的研究组，是他们使本书成真。我们感谢冷泉港实验室出版社的优秀员工，是他们把我们的梦想变成现实。我们尤其感谢出版者 John Inglis 同意安排第二版这个项目。感谢项目经理 Kaaren Janssen 协调各方面的努力并使这本书提前出版。我们感谢项目开发编辑 Catriona Simpson、Maria Smit 和 Michael Zierler，优秀的项目协调人 Mary Cozza，市场和销售主管 Jan Argentiner，生产经理 Denise Weiss，生产编辑 Kathleen Bubbeo 和桌面经理 Susan Schaefer。

ROBERT D. GOLDMAN
JASON R. SWEDLOW
DAVID L. SPECTOR

各章附加的影像

影像可以从 www. cshprotocols. org/livecellimaging 网站免费获取。

第 1 章　荧光蛋白的跟踪与检测

影像 1. 1. 表达了人 α-微管蛋白与 EGFP 融合蛋白的非洲绿猴肾上皮细胞（CV－1 细胞株）用尼康扫场显微镜在 1. 45－NA 全内反射荧光显微镜（TIRFM）物镜下得到的图像。

影像 1. 2. 表达了人 α-微管蛋白-EGFP 和人组蛋白 H2B-mCherry 融合蛋白的猪肾表皮细胞（LLC-PK1 细胞株）用尼康 C1si 激光扫描共聚焦显微镜得到的图像。

影像 1. 3. 表达了人 β-肌动蛋白与 EGFP 融合蛋白的狐狸肺表皮细胞（Folu 细胞株）用尼康扫场显微镜在 1. 45NA 全内反射荧光显微镜（TIRFM）物镜下得到的图像。

影像 1. 4. 表达了人 β-肌动蛋白与 EGFP 融合蛋白的狐狸肺表皮细胞（Folu 细胞株）用尼康扫场显微镜在 1. 45NA 全内反射荧光显微镜（TIRFM）物镜下得到的图像。

影像 1. 5. 表达了微管蛋白 EB3 与 EGFP 融合蛋白的狐狸肺表皮细胞（Folu 细胞株）用尼康扫场显微镜在 1. 45NA 全内反射荧光显微镜（TIRFM）物镜下得到的图像。

影像 1. 6. 表达了人 α -微管蛋白与 EGFP 融合蛋白的狐狸肺表皮细胞（Folu 细胞株）用尼康扫场显微镜在 1. 45NA 全内反射荧光显微镜（TIRFM）物镜下得到的图像。

影像 1. 7. 表达了人轻链网格蛋白与 EGFP 融合蛋白的狐狸肺表皮细胞（Folu 细胞株）用尼康扫场显微镜在 1. 45NA 全内反射荧光显微镜（TIRFM）物镜下得到的图像。

影像 1. 8. 表达了人 β -肌动蛋白与 mCherry 融合蛋白以及 mKusabira Orange 与人线粒体融合物的狐狸肺表皮细胞（Folu 细胞株）用尼康扫场显微镜得到的图像。

影像 1. 9. 表达了微管蛋白 EB3 与 mKusabira Orange 融合蛋白的狐狸肺表皮细胞（Folu 细胞株）用尼康扫场显微镜在 1. 45NA 全内反射荧光显微镜（TIRFM）物镜下得到的图像。

影像 1. 10. 表达了 mKusabira Orange 与线粒体靶向信号肽融合的狐狸肺表皮细胞（Folu 细胞株）用尼康扫场显微镜在 1. 45NA 全内反射荧光显微镜（TIRFM）物镜下得到的图像。

影像 1. 11. 表达了微管蛋白 EB3 与 Ypet 融合蛋白的狐狸肺表皮细胞（Folu 细胞株）用尼康扫场显微镜在 1. 45NA 全内反射荧光显微镜（TIRFM）物镜下得到的图像。

影像 1. 12. 表达了过氧化物酶靶向序列与 EGFP 融合蛋白的人宫颈癌表皮细胞（HeLa 细胞株）用尼康扫场显微镜在 1. 45NA 全内反射荧光显微镜（TIRFM）物镜下得到的图像。

影像 1.13. 表达了过氧化物酶靶向序列与 EYFP 融合蛋白的人宫颈癌表皮细胞（HeLa 细胞株）用尼康扫场显微镜在 1.45NA 全内反射荧光显微镜（TIRFM）物镜下得到的图像。

影像 1.14. 表达了微管蛋白 EB3-mEmerald 和人组蛋白 H2B－mCherry 融合蛋白的猪肾表皮细胞（LLC－PK1 细胞株）在尼康 C1si 激光扫描共聚焦显微镜下得到的图像。

影像 1.15. 表达了高尔基体靶向序列- GFP 和线粒体靶向序列- SdRed 融合蛋白的狐狸肺表皮细胞（Folu 细胞株）在尼康 C1si 激光扫描共聚焦显微镜下得到的图像。

影像 1.16. 表达了内质网靶向肽- mEmerald 融合蛋白的人骨肉瘤表皮细胞（U2OS 细胞株）在尼康 C1si 激光扫描共聚焦显微镜下得到的图像。

影像 1.17. 表达了人 β-肌动蛋白与 EGFP 融合蛋白的负鼠肾表皮细胞（OK 细胞株）用尼康扫场显微镜在 1.45NA 全内反射荧光显微镜（TIRFM）物镜下得到的图像。

影像 1.18. 表达了内涵体靶向信号- EGFP 融合蛋白的负鼠肾表皮细胞（OK 细胞株）用尼康扫场显微镜在 1.45NA 全内反射荧光显微镜（TIRFM）物镜下得到的图像。

影像 1.19. 表达了高尔基体靶向信号- EGFP 融合蛋白的负鼠肾表皮细胞（OK 细胞株）用尼康扫场显微镜在 1.45NA 全内反射荧光显微镜（TIRFM）物镜下得到的图像。

影像 1.20. 表达了 LAMP1（靶向溶酶体）- EYFP 融合蛋白的负鼠肾表皮细胞（OK 细胞株）用尼康扫场显微镜在 1.45NA 全内反射荧光显微镜（TIRFM）物镜下得到的图像。

影像 1.21. 表达了 β-肌动蛋白与 EYFP 融合蛋白的负鼠肾表皮细胞（OK 细胞株）用尼康扫场显微镜在 1.45NA 全内反射荧光显微镜（TIRFM）物镜下得到的图像。

影像 1.22. 表达了高尔基体靶向信号- EYFP 融合蛋白的负鼠肾表皮细胞（OK 细胞株）用尼康扫场显微镜在 1.45NA 全内反射荧光显微镜（TIRFM）物镜下得到的图像。

第 11 章　数字扫描激光光片荧光显微镜

影像 11.1. DSLM 的工作原理示意图。影像展示了标准 DSLM 成像模式下主要的样品照射流程和荧光检测流程。激光束从边缘开始照射样片，沿着样片中的单线激发荧光。两个激光扫描仪在水平和竖直方向上移动激发激光线。通过快速扫描的样品的整个平面，与照射轴呈一定角度的荧光被检测到，光学切面图就被记录下来。上边左图可以看到一个被放大的样品照射分数，样品包被在琼脂糖筒中，放在样品室里。

第 20 章　线虫的活细胞成像

影像 20.1. 注射了 lmn-1 dsRNA 的停止胚胎。表达组蛋白 H2B-GFP 的雌雄同体线虫（AZ212 系，由 J. Austin 博士提供，见 Praitis et al. 2001）中，*lmn-1* 基因的表达被下调。插入了双链 lmn-1 RNA 的 F1 的雌雄同体线虫后代被固定在胚胎盐溶液琼脂垫上，用润滑脂真空密封，用带有荧光照明的 Zeiss Axioplan 2 显微镜观察。每 30s 间隔用 AxioCam CCD，AxioVision 成像分析包收集时程数据。影像说明大多数细胞核有无组织的染色质。有一个细胞核在有丝分裂时显示典型的后期桥。

影像 20.2. 在发育的胚胎中，DIC（蓝）和 eff1 -启动子：：GFP（绿色）同时成像揭示了细胞融合的时间。共聚焦显微镜按图 2 设置（Rabin and Podbilewiz 2000）。在表皮细胞的前体中观察到报告基因的初始表达。在胚胎伸长（形态发育）阶段，在背部和腹部皮下组织，细胞质中出现 GFP 信号，反映了表皮细胞之间的融合。

影像 20.3. 在胚胎形态发育阶段的上皮细胞中表达 AJM－1：：GFP。每隔 5min 收集共聚焦图像，投射生成的动画显示形态发育阶段的表皮细胞形态和细胞融合的变化。

影像 20.4. 表达 egl-17/FGF 启动子：：GFP（Burdine et al. 1998）的双门环的 z 系列图像。在 L4 时期，排泄门由一摞七个圈或者环组成（Sharmakishore et al. 1999）。只有两个门合胞体细胞表达成纤维细胞生长因子（FGF/egl-17）。VulD 环在顶端（背部）包括两个细胞核，而 vulC 环包括 4 个细胞核，vulD 上有两个额外的环，它们和另外三个腹环在这个时期不表达报告基因。

影像 20.5. 影像 20.4 中表达成纤维生长因子（egl-17）的两个门环的 z 系列图像的投射和旋转。使用 Bio-Rad 公司的 LaserSharp 软件可以得到门环的动画。中心（洞）允许卵排出，在交配时精子由相反方向进入。

影像 20.6. 表达 GFP：：Ce-lamin 野生型蛋白的细胞核的 FRAP 实验。使用奥林巴斯公司配备了 IX81 倒置显微镜和 60×/1.4 油镜的 FV－1000 共聚焦显微镜拍摄影像。对蠕虫表达的 GFP：：Ce-lamin 野生型蛋白在特定的细胞核区域使用 488nm 激光 100％强度进行光漂白，成像时使用 488nm 激光作为激发光和 505～525nm 发射滤光片。在光漂白前每 30s 拍摄 5 帧，光漂白后每 30s 拍摄 10 帧，每 2.5min 拍摄 30 帧。

影像 20.7. 表达 GFP：：Ce-lamin 的细胞核的 FRAP 实验，该 Ce-lamin 包含 R64P 点突变。使用奥林巴斯公司配备了 IX81 倒置显微镜和 60×/1.4 油镜的 FV－1000 共聚焦显微镜拍摄影像。对蠕虫表达的 R64P GFP：：Ce-lamin 蛋白在特定的细胞核区域使用 405nm 激光进行光漂白，成像时使用 488nm 的激光作为激发光和 505～525nm 发射滤光片。在光漂白前每 1.107s 拍摄 15 帧，光漂白时每 1.107s 拍摄 2 帧，光漂白后每 1.107s 拍摄 200 帧。

第 21 章　植物活细胞成像

影像 21.1. 拟南芥表皮细胞细胞核中着丝粒组织的立体视图。

影像 21.2. 有丝分裂期间着丝粒动态的观察。着丝粒被 HTR12－GFP 标记呈绿色。

第 22 章　果蝇活细胞成像技术的拓展

影像 22.1. 注射入第 4 期合胞体胚盘果蝇胚胎（14～15 个循环）。使用微分干涉相衬和宽视场荧光显微镜，在 20×NA 0.75 物镜下成像。

影像 22.2. 在 11 期果蝇卵巢前部，通过追踪标记了 MS2/MCP-绿色荧光蛋白的 bcd 信使 RNA，*Bicoid* 基因 mRNA 转运的动态过程。在 DV-Core 宽视场去卷积显微镜下以3 帧/s的速度收集影像，以 15 帧/s 的速度放映。

影像 22.3. 深入到晚期（排卵后 12～18h）组蛋白 H2A-GFP 标记的果蝇胚胎的多光子和共聚焦成像。使用 20×0.75 多浸物镜。共聚焦用的 GFP 激发光波长为 475nm，多光子激发波长为 870nm。收集 520nm 以上的发射光。

第 23 章　乳腺癌鼠模型肿瘤基质相互作用在转盘式共聚焦显微镜下的动态和长时间活体成像

影像 23.1. 骨髓细胞渗出和渗透晚期癌病变组织。已经渗透入癌细胞组织块（蓝色）的两个骨髓细胞（绿色，用白方块标出）大部分已固定不动，而第三个细胞是从血管神经渗透侵入肿瘤，显示在画面的右侧（沿着点 A～J）。在 MMTV - PyMT、ACTB - ECFP、c - fms - EGFP 小鼠中，蓝色和绿色分别显示的是 ECFP 和 EGFP 通道。影像最初是被标记的，后面没有被标记。大刻度线是 20μm，ECFP 的曝光时间是 33ms，而 EGFP 的曝光时间是 67ms。播放时间是 600×真实时间，代表 50min 长的图片序列，每帧之间相隔 42s。

影像 23.2. 正常乳腺的伤口表面的骨髓细胞迁移响应。c - fms - EGFP 鼠的乳腺间质成脂骨髓细胞（绿色）被观察到迁移。绿色标记的是 EGFP 通道。比例尺，20μm。EGFP 的曝光时间为 133ms。播放时间是 50×真实时间。代表 8min 长的图片序列，每帧相隔 5s。

第 26 章　小鼠正常组织和疾病组织活体成像研究

影像 26.1. 肿瘤血流量。MCalV 小鼠乳腺癌生长在 C3H 小鼠的背部皮肤上。肿瘤微循环用常规活体显微镜配备绿色滤光片透射照明来观察，绿色滤光片可以增强红细胞的对比度。这些血管中的红细胞速率使用时间相关测速或者其他技术进行离线测量。更多细节请看正文。图像横跨 330μm。

影像 26.2. 肿瘤血管中白细胞与内皮细胞的相互作用。MCalV 小鼠乳腺癌生长在 C3H 小鼠的背部皮肤上。灌流炎症胞嘧啶（INFα）诱导了白细胞黏附。静脉注射罗丹明 6G 突出了白细胞，使用荧光活体显微镜观察，S - VHS 磁盘记录。用形态分析对白细胞与内皮细胞的相互作用进行量化。更多细节请看正文。图像横跨 330μm。

影像 26.3. 脂肪组织中的新生血管。图像使用双光子 LSM 采集，并通过静脉注射四甲基罗丹明标记葡聚糖（MW 2×10^6）。影像的垂直深度为从表面开始的 300μm（看到活体脂肪组织的血管）直至底部（看到典型的皮下组织存在的血管），图像横跨

1mm。(从 Fukumura 的文章中转载)。

影像 26.4. 组织工程产生的血管的三维展示。人脐静脉内皮细胞(HUVECs)和10T1/2 细胞(间质祖细胞)放在纤维连接蛋白和胶原蛋白 I 构成的三维培养室,植入SCID 小鼠颅窗。绿色荧光蛋白表达 HUVEC(绿色)和灌注过的血管(红色,通过四甲基罗丹明连接的葡聚糖增强对比度)用多光子 LSM 来收集。在第 28 天,小室中各层都出现了血液扩散。小室厚度为 165μm,图像横跨 270μm。(经 Koike 允许转载自Nature Publishing Group,Koike et al. 2004)

第 29 章 活细胞中基因表达的成像

影像 29.1. 基因表达的实时分析。用活细胞显微镜和各种荧光融合蛋白,我们所发展的一个细胞系能观察一个稳定整合的遗传位点以及它的 mRNA 和蛋白质产物。这个位点能诱导开始转录。影像左版显示该遗传位点染色质的荧光信号及蛋白质产物,右版显示当遗传位点打开后 mRNA 的合成。当遗传位点的转录不活化时,染色质是浓缩的(左版紧密的蓝色点),细胞质中看不到蛋白产物。同时,mRNA 结合蛋白弥散在细胞核中(左版),因为几乎没有底物可以结合。影像开始,左版中染色质随时间推移解浓缩,而且这个遗传位点编码的蛋白质分布在细胞质过氧化物酶体(细胞质中蓝色点)中,该蛋白带有过氧化物酶体定位信号。在影像右版,随着染色质解浓缩,mRNA 结合蛋白集中在遗传位点(转录位置)处。因为 mRNA 正在合成,荧光蛋白标记的 mRNA 结合蛋白有了结合点,在核质中呈现颗粒状。颗粒状结构代表信使核糖核蛋白(mRNP)颗粒,它们从遗传位点处向各个方向扩散,止于细胞质,在细胞质中 mRNA 被翻译成蛋白质并定位到过氧化物酶体中去。(经 Elsevier 公司允许,转载自 Janicki et al. 2004)。

第 30 章 在哺乳动物培养细胞中研究有丝分裂

影像 30.1. 表达 GFP-微管蛋白的猪肾细胞的有丝分裂。这里显示的是从前期到细胞质分裂的全过程。

第 31 章 中间纤维蛋白在活细胞内的成像

影像 31.1. 表达标记有 GFP 的波形蛋白并扩展良好的 BHK-21 细胞。注意许多纤维蛋白表现出变长和缩短的表型,而且这些波形蛋白具有运动的特性(见 Yoon et al. 1998)。相差显微图片用来显示细胞的轮廓或是正在观察的细胞区域。

影像 31.2. 正在分散的 BHK-21 细胞表现出波形蛋白颗粒的运动特性,一些颗粒发生了明显的融合,并且短的细丝开始形成并发生扭曲。这些细胞转染了标记有 GFP 的波形蛋白,经胰蛋白酶处理,重新铺板,然后按 Prahlad 等(1998)的方法观察。

影像 31.3. 一个 PC-12 细胞在加入神经生长因子后短时间内,在新生成的圆锥体区域表达标记有 GFP 的外周蛋白。注意外周蛋白颗粒和短的纤维状结构(绿色)在圆锥体的许多区域运动。用相差显微镜观察生长锥(详细请见 Helfand et al. 2003)。

影像 31.4. 转染了标记有 GFP 的角蛋白 14 的一个 PtK2 细胞的一个区域。注意张力原纤维表现出了弯曲的运动并且在某些情况下表现出了扩增的波形（详细请见 Yoon et al. 2001）。

第 32 章　表达和分析绿色荧光蛋白标记的微管蛋白和微管相关蛋白的方法

影像 32.1. 一个表达 GFP 微管蛋白的 LLCPK1 细胞的周边区域可以观测到微管的动态不稳定性。单个微管蛋白可以看到生长，缩短和暂停。以 2s 时间间隔成像；影像以 20 倍实际速度播放。

影像 32.2. 一个表达 GFP - EB1 的 LLCPK1 细胞看到的 MT 生长，GFP - EB1（Piehl et al. 2004）标记微管生长的正端。中心细胞包括两个中心体，GFP - EB1 荧光点就从这里出现；正在生长的单个微管蛋白接近细胞边缘时被追踪。以 2s 时间间隔成像；影像以 15 倍实际速度播放。

影像 32.3. 为了研究 CLIP - 170（Perez et al. 1999）正端的追踪行为，观测了表达 GFP - CLIP - 170 的一个 COS - 7 细胞中微管的生长情况。特别注意到 CLIP - 170 细胞中荧光分布不均匀（荧光散斑）。分析这些散斑随时间推移的分布（波动曲线分析）得知它们是不动的，且 CLIP - 170＋TIP 行为不是马达介导的（Perez et al. 1999；Folker et al. 2005）。以 0.5s 的曝光时间和 1s 的时间间隔成像；影像以每秒 30 帧的速度播放。微管的生长速度比影像 32.1 和影像 32.2 要慢，因为这个数据是在较低温度（28℃）下收集的。

第 34 章　机械应力下的活细胞成像

影像 34.1. 去卷积光学切片的时程影像显示 GFP（绿色）标记的波形蛋白丝在 90s 间隔内的运动，该图像叠加了在开始没有液体流动和有液体流动期间静止的图片（红色）。红色和绿色表示中间纤维分离运动；黄色代表最初零位移的对比。流动方向从左到右；剪应力 12dyn/cm^2；标尺，2μm。经过时间，ms：ss。（经过 Helmke 许可转载）

影像 34.2. 去卷积光学切片的时程影像展示了靠近顶端细胞表面的 GFP（绿色）标记的波形蛋白的运动，相应的区域显示在图 4B～D 中。中间纤维在 90s 时间（绿色）间隔的运动，叠加了显示在有和没有液体流动的情况下的静止图片（红色）。红色和绿色表示中间纤维分离运动；黄色代表绿色的分离，红色代表中间纤维的运动；黄色代表最初零位移的对比。流动方向从左到右；剪应力 12dyn/cm^2；标尺，2μm。经过时间，ms：ss（经过 Helmke 许可转载）。

第 35 章　基于全内反射荧光显微镜的单分子成像

影像 35.1. 标记了 TMR（绿色）的单个动力蛋白分子沿着 Cy5（红色）标记的轴丝微管运动的全内反射显微镜成像结果。60×真实时间。

第 36 章　基于全内反射荧光显微技术的细胞成像

影像 36.1. GFP - tubulib 标记的微管导向 CAR 成纤维细胞皮层，通常沿着相似的路径。图像是倒置的，当微管接近下皮层细胞时强度更高。在 0.2Hz 下收集的数据（Krylyshkina et al. 2003）。

影像 36.2. YFP－tubulib 标记的微管导向 PtK2 上皮细胞皮层。在 0.2Hz 下收集的数据（Toomre，未发表）。

影像 36.3. YFP 标记的肌动蛋白展示了逆行流动和点状消失（就像 PtK2 细胞中的包被网格蛋白经历的内吞作用）。在 0.2Hz 下收集的数据（Toomre，未发表）。

影像 36.4. 在同一图像平面的 EPI 荧光（红色）和 TIRFM（绿色）反映了 YFP—水泡型口炎病毒糖蛋白（VSVG）标记的囊泡发生胞吐。注意，红色小泡排出高尔基体，运输到周边，形态发生变化（变得更绿），融合时产生明亮的绿光。在 1Hz 下收集的数据（Toomre et al. 2000）。

影像 36.5. TIRFM 影像显示两个子细胞融合时由 VSVG－YFP 囊泡运输到 BSC—1 细胞的胞质沟。在约 22Hz 下收集的数据（Goss and Toomre，2008）。

影像 36.6. COS 细胞中 GFP 标记的网格蛋白轻链表达揭示了很多小点，相当于网格蛋白小窝，当小窝开始内吞，信号就消失了。在 0.25Hz 下收集的数据（Zoncu et al. 2007）。

第 37 章　活细胞中单个 RNA 分子的观测与定量分析

影像 37.1. 在人类细胞（U2OS）表达一个在其信使 RNA 3′－UTR 含有 24 个 MS2 结合位点的基因，这个细胞同时被 CFP-LacI、YFP－MS2 质粒转染。基因被诱导转录 30min（Tet－On 和强力霉素）（Shav－Tal et al. 2003）。影像呈现的是细胞核，其中基因（DNA）被标记为红色（被 CFP－LacI 结合）而转录的信使 RNA 被标记为绿色（YFP－MS2）。RNA 在转录位点以及作为信使核糖核蛋白体（mRNP）在和核质内的运动被观测。

影像 37.2. 一个人类细胞（U2OS）中表达一个在其信使 RNA 3′－UTR 含有 24 个 MS2 结合位点的基因，这个细胞同时被 CFP－LacI、YFP－MS2 质粒转染。基因被诱导转录 30min（Tet－On 和强力霉素）（Shav－Tal et al. 2003）。影像展现的是细胞核以及 YFP－MS2 标记的信使核糖核蛋白体。细胞核中心的一个转录位点以及 mRNP 的释放被检测到。

目　　录

上篇　活细胞成像的检测和方法

第 1 章　荧光蛋白的跟踪与检测

Mark A. Rizzo[1], Michael W. Davidson[2], and David W. Piston[3]

[1]Department of Physiology, University of Maryland School of Medicine, Baltimore, Maryland 21201;

[2]Department of Biological Science, National High Magnetic Field Laboratory, Florida State University, Tallahassee, Florida 32310;[3]Department of Molecular Physiology and Biophysics, Vanderbilt University, Nashville, Tennessee 37232

亚马逊雨林植物种类的多样性为我们提供了营养丰富的水果和强大的药用生物碱，同样，海洋世界里丰富的水生生物也为生物学家提供了新的研究材料去探索生命科学中一些最古老的未解之谜。在超过 15 年的时间里，从海洋生物中获得的荧光蛋白的不断快速改进为活细胞成像技术带来了革命性的推进作用（Shaner et al. 2007；Day and Schaufele 2008；Stepanenko et al. 2008）。荧光蛋白在生命科学研究中得到了广泛的应用，荧光蛋白作为标记蛋白被用于标记细胞器并被构建成融合蛋白用来监测细胞内的动态变化过程从而显示细胞内的转录调控机制，其作为体内探针对全身进行显微成像，也可用于癌症的检测（Hoffman 2005；Liver et al. 2007）。此外，荧光蛋白可以作为高度特异性的生物传感器用来监测多种细胞内现象，包括 pH、金属离子浓度范围、蛋白激酶活性、细胞凋亡、膜压、环核苷酸信号转导以及跟踪神经细胞通路等（Lalonde et al. 2005；Li et al. 2006；Wang et al. 2008）。

绿色荧光蛋白（green fluorescent protein，GFP）的发现要追溯到 20 世纪 60 年代初，研究人员在研究维多利亚发光水母（*Aequorea victoria*）的生物发光特性时分离出了一种发蓝光的、钙离子依赖的生物发光蛋白，并将该蛋白命名为水母素（Shimomura et al. 1962）。在纯化这种蛋白质的同时，还发现了另外一种蛋白质，它不能自发荧光，但在紫外光激发下能发出绿色荧光，该蛋白质最终被命名为 GFP。在随后几十年的研究中，确定了水母素和 GFP 在维多利亚水母的发光器官里共同作用将钙离子诱导光信号转换成绿色光信号，这是该物种的重要特征（Shimomura 2006）。虽然 GFP 的 cDNA 在 1992 年已经得到克隆（Prasher et al. 1992），但是在 GFP 被首先应用于跟踪线虫（*Caenorhabditis elegans*）感觉神经元的基因表达（Chalfie et al. 1994）之前，GFP 几乎能在任何物种中充当分子探针的潜力并没有被充分地认识到。GFP 已经被改造出了一系列有用的蓝色、青色和黄色荧光蛋白变体，它们通称为荧光蛋白（FP）。近年来，从其他物种中也发现了一些 FP，其色谱也进一步扩大到橙色和红色光谱区（Matz et al. 1999）。随着 FP 技术的不断发展，FP 作为遗传标记分子探针得到了广泛的应用。

本章将介绍目前已经发现的各种 FP 以及它们如何在活细胞成像中被成功应用的要点，也会讨论应用 FP 的注意事项和潜在危险性，并指出当前的发展领域以表明 FP 作为遗传标记分子探针广泛应用的巨大潜力。

来自维多利亚发光水母的 GFP 的特征

了解 GFP 的重要一点是 GFP 的整个 27kDa 的结构对于其荧光的发生和保持是非常重要的（Remington 2006）。不可思议的是，主要的生色团只包括 3 个氨基酸：丝氨酸（Ser）65、酪氨酸（Tyr）66 和甘氨酸（Gly）67（图 1）。虽然这个简单的氨基酸结构域在整个自然界中是非常常见的，但通常不会产生荧光。GFP 和其他自发荧光 FP 的独有特征是这些关键氨基酸残基的空间位置非常接近，定位在一个非常稳定的桶状结构的中心位置，这个桶状结构由外面包有 11 个 β 折叠的一个中心 α 螺旋构成（Ormö 1996；图 1A）。β 折叠通过相对无序的富含脯氨酸的环连接，β 折叠氨基酸侧链交替从表面投射到蛋白质的内侧或外侧。与大多数可溶性蛋白不同，许多内侧氨基酸残基带电荷或具有极性，这些氨基酸残基通过氢键结合许多水分子。

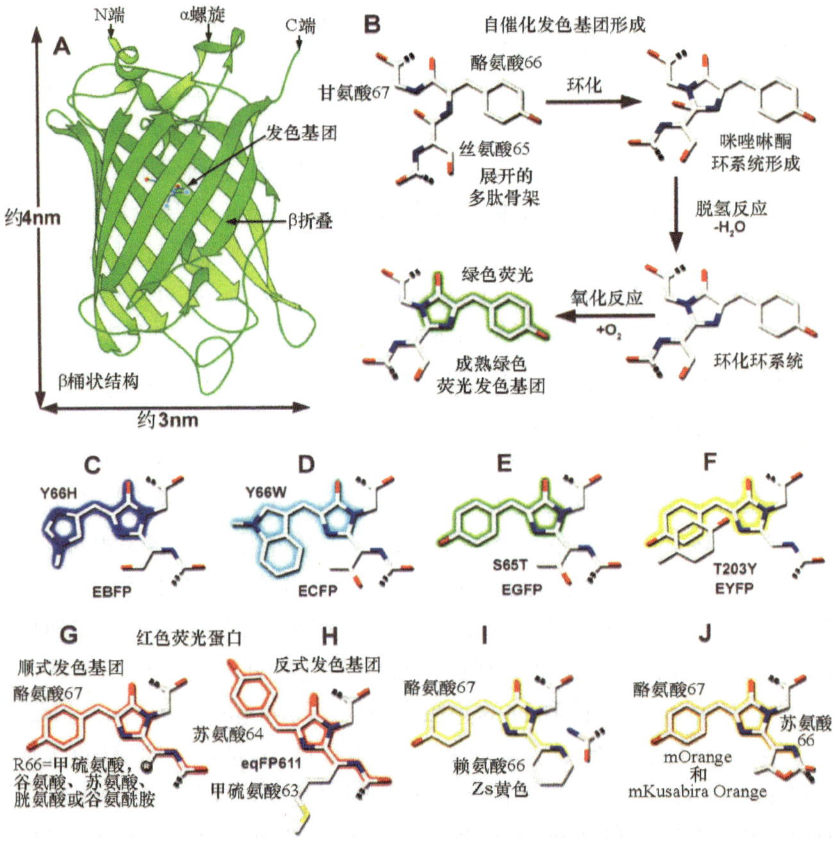

图 1　GFP β 桶状结构、EGFP 发光团产生和常规 FP 的发光团结构

A. β 桶状结构和三维近似距离；B. EGFP 发光基团的形成步骤；C. EBFP 发光基团；D. ECFP 发光基团；E. EGFP 发光基团；F. EYFP 发光基团；G. DsRed 和珊瑚来源的荧光蛋白具有共同的顺式发光基团。第 66 位氨基酸可以是甲硫氨酸、谷氨酰氨、酪氨酸、半胱氨酸或谷氨酸；H. eqFP611，源于奶嘴海葵（*E. quadricolor*）的红色荧光蛋白变体，唯一具有反式发光基团的荧光蛋白；(I) Zs 黄（Zs538）起源于珊瑚虫（*Zoanthus*），是一个明显的三环发光基团，其 66 位赖氨酸残基与自身的 α-碳环化形成一个与发光基团连接的四氢吡啶环；J. mOrange（mFruits 中的一员）和 mKO 也具有一个三环发光基团，其酪氨酸 66（或 65）与前边的羟基碳环化形成一个共轭噁唑环（mOrange）或噻唑环（mKO）。

在这种特殊环境里，Ser65 的羧基碳和 Gly67 的氨基氮反应形成咪唑啉-5-酮环（图 1B）。进一步氧化导致咪唑啉环与 Tyr66 轭合及荧光的成熟。重要的是，自然 GFP 的发色基团有两种形成状态：最主要的是质子化状态，在 395nm 出现一个激发峰；不太常见的非质子化状态，在 475nm 出现一个激发峰（Tsien 1998）。无论激发光波长多长，荧光发射的最大值约为 507nm。

无论来源，迄今发现的每一种 FP 的发色团形成机制被认为是相似的（Remington 2006）。通过对不同物种来源的 100 种自然发光 FP 的氨基酸序列的分析，发现只有 4 个氨基酸残基是绝对保守的。这些氨基酸是形成发色团的 Tyr66 和 Gly67，以及 Arg96 和 Glu222。其中 Gly67 非常关键，它通过亲核攻击形成环化发色团。因此，在 Gly67 上加上侧链将破坏 FP 形成发色团的能力。Tyr66 可以被任何芳香族氨基酸替代，但还不知道为什么 Tyr66 有如此高度保守，也许它对发色团的完全成功成熟是必需的。Arg96 和 Glu222 是位于发色团附近的催化氨基酸，对发色基团的成熟起非常关键的作用（Sniegowski et al. 2005）。

GFP 作为分子探针的一个重要特征在于它发出的荧光高度依赖于生色团周围的结构。因而，GFP 作为荧光发射基团的物理特性相当复杂，但令人惊讶的是其分子结构可以容许相当多的修饰。GFP 的 β 桶状内部具有刚性的结构和分子构成，形成一个产生和锚定荧光的独特化学环境，而人工合成的发色团类似物则不能产生荧光（Follenius-Wund et al. 2003）。GFP 内部化学环境的变化可以产生光谱特征（高达几百纳米）、光稳定性、耐酸性以及其他物理性质的显著变化。

在过去 10 年里，科学家们对野生型 GFP 作了很多改进，使其作为荧光分子探针得到更广泛的应用。GFP 变性将破坏其荧光，而且发色基团周围的氨基酸残基产生突变，能显著改变 GFP 的荧光特性（Stepanenko et al. 2008）。事实上，远离发色基团的氨基酸残基突变似乎对荧光无害，但可大幅改变 GFP 的化学特性和光物理性质。β 桶状结构里氨基酸残基的紧密堆积导致非常高的荧光量子效率（高达 80%；Patterson et al. 1997）。这种刚性的蛋白质结构也赋予 GFP 一系列抗性，如抗 pH、温度和变性剂（如尿素、盐酸胍）的变化（Ward 2006）。影响荧光的 GFP 突变通常对荧光稳定性产生不利影响，导致量子效率降低和对环境敏感度增加。尽管这些缺陷可以通过其他突变得以弥补，但 GFP 的衍生蛋白一般比天然 GFP 对环境更为敏感。在设计实验时必须考虑这些限制因素。

尽管文献已经报道了数百个 FP 衍生物（Patterson 2007），但大多数研究小组使用原始维多利亚水母 GFP 的增强型版本，即 EGFP（Shaner et al. 2007），而且许多研究人员仍然使用增强型青色荧光蛋白（ECFP）和增强型黄色荧光蛋白（EYFP）这些衍生物（图 1；Cubitt et al. 1995；Patterson 2007）。研究人员不愿意过渡到新的 FP 变种的原因源于对新 FP 变体的光谱特性和可用性不太了解，以及对于文献报道所改善的亮度、光稳定性和其他属性的不确定性的担忧。在缺乏可靠的商业来源 FP 的条件下，研究人员常常需要原有 FP 实验室的赠予，因此，一旦新的 FP 或融合蛋白载体被报道之后，在短时间内就会收到大量要求赠予的请求。除非以有组织和有效率的制度来实施将 FP 变种有效地分发给科学界，否则这种情况不可能在短期内得以改善。

FP 突变以增强它们在哺乳动物体系中的应用

为了使 GFP 适应在哺乳动物体系中的应用，对野生型 GFP 的几个属性进行了修改，这些修改可以在现今应用的所有 GFP 变体中都存在。首先，将荧光的成熟过程优化在 37℃。而野生型 GFP 发色基团的成熟在 28℃时效率最高，当温度逐步提高到 37℃时会大幅降低其成熟速率和荧光亮度（Patterson et al. 1997）。将单个 Phe64 突变成为 Leu（F64L；Cormack et al. 1996）时会显著提高荧光在 37℃的成熟速率，至少相当于其在 28℃时的成熟速率。这种突变存在于目前大多数水母 GFP 衍生的 FP 变体中以提高在 37℃下的蛋白质折叠率或其他关键特性（Tsien 1998）。其他重要的突变包括 F46L、V68L（增强发色基团氧化）；Q69M（在 YFP 中提高抗氯离子和 pH 变化以及提高光稳定性）；N149K（提高蛋白质折叠速率）；F99S、M153T、V163A（降低疏水性，加强折叠）；I167T（降低温敏性）和 S175G（减少聚合）。另外的折叠突变在构建超级折叠 GFP（见以下讨论；Pédelacq 2006）变体时被发现，实验中通过融合打乱 GFP 的肽段而完成，这些多肽本身呈现出低效率的折叠。所有这些实验，在超级折叠 GFP 中有 6 个基因突变被确定，它们具有增强 GFP 衍生物的蛋白质折叠和成熟过程的功能。

除了提高在 37℃蛋白质的成熟率，通过重新设计核酸序列，以适应宿主生物的密码偏好，也大大改进了 GFP 衍生物的使用范围（Yang et al. 1996；Zacharias and Tsien 2006）。例如，超过 190 个无义突变被引入编码序列优化在人体组织中表达（Yang et al. 1996）。进一步的改进包括适当的蛋白质翻译起始序列的改变（Kozak 1987）。因此，紧接在起始密码子（Met，AUG）后面添加一个以 G 开始的新密码子足够产生 Kozak 保守位点，但引入了一个额外氨基酸（最好是 Val 或 Ala）。在水母 FP 变体中，蛋白质的氨基酸末端区域是允许添加这样的氨基酸的，但在其他 FP 中可能不允许。

单体形式的 FP

在天然状态下，几乎所有的 FP 都是以寡聚物的状态存在（通常二聚体或四聚体）。例如，野生型的水母 GFP 被认为是与水母素形成的四聚体复合物（Ward 2006）。幸运的是该复合体在体外只有在极高的蛋白质浓度下才能观察到，常用的水母 FP 衍生物形成二聚体的倾向一般非常微弱（$K_d > 100\mu mol/L$；Zacharias et al. 2002）。然而，当这些 FP 作为探针定位在具体的细胞区室（如细胞膜）时，FP 的局部浓度在理论上变得高到足以二聚体化。在 β 桶状结构表面的突变体 A206K 被发现能消除这种二聚化（Zacharias et al. 2002）。消除珊瑚虫来源的 FP 四聚体聚合状态更为复杂，但经过几年的努力，科学家们在产生单体珊瑚虫 FP 的研究中取得了重大进展。

寡聚化是影响荧光融合蛋白定位的一个令人担心的重要因素（尤其是当形成生物多聚体时，如微管）。在荧光共振能量转移（fluorescence resonance energy transfer，FRET）的实验中，即使有一个 FP 有轻微二聚体化的趋势都会导致错误的数据解释。

图 2 展示了从水母和珊瑚虫来源的呈单体状态的 FP 的正确亚细胞融合蛋白定位。综合来说，这些水母、珊瑚及海葵来源的 FP 寡聚体经改良后为哺乳动物、植物、昆虫和原核生物的活细胞成像提供了非常有用的探针。

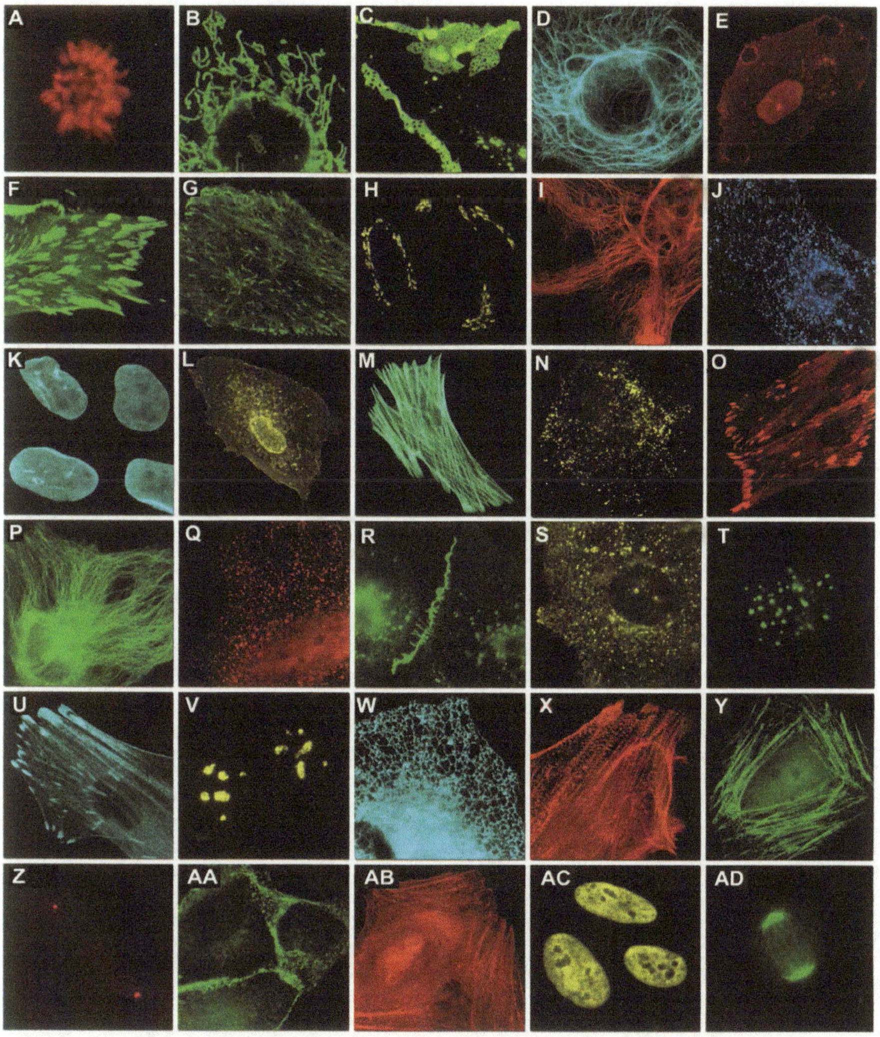

图 2　荧光融合蛋白表达载体的亚细胞定位显微成像

载体表示为：FP -氨基端（N）-或-羧基端（C）（对 FP 来说）-连接链的氨基酸数目。A. mCherry - H2B - N - 6；B. mWasabi - mitochondria - N - 7；C. mCitrine - Cx43 - N - 7；D. mCerulean - cytoker - atin - N - 17；E. mApple- annexin（A4）- C - 12；F. mEmerald - vinculin - C - 23；G. mEGFP - EB3 - N - 7；H. mKO - Golgi - N - 7；I. mCherry - vimentin - N - 7；J. mTagBFP - lysosomes - C - 20；K. mCerulean - lamin B1 - C - 10；L. Mko2 - farnesyl - C - 5；M. mTFP1 - β - actin - C - 7；N. mOrange2 - peroxisomes - C - 2；O. mApple - VASP - C - 5；P. mEmerald - α - tubulin - C - 6；Q. mCherry - clathrin（light chain）- C - 15；R. mEGFP - VE - cadherin - N - 10；S. TagRFP - T - endoplasmic - C - 14；T. mVenus - CENPB - N - 22；U. mCerulean - zyxin - N - 6；V. mKO - fibrillarin - C - 7；W. mEGFP - endoplasmic reticulum - N - 5；X. mApple - α - actin - N - 9；Y. mEmerald - LC - myosin - N - 10；Z. mPlum - γ - tubulin - N - 17；AA. EGFP - β - catenin - N - 7；AB. mApple - profilin - C - 10；AC. mKO - Pit1 - N - 6；AD. mEGFP - TPX2 - N - 10

FP 的光谱范围

迄今已经获得了一系列 FP 变体，颜色几乎跨越了整个可见光谱（表 1）。水母 GFP 突变产生了从蓝色到黄色，横跨 80nm 光谱范围的不同颜色的 FP（图 1C～F）。来自于礁石珊瑚和海葵（*Entacmaea quadricolor*）的橙色和红色 FP 已被发现和改良，用于哺乳动物系统。这些 FP 的特征在于有多元化的发色基团的家族，更大的跨越 200nm 的发射光谱区间（图 1G～J）。在过去的几年里，逐步明确了对 FP 所发射荧光的颜色进行改良的原理（Remington 2006）。首先，在发色基团附近的环境改变可以诱导吸收和发射的光谱向蓝色或红色转移 20～30nm。这些变化包括带电荷氨基酸残基的位置、氢键网络及蛋白基质内的疏水作用。其次，较大的光谱转移可用来区分 FP 颜色类别（青色、绿色、黄色等），颜色变化是因为发色基团的共价键结构或伸展入多肽骨架的共轭轨道发生了显著变化。

表 1　常用 FP 的特性

蛋白质（缩写）	Ex (nm)	Em (nm)	EC $\times 10^{-3}$ [L/(mol·cm)]	QY	寡聚体结构	相对亮度 (% of EGFP)	参考文献
蓝色荧光蛋白							
EBFP2	383	448	32.0	0.56	Monomer*	53	Ai et al. 2007
Azurite	384	450	26.2	0.55	Monomer*	43	Mena et al. 2006
mTagBFP	399	456	52.0	0.63	Monomer	98	Subach et al. 2008
青色荧光蛋白							
ECFP	439	476	32.5	0.40	Monomer*	39	Cubitt et al. 1995
Cerulean	433	475	43.0	0.62	Monomer*	79	Rizzo et al. 2004
CyPet	435	477	35.0	0.51	Monomer*	53	Nguyen and Daugherty 2005
mTFP1	462	492	64.0	0.85	Monomer	162	Ai et al. 2006
绿色荧光蛋白							
EGFP	488	507	56.0	0.60	Monomer*	100	Heim et al. 1995
Emerald	487	509	57.5	0.68	Monomer*	116	Cubitt et al. 1999
Superfolder GFP	485	510	83.3	0.65	Monomer*	160	Pedelacq et al. 2006
Azami Green	492	505	55.0	0.74	Monomer	121	Karasawa et al. 2003
mWasabi	493	509	70.0	0.80	Monomer	167	Ai et al. 2008b
T-Sapphire	399	511	44.0	0.60	Monomer*	79	Zapata-Hommer and Griesbeck 2003
黄色荧光蛋白							
EYFP	514	527	83.4	0.61	Monomer*	151	Miyawaki et al. 1999
Topaz	514	527	94.5	0.60	Monomer*	169	Tsien 1998
Venus	515	528	92.2	0.57	Monomer*	156	Nagai et al. 2002
Citrine	516	529	77.0	0.76	Monomer	174	Griesbeck et al. 2001
YPet	517	530	104	0.77	Monomer*	238	Nguyen and Daugherty 2005
橙色荧光蛋白							
Kusabira Orange	548	559	51.6	0.60	Monomer	92	Karasawa et al. 2004
Kusabira Orange2	551	565	63.8	0.62	Monomer	118	Sakaue-Sawano et al. 2008
mOrange2	549	565	58.0	0.60	Monomer	104	Shaner et al. 2008
tdTomato-Tandem Dimer	554	581	138.0	0.69	Pseudomonomer	283	Shaner et al. 2004
TagRFP	555	584	100.0	0.48	Monomer	142	Merzlyak et al. 2007
TagRFP-T	555	584	81.0	0.41	Monomer	99	Shaner et al. 2008
红色荧光蛋白							
mRuby	558	605	112.0	0.35	Monomer	117	Kredel et al. 2009
mApple	568	592	75.0	0.49	Monomer	109	Shaner et al. 2008
mStrawberry	574	596	90.0	0.29	Monomer	78	Shaner et al. 2004
mRFP1	584	607	50.0	0.25	Monomer	37	Campbell et al. 2002
mCherry	587	610	72.0	0.22	Monomer	47	Shaner et al. 2004
tdKeima-Tandem Dimer	440	620	28.8	0.24	Pseudomonomer	21	Kogure et al. 2008
mKate2	588	633	62.5	0.40	Monomer	74	Shcherbo et al. 2009
mPlum	590	649	41.0	0.10	Monomer	12	Wang et al. 2004

注：激发（Ex）和发射（Em）波长峰值、摩尔消光系数（EC）、量子效率（QY）、相对亮度和相应的生理四级结构被列出（加 * 为弱二聚体）。相对亮度估算值是通过摩尔消光系数和量子效率去除 EGFP 的值所得。

除了扩大现有颜色的范围，FP的亮度、耐酸性、聚合特征和光稳定性也得到改良以促进它们的使用。接下来的内容将概述FP的许多不同变体，并强调了它们在使用过程中一些重要的实际问题。

蓝色荧光蛋白

GFP的蓝色变体是发色基团组第66位酪氨酸被组氨酸取代的结果（图1C），发射的最大峰值约为450nm（Heim et al. 1994）。虽然原始的蓝色荧光蛋白（BFP）变体经另外一个位置的突变产生一个增加了蛋白质折叠效率和亮度的增强蓝色荧光蛋白(EBFP)，但仍然缺乏在活细胞成像应用中所需的光稳定性（Patterson 2001）。最近对水母GFP的蓝色变体突变的研究得到了一系列经改进的FP，如Azurite、SBFP2和EBFP2（Mena et al. 2006；Ai 2007；Kremers et al. 2007)，它们比EBFP更明亮、更具光稳定性，但亮度仍然不到EGFP的一半。最有应用前景的BFP来自海葵，被命名为TagBFP（Subach et al. 2008）。TagBFP几乎与EGFP的亮度一样，成熟速率高于水母蓝色变体并具有类似的光稳定性。虽然在长时间的活细胞成像过程中要使用紫外线来激发BFP产生荧光仍然存在一个光毒性的问题，但这些衍生物作为FRET供体与GFP和黄色荧光蛋白一起短时使用潜力很大。没有任何一个水母BFP上市出售，但是TagBFP可以从Evrogen公司购买。BFP成像可以使用标准DAPI（4，6二脒基-2-苯吲哚）滤光片，而设计一套专门针对这种FP的滤光片能提高成像性能。

青色荧光蛋白

以色氨酸替换GFP发色团Tyr66产生一个发光青色荧光变体青色荧光蛋白(CFP)（图1D)，发射荧光波谱主峰值约在480nm和侧峰值约在500nm（Heim et al. 1994）。CFP的许多变体已构建成功以提高其成熟速率和改进其光稳定性。在这些变体中，Cerulean（Rizzo et al. 2004）的亮度比CFP高2倍，是目前在这个光谱区中成像的最佳选择之一。此外，Cerulean也可作为生物传感器中黄色和橙色荧光蛋白的FRET供体，并已在该领域得到了广泛应用（Piston and Kremers 2007）。

最近报道的一个来源于珊瑚的水蓝色单体FP（mTFP1）展现出比任何一种CFP变体具有更高的亮度、耐酸性和光稳定性的特性（Ai et al. 2006）。与许多CFP相比，mTFP1的光谱轻微向红色转移，其第66号位点是酪氨酸而非色氨酸，从而降低荧光发射光谱的范围到约30nm，而CFP的发射光谱范围一般约为60nm。

在优化单体水母FP变体折叠的研究中得到了超青色荧光蛋白衍生变体（Kremers et al. 2006)，其亮度显著高于原蛋白。这些FP和mTFP1有用于融合蛋白标签的潜力，或者作为CFP-YFP荧光蛋白用于高的动态范围的FRET生物传感器。增强青色荧光蛋白（ECFP）可以从Invitrogen公司买到，几种珊瑚来源的CFP变体也可通过商业途径获得（Allele Biotechnology、Evrogen、Clontech和MBL International Corporation公司）。用CFP进行显微观察和成像时需要一套特殊的滤光片，这些滤光片容易从显微镜或者滤光片制造商处买到。

绿色荧光蛋白

继发现水母 GFP 之后，在其他物种中也发现了几个类似的发射光光谱为绿色区域的 FP（Matz et al. 1999），这些物种包括礁珊瑚、海葵、桡脚类动物（Masuda et al. 2006）和文昌鱼（Deheyn et al. 2007）。虽然天然 GFP 具有明亮的荧光和良好的耐光性，但其双峰激发光谱（395nm）最高峰值处在紫外范围边界。而且，紫外光需要特殊的显微镜光学装置，并在成像过程中损伤细胞。在早期的 GFP 基因突变研究中，Tsien 和同事发现了一个单突变（S65T）（Heim et al. 1995）可以消除 395nm 的峰值，并把最大的激发光波长转移到 488nm。这种突变是 GFP 最普遍的一种变体，EGFP 是目前用得最多的 GFP（图 1E）。同时，EGFP 可使用常用的异硫氰酸荧光素（FITC）滤光片进行成像，EGFP 是目前 GFP 变体中亮度最大和光稳定性最好的 GFP。这些特点使得 EGFP 成为最受欢迎的 FP 和单标记荧光标记实验最好的选择。EGFP 唯一的缺点是弱 pH 敏感性和轻微二聚化趋势。

除 EGFP 外，还有其他几种应用率比较高的 FP。光稳定性和亮度最高的变体是 Emerald，除 S65T 外还包括其他 5 个突变（F64L、S72A、N149K、M153T 和 I167T），这些突变提高了成熟速率和整体性能（Cubitt et al. 1999）。Clontech 公司不再出售比较常用的 EGFP 的克隆载体，但 Emerald 可以以商品名 EmGFP 从 Invitrogen 公司购买。其他公司销售人细胞优化的 GFP 变体，具有明显的 FRET 优势。例如，PerkinElmer 公司提供 GFP^2（F64L），它保留了 400nm 的激发峰，可作为增强黄色荧光蛋白（EYFP）的 FRET 配体（Zimmermann et al. 2002）。

几种来自于珊瑚礁的 GFP 表现出令人满意的特性，包括 Azami Green（Karasawa et al. 2003）、mWasabi（Ai et al. 2008b）、ZsGreen（Matz et al. 1999）和 TagGFP（Xia et al. 2002）。这些 FP 都已经在市面上出售，但是没有一个蛋白质的性能能与 EGFP 和 Emerald 的相比。过去几年里在绿色光谱中增加的最重要的蛋白质是 superfolder GFP（Pédelacq et al. 2006），它可以非常有效地折叠，即使是与不溶性蛋白融合，也比 EGFP 或 Emerald 更亮一点且更耐酸。这种高性能 GFP 尚未实现商业化，因为融合蛋白的不规则折叠而引起不正确的定位但仍具明亮荧光的影响，可导致较高的背景噪声。

黄色荧光蛋白

第一个黄色荧光蛋白（YFP）是在 GFP 的晶体结构公布之后创建的，GFP 的晶体结构显示 Thr203 的位置非常接近发色基团（Ormö et al. 1996）。将 Thr203 突变成 Tyr，这种变异增加了稳定生色团激发态的偶极矩，因此激发和发射光谱都向红光区偏移约 20nm（Ormö et al. 1996）。进一步开发产生了 EYFP，这是最亮和最受欢迎的 FP 之一（图 1F）。EYFP 的亮度和荧光光谱使得其非常适合荧光显微和多色荧光实验，也适合与 ECFP 或 GFP^2 配对使用进行能量转移实验。然而，EYFP 远非完美，EYFP 对酸性 pH 非常敏感，在 pH 6.5 时只有约 50%的荧光（Patterson et al. 2001）。此外，EYFP 对氯离子敏感并且其光漂白速率远远超过了 GFP。

EYFP的许多问题已通过突变得以解决。变种Citrine（Griesbeck et al. 2001）较EYFP更明亮、更耐光漂白、酸性pH和其他环境影响，而Venus（Nagai et al. 2002）是迄今为止发现的变种中成熟最快的。商业化衍生物Topaz（Invitrogen公司）的特性类似于Citrine。在试图加强YFP作为受体与CFP一起进行FRET时得到了最亮的YFP（Ypet；Nguyen and Daugherty 2005）。珊瑚来源的YFP已实现商业化，但没有表现出与水母衍生物相媲美的性能。

YFP在色谱中具有独特的位置，它们既可以作为红色和远红色荧光蛋白的FRET供体，也可作为BFP和CFP的FRET受体。在光漂白实验中应谨慎使用YFP［如荧光漂白后恢复（FRAP）和FRET-受体光漂白］，因为它们在明显漂白后能自发地恢复原水平的荧光（Sinnecker et al. 2005；Shaner et al. 2008），甚至转化成青色荧光（Valentin et al. 2005；Kirber et al. 2007）。YFP可以使用标准FITC或GFP的滤光片，但为获得最佳活细胞成像，建议根据荧光蛋白发射光谱使用YFP特异滤光片。

橙色荧光蛋白

发射光谱为橙色波长（560～585nm）的荧光蛋白全部来自珊瑚纲的物种，包括可应用于动态跟踪以及作为FRET受体的候选FP。尽管这些探针许多被称为红色荧光蛋白。常用的变体，如DsRed（Matz et al. 1999）和TagRFP（Merzlyak et al. 2007）实际发射的荧光明显更偏向橙色而非红色。尽管命名不一致，但橙色荧光蛋白可使用标准四甲基异硫氰酸罗丹明（TRITC）滤光片应用于多色成像实验中，并能通过共聚焦显微镜上配置的543nm和561nm波长激光有效激发。

目前使用最多的橙色荧光蛋白是mKusabira Orange（mKO；Karasawa et al. 2004；图1J）及其快速折叠衍生物mKO2（Sakaue-Sawano et al. 2008）、TagRFP（Merzlyak et al. 2007）、mOrange2（Shaner et al. 2008）和tdTomato（一个串联二聚体，Shaner et al. 2004）。mKO2的亮度和光稳定性比GFP的稍差一些，但mKO2成熟快得多。TagRFP虽然相对亮度较高，但光稳定性较低。与TagRFP密切相关的衍生蛋白TagRFP-T是光稳定性最高的FP（Shaner et al. 2008），两种蛋白在融合标记实验中效果很好。mOrange2和tdTomato都属于mFruit家族成员，是由Tsien和其同事最先发现的（Shaner et al. 2004，见以下讨论），能构建性能良好的融合蛋白。由于固有的两个荧光团，tdTomato是所有FP中最亮的，但包含两个拷贝的二聚体形式的Tomato，它们通过12个氨基酸残基连接在一起。由于tdTomato分子质量较大，可能会干扰某些生物多聚体与融合蛋白的包装，但如果目标信号不需要严格的双分子结构（如定位到膜、线粒体和高尔基体上的肽序列），tdTomato作为融合蛋白标记工作良好。

由于橙色荧光蛋白具有高的消光系数，因此橙色荧光蛋白可作为FRET受体蛋白与具有高量子效率的青色、绿色和黄色荧光蛋白作为供体配对有效地使用。由于这些蛋白质都是来源于珊瑚纲动物，其寡聚化特性通过突变（通常是广泛的突变）已经得到改进，这可能影响到其他属性。在多色实验中，橙色荧光蛋白可与BFP、CFP、GFP和远红荧光蛋白配对并通过使用市面出售的滤光片组合把它们的发射光谱有效区分开来。

红色荧光蛋白

红色荧光蛋白与 EGFP 一样已成为非常有用的 FP。红色荧光蛋白的优势包括具有与现有共聚焦显微镜激光和滤光片良好的兼容性；细胞的自发荧光低，能获得高对比度图像；甚至应用在整个动物的深部细胞显微成像中，这时比红色荧光更加透明。由于水母 FP 向红色转移改造无法超越黄色，一些研究团队在热带珊瑚和海葵中广泛寻找一种高性能的红色荧光蛋白（Matz et al. 1999；Wiedenmann et al. 2002；Merzlyak et al. 2007）。迄今发现几乎所有野生型红色荧光蛋白都以二聚体或四聚体分子间偶联的状态存在，这样直接阻碍了它们在活细胞成像中的应用。要获得一个真正的高性能红色荧光蛋白，聚合问题必须解决。Tsien 实验室成功解聚了从海葵（*Discosoma striata*）中分离到的一个四聚体红色荧光蛋白，通常被称为 DsRed，在 β 桶状结构中引入了 33 个点突变。其结果是红色荧光相当暗淡（只有 EGFP 亮度的 40%），单体红色荧光蛋白命名为 mRFP1（Campbell et al. 2002）。虽然 mRFP1 在宽视场照明下能迅速光漂白（是 EGFP 光稳定的 10%），但作为荧光融合蛋白仍具应用价值，也是数年来这一类 FP 中唯一可用的单体探针。

对 mRFP1 进行诱变改良研究，包括加入一些来源于 EGFP 氨基和羧基端的氨基酸以及突变发色基团周围的氨基酸残基，产生了一系列最大发射光波长为 560～610nm 的单体 FP（Shaner et al. 2004）。通过一种新的蛋白质工程技术——迭代体细胞超变异技术（Wang et al. 2004 年）进一步扩大这项工作，获得了第一个遗传改良的远红荧光蛋白 mPlum。总体来说，这些 FP 根据其发射光类似水果的颜色命名，因而称为 mFruit。

值得注意的 mFruit 系列成员是 mApple、mCherry 和 mPlum（表 1），其中最大发射波长分别为 592nm、610nm 与 649nm。mApple 是最亮的红色荧光蛋白（Shaner et al. 2008），其光谱特性类似于应用比较多的小的有机橙色染料 Alexa Fluor 568。mCherry 的亮度只有 mApple 亮度的一半，但其光谱类似于 Texas-Red。这两个 FP 具有较高的亮度，光稳定性好，能较好地应用于构建融合蛋白，因此，可与 BFP、CFP、GFP、YFP、橙色荧光蛋白配合进行多色标记。mPlum 是目前唯一一个光谱区大于 650nm 的单体远红光荧光蛋白，但 mPlum 的亮度只有 EGFP 的 10%，在一些融合蛋白应用中可能会有问题。目前 Clontech 公司出售几种 mFruit 系列的 FP。

迄今已从珊瑚纲物种中分离出许多红色荧光蛋白，其中一些可用于活细胞成像和转基因动物观察实验中（表 1）。包括 DsRed2（Matz et al. 1999）、HcRed1（及其串联-二聚体的变体；Gurskaya et al. 2001；Fradkov et al. 2002）和 JRed（Shagin et al. 2004），这些蛋白质可从 Clontech 和 Evrogen 公司购买。这些 FP 都易形成二聚体的性质可能会限制它们在活细胞成像中的应用。相反，来源于海葵的 FP 经突变后的四聚体蛋白 eqFP578 和 eqFP611（图 1H）有应用前景（Shcherbo et al. 2007，2009；Kredel et al. 2009）。其中，Katushka（Shcherbo et al. 2007）是二聚体蛋白，但在 650nm 以上的光谱区呈现出最高亮度（最大发射波长在 635nm），这一光谱区是深层组织成像的最重要的区域。近来的研究中已将 Katushka 的串联二聚体构建到载体上作为融合标签（Shcherbo et al. 2009）。

在 TagRFP 中引入了 4 个类似 Katushka 的突变产生了一个单体远红蛋白，命名为 mKate，具有相似的光谱特性（Shcherbo et al. 2007）。相继研发了 mKate2，一个亮度更高、光稳定性更高的版本（Shcherbo et al. 2009）。在另一项独立研究中，通过大量诱变 eqFP611 得到了一个相对亮度较高的 FP，命名为 mRuby，具有较好的构成融合蛋白特性，但光稳定性较差（Kredel et al. 2009）。目前没有一个红色荧光蛋白的特性是尽善尽美的，但继续在亮度、光稳定性和单体性方面改进应该最终能得到完美的红色荧光蛋白。

激发和发射光波长间距增大的荧光蛋白（long stokes shift FP）

除了从工程方面改良 FP 的发射光波长、酸稳定、抗光漂白等特性外，诱变也有针对性的改变激发光和发射光之间的距离最大值（Stokes 位移）来产生更适合 FRET 及多色成像的探针。在第一个例子中，在野生型 GFP 第 203 位点，苏氨酸取代异亮氨酸消除了 475nm 的吸收峰（Tsien 1998），从而产生了一个具有 112nm 的 Stokes 位移的突变体 Sapphire（激发光和发射光波长最大值分别为 399nm 和 511nm）。另外 4 个突变提高了蛋白质的成熟速率和亮度，产生的 T-Sapphire（T 为 Turbo；Zapata - Hommer and Griesbeck 2003）在与橙色和红色荧光蛋白配对进行 FRET 时是非常好的供体。对水母 BFP 进行广泛突变产生了一个新的 YFP 命名为 mAmetrine（Ai et al. 2008a），表现出 120nm 的 Stokes 位移，与 Sapphire 相比，其激发和发射峰向红色偏移了约 10nm。mAmetrine 已被用来在活细胞中进行两个独立的 FRET 生物传感器实验。

目前报道来源于多石礁珊瑚色素蛋白突变的 FP 的最长 Stokes 位移为 180nm（Kogure et al. 2006）。这项研究最初产生了几个四聚体 FP，根据日本棋命名为 Keima，其吸收峰值约为 440nm，发射峰值为 580～620nm。继续突变产生的二聚体（dKeima）和单体（mKeima）的发射峰分别为 580nm 和 620nm。单体 mKeima 亮度有限，需要一个专门的滤光片组合成像，但已成功地应用于荧光相关光谱仪以及与其他 5 个 FP 进行多色成像中。一个串联-二聚体 tdKeima（Kogure et al. 2008）较单体要亮，但大小为单体的 2 倍。

虽然在整个光谱上都有候选 FP 供研究需要，但它们在光稳定性、亮度和应用性方面还是没有 EGFP 好。新增的蓝色和青色荧光蛋白大大增加了实用性和这些探针的性能，橙色和红色光谱区域的选择范围显著扩大，为多色成像提供了更多的选择。虽然像红色和远红荧光蛋白的问题仍然存在，但我们乐观地认为高效的 FP 变种最终会在这个光谱范围中出现，因为表 1 仅仅列出了过去几年发现的 FP 探针。

可转换 FP

FP 研究最有趣的发展之一是 FP 作为光学探针或分子荧光笔（表 2）应用于观察细胞动态变化和新兴超高分辨率的显微成像技术中（Shaner et al. 2007；Fernández - Suárez and Ting 2008）。例如，光激活 GFP（PA - GFP）包含在天然 GFP 基础上的一个单突变（H203T），在 400nm 光照射下激发光峰值从紫外线激发峰不可逆转地转化为蓝色（Patterson and Lippincott－Schwartz 2002）。未转换的 PA-GFP 的激发峰类似于野生型 GFP（约 400nm）。光转换后，400nm 的峰值大大降低，而 488nm 激发光谱增加约 100 倍。这使得未转换的和转换的 PA－GFP 形成相当高的对比率，有利于跟踪细胞里分子亚群的动态情况。这种光激活蛋白是开发可变色 FP 的基础，很多新的更先进的 FP 变体已设计为具有光转换（photoconversion）（从一种发射光转换到另一种发射光）和/或光开关（photoswitching）（能选择性地打开和关闭荧光）功能。图 3 列举了可转换 FP 用在活细胞中进行跟踪和动态研究以及在固定细胞中进行超分辨率成像的例子。

表 2　常用可变色荧光蛋白的特性

蛋白质（缩写）	Ex (nm)	Em (nm)	EC x 10⁻³ [L/ (mol·cm)]	QY	寡聚体结构	相对亮度 (% of EGFP)	参考文献
光激活荧光蛋白							
PA-GFP (NA)*	400	515	20.7	0.13	Monomer	8	Patterson and Lippincott-Schwartz 2002
PA-GFP (G)*	504	517	17.4	0.79	Monomer	41	Patterson and Lippincott-Schwartz 2002
PS-CFP2 (C)*	400	468	43.0	0.20	Monomer	26	Chudakov et al. 2004
PS-CFP2 (G)	490	511	47.0	0.23	Monomer	32	Chudakov et al. 2004
PA-mRFP1 (R)*	578	605	10.0	0.08	Monomer	3	Verkhusha and Sorkin 2005
PA-mCherry1 (NA)*	404	NR*	6.5	NR	Monomer	NR	Subach et al 2009
PA-mCherry1 (R)	564	595	18.0	0.46	Monomer	20	Subach et al 2009
光转化荧光蛋白							
Kaede (G)	508	518	98.8	0.88	Tetramer	259	Ando et al. 2002
Kaede (R)	572	580	60.4	0.33	Tetramer	59	Ando et al. 2002
Kikume (KikGR; G)	507	517	53.7	0.70	Tetramer	112	Tsutsui et al. 2005
Kikume (KikGR; R)	583	593	35.1	0.65	Tetramer	68	Tsutsui et al. 2005
mKikGR (G)	505	515	49.0	0.69	Monomer	101	Habuchi et al. 2008
mKikGR (R)	580	591	28.0	0.63	Monomer	53	Habuchi et al. 2008
tdEos (G)	506	516	84.0	0.66	P-Monomer*	165	Nienhaus et al. 2006
tdEos (R)	569	581	33.0	0.60	P-Monomer*	59	Nienhaus et al. 2006
Dendra2 (G)	490	507	45.0	0.50	Monomer	67	Gurskaya et al. 2006
Dendra2 (R)	553	573	35.0	0.55	Monomer	57	Gurskaya et al. 2006
mEosFP2 (G)	506	519	56.0	0.84	Monomer	140	McKinney et al. 2009
mEosFP2 (R)	573	584	46.0	0.66	Monomer	90	McKinney et al. 2009
光开关荧光蛋白							
Kindling (R)	580	600	59.0	0.07	Tetramer	12	Chudakov et al. 2003
Dronpa (G)	503	518	95.0	0.85	Monomer	240	Ando et al. 2004

注：激发和未激发的 FP 的激发（Ex）和发射（Em）波长峰值、摩尔消光系数（EC）、量子效率（QY）、相对亮度和相应的生理四级结构被列出。相对亮度估算值是通过摩尔消光系数和量子效率去除 EGFP 的值所得。（NA）野生型或非光激活型荧光蛋白；（G）绿色荧光类蛋白；（C）青色荧光类蛋白；（R）红色荧光类蛋白；（NR）未报道荧光蛋白；（P－Monomer＊）假单体（串连二聚体）。

光激活荧光蛋白

除了 PA－GFP（图 3D～F），在其他光谱区构建光激活荧光蛋白的进展有限。开发和利用这些探针的困难在于检测光激活荧光蛋白的非激活状态。此外，基于 Emerald 和 superfolder GFP 的 PA－GFP 变体动态范围降低，可能是因为它们非激活状态的亮度明显高于 PA－GFP。早期尝试在 mRFP1（Verkhusha and Sorkin 2005）基础上构建光激活 FP 很少有成功的，原因在于激活状态缺乏较高的亮度，但基于 mCherry 的变体被证实可能比较有应用价值（Subach et al. 2009）。PA－mCherry1 的最大特点是其激活之前的最大吸收峰为 404nm 而激活之后为 564nm。FP 的亮度大约是 PA-GFP 的一半，光稳定性与亲本（mCherry）相同，并已被证明在进行 PA-GFP 双色光激活成像以及超高分辨率光激活显微成像过程中效果很好（图 3J～L）。

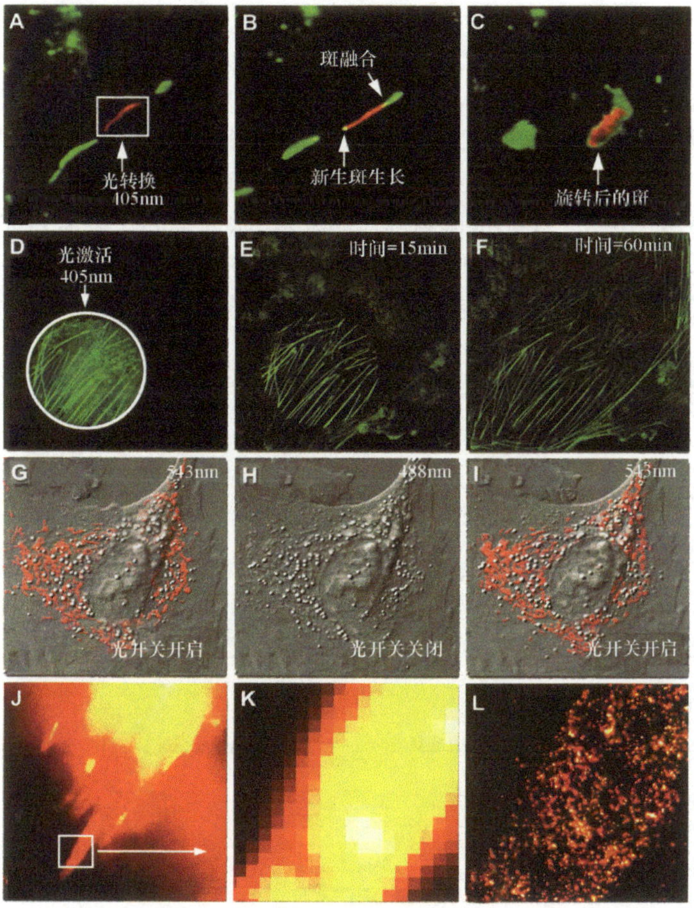

图 3　荧光笔型荧光蛋白在激光共聚焦显微成像中的表现

A～C. HeLa 细胞中以 mCitrine-Cx43-N-7 标记的细胞间隙连接（gap junction，GJ）的光转换。A. 在 $t=0$min 时，在选择区域（白色）以 405nm 波长的光照射一个间隙连接斑（红色）进行光转换；B. 在 $t=70$min 时，一个未转换的斑上新斑的生长和融合；C. 在 $t=120$min 时，斑块旋转约 90°后显示在光转换区域周边有新的增长。D～F. mPA-GFP-β-catenin-N-7 在负鼠肾小管细胞中表达的光激活。D. 在 $t=0$min 时，以 405nm 波长的光照射白色圆圈范围 5s；E. 在 $t=15$min 时，光激活的肌动蛋白开始位移到膜上，光激活区的荧光强度随之而减弱；F. 在 $t=70$min 时，肌动蛋白丝状网络结构荧光更加增强。G～I. KFP1-mito-N-6 标记的狐狸肺细胞线粒体的光开关。G. 在 $t=0$min 时，以 543nm 激光照射标记的线粒体的荧光和微分干涉差示（DIC）图像；H. 在 $t=3$min 时，以 488nm 波长的光照射线粒体进行荧光关闭，线粒体无荧光；I. 以 543nm 激光重新激活标记的线粒体的 KFP1 荧光经过 5 次荧光开关后，线粒体没有明显的光漂白现象。J～L. 以 tdEos-vinculin-C-14 标记的狐狸肺细胞超高分辨率（PALM）显微成像。J. 黏着斑的宽视场全内反射荧光图像；K. J 图中方框区域的相加 PALM 图像；L. tdEos 融合蛋白的 PALM 显微成像

研究人员从水母（*Aequorea coerulescens*）中获得了一个独特的荧光笔蛋白，在 405nm 荧光激发后可从青色转到绿色，与 PA-GFP 具有相似的功能机制（Glu222 的脱羧）。另外，PS-CFP2（Chudakov et al. 2004）是具有双重功能的 FP，其优势在于

光转化前有显著的青色荧光水平，使其更容易选择光激发区域。然而，PS-CFP2 的动态范围低，加上亮度有限，这使得该 FP 在光转换方面不及下面所述的绿色到红色的光转换。

光转换荧光蛋白

大多数光转换荧光蛋白（photoconvertable FP）的共同特征是都具有一个由组氨酸-酪氨酸-甘氨酸环化三肽构成的发色团，开始时发出绿色荧光（图 4A、B）。紫外线（365～410nm）辐射诱导组氨酸残基上的酰胺氮和 α 碳原子之间的共轭键断裂，使发色基团结合到组氨酸侧链上（Hayashi et al. 2007）。肽骨架的断裂需要完整蛋白的催化，促成发射光波长由绿色转换为橙红色。迄今发现的所有荧光笔蛋白都是在绿色和橙红色发射光之间经过了一个不可逆转的光转化，这一反应被认为是非传统的化学反应。

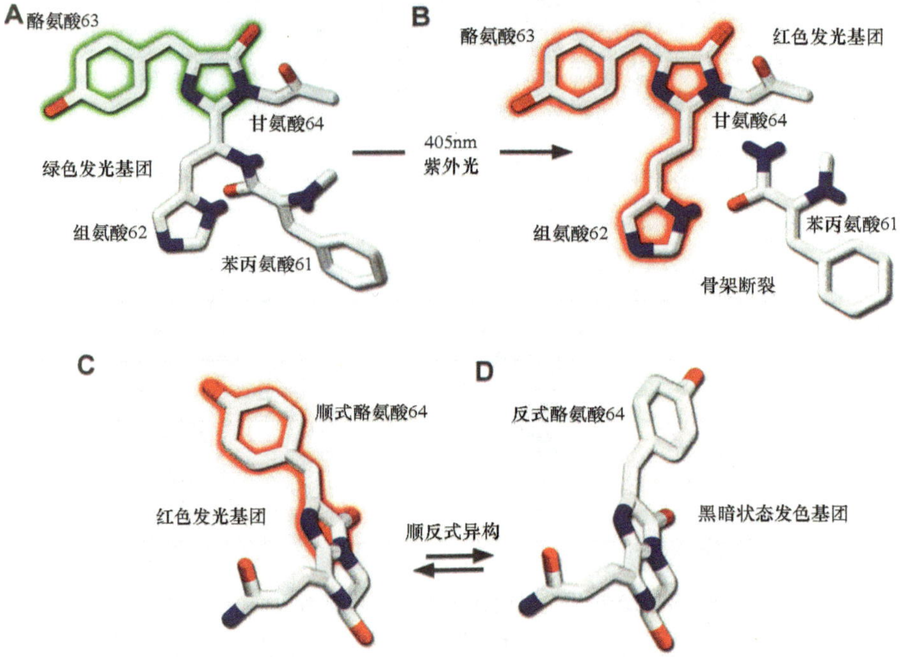

图 4　荧光笔型荧光蛋白的光转换（A、B）和光开关（C、D）机制

Kaede、KikGR、Dendra2 和 Eos 从绿色到红色的光转换，这些荧光蛋白都具有 HYG 发色基团，光转换的发生是 GFP 类的荧光蛋白（A）在紫外光的激发下，在第 62 位氨基酸氨基氮和 α 碳之间发生断裂，形成一个双咪唑环状结构产生红色荧光（B）。在 Dronpa 和 mKFP 的光开关过程中，涉及在光的交替开关时发色基团第 64 位的酪基发生顺-反光异构化。顺式异构型（C）产生红色荧光，反式异构型（D）不发光

在现有绿色到红色光转换荧光蛋白中，最适合应用于细胞动态和超分辨率显微观察研究的是 mEos2（图 3A～C）（McKiney et al. 2009）、串联-二聚体的 Eos（tdEos；Nienhaus et al. 2006）和 Dendra2（Gurskaya et al. 2006）。这些变种均来源于珊瑚，并且从原四聚体形式经过广泛突变以产生单体（或串联-二聚体）形式（表 2）。这些 FP 的绿色发射光波长最大值为 506～519nm。一旦不可逆的光转换之后，最大发射光

波长转换成 573～581nm 的橙色。mEos2 的特征是在绿色状态时的亮度最高，其次分别为 tdEos 和 Dendra2。光转换后的橙色状态 tdEos 比 mEos2 亮，其次是 Dendra2。橙色状态下这三个蛋白质的光稳定性非常高，三者之间无显著差别。最近新发现了一种单体绿色到红色的光转换荧光蛋白 mKikGR（Habuchi et al. 2008），较暗，光稳定性较 Dendra2 或 Eos 变种低。Eos 的二聚体和四聚体变体（Wiedenmann et al. 2004）、Kaede（Ando et al. 2002）和 KikGR（Tsutsui et al. 2005）一般比它们的单体亮度高，但光稳定性低，只适合于那些容许聚合 FP 的应用。

光开关荧光蛋白

通过两个不同的激发光波长照射来开或关 FP，被称为光开关荧光蛋白（photo-switchable FP）。在这个蛋白质家族成员中，最引人注目的是 Dronpa，这是来源于石珊瑚四聚体的一个单体变体（Ando et al. 2004）。Dronpa 的最大吸收峰为 503nm（阴离子，去质子生色基团）和一个 390nm 小峰（中性，质子生色基团）。当在 488nm 的光照射下，阴离子生色基团发射出最大峰值为 518nm 的绿色光并且亮度约为 EGFP 的 2.5 倍。Dronpa 的荧光开关部分是由于去质子（打开，明亮）和质子化（关闭，黑暗）形式之间的相互转换。随后 FP 在 405nm 光轻微照射下转换回开始的状态。在光漂白前此循环可以重复几百次。FP 开、关机制被认为是由于发色基团上顺反式酪氨酸侧链异构化伴随上面讨论的质子化状态的变化（图 4C、D）导致的。正如其他荧光探针一样，Dronpa 既适用于细胞动态显微观察也能应用于超高分辨率的研究中（Fernández-Suárez and Ting 2008）。近来相继报告了在性能和光谱范围上都有改良的 Dronpa 变体以及 mCherry 可开关衍生荧光蛋白（Andresen et al. 2008；Stiel et al. 2008），但其中相当一部分亮度较暗的荧光蛋白在超高分辨率成像中的应用受到限制。毫无疑问，将来改良过的 FP 将具有更高的亮度，并在活细胞动态成像中得以应用。

在海葵和珊瑚中分离到了几种不同光谱区的可开关荧光蛋白。Kindling 荧光蛋白（Chudakov et al. 2003）（Evrogen 公司商品名为 KFP1）是一种四聚体 FP，它在绿色或黄色（525～580nm）激发光下发射 600nm 红色荧光。光照停止后，KFP1 将恢复到初始状态（图 3G～I）。以强烈的蓝光（450～490nm）照射，KFP1 荧光会立刻完全猝灭，从而能够控制荧光开关。一个来源于珊瑚的 CFP 命名为 mTFP0.7（mTFP1 中间型突变）已被证实是可开关型荧光蛋白，但并未在活细胞成像中加以研究。

最近报道的 mCherry 可开关荧光蛋白单体变体（Stiel et al. 2008）可能作为超高分辨率显微成像的荧光标记使用。这些衍生物为 rsCherry 和 rsCherryRev，显示出相反的切换模式。当以黄色光照射 rsCherry 时 FP 呈打开状态，以蓝光照射时呈关闭状态；而 rsCherryRev 相反。两种 FP 构建成融合蛋白时的亮度只有 mCherry 亮度约 10%，但其单分子的亮度与 mCherry 的水平一致。

迄今已获得的 GFP 和礁石珊瑚来源的 FP 表现出了足够的潜能以改造它们的寡聚体化倾向、有限的亮度、低光稳定性及不利光谱特性。将来，通过蛋白质工程改造技术将产生更先进的 FP 以使光激活区的波长降低到毒性最低的蓝色和绿色低光谱区，同时把发射光波长推入黄色通过远红光区，显著扩大这些标记的潜在应用范围。

应用

FP 在活细胞中的通常应用

FP 是多用途的显微成像探针，并已成功地应用于从微生物学到系统生理学几乎所有生物科学学科中。FP 在培养细胞、切除组织以及整个动物体的基因表达研究中作为报告基因特别有用。由于本书主要阐述活细胞成像技术，因此本章对 FP 的应用讨论将集中在这个范围。在活细胞成像中，FP 经常用于追踪蛋白质、细胞器以及其他细胞区室在活细胞中的定位和动态（详见第 18～37 章）。融合蛋白载体的构建和表达将在第 2 章作介绍。另外，第 5、13 和 14 章将介绍蛋白质动态定位的定量方法。FP 也可应用于通过 FRET 检测活细胞中蛋白质与蛋白质相互作用（详见第 6 章）。接下来的部分将对 EGFP 和其他颜色的 FP 新成员在显微成像中以及 FP 的定性成像和在同时使用多个 FP 成像过程中出现的常见实际问题做一些介绍。最后概述从 FP 获得的几种生物传感器。

FP 应用的实际问题

对大多数希望追踪一个特定蛋白质的研究者来说，使用 FP 需要将目的基因的 cDNA与 FP 构建成融合蛋白载体然后转化到宿主细胞或整个生物体中（图 2）。与几乎所有的 GFP 变体和珊瑚来源的 FP 相比，EGFP 作为融合蛋白效果最好。因此如果可能的话，应对 GFP（或者其他良好的衍生物如 Emerald）进行预实验。在使用其他光谱区的 FP 之前，首先利用 GFP 优化载体策略，从长远来看往往证明这是值得的。在最好的情况下，新的 GFP 嵌合体及其他光谱区的衍生变体能使目标蛋白行使正常细胞功能，同时 FP 作为标记探针报告蛋白结合位置。然而，这并不总是那么简单，研究人员往往怀疑采用不同的 FP 融合载体策略是否能产生更好的效果。

假设宿主细胞是健康的，转染过程不会产生太多的创伤，那么 FP 工作中遇到的最常见的问题是荧光信号太弱、聚集化、错误定位、融合蛋白无功能以及预期的荧光强度被抑制。如果这些问题可以得到解决，研究者必须选择瞬时表达还是稳定表达，瞬时转染的细胞表达水平差异很大，而稳定表达需采取更多的时间来选择稳定表达的细胞群，但往往会产生更好的效果。通常首先考虑（并且更快）用组成性启动子瞬时表达 FP 融合蛋白，然后选择低水平荧光强度的细胞，这些细胞的表达水平可能接近内源状态而不影响细胞的正常功能（图 5）。然而构建稳定的细胞系能定量比较融合蛋白与对应的内源蛋白的表达水平，是更安全的途径。或者也可通过诱导启动子来构建融合表达载体能控制目的蛋白的表达水平。对于许多样品来说，可以在内源基因插入 FP，构建插入内源表达的 FP 标记，这种方法在模式生物，如酵母、线虫和小鼠中的应用越来越广泛，而且是定量生物学实验的最好方法。

在一些实验中，EGFP 融合蛋白表达水平比预期低。此问题可能是由若干因素导致的，包括定位目标细胞器的定位环境（主要是 pH）、嵌合体折叠不当、无表达或融合蛋白复合体高度不稳定。许多细胞器内部 pH 与细胞质差异较大，这会干扰 FP 的检测。定位在高尔基体、内吞小体、溶酶体、分泌颗粒及其他酸性环境细胞器的融合蛋白需要使用 pK_a 比较低的 FP。例如，EGFP 和 Venus 在高尔基复合体内腔中比 mCherry 和 TagRFP 更易造成荧光损失，pK_a 约低 2 个数量级。在一般情况下，微调目标环境使之适合 FP 的物理和生物化学指标有利于确保荧光的强度，但必须同时考虑其他可变因素。

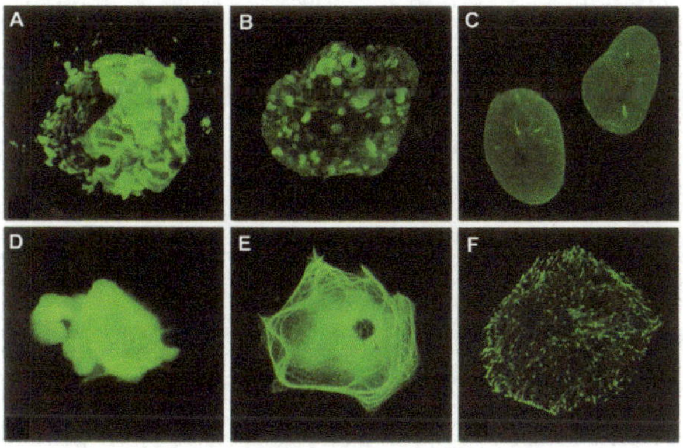

图 5　瞬时转染细胞中 FP 的不同表达水平

（A～C）mEmerald-lamin B1－C－10 在 HeLa 细胞中的表达情况。A. FP 高度过表达，表现出荧光在在高尔基体中的高背景，在细胞核里聚集，核膜结构图像失真；B. 中度过表达细胞核图像失真，信号在核质和核膜上聚集；C. 低水平表达可观察到 lamin 融合蛋白在核质中均匀弥撒和形成荧光灶。D～F. mEmerald-EB3－N－7 在灰狐肺纤维原细胞中的表达情况。D. 荧光蛋白在细胞质过度异常表达影响细胞黏附到盖玻片上；E. FP 中度过度表达可以很清晰地观察到微管上的微丝网络结构，表明逆境对微管功能的影响；F. FP 低水平表达，通过时程显微成像可以很清楚地观察到 EB3 标记的微管（＋）末端在细胞质里移动的动态情况。应从表达 FP 融合蛋白的细胞中选择稳定转染，FP 表达水平与图 C 和 F 相差不多的细胞进行实验

如果 FP、宿主融合蛋白或整个嵌合复合体未成熟，荧光强度将特别弱，尤其是珊瑚来源的 FP，其成熟时间超过 12h 或为非单体形态。这些蛋白质单独表达时都能够正确折叠，错误折叠的原因可能来源于 FP 与其融合蛋白之间的氨基酸连接链，必须分别优化 EGFP 和其他 FP 与目标蛋白之间的连接链。如果连接氨基酸不够长或不够灵活用来分隔两个结构域，就可能导致一个蛋白质或整个融合蛋白的空间折叠受阻挠。连接氨基酸的第一个选择是甘氨酸，与其他氨基酸相比，甘氨酸具有最小的侧链，赋予了其最大程度的灵活性。使用更长的连接链时应在甘氨酸残基中添加丝氨酸以提高融合蛋白的溶解度。迄今为止有大量 FP 的融合连接氨基酸链被报道，研究表明在一些环境下这些氨基酸的可选范围比较广。

在大多数情况下，2～10 个氨基酸的连接片段的长度已足够，但是否是最佳长度还要视目的蛋白融合在 FP 的氨基端还是羧基端而定。EGFP 和其他水母 FP 变体的羧基端大约有 10 个氨基酸伸展出来，大大缩短了所需连接片段的长度。相反，这些 FP 的氨基末端融合耐受性较低，需要较长的连接片段。与此相比，很多珊瑚来源的 FP 的三级结构仍未确定，因此研究人员在缺乏结构数据的情况下，应选择至少 5 个氨基酸残基组成连接片段。

在荧光融合蛋白不表达或定位不佳的情况下，应检测表达载体上的 FP 融合位置是否恰当或载体分子结构是否完整。如果该融合蛋白表达，但定位不正确，可以将融合位置放在不同的位置。例如，当羧基端融合的表现不佳时，可以将融合位置调整到氨基端。在少数情况下，某些目的蛋白两端都不适合接 FP，唯一的选择只有在目的蛋白序列的中间位置插入 FP 序列。最容许融合的区域是高度灵活的环状结构（Rocheleau et al. 2003），而其他氨基酸相对无序的区域也可能有较好效果。另有一个方法是使用环化的 GFP 衍生物（Baird et al. 1999），这些衍生物将原有的氨基和羧基端添加一小段序列连接起来，而在 β 桶状结构内部构建了新的末端。一般融合蛋白完全不表达通常表明载体构建设计有缺陷（如 FP 移码）。确保正确的核苷酸序列并且包含一个冈崎片段起始位点之后，检查融合基因两边序列是否有可能干扰转录或翻译。补救方法是切除该整个融合基因并插入到商业表达载体上的多克隆位点。

定位不佳伴随在细胞质中聚集存在的多种原因，也是研究珊瑚来源 FP 融合嵌合体过程中可能遇到的最大问题。在许多情况下，首要的原因是干扰了目的蛋白的正常生理功能，但聚集和寡聚化是 FP 自身原因所致，表达水平过高也可能产生同样问题（图 5、图 6）。在珊瑚 FP 衍生物中，聚集水平过高可能是由于将融合蛋白转运至溶酶体降解所致（Katayarna et al. 2008）。这种形式的聚合对具有高 pK_a 的标准 EGFP 衍生物不明显，因此在高酸性的溶酶体中观察不到荧光。当融合蛋白本身形成了多聚物（如肌动蛋白、微管蛋白和组蛋白）的情况下，任何寡聚化程度对荧光正确定位都具有高度的破坏性，因此在构建载体之前要仔细考虑。一般来说，对于新开发的来源于珊瑚的橙色和红色荧光蛋白单体，如果在观察过程中发现有聚集或不当定位，则要考虑是否为假象（图 6）。最好的办法是这些新的 FP 在使用时与常规 GFP 比较融合蛋白的分布情况，随后使用免疫荧光定位或合成染料来证实其定位的正确性。

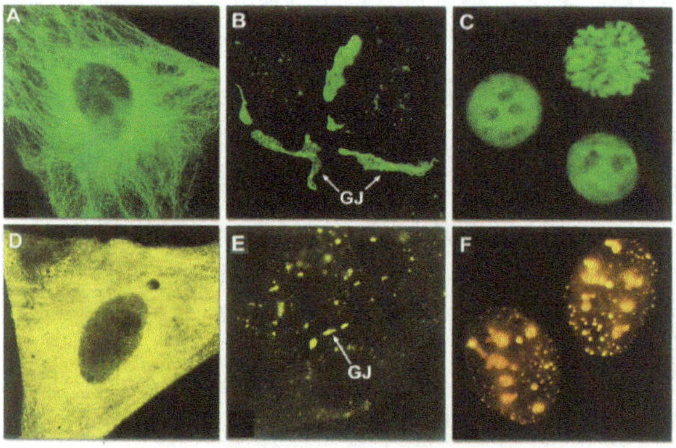

图 6　细胞定位实验结果良好和不佳的例子

图中介绍的三种融合蛋白分别为 α-微管蛋白（A 和 D）、连接蛋白 Cx43（A 和 D）和组蛋白 H2B（C 和 F）。非单体的 FP 一般效果较差。A. 融合蛋白 mEmerald-α-tubulin-C-6 在 HeLa 细胞中显示出清晰的微管网络结构；B. 融合蛋白 mEmerald-Cx43-N-7 在 HeLa 细胞的高尔基体上定位形成清晰的间隙连接斑；C. 融合蛋白 mEmerald-H2B-N-6 定位在细胞核中，有丝分裂期的不同时期都能观察到；D. 融合蛋白 mKO-α-tublin-C-6 在 HeLa 细胞中显示出定位情况比 A 图差（荧光波动并没有微管结构）。E. mEmerald-Cx43-N-7 形成的斑点非常小，与细胞膜上重叠很难分辨；F. 融合蛋白 DsRed2-H2B-N-6 在细胞核里成斑点状，并且聚集在核仁里。表达这个载体的细胞很难完成有丝分裂

活细胞中 FP 数字成像的通用技巧

最通用的 FP 和 EGFP 非常明亮，因此即使在一般的表达水平，它们也具有较高的信噪比。另外，几种新引入的来源于珊瑚虫的 FP 显示出远超出 EGFP 的荧光水平。所有这些因素可以使成像的灵活性大增，甚至在显微镜光学条件和数码相机特性不太理想的状况下也能有很高的实验成功率。尽管如此，习惯于使用免疫荧光采用内源信号扩增成像的科研人员可能会发现 FP 的荧光比较弱。这种情况在实验需要使用一种弱光突变体（如 BFP、CFP 或远红外荧光蛋白）时更为明显。在这种情况下，信噪比可能相当的低，因此需要优化 FP 的检测。检测的效率主要取决于三种因素：物镜、滤光片和检测器。限于篇幅，无法在本章中讨论如何选择某些特定应用的最优组合的细节和平衡优化，但是有几个通用的原则应该被一直遵循。

虽然物镜的选择通常被最少考虑，但是在成像实验优化配置时物镜可能是最需要重点考虑的因素。物镜决定样品成像的空间分辨率和控制从样品收集的荧光量。通常情况下，最好选择具有最大数值孔径（NA）的镜头，因为这样可以最大可能地收集信号。其他在实际操作中需要考虑的因素还有工作距离、视野和在镜头设计中的光学校正（进一步详细讨论参见 Piston 1998）。

当选择 FP 数字成像用的滤光片组时，考虑滤光片使用的方式会很有帮助。例如，当使用滤光片在肉眼下区分荧光时，这是倒置宽视场显微镜或荧光立体显微镜的常用观察情形，考虑的重点就是收集尽可能多的来自于样品的荧光，这一点非常重要，因为肉眼对于进来的光相对不敏感，但是却可以非常精确地区分不同颜色。因此，用于肉眼观测 FP 的滤光片应该是宽谱带的滤光片。而对于数字成像，重点又是截然不同的，因为检测器无法区分散射出的光子颜色。因此，对于 CCD 芯片和光电倍增管（PTM）检测器来说，最好的滤光片是针对被检测 FP 的发射光的窄谱带滤光片（Piston et al. 1999）。现在可以从滤光片制造商处购买到各种高质量的滤光片组，许多这些滤光片组是针对单色或多色 FP 成像特制的。读者可以参考滤光片制造商的网站（本章网络资源部分）确定每种滤光片的特性。

当 FP 强度很低或者表达水平必须控制在最低水平时，就需要考虑高效率的 CCD 相机。如果时间分辨率非常重要，那么电子倍增 CCD 可以提供有效的解决办法，虽然这种办法很昂贵。最近在 PMT 技术中的突破，已经大大提高了激光扫描共聚焦显微镜的检测效率，使用原系统很难做的实验现在可以用新型共聚焦显微镜轻易完成。虽然以上讨论了一些活细胞成像需考虑的要点，但最终结果的好坏还要归结到信噪比。

应用 FP 定量分析蛋白质表达水平

因为 FP 与被标记蛋白质的比例为 1∶1，因此，如果以已知的重组 FP 的浓度作为参考标准，细胞中的分子浓度就可以由总细胞荧光强度计算出来。由于 EGFP 的耐光性和高强度，因此它通常被用做以上用途。计算细胞中 EGFP 的浓度时，已知浓度的 EGFP 通常被包埋于聚丙烯酰胺中与表达 EGFP 标记的细胞共同成像（Patterson et al.

1998；Piston et al. 1999）。通过精确定量的 His 标记的 EGFP 包被于小珠上（Chiu et al. 2010），已经开发出膜蛋白标样以测定膜蛋白的密度。当有 FP 抗体特异性时，FP 的表达水平也可以通过免疫沉淀实验来确定（Cristea et al. 2005）。随着 FP 越来越多地通过使用嵌入技术（knock－in）标记完整生物体内的蛋白质分子，蛋白质表达的定量分析将会变成一项很重要的技术。

多色成像

开发有用的全色色谱 FP 的主要目的是能同时追踪几个细胞事件。如果有大量的 FP 可以利用，其最优配对可能就变得不明显了。在这里只推荐使用共聚焦成像（见第 8 章），因为共聚焦成像可以提供精准的激发光（使用特定的激光束）和立体分辨率，这对于大多数共定位实验都是非常重要的。

不带光谱检测的多色成像

应用滤光片组进行荧光多色成像需要重点考虑滤光片的交叉干扰（cross talk，通常也称为 crossover 或 bleed through），滤光片干扰意味着一个 FP 的荧光信号溢出到另一个信号通道中。这种干扰既可发生于 FP 的激发也可发生于发射。两个或更多荧光团之间的激发干扰作用于光谱的蓝光部分，而发射干扰作用于光谱的红光部分。例如，GFP 通常可以通过红光发射滤光片检测到，而红色荧光蛋白通常不能通过绿色滤光片检测到。由于这种原因，多色成像时首先使用不产生短波干扰的激发光对远红外荧光蛋白进行成像。例如，用共聚焦显微镜多线氩激光对 EYFP 和 EGFP 在同一细胞中成像时，EYFP 首先用超过 EGFP 吸收值的 514nm 激发，然后用 530～550nm 波段滤光片收集发射光。发射滤光片不是很关键，因为在这里只有 EYFP 被激发。第二次扫描用于成像 EGFP。这里使用 458nm 或 477nm 氩激光线激发，然后用非常窄的 490～500nm 发射滤光片成像。这种滤光片可以精确地排除 EYFP 荧光而只抓取 EGFP 的特定光学信号。虽然 488nm 氩激光接近 EGFP 的最大激发值，但是它非常接近发射滤光片通带，因此所收集的影像有激光干扰。

这个例子说明了两点。第一点是使用滤光片进行多色成像时需要仔细考虑牺牲信噪比以排除干扰问题，因为其所收集信号的带宽被严格限制，而且两种单独的收集程序降低了时间分辨率。第二点不太明显。对于定量多色成像，需要针对特定实验的特别光学设置。考虑到仪器的费用和共用仪器中心的普遍存在，可使用的显微镜设置可能不是很适合实验需要。虽然许多共聚焦系统都装配有收集 EYFP 的滤光片组，在常规系统中并没有在使用 EYFP 条件下针对 EGFP 收集的特殊滤光片组。因此，对于设计多色成像实验来说最重要的一点是在实验开始前确保可以获取必需的实验装备。虽然这看起来显而易见，但是在实验前核对实验仪器配置可以节省很多时间并提高效率，特别是在准备购买 FP 实验设备时。随着可利用的 FP 以及对特定实验的 FP 组合越来越多，这一点变得越来越重要。大多数成像系统设计较为灵活，但不是所有成像需求能够通过单一的系统解决。

虽然 GFP 和 YFP 在光谱中属于最好用和亮度最高的光学探针，但是两者之间的光谱峰只相距 25nm。使用这一对标记多色实验是有可能的，但滤光片组间的干扰是个很大问题，因此这一对组合经常不被采用。目前为止，最广泛使用的组合为 YFP 和 CFP 的配对或者是 EGFP 与橙色荧光蛋白或红色荧光蛋白的配对。虽然 ECFP 没有大多数 BFP 光明亮，但是使用它有两个好处：①目前的共聚焦系统都能用氩激光（458nm）或二极管激光（405nm 或 440nm），很容易激发 ECFP；②与 BFP 相比，ECFP 和衍生物（如 Cerulean 和 TFP1）对光漂白有更强的抗性。将 mApple、mKO、TagRFP 或 mCherry 与 EGFP 配对也是一个不错的选择，因为大多数激光共聚焦、转盘式和宽视场显微镜可以在常规配置下将它们轻易分离（如 488nm 和 561nm 激光或 FITC 与 Texas Red 滤光片组）。对于使用 FP 的三标记，使用 Cerulean、EGFP 或 mCitrine 和 mApple 或 mCherry 的组合是不错的选择。

在活细胞成像中还需要考虑使用几种 FP 的一些折中方案。例如，随着颜色种类的增加，数据收集的速度会下降。这是因为每种颜色需要不同的数据收集条件。另外，随着颜色的增加，荧光间的交叉干扰变得更加复杂，这是因为 FP 的发射光谱一般很广（80～200nm）。最后，由于不同 FP 间相对荧光强度不同，每种颜色需要不同的信号整合时间。CFP 和 BFP 的荧光较为黯淡，因此可能需要更长的信号收集时间，而同样时间对于荧光较强的 GFP 和 YFP 就可能过饱和了。因此，FP 实验的实验需求平衡就显得很重要（如快速收集还是最佳分离）。例如，对于需快速收集的实验来说，使用 EYFP 与 mKO 组合就是一个不错的选择，因为这两个 FP 可以共用一个激发设置；而使用 Cerulean 和 EYFP 组合可以提供较好的光谱分离。还有一个办法就是使用 mKO 和 mPlum 组合，然后用共聚焦显微镜的 543nm 激光激发，这样就可以同时有单波长激发和极好的光谱分离。

带光谱检测的多色成像

使用滤光片组检测荧光发射的最大缺点就是通过滤光片收集到的光子无论来源如何都采用同样的处理。最近，仪器的发展已经可以基于样品的发射光谱区分荧光的来源。目前主要仪器供应商的共聚焦成像系统都可以进行光谱成像和分离光谱紧密相交的不同 FP 间的荧光发射。

同时可以使用多少种不同的颜色呢？理论上来讲，可利用光谱分离的 FP 的数量没有任何限制。图 7 是 EGFP 和 EYFP（高度光谱交叠）的线形非混合光学成像，而图 8 是 EBFP2（蓝色）、mTFP1（水蓝色）、mCitrine（黄色）、mCherry（橙色-红色）和 mPlum（远红外）在单细胞内通过滤光片成功分离的照片。光谱扫描技术的线形非混合技术的成功应用改变了多色实验中 FP 的选择方式。除了通过选择滤光片来达到最佳分离效果外（如 ECFP 与 EYFP 配对或 EGFP 与 mCherry 配对），最佳 FP 也可以被选择出来了。例如，图 8 中就是使用 BFP、CFP、YFP、橙色荧光蛋白和红色荧光蛋白的 5 色标记实验。

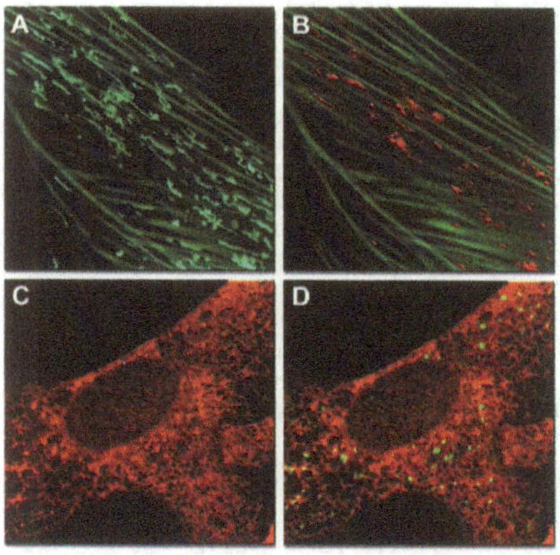

图 7　活细胞中的光谱成像和线形光谱分离

A. 在狐狸肺纤微细胞中表达融合蛋白 mEGFP-β - actin - C - 7 和 EYFP - mitochondria - N - 7，以 488nm 激光激发，在 500～550nm 成像。这两种 FP 的激发峰具有约 20nm 的光谱分离。B. 通过线形光谱分离并为不同的标记蛋白加载伪彩，肌动蛋白显示绿色荧光，线粒体呈红色。C. 在 HeLa 细胞中表达融合蛋白 mApple - endoplasmic reticulum - C - 5 和 mCherry - peroxisomes - C - 2，以 561nm 激光激发，在 580～650nm 成像。这些 FP 的激发峰具有约 18nm 的光谱分离。D. 通过线形分离后，内质网显示红色，过氧化物酶体呈绿色

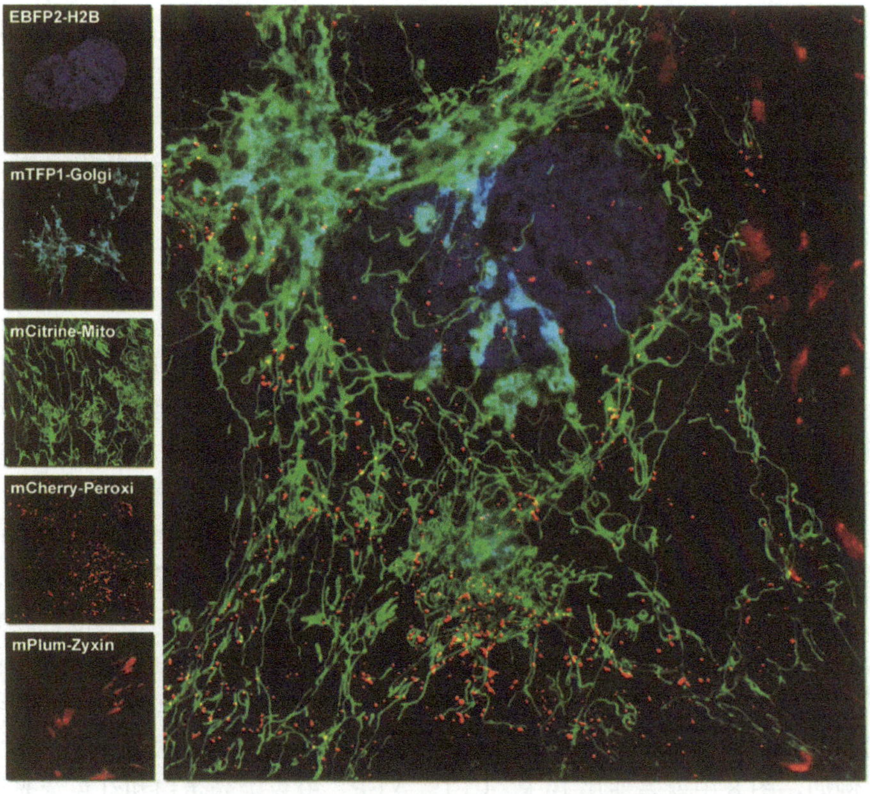

图 8　在单细胞中的五色荧光成像

左边五副图分别为 5 种融合蛋白：组蛋白 H2B（EBFP2）、高尔基体（mTFP1）、线粒体（mCitrine）、过氧化物酶体（mCherry）和斑联蛋白（mPlum）；选用窄带宽滤光片组（约 20nm 发射光带宽）进行宽视场荧光成像；复合图像见右图

需要指出的是在这张图中，EBFP2 和 mPlum 的成像质量要远低于 mTFP1、mCitrine 和 mCherry。这是因为收集数据的低信噪比，这造成几个现有的 BFP 和远红外 FP 组合的使用困难。幸运的是，随着活力更强的 FP 开发和新型 FP 的发现，这些缺点中的大部分将被解决。因此可以说，可用于活细胞成像的 FP 数量将持续增加。

FP 的特殊应用

FP 除了在多色成像中作为报告标记研究蛋白质定位外，也被作为基因激活（Hakkila et al. 2002）标记来追踪发育过程中的细胞系（Verkhusha et al. 2001）、监测蛋白质动态变化（LippincottSchwartz et al. 2001），以及作为转基因探针（Livet et al. 2007）追踪病毒杆菌的定位（Bauicombe et al. 1995）、蛋白质互补检测（Kerppola 2008）和发色团辅助光灭活（Bulina et al. 2006）和其他应用（Stepanenko et al. 2008）。FP 也被巧妙地应用于建立高度特异性的生物传感器来监测广泛的生理过程，包括 pH 的波动（Hanson 2002）、钙波感应（Nagai et al. 2001）、环核苷酸信使效应（Nagai et al. 2000）、膜电位波动（Tsursui et al. 2008 年）、信号转导（Griesbeck 2004）、磷酸化（Zhang et al. 2001）、氧化还原反应（Belousov et al. 2006）和细胞凋亡（Ai et al. 2008a）。本节简要介绍 FP 如何应用于生物传感器并提供相关综述文章。

FP 生物传感器

在活细胞中限制 FRET 广泛使用的一个主要障碍是缺乏合适的方法来标记细胞内的特定蛋白质。以 FP 构建的生物传感器与其他合成染料，如 Fura2 和 BAPTA 的方法相比具有诸多优势。FP 生物传感器成熟后能自发获得荧光，另外，可以使用标准的分子生物学技术构建 FP 生物传感器，再通过转染进入细胞进行瞬时或者稳定表达遗传编码序列。作为一个额外优势，FP 生物传感器可以连接上一个相对短的信号肽定位到特异亚细胞结构，如线粒体、高尔基体、细胞核、细胞膜或内质网（ER）以监测局部目标活动情况。

如上所述，最近的发展提供了许多不同光谱范围的 FP，以及日趋复杂的蛋白质嵌合体（融合蛋白或生物传感器），它们为 FRET 实验提供了大量具有潜力的 FP 配对。FP 应用于 FRET 涉及选定一对 FP 作为一个生物传感器（单个遗传载体）或者两个蛋白质分别融合不同的 FP 然后进行分子间的测算（Piston and Kremers 2007）。后一种方法已被用来观察多种蛋白质相互作用，包括受体的聚合（Overton and Blumer 2000）和转录因子功能的研究（Tonaco 2006）。然而，单独表达蛋白融合体进行 FRET 检测非常困难，因为独立的荧光分子在活细胞中表达时，化学计量结果不可避免地会发生变化。无论如何，在设置适当的对照和机密地进行实验时，这种性质的实验还是能提供有价值的结果的。

通过 FP 成对地融合到涉及重要生理信号转导并起关键功能的生物多聚体中，科研人员已开发出一些新的有用分子探针，可用于重要的信号传递和代谢过程的活细胞成像。典型情况下，两种 FP（通常是青色荧光蛋白和黄色荧光蛋白的变体）分别接在传感蛋白或肽序列的两个末端（图 9）。传感蛋白结构变化会导致复合体产生相应的复杂组织结构的变化，从而可以观察到融合在两边的两个 FP 之间的 FRET 水平。使用单激发参数，可以观察到供体和受体荧光输出比例的改变。

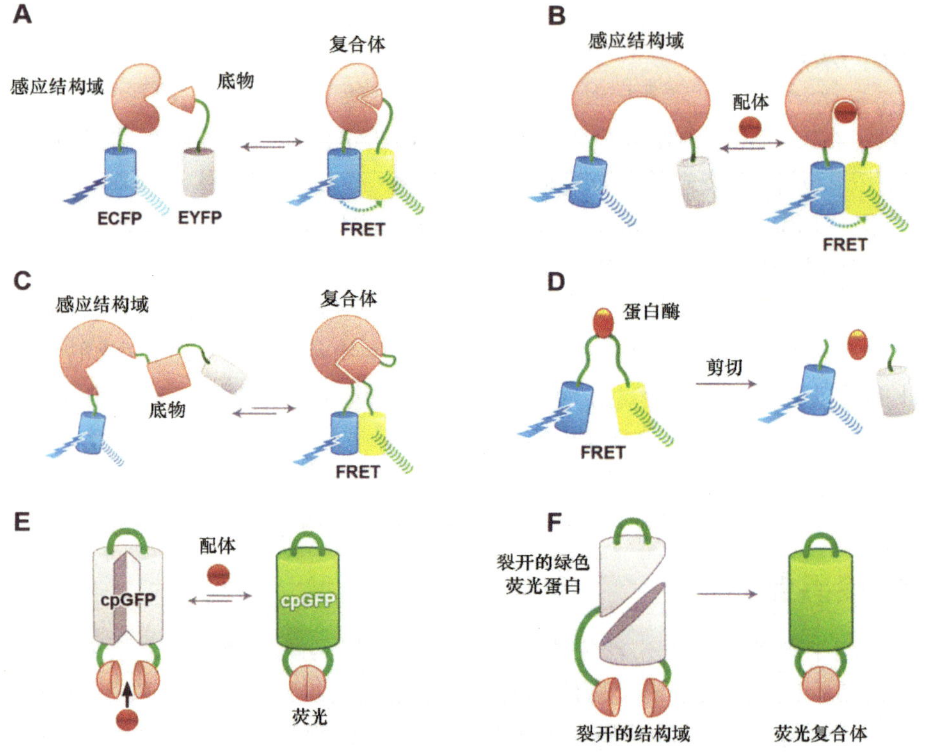

图 9 常规 FP 生物传感器的策略模式图

青色柱状结构为 CFP，灰色柱状结构为无 FRET 的 YFP，黄色柱状结构为有 FRET 的 YFP。蓝色闪电表示 450nm 的激发光，平行波为发射，肉色为感应结构域，效应物为球形或椭圆形。A. 分离的感应结构域与融合了 CFP 和 YFP 的底物分子之间发生 FRET；B. FP 生物传感器与感应结构域和效应配体；C. 包含感应结构域和底物的 FP 生物传感器；D. FP 生物传感器感应底物的剪切随之 FRET 消失；E. 当结合配体后，带裂开的感应结构域的环状 GFP 产生荧光；F. 在 BiFC 构型中裂开的 GFP

第二种策略是通过改变 FP 分子自身的结构（图 9E）。如上述讨论，FP 的荧光性质主要是由生色基团与包裹氨基酸相互作用而定的。发色基团包裹无论物理性质或者突变都会对 FP 的荧光性质产生巨大的影响。因此，已经开发出来大量的生物传感器，这些传感器通过操纵单个 FP 的构象能感应一些生物学事件。一般来说，感应 FP 的构建是通过将构象敏感的蛋白质结构域导入 FP 的骨架或者通过 FP 的自身突变来实现。

第一个 FP 生物传感器是钙感应器，命名为 Cameleon，Cameleon 是在 EBFP 和 EGFP 之间加上钙调蛋白和肌球蛋白轻链激酶的钙-钙调蛋白结合域（M13 域）而成（Miyawaki 1997）。当胞外钙离子增加时，M13 域结合钙调蛋白多肽导致两个 FP 之间的 FRET 增加（图 10）。遗憾的是该传感器只有很低的动态范围（1.6 倍荧光增加），并且由于 BFP 的低亮度和光稳定性导致很难观察。引入 EYFP 和 ECFP 采用相同模式的改进版本产生更高的信号水平。用 YFP 衍生物（名为 Camgaroos）插入到钙感应多肽第 7 个 β 折叠的起始位置甚至产生更好的效果。感应肽位于特殊部位，具有良好的耐受性，并能保持高水平的荧光。另外一种策略是利用 FP 所具有的独特桶形结构，通过修饰该蛋白末端将氨基端和羧基端连接起来，然后在蛋白质中心区域创造一个新的起始密码子（通常是环的位置）（Nagai et al. 2001）。这些结构改变的衍生物称为循状置换 FP（图 9E），可以融合钙调蛋白和 M13 构成非常好的钙传感器。

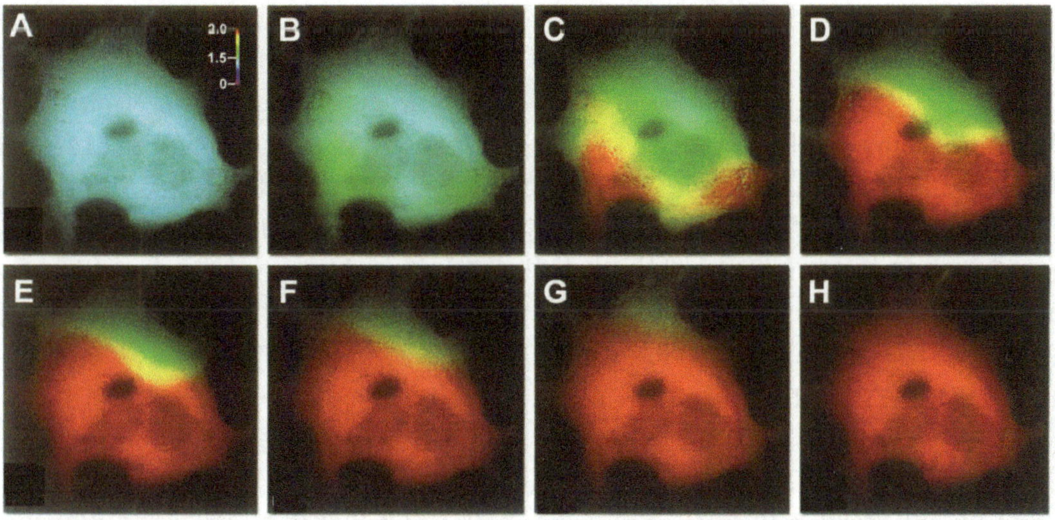

图 10　表达了环化突变的 Cameleon YC. 60 的 HeLa 细胞的细胞质的宽视场钙荧光成像

A. 单细胞原色成像，时间=0，添加组胺（10μmol/L）；B. HeLa 细胞的比例伪彩图，示钙波首先在细胞膜上的两个灶点起始，时间=10s。C～G. 钙波逐步扩散到细胞质，C. 时间=10.3s；D. 时间=10.5s；E. 时间=10.8s；F. 时间=11.1s；G. 时间=11.3s；H. 钙波到达细胞的远侧部分，时间=12.0s。FRET 水平以图 A 所示的伪彩比例来显示

钙的生物传感器的原理很快被应用于其他（如 pH、磷酸化和蛋白酶活性）探测中。通常有两种方法可以用来改造 FP 作为酸度传感器探测细胞质和细胞器里的酸度变化。第一种方法是依赖 EGFP（pK_a=5.9）和 EYFP（pK_a=6.5）对酸性环境的敏感性与对酸相对不敏感的 FPsECFP（pK_a=4.7）或 DsRed（pK_a=4.5）配合使用。EGFP 或 EYFP 与对酸不太敏感的 FP 融合形成一个定量探针，可以用来测量细胞内的酸度。第二种方法是依赖 GFP 天然蛋白质双光谱峰转移引起的质子变化。一类经典的命名为 pHluorins 探针，从 GFP 派生而来（Sankaranarayanan et al. 2000），在 pH 下降时，激发峰由 470nm 转移到 410nm。双发射光谱峰的 pH FP 传感器也得到了发展，在绿色和蓝色区有光谱峰（Hanson et al. 2002）。

虽然无法实时报告激酶活性，但能对磷酸化进行监测。磷酸化的生物传感器组成部分包括一个来源于特定激酶的磷酸化结构域和一个加在两个能进行 FRET 的 FP 之间的磷酸结合域。当传感器被激酶磷酸化时，磷酸结合域结合到磷酸化的序列上，从而启动或关闭 FRET。这种简单的方法已经被证明能产生功能强大和非常特异的生物传

感器。如同许多其他的生物传感器一样，其主要缺点是动态检测范围较低。

也许最广泛使用的生物传感器的设计主要是筛选新的或改进 FRET 的 FP，涉及蛋白酶裂解检测法（图 9D）。简单的结构域包括由短肽相连的两个 FP，短肽中含有一个保守的蛋白酶裂解位点（Vanderklish et al. 2000；Lalonde et al. 2005）。在一般情况下，该传感器产生极强烈的 FRET，一旦连接序列断裂，FRET 就完全消失。由于该技术通常具有高动态范围，可用来筛选新的青色和绿色 FRET 作为供体蛋白而黄色荧光蛋白、橙色荧光蛋白和红色荧光蛋白作为受体。最大的蛋白酶生物传感器整合入了一个蛋白酶裂解位点，这个位点对 caspase 类蛋白酶敏感，被广泛应用于细胞凋亡诱导研究中。在过去几年里，已报道了一大批同时使用感应 FP 和 FRET 供体和配体对的新型生物传感器（综述见 Lalonde et al. 2005；Li et al. 2006；Stepanenko et al. 2008；VanEngelenburg and Palmer 2008）。尽管采用青色荧光蛋白和黄色荧光蛋白变体的 FRET 传感器的动态范围会受限，但由于测算简单、容易获得以及能与类似特性的其他传感器相比较，这类传感器已被广泛采用。新的 FRET 配对 FP 也开始出现，包括青色（Cyan）和水蓝色（Teal）供体 FP 与其黄色和橙色受体蛋白的配对（Erickson et al. 2003；Karasawa et al. 2004；Day et al. 2008），以及 GFP 供体与红色荧光蛋白受体的配对（Trarnier et al. 2006；Goedhart et al. 2007）。然而，迄今为止，这些荧光蛋白成对使用还很有限（Piston and Kremers 2007）。几个有前景的生物传感器利用 Sapphire 或黄色 GFP 衍生物匹配红色荧光蛋白产生激发和发射光波长位移（Ai et al. 2008a；Hazelwood et al. 2008；Albertazzi et al. 2009）。在更多使用经过改进的 FP 组合基础上，先进的生物传感器无疑会出现，有利于提高这些传感器的动态范围和其他性能。

开发生物传感器的新策略正在涌现。例如，一个新型蛋白-蛋白互作检测系统已通过将一个 FP 分裂为两部分而发展起来（Kerppola 2008）。这种方法命名为双分子荧光互补法（BiFC），该方法是将 FP 在合适的位点切开形成不发荧光的两个片段，将这两个片段分别融合到两个相互作用的蛋白质上（图 9F）。当目标蛋白相互作用时 FP 结构重构并发射荧光，但一旦分裂 FP 重新组合后，就不能再次分裂，因此这种做法尚未应用于细胞动态检测。虽然荧光成熟会出现一个以小时计算的半衰期，但这种方法已经被成功地应用于研究相互作用的转录因子复合物的亚细胞定位，以及在活细胞状态下筛选其他互作因子。BiFC 又是另外一个改造 FP 制造分子探针的例子。当然，改造 FP 用于生物传感器的技术和方法将会越来越多。

展望

目前，FP 发展的重点围绕两个基本目标。第一个目标是完善水母衍生 FP 日益增长的色谱。第二个目标是获取有用的、特性与 EGFP 相当的红色荧光蛋白和深红色荧光蛋白。实现这些目标的进展已相当可观。最新一代水母 FP 变体已经解决了第一代 FP 的大部分问题，特别是对于 CFP、GFP 和 YFP。寻找一个单体、明亮和快速成熟的红色荧光蛋白的过程中已发现了几个新的和有希望的类型，尤其是来自珊瑚及海葵的FP。随着光谱分离技术的发展和应用越来越广，期望这些新品种能补充现有的色谱，尤其是在黄色、橙色和红色的光谱区域。

FP应用于生物传感器的工程开发的巨大潜力开始被认识。生物传感器的数量正在迅速增长。利用结构信息将不断提高探针的灵敏度。这些努力的结果是在不久的将来会有适当的FP生物传感器用于监测几乎任何生物参数在细胞内的变化。

最后，目前改造合成探针和FP的目的是增强荧光基团在远红光和近红外线光谱区的发射。在哺乳动物细胞中，在可见光谱中的红色部分相对于可见光谱的蓝色和绿色部分，组织的自发荧光和光吸收量也大大减少。因此，长波长荧光探针的开发在厚的动物标本和整个动物体内是非常有用的。由于FP在转基因系统中的成功应用，在未来几年，远红荧光蛋白在整个生物体内的应用研究将越来越重要。也许有一天，FP的发射波长将扩展到近红外线波长。

网络资源

荧光蛋白与显微镜

http：//learn. hamamatsu. com/ Hamamatsu learning Center

http：//www. conncoll. edu/ccacad/zimmer/GFP-ww/GFP1. htm Green fluorescent protein-The GFP sit

http：//www. microscopy. fsu. edu/ Molecular Expressions

http：//www. microscopyu. com/ Nikon MicroscopyU

http：//www. olympusconfocal. com/ Olympus FluoView Resource Center

http：//www. olympusmicro. com/ Olympus Microscopy Resource Center

http：//zeiss-campus. magnet. fsu. edu/ Zeiss On-Line Campus.

荧光滤光片

http：//www. chroma. com/ Chroma Technology Corp 公司

http：//www. omegafilters. com/ Omega Optical 公司

http：//www. semrock. com/ Semrock 公司

荧光蛋白供应商

http：//www. addgene. org/ Addgene 公司。为研究人员提供非盈利的质粒。分发大量各异的荧光蛋白载体

http：//www. allelebiotech. com/ Allele Biotechnology 公司。FP：mTFP1，mWasabi.

http：//www. amaxa. com/ Amaxa 生物系统公司。Amaxa pmaxFP line ：pmaxFP-Green，pmaxFP-Yellow-m，pmaxFP-Red.

http：//www. bdbiosciences. com/ BD生命科学公司。Baculovirus transfer vectors with BFP and YFP variants.

http：//www. clontech. com/ Clontech Laboratories 公司。Living colors FP line：AcGFP1，AmCyan1，AsRed2，DsRed2，Ds Red-Express，DsRed-MONOMER，HcRed1，ZsGreen1，ZsYellow1，mFruits.

http：//www. evrogen. com/ Evrogen 公司。Turbo and Tag FP lines：TurboGFP，YFP，RFP，FP602；PhiYFP，JRed，TagRFP，mKate，dKatushka，PS-CFP2，Dendra2，Dendra2，KFP-Red，HyPer，KillerRed

http：//www. invitrogen. com/ invitrogen 公司。Vivid colors FP line：Emerald，Topaz，CFP，BFP Cycle 3 GFP

http：//luxbiotech. com/ LUX 生物技术公司。NanoLight FP line：(UK)：Renilla mullerei GFP，Ptilosarcus GFP，Renilla reniformis GFP

http：//mblintl. com/ MBL 国际公司。CoralHue FP line：mAzami Green，mKusabira Orange，mKO2，Dronpa，Kaede，Kikume Green－Red，Keima Red，Midoriishi Cyan

http：//www. nanolight. com/ NanoLight Technology 公司。NanoLight FP line (USA)：Renilla mullerei GFP，Ptilosarcus GFP，Renilla reniformis GFP

http：//las. perkinelmer. com/ PerkinElmer 公司。$BRET^2$ assay vectors GP line：GFP^2 humanized codon cloning vectors

http：//www. promega. com/ Promega 公司. Monster green GP line：phMGFP.

http：//www. stratagene. com/ Stratagene 公司。Vitality FP vectors：hrGFP and hrGFPII Nuc，Mito，Golgi，Peroxy.

影像说明

影像可以从 www. cshprotocols. org/livecellimaging 网站免费获得。

影像 1.1. 表达了人 α-微管蛋白与 EGFP 融合蛋白的非洲绿猴肾上皮细胞（CV－1 细胞株）用尼康扫场显微镜在 1.45NA 全内反射荧光显微镜（TIRFM）物镜下得到的图像。

影像 1.2. 表达了人 α-微管蛋白- EGFP 和人组蛋白 H2B-mCherry 融合蛋白的猪肾表皮细胞（LLC－PK1 细胞株）用尼康 C1si 激光扫描共聚焦显微镜得到的图像。

影像 1.3. 表达了人 β-肌动蛋白与 EGFP 融合蛋白的狐狸肺表皮细胞（Folu 细胞株）用尼康扫场显微镜在 1.45NA 全内反射荧光显微镜（TIRFM）物镜下得到的图像。

影像 1.4. 表达了人 β-肌动蛋白与 EGFP 融合蛋白的狐狸肺表皮细胞（Folu 细胞株）用尼康扫场显微镜在 1.45NA 全内反射荧光显微镜（TIRFM）物镜下得到的图像。

影像 1.5. 表达了微管蛋白 EB3 与 EGFP 融合蛋白的狐狸肺表皮细胞（Folu 细胞株）用尼康扫场显微镜在 1.45NA 全内反射荧光显微镜（TIRFM）物镜下得到的图像。

影像 1.6. 表达了人 α-微管蛋白与 EGFP 融合蛋白的狐狸肺表皮细胞（Folu 细胞株）用尼康扫场显微镜在 1.45NA 全内反射荧光显微镜（TIRFM）物镜下得到的图像。

影像 1.7. 表达了人轻链网格蛋白与 EGFP 融合蛋白的狐狸肺表皮细胞（Folu 细胞株）用尼康扫场显微镜在 1.45NA 全内反射荧光显微镜（TIRFM）物镜下得到的图像。

影像 1.8. 表达了人 β-肌动蛋白与 mCherry 融合蛋白以及 mKusabira Orange 与人线粒体融合物的狐狸肺表皮细胞（Folu 细胞株）用尼康扫场显微镜得到的图像。

影像 1.9. 表达了微管蛋白 EB3 与 mKusabira Orange 融合蛋白的狐狸肺表皮细胞（Folu 细胞株）用尼康扫场显微镜在 1.45NA 全内反射荧光显微镜（TIRFM）物镜下得到的图像。

影像 1.10. 表达了 mKusabira Orange 与线粒体靶向信号肽融合的狐狸肺表皮细胞（Folu 细胞株）用尼康扫场显微镜在 1.45NA 全内反射荧光显微镜（TIRFM）物镜下得到的图像。

影像 1.11. 表达了微管蛋白 EB3 与 Ypet 融合蛋白的狐狸肺表皮细胞（Folu 细胞株）用尼康扫场显微镜在 1.45NA 全内反射荧光显微镜（TIRFM）物镜下得到的图像。

影像 1.12. 表达了过氧化物酶靶向序列与 EGFP 融合蛋白的人宫颈癌表皮细胞（HeLa 细胞株）用尼康扫场显微镜在 1.45NA 全内反射荧光显微镜（TIRFM）物镜下得到的图像。

影像 1.13. 表达了过氧化物酶靶向序列与 EYFP 融合蛋白的人宫颈癌表皮细胞（HeLa 细胞株）用尼康扫场显微镜在 1.45NA 全内反射荧光显微镜（TIRFM）物镜下得到的图像。

影像 1.14. 表达了微管蛋白 EB3 - mEmerald 和人组蛋白 H2B - mCherry 融合蛋白的猪肾表皮细胞（LLC - PK1 细胞株）在尼康 C1si 激光扫描共聚焦显微镜下得到的图像。

影像 1.15. 表达了高尔基体靶向序列－GFP 和线粒体线粒体靶向序列－SdRed 融合蛋白的狐狸肺表皮细胞（Folu 细胞株）在尼康 C1si 激光扫描共聚焦显微镜下得到的图像。

影像 1.16. 表达了内质网靶向肽- mEmerald 融合蛋白的人骨肉瘤表皮细胞（U2OS 细胞株）在尼康 C1si 激光扫描共聚焦显微镜下得到的图像。

影像 1.17. 表达了人 β-肌动蛋白与 EGFP 融合蛋白的负鼠肾表皮细胞（OK 细胞株）用尼康扫场显微镜在 1.45NA 全内反射荧光显微镜（TIRFM）物镜下得到的图像。

影像 1.18. 表达了内涵体靶向信号- EGFP 融合蛋白的负鼠肾表皮细胞（OK 细胞株）用尼康扫场显微镜在 1.45NA 全内反射荧光显微镜（TIRFM）物镜下得到的图像。

影像 1.19. 表达了高尔基体靶向信号- EGFP 融合蛋白的负鼠肾表皮细胞（OK 细胞株）用尼康扫场显微镜在 1.45NA 全内反射荧光显微镜（TIRFM）物镜下得到的图像。

影像 1.20. 表达了 LAMP1（靶向溶酶体）- EYFP 融合蛋白的负鼠肾表皮细胞（OK 细胞株）用尼康扫场显微镜在 1.45NA 全内反射荧光显微镜（TIRFM）物镜下得到的图像。

影像 1.21. 表达了 β-肌动蛋白与 EYFP 融合蛋白的负鼠肾表皮细胞（OK 细胞株）

用尼康扫场显微镜在 1. 45NA 全内反射荧光显微镜（TIRFM）物镜下得到的图像。

影像 1. 22. 表达了高尔基体靶向信号－EYFP 融合蛋白的负鼠肾表皮细胞（OK 细胞株）用尼康扫场显微镜在 1. 45NA 全内反射荧光显微镜（TIRFM）物镜下得到的图像。

参考文献

Ai H, Henderson JN, Remington SJ, Campbell RE. 2006. Directed evolution of a monomeric, bright and photostable version of *Clavularia* cyan fluorescent protein: Structural characterization and applications in fluorescence imaging. *Biochem J* **400:** 531–540.

Ai H, Shaner NC, Cheng Z, Tsien RY, Campbell RE. 2007. Exploration of new chromophore structures leads to the identification of improved blue fluorescent proteins. *Biochemistry* **46:** 5904–5910.

Ai H, Hazelwood KL, Davidson MW, Campbell RE. 2008a. Fluorescent protein FRET pairs for ratiometric imaging of dual biosensors. *Nat Methods* **5:** 401–403.

Ai H, Olenych SG, Wong P, Davidson MW, Campbell RE. 2008b. Hue-shifted monomeric variants of *Clavularia* cyan fluorescent protein: Identification of the molecular determinants of color and applications in fluorescence imaging. *BMC Biochem* **6:** 13.

Albertazzi L, Arosio D, Marchetti L, Ricci F, Beltram F. 2009. Quantitative FRET analysis with the EGFP-mCherry fluorescent protein pair. *Photochem Photobiol* **85:** 287–297.

Ando R, Hama H, Yamamoto-Hino M, Mizuno H, Miyawaki A. 2002. An optical marker based on the UV-induced green-to-red photoconversion of a fluorescent protein. *Proc Natl Acad Sci* **99:** 12651-12656.

Ando R, Mizuno H, Miyawaki A. 2004. Regulated fast nucleocytoplasmic shuttling observed by reversible protein highlighting. *Science* **306:** 1370–1373.

Andresen M, Stiel AC, Fölling J, Wenzel D, Schönle A, Egner A, Eggeling C, Hell SW, Jakobs S. 2008. Photoswitchable fluorescent proteins enable monochromatic multilabel imaging and dual color fluorescence nanoscopy. *Nat Biotechnol* **26:** 1035–1040.

Baird GS, Zacharias DA, Tsien RY. 1999. Circular permutations and receptor insertion within green fluorescent proteins. *Proc Natl Acad Sci* **96:** 11241–11246.

Baulcombe DC, Chapman S, Santa Cruz S. 1995. Jellyfish green fluorescent protein as a reporter for virus infections. *Plant J* **7:** 1045–1053.

Belousov VV, Fradkov AF, Lukyanov KA, Staroverov DB, Shakhbazov KS, Terskikh AV, Lukyanov S. 2006. Genetically encoded fluorescent indicator for intracellular hydrogen peroxide. *Nat Methods* **3:** 281–286.

Bulina ME, Lukyanov KA, Britanova OV, Onichtchouk D, Lukyanov S, Chudakov DM. 2006. Chromophore-assisted light inactivation (CALI) using the phototoxic fluorescent protein KillerRed. *Nat Protocol* **1:** 947–953.

Campbell RE. Tour O, Palmer AE, Steinbach PA, Baird GS, Zacharias DA, Tsien RY. 2002. A monomeric red fluorescent protein. *Proc Natl Acad Sci* **99:** 7877–7882.

Chalfie M, Tu Y, Euskirchen G, Ward WW, Prasher DC. 1994. Green fluorescent protein as a marker for gene expression. *Science* **263:** 802–805.

Chiu CS, Kartalov E, Unger M, Quake S, Lester HA. 2001. Single-molecule measurements calibrate green fluorescent protein surface densities on transparent beads for use with "knock-in" animals and other expression systems. *J Neurosci Methods* **105:** 55–63.

Chudakov DM, Belousov VV, Zaraisky AG, Novoselov VV, Staroverov DB, Zorov DB, Lukyanov S, Lukyanov KA. 2003. Kindling fluorescent proteins for precise in vivo photolabeling. *Nat Biotechnol* **21:** 191–194.

Chudakov DM, Verkhusha VV, Staroverov DB, Souslova EA, Lukyanov S, Lukyanov KA. 2004. Photoswitchable cyan fluorescent protein for protein tracking. *Nat Biotechnol* **22:** 1435–1439.

Cormack B, Valdivia RH, Falkow S. 1996. FACS-optimized mutants of the green fluorescent protein (GFP). *Gene* **173:** 33–38.

Cristea IM, Williams R, Chait BT, Rout MP. 2005. Fluorescent proteins as proteomic probes. *Mol Cell Proteomics* **4:** 1933–1941.

Cubitt AB, Heim R, Adams SR, Boyd AE, Gross LA, Tsien RY. 1995. Understanding, improving and using green fluorescent proteins. *Trends Biochem Sci* **20:** 448–455.

Cubitt AB, Woolenweber LA, Heim R. 1999. Understanding structure-function relationships in the *Aequorea victoria* green fluorescent protein. *Methods Cell Biol* **58:** 19–30.

Day RN, Schaufele F. 2008. Fluorescent protein tools for studying protein dynamics in living cells: A review. *J Biomed Opt* **13:** 031202.

Day RN, Booker CF, Periasamy A. 2008. Characterization of an improved donor fluorescent protein for Förster resonance energy transfer microscopy. *J Biomed Opt* **13:** 031203.

Deheyn DD, Kubokawa K, McCarthy JK, Murakami A, Porrachia M, Rouse GW, Holland ND. 2007. Endogenous green fluorescent protein (GFP) in amphioxus. *Biol Bull* **213:** 95–100.

Erickson MG, Moon DL, Yue DT. 2003. DsRed as a potential FRET partner with CFP and GFP. *Biophys J* **85:** 599–611.

Fernández-Suárez M, Ting A. 2008. Fluorescent probes for super-resolution imaging in living cells. *Nat Rev Mol Cell Biol* **9:** 929–943.

Follenius-Wund A, Bourotte M, Schmitt M, Iyice F, Lami H, Bourguignon J, Haiech J, Pigault C. 2003. Fluorescent derivatives of the GFP chromophore give a new insight into the GFP fluorescence process. *Biophys J* **85:** 1839–1850.

Fradkov AF, Verkhusha VV, Staroverov DB, Bulina ME, Yanushevich YG, Martynov VI, Lukyanov S, Lukyanov KA. 2002. Far-red fluorescent tag for protein labeling. *Biochem J* **368:** 17–21.

Goedhart J, Vermeer J, Adjobo-Hermans M, van Weeren L, Gadella T. 2007. Sensitive detection of p65 homodimers using red-shifted and fluorescent protein based FRET couples. *PLoS ONE* **2:** e1011.

Griesbeck O. 2004. Fluorescent proteins as sensors for cellular functions. *Curr Opin Neurobiol* **14:** 636–641.

Griesbeck O, Baird GS, Campbell RE, Zacharias DA, Tsien RY. 2001. Reducing the environmental sensitivity of yellow fluorescent protein. *J Biol Chem* **276:** 29188–29194.

Gurskaya NG, Fradkov AF, Terskikh A, Matz MV, Labas YA, Martynov VI, Yanushevich YG, Lukyanov KA, Lukyanov SA. 2001. GFP-like chromoproteins as a source of far-red fluorescent proteins. *FEBS Lett* **507:** 16–20.

Gurskaya NG, Verkhusha VV, Shcheglov AS, Staroverov DM, Chepurnykh TV, Fradkov AF, Lukyanov S, Lukyanov KA. 2006. Engineering of a monomeric green-to-red photoactivatable fluorescent protein induced by blue light. *Nat Biotechnol* **24:** 461–465.

Habuchi S, Tsutsui H, Kochaniak AB, Miyawaki A, van Oijen AM. 2008. mKikGR, a monomeric photoswitchable fluorescent protein. *PLoS ONE* **3:** e3944.

Hakkila K, Maksimow M, Karp M, Virta M. 2002. Reporter genes *lucFF, luxCDABE, gfp*, and *dsred* have different characteristics in whole-cell bacterial sensors. *Anal Biochem* **301:** 235–242.

Hanson GT, McAnaney TB, Park ES, Rendell MEP, Yarbrough DK, Chu S, Xi L, Boxer SG, Montrose MH, Remington SJ. 2002. Green fluorescent protein variants as ratiometric dual emission pH sensors. 1. Structural characterization and preliminary application. *Biochemistry* **41:** 15477–15488.

Hayashi I, Mizuno H, Tong KI, Furuta T, Tanaka F, Yoshimura M, Miyawaki A, Ikura M. 2007. Crystallographic evidence for water-assisted photo-induced peptide cleavage in the stony coral fluorescent protein Kaede. *J Mol Biol* **372:** 918–926.

Hazelwood K, Ramko EB, Ozarowska AP, Olenych SG, Worthy PN, Guan A, Murphy CS, Davidson MW. 2008. Searching the fluorescent protein color palette for new FRET Pairs. *Proc SPIE* **6868:** 68680C.

Heim R, Prasher DC, Tsien RY. 1994. Wavelength mutations and post-translational autoxidation of green fluorescent protein. *Proc Natl Acad Sci* **91:** 12501–12504.

Heim R, Cubitt AB, Tsien RY. 1995. Improved green fluorescence. *Nature* **373:** 663–664.

Hoffman RM. 2005. The multiple uses of fluorescent proteins to visualize cancer in vivo. *Nat Rev Cancer* **5:** 796–806.

Karasawa S, Araki T, Yamamoto-Hino M, Miyawaki A. 2003. A green-emitting fluorescent protein from *Galaxeidae* coral and its monomeric version for use in fluorescent labeling. *J Biol Chem* **278:** 34167–34171.

Karasawa S, Araki T, Nagi T, Mizuno H, Miyawaki A. 2004. Cyan-emitting and orange-emitting fluorescent proteins as a donor/acceptor pair for fluorescence resonance energy transfer. *Biochem J* **381:** 307312.

Katayama H, Yamamoto A, Mizushima N, Yoshimori T, Miyawaki A. 2008. GFP-live proteins stably accumulate in lysosomes. *Cell Struct Funct* **33:** 1–12.

Kerppola TK. 2008. Bimolecular fluorescence complementation (BiFC) analysis as a probe of protein interactions in living cells. *Annu Rev Biophys* **37:** 465–487.

Kirber MT, Chen K, Keaney JF. 2007. YFP photoconversion revisited: Confirmation of the CFP-like species. *Nat Methods* **4:** 767–768.

Kogure T, Karasawa S, Araki T, Saito K, Kinjo M, Miyawaki A. 2006. A fluorescent variant of a protein from the stony coral *Montipora* facilitates dual-color single-laser fluorescence cross-correlation spectroscopy. *Nat Biotechnol* **24:** 577–581.

Kogure T, Kawano H, Abe Y, Miyawaki A. 2008. Fluorescence imaging using a fluorescent protein with a large Stokes shift. *Methods* **45:** 223–226.

Kozak M. 1987. An analysis of 5′-noncoding sequences from 699 vertebrate messenger RNAs. *Nucleic Acids Res* **15:** 8125–8148.

Kredel S, Oswald F, Nienhaus K, Deuschle K, Röcker C, Wolff M, Heilker R, Nienhaus GU, Wiedenmann J. 2009. mRuby, a bright monomeric red fluorescent protein for labeling of subcellular structures. *PLoS ONE* **4:** e4391.

Kremers G-J, Goedhart J, van Munster EB, Gadella TWJ. 2006. Cyan and yellow super fluorescent proteins with improved brightness, protein folding, and FRET Förster radius. *Biochemistry* **45:** 6570–6579.

Kremers GJ, Goedhart J, van den Heuvel DJ, Gerritsen HC, Gadella TWJ. 2007. Improved green and blue fluorescent proteins for expression in bacteria and mammalian cells. *Biochemistry* **46:** 3775–3783.

Lalonde S, Ehrhardt DW, Frommer WB. 2005. Shining light on signaling and metabolic networks by genetically encoded biosensors. *Curr Opin Plant Biol* **8:** 574–581.

Li IT, Pham E, Truong K. 2006. Protein biosensors based on the principle of fluorescence resonance energy transfer for monitoring cellular dynamics. *Biotechnol Lett* **28:** 1971–1982.

Lippincott-Schwartz J, Snapp E, Kenworthy A. 2001. Studying protein dynamics in living cells. *Nat Rev Mol Cell Biol* **2:** 444–456.

Livet J, Weissman TA, Kang H, Draft RW, Lu J, Bennis RA, Sanes JR, Lichtman JW. 2007. Transgenic strategies for combinatorial expression of fluorescent proteins in the nervous system. *Nature* **450:** 56–62.

Masuda H, Takenaka Y, Yamaguchi A, Nishikava S, Mizuno H. 2006. A novel yellowish-green fluorescent protein from the marine copepod, *Chiridius poppei*, and its use as a reporter protein in HeLa cells. *Gene* **372:** 18–25.

Matz MV, Fradkov AF, Labas YA, Savitsky AP, Zaraisky AG, Markelov ML, Lukyanov SA. 1999. Fluorescent proteins from nonbioluminescent Anthozoa species. *Nat Biotechnol* **17:** 969–973.

McKinney SA, Murphy CS, Hazelwood KL, Davidson MW, Looger LL. 2009. A bright and photostable fluorescent protein. *Nat Methods* **6:** 131–133.

Mena MA, Treynor TP, Mayo SL, Daugherty PS. 2006. Blue fluorescent proteins with enhanced bright brightness and photostability from a structurally targeted library. *Nat Biotechnol* **24:** 1569–1571.

Merzlyak EM, Goedhart J, Shcherbo D, Bulina ME, Shcheglov AS, Fradkov AF, Gaintzeva A, Lukyanov KA, Lukyanov S, Gadella TWJ, et al. 2007. Bright monomeric red fluorescent protein with an extended fluorescent lifetime. *Nat Methods* **4:** 555–557.

Miyawaki A, Llopis J, Heim R, McCaffery JM, Adams JA, Ikura M, Tsien RY. 1997. Fluorescent indicators for Ca^{2+} based on green fluorescent proteins and calmodulin. *Nature* **388:** 882–887.

Miyawaki A, Griesbeck O, Heim R, Tsien RY. 1999. Dynamic and quantitative calcium measurements using improved cameleons. *Proc Natl Acad Sci* **96:** 2135–2140.

Nagai Y, Miyazaki M, Aoki R, Zama T, Inouye S, Hirose K, Iino M, Hagiwara M. 2000. A fluorescent indicator for visualizing cAMP-induced phosphorylation in vivo. *Nat Biotechnol* **18:** 313–316.

Nagai T, Sawano A, Park ES, Miyawaki A. 2001. Circularly permuted green fluorescent proteins engineered to sense Ca^{2+}. *Proc Natl Acad Sci* **98:** 3197–3202.

Nagai T, Ibata K, Park ES, Kubota M, Mikoshiba K, Miyawaki A. 2002. A variant of yellow fluorescent protein with fast and efficient maturation for cell-biological applications. *Nat Biotechnol* **20:** 87–90.

Nguyen AW, Daugherty PS. 2005. Evolutionary optimization of fluorescent proteins for intracellular FRET. *Nat Biotechnol* **23:** 355–360.

Nienhaus GU, Nienhaus K, Hölzle A, Ivanchenko S, Renzi F, Oswald F, Wolff M, Schmitt F, Röcker E, Ballone B, et al. 2006. Photoconvertible fluorescent protein EosFP: Biophysical properties and cell biology applications. *Photochem Photobiol* **82:** 351–358.

Ormö M, Cubitt AB, Kallio K, Gross LA, Tsien RY, Remington SJ. 1996. Crystal structure of the *Aequorea victoria* green fluorescent protein. *Science* **273:** 1392–1395.

Overton MC, Blumer KJ. 2000. G-protein-coupled receptors function as oligomers in vivo. *Curr Biol* **10:** 341–344.

Patterson G. 2007. Fluorescent proteins for cell biology. *Methods Mol Biol* **411:** 47–80.

Patterson GH, Lippincott-Schwartz J. 2002. A photoactivatable GFP for selective photolabeling of proteins and cells. *Science* **297:** 1873–1877.

Patterson GH, Knobel SM, Sharif WD, Kain SR, Piston DW. 1997. Use of the green fluorescent protein and its mutants in quantitative fluorescence microscopy. *Biophys J* **73:** 2782–2790.

Patterson GH, Schroeder SC, Bai Y, Weil A, Piston DW. 1998. Quantitative imaging of TATA-binding protein in living yeast cells. *Yeast* **14:** 13–25.

Patterson G, Day RN, Piston D. 2001. Fluorescent protein spectra. *J Cell Sci* **114:** 837–838.

Pédelacq J-D, Cabantous S, Tran T, Terwilliger TC, Waldo GS. 2006. Engineering and characterization of a superfolder green fluorescent protein. *Nat Biotechnol* **24:** 79–88.

Piston DW. 1998. Choosing objective lenses: The importance of numerical aperture and magnification in digital optical microscopy. *Biol Bull* **195:** 1–4.

Piston DW, Kremers GJ. 2007. Fluorescent protein FRET: The good, the bad and the ugly. *Trends Biochem Sci* **32:** 407–414.

Piston DW, Patterson GH, Knobel SM. 1999. Quantitative imaging of the green fluorescent protein (GFP). *Methods Cell Biol* **58:** 31–48.

Prasher DC, Eckenrode VK, Ward WW, Prendergast FG, Cormier MJ. 1992. Primary structure of the *Aequorea victoria* green fluorescent protein. *Gene* **111:** 229–233.

Remington SJ. 2006. Fluorescent proteins: Maturation, photochemistry and photophysics. *Curr Opin Struct Biol* **16:** 714–721.

Rizzo MA, Springer GH, Granada B, Piston DW. 2004. An improved cyan fluorescent protein variant useful for FRET. *Nat Biotechnol* **22:** 445–449.

Rocheleau JV, Edidin M, Piston DW. 2003. Intrasequence GFP in class I MHC molecules, a rigid probe for fluorescence anisotropy measurements of the membrane environment. *Biophys J* **84:** 4078–4086.

Sakaue-Sawano A, Kurokawa H, Morimura T, Hanyu A, Hama H,

Osawa H, Kashiwagi S, Fukami K, Miyata T, Miyoshi H, et al. 2008. Visualizing spatiotemporal dynamics of multicellular cell-cycle progression. *Cell* **132:** 487–498.

Sankaranarayanan S, De Angelis D, Rothman JE, Ryan TA. 2000. The use of pHluorins for optical measurements of presynaptic activity. *Biophys J* **79:** 2199–2208.

Shagin DA, Barsova EV, Yanushevich YG, Fradkov AF, Lukyanov KA, Labas YA, Semenova TN, Ugalde JA, Meyers A, Nunez JM, et al. 2004. GFP-like proteins as ubiquitous metazoan superfamily: Evolution of functional features and structural complexity. *Mol Biol Evol* **21:** 841–850.

Shaner NC, Campbell RE, Steinbach PA, Giepmans BNG, Palmer AE, Tsien RY. 2004. Improved monomeric red, orange and yellow fluorescent proteins derived from *Discosoma* sp. red fluorescent protein. *Nat Biotechnol* **22:** 1567–1572.

Shaner NC, Patterson GH, Davidson MW. 2007. Advances in fluorescent protein technology. *J Cell Sci* **120:** 4247–4260.

Shaner NC, Lin MZ, McKeown MR, Steinbach PA, Hazelwood KL, Davidson MW, Tsien RY. 2008. Improving the photostability of bright monomeric orange and red fluorescent proteins. *Nat Methods* **5:** 545–551

Shcherbo D, Merzlyak EM, Chepurnykh TV, Fradkov AF, Ermakova GV, Solovieva EA, Lukyanov KA, Bogdanova EA, Zaraisky AG, Lukyanov S, et al. 2007. Bright far-red fluorescent protein for whole-body imaging. *Nat Methods* **4:** 741–746.

Shcherbo D, Murphy CS, Ermakova GV, Solovieva EA, Chepurnykh TV, Shcheglov AS, Verkhusha VV, Pletnev VZ, Hazelwood KL, Roche PM, et al. 2009. Far-red fluorescent tags for protein imaging in living tissues. *Biochem J* **418:** 567–574.

Shimomura O. 2006. The discovery of green fluorescent protein. In *Green fluorescent protein: Properties, applications, and protocols*, 2nd ed. (ed. M Chalfie, S Kain), Chap. 1, pp. 1–14. Wiley-Interscience, New York.

Shimomura O, Johnson FH, Saiga Y. 1962. Extraction, purification, and properties of aequorin, a bioluminescent protein from the luminous hydromedusan *Aequorea*. *J Cell Comp Physiol* **59:** 223–239.

Sinnecker D, Voigt P, Hellwig N, Schaefer M. 2005. Reversible photobleaching of enhanced green fluorescent proteins. *Biochemistry* **44:** 7085–7094.

Sniegowski JA, Phail ME, Wachter RM. 2005. Maturation efficiency, trypsin sensitivity, and optical properties of Arg96, Glu222 and Gly67 variants of green fluorescent protein. *Biochem Biophys Res Commun* **332:** 657–663.

Stepanenko OV, Verkhusha VV, Kuznetsova IM, Uversky VN, Tutoverov KK. 2008. Fluorescent proteins as biomarkers and biosensors: Throwing color lights on molecular and cellular processes. *Curr Protein Pept Sci* **9:** 338–369.

Stiel AC, Andresen M, Bock H, Hilbert M, Schilde J, Schöne A, Eggeling C, Egner A, Hell SW, Jakobs S. 2008. Generation of monomeric reversibly switchable red fluorescent proteins for far-field fluorescence nanoscopy. *Biophys J* **95:** 2989–2997.

Subach OM, Grundorov IS, Yoshimura M, Subach FV, Zhang J, Grüenwald D, Souslova EA, Chudakov DM, Verkhusha VV. 2008. Conversion of a red fluorescent protein into a bright blue probe. *Chem Biol* **15:** 1116–1124.

Subach FV, Patterson GH, Manley S, Gillette JM, Lippincott-Schwartz J, Verkhusha VV. 2009. Photoactivatable mCherry for high-resolution two-color fluorescence microscopy. *Nat Methods* **6:** 153–159.

Tonaco IA, Borst JW, de Vries SC, Angenent GC, Immink RG. 2006. In vivo imaging of MADS-box transcription factor interactions. *J Exp Bot* **57:** 33–42.

Tramier M, Zahid M, Mevel J, Masse M. Coppey-Moisan M. 2006. Sensitivity of CFP/YFP and GFP/mCherry pairs to donor photobleaching on FRET determination by fluorescence lifetime imaging microscopy in living cells. *Microsc Res Tech* **69:** 933–939.

Tsien RY. 1998. The green fluorescent protein. *Annu Rev Biochem* **67:** 509–544.

Tsutsui H, Karasawa S, Shimizu H, Nukina N, Miyawaki A. 2005. Semi-rational engineering of a coral fluorescent protein into an efficient highlighter. *EMBO Rep* **6:** 233–238.

Tsutsui H, Karasawa S, Okamura Y, Miyawaki A. 2008. Improving membrane voltage measurements using FRET with new fluorescent proteins. *Nat Methods* **5:** 683–685.

Valentin G, Verheggen C, Piolot T, Neel H, Coppey-Moisan M, Bertrand E. 2005. Photoconversion of YFP into a CFP-like species during acceptor photobleaching FRET experiments. *Nat Methods* **2:** 801.

Vanderklish PW, Krushel LA, Holst BH, Gally JA, Crossin KL, Edelman GM. 2000. Marking synaptic activity in dendritic spines with a calpain substrate exhibiting fluorescence resonance energy transfer. *Proc Natl Acad Sci* **97:** 2253–2258.

VanEngelenburg SB, Palmer AE. 2008. Fluorescent biosensors of protein function. *Curr Opin Chem Biol* **12:** 60–65.

Verkhusha VV, Sorkin A. 2005. Conversion of the monomeric red fluorescent protein into a photoactivatable probe. *Chem Biol* **12:** 279–285.

Verkhusha VV, Otsuna H, Awasaki T, Oda H, Tsukita S, Ito K. 2001. An enhanced mutant of red fluorescent protein DsRed for double labeling and developmental timer of neural fiber bundle formation. *J Biol Chem* **276:** 29621–29624.

Wang L, Xie J, Deniz AA, Schultz PG. 2003. Unnatural amino acid mutagenesis of green fluorescent protein. *J Org Chem* **68:** 174–176.

Wang L, Jackson WC, Steinbach PA, Tsien RY. 2004. Evolution of new nonantibody proteins via iterative somatic hypermutation. *Proc Natl Acad Sci* **101:** 16745–16749.

Wang Y, Shyy JY, Chien S. 2008. Fluorescent proteins, live-cell imaging, and mechanobiology: Seeing is believing. *Annu Rev Biomed Eng* **10:** 1–38.

Ward WW. 2006. Biochemical and physical properties of green fluorescent. In *Green fluorescent protein: Properties, applications, and protocols*, 2nd ed. (ed. M Chalfie, S Kain), Chap. 3, pp. 39–66. Wiley-Liss, New York.

Wiedenmann J, Schenk A, Roecker C, Girod A, Spindler KD, Nienhaus GU. 2002. A far-red fluorescent protein with fast maturation and reduced oligomerization tendency from *Entacmaea quadricolor* (Anthozoa, Actinaria). *Proc Natl Acad Sci* **99:** 11646–11651.

Wiedenmann J, Ivanchenko S, Oswald F, Schmitt F, Rocker C, Salih A, Spindler K, Nienhaus GU. 2004. EosFP, a fluorescent marker protein with UV-inducible green-to-red fluorescence conversion. *Proc Natl Acad Sci* **101:** 15905–15910.

Xia N, Luo W, Zhang J, Xie X, Yang H, Li S, Chen M, Ng M. 2002. Bioluminescence of *Aequorea macrodactyla*, a common jellyfish species in the East China Sea. *Mar Biotechnol* **4:** 155–162.

Yang TT, Cheng L, Kain SR. 1996. Optimized codon usage and chromophore mutations provide enhanced sensitivity with the green fluorescent protein. *Nucleic Acids Res* **24:** 4592–4593.

Zacharias DA, Tsien RY. 2006. Molecular biology and mutation of green fluorescent protein. *Methods Biochem Anal* **47:** 83–120.

Zacharias DA, Violin JD, Newton AC, Tsien RY. 2002. Partitioning of lipid-modified monomeric GFPs into membrane microdomains of live cells. *Science* **296:** 913–916.

Zapata-Hommer O, Griesbeck O. 2003. Efficiently folding and circularly permuted variants of the Sapphire mutant of GFP. *BMC Biotechnol* **3:** 5–11.

Zhang J, Ma Y, Taylor SS, Tsien RY. 2001. Genetically encoded reporters of protein kinase A activity reveal impact of substrate tethering. *Proc Natl Acad Sci* **98:** 14997–15002.

Zimmermann T, Rietdorf J, Girod A, Georget V, Pepperkok R. 2002. Spectral imaging and linear un-mixing enables improved FRET efficiency with a novel GFP2-YFP FRET pair. *FEBS Lett* **531:** 245–249.

（洪芳　译　方玉达　校）

第 2 章　荧光蛋白融合的构建和表达

David L. Spector[1] and Robert D. Goldman[2]

[1]Cold Spring Harbor Laboratory, One Bungtown Road, Cold Spring Harbor, New York 11724;

[2]Department of Cell and Molecular Biology, Feinberg School of Medicine, Chicago, Illinois 60611

荧光融合蛋白（fluorescent protein fusion，FPF）已用于研究单个细胞以及一个生物体中某一特定组织的一系列问题（第 18～24 章）。但是，研究者在使用荧光融合蛋白时，必须确保该荧光融合蛋白的表达水平等同于或接近于对应的内源蛋白的水平，还要确保该融合蛋白是全长的，在细胞中定位准确、表现正常。因荧光蛋白（fluorescent protein，FP）本身的分子质量为 27kDa，研究者必须考虑将如此大的标签加载到目标蛋白上后的潜在影响。本章讨论了如何完成上述目标，并提供范例以帮助研究者设计和具体实施采用荧光融合蛋白的实验。

构建融合蛋白

含多克隆位点的载体可从商业化公司（如 Clontech、MP Biomedicals 和 Stratagene 等公司）购买，这些载体中荧光蛋白的羧基端或氨基端可按读码框插入所感兴趣的 cDNA或基因组序列。选择何种载体取决于所研究蛋白质相互作用或折叠的关键序列位置。例如，假如所研究的蛋白质羧基端有相互作用的关键区，合乎逻辑的考虑是将融合蛋白插入到所研究蛋白质编码序列的氨基端。然而，实践经验显示这种逻辑选择并不总是正确的，因此，恰当的做法是同时构建氨基端和羧基端融合蛋白，然后按下述步骤来鉴定这两个融合蛋白细胞定位和蛋白质-蛋白质相互作用的正确性。除氨基端和羧基端融合外，荧光蛋白的内部编码区也可插入外源蛋白，这已被用于双分子荧光互补（bimolecular fluorescence complementation，BiFC）实验以测定活细胞中蛋白质相互作用的位置（Hu et al. 2002）。至于编码区内部插入荧光蛋白的情况，已有研究将绿色荧光蛋白（Green fluorescent protein，GFP）插入到鼠主要组织相容性 I 类复合体等位基因 $H2L^d$ 的 α3 和跨膜结构域之间（Marguet et al. 1999；Rocheleau et al. 2003）。GFP 位于氨基端和羧基端由 6 个氨基酸残基组成的连接链之间（连接链的序列分别为 PGSIAT 和 LGMDEL），以下将进一步讨论连接链。在双分子荧光互补方法中，当黄色或其他荧光蛋白的氨基端和羧基端片段与其他两个蛋白质共价连接时，如果这两个蛋白质相互作用而聚合时，无荧光的黄色或其他荧光蛋白的氨基端和羧基端片段能够重新接近而组成完整的荧光子（Hu et al. 2002；Hu and Kerppola 2003）。

在商业化公司购买到的载体通常来源于巨细胞病毒或类人猿病毒- 40（SV40）的

启动子，两者均能驱动高水平表达。在需要低水平表达的启动子时，需用 SV2（Tsukamoto et al. 2000；Janicki et al. 2004）等弱启动子或内源启动子替换以上强启动子。另外，利用小鼠 RNA 多聚酶 II 启动子或磷酸甘油酸脂激酶启动子的载体可购于商业化公司（MP Biomedicals 公司）用于在胚胎干细胞中表达。当细胞组成性表达不易耐受的蛋白质时，需购买含诱导性表达启动子的融合蛋白载体（Rubinchik et al. 2000）（MP Biomedicals 公司）。四环素或 cumate 诱导系统已在活细胞实验中得以应用（如 Janicki et al. 2004；Kumaran and Spector 2008）。诱导性表达在研究经诱导后在某一位置和不同时间点随着时间和空间变化过程中也是有用的（Ahmad and Henikoff 2002）。

荧光融合蛋白构造中需要考虑的另一个因素是目标蛋白和荧光蛋白的正确折叠。为了达到荧光蛋白和目标蛋白在空间上无阻碍折叠，很多研究者在荧光蛋白与多克隆位点之间加上了连接链序列。此方法也适用于荧光蛋白可能在空间上干扰目标蛋白与其功能配体间相互作用的情况。若干连接链序列已开发使用。例如，酿酒酵母（*Saccharomyces cerevisiae*）肌动蛋白- GFP 的融合序列是由肌动蛋白自身启动子接着肌动蛋白全编码序列，然后为 10 个丙氨酸残基的连接链，最后是 GFP 的构成（Doyle and Botstein 1996）。另一些研究者将 10 个由甘氨酸-丙氨酸重复序列构成的连接链放到 GFP 序列的 ATG 密码子（Grava et al. 2000），或者在目标基因与 GFP 之间加上亲水且空间上柔性的连接链（GEGQGQGQGPGRGYAYRS）（Leonhardt et al. 2000）。另外，包含空间上柔性由 6 个氨基酸（GGGGGA）组成的连接链的载体可购于商业公司（如 MP Biomedicals 公司）。

表达融合蛋白

荧光融合蛋白可瞬时或稳定表达。瞬时表达是指未插入到细胞基因组中的基因在质粒中高水平表达，而稳定表达则通过基因已融合到染色体 DNA 中并用选择性标记（如 G418）筛选维持，从而导致更趋向于内源水平的表达。将质粒序列导入细胞中可通过电穿孔、化学处理（$CaPO_4$）、反转录病毒转化或显微注射方法，化学处理使用各种商业化脂质体转染试剂，相关试剂盒可购自商业化公司（如 Roche Applied Science 公司的 FuGENE6、Invitrogen 公司的 Lipofectamine、Biontex Inc 公司的 DOTAP）。不管采用何种方法，最佳条件必须由具体细胞类型决定。我们通常采用电穿孔方法，并摸索出相关条件。例如，在 Gene Pulser II（Bio-Rad）电击仪对人 U2OS 细胞进行 170V、950μF（Janicki et al. 2004）电穿孔实验操作，2h 后就可检测到荧光融合蛋白低水平表达。具体融合蛋白表达水平依赖于质粒 DNA 转染量、启动子强度、表达时间。优化实验条件可获得荧光蛋白低水平表达，从而准确模拟内源蛋白的细胞定位并提供足够荧光强度进行时程性实验。

尽管瞬时表达迅速并能提供一些有用结果，但很多情况下，构建稳定细胞系以表达目标融合蛋白是有益和（或）必要的。除了能更好地获得内源表达水平外，不同细胞系由不同单细胞产生，对质粒插入位点可进行作图，并且插入的拷贝数也可确定。

而且，细胞群中每一个细胞均表达融合蛋白，非常易于进行细胞周期分析和生物化学分馏实验。以下实验方案由 Margaret Wheelock（University of Nebraska）提出并经 Paula Bubulya（Wright State University）改进，用于构建稳定表达荧光融合蛋白的细胞系。

建立稳定哺乳动物细胞系以表达荧光融合蛋白

实验方案实施前，必须考虑以下问题，并准备和配制试剂。

（1）用于转染的 DNA：利用 $CsCl_2$ 梯度离心法或商业化试剂盒（如 Qiagen 公司）提取 DNA。转染 DNA 量取决于所选用的转染方法，开始稳定表达转染前，以瞬时转染来获得适当的蛋白质表达水平以优化转染 DNA 量。

（2）筛选稳定克隆的抗生素：筛选稳定克隆抗生素的最适浓度依抗生素种类和所研究的细胞类型而定。稳定转染开始前确定抗生素总量，以 2～4 天内杀死大多数细胞为准。有些抗生素［如嘌呤霉素（puromycin）］反应迅速，而有些需几天时间反应，如遗传霉素（G418）。

（3）筛选方案：提前准备。稳定克隆需筛选，转染后需近 4～8 周来制备冷冻储存细胞系。对于荧光融合蛋白，通过荧光显微镜观察记录其表达的细胞数。细胞表达被截断的蛋白质是常见的，进一步需通过免疫印迹筛选阳性克隆以证实融合蛋白的大小是否正确。

（4）用于转染的细胞：转染前两天裂解细胞以促进细胞生长。转染前一天平铺转染细胞。对于电穿孔实验，选择 80%铺满细胞的培养皿供第二天使用。对于转染实验需要附着细胞。例如，磷酸钙或脂质体介导转染方法，选择分别有 10%～20%或 20%～40%铺满细胞的培养皿供第二天使用。如果转染细胞［如幼仓鼠肾脏（baby hamster kidney，BHK）细胞］生长迅速，每个培养皿中放入较少的细胞。

实验方案

哺乳细胞转染

尽管最佳转染步骤依细胞类型而不同（如磷酸钙法、电穿孔或 Roche Applied Science 公司的 FuGENE6 试剂盒），以下通用的转染步骤可有效地稳定转染 HeLa、A-431、U2OS、BHK 和 HT1080 细胞。

材料

注意：标记有<!>的材料请参考附录正确处理；
标有<R>的试剂请参考本章最后的配方制备。

试剂

抗生素（适合所采用的选择方法）
转染 DNA（如用 Qiagen 公司试剂盒制备）
磷酸盐溶液（PBS）<R>
剪切过的鲑鱼精 DNA
胰蛋白酶<!>

仪器

电击杯（4mm 间隙；640 型号；BTX 公司，Holliston，Massachusetts）
电击仪（Gene Pulser II；BioRad 公司，Hercules，California）
荧光显微镜（Carl Zeiss 公司；Thornwood，New York）
培养皿（100mm）
细胞培养小室（6 孔和 24 孔）

方法

第一天

（1）根据制造商提供的说明制备 DNA 以用于转染步骤。

对 HeLa 细胞的电穿孔转染，成功的方案是将 2μg 目标 DNA 和 20～40μg 鲑鱼精 DNA 碎片（AMRESCO 公司）混合物直接加入到电击杯中。

（2）转染细胞。①转染所需要的附着细胞：根据具体转染方法制备 DNA，并直接加入到细胞中。培养细胞 24h。②电击转染：尽量在最短时间内利用胰蛋白酶处理细胞以促使细胞从培养皿上脱落。在 15mL 锥形管中悬浮细胞并温和离心使细胞聚集。含有80%铺满细胞的每个培养板可用作4次不同转染。例如，在800μL培养液中重新悬浮离心聚集的细胞，在含有DNA的电击杯中加入200μL细胞悬浮液。混合细胞和DNA。设置电击仪参数（HeLa细胞：240V；950μF），电击。

（3）电击后室温放置2min，然后在电击杯中加入1mL培养液，充分混匀以避免死细胞聚集。细胞直接平铺在含100mL培养液的100mm培养皿中，37℃培养24h。

第二天

（4）去除转染细胞中的培养液。无菌磷酸盐缓冲液（PBS）反复冲洗细胞3次，倒入新鲜的培养液。37℃培养24h。

生长非常迅速的细胞，如BHK细胞，每一步实验操作可提前进行以避免细胞太聚集。

第三天

（5）利用胰蛋白酶充分酶解细胞直至获得单细胞悬浮液。准备10个各含8mL缓冲液的100mm培养皿。因转染细胞仍留在培养皿中，最好重复使用原始培养皿。加入10mL缓冲液重悬转染细胞，每个培养皿分别各加入1mL。37℃培养24h。

第四天

（6）准备筛选用的恰当抗生素10×工作液10mL，将抗生素沿培养皿边缘加入1mL，旋转混匀。每隔几天观察死亡细胞量和培养液颜色，检测转染过程变化；黄色培养液预示细胞生长过度。若培养液中死亡细胞稠密，4～7天后更换新鲜的抗生素培养液。

第14～21天（大约）

（7）此时间段出现稳定转染细胞群落。顶灯下仔细观察群落。

（8）待细胞群落生长至直径约4mm时，将其转至24孔板上。并在培养皿底部用记号笔标记群落位置。每板选择10个群落供筛选，尽量挑选独立的单群落。当然，筛选更多群落将更有机会筛选到阳性克隆或融合蛋白表达水平不一的克隆。

当释放吸液枪活塞吸入带缓冲液的细胞时，吸液枪头可用来刮取细胞群落（使用Gilson公司吸液器P1000或P200）。另外可选用克隆环用胰蛋白酶酶解各群落，但此技术较难操作。24孔板为母板，应小心操作，并保持无菌状态。

第21～28天（大约）

（9）待细胞平铺汇聚后，筛选24孔板上的各群落。对于刮取的群落，平铺汇聚的标准是指每孔上几处有多个大的细胞簇（直径为4～6mm），而不是单层细胞铺满孔底。①另准备一套筛选用的24孔板。如果使用荧光显微镜筛选，在每孔上放圆形小盖玻片。②每孔上方标记相应的克隆数。③PBS冲洗汇聚平铺细胞后加入3～4滴胰蛋白酶

（放入恒温箱以松散大细胞簇）。当细胞脱落时加入 1mL 培养液和血清，移液枪轻轻吹打悬浮细胞。④转移 25%～50%细胞至筛选板孔中。

若希望避免母液盘细胞生长过盛，可丢弃大约 25%的剩余细胞。在母培养孔出现再度汇聚前，建议将细胞转移至筛选盘中筛选克隆。

稳定克隆

（10）稳定克隆鉴定后，先后转移到 6 孔培养板和 100mm 培养皿中。此时，克隆可繁殖用做冷冻保存。

若克隆包含阳性和阴性细胞混合物，简单的逐步稀释方法或荧光激发细胞分选可用于分离阳性细胞。单个阳性细胞繁殖得到克隆。

讨论

融合蛋白定位正确吗？

无论融合蛋白瞬时表达还是稳定表达，我们必须确定融合蛋白的正确定位。如果知道所研究蛋白质的定位，则使用荧光显微镜在适当激发/发射滤光片下检测融合蛋白的定位（第 1 章）。若目的蛋白的细胞定位事先未知，则利用专一识别所研究蛋白质的抗体进行共定位。固定细胞然后进行单个间接免疫荧光实验是很容易实现的。例如，若细胞转染增强型 GFP 标签时，Texas-Red 标记二抗，利用高分辨率共聚焦显微镜可研究两个荧光子是否完全共定位。若无抗体，利用与目标蛋白共定位的伴侣蛋白的抗体做双标签定位。因荧光蛋白标签有时会干扰所研究蛋白质的正确定位，应非常谨慎地评估任何可疑定位或新定位。另外，标签可改变蛋白质折叠和（或）导致蛋白质聚集，尤其在细胞质中。例如，通过羧基端融合蛋白可能不能观察到氨基端融合蛋白的异常定位，反之同样。认真对待融合蛋白的可疑定位，定位明确前应暂缓进行后面实验。当然，对于功能不明确的新蛋白，很难区分融合蛋白的正确定位和异常定位。这种情况下，尽量尝试准备一种抗体，以确定非转染细胞中内源性蛋白的正常定位。

融合蛋白有功能吗？

对于任何融合蛋白，尤其含 27kDa 荧光蛋白的荧光蛋白，必须确定融合蛋白是否有功能。但是，很多情况下很难定义“是否有功能”。荧光融合蛋白一旦构建，首先应观察的几个参数是：①上述讨论的蛋白质定位；②融合蛋白是否为全长；③融合蛋白相对于内源性蛋白的表达水平。后面两个参数可利用能同时识别内源性蛋白和荧光融合蛋白的内源性蛋白抗体进行免疫印迹分析来同时确定。这种情况下，分子质量增大的融合蛋白在 SDS－PAGE（十二烷基磺酸钠-聚丙烯酰胺凝胶）电泳缓冲液中迁移率滞后。若无类似抗体，可使用 GFP 抗体（如 Roche Applied Science 公司销售单克隆抗体）判断所表达的融合蛋白表达大小。判断该特征是非常重要的，因为不完整融合蛋白的表达将引导作出错误解释，而且如果继续进行下一步实验，将大大浪费时间并造成大量资源损失。免疫印迹实验结束后，免疫沉淀反应用于确定表达融合蛋白是否和由母体细胞蛋白研究确定的预期结合部分组成一个复合体。该分析可结合内源性蛋白抗体或在免疫沉淀反应中发挥功能的抗 GFP 抗体。若存在或者能够培育出目标蛋白缺失细胞系，则检测该细胞系所表达的荧光融合蛋白互补情况。此方法在缺失 ERCC1 DNA 修复蛋白的中国仓鼠卵巢细胞系中使用过（Houtsmuller et al. 1999）。最后，若目标蛋白的具体功能已知，可利用免疫缺失提取方法验证融合蛋白代替内源性蛋白的能力，如体外翻译或体外 mRNA 前体剪接实验。另外，体内功能分析可决定①融合蛋白是否被加载到特异功能发生位点，如翻译/mRNA 前体剪接（Misteli et al. 1997；Janicki et al. 2004）或 DNA 修复（Essers et al. 2002；Lisby et al. 2003）；②融合蛋白是否在细胞循环的特定时间加载到功能发生位点，如在 DNA 复制过程中（Leonhardt et al. 2000）。

尽管荧光蛋白非常有用，然而分子质量（27kDa）大是荧光蛋白用作蛋白质标签的主要缺陷。最近，提出了一种方法，该方法可荧光标记瞬时或稳定表达蛋白，该标记含 4 个半胱氨酸序列 CCXXCC（这里 X 代表任何氨基酸）（Griffin et al. 1998；Gaietta et al. 2002）。在体内用无荧光、膜透双砷荧光素衍生物 FLAsH - EDT2 [4′，5′-bis（1，3，2-dithioarsolan - 2 - yl）荧光素-（1，2 -乙二硫醇）2] 可标记这种含半胱氨酸的蛋白质。FLAsH - EDT2 高度亲和 4 个半胱氨酸序列（K_d 10pmol/L），形成强烈的绿色荧光，这时，ReAsH - EDT2（biarsenical 试卤灵荧光子衍生物）与 4 个半胱氨酸标签结合时发出红色荧光（Gaietta et al. 2002）。这两种试剂用于标记活细胞内 4 个半胱氨酸基序标签的细胞内蛋白，也可结合用于脉冲追踪实验（Gaietta et al. 2002）。这种方法非常有用，不但因为 ReAsH-EDT2 是荧光性试剂，而且是因为通过光转换的二氨基联苯将 ReAsH - EDT2 转化成高度不溶性反应物，再利用电子显微镜能高分辨率地观察所标记的蛋白质（Gaietta et al. 2002）。此方法详见第 25 章。

配方

注意：标记有＜!＞的材料请参考附录正确处理。

磷酸盐缓冲液（10×）

试剂	量	终浓度
NaCl	80g	1.37mol/L
KCl＜!＞	2g	27mmol/L
KH_2PO_4	2.4g	20mmol/L
Na_2HPO_4	14.4g	100mmol/L
H_2O	加至 1L	

参考文献

Ahmad K, Henikoff S. 2002. The histone variant H3.3 marks active chromatin by replication-independent nucleosome assembly. *Mol Cell* **9:** 1191–1200.

Doyle T, Botstein D. 1996. Movement of yeast cortical actin cytoskeleton visualized in vivo. *Proc Natl Acad Sci* **93:** 3886–3891.

Essers J, Houtsmuller AB, van Veelen L, Paulusma C, Nigg AL, Pastink A, Vermeulen W, Hoeijmakers JH, Kanaar R. 2002. Nuclear dynamics of *RAD52* group homologous recombination proteins in response to DNA damage. *EMBO J* **21:** 2030–2037.

Gaietta G, Deerinck TJ, Adams SR, Bouwer J, Tour O, Laird DW, Sosinsky GE, Tsien RY, Ellisman MH. 2002. Multicolor and electron microscopic imaging of connexin trafficking. *Science* **296:** 503–507.

Grava S, Dumoulin P, Madania A, Tarassov I, Winsor B. 2000. Functional analysis of six genes from chromosomes XIV and XV of *Saccharomyces cerevisiae* reveals *YOR145c* as an essential gene and *YNL059c/ARP5* as a strain-dependent essential gene encoding nuclear proteins. *Yeast* **16:** 1025–1033.

Griffin BA, Adams SR, Tsien RY. 1998. Specific covalent labeling of recombinant protein molecules inside live cells. *Science* **281:** 269–272.

Houtsmuller AB, Rademakers S, Nigg AL, Hoogstraten D, Hoeijmakers JH, Vermeulen W. 1999. Action of DNA repair endonuclease ERCC1/XPF in living cells. *Science* **284:** 958–961.

Hu CD, Kerppola TK. 2003. Simultaneous visualization of multiple protein interactions in living cells using multicolor fluorescence complementation analysis. *Nat Biotechnol* **21:** 539–545.

Hu CD, Chinenov Y, Kerppola TK. 2002. Visualization of interactions among bZIP and Rel family proteins in living cells using bimolecular fluorescence complementation. *Mol Cell* **9:** 789–798.

Janicki SM, Tsukamoto T, Salghetti SE, Tansey WP, Sachidanandam R, Prasanth KV, Ried T, Shav-Tal Y, Bertrand E, Singer RH, et al. 2004. From silencing to gene expression: Real-time analysis in single cells. *Cell* **116:** 683–698.

Kumaran RI, Spector DL. 2008. A genetic locus targeted to the nuclear periphery in living cells maintains its transcriptional competence. *J Cell Biol* **180:** 51–65.

Leonhardt H, Rahn HP, Weinzierl P, Sporbert A, Cremer T, Zink D, Cardoso MC. 2000. Dynamics of DNA replication factories in living cells. *J Cell Biol* **149:** 271–280.

Lisby M, Mortensen UH, Rothstein R. 2003. Colocalization of multiple DNA double-strand breaks at a single Rad52 repair centre. *Nat Cell Biol* **5:** 572–577.

Marguet D, Spiliotis ET, Pentcheva T, Lebowitz M, Schneck J, Edidin M. 1999. Lateral diffusion of GFP-tagged H2L^d molecules and of GFP-TAP1 reports on the assembly and retention of these molecules in the endoplasmic reticulum. *Immunity* **11:** 231–240.

Misteli T, Cáceres JF, Spector DL. 1997. The dynamics of a pre-mRNA splicing factor in living cells. *Nature* **387:** 523–527.

Rocheleau JV, Edidin M, Piston DW. 2003. Intrasequence GFP in class I MHC molecules, a rigid probe for fluorescence anisotropy measurements of the membrane environment. *Biophys J* **84:** 4078–4086.

Rubinchik S, Ding R, Qiu AJ, Zhang F, Dong J. 2000. Adenoviral vector which delivers FasL-GFP fusion protein regulated by the tet-inducible expression system. *Gene Ther* **7:** 875–885.

Tsukamoto T, Hashiguchi N, Janicki SM, Tumbar T, Belmont AS, Spector DL. 2000. Visualization of gene activity in living cells. *Nat Cell Biol* **2:** 871–878.

（孙玲　译　方玉达　校）

第3章 用线性聚丙烯酸阻抗细胞与基底黏附的微图案化处理技术

Wei - hui Guo and Yu - li Wang

Department of Biomedical Engineering, Carnegie Mellon University, Pittsburgh, Pennsylvania 15219

细胞与基质及细胞与细胞间相互作用调控着体内细胞多种生物学功能，通常涉及复杂的拓扑特征和机械相互作用，但大多数研究仍然是在体外进行的，通常采用传统的培养细胞在二维和僵硬的均质平面进行观察研究。虽然这一途径方便有效，但也是折中的办法，可能会导致某些实验得出误导性结论。此外，传统的细胞培养实验往往由于细胞形状和大小的不均一使实验变得相对复杂。

近来随着微图案化技术的发展，大大促进了细胞学的系统化研究。例如，细胞是怎样对几何形状线索产生应答的，这一机制在细胞许多生理过程，如细胞的生长和分化过程中发挥着重要的功能。通过规范细胞的形状和减少培养细胞间的差异，细胞微图案化处理的基底也为细胞生物学研究提供了技术优势。然而，大多数发表的微图案化方法都超出了一般的细胞生物学实验室的技术能力范围，可操作性较低。

微图案化技术的另一个挑战是如何有效地避免细胞黏附到实验用基底的非目的区域，特别是对于长时间培养的细胞而言。在这一章中，我们描述了一种简单、经济的微图案化技术方法，容易在大多数实验室得到应用。该方法的优势在于能有效抑制细胞附着在线性聚丙烯酸（PAA）上，对线性聚丙烯酸简单的化学接枝，高分辨率和易于除去正光刻胶。

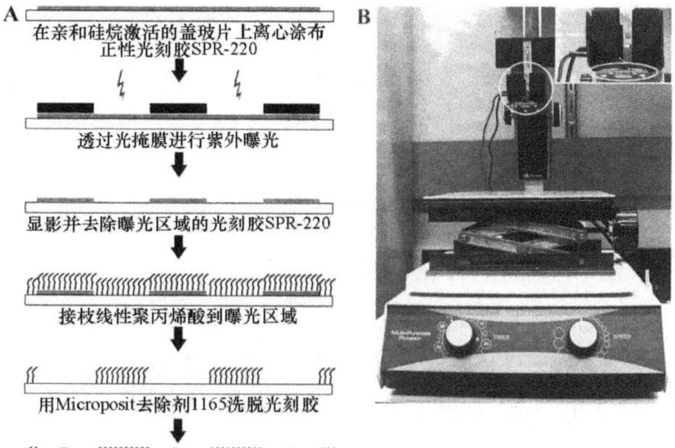

图1 通过洗脱光刻胶及线性聚丙烯酸接枝进行微图案处理的原理（A）和所需仪器（B）

插画为高光通量365nm紫外LED。箭头所示为散热片，椭圆形标示部位为基于高光通量LED的光源。盖玻片和掩膜组合放在可调节的架子上，依次放置在混合器上

图1A介绍了利用线性聚丙烯酸和可去除的正光刻胶SPR-220进行细胞微图案化技术流程。该流程图显示先将光刻胶作为掩膜铺在盖玻片上，接下来线性聚丙烯酸通过接枝反应接到剩下的曝光区域。图1B显示光刻所需设备的设置。

实验方案

细胞与基底黏附的微图案化处理

本方法描述了细胞基底处理步骤，以避免非目的性细胞黏附。盖玻片表面首先用 3-（甲基丙烯酰氧）丙基三甲氧基硅烷（亲和硅烷；Garoff and Ansorge 1981）激活。这种激活方法最初用于 SDS-PAGE 凝胶电泳实验，将聚丙烯酸凝胶共价接合到玻璃板上避免凝胶在染色和脱色过程中收缩和膨胀。在本方法中，亲和硅烷允许 PAA 在非黏附区域稳定结合。接着在被激活的表面铺上光刻胶 SPR-220，然后用紫外光透过光掩膜照射，进而显影以除去经紫外照射过的光刻胶。最后将线性 PAA 接枝到曝光过的基底区域（防止细胞黏附），剩余光刻胶被转移以暴露相关的玻璃表面，未曝光的区域可作为培养细胞的黏附区域。在整个操作过程中注意要配备防护服、手套、面部和眼睛保护罩。

材料

注意：标记有＜!＞的材料请参考附录正确处理；

标记有＜R＞的试剂请参考本章最后的配方制备。

试剂

丙烯酸溶液（40% m/V）

　　在 4℃储存

过硫酸铵（APS）

　　在室温下储存。在用之前准备新配置的 10%的 APS 溶液。

亲和硅烷工作液＜R＞

显影液（Microposit MF-319；MicroChem 公司，马萨诸塞州牛顿市）

　　或者是 2.45%四甲基氢氧化钠（TMAH）溶液 结合 0.1%Triton X-100

EMC（细胞外基质）涂渍溶液＜R＞

乙醇＜!＞（95%，高级纯）

HEPES（1mol/L，pH 8.5）

　　过滤后在 4℃储存

微球，羧酸修饰（0.1μm 荧光微球；Molecular Probes 公司）

四甲基乙二胺（TEMED）＜!＞

磷酸盐缓冲液（PBS，pH 7.4）＜R＞

　　过滤后在室温储存

光刻胶，正性（SPR-220.3；MicroChem 公司，Newton，Massachusetts）

去除剂（Microposit 1165；MicroChem 公司，Newton，Massachusetts）

设备

盖玻片

通常 45mm×50mm 规格的一号盖玻片被用作基底。小号盖玻片（25mm×25mm）通常被作为盖子以控制线性 PAA 的延伸范围

金刚钻头笔

高通量紫外 LED 灯（发光二极管）（Opto Technology 公司，Wheeling，Illinois）

定轨摇床

适合形状的光掩膜

如果图案分辨率要求高于 10μm，则需要定制光掩膜（如从 Advance Reproductions 公司即可订制，North andover，Massachusetts）

刀片或细镊子

离心机（Laurell，North wales，Pennsylvania）

或者也可以使用经改装能放下盖玻片的低速台式离心机，放置在通风橱中

方法

激活盖玻片（20min）

（1）用金刚钻头笔标记 45mm×50mm 1 号盖玻片的一角，便于以后鉴定激活面。

（2）将每个盖玻片的标记面朝下通过煤气灯内火焰，以增加其亲水性。

（3）在通风橱中，将 30μL 亲和硅烷工作液涂抹到每个盖玻片接触火焰的一面，用吸头使其均匀地分布于盖玻片上。去除任何多余的组织。使亲和硅烷在盖玻片上反应 3min。

（4）用酒精清洗盖玻片以去除残留试剂，使盖玻片自然风干。

激活的盖玻片在室温下至少可以稳定存放 3 个月。

光刻（20min）

（5）以 115℃高温烘烤激活的盖玻片 2min 后冷却到室温。

（6）在通风橱中，取正性光刻胶 SPR-220 180μL 置于 45mm×50mm 盖玻片上。5000r/min 离心 30s 以使光刻胶均一地分布在盖玻片激活一面。

（7）盖玻片以 115℃高温烘烤 90s。

烘烤后涂有光刻胶的盖玻片在室温下暗处可存储 3 个月。

（8）将激活的盖玻片表面朝上，在盖玻片上覆盖光掩膜，用夹子夹住两片盖玻片以确保掩膜和盖玻片表面紧密接触。

如果光源聚光欠佳，光掩膜和基底之间的接触非常重要。

（9）以 3cm 间距，每隔 45s，以 365nm 波长的紫外光曝光旋转的基质。

如果光源不均一，将基质放置于旋转的轨道上（约 70r/min），在紫外线照射时即

可形成均一的照度，确切的曝光时间取决于光源条件。

（10）将盖玻片以 115℃的温度烘烤 90s，然后冷却至室温。

（11）在化学通风橱中，将盖玻片浸泡在显影液 MF－319 的玻璃培养皿内，摇匀 45s。

（12）用去离子水冲洗盖玻片，让其自然风干。

以线性聚丙烯酸封阻非黏附区（25min）

我们发现，短线性 PAA 几乎不能抗阻细胞黏附到基底区域，而长线性 PAA 最大限度地抗阻细胞黏附到非附着基底区域。然而，长线性 PAA 只能导致细胞黏附稍微延迟，可能是由于使细胞悬空特别是覆盖了黏附性表面。PAA 的长度可以通过在聚合过程中改变聚合引发剂 TEMED 和 APS 的浓度来控制。例如，1%的 TEMED 和 8%的丙烯酰胺形成的聚合物能够抗阻细胞黏附超过 2 周，而 3%的 TEMED 和 8%丙烯酰胺形成的聚合物能持续 2 天，这对许多实验来说已经足够。最终细胞能够突破限定范围，散布到整个玻片表面。

将 10μL 直径 0.1μm 荧光珠添加到丙烯酰胺溶液中以估算线性 PAA 聚合层的厚度。荧光珠可被 PAA 吸附，并作为显微观察时的荧光标记。采用经过校准的显微镜调焦装置观测荧光珠，从最高到最低的荧光珠所在的焦平面的距离估测 PAA 的厚度。

（13）准备 200μL 40%丙烯酰胺，10μL HEPES（pH 8.5）和 752.5μL 去离子水配制成 8%丙烯酰胺混合液，脱气 20min。

（14）脱气后，加入 15μL TEMED 和 22.5μL 10%的 APS，彻底混合后立即吸取混合液到 SPR－220 微图案化的玻片表面。将盖玻片覆盖到丙烯酰胺的区域并保证足够覆盖到微图案（我们通常用一个 25mm×25mm 的盖玻片），并使丙烯酰胺聚合 20min。

（15）用一个刀片或细镊子小心地取出顶部盖玻片。用去离子水彻底冲洗表面去除任何未反应的丙烯酰胺。

线性 PAA 涂布的盖玻片可保存在水里至少过夜。

去除 SPR－220 以曝光黏附区域（15min）

（16）经紫外线照射曝光和显影形成图案，用去离子水浸泡搅拌盖玻片 1min 后去除 SPR-220。然后，将盖玻片在洗脱剂 Microposit 1165 中室温下浸泡 5min 或者直到盖玻片变清晰。

（17）用去离子水冲洗的盖玻片表面彻底消除洗脱剂，让盖玻片表面风干。

当用水轻轻地润湿 PAA 覆盖的区域时可以观察到表面微图案。

在这个阶段的微图案盖玻片可在室温下稳定储存 3 个月以上。

见故障排除。

以 EMC 蛋白包被微图案化的基底（约 45min）

（18）加载微图案化的盖玻片到观察培养箱中以用于细胞培养。

（19）（可选择）加入 EMC 包被液的涂料中，如有必要可添加荧光染料，室温下浸泡至少 30min，同时轻轻地混匀。

（20）用 PBS 冲洗基底 3 次。

（21）紫外灭菌图案化的盖玻片表面 15min。

（22）将细胞接种到微图案化盖玻片上。

见故障排除。

故障排除

问题［步骤（17）］：质量差的图案。

解决方案，考虑以下问题。

（1）确保在曝光过程中 SPR－220 包被面对准覆盖了光掩膜的一面。

（2）确保在步骤（8）中光掩膜和盖玻片之间紧密接触。

（3）光刻后，在显微镜下检测基底并调整曝光和相应的显影时间。过度显影或显影不足会导致光刻区域分别大于或小于光掩膜区域，而光掩膜和盖玻片接触不良会造成的边缘模糊。通过实验调整显影时间为 30～60s。

问题［步骤（17）］：与 PAA 结合的 SPR－220 在洗脱剂 Microposit 1165 溶液中呈片状脱落，而非逐渐溶解。

解决方案：这个问题是由于光刻显影不足引起的。曝光和显影后，应在显微镜下检查微图案的曝光区域是否清晰。残留的 SPR－220 会使盖玻片出现混浊，会导致线性 PAA 包被到一薄层 SPR－220 上，而不是活化过的盖玻片表面上。出现上述问题时应延长显影时间和（或）曝光时间。检查 Microposit 显影液 MF-319 是否过期。TMAH 工作液一个月后会效果降低，如需要应配制新鲜的 TMAH 溶液。

问题［步骤（22）］：细胞不局限于微图案范围。

解决方案：如果线性 PAA 包被了残留的 SPR－220，而非盖玻片表面，在步骤（17）将呈片状脱落。光刻后，在显微镜下仔细检查以确认盖玻片 SPR－220 区域是清晰的。任何残留有 SPR－220 的盖玻片其上面将呈雾状。这个问题可以通过延长显影或曝光时间得到解决。

问题［步骤（22）］：细胞黏附不佳。

解决方案：TEMED 和 APS 所需的量与制备 PAA 凝胶时是不同的。TEMED 和 APS 用量不足可能导致 PAA 胶形成长链，也许会扩展到细胞黏附区域，从而阻止或干预细胞与基底相结合。调整丙烯酰胺聚合时的 TEMED 和 APS 用量。

讨论

大多数生物学家们一般避免使用微图案基底，因为已发表的方法（LeDuc et al. 2002）成本高，需使用洁净的空间和光刻专用设备、金属涂层、活性离子蚀刻和等离子处理。Chai 等（2007）表明，洁净的房间对大多数情况都是不必要的，因为实验过程中允许微图案存在轻微缺陷。我们发展的实验方法不需要任何特殊和昂贵的设备。以前报道的方法中，使用负性光刻胶 SU－8 光刻微图案后的基底用作细胞培养（Wang et al. 2006；Mader et al. 2007；Guo and Wang 2007）。然而，SU－8 在 488nm 波长光的激发下会产生强烈的自发荧光。虽然正性光刻胶（如 SPR－220）在 546nm 激发下也产生强烈的自发荧光，但由于不同的化学原理使得正性光刻胶更容易用溶剂除去。

本文所阐述的微图案技术的要点在于，选用易剥离的正性光刻胶（如 SPR-220）（图 1A）。所需设备最昂贵的部分是一个用来涂布光刻胶的旋转涂布机，它的成本低于 5000 美元，并可以以台式离心机取代。通过光刻胶接触曝光避免使用昂贵的光掩膜对准仪，并以价格低廉，具较长寿命的紫外 LED 灯（小于 200 美元）和轨道摇床代替准直光紫外灯来实现均匀照明。该方法能制作出近乎完美的分辨率约为 1μm 的图案（图 2A、图 3B），分辨率的高低主要有光掩膜的分辨率决定。肌动蛋白、微管和聚焦黏着斑显示出方形或长方形特征（图 2B～E）。此外，未发现亲和硅烷对在盖玻片上细胞的黏附或行为产生不利影响。除了目前的方法，线性 PAA 也可用于与其他微图案化技术中（如微接触印迹），线性 PAA 作为强力封阻试剂。例如，通过微接触印迹将黏附蛋白接种在用戊二醛激活的玻璃表面（Wang and Pelham 1998），剩余的活性表面可通过 PAA 接枝反应进行封阻（图 3A）。

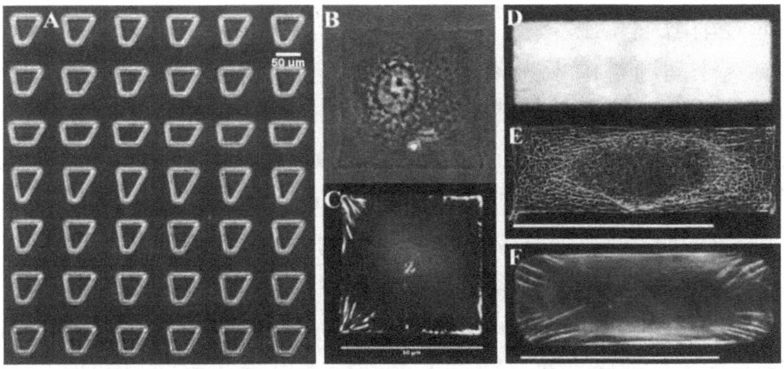

图 2　通过光刻胶洗脱和线性 PAA 接枝形成的微图案

在相差光学显微镜下可观察到通过光刻胶 SPR－220 产生的微图案（A），但去除光刻胶后无法观察到微图案（B）。在荧光染料 Alexa Fluor 偶联纤维黏连蛋白存在的条件下也很容易观察到微图案（D）。在相差显微镜下可以观察到 NIH－3T3 细胞在正方形的微图案中的形态（B）。用抗 vinculin 抗体和鬼笔环肽荧光分别标记黏附斑（C）和肌动蛋白束（F），在正方形和长方形的图案的四角显示出特征浓度，antivinculin 抗体染色后呈现一幅密集的网状结构（E）。比例尺，50μm

与其他阻抗剂相比（Nelson et al. 2003；Falconnet et al. 2004），长链 PAA 能较长时间封阻细胞黏附。例如，无论是 PEG 衍生物还是 Pluronic F－108 都不能显现可靠的细胞封阻能力（Guo 和 Wang，未发表）。只有表面活性剂的 Pluronic F－127 报道具有类似长链 PAA 稳定的封阻效果（Tan et al. 2004）。虽然小气泡能作为有效的黏附阻抗剂（Wang et al. 2006），但由于其强烈光反射作用使其应用受到了限制。

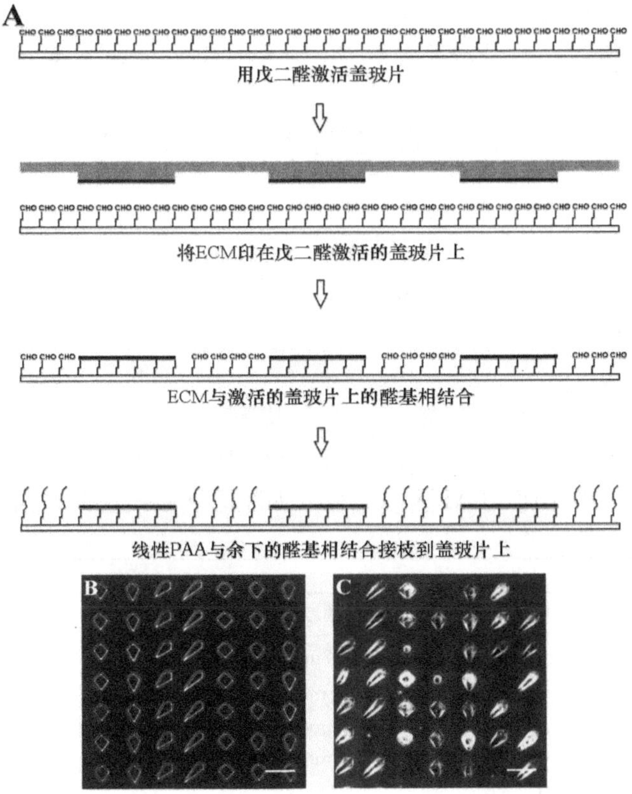

图 3　通过微接触印迹和线性 PAA 接枝进行微图案处理技术

该方法通过微接触印迹将基质蛋白影印到激活的玻片表面，接下来以线性 PAA 作为阻抗剂接枝到剩下区域（A）。在聚二甲基硅氧烷印迹上可见到的图案（B）被转移到培养细胞表面用于规则细胞的形状（C）。由于在微接触印迹过程中存在图案不均一的现象，使得该方法与光刻胶洗脱法相比存在更多缺陷。比例尺：40μm

结论

本方法的主要特点是用枝接的线性 PAA 阻抗细胞黏附。PAA 的缺乏与已知的蛋白质或脂类相共价结合、共价接枝和聚合物层的厚度能提供强有力且稳定的阻抗细胞黏附的作用。本方法的其他优势还包括 1～5μm 的高分辨率，低自发荧光和无需镀金，镀金可导致荧光猝灭，特别是在全内反射荧光显微镜下观察（Kandere-Grzybowska et al. 2005；Falconnet et al. 2006）。因此，由于该方法操作简单且经济实用的优势将会促使微图案技术被广泛应用于细胞生物学研究中，包括高通量筛选影响细胞形状调控的条件。

配方

注意：标记有＜！＞的材料请参考附录正确处理

亲和硅烷工作液

亲和硅烷（Bind-Silane） 3μL

乙醇＜!＞（95%） 950μL

冰醋酸＜!＞ 50μL

亲和硅烷来源于 GE Healthcare 公司（17－1330－01）或 Sigma-Aldrich 公司（M6514）。

ECM 涂布溶液

纤维连接蛋白（fibronectin），1mg/mL 10μL

HEPES，1mol/L（pH8.5） 10μL

水 980μL

为使 ECM 涂布溶液产生荧光，加 1μL 染料 Alexa Fluor448 或 568（Molecular Probes 公司），溶于 10mg/mL 的二甲基亚砜（DMSO）中，在－20℃避光保存。

纤维连接蛋白可用任何 ECM 蛋白代替（如胶原蛋白或层黏连蛋白/aminin）。

磷酸盐缓冲液（10×）

试剂	量	终浓度
NaCl	80g	1.37mol/L
KCl＜!＞	2g	27mmol/L
KH_2PO_4	2.4g	20mmol/L
Na_2HPO_4	14.4g	100mmol/L
H_2O	至 1L	

致谢

此工作由美国国家健康研究所 GM－32476 资助 Y. －l. Wang。

参考文献

Falconnet D, Koenig A, Assi T, Textor M. 2004. A combined photolithographic and molecular-assembly approach to produce functional micropatterns for applications in the biosciences. *Adv Funct Mater* **14:** 749–756.

Falconnet D, Csucs G, Grandin HM, Textor M. 2006. Surface engineering approaches to micropattern surfaces for cell-based assays. *Biomaterials* **27:** 3044–3063.

Garoff H, Ansorge W. 1981. Improvements of DNA sequencing gels. *Anal Biochem* **115:** 450–457.

Guo WH, Wang YL. 2007. Retrograde fluxes of focal adhesion proteins in response to cell migration and mechanical signals. *Mol Biol Cell* **18:** 4519–4527.

Kandere-Grzybowska K, Campbell C, Komarova Y, Grzybowski BA, Borisy GG. 2005. Molecular dynamics imaging in micropatterned living cells. *Nat Methods* **2:** 739–741.

LeDuc P, Ostuni E, Whitesides G, Ingber D. 2002. Use of micropatterned adhesive surfaces for control of cell behavior. *Methods Cell Biol* **69:** 385–401.

Mader CC, Hinchcliffe EH, Wang YL. 2007. Probing cell shape regulation with patterned substratum: Requirement of myosin II-mediated contractility. *Soft Matter* **3:** 357–363.

Nelson CM, Raghavan S, Tan JL, Chen CS. 2003. Degradation of micropatterned surfaces by cell-dependent and -independent processes. *Langmuir* **19:** 1493–1499.

Tan JL, Liu W, Nelson CM, Raghavan S, Chen CS. 2004. Simple approach to micropattern cells on common culture substrates by tuning substrate wettability. *Tissue Eng* **10:** 865–872.

Tsai IY, Crosby AJ, Russell TP. 2007. Surface patterning. *Methods Cell Biol* **83:** 67–87.

Wang YL, Pelham RJ Jr. 1998. Preparation of a flexible, porous polyacrylamide substrate for mechanical studies of cultured cells. *Methods Enzymol* **298:** 489–496.

Wang Y, Sims CE, Marc P, Bachman M, Li GP, Allbritton NL. 2006. Micropatterning of living cells on a heterogeneously wetted surface. *Langmuir* **22:** 8257–8262.

（洪芳 译 方玉达 校）

第4章　CCD相机在活细胞荧光成像中的应用

Wendy C. Salmon and Jennifer C. Waters

Department of Cell Biology, Harvard Medical School, Boston, Massachusetts 02115

电荷耦合器（charged-coupled device，CCD）相机通常被应用于获取宽视场荧光（Hiraoka et al. 1987；Taylor and Salmon 1989）、转盘式共聚焦（Toomre and Pawley 2006）和全内反射荧光（TIRF）（Axelrod 1989）显微镜图像。在活细胞荧光显微实验中，收集数码图像就需要在获取高质量图像和减少样品曝光以减少光毒性和光漂白之间达到平衡（Waters 2007）。一个荧光样品数码图像质量的好坏，CCD相机的选择和相机的图像收集设置是主要的决定因素。在这一章里，我们将讨论CCD相机的特点，它们是如何影响数码图像的质量的，以及在活细胞荧光成像实验中该如何正确使用CCD相机。

数码图像质量判断：信噪比和分辨率

最理想的情况是从CCD相机获得的数码图像能精确地反映样本在显微镜下的光学影像。数码图像是由栅格化的像素构成的，每一个像素都有指定的灰度值，灰度值与样品相对应像素的区域所发出的光子数目有关（但并不相等）（Spring et al. 2009；查看网上资源）。当我们通过显微镜来获取数码图像时，我们就可以决定对应图像中每个像素的样品区域大小（Wolf et al. 2007）。所以，一张数码图像就包含了样品的两类信息：强度和空间。一张数码图像的特征包括信噪比（SNR）和分辨率，它们代表着数码图像是否很好地反映样品的情况。我们将在下文中从这些特征的简单描述开始，随后在整个章节中展开细致深入的讨论。

数码图像中的噪声会使像素的灰度值发生变化（图1A、B）。这个变化的范围被称为本底噪声。如果数码图像中我们想要测量的信号强度低于本底噪声，那么信号就会淹没在噪声中，我们就无法探测到。同样的，假如信号强度的改变程度低于噪声所引起的改变，那么这个信号的改变在数据图像中也无法探测到。因此，信噪比是衡量数码图像质量的重要指标，其表达公式如下：

$$\mathrm{SNR}=S/N_{\mathrm{total}}$$

式中，S为信号强度；N_{total}为所有的噪声（Moomaw 2007）。数码图像的SNR可以通过样品上某一均质区域的平均灰度值除以同样区域的强度标准差得出（图1A、B；Spring 2000；Murray et al. 2007）。

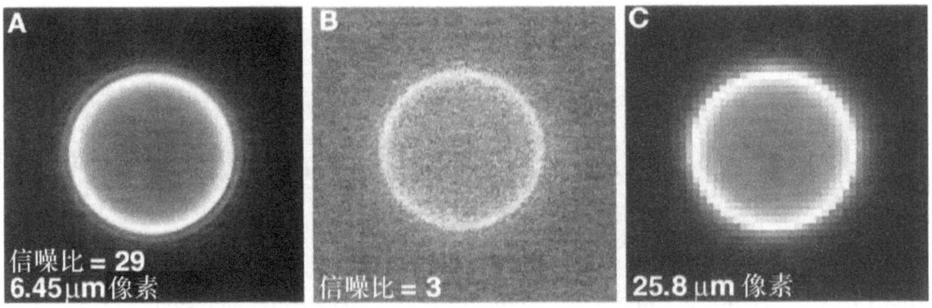

图 1　数码图像的质量是由 SNR 和分辨率决定的

A～C. 同一个 6μm 表面标记有红色荧光的小珠在 100×1.4 物镜下得到的宽视场图像。A. 荧光珠在带 6.45μm 光电二极管的 CCD 相机下所成的图像。设置适当的曝光强度和曝光时间以产生一个高 SNR 的图像。SNR 和分辨率高的图像不仅看起来更好，而且还能更精地定量测定。B. 降低曝光强度和曝光时间后得到的同 A 一样小珠的低 SNR 图像。C. A 和 C 的图像都是用 100×1.4NA 的物镜，因此光学图像的分辨率是一样的。在 C 图，光学图像是在 25.8μm 像素下（4×4 6.45μm 光电二极管像素合并）获得的，结果图像分辨率降低

分辨率定义为把一个物体明显与另外一个物体区分开的能力（Inoue 2006）。当分辨率下降时，数码图像中的部分细节会丢失（图 1B）。分辨率依赖于 SNR；当 SNR 下降时，从数码图像中区分出单个物体的能力就下降（Pawley 2006b）。

CCD 相机是如何工作的

要想选择最好的 CCD 相机并正确地应用它来获取高质量的数码图像，那么了解 CCD 相机是如何把样品的光学影像转换成数码图像的工作原理就显得非常重要了。我们在下文中将会对 CCD 相机的工作原理作一个介绍，但我们还是要鼓励感兴趣的读者从本章的参考文献中去了解更多这方面的细节（Aikens et al. 1998；Inoue and Spring 1997；Murphy 2001；Spring 2001；2007；Pawley 2006a；Moomaw 2007；Rasnik et al. 2007；Spring et al. 2009）。

CCD 芯片

CCD 芯片是由一个方形光电二极管阵列、相关电子元件和一个信号输出放大器组成的（Aikens et al. 1989；Spring 2000；Murphy 2001；Spring 2009）。每一个单独的光电二极管由光敏感硅组成，包括可以贮存光电子的区域称为势阱。一般来说，CCD 芯片上的一个光电二极管对应于数码图像中的一个像素。例如，一个 1000×1000 的光电二极管阵列会形成一张 1000×1000 像素的图像（表 1 第 2 行）。在显微成像实验中，放大的光学图像被直接聚焦到 CCD 芯片上。当光线的一个光子击打到光电二极管，一个电子（称为光电子）就从光敏硅元件中释放出来并贮存在势阱中。在相机曝光过程中，光电子在势阱中累积（图 2A），每个势阱都有一定的容量，当库容满了的时候，数码图像中相应的像素也就达到了饱和。相机曝光结束后，控制电子元件就用于将光电子从一个光电二极管转输到下一个光电二极管中，直到它们到达输出放大器中（图 2B）。输出放大器一个像素一个像素地将光电子转化成模拟电压（图 2C），再通过模拟一数字

转换器（A/D）转换成灰度值（数字化的）。最终得到我们所熟悉的数码图像，即像素阵列。每个像素都有自己的灰度值，这一数值与到达 CCD 芯片上光电二极管的光子数目相关（但并不相等）。

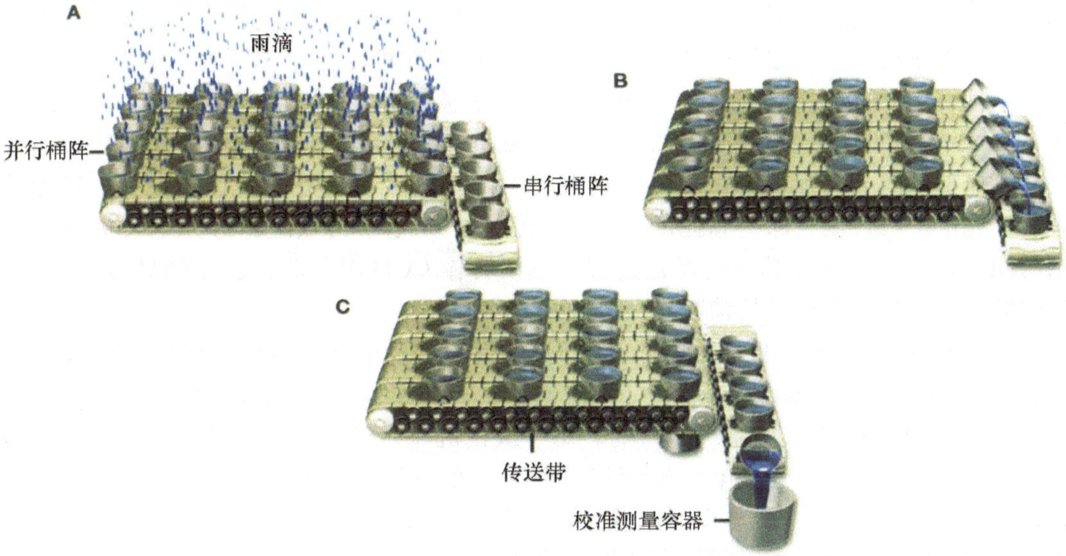

图 2　模拟 CCD 组桶

A. 相机曝光时，光子（雨滴）击打在 CCD 芯片（并行桶阵），光子击打光电二极管的光敏感区域导致光电子的释放。随着时间推移，光电子贮存在光电二极管势阱中（桶）。B. 曝光后，CCD 芯片被读出。光电子从一个光电二极管中输出到另一个二极管中（像传送带一样）直到它们到达系列缓存器（串行桶阵）。C. 每一个光电二极管的光电子电荷一个接一个地在串行寄存器中被信号放大器以电压的方式读出（校准测量容器）（图来自 Spring et al. 2009）

表 1　相机的技术数据表

行	CCD 相机特征		例子（附常见单位）
1	CCD 类型/成像装置/CCD 图像感应器		渐进扫描行间转输 CCD
2	活性像素/像素数目		1360×1030
3	光电二极管大小/像素大小/单元大小		6.45μm×6.45μm
4	输出率/像素钟频/输出频率		12MHz
5	帧率	全帧	10 帧/s
		2 像素×2 像素合并	18 帧/s
6	最大阱容/像素阱深/线性阱深		17 000 e^-
7	输出噪声/读取噪声		5 e^-
8	动态范围		3400∶1
9	CCD 温度/冷却温度		−30℃
10	冷却方式		热电子冷却
11	暗电流		0.05 e^-/pixed/s
12	数字模拟器/模数转换器/数字化		12bit
13	子阵列/感兴趣区域选择		是

注：相机技术数据表列出一些相机最主要的特征参数，来自制造商的网站数据。不同的制造商对同一个特征参数会使用不同的名称。第 2 列是发现的不同表示名称，用反斜杠分开；第 3 列是一些例子和常用的单位。注意第三列只是例子，可能与你的相机数据资料不同。

读数

上述的工作方式（全帧转输）在设计上的不足就是速度慢。因为每次曝光后整个芯片都要读取一次后，下一次的曝光才能开始。在活细胞成像实验中，通常最多采用的是两种能较快收集图像的 CCD：单帧转输 CCD 和行间转输 CCD（表 1 第 1 行）。

单帧转输 CCD，一半的光电二极管是被遮掩起来的，并不用于鉴别进入相机的光子（Pawley 2006a；Spring et al. 2007；Spring et al. 2009）。光学图像仅仅聚焦在那些没有遮掩部分的二极管上。在相机曝光过程中，光电子在光电二极管中累积，曝光结束后，光电子被转输到那些遮掩的光电二极管中。光电子再从这部分光电二极管中转出的同时，又可以进行下一次曝光过程。单帧转输 CCD 因此获得比全帧转输 CCD 更快的帧频（每秒钟能获得的帧数）。

行间转输 CCD 的速度要比单帧转输 CCD 更快，是活细胞成像实验中应用最多的 CCD（Pawley 2006a；Spring et al. 2007；Spring et al. 2009）。高帧频的获得是通过隔行遮掩 CCD 上的光电二极管而获得的。每一次相机曝光后，光电子只需要在下一次曝光开始之前转输通过一个光电二极管就可以了。在一些通常用于显微成像实验的逐行扫描 CCD 相机中，一个微小反射放置在每一个光电二极管上和遮掩区域，这样当光子击打到遮掩区域时就会被反射到未遮掩区域来。

CCD 相机的特点：哪一款相机最合适我的用途

没有任何一款相机的设计能够适用于不同的活细胞成像实验。一款相机在某一方面的优点通常是以其他一个或几个指标的缺陷为代价的。因此，选择最适合于自己的相机时就需要一番思考和比较，考虑在你的使用中什么是最重要的。一个明智的相机销售员会在向你建议购买哪一款相机之前去了解你会如何使用相机，你的样品亮度如何？你在同一个视野收集信号的强度变化是否有很大差异？你是否需要对荧光强度值进行定量？你需要每隔几分钟获取一张图像还是每秒钟内得到好几幅图像？分辨率在你的实验分析中有多重要？对以上问题的回答以及其他方面的需求有助于决定哪款相机最适合你的样品和实验需求。

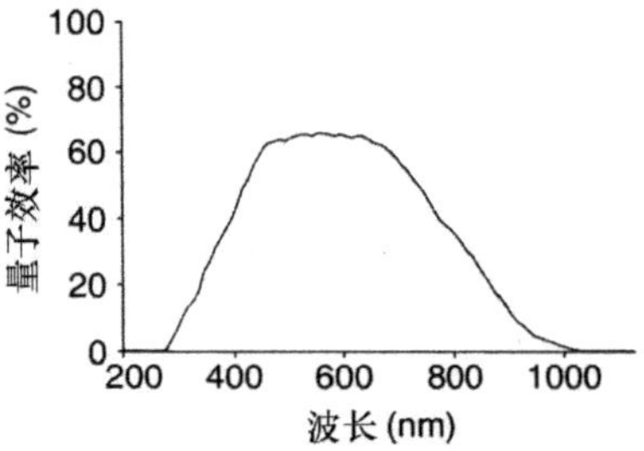

图 3　QE 对波长的模拟图，与相机技术数据表中同类图相似

下面所描述的每一类 CCD 相机特性都能够在相机制造商网站的技术数据表中找到某一型号相机相关数据。我们发现利用 Google 搜索（http：//www. google. com）相机制造商和型号就能够很轻松地在网上找到相关技术数据表（注意，进入相机制造商的官方网站而不是其他第三方的网站以保证数据的准确性）。表 1 和图 3 告诉你所要找的相机技术数据表有哪些类型的信息，我们将会在这一章中提到它们。

量子效率

不是所有的光子击打到 CCD 芯片都能促使光电子的释放。CCD 相机的量子效率（QE）指的是可被芯片上光电二极管探测到的光电子的百分率。QE 是活细胞成像应用中选择 CCD 相机的一个重要标准（Pawley 2006a；Rasnik et al. 2007；Spring 2007）。QE 与波长有关，所以在相机的技术数据表中通常以 QE 对波长作图来表示（图 3）。某一款相机在特定的波长范围内其 QE 可以为 0%～90%的任何一个数值。对绿色光和红色光波长有着最高 QE 的 CCD 芯片已经在荧光活细胞显微成像技术中广泛应用，因为我们常用相机来对绿色和红色荧光蛋白进行成像（Shaner et al. 2005；Straight 2007；Waters 2007）。

QE 最高的相机使用背部薄化的 CCD 芯片。在普通 CCD 相机中，图像聚焦在芯片的同一面，在此面上电子元件产生势阱并在输出时将光电子转移，这限制了 QE，因为打到电子元件上的光子无法探测到。而背部薄化 CCD，背对电子元件的 CCD 芯片一面被打磨的非常薄（7～10μm），并且势阱与其表面非常接近（Pawley 2006a；Moomaw 2007）。这样光学图像就可以聚焦到电子控制元件的背面。背部薄化 CCD 芯片主要的好处就是它们具有非常高的有效 QE，一般可达到 90%以上，而标准的 CCD 芯片最高只有 70%。然而，背部薄化 CCD 相机极其昂贵，因为均匀地打磨 CCD 的背面来保证整个芯片有均匀的 QE 是非常困难的。现有的型号也比常用的普通 CCD 芯片具有更大的像素。

光电二极管/像素大小

从显微镜获得的数码图像的分辨率首先取决于光学图像的分辨率。分辨极限的定义是：样品上两个独立的对象在光学图像中也可清楚分开所必需的最小距离。在显微成像中，分辨率极限（γ）的表达式如下：

$$\gamma=\frac{0.61\mathrm{NA}}{\lambda}$$

式中，NA 为物镜的数值孔径；λ 为发射光的波长。数值孔径一般标在物镜镜身上，通常在放大倍数之后（Keller 2006）。

数码显微图像的分辨率进一步取决于并限制于构成 CCD 芯片的单个光电二极管的物理大小（图 1，表 1 第 3 行）。光电二极管的大小至少应该是放大的光学图像分辨率极限的 1/2 或 1/3（Pawley 2006a；Rasnik et al. 2007）。光学图像在 CCD 芯片上的大小取决于：

$$\mathrm{Size}_{\mathrm{image}}=\mathrm{Size}_{\mathrm{spec}}\times\mathrm{Mag}_{\mathrm{obj}}\times\mathrm{Mag}_{\mathrm{scope}}$$

式中，$\mathrm{Size}_{\mathrm{spec}}$为样品的大小；$\mathrm{Mag}_{\mathrm{obj}}$为物镜的放大倍数；$\mathrm{Mag}_{\mathrm{scope}}$为在物镜和相机之间的光路上任何附加装置的放大倍数。

相机像素大小决定了你需要利用放大多少倍的显微镜以获得最高分辨率的数码图像（图 1 A、C）。让我们利用一个实例来了解怎样根据你所用的相机来计算所需要的光学放大倍数。假如我们所用的物镜的 NA 是 1.4，那么在 535nm 波长的发射光下获取绿荧光图像的光学图像中的分辨率极限如下所示：

$$\frac{0.61\times535\text{nm}}{1.4}=233\text{nm}=0.2\mu\text{m}。$$

我们假设使用的相机在技术数据表中显示的像素大小是 6.45μm（表 1 第 3 行），那么我们需要将样品上最小的可辨别的距离（0.2μm）在 CCD 芯片上放大到至少 19.4μm，占用 3 个光电二极管（6.45×3=19.4），所需的放大倍数按下式计算：

$$19.4\mu\text{m}=0.2\mu\text{m}\times \text{Mag}_{\text{obj}}\times \text{Mag}_{\text{scope}},$$

得到的结果是 96 倍。为了得到这一放大倍数，我们可以单独使用一个 100×1.4NA 的物镜或者使用 60×1.4NA 的物镜与 1.5×的附加放大设备组合。显微镜制造商一般都会在研究级别的显微镜上生产带有可选范围在 1.2×～2.0×的附加放大设备（称为光转换器或放大转换器），但是，附加的放大倍数也可以在相机上添加一个能够放大的镜头来实现。

噪声

所有的 CCD 相机都会在它们所拍摄的图像中产生噪声（Pawley 2006a；Moomaw 2007；Rasnik et al. 2007）。和其他来源的噪声一样，相机的噪声会增加像素灰度值的变化，因此就会相应地降低荧光强度定量的精确性（Wolf et al. 2007）。对所有 CCD 相机来说常见并在相机技术数据表中显示的噪声有两类，即热噪声（表 1 第 11 行）和输出噪声（表 1 第 7 行）。

热噪声（N_{thermal}），也称为暗噪声或暗流，是由 CCD 硅电子元件释放电子时引起的热运动所产生的，热噪声可通过降低 CCD 芯片的温度而得到明显的抑制（表 1 第 9、10 行）。在相机的技术数据表中，热噪声的表达方式为电子/像素/秒（e^-/pixel/s）（表 1 第 11 行）。在活细胞成像技术中，最好采用热噪声很小的冷却式 CCD 相机。例如，热噪为 0.03 e^-/pixel/s 的相机，此相机 CCD 芯片上的每一个光电二极管在每 1s 的曝光时间中能累积由热运动而引起的电子 0.03 个。如果这样一个热噪为 0.03 e^-/pixel/s 的相机被用于几秒或更少时间的曝光的话（与大多数活细胞荧光成像一样），那么在图像的 SNR 中由热噪声引起的变化会变得很少甚至可以忽略不计。

在活细胞荧光成像技术中，通常使用的 CCD 相机中主要的噪声来源是输出噪声（N_{readout}）。输出噪声是由于光电子通过 CCD 芯片上的输出放大器从 CCD 芯片上输出过程中产生的。因此，输出噪声与曝光时间之间就无关联。在相机的技术数据表中表示为电子数（e^-，表 1 第 7 行）。例如，5 e^- 的输出噪声则意味着放大器输出电压会有一个相当于 5 e^- 的电压变化。输出噪声的增加与输出速度的平方根成正比（Rasnik et al. 2007）。尽管大多数相机只有一个输出速度（表 1 第 4 行），有些相机会提供两种不同的相机输出速度以供选择，让使用者可以在高速图像收集和低输出噪声两者之间进行选择。

数码荧光显微镜图像的另一个噪声来源不是 CCD 相机本身，而是在光电子计数过程中随机光子流所产生的。CCD 相机中的光电子计数有不确定性，呈泊松分布。这种类型的噪声称为泊松噪声（也称为散点噪或信号噪），其表达式如下：$N_{poisson}=\sqrt{P}$，其中 P 为探测到的光子数目。探测到的光子数目可以根据下式从像素灰度值中计算得到：$P=\{[f/(i_{max}-o)]\times(i-o)\}\times(QE/100)$，这里 f 为相机全部的势阱（表 1 第 6 行），i 为转换成光量子的强度值，o 为探测器的抵消值（后面会详细阐述），QE 为拍照时间所用的波长条件下相机量子效率的百分比（图 3）。

数码图像所有来源的噪声来源累积计算如下：

$$N_{total}=\sqrt{N_{poisson}^2+N_{readout}^2+N_{thermal}^2},$$

这个公式的产生需要用到光子（$N_{poisson}$）和光电子（$N_{readout}$ 和 $N_{thermal}$）。

最大阱容、动态范围和位深度

最大阱容指的是 CCD 芯片上每个光电二极管所能容纳的最大光电子数目（表 1 第 6 行）。当一个光电二极管中的光电子数目达到了其最大阱容，则所对应的数码图像中的像素就饱和了。任何达到最大阱容后击打到光电二极管的光子将不会被计算在内。饱和因此会破坏数码图像中光子与灰度值之间的线性关系，这在荧光强度的定量分析时是不能接受的。

动态范围（表 1 第 8 行）是指相机的最大阱容与相机噪声的比值。高的动态范围对于检测同一视野内强度值变化范围较大的物体是重要的。相机的位深度是模拟信号被转换成数字灰度的最大值（表 1 第 12 行）。一个 12bit 的相机可以获得多达 2^{12} 或 4096 灰度值（0～4095）的图像。改变相机的位深度并不会改变相机的动态范围。增加位深度（不改变最大阱容）意味着每个灰度值所对应的光电子数会更少。

像素合并

相机像素合并（binning）是将相邻像素的光电子集合在一起。这种集合过程是通过达到输出放大器前的一系列加注过程完成的（图 4A，表 1 第 5 行）。例如，一个 2×2 的像素合并，2×2 列的光电二极管中的光电子会被收集起来，相机像素合并可以用来提高相机图像的 SNR。许多相机中最大的噪声来源是输出噪声，输出噪声的产生是由于每个像素所对应的光电子被放大器读出而产生的。当使用像素合并时，光电子在输出噪声产生之前就被合并起来。S 代表每个像素的增量，而 N_{read} 保持不变。要注意到相机像素合并可以增加图像的 SNR，但是用软件在获取图像后将像素合并在一起并不能增加图像的 SNR，这时，信号与噪声同都被合并，SNR 保持不变。相机像素合并有利于在同样范围的样品上获取更小的图像，这就可以让相机以更快的速度收集图像（表 1 第 5 行，图 4B）。

相机像素合并的缺点是所获得的数码图像每个像素代表着样品上更大的区域，数码图像的分辨率随之下降。当只考虑分辨率时，合并一个 6.45μm 光电二极管 2×2 阵列与使用 12.9μm 光电二极管相机是一样的。在活细胞成像技术中，使用像素合并来增加 SNR 而不增加样品的照射经常比所引起的分辨率牺牲效果更好。

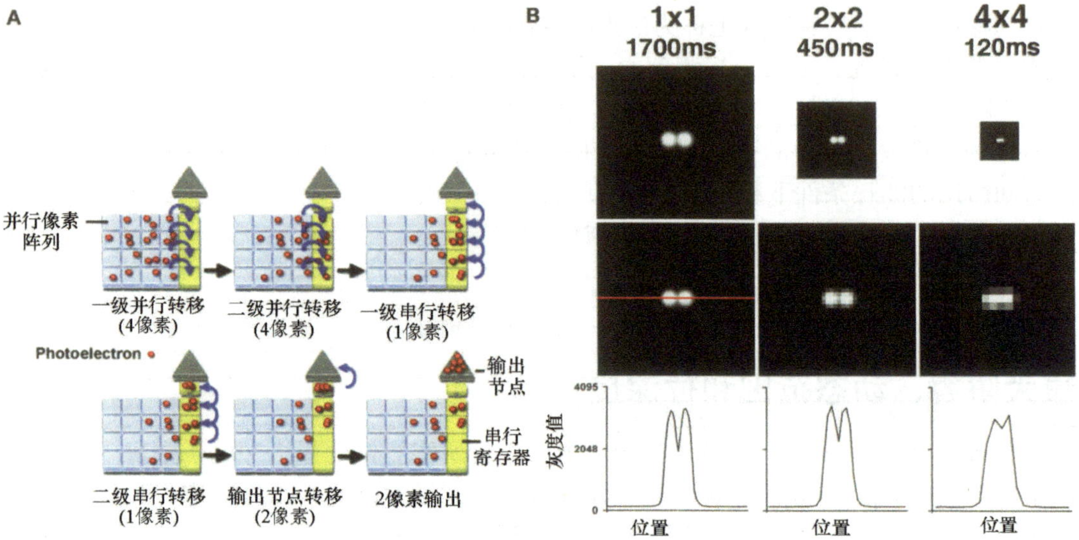

图 4 相机像素合并

A. 2×2 相机像素合并示意图。读出时，当光电子通过 CCD 芯片上光电二极管（并行像素阵列）进行转移，光电子（红色显示）从每 2×2 光电二极管来的光电子在串行寄存器中最终光电二极管中合并在一起。B. 一对 2.5μm 的荧光小珠的图像在 20×0.75NA 物镜下，分别采用三种不同的相像素合并设置下收集：1×1（无像素合并）、2×2 和 4×4。调整曝光时间（在每张图像上表示为毫秒，ms）以收集具相似最大灰度值的图像。顶部一行图像显示用相同像素密度，当像素合并增加时，图像的像素数目变少，所以图像变小。底部一行和顶部一行所对应的图像是相同的，但是荧光小珠被放大同样大小。线形图是沿荧光小珠的中心进行扫描得到的灰度值曲线。1×1 和 2×2 像素合并下，两个小球可以分辨出来；4 像素×4 像素合并下，两个小球无法分开

子阵列

大部分图像收集软件包都允许选择你感兴趣的相机视界范围来显示和保存，这点非常有用，因为它可以减少图像的大小和硬盘保存空间。然而，可以收集一个子阵列的相机更有用（表 1 第 13 行）。在这些相机中，只有你所选择的区域的光电二极管才会被 CCD 芯片读出，这就增加了帧频，可以获得更快的图像收集速度。

非常低光强或高速成像

大部分活细胞成像实验中，一个标准的高 QE 和低输出噪声冷却 CCD 相机可以获得最高的 SNR 和分辨率的数码图像（图 1A）。然而，如果样品特别暗和（或）需要高速成像时（每秒获得许多帧或曝光时间极短），这样可能需要信号的放大来获得足够的 SNR。在这一节里，我们将会讨论增强型 CCD（I－CCD)、电子轰击型 CCD（EB－CCD）以及电子倍增 CCD（EM－CCD）技术。在这里需要注意，虽然这些技术中的每一项技术都在低光强或高速成像中有令人印象深刻的优点，但它们也同样具有一定的限制和缺点，所以只能在需要时才采用。你每次还是必须制备好你的样品，并在选择使用能放大信号的检测器之前用显微镜收集尽可能多的光子（Waters 2007）。Moomaw

(2007)在他的一篇综述中对这些不同的低光强成像技术的每一种的优点和缺点都作了详细的论述。

I-CCD

一个增强型CCD是由一个图像增强器配合CCD相机组成的(Moomaw 2007; Rasnik et al. 2007; Spring 2007)。图像增强器是用来放大到达相机的光量，它按以下三个步骤进行工作。首先，从光学图像传来的光子被光电阴极转换成电子。其次，电子沿着微通道板被高电压加速，每个电子每次撞击微通道板就会产生多个电子，这样就可以将信号放大。这些装置的放大程度(增益，gain)是由通过调节加载在微通道板上的电压来控制的。最后，通过荧光屏将电子转回到光子并通过光纤耦合器或者一组中继透镜转递到CCD芯片。

I-CCD相机中，微通道板的增益的应用可以达到10^6倍(Rasnik et al. 2007)，这可以将信号放大到高于增强器和CCD的噪声。I-CCD可以通过改变加载于微通道板上的电压快速开闭(时间在1ns以内)(Rasnik et al. 2007; Spring 2007)，以获得非常短的曝光时间，这一项技术最明显的缺点就是光的丢失：光电阴极的量子效率只有10%～50%，另外，增强器和CCD之间的透镜耦合设备的光传输效率只有不到10%，而光纤耦合器的光传输效率也只有50%～60%(Rasnik et al. 2007)。微通道板同样也限制了I-CCD所能获得的分辨率，I-CCD最多只能获得单独只用CCD所获得分辨率的75%(Spring 2007)。过高的增益同样也限制了I-CCD相机的动态范围。高光强也会损坏增强器，所以I-CCD相机不能有效地同时应用于明亮和暗淡样品的成像(Moomaw 2007)。

EB-CCD

和I-CCD一样，EB-CCD也应用光电阴极(QE为10%～50%)将进入的光子转换成电子。在EB-CCD中，电子是直接在背部薄化的CCD芯片上加速(利用高电压)(Moomaw 2007; Rasnik et al. 2007)。当电子高速击打CCD芯片时所产生的碰撞电离导致新的电子产生并有可能增益到超过1000倍。这种直接的信号放大所产生的噪声要比使用增强器低得多。因此，EB-CCD比I-CCD有更好的动态范围(Moomaw 2007)。然而，在CCD与光电阴极之间的离子反射会在图像中产生亮斑，当成像的样品中也出现同样的亮斑时，这就有很大的问题。EB-CCD的分辨率在某种程度上也会比普通的CCD相机低，因为加速的电子可能扩散到相邻的光电二极管中(Moomaw 2007)，久而久之，CCD芯片上发射的电子也会破坏CCD芯片，从而限制了相机的使用寿命和应用于明亮样品的成像中。

EM-CCD

EM-CCD相机使用的是全幅转输CCD和一个在电子到达输出放大器之前的附加倍增缓存器(图5)(Jerram et al. 2001; Mackay et al. 2001; Fellers and Davidson

2009)。这种附加的倍增缓存器包含了数百个放大步骤，在这一阶段，电子沿着一个很大的电压梯度推进，有时（少部分时间）产生碰撞电离并产生新的电子，通过数百次这样的重复动作过程，可以获得几千倍的增益。一些（并非所有）EM-CCD相机也采用有较高QE的背部薄化CCD芯片。不像低QE的I-CCD和EB-CCD，背照CCD的QE可以达到90%以上。

在EM-CCD相机中，信号的输出可以倍增好几千倍；因此放大的信号可以压制输出噪声，可以使输出噪声被忽略不计（Mackay et al. 2001; Robbins and Hadwen 2003; Moomaw 2007)。然而，其他在普通的冷却式CCD中很低的噪声源在EM-CCD的扩展倍增缓存器中会被放大。EM-CCD相机必须要冷却到很低的温度（−80～−50℃），因为任何由热噪引起的电子都会在扩展倍增缓存器中被放大。时钟噪声感应电荷（或称为杂噪声电荷）是相机在信号输出时光子从一个光电二极管传输到下一个光电二极管时所放出的一个电子，在普通CCD相机中，相对于输出噪声来说，时钟噪声感应电荷噪声是可以忽略不计的，但是当在EM-CCD相机的扩展倍增缓存器中放大以后，时钟感应电荷噪声会降低图像的SNR。扩展倍增缓存器自身也会在图像上产生额外噪声，称为额外噪声因子（Robbins and Hadwen 2003)。额外噪声因子的产生是因为进入扩展倍增缓存器中的电子产生碰撞电离和释放一个电子的概率很低。因此，每个电子在进入扩展倍增缓存器后通过倍增产生的电子数目变化很大（Lantz et al. 2008)。在特定的电压下，扩展倍增也与CCD芯片的温度成正比（Robbins and Hadwen 2003; Moomaw 2007)。因此，在使用EM-CCD时就有必要在图像收集前让CCD的温度趋于稳定并在实验过程中让温度保持恒定。总之，EM-CCD相机的高QE和增益让它明显增强了对微弱信号的探测能力，但额外的噪声也限制了其在荧光强度定量中的应用（Robbins and Hadwen 2003; Moomaw 2007; Lantz et al. 2008)。

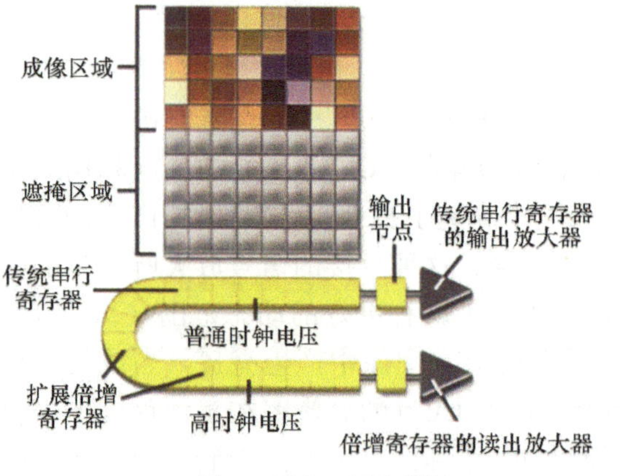

图5　EM-CCD设计

EM-CCD相机使用全帧输出。光学影像聚焦在成像区域，在这个区域，光子在成像时被探测。曝光后，光电子被传输到遮掩区的光电二极管中。有些EM-CCD带有一个传统的串行寄存器，它并不和扩展倍增寄存器一样起放大信号的作用。当电子通过扩展倍增串行寄存器后，高时钟电压被用于放大电子的数目（图来自Fellers和Davision，2009）

EM-CCD近年来比较流行，部分原因在于它在TIRF（第35章）和转盘激光共聚焦显微中的成功应用（Toomre and Pawley 2006)。当TIRF和激光共聚焦用于快速收集暗淡活细胞样品的图像时，EM-CCD有高QE、高帧频和高SNR。EM-CCD的优点克服了其他信号放大技术不能同时在暗淡和明亮样品下良好工作的缺点，同时，也没有在强光曝下损坏的风险。与普通CCD相机在低帧频下获得图像相比，EM-CCD所获得的图像的分辨率较低（因为大部分芯片像素较大)，并在荧光强度定量分析时精确性低。并且即使是信号放大程序已经关闭，扩展倍增缓存器还会增加噪声。因此，有些 EM - CCD 芯片有第二个单独的传统缓冲器组，可以在样品的信号无需放大时使用（图 5）。

荧光活细胞数码成像图像收集的实际提示

如本章所讨论，对你的样品和实验，收集尽可能好的图像的第一步就是选择合适的相机。一旦你已经选择到了最合适的相机，你就必须学会怎样正确地使用它的图像收集软件以及怎样决定收集你的样品图像时的最佳设置。

监控灰度值

为了设定理想的相机图像收集的设置用于你的样品和实验，就需要监控数码图像强度值。因为相机通常会产生多于肉眼能看到或监视器能显示的灰度值，因此我们就需要使用图像收集软件来检测图像的灰度值，从而判断图像的质量。大多数图像收集软件都能显示图像或图像选定区域内若干像素的平均灰度值、最小和最大灰度值。

理想的数码图像包括所有可能范围内的灰度值但不带有任何饱和的像素（表 1 第 12 行）。然而，在活细胞成像实验中，我们经常需要牺牲图像的 SNR 或分辨率来减少曝光时间以降低光毒性和光漂白。很明显，保持细胞存活和良好的状态是活细胞成像实验中最重要的部分且具有第一优先权。使用下面的提示在保持合适的曝光下获得尽可能好的 SNR 和分辨率的数码图像。参考本书下篇的有关章节所讨论的实验控制将有助于判断你的细胞是否正受到曝光的不利影响。

让相机保持低温

前面提到 EM - CCD 相机的增益是与温度相关的，热噪声是可以通过给 CCD 芯片降温来减少的。如果你所使用的 EM - CCD 或者标准 CCD 相机需要很低的温度，你必须在成像过程之前打开它，以便让它能有时间降温。有些相机可以显示芯片的温度（在控制盒或软件上），所以你可以直接监控到。如果你的相机不能够显示温度，咨询制造商冷却的时间需要多久。

选择感兴趣的区域/子阵列收集图像

如果你对整个视野成像不感兴趣，收集感兴趣的某个区域图像会减少图像收集时间并减少文件大小。在大多数图像收集软件中，先是收集一张全视野的图像，然后沿感兴趣的区域画一个正方形或长方形，然后设置相机仅拍摄这个区域。必须要知道剪辑相机的视野并不会改变显微镜的曝光以保护细胞不受光损伤，需要关小视场光阑来减少曝光量（Waters 2007）。

调整曝光时间

相机的曝光时间是指在 CCD 芯片输出信号之前，芯片从聚焦到其上的光学影像中收集光子的持续时间。在曝光过程中，光电子在光电二极管的势阱中累积，信号增加。如果相机的热噪声极低的话，那么在更长的曝光时间里，唯一增加的噪声是泊松噪声，然而图像的 SNR 还是增加了，因为信号的增加要比信号平方根的增加更快（图 6）。尽管延长曝光时间可以提高图像的 SNR，但同样也增加了样品的光毒害和光漂白。同样值得注意的是，在曝光过程中，动态样品的移动可能会造成图像的模糊并减少有效的空间分辨率。较长的曝光时间同样会降低可能的帧频。因此，使用延长曝光时间来提高图像的 SNR 就必须在对样品产生伤害最小和最快地收集到足够追踪样品动态的图像之间达到平衡。

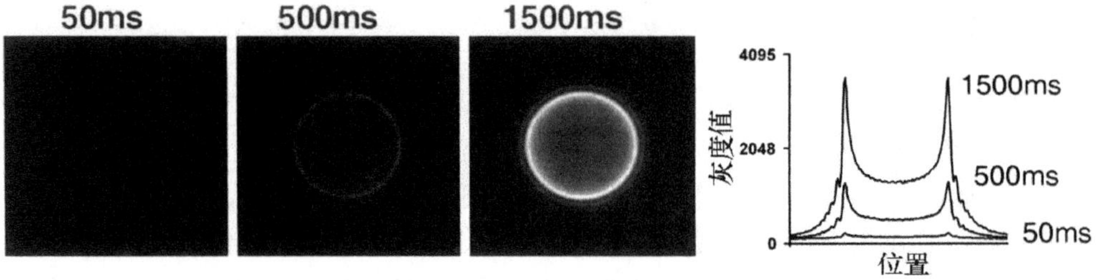

图 6　曝光时间

同一个 6μm 表面标记有红色荧光的小珠的宽视场图像；图像的曝光时间分别为 50ms、500ms 和 1500ms。曲线图表示的是沿小珠中心的像素灰度值扫描（线扫描）。曝光时间最短时，小球难以从噪声中分辨出来，随着曝光时间的增加，相机从小珠的光学影像中收集到的更多的光子，数码图像的 SNR 也就随之增加了

是否应该采用像素合并

你可能会发现想要获得足够 SNR 的数码图像所需要的曝光时间会引起太多的漂白或光毒性，或者不能正确追踪样品的动态变化。像素合并在许多活细胞成像技术中都非常有用，因为它可以增加图像的 SNR，这样就可以相应地减少曝光时间，代价就是降低分辨率（图 4）。然而，因为样品的存活具有第一优先权，且没有足够的 SNR 就无法获得分辨率，像素合并经常是非常有效的手段，因为在活细胞成像中常常并不需要光学图像的全部分辨率（如扩散的细胞质标记或者是那些两者距离超过分辨率极限的结构的成像）。

设置增益

普通的冷却 CCD 相机改变增益通常是改变模数转换器，这样增益的提高却降低了每个灰度值的光电子数目。表面上来看，提高增益是可行的，因为它可以让灰度值提高而不增加相机的曝光时间或有效像素大小。然而，与相机像素合并不同的是，增加相机的增益不能提高 SNR，另外，提高增益也会降低相机的有效动态范围，因为图像中的像素在光电二极管的势阱饱满之前就已经达到了饱和。对大多数荧光样品来说，最低的相机增益设置可以获得最好的结果。

EM - CCD、EB - CCD 和 I - CCD 相机还具有其他信号放大的调整，可能也用增益这个词，如倍增增益，它调整用于放大电子的电压或用于增强高于相机噪声的微弱信号，降低快速成像中曝光时间。

设置抵消值

大多用于活细胞成像的相机都有一个默认的灰度抵消值（offset），一般在 0 以上，这意味着如果没有光线到达相机，像素的灰度平均值会在 0 以上，并等于相机的设定抵消值。相机制造商将默认抵消值设置在 0 以上是允许由相机噪声引起灰度值的不可避免的变化。成像软件一般都能够允许你调整相机的抵消值。降低抵消值使图像的背景成黑色（灰度值等于 0）有很大的吸引力，但是最好是使背景值足够高以便能对背景中的噪声进行测定。

测试你的收集参数，并根据需要调整

经过一两次时程图像收集实验之后，你会发现样品的漂白会比你想象的更厉害，或者你需要比你原先设计的图像收集频率更快。决定最佳的图像收集相机设置经常是不断反复的过程，而且必须对每一个新的样品或实验都要凭经验进行判断。在设定一套固定的图像收集参数前要有足够的耐心并多试几套不同的相机设置参数。

总结和结论

活细胞荧光成像实验中，获得高质量的数码图像是由样品的强度、显微镜的光学系统和滤光片、CCD 相机的选择，以及图像收集参数设置等共同决定的。这些参数的理想设置不仅仅是获得尽可能高的 SNR 和分辨率的数码图像所必需的，而且也必须限制样品的曝光来降低光毒性和光漂白。有多种 CCD 相机可以用于荧光活细胞成像实验中；哪一款相机最适合取决于样品和应用需求。花时间选择你所需要的最适合相机并学会正确使用它将有助于你获得高质量的数码图像。当你购买一款 CCD 相机时，你需要检查相机的技术数据表，同时也要让销售人员在你的实验室中配合显微镜和样品展示相机以确保该相机符合你的预期需求。

鸣谢

作者感谢 Charles Felts（Research Precision Instruments）、Butch Moomaw（Hamamatsu Photonics）和工作人员及学生（The Analytical and Quantitative Light Microscopy Course，Marine Biological Laboratory，Wood Hole，MA）对于 CCD 相机方面的许多有帮助的讨论。

参考文献

Aikens RS, Agard DA, Sedat JW. 1989. Solid-state imagers for microscopy. In *Fluorescence microscopy of living cells in culture* (ed. YL Wang, DL Taylor), pp. 291–313. Academic, New York.

Axelrod D. 1989. Total internal reflection fluorescence microscopy. *Methods Cell Biol* **30:** 245–270.

Fellers TJ, Davidson MW. 2009. Electron multiplying charged-coupled devices (EMCCDS). http://micro.magnet.fsu.edu/primer/digitalimaging/concepts/emccds.html.

Hiraoka Y, Sedat JW, Agard D. 1987. The use of a charge coupled device for quantitative optical microscopy of biological structures. *Science* **238:** 36–41.

Inoué S. 2006. Foundations of confocal scanned imaging in light microscopy. In *Handbook of biological confocal microscopy* (ed. JB Pawley), pp. 1–19. Springer, New York.

Inoué S, Spring KR. 1997. *Video microscopy: The fundamentals.* Plenum, New York.

Jerram P, Pool PJ, Bell R, Burt DJ, Bowring S, Spencer S, Hazelwood M, Moody I, Catlett N, Heyes PS. 2001. The LLCCD: Low light imaging with the need for an intensifier. *Proc SPIE* **4306:** 178–186.

Keller HE. 2006. Objective lenses for confocal microscopy. In *Handbook of biological confocal microscopy* (ed. JB Pawley), pp. 145–160. Springer, New York.

Lantz E, Blanchet J-L, Furfaro L, Devaux F. 2008. Multi-imaging and Bayesian extimation for photon counting with EMCCDs. *Mon Notice R Astron Soc* **386:** 2262–2270.

Mackay CD, Tubbs RN, Bell R, Burt DJ, Jerram P, Moody I. 2001. Sub-electron read noise at MHz pixel rates. *Proc SPIE* **4306:** 289–298.

Moomaw B. 2007. Camera technologies for low light imaging: Overview and relative advantages. In *Digital microscopy* (ed. G Sluder, DE Wolf), pp. 252–283. Academic, New York.

Murphy DB. 2001. *Fundamentals of light microscopy and electronic imaging.* Wiley-Liss, New York.

Murray JM, Appleton PL, Swedlow JR, Waters JC. 2007. Evaluating performance in three-dimensional fluorescence microscopy. *J Microsc* **228:** 390–405.

Pawley J. 2006a. Appendix 3: More than you ever really wanted to know about charged-coupled devices. In *Handbook of biological confocal microscopy* (ed. J Pawley), pp. 918–931. Springer, New York.

Pawley JB. 2006b. Points, pixels, and gray levels: Digitizing image data. In *Handbook of biological confocal microscopy* (ed. JB Pawley), pp. 59–79. Springer, New York.

Rasnik I, French T, Jacobson K, Berland K. 2007. Electronic cameras for low-light microscopy. In *Digital microscopy* (ed. G Sluder, DE Wolf), pp. 219–249. Academic, New York.

Robbins MS, Hadwen BJ. 2003. The noise performance of electron multiplying charge-coupled devices. *IEEE Trans Electron Devices* **50:** 1227–1232.

Shaner NC, Steinbach PA, Tsien RY. 2005. A guide to choosing fluorescent proteins. *Nat Methods* **2:** 905–909.

Spring KM. 2007. Cameras for digital microscopy. In *Digital microscopy* (ed. G Sluder, DE Wolf), pp. 171–186. Academic, New York

Spring KR. 2000. Scientific imaging with digital cameras. *BioTechniques* **29:** 70–76.

Spring KR. 2001. Detectors for fluorescence microscopy. In *Methods in cellular imaging* (ed. A Periasamy), pp. 40–52. Oxford University Press, New York.

Spring KR, Russ JC, Turchetta R, Parry-Hill MJ, Long JC, Fellers TJ, Davidson MW. 2009. Digital imaging in optical microscopy. http://micro.magnet.fsu.edu/primer/digitalimaging/index.html.

Straight A. 2007. Fluorescence protein applications in microscopy. In *Digital microscopy* (ed. G Sluder, DE Wolf), pp. 93–113. Academic, New York.

Taylor DL, Salmon ED. 1989. Basic fluorescence microscopy. *Methods Cell Biol* **29:** 207–237.

Toomre D, Pawley JB. 2006. Disk-scanning confocal microscopy. In *Handbook of biological confocal microscopy* (ed. JB Pawley), pp. 221–238. Springer, New York.

Waters JC. 2007. Live-cell fluorescence imaging. In *Digital microscopy* (ed. G Sluder, DE Wolf), pp. 115–140. Academic, New York.

Wolf DE, Samarasekera C, Swedlow JR. 2007. Quantitative analysis of digital microscope images. In *Digital microscopy* (ed. G Sluder, DE Wolf), pp. 365–396. Academic, New York.

（阮孟斌　译　方玉达　校）

第 5 章　荧光干扰技术研究活细胞中蛋白质的运动性和分子动态：FRAP、Photoactivation、Photoconversion 和 FLIP

Aurélien Bancaud，Sébastien Huet，Gwénaël Rabut，and Jan Ellenberg

Cell Biology and Biophysics Unit，European Molecular Biology Laboratory，Meyerhofstrasse 1，D-69117 Heidelberg，Germany

19 世纪 70 年代中期，荧光漂白后恢复技术（fluorescence recovery after photobleaching，FRAP）被引入用以研究活细胞中的生物分子扩散（Peters et al. 1974；Edidin et al. 1976）。几年后，一小部分生物物理学家在此基础上发展了自己的光漂白体系，从而进行相关研究。19 世纪中期以来，基于以下两个因素的共同影响，荧光漂白后恢复技术日益得到普及。首先，在激光共聚焦显微镜（confocal laser-scanning microscope，CLSM）上可以轻松完成光漂白技术（McNally and Smith 2001），所以 FRAP 可以被任何能接触该仪器的人使用。其次，绿色荧光蛋白（green fluorescent protein，GFP）的发现使得活细胞中蛋白质的荧光标记更加便捷和易于观察（见第 1 章和第 2 章）。

由于现代的激光共聚焦显微镜的多功能性，能控制图像上任一点上的激光强度，以及新的荧光探针的发展，使得在过去的几年中出现了其他的光干扰技术。从本质上讲，所有这些技术都是为了在一个标本中通过选定区域的荧光干扰来改变稳态荧光分布。这些方法包括光漂白、光激活（即当无荧光标签经一个特定波长的照射后变为荧光标签）以及光转换（即某一特定波长的荧光照射导致荧光光谱朝更长波的长荧光转换）（图 1）。在进行了光干扰之后，我们就可以观察和分析荧光分布是如何重新趋向一个稳定的状态的。由于合适荧光团的光化学干扰基本上是不可逆的，所以在干扰区域和非干扰区域的荧光强度的变化是由于这些区域中标记分子的交换所引起的。为了简便起见，下文我们将用首字母的缩写词 FRAP 作为一个通用名词泛指所有的这些不同的光干扰技术。

在一个典型的 FRAP 实验中（图 1），荧光样品中的一个小区域曾经是被光干扰过的。进一步通过分析图像来显示光干扰区域随后的荧光信号变化情况。FRAP 实验非常容易建立，因此非常受欢迎。它们能就光干扰区域的分子行为给出定性的信息（即它们是否发生运动）。此外，不同实验条件下不同分子或者相同分子的特异重新分布时间的比较能揭示所研究的这个系统的一些有用信息。如果分子存在相互作用，FRAP 实验中的定量分析就能够对分子的扩散系数也就是分子的缔合常数和解离常数进行测量。在光激活的荧光蛋白出现之前，发展了一个名为光漂白后反向荧光恢复（inverse fluorescence recovery after photobleaching，iFRAP）的方法，该方法能将样品上目标区域之外的所有荧光全部光漂白。在试验构成方面，iFRAP 与光激活相类似，但是由于漂白大面积区域所需要的时间长（有可能需要几秒钟），这个方法的使用受到了限制，而且这也限制了 iFRAP 在低扩散和反应动力学研究中的应用。

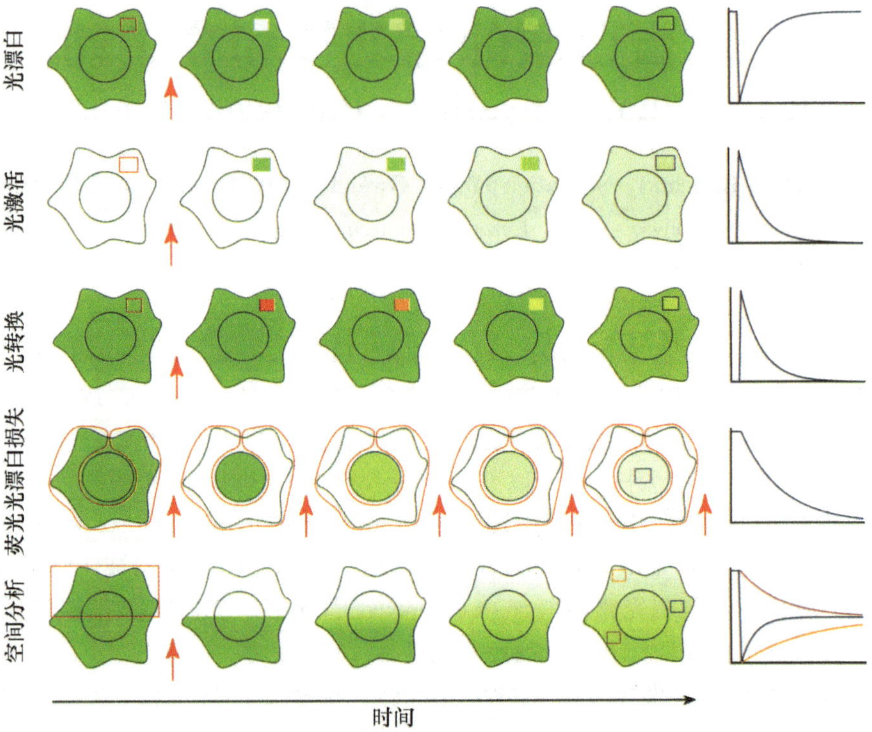

图 1　通常的 FRAP 技术

一个典型的具有细胞核和细胞质的细胞概略图。光干扰区域用红色界线标出。箭头表明发生了光干扰。对目标区域的定量在最后一个时间点用不同颜色表示，与曲线图中的不同颜色一一对应

荧光光漂白损失（fluorescence loss in photobleaching，FLIP）实验不同于经典的 FRAP 实验的地方在于样品中相同的区域会受到重复的漂白（图 1）。漂白的不断重复消耗了细胞中所有移动到漂白区域的荧光分子，从而引起了未漂白区域的荧光损失。FLIP 实验特别是对于证明不同区域间的联系和研究细胞的区室化及区室之间的物质流非常有用。定量分析也是有可能的，特别是如果漂白频率恒定且足够高以至于消耗动力学限制时。应用最普遍的光扰技术是经典的 FRAP 和 FLIP 方法。然而，多亏了激光共聚焦显微镜的灵活性，使得其他实验设计（如空间分析等）能够对感兴趣的过程进行最佳的研究。

任何 FRAP 实验都是独一无二的。它所执行的方法依赖于所研究的生物分子、用来标记它的荧光基团、细胞或者亚细胞室的几何形状、可用的显微镜设置以及如何对图像进行分析。因此，不可能给出一个具体的做 FRAP 实验的步骤。然而，有一些大多数 FRAP 应用中应该考虑的有用的指导和参照。在这一章中，我们首先讨论在一个

激光共聚焦显微镜上进行 FRAP 实验所需要的材料和数据处理软件。然后我们将就如何进行 FRAP 实验以及必要的参照给出一些常规性的建议。最后，我们将给出几种不同的分析数据的可能的方法。若想了解更多详情，读者可参考 FRAP 的综述和方法文献（Klonis et al. 2002；Lippincott-Schwartz et al. 2003；Snapp et al. 2003；Sprague and McNally 2005；Patterson 2008）。

FRAP 的实验材料和数据分析软件

荧光标签

适合 FRAP 实验的荧光标签是由 4 个主要标准决定的。

（1）需要高亮度和光稳定性，以使得在低强度的光照下获得的时程图像能有比较好的信噪比。

（2）荧光基团的光干扰应尽可能瞬时发生，并且不能对细胞产生潜在的有害光化学反应。

（3）对于光漂白研究来说，漂白的可逆性（也就是蛋白质在光漂白之后自发恢复的倾向）应当受到限制（若想了解更多详情，请看下面题为漂白的可逆性部分：荧光蛋白的黑暗状态）。

（4）荧光标签应该几乎没有多聚化的趋势，因为这样会影响标记蛋白的动态并且在高浓度时引起蛋白质的聚集。

根据所研究的生物学问题，蛋白质可被化学荧光团或荧光蛋白（FP）标记。尽管化学荧光团常常显示出高亮度和光稳定性，但是它们的两个主要缺点大大妨碍了它们在活细胞 FRAP 实验中的应用。首先，荧光蛋白能直接在细胞中表达（如通过质粒 DNA 的转染），但是化学染色的实验需要对目标蛋白进行纯化，然后用染料标记，之后用各种不同的通常是浸入性的方法进入细胞。其次，化学荧光团的光漂白通常伴随着自由基的产生，这些自由基对细胞是有毒的。与化学染色相比，用荧光蛋白来标记蛋白质则是在活细胞中研究蛋白质动态的一种极为有力的通用工具。这里我们将主要综述一些目前做光漂白、光激活及光转换实验所需要的不同荧光蛋白（若想了解更多详情，参见 Shaner et al. 2007；Lippincott-Schwartz and Patterson 2008）。

用于光漂白实验的荧光蛋白

对于 37℃培养的哺乳动物细胞来说，在目前已知的所有荧光蛋白变体中，增强型绿色荧光蛋白的单体类型（monomeric version of the enhanced green fluorescent protein，mEGFP）仍然是光漂白实验中最合适的类型之一。对于标记不能被增强型绿色荧光蛋白（enhanced green fluorescent protein，EGFP）（Pedelacq et al. 2006）有效标记的相对不溶的蛋白质来说，最近发现的超级折叠 GFP 也是一个很有希望的候选者。理论上，最新的单体蓝色荧光蛋白（blue fluorescent protein，BFP）和青色荧光蛋白（cyan fluorescent protein，CFP）变体也能用于光漂白实验中。然而，它们需要在相对较短的波长下被激发而漂白，这对细胞是有害的。黄色荧光蛋白（yellow fluorescent protein，YFP）的几种不同的形式比较不适合做此实验，因为在光漂白过程中，它们的光稳定性相对较差，且具有较高的可逆性。至于荧光光谱的橙-红色部分，现有的不同荧光蛋白在光漂白研究中还未被系统地探讨过。应用最多的单体红色荧光基团是 mCherry，它具有良好的性质，并且它的漂白过程几乎完全不可逆（Huet and Ellenberg，未发表）。尽管 TagRFP 比 mCherry 亮，但是它的光稳定性较差（Shaner et al. 2007）。最亮和最稳定的红色荧光基团是 Tomato 的二聚体（tdTomato），但是它的分子质量比较大，可能会影响融合蛋白的功能。现在我们仍然缺乏一种合适的远红光区域的荧光蛋白。mPlum 的亮度仅是 EGFP 的 1/10。mKate 比较亮且光稳定性高，但是在我们的实验中，标记上该标签的蛋白质在细胞中倾向于处于高度聚集状态（Chapuis and Ellenberg，未发表）。

光激活荧光蛋白

唯一广泛应用在光激活实验中的光激活荧光蛋白是光激活绿色荧光蛋白（photoactivatable green fluorescent protein，PA-GFP）（Patterson and Lippincott-Schwartz 2002）。在大约 400nm 的强光照下，PA-GFP 在绿色区域（激发峰和发射峰分别在 504nm 和 517nm）的荧光发射要增强超过 100 倍。PA-GFP 的单体形式也是可以使用的。最近报道了 mCherry 的一种光激活形式（Subach et al. 2009），但是它在活细胞中的应用仍需要更加详尽的评估。尽管在 400nm 的照射下 PA-GFP 可以发生不可逆的光激活现象，但是某些荧光蛋白却可被重复地开启和关闭。一个名为 Dronpa 的单体荧光蛋白就是这种情况，它可以在分别在大约 490nm 和 400nm 的条件下发生光漂白和光激活的逆转，且在激活情况下没有明显的荧光损失（Habuchi et al. 2005）。

光转换荧光蛋白

最后的这一类包括可以在荧光光谱大约为 400nm 的强照射下从绿色区域转移为红色区域的荧光蛋白。两种最合适的单体光转换荧光蛋白是 mKikGR（Habuchi et al. 2008）和 mEos（Wiedenmann et al. 2004），它们显示出同样的荧光特性。Dendra2（Gurskaya et al. 2006）也是一个很好的选择，但是它的红色形式似乎会遭受快速光漂白的损伤。尽管这些标签蛋白都对解答特殊问题是有帮助的，但是对于它们在活细胞 FRAP 实验中的应用仍然需要一个更加系统的研究。

显微镜设置

在进行 FRAP 实验时，选择合适的显微镜装置是非常关键的一步。选择的三个主要特性是显微镜设置的时空（特别是沿着 z 轴）、分辨率及灵敏度。目前所用的显微镜没有将每一个特性综合起来形成最佳的效果。最常用的配置是单点扫描共聚焦显微镜，它沿 z 轴的分辨率很好，但是在灵敏度和时间分辨率上受到限制。收集一张 512×512 像素的图像通常需要大约 0.5s。然而，较高的收集效率可能可以通过共振点扫描仪（如在最近的 Leisa 和 Nikon 的激光共聚焦显微镜上使用）来实现。灵敏度的问题可以通过打开针孔来解决，但这会牺牲 z 轴分辨率（详见题为打开或者关闭针孔一节）。当需要好的时空分辨率时，具有 FRAP 组件的转盘或线扫描共聚焦显微镜会更加合适（具有 FRAP 功能的转盘配置可以采用 PerkinElmer 公司或 Aandor 公司的技术，Zeiss LSM 5 Live 采用的是一个 512 像素的线扫描仪）。尽管与信号点扫描设备相比，空间的分辨率有轻微的降低，但是可以达到每秒 100 帧的收集速度。最后，汇集由高灵敏度 CCD 相机与 FRAP 元件组合的宽视场显微设备可用以荧光信号非常低的实验（如 FRAP 元件可以加载到 Applied Precision 公司的宽视场 Delta Vision 配置中）。在接下来的部分中，我们将着重介绍在光漂白实验中激光共聚焦显微镜的特别重要的特征。

成像的激光和光干扰荧光基团

合适的激光对于 FRAP 实验来说很明显是非常关键的。荧光基团的光漂白是通过用与其激发光相同波长但是强度更强的激光照射来实现的。对于 EGFP 的漂白来说，能达到约 25mW 的 488nm 氩离子激光器或者二极管激光器在很多应用中就已经足够了。当需要迅速漂白时，则需要用输出功率高达 500mW 的强激光器。对于红色荧光来说，氦氖激光器通常太弱而不适于进行快速的漂白，应该用近来比较多用的强的绿色激光器（氩氪 546nm 或者 Nd：YAG 532nm）或者强的固态激光器（561nm）代替。对于光激活和光转换实验来说，应用比较成功的是 25mW 405nm 的蓝色二极管或者 80mW 413nm 的氪离子激光器。

光干扰的模式

对视野中的某个选定的区域进行光干扰有几种途径。最理想的 FRAP 实验中，光干扰模式应该满足两个条件：①光干扰持续的时间应尽量短，以避免光干扰期间标记蛋白在空间上重新分配；②从光干扰模式到成像模式的转换要尽可能的快速，因为在光干扰之后，荧光空间上重新分配的速度最大。最佳的方法是分别用光干扰和成像两个扫描仪（如 Carl Zeiss 公司的 LSM 5 Duo 和 Olympus 公司的 FluoView 1000），但是这需要借助于参考网格来对成像和光干扰扫描仪进行精细的对齐。在大多数的激光共聚焦显微镜上，只用一个扫描仪进行成像和完成光干扰，声光可调谐滤波器（acousto-optical tunable filter，AOTF）可以使这两者模式之间完成快速转换。虽然这种方法适合于很多应用，但这种方法在光干扰的时间及光干扰和成像之间的转换方面还不是最理想的。尽管如此，因为在光干扰区域的光通量会暂时增加（Leica 公司和 Zeiss 公司最新一代的激光共聚焦显微镜上有此功能），光干扰的时间可以通过镜头推进而缩短。当光干扰和成像模式之间的转换时间需要优化时，回扫模式（允许扫描仪在向前移动时进行光干扰和在向后扫描时进行成像）比较适用（在 Leica 公司的激光共聚焦显微镜上有此功能）。

控制激光的波动

激光共聚焦显微镜配有光电倍增管以检测发出的荧光以及样品的透射光。它们也可以配备一个特殊的检测器来直接测量激光的强度。这个检测器有时被称为监测二极管，它可以独立地控制激光照射的稳定性，因而在 FRAP 实验中非常重要（详见下面题为激光稳定性和检测器的线性度及 FRAP 时程收集的分析部分）。

显微镜的物镜

FRAP 实验中所用的物镜与其他荧光应用中所用的物镜基本相同。最重要的是，它们必须要有高的透光率和低的自发荧光，并且应该对其球差（可能的话还有色差）进行修正。合适的物镜包括 Fluar 或者 Plan－Apochromat（复消色差透镜）镜头。

对于大多数 FRAP 实验来说，时程图像收集会被限制在一个单一的层面上。因此，尽管蛋白质反应或者扩散的动态经常发生在三维的细胞空间内，但是我们只能从 FRAP 数据中提取到二维的信息。解决这个问题经常用的一种方案是进行光干扰时尽可能沿着一个 z 轴上均匀地进行。事实上，在这种配置下通常认为荧光空间上的重新分配遵循的是二维的动态（Beaudouin et al. 2006）。用相对较小数值孔径（low-NA）的物镜沿着样品的纵深可以得到均匀的光干扰效果（当使用哺乳动物的贴壁细胞进行实验时，使用 40 倍的 1.0 数值孔径的油镜比较合适；图 2）。然而，这种低数值孔径的物镜与高数值孔径的物镜相比收集的光较少且分辨率较低。因此，当研究小细胞结构中蛋白质的动态时，用高数值孔径的物镜会更加合适，它能对定位在感兴趣结构处的荧光标记的靶标蛋白进行特异的光干扰。然而在这种情况下，荧光重新分配的表征的二维近似可能是无效的，随着时间的推移可能还需要获取三维的图像。

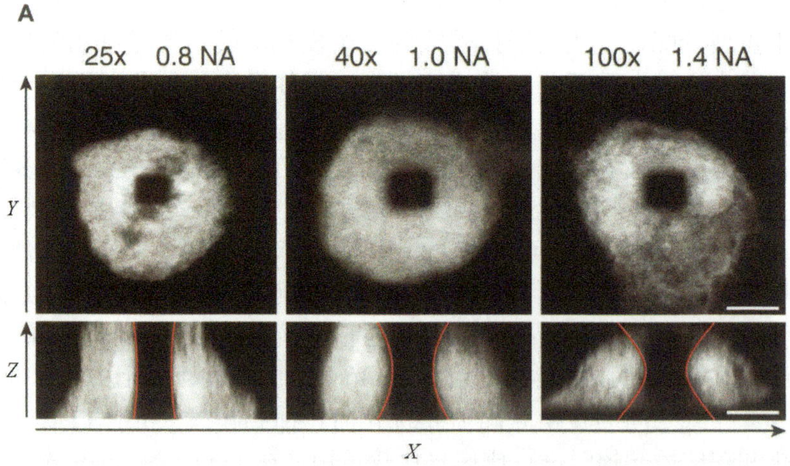

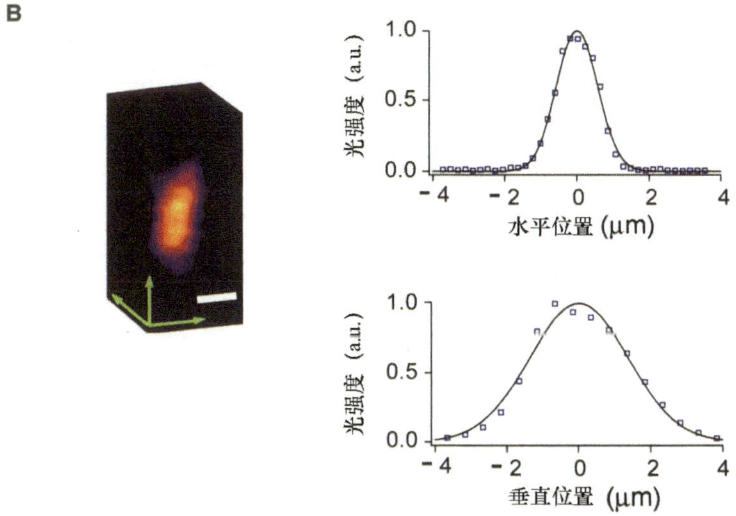

图 2　不同物镜的数值孔径下光干扰模式的表征

A. 表达 EGFP 的有丝分裂固定细胞在油镜下用各种不同的数值孔径（NA）的物镜漂白。标尺表示 5μm。B. 表达 H2B-PA-GFP 的正常鼠肾（NRK）细胞进行光激活，在 63×1.4NA 的油镜下观察，H2B-PA-GFP 在几个小时内都不发生移动。左边．采用阈值进行光激活体积的三维伪彩重建。标尺表示 2μm；右边．图表显示的是沿着与其对应的高斯适配（实线）的轴向和赤道向（一些蓝色矩形）的平均强度

光干扰的灵活性能力的软件

目前所有的激光共聚焦显微镜的所有功能都是计算机控制的。显微镜操作软件一定要含有 FRAP 功能，以使得使用者能够灵活的设计 FRAP 实验。这个功能应允许使用者精确的定义需要光干扰的区域（任何形状的一个或几个区域）、选择激光谱线、AOTF 传输、扫描速度和光干扰模式的放大以及选择在光干扰期间目标区域被扫描的次数（漂白循环）。最后，这样的 FRAP 功能需要被纳入到时程功能中，以使使用者能够定义何时在光干扰和成像模式之间转换和光干扰的重复次数。目前，大部分控制激光共聚焦显微镜的软件都允许在 FRAP 实验中进行灵活的设置。重要的是，为了在试验设计方面给使用者更多的灵活性，一些显微镜操作软件（如 Zeiss 的 LSM 和 Leica 公司的 LCS）提供了一个宏界面，以编程新的光漂白实验方案。

数据分析的软件

一旦进行 FRAP 实验，对其的分析就需要额外的软件包。表 1 所示的是一些有用的软件选择。欲知更多详情，请见下面题为 FRAP 时程收集分析和 FRAP 重新分布动力学建模部分。

表 1　FRAP 的分析软件

	网页地址	许可证	优点
图像收集			
ImageJ	http：//rsb. info. nih. gov/ij	免费	用户专用功能可以在 Java 上实现
MetaMorph	http：//www. moleculardevices. com/pages/software/metamprph. html	需要许可证	
图像对齐			
StackReg	http：//bigwww. epfl. ch/thevenaz/stackreg	免费	ImageJ 插件；非线性对齐
AutoAligner	http：//www. bitplane. com	需要许可证	非常好的手动对齐界面
分析模块			
FRAP Analyser	http：//sablab. net/actinsim/frap. html - FRAPAnalyser	免费	最初是为研究激动蛋白的聚合而设计的
FRAP Analysis	http：//embl. org/cmci/downloads/frap _ analysis. html	免费，但是需要 Igor Pro	IGOR Pro macro
数值模块			
Berkeley Madonna	http：//www. berkeleymadonna. com	需要许可证	可进行强大的微分方程的求解
MATLAB	http：//www. mathworks. com/	需要许可证	
Virtual Cell	http：//www. nrcam. uchc. edu	对学习免费	写空间模型比较简单的一种方法
COMSOL	http：//www. comsol. com/	需要许可证	

注：最初为了控制显微镜而设计的很多软件包现在都包含了强大的图像分析功能（如 Zeiss 公司的 LSM 和 Axio Vision 以及 Leica 公司的 LCS）。

进行 FRAP 实验

FRAP 实验的最佳条件是经验性的并强烈地依赖于所研究的生物样品。一旦优化好，图像的收集和光干扰就是一个非常简单的过程，它可以在一个已经设定好的实验方案下自动进行。FRAP 实验的样品与活细胞成像的准备相同，这里将不再讨论（详见第 18 章）。当使用特别敏感的样品或者需要在有毒的条件下进行时（如短波长或者高强度的光照），可以在成像培养基中添加抗氧化剂（见下面题为漂白引起的细胞损伤部分）。

应该进行光漂白、光激活还是光转换？

最初的基于荧光蛋白的局部消耗的 FRAP 方法学已经被证明在活细胞中检测蛋白质动力学非常有用。然而，由于现在有好的光激活荧光蛋白，光激活常常可能会取代光漂白，这主要由于以下 4 个原因。

(1) 光激活时，荧光蛋白的信号强度与在黑暗的背景下的空间重新分布有关，与光漂白相比，光激活通常具有更高的信噪比。

(2) FRAP 实验需要快速的光干扰，由于光激活比光漂白速度快，因此更适合用来研究快速的细胞过程。

(3) 当荧光的重新分配需要几个小时时，新合成的光激活蛋白是没有荧光的，因此不会对测量结果造成影响。

(4) 在一定程度上，包括 EGFP 和 mCherry 在内的所有用于光漂白实验的荧光蛋白在一定程度上都会出现漂白可逆性，没有完全严密的方法能够克服。这种假象往往会扭曲恢复曲线，特别是在恢复的前几秒钟，而用光激活荧光蛋白可以消除这种假象（详见下面题为漂白的可逆性：荧光蛋白的黑暗状态部分）。

图像收集的参数

打开还是关闭针孔

当用激光共聚焦显微镜进行 FRAP 实验时，使用者首先应确认针孔的设置。关闭针孔能够降低不聚焦的荧光，从而提高 z 轴的分辨率，但是这样会损失信号，使强度的定量更加困难。这个可以通过降低扫描速度或者提高扫描平均来弥补，但是它会牺牲图像的收集速度，并且可能会在成像过程中引起非期望的漂白。蛋白质扩散的研究就是其中的一个例子，在这个实验中打开针孔会比较好（Beaudouin et al. 2006）。事实上，在这种情况下，因为稳定状态的信号通常是非常一致的，所以必须快速地获取图像，而没有必要要求非常好的 z 轴分辨率。相反地，在 FRAP 实验中，当荧光分子的强弥散分布掩盖了目标的局部分布时，好的 z 轴分辨率非常有用。

激光的功率和通透

照明的强度（在成像和光干扰模式下）通常用声光滤波器（详见之前题为显微镜设置部分）来调节，这种声光滤波器可以实现高达 1000 倍的激光衰减。通常，我们会采用成像模式下照明功率的最低值，这样可以利用声光滤波器的尽可能低的通透来得到预期的图像。然后我们可以在光干扰模式下测试瞬时和完整的光干扰所需要的最小的激光通透（详见下面题为光干扰详情部分）。当用光漂白进行 FRAP 实验时，光漂白的强度至少是成像时的 100 倍以上。

扫描缩放/扫描场（scan zoom/scan field）

只要有可能，就应该选择针对所研究细胞的不同扫描缩放，以精确监测收集光漂白和再分布动力学。较低的放大对于监测目标细胞和临近的对照细胞具有潜在的优势（见下面题为控制获取光漂白部分），但是这些条件伴随低的空间和时间分辨率，可能不适于动态的过程。

扫描速度、扫描平均和收集频率

由于 FRAP 通常用于监测动态过程，所以扫描速度应该尽可能地快速以获得可以接受的图像，避免扫描平均以降低不期望的光漂白收集和实现高的时间分辨率。对于某些实验，如研究扩散时，时间分辨率往往可能会比空间分辨率更加关键。在这里，图像必须可以用来测定光强度，但是这些图像不必达到像固定样品的高分辨率三维重建的完美图像一样的标准。在极快的情况下，通过降低像素的数目（如从标准的 512×512 降低到 128×30）可以使得收集频率大幅提高。

在良好的时间分辨率下，荧光重新分配的动态相可以通过收集频率来调整。比较好的经验法则是在发生一半平衡所需要的时间内获取至少 20 个数据点。非常重要的一点是不能在实验中改变收集频率，因为在高频率的照明下，荧光蛋白的一部分处在一个可逆的黑暗状态中（见下面题为漂白的可逆性：荧光蛋白的黑暗状态的部分）。当改变收集频率时，这些非荧光蛋白部分会发生变化，从而导致荧光发生变化，这种变化不是因为分子移动，而是因为光物理的改变（图 3）。

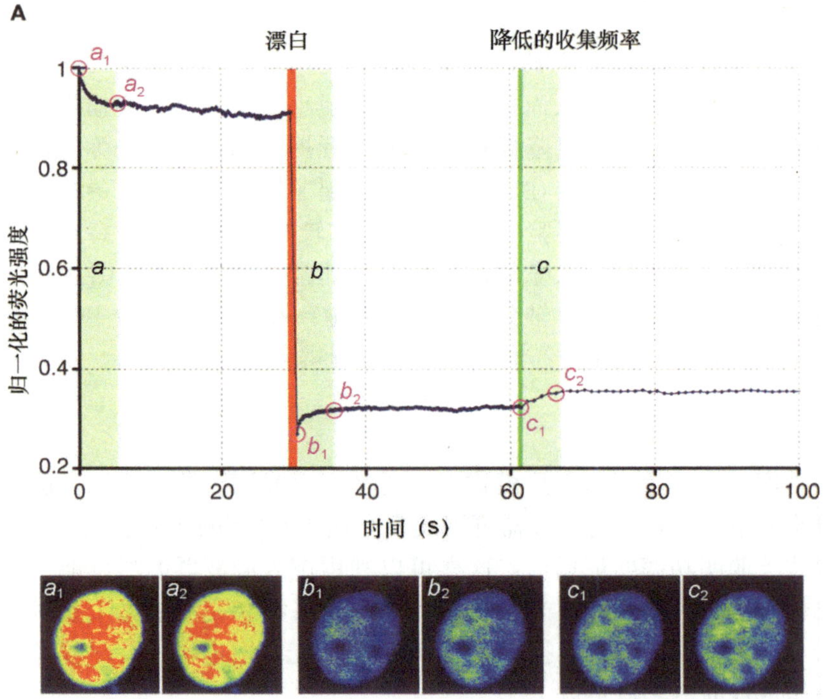

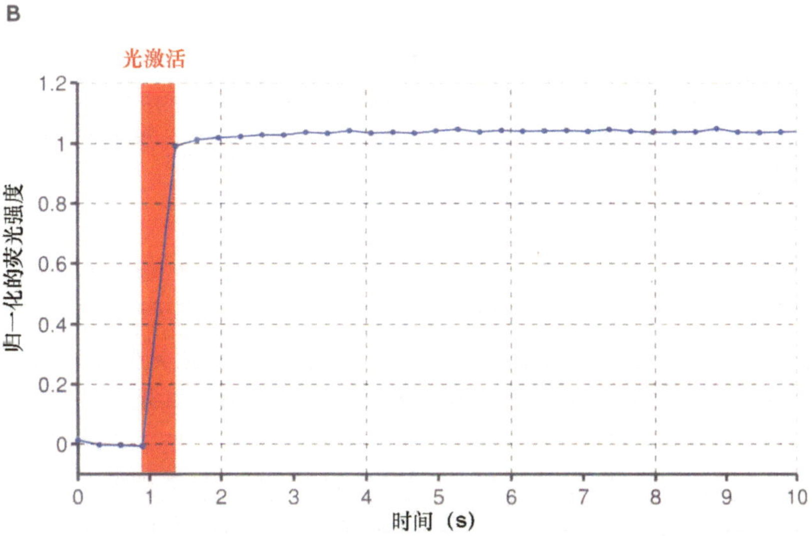

图 3　EGFP 和 PA-GFP 的黑暗状态

A. 表示组蛋白 H2B-EGFP 的活细胞中的总荧光。细胞最初每秒钟成像 7 张，之后细胞被漂白，最后图像收集频率被降低到每秒 1 张。为了便于比较，所选择的时间点（a_1、a_2、b_1、b_2、c_1、c_2）处的图像添加了伪彩。*a*. 最初，由于收集频率高，所以 EGFP 的一部分进入了无荧光的黑暗状态，导致了从 a_1 到 a_2 荧光强度的降低。*b*. 光漂白这一步使得更多的 EGFP 进入到黑暗区域，但是这些在几秒钟之后便恢复荧光（从 b_1 到 b_2）。*c*. 在较低的收集频率下，较少的 EGFP 进入黑暗状态，显示出在较低的收集频率下荧光增强了（从 c_1 到 c_2）。B. 表示组蛋白 H2B-PA-GFP 的活细胞的总荧光。在光激活后的几秒钟内，观察到荧光增强了约 5%

检测器的增益和抵消

检测器的增益和抵消（detector gain and offset）是非常关键的参数，就好比如果不进行适当的调整就不可能进行图像定量。抵消需设置成尽量低以使得背景的像素有稍微比 0 更强（否则某些信号就会丢失）的可以测算的强度。类似地，检测器的增益需要设置成仅仅非常少或者没有像素饱和。当进行光激活实验时，检测器增益应和光激活的设置一起进行优化，从而最大限度地提高光激活和非光激活区域的反差。在低噪声的情况下，相比较 8bit 的图像（256 灰度值）来说，12bit 的图像（4096 灰度值）能提高测算的有效动态范围。

光漂白前图像的收集

应在光干扰之前收集一些图像。这些图像将被作为荧光分子稳态分布的一个参考。对于光漂白实验来说，用和漂白后图像收集相同的设置获取的 3～10 张漂白前的图像（取决于噪声的强弱）一般足够用于平均。然而，当在高频率条件下成像时（每秒钟多余 1 张图像），收集较多的漂白前的图像（20～25 张）是必要的。最初的图像（大约 10 张）通常显示出一个快速的强度衰减，这与进入了黑暗状态的荧光蛋白是一致的（见下面题为漂白的可逆性：荧光蛋白的黑暗状态的部分；图 3）。随后的图像可以测出预漂白的强度（McNally 2008）。当需要定量潜在的移动的部分（见下面题为 FRAP 重新分配的动力学模型的部分）或者预漂白的图像用来估计成像过程中的漂白效率（见下面题为控制收集光漂白的部分）时，这就显得尤为重要。

对于用 PA－GFP 的光激活实验来说，应该通过较低功率的激光来照射目标细胞进行光激活实验收集 3～10 张预激活图像。类似地，当用光转换荧光蛋白时，应在绿色通道下收集 3～10 张预转换图像。

光干扰

理想情况下，每一个光干扰时间都应当是瞬时的（在光干扰期间，不应有标签分子离开或进入光干扰区域）和完全的（所有在光干扰区域的荧光分子都应当被光漂白、光激活或光转换）。但这几乎是不可能的，并且在大多数激光共聚焦显微镜上，在可用的有限的激光器功率下，瞬时和完全通常是不相容的目标（光干扰越完全，所用的时间越长）。完全的光干扰可以在干扰和未干扰区域之间产生更强烈的对比，从而使得在这些区域之间交换的测量更加精确。光干扰的时间应控制在不超过光恢复的半平衡时间的 1/10，否则相对部分的标记分子已经在光干扰区域进出交换。理想的光干扰时间应当比在重新分布过程中收集单张图像所需时间短。

实际上，在进行 FRAP 预实验时，每个实验的光干扰的参数都必须校准。如果成像和光干扰用的是同一个激光扫描仪，那么在成像和光干扰模式下扫描速度和变焦程度应保持不变，以尽量减少在这两种模式之间的切换时间。当使用全通透激光进行光干扰时，应逐渐地增加重复循环的次数，以使光在干扰区域和非光干扰区域的对比度最大化（Patterson 2008）。如果单循环光干扰，那么激光通透度可以降低直到干扰和非干扰区域的对比度开始降低。对于非常动态的过程来说，如果激光功率不是很充足，那么光干扰时的荧光分子交换可能会限制局部实现在干扰和非干扰区的高对比度。如果光干扰和成像模式之间的延迟不是实验的关键，光干扰可以用比成像模式更高的变焦来实现更高效的光干扰。

当在 FLIP 实验中进行重复漂白时，漂白的频率应设置的高低应正好使得在漂白的时间延迟内既不足以限制荧光在非漂白区域的耗竭，又足以使荧光分子在漂白和非漂白区域之间发生明显的交换。通常要增强漂白的频率直到荧光从非漂白区域耗竭的速度不再增加。

怎样确定停止实验的时间

最佳情况下，在最初的光干扰后收集的总数据应是观察过程一半时间的 10～50 倍长（Axelrod et al. 1976；Gordon et al. 1995）。对于探索性的 FRAP 实验，应一直收集数据直到样品中观察不到有明显的荧光变化。这时用户应当分析这些实验从而估计观察过程的一半时间（见后面题为定量 FRAP 分析的部分）。进一步的实验应长于这个时间的 10 倍。对这些实验的进一步详细分析可以揭示具有不同平衡动力学分子的亚群。假若这样，就有必要进行更长时间的实验，以解决在这种情况下交换速度最慢的分子部分的反应动力学。

必要的对照和可能的假象

在 x-y 轴和 z 轴方向校准光干扰区域

如之前所提到的，对 FRAP 实验的恰当分析需要校准光干扰区域的三维形状。由于很多实验设置都会影响到这个形状（即激光功率、物镜、扫描变焦和速度），所以应在和 FRAP 实验过程中相同的设置下进行校准。在对一个固定的荧光样品或者活细胞中不移动的标记蛋白（如标记的核心组蛋白）进行光干扰之后，收集一组高分辨率的 z 轴叠层能够使得我们对光干扰的整个体积进行描述（图 2）。实际的光干扰区域和预定义的目标区域在 $x-y$ 轴上通常是非常一致的，但在光干扰区域的边缘，激光束的衍射会趋向于扩大光干扰区域的范围，这在像素大小比聚焦的激光束直径小时尤其显著。这种横向的偏离在 FLIP 实验中有时会出现问题。例如，当需要一个细胞区室（如细胞质）被选择性漂白而不影响相邻的细胞区室（如细胞核）时（图 1）。由于在 FLIP 实验中被选择的区域需要被反复地漂白，所以邻近区域的甚至很轻微的非预期的漂白都会导致明显的耗竭，然而这不是由于分子的交换造成的，而是由于杂散的激光。因此，在 FLIP 实验中用一个固定的样品或者一个不移动的蛋白质作为对照是非常重要的。沿着光轴线，光干扰区域的大小直接依赖于物镜的数值孔径。低数值孔径的物镜可以使对整个样品的整个厚度进行均匀的光干扰（见前面题为显微镜设置的部分和图 2）。与此相反，在高数值孔径下，激光光束的双圆锥状的轮廓使得通过样品的深度时光干扰也呈这一形状（图 2）。这种高放大倍数/数值孔径的物镜（如 100×NA1.4 或更高）可以用来对在 z 轴限制在几微米的体积中进行光干扰，通过这种方式可以达到近似的三维光干扰模式（Beaudouin et al. 2002；Testa et al. 2008b）。沿着光轴的光干扰体积的更精确的定义要通过多光子激发来达到（Coscoy et al. 2002；Mazza et al. 2008；Testa et al. 2008a）。

当在活细胞中进行 FRAP 实验时，由于在光干扰时间内标记蛋白的空间重新分布，光干扰区域可能会比校准样品更加离散。这时应通过增强激光功率或者变焦来降低光干扰时间，直到光干扰区域的大小在活细胞中和校准样品中一致。

控制光漂白的图像收集

尽管在成像模式下使用衰减的激光，但是在检测荧光平衡过程中收集每一张图像都会出现一些漂白。选择一种可以纠正这些问题的方式来设计 FRAP 实验是必不可少的（见下面题为 FRAP 时程收集的分析的部分）。可能的对照包括以下几种。

（1）整个细胞的总强度。当整个细胞的荧光都被收集到时（最好是在三维水平上，通过使用低数值孔径的物镜和打开针孔或者 z 轴叠层），细胞的全部荧光可用来做数据校正（见下面 FRAP 时程收集的分析的部分）。这是首选的方法，因为它也能校正由于激光波动（见下文）和潜在的蛋白质降解引起的假信号。当进行光干扰实验时，它也允许对在漂白细胞的某一区域时所产生的荧光损失的代偿。然而，总的细胞荧光的再归一化不能用于 FLIP 实验（因为荧光在反复地消耗）。光激活小细胞区域也是不切实际的（因为整个细胞的微小荧光都会导致一个差的信噪比）。

（2）邻近细胞的成像。当进行光漂白实验时，另有一种方法是收集在视野中除了漂白的细胞之外还含有至少一个未漂白的对照细胞的图像。这时对照细胞的荧光可以用做光漂白的收集和激光波动的校正。这对 FLIP 尤其有用。它也同样可以用于光激活实验，但是还需要在光激活目标细胞之前对对照细胞进行同样的光激活。然而，这种方法并不总是可行，因为在较大的视野成像时会降低时间分辨率，而且发现相邻的两个细胞同时表达相同水平的目标蛋白也比较困难。

（3）预漂白系列。另外一种仅适用于光漂白实验的方法是收集大量的预漂白图像，以估计光漂白收集的速率，利用此来校正之后的实验。当实验不会因为预漂白而明显延长时（Mueller er al. 2008），这种方法对于快速成像非常有利。然而，在这种条件下，一部分荧光蛋白可能会进入黑暗状态，估计速率时需要除去第一个数据点（图 3）。

（4）对照实验。最后，可以用和 FRAP 实验相同的设置（物镜、变焦、像素数、激光功率、激光衰减、扫描速度及扫描平均）来进行单独的对照实验，但是因为可以从这些对照细胞来推断漂白的采集，所以可以根据光干扰的方法来决定光激活整个细胞还是不进行光漂白。

漂白的可逆性：荧光蛋白的黑暗状态

FRAP 实验的分析是依赖于光干扰的不可逆性的，因为只有这样，荧光在光干扰和非干扰区域的平衡扩散才能完全反映在这些区域之间的分子移动。不幸的是，包括 EGFP 和 mCherry 在内的通常用于光漂白研究的所有荧光蛋白在光漂白过程中都表现出一定程度的可逆性，必须明白这点以免误解。荧光蛋白可以在秒到分的时间内显示出在荧光状态和黑暗状态之间的波动（Dickson et al. 1997；Sinnecker et al. 2005），并且是依赖于光的（Garcia－Parajo et al. 2000；Schwille et al. 2000）。在照射期间（由于图像收集或者漂白），一部分荧光蛋白看似被漂白而进入黑暗状态，但是几秒钟之后便可恢复荧光。当照射的频率比恢复时高时，一部分的荧光蛋白便维持在黑暗状态。除非照射频率或者强度发生改变（如光漂白时），否则这部分蛋白质将一直保持稳定的状态（图 3）。重要的是，在漂白后的几秒钟内，荧光的一部分变化是由漂白的可逆性造成的。对多数常见的荧光蛋白 EGFP 变体来说，通常有小于 10％的分子会受此影响，但是在其他变体（如 YFP）中，这种可逆性的部分所占的比例会更高。类似地，当对 PA－GFP 进行光激活时，最初的荧光强度显著增益之后是一个缓慢的荧光增加的过程（Beaudouin et al. 未发表）（图 3），这可能是由于已经被成功光激活但在光激活的这段时间内又进入黑暗状态的这部分 PA－GFP 分子的恢复所引起的。这种效应通常只占由光激活所得到的总信号的不到 5％的比例，因此对于大部分实验来说是微不足道的。

光漂白的可逆性可以简单的通过测量整个细胞的荧光来检测（同样最理想的是在三维水平上）。如果一些荧光在几秒钟内重新出现，那么这就是光漂白可逆性的结果。由于在固定之后荧光蛋白的光物理性质会发生显著的改变，所以荧光蛋白的光漂白可逆性应该在完整的细胞中测量。对于光漂白实验来说，由于黑暗状态的荧光蛋白部分在漂白和未漂白区域是不同的，因此没有严格的方法来校正光漂白的可逆性。相比较来说，对于仅仅只有经光激活荧光蛋白才具有荧光的光激活研究来说，光激活后缓慢的假象增加可以简单地通过荧光信号强度除以总细胞的强度来校正。

激光的稳定性和检测器的线性

激光的强度会随着时间的推移而波动，特别是气体激光器的激光在低的管电流或者激光器寿命将近时。这就导致了不是由于荧光基团的移动所导致的荧光变化，因此应该检测激发光的波动以纠正这种现象。这就可以利用上面提到的前两种策略来校正由于图像收集所导致的漂白，因为这两种策略同样可以校正激光的波动。除此之外，激光强度可以在试验中通过一个检测二极管直接测量（见前面题为显微镜设置的部分）。这时，检测二极管的读数可以直接用于校正荧光强度（见下面题为 FRAP 时间推移收集的分析的部分）。

激光共聚焦显微镜配有光电倍增器，以检测样品发射的荧光。在定量 FRAP 实验中，检测器读数必须与相应样品发射的荧光总量呈线性关系。这可以通过在相同的显微镜设置下不同荧光基团的浓度来检测（Fink et al. 1998；Piston et al. 1999）。

漂白引起的细胞损伤

FRAP 实验经常会因为所引起的对细胞潜在的损伤而受到质疑。然而，在很多例子中已经证明了 FRAP 实验的可行性（如见 White and Stelzer 1999）。光干扰过程中的局部加热不明显（在通常情况下小于 0.5℃，Axelrod 1977），不足以对扩散或者化学反应产生明显的改变。不过，也有报道光干扰引起的细胞损伤的情况（Klonis et al. 2002；Dixit and Cyr 2003），一些细胞过程（如有丝分裂）对辐射是极其敏感的。例如，在细胞分裂的前期对染色体进行强的漂白就会延迟细胞进入前期或者使细胞停留在 G_2 期（Ellenberg，未发表）。

由于高强度的光照导致的细胞毒性基本有两种来源。首先，当荧光基团被漂白时，它们的氧化会产生自由基，如果氧气接触到荧光基团，这些自由基便会产生活性氧簇（ROS）。活性氧簇将与邻近的分子迅速反应，导致对细胞的局部损伤。这种效应对于化学染料来说非常强烈，但是对于荧光蛋白来说相对不太严重，因为它们的环状三肽荧光基团被屏蔽在筒状蛋白中（Yang et al. 1996），自由基更可能是与荧光蛋白本身起作用。如荧光蛋白的漂白不会受培养基中氧气去除的影响（Pierce et al. 1997）。其次，细胞分子（如蛋白质、DNA 和色素）可以直接吸收用于成像和光干扰荧光基团的光。这对于光激活和光转换是个问题，因为毒性在蛋白质和 DNA 开始吸收的较短波长下（低于 450nm）会显著增加。然而，如血细胞等的含有色素的细胞（Bloom and Webb 1984）或者植物细胞（Dixit and Cyr 2003）对长的波长也敏感。

当进行 FRAP 实验，特别是当在短波长下（对于光激活或者光转换实验）进行和（或）在光敏感细胞过程中，对细胞毒性的控制总是必不可少的。对观察样品的透射图像有助于监测实验中由毒性导致的显著的形态学变化。只要有可能，就应当用其他方法来对比 FRAP 所研究的细胞过程以检测光干扰的假象。例如，当研究有丝分裂的细胞时，应当计算对照细胞的细胞周期的正常时间和有丝分裂指数，以验证光干扰没有抑制细胞周期的进行。如果观察到细胞毒作用，那么就应该选用可在较长的波长下进行光漂白的荧光基团。加入如维生素 C（1mg/mL，新鲜溶解在成像培养基中）（Gerlich er al. 2001）或者维生素 E 的类似物 Trolox（Tsien 1998）等抗氧化剂也可以。

细胞运动和聚焦点漂移

在时间长于几秒钟的 FRAP 实验中，细胞和亚细胞的移动会导致光扰动区域和非扰动区域的移动，对此必须进行分析。此外，对于持续几个小时的实验来说，细胞可能移动出成像视野，并且分裂的细胞形状会更加接近球形，因而有可能会离开聚焦的平面。在这种情况下，细胞或者亚细胞结构的自动跟踪和显微镜载物台/聚焦的复位会非常有用，许多显微镜可以在用户自定义宏中实现（Rabut and Ellenberg 2004）。另外，可以选择更大的范围以顺应细胞的横向运动和更大的 z 轴范围以顺应细胞沿光轴的运动，然后选取在焦点上的图像进行后期分析。除了样品的运动之外，随着长时间的实验进行，还需要通过硬件或者软件自动聚焦系统来校正显微镜载物台的飘移（现在大部分的激光共聚焦显微镜都具有此功能）。

FRAP 时程收集的分析

为了分析 FRAP 实验的结果，必须对所观测的荧光的重新分布情况进行定量、去除背景、校正以及最后的归一化。这 4 步组成了基本的图像分析的步骤。荧光强度的测量可以使用能处理系列时间数据的图像分析软件通过测量总的或者更经常用的平均细胞目标区域（regions of interest，ROI）的像素值来实现。大部分的激光共聚焦显微镜的操作软件都具有这样的测量工具。如果没有，ImageJ（http：//rsb. info. nih. gov/ij/）则是一个能够满足大部分使用者需要且不受版权限制的不断扩展的图像处理软件。这样原始强度的测量可以导入到一个电子表格程序中作进一步的数据分析（背景去除、校正和归一化）和作图以显示结果。

图像对齐

在对整个时间序列的同一计量区域进行任何的图像分析之前，非常有必要检查所要分析的细胞区域是否随着时间的推移而发生了移动。如果在收集过程中发生了移动，就需要用 ImageJ plug-in turboReg（Thevenaz et al. 1998）自动对齐图像，或者用商业化的工具 AutoAligner（Bitplane AG 公司）对齐，或者通过手动复位目标区域一次测量一张图像。后面的这种方法会非常耗时，而且会产生测量的误差。

背景去除

目标区域的平均像素值往往包括来自于介质、盖玻片、物镜或者其他来源的背景荧光。因此，任何强度的测量都需要去除背景。背景要在图像中细胞外的区域进行测量。那么，在这样的一个细胞外目标区域的平均像素值可以从所有时间点中细胞目标区域的平均像素值中去除（图 4）。

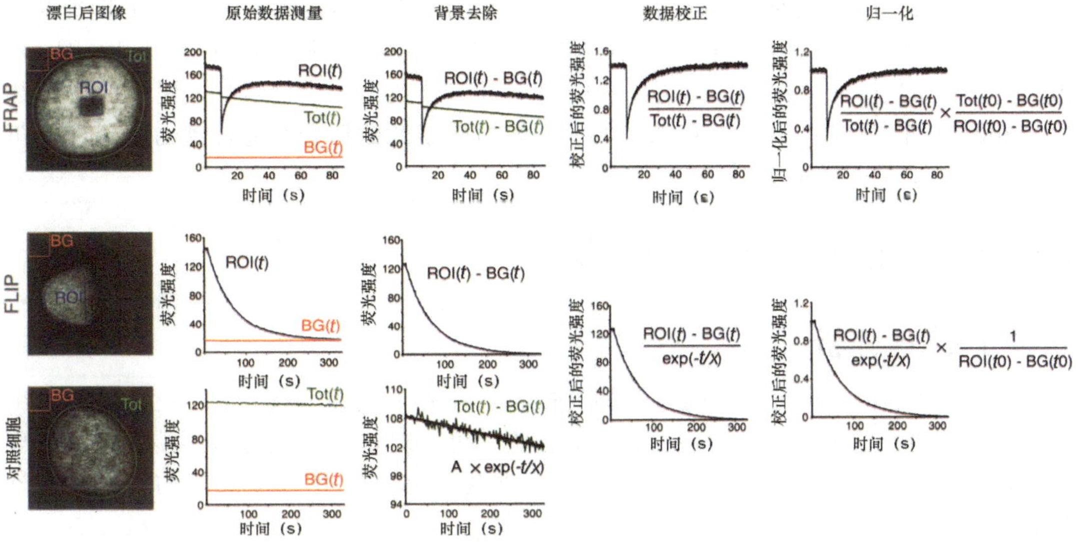

图 4　图像分析的步骤

图示 FRAP（光漂白情况）和 FLIP 实验中图像分析的 4 个步骤（原始数据测量、背景去除、数据校正和归一化）。漂白后图像中显示了用于荧光强度测量的区域。图像计算分析的每一步所用的公式都在相应的图表旁边显示。对于 FRAP 实验来说，总细胞的强度可用于校正光漂白部分以及光漂白的收集。对于 FLIP 实验来说，用对照细胞来校正光漂白的收集。对照细胞中去除背景的荧光强度和等式 $A \times e^{(-t/x)}$ 相符，其中 A 是最初的荧光值。参数 $e^{(-t/x)}$ 用于校正漂白细胞的荧光强度

激光波动和光漂白收集的校正

荧光测量值应当是目标区域中荧光基团浓度的一个线性函数，强度的改变反映出漂白区域和非漂白区域之间的分子移动。然而，光漂白的收集、激光强度的波动和光漂白的可逆性也会导致强度的变化，因此必须进行校正。光漂白的收集和激光强度的波动直接反映在整个细胞的荧光强度上。因此，可以通过荧光测量值除以每个时间点上减去背景后的总细胞荧光强度来校正数据。这种方法非常直接，更正了光漂白实验中的漂白部分（图 4）。整个细胞的校正基本是不可能的。例如，当使用不包括整个细胞的扫描范围时，或者当进行 FLIP 实验时。在这种情况下，数据可以通过每一时间点上的荧光测量值除以代表人为信号变异的一个函数来校正。在收集光漂白的情况下，这个函数为 exp（$-t/x$）类型。对于光漂白实验来说，x 值可以很容易地通过拟合非漂白相邻近细胞的总荧光强度（图 4）或者预漂白图像中逐渐的荧光减弱来确定。对于光激活实验和光转换实验来说，x 值可以从一个已被均匀地进行光激活或者光转换的邻近细胞来确定。就像已经提到过的，没有直接的方法能够校正光漂白的可逆性。

归一化以比较不同实验

为了能够对比不同的实验，必须归一化经校正的荧光测量为任意的荧光单位或者荧光的分子数。归一化到一个随意的荧光单位很明显会更容易些。光漂白实验或者光激活和光转换收集时，预漂白的时间或者光干扰后的第一个时间点归一化为 1（图 4）。当用荧光基团校准标准化时，也可以将荧光测量值转换为产生信号的实际荧光分子数目（Fink et al. 1998；Dundr et al. 2002）。知道分子的数目会对通过动力学建模分析 FRAP 实验中的分子动态非常有益。

FRAP 再分布动力学的建模

定性 FRAP 分析

光干扰实验的输出是一个随着时间的推移会在光干扰和（或）非干扰区域显示出荧光变化的动力学曲线。作为第一层次的分析，可以对这个曲线进行不涉及生物物理和生物化学特性的描述，因此可以提供对于足够比较不同蛋白质之间的应答的定性参数。

动力学曲线可以立即显示出研究的分子在细胞的一个区域中是否有移动和不移动的荧光分子部分，这些部分可以通过计算最终和起始的荧光强度的比值来进行量化（图 5 中公式）。对于光漂白实验来说，只有在荧光测量值已经校正了由于光漂白步骤导致的信号损失时才能计算不动的部分。我们要强调不动的部分是指在观察的时间内一个相对的定义，因为没有生物分子能够不可逆转地在活细胞中结合它们的底物无限长的时间。可以用移动部分在光干扰和非干扰区域之间交换一半所用的时间来描述蛋白质的动力学。这个再分布半时（$t_{1/2}$）可以直接从动力学曲线中读取（图 5）。

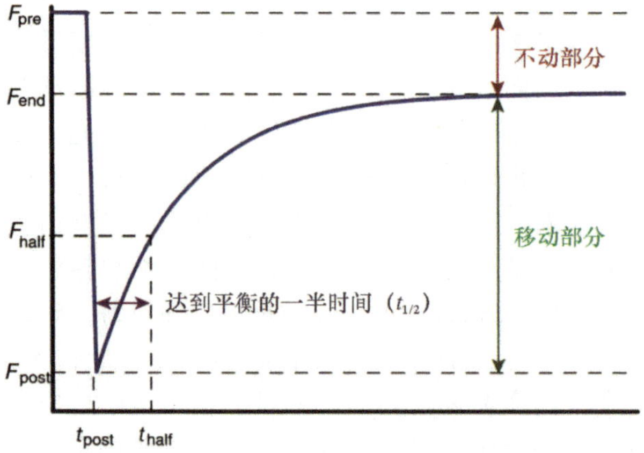

$$M_f = \frac{F_{end} - F_{post}}{F_{pre} - F_{post}} \qquad I_f = 1 - M_f$$

$$F_{half} = \frac{F_{end} + F_{post}}{2} \qquad t_{1/2} = t_{half} - t_{post}$$

图 5　从 FRAP 实验获取的定性信息

理想化的曲线和公式，显示了如何计算移动（M_f）和不动（I_f）部分以及光漂白实验平衡的一半时间（$t_{1/2}$）。在光激活实验中可以用相似的方法分析

定量 FRAP 分析：背景

荧光干扰技术是活细胞中研究荧光标记蛋白的移动性和分子互作的主要工具。假设荧光干扰不影响标记分子之间的化学互作，而是独立于它们的荧光状态。这时，可以认为化学互作在光干扰实验中是一个稳定的状态。一般情况下，如果我们不考虑主动运输过程，FRAP 所观察到的标记蛋白的再分布是由它对其结合分子的亲和力和存储力所决定的，这些生物参数关系到分子的功能，同时也关系到它的扩散特性，这取决于荧光分子和其互作分子相遇的比率。生物化学反应常数通常是生物学功能中最感兴趣的参数，为了决定这个参数，必须考虑物理学，以在完整活细胞的复杂环境中从观察值中提取出这些生物物理参数。

我们先从一个用开和关的比率来定义结合反应的简单例子开始，开和关的比率分别用 k_1 和 k_2 来表示：

$$\mathrm{A}+\mathrm{B} \xrightleftharpoons{k_1,\ k_2} \mathrm{C} \tag{1}$$

为了简便起见，假设 B 为再分布的时间中的一个固定的底物（如染色质或者核膜）。因此，复合物 C 也是固定的，A 是仅有的自由扩散的物质，可以通过扩散系数 D 来描述。这样这个扩散反应系统可以简明地描述如下：

$$\frac{\partial \mathrm{A}}{\partial t}=D\Delta\mathrm{A}-k_1\times\mathrm{B}\times\mathrm{A}+k_2\mathrm{C}$$

$$\frac{\partial \mathrm{B}}{\partial t}=k_1\times\mathrm{B}\times\mathrm{A}-k_2\mathrm{C} \tag{2}$$

Δ 函数表示扩散的过程。扩散反应方案可以用来分析解决简单的几何形状，如在均匀介质中的点或者线的荧光干扰（Braeckmans et al. 2007；McNally 2008）。现在已有自动拟合这种分析方案的许多软件（表 1），这通常需要输入 FRAP 实验的初始条件和推测的生物化学及生物物理参数。然而，这种非常简单的方法对于活细胞中的测量有较多的缺点。首先，由于细胞区室的密集和异质性，细胞内的环境是均匀的这种假设必然是不正确的（Sprague et al. 2004；Sbalzarini er al. 2005；Sprague et al. 2006）。其次，通常假设通过样品厚度的荧光干扰是均匀的，这是构建精确的荧光再分布模型作为一个二维系统的先决条件。然而，根据样品的厚度和显微镜的最优设置不同，这种假设可能是不当的。

通过空间的扩散反应建模来分析 FRAP 数据

当光干扰区域的几何形状很复杂或者需要考虑所研究的细胞区室的空间异质性以建立荧光释放模型时，基于有限元素基础上的数值模型可以对光干扰实验进行更好的分析（如 Beaudouin er al. 2006）。有限元素方法将细胞细分为各种空间的有限个元素（Schaff et al. 1997；Siggia et al. 2000）。在每一个元素中，一个分子可以以不同的分子形态存在（如结合或者自由），并且能够在这些状态之间转移（如通过解离或结合）（图 6）。此外，如果分子是移动的，在一个空间元素中不同的分子状态可以通过扩散和邻近元素进行交换（图 6）。这种空间模型通常能较好的描述具有复杂形状和不均匀环境的活细胞中荧光的释放。对细胞内的信号传递过程的研究就是很好的例子，在这些过程中，细胞的几何形状在控制它们的空间和时间特性方面具有一定的作用（Fink et al. 1999；2000）。很多个软件包都可以用来开发和应用于有限元素模型的数值解答，包括 Berkeley Madonna、MATLAB 或 COMSOL。

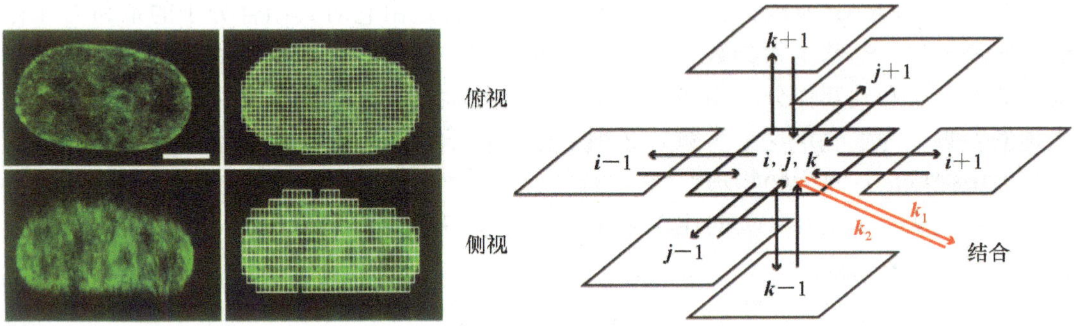

图 6　空间建模

在空间建模型时，细胞被分割成左图所示的不相关联的亚细胞区域。在每个区域中，荧光分子以自由和结合的状态出现（右图）。结合分子可以从它们的结合部位脱离（k_2），自由分子可以和它们的结合位点相结合（k_1），或者弥散在邻近的空间区域中，扩散系数是 D（见式 1 和式 2）（由 J. Beaudouin 等惠赠；经过 Elsevier 允许转载自 Beaudouin et al. 2006）

接下来的部分中，我们将介绍可以从空间反应扩散模型中提取的变量参数，探讨什么时间一个二维模型已经成型，并且给出对于三种可能的扩散反应体系（反应限制、扩散限制或扩散和反应限制重新分布）应该确定建立哪种模型的准则，我们之后将对其一一讨论。

确定适当的空间自变量

在经典的 FRAP 实验中，移动分子 A 是荧光标记的，但是没有针对它的不移动的结合配体 B 的对比染色，在大部分情况下 B 是不均匀地分布在细胞中的。如果 A 结合 B，那么复合体 C 也是有荧光的，而且因此荧光强度测定值等于 A 和 C 的总和。所以，在式（2）中有 4 个未知的参数。为简单起见，我们假设 D、k_1 和 k_2 具有空间一致性，B（$\vec{r}$)是不均匀的。$k_1 \times B$（$\vec{r}$）可以由稳定状态下的荧光分布通过（k_1/Free）[i^{st}（$\vec{r}$）/i_m−Free] 代替它来决定，其中 i^{st}（$\vec{r}$）是空间上稳定状态的强度分布，i_m是所探讨的细胞区室的平均稳定状态强度，Free 是稳定状态下未结合蛋白质的部分（Beaudouin et al. 2006）。式（2）的改写主要优点是它包含 3 个参数，分别为 D、k_2 和 Free，它们不依赖于空间，并且仅仅需要测量稳定状态下的亮度分布，这可以通过在荧光干扰之前的几张图像获得。数值模拟也需要最初的条件，这可由荧光干扰之后的立即收集的第一张图像来确定。

二维与三维建模的比较

细胞是一个三维的环境，哺乳动物贴壁细胞的细胞核是一个轴线直径为 20μm 左右、赤道直径为 5μm 左右的卵形。细胞质的局部解剖更为复杂，它包含一些接近二维形状（如板状伪足）的区域，与嵌入细胞核中的三维形状共存。内膜区室（如内质网或者高尔基体）则具有更高水平的三维复杂度。显微镜提供了细胞的二维投影图像，以此作为 z 轴叠层以进行样本的三维重建。这种三维图像的收集在所能达到分辨率范围内提供了细胞的三维几何图形，通常在 x-y 轴上分辨率为 250nm，在 z 轴上为 1μm，但是这需要长时间的收集图像，可能不足以追踪动态蛋白的快速荧光再分布。除此之外，用三维模型来分析这样的三维数据更为复杂，它们的计算成本明显会更高。因此，大部分的 FRAP 实验都是分析二维投影图像，是二维建模过程。

二维近似法已经得到的验证。例如，在半细胞核光激活实验，因为从二维和三维模型得来的分子参数一致性很高（Beaudouin et al. 2006）。影响一个二维模型的真实性的最关键的参数是与显微镜采样的细胞的几何形状和体积相对比的三维荧光干扰区域的几何形状。从标准的激光共聚焦显微镜和高数值孔、浸泡的显微镜物镜获得的局部 FRAP 的干扰模式是沿着 z 轴比 x-y 轴至少长 3 倍且通常和细胞一样厚的哺乳动物贴壁细胞中的一个椭圆体（图 2）。用二维模型分析这些细胞内集合形状下的荧光再分布结果与三维模型非常相似（图 7）。只有当对于细胞的整个厚度来说在 z 轴上不均匀时进行的干扰才会发生二维模型上的明显变形（图 7）。例如，在双光子荧光干扰的情况下会出现此种状况（Mazza et al. 2008）。在这种情况下，因为扩散的限制以及对于薄聚焦层分析所增加的系统误差，反应参数的确定会出错（图 7），而二维模型由于分子互作的松弛影响仍然保持准确，因为这些动力学是独立于空间尺度的（见下文）。一般来说，当光干扰区域的纵向延伸比聚焦部分的厚度或者细胞的厚度厚至少 3 倍时，二维近似才是合理的。

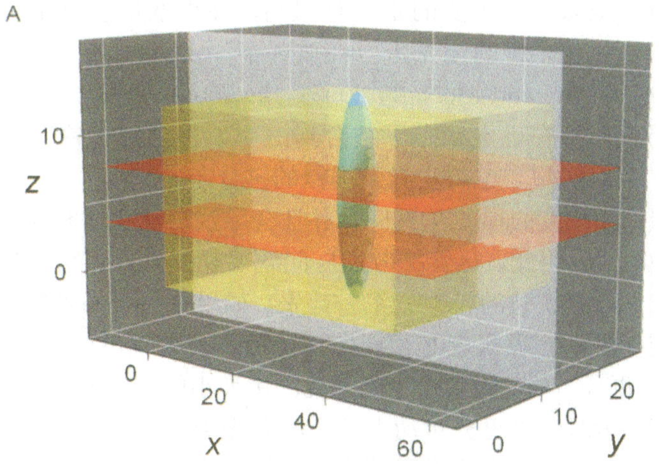

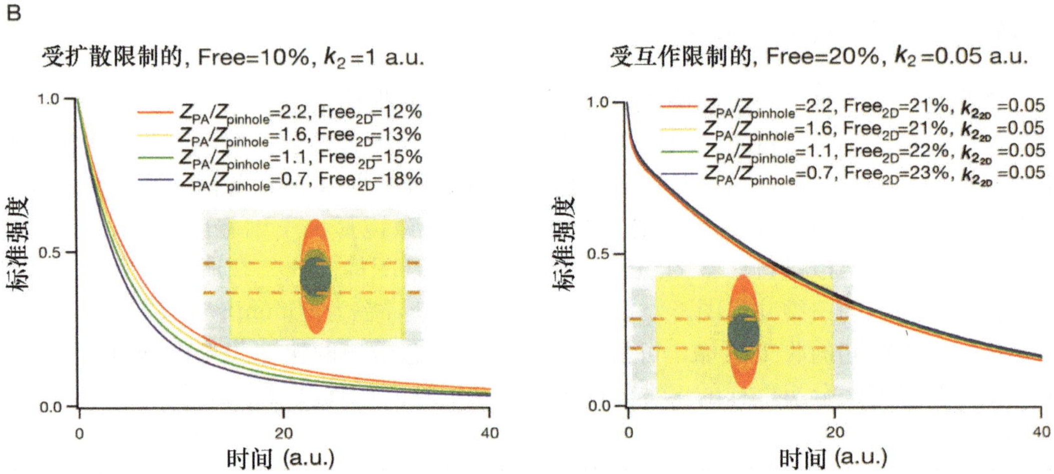

图 7 二维和三维模型的比较

A. 我们把细胞的三维几何形状表示为一个均匀的黄色体积，在这里进行光激活实验。绿色卵形代表最初的条件，橙色面代表观察的聚焦部分。B. 受扩散限制（左侧）或者受互作限制（右侧）的条件下的再分布曲线，这些曲线是通过在由聚焦部分的不同赤道直径（Z_{PA}）和恒定厚度（$Z_{pinhole}$）构成的初始条件下的三维模型而获得。这些曲线与其后的二维模型相符。除了在光激活中在 z 轴上受限制外，二维模型还是令人满意的。因为荧光分子从聚焦的部分上下逃逸，所以二维中呈现轻度信号下降，自由荧光分子库被高估

荧光再分布是否受扩散或者相互作用的限制?

每个光干扰实验中都会发生扩散，但是这可能不一定会限制其在干扰区域和非干扰区域的再分布。为了确定再分布是否受扩散或生物化学相互作用的限制，让我们来比较一下一个荧光标记的蛋白质连续结合到两个结合位点所需要的时间（扩散时间）和蛋白质结合到其固定不动的互作者的留存时间（滞留时间）。当滞留时间比扩散时间要长得多时，荧光再分布是受到分子互作限制的，当滞留时间比扩散时间短得多时，荧光再分布则受到扩散限制。重要的是要意识到，在扩散反应体系中，与相近大小的自由扩散的荧光蛋白相比，慢的荧光蛋白释放并不一定意味着所观察的再分布是受到分子互作限制的（Sprague and McNally 2005；Beaudouin er al. 2006）。例如，如果大部分荧光标记的蛋白质都在稳定状态下结合到一个不移动的普遍存在的位点上，那么即使滞留时间比扩散时间短，也将会导致缓慢的再分布。

扩散平衡了蛋白质浓度的梯度（图 8），并且会导致与从化学相互作用中释放相比非常不同的空间松弛模式。因此，尽管扩散反应问题明显复杂，但可以用简单的实验测试来确定所要分析的 FRAP 实验的松弛方案。首先，如果在再分布期间观察到归一化的荧光梯度的平滑渐变（图 8），那么就必须要考虑扩散，否则就可以忽略（Beaudouin et al. 2006）。其次，监测再分布的动力学作为光干扰区域大小的一个函数是非常有用的。尽管当扩散是速率限制因素时荧光再分布动力学会随着光干扰区域大小的增加而增强，但是受分子互作限制的松弛时间尺度是不依赖于光干扰区域的大小的（McNally 2008）。因而这些初步预实验的结果可以指导我们选择下面描述的蛋白质再分布定量分析模型。

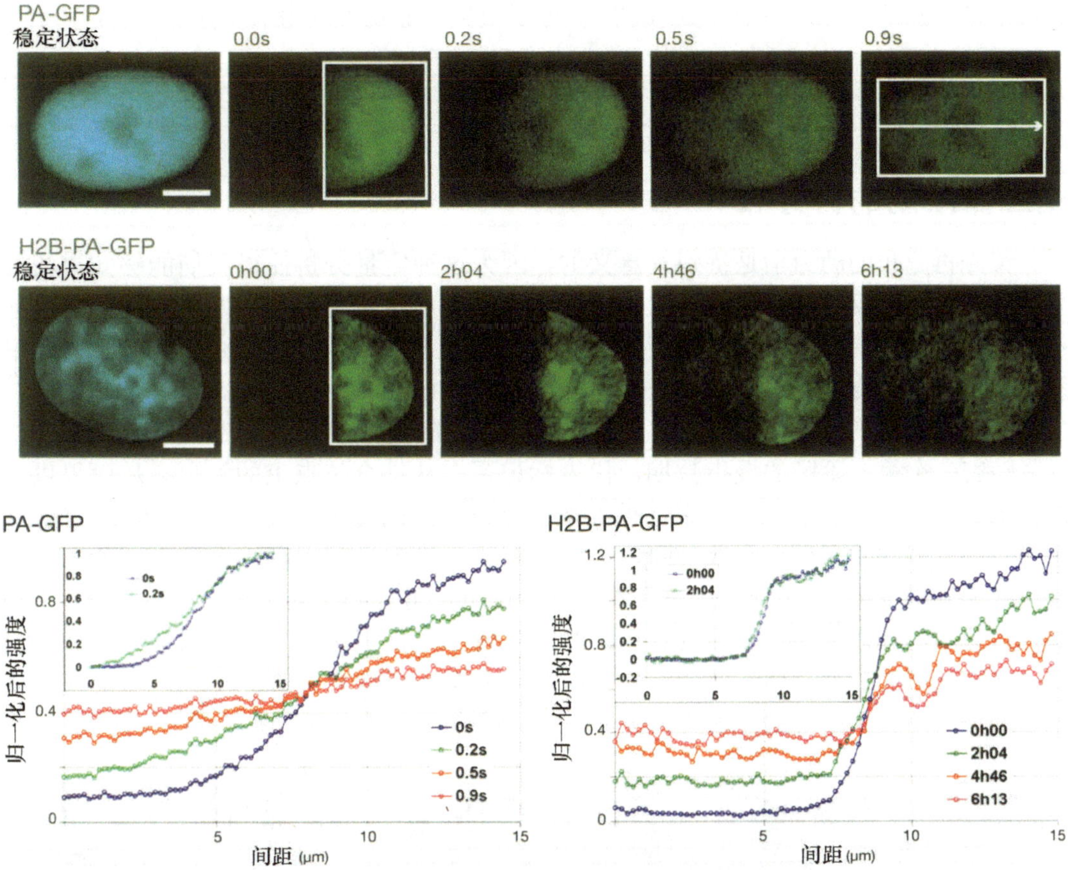

图 8　荧光再分布的不同方案

通过一个纯扩散示踪物 PA - GFP 进行的半细胞核光激活实验，随着时间推移表现出梯度的平滑变化（上面版），如右图中箭头指示，很容易通过沿轴方向的强度分布的图监测到。相反，在受互作限制的动力学中，如用 PA - GFP 标记的核心组蛋白 H2B 所观察的情况，随着时间推移的强度梯度是稳定的。在低位曲线的插图中显示的是归一化的强度分布，它对于 H2B 来说是不变的，而对于 PA - GFP 是平滑的（由 J. Beaudouin 等惠赠；经过 Elsevier 允许转载自 Beaudouin et al. 2006）

扩散

活细胞中可以简单地通过表达没有生物化学相互作用的且未偶联的荧光蛋白来研究扩散。由于简单的扩散再分布在概念上很简单，所以在研究更复杂的扩散反应方案之前，它们通过有限元素扩散反应模型的定量分析更值得实施。和在水中相比，细胞质和核质中的扩散系数要降低 3～5 倍（Seksek et al. 1997；Beaudouin et al. 2006）。在典型的哺乳动物细胞中，干扰 20μm 长的细胞核一半后的荧光再分布可以在不到 1s 内完成（Beaudouin et al. 2006），说明扩散是活细胞中一个高效的转运机制。如果光干扰局限在一个直径为 1μm 左右的干扰区域，那么松弛会在 100ms 左右内发生，这个过程只能用非常高的时间分辨率的图像来跟踪。

有趣的是，除了自由扩散的荧光蛋白，感兴趣的荧光标记的融合蛋白的扩散系数

D 通常是未知的。假设一个大概的球形，分子质量一般就可以用来计算该参数：

$$D = D_{\mathrm{GFP}} \sqrt[3]{\frac{\mathrm{MW}}{\mathrm{MW}_{\mathrm{GFP}}}} \tag{3}$$

式中，MW 为 GFP 或目标蛋白的分子质量。

受互作限制的再分布

荧光再分布的动力学是特别有意义的，因为这种定量分析使得我们能够知道活细胞中的生物化学反应参数。这种互作的方案可以通过在长距离和长期相互作用的快速扩散来描述。如果很大一部分的荧光蛋白在稳定状态中不结合，那么荧光松弛将通过两步发生。不结合的蛋白质将在干扰后立即在快速的动力学下再分布。这个起始的快速松弛程度会受到稳定状态下自由蛋白质浓度的限制（图 9）。这个起始的松弛程度之后紧随着一个第二阶段的慢指数期，代表标记蛋白从结合位点上的解离，从而提供了对关闭比率 k_2 的估算。因此，在这种方案中可以完全确定 Free 和 k_2。值得注意的是，这两个动态相的时间尺度非常不同，这使得在整个松弛过程中利用固定不变的图像收集速度来监测 Free 和 k_2 非常困难。在这种情况下，可以先在低时间分辨率条件下聚焦成像再分布的互作受限阶段，然后在高时间分辨率条件下聚焦成像样品的不互作自由相。由于起始的松弛受到扩散的抑制，因此它的时间尺度会随着光干扰区域的大小增加而增加，而且采用大的光干扰区域可能会对精确的定量分析更加有益。

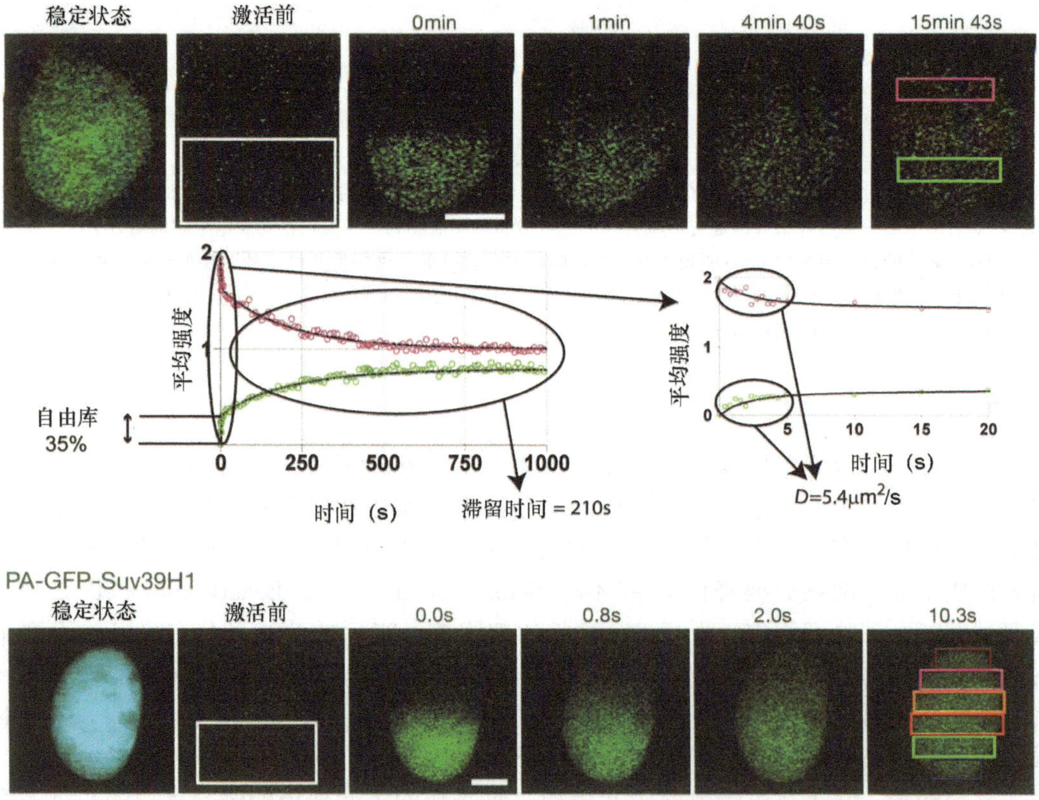

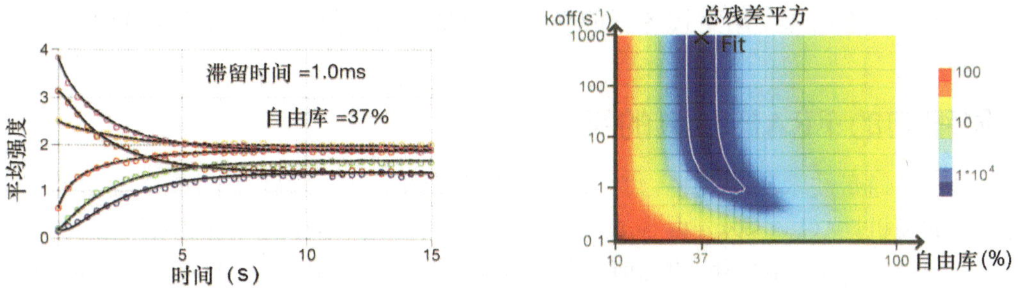

图 9　大规模光干扰实验的分析

上版面显示稳定表达高活性 PA-GFP-Suv39H1-H320R 的 NRK 细胞的光激活时间序列。在最后图像中指示的两个区域内的荧光强度进行了曲线（以带颜色的圆圈表示）绘制，并且和二维有限元素模型相拟合（以实线表示）。松弛通过两个步骤发生，首先是和自由蛋白质的再分布相联系的快速步骤，之后是结合蛋白的缓慢解离。第二个曲线显示了第一个曲线中早期部分的放大。下版面为用 PAG-FP-Suv39H1 进行相同的实验。最后一张图像显示的区域的二维分析显示再分布是受扩散限制的，并且和 37%的自由库相联系。在一个较大区域的参数空间内（右下方曲线中蓝色区域）可以获得较好的拟合，显示仅能决定滞留时间的上限（由 J. Beaudouin 等惠赠；经过 Elsevier 允许转载自 Beaudouin et al. 2006）

缓慢松弛相可能取决于多个相互作用，从而匹配分析多个相互作用。然而，这种详细的分析应该谨慎地进行，仅在这种多重指数模型能明显的更加匹配时才采用，如在实验数据和理论拟合之间的残差分析时（Rabut et al. 2004）。

受扩散限制的再分布

与扩散时间相比较，短效的分子互作可以用来描述 FRAP 中受扩散限制的再分布方案。与受互作限制的再分布动力学相反，受扩散限制的再分布动力学显示出单相性，它们的节奏是由稳定状态下自由扩散的未结合的荧光标记的蛋白质总量来决定的，这很容易与蛋白质和底物的亲和性相联系（见上面对 Free 的定义和它与 k_1 的联系）。基于有效扩散系数 D_{eff} 定义为 $D_{eff}=Free\times D$ 的单参数扩散模型足以匹配这种再分布动力学，如果 D 是根据标记蛋白的分子质量估计的［式（3）］，就可以得出对自由扩散部分的精确估计。相反，在再分布中只有限制速率的短暂滞留时间才能进行定量分析。有趣的是，这种非常短暂的互作方案在活体内很普遍，尤其是对于细胞核蛋白来说（Beaudouin et al. 2006）。

受扩散和反应限制的再分布

当扩散和互作发生在相似的时间尺度时，就必须要研究全反应扩散模型中的松弛。这种方案可以通过单步再分布动力学来描述，它反映了扩散和分离过程，因此以梯度的方式发生，并且依赖于最初光干扰区域的大小（McNally 2008）。在局部曲线或薄线荧光干扰试验中，意识到一个混合的过程发生是因为来自扩散驱动的再分布的指数解离动力学的解剖要依靠松弛曲线的形状是非常困难的。依据扩散和结合的贡献的重要性，这可能需要极好的信噪比和再分布的瞬时采样。在这种情况下，使用较大的荧光干扰区域分析来监测细胞不同区域的再分布会比较有用，其中扩散和结合的相对贡献不同。另外，不同大小的干扰区域的系统使用是定义在这种方案下扩散贡献的一个好的方法。

不同细胞的 FRAP 参数的平均

最近高通量技术和系统生物学方法的发展强调了一个群体中的单个细胞的很多生物过程的随机性（Levsky and Singer 2003）。这种噪声响应源于蛋白质浓度的内在变异和单个活细胞中细胞微环境的几何学和流动学。对于 FRAP 研究来说，这意味着如 D、Free 和 k_2 等生物化学和生物物理参数应从与单细胞拟合的模型中提取出来，随后应在一个群体的不同细胞之间进行比较。如果不同细胞之间的参数值的分布是正常的，那么可以用平均值来获得统计学上的重要性。然而，分布不正常并非罕见，在所研究的扩散反应系统中不同的稳态下，不同单细胞响应的噪声含有非常重要的生物信息，所以应该对其进行仔细的分析。因此，如果 FRAP 实验的目的是为了监测一个参数，如不同生理条件下的关闭率 k_2（如不同的细胞周期状态），那么为比较不同细胞周期的变化过程中的未结合率，在同一个的单细胞中进行多次测量是必要的。在我们的实验中，这些相对的变化在不同细胞之间是非常可靠的，但它们的绝对数值变化很大，所以在不同状态下取样分离细胞从而比较它们之间不同的生理状态是有挑战性的。

基于超速图像收集的 FRAP 的展望

共聚焦显微镜的最新进展已经大大地提高了图像收集速率，并使用 CCD 替代光电倍增管感受器的敏感性，尽管程度比较低。这种快速转盘式或行扫描式共聚焦显微镜对于监测非常动态的蛋白质，甚至是在小干扰区域内的局部 FRAP 实验中都是非常强大的。因此使得分析微米范围的蛋白质再分布和阐明在比核仁等小的亚细胞区室内和生长的微管顶端的行为成为可能。直到现在，在小的空间尺度下能研究标记蛋白的动态并具备足够的时间分辨率的技术是荧光相关色谱学（fluorescence-correlation spectroscopy，FCS；第 12 章）。荧光相关色谱学能监测在一个衍射极限所达到的共焦检测容积内部的荧光强度的波动，相当于一个轴向直径和赤道直径分别为 250nm 和 1μm 左右的卵形区域。这些由荧光相关色谱学得到的结果通常很难与从 FRAP 实验中推测的结果达到一致。例如，使用荧光相关色谱和 FRAP 得到的核扩散结果分别是异常和正常的（Wachsmuth et al. 2000；Beaudouin et al. 2006）。这种差异源于两种技术在空间尺度上的不同。因此，我们期望新一代的超速共聚焦显微镜能够扩展我们对蛋白质的动态性理解到短期扩散和瞬时生物化学反应的时间尺度，而这以前仅仅可以从荧光相关色谱学获取。但是，这些在数据收集上的改进也需伴随多尺度模型的发展，以在完整的活细胞内从纳米到微米级的尺度上描述蛋白质的行为（Saxton 2001）。

参考文献

Axelrod D. 1977. Cell surface heating during fluorescence photobleaching recovery experiments. *Biophys J* **18:** 129–131.

Axelrod D, Koppel DE, Schlessinger J, Elson E, Webb WW. 1976. Mobility measurement by analysis of fluorescence photobleaching recovery kinetics. *Biophys J* **16:** 1055–1069.

Beaudouin J, Gerlich D, Daigle N, Eils R, Ellenberg J. 2002. Nuclear envelope breakdown proceeds by microtubule-induced tearing of the lamina. *Cell* **108:** 83–96.

Beaudouin J, Mora-Bermudez F, Klee T, Daigle N, Ellenberg J. 2006. Dissecting the contribution of diffusion and interactions to the mobility of nuclear proteins. *Biophys J* **90:** 1878–1894.

Bloom JA, Webb WW. 1984. Photodamage to intact erythrocyte membranes at high laser intensities: Methods of assay and suppression. *J Histochem Cytochem* **32:** 608–616.

Braeckmans K, Remaut K, Vandenbroucke RE, Lucas B, De Smedt SC, Demeester J. 2007. Line FRAP with the confocal laser scanning microscope for diffusion measurements in small regions of 3-D samples. *Biophys J* **92:** 2172–2183.

Coscoy S, Waharte F, Gautreau A, Martin M, Louvard D, Mangeat P, Arpin M, Amblard F. 2002. Molecular analysis of microscopic ezrin dynamics by two-photon FRAP. *Proc Natl Acad Sci* **99:** 12813–12818.

Dickson RM, Cubitt AB, Tsien RY, Moerner WE. 1997. On/off blinking and switching behaviour of single molecules of green fluorescent protein. *Nature* **388:** 355–358.

Dixit R, Cyr R. 2003. Cell damage and reactive oxygen species production induced by fluorescence microscopy: Effect on mitosis and guidelines for non-invasive fluorescence microscopy. *Plant J* **36:** 280–290.

Dundr M, Hoffmann-Rohrer U, Hu Q, Grummt I, Rothblum LI, Phair RD, Misteli T. 2002. A kinetic framework for a mammalian RNA polymerase in vivo. *Science* **298:** 1623–1626.

Edidin M, Zagyansky Y, Lardner TJ. 1976. Measurement of membrane protein lateral diffusion in single cells. *Science* **191:** 466–468.

Fink C, Morgan F, Loew LM. 1998. Intracellular fluorescent probe concentrations by confocal microscopy. *Biophys J* **75:** 1648–1658.

Fink CC, Slepchenko B, Moraru II, Schaff J, Watras J, Loew LM. 1999. Morphological control of inositol-1,4,5-trisphosphate-dependent signals. *J Cell Biol* **147:** 929–936.

Fink CC, Slepchenko B, Moraru II, Watras J, Schaff JC, Loew LM. 2000. An image-based model of calcium waves in differentiated neuroblastoma cells. *Biophys J* **79:** 163–183.

Garcia-Parajo MF, Segers-Nolten GM, Veerman JA, Greve J, van Hulst NF. 2000. Real-time light-driven dynamics of the fluorescence emission in single green fluorescent protein molecules. *Proc Natl Acad Sci* **97:** 7237–7242.

Gerlich D, J Beaudouin, Gebhard M, Ellenberg J, Eils R. 2001. Four-dimensional imaging and quantitative reconstruction to analyse complex spatiotemporal processes in live cells. *Nat Cell Biol* **3:** 852–855.

Gordon GW, Chazotte B, Wang XF, Herman B. 1995. Analysis of simulated and experimental fluorescence recovery after photobleaching. Data for two diffusing components. *Biophys J* **68:** 766–778.

Gurskaya NG, Verkhusha VV, Shcheglov AS, Staroverov DB, Chepurnykh TV, Fradkov AF, Lukyanov S, Lukyanov KA. 2006. Engineering of a monomeric green-to-red photoactivatable fluorescent protein induced by blue light. *Nat Biotechnol* **24:** 461–465.

Habuchi S, Ando R, Dedecker P, Verheijen W, Mizuno H, Miyawaki A, Hofkens J. 2005. Reversible single-molecule photoswitching in the GFP-like fluorescent protein Dronpa. *Proc Natl Acad Sci* **102:** 9511–9516.

Habuchi S, Tsutsui H, Kochaniak AB, Miyawaki A, van Oijen AM. 2008. mKikGR, a monomeric photoswitchable fluorescent protein. *PLoS ONE* **3:** e3944.

Klonis N, Rug M, Harper I, Wickham M, Cowman A, Tilley L. 2002. Fluorescence photobleaching analysis for the study of cellular dynamics. *Eur Biophys J* **31:** 36–51.

Kulesa PM, Teddy JM, Stark DA, Smith SE, McLennan R. 2008. Neural crest invasion is a spatially-ordered progression into the head with higher cell proliferation at the migratory front as revealed by the photoactivatable protein, KikGR. *Dev Biol* **316:** 275–287.

Levsky JM, Singer RH. 2003. Gene expression and the myth of the average cell. *Trends Cell Biol* **13:** 4–6.

Lippincott-Schwartz J, Patterson GH. 2008. Fluorescent proteins for photoactivation experiments. *Methods Cell Biol* **85:** 45–61.

Lippincott-Schwartz J, Altan-Bonnet N, Patterson GH. 2003. Photobleaching and photoactivation: Following protein dynamics in living cells. *Nat Cell Biol* **Suppl:** S7–S14.

Mazza D, Braeckmans K, Cella F, Testa I, Vercauteren D, Demeester J, De Smedt SS, Diaspro A. 2008. A new FRAP/FRAPa method for three-dimensional diffusion measurements based on multiphoton excitation microscopy. *Biophys J* **95:** 3457–3469.

McNally JG. 2008. Quantitative FRAP in analysis of molecular binding dynamics in vivo. *Methods Cell Biol* **85:** 329–351.

McNally JG, Smith CL. 2001. Photobleaching by confocal microscopy. In *Confocal and two photon microscopy* (ed. A Diaspro), pp. 525–538. Wiley-Liss, New York.

Mueller F, Wach P, McNally JG. 2008. Evidence for a common mode of transcription factor interaction with chromatin as revealed by improved quantitative fluorescence recovery after photobleaching. *Biophys J* **94:** 3323–3339.

Patterson GH. 2008. Photoactivation and imaging of photoactivatable fluorescent proteins. *Curr Protoc Cell Biol* **Chapter 21:** Unit 21 6.

Patterson GH, Lippincott-Schwartz J. 2002. A photoactivatable GFP for selective photolabeling of proteins and cells. *Science* **297:** 1873–1877.

Pedelacq JD, Cabantous S, Tran T, Terwilliger TC, Waldo GS. 2006. Engineering and characterization of a superfolder green fluorescent protein. *Nat Biotechnol* **24:** 79–88.

Peters R, Peters J, Tews KH, Bähr W. 1974. A microfluorimetric study of translational diffusion in erythrocyte membranes. *Biochim Biophys Acta* **367:** 282–294.

Pierce DW, Hom-Booher N, Vale RD. 1997. Imaging individual green fluorescent proteins. *Nature* **388:** 338–338.

Piston DW, Patterson GH, Knobel SM. 1999. Quantitative imaging of the green fluorescent protein (GFP). *Methods Cell Biol* **58:** 31–48.

Rabut G, Ellenberg J. 2004. Automatic real-time three-dimensional cell tracking by fluorescence microscopy. *J Microsc* **216:** 131–137.

Rabut G, Doye V, Ellenberg J. 2004. Mapping the dynamic organization of the nuclear pore complex inside single living cells. *Nat Cell Biol* **6:** 1114–1121.

Saxton MJ. 2001. Anomalous subdiffusion in fluorescence photobleaching recovery: A Monte Carlo study. *Biophys J* **81:** 2226–2240.

Sbalzarini IF, Mezzacasa A, Helenius A, Koumoutsakos P. 2005. Effects of organelle shape on fluorescence recovery after photobleaching. *Biophys J* **89:** 1482–1492.

Schaff J, Fink CC, Slepchenko B, Carson JH, Loew LM. 1997. A general computational framework for modeling cellular structure and function. *Biophys J* **73:** 1135–1146.

Schenkel M, Sinclair AM, Johnstone D, Bewley JD, Mathur J. 2008. Visualizing the actin cytoskeleton in living plant cells using a photo-convertible mEos::FABD-mTn fluorescent fusion protein. *Plant Methods* **4:** 21.

Schwille P, Kummer S, Heikal AA, Moerner WE, Webb WW. 2000. Fluorescence correlation spectroscopy reveals fast optical excitation-driven intramolecular dynamics of yellow fluorescent proteins. *Proc Natl Acad Sci* **97:** 151–156.

Seksek O, Biwersi J, Verkman AS. 1997. Translational diffusion of macromolecule-sized solutes in cytoplasm and nucleus. *J Cell Biol* **138:** 131–142.

Shaner NC, Patterson GH, Davidson MW. 2007. Advances in fluorescent protein technology. *J Cell Sci* **120:** 4247–4260.

Siggia ED, Lippincott-Schwartz J, Bekiranov S. 2000. Diffusion in inhomogeneous media: Theory and simulations applied to whole cell photobleach recovery. *Biophys J* **79:** 1761–1770.

Sinnecker D, Voigt P, Hellwig N, Schaefer M. 2005. Reversible photobleaching of enhanced green fluorescent proteins. *Biochemistry* **44:** 7085–7094.

Snapp EL, Altan N, Lippincott-Schwartz J. 2003. Measuring protein mobility by photobleaching GFP chimeras in living cells. *Curr Protoc Cell Biol* **Chapter 21:** Unit 21 1.

Sprague BL, McNally JG. 2005. FRAP analysis of binding: Proper and fitting. *Trends Cell Biol* **15:** 84–91.

Sprague BL, Pego RL, Stavreva DA, McNally JG. 2004. Analysis of binding reactions by fluorescence recovery after photobleaching. *Biophys J* **86:** 3473–3495.

Sprague BL, Muller F, Pego RL, Bungay PM, Stavreva DA, McNally JG. 2006. Analysis of binding at a single spatially localized cluster of binding sites by fluorescence recovery after photobleaching. *Biophys J* **91:** 1169–1191.

Subach FV, Patterson GH, Manley S, Gillette JM, Lippincott-Schwartz J, Verkhusha VV. 2009. Photoactivatable mCherry for high-resolution two-color fluorescence microscopy. *Nat Methods* **6:** 153–159.

Testa I, Garre M, Parazzoli D, Barozzi S, Ponzanelli I, Mazza D, Faretta M, Diaspro A. 2008a. Photoactivation of pa-GFP in 3D: Optical tools for spatial confinement. *Eur Biophys J* **37:** 1219–1227.

Testa I, Parazzoli D, Barozzi S, Garre M, Faretta M, Diaspro A. 2008b. Spatial control of pa-GFP photoactivation in living cells. *J Microsc* **230:** 48–60.

Thevenaz P, Ruttimann UE, Unser M. 1998. A pyramid approach to subpixel registration based on intensity. *IEEE Trans Image Process* **7:** 27–41.

Tsien RY. 1998. The green fluorescent protein. *Annu Rev Biochem* **67:** 509–544.

Wachsmuth M, Waldeck W, Langowski J. 2000. Anomalous diffusion of fluorescent probes inside living cell nuclei investigated by spatially-resolved fluorescence correlation spectroscopy. *J Mol Biol* **298:** 677–689.

White J, Stelzer E. 1999. Photobleaching GFP reveals protein dynamics inside live cells. *Trends Cell Biol* **9:** 61–65.

Wiedenmann J, Ivanchenko S, Oswald F, Schmitt F, Rocker C, Salih A, Spindler KD, Nienhaus GU. 2004. EosFP, a fluorescent marker protein with UV-inducible green-to-red fluorescence conversion. *Proc Natl Acad Sci* **101:** 15905–15910.

Yang F, Moss LG, Phillips GN Jr. 1996. The molecular structure of green fluorescent protein. *Nat Biotechnol* **14:** 1246–1251.

（史蕾蕾　译　方玉达　校）

第6章　细胞中蛋白质状态成像

Hernan E. Grecco and Philippe I. H. Bastiaens

Department of Systemic Cell Biology, Max Planck Institute of Molecular Physiology, Otto-Hahn-Strasse 11, 44227 Dortmund, Germany

为了了解细胞内的信号，就必须了解它们是如何回应生物化学网络结构的动态变化的（Pieroni et al. 2008；Zamir and Bastiaens 2008）。把这个系统描述为一个网络（不仅仅是很多通路）是为了强调其中复杂的相互关系，而它们以此实现细胞应答的多样性。蛋白质是信号网络的主要组成部分，而且它们之间的互作提供了明确这些网络结构的核心纽带。因此，逆向开发网络结构的战略第一步就是确定它们的组成和它们之间的互作。例如，磷酸化和泛素化等翻译后修饰可以调节蛋白的互作，从而使这个网络对输入的信号做出应答。因此，不仅确定信号网络中的蛋白质很重要，而且确定这些蛋白质的修饰状态也很重要。

时空调节是信号转导的一个重要方面（Kholodenko 2006）。例如，已知表皮生长因子（epidermal growth factor，EGF）和神经生长因子（nerve growth factor，NGF）都是通过有丝分裂原激活蛋白激酶（mitogen activated protein kinase，MAPK）途径发挥作用的，但是它们引起的细胞应答是显著不同的［增殖或者分裂（Santos et al. 2007)］。信号的专一性被编码为 MAPK 活性的时间相关性，它对 EGF 是瞬时的，但是对 NGF 是持续的。这些应答的不同源于 MAPK 调节网络中与其上下相关的输入信息的线路不同。在细胞迁移中，同一种网络组分可能导致不同的结果，向前或向后走，这取决于局部环境的状态。

必须指出的是，尽管发现各个组分间的联系（直接或间接）对于我们的研究是必需的，但是它们自身并不能为我们提供足够的信息来解释简单的受调控的应答。这些因果关系（如互作的力度和信号）必须能够被描述出来（Zamir and Bastiaens 2008）。几乎所有的信号网络都有一个共同的特征，那就是它们存在反馈环路（Csete and Doyle 2002；Milo et al. 2002；Tyson et al. 2003；Zhu et al. 2007）。任何一个已知蛋白质在这个反馈环路中的响应都包含有整个网络的动态信息。每一个蛋白质可以认为是嵌入整个网络中的探针，可以传递网络中连续的响应。所以在完整细胞中进行的蛋白质反应实验可以提供一些其他情况下无法探测到的信息，因为它可以找到一些逻辑上的联系，包括时空控制。

功能性的显微成像是研究信号的一个重要工具，因为它可以提供一个完整细胞中蛋白质网络行为的时间和空间的同步信息（Bastiaens and Squire 1999；Verveer and

Bastiaens 2008)。细胞中蛋白质的动态结构图谱必需和这个潜在网络中的结构信息以及它的状态结合起来，共同组成这些不同互作中的蛋白质或修饰过的蛋白质的群体进化。

然而，蛋白质互作发生在如此小的距离范围，这对大多数用来区分它们是定位还是互作的显微镜技术来说是个挑战。为了克服这些困难，荧光共振能量转移（fluorescence resonance energy transfer，FRET）显微镜和荧光交叉相关光谱（fluorescence cross-correlation spectroscopy，FCCS）技术被发展起来，而且随着遗传学编码传感器的普及和测试设备的改进，使这两项技术的利用在过去的 10 年里取得了很大的进展。这一章主要介绍基于显微镜来确定细胞中蛋白质的互作和翻译后修饰的方法。

共定位与互作

细胞中蛋白质的定位可以通过对染料标记的抗体或者表达荧光蛋白的嵌合体的成像来确定（Giepmans et al. 2006）。两个或更多个被标记的蛋白质的同步成像可以结合起来来研究它们的互作和翻译后修饰（posttranslational modification ，PTM）（Bolte and Cofdelieres 2006；French et al. 2008）。然而，不同的分子在同一像素上的共定位图像并不能说明它们互作。由于衍射的限制，一个显微镜就是一个光学上低通量的滤光器，把样品上点状的光源转变成检测器上的模糊的图像（Heintzmann and Ficz 2007）。距离很远的两个分子（从互作的意义上讲）可以出现在同一张图上，这就产生了假阳性信号。因此，非常重要的是通过比较互作距离（几纳米）和实测距离来确定分子间距离的意义，分子间距离的测定依赖于光源和探测光学以及作为探针的光物理学现象。

最常见的显微镜技术如图 1 所示。在宽视场显微镜（图 1A）和共聚焦显微镜（图 1B）中，焦平面中可以观察的面积由系统的数值孔径来确定。它们主要的不同在于光轴的分辨率：共聚焦显微镜将那些焦距以外的光排除掉了，而宽视场显微镜则没有。这样的结果就是，在宽视场显微镜中，图 1 中三个颗粒的信号发生了共定位，而在共聚焦显微镜中只有黄色和红色的信号发生了共定位。共聚焦的体积（约 $1\mu m^3 = 1fL$）仍然要比互作的范围大很多。随着光学显微镜的发展，目前有很多种方法可以解决衍射限制的问题而获得较好的结果（Betzig et al. 2006；Medda et al. 2007；Hein et al. 2008）。但是它们在生物学上的应用还是有很多限制因素，尤其是对于像活细胞这种高度动态的系统。接下来我们将讨论两种克服这种问题的方法：FRET 是基于光物理学的一种互作，它涉及的长度范围要比共聚焦体积小很多（图 1C）；而 FCCS 是利用两个粒子在互作时会共扩散通过共聚焦体积，因而产生具有一致时间轨迹的高度相似的光子（图 1D）。

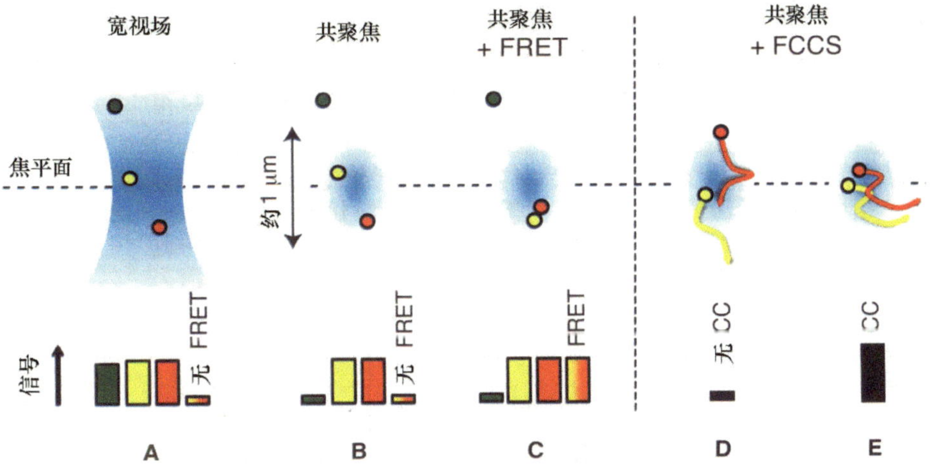

图 1　研究蛋白质互作时不同显微镜方案和它们得到的结果的对比

探测体积用蓝色表示，另外三个圆点（绿色、黄色和红色）分别表示研究的蛋白质。A. 在宽视场显微镜中，它的探测体积沿着纵轴扩展，即使是离焦平面很远也可以产生很明显的信号。B. 在共聚焦显微镜中，焦点以外的质点发出的光被屏蔽掉了。然而，在聚焦体积的大小范围内，两个没有发生互作的质点也出现了共定位。C. 与此相反，对于几个纳米距离，FRET 则只会在两个质点互作时才产生阳性信号。D、E. 在 FCCS 中，复合物中的颗粒会一起扩散通过聚焦体积，结果会在轨道强度上高度协同并因此产生较高的互相关振幅

FRET

当两个荧光子靠得很近时，由于偶极-偶极偶联，激发的能量会被非放射性地转移（Forster 1948；Lakowicz 2006），从一个供体荧光分子到受体荧光分子，其能量转移的效率为

$$E=\frac{1}{1+(r/R_0)^6} \tag{1}$$

式中，r 为两个荧光分子的距离；R_0 为激发能量的 50%被转移时的距离。这些值取决于荧光分子对的光物理学特性。如图 2 所描述，对于一个好的 FRET 分子组合，其中供体的发射光谱和受体的吸收光谱必须有大量的重合。对于大多数与生物系统相关的荧光分子对，它们的 R_0 的值约为 5nm（Patterson et al. 2000），所产生的感应体积为 10^{-7} fL，比共聚焦的体积小了 7 个数量级。必须要强调的是，FRET 的检测并不是增加了体系的分辨率，而是它提供了一个传感器，在光学系统可以分辨的空间内，在适当的可分辨的长度内能够区分分子间有相互作用还是没有。

在本章的实验方案中，我们讲述了如何通过 FRET 成像来描绘 EGF 受体（EGFR）在刺激下发生磷酸化（Verveer et al. 2000；Haj et al. 2002）的时空过程。这个受体与荧光蛋白融合后作为供体，而抗磷酸化酪氨酸（PY72）的抗体结合了有机染料后作为受体。我们必须指出的是，FRET 的原理是测定供体光物理学特性（一般是荧光的寿命）的改变，因此抗体不需要专一性地识别供体标记蛋白的标签。通过 FRET 检测体积的缩减可以实现信号的特异性。实验方案 1 和方案 2 分别说明了如何标记抗体和如

何对为 FRET 分析准备实验用细胞。在供体受激发后，FRET 可以通过三种方式检测到：①供体发射的猝灭；②感应性受体发射的增加；③供体荧光的寿命的减短。在随后的实验方案中，解释了每一种实验方法，并提供实验过程中一些相应的说明。

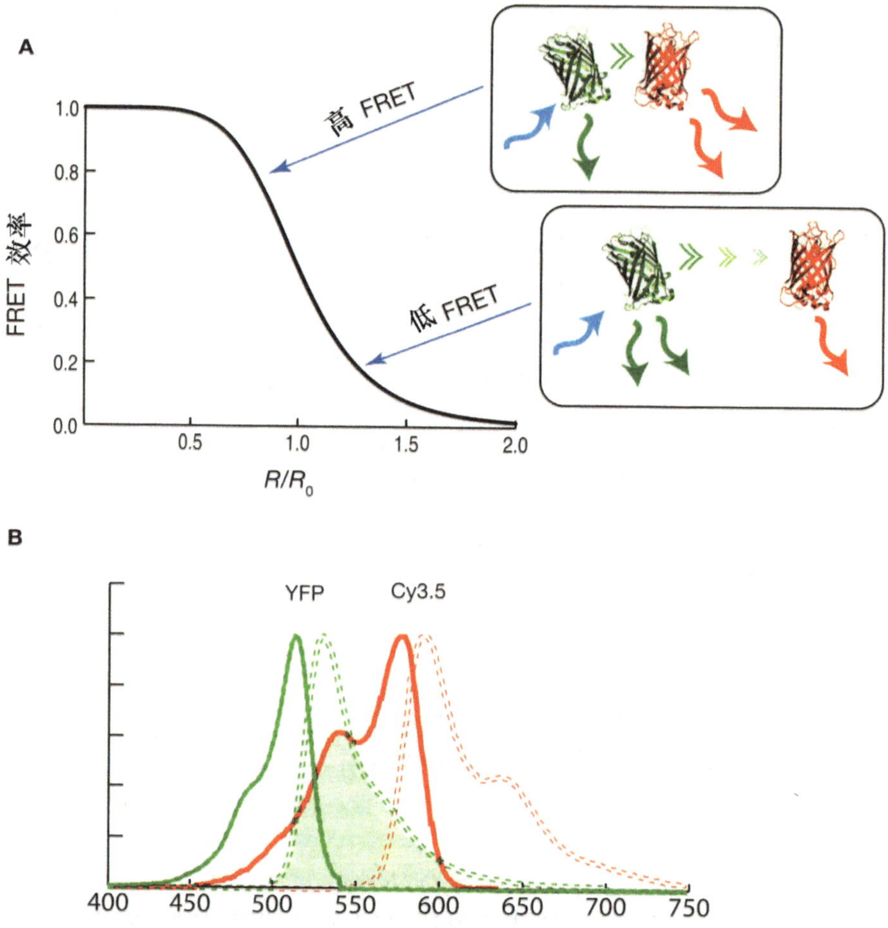

图 2

A. 从供体到受体的能量转移效率是它们相对距离的减函数。当供体和受体离得很近的时，能量可以高效地转移，结果会导致供体的发射猝灭而受体感应发射。激发能量的 50%被转移时两者的距离被称为 Forster 距离，它依赖于光物理学特性和 FRET 两个组分间的相对方位。B. YFP（供体）的归一化后的发射光谱（绿色虚线）和 Cy3.5（受体）的归一化后的激发光谱（红色实线）之间的光谱重叠（绿色阴影）

通过供体猝灭使 FRET 量化

当供体受到激发以后，激发的能量中的一小部分（E）并不以荧光发射出，而是转移给与其靠得很近的受体。这样会降低检测体积范围内与受体紧邻的供体分子数目成比例的荧光强度。一种 FRET 定量的直接方法就是比较供体猝灭后的发射和供体没有猝灭的发射强度（Bastiaens and Jovin 1996；Wouters et al. 2001），这可以通过在受体被光漂白前（$I_D[x, y]$）和光漂白后（$I_D^{apb}[x, y]$）对样本成像来完成（图 3）。FRET 的表观效率，即 FRET 的真实效率乘以与受体分子紧邻的那一小部分供体分子

的比率（α），可以根据所收集的图像对像素进行逐个计算，即

$$\frac{I_{\mathrm{D}}^{\mathrm{apb}}-I_{\mathrm{D}}}{I_{\mathrm{D}}^{\mathrm{apb}}}=E\frac{[\mathrm{DA}]}{[\mathrm{D}]+[\mathrm{DA}]}=E\alpha, \tag{2}$$

式中，[DA] 为紧邻受体分子的供体分子的数目，[D] + [DA] 为供体分子的总数，因此它们的比值即 α。为简单化，[x，y] 的影响被除去了。如果假定转移效率 E 是空间不变的，那么与生物学相关的信息就全部包含在 α 中。

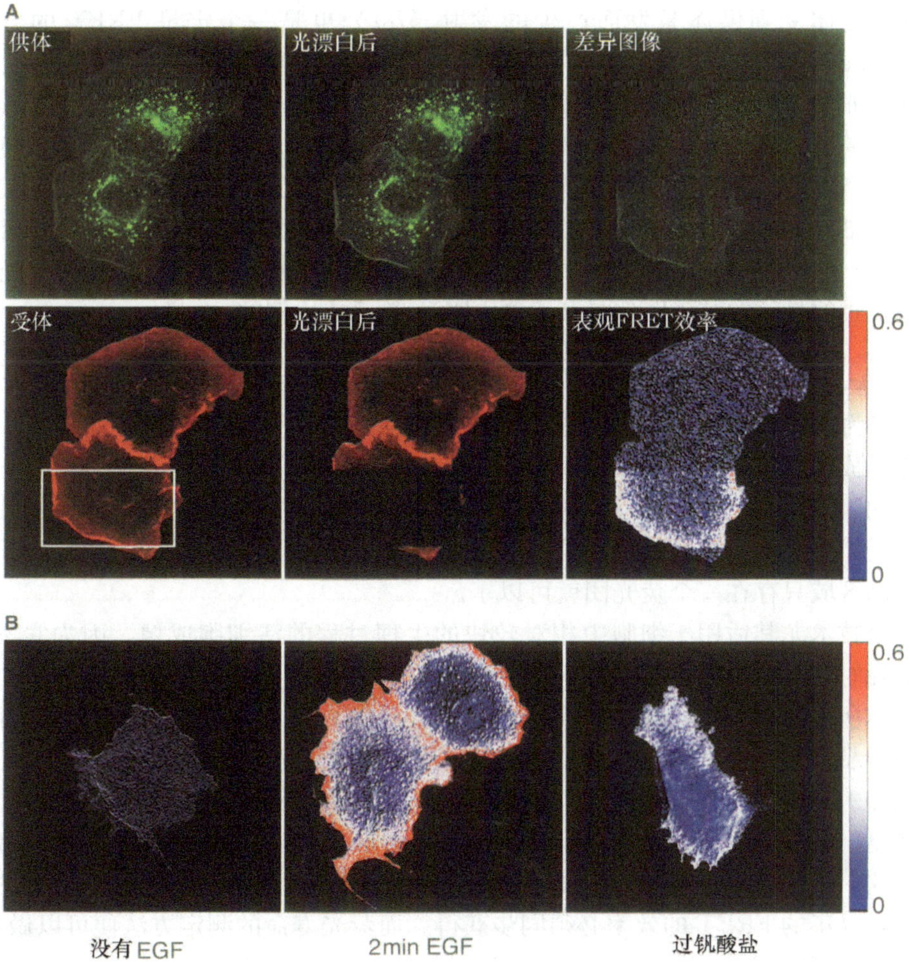

图 3　通过受体光漂白（acceptor photobleaching，APB）测定 EGFR 的磷酸化

A. 共聚焦受体光漂白的例子。在受体经过漂白以后，供体的强度和表观 FRET 效率（AFE）在复合物膜上的效率明显提高。B. 宽视场显微镜受体光漂白的例子。当没有 EGF 时，像 AFE 的结果证明的一样，受体呈现可以忽略不计的均匀磷酸化。当添加了这个生长因子以后，会发现外围的磷酸化增强了。在经过过矾酸钠（一种磷酸酶抑制剂）处理后，磷酸化的水平会普遍增加

在 EGFR 磷酸化研究中，α 相当于磷酸化受体的摩尔分数，即与抗体结合的受体的比例。然而，在不知道复合物中 FRET 的真实效率时，表观 FRET 效率（或者确切的称为表观结合比率）估计要比真实的结合比率 α 低，所以它只能作为定量的一种相对的指标。再者，因为 $E\leqslant 1$，所以 α 值的小的差别换算到表观 FRET 效率上差别就更小

了。这也说明了有一个好的 FRET 组合是很重要的，因为测量的动态范围依赖于它们。由于在光漂白的时间（1～30min）里供体分子可能会发生扩散，所以这个方法更适用于固定细胞。在实验方案 3 中，我们会结合这个技术的一个实例来更详细的介绍这个成像过程。

通过受体的感光发射来定量 FRET

测定受体受到供体激发而产生的发射（I_{DA}）也是一个定量 FRET 的直接方法（Mahajan et al. 1998）。然而，在实验中这比受体的光漂白更复杂，因为被检测的信号会受到并非来自感应发射的光量子的污染。事实上，一些供体发射的光量子会泄漏进入受体的通道，因为大多数发射光谱在朝向红光的一端有很长的拖尾。相反的，受体是直接被激发的，因为很多激发光谱倾向于向蓝光扩展。真实的感应发射的发射量可以通过光谱分离而获得。分别获得同一样品在受体激发时（I_A）的受体图像和供体激发时（I_D）的供体图像，那么交叉漏光干扰和直接激发能可以从 I_{DA} 中减去。经过 I_A 标准化校正过的最后的结果图像是和表观 FRET 效率成比例的。

$$\frac{I_{DA}-B\cdot I_D-C\cdot I_A}{I_A}=FE\frac{[DA]}{[A]+[DA]}=FE\alpha_A \tag{3}$$

式中，F 为供体和受体光强度的比值；B 为泄漏通过的比值，它可以通过一个只含供体的样本成像获得，即 FRET 通道的荧光总强度除以供体通道的荧光总强度；C 为直接激发的因子，它可以通过一个只含受体的样本成像获得，即 FRET 通道的荧光总强度除以受体通道的荧光总强度。这些校正因子也可以在双标记的样品中得出，只要测定的样品区域只存在一个荧光团就可以了。

这个技术尤其适用于细胞中相对较快的生理过程的活细胞成像，因为它不需要任何一个耗时较长的步骤，如荧光漂白。然而，需要注意的是这样所得到的值是与复合物中受体所占的部分成比例，而不是像受体光漂白方法中那样与供体所占的部分成比例。当样品中的受体过量时就会出现问题，因为产生的值会非常低。

正如上文所述，基于强度的方法只是提供了一个 FRET 发生时分子所占比例的相对的信息。虽然可以通过独立的实验估计未知的参数（E 和 F），但是它们对环境条件敏感，这一点令人很不满意。因此，为了得到 FRET 正常发生时各分子所占的分数的绝对值，真正的 FRET 的效率必须同步获得。而荧光寿命的测定方法便可以做到这些。

通过荧光寿命成像对 FRET 进行定量

一个分子受到光的激发后，它会在激发态停留一段时间，然后通过辐射方式（发射出一个光量子）或非辐射方式（如振动）衰变转到基态。一个分子在发射光子之前处于激发态的平均时间被称为荧光寿命，对于大多数生物实验所用的发色团是处于毫微秒（10^{-9}）数量级的。量子产率（QY）由发射的光量子数目被吸收的光量子数目归一标准化确定，为从 0 到 1 的数值，表示辐射方式和非辐射方式的竞争比。QY 可以确切的被定义为荧光寿命（τ）与在没有非辐射方式衰变转到基态时的荧光寿命（τ_R）的比值（Lakowicz 2006），计算公式如下：

$$QY=\frac{\tau}{\tau_R} \tag{4}$$

当供体和受体之间发生 FRET 时，供体会发生荧光猝灭，所以它的 QY 会降低。荧光寿命就是 QY 的直接测定值，而且它因此可以用来定量 FRET。

有两个等效的方法被用来获取荧光寿命的数据，它们分别是时间域（Lakowicz et al. 1987；Dowling et al. 1998）和频率域（Lakowicz and Berndt 1991；Gadella et al. 1993；Bastiaens and Squire 1999）。这里我们主要讲述前者，它是测定一个分子荧光衰减的直接的易于理解的方法。在这个技术中，我们用脉冲光源照射样品，用时间的函数来记录荧光的发射。通过持续的脉冲作用，分子会跃迁到激发态。这样，从激发脉冲开始，随着时间变化的荧光衰减的量变曲线函数便可以直接得到。

对于样品，不同时间点、不同的品种可能会有不同的荧光衰减曲线。在每一个像素中测得的衰减值是根据不同的衰减值各自总体所占比例计算得到的总和。假如游离的供体分子含有单个的荧光寿命（τ_D），而且在复合物中受体分子对供体分子有单一的空间构型（这会导致供体分子荧光寿命的单独减少，τ_F），那么每个像素的衰减值是这两个总和再加上背景项（BG），背景项表示探测器的黑暗噪声［式（5）］。这两个类群的振幅分别为 AD 和 AF，它们分别与游离的供体分子和与受体结合的供体分子相对应：

$$I(x,y,t)=A_D(x,y)\,e^{-t/t_D}+A_F(x,y)\,e^{-t/t_F}+BG, \tag{5}$$

$$\alpha(x,y)=\frac{A_F(x,y)}{A_D(x,y)+A_F(x,y)}, \tag{6}$$

$$E=1-\frac{\tau_F}{\tau_D}, \tag{7}$$

其中，坐标（x，y）确切的表示互作的分子类群在观察对象中的变化，而研究对象的荧光的寿命和 FRET 的效率也是在空间上变化的（它依赖于蛋白复合体的空间构象）（图 4）。

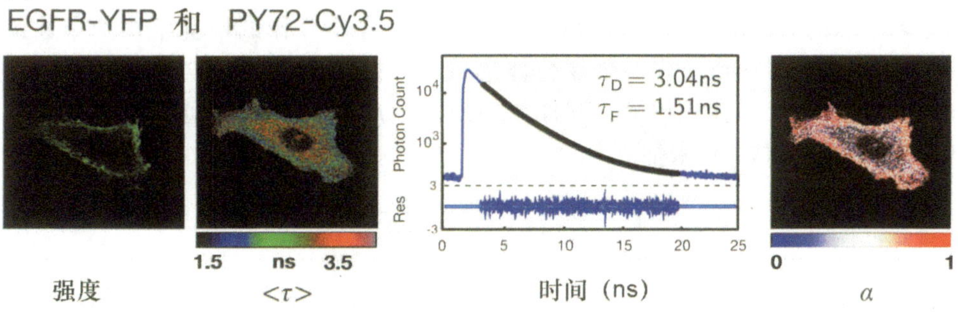

图 4　通过共聚焦 FLIM 测定 EGFR 的磷酸化

一旦受到脉冲的激发，分子被激发到激发态，随之衰减，衰减过程对于自由受体和结合受体分子有明显不同的荧光寿命。荧光寿命平均值的降低显示局部 FRET 的产生，这个平均值可以逐个像素进行计算。通过双指数函数拟合整合了整个图像的荧光衰减谱，可以定量计算与受体在复合体中共存的供体，双指数代表供体和复合体中的供体衰减谱。保持荧光寿命在一个固定值时，复合体中供体空间变异部分可以通过拟合每个像素中的荧光衰减振幅获得

荧光互相关光谱

荧光互相关光谱（fluorescence correlation spectroscopy，FCS）（Magde et al. 1972）是测定浓度、扩散系数和细胞内分子间互作的一个很有力的工具（Sanchez and Gratton 2005；Kim et al. 2007）。这个技术建立在分子扩散穿越共焦点体积时发射的荧光脉冲过程中会包含很多正在进行的动态的信息。在最简单的例子中，分子的扩散是脉冲波的唯一来源。来自同一分子发射的光量子是相关联的，而来自不同分子发射的光量子则是无关的。自相关作用可以通过对强度时间跟踪的波动 [$\delta I(t)=I(t)-\langle I(t)\rangle$] 来估算，即

$$G(T)=\frac{\langle \delta I(t)\ \delta I(t+T)\rangle}{\langle I(t)\rangle^2} \tag{8}$$

相关作用的持续时间是通过分子在共焦点体积（T_d）中停留的时间直接测定的，因此在体积的外形已知的情况下，扩散系数也可以直接测得。

聚焦体积内分子的数目是通过泊松统计确定的，因此它的方差和平均值是相等的。自相关的振幅（$G[0]$），即强度的方差与平均强度的平方的比值，它与聚焦体积单元中荧光颗粒的平均数成反比。因此，为了获得可测定的振幅，荧光标记蛋白的浓度要较低（1～10^3nmol/L）。我们必须指出的非常重要的一点是，如果要得到确切的结果，首先要对聚焦体积进行正确的校准。自相关作用的估算可以被确定为

$$G(T)=\frac{1}{N}\frac{1}{1+T/T_d}\sqrt{\frac{1}{1+T/(S^2T_d)}} \tag{9}$$

S 为结构参数，它表示探测体积的纵向半径和横向半径的宽高比，但是探测体积必须单独被确定。式（9）只适用于单一扩散的种类。许多复杂的运动，如闪动、三联体的形成、结合或者多种类还需要不同的适合模型（Haustein and Schwille 2007）。

在 FCCS（Bacia et al. 2006）中，两种不同荧光的荧光波动进入两个不同的通道（常常命名为绿的或红的），然后进行互相关分析。在不互作的情况下，两个通道的荧光波动是不相关的。相反，当一个复合体形成后，荧光波动轨迹会非常相似，因为两个颗粒会同时通过聚焦体积扩散。互作蛋白质的浓度（G_{rg}）可以通过自相关或互相关的振幅和体积重叠（V_{rg}）来估算：

$$G_{rg}=\frac{G_{rg}(0)}{G_{gg}(0)\cdot G_{rr}(0)\cdot V_{rg}} \tag{10}$$

结语

为了解开信号网络的拓扑结构，必须对互作以及 PTM 做一个时空分解后的定量测定。FRET 从空间分辨率和特异性的角度来讲是一种独一无二的方法，这种方法得到的相关生物学结果是用供体标记的分子与受体形成的复合物中的一部分。FC（C）S 则可以用来得到分子及其复合物的绝对浓度和研究快速的生理过程。然而，在大多数当

前的商业化设备中，FC（C）S 是点测定仪器，它缺乏空间分辨率。对于这个问题，已经有很多种尝试来解决，往往需要以牺牲时间分辨率为代价来换取空间分辨率，这就限制了我们对细胞中高度动态过程的研究（Brown et al. 2008）。将 FRET 和 FCS 结合起来应用，我们便可以获得空间不均匀体系中的确切浓度。这种思路近来被用于研究酵母激素信号中 Fus3 MAPK 活性的空间调控（Maeder et al. 2007）。

实验方案 1

荧光染料标记抗体

利用荧光标记的 EGF 受体（EGFR）和染料标记的抗磷酸酪氨酸抗体（PY72），通过 FRET 技术可以研究 EGFR 的磷酸化作用。当然，有许多适用于 FRET 技术的供、受体对，本方案可以使用 Cy3 协同加强型绿色荧光蛋白（EGFP），或是 Cy3.5 协同黄色荧光蛋白（EYFP）。如果荧光寿命测量能够被表现出来，那么后者更好，因为 YFP 荧光衰变影响可以被单一的荧光寿命所表征。

材料

注意：文中标记有＜!＞的材料的处理请参考附录中的正确处理方法；

文中标有＜R＞的试剂请参考本章最后的使用说明。

试剂

偶联缓冲液（*N*，*N*-二羟乙基甘氨酸缓冲液；bicine buffer；1mol/L；pH9）

Cy3 或 Cy3.5 双官能团磺化吲哚丁二酰亚胺酯（GE Healthcare 公司；PA23001 或 PA23501）

Cy 染料是冻干样品，必须被保存在绝对无水的环境中，因为它们会和水发生反应

N，*N*-二甲基甲酰胺（DMF；干的）＜!＞＜R＞

磷酸盐缓冲液（PBS）＜R＞

PY72 抗磷酸酪氨酸抗体（Santa Cruz Biotechnology 公司；sc-57577）

Tris 盐酸缓冲液［100mmol/L，pH8.0，或者其他不含胺基（amine）的缓冲液］＜R＞

仪器设备

离心机（台式）

蛋白质脱盐离心柱（Pierce 公司，89849）

十二烷基磺酸钠（SDS）-聚丙烯酰胺凝胶电泳设备［见步骤（9）］

紫外-可见分光光度计

方法

（1）用 20μL 的无水 DMF 将冻干的 Cy 染料重新溶解，配制终浓度为约 10mmol/L 的 Cy 溶液装于小管中。

(2) 取 1μL 的 Cy 溶液用 PBS 缓冲液按 1：10 000 稀释，然后通过其可见光吸收峰来计算浓度。

Cy3 和 Cy3.5 的消光系数（ε）在 552nm 和 581nm 处为 150mL/（mol · cm）。每一管中的 Cy 溶液必需单独量化，因为不同批量之间存在差异。

(3) 染料溶液即可用于目的蛋白的标记。如果蛋白质溶液中含有低分子质量的物质［如 Tris 或二硫苏糖醇，(DTT)］，标记反应将无法进行，要用 PBS 纯化。

(4) 利用蛋白质脱盐离心柱上用 PBS 代替蛋白质缓冲液进行洗脱：①用 400μL 的 PBS 溶液平衡柱子 5 次，丢弃洗脱液；②1500g，离心 2min，去除多余液体；③将蛋白质缓慢加到树脂表面中央部分；④1500g，离心 2min；⑤收集含有抗体的洗脱液。

(5) 将等于样品溶液 1/10 体积的 1mol/L 的 N，N-二羟乙基甘氨酸溶液加到蛋白质样品中，使其浓度变为 0.1mol/L。

为促进赖氨酸残基的 ε-氨基去质子化反应（偶联所必需）的高效进行，应该保证标记反应的碱性 pH 环境（能保证蛋白质的完整性）。

(6) 将一定浓度的抗体（一般为 0.1～0.5mL 中含有 1～10 μmol/L 的抗体）加至其摩尔浓度 10～40 倍的过量染料液中，室温温育 30min。注意，用枪头加入染色液要非常缓慢，同时不断搅拌溶液。

为了防止 DMF 使蛋白质变性，加入 Cy/DMF 的体积不要超过总体积的 10%。决定最佳的摩尔浓度和反应时间，一般依据经验，最后的标记比率（染料的分子数/蛋白质的分子数）为每一个蛋白质分子可以结合 1～6 个染色剂分子［见步骤（10）中的标记比例标准］。不同蛋白质个体或抗体之间这种比例关系存在着很大的差异。如果最终的染色标记比率值太低，这些抗体可以重新标记。

(7) 通过不断加入不含胺的缓冲液［如 Tris - Cl 缓冲液（100mmol/L；pH8.0）］使最终溶液浓度为 10mmol/L 以终止标记反应。

(8) 在蛋白质脱盐旋转柱中通过改变缓冲液将过量的未反应的染料移去，并将目的蛋白洗脱至选择的洗脱液（通常是 PBS）中。①用 400μL 的 PBS（pH 7.4）溶液平衡柱子 5 次；②将标记反应混合物直接滴加到树脂表面中央部分，为了最高效率的分离，所占面积越小越好；③1500g 离心 2min；④收集含有标记的抗体的洗脱液。

(9) 利用 SDS - PAGE 检测共价结合的标记蛋白，电泳完后，将胶直接放入紫外透射仪中检测（302nm）。荧光条带应该跑在期望的蛋白质分子质量的位置，在荧光条带前面的游离态的染色剂应该不发荧光。

参见问题解答。

(10) 测定蛋白质的吸收峰（280nm）和染色剂的吸收峰，然后利用下列公式计算标记比率（染料的分子数/蛋白质的分子数）：

$$\frac{A_\lambda M}{(A_{280}-A_\lambda f)\ \varepsilon\ (\lambda)},$$

其中，A_λ 为染色剂在其最大吸收波长处（λ）的吸光值；A_{280} 为蛋白质在 280nm 处的吸光值；M 为蛋白质的分子质量，单位为 kDa；ε（λ）为染色剂在波长为 λ 时的摩尔消光系数，单位为 mL/（mol · cm）。该方程还可以校正染色剂在 280nm 处的吸收值，f 因子等于染色剂在 280nm 处的吸光值与波长 λ 处的最大吸光值的比值。相关参数值可以在产品说明书中找到。

参见问题解答

问题解答

问题［步骤（9）］：电泳后，用紫外线投射仪照射，在凝胶上没有发现可见亮带。

解决方法：采用 302nm 的紫外照射对大多数染料不是最适宜的，所以，可以考虑用不同的波长来激发荧光。

问题［步骤（10）］：标记比率值太低。

解决方法：确保 DMF 是干燥的，因为水可以与琥珀酰亚胺酯反应。标记反应在不含胺基团的溶液中进行，如避免使用 Tris。许多商业抗体制剂里添加有包含游离态氨基的稳定剂［如牛血清蛋白（BSA）或者明胶］，它们会与 Cy 染料竞争。许多提供商会根据要求提供没有这些化合物的抗体制剂。这种情况下，要求供应商提供 1mg/mL 由 PBS 溶解的抗体制剂。注意还原试剂，如二硫苏糖醇（DTT），β-巯基乙醇（β-mercaptoethanol）会干扰标记反应的进行。如果为保证抗体的生物学活性或蛋白质的功能，还原剂必须添加，β-巯基乙醇比 DTT 的干扰性要小。

实验方案 2

用于 FRET 分析的细胞的准备

在本实验中，人乳腺癌细胞系 MCF7 是由编码人类表皮生长因子受体（EGFR）（系统名称为 ErbB1）的质粒转染而来的，EGFP 或 EYFP 融合在其羧基端。在用表皮生长因子（EGF）或过钒酸钠刺激后，细胞被固定、透化和包埋用于镜检。

材料

注意：文中标记有<!>的材料的处理请参考附录中的正确处理方法；
文中标有<R>的试剂请参考本章最后的使用说明。

试剂

活化的原钒酸钠（sodium orthovanadate）<!> <R>
牛血清白蛋白（BSA）
表皮生长因子（EGF）
生长培养基［Sigma Dulbecco' modified Eagle' s medium（DMEM），包含 10% FCS（经测试可支持 MCF7 增长）和谷氨酰胺/青霉素/链霉素］
MCF7 细胞系
Mowiol 封固培养基 <R>
多聚甲醛固定液（4%）<R>
磷酸盐缓冲液<R>
质粒 DNA（pEGFP-ErbB1 或 pEYFP-ErbB1）
饥饿培养基［Sigma DMEM 包含 10%FCS（经测试可支持 MCF7 增长）和谷氨酰胺/青霉素/链霉素］
转染试剂（e. g.，FuGENE6；Roche Applied Science 公司）
Tris（50nmol/L；pH 8.0），包含 100mmol/L NaCl
Triton X-100 <!>
胰蛋白酶/EDTA（如 PAN P10-023100SP）

设备

盖玻片（18mm；经酒精洗涤灭菌）
小而尖的镊子
T75 烧瓶
细胞培养板（6 孔）

方法

前一周

（1）将 18mm 的盖玻片放入 6 孔板的每一孔中。

倒数第三天（晚上）

（2）用 5mL 的磷酸盐缓冲液清洗生长于 T75 烧瓶中的 MCF7 细胞（需要生长到密度为 70%～90%），加入 2mL 的胰蛋白酶/EDTA。2min 后，加入 8mL 生长培养基，并用移液枪上下吸打 10 次。在含有灭菌盖玻片的每个孔中放 200 000 个细胞。

倒数第二天（晚上）

（3）混合 582μL 的 DMEM 和 18μL 的 FuGENE6 制备转染复合物。

避免试剂与塑料表面的不必要接触，直接将试剂加入到 DMEM 中。FuGENE6 具有高挥发性，要避免在移液过程中或打开存储瓶后的时间过长。

（4）涡旋 1s 或轻弹管子以混匀，静置 5min。

（5）加 6μL DNA，限制总体积到 3～300μL。

（6）涡旋 1s 或轻弹管子以混匀。

（7）在室温下将混合物静置 15min。

（8）在 6 孔板的每一孔中加入 100μL 的转染复合物。

倒数第一天

（9）将饥饿培养基放入 37℃ 水浴中预热。在每一孔中加入 1mL 饥饿培养基替代生长培养基。

（10）4h 后，制备两种刺激培养基：①一种为包含了 100ng/mL 的 EGF 的饥饿培养基；②另一种为包含了 1mmol/L 活化原钒酸盐的饥饿培养基。用刺激培养基代替饥饿培养基。将包含有 EGF 的培养基加入到 2～5 孔中，将包含过钒酸盐的培养基加入到第 6 孔中，第 1 孔为不做任何处理的对照，立即开始计时。

（11）精确按照以下时间点处理细胞：孔 2，1min；孔 3，5min；孔 4，15min；孔 1、孔 5 和孔 6，30min。时间到后立即固定细胞：用 2mL 预热（37°）的 PBS 快速漂洗细胞 1～2s，接着立即将其转移到含有 2mL 预热的 4%多聚甲醛固定液的 6 孔板中。

甲醛是做 FRET 实验时选择的一种固定液，因为它是一种交联剂，能够保持蛋白质相互作用时的完整性而且（不同于甲醇）不会沉淀细胞蛋白质。

（12）10min 后用含 100mmol/L 氯化钠的 50mmol/L Tris（pH 8.0）溶液快速漂洗细胞以洗掉多余的固定剂。重复漂洗 5min 以去除残留的醛基。

（13）在 PBS（pH7.4）中用 2mL 0.1%的 Triton X-100 透化细胞 15min。

（14）用 PBS 将细胞洗 3 次（2 次快速漂洗和 1 次 5min 的漂洗）。

(15) 在 PBS（pH7.4）中用 2mL 5%的 BSA 封闭细胞 30min。

(16) 用 25μL 的 Cy3 标记的 PY72 抗体（在 1% BSA/PBS 中稀释到 10μg/mL）浸染细胞 45min。为此，在湿盒中加 25μL 抗体到石蜡膜（parafilm）上；翻转盖玻片使有细胞的一面与液滴接触。然后在盖玻片边缘加一小滴 100μL 的 PBS，这将升高盖玻片，使镊子可以夹起其边缘。用镊子小心地夹起盖玻片，使细胞面向上将它们移到 6 孔板上，用 PBS 漂洗 5 次。

(17) 用纸巾去除盖玻片边缘多余的 PBS。但不要使细胞干透。

(18) 将盖玻片附细胞的一面向下用 10μL 的 Mowiol 封固液将其封固在玻璃载玻片上，在 4℃下过夜使其变得凝固。避免形成气泡。每个架子放两个盖玻片。在成像之前 Mowiol 封固液必须凝固。不要用指甲油，因为指甲油会猝灭 GFP 荧光。

实验方案 3

受体荧光漂白法测定 FRET

下面的方案给出了如何使用宽视场显微镜或者共聚焦显微镜进行受体荧光漂白的说明。共聚焦显微镜的使用使我们可以测量到含被漂白受体的目标区域（region of interest，ROI），这样就可以用来与相同细胞中未被荧光漂白的区域进行比较。宽视场显微镜不能将光照射的区域限制到期望位置。但是，它可使用光栅将光照射限制到图像中心，或者使受体的光漂白在整个图像中都进行。

图像收集和图像处理

要用成像技术进行定量测定，首先必须了解所用设备的性能、参数以及限制因素，另外对图像处理也要有基本了解。尽管这不是本章的要点所在，但是也会给出一些基本的指导（更多相关信息参见第 4、7、15、16 和 18 章）。所有图像处理的步骤可使用免费软件 Image J（Sheffield 2007）来完成，其下载地址是 http：//rsb. info. nih. gov/ij/。

提高动态幅度

使用宽视场显微镜时，需要调整曝光时间使细胞在背景下能被清楚地识别，同时确保刚好处于照相机饱和水平以下的最大值。对于难以漂白的样品，需要找到一个折中的办法。细胞与细胞间的亮度可能很不相同，因为它们的转染效率不同。同时，在一个细胞里，局部高浓度蛋白质使得一些区域很亮而在另外区域很暗。不要尝试每一个像素的完美曝光，而应该专注于细胞中感兴趣的区域。对于共聚焦显微镜，使用激光功率、增益（gain）和抵消（offset）来取得相同的结果。另外，确保无细胞的背景区域的曝光值在低曝光值（通常是 0）之上。这对背景的分析和校正是很重要的。

避免杂散光

任何不是来自于样品自身的光将会减小你测量的动态范围。关掉显微镜室里的所有光源或者遮住样品可以把杂散光减至最低。

避免样品移动

当进行逐个像素图像处理时载物台或样品的移动会导致伪像，因此要尽量避免这个情况。如果有必要就重新调整焦距。如果样品的漂移不可避免，使用标准配准技术能够修正横向偏移。一个基于图像相关技术的例子如下所述。

（1）计算图像 1 的傅里叶（Fourier）变换记为（I_1）。

(2) 计算图像 2 的傅里叶变换记为 (I_2)。

(3) 将傅里叶变换式 1 的结果 I_1 和傅里叶变换式 2 的结果 I_2 相乘。

(4) 取傅里叶变换式结果的倒数来得到校正的图像。

(5) 在校正的图像里，找到从中心的最大距离。图像间的位移 (Δx、Δy) 相当于图像横坐标和纵坐标的起点峰点变化。

(6) 对 I_2 进行相应的漂移改变。

注意：自动配准注册过程要求两张图像的内容要有一定程度的相似性，否则可能会配准注册失败。经常检查配准注册过程是否适合手边实际应用。例如，把配准注册过的图像相减，如果图像边界有阴影表示配准注册失败。

提前打算

当比较两个未校准的图像［如在受体荧光漂白 (acceptor photobleaching，APB) 测定 FRET］时，要保证图像收集的参数一致。如果第 2 个图像预期比第 1 个亮，第 1 个图像收集时不要接近检测饱和。

背景校正

若有额外的背景时，诸如图像间比例的运算等将会出现偏差。下面提供一种修正的方法。

(1) 选择背景中的一小片区域（确定改变亮度和对比图片时没有暗淡的细胞出现）。

(2) 计算区域亮度的平均值。

(3) 从图像中减去这个亮度的平均值。

对像素进行数学运算

大多数图像格式为每个像素储存了 8bit 或 16bit 值，导致各个图像像素的最大值为 256 或 65 535。为了避免容量类型限制而造成的运算伪像，在进行任何数学运算之前转化所有图像为真实数据类型。

临界值

用低值的像素进行相除运算将导致噪声放大。因此，所有分母低于经验挑选值的像素运算时应该被忽略，使其不作为样品数。

材料

设备

适用于宽视场进行受体荧光漂白的显微镜

使用装备了荧光灯、数码相机和滤光片组的宽视场显微镜来收集供体和受体的图像。任何类型的物镜都可以使用。但是，建议 40×或 60×的放大倍数，因为这样能清楚看到表皮生长因子（EGF）刺激的过程。高数值孔径可提高光子收集量和分辨率。

适用于共聚焦进行受体荧光漂白的显微镜

使用装备了激光器和滤光片组的共聚焦显微镜来收集供体和受体的图像。任何类型的物镜都可以使用。高数值孔径可取得最大的光子收集量并提高分辨率

方法

（1）选择能显示供体和受体荧光的细胞。每一个步骤都要注意最小化供体荧光漂白。

（2）通过供体滤光片组（I_D）收集一张图像。注意荧光漂白受体之后，供体的亮度会增加，因此，不要在检测器接近饱和的情况下收集第一个图像。

（3）可选择通过受体滤光片组（I_A）收集一张图像来记录受体的分布。

（4）目标区域中或整个图像中通过受体滤光片组连续曝光，直到荧光信号消失，低于背景。所需的时间取决于受体的耐光性、浓度和光源功率。一般用灯泡照明为 30min 或全功率激光照射为 1min。

注意：不完全的光裂解将导致表观能量转移估值变低。

（5）通过步骤（2）收集供体图像（I_D^{apb}）。

（6）可选择通过受体滤光片组（I_A^{apb}）收集一张图像来记录光裂解。

（7）进行背景修正，用式（2）计算每个像素的表观能量转移效率：

$$AEF_D = \frac{I_D^{apd} - I_D}{I_D^{apd}}$$

实验方案 4

通过受体感应发射光来测定 FRET

这个方案描述了感应发射光的测定与分析所涉及的步骤。实验方案 3 中所描述的有关图像的收集和分析在这里也适用。

材料

仪器

这里所需的设备几乎和实验方案 3 中一样，只是多了 FRET 滤光片组，它负责供体的激发和受体荧光的收集。

方法

（1）测定交叉泄漏通量（B）和直接激发（C）因子的数值。这个只需做一次，可以在实验开始或实验结束时做。

①通过 FRET 滤光片组获取仅含有供体标记分子的样品的一张图像（$I_{\mathrm{DA}}^{\text{只有供体}}$）（在这个过程中有两种方法，一种是选择没有受体的细胞，另一种是通过荧光漂白移除受体）。通过供体滤光片组收集了同一样品的一张图像（$I_{\mathrm{D}}^{\text{只有供体}}$）。使用背景和阈值校正的图像计算 B 为

$$B=\frac{I_{\mathrm{DA}}^{\text{只有供体}}}{I_{\mathrm{D}}^{\text{只有供体}}}$$

注意这个结果是一个标量，因为这个图像的平均值是计算出来的，并且在分子和分母中都被使用。

②通过 FRET 滤光片组获取一张仅有受体标记分子的样品的图像（$I_{\mathrm{DA}}^{\text{只有受体}}$）。通过受体过滤光片组，收集同一样品的一张图像（$I_{\mathrm{A}}^{\text{只有受体}}$）。使用背景和阈值校正的图像计算 C 为

$$C=\frac{I_{\mathrm{DA}}^{\text{只有受体}}}{I_{\mathrm{A}}^{\text{只有受体}}}$$

（2）选择包含有供体和受体荧光的一个细胞。

（3）用供体滤光片组收集一张图像（I_{D}）

（4）用 RTET 滤光片组收集一张图像（I_{DA}）。

（5）用受体过滤光片组收集一张图像（I_{A}）。

（6）通过使用标量校正因子（B 和 C）和背景校正的图像（I_{D}、I_{DA} 和 I_{A}）计算感应发射光 I_{SENS}，即

$$I_{SENS}=I_{DA}-B \cdot I_{D}-C \cdot I_{A}$$

（7）计算在每个像素上的表观能量转移效率：

$$AEF_{A}=\frac{I_{DA}-B \cdot I_{D}-C \cdot I_{A}}{I_{A}}=\frac{I_{SENS}}{I_{A}}$$

实验方案 5

利用共聚焦时间相关单光子计数通过荧光寿命成像技术测定 FRET

这个方案描述了运用共聚焦时间相关单光子计数（confocal time-correlated single-photon counting，TCSPC）通过荧光寿命成像技术（fluorescence lifetime imaging，FLIM）测定 FRET 的步骤。在实验方案 3 中提到的有关图像收集和分析方法在这里也适用。TCSPC 数据可以用荧光寿命配件开发商提供的软件中的衰减函数来分析。用这种方法得到的 EGFR 磷酸化的测量数据在图 4 中显示。

材料

仪器

配有荧光寿命配件的共聚焦显微镜（如来自 PicoQuant 公司或者 Becker&Hickl 公司）

这个配件通常包含高重复频率（10～80MHz）的脉冲（100/s）激光、一个可进行单光子检测的雪崩光电二极管（avalanche photodiode，APD）或者快速光电倍增器管和到达的皮秒分辨率的时间电子设备来记录单光子。所有设备都被整合到激光共聚焦显微镜，这样每一个光子在图像中都能分配到一个像素

中性密度滤光片和镜面散射样本［用来检测设备的反应功能（IRF），可选］

方法

（1）选确定系统的 IRF 用于衰减谱的去卷积处理。

① 在样品平面中放入反射镜。

② 在检测光路中放入中性密度滤光片（一般可选光密度 3）。

③ 在反射镜上聚焦

注意：APD 对光线敏感。一般饱和值约为 10^6 cps。

④ 收集一张含有 10^6 光子的 FLIM 图像。

注意：高计数率会因为脉动堆积而导致假象出现。低密度会导致信噪比变差。对于成像，保持计数率在饱和度的 1%～10%。

⑤ 合并整个图像来获得到达时间的柱状图。形状通常是不对称的，脉动大概在 100～400ps 最大值一半处的全宽度（full width at half maximum，FWHM）。将它保存为 IRF 格式。

短脉冲可以使荧光衰减谱分辨率更好。大多数的激光二极管，当激光功率调到低值时能达到短脉冲。

（2）选用受体滤光片组（I_A）收集一张荧光图像来记录受体的分布。

（3）确定供体的荧光衰减谱。这一步只需做一次，在试验的开始前或者之后完成。

① 收集一张只带有供体标记分子样品的图像（通过选择没有受体的细胞或者通过光漂白去掉受体）。

注意：由于 EGFR 在质膜上强表达，这里的像素中荧光强度会高很多从而导致局部脉冲堆积假象。多数系统显示在某一特定时间的平均计数率。保存低的扫描速度会得到局部有代表性的计数率数值。

② 合并整个图片来获得供体到达时间的柱形图。

③ 用单一指数衰减函数来拟合处理数据。衰减常数（τ_D）对 EGFP 和 EYFP 来说分别约为 2.5ns 和 3ns。如果 IRF 已经测定，完整的重卷积匹配可以进行。相反，数据可以选择衰减最后的一部分来进行结尾拟合处理。

④ 除了这些参数之外，软件运算法则可以提供有关拟合质量的两个评估：(a) 拟合的残差，应该单均匀地分布在 0 左右；(b) 减少的 χ^2 是被自由度归一化的残值平方的总数。这个值在 TCSPC 数据中应该接近 1。

⑤ 重复更多细胞，计算平均值来得到一个更有说服力的结论。

（4）按照步骤（1）的指示，通过供体滤光片组在受体存在时收集供体的一张 FLIM 图像。

① 在受体存在时合并整个图像 I_D 来获得供体的衰减谱。

② 用双指数衰减函数来调整衰减谱，这个函数中一个衰减常数（τ_D）被设定在步骤 3 中得到的荧光寿命，而其他常数可自由设定（τ_F）。

（5）用式（7）来计算 FRET 效率。

（6）用式（6）来计算 α 的平均值。

（7）选拟合双指数函数衰减来获得 τ_D 和 τ_F 值，而 α 可以使用前面步骤里相同的方程式一个像素一个像素地自由设定。

当每个合并数少于 10 时系统会建议使用最大值可能性的运算法则，因为 χ^2 最小化会产生有倾向性的结果。

FRET 的效率仅仅依赖于供体-受体组合，因此在所有数据集合里它应该是一个常量。一个更好地使数据统一的方法是做一个整体分析。在这个方法中，所有数同时被调整，与 τ_D 和 τ_F 值相联系。这样使 χ^2 空间更紧密，从而得到更有说服力的参数结果（Lakowicz 2006）。

实验方案 6

用 FCCS 方法检测蛋白质相互作用

这个方法描述了使用共聚焦显微镜通过 FCCS 测定蛋白质相互作用的步骤。

材料

试剂

标记选择

分子亮度是 FCCS 实验中首要的筛选标准，因为它决定了信噪比。闪光和 pH 敏感性应该被避免。荧光团之间的光谱分离对于减少通道之间的干扰很重要。化学染料，如 Alexa 和 Cy 家族在很多不同波长处很亮、耐光，而且在许多波长下可用。虽然荧光蛋白的亮度和耐光性不及化学染料，但是它们有可以被遗传编码的优点。EGFP 和 mCherry 是 FCCS 中一个合适配对。然而，红色荧光蛋白的数据必须校正，因为红色荧光蛋白成熟速率慢，从而产生黑色荧光蛋白群体。新的成熟速率快的变体，如 mKate 或者 mKate2 可能是很好的选择。与 EYFP 配对的 CFP 也被成功地应用到 FCCS 中。但是，更多新的耐光性的荧光蛋白，如单体 mTFP 和单体 mCitrine 应该被广泛应用。

样品

有关 FCCS 的文献报道了几个已经被研究的样本，包括 c－Jun 和 c－Fos22 之间的相互作用（Baudendistel et al. 2005），MAPKs Ste11、Ste7、Fus3 和在酵母信息素信号通路中的骨架蛋白 Ste5 之间的相互作用（Maeder at al. 2007），胞吞途径中不同细菌霍乱毒素亚单位之间的互相作用（ Bacia et al. 2002）。实验中重要的是要有负对照（没有相互作用或者低亲和力）和正对照（组成性互作或者强亲和力）。

样品标记

有必要避免黑暗分子（如未标记或者未成熟的荧光蛋白）和任何自由染料因为这可能使结果产生偏差。

仪器

装有 FCCS 模件的共聚焦显微镜（如 Zeiss ConfoCor3 或者 Leica FCS2）：包括两个单光子计数雪崩光电二极管

高数值孔径、带有色差校正的水浸物镜，使不同波长之间的体积重叠最大化

带有校正圈的物镜对于适应不同盖玻片的厚度很重要

方法

起始设置

(1) 针孔校准：使用染液，改变针孔的位置使得检测器中的强度最大。从横向和纵向两个方向反复调节。

(2) 确保物镜用水和所有溶液都没有荧光。这可以通过无样品的情况下进行测定。计数率应该少于 300Hz。

(3) 通过测定溶于已知浓度和扩散时间溶剂的染料来测定自相关，从而收集系统的结构参数。收集的时间长短和重复数依赖于信噪比。通常每 10s 重复比较好。除去聚集的数值，这可以通过荧光强度的非正常增加来判断。

(4) 使用一个 FCCS 的校准样本，检测不同通道体积是否重叠。在共聚焦体积中的停息时间在所有通道中都一样。互相关曲线中不能有闪光的信号。

(5) 使实际试验中使用的激光最优化。使用单荧光标记的样本，测量扩散时间作为激光强度的一个功能。光致漂白的效应将被在停息时间内的递减证实。避免光致漂白的方法是保持每个分子计数为 1～5kHz（取决于在体积元素中分离分子 N 的计数速率）。

测量

(1) 如果使用了反转染细胞，那么就挑选中低表达水平的细胞。

(2) 对于样品和对照，每 10s 测一次，重复 10 次。如果强度曲线中很显著的数字显示出大强度的跳跃就重复。

(3) 挑选显示均匀强度的曲线，而且不要显示出强的光漂白。计算自相关系数，使用合适的模型来拟合。

(4) 计算互相关系数，使用自相关幅度［见式（10)］来确定蛋白复合物的浓度。

配方

注意：文中标记有＜!＞的材料的处理请参考附录中的正确方法处理。

DMF；干燥＜!＞

DMF 可以通过将 1/3 体积的吸湿树脂加到储存容器中进行干燥。例如，AG 501-X8 混合树脂床（来自 Bio-Rad 公司）可以于 DMF 储存瓶的永久存放。如果担心破坏 DMF 的完整性，可以再加些新鲜的树脂或者用新鲜的树脂替换原来的树脂。只有在将蛋白标记到一定的比值时出现状况才会考虑这个问题。标记反应中的水（可能来自 DMF）将会与自由染料起竞争反应。

PBS

试剂	量	终浓度
NaCl	8g	137mmol/L
KCl<!>	0.2g	2.7mmol/L
Na_2HPO_4	1.44g	10mmol/L
KH_2PO_4	0.24g	1.8mmol/L

如果需要，PBS 中可以按照下面的方法补充。

试剂	量	终浓度
$CaCl_2 \cdot 2H_2O$	0.133g	1mmol/L
$MgCl_2 \cdot 6H_2O$	0.10g	0.5mmol/L

PBS 可以配成 1×溶液或者 10×溶液储存。如果准备 1L 的 1×溶液，将上述试剂溶解于 800mL 的水中。用 HCl<!>将 pH 调节至 7.4（或者 7.2，如果需要），然后加水定容至 1L。将溶液分装，在 15psi 液体涡旋器上高压蒸汽灭菌 20min 或者过滤灭菌。室温保存。如果制备 10×溶液，溶解 80g NaCl、2g KCl、14.4g Na_2HPO_4 和 2.4g KH_2PO_4 于 1L 的蒸馏去离子水中。

Tris-HCl（100mmol/L；pH8.0）

制备 1mol/L 溶液，将 121.1g 的 Tris 碱溶解在 800mL 水中。用 HCl<!>将 pH 调至预期值。

pH	HCl
7.4	70mL
7.6	60mL
8.0	42mL

在调 pH 之前应使溶液温度降至室温。并且用水将溶液体积定容至 1L。分装，灭菌。如果 1mol/L 溶液的颜色变黄，废弃，使用更好质量的 Tris。Tris 溶液的 pH 依温度而定，温度每上升 1℃ pH 下降 0.03 个单位。例如，0.05mol/L 溶液在 5℃、25℃、37℃时的 pH 分别为 9.5、8.9、8.6。

活化的正钒酸钠<!>

试剂	数量	终浓度
正钒酸钠<!>	0.732g	200mmol/L

将正钒酸钠（Sigma ＃S6508）溶解于 18mL 水中，用 1mol/L NaOH 或者 1mol/L HCl<!>将 pH 调至 10.0（开始时的 pH 随着许多化学成分而变；pH 为 10.0 时溶液呈黄色）。加热沸腾溶液至无色（约 10min），然后冷却至室温。再重新调节 pH 至 10.0，再沸腾、冷却直到溶液保持无色并且 pH 保持在 10.0。用水将体积定容至 20mL，分装保存在－20℃（参考 Gordon 1991）。

Mowiol 封固剂

这是一种期望的封固剂，因为它不会猝灭 GFP 的荧光。将 6mL 甘油、2.4g Mowiol4-88（Calbiochem 公司）和 6mL 去离子蒸馏水混合在一起。室温震荡 2h。加入 12mL 200mmol/L 的 Tris－HCl（pH8.5），在 50℃孵育，偶尔震荡直至 Mowiol 溶解（约 3h）。用 0.45μm 的过滤膜过滤、分装，在 4℃可保存几周或者－20℃保存几个月。

多聚甲醛固定液（4%）<!>

在 50mL 的去离子蒸馏水中溶解 4g 多聚甲醛（<!>，Sigma－Aldrich 公司），然后加入 1mL 1mol/L NaOH 溶液。在热板（65℃）上轻轻搅拌直至多聚甲醛溶解。加 10mL 10×PBS，冷却至室温。用 1mol/L HCl<!>将 pH 调至 7.4，然后用去离子蒸馏水将体积定容至 100mL。用 0.45μm 的过滤膜过滤溶液来除去任何颗粒物，分装，－20℃可保存数月。应避免多聚甲醛溶液的反复冻融。

参考文献

Bacia K, Majoul IV, Schwille P. 2002. Probing the endocytic pathway in live cells using dual-color fluorescence cross-correlation analysis. *Biophys J* **83:** 1184–1193.

Bacia K, Kim SA, Schwille P. 2006. Fluorescence cross-correlation spectroscopy in living cells. *Nat Methods* **3:** 83–89.

Bastiaens PIH, Jovin TM. 1996. Microspectroscopic imaging tracks the intracellular processing of a signal transduction protein: Fluorescent-labeled protein kinase C βI. *Proc Natl Acad Sci* **93:** 8407-8412.

Bastiaens PIH, Squire A. 1999. Fluorescence lifetime imaging microscopy: Spatial resolution of biochemical processes in the cell. *Trends Cell Biol* **9:** 48–52.

Baudendistel N, Muller G, Waldeck W, Angel P, Langowski J. 2005. Two-hybrid fluorescence cross-correlation spectroscopy detects protein–protein interactions in vivo. *ChemPhysChem* **6:** 984– 990.

Betzig E, Patterson GH, Sougrat R, Lindwasser OW, Olenych S, Bonifacino JS, Davidson MW, Lippincott-Schwartz J, Hess HF. 2006. Imaging intracellular fluorescent proteins at nanometer resolution. *Science* **313:** 1642–1645.

Bolte S, Cordelieres FP. 2006. A guided tour into subcellular colocalization analysis in light microscopy. *J Microsc* **224:** 213–232.

Brown CM, Dalal RB, Hebert B, Digman MA, Horwitz AR, Gratton E. 2008. Raster image correlation spectroscopy (RICS) for measuring fast protein dynamics and concentrations with a commercial laser scanning confocal microscope. *J Microsc* **229:** 78–91.

Csete ME, Doyle JC. 2002. Reverse engineering of biological complexity. *Science* **295:** 1664–1669.

Dowling K, Dayel MJ, Lever MJ, French PMW, Hares JD, Dymoke-Bradshaw AKL. 1998. Fluorescence lifetime imaging with picosecond resolution for biomedical applications. *Opt Lett* **23:** 810–812.

Forster T. 1948. Zwischenmolekulare energiewanderung und fluoreszenz. *Ann Phys* **2:** 55–75.

French AP, Mills S, Swarup R, Bennett MJ, Pridmore TP. 2008. Colocalization of fluorescent markers in confocal microscope images of plant cells. *Nat Protoc* **3:** 619–628.

Gadella TWJ, Jovin TM, Clegg RM. 1993. Fluorescence lifetime imaging microscopy (FLIM)—Spatial-resolution of microstructures on the nanosecond time-scale. *Biophys Chem* **48:** 221–239.

Giepmans BNG, Adams SR, Ellisman MH, Tsien RY. 2006. Review—The fluorescent toolbox for assessing protein location and function. *Science* **312:** 217–224.

Gordon JA. 1991. Use of vanadate as protein-phosphotyrosine phosphatase inhibitor. *Methods Enzymol* **201:** 477–482.

Haj FG, Verveer PJ, Squire A, Neel BG, Bastiaens PIH. 2002. Imaging sites of receptor dephosphorylation by PTP1B on the surface of the endoplasmic reticulum. *Science* **295:** 1708–1711.

Haustein E, Schwille P. 2007. Fluorescence correlation spectroscopy: Novel variations of an established technique. *Annu Rev Biophys Biomol Struct* **36:** 151–169.

Hein B, Willig KI, Hell SW. 2008. Stimulated emission depletion (STED) nanoscopy of a fluorescent protein-labeled organelle inside a living cell. *Proc Natl Acad Sci* **105:** 14271–14276.

Heintzmann R, Ficz G. 2007. Breaking the resolution limit in light microscopy. *Method Cell Biol* **81:** 561–580.

Kholodenko BN. 2006. Cell-signalling dynamics in time and space. *Nat Rev Mol Cell Biol* **7:** 165–176.

Kim SA, Heinze KG, Schwille P. 2007. Fluorescence correlation spectroscopy in living cells. *Nat Methods* **4:** 963–973.

Lakowicz JR. 2006. *Principles of fluorescence spectroscopy*, 3rd ed. Springer, New York.

Lakowicz JR, Berndt KW. 1991. Lifetime-selective fluorescence imaging using an Rf phase-sensitive camera. *Rev Sci Instrum* **62:** 1727–1734.

Lakowicz JR, Cherek H, Gryczynski I, Joshi N, Johnson ML. 1987. Analysis of fluorescence decay kinetics measured in the frequency-domain using distributions of decay times. *Biophys Chem* **28:** 35–50.

Maeder CI, Hink MA, Kinkhabwala A, Mayr R, Bastiaens PI, Knop M. 2007. Spatial regulation of Fus3 MAP kinase activity through a reaction-diffusion mechanism in yeast pheromone signalling. *Nat Cell Biol* **9:** 1319–1326.

Magde D, Webb WW, Elson E. 1972. Thermodynamic fluctuations in a reacting system—Measurement by fluorescence correlation spectroscopy. *Phys Rev Lett* **29:** 705–708.

Mahajan NP, Linder K, Berry G, Gordon GW, Heim R, Herman B. 1998. Bcl-2 and Bax interactions in mitochondria probed with green fluorescent protein and fluorescence resonance energy transfer. *Nat Biotechnol* **16:** 547–552.

Medda R, Bewersdorf J, Hell SW. 2007. 4Pi microscopy of quantum dot-labeled cellular structures. *Eur J Cell Biol* **86:** 62.

Milo R, Shen-Orr S, Itzkovitz S, Kashtan N, Chklovskii D, Alon U. 2002. Network motifs: Simple building blocks of complex networks. *Science* **298:** 824–827.

Patterson GH, Piston DW, Barisas BG. 2000. Forster distances between green fluorescent protein pairs. *Anal Biochem* **284:** 438–440.

Pieroni E, Van Bentem SD, Mancosu G, Capobianco E, Hirt H, de la

Fuente A. 2008. Protein networking: Insights into global functional organization of proteomes. *Proteomics* **8:** 799–816.
Sanchez SA, Gratton E. 2005. Lipid-protein interactions revealed by two-photon microscopy and fluorescence correlation spectroscopy. *Acc Chem Res* **38:** 469–477.
Santos SDM, Verveer PJ, Bastiaens PIH. 2007. Growth factor–induced MAPK network topology shapes Erk response determining PC-12 cell fate. *Nat Cell Biol* **9:** 324–330.
Sheffield JB. 2007. ImageJ, a useful tool for biological image processing and analysis. *Microsc Microanal* **13:** 200–201.
Tyson JJ, Chen KC, Novak B. 2003. Sniffers, buzzers, toggles and blinkers: Dynamics of regulatory and signaling pathways in the cell. *Curr Opin Cell Biol* **15:** 221–231.
Verveer PJ, Bastiaens PIH. 2008. Quantitative microscopy and systems biology: Seeing the whole picture. *Histochem Cell Biol* **130:** 833–843.
Verveer PJ, Wouters FS, Reynolds AR, Bastiaens PIH. 2000. Quantitative imaging of lateral ErbB1 receptor signal propagation in the plasma membrane. *Science* **290:** 1567–1570.
Wouters FS, Verveer PJ, Bastiaens PIH. 2001. Imaging biochemistry inside cells. *Trends Cell Biol* **11:** 203–211.
Zamir E, Bastiaens PIH. 2008. Reverse engineering intracellular biochemical networks. *Nat Chem Biol* **4:** 643–647.
Zhu XW, Gerstein M, Snyder M. 2007. Getting connected: Analysis and principles of biological networks. *Gene Dev* **21:** 1010–1024.

（王敏　何娟　译　方玉达　校）

第 7 章　用于高分辨率活细胞成像的多功能多色彩全内反射荧光及转盘式共聚焦显微成像系统

William D. Shin[1], Robert S. Fischer[1], Pakorn Kanchanawong[1], Yumi Kim[2], James Lim[3], Kenneth A. Myers[1], Yukako Nishimura[1], Sergey V. Plotnikov[1], Ingo Thievessen[1], Defne Yarar[4], Benedikt Sabass[5], and Clare M. Waterman[1]

[1]Laboratory of Cell and Tissue Morphodynamics, National Heart Lung and Blood Institute, National Institutes of Health, Bethesda, Maryland 20892; [2]Ludwig Institute for Cancer Research, University of California at San Diego, La Jolla, California 92093; [3]Department of Cell Biology, The Scripps Research Institute, La Jolla, California 92037; [4]Whitehead Institute, Massachusetts Institute of Technology, Cambridge, Massachusetts 02142; [5]University of Heidelberg, BIOQUANT 0013, Im Neuenheimer Feld 267 D-69120 Heidelberg, Germany

我们想要设计一个非常灵活的显微系统，通过不同模式的落射照明用于活细胞中多种荧光蛋白光谱变体标记的蛋白质的时程和（或）高分辨率三维数字成像。这种设备可以通过多种模式实现 6 种不同颜色荧光的数字成像，这些模式包括柯勒宽场模式、转盘式共聚焦模式（spinning-disk confocal，SDC）、全内反射荧光落射照明模式（total internal reflection fluorescence，TIRF）。这种设备可以进行荧光蛋白光激活实验，也可以以微分干涉（differential interference contrast，DIC）和相差透射模式成像。除了荧光范围广，这个系统还提供三维光学切片，拥有高信噪比，此外，共聚焦和 TIRF 显微术还分别使这个系统的激发区域变得很薄。本章旨在为具体硬件的选择提供理论依据，进而帮助读者设计自己的数字成像系统。

在我们对细胞迁移中骨架和黏附动态的研究中，这个显微成像系统已被用于很多特定的用途上，包括微管和细胞动态的高分辨率荧光和透射光关联显微观察（Wittmannet et al. 2003）、肌动蛋白和微管骨架的周转及运动动态的共聚焦荧光散斑显微观察（fluorescent speckle microscopy，FSM）（Guptondet et al. 2002；Pontlet et al. 2004）、黏着斑中蛋白质运动的全内反射荧光散斑显微观察（total internal reflection fluorescent speckle microscopy，TIR-FSM）（Adamset et al. 2004；Huet et al. 2007）、肌动蛋白与黏着斑蛋白相互作用的相关联 FSM（Hu et al. 2007）、微管传动蛋白的单分子荧光成像（Kimet et al. 2008）、肌动蛋白骨架和黏着斑动态的多色共聚焦及牵引力关联显微镜观察（Gardelet et al. 2008）、肌动蛋白和内吞膜泡蛋白的柯勒宽场落射和 TIRF 关联显微观察（Yararet et al. 2005）、培养的内皮细胞和斑马鱼胚胎发育过程中的肌动蛋白和肌球蛋白动态的三维活体共聚焦成像（Fischeret et al. 2009）、以及更新一些的应用，其中就包括黏着斑蛋白的超高分辨率的光激活定位显微观察（photoactivated localization microscopy，PALM）（Betziget et al. 2006）。虽然这个设备的应用范围非常灵活，我们设计时也没有考虑用作其他特定技术，如荧光共振能量转移（fluorescence resonance energy transfer，FRET）、全内反射荧光和共聚焦显微关联成像或共聚焦和柯勒宽场落射关联成像。

设计标准

我们研究的主要目标是不同的动态大分子怎样组装以及不同的细胞器体系如何协调共同介导组织细胞的定向迁移。例如，在组织培养细胞中，我们研究动态的微管和肌动蛋白骨架是通过怎样的相互作用介导细胞极性建成，以及肌动蛋白质骨架是通过怎样的动态变化由黏着斑中的蛋白质固定到胞外基质（extracellular matrix，ECM）从而介导细胞运动。因此，我们要求我们的设备在拥有长时间活细胞荧光蛋白动态成像能力的同时，尽可能地减小光漂白和光毒性反应的影响。我们还要求它能够实现多光谱不同荧光蛋白的成像，能通过荧光落射显微镜来观察具体蛋白质加载到不同大分子聚集体上的动态变化，并通过透射光显微镜的高对比度模式把这些蛋白质的动态变化与整个细胞的迁移行为联系起来。

细胞骨架和黏附的动态变化是相对缓慢的（与在水中的扩散相比），这些结构的变化发生在秒到分钟的时间尺度内。因此，高速拍摄不是首选，而且不同聚集体中的多种荧光可以由一个相机延时拍摄，而不需要用不同相机同时拍摄。但是，因为这些动态变化很缓慢，长时间的拍摄要求几十分钟甚至几小时的稳定对焦。另外，细胞骨架和黏着斑有的组分的密度是低于光学显微镜的瑞利极限（Rayleigh limit）的，因此我们需要能使用共聚焦荧光散斑显微镜提供可追踪的、尽量少衍射的、可信的基准标记，这些基准标记的运动和强度波动反映这些结构中亚分辨率组分的动态变化（Waterman and Danuser 2002）。如前所述，共聚焦荧光散斑显微镜的散斑对比度的增加是由焦点外荧光的去除和信噪比的提高来实现的。其中，信噪比的提高得益于转盘式共聚焦及TIRF显微模式（Adamset et al. 2003；2004）。肌动蛋白和黏着斑蛋白的动态变化在细胞质膜处交织在一起，细胞就在此处黏附在显微镜的盖玻片上。我们的研究得益于通过TIRF对盖玻片与细胞接触面这一区域的选择性照射。在三维胞外基质及斑马鱼活体细胞迁移过程中蛋白质动态变化的研究中，我们要求快速聚焦以及长时间的三维光学切片。最后，我们还要求数码相机拥有以下特点：高敏感（以减小样本的曝光）、低噪声，以及大的动态范围来适应少数荧光素之间的变化。

显微镜系统概述

高分辨率多色TIRF和转盘式共聚焦显微系统搭建在Nikon TE2000E2电动倒置显微镜上。这款显微镜的特色在于内置对焦马达、自动对焦追踪系统，配合柯勒宽场和物镜TIRF照射模式的双端口落射荧光照明系统，用于相差和DIC透射照明模式的大数值孔径聚光镜，以及大数值孔径高放大率物镜。我们还为这个系统装备了lambda10－3电动控制器（Sutter Instrument公司），用来启动快速照射光闸以减少样本在透射光和落射荧光照射下的暴露，以及控制滤光片转轮以在柯勒宽场落射荧光样品观察和拍摄时变换荧光激发滤光片，或者是在 TIRF 显微镜拍摄时变换发射滤光片。对于转盘式共聚焦成像，我们将拥有双摄像头端口选项和内置电动发射滤光片转轮的日本 Yokugawa 公司 CSU-X1-A3 转盘式共聚焦扫描器耦合到显微镜底座的左输出端口。配合 TIRF 和转盘式共聚焦激发照明的 6 个二极管和固体激光器包含在一个定制的激光整合器中（Spectral Applied Research 公司），可以进行激光照射波长的选择、强度的调整，并可以针对转盘式共聚焦激光器或 TIRF 显微镜落射照明装置选择两种不同的光纤。而对多位点及三维时程拍摄，我们用一个自动伺服电机驱动的由线性位置反馈控制的水平（x-y）移动和压电驱动的 z 轴移动载物台（Applied Scientific Instrumentation 公司）。TIRF 成像需要一个大幅面、高灵敏度、背照帧转移电子倍增制冷电荷耦合元件（electron multiplying charge coupled device，EMCCD）数码相机（Cascade Ⅱ：1024，Photometrics 公司），而转盘式共聚焦成像需要相似但是小幅面的 EMCCD（Cascade：512B，Photometrics 公司）或者低噪声隔行扫描 CCD 数码相机（CoolSNAP HQ2，Photometrics 公司）。拍照和硬件自动化由 MetaMorph 图像处理软件包来控制（MDS Analytical Technologies 公司）。

图 1 展示的就是这个设备，图 2 是它的示意图。表 1 提供了主要关键部件的名称、来源和零件号码。以下讨论这个设备的硬件选择原则，包括：①显微镜和光学成像装置；②配合透射照射、柯勒宽场成像、TIRF 以及转盘式共聚焦落射显微成像的照明系统；③数码相机；④样品和显微镜的环境控制；⑤图像的收集、硬件自动化及分析。

表 1　TIRF 及转盘式共聚焦显微系统的组成

组件描述	组件号	制造商
Nikon TE2000E2 完美调焦系统机动倒置显微镜	MED540AA	Nikon Instruments
TIRF-2 激光器和广角落射照明器	MEE59100	Nikon Instruments
复消色差 TIRF 100×1.49NA 油镜	MRD01991	Nikon Instruments
平场复消色差紫外校正 100×1.49NA DIC 油镜和 PH3	MRD01991 MRD31602	Nikon Instruments
平场复消色差紫外校正 60×1.20NA 水镜	MRD07601	Nikon Instruments
0.85NA 聚光镜	MEL41210	Nikon Instruments
0.52NA 聚光镜	MEL56200	Nikon Instruments
可选第二相机端口的 Yokogawa CSU-XI-A3 SDC 扫描头和电动分光镜	CSU-XI-A3	McBain Systems
定制的 2 光纤出口激光耦合器，配有连续可调中灰密度滤光片转轮	LMM5	Spectral Applied Research
3m 带有 FC 接口（连 CSU-XI-A3）的倾角/倾角单模态光纤	QPMJ-3AF,3AF-400-3,5/125-3AS-2-1-CSP	OZ Optics
3m 倾角/平角（带有 AR 外膜）带有 FC 接口（连 TIRF）的单模态光纤	QPMJ-3AF,3-400-3,5/125-3AS-2-1-AR-CSP-SP	OZ Optics
Lambda 10-3 控制器	LB10-3	Sutter Instrument
10 孔位 25mm 带光闸的激发滤光片转轮	LB10—NWIQ	Sutter Instrument
10 孔位 25mm 发射滤光片转轮	LB10-NWE	Sutter Instrument
35mm 的透射光灵敏光闸	IQ35-SA	Sutter Instrument
带有闭环纵横移动线性选择及 200μm 压电 z 轴的 PZ-2200 自动载物台	MS3,S21721010,LE-XY,PZ-220	Applied Scientifc Instrumentation

续表

组件描述	组件号	制造商
CoolSNAP HQ2 CCD 相机	CoolSNAP HQ2	Photometrics
Cascade:512B EMCCD 相机	Cascade:512B	Photometrics
Cascade Ⅱ:1024 EMCCD 相机	Cascade Ⅱ:1 024	Photometrics
ASI 400 气流恒温器	ASI 400	Nevtek
ScienceDisk 主动式自流平衡隔离架	PSA 506	Thorlabs
4 英尺①×3 英尺×4.3 英寸② PerformancePlus 板	PBI12115	Thorlabs
MetaMorph premier 成像软件包，版本为 7.5；Photometrics 相机驱动设备；LMM5 驱动设备	4003,40052,40169	MDS Analytical Technologies
Dell Precision 390(Inter Core 2 2.40GHz CPU，4GB RAM，500GB SATA HDD)	Precision 390	Dell

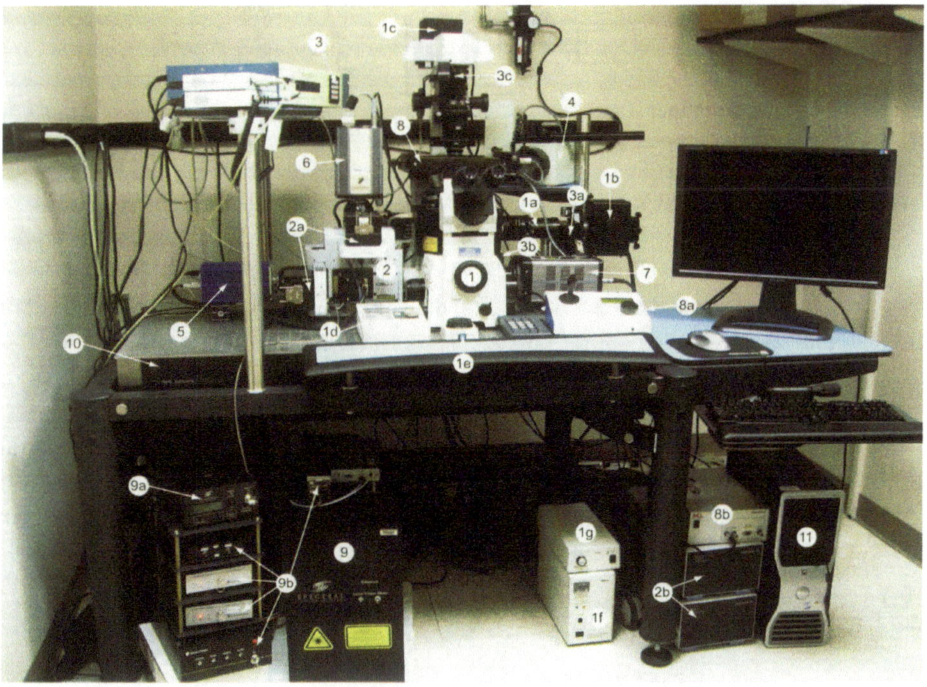

图 1　TIRF 和转盘式共聚焦显微系统的图解

设备部件包括 1. TE2000E2 电动倒置显微镜底座；1a. 双端口 TIRF 显微镜和广角落射荧光照明器；1b. 水银弧光灯罩；1c. 石英卤素灯罩；1d. 完美对焦系统控制器；1e. 外部焦点步进控制旋钮；1f. 水银弧光灯电源；1g. 石英卤素灯电源。2. CSU－X1－A3 双端口转盘式共聚焦扫描头；2a. 转盘式共聚焦发射滤光片转轮；2b. CSU－X1－A3 控制单元。3. lambda10－3 滤光片转轮及光闸控制；3a. 柯勒宽场落射荧光激发滤光片转轮及光闸；3b. TIRF 及宽场发射滤光片转轮；3c. 透射光光闸。4. 气流恒温器。5. CoolSNAP HQ2 隔行扫描 CCD 数码相机。6. Cascade：512B 制冷 EMCCD 相机。7. Cascade Ⅱ：1024 制冷 EMCCD 相机。8. PZ-2200x，y 线性编码载物台及压电驱动的 z 轴天棚；8a、8b. 载物台及压电平台控制器。9. 激光整合器；9a. 激光整合器控制器；9b. 激光电源。10. 隔振台。11. 计算机及 MetaMorph 图像处理软件包

① 1 英尺=30.48cm，后同。

② 1 英寸=2.54cm，后同。

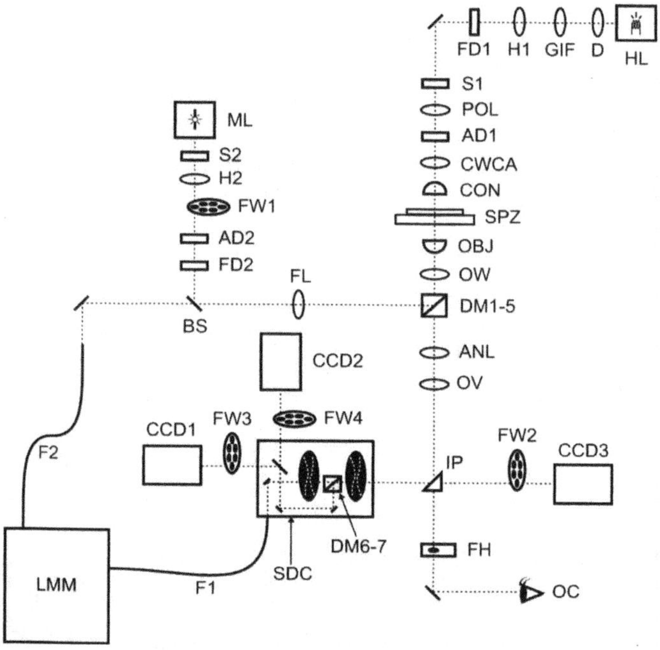

图 2　TIRF 显微镜和转盘式共聚焦显微系统图解

HL. 100W 石英卤素灯；H1 和 H2. 隔热滤光片；D. 散射片；GIF. 546nm 带通滤光片；FD1 和 FD2. 视场光阑；S1. 透射光电动光闸；POL. 可移动的偏光器；CWCA. 可移动的渥拉斯顿棱镜聚光镜和聚光环；CON. 0. 85NA 或 0. 52NA 聚光镜；SPZ. 电动纵横移动载物台和 z 轴天棚；OBJ. 复消色差 TIRF 显微镜 100×1. 49NA 物镜，平场复消色差紫外校正 100×1. 4NA 物镜，或复消色差紫外校正 60×1. 2NA 物镜；OW. 渥拉斯顿棱镜物镜；SM1－5. 拍摄和观察用的分光镜和滤光方块；ANL. 可移动检偏镜；OV. 1. 5×显微镜中间放大镜；ML. 100W 水银弧光灯；S2 和 FW1. 带有整合电动光闸的发射滤光片转轮；AD1 和 AD2. 孔径光阑；BS. 可移动的 60%反射/40%透射分光镜；FL. TIRF 显微镜激光聚焦镜头；IP. 端口切换的照明棱镜；FH. 定制的发射滤光片支架；OS. 目镜；CCD3. Cascade Ⅱ：1024EMCCD 数码相机；SDC. CSU－X1－A3 双端口转盘式共聚焦扫描头；DM6－7. 多带通分光镜；FW2，FW3 和 FW4. 发射滤光片转轮；CCD1. CoolSNAP HQ2CCD 相机；CCD2. Cascade：512BEMCCD 相机；F1 和 F2. 光纤电缆；LMM. 激光整合元件

显微镜和光学成像装置

显微镜

尼康 TE2000E2 倒置显微镜镜体提供了稳固的底座以减小振动，几个重要部件通过马达实现自动控制，简易灵活的载物台配件可用于活细胞样品，5 个端口可灵活用于照明引入、数码相机安装及样品的观察。这个显微镜装备了可装 6 个物镜的旋座，以实现不同放大倍率之间自动转换。可装 6 个滤光片的落射荧光滤光片装轮使其可以在不同分光镜和不同波长滤光片之间自动切换，以适应不同荧光蛋白的激发和发射波长及不同模式的落射荧光成像。它还有马达控制的插件可使 DIC 检偏器加进或移出光路，便于 DIC 和其他显微模式的自由切换。这台显微镜还装有电动的棱镜架，以控制在 5

个端口间做照明和成像的切换。总之，通过软件可以控制这些电动部件在不同的成像设置条件下自动转换。另外，这台显微镜还安装有一个显微镜中间放大镜，可以再将图片放大 1.5 倍，这对于显微镜放大倍数与检测器分辨率的匹配是非常重要的（详见数码相机一章）。

对于我们时程拍摄的研究来说，这台显微镜一个非常重要的特色是它采用了尼康完美调焦系统（perfect focus system，PFS）。完美调焦系统为长时间时程拍摄提供了定点对焦的稳定性，减少了振动、温度波动或在实验过程中加培养基或加药造成的焦点漂移。完美调焦系统利用一个安装在物镜转盘下面的 780nm 的二极管激光光束，通过物镜聚焦到样品上，可以监视玻璃盖玻片和含水样品间界面的位置。很小一部分（<5%）的激光束在玻璃和水的交界面反射，而这个反射光束的位置就可以非常敏感地反映交界面的位置。物镜收集反射的激光束，然后聚焦到线性 CCD 上。当对焦正确，样品处于焦点处时，CCD 上光束位置的信号就用来反馈控制 z 轴整合步进电机，以保持 CCD 像素的光分布不变，并借此来维持在这个位置的正确对焦。这个系统对很多可用的高分辨率物镜进行了校准，准确度随时间推移可达物镜场深度 z 的 $\pm 1/3$（在这里 $z=\eta\lambda/NA^2$，η 指盖玻片和含水培养基之间的折射率，λ 指拍摄波长）。我们发现完美调焦系统已经彻底变革了我们在高分辨率时程拍摄中维持稳定聚焦的能力。现在其他显微镜产品也有了相似的聚焦控制系统。

光学成像装置

物镜

配合我们高分辨率荧光研究，我们尽可能地选择最大 NA 值（如 NA≥1.40）的物镜来最大化信号强度和空间分辨率。高的 NA 值在落射荧光成像中是极其重要的，因为图像的亮度正比于 NA^4，反比于放大倍数的平方。但是，最终图像的空间分辨率取决于显微镜放大倍数与相机空间分辨率之间的关系（参见数码相机部分），所以我们选择牺牲一部分亮度来实现图像的空间分辨率，选用 100× 或 60× 的物镜和 1.5× 中间放大镜。除非有配合盖玻片厚度或者镜油折射率的可调的校正环，否则高 NA 物镜就根据设计使用油浸，并采用 170μm 厚的 1.5 号盖玻片。我们系统中所有的物镜都是无限校正的，称为尼康无穷远消色差（chromatic aberration free infinity，CFI），在成像光路中有空间插入分光镜或滤光片，完美聚焦系统及将光导向不同端口的棱镜等。我们要求在宽场观察时看到尽可能大的细胞区域，因此需要平场物镜（plan objective）校正场曲。因为我们拍摄多色荧光，我们就需要对多波长下的色彩和球面像差进行复消色差的校正。在短波长下进一步的色彩校正对于我们光激活研究是关键的；对于尼康物镜来说，这一特征称为紫外校正（violet corrected，VC）。为满足以上要求，我们采用尼康无穷远复消色差平场紫外校正微分干涉（CFI Plan Apo VC 100×1.40NA DIC）或相差物镜。

对于我们大多数的应用，我们拍摄的是样品非常接近盖玻片的部分（如对黏着斑来说是小于 100nm，对于肌动蛋白或微管来说是不大于 10μm）。出于这样的目的，我们使用拥有 120μm 工作距离的尼康无穷远复消色差 TIRF 微分干涉成像 CFI Apo TIRF 100×1.49NA DIC 物镜。但是，对于另一些应用，我们需要对含水样品深一点的区域进行拍摄。这些应用包括借助荧光牵引力显微镜（Sabasset et al. 2008）、透过贴在盖玻片上 10～70μm 厚的聚丙烯酰胺胶拍摄细胞，以及拍摄三维胞外基质（extracellular matrix，ECM）或活体斑马鱼中的细胞。对于这些实验，就需要拥有较长工作距离，在透过含水培养基拍摄时可消除球面差的物镜，因此我们选择无穷远复消色差平场紫外校正微分干涉（CFI Plan Apo VC 60×1.20NA DIC）水镜，它拥有 270μm 的工作距离，适用于 130～190μm 厚度盖玻片的校正环。这是物镜，而中间变倍透镜的倍率是 1.5×。

聚光镜

为了使透射光拍摄能够与高分辨的落射光拍摄相匹配，聚光透镜的 NA 值就必须与物镜的 NA 值相等。但是，高分辨率的油浸聚光透镜使用比较困难，而且在倒置显微镜对样品的操作存在较大程度上的不便。所以我们在多数的应用中选择了 0.85NA 非浸式聚光镜，它将透射光拍摄的分辨率限制在绿光约 290nm（相比之下，如果选用油镜将是约 240nm）。虽然这个聚光镜的工作距离只有 5mm，但是由于物镜罩和前透镜元件的斜面设计，对于样品的操作就变得很灵活方便了。对于一些特殊应用，如对组织培养皿中的细胞进行显微操作，我们就需要更大空间以方便地接触和操作样品。在这里我们使用 0.52NA，长工作距离（30mm）的聚光镜。它的分辨率约 340nm，我们为方便更换样品而接受这样的相对较低的分辨率。

透射照明成像、柯勒宽场、TIRF 及转盘式共聚焦落射荧光成像中的照明系统

透射照明

为了配合 DIC 和相差成像，我们的透射光路采用一个 100W 的石英卤灯安装在灯室，可以调节灯丝和抛物柱面（反射）镜的同轴性。我们还采用了完全可调的聚光镜，使柯勒照明得以对准。廉价的灯和聚光镜室不能提供校正，这会造成视野照明的不均一，或者无法充满物镜后孔径，这样就会降低图像的分辨率。光路中的磨砂玻璃散射片进一步保证了穿过后孔径照明的均衡，而 546nm 的带通滤光片减小了图片的色差。我们还用了隔热（或红外阻挡）滤片来去除会对活细胞样品造成损伤的红外光，并在 CCD 探测器上以亮点的形式出现。而为了尽量减少样品在光下的暴露，我们用了快速（8ms 的开关时间）电控的 35mm 光闸（SmartShutter，Sutter Instrument 公司）。

配合 DIC 成像，我们在聚光镜转头的上方插进了偏光器，里面安装的是聚光镜渥拉斯顿棱镜。物镜的下方也插了物镜渥拉斯顿棱镜，它是针对不同物镜放大率来具体设计的。在它下面安装的就是电动检偏器，方便自动插进和移出。在荧光成像过程中，我们必须将检偏器移出光路，因为它会去掉大部分的非起偏的发射荧光。因为镜座上

提供的手动的检偏器插入非常慢，所以不适于 DIC 成像和荧光成像模式之间的快速转换。对于这样的应用，我们把检偏器安装在发射滤光片转轮上，这样可以使其更加快速地在光路中自动插入或移出。需要指出的是 DIC 成像与共聚焦荧光散斑成像不兼容，因为渥拉斯顿棱镜会剪切光斑，使一个单光斑变成一对斑点。为了配合相差显微成像，我们在聚光镜转盘中使用一个聚光环，与物镜中的相位片相匹配。

落射照明

我们的系统包含三种模式的落射照明：柯勒宽场、TIRF 镜和转盘式共聚焦显微镜。图 3 对比了我们系统包含的三种落射荧光模式拍摄的效果，它们各有所长。图中，三维有丝分裂纺锤体中的微管蛋白是通过免疫荧光标记的，贴壁细胞平面黏着斑中的桩蛋白是通过与增强型绿色荧光蛋白（EGFP - paxillin）融合表达标记的。如图所示，在柯勒宽场落射荧光模式下，焦点外的荧光使我们无法在有丝分裂纺锤体微管结构浓密的区域分辨细节。与之相似，细胞质中可溶的 EGFP－paxillin 造成的焦点外的荧光也使得黏着斑处图像对比度下降。单个共聚焦光学切片可以使这些区域的细节明朗起来。但是这样就得不到微管的全长，因为它们在显微镜 z 轴方向的弯曲造成它们在光学切片中的进进出出。相似地，纺锤体的 TIRF 图像只拍到了扩展到细胞底部区域的微管，纺锤中心是看不到的。然而，EGFP - paxillin 的 TIRF 图像非常清晰地展示了所有的黏着斑，特别是在细胞中心，而没有受到可溶 EGFP - paxillin 造成的焦点外的荧光干扰。

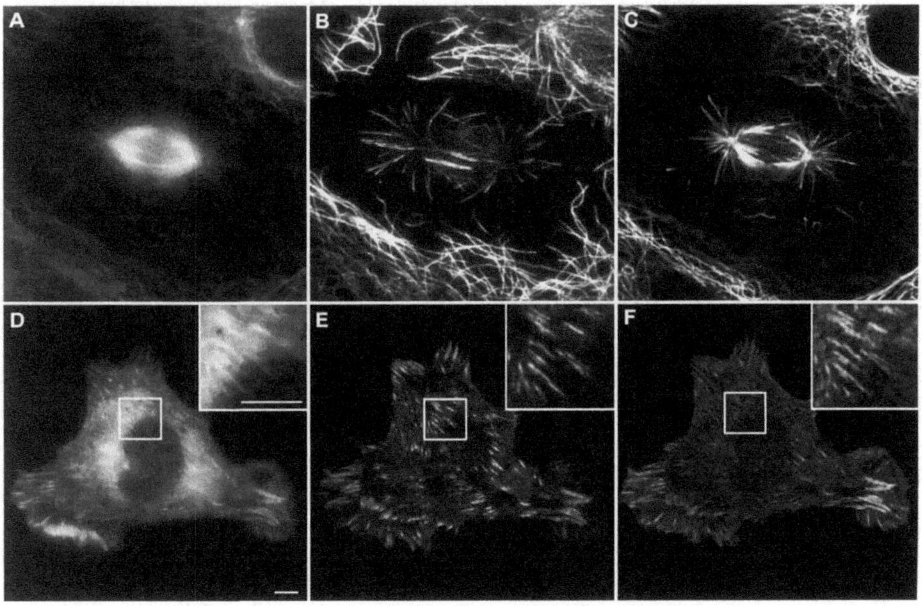

图 3　三种落射荧光模式拍摄效果的对比

柯勒宽场（A、D）、TIRF（B、E）和转盘式共聚焦（C、F）。（A～C）人脐静脉内皮细胞（HUVEC）有丝分裂纺锤体中微管蛋白的免疫荧光定位。（D～F）鼠胚胎成纤维干细胞黏着斑中的 EGFP - paxillin 信号。小框中的放大图像见图片右上方的小插图。所有的图像均由 CoolSNAP HQ2 隔行扫描 CCD 相机拍摄，使用的是无穷远消色差复消色差 TIRF 成像 100×1.40NA DIC 物镜。标尺为 5μm

在这里我们讨论一下结构组件和配置的选择：①柯勒宽场落射照明器；②TIRF 落射照明器；③转盘式共聚焦照明器；④激光整合器；⑤波长选择滤光片和分光镜。

柯勒宽场落射照明器

为了最大限度地保证均匀照射样品，我们选用落射荧光柯勒校正，而不是更亮但空间限制严格的照明。我们在灯罩中安装的是 100W 的水银弧光灯，可以手动完成光路中弧光和抛物柱面（反射）镜的对中。我们还使用了可聚焦的聚光透镜，以实现柯勒照明的准确校正。虽然氙气弧光灯在发射荧光谱的均一性和灯使用寿命及从光纤或光导管连接到显微镜的视野照明的均一等方面拥有很多优势（如 EXFO X-Cite 或 Sutter DG-4），但水银弧光灯的价格更低，也可以长时间保存。

我们采用尼康双端口落射照明器，一个端口安装水银弧光灯罩，另一个端口接 TIRF 成像激光照明光纤。通过手动操作来选择这两种照明方式，在照明通路中手动移出或插入分光元件。在 TIRF 成像使用 100％激光时移出，在使用 60％水银弧光灯 40％激光照明时插入。这样，在分光元件插入时，在两个光通路中使用的电动光闸实现了 TIRF 成像和柯勒宽场落射荧光成像模式之间的快速转换，这样也让我们容易判断 TIRF 图像的荧光强度变化是由于荧光分子从近场移出（和进入细胞）还是由于带有荧光标记组分的细胞结构的局部解聚造成的（Merrifieldet et al. 2002；Yararet et al. 2005）。两种照明光源共同聚焦在孔径面，通过分光镜导向样品（Chroma Technology Corp 公司，表 2）。汞灯照明端口包括可调中的光阑，这些光阑分别与物镜后焦平面及标本视野共轭。对于柯勒宽场落射荧光成像，我们总是将视场光阑关闭在感兴趣的区域边缘，因为这样可以在很大程度上减少弥散的背景荧光，以此来提高图像的信噪比。对于具体荧光的激发，我们使用电动的十孔位的装有带通滤光片的滤光片转轮来选择不同的波长范围，以匹配 TIRF 和共聚焦成像中所用的激光。为了尽可能地减少样品在光下的暴露，避免荧光的光漂白及样品的光损伤，我们在滤光片转轮上安装了电控光闸，只在相机曝光时照明。滤光片转轮罩还包括一个隔热滤光片，因为即使是带通滤光片也能透过可以破坏样品的远红光和紫外光。

表 2　TIRF 和转盘式共聚焦成像系统中的激发、发射滤光片和分光镜的组成号

激发滤光片	分光镜	发射滤光片
柯勒宽场和 TIRF[a]-EBFP/EGFP/mCherry/Cy5		
Et405/20× [FW1][b]	Zt405/488/561/655rpc [DM1][b]	Et450/40m [FW2][b]
Et485/15× [FW1][b]		Et525/50m [FW2][b]
Et560/20× [FW1][b]		Et605/52m [FW2][b]
Et640/30× [FW1][b]		LP02-647RU [FW2][c]
		Z405/488/568m [FH][c]
	FF436/514/604-Di01 [DM2][c,e]	FF01-457/530/628 [DM2][c,e]
柯勒宽场和 TIRF[a]-ECFP/EYFP/Cy5		
Et440/20× [FW1][b]	Zt445/523/655rpc [DM3][C]	Et485/30m [FW2][b]
Et520/30× [FW1][b]		Et585/65m [FW2][b]
Et640/30× [FW1][b]		LP02-647RU [FW2][c]
		Z442/523m [FH][b,d]

续表

激发滤光片	分光镜	发射滤光片
D436/20× [FW1][b,c]	455DCLP [DM4][b,c]	D480/40m [DM4][b,c]
HQ500/20×[FW1][b,c]	Q515LP [DM5][b,c]	HQ535/30m [DM5][b,c]
SDC[a]-EBFP/EGFP/mCherry/Cy5		
	Z405/488/568/655rpc [DM6][C]	Et450/40m [FW3][b]
		Et525/50m [FW3][b]
		Et605/52m [FW3][b]
		LP02-647RU [FW3][c]
SDC[a]-ECFP/EYFP/Cy5		
	Z442/523/655rpc [DM7][C]	Et4855/30m [FW4][b]
		Et585/65m [FW4][b]
		LP02-647RU [FW4][c]

注：表中括号所指的位置见图 2。
a 不能用于 TIRF 或 SDC 成像的激发滤光片。
b Chroma Technology 公司制造。
c Semrock 公司制造。
d 用于 TIRF 观察样品。
e 用于柯勒宽场观察样品。

TIRF 落射照明器

TIRF 的操作基于这样的原理，当光以刚好或超过临界角照射到 $\eta1$（高）和 $\eta2$（低）折射率的介质之间的界面时，入射光束将反射回原介质。在临界角度 $\theta_c = \sin^{-1}(\eta2/\eta1)$，反射光束的一些能量穿越界面，穿过一小段距离，作为消逝波以指数方式衰退。对于玻璃和水的界面，光是可见光，穿过的深度从小入射角的几百纳米到大入射角的 50nm 不等。这种现象为生物学荧光显微镜的高选择性激发提供了机会，只选择盖玻片与含水样品交界处非常浅的区域的激发荧光，而避免大量溶液或细胞内部环境的激发荧光（Axelrod 2008）。这是上帝赐予贴壁组织细胞中黏着斑研究的礼物，刚好形成这样特定的交界面。

形成一个盖玻片和细胞交界面的近场照明可通过不同的光学结构来实现（Axelrod 2008）。最方便的就是使用一个高 NA 的物镜，这样，入射光经过物镜孔径的外缘照射，获得交界面处大入射角。光束离物镜孔径的边缘越远，入射角越大，因此，近场也越薄。全内反射（total internal reflection，TIR）在玻璃和水交界面的临界角至少需要由 1.4NA 的物镜来获得（Axelrod 2008），配合 TIRF 的超高 NA 值的物镜（1.45～1.65）允许更高角度的入射光，可以形成更薄的近场照明。这些高 NA 值的物镜也提供了更好的空间分辨率。

我们系统中的激光照明通过双端口落射照明器导向 1.49NA 物镜的周缘。照明器的 TIRF 端口包含一个 FC 光纤耦合器，用来安装具斜面和抛光末端的单模态光纤（OZ Optics 公司），将激光束从激光整合器传到显微镜。FC 光纤耦合器通过一个千分尺驱动的双轴传导器安装在照明器上，方便地调整穿过物镜孔径的光束位置。我们把普通的手动千分尺换成步进马达驱动的千分尺以配合具体激光波长下具体近场深度的快速切换来自动调整光束。光束通过照明器中的手动调节透镜聚焦在物镜后焦平面。

为了校正这个系统的光束角度，以便我们准确无误地选择 TIRF 近场照明的深度，我们首先通过在物镜前透镜上使用激光铅锤居中，在天棚上标记位置来确定物镜的光轴。瞄准这一点对焦作为零点位置，使千分尺归零。我们只在 x 轴方向调整光束角度，以降低将光束射入操作者眼中的危险。将半球形透镜放到物镜上方，中间加镜油，并使其在物镜上居中，这样才不会改变天棚上光轴的零点，角度校准就这样完成了。这样既可以测量真实的光束角度，又不会让光束在射出物镜时由于半球透镜在平玻璃和空气界面的折射而改变光路。移动物镜到载物台以上合适的高度，光束射出角度就可以通过测量距物镜中心特定距离标尺的高度来确定。记录下千分尺对于每个角度的读数。然后我们制作了一个方便的图表，展示出千分尺在每个波长的每次读数下计算出的近场深度。每次使用这个系统时，光束集中在天棚标记处，千分尺归零，针对所用波长的具体的近场深度就可以简单的通过查表调节千分尺来选择。需要记住的是，不同制造商的盖玻片的折射系数有着显著差异，应联系制造商找到合适值的玻璃来计算近场深度。

配合 TIRF 应用的连贯激光照明会与照明路径中任何反射回来的光产生相位干涉。这会造成照明视野中形成错误的干涉条纹。为了避免这些，要么就要使照明路径中平的元件倾斜以反射回来的光脱离轴线（如光纤的抛光末端以及轻度倾斜的带通滤光片），要么就定制防反射（antireflective，AR）外罩（如双端口照明器中的光束分离镜和任何分光镜）。

转盘式共聚焦扫描器

在共聚焦显微镜中，图像上焦点外的荧光通过与样品处于共轭平面上的针孔孔径消除。我们选用 CSU－X1－A3（Yokogawa 公司）双转盘式共聚焦扫描器。它可以选择双相机端口和电动部件［也就是，型号标记为 A（自动）而不是 M（手动）］。在 CSU－X1－A3 扫描器中，激光的输入是从一个倾斜的单模态光纤通过校正的扩束器传送到以 1800～10 000r/min 高速旋转的转盘上。这个转盘包含 20 000 个小孔的螺旋矩阵，每一个矩阵都包含一个微透镜，以 250μm 的中心距离排列。微透镜收集光成为点激光源，随着转盘的转动扫描样品。这些点激光源通过一个反向的多带通分光镜，并穿过以相同速度旋转的带有与微透镜精确共轴的 50μm 针孔的 Nipkow 转盘。这些扫描点激光源离开扫描头，通过 C 型相机适配器一边的相机端口进入倒置显微镜，再通过物镜聚焦到样品。样品的荧光由物镜收集，焦点外的发射荧光在 CSU－X1－A3 装置通过旋转的 Nipkow 共聚焦针孔矩阵来去除。通过针孔焦点处的发射荧光由反向多带通分光镜反射出，通过一个发射滤光片转轮到达相机。由于共聚焦针孔的大小固定，在使用 100×1.40NA 物镜时就可形成厚度约 530nm 的光学切片。

双端口转盘式扫描共聚焦系统在高分辨率活细胞成像方面明显胜于基于检流计（galvanometer）或基于共振的点扫描共聚焦显微系统以及其他一些矩阵扫描系统，包括单 Nipkow 转盘、旋转或扫描缝隙及线性针孔矩阵扫描系统。CSU－X1－A3 系统

Nipkow 转盘上的针孔矩阵的设计是每转扫描 12 像帧，也就是在高达 10 000r/s 的转速时，每秒扫描近 2000 帧。这比基于检流计的点扫描要快得多。另外，这种通过多针孔激光点光源照明的模式允许对样品进行全视野实时共聚焦成像，允许在低噪声和高动态范围的 CCD 相机上成像。而检流计及共振点扫描器则限制了检测器的选择，只能用固有噪声光倍增管或过度敏感的雪崩光电二极管检测器。前者不适用于共聚焦斑点显微镜观察，后者不适用于有些亮的样品。然而，那些改良过的矩阵扫描共聚焦显微系统面临着其他一些问题。单 Nikopw 转盘系统只用入射光的 5%来扫描样品，而 CSU - X1 - A3 第二个转盘上的微透镜可使照明利用效率增加到约 40%。缝隙扫描系统无法去除沿缝隙轴的焦点外的荧光，因此有着高背景的问题。线性针孔矩阵扫描系统面对的困难是光栅扫描模式的共轴性，造成图像中照明的周期性变化。然而，由于固定的针孔大小，CSU - X1 - A3 系统不适于低放大率的共聚焦成像，而点扫描提供多变的针孔大小，线性矩阵扫描也提供不同针孔大小的矩阵的选择。

CSU - X1 - A3 系统包括几个电控的自动功能。六孔位发射滤光片转轮（两个相邻滤光片间的转换需 33ms）安装在每个相机前面的扫描头罩中，这使我们可以快速连续地用同一个相机收集每一个发射荧光通道的图像以监测两种或更多种不同光谱特性的荧光蛋白的动态。还有将图像导向不同相机端口的可自动插入移出的镜子，以及选择多带通分光镜。但是，相机之间或分光镜之间的转换是很慢的，在试验刚开始时进行相机或分光镜的转换预设更加方便。

在现在可用的双端口转盘式扫描系统中，相比之前的模式（CSU - 10、CSU - 22），最近刚刚发售的 CSU - X1 模式拥有明显的优势。我们用同样的激光、光纤系统、显微镜、物镜、滤光片、分光镜及 CCD 相机，直接比较了 X1 和 X10 两种型号的 CSU 扫描头。与 CSU - 10 相比，采用 CSU - X1 时样品的照明强度在 488nm 处增加了 2.5 倍，在 561nm 处增加了 1.7 倍。因此，对于同样的激光功率，X1 能拍摄出明显更亮的图像（图 4）或缩短曝光时间。另外，光束扩展的改进使 X1 相对于 X10 拥有更平坦的照明视场。

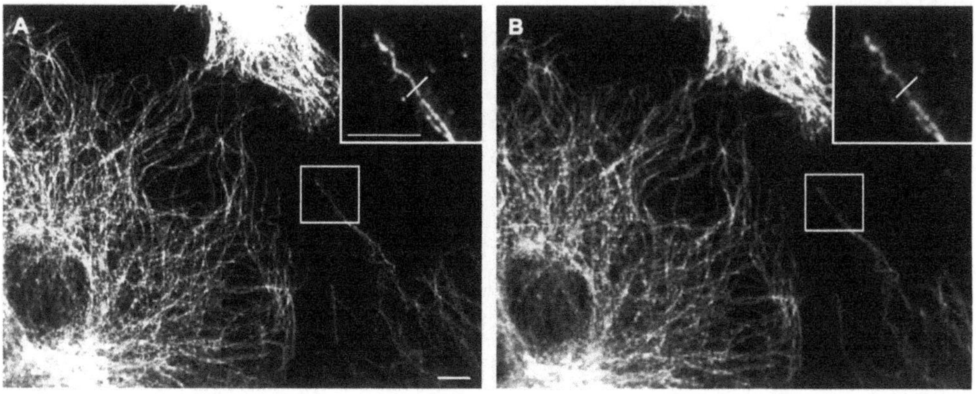

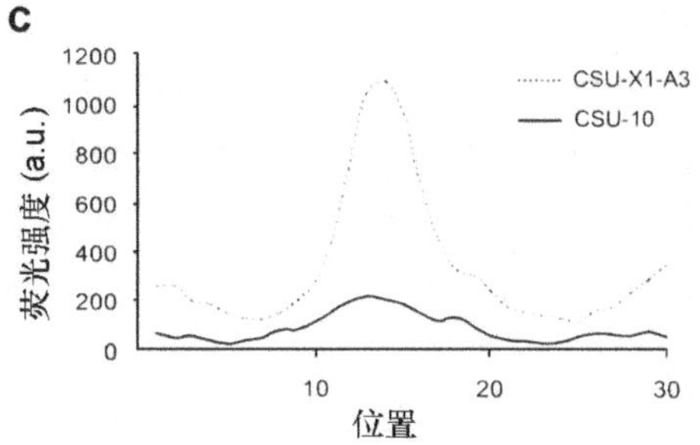

图 4　利用 CSU－X1－A3（A）和 CUS－10（B）双端口扫描头收集的图像对比

图中所示的是微管蛋白－Alexa488 在相同鼠-袋鼠肾表皮（PtK1）细胞中的免疫荧光定位。这是通过两种不同的共聚焦扫描头，用同样的激光、同样的曝光时间、同样的 CoolSNAP HQ2 先进的隔行扫描 CCD 相机、同样的 100×1.49NA、同样的平场复消色差（apochromatic，Apo）DIC 物镜和照明/镜子/滤光片系统。C. A、B 图中小插图中的单微管线性扫描。A. CSU－X1－A3，由虚线表示；B. CUS－10，由实线表示。标尺为 5μm

由于双转盘式共聚焦扫描器的引入，使用者之间有着这样的共识，就是同其他模式的落射荧光显微镜相比，在成像结果近似的情况下，用这个系统明显减少了在活细胞成像中荧光团的光漂白。最近，Hell 及其同事（Donnert et al. 2007）报道，当以持续光照明代替间隔大于 1μs 的脉冲照明时，对 EGFP 或其他小分子荧光团而言，光漂白前获得的总的荧光量增加了 5～25 倍。这是因为，脉冲间隔造成短暂的分子暗态，如三重态，使两次分子吸收之间得以放松。而如前所述，转盘上的针孔转速在 1800～10 000r/s，这使得样品上的每个点在照明脉冲间都有一个 66～12μs 的间隔。这个现象就很可能解释这个说法了。

激光整合器

我们对于激光照明硬件的选择基于以下考虑。

（1）我们实验室常用的荧光团。

（2）需要光闸及不同波长激光间的转换迅速，要求同一细胞不同表达水平的多种荧光最理想的激发和最少的光漂白。

（3）需要能完成光激活定位显微镜（photoactivated localization microscopy，PALM）中荧光的光激活。

（4）要可以在 TIRF 和共聚焦成像模式下共用同样的激光。

（5）希望激光器与显微镜的连接简单稳定安全。

（6）希望保持最小的占地面积。

最后我们让 Spectral Applied Research 公司设计改造了他们的 LMM5 激光整合器。

我们常用的荧光蛋白和小分子荧光染料包括 EBFP、DAPI（4′，6－二脒基－2－苯基吲哚）、光激活绿色荧光蛋白（PA－GFP）、EGFP、EYFP、mCherry、X－rhodamine、Alexa Fluor 647 及 Cy5。表 3 是它们的最大激发和发射荧光。我们的系统采用如下波长的激光（括号中给出的是荧光团、能量、种类、型号及制造商）。

（1）405nm（用于光激活、EBFP 和 DAPI；45mW；二极管激光器；56RCS S271）。

（2）442nm（用于 ECFP；40mW；二极管激光器；56RCS005/HS；CVI Melles

Griot 公司)。

(3) 488nm (用于 EGFP；100mW；二极管泵浦固态激光器 (diode - pumped solid state，DPSS)；Cyan Scientific，Newport 公司)。

(4) 523nm (用于 EYFP；100mW；二极管泵浦固态激光器；CrystaLaser 公司)。

(5) 561nm (用于 mCherry，X - rhodamine；200mW；倍频光纤激光器；VFL - P -200 - 560；MPB Communication Inc 公司)。

(6) 655nm (用于 Alexa 647 和 Cy5；100mW；二极管激光器；RCL - 100 - 65；CrystaLaser 公司)。

表3　常用荧光蛋白和染料的激发光和发射荧光的波长

荧光蛋白或染料	激发光 (nm)	发射荧光 (nm)
DAPI	358	461
EBFP	383	445
ECFP	439	476
EGFP	484	507
EYFP	514	527
X - rhodamine	575	602
mCherry	587	610
Alexa Fluor 647	650	665

我们选择用二极管和二极管泵浦固态激光器，是因为与气态激光器相比其有一些优越性，包括它们小的占地面积，更宽范围的波长为选择合适的荧光团激发光提供了灵活性、低热负荷、操作安静、稳定的电源输出、低廉的维修保养费用，以及更长的使用寿命。相反，气态激光器的激光头和电源都大得多，大的热负荷需要一个又大又热、噪声又大的水冷凝器，长时间使用电源的稳定性会有变化，并且还需经常校正、充气、高价的更换管件等维护。几个二极管泵浦固态和二极管激光器的原始花费也非常高，但是我们觉得这样也优于气态激光器的不方便与维修费用。

双端口转盘式共聚焦扫描器需要相对高能量的激光，能量和波长的选择就基于此。随着激光能量的增加，费用也快速增加。虽然与传统 Nikopw 转盘相比，双端口转盘式系统很大程度上增加了光透过率，在透过转盘时照明能量还是会损失约 60%，再加上基于安全和稳定考虑使用与显微镜耦合的光纤又会损失其中的 40%～60%。我们发现在这个系统中要使用最强激光 (560nm，200mW) 对暗样品进行共聚焦拍摄 (如共聚焦荧光散斑显微镜观察)，使用低噪声隔行相机需要 200～700ms 的曝光才能获得令人满意的信噪比的图片。在设计这个激光整合器时，特定波长的能量选择是很有限的，这也就决定了我们对多数波长的选择。对于一些激光器，有些波长可以提供高能量，但是光束的质量不好，导致更差的光纤耦合效率。因此也就有了拥有更多波长和更大能量范围的固态和二极管激光器的飞速发展。

我们的激光整合器的装配设计占地面积小，TIRF 和双端口转盘式共聚焦共用激光器可以节省费用，可通过微小的重新对齐而简单地转换。LMM5 使用的是一个精巧的、节省空间的设计，三个激光器分别安装在一个中心光板的一边，而这个中心光板垂直安装在一个便利但稳固的罩子里。每个激光器前的电光闸可以快速控制开关激光及不同波长间的转换，而电控的连续可变的中性密度滤光片转轮可以用来削弱每条激光线的能量。Spectral Applied Research 公司设计了一个自制的双光纤输出器，在检流计的前面安装了一个玻璃棱镜，把所选激光束导向 TIRF 或双端口转盘式光线耦合器。光纤的选择基于 TIRF 照明［3m，3.5μm 心直径，倾角/平角（带有 AR 外膜），FC 接口］及共聚焦扫描（3m，3.5μm 心直径，倾角/倾角，FC 接口）的要求，以及它们对宽幅的可见光谱的透射率。LMM5 的功能可通过通用串行总线（universal aerial bus，USB）、RS－232 或晶体管-晶体管逻辑电路（transistor－transistor logic，TTL）接口控制。

激发/发射滤光片及分光镜

这个系统中使用的带通激发/发射滤光片及多带通分光镜见表 2，它们在系统中的位置见图 2。这些是基于我们实验室常用的荧光蛋白和荧光染料的光谱特性（表 3）来选择的。滤光片和分光镜的设计既要与激光波长相匹配，还要能保证发射荧光的高效收集。对于成像，我们选用多带通分光镜结合独立的带通激发和吸收发射滤光片。这样做有两个主要原因。首先，在电动滤光片转轮上使用单带通激发和发射滤光片，减小了多带通滤光片所固有的激发光和发射荧光串色现象；其次，我们选用多带通的分光镜，这是因为单带通透镜之间轻微的未对准或单带通透镜返回原始位置时缺乏重复性，都会导致不同荧光图片间的空间配准出现问题。对于三种落射荧光照明模式，即柯勒宽场、TIRF 和转盘式共聚焦，我们都使用两个多带通的分光镜以实现不同光谱荧光团之间的常用组合成像。这些不同光谱的荧光团包括 EBFP、EGFP、mCherry、Cy5 和 ECFP、EYFP、Cy5。考虑到耐用性，我们在大多数应用中采用加厚滤光片和分光镜，最开始由 Semrock 公司引进，现在由其他制造商供应。

为了配合在柯勒宽场落射荧光下观察样品，激发滤光片安装在双端口落射照明器的宽场端口的滤光片转轮上，并使用合适的滤光片转动模块（将合适的带通或多通滤色片安装到滤光片转动模块转轮上）。而配合柯勒宽场、TIRF 或共聚焦显微成像，发射带通滤光片要安装在相机旁端口前面的滤光片转轮（为了 TIRF）及双端口相机共聚焦扫描头的相机的两个端口上。进行 TIRF 或共聚焦显微成像时，滤光片转动模块转头就迅速地转向合适的 TIRF 分光镜或在共聚焦成像时转向没有任何滤光片转动模块的空位（合适的反向分光镜在扫描头中选择）。为了在 TIRF 照明下通过目镜观察样品，我们将一个自制的能安装 25mm 多带通发射滤光片的滤光片架插在光路中目镜的下面。为 TIRF 选择分光镜时关键的是表面的平滑。分光镜的旋转与弯曲会引起激光束的弯曲，从而导致照明的干涉。

数码相机

转盘式共聚焦和 TIRF 成像中相机的选择由几个重要参数来决定，这些参数是高分辨率荧光成像所必需的，包括空间分辨率、敏感度、噪声、动态范围及光谱灵敏度。我们的系统装了三台不同的数码相机：大幅面前照明逐行扫描 CCD、较小幅面背照 EMCCD 和一个相似的但是大幅面的背照 EMCCD。在这里我们着眼于应用选择的具体原则，而不是泛泛地讨论这些具体的相机，这些可以从制造商那里了解到。图 5 显示用不同相机拍摄的同一样品的肌动蛋白骨架共聚焦荧光散斑成像的对比。

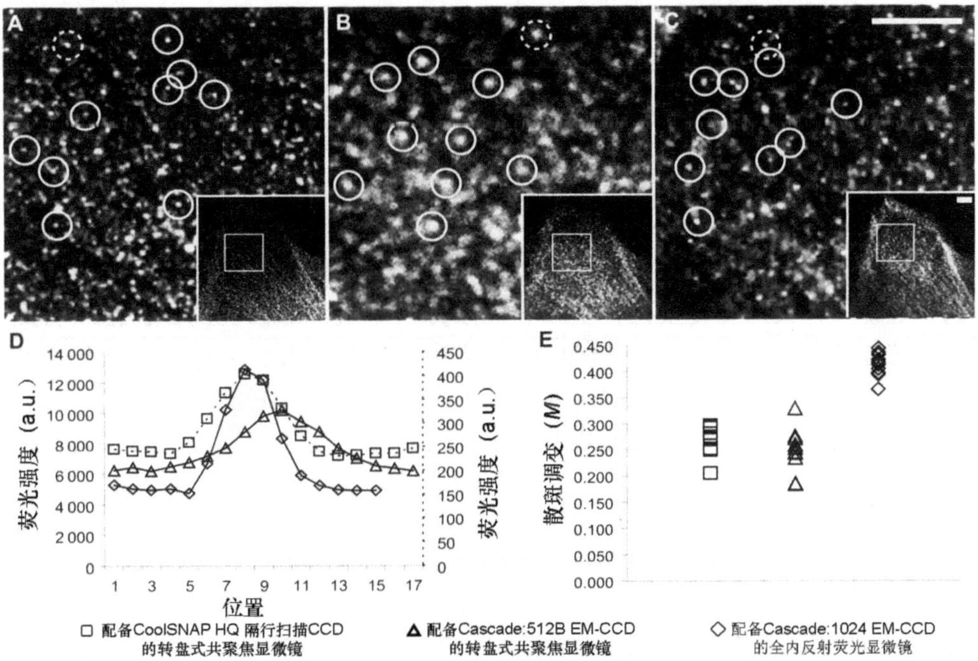

图 5　不同数码相机的不同成像模式下肌动蛋白骨架共聚焦荧光散斑成像的对比

大图右下角的插图是固定前显微注射了 X - rhodamine 标记的肌动蛋白的 PtK1 细胞。图像拍摄使用的是 CFI Apo TIRF 100×1.49NA DIC 物镜。A. CoolSNAP HQ2 先进隔行扫描 CCD 拍摄的 SDC FSM 图像。B. 用 Cascade：512B EMCCD 和 1.5×中间放大镜拍摄的 SDC FSM 图像。C. 用 CascadeⅡ：1024 EMCCD 和 1.5×中间放大镜拍摄的 TIR - FSM 图像。A～C. 方框中放大图像所在的区域见右下角的插图，其上带有的斑点用来计算散斑调变（E）及用实线和虚线分别标出的光强与位置的的数据（D）。D. 标出的相机拍摄的各斑点的行扫描。实线对应左侧 y 轴，虚线对应右侧 y 轴。E. 展示的三幅图散斑调变值的计算 $M=(PS-BL)/(PS+BL)$（其中 PS 是散斑强度峰值，BL 是两相邻点最小值的平均值）。每幅图中，$n=10$ 个斑点，使用 CascadeⅡ：1024 的 TIRF 图像的 M 平均值是 0.412，使用 CoolSNAP HQ2 的 SDC 图像的 M 平均值是 0.269，使用 Cascade：512B 的 SDC 图像 M 平均值是 0.248。标尺为 5μm

在转盘式共聚焦成像，尤其是共聚焦荧光散斑成像中，我们选择高分辨率低噪声的 CoolSNAP HQ2 隔行扫描 CCD 相机（Photometrics 公司）（图 5）。在成像过程中我们用的是低光漂白有机染料（即 X - rhodamine 或 Alexa 荧光结合到肌动蛋白或微管蛋白上）。我们需要最大的空间分辨率和信噪比来解决紧密折叠、衍射限制的斑点，它超出局部细胞背景的峰值强度非常低（Adamset et al. 2003；2004），高速并不重要。这个 CCD 具有大幅面和小像素点（1392×1040，6.45×6.45μm 像素点）的特点，既实现了大视场又满足在使用 100×（1.4～1.49）NA 物镜以达到图像分辨率瑞利极限时的尼奎斯特取样准则（Nyquist sampling criterion）（将艾里斑全宽最大值的一半放大到CCD中三个像素的大小）（Stelzer 1998）。这个CCD具有合适的高敏感度（在450～650nm约60%的量子效率），这样就可以观测到比较暗的红光和绿色荧光散斑了。虽然隔行几何可以做到非常快速的输出（高达20MHz，5.5e$^-$输出噪声），我们在共聚焦荧光散斑成像中还是选择稍慢的10MHz的输出模式，因为对我们来说低噪声（4.5e$^-$输出噪声）比高速度更加重要。高敏感度与低噪声造就了卓越的信噪比，因此就有了很大的动态范围，可以将超出局部细胞背景的低峰值斑点强度区分开了。这个相机缺乏增强明暗度就必须要有相对较长的曝光时间（200～1000ms）来集合足够的信号对暗样品进行共聚焦荧光散斑显微成像。但是因为我们研究的细胞骨架的动态非常缓慢，这非但不是缺点，事实上还有利于曝光过程中噪声的平均。

我们选择Cascade：512B（Photometrics公司）背照明、帧转式EMCCD应用于转盘式共聚焦成像，而不是共聚焦荧光散斑显微镜观察。共聚焦荧光散斑显微镜观察中拍摄的是更易于猝灭的荧光蛋白，全瑞利极限分辨率就不那么关键了。背照明提供的卓越的敏感性（在550nm约90%QE）加上芯片（即在输出噪声与信号合并之前）电子倍增和传统的输出后增益，实现了非常暗的样品（单分子）的成像，或明亮样品非常短的曝光时间。此外，帧转移形式便利了高速拍摄。这个相机对于随时间变化的三维成像（即四维）尤其有用。因为这里多个z轴深度的在每个时间点连续曝光，因此，速度和最小限度的光漂白是同等重要的。尽管有着这些优点，但这个CCD的像素却比较大（16μm×16μm），因此即使配1.5×的目镜也达不到瑞利极限分辨率。另外，尽管输出前得到电子倍增，增益的过程也引进了电子噪声，信号越强，信号相关的噪声（曝光噪声，即信号的平方根）也越强。综上所述，这些电子倍增相机不适于转盘式共聚焦下的共聚焦荧光散斑显微镜观察（图5）。我们选择较小的幅面（512像素×512像素，而不是下面将要描述的1024像素×1024像素），因为Yokogawa扫描头相机端口的就是专门为这种小幅面CCD设计的，而且512要比1024便宜得多。

在对于黏着斑或单分子动态的TIRF成像或全内反射共聚焦荧光散斑显微镜观察（total internal reflection fluorescent speckle microscopy，TIR-FSM），我们选择Cascade Ⅱ：1024（Photometrics公司）背照明、电子倍增、帧转移CCD。除了上述优点外，这款相机为宽场观察，尤其是为全内反射共聚焦荧光散斑显微镜观察提供了大幅面。与柯勒宽场相比，在TIR-FSM观察时，只有样品表面非常薄的区域的激发光能形成高出背景很多的信号峰值的斑点（图5）（Adamset et al. 2004）。TIR-FSM观察中，斑点强度峰值本身的散射噪声就很高，但是因为斑点周围的局部细胞背景信号强度很低，背景的散射噪声接近零，因此，斑点相对于背景的有效信号是非常显著的。另外，1024格式的EMCCD包括13μm×13μm的像素点（与512B的16μm×16μm相比），因此，使用100×1.49NA的物镜和1.5×的中间放大镜正好满足尼奎斯特准则（Nyquist criterion），实现瑞利极限分辨率成像。

样品和显微镜的环境控制

温度控制

对于动物细胞活细胞成像来说，维持样品温度的控制是非常重要的。很多商业系统都可以用来控制显微镜载物台的温度，而我们选用一个简单的气流恒温器（Nevtek 公司），通过一个反馈传感器吹热风通过载物台。我们发现这可以提供稳定精确的温度控制。经过多年的购买和尝试，其中包括全密封有机玻璃显微镜恒温器及商业的或自制的加热样品室或加热物镜环，我们发现大的显微镜恒温器严重地限制了对显微镜和样品的操作，而加热室系统有很多很小而复杂的部件，会因为这些小部件的损坏或丢失而使显微镜无法正常工作，而且就样品安装在不同种类的加热室而言也限制了其的灵活性。

为了简单准确地校准气流恒温器达到适合样品的温度，我们发现下面的方法效果很好：把液晶卷尺温度计（温度稍变即会改变颜色）粘在一个油浸盖玻片上，安装在所选小室的拍摄介质中。因此，我们除了定期校准外还长期开着这个恒温器，这就减少了升温的时间，也避免了显微镜中材料因加热膨胀而导致焦点漂移。

样品位置的控制

对于我们的一些应用，如内皮细胞的牵引力显微镜观察和四维成像，我们要求延时拍摄很多位置，快速准确的实现焦点步移。对于载物台自动的纵横移动，我们安装了光学线性位置反馈控制闭环直流电伺服电机驱动的纵横移动载物台和压电驱动的 z 轴天棚（PZ-2200；Applied Scientific Instrumentation 公司）。伺服电机相对于步进电机的优点在于它们拥有很高的最大速度（7mm/s），而且伺服电机始终处于工作状态，因此不容易发生马达停止时经常发生的反弹和漂移。用闭环控制载物台位置，载物台的位置就不会丢失，而开环步进电机载物台经多次移动和变向后就会发生这种情况。这个装置可以提供可快可慢的移动速度，这分别用于样品扫描和准确定位。线性编码器的安装提高了位置的重复率，与标准旋转编码器约 800nm 的重复率相比，线性编码器可以做到位置重复小于 300nm。与电机驱动的 z 轴位置控制相比，压电驱动提供了非常好的步进精度（1.5nm）及更好的重复率（1nm 而不再是约 300nm），但是总的移动范围小了（与 100mm 相比，只有 200μm）。因此，我们只在三维显微拍摄时使用压电驱动的平台，而对于其他的所有应用都是使用镜身上的聚焦步移电机及其相关的完美调焦系统。压电驱动的平台可以容纳载玻片和 35mm 培养皿的商品化样品架，我们也有根据我们不同的样品室自制的样品架。

减震

为了在时程拍摄时减小振动，显微系统安装在一个振动衰减、自动水准测量的 4 英尺×3 英尺×4.3 英寸的控制台上，用的是 ScienceDesk 隔振台（Thorlab 公司）。这个隔振台为安装计算机、键盘、手腕垫、计算机周边支架等提供了良好的环境和组件结构，而这个结构是与控制台隔离的。另外，我们把显微镜装在一个小的封闭的房间中，还在天花板气源处安装了扩散器以减少直接的气流。

图片收集，硬件自动化和分析

数字显微系统需要借助软件来实现电动显微功能（如棱镜、物镜转盘、滤光片转轮、光闸等）的自动控制的方便整合，并完成相机的图片拍摄及基本的图像放大、量化及分析等功能。有来自几个制造商的很多商业制品可供选择，也有免费软件（如 ImageJ，Micro-Manager）。对于我们的应用来说，我们要求软件可以完成时程数字图像的收集并能在相机曝光时控制光闸。这款软件要方便将时程拍摄的图像转换成动态影像的形式观看，并可以对整个拍摄的图像系列进行回放，调节亮度和对比度。基本的图片处理，包括图片的过滤和加减之类的计算也是很有用的。另外，这款软件要可以对强度、位置、距离等进行高质量的分析。我们现在用的是 MetaMorph 成像软件包（MDS Analytical Technologies 公司）。

应用实例

图 6 展示了我们在关于细胞迁移过程中细胞骨架及黏附动态的研究中，用上述成像系统拍摄的图像。它们包括：

斑马鱼胚胎发育过程中内皮细胞中表达的可溶性 EGFP 的转盘式共聚焦成像 z 轴三维重建（图 6A）；

人脐静脉内皮细胞（HUVEC）中 mCherry-tubulin 标记的微管及 EGFP-Eb3 标记的微管正端的双波长转盘式共聚焦图像（图 6B）。

原代小鼠成纤维细胞中 X-rhodamine-actin 和黏着斑蛋白 EGFP-vinculin 的双波长全内反射荧光散斑显微镜观察（图 6C）；

人 U2OS 骨肉瘤细胞黏着斑蛋白 tdEos——黏着斑激酶（focal adhesion kinase，FAK）的 TIRF 成像和超分辨率光激活定位显微镜观察（PALM）的对比（图 6D）；

U2OS 细胞间期微管骨架中 X-rhodamine-tubulin 融合蛋白的转盘式共聚焦荧光散斑显微镜图像（图 6E）；

原代小鼠成纤维细胞黏着斑中 EGFP-paxillin 融合蛋白的转盘式共聚焦和牵引力显微关联成像。聚丙酰胺凝胶细胞外基质中嵌入了红光和远红光荧光基准微粒，及根据基准微粒位移计算的重建牵引力图（图 6F）；

Swiss 3T3 小鼠成显微细胞内吞时 DsRed-clathrin 和 EGFP-SNX9 的柯勒宽场落射和 TIRF 关联成像（图 6G）；

PTK1 鼠袋鼠肾上皮细胞 X-rhodamine-actin 的时程转盘式共聚焦荧光散斑显微成像过程中，显示药物处理后焦点稳定性的快速重建（图 6H）；

在体外 X-rhodamine 标记的斑块状微管上移动的爪蟾（*Xenopus*）CENP-E 微管传动蛋白——Qdot525 的单分子 TIRF 成像（图 6I）。

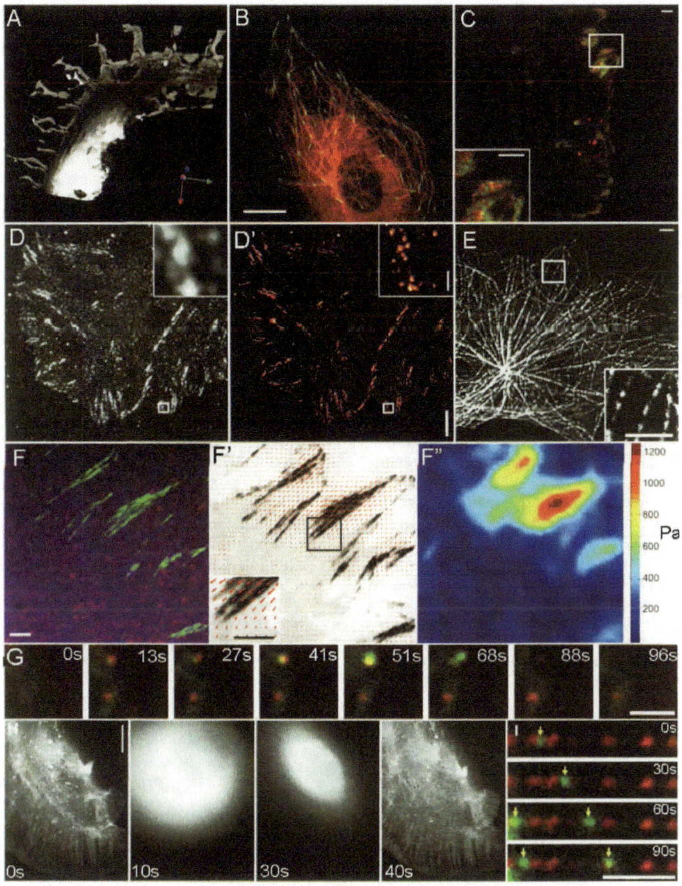

图 6　TIRF 及转盘式共聚焦显微系统的应用

A. 受精后约 36h 的斑马鱼中尾区内皮细胞表达的 EGFP 的三维重建。转盘式共聚焦图像由 HQ2 CCD 收集，使用的是 20×0.75NA 平场复消色差物镜。z 轴扫描总厚度为 56μm，每层间隔为 0.8μm，三维重建用的是 Volocity 软件。图中箭头为 57μm。B. 人脐静脉内皮细胞（HUVEC）中 mCherry - tubulin 融合蛋白（红色）标记的微管及 EGFP - Eb3 标记的微管正端（绿色）的双波长转盘式共聚焦图像。拍摄使用 HQ2 CCD，100×平场复消色差 1.4NA 物镜。标尺为 10μm。C. 原代小鼠心脏成纤维细胞中注射的 X - rhodamine 标记的肌动蛋白（红色）和少量表达的用来标记黏着斑的黏着斑蛋白 EGFP - vinculin（绿色）的 TIRF 荧光散斑显微镜观察，用的是 100×1.49NA 物镜和 Cascad 1024 CCD。标尺为 2.5μm。D，D′. U2OS 细胞黏着斑蛋白 tdEos - 黏着斑激酶（focal adhesion kinase，FAK）精细分子定位（Betzig et al. 2006）的 TIRF 成像和超分辨率光激活定位显微镜观察（PALM）的合并比较图像。图像是用 100×1.49NA 物镜和 Cascad：512B CCD 拍摄的。63 400 帧图像用于计算 TIRF 图像（D）或超分辨率光激活定位显微图（D′）。大图的标尺为 5μm。小插图的标尺为 0.5μm。E. U2OS 细胞 X - rhodamine-tubulin 融合蛋白的转盘式共聚焦荧光散斑显微镜图像。拍摄使用 100×平场复消色差 1.4NA 物镜和 HQ2 CCD，CCD，标尺为 2.5μm。F～F″. 黏着斑的牵引力显微成像。小鼠胚胎成纤维细胞标记黏着斑的 EGFP - paxillin 融合蛋白（绿色）及埋在细胞贴附的弹性培养基中的红色蓝色荧光微粒的转盘式共聚焦图像（F）。明暗对比倒置的 EGFP - paxillin 的 SDC 图像与根据荧光微粒位移计算出的牵引力矢量的叠加（Sabass et al. 2008）（F′）。牵引力值的热尺度图（F″）。图像用 HQ2 CCD，CCD VC 60×1.2NA WI 物镜和 1.5×中间放大镜收集。标尺为 2.5μm。G. Swiss 3T3 小鼠成纤维细胞腹部细胞膜内吞小泡上的 DsRed - clathrin（红色）和 EGFP - SNX9（绿色）的 TIRF 成像的一系列时间点。图像使用 100×1.49NA 物镜和 HQ2 CCD 收集。标尺为 2μm。H. PTK1 上皮细胞 X - rhodamine - actin 的时程转盘式共聚焦荧光散斑显微成像（SDC FSM）过程中，利用 PFS 拍摄的药物处理后焦点稳定性快速重建的一系列时间点。含有 ML - 7（5μmol）和 Y - 27623（10μmol）的药物以 30s 为周期（10s 或 30s 帧）进行加药。图像使用 100×1.49NA 平场复消色差物镜和 HQ2 CCD 收集。标尺为 10μm。I. 在 X - rhodamine 标记的成斑的微管上（红色）移动的单个的重组爪蟾（*Xenopus*）CENP - E 微管传动蛋白（1～473 个氨基酸）- Qdot525（绿色）的 TIRF 成像。黄色箭头标出的是向前移动的起止点。图像使用 100×1.49NA 物镜和 Cascad：1024 CCD 收集。标尺为 2μm

参考文献

Adams MC, Salmon WC, Gupton SL, Cohan CS, Wittmann T, Prigozhina N, Waterman-Storer CM. 2003. A high-speed multispectral spinning-disk confocal microscope system for fluorescent speckle microscopy of living cells. *Methods* **29:** 29–41.

Adams MC, Matov A, Yarar D, Gupton SL, Danuser G, Waterman-Storer CM. 2004. Signal analysis of total internal reflection fluorescent speckle microscopy (TIR-FSM) and wide-field epi-fluorescence FSM of the actin cytoskeleton and focal adhesions in living cells. *J Microsc* **216:** 138–152.

Axelrod D. 2008. Chapter 7: Total internal reflection fluorescence microscopy. *Methods Cell Biol* **89:** 169–221.

Betzig E, Patterson GH, Sougrat R, Lindwasser OW, Olenych S, Bonifacino JS, Davidson MW, Lippincott-Schwartz J, Hess HF. 2006. Imaging intracellular fluorescent proteins at nanometer resolution. *Science* **313:** 1642–1645.

Donnert G, Eggeling C, Hell SW. 2007. Major signal increase in fluorescence microscopy through dark-state relaxation. *Nat Methods* **4:** 81–86.

Fischer RS, Gardel M, Ma X, Adelstein RS, Waterman CM. 2009. Local cortical tension by myosin II guides 3D endothelial cell branching. *Curr Biol* **19:** 260–265.

Gardel ML, Sabass B, Ji L, Danuser G, Schwarz US, Waterman CM. 2008. Traction stress in focal adhesions correlates biphasically with actin retrograde flow speed. *J Cell Biol* **183:** 999–1005.

Gupton SL, Salmon WC, Waterman-Storer CM. 2002. Converging populations of F-actin promote breakage of associated microtubules to spatially regulate microtubule turnover in migrating cells. *Curr Biol* **12:** 1891–1899.

Hu K, Ji L, Applegate KT, Danuser G, Waterman-Storer CM. 2007. Differential transmission of actin motion within focal adhesions. *Science* **315:** 111–115.

Kim Y, Heuser JE, Waterman CM, Cleveland DW. 2008. CENP-E combines a slow, processive motor and a flexible coiled coil to produce an essential motile kinetochore tether. *J Cell Biol* **181:** 411–419.

Merrifield CJ, Feldman ME, Wan L, Almers W. 2002. Imaging actin and dynamin recruitment during invagination of single clathrin-coated pits. *Nat Cell Biol* **4:** 691–698.

Ponti A, Machacek M, Gupton SL, Waterman-Storer CM, Danuser G. 2004. Two distinct actin networks drive the protrusion of migrating cells. *Science* **305:** 1782–1786.

Sabass B, Gardel ML, Waterman CM, Schwarz US. 2008. High resolution traction force microscopy based on experimental and computational advances. *Biophys J* **94:** 207–220.

Stelzer EHK. 1998. Contrast, resolution, pixelation, dynamic range and signal-to-noise ratio: Fundamental limits to resolution in fluorescence light microscopy. *J Microsc* **189:** 15–24.

Waterman-Storer CM, Danuser G. 2002. New directions for fluorescent speckle microscopy. *Curr Biol* **12:** R633–R640.

Wittmann T, Bokoch GM, Waterman-Storer CM. 2003. Regulation of leading edge microtubule and actin dynamics downstream of Rac1. *J Cell Biol* **161:** 845–851.

Yarar D, Waterman-Storer CM, Schmid SL. 2005. A dynamic actin cytoskeleton functions at multiple stages of clathrin-mediated endocytosis. *Mol Biol Cel.* **16:** 964–975.

（郭彤彤　译　齐冬　方玉达　校）

第 8 章　共聚焦显微镜、去卷积和结构照明方法

John M. Murray

Department of Cell and Developmental Biology, University of Pennsylvania School of Medicine Philadelphia, Pennsylvania 19104-6058

当一个较厚的样品通过普通显微镜观察时，视野里是聚焦区域形成的清晰图像和其他未聚焦区域形成的模糊图像的叠加。对于荧光显微镜使用的高数值孔径（numerical aperture，NA）的物镜来说，其视场深度（即在固定了聚焦旋钮设置的情况下，聚焦区域顶部与底部的距离）小于 1μm。因此，即使观察厚度仅为 5μm 的样品时，80%的光可能来自于未聚焦区域。因此可能形成对比度很低的图像，这样的图像亮度很高但背景模糊，并且许多聚焦光和背景相互叠加。

这里的“厚”与“薄”指的是荧光材料的厚度。本质上说，样品的整体厚度不会增加图像的背景亮度。然而，当样品整体厚度超过 5～10μm 时，其他因素开始起作用并降低图像的质量。当照明或成像路径经过折射率系数差别很大的区域（如微小颗粒或细胞器）时，这些颗粒凹凸的表面会起到显微透镜的作用，导致光向任意方向偏射。这种多重方向偏射的结果可能会扭曲光路从而导致图像产生偏差，或者致使视野里的光束完全散射而不能成像。

消除这种背景明亮、散光和色差的一种方法是将厚的样品切成许多较薄的切片，然而，这需要对材料进行固定、脱水和包埋。这种做法在活细胞成像时很少使用。令人欣慰的是，另外几种方法非常适合于处理活细胞样品。可以归为三类：以光学为主的（如共聚焦显微和多光子显微）、以计算为主的（如去卷积技术）和以搭配使用为主的（如结构照明）方法。这使得观察样品内部细节（或组织中的细胞内部构造）成为可能，因为这些方法使用光学切割样品而非物理切割样品，不会造成假象。

到底该使用哪种方法？

本章最后部分将介绍如何系统性地选择最佳成像技术的方法，这里只作一些介绍性的讨论。在这里讨论各种成像技术的原因是这些方法能够解决由于材料较厚（如活细胞样品）给成像带来的麻烦。对于相对较薄（<3μm）的样品来说，很容易避免上述问题，这时一般使用传统（宽视场）显微镜。然而，在少数情况下，较薄样品也会使用复杂的成像技术，即便这样做费时又费力。

上述几种成像技术对于较薄样品的一种应用是样品内部对比度很低时，成像过程中哪怕损失再小的对比度都将造成一定数量的非聚焦光，从而增加数据分析的难度。

在这种情况下，这些成像技术通常都能够提高任何厚度大于 2μm 样品的对比度，从而提高图像质量。另一种应用是保证处理单个细胞中荧光成分的精确性，这种情况下使用去卷积显微镜效果最好。最后，适度增加分辨率将有助于后续数据的处理，此时，使用共聚焦、去卷积和结构照明的方法要比普通显微方法更好。然而，对于大多数较薄样品来说，没有必要仅为图像质量的微小提高而花费大量时间和精力。对于厚度小于 1μm 的样品来说，可以通过结构照明技术大幅度提高分辨率（Heintzmann and Ficz 2007），但是目前这种方法还无法应用于活细胞。

对于更厚的样品（通常为 5～30μm），成像时会产生适度的非聚焦光，这里讨论的包括多光子显微在内的所有技术都明显优于普通显微技术。当样品是活体（光漂白或光毒性限制曝光）且信号很弱或对比度较低时，使用光电倍增管（photomultiplier，PMT）的方法（如点扫描方法、共聚焦或多光子）不如使用电荷耦合装置（charge coupled device，CCD）照相机（如去卷积、转盘或矩阵扫描显微镜、结构照明显微镜）进行成像，因为 CCD 效率更高。但是，当某些较厚样品在成像时产生大量非聚焦光时，只有使用点扫描（共聚焦或多光子）显微镜时才能得到满意的结果。

究竟多少非聚焦光才是适度的呢？通常来说，通过普通显微镜看起来太模糊，但能大概确认目标区域和至少粗略地设置聚焦平面时的非聚焦光是适度。因此，在观察样品时，即便看不清目标位置的精细结构，也可以通过视觉确定目标的位置。另外，当使用普通显微镜观察，眼睛无法分辨出目标的实质性特征，既无标志物也找不到合适的聚焦位置时，只能选择点扫描共聚焦或多光子显微方法，这两种方法对特别差的材料极为有用。尽管如此，过厚的样品在成像时得到的结果不太可能比较薄的样品在普通显微镜下得到的结果更好，其原因在本章将进行分析。

去卷积方法

使用这些技术的目的在于通过计算去除较厚样品成像时产生的非聚焦的模糊干扰从而提高图像质量。策略是对假设的物体反推计算出观察到的部分聚焦图像。这种计算是基于重要的光学原理，具体地说，就是定量地认识离焦效应，考虑推算的信息或对样品进行估计。通常使用的方法是反复精炼起初对真实物体的估计，直到对估计图像的计算结果（离焦效应可能对被估计的物体产生模糊化）与实际观察到的图像吻合。

光学原理

想要有效地应用去卷积技术需要理解显微镜如何成像，并且理解透镜离焦对图像的影响。所以，有必要介绍两个相关的概念：点扩散函数（point spread function，PSF）和对比度传递函数（contrast transfer function，CTF）。这两个概念描述了一个真实物体与它的光学图像之间的关系。PSF 是从微小物体的角度来描述这种关系的，以单个点来描述更加有效。虽然显微镜可以将物体等同于单个分子一样的大小，但是由于显微镜有限的分辨率，使得图像无法显示极小物体的大小。

图 1 是上述现象的描述。注意，当物体大小小于一定值时，所有物体的图像都是一样的。这时提高放大倍数是不起作用的；图像可以被放大，但不能变得更加清晰。这种极限图像被称为艾里斑（Airy disk），是以最早在 1834 年认识到这种现象重要性的英国天文学家 G. B. Airy 命名的。注意：对于这台显微镜来说，艾里斑不是精确的圆环，如图 1 所示，最小的三个点都略微呈椭圆形，并且在右上方有更微弱的拖尾。人们可能会认为在一定尺寸以下，图像中产生的这种椭球是制造过程中造成的，但是不可能所有点都朝同一个方向拖尾！事实上，电子显微镜拍摄的这些小球都是近乎完美的圆球。正如 Airy 最初指出的那样，有限制的图像无法展示极小物体的形状——艾里斑是光学系统固有的特征。艾里斑揭示点状物体的图像不是单个点，而是扩散成模糊的盘状。艾里斑扩散效应衍生出另一个信息更丰富的概念——点扩散函数。点扩散函数经常用来定量描述一个成像系统的性能。

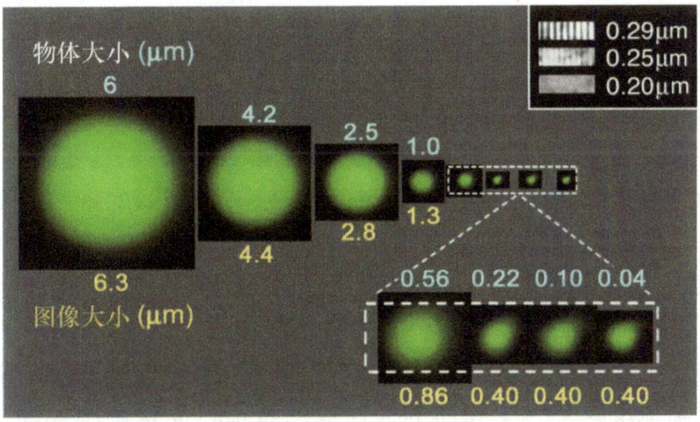

图 1　8 个尺寸已知且依次减小的小球的落射荧光显微图像

荧光小球的图像用绿色显示，小球都调整成具有相等最大亮度。实际亮度相差近 1000 倍。每个小球的实际半径在图的上方显示，而通过图像测量的半径在图下方显示。其中 4 个最小的小球通过两种不同放大倍数显示出来。图像中几个点的外观直径比实际直径稍大，最小的 3 个小球的外观直径大小相同，尽管它们的实际半径相差 5 倍之多。这三张图像反映了这个显微镜的 PSF。右上角是在相同显微镜设置条件下得到的图像，展示了白色辐条间距分别为 0.29μm、0.25μm 和 0.20μm 长的三个光栅的外形。注意，黑白辐条之间的对比度随光栅间距的变小而降低。在实际物体中，这 3 个尺度下光栅的对比度是一致的。上排小球的图像与光栅显示的放大倍数相同

图 1 中的光栅图像表明，点扩散函数决定了一个光学成像系统的分辨能力。光学系统是用物体中所有点的点扩散函数取代这些点并将所有点扩散函数相加从而形成图像的。点扩散函数决定了物体中两点为避免重叠所需的最小距离。如果一个光学系统的点扩散函数较宽，那么图像中对应的两点距离就会相隔较远而不会相互重叠。而当它们的点扩散函数严重重叠时，两点就会形成一个点，物体的图像就会被涂抹成一条 0.2μm 的光栅图像。从运算上看，这种模糊过程是成像过程中目标的点扩散函数产生卷积的结果。观察这种卷积的一个好的方法是设想用头部大小等同于 PSF 的画笔来画一个物体。

举一个具体的例子，假设在图 1 的实验中不是使用一个 0.04μm 小颗粒，而是使用两个相距 0.08μm（它们直径的 2 倍）的小颗粒。这两个物体对仍然比单个 0.22μm 的

颗粒小，所以这两物体对在一起的图像也会与图 1 中三个限制性图像任何一个的形状相同。换句话说，0.08μm 比这台显微镜的分辨率低。在这里，很重要的一点就是要意识到两个小颗粒的艾里斑的亮度是单个颗粒的艾里斑亮度的 2 倍。换句话说，成像过程其实是一个线性化操作的过程。一个由 A 和 B 两点形成的图像总亮度（A+B）完全等于 A 点总亮度与 B 点总亮度之和。

通常，在论及一个显微镜的分辨能力时会引入一个数值作为参考。例如，瑞利准则，即艾里斑的半径大小。对于荧光显微镜之类的非相干成像来说，瑞利准则等于 0.6λ/NA，这里 NA 指的是物镜的数值孔径，λ 指的是成像光的波长。然而，只用一个参数作为分辨能力的依据会造成误导，因为分辨率不是突然消失，而是一个渐变过程。当艾里斑的大小接近成像系统的分辨率时，小的细节不会突然消失。相反，它们在图像中的对比度变得越来越小，仅为它们在图像中实际对比度的很小一部分，最终，图像的对比度接近背景噪声的随机波动值，然后图像中的细节就看不见了。图 1 中的光栅图像显示了这种随尺寸减小而逐渐丧失对比度的渐变过程。

因此，要想完整地描述一个光学系统的分辨能力，需要更多关于对比度随物体尺寸变化的信息，准确地说，需要物体图像与物体本身对比度随物体大小变化的函数。事实上，点扩散函数就包含了这种信息，然而，另一个相似的函数能更清楚反映这种关系，即对比度传递函数（CTF）。对比度传递函数描述了物体对比度变化在图像中被真实反映的程度。对比度传递函数通常以比率的形成出现，所以对比度完美地传递时，CTF 的值为 1.0，而在现实中，CTF 一般都小于 1.0。

有理由相信，一个物体的某些特征比其他特征更能真实地反映到图像中去。例如，某个图像更加清晰地反映了一个物体的大尺度的特征，而这个图像却只包含了少量的细节信息。通过光学显微镜得到的图像往往如此，人们无法通过光学显微镜观察到比波长小的物体细节（点扩散函数尺寸的细节）。因此，对比度传递函数是所观察到物体特征大小的函数（图 2 左侧）。通常用图的形式描述 CTF，图 2 绘制了图像对比度与物体对比度的比率（垂直方向）、对物体大小的倒数（空间频率）的函数关系。简单来说，CTF 就是 PSF 所反映信息的另一种表现形式。从数学上看，CTF 与 PSF 就是傅里叶变换对。

从根本上说，我们所说的图像分辨率是指图像在小范围内的对比度，准确地说是指很小距离内图像对比度与物体对比度的比率。因此，图像对比度、图像的信噪比（signal to noise，SNR）和图像分辨率这三者是相互关联的。所以，我们通常所说的能见度是由这三个因素决定的，当然，显示系统和观察者本身也会有一定的影响。正是因为存在这些主观因素影响，可见不一定是最终目的，有时可以从肉眼不可见的图像中提取出一些有用的信息。

图 2 左侧的例子显示了当一个薄样品正好位于物镜的焦平面上时，一台好的显微镜 CTF 和 PSF 所能展现的状态。事实上，CTF 和 PSF 是三维（three dimensional，3D）函数。这两个函数的第三维是通过物镜焦平面的垂直方向对比图像和物体来显示的。当焦距变化时，奇怪的事情出现了：在 PSF 中出现了共轴环，而且 CTF 出现了波

纹，其中某些区域变暗了。这说明物体的某些特征在图像中出现了对比度反转。对于图像 CTF 中被反转区域的物体特征来说，物体黑暗部分在图像中会变得明亮，反之亦然（图 2 右侧）。当离焦的程度增加时，CTF 波动剧烈，对比度反转将对图像中更大的特征产生影响。

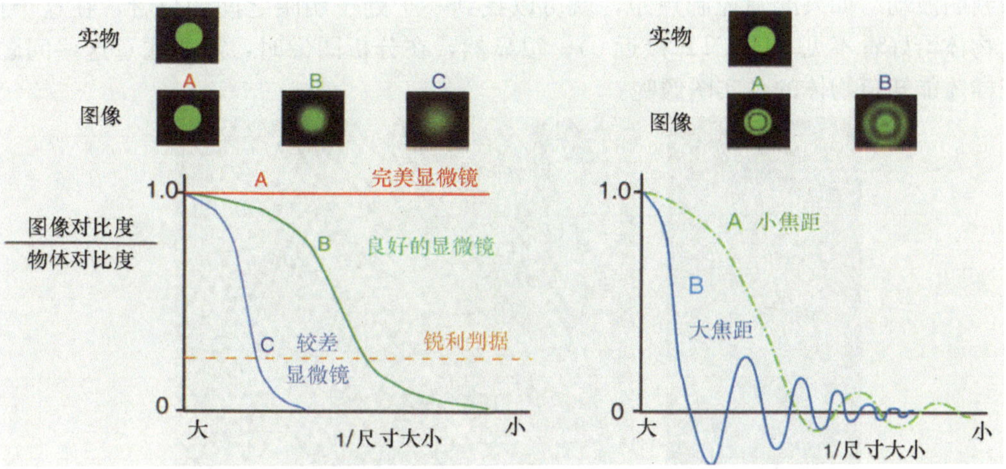

图 2　（左侧）一些 CTF 及相应的 PSF（很小物体的“实物-图像”对）的示意图

A. 一个完美（不存在）的显微镜；B. 一个典型的好显微镜；C. 一个较差或使用不当的显微镜。虚折线是所对应对比度 25% 的位置，即显微镜分辨能力的锐利判据。右侧．极小物体在一个显微镜不同离焦值下的图像 PSF 和 CTF 的三维特性。在有些大小范围内，当焦平面在两个显示值之间变化时，物体表现出由黑变白或者由白变黑；图 4 展示了一个在透射光图像中对比度反转的例子

当镜头偏离焦点时，小的荧光点（即 PSF）会产生共轴环（如图 2 右上方所示）。改变镜头的焦点位置就可以着沿光轴的不同位置得到 3D 的 PSF。图 3 显示从侧面观察整个计算过的（Born and Wolf 1999）3D PSF 的一张纵切图。

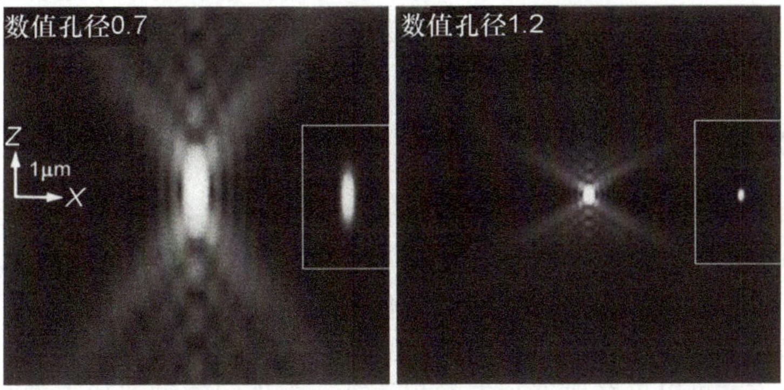

图 3　通过计算两个不同数值孔径镜头的三维 PSF 得到的 z 轴切面

为了显示旁侧微弱信号（从边缘看，就是艾里斑的环），图片极大地增加了对比度。图中小插图展示了在真实对比度下的 PSF。注意，z 轴方向的模糊程度（与数值孔径的平方成比例）受透镜数值孔径的影响远大于 $x-y$ 轴向的模糊程度（与数值孔径成比例）

许多人会惊讶显微镜竟然会拍摄出如图 2 和图 3 中一样的错误图像。图 4 显示的是一个可怕的例子，但事实上几乎任何显微样品都会轻易出现这种效果。在明视场中，高对比度的微小物体，如尘埃颗粒或划痕就足以证实这种对比度反转的存在。使用优质的干透镜或浸渍透镜在焦平面上下轻轻移动，可以看见这些颗粒由明到暗波动，又从暗到明波动。如果准确控制焦距，就可以找到一个处于明暗之间的位置，在这个位置上物体恰好看不见（即 CTF 接近 0）。很显然，在分析图像时，需要注意这些问题。你怎样才能知道物体的真实图像呢？

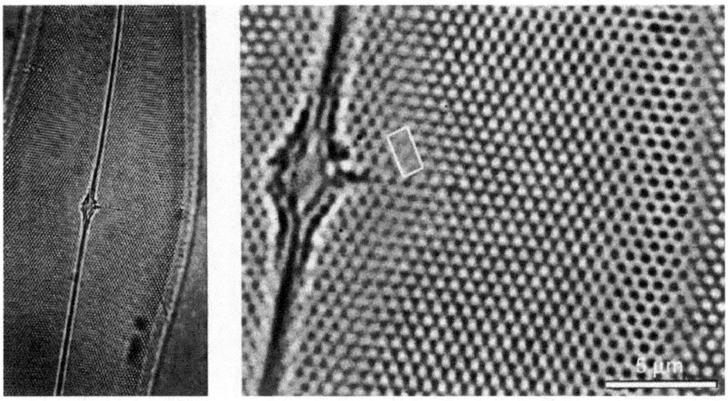

图 4　离焦造成的对比度反转

左侧．一颗硅藻的明视场图像，由 60×（数值孔径为 1.4）物镜的普通显微镜拍摄。右侧．对左侧小部分图像进行了放大，显示了由于离焦程度变化引起的对比度反转现象。硅藻的外壳是曲面的，外侧比内侧更薄，因此，透镜与硅藻表面的距离在变化，换句话说，视野包含一定范围的离焦值。超过这个范围，CTF 数次改变信号：从左向右，小孔由黑变白又回到黑，最终在右边缘变白。白色矩阵框表示在黑白小孔区域之间有一条细带，这里的小孔对比度很低；换句话说，在这个离焦值水平时，这种大小的结构的 CTF 几乎为零

需要重申的是，显微镜以 3D 物体各个点的 3D PSF 代替 3D 物体的各个点，然后合并这些无数的 PSF 得到最终的 3D 图像。被称之为卷积的数学运算精确地描述了这个代替和合并过程。一张 3D 图像上的强度分布是 3D PSF 物体强度分布卷积的结果。3D PSF 是光学系统的内在特性，与所观察物体无关。

宽视场显微图像的去卷积

当通过相应成像系统观察一个物体时，3D PSF（或者 CTF）就包含已知物体所预测的表象的所有信息。然而，我们的问题与此相反。得到了物体的表象（图像）之后，我们希望进一步了解物体的真正结构。原则上说，通过去卷积运算可以从物体显微图像信息反推出物体的真实结构。在实际运算中，为获得理想的信噪比，通常使用多步骤的迭代运算方式可以更好地进行去卷积运算。为理解这种迭代去卷积运算是如何工作的，先将 3D 的图像想象成由一系列二维平面图像叠加组成的。下面，我们以图 5 中由 9 个平面构成的图像来说明如何计算一个平面（如第 5 张平面图）的计算步骤。

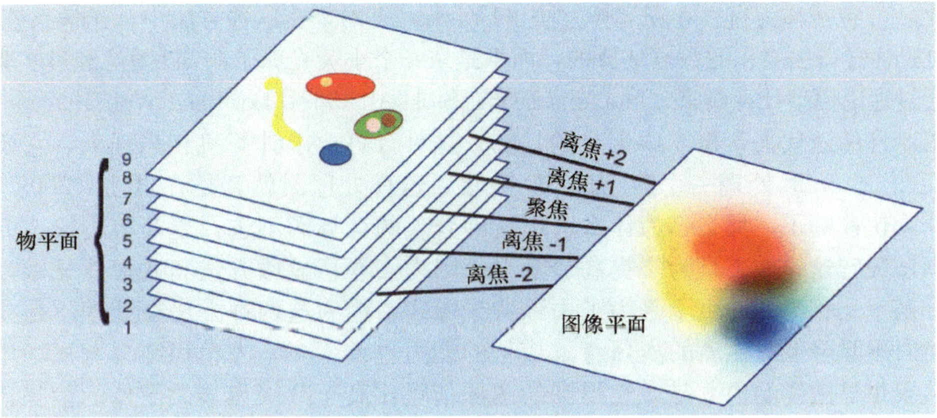

图 5　显示在一个较厚样品的显微图像中一个平面是如何构成的

这个过程可以想象成将相邻的不同焦距离的平面图合并到一个聚焦平面的图像上。简明起见，这个过程只显示与每个聚焦平面相邻的两个平面，而在实际中，每个图像平面受到所有平面的影响

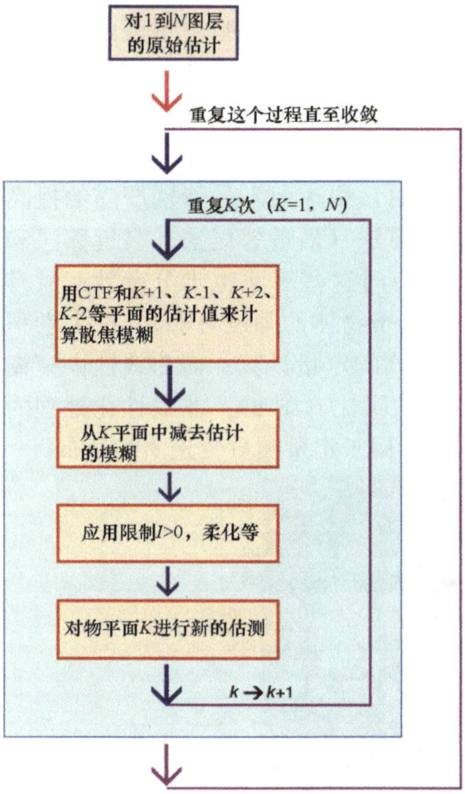

图 6　受限迭代去卷积运算的流程图

现在考虑图 5 图层叠中的第 5 张平面图层。当收集整个 3D 图像时，检测器“看到”第 5 张聚焦平面图像，再加上第 6 张稍许离焦的图以及相反方向离焦的第 4 张平面图，还有不同方向离焦平面 7 和 3、8 和 2、9 和 1，离焦程度随离开第 5 张图的距离增加而增加。计算机的处理器为了模拟运算的过程，首先根据平面 1～4 和 6～9 来预测物体的真实结构。利用对应于各个图层的离焦程度的已知 CTF 值，将最初的预测模糊化，并将这些离焦平面的效果叠加起来估算它们对聚焦平面 5 的贡献。从第 5 张图中减去 1～4 和 6～9 离焦图层造成的模糊，就能给出第 5 张图真正的聚焦图形。对所有的 9 个平面都重复上述的步骤从而改善对物体结构的估算。整个估算循环一直进行下去直到最终的估算不再显著改变为止（图 6）。

上述迭代去卷积运算是对早期去卷积光学显微成像方法（Castleman 1979；Agard 1984；Agard et al. 1989）的简化。另外还有其他运算方法的报道（Erhardt et al. 1985；Fay et al. 1989；Holmes 1992；Carrington 1995），每个商业化的软件包都包含自己的特色，能提高运算的速度和准确度。这些特色包括在每个迭代循环中应用的各种限制。其中，柔化限制可用于加强限制小于显微镜分辨率尺度的物体强度波动。另有一个可用的限制是要求物体所有强度的参数都大于零。有些商业化软件包括称为盲去卷积运算方法（Holmes 1992），在这种方法中，光学系统的 3D PSF 也是通过待去卷积的数据估算的，而不是从一个小荧光珠子的 3D 图像经过实验测算或者通过理论模型计算而来（Hopkins 1955；Stokseth 1969；Born and Wolf 1999）。

限制性的迭代去卷积需要大量的计算。这种计算要求计算机相当强大，它要求处理器能在 1～2min 处理一个典型的 3D 数集，这种处理器就算是在目前（2009 年初）也是非常快速的了。那么，为什么选用这种繁琐的计算而不选择更简单更快速的共聚焦显微镜呢？这样做不是为了提高分辨率，因为去卷积显微方法和共聚焦显微方法得到的分辨率是相当的；也不是为了去除背景噪声，因为这两种方法在处理不是太厚的样品时对去除降低对比度的离焦背景信号的能力也差不多。去卷积结合宽视场显微镜优于共聚焦显微镜的地方是，它得到的图像信噪比高于共聚焦显微图像的信噪比，因此图像的质量更好。

为什么会这样呢？本章后面结果解释部分将进行讨论。这里要强调的一点是，对于活体样品来说，高信噪比是首先要考虑的问题。如果只希望观察固定细胞，如用抗体标记的样品，那么就完全没必要对荧光信号进行定量处理，因为免疫细胞化学实验中存在太多不确定性的并影响荧光信号分布的因素。如果要在活细胞中对蛋白质分子成像时，问题就不仅仅是识别了，因为这些蛋白质分子是可以直接计数的（Femino et al. 1998）。在进行活细胞实验中，如果信噪比高到可以可靠地定量计算细胞中的荧光团的分布，那么就可以大大增加活细胞实验获取的信息量（Swedlow et al. 2002）。

尽管如此，有些场合特别是实验中需要实时监测时，快速而不是特别严谨的提高对比度的方法是很有用的。一些快速、简便的去模糊算法（最近邻居法、多近邻法和反锐化掩膜法）实际上是 2D 的非线性化运算，即便有时这些算法也十分有效。只有 3D 线性化去卷积能还原图像的强度，使之定量地对应于物体的强度分布。3D 去卷积能增强数据的信噪比（图 7），得出的图像适合各种形式的定量计算。而非线性去模糊化运算虽然可以使图像看起来更好，但是往往降低了信噪比（图 8）。非线性化处理的图像可以用来对高对比度物体间距离的测量，但是不能用于定量测量荧光团的分布。

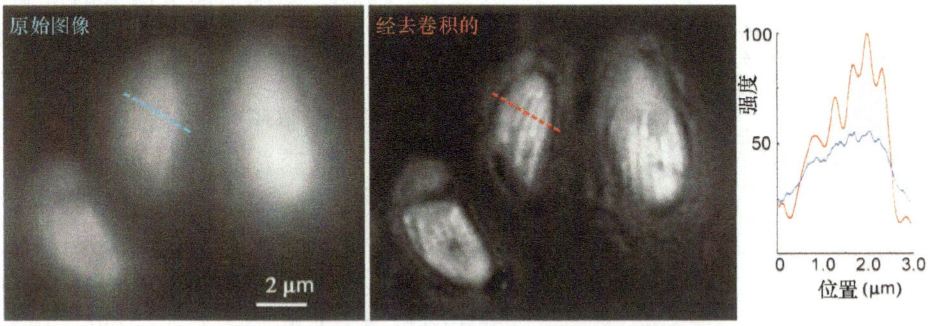

图 7　对表达 YFP－tubulin 寄生虫 *Toxoplasma gondii* 的宽视场显微图像的去卷积（Swedlow et al. 2002）
左侧．质膜附近的一个焦平面，这个平面来自于几只活寄生虫中 YFP 的原始数据的三维图像序列。中间．对 3D 图像序列进行受限迭代去卷积处理后的相同焦平面。微管如图中白色条纹显示的那样清晰可见。右侧．原始图像与去卷积后的图像沿着虚线的位置亮度存在变化比较。由于能将离焦光复原到其本身的位置，去卷积能极大地提高图像的信噪比（样品由印第安纳大学的 Dr. Ke Hu 友情提供。图像和去卷积由 Paul Goodwin，Applied Precision inc. 提供）

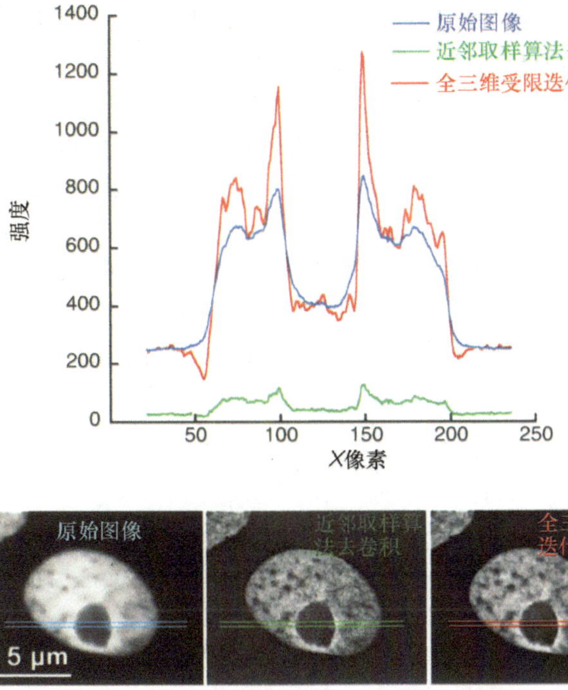

图 8 定量比较 3D 去卷积和去模糊化。

宽视场显微镜拍摄的一个 DAPI 染色的细胞核的 3D 图像序列经过全 3D 受限迭代去卷积（CID）或经过近邻取样算法（nnei）进行去模糊化。图中展示了经处理后 3D 图像序列中的单张切面和未处理的原始图像。图上方图表展示的是沿着经过每个张图像的较薄水平条带的亮度曲线。虽然这两张经处理的图像比原始图像的对比度都增加了，但经 3D 去卷积处理的图像信噪比增加了，而镜近邻取样处理的图像信噪比却下降了

产生可靠图像的实际操作要点

关于去卷积光学显微成像在实际操作中的注意事项已经出版过一本很好的指导手册（Wallace et al. 2001）。对于去卷积有兴趣的人会发现这本手册包含了很多有用的信息。这里就不再重复这本书中所有的内容，但是为了便于之后讨论共聚焦显微成像技术，还是要简单提一下活细胞成像过程中所面临的光学挑战。

现代显微镜的物镜在设计的环境下工作状态是完美的。但不幸的是，活细胞由于结构和光学上的不均一性（如图 11 相差图像中的折光滴），因此活细胞并不适合做光学成像。此外，如果实验的目的是活细胞成像，那么从活得健康细胞中得到质量一般的图像比从死细胞中得到漂亮的图像要重要得多。所以，有必要了解影响活细胞成像的常见光学形变（Cagnet 1962；Agard et al. 1989；McNally et al. 1994；Keller 1995），并且尽可能对此做一些补偿（Hell and Stelzer 1995）。这些变形在下面共聚焦显微镜和结果解释部分也会讨论。

球状形变（球差）反映了在焦点位置近轴光线与周边光线存在的不一致性。这是由于材料在物镜表面和焦平面的折射率不一致（超出了光学工程师的预测）所导致的。例如，用油镜观察浸在水中的材料就会形成严重的球差，除非样品距盖玻片只有几微

米。此时，使用水镜就可以避免这样的问题（图 9），但是使用水镜时也需防止产生其他影响去卷积的形变。水镜对于样品细微的倾斜非常敏感，会形成彗星状形变（Arimoto and Murray 2004）。使用油镜观察浸入水中的样品时所产生的球差是可以补偿的，具体的做法是使用折射率大于生产商指定折射率的镜油（Hiraoka et al. 1990），而这种补偿措施仅限于焦平面和盖玻片的距离不超过 10μm 的情况。但是，这种补偿只有在有限的水深度才有效，并且会引入色差（Scalettar et al. 1996），因为水的散射与玻璃和油都不同。色差是不同波长的光在焦点位置和放大倍数上存在差异的体现。色差使不同颜色物体表面的位置发生轴向和侧向的偏移，显然这对于观察不同荧光团共定位时会造成很大的障碍。这种表面偏移随物体离光轴的距离增加而增大。

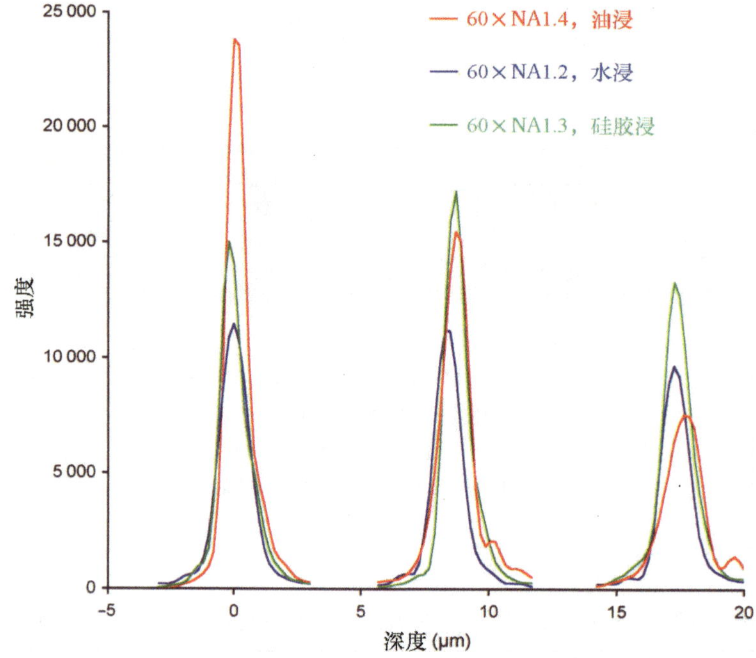

图 9　成像深度对透镜性能的影响

浸没在水中的细小荧光珠的 3D 图像序列分别由油浸物镜、水浸物镜和有机硅胶浸渍（折射率约为 1.4）的物镜获取。曲线显示与盖玻片表面（深度为零）距离不同的三个点的 3D 图像序列中每个焦平面上小球的亮度。对于紧贴在盖玻片上的物体，油浸与其他物镜相比能提供信号更强且轴向更清晰的图像。然而，随着深度增加，油浸的性能由于受球差的影响而迅速降低，而其他两者物镜并未如此敏感。因此，对典型的真核细胞的深度来说，物镜的性能排名被颠倒

3D 去卷积程序的成功在很大程度上取决于图像数据及 PSF 的准确性。这种运算中，一个亘古不变的原则就是好的数据输入就会有好的图像输出，反之亦然。去卷积的最关键一步在于收集原始数据而非计算本身。在 3D 定量成像系统中，计算机软件和硬件相对来说是很便宜的，昂贵且重要的部件是光学、机械和电子部件，这些部件对于收集精确、无瑕疵和高对比度的数据是至关重要的。如果图像收集出现问题，计算机再怎么运算也是没有意义的。去卷积运算的可靠性完全取决于输入的原始数据。为提高原始数据的质量，成像条件必须经常精细地优化（Wallace et al. 2001）。在进行

3D 成像之前必须做一些重要的预处理以纠正在落射荧光显图像中通常存在的各种瑕疵（Hiraoka et al. 1990；Scalettar et al. 1996；McNally et al. 1999；Markham and Conchello 2001）。

去卷积运算的局限性

就像其他所有技术一样，使用去卷积方法也有一定的限制——有一些样品不适合，而有些合适的样品又在不停地挑战目前的运算方法。其中一个明显的局限就是，要求输入数据的信噪比达到一定的值。因为所有的运算都有可能将背景噪音放大，所以如果输入的信号噪声太强（噪声相对于信号和背景的比值来说太大），运算自然就会失败，输出的数据也就没有意义。那么，如果想要获得有效的去卷积结果，就要求材料的背景荧光信号与聚焦信号的比率不大于 20∶1（Murray et al. 2007）。

另外一些限制就去卷积运算来说不是本质的问题，但会受到运算资源的限制。例如，运算会假设光学系统内所有点的 PSF 都是相同的（平移不变性），因为运算过程考虑一定空间内不同粒点的 PSF 不同对于大多数应用来说是不可能的（McNally et al. 1994）。但是在对较大的真核细胞（非酵母细胞）成像时，很容易推翻上述假设。在运算中嵌入一个处理局部光学不均匀的方案，这种基于微分干涉（differential interface contrast，DIC）的成像技术方案有望解决空间变异去卷积运算中存在的问题（Kam et al. 2001）。

嵌入大多数算法（如采用均匀过滤用来限制中间计算）中的另外一个假设是从统计意义上来说数据是静止的，这就要求图像中每一个小区域的功率谱都是一致的。很显然，这在任何生物样品中都是无法实现的，特别是当图像记录荧光团分布时。这种假设对重建算法（Castleman 1996）不是必需的，而仅仅是为了简化运算负荷而已。违反这种假设的实际结果是有些小点经过一系列迭代运算之后会变得不稳定，虽然这些小点在原始数据中确实存在，但在最终图像中却突然消失了。

去卷积显微成像技术和其他显微成像技术如转盘式扫描共聚焦显微镜（spinning disc confocal）技术相比存在一个缺陷，就是即便你所感兴趣的只是一个光学切面也需要先获取一个 3D 图像序列叠。为获取一个 3D 图像序列就需要延长曝光时间，这会对样品产生额外的光毒性，因此将限制时程（time lapse）研究的总时间，并且可能无法研究快速的生物过程。即使有些生物过程较为缓慢，在各个时间点之间有足够的时间来进行操作，单细胞也会在几秒钟之内进行移动，很难获得可以进行去卷积操作的数据。如图 10 所示，虽然在这个实验中不包含快速的生物过程，但是获得一个 3D 图像序列需要 2～3s，这显然太长了，在拍摄过程中细胞会移动从而导致去卷积操作无法进行。

必须防止被人为造成的问题所误导：实验者必须设计并实施合理的对照实验，而且要用不同的方法在不同的条件下进行重复实验。尽管存在上述问题和困难，但是对于合适的样品来说，宽视场显微镜的去卷积成像技术仍不失为一种功能强大的技术，它能够得到衍射极限分辨率的图像，而且其光漂白和光毒性比任何其他方法都低

(Murray et al. 2007)。随着活细胞中基因产物成像的快速进步，去卷积显微技术正变得越来越重要。

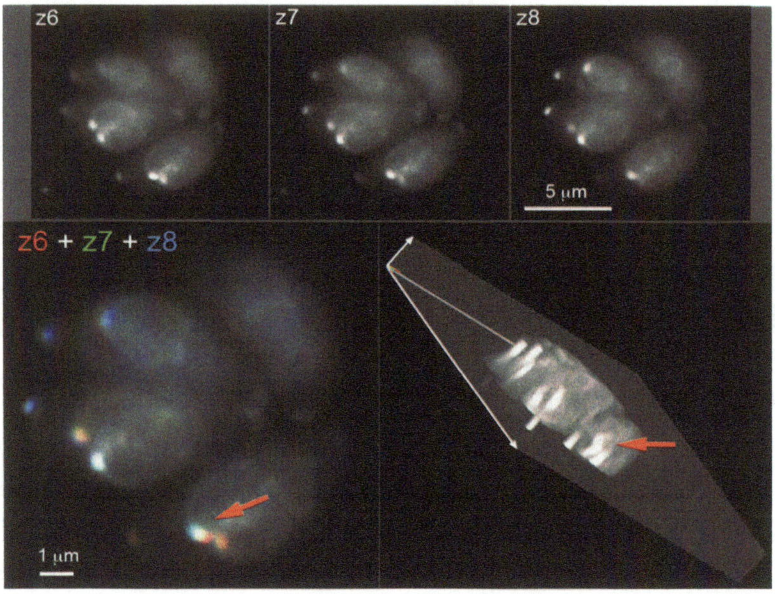

图 10 3D 图像收集中的移动假象

上排三张小图表达一个 GFP 融合蛋白的 *T. gondii* 的一个由 17 个焦平面组成的 3D 图像序列中的三个相邻平面、荧光融合蛋白突出显示锥形和其他结构。在单张图片中很难观察到细微的移动，但当图像序列以影像动画的形式连续重新播放时，这种移动在拍摄平面 6、7 和 8 时就非常明显了。将这三个平面分别以红、绿、蓝（RGB）通道重叠起来时形成一张 RGB 图像就可以显示一个锥形结构（如红色箭头所指）的移动。去卷积后，从一个倾斜的角度观察 3D 重塑图像，可以显示出这种扭曲（红色箭头所示的锯齿状锥形结构其实是圆形的）

共聚焦显微镜

共聚焦处理较厚样品时是通过物理方法去除目标切面以外的所有离焦光，从而改善目标层面的图像（Minsky 1961；Petran et al. 1968；Brakenhoff et al. 1979；Carlsson et al. 1985；Amos et al. 1987）。共聚焦方法利用了光学路径上聚焦和离焦光的不同，选择性地拦截离焦光而将聚焦光传送给检测器。

共聚焦的光学原理

共聚焦显微镜与普通（宽视场）显微镜的区别在于它“看不见”离焦的物体。在共聚焦显微镜中，绝大多数离焦的光线都从最终的图像中滤除了，这极大地增加了图像的对比度，使图像的细节更加清晰可见。图 11 对比了同样厚度的样品在宽视场显微镜和共聚焦显微镜下的成像效果。图 12 和图 13 是操作的原理图。图 12 左边是一台宽视场显微镜。光源和聚光镜使得光平行地穿过样品中需要观察的区域。这张图演示光线的传播路径——穿过样品、经过物镜，最终（这里忽略了一些不相关的镜片）到达某种检测器（胶片、摄像机或者视网膜）。图中三条光路代表透过样品三个区域的光的路径。第一个区域位于视野的中间，并且在物镜的焦平面上。加黑的折虚线代表来自这个点的，能最终形成图像的光束范围。浅色的折虚线标出在物镜焦平面上偏离中心位置所形成的光束。而第三条光束（点虚线）是来自第一个点正下方点（该点与第一个点共轴，但不在焦平面上）。来自第三个点的光是离焦的，会使背景变得模糊，我们要尽可能滤除这样的光束。

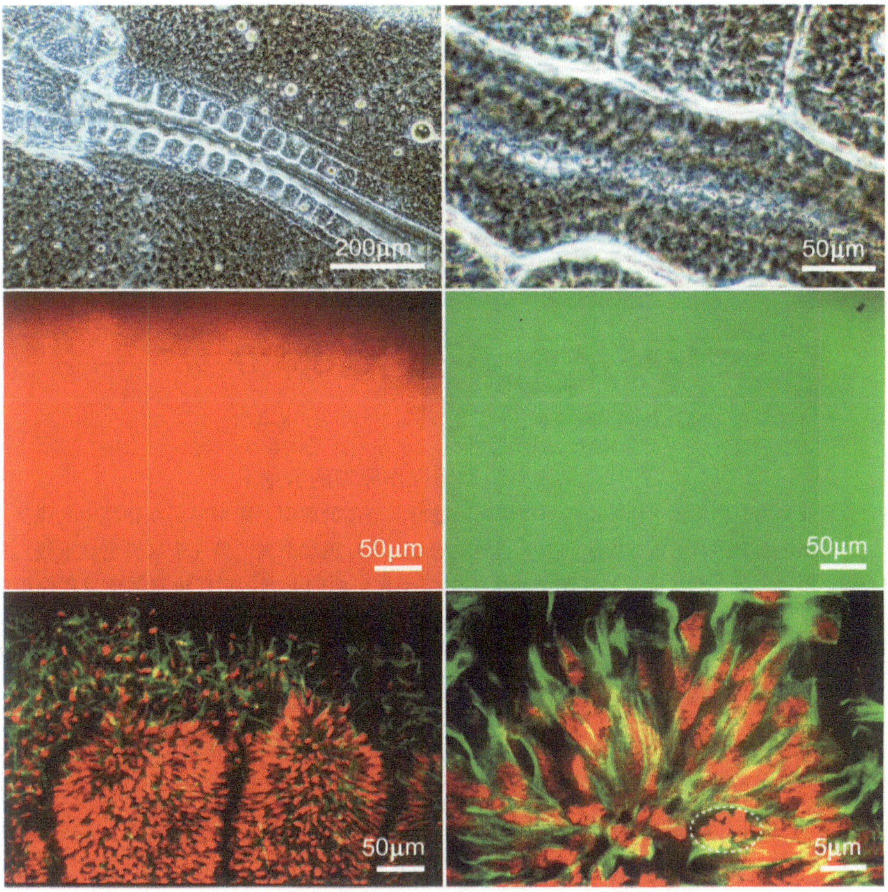

图 11　分别来自共聚焦显微镜和普通显微镜对一个较厚荧光样品收集的图像

样品是经碘化丙啶和抗末端糖基化谷氨酸形式的 α-tululin［异硫氰酸荧光素（FITC）标记］的抗体染色的鸡胚。左上角．低放大倍数、宽视场相差显微镜对整个鸡胚进行成像。样品厚度约 0.5mm，并包含一个高密度的可以充分散光的折光球。右上角．与荧光图像放大倍数相同的相差显微图像。中间一排．显示（左侧）碘化丙啶（左侧）和谷氨酸化（右侧）的 tubulin 的普通移动可见的落射荧光图像。大量离焦光严重降低了对比度。底部左侧．以共聚焦显微镜在与中间排相同视场和焦平面位置拍摄的光学切面。底部右侧．对相同视场中一部分图像进行更高倍数的放大。可以很容易发现含浓缩染色质的有丝分裂细胞核。白色点线的椭圆．微管蛋白束也可以看见。这些细胞中的纺锤体主要由酪氨酸化的 α-tululin 组成，所以在这里无法看见（样品由 Philadelphia College of Osteopathic Medecine 的 Dr. Camille Dilullo 提供）

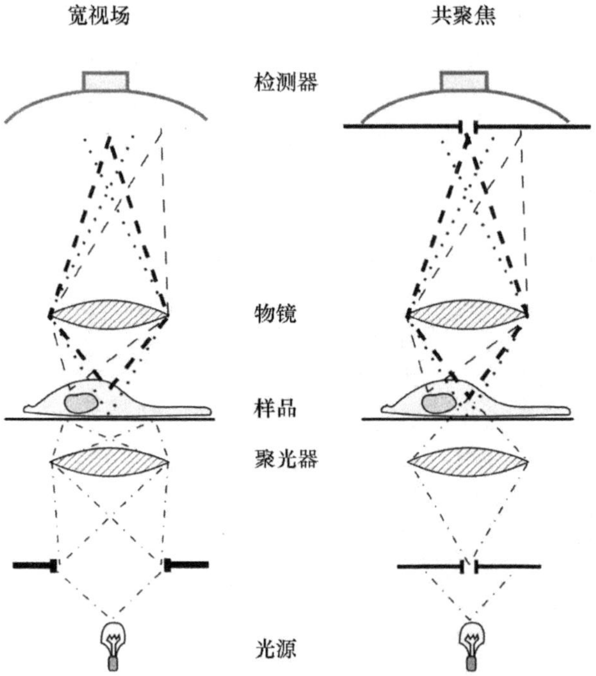

图 12　共聚焦显微镜操作原理的示意图

左侧．普通或宽视场显微镜。样品由光源和聚光镜进行大范围的照明。图中显示在样品中光线从三个点产生。从焦平面上两点产生的虚线，一个（加黑的虚折线）正对中央，另一个（浅色虚折线）偏离了中心轴。第三个点（点状虚线）在轴心轴上，但位于焦平面的下方，它在检测器中呈现模糊的图像。检测器以全部到达的所有光束来产生一幅图像。右侧．共聚焦显微镜，引入了两个针孔。上方的针孔只允许样品中来自同轴且在焦点上的光束到达检测器。下方的针孔用来限制照明，使得照明光聚焦于上方针孔相同的焦点

图 12 右边部分显示在宽视场显微镜上添加一个针孔。注意在物镜后面，所有的光束都汇聚于一个交叉点，显微镜中间像平面的位置就在这里。通常，显微镜目镜会聚焦于这个平面以形成最终的放大图像。不同光线在显微镜轴垂直方向会形成不同的交叉点平面，交叉点平面的位置取决于样品中相应点与物镜的距离长短。从图中可以看出，离焦平面光（点状虚线）的交叉点位于聚焦平面光（加黑的折虚线）的下方。正如图中所示，物镜上方的针孔会恰当地汇集聚焦平面的光束，并阻止聚焦平面上下的离焦平面光束［几何形状与被称为平行光聚焦系统略有不同，但原理上是一致的（Amos et al. 1987；Shao et al. 1991)］。因此，离焦对最终的图像产生影响很小，在图像上这些离焦的点几乎是看不见的。在物镜上方添加针孔也有其不利的一面，因为大多数聚焦的点无法看见，只有针孔正下方的光束才能通过针孔。我们会在后续部分简单的介绍解决这个问题的方法，在这里先要介绍共聚焦显微镜的另一个至关重要的特征。

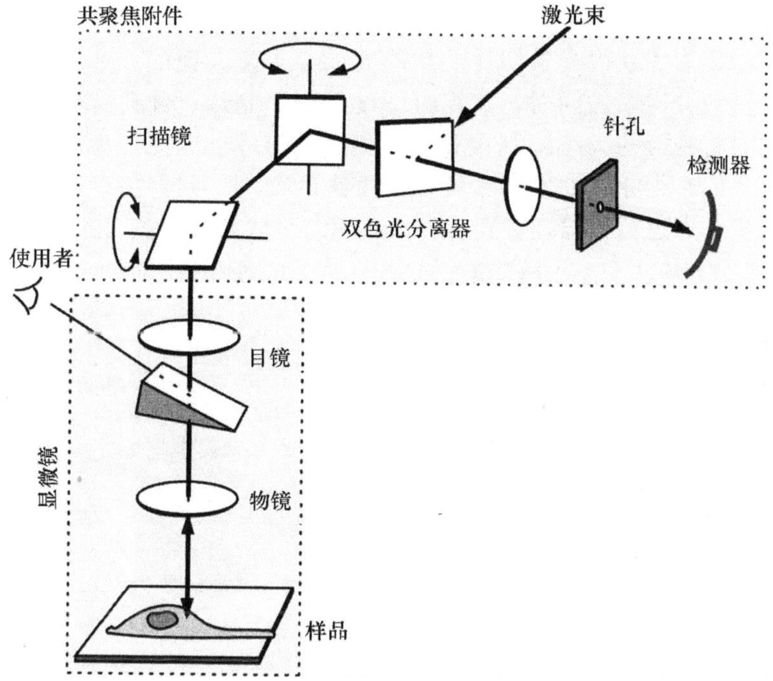

图 13　一个典型的激光扫描共聚焦显微镜

这个仪器由装载了共聚焦扫描单元的普通荧光显微镜构成（下方的阴影矩形框中）。共聚焦扫描单元（上方的阴影矩形框中）包括：一对扫描镜、一个激光器、一些波长选择滤光片、一个针孔和一个光电倍增管检测器。进入显微镜的激光照明光线被快速摆动的扫描镜反射，使得光束以光栅的形式扫过样品。由样品发射的荧光经过显微镜光路返回，被扫描镜反扫描，然后经分色镜后到达针孔。只有焦平面产生的光能穿过针孔到达检测器，其他所有光线都被拦截了。为了反射成像，分色镜被一个半镀银镜代替。由于存在一个滑动的棱镜，所以可以使用普通显微镜照明方式，用常见的双目目镜就可以进行普通视觉观察了（非共聚焦）

因为有了针孔的存在，所以除了针孔正下方的小点外，样品的其他任何部分都是看不见的，那么就没有必要对样品全部进行照明。对样品的照明在任何时候都仅限于特定的极小区域，即检测器能够通过针孔看到的区域。将照明的光限制在某个特定的区域有三个方面的好处。首先，如果对全部样品光进行照明，样品其他区域的光将会散射，有些光束将不可避免地漏过针孔，这样会降低图像的对比度。其次，所有经过照明的区域都会产生光漂白作用。最后，将照明限制在单个聚焦点能大幅度降低焦点上下方点的光强，这能提高轴向对比度，因为将照明聚焦在焦平面的一个点，那么这个点上下方受到的照明光束就非常微弱，因为对显微镜轴上点的照明强度和焦平面距离的平方呈反比（对一个照明锥强度与这个锥体的横截面成呈比例）。当结合针孔拦截检测器，并使用聚焦点照明时，不仅针孔拦截了绝大多数离焦平面的光，而且由于照明的原因这些离焦平面的光的强度与宽场相比也不会很大。同样的道理，使用这种聚焦点照明之后，显微镜横向的分辨力也会得到提高。限制检测器所看到的范围及限制照明的区域，这两种调整对于共聚焦显微镜来说是至关重要的。简单地说，共聚焦显微镜仍然是一个光学显微镜，只不过将物镜的视野和被照明的区域都限定在同一共聚焦（confocal）平面上（Wilson and Sheppard 1984）。

共聚焦显微镜为了获得光学切片的功能而放弃了显微镜的一些其他功能。共聚焦显微镜在提高轴向分辨率的同时，其视野宽度受到了制约。针孔有效地滤除了离焦平面的光，但同时将视野的大小限制在和针孔相同的尺寸。因此，为了利用共聚焦针孔带来的好处，人们必须相应地放弃广阔视野带来的便利。共聚焦显微镜的原则在于对样品上一个或多个点进行扫描，直到所有感兴趣的区域都被覆盖（图 14）。

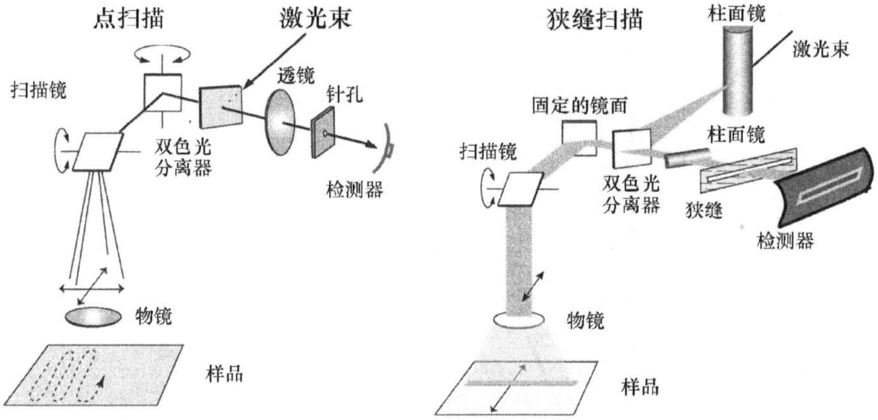

图 14　点扫描与线扫描类型的共聚焦显微镜的对比

仪器设备

为了得到有用的图像，我们所要做的不仅仅是观察样品中的一个小点。原则上说，要想得到一张完整的图像，只需要用固定照明点对样品进行来回地扫描，对物镜、照明光源或者针孔本身进行扫描。而在实际操作中，为了在可接受的时间内获得一张图像，扫描过程就需要非常迅速。有些扫描方式会比其他方式更简单。目前主要有 4 种类型的共聚焦显微镜，它们的区别在于共聚焦点相对于样品扫描方式的不同。在最简单的共聚焦显微镜中，在显微镜光学轴上固定一个衍射限制点，让标本相对该点进行移动（样品扫描）。点扫描类型的共聚焦显微镜将激光束聚焦于一个衍射限制点上，利用振幅镜或声光反射器控制激光束在样品上方来回扫描，该显微镜在检测器前方使用了一个固定的针孔。而转盘扫描类型的显微镜中，在转盘式扫描中，转盘（尼普科夫转盘）上使用了一个包含至少 10^4 个微孔的矩阵在照明光的路径上转动，在样品上方可以一次扫过大约 1000 个照明点，并与检测器的针孔同时结合起来。最后一种是矩阵扫描（也称为扫描场）类型的显微镜，这种类型显微镜的固定微镜头矩阵能产生多光束，这些多光束通过扫描镜对视场进行扫描。

样品扫描

样品扫描类型的共聚焦显微镜的许多光学优势是和固定光束紧密联系的（Brakenhoff et al. 1979）。所有的图像都正好在光学轴上形成，这使得本来会影响光束扫描设备的镜头形变降至最小。同样，对固定光学路径的校准远比对移动光学部件的校准简单很多。主要的缺陷是样品需连同样品夹、放置样品的小室及（对于活细胞来说）液体培养基一起移动。所有这些移动的物体总质量比光扫描设备的质量要大许多，移动的过程就有可能会发生抖动或造成位置偏差。如果扫描需要在相当短的时间内完成的话，那么机械的加速度就必须很大，因此只有特定的样品才适合使用。即使对于质量再轻的样品来说，样品扫描设备的时间分辨率也比其他类型的共聚焦显微镜的低，并且会对活细胞样品造成问题。用光束扫描固定样品比用样品在固定光束上扫描的速度快许多。另外，只有固定光束的设备能在透射光类型的成像中达到共聚焦效果。只有当物镜同样具备聚光镜（如落射荧光或反射照明模式）功能时，光束扫描设备才能够形成共聚焦，其原因将在下面部分进行介绍。与所有透射光成像（如明场、相差和 DIC）相同，当照明光束和成像光束沿不同的路径传播时，只有固定光束、样品扫描的设备才能够共聚焦。

光束扫描：单点模式

对于光束扫描共聚焦显微镜（图 13 至图 15）来说，样品的位置是固定的，而使用照明光进行扫描（Carlsson et al. 1985）。在单点扫描模式中，低衍射小点通过位于光源和聚光镜（也是落射物镜）之间的振镜快速地来回摆动，对样品进行扫描。因为一张有用的图像通常包含 10^5～10^6 个像素点，因此每个像素点所停留的时间必须非常短才能在合理的时间长度内获取一张有用的图像。快速扫描对照明光源提出严格的要求，因为当扫描在每个点停留的时间缩短之后，每个像素点所收集的光子数量也随之减少。要在 1s 收集一张 512 像素×512 像素点的图像，光扫描点在每个小点的停留时间最多为 4μs。在这期间，需要收集尽可能多的光子以保证图像数据中的噪声被降至最低。正因为如此，就需要高强度的光源，在大多数情况下要使用激光光源。图 13 和图 14 展示的是激光点扫描的设备。如图所示，点扫描显微镜使用激光作为落射光源，其他共聚焦显微镜往往也使用激光作为光源，这时物镜同时起到聚光镜的作用。

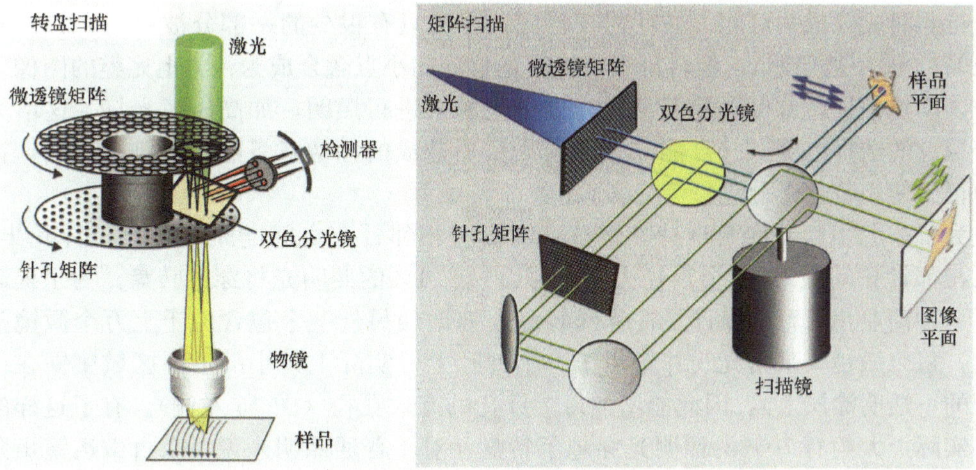

图 15　转盘扫描和矩阵扫描类型的共聚焦显微镜

光束扫描：线扫描模型

目前已经发明了另一种形式的光束扫描显微镜（图 14），严格上说只是部分共聚焦。这些带有单条狭窄细缝的狭缝扫描设备代替了物镜后方的针孔（Lichtman et al. 1989；Amos and White 1995）。照明被改造成单条狭缝状，聚焦于样品上的相同直线，样品上的直线通过狭缝孔才能够看见。成像时，只需沿一个方向进行扫描，因为狭缝足够长以至于覆盖视野里这条直线上所有的点。图像的分辨率和对比度不再是完全各向同性，但在实际过程中，对一些样品通过狭缝扫描和单点扫描所得到的图像质量相差无几，而狭缝扫描所需要的时间却远少于单点扫描。

串连扫描：一个尼普科夫转盘上有多个针孔

这种类型的显微镜中，照明点和检测器针孔在视野里连续串连移动。该显微镜使用相同的针孔以形成照明点（位于输入光的路径上），并且在返回路光的路径上拦截了离焦光。通常在一个转动盘（图 15 左侧）安装了一个以阿基米德螺旋排列的针孔矩阵，从而达到多扫描点的同步扫描和成像。

从某些方面来说，近二十年来光学显微镜的复兴要追溯到一种崭新的自制串连扫描共聚焦显微镜的发明［有报道更早的发明，但从没有被开发（Minsky 1961，1988）］，它的发明者捷克人 Mojmir Petran 同样作出了杰出的贡献（Egger and Petran 1967；Petran et al. 1968）。这种小型的仪器（Petran 博士将它揣在大衣口袋里）初步展现出共聚焦显微镜的前途。对这种仪器的校准简直就是噩梦，但图像确实惊人的好，这也刺激了更容易使用的设备的出现（Boyde et al. 1983；Petran et al. 1986；Xiao and Kino 1987）。现今的串连扫描共聚焦显微镜比刚发明时有着巨大的改进，与点扫描共聚焦显微镜相比展现出两个方面的优势：第一，用 CCD（光量子效率为 60%～70%）代替 PMT（光量子效率为 10%～20%）作为检测器；第二，对于有些明亮的样品进行实时成像成为可能。在任何一瞬间，视场只有很少的一部分被照明（25 000 个针孔的1 000个被照明），但转盘飞快旋转，移动的小点融合成为视觉上完整的图像。原则上，串连扫描设备可以使用很宽光谱的光源来进行照明，如高压弧光灯。这增大了荧光探针的选择范围，并且能除去由激光仪器造成的图像背景噪声污染。然而，在实际中很少使用普通光源进行荧光实验。

为了避免相互干扰及维持共聚焦，转盘上相邻针孔之间的距离要大于针孔半径。如果相邻针孔间距为 10 个半径大小，那么只有 1%的照明光将穿过转盘。为了提高效率，一种商业化可行的设计是在针孔转盘上方增加另外一个包含成千上万个微镜头的转盘，每个微镜头采集光线并聚焦于一个针孔上（实际上是小的透明区域镶嵌在一个平面的不透明涂层上），因此能增加每个针孔的有效孔径（图 15 左侧）。有了这样的设计，实际上大约有 70%的照明光穿越了转盘。对于普通照明来说，来自微透镜矩阵的聚焦点比针孔要大许多，这又一次大幅度降低了光的输出量（Waston et al. 2002）。有另外一种完全不同的设计，与双转盘透镜矩阵相比有近似的效率。这种设计随机打上透明和不透明的补丁，总体上有一半的穿光性，代替了针孔矩阵（Juskaitis et al. 1996）。另有一种被证明的方法（Hanley et al. 1999；Heintzman et al. 2001）有希望进入商业化的应用，这种方法在一个芯片［Texas Instruments digital micromirror device（DMD）］上固定大约 10^6 个微镜矩阵，用此代替转盘。这种方法很可能对目前的共聚焦的设计进行大幅度的改进。

串连扫描：固定的微透镜和针孔矩阵

目前商业化可用的两种共聚焦显微镜是利用一维或二维微镜头矩阵产生的多点照明光，通过扫描镜对视野进行扫描的。返回荧光利用相同的微镜去扫描从而产生穿越一套固定的针孔的固定光束。当穿越针孔后，光束被重新扫描以便这些光能覆盖整个 CCD 相机的表面，从而形成完整的视野（图 15 右边）。

成像模式

共聚焦显微镜能利用样品几种不同来源的光学信息形成一张图像。可以利用样品上反向（即沿着落射照明光相反的方向）散射的光形成反射图像。反射光自然与原始照明光的波长一样。胶体金标签在反射模式中很容易看见。对神经元高尔基染色形成的不溶物（图 16）或辣根过氧化物酶底物，如二氨基联苯胺的氧化也会形成明亮的反向散射图像。

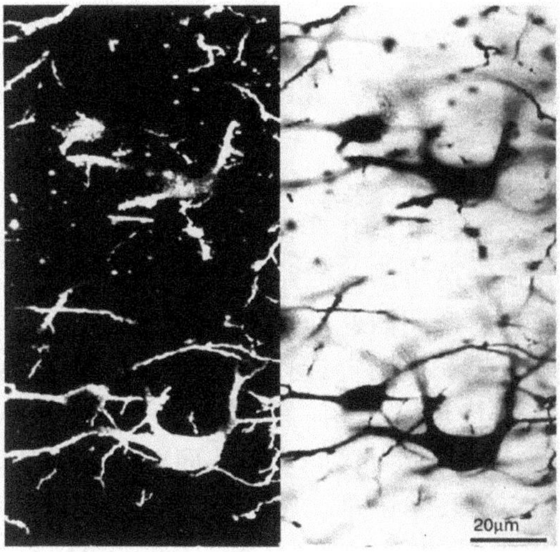

图 16　高尔基染色的神经元的共聚焦反射图像和非共聚焦的透射光图像

左侧．这两张图是用激光扫描共聚焦显微镜的反射模式拍摄的两个光学切面。银沉积给出了非常清晰的反向散射图像。右侧．相应的非共聚焦的透射光（明视场）图像

除了获得直接的反射信号之外，共聚焦显微镜也能轻易探测细胞膜反射光和下层基底反射光的干涉形式（Sato et al. 1990），这种计数被称为反射干涉相衬显微镜（IRM）（Izzard and Lochner 1976；DePasquale and Izzard 1987；1991）。完整的活细胞用这种方法有较好的效果（图 17）。样品发射出的荧光是产生共聚焦图像最常见的光源。这里的照明

光和成像光的波长是不一样的，因此荧光与反射光信号可通过如同普通落射荧光显微镜一样的分色镜进行分离。商业化设备另一个特别有用的特征是同时从多种不同荧光标记中获取完全重叠的图像，并能单独对每个通道的灵敏度和分辨率作调整。

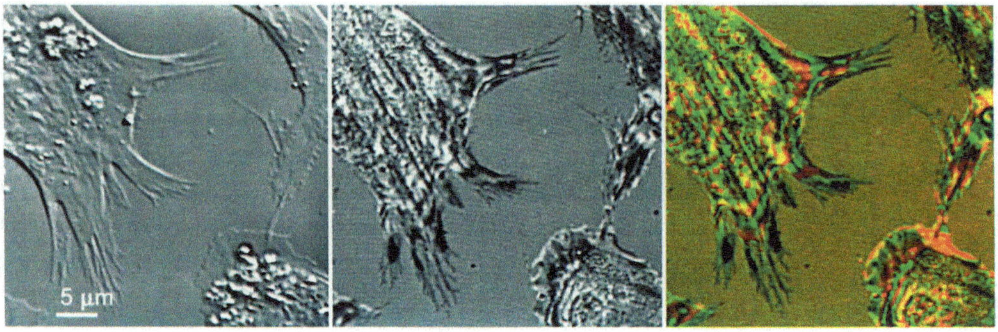

图 17　共聚焦干涉反射光差示显微成像（IRM）

透射光 DIC（左侧）、单波长（488nm）IRM（中间）、双波长（488nm、633nm）IRM（右侧）图像，这些图像拍自培养在玻璃基板上的经解离的胚胎期鹌鹑心脏活体成纤维细胞。在 IRM 图像中，由于两个表面（如基底细胞膜和玻璃基板）反射的荧光之间产生了干涉作用，图像的对比度增加了。图像由最大孔径（NA＝1.2）的 63× 水镜拍摄，但激光照明光束的高度相干性形成高阶边缘（如由顶部和底部细胞膜反射产生的干涉），从而比普通显微照明的对比度更高（Izzard and Lochner 1976；Sato et al. 1990）。双波长 IRM 图像对区别零阶（黑色）边缘（两个波长的光在相同位置出现零阶边缘）和第一阶或高阶（绿色、黄色、红色）干涉条带（两束激光在不同的位置产生）颇为有用（样品由 Upstate Medical University，SUNY Syracuse 的 Jean Sanger 博士提供）

与物镜收集荧光来形成图像一样，大多数光束扫描共聚焦有能力同时收集穿过样品的照明光以产生透射图像（如明视场、相差或 DIC）。这些经扫描的透射图像通常比普通宽视场显微镜得到的图像的质量高。扫描的透射图像能与同时收集的落射荧光或反射光图像完美地匹配起来。然而，必须认识的是透射光学图像并不是共聚焦的，因为在样品和透射光检测器之间没有针孔存在。为什么没有呢？因为透射和落射荧光最主要的区别在于只有荧光在到达检测器的路径上会遇到扫描镜。扫描视场内每个点的落射荧光都会被反射镜沿入射照明激光的路径反射，换句话说，落射荧光被扫描镜去扫描了，因此形成了可以穿越一个固定针孔的固定光束。而透射光并非如此，透射光不经过去扫描，因而在路径上不存在任何静止光束。原则上，可以在聚光镜下方引入另一套反射镜，与输入光一侧的反射镜同步，从而对激发的透射光进行去扫描。但是到目前为止，实际存在很多的技术困难，这使得点扫描或串连扫描方法中进行透射光共聚焦图像的技术很难商品化（Goldstein et al. 1990；Art et al. 1991；Dixon et al. 1991；Dixon and Cogswell 1995）。

激光和荧光标记

与常见的激光器功率相比，一般样品成像所需的功率是很低的（约 0.1mW），但是聚焦点的强度可能是巨大的（MW/cm^2）。收集每一张图像时都必须将功率降至最低，通常使用中灰密度滤光片或在照明路径上安装一个声光滤波器（AOTF）将光束的强度降低 10～100 倍。当激发激光能量时，发射荧光的强度随照明强度的增加而成比例增加。然而，当照明功率增加到一定值时，发射光随之增加的幅度不再与照明光成比例，因为已受激发状态下的荧光团占总荧光团的很大一部分。这种现象被称为基态损耗，应该尽量避免。

在已发生基态损耗时，增加照明功率的结果是荧光团发射的荧光的增幅越来越小，因为这些荧光团绝大多数都已经处于激发态了。离焦平面较远的地方照明强度较低，增加激光器的功率能持续激发更多的荧光分子，这是我们不希望看到的效果，因为离焦发射光并不会形成图像，而且会造成光漂白。基于这一点，多光子成像比共聚焦成像更有优势，因为其光强度较低，不至于在聚焦点外产生多光子吸收现象。不幸的是，很多荧光团在多光子成像中的漂白速度快于单光子成像，所以上述的优势在实践中往往难以实现（Patterson and Piston 2000）。

每一种激光器的光具有一定的波长，因此可用的激光器决定了可以成像的荧光团的种类。表1显示了广泛使用的激光器所产生的光波波长，以及汞弧灯光谱的主要峰值。值得注意的是，汞弧灯光谱峰值数比激光器的谱线多许多，所有波长中主要的激发（是峰值强度的5%～10%）波位于峰值之间。能被汞弧灯照明所激发的荧光团的数量远多于单个激光器所能激发的荧光团的数目。

表1 可见激光和汞弧光灯发射光波长

光源	发射波长（nm）
氩激光器（Ar）	[351] [364] 458 466 477 488 496 502 514
氪激光器（Kr）	[337] [356] 468 476 482 521 531 568 647
氩氪激光器（ArKr）	488 568 647
氦氖激光器（HeNe）	543 592 604 612 629 633 1152
氦镉激光器（HeCd）	325 442 534 539 636
固态激光器（Solid state）	355 405 410 440 442 445 457 458 473 488 515 532 555 559 561 628 635 638 639 650 670 685 694 700～1000 可调 750 780 810
汞弧光灯（Hg arc）	313 334 365 405 436 546 577

注：方括号内的值来自于常见的低功率（5～50mW）空气制冷的激光器产生的光线。新型固态激光器经常出现，其他波长可能很快也会出现。括号内列举的包括在紫外光线范围在内的更多大量的光线可以从大功率（1～5W）水冷式的气态激光器中获得。与激光相比，汞弧光灯可以发射其主要波峰之间的所有波长的光，这些光的强度水平为峰值强度的5%～10%。

多标记的同时成像

当两个或两个以上荧光团需要在相同的样品中成像时，可用的激发光源的波长就特别重要。一般来说，当两个荧光团的激发光波长严重重叠，一个荧光团的强度显著高于另一个时，这两个通道就会出现信号污染（相互渗透）。例如，在普通落射荧光显微镜中，罗明丹和荧光素（FITC）在双标记实验中是常见的一对荧光标签，使用汞弧灯照明的波长分别为465nm和546nm。然而，光谱接近于罗明丹和荧光素的某些荧光团对在共聚焦成像中就无法得到令人满意的结果，这些共聚焦显微镜只用氩激光或者氩氪激光，这些激光无法产生有效激发罗明丹类荧光素的波长光谱。有些设备试图使用488nm或514nm的氩激光来激发荧光素类（典型的激发峰值为490nm）和罗明丹类

(最优的激发波长约为 550nm)。只有荧光素类能在 488nm 被有效激发，但它会形成波长延长的发射拖尾，这和罗明丹类荧光染料的发射光谱完全重叠了。但波长为 514nm 时，两种染料被相同程度地激发（大约为最大激发程度的 20%）。所以，这种光谱特性和激发光波长的组合导致了严重的串扰问题。通过使用不同的荧光团和（或）不同的激光可以解决上述问题。例如，488nm 氩激光和 543nm 氦氖（HeNe）绿激光的组合就对这两种荧光染料有很好的作用，或者可以用 1 号染料加上更长的光波（Texas - Red 类型的）的染料，使用 488nm 氩激光加上 567nm 的氩氪激光。Molecular Probes 公司产品目录或网站（http：//www. probes. com）上有更多的关于染料的光谱及应用的相关讨论以及活细胞成像的其他荧光团的相当有价值的信息。

由于可以同时使用的荧光团数目的增加，这些荧光团之间的交叉可能性接近 100%。有几种方法可以解决上述问题，也经常会有新的解决方法出现。首先，可以放弃同时获取数据，取而代之的是使用单个激光顺序扫描。这种方法将光谱叠加的荧光团和使用不同激光单独扫描相结合。当发射光和激发光的光谱有很大程度的重叠时，上述的方法就不能解决问题了。其次，可以选择大幅度增加探测设备（都是某种色散元器件，无论是棱镜、光栅还是声光导流器）的光谱分辨率，这样发射的任意波长条带都能够被收集起来。尽管有时会选择较窄的波长范围以确保某些激发光和（或）发射光部分重叠的荧光团之间能有所区别，但探测得到的信号随探测窗口的缩小而减弱。也可以引入新的荧光输出标准。例如，相似照射光和激发光谱的荧光团可能拥有差别很大的荧光寿命。短脉冲激发和时间门控探测相结合，可以检测荧光寿命的区别（Gadella et al. 1993；Cole et al. 2001）。荧光偏振作用（Massoumian et al. 2003）（或烧洞效应加时间门控的偏振敏感探测）提供了另一种区别相似发射和（或）激发光谱荧光团的可能性。

然而，不可避免，需要分离检测的信号数目的增加超过了检测器的分辨能力，所以最终人们不得不通过信号收集后期处理来解决荧光团之间的交叉问题。在这种方法中，不同荧光团交互作用的污染的图像被收集起来，每个图像有不同的发射光和激发光波长的组合。参照图像是使用相同的发射光/激发光对各个的荧光团纯样品的单独成像。通过有效地设置并解析图像中每个像素点的同步线性方程对每个荧光团进行拆分。使用这种方法进行核型分析通常能区别开超过 20 种的荧光标签的颜色（如来自于 Appled Spectral Imaging 公司的光谱核型分析系统）(Schrock et al. 1996；Ried et al. 1997)。

样品的准备

更详细的讨论活细胞样品的制备方法见第 18 章。这里我们只提到对共聚焦显微镜特别重要的几点。共聚焦显微镜与任何普通样品制备方法都能够兼容，包括对未经制备的活组织进行成像。如果物镜之间的工作距离足够大的话，来自许多组织的样品表面约 0. 2mm 以下都可以进行共聚焦成像。较厚的切片如果被夹在两个薄的盖玻片之间并在两面都进行成像的话，也能够被完全检测。对于最高分辨率成像，样品会引入球差，因为显微镜系统对样品厚度的有着严格的要求。由于样品局部折射率的不同会造成散射，入射照明激光和发射的荧光都有严重的衰减，因此这经常会限制厚度超过 0.05mm 的样品共聚焦图像的质量。这种衰减有时在多光子显微镜中较少，因为多光子显微镜使用长波光源进行照明，另外多光子显微镜没必要使用针孔，这使得多光子显微镜比共聚焦显微镜更适合对某些较深组织进行成像。在夹样品时，特别要避免对样品进行挤压，同时也要尽量缩小样品与盖玻片之间的距离。如果有必要的话，一定要使用小的盖玻片。随物镜的每次移动，大的盖玻片都会弯曲，造成液体流动，样品也会移动。

37℃条件下，活体样品的长时间时程成像会带来几个问题。样品室加热器不断开关会造成 z 方向的移动，从而造成焦平面的漂移。因为通常需要使用油镜，样品室与物镜之间就形成了强烈的热偶联，那么就需要一个单独的物镜加热器，这也会改变焦平面的位置。在一个典型的显微镜室内，实验室空调系统开与关的循环也会造成额外的焦点变化。然而，有了特殊设计的样品室和镜头加热器及环境稳定的实验室，这些热力学引发的移动可以被降低至视觉无法察觉的程度。即便在这样理想的环境下，时程成像 z 轴的漂移范围仍然要比共聚焦成像大约大 10 倍（图 18）。为了对无人看守时的时程成像进行补偿，需要在每一个 3D 图像叠的上下增加与热漂移相同幅度的焦点移动范围。例如，为保证获取一个完整的 5μm 厚的细胞，可能需要拍摄一张厚度为 15μm 的图像，这个厚度是总曝光度的 3 倍，这使得长时间时程成像变得非常困难。在使用水镜时，第三个问题出现了。在 37℃的环境中，样品室与镜头之间的水迅速蒸发，要在不干扰时程成像和不移动样品的前途下添加水分是不可能做到的。

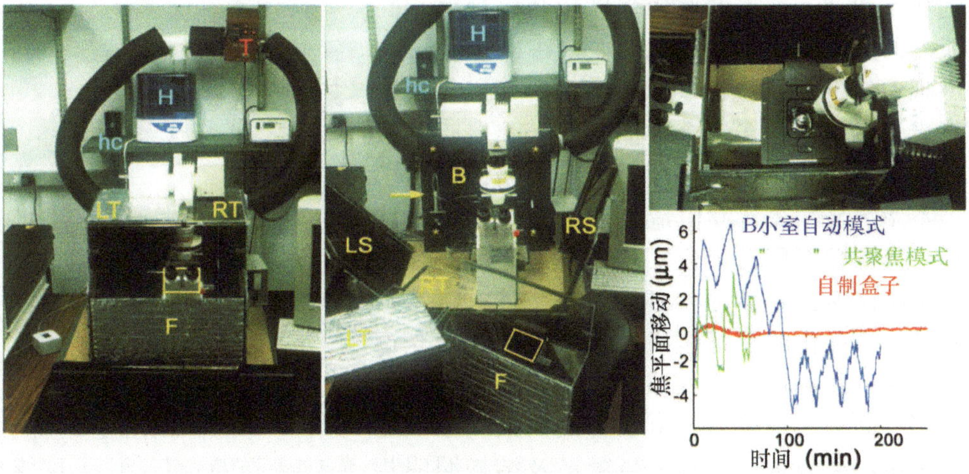

图 18　可进行活细胞成像的自制共聚焦显微镜环境控制室

左侧．温度和湿度控制箱的前视图，控制箱将倒置显微镜中汞弧灯和钨灯以外的所有部件都包围起来。橘红色的字指示的是控制箱的不同组件。H. 超声波加湿器（vicks）；hc. 相对湿度控制器（RHCN－3A，Omega Engineering 公司）；T. 热空气循环器（air therm，World Precision Instrument 公司）。中间．由 6mm 塑料板组成的控制箱解组块。前方的组块（F）上有一个矩阵的孔，目镜从这个孔伸出（橘红色的方框所示）。顶部的右前半部分（RT）是透明有机玻璃。左右侧（LS、RS）、顶部左半边（LT）和后面板（B）被反射热绝缘的塑料包装包裹起来。背板和底盘被永久地固定在显微镜上。控制箱组件的剩余部分在室温下使用。右上方．控制箱顶部掀开后的右侧俯视图。显微镜聚光镜/照明柱向后倾斜，可通过推动一个转动手柄使之到达载物台。右下方．图表显示了焦平面在不同样品小室之间的移动。蓝线和绿线分别代表商品化的样品小室和物镜加热器在自动和共聚焦模式下的移动情况。红线代表自制显微镜中的这些移动情况。在经历过一个初始平衡周期后，自制控制箱内的显微镜焦平面稳定在约 0.2μm 的变化范围内

由于难以解决上述这些问题，包括尝试一系列商业化的样品室和控温系统，我们决定采取一种截然不同的方法（图 18）。来自显微镜制造商的数据反映了最基本的问题。根据蔡司显微镜公司，他们的 Axiovert 型号倒置显微镜系统（包括物镜、载物台和聚焦驱动等）的整体热反应为每升高 1℃，焦平面移动 10μm。因此，为了将焦平面的移动降低到共聚焦显微镜 z 轴分辨率以下，有必要将显微镜温度变化稳定在 0.04℃以内。当室内温度起伏为 1～2℃，室温与样品或物镜的温差为 15～20℃时，就无法实现拍摄目的。将显微镜移至 37℃恒温室内是一种解决方法，但要保持很高的湿度以防止水分的蒸发。一种对实验操作更友好的方法是将照明或透射光源以外的全部显微镜部件包含在一个温度为 37℃、湿度为 70%～80%的箱子里，这种方法相当有效。

光漂白与光毒性

在大多数情况下，从两个不同的角度看，这两种现象实际是同一个过程。当强调精确测量一个荧光团的三维分布时，主要关注光漂白；而当强调正常生理状态下一个荧光团的分布时，光毒性就会受到更多的关注。通常对于单个时间点上快速观察活细胞，光漂白是一个相关的现象，也是一个可以克服的问题。对于重复观察同一个细胞，光毒性是我们不得不面对的，因为这总是一个主要问题，所以这时有必要牺牲图像质量来减少光毒性。

现代共聚焦显微镜能在很微弱的照明下获得高质量的数字图像，这里的照明强度比视觉观察相同样品所需的照明强度低很多。例如，图 19 展示了一个活细胞中黄色荧光蛋白（YFP）在共聚焦显微镜观察下光漂白情况。在这个样品中，光漂白对单张图像或中等大小的三维图像层叠造成的错误是很小的。但不幸的是，在光漂白造成样品强度测量不精确之前，光毒性作用已经使实验失去意义了。为了将这种损害降至最低水平，必须对显微镜进行特别的优化处理。优化的目标是，在细胞无法承受光毒性之前，尽可能利用最少的照明光子来获得最多的信息。当样品不是很厚时，由于转盘扫描共聚焦显微镜、宽视场显微镜、去卷积显微镜及结构照明相机的 CCD 相机的量子效率远大于 PMT 的量子效率，因此，这些显微镜比单点扫描共聚焦显微镜更有优势。当使用较厚的活体样品时，光漂白是很严重的问题，多光子照明的显微镜可以对上述问题有所改善，即便这也在一定程度上依赖于样品（Patterson and Piston 2000）。

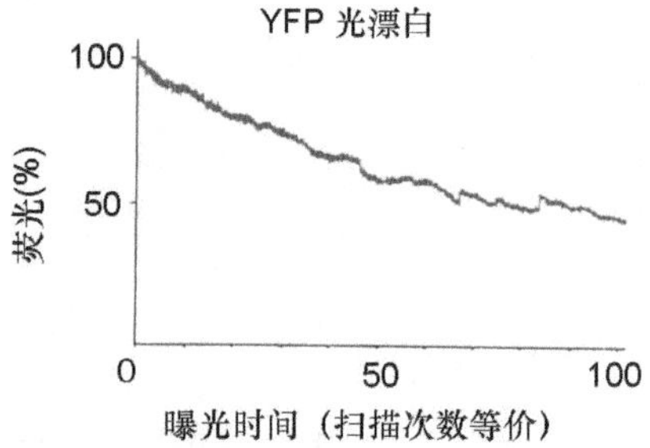

图 19　光漂白导致黄色荧光蛋白（YFP）的荧光损失

激光扫描共聚焦显微镜使用 514nm 激发光记录的一个活细胞中表达的 YFP 融合蛋白（一种不扩散的细胞骨架成分）的荧光信号。每个像素点的照明强度、停留时间和光电倍增管的增益都在相当于 1 个艾里斑大小的针孔下进行调整，使之能够获得可接受的图像。然后，一个小的区域中荧光的强度在一定时间内重复扫描并记录下来。经过 100 次扫描后，荧光强度下降了一半左右

共聚焦图像的去卷积

去卷积方法能用于共聚焦图像吗，这样做有好处吗？原则上，这样做当然是有道理的。尽管共聚焦针孔能拦截离焦光线，但是这种拦截不可能做到完美。毫无疑问，共聚焦图像总是受到剩余离焦光在 3D PSF 中形成的波纹的影响。例如，图 20 是一个硅藻的共聚焦反射图像，这个硅藻在图 4 中是用宽视场显微镜成像的。注意，在图像中可以看见相位反转，硅藻表面的洞沿着崎岖不平的表面由黑变白。这说明共聚焦图像可能获益于 3D PSF 的去卷积，对这种现象也的确有过报道（Shaw and Rawlins 1991；Cox and Sheppard 1995；van der Voort and Strasters 1995；Verveer et al. 1999；Boutet de Monvel et al. 2001）。然而，有些需要考虑的问题，所以研究者需要对结果提高警惕，至于为什么会导致这些结果还不清楚。

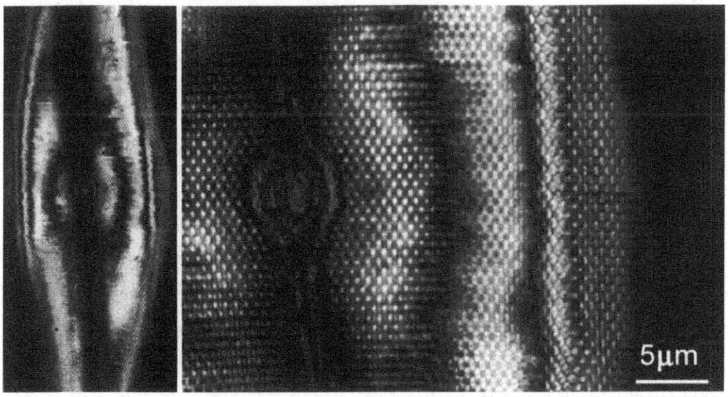

图 20　共聚焦图像中由于离焦造成的对比度反转

左侧．用共聚焦显微镜（Olympus FluoView 300）在 60×镜头（NA=1.4）下拍摄的一颗硅藻的反射图像。右侧、对左图中的一部分图像进行放大，显示了由于离焦程度的改变造成的对比度反转的现象。请与图 4 比较

第一个挑战是确定共聚焦显微镜的正确 PSF。理论上可以计算出来（Wilson and Sheppard 1984），但实际上这种计算是不精确的，因为这些算法是针对配备了高数值孔径物镜的普通宽视场显微镜的。一个 3D PSF 可以像宽视场显微镜一样通过实验进行确定吗？不幸的是，共聚焦图像经常受到模式化噪声假象的干扰（图 21）。有些模式以一定的周期重复出现，是整个视野重要的一部分，这意味着这些模式并不能代表用于 PSF 测量的小点的真实对比度。PSF 沿视场有效地变化，这与典型的去卷积算法的假设是相反的。另一个需要关心的问题是共聚焦图像的信噪比很低（图 21 至图 23）。很难精确地测量（局部的）3D PSF 以用于去卷积运算，这极大地增加了去卷积过程中放大原始数据噪声的趋势。

即便是较薄的样品也需要考虑上述问题。如果样品足够厚以至于实验者需要使用共聚焦显微镜进行成像（而不是使用宽视场加去卷积显微镜），那么图像的 3D PSF 肯定会受到球差或色差的影响从而降低质量（图 24 和图 25），这种扭曲在 3D 图像序列的上下之间会逐渐变化。这种情况不可能通过去卷积得到正确的结果。

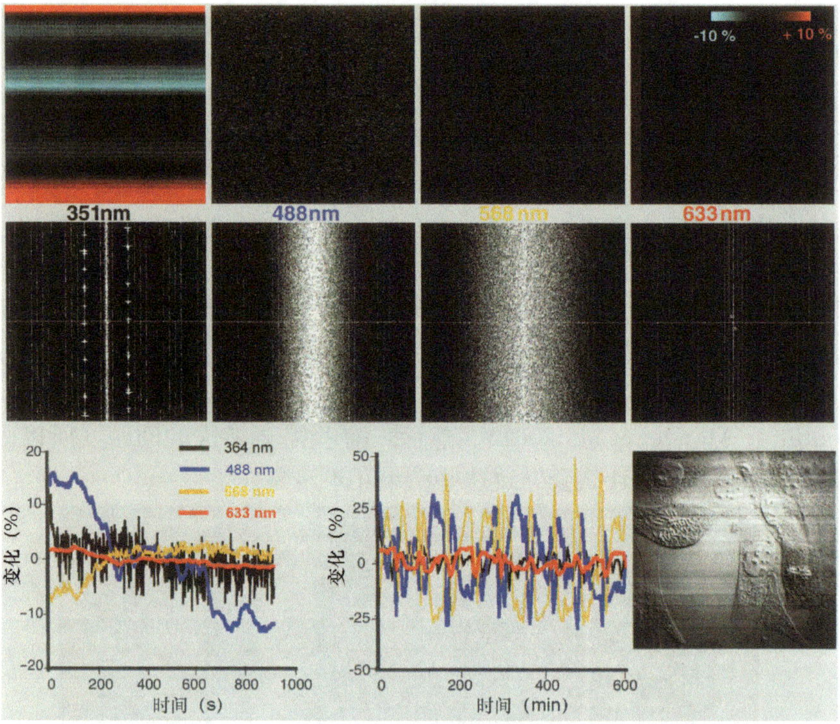

图 21　一个共聚焦显微镜（zeiss LSM 510）的照明强度和偏振作用的波动

上排是一个均匀样品的均值校正过的图像，中间一排是它们的功率谱，这些图像是在 4 种不同激光照明下获得的。实验是在每像素点释放 1000 个光子的条件下进行的，因此图像中单个像素点噪声的期望值约为 3%。图像可能会是理想的均一亮度，因此在减去均值之后图像会是一致的黑暗，但相反的是，图像中出现了亮度浮动。图右上角的标尺对均值上下 10%以内的偏差进行了颜色编码。功率谱显示，每个激光器都以一定复杂的混合周期产生系统性噪声。为了使更小的特征在印刷时可以看见，功率谱信息被放大了。一些模式有重复的线，这些线远大于单个线扫描的长度。底部一排为平均灰度波动曲线拍摄于一个均一且荧光稳定样品的 100×100 像素点图像，拍照模式分别为 1s 一张共 1000 张（左侧）或间隔 1min 拍摄一张共 600 张（中间）。平均每 10^4 像素点的噪声期望值约为 3%（8 位的亮度数字化中为 0）。这些人为噪声会极大地降低图像的信噪比（图 22 和图 23）。DIC 图像（底部右侧）中的水平条纹是由于平面偏振随照明强度随机变化而改变造成的

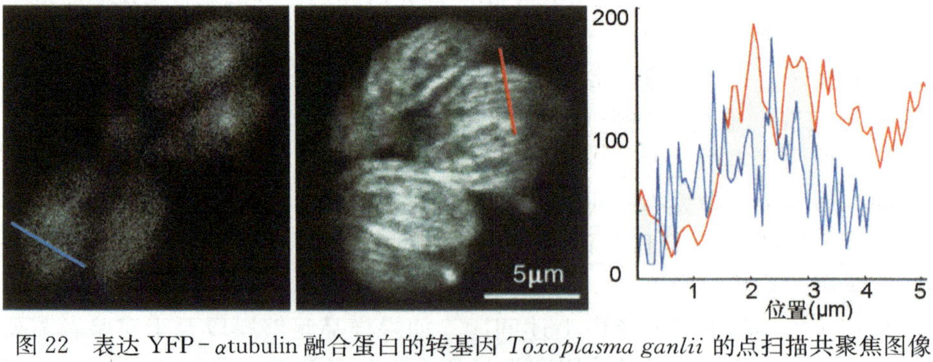

图 22　表达 YFP－αtubulin 融合蛋白的转基因 *Toxoplasma ganlii* 的点扫描共聚焦图像

这些单层光学切面上包括细胞表面附近的微管结构。左侧为一个典型的点扫描共聚焦图像。中间为该样品获得的最佳图像（Olympus confocal，亮度浮动非常小）。比较这张图像与宽视场图 7 的信噪比。右侧为图表沿红线和蓝线显示了图像的亮度分布

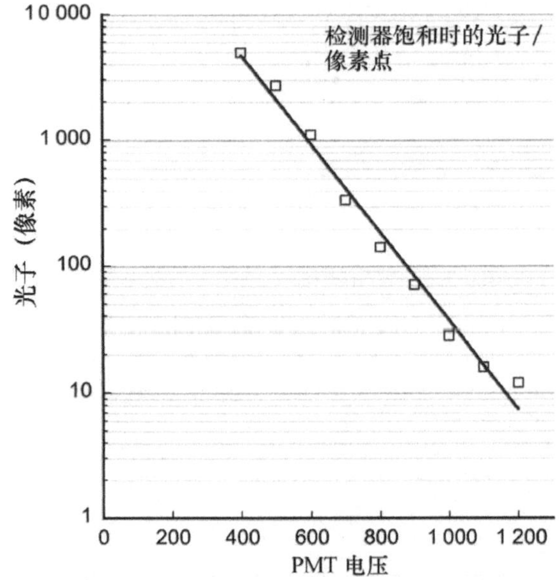

图 23　一个典型的点扫描共聚焦显微镜给出最大信号（灰阶=255）所需的光子数与增益设置（PMT 电压）的函数关系

对于这台显微镜，典型的样品需要将增益设置为 800～900V，相当于最大亮度下 80～180 个光子/像素点

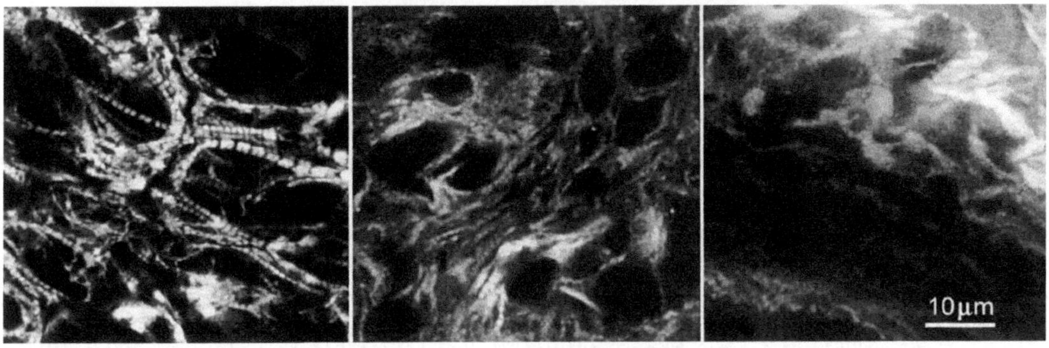

图 24　厚组织的共聚焦光学切面

一个经荧光抗心脏肌球蛋白抗体标记的鸡胚发育心脏在 60×油镜（NA=1.4）下成像。左侧为一个间距 0.5μm、共包含 160 个光学切面的三维图像序列的第一张图像。第一个切面离盖玻片约 20μm。中间为第 30 号切面。右侧为第 130 号切面。球差和散射光不断降低分辨率，第一个切面中清晰可见的 2.2μm 长的肌原纤维条痕，在第 130 号切面中很难分辨出来（由 University of Pennsylvania 的 Howard Holter 提供）

最后，有理由认为去卷积来不及对共聚焦图像中大多数重要的缺陷进行纠正。宽视场图像进行去卷积最大的好处是信噪比得到了提高，因为至少有些离焦光被还原到焦平面上，因此能增加总的信息量。然而，共聚焦图像中，z 轴方向所有的离焦光在到达检测器之前都被丢弃（被针孔拦截了）了，因此无法通过去卷积进行还原。这使得许多常规的去卷积方法无法应用于共聚焦图像。

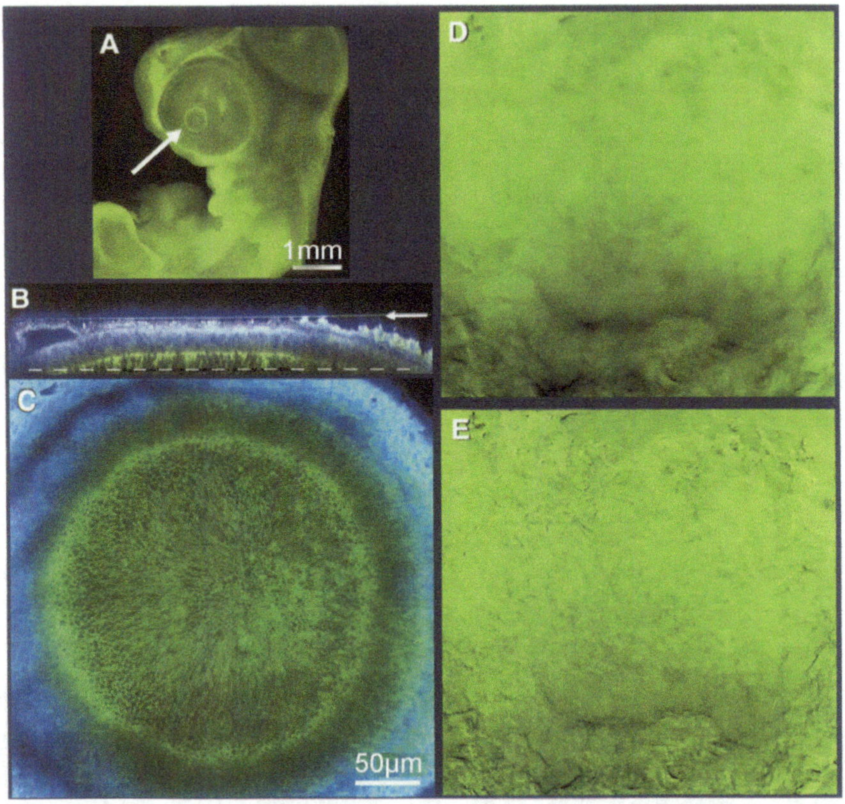

图 25　比较激光扫描共聚焦显微镜和宽视场显微镜在对厚样品成像时的性能（Swedlow et al. 2002）

一个被 Alexa 488 phalloidin（绿色）和 DAPI 标记的 5 天的鹌鹑胚胎分别在激光扫描共聚焦显微镜（A～C）和宽视场显微镜下进行成像（D）。A. 低倍镜下拍摄整个胚胎的图像。头在图的顶部。箭头所指的是正在发育的眼睛，这个区域在 B～E 中进行了放大。B. x-z 切面（平行于光轴）指示盖玻片的位置（箭头所示）和 C 中（折虚线）焦平面位置。C. 在胚胎中眼的外表层以下约 50μm 处的单个光学切面。可以看见在细胞皮层中聚集的肌动蛋白。D. 相同的胚胎在宽视场显微镜下成像并用 CCD 相机进行记录（只用 Alexa 488 标记）。图像显示的是 60 个光学切面中的一个。E 与 D 中相同的图像经过去卷积复原之后的切面。在这个厚样品的宽视场显微图像中无法分辨细胞的细节。标尺：A. 1mm；B、C、D、E. 50μm（图 D 和图 E 由 University of Dundee 的 Jason Swedlow 提供）

获取可靠图像的实际要点

目前的共聚焦显微镜是相当脆弱和不稳定的。通常情况下，显微镜是被复杂的计算机程序控制的，同样也容易受到不明原因的系统错误、操作停滞或功能丢失的影响。由于这些或者更多的原因，获取高质量的能真实反映样品的共聚焦图像是一个缓慢和费神的过程，而且经常由于未知的陷阱导致成像失败。不幸的是，即便由初学者来控制，也会在计算机屏幕上得到一张图片。但是，不管操作者有多少经验，要将图像和垃圾区分开需花费时间和精力。

下面的一些指南可能有助于调整显微镜参数以获得可以解释的共聚焦图像（从“问题解决指南”中找其他帮助）。对显微镜参数初调时，先选好一块样品的区域，这个区域与样品成像的区域大致相同但不是最佳区域。选择的区域会在设置阶段被破坏。

（1）选择合适的激光、分色镜和发射聚光片的组合（请参见上面多种荧光团成像相关的评论）。

（2）根据特定的样品所需要收集的信息决定像素点间距，并相应地设置放大倍数或电子变焦系数。

不要过度采样（像素点间距应该比奈奎斯特准则稍小，即像素点间距比实验要求的空间分辨率的一半稍小）。尽可能使用最高数值孔径的镜头。对于浸在水中的厚样品，最好选择带有可以将球差降至最低的校正环的水镜（参照下面的“解释实验结果”部分）。对于较薄的样品，油镜可以工作，但仔细选择浸油的折射率从而将每个样品的球差降至最低。

（3）粗略估计成像的参数：①将针孔孔径设置为0～1个艾里斑单位；②将激光器的功率调整到检测器能在最大增益下获取清晰信号的最小值。

（4）找到检测系统的线性范围：使用伪彩色查询表（pseudocolor lookuptable），表中低灰度部分（亮度值为0）和高灰度部分（亮度值等于8进制的255或12进制的4095）均用彩色突出，灰度处于两者中间的则用灰度表示。①将激光器关闭或将其功率调为零，以扫描样品同样的速度进行扫描，并调节补偿（offset）（暗电流补偿器），从而使记录的图像亮度值最小化，但不存在亮度为零的像素点。②找到样品中可能的最亮区域，打开激光器，降低检测器的光获取量，直到样品中最亮区域被记录的亮度低于饱和值以下（如8进制系统255总量中的200）。

（5）找到样品的线性范围：检查记录的荧光发射量，保证其与激光器功率呈线性增长，直到激光器的功率为成像功率的2倍。

如果荧光发射量与激光器的功率增加不呈比例（即发生了基态损耗），那么你将不得不牺牲时间分辨率（可以在低功率和更长扫描时间下）或者空间分辨率（可以在低功率下工作，并增加针孔孔径或增加像素点的大小），或者两者都损失。

（6）检查以确保使用状态处于瞬间损坏阈值以下。将扫描速度和激光器功率设置为这些初始值，通过多次重复扫描程序监测样品中被选择一个小区域的图像亮度。

有人能够在累计光漂白达到50%之前扫描几十次。如果光漂白太严重，只能牺牲时间分辨率（在一个时程实验系列中增加两次扫描的时间间隔）或空间分辨率（增加针孔孔径并增加光学切面之间的距离；增加 x-y 平面的像素点大小），或者两者都牺牲。如果光漂白没达到被检查到的程度，并且你只做一个快速实验，或者你能肯定你不需要关心光损伤（你真走运），那你就降低光电倍增管的增益（这能够降低噪声），减小针孔孔径（改善对比度和分辨率），同时增加激光器的功率以便恰好在饱和值以下维持最大亮度。

（7）根据步骤（4）至（6）重复调整参数直到图像的信噪比达到最佳状态。

局限性

与宽视场/3D去卷积显微镜相比，共聚焦显微镜最大的缺陷在于图像的信噪比较低，原因在于共聚焦显微镜的光子效率太低。可以横向对比，即在一个没有荧光团的很薄样品的焦平面上，使用相同的镜头、相同的滤光片、相同波长的光、相等的照明强度，一个典型的宽视场显微镜在一张图像上获得的光子数是转盘式共聚焦显微镜的2～4倍以上。点扫描共聚焦显微镜的效率更低，比转盘式共聚焦显微镜在一张图像上获得的光子数少大约 50 倍，比相同照明点下宽视场显微镜获得的光子数少几百倍。与转盘共聚焦显微镜或宽视场显微镜的 CCD 检测器相比，点扫描共聚焦显微镜 PMT 检测器的低量子效率是这种低效的原因，但显然不是唯一的原因。目前还不清楚其他导致这种低效的原因，但所有被检测的显微镜上都存在这些问题，因此这似乎是不同光学设计的本质特征，而非个别制造问题（Murry et al. 2007）。

正是因为这种低效，一张典型的点扫描共聚焦图像上每个像素点上的光子数少得惊人（图 23），极少能超过 100 个，通常少于 20 个。很显然，由于每个像素点只有 20 个光子，另外泊松统计单独就会导致 20%作用的亮度浮动，所以点扫描共聚焦显微镜对于定量检测荧光强度的应用极为有限。旋转转盘共聚焦显微镜图像质量要好一些（图 26），但仍然无法与去卷积宽视场显微镜的图像质量相比。

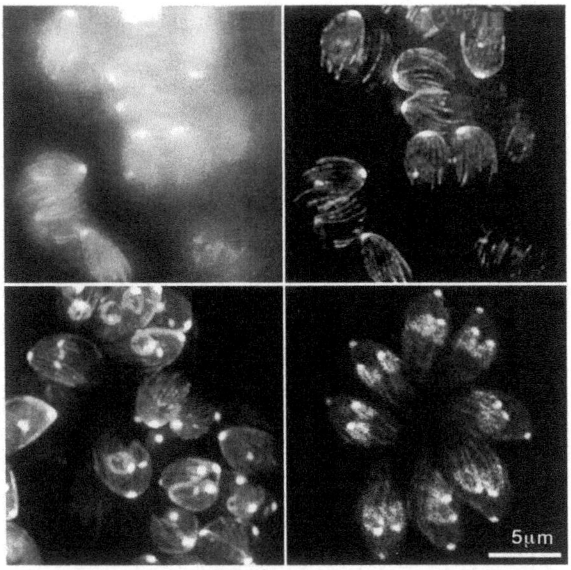

图 26　表达 YFP－tubulin 的 *Toxoplasma gondii* 的图像

左上方为原始宽视场显微图像；右上方为去卷积之后的宽视场显微图像；底部左侧、底部右侧为相同样品不同区域分别使用转盘扫描和点扫描共聚焦显微方法获得的图像。所有这三种显微镜成像时都使用相同的样品、同等的物镜和滤光片。以上所有的情况，图像都显示三张相距 0.3μm 的相邻焦平面的合并。在每个细胞的顶部，皮层微管呈现为明亮的线而类椎体为亮点状

与点扫描共聚焦相比，转盘扫描和矩阵扫描共聚焦更难去除离焦光，因为多重针孔之间存在交互作用。图 27 所列举的是多针孔共聚焦显微镜光的分布图。相邻针孔接受区域的重叠限制了离焦光能被排除的样品厚度。图 28 提供了这种现象的实验证据，比较宽视场显微镜、转盘共聚焦显微镜和点扫描显微镜，图 28 实验结果显示从单个点记录的整体亮度对离焦的函数。注意，在焦平面约 1μm 以内，转盘式扫描显微镜与点

扫描共聚焦显微镜的表现是完全一致的，但一旦超过这个范围，离焦点的光就无法被排除了。

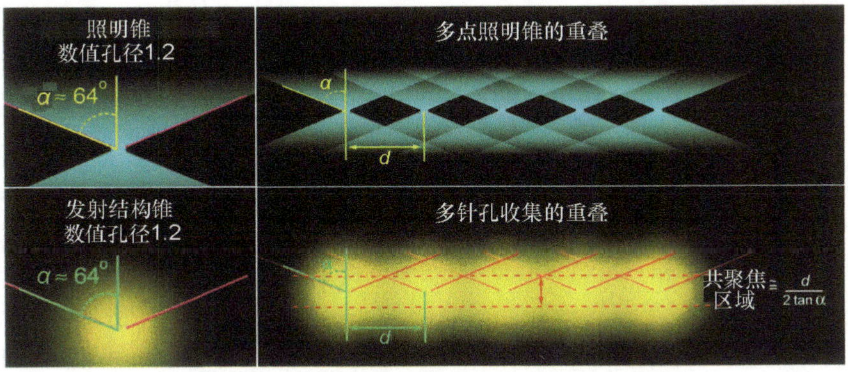

图 27　多针孔共聚焦显微镜上光分布的示意图

左上方为单点照明的焦平面附近照明分布的一张纵切图（即 x-z 平面），这里的物镜 NA=1.2。左下方为相应的发射荧光以一定的接受角与物镜重叠。右侧为相邻照明锥区域与接收区域以相邻点/针孔间距为 d 的重叠。这将共聚焦区域的行为（拦截离焦光的能力）限制在焦平面任意一侧的一个狭窄条带之中。共聚焦区域内产生的离焦光被针孔拦截了，但来自其他较远平面的离焦光却被接收了，因此限制了在厚样品中的性能

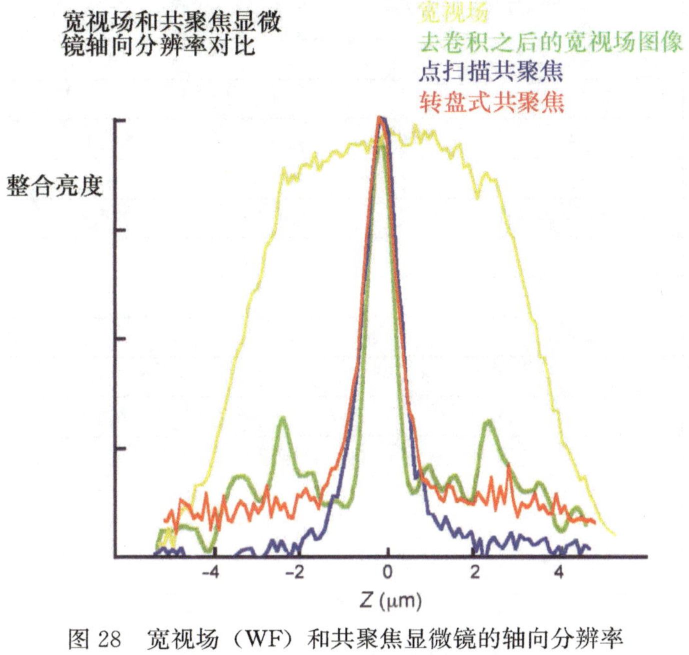

图 28　宽视场（WF）和共聚焦显微镜的轴向分辨率

一个直径为 0.2μm 的荧光小球分别用宽视场、转盘式扫描共聚焦和点扫描共聚焦显微镜进行三维图像采集。小球不同焦平面整体亮度的总和在图中展现出来，每个图形经过各自显微镜归一化。图中也展示了去卷积之后的宽视场显微图像的亮度分布。转盘式共聚焦显微镜记录的亮度类似于点扫描共聚焦显微镜，强度逐渐降低，然后平稳并稳定在一定的强度，而点扫描共聚焦的亮度则可以降低至零

问题解决指南

这个指南主要是针对共聚焦显微镜的，但同样的基本原则对所有的方法都适用。对

于去卷积的解决方案，请参见 McNally 等（1994；1999），特别是 Wallace 等（2001）的文献。

当得到的图像质量很差时，首要的问题是到底是样品还是设备出现了问题。如果可以使用标准样品对系统当前和过去的性能（当可以得到好的图像时）进行对比，那么可以避免浪费很多时间和精力。为此，需要使用 4 种样品：一个分辨率检测标样（图 29）；一个光学平面镜或干净载玻片；直径为 0.2～0.5μm 且带有多种荧光团（如 TetraSpreck，Molecular Probes 公司）的荧光小球，它们能被不同种激光线激发，且通过不同滤光片组能被显微镜上探测到；一种可以覆盖相似激发和发射光谱宽度的荧光染料溶液（如 DAPI 和 Alexa Fluor 488、Alexa Fluor 594、Alexa Fluor 633 的混合溶液）。这些荧光小球应该在盖玻片上涂成薄膜，让其自然干燥，然后封固在一薄层荧光抗衰减封片剂或光学黏合剂上（如 Epo - Tek 301，Epoxy Technology 公司）。为了制作第 4 种标准样品，需要在盖玻片下面封一层较厚的荧光染料溶液。

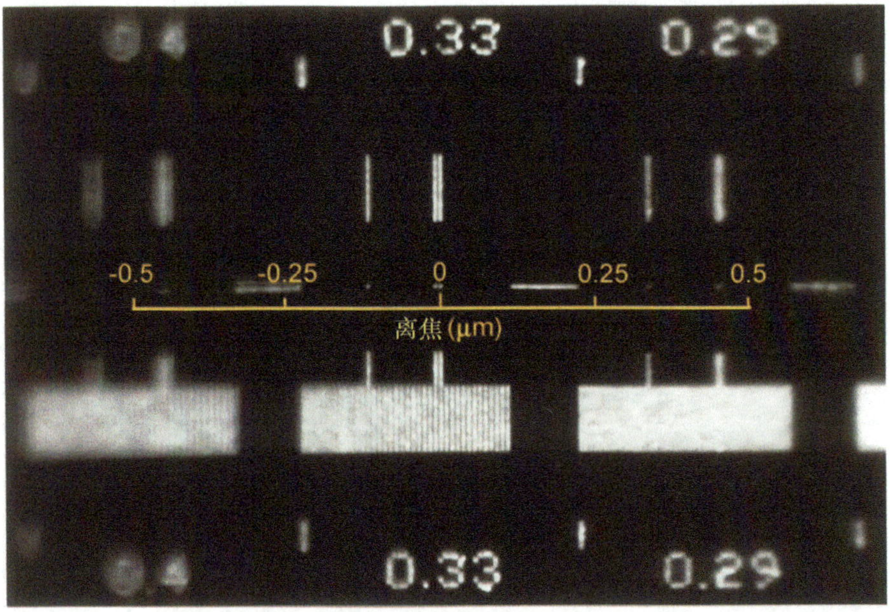

图 29　一个检测分辨率的标样在显微镜载物台上倾斜 1.5°左右时的图像

光栅间距以微米在样品上标记出来。由于倾斜，图像上的离焦值用橙色尺度标记出来。样品与透镜之间的距离自右向左依次增加。注意，在 60×（NA=1.4）物镜和 546nm 照明光下，0.29μm 的光栅条幅在左侧清晰可见，而在右边却模糊成图像中平均的灰度

当设备调试完毕之后，在聚焦位置收集并保存分辨率检测标样的二维图像、荧光小球的三维图像序列、盖玻片下层几微米处的荧光染料溶液的图像，拍摄这些图像时都是用最小的针孔。对所有的激光光学组合和所有的滤光片-检测器通道组合都进行上述的成像检测。同样也要像图 28 和图 30 一样收集小球的 $x-z$ 轴的扫描图。在做这些检测时，将任何增益、灵敏度、背景、黑度或其他校准都设为手动模式。通过实验寻找这些参数合适的设定值，这时，在无照明条件下显微镜读取的亮度值为零，在略低于聚焦荧光小球照明饱和值时读取的亮度值为最大（请参见以上章节的“产生可靠图

像的实际操作要点”)。仔细记录上述的设置值、所使用的物镜及与照明和信号强度相关的参数（激光功率、中灰密度滤光片和 AOTF 设置、分色镜、像素点间距和像素点滞留时间等)。当显微镜出现故障时，这些测量值可以作为系统校准的标准。下面列出了导致共聚焦显微镜系统出现故障的常见原因。

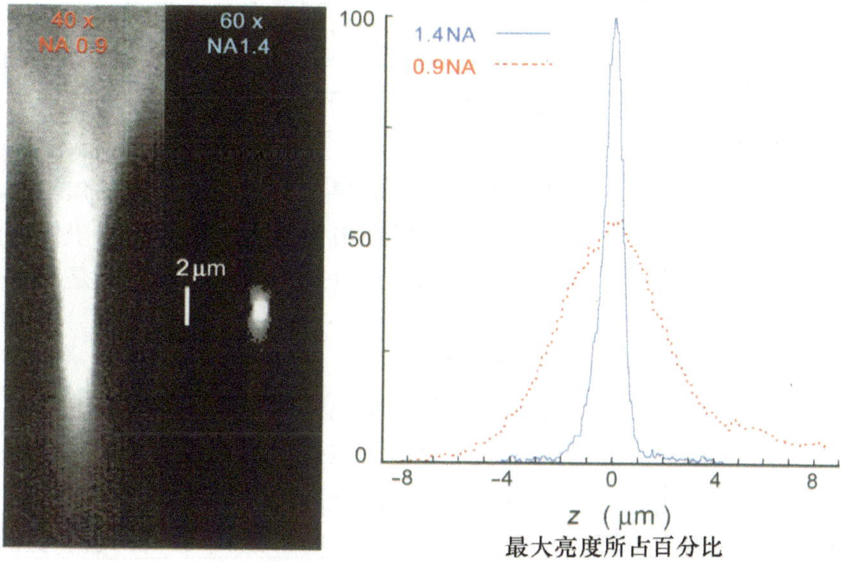

图 30　沿 x-z 方向扫描半径为 0.9μm 的荧光小球并测量轴向亮度分布

左侧的左半部分显示 40×（NA0.9）物镜下的扫描图。右半部分为 60×（NA1.4）倍物镜下对另一个样品的扫描图。两幅图像都调整到最大亮度。事实上，40×的图像亮度要低很多。由于低数值孔径的两个原因，本来圆形的小球看起来被拉长了。降低 NA 对轴向分辨率的影响远大于对水平方向的影响。左侧的扫描图在焦点上下明显不对称，这暗示了球差的存在，这进一步形成更多的拉长作用。右侧图像（来自另一个样品）也表现出少量的球差。标尺为 2μm。右图显示了这两种情况下测得的轴向亮度的分布。这些曲线中，球差清晰地展现出峰值左右两侧亮度分布的不对称性（40×图像的曲线在 5μm 以外）

问题：整个视野全图像的亮度全面降低（任何放大倍数)。

可能的原因：如果图像一开始是亮的，然后变暗，原因可能是发生了光漂白或焦平面发生了移动。用最小针孔收集镜面的发射或干净载玻片表面的图像，以此检测是否发生焦平面移动（这种图像对焦点位置很敏感)。如果图像一致很暗，那么很可能是针孔排列紊乱，或激光器的内置镜出现了问题。如果是激光器的问题，那么对某些波长光的影响会比其他的更大。例如，氩/氪和氪激光器容易丢失黄光（568nm）和红光（647nm）光线，而一直保留蓝光光线（488nm 或 476nm)。

问题：图像的亮度在整个视野的周边降低，在低放大倍数下这种现象更明显。

可能的原因：如果荧光图像和反射图像中都可以看见这种效果，可能是光路未准确对齐（对于绝大多数系统）或者是设计本身存在的问题（对于老式 Bio - Rad 系统)。如果这种现象在荧光图像中比反射光图像的明显许多，那么很可能是发生了色差。

问题：分辨率太低。

可能的原因：如果这个问题在较薄样品（如荧光颗粒）和较厚样品中都很明显，那么错误很可能出现在光学部件校准的过程中（但首先要确保镜头清洁）。检测激光光束是否对准物镜轴的中央，并检查整个镜头的后焦出瞳面都有入射光。如果问题只出现在较厚样品中，那么球差可能是罪魁祸首。最新带有校正环的有机硅油和水浸镜头能大幅度改善浸渍在液体中的厚样品存在的问题，不过会稍微降低理想光学样品（即和玻璃的折射率一致的，非常薄的样品，且样品紧密黏附在盖玻片上）的分辨率。

问题：聚焦于最大亮度，但得不到最清晰的图像。图像可以调亮或清晰，但两种效果不能同时得到。

可能的原因：系统没有共聚焦。照明系统的焦平面与成像系统的焦平面没有完全重合。对于可见光波长的照明和成像来说，可能由于针孔或将光聚焦于针孔的中间透镜出现了错位。如果照明或成像光是紫外光或远红外光，那么有可能是准直透镜出现了错位。

问题：图像中出现了明暗交替的波纹。

可能的原因：机械震动、扫描镜的缺陷、激光器或检测器电路的电子震荡都可能是造成这个问题的原因。为了判断问题的原因是这些中的哪一个，需要使用最大孔径的针孔来收集一张荧光染料检测样品的图像。这种图像对机械震动很不敏感，但对电子震荡和镜面缺陷却相当敏感。大多数电子震荡（和机械震动）得到的每张图像的模式都不一样。有些制造商生产的共聚焦显系统使用单模式偏振，扫描头通过光纤耦联激光器。其中有些（但不是所有的）系统很容易产生浮动的照明亮度和偏振角。将光纤偏振轴与激光器偏振轴仔细旋转对齐可以减轻这种效应，但在几天内，光纤又会偏离对齐位置，波纹又将出现。

问题：在每张图像固定的点上出现了环形亮点或一系列圆圈。

可能的原因：检测器探测到内置镜表面反射的激光束。如果一直收集到荧光图像，那么是因为使用了一套不恰当的滤光片造成的（反射激光束穿越了滤光片）。目前大多数系统都包含一套 1/4 波片和偏光镜的组合，从而将反射模式成像中的问题降至最低。有可能就是上述设备中的部件被转动了。

问题：来自不同荧光团的图像不重合。

可能的原因：用一个短波长通道（如 DAPI 通道）或长波长通道（如 CY5 或 Alexa633 通道）替换中等波长通道时，经常会导致紫外-可见或红外-可见准直镜（一种位于照明路径上的部件，能纠正存在于目前所有物镜中的小的局部色差）错位。预先警告：有些制造商的服务人员不会对准直镜的位置进行例行检查，所以由未经监督的服务人员提供的检查并不能保证系统被正确的校准过。

结构照明的方法

使用这一类技术的目的是通过一套光学和计算机组合操作来改善厚样品成像的质

量。通常，人们都在努力对整个视野进行完全一致的照明（样品被完全“非结构化”），从而使图像中的强度只随样品的结构变化而变化。与预期相反的是，通过使用精心模式化的非一致性照明来增加图像中人为的强度浮动，的确能增加储存在图像的物体信息量。

使用结构照明以提高显微镜性能的新方法正获得快速和多方面的进步（Bailey et al. 1993；Neil et al. 1997；1998；2000；1998；Wilson et al. 1998；Gustafsson et al. 1999；Hanley et al. 1999，2000；Cole et al. 2001；Heintmann et al. 2001；Dubois et al. 2002）。Heintzmann 和 Ficz（2007）为生物学家撰写了一篇卓越的展望。目前，大多数技术被证明只适用于很薄的固定样品，并且只有少数特定的实验室能使用这些技术。在这一章中，我们将介绍一种非常适用于中等厚度活体样品的技术（Neil et al. 1997；2000），目前至少可以从两个商家获得这种技术。

光学原理

图 29 展示了基本原理，以不同的形式显示与图 1 至图 3 中相同的信息。图 29 展示了一张分辨率检测标样的图像，分辨率检测标样为一系列间距不同、拍摄之前倾斜约 1.5°的光栅。图像中从右向左倾斜，这种倾斜导致以逐渐增加的幅度将样品向远离聚焦视场中心的不同方向移动。注意，0.33μm 的光栅非常清晰，中心的分辨率很高但越向左侧就越模糊了。左侧 0.29μm 的光栅在离焦距离 0.25μm 处正好可以分辨，但右侧的完全模糊了，这时离焦距离为 0.5μm。如何将这种“问题”变成“解决方案”，即把“坏事”变成“好事”呢?

想象使用一个条纹间隔均匀的格子作为遮挡物，光线透过它对样品进行照明（图 31）。将这个格子放置在安有适合镜头的显微镜光路上，使格子的影子恰好处于物镜焦平面上的样品上形成一个明亮的焦点。如果样品很薄，那么这样做的结果就是，聚焦平面样品的图像被一组清晰分隔的影子横穿，影子所在处照明光被遮挡了。如果样品较厚，那么其他离焦平面的模糊图像将叠加在聚焦图像上（图 5 和图 31）。然而，样品离焦平面的光不会被光栅的条纹所调变；在聚焦平面以外的位置，光栅的影子迅速变模糊，照明变均匀，达到明与暗条纹的平均水平。注意在图 29 中，0.5μm 的离焦幅度足够消除 0.29μm 的调变。

通过一个简单的操作，当光是正确的（即结构的），离焦造成的模糊就可变成一种有效分离聚焦光和离焦光的工具。将照明物体的三种图像简单代数运算就能够得到未受离焦光污染的聚焦图像，这三种图像的光栅正好有 1/3 个周期的不同（Neil et al. 1997），计算如下：

$$I_{\text{infocus}} = [(I_1 - I_2)^2 + (I_1 - I_3)^2 + (I_2 - I_3)^2]^{1/2}$$

将这三种原始图像（$I_1 + I_2 + I_3$）简单相加就与通常情况下无光栅的宽场图像完全相等。当光栅的周期比艾里斑的半径稍大时，可获得最佳的光学切面（Neil et al. 1997）。

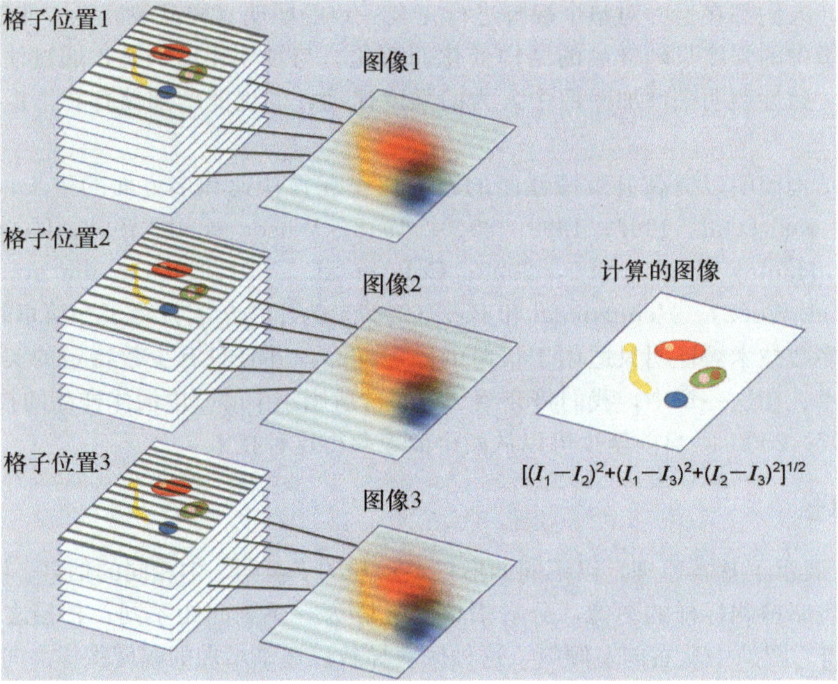

图 31　结构照明应用于光学切片

光源被一个均匀的格子遮挡，格子能在聚焦平面上透射出一种条纹模式的光。一个厚样品收集三张图像，在每次收集之间将格子移动 1/3。每张图像都是聚焦平面光（清晰的条纹）和离焦平面光（模糊的条纹）的总和。每个图像减去离焦图像的平方之和的平方根就是聚焦图像

光栅可以被快速而精确地移动（如被一个压电元件移动），计算也非常迅速。用这种方法的速度限制因子是收集三张图像。与宽视场加去卷积相比，这种方法获取数据的速度只有前者的 1/3，但一旦获得了原始数据就可以立刻得到聚焦平面的图像，而不需要耗费 1～3min 等待计算机进行去卷积运算。总的曝光时间比宽视场加去卷积显微成像长一些，因为光栅的辐条不是完全不透明的。而这种方法获得的图像 z 轴的分辨率也与共聚焦和去卷积的分辨率相差无几。

这种方法的局限目前还不完全清楚，但是这种方法在结构大小与光栅上格子间距相差不多时会产生问题。可以预期的是，当样品太厚以至于离焦光背景太强时，计算机的运算可能无法完成。在这种情形下，原始图像数据中网格线的对比度就会非常低，I_1 和 I_2 及 I_3 之间的差别接近于背景噪声水平。已经发表了一篇分析有关技术存在的问题以便将这种技术应用于具体实验的文章（Cole et al. 2001）。这种方法在硬件构造上的简便性使得制造成本较为低廉，并且可以作为附加部件安装在差不多所有现代显微镜上。可以毫不夸张地预计，这种或其他改良的结构照明显微镜会在不久的将来取代昂贵的共聚焦显微镜在中等厚度样品特别是活体样品中的多方面应用。

如何分析实验结果

光学切片的意义

尽管由共聚焦、去卷积和结构照明方法得到的图像指的是光学切面，但是这与真正的切面不同，因为图像的上下边缘没有清晰清楚的边界。在如切片机刀片的物理切面上，对于哪一个切面包含了原始样品所有点不存在疑问，至少在光学显微镜的分辨率下没有这样的问题。细胞中一个特定点的原始位置取决于这个点要么在这个切面上，要么不在这个切面上，而不存在中间状态。然而，一个光学切片包含一些完整的位置信息（呈现出它们的最大亮度）和另一些并不能呈现其最大亮度的位置上下信息。在光学切面上没有可以界定包含或不包含的锐截止。相反，一个位置的图像亮度与物体亮度的比率随离中间点的距离增加而逐渐降低（即 CTF 随与焦平面的距离的增加而稳定地变小，如图 2 和图 3 所示）。

一种常用来类比光学切面厚度的量度为曲线的半高宽（full width half maximum, FWHM），这个曲线描述离切面中心不同距离的点的相对亮度。而曲线则可以通过收集一个小的明亮物体的一系列相邻光学切面（对于高数值孔径的透镜来说，切面为 0.2μm 厚）来进行测量。一个荧光小球是这种测量的理想标本，但任何比预期 FWHM 小的明亮物体都可以使用。物体每一个光学切面总亮度曲线与图 28 中的曲线类似，即光学系统中 3D PSF 的轴向亮度的轮廓。因为拥有最高数值孔径的物镜，共聚焦、去卷积宽视场或结构照明显微镜应该能得到轴向 FWHM 小于 0.6μm 的 PSF。目前已经能够得到更低数值的 FWHM，但对于活细胞成像的样品来说还做不到（Baily et al. 1993；Hell et al. 1997；Gustafsson et al. 1999；Heintzmann and Ficz 2007）。

球差

z 轴 PSF 的 FWHM 随物镜数值孔径平方的减小而减小。对于共聚焦显微镜，其宽度还会随针孔尺寸的减小而减小。对于大多数显微镜来说，其 z 轴 PSF 对球差非常敏感（图 9 和图 30）。不幸的是，有时人们在进行活体样品成像时不得不接受一定程度的球差（图 24）。最大数值孔径油镜是专为紧贴在通过浸油与物镜相连的盖玻片上的样品设计的，显然无法将一个较厚样品的所有区域都紧贴在盖玻片上。因此，随着将焦平面越来越深入样品，球状形变造成图像质量降低的幅度也越来越大。使用水镜能极大改善这种状况。与以前的设计（如那些被电生理学家用于膜片钳研究的设计）不同，现在有些水镜按照可以使用盖玻片的方式设计。这些水镜对于浸没在水中的较厚样品的性能要优于标准（使用距离非常短）最高数值孔径的油镜。然而，这些由水镜得到的 PSF 还比不上最高数值孔径的油镜，其亮度也不如最高数值孔径的油镜。现在已经出现了专为使用折射率为 1.4 左右的有机硅胶浸渍介质的物镜（图 9），这种镜头携带一个校正环，可对图像的不同深度进行补偿。

正如图 9 和图 30 展示的一样，球差会导致对离焦的非对称反应；聚焦平面两侧相同程度的离焦在图像中看起来却不同。当球状形变出现时，很容易看见严重的球形偏差。一种检查是否发生球差的简便方法是，找到一个小而亮的荧光点并将它和任意方向上少许（几微米）离焦的图像进行比较。通常可以发现，在焦点的一侧出现明亮的环，而在另一侧是没有明亮环的模糊图像。使用水镜时，认真调节校正环，可以将厚样品中很大范围焦平面的这种非对称反应消除。当使用油镜时，可以选择使用折射率合适的浸渍油以便将样品中实验者感兴趣的位置（在样品中的深度小于约 15μm）的球差降至最低，但是这时在其他焦平面的光学性能会降低（图 24）。

色差

当使用现代高度校正的物镜和理想的样品时，可见范围内所有波长的光都能聚焦于同一点，其精确度小于 0.1μm（Keller 1995）。然而，如果样品中不同折射率的混合偏离了物镜的设计参数，造成了可见的球状偏差，那么很可能也会引起色差。这种镜头并不是仅为特定范围的折射率设计的，它同样适用于那些随波长变化（弥撒）的折射率的情况。样品中的折射率弥散不太可能与设计规格正好匹配，导致焦点位置会随波长变化而移动。图 32 显示这种行为存在于一个点的一系列光学切面之中。这种情况下，色差并不是样品引起的，而是由于准直透镜未对准造成的。当准直透镜对准时，应该能校正共聚焦系统中样品的局部色差，因此校准过的物镜可以用于紫外、红外及可见光的成像。

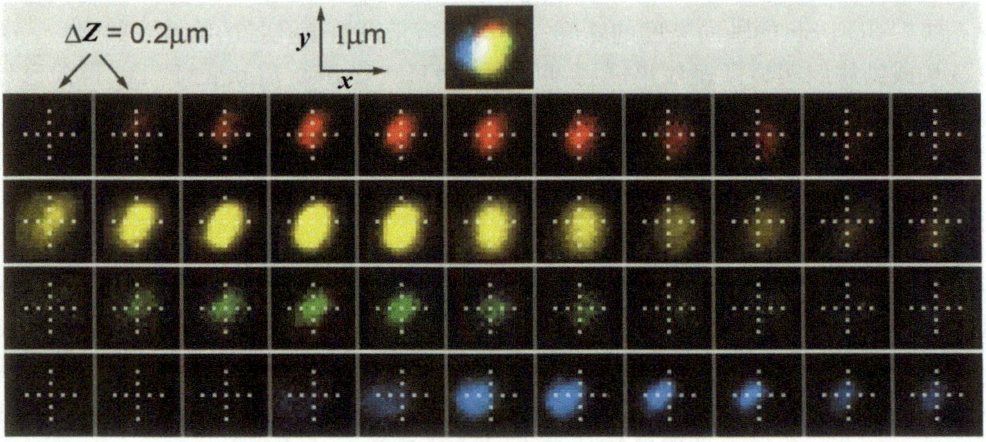

图 32 共聚焦图像的色差

图中是一个直径为 0.2μm，标记了 4 种不同荧光团的小球 11 个光学切面，每个切面之间间隔 0.2μm。每个切面中间的点的十字标明了小球中心的 $x-y$ 位置，在绿色图像中的焦点最佳。黄色和蓝色图像也反映出球差的存在。图的顶端展示了第 6 个光学切面的混色图。红色为激发光（ex）波长为 633nm；发射光（em）波长大于 650nm。黄色为激发光为 568nm；发射光为 585～615nm。绿色为激发光波长为 488nm；发射光波长为 505～600nm。蓝色为激发光波长为 364nm；发射光波长为 385～470nm。镜头为 63×（NA=1.2）水镜

正如图 32 上方的复合图像所示，色差对于判断不同荧光分子的位置产生严重的影响。在另一个例子中可以看见复杂的偏移假象，这是因为视野中不同颜色随位置变化，偏离的方向和幅度也不尽相同。在解释位置的细微差别时，需要仔细进行对照实验从

而将色差排除。

对于共聚焦显微镜来说，色差需要进行特别的考虑（Hell and Stelzer 1995；Keller 1995）。如果照明光波的焦点与从针孔中看到的焦点不在同一位置，那么系统没有共聚焦。这种情形下，图像的亮度大大降低了。

活体成像比观察固定过样品的要求更高。要观察某些荧光分子的数目和分布变化需要投入更多的时间和精力。然而，如果要确定观察到的变化是真实的而非由图像亮度随机浮动造成的，那么研究者必须考虑图像的信噪比。这需要设计一些简单的计算，但不会太难。这种简单的计算能防止浪费大量的时间。

想像某个实验需要检测一种荧光分子局部浓度变化为 25%或者以上。以图 7 中的细胞为例，实验的目的在于跟踪 YFP -微管蛋白在微管增长端和缩减端的加载和移除。因为这种样品足够薄，所以离焦光背景不是很强，这种样品适用于本章节提及的所有显微镜技术。

为了重申实验的要求，图像的信噪比必须足够大以确保微管末端荧光信号增加或减少 25%不是由随机的噪声引起的。要在 95%的置信度下得出这个结论，那么信号变化分数的期望值（0.25S）必须大于标准偏差的 2 倍（即大于噪声的 2 倍，$2N$）。因此，这个实验要取得成功，SNR 必须大于或等于 8。如果将精度要求表示成分数变化 P（信号测量值精度的 25%为 $P=0.25$），那么要达到 95%的置信度，信噪比必须大于 $2/P$。

为了判断实验的可行性，需要先粗略估计信号强度和它的标准差。首先在一个标准样品中找到与感兴趣区域相似的一个区域。然后，以快速连续的方式从这个区域中收集两张图像，在两次曝光之间不要做任何改变（防止光漂白）。在没有背景噪声的情况下，这两张图像是完全一致的。因此，这两种图像之间的差别可以用来估计一个典型的测量中背景噪声的水平。实际上，这种差别图像的标准偏差（称之为 s）是原始图像中单个像素点标准偏差的$\sqrt{2}$倍。在测量微管荧光的实验中，噪声会大于 s，因为必须要减去背景。如果背景亮度与总亮度的比率为 b，那么在背景校正过的微管荧光图像中，每个像素点的标准偏差会比原始强度测量中的标准偏差大$\sqrt{1+b}$倍。在图 7 中，去卷积之前 b 为 0.95，而去卷积之后 b 等于 0.8。最后，请注意，测量的目标区域要大于 1 个像素点。如果目标区域包含 n 个像素点，假设 F 是背景校正后每个像素点中微管荧光信号的强度，那么：

$$\mathrm{SNR} \equiv \frac{F}{\sqrt{(1+b)\ /2n}}$$

对于图 7 中的实验，平均每一个 5 像素×5 像素点的方框内 F 约为 50（对于 12 位的 CCD，最大值为 4095），s 约等于 12，b 为 0.95，那么 SNR 等于 21。因此这种条件下获得的图像足够好，可以探测 YFP-tubulin 加载的预期变化。

现在假设有人想用点扫描共聚焦显微镜代替宽视场加去卷积显微镜来进行这个实验。实验前做上述简单的计算可以节省大量的时间和精力，因为人们可能会发现无法用点扫描共聚焦显微镜来进行这样的实验。典型的参数（Zeiss LSM510）分别为 $F\sim 20$（八位检测器的最大值是 255），$s\sim 30$，$b=0.5$，对于相同大小的样品，SNR＝4

(比较图 7 和图 22)。

由于一些原因，点扫描共聚焦显微图像比宽视场显微图像背景噪声强许多。横向对比中，对于离焦平面上很薄的无荧光团的样品，使用相同的透镜、相同的滤光镜、相同的波长和等量的照明，一个典型的宽视场显微镜在图像中收集的光子数是旋转转盘共聚焦显微镜图像的 2～4 倍。点扫描共聚焦显微镜的效率更低，同等照明下，一张点扫描共聚焦显微图像中收集的光子数比转盘式扫描共聚焦显微镜少约 50 倍，比宽视场显微镜少几百倍。与转盘式扫描共聚焦显微镜或宽视场显微镜的 CCD 检测器相比，点扫描共聚焦显微镜 PMT 检测器的低量子效率（约 15%对约 70%）是造成这种显微镜低效的原因，但显然不是唯一的原因。目前还不清楚造成这种效率上巨大差别的其他原因，但在所有被检测的显微镜中都发现了这种现象，因此这似乎是不同光学上设计的本质问题而非由个别制造商的问题（Murry et al. 2007）。除了低效之外，共聚焦显微镜还在图像中添加了大量无用的噪声，这是由检测器电流中电子假象（图 21）和激光照明强度随机浮动造成的。图 33 直接比较了激光扫描共聚焦显微镜和宽视场显微镜照明的噪声。需要强调的是，共聚焦显微镜的这些噪声是完全没有用的，简单地说，这是目前大多数商业化共聚焦显微镜都存在的设计问题。

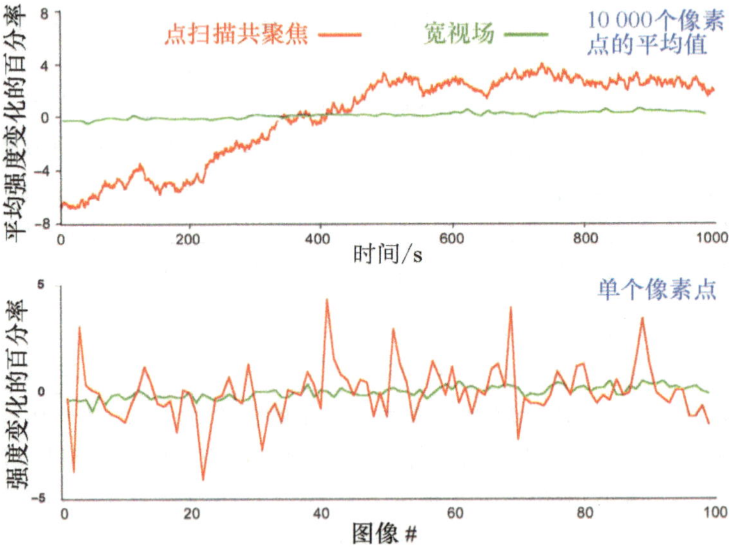

图 33　共聚焦与宽视场显微镜照明强度波动的对比

顶部为一个均匀、稳定的荧光样品使用 100 像素×100 像素点拍照，每隔 1s 拍摄 1000 张系列图像，对其平均亮度作曲线，这些图像分别由带有 CCD 检测器的宽视场显微镜和点扫描共聚焦显微镜拍摄。底部为相同样品，100 张连续图片中的单个像素的灰度变化图像

在相同曝光水平下，使用 CCD 检测器的转盘式扫描共聚焦显微镜的图像信噪比（SNR）远大于点扫描共聚焦显微镜。本章前面介绍过，结构照明方法得到图像的噪声水平会在计算聚焦平面图像时上升，但模型计算提示，这种效应的系数会小于 2。因此，结构照明技术同样有望得到信噪比远高于商业化点扫描共聚焦显微镜的图像。

为什么要共聚焦？

在比较了各种显微镜对较薄样品的信噪比后，也许有必要重申一下本章介绍部分的信息：以上介绍的每种显微技术在其适用的范围内都有着无可比拟的优势，而一旦在最适范围以外就逊色于其他方法了。当样品厚度适中时，由宽视场显微镜获得的原始数据的信噪比非常高，因此可以通过恢复方法，如去卷积或结构照明来提高这些图像的对比度。如果样品厚度和背景荧光增加，宽视场和（或）去卷积方法将不再适合，而旋转转盘或矩阵扫描共聚焦显微镜可以得到质量最好的图像。最后，当样品特别厚时，只有点扫描共聚焦或多光子技术可以使用。图 25 比较了样品绝对适合共聚焦显微镜时点扫描共聚焦显微镜与宽视场附加去卷积显微镜的信噪比。

在对一个新样品成像之前，首先考虑好使用哪一种显微方法将有利于得到最佳的结果。浑浊指数（haziness index，H）（Murry et al. 2007）是样品依赖的参数，其大小为选择最合适的显微镜提供了一个简单的数字标准。在宽视场显微图像中，H 是背景与信号的比率，即离焦荧光的背景亮度与一个小物体的聚焦荧光信号强度的比值。这里小物体的“小”指在大小上与艾里斑相当。对于背景异常强的样品，这种小物体的亮度无法用宽视场显微镜测量，因此需要用其他间接方法进行检测。通常可以在样品上找到背景不是特别强的薄边，因此有可能在宽视场显微镜下测算感兴趣“小”物体的亮度。这个测量值结合样品最厚区域亮度的测量值可以得出 H 的一个较好的估计值。另外，如果可以在较薄样品中同时测量出信号和背景亮度，那么知道这个厚度与更厚样品的相对值就能计算出一个特别厚的区域（宽视场显微镜无法直接测量的区域）的 H 值。

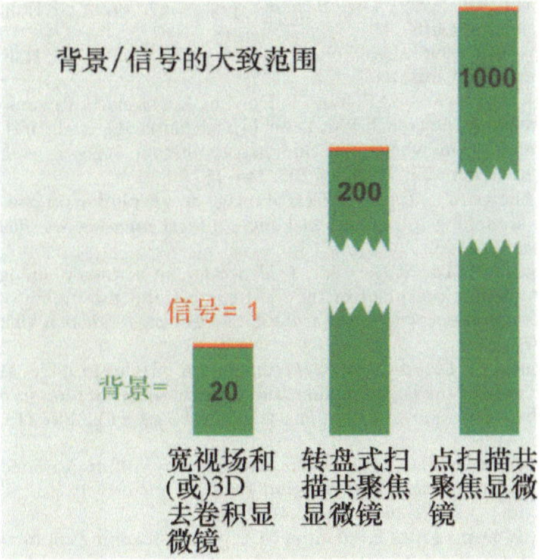

图 34

从宽视场和（或）去卷积显微镜（WF/3D－D），转盘式扫描共聚焦显微镜（SDCM）和点扫描共聚焦显微镜（LSCM）中选择最适合厚样品的显微方式的首要准则。小物体（依赖于样品的参数）的背景离焦信号与聚焦信号比率的大小取决于这种选择。详情请参考 Murry 等（2007）

这种外推法不是十分精确，好在只需要估测 H 的数量级（图 34）。对于 $H<$约 20 的样品，宽视场显微镜附件去卷积计算可以得到质量最好的图像；在 $20<H<200$ 时，选择转盘共聚焦显微镜是最佳选择；而当 $200<H<1000$ 时，可能有必要使用点扫描共聚焦显微镜了；而当 H 大于 1000 时，上述任何显微方法都不可能获得满意的结果。

图像的三维重建

共聚焦、去卷积或结构照明方法的输出结果通常是一系列光学切面，这些光学切面是通过在每次图像采集间期以一定的幅度连续变焦得到的。如果实验目标在于收集足够多的信息，从而以尽可能的最大分辨率对一个样品进行三维重建，那么样品相邻切片之间的间距必须大致为 z 轴 PSF 的 FWHM 的一半左右。高数值

孔径物镜的 z 轴分辨率总比水平分辨率低 3 倍左右。因此，在 3D 重建（特别是共聚焦显微镜的图像）过程中，物体通常看起来在 z 轴方向被拉长了（图 30）。去卷积提供的软件通常可以补偿这种效应，类似的补偿（本质上是一个一维边缘锐化的滤光镜）在共聚焦图像中也很有用。

将一个 3D 图像叠以一种有效且真实地传递原始数据的方式展现给观察者的过程是极具挑战的工作。为了实现展示目的，对 3D 数据进行简化的呈现是非常重要的。有很多 3D 渲染或其他不同方式展示 3D 亮度分布的软件，并且可以将输出图像做到在视觉上非常醒目又颇具说服力的效果。然而，如果使用 3D 渲染软件不当，也可能产生错误的展示效果，会夸大对比度（因此图像不同区域分割线的可靠性也会降低）和分辨率（将亮度模糊的梯度渲染成锐利的分界线）。不管怎样，后果自负。

www 资源

http：//www. ou. edu/research/electron/www－vl 网络图像图书馆：显微镜

http：//micro. magnet. fsu. edu/index. html Davidson M. 2003. Molecular Expression：Images from the Microscope

参考文献

Agard DA. 1984. Optical sectioning microscopy: Cellular architecture in three dimensions. *Annu Rev Biophys Bioeng* **13:** 191–219.

Agard DA, Hiraoka Y, Shaw P, Sedat JW. 1989. Fluorescence microscopy in three dimensions. *Meth Cell Biol* **30:** 353–377.

Amos WB, White JG. 1995. Direct view confocal imaging systems using a slit aperture. In *Handbook of biological confocal microscopy* (ed. JB Pawley), pp. 403–415. Plenum, New York.

Amos WB, White JG, Fordham M. 1987. Use of confocal imaging in the study of biological structures. *Appl Opt* **26:** 3239–3243.

Arimoto R, Murray JM. 2004. A common aberration with water-immersion objective lenses. *J Microsc* **216:** 49–51.

Art JJ, Goodman MB, Schwartz EA. 1991. Simultaneous fluorescent and transmission laser scanning confocal microscopy. *Biophys J* **59:** 155a.

Bailey B, Farkas DL, Taylor DL, Lanni F. 1993. Enhancement of axial resolution in fluorescence microscopy by standing-wave excitation. *Nature* **366:** 44–48.

Born M, Wolf E. 1999. *Principles of optics: Electromagnetic theory of propagation, interference and diffraction of light.* Cambridge University Press, New York.

Boutet de Monvel J, Le Calvez S, Ulfendahl M. 2001. Image restoration for confocal microscopy: Improving the limits of deconvolution, with application to the visualization of the mammalian hearing organ. *Biophys J* **80:** 2455–2470.

Boyde A, Petran M, Hadravsky M. 1983. Tandem scanning reflected light microscopy of internal features in whole bone and tooth samples. *J Microsc* **132:** 1–7.

Brakenhoff GJ, Blom P, Barends P. 1979. Confocal scanning light-microscopy with high aperture immersion lenses. *J Microsc* **117:** 219–232.

Cagnet M. 1962. *Atlas of optical phenomena.* Springer, Berlin.

Carlsson K, Danielsson PE, Lenz R, Liljeborg A, Majlof L, Aslund N. 1985. Three-dimensional microscopy using a confocal scanning laser microscope. *Opt Lett* **10:** 53–55.

Carrington WA, Lynch RM, Moore ED, Isenberg G, Fogarty KE, Fay FS. 1995. Superresolution three-dimensional images of fluorescence in cells with minimal light exposure. *Science* **268:** 1483–1487.

Castleman KR. 1979. *Digital image processing.* Prentice Hall, Englewood Cliffs, NJ.

Castleman KR. 1996. *Digital image processing,* 2nd ed. Prentice Hall, Englewood Cliffs, NJ.

Cole MJ, Siegel J, Webb SE, Jones R, Dowling K, Dayel MJ, Parsons-Karavassilis D, French PM, Lever MJ, Sucharov LO, et al. 2001. Time-domain whole-field fluorescence lifetime imaging with optical sectioning. *J Microsc* **203:** 246–257.

Cox G, Sheppard CJR. 1995. Effects of image deconvolution on optical sectioning in conventional and confocal microscopes. *Biol Imag* **1:** 82–95.

DePasquale JA, Izzard CS. 1987. Evidence for an actin-containing cytoplasmic precursor of the focal contact and the timing of incorporation of vinculin at the focal contact. *J Cell Biol* **105:** 2803–2809.

DePasquale JA, Izzard CS. 1991. Accumulation of talin in nodes at the edge of the lamellipodium and separate incorporation into adhesion plaques at focal contacts in fibroblasts. *J Cell Biol* **113:** 1351–1359.

Dixon AE, Cogswell C. 1995. Confocal microscopy with transmitted light. In *Handbook of biological confocal microscopy* (ed. JB Pawley), pp. 479–490. Plenum, New York.

Dixon AE, Damaskinos S, Atkinson MR. 1991. A scanning confocal microscope for transmission and reflection imaging. *Nature* **351:** 551–553.

Dubois A, Vabre L, Boccara AC, Beaurepaire E. 2002. High-resolution full-field optical coherence tomography with a Linnik microscope. *Appl Opt* **41:** 805–812.

Egger MD, Petran M. 1967. New reflected light microscope for viewing unstained brain and ganglion cells. *Science* **157:** 305–307.

Egger MD, Gezari W, Davidovits P, Hadravsky M, Petran M. 1969. Observation of nerve fibers in incident light. *Experientia* **25:** 1225–1226.

Erhardt A, Zinser G, Komitowski D, Bille J. 1985. Reconstructing 3-D light-microscopic images by digital image processing. *Appl Opt* **24:** 194–200.

Fay FS, Carrington W, Fogarty KE. 1989. Three-dimensional molecular distribution in single cells analysed using the digital imaging microscope. *J Microsc* **153:** 133–149.

Femino AM, Fay FS, Fogarty K, Singer RH. 1998. Visualization of single RNA transcripts in situ. *Science* **280:** 585–590.

Gadella T, Jovin TM, Clegg RM. 1993. Fluorescence lifetime imaging microscopy (FLIM): Spatial resolution of microstructures on the nanosecond time scale. *Biophys Chem* **48:** 221–239.

Goldstein SR, Hubin T, Rosenthal,S, Washburn C. 1990. A confocal video-rate laser-beam scanning reflected-light microscope with no moving parts. *J Microsc* **157:** 29–38.

Gustafsson MG. 2000. Surpassing the lateral resolution limit by a factor of two using structured illumination microscopy. *J Microsc* **198:** 82–87.

Gustafsson MG, Agard DA, Sedat JW. 1999. I5M: 3D widefield light microscopy with better than 100 nm axial resolution. *J Microsc* **195:** 10–16.

Hanley QS, Verveer PJ, Gemkow MJ, Arndt-Jovin D, Jovin TM. 1999. An optical sectioning programmable array microscope implemented with a digital micromirror device. *J Microsc* **196:** 317–331.

Hanley QS, Verveer PJ, Arndt-Jovin DJ, Jovin TM. 2000. Three-dimensional spectral imaging by Hadamard transform spectroscopy in a programmable array microscope. *J Microsc* **197:** 5–14.

Heintzmann R, Ficz G. 2007. Breaking the resolution limit in light microscopy. *Methods Cell Biol* **81:** 561–580.

Heintzmann R, Hanley QS, Arndt-Jovin D, Jovin TM. 2001. A dual path programmable array microscope (PAM): Simultaneous acquisition of conjugate and non-conjugate images. *J Microsc* **204:** 119–135.

Hell SW, Schrader M, van der Voort HT. 1997. Far-field fluorescence microscopy with three-dimensional resolution in the 100-nm range. *J Microsc* **187:** 1–7.

Hell SW, Stelzer EH. 1995. Lens aberrations in confocal fluorescence microscopy. In *Handbook of biological confocal microscopy* (ed. J Pawley), pp. 347–354. Plenum, New York.

Hiraoka Y, Sedat JW, Agard DA. 1990. Determination of three-dimensional imaging properties of a light microscope system. Partial confocal behavior in epifluorescence microscopy. *Biophys J* **57:** 325–333.

Holmes TJ. 1992. Blind deconvolution of quantum-limited incoherent imagery: Maximum-likelihood approach. *J Opt Soc Am A* **9:** 1052–1061.

Hopkins HH. 1955. The frequency response of a defocused optical system. *Proc R Soc London, Ser A* **231:** 91–103.

Izzard CS, Lochner LR. 1976. Cell-to-substrate contacts in living fibroblasts: An interference reflexion study with an evaluation of the technique. *J Cell Sci* **21:** 129–159.

Juskaitis R, Wilson T, Neil MA, Kozubek M. 1996. Efficient real-time confocal microscopy with white light sources. *Nature* **383:** 804–806.

Kam Z, Hanser B, Gustafsson MG., Agard DA, Sedat JW. 2001. Computational adaptive optics for live three-dimensional biological imaging. *Proc Natl Acad Sci* **98:** 3790–3795.

Keller HE. 1995. Objective lenses for confocal microscopy. In *Handbook of biological confocal microscopy* (ed. JB Pawley), pp. 111–126. Plenum, New York.

Lichtman JW, Sunderland,WJ, Wilkinson RS. 1989. High-resolution imaging of synaptic structure with a simple confocal microscope. *New Biol* **1:** 75–82.

Markham J, Conchello JA. 2001. Artefacts in restored images due to intensity loss in three-dimensional fluorescence microscopy. *J Microsc* **204:** 93–98.

Massoumian F, Juskaitis R, Neil MA, Wilson T. 2003. Quantitative polarized light microscopy. *J Microsc* **209:** 13–22.

McNally JG, Preza C, Conchello JA, Thomas LJ. 1994. Artifacts in computational optical-sectioning microscopy. *J Opt Soc Am A* **11:** 1056–1067.

McNally JG, Karpova T, Cooper J, Conchello JA. 1999. Three-dimensional imaging by deconvolution microscopy. *Methods* **19:** 373–385.

Minsky M. 1961. "*Microscopy apparatus.*" U.S. Patent 3013467.

Minsky M. 1988. Memoir on inventing the confocal scanning microscope. *Scanning* **10:** 128–138.

Murray JM, Appleton PL, Swedlow JR, Waters JC. 2007. Evaluating performance in three-dimensional fluorescence microscopy. *J Microsc* **228:** 390–405.

Neil MA, Juskaitis R, Wilson T. 1997. Method of obtaining optical sectioning by using structured light in a conventional microscope. *Opt Lett* **22:** 1905–1907.

Neil MA, Juskaitis R, Wilson T. 1998. Real time 3D fluorescence microscopy by two beam interference illumination. *Opt Commun* **153:** 1–4.

Neil MA, Squire A, Juskaitis R, Bastiaens PI, Wilson T. 2000. Wide-field optically sectioning fluorescence microscopy with laser illumination. *J Microsc* **197:** 1–4.

Patterson GH, Piston DW. 2000. Photobleaching in two-photon excitation microscopy. *Biophys J* **78:** 2159–2162.

Petran M, Hadravsky M, Egger MD, Galambos R. 1968. Tandem scanning reflected light microscope. *J Opt Soc Am A* **58:** 661–664.

Petran M, Hadravsky M, Benes J, Boyde A. 1986. In vivo microscopy using the tandem scanning microscope. *Ann NY Acad Sci* **483:** 440–447.

Ried T, Koehler M, Padilla-Nash H, Schrock, E. 1997. Chromosome analysis by spectral karyotyping. In *Cells: A laboratory manual*, Vol. 3 (ed. DL Spector et al.), pp. 113-1–113-9. Cold Spring Harbor Laboratory Press, Cold Spring Harbor, NY.

Sato M, Sardana MK, Grasser WA, Garsky VM, Murray JM, Gould RJ. 1990. Echistatin is a potent inhibitor of bone resorption in culture. *J Cell Biol* **111:** 1713–1723.

Scalettar BA, Swedlow JR, Sedat JW, Agard DA. 1996. Dispersion, aberration and deconvolution in multi-wavelength fluorescence images. *J Microsc* **182:** 50–60.

Schrock E, du Manoir S, Veldman T, Schoell B, Wienberg J, Ferguson-Smith MA, Ning Y, Ledbetter DH, Bar-Am I, Soenksen D, et al. 1996. Multicolor spectral karyotyping of human chromosomes. *Science* **273:** 494–497.

Shao ZF, Baumann O, Somlyo AP. 1991. Axial resolution of confocal microscopes with parallel-beam detection. *J Microsc* **164:** 13–19.

Shaw PJ, Rawlins DJ. 1991. The point-spread function of a confocal microscope—Its measurement and use in deconvolution of 3-D data. *J Microsc* **163:** 151–165.

Stokseth PA. 1969. Properties of a defocused optical system. *J Opt Soc Am* **59:** 1314–1321.

Swedlow JR, Hu K, Andrews PD, Roos DS, Murray JM. 2002. Measuring tubulin content in *Toxoplasma gondii*: A comparison of laser-scanning confocal and wide-field fluorescence microscopy. *Proc Natl Acad Sci* **99:** 2014–2019.

van der Voort HTM, Strasters KC. 1995. Restoration of confocal images for quantitative image analysis. *J Microsc* **178:** 165–181.

Verveer PJ, Gemkow MJ, Jovin TM. 1999. A comparison of image restoration approaches applied to three-dimensional confocal and wide-field fluorescence microscopy. *J Microsc* **193:** 50–61.

Wallace W, Schaefer LH, Swedlow JR. 2001. A workingperson's guide to deconvolution in light microscopy. *BioTechniques* **31:** 1076–1082.

Watson TF, Juskaitis R, Wilson T. 2002. New imaging modes for lenslet-array tandem scanning microscopes. *J Microsc* **205:** 209–212.

Wilson T, Sheppard CJR. 1984. *Theory and practice of scanning optical microscopy*. Academic, London.

Wilson T, Neil MA, Juskaitis R. 1998. Real-time three-dimensional imaging of macroscopic structures. *J Microsc* **191:** 116–118.

Xiao GO, Kino GS. 1987. A real-time scanning optical microscope. *SPIE Scan Imag Tech* **809:** 107–113.

（姚祖亮 译 齐冬 方玉达 校）

第9章　生物成像和微观机械性质测量中的原子力显微镜

Marija Plodinec，Marko Loparic，and Ueli Aebi

M. E. Müller Insitute for Structural Biology，Biozentrum University of Basel，Klingelbergstrasse 50/70，4056Basel，Switzerland

原子力显微镜的出现使得生物学研究者能够在纳米水平上观察、操纵和定量分析天然生物样本结构和机械方面的特性。相比其他高分辨率显微镜，原子力显微镜可以在正常的水性环境中研究从分子到细胞和组织等不同生物样品。原子力显微镜可以在37℃下工作，使得它特别适合于对细胞或者组织的体内原位观察。结合光学显微镜和原子力显微镜，科研工作者可以直接获得和光学/荧光图像相对应的结构/纳米水平机械性质变化的数据。这种同时获得结构和功能信息的成像方法将生物学研究推向一个新的高度。本章主要介绍使用原子力显微镜研究生物样品的一般思路、方法和实验步骤。在介绍原子力显微镜的基础知识后，具体介绍如何使用原子力显微镜观察软骨、活细胞和二型胶原质。这些实验展示了原子力显微镜在生物样品尤其在对组织、细胞和分子的观察和研究中的广泛应用。

原子力显微镜的工作原理

原子力显微镜的核心是一个由微悬臂构成的机械探针，微悬臂具有一个非常细小的针尖（图1）（Ludwig et al. 2008；Muller 2008）。观察生物样品时，原子力显微镜通常工作在接触模式下。在这种模式下，一束激光照射在微悬臂的背部后产生反射，从而可以观察微悬臂在样品表面扫描时的偏转情况。样品表面的特征会反映在反射激光的波动上，进一步被光检测器探测到。样品和微悬臂针尖之间的力通过压电扫描器控制而保持恒定。样品表面的作用力可以通过Hooke定律 $F=k_c d$ 来计算，其中 F 为作用力，k_c 为微悬臂的弹性系数，d 为微悬臂的偏转。微悬臂偏转位移的信号或者压电扫描器垂直方向的位移信号可以被用来构建样品表面的三维图像。通过微悬臂的偏转信号构建的图像被称为偏转图像（deflection image），通过垂直压电扫描器的位移信号构建的图像被称为形貌图（topography image）。更加先进的工作模式如非接触模式、间歇接触模式（轻敲模式）或相位成像模式在原子力显微镜成像中也有应用（Boisgard et al. 2007）。

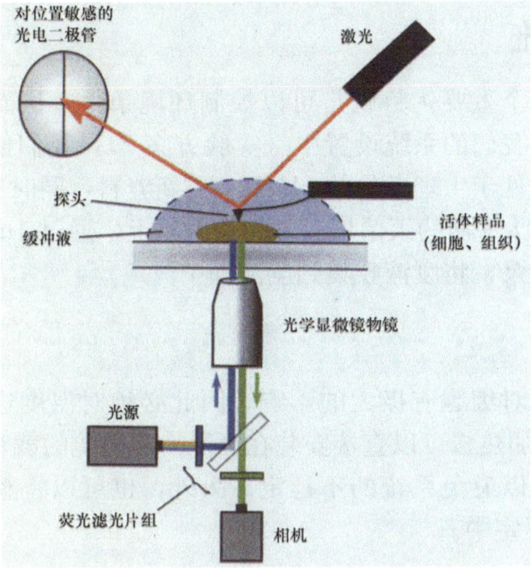

图 1 原子力显微镜-光学显微镜的结构图

原子力显微镜被安装在装备高分辨率物镜的倒置显微镜上，照明使用的光源结合相对应的荧光滤光片构成荧光显微镜的基础，信号被 CCD 采集。原子力显微镜的探头扫描活体样品（细胞或者组织）的表面。细胞表面的形貌可以通过观察微悬臂反射的激光到光检测器上的信号来记录

将原子力显微镜和光学显微镜相结合

许多先进的原子力显微镜可以和光学显微镜整合在一起，同时工作在明场、微分干涉、落射荧光、全内反射荧光或者共聚焦模式下（Hage et al. 2000；Lehenkari et al. 2000；Keller mayer et al. 2006；Madl et al. 2006）。当原子力显微镜提供很高的空间分辨率并且可以以机械力操控和测量生物样品时，光学显微镜提供了高的时间分辨率以及荧光功能成像。当两者结合时，原子力显微镜和光学显微镜就成为全新的对生物样品进行体内原位和实时观察的平台。实际上，最近软件的进展已经可以通过光镜选择样品中感兴趣的区域，然后用原子力显微镜扫描（例子见实验方案 2 中使用 Bioscope II 系统对 Rat-2 成纤维细胞进行生物成像和机械性质测量）。

显微镜

图 1 为原子力显微镜-光学显微镜结合的模式图。整个系统包括一个配备有高倍和低倍物镜及高灵敏度 CCD 的倒置显微镜，以及安装在这种倒置显微镜上的原子力显微镜系统。在大部分的原子力-光学显微镜整合系统中，原子力显微镜工作在闭环模式下，使用高分辨率的电容来控制样品位置，同时可以在不损失准确性的情况下快速对感光区域进行缩放。原子力显微镜配备的红外激光（850nm）可以防止激光信号和荧光信号的干扰。为了减少机械和声音振动（噪声）的干扰，这个系统被安置在防震台上。

培养基控制和灌流

原子力显微镜的一个重要优势就是可以控制环境条件，从而使样品的结构和功能处于正常的状态下。在我们的系统设置中（实验方案 2），我们使用扩散泵来持续不断地更新培养基，让样品处于生理条件的 pH 下，更新养料，同时补充蒸发的水分。入口接在一个已经用 5% CO_2平衡的灭菌培养基的注射器上，通过 1m 长的管道接到细胞室中，出口接上机械真空泵，将废液收集到废液桶中。

温度控制

微小的温度变化就对细胞有极大的影响，因此必须对温度进行严格的控制。一个能精确控温到 0.1℃的加热板可以直接安装在原子力显微镜的载物台上。通过加热样品而不是整个显微镜，可以避免系统的不稳定。另外，也可以将整个原子力显微镜系统置于不超过 30℃的恒温室中。

生物样品成像中的探头选择

每次使用原子力显微镜的实验都需要慎重地选择探头。探头有两个主要的性能指标：一个是微悬臂的弹性系数，它决定了原子力显微镜测量的灵敏度；另一个是探针针尖的曲率半径，它决定了图像质量和扫描的分辨率。选择合适的探头对原子力显微镜的表现至关重要。

弹性系数为 0.01～0.06N/m 的氮化硅微悬臂比较适合生物样品的成像和机械测量。一般来说，当作用力在皮牛到纳牛的范围内时，这些探头具有很好的灵敏度。但是弹性系数越小，悬臂越容易受到机械和声音的扰动。因此，在原子力显微镜使用中必须尽可能地减少噪声来源。

探头针尖的几何形状是决定原子力显微镜应用的重要指标。为了获得高分辨率的图像，氮化硅探头经过氧化处理后针尖的曲率半径一般为 5～20nm［如 Veeco Instrument 公司的 micro sharp nitride lever（MSNL）；http：//www. veeco. com］。原子力显微镜的探头针尖经过不同化学物质的处理而具备独特的功能，可用于不同的目的。在测量像细胞这样比较厚的样品时（一般细胞厚度超过 6μm），针尖的长度必须大于样品厚度的 2 倍，这样才能保证微悬臂不会和样品接触。高分辨探头可以在纳米尺度上测量样品的表面属性。对于大样品的测量，则可以直接将玻璃微珠粘在原子力显微镜的悬臂上（实验方案 4；Ling et al. 2007）。一般微珠的直径为 5～10μm，但具体采用多大的微珠仍然由样品的结构决定。

在进行原子力显微镜测量之前，非常重要的一步就是实地测量微悬臂的弹性系数（Hutter and Bechhoefer 1993）和灵敏度。因为真实测量的数值往往和厂商的标称值有差异，而且这些数据对于精确控制施加在样品上的作用力非常重要。

生物样品的机械测量

除了与成像相关的应用外，原子力显微镜也适用于测量样品的纳米机械特性，如生物样品在生理条件下的拉伸和压缩中的硬度、塑性和黏弹性。除了栅格扫描模式外，原子力显微镜也应用于力 - 曲线或者力 - 测量模式（图 2）。这个模式下，微悬臂针尖和样品的距离逐渐接近，接触样品表面后又重新离开样品表面。悬臂的位移被连续地测量，这样就可以知道样品和悬臂针尖之间的距离，从而获得力-探头样品距离曲线和负载位移曲线。曲线（Δ 力/Δ 位移）的斜率即为样品的硬度（图 2）。更加复杂的测量模式为力-体积模式或者力绘图模式，测量一个区域内所有点的力-探头样品距离曲线。除了控制获取力曲线的速度外，通过确定一个最大的针尖偏转，在所有曲线绘制过程中持续施加一个最大负载。通过力-空间模式，样品表面的硬度空间分布被描绘出来。通过计算应力/应变值，即可获得样品弹性系数（杨氏系数），其中应力为被横断面积归一化后的力，应变为长度变化除以样品的原始长度。

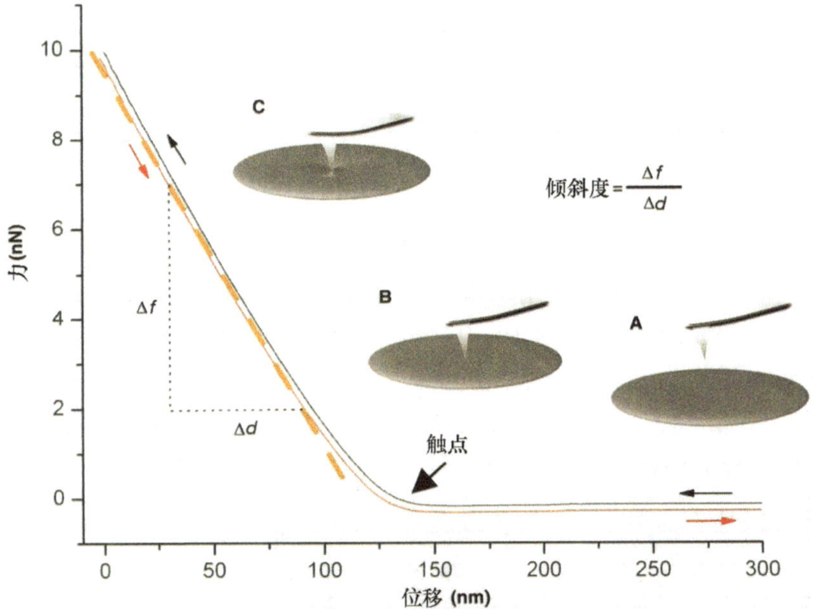

图 2　力-曲线测量

在力测量中，当微悬臂探头和样品表面接触后（黑色曲线）产生微悬臂弯曲，然后收回（红色曲线），这个过程被监测。A. 微悬臂接近样品表面；B. 与样品接触；C. 探头压缩样品，然后向上弯曲。力曲线中的斜率（橙色虚线）代表样品的硬度（Δ 力/Δ 位移）

本章的其他部分将具体阐述将原子力显微镜应用于生物样品研究的具体步骤。

实验方案 1

用原子力显微镜观察关节软骨

软骨是一类无血管的复杂组织，它由细胞（软骨细胞）和含 70%～80%水的胞外基质（ECM）组成。其中胞外基质的主要成分是带负电的蛋白多糖和二型胶原质纤丝，它们共同构成了软骨组织有规律的三维结构。这些组分使得软骨既可以吸收冲击又保护骨顶端。原子力显微镜可以用来在微米或纳米尺度上研究软骨的结构-功能关系。当使用微球测量微米尺度的结构时，只有胞外基质和软骨细胞可以被分辨出来。在微米尺度上对软骨的机械属性进行测量后，得到的硬度结果比较均一，因为测量的是软骨整体硬度。当在纳米尺度上进行测量时，结果为双峰结构，反映了胶原质网络和蛋白聚糖在硬度上的差别。原子力显微镜图像和力图谱揭示了胶原质纤维和蛋白多糖胶质不同的形态。原则上讲，这些应用可以在任何原子力显微镜上实现，但是使用带管扫描器的原子力显微镜更加方便，因为，管扫描器有手动扳手可以倾斜样品，还因为软骨组织表面往往比较粗糙，可以通过手动调整以使样品更加适于观察。通过手工调节探头的角度，可以使探头以最佳的角度接近样品。

相关信息

在胞外基质中，胶原质主要用来保证软骨在剪切和拉伸力下保持完整，蛋白多糖主要应对压力（Han et al. 2007；Pfeiffer et al. 2008）。原子力显微镜可以在液态环境中测量的优势，使得它成为一个测量正常、患病和人工合成的关节软骨的理想工具（Stolz et al. 2004；2007）。使用针尖或针尖上带微球（实验方案 4）的原子力显微镜，在不同的尺度和样品结构特性（图 3）下，均可检测样品的结构-功能的关系。

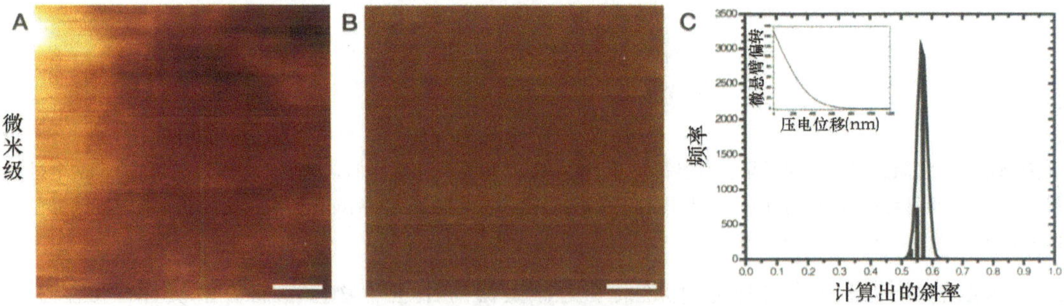

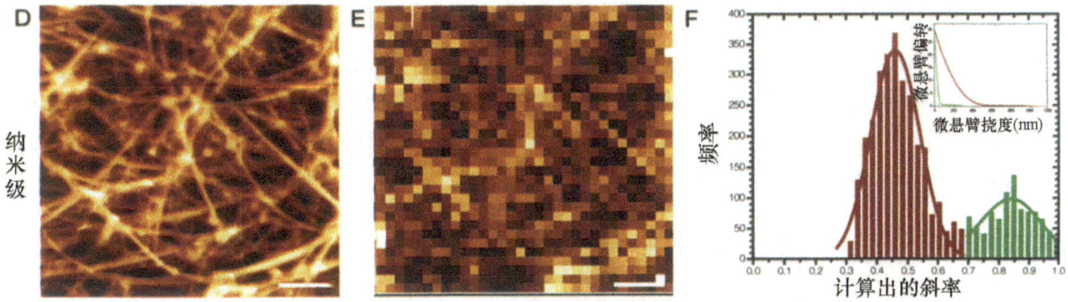

图 3　在微米和纳米分辨尺度上对关节软骨进行成像和机械测量

图像和力-体积图上的标尺高度为 400nm。A. 使用微球探头进行测量的关节软骨图像，示样品表面均一，无结构状态。B. 力-体积图表明样品表面均一的微硬度。C. 均一的微硬度落在很窄的高斯区间。插图为平均力曲线斜率通过最大的高斯分布推得。D. 通过纳米级尖端的探头分辨出单个软骨的胶原质纤维。E. 使用纳米级尖端对单个胶原质纤维进行力-体积图分析，表明样品硬度的差异。F. 各个力曲线的斜率呈现双峰的分布。插图为两个平均的力曲线代表硬质胶原质纤维（绿色）和软质蛋白多糖（红色）

材料

试剂

关节软骨［从新屠宰猪腿的膝关节中获得，见步骤（1）］

Ringer 溶液（含有蛋白酶抑制剂混合物，Boehringer - Mannheim 公司）

设备

原子力显微镜

本实验用 Nanoscope III（多模式原子力显微镜，Veeco Instruments 公司），配备 120μm 扫描器（J - Scanner）和一个标准的灌流室。整个显微镜置于防震台（JRS Scientific Instruments 公司）上

Biopsy 针头（3.264mm 直径，Medex 公司，意大利）

不锈钢盘（直径 10mm）

特氟龙盘（直径 11mm，0.25mm 厚）

快凝胶水（如 Loctite 401）

Histoacryl 组织胶水

磁性样品托架（多模式原子力显微镜，Veeco Instruments 公司）

方法

准备软骨样品

（1）屠宰后 1～2h 的猪膝关节软骨，可收集几个动物的膝关节，4℃保存在含有蛋白酶抑制剂的 Ringer 溶液中。

（2）使用医用打孔切片工具获得膝内侧和外侧股骨的软骨组织。将圆柱形的样品保存在含有蛋白酶抑制剂的 Ringer 溶液中 4℃保存。不要让样品干掉。

（3）对于每个关节软骨的硬度测量，使用快凝胶水将特氟龙盘（直径 11mm，0.25mm 厚）固定在 10mm 直径的不锈钢盘上，然后使用 histoacryl 组织胶水将步骤（2）的软骨样品固定在特氟龙的平板上。

使用原子力显微镜对关节软骨进行成像

（4）启动原子力显微镜的控制软件。

（5）将样品置于灌流室中。

（6）在无限硬的物体上（如玻璃）上测试悬臂的灵敏度，获得负载-位移曲线（Hutter and Bechhoefer 1993）。

（7）把放有样品的特氟龙盘放在磁性样品架上。

（8）旋转固定原子力显微镜探头的螺丝抬高探头，保证探头和样品无接触。

（9）将显微镜探头置样品上方，然后从两边装上弹簧以固定探头。装弹簧时应抓紧探头。当探头被正确固定好后，降低探头直到它浸没在液体中，但又没有接触样品。

（10）将激光聚焦在悬臂顶端。将反射的激光定位在光检测器的中心位置，调整水平和垂直方向的信号读数都为 0。

（11）设定原子力显微镜的测量参数，然后移动微悬臂直到针头和样品表面接触。

（12）从样品表面稍微收回探头，但使它仍在液体中。让显微镜和探头平衡 30min。

（13）30min 后，重复步骤（11）。

（14）将显微镜的扫描频率设定为 0.7Hz 以对软骨成像（扫描参数如增益和扫描频率需要考虑悬臂、样品以及具体使用的显微镜的确定，最佳参数需要在每次实验中根据经验确定）。

（15）开始时扫描一个较大范围以获得组织的整体图像。当感兴趣的区域确定后，可以将扫描区域减小到 10μm。

在获得软骨的图像后，同样的缓冲液可用于测定样品的机械属性。当目标区域的成像完成后，在不脱钩情况下将显微镜转到力-空间模式，一般扫描速度为 3Hz，该频率和膝盖或者骨关节软骨受力的频率比较接近（Popko et al. 1986）。

实验方案 2

使用原子力显微镜对成纤维细胞进行成像

原子力显微镜可用来观察决定细胞机械属性的三种主要细胞骨架组分。它们分别是肌动蛋白微纤维、中间纤维和微管。在这个方案中，使用表达 GFP -肌动蛋白融合蛋白的鼠胚胎成纤维细胞来展示实验步骤。

相关信息

在图 4 中，原子力显微镜获得的图像提供了细胞厚度、形状以及质膜下细微结构的信息，而荧光图像则可以辨别出肌动蛋白纤维。通过两种成像方式之间的相互对照机械测量，即可知道肌动蛋白纤维对局部细胞硬度的影响（图 5）。

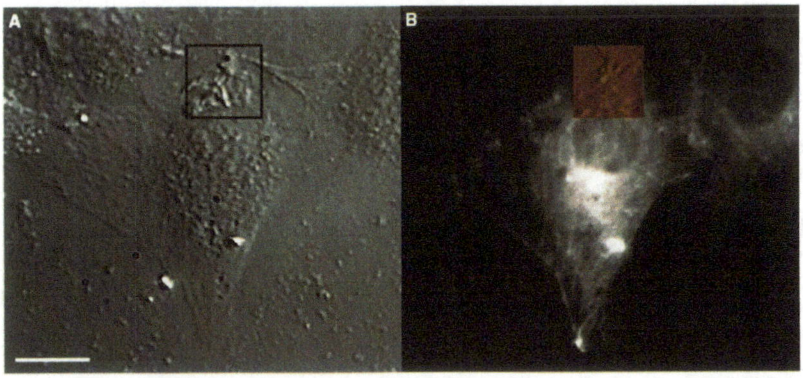

图 4　结合原子力显微镜和光学显微镜对 GFP -肌动蛋白转染的 Rat - 2 胚胎成纤维细胞的成像

A. 在 63×物镜下，细胞核和细胞质可以被 DIC 清楚地观察到。对应的原子力显微镜测量的区域被框出。B. 相对应的荧光图像表明 GFP—肌动蛋白在转染细胞中的结构。最显著的是肌动蛋白纤维。将荧光图像和原子力显微镜图像叠加显示出纤维状结构为肌动蛋白纤维。标尺为 20μm

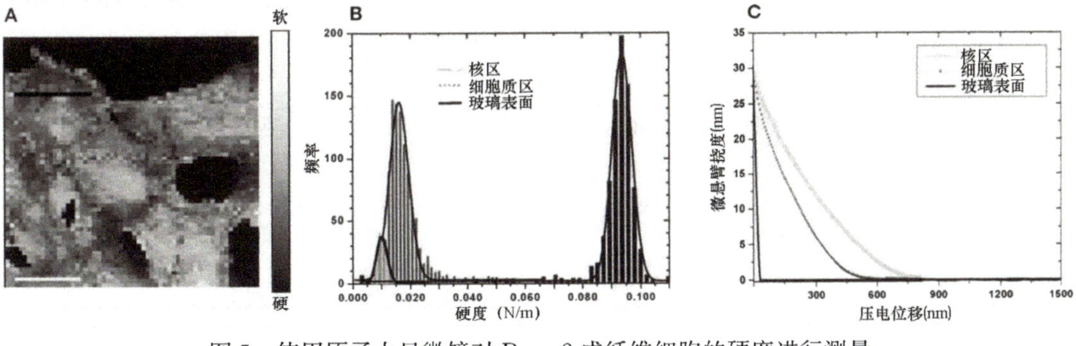

图 5　使用原子力显微镜对 Rat - 2 成纤维细胞的硬度进行测量

A. 力-空间曲线中白色显示软质区域，黑色显示硬质区域。标尺为 20μm。B. 力-空间曲线表明细胞核区域比细胞质区域软。C. 从 B 中柱状图推算的单一区域的平均曲线

材料

注意：标记有<!>的材料请参考附录正确处理；

标有<R>的试剂请参考本章最后的配方制备。

试剂

1%琼脂糖凝胶

0.05% ATV 溶液<R>

人细胞质 β-actin cDNA

DFCS（decomplemented fetal calf serum）培养基<R>

PCR 相关试剂

pEGFPC1 质粒，*Bg*Ⅲ/*Eco*R Ⅰ双酶切（BD Biosciences 公司；Genbank accession #U55763）

Rat-2 细胞，生长在 T-25 烧瓶中

Rat-2 成纤维细胞

限制性内切核酸酶，*Bam*HⅠ和 *Eco*RⅠ

组织培养液，无血清和抗生素（用前预热到 37℃）

转染试剂（FuGENE 6；Roche 公司）

胰蛋白酶<!>

设备

Bioscope II 原子力显微镜系统（BSII；Veeco Instruments 公司），置于一台 DMI 6000（Leica Microsystem 公司）倒置光学显微镜上，配有 10×、63×和 100×物镜。CCD 为 DC350FX（Leica Microsystem 公司）。为了减少机械振动和噪声干扰，整个系统被置于防震台上（Halcyonics Microscopy Workstation 1000）

ATM Micro 软件（Microscope image registration and overlay；Veeco Instruments 公司）

低速离心机

60mmWillCo 玻璃底细胞培养皿（Intracel 公司，Royston，英国）

PCR 仪

细胞培养箱，设在 5%CO_2和 37℃

灌流室

磁性样品支架，适用于 60mm 培养皿（Veeco Instruments 公司）

注射泵

我们用 Injectomat cp-PS 注射泵（Fresenius HemoCare GmbH 公司，德国）

锥形底离心管

真空泵（Alcatel Vacuum Products 公司）

方法

构建 GFP - actin 载体

(1) 通过 PCR 在人细胞质 β - actin cDNA 的 5′端和 3′端分别加上 *Bam*H Ⅰ 和 *Eco*R Ⅰ 位点。

(2) 使用 *Bam*H Ⅰ 和 *Eco*R Ⅰ 对 PCR 片段进行酶切，用 1% 的琼脂糖凝胶回收。

(3) 将回收的片段通过 *Bgl* Ⅱ 和 *Eco*R Ⅰ 连接到 pEGFPC1 上。

(4) 扩增 pEGFP - actin 载体，用常规分子生物学方法提纯质粒。

细胞培养

(5) 使用 2mL ATV 溶液在 37℃对在 T - 25 烧瓶中的 Rat - 2 细胞进行胰酶消化。

(6) 将细胞重悬于 5mL 的 DFCS 培养基中，然后将细胞转移到新的锥形离心管中，600*g* 离心 5min。

(7) 去上清，轻轻振动管壁使细胞团散开。

(8) 在 DFCS 中重悬细胞，进行细胞计数，稀释细胞浓度到 10^4 个细胞/mL。

(9) 取出 2mL 细胞悬液接种到 60mm 细胞培养板中。

(10) 在细胞培养箱 37℃，5%CO_2 培养。转染前 24h 让细胞贴附中培养皿上。

用 FuGENE 6 瞬时转染

(11) 将 4.5μLFuGENE 6 转染试剂和无血清及抗生素培养基（预热至 37℃）混合，在室温下孵育 4min。使用的培养液体积取决于 DNA 的浓度（DNA 量为 2.4μg），但终体积必须为 300μL。混匀过程中不得剧烈振荡！

(12) 加入 2.4μg pEGFP - actin 质粒到转染试剂中，轻轻振动微量离心管，在室温下孵育 25min，不得剧烈振荡！

(13) 将所有的 pEGFP - actin/FuGENE 混合物铺于含 1mL DFCS 培养基中的 Rat - 2 成纤维细胞的 60mm 培养皿中，37℃、5%CO_2 培养 24h。

(14) 在进行原子力显微镜拍摄前加入新鲜的 37℃的 DFCS 培养基。

用 Bioscope II 对 Rat - 2 成纤维细胞进行成像和机械性质的测量

(15) 重复实验方案 1 中的（4）～（6）步。

(16) 将细胞培养皿置于预热到 37℃的载物台上，用磁性样品支架固定培养皿。

(17) 将灌流室固定于细胞培养皿上，用管子将注射泵与灌流室相关接口连接。在进行后续步骤前，保证灌流室无泄漏，工作正常。

该步骤保证在成像和测量过程中始终更新培养液，使细胞处于正常的生理 pH、提供新的养料、补偿挥发造成的液体损失。含 5%CO_2 的无菌培养液的注射器接口通过一段 1m 长的无菌管道和机械真空泵连接，另外一端连接到废液槽。

(18) 将细胞置于光学显微镜的焦点上。将原子力显微镜的探头移至样品正上方，但不与样品接触。

(19) 将激光聚焦在探头顶端（图 1）。

Veeco Instruments 公司提供了一种被称为 EasyAlign 的附件。注意在调整激光聚焦时要使用和实验中相同的条件，如相同的培养皿和培养液。当聚焦激光时，信号应尽可能高，一般为 4～8V。将反射的激光调整至光检测器的中心，调整垂直和水平方向的信号都大约为 0。

(20) 将扫描头置于原子力显微镜底座上，再次使信号最大化。

(21) 使用光学显微镜将原子力显微镜的探头移动至平板上无细胞区域。

(22) 设定原子力显微镜的相关参数，移动探头直至样品顶端和玻璃基质接触。

(23) 将探头稍稍抬离表面，保证顶端仍然在液体中。让显微镜和探头平衡至少 30min。

(24) 在光学显微镜的透射光模式（如微分干涉、相差或者明场）下借助低倍镜下将探头定位到感兴趣的细胞旁。

(25) 在光学显微镜的荧光模式下确定目标细胞表达 GFP-肌动蛋白。

(26) 换上高倍物镜（如 63×空气镜，NA0.8）。使用 CCD 在 DIC 和荧光模式下对细胞进行成像。

荧光模式下最好使用高灵敏度 CCD 以保证高的信噪比，这样可以检测到弱的荧光信号。为了防止对光学图像的干扰，红外激光特异的滤光片需要插在光路中。

(27) 使用 Micro software 来组合光学和原子力显微镜图像。按照说明进行校准。

为了在校准过程中准确地记录探头顶端的位置，在获得荧光图像时过曝直到其清晰可见。

(28) 标记将要使用原子力显微镜进行扫描的区域，在使用 100×物镜情况下最适的扫描区域应该小于 20μm。由于细胞核区域相对比较高，即使扫描力很低，也易受到损害，因此不要将扫描起始点悬在细胞核上方。在开始时，扫描的参数并没有达到最优，因此最好在细胞的周边或者目标细胞周围的位置上开始扫描。

(29) 放下探头，开始扫描。优化活细胞成像中的各个扫描参数。整体和部分增益的比值应在 3∶1 附近。如果增益过高，周期性噪声或者高频音波都会干扰结果。对于活细胞成像，扫描速度不应高于 30μm/s。在高的扫描速度下，探头针尖会损伤细胞，造成细胞脱离吸附或者污染针尖。

在成像后，可继续在力-空间模式下进行机械性质测定。我们推荐在目标区域使用 32×32 或者 64×64 的阵列，每个扫描线上取 512 个点。这样获取的数据可保证计算出机械性质真实可靠。因为高频扫描会造成细胞的不可逆损伤，所以扫描的频率应低于 1.5Hz。收集的数据可以直接使用 LabView、Origin 或者 Microsoft Excel 处理。

实验方案 3

使用原子力显微镜对二型胶原质成像

二型胶原质是由原胶原亚单位构成的纤维状蛋白，主要用来构成软骨组织细胞外的超大分子纤维网络。原胶原亚单位约 300nm 长，它们首先自体组装成五聚体的微纤维，然后再组装成直径 10～500nm 的胶原纤维。由于单个胶原质蛋白的叠加，胶原质纤维具有典型的 67nm 的重复结构。在这个实验方案中，我们主要介绍如何制备用于原子力显微镜观察的胶原质蛋白的样品。我们还将描述如何在样品处理前后获取原子力显微镜的图片，从而分析胶原质的自我组装过程。

材料

注意：标记有＜!＞的材料请参考附录正确处理；

标有＜R＞的试剂请参考本章最后的配方制备。

试剂

软骨（来自于猪的膝关节或股关节）

异丙醇＜!＞，30％

$MgCl_2$＜!＞，1mol/L

白云母（muscovite mica）或高度有序热解石墨（highly ordered pyrolytic graphite，HOPG）

磷酸盐缓冲液（PBS），冰冷＜R＞

含有蛋白酶抑制剂的 Ringer 溶液，冰冷

133mmol/L（pH 7.2 ）Sorensen 磷酸盐缓冲液＜R＞

缓冲液配好后，加入终浓度为 1mg/mL 的小牛透明质酸酶（Sigma - Aldrich 公司）

设备

胶带

原子力显微镜

JPK NanoWizard（JPK instrument 公司）置于 Zeiss Axiovert 135 TV 倒置显微镜，装有低分辨率、高分辨率物镜和一个 Leica DC350FX CCD（Leica Microsystem 公司）。整个系统放在防震台上（JRS Scientific Instruments 公司）

匀浆器（Ultra - Turrax T25）

氮气

培养皿
解剖刀

方法

从猪膝盖和股关节的软骨提取二型胶原质

以下所有步骤都必须在 4℃进行。

(1) 从新鲜屠宰的猪股关节和膝关节取得软骨，然后立即放到冰冷的含蛋白酶抑制剂的 Ringer 溶液中。

从动物被屠宰到提取胶原质之间的时间不能超出几个小时，因为软骨细胞很快就会降解，在降解过程中会释放出大量的蛋白酶，进一步损坏胶原质的结构。

(2) 用 30%的异丙醇清理关节上的残渣和脂肪组织。

(3) 用解剖刀从关节上取下软骨，切成小片。软骨为股骨或者胫骨顶端的玻璃状物质。

由于软骨的周边组织往往会含有胶原质，为了避免Ⅱ型胶原质以外的胶原质污染，因此只取到软骨层。由于软骨是无血管组织，因此只要看到近骨面有血存在，就意味着软骨以下部分被取出，并被胶原质分子如Ⅰ型胶原质或者Ⅹ型胶原质污染。

(4) 去除蛋白多糖（如透明质酸、硫酸软骨素、硫酸角蛋白）和软骨细胞，进行以下步骤：①将软骨细胞放入微量离心管；②加入 133mmol/L（pH 7.2）含有 1mg/mL 小牛透明质酸酶的 Sorensen 磷酸盐缓冲液，37℃孵育 12h；③为了充分酶解，换上新鲜的酶溶液，37℃继续孵育 12h；④重复③。

(5) 经过透明质酸酶处理后，用冷 PBS 冲洗胶原质基质 3 次以去除酶和消化释放的分子。

(6) 将胶原质基质放入含有冷 PBS 的培养皿中，使用解剖刀划十字，然后从胶原质基质上切下小片。

(7) 将胶原质基质放在 PBS 中，在 4℃使用匀浆器 11 000 r/min 匀浆 10s 以获得单个胶原质纤维。

(8) 用 SDS-PAGE 分析匀浆物，用 Western blot 验证只含有 II 型胶原。

(9) 用原子力显微镜观察胶原质纤维，或者保存在 4℃（4℃下可保存 2 周）。

匀浆中胶原质的密度依赖于材料的来源和软骨组织的状态。例如，来源于成年人健康软骨组织获得的胶原质密度较高，而来源于患关节炎的软骨组织的密度则较低。幼儿以及患关节炎的软骨一般来说需要较少的酶来处理，处理的时间也比较短，打碎速度也低。这是因为在这些样品中，胶原质的直径一般比较小，只有 20～80nm，而成年人健康的软骨一般大于 80nm。

将胶原质牢固黏附在原子力显微镜的样品台上

获得好的原子力显微镜图像或者可重复曲线的重要条件就是把胶原质固定在合适

的基质上（如 HOPG，图 6）。白云母石是一种在原子力显微镜中常用的基质，它在原子的排布比较平整，而且还带有电荷。HOPG 是另外一种原子排布平整的材料，但是它不带电。根据实验的需要，这些基质还可以被包被以利于胶原质的吸附。将基质用 $MgCl_2$包被处理，即可保证胶原质可以非共价的稳定结合在基质表面。

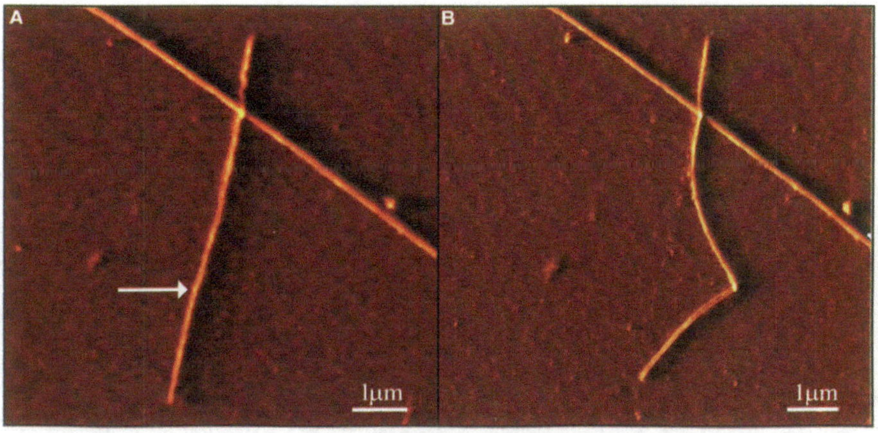

图 6　对胶原质纤维进行操作

A. 操作前的图像；B. 操作后的图像。白色箭头为加以操作的位置

（10）实验前使用黏性胶带清理云母或者热解石墨的表面。确保取下均一平整的层面。

（11）将云母或者热解石墨使用 1mol/L $MgCl_2$溶液室温处理 1h。

（12）将云母或者热解石墨用超纯水洗 3 次，然后在氮气中吹干。

（13）将 10μL 胶原质悬液和云母或者热解石墨基质室温孵育 1h。

（14）用 PBS 轻洗 3～5 次以除去未吸附的胶原质。这一步主要是为了避免污染探头顶端，改善原子力显微镜的成像效果。

对于小尺寸的胶原质（＜60nm），最好使用低弹性系数（0.02～0.08N/m）的悬臂。在成像中，我们推荐使用 V 形悬臂。一般来说，水平方向弹性系数/垂直方向弹性系数比值高时，原子力显微镜的空间分辨率比较高。特别是在胶原质纤维的边缘处，悬臂以很大的角度接近纤维时，高的弹性系数悬臂比较有利。低弹性系数的悬臂很难稳定，造成垂直方向的噪声很大，最终影响整个图像的质量。对于机械性质实验，长方形悬臂要比三角形悬臂更加有利，因为长方形的悬臂对于水平方向的力更加敏感。

胶原质成像和机械性能测定

（15）将微悬臂置于悬臂支架上，将样品放在样品支架上。然后将整个悬臂放在原子力显微镜的探头上。当样品浸没在缓冲液中后，将激光聚焦在悬臂的前端。整个系统平衡一段时间后，检测水平和垂直方向上光检测器的读数，直到读数为 0。

（16）当整个系统平衡后，将顶端移向样品表面。因为天然胶原质很脆，因此先施加最小的力，接触后收回扫描头，在外加力最小的情况下，使用压电扫描器缓慢移向接触点直到图像出现。

（17）一般来说，将扫描增益调到最大，直到到达悬臂的共振点，然后将增益降到稍低于共振点以下。扫描速度取决于样品本身。对于很硬或很黏的样品，快速扫描和高的增益有助于获得好的图像。对于像胶原质这样软的样本需要缓慢的扫描速度，一般为 40μm/s。

（18）对于胶原质，推荐的成像步骤是一开始在低分辨率（128 像素×128 像素）模式下扫描一个较大的区域（30μm×30μm）以获得样品总体图像，然后选择感兴趣的区域，以较高分辨率（512 像素×512 像素或者更高）扫描获得图像。

（19）在机械测量实验中，将感兴趣的胶原质纤维的方向和悬臂的方向平行，扫描方向和悬臂方向垂直（图 6 和图 7）。这时，水平方向悬臂的弯曲比垂直方向明显。

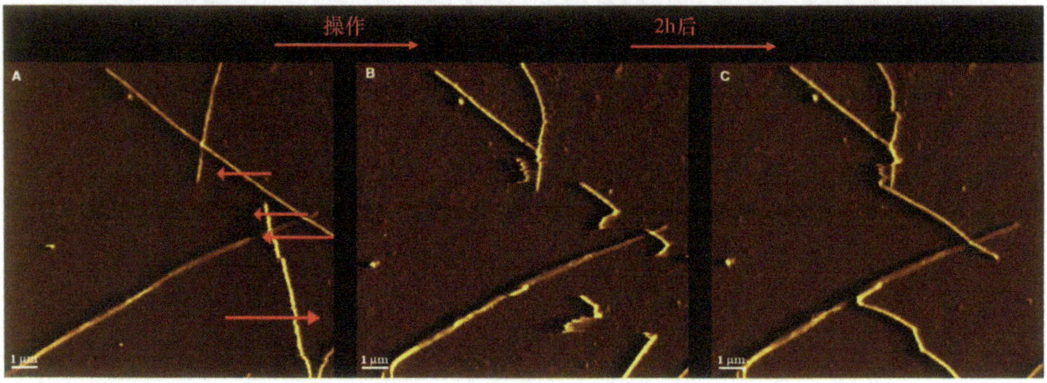

图 7 使用原子力显微镜观察胶原质纤维的解聚和重聚合的过程

A. 胶原质纤维被黏附在 $MgCl_2$ 处理过的云母上，然后使用长方形微悬臂对处于 PBS 中的样品进行测量。红色箭头显示进行操作的位置。B. 机械操作导致胶原质纤维的断裂。C. 当饱和原胶原在 PBS 中孵育 2h 后，新的胶原质纤维重新开始组装

实验方案 4

制备微球针尖

对于微米尺度的成像和机械性质测量，我们将硬的硼硅酸盐制成的微球粘在无针尖的悬臂上，做成直径 10μm 微球针尖使用。在制备过程中，我们使用体视显微镜和一个微操作仪。硼硅酸盐微球在黏附到悬臂之前必须经过清理以避免污染。一旦清理完成，微球需放在含无水乙醇的玻璃管中保存。

材料

注意：标记有＜!＞的材料请参考附录正确处理。

试剂

丙酮＜!＞
无水乙醇＜!＞
200mmol/L KOH＜!＞

设备

硼硅酸盐微球（Thermo 产品号＃9010，Thermo Scientific 公司）
玻璃刀（HR4－334，Hampton Research 公司，AlisoViejo，California）
清洁盒
　　见步骤（19）
盖玻片，干净（24mm×60mm，＃1）
　　见步骤（8）
环氧树脂胶水，30min（如 Devcon）
Femtotip（Femtotip2，Eppendorf 公司）
微操作仪（InjectMan NI2，Eppendorf 公司）
超声破碎仪（Sonorex RK100，Bandelin electronics 公司，Berlin，Germany）
不锈钢板（直径 10mm，0.9mm 厚）（图 8E）
体视显微镜（Axio Observer A1，Zeiss 公司）
双面胶
无针尖悬臂（NSC12，MikroMasch 公司）（图 8）
牙签

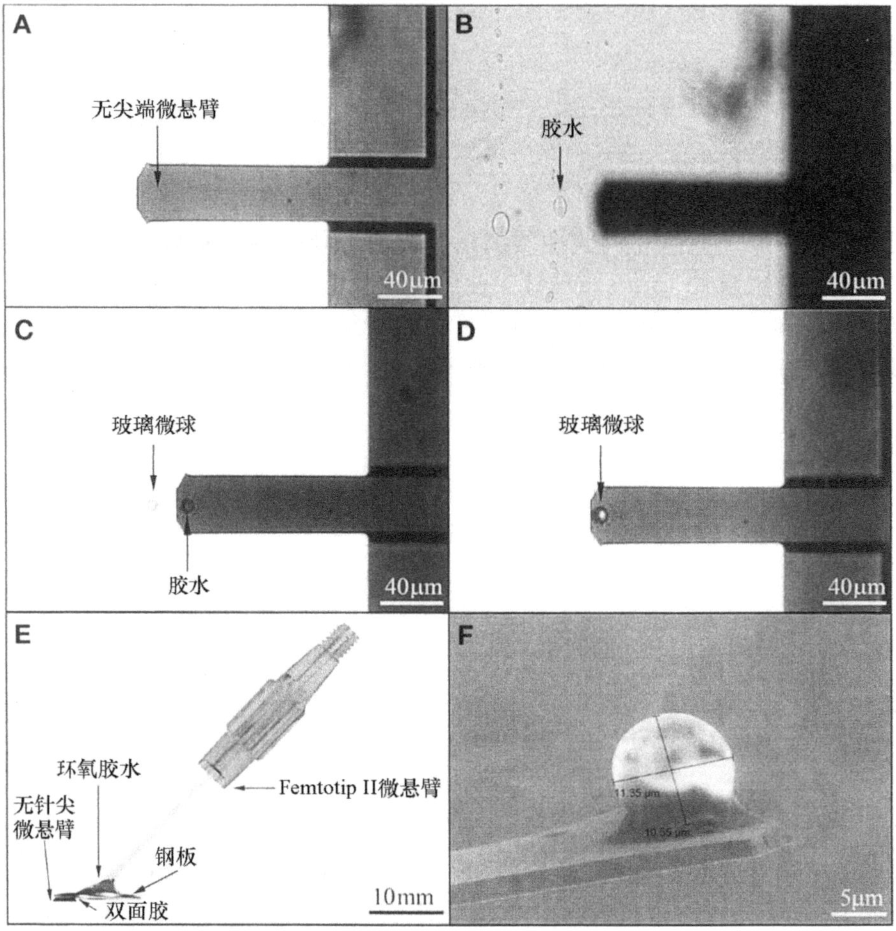

图 8　将玻璃微球粘在微悬臂的尖端

A. 无尖端微悬臂；B. 没有聚焦的环氧胶水滴和微悬臂；C. 环氧胶水滴位于微悬臂前端，玻璃微球位于微悬臂附近；D. 玻璃微球被黏附在微悬臂前段；E. 经过改造后的 Femtotip II 微悬臂用于黏附玻璃微球；F. 扫描电子显微镜图像，表明玻璃微球已经黏附在微悬臂的顶端

方法

清洗微球

（1）将微球置于双蒸水中，800*g* 离心 5s，弃去上清，重复三次。

在整个实验中使用双蒸水。

（2）移去水，将微球置于纯丙酮中。

（3）超声处理丙酮中的微球 5min。

（4）同第（1）步用水清洗微球。

（5）将水除去，然后将微球置于 200mmol/L KOH 中，超声 20min。

（6）用水清洗微球 3 次。

(7) 将水移去，将微球置于无水乙醇中，超声 5min。

(8) 将微球重悬于乙醇，然后取出 20μL 悬液涂在盖玻片上。

(9) 将盖玻片放在超净台中吹干。

准备适合的 Femtotip

(10) ～ (19) 步在体视显微镜下，使用微操作仪操作（图 8）。

(10) 使用玻璃刀，从塑料支架上切下 2cm Femtotip II 玻璃毛细管。

(11) 将玻璃毛细管粘在不锈钢板上。

(12) 将双面胶粘在不锈钢板的下部（用于黏附悬臂）。

(13) 将无头悬臂置于不锈钢板的上部，通过双面胶与之相黏。

将微球粘到无头悬臂上

(14) 将合适的 Femtotip（图 8A）和微操作仪连接。

(15) 将环氧树脂胶水中的树脂和硬化剂等量混合。

(16) 用牙签在盖玻片［从步骤 (9)］上滴一滴胶水。将悬臂调整到视野中央。

(17) 将悬臂移到胶水的边缘，然后慢慢移动悬臂直到它和胶水接触，然后移回悬臂以去除过多的胶水。

很容易控制胶水的量，因为胶水滴清楚可见。胶水滴直径大小不超过微球直径的 1/3。

(18) 提起悬臂，找到微球，然后将悬臂中央调整到微球正上方，缓慢移动悬臂直到胶水和微球接触。如果胶水将整个微球包裹，那么微球即被污染。

(19) 当微球被正确黏上，将它放在干净的盒子中，室温等待 24h 直到硬化完成。

结论

我们以软骨组织、活的成纤维细胞和单独的胶原质纤维为例展示了原子力显微镜在不同生物样本上的应用。当在生理环境中使用原子力显微镜对样品进行成像或者机械性质测定时，原子力显微镜可以为我们在纳米尺度上提供样品的形态和机械特性。原子力显微镜和光学技术的结合给我们提供了一个同时观察纳米机械特性和生理生化过程的平台。未来荧光染料和显微镜技术的进步（如高速原子力显微成像和原子力显微镜探测与衰减）将为生物医学和纳米科学的研究开辟新的道路。

致谢

作者感谢 Roderick Lim 和 Cora - Ann Schonenberger 在写作过程中的有益建议，感谢 Janne Hyotyla 对于图 1 制作上的帮助。该项目得到 Swiss National Science Foundation 和 National Center of Competence in Research on “Nanoscale Science”, Swiss

Nanoscience Institute，M. E. Muller Foundation of Switzerland，Canton Bssel-Stadt 的资助。

配方

注意：标记有＜！＞的材料请参考附录正确处理。

ATV 溶液（0.05%）

NaCl	8g
KCl ＜！＞	0.4g
$NaHCO_3$	0.58g
Glucose	1.1g
EDTA	0.2g
Trypsin＜！＞（2.5%）	20mL

（1）将所有的成分用 500mL 去离子水溶解，定容到 1L。
（2）用 HCl 调整 pH 到 7.4。
（3）37℃孵育 1h 以活化胰蛋白酶。
（4）用 0.22μm 滤器过滤灭菌，分装成 50mL，保存在－20℃。

DHS 培液

杜尔贝科（Dulbecco）氏最低限度的基本培养基	1×
L-谷氨酰胺	2mmol/L
青霉素	100IU/mL
链霉素	100mg/mL
新生小牛血清	10%
终体积	500mL

PBS 溶液（10×）

NaCl	80g
KCl	2g
KH_2PO_4	2.4 g
Na_2HPO_4	14.4g
H_2O	到 1L

Sorensen’s 磷酸盐缓冲液（0.133mol/L，pH 7.2）

Na_2HPO_4	18.89g
KH_2PO_4	9.08g
H_2O	到 1L

首先配置两种盐的 0.133mol/L 的母液，然后与 71.5mL Na_2HPO_4 和 28.5mL 的 KH_2PO_4 混合以最终达到 pH 7.2。

参考文献

Boisgard R, Aime JP, Couturier G. 2007. Dynamic operation modes of AFM: Non-linear behavior and theoretical analysis of the stability of the AFM oscillator. *Int J Non-Linear Mech* **42:** 673–680.

Haga H, Sasaki S, Kawabata K, Ito E, Ushiki T, Sambongi T. 2000. Elasticity mapping of living fibroblasts by AFM and immunofluorescence observation of the cytoskeleton. *Ultramicroscopy* **82:** 253–258.

Han L, Dean D, Mao P, Ortiz C, Grodzinsky AJ. 2007. Nanoscale shear deformation mechanisms of opposing cartilage aggrecan macromolecules. *Biophys J* **93:** L23–L25.

Hutter JL, Bechhoefer J. 1993. Calibration of atomic-force microscope tips. *Rev Sci Instrum* **64:** 3342–3342.

Kellermayer MSZ, Karsai A, Kengyel A, Nagy A, Bianco P, Huber T, Kulcsar A, Niedetzky C, Proksch R, Grama L. 2006. Spatially and temporally synchronized atomic force and total internal reflection fluorescence microscopy for imaging and manipulating cells and biomolecules. *Biophys J* **91:** 2665–2677.

Lehenkari PP, Charras GT, Nykanen A, Horton MA. 2000. Adapting atomic force microscopy for cell biology. *Ultramicroscopy* **82:** 289–295.

Ling X, Butt HJ, Kappl M. 2007. Quantitative measurement of friction between single microspheres by friction force microscopy. *Langmuir* **23:** 8392–8399.

Ludwig T, Kirmse R, Poole K, Schwarz US. 2008. Probing cellular microenvironments and tissue remodeling by atomic force microscopy. *Pfluegers Arch Eur J Physiol* **456:** 29–49.

Madl J, Rhode S, Stangl H, Stockinger H, Hinterdorfer P, Schutz GJ, Kada G. 2006. A combined optical and atomic force microscope for live cell investigations. *Ultramicroscopy* **106:** 645–651.

Muller DJ. 2008. AFM: A nanotool in membrane biology. *Biochemistry* **47:** 7986–7998.

Pfeiffer E, Vickers SM, Frank E, Grodzinsky AJ, Spector M. 2008. The effects of glycosaminoglycan content on the compressive modulus of cartilage engineered in type II collagen scaffolds. *Osteoarthritis Cartilage* **16:** 1237–1244.

Popko J, Mnich Z, Wasilewski A, Latosiewicz R. 1986. Topographic differences in the value of the 2 sec Elastic Modul in the cartilage tissue of the knee joint. *Beitr Orthop Traumatol* **33:** 506–509.

Raab A, Han WH, Badt D, Smith-Gill SJ, Lindsay SM, Schindler H, Hinterdorfer P. 1999. Antibody recognition imaging by force microscopy. *Nat Biotechnol* **17:** 902–905.

Schaffer TE, Cleveland JP, Ohnesorge F, Walters DA, Hansma PK. 1996. Studies of vibrating atomic force microscope cantilevers in liquid. *J Appl Phys* **80:** 3622–3627.

Stolz M, Raiteri R, Daniels AU, VanLandingham MR, Baschong W, Aebi U. 2004. Dynamic elastic modulus of porcine articular cartilage determined at two different levels of tissue organization by indentation-type atomic force microscopy. *Biophys J* **86:** 3269–3283.

Stolz M, Aebi U, Stoffler D. 2007. Developing scanning probe-based nanodevices—Stepping out of the laboratory into the clinic. *Nanomedicine-Nanotechnol Biol Medicine* **3:** 53–62.

（李紫煜　译　方玉达　校）

第 10 章　OMX，一个多模式多通道宽场成像的新平台

Ian M. Dobbie[1,4]，Emma King[2,4]，Richard M. Parton[1]，Peter M. Carlton[3]，John W. Sedat[3]，Jason R. Swedlow[2]，and Ilan Davis[1]

[1]Department of Biochemistry，TheUniversity of Oxford，Oxford OX1 3QU，United Kingdom；

[2]Wellcome Trust Center for Gene Regulation and Expression，College of Life Sciences，University of Dundee，Dundee DD1 5EH，United Kingdom；[3]Department of Biochemistry and Biophysics，University of California，San Francisco，San Francisco，California 94143-2240

生物成像正在经历一场激动人心的变革。新的探针、新的样品制备方法、新的图像分析和定量手段层出不穷。在这些技术中，最振奋人心的莫过于那些能大幅度提高成像时空分辨率的新平台的诞生。在很多应用中，实验室普通的显微镜已经无法满足实验需求，它们将被那些更加灵活、功能更加强大、可以进行单分子或者超高分辨率成像的新平台所取代。

在活细胞成像中，有一些必需而又很难兼顾的要求。这些要求包括：成像系统必须在物理上非常稳定，样品位置和光路不会因为外界的震动或者机械部分的热胀冷缩而变化。但是在成像过程中，又需要很快改变焦平面并尽可能快地采集数据。因此，快速活细胞成像需要一个既能隔绝外界震动和温度变化、始终保持非常稳定，同时又能迅速准确移动的平台。光漂白和光损伤限制了穿过显微镜的光子数目，使得样品信号通常比较微弱，在这种情况下，来自外界的杂散光或者探测器的电子噪声都会明显的增加背景，因此在成像中必须加以避免。最近的一篇报道表明在所有的商业化成像平台中都存在非泊松噪声（Murray et al. 2007）。所以，微弱荧光信号的成像对于传统显微镜而言是一项极具挑战性的工作。

在本章中，我们主要介绍 OMX 成像平台的设计理念和它的应用。作为一个新的平台，它不仅具有前所未有的机械和热稳定性，而且在微弱荧光信号的收集方面也有远超前人的表现。这些特点使得 OMX 系统成为一款优秀的快速活细胞和超高分辨率成像平台。另外，OMX 系统灵活的架构使它可以很方便地加入新的模块，实现新的功能。

OMX 的历史

OMX 系统最初由加州大学旧金山分校的 John Sedat 和 David Agard 联合开发，在开发过程中，Mats Gustafsson、Lukman Winoto、Peter Carlton 也参与其中。OMX 名字来源于 John Sedat 和 David Agard 研发出的第一套宽场去卷积显微镜 OM0（optical microscope 0）。OM0 最初基于 Zeiss Axiomat 显微镜，使用得州仪器的 LN2 冷 CCD 和

一台 VAX 8650 计算机。OM0 后来用于获得第一张细胞三维结构的荧光照片（Agard and Sedat 1983）。随后的 OM1 系统采用了新的光纤照明系统和基于显微镜载物台的对焦系统，同时将控制计算机升级到 Silicon Graphics 公司的工作站。得益于这些改进，OM1 成为世界上最早获得活细胞有丝分裂过程三维荧光图像的成像系统（Minden et al. 1989）。随后 OM1 被 Applied Precision 公司商品化，被命名为 DeltaVision 活细胞成像系统并不断被改进。OMX 中的 X 来自于 experiment 中的 X，表明 OMX 平台既是 OM 系统中的新成员，又具有未来继续发展和改进的潜力。

传统显微镜的底座设计需要考虑到光学性能、制造成本和使用时的便利，其光路设计更是需要考虑一系列显微镜外设的需要和观察者在观察过程中的舒适性，因此不得不牺牲光线的透过率，对杂散光的消除也不理想。另外，目前宽场显微镜的光路设计极大地阻碍了同时进行双荧光通道信号的快速有效采集，同时进行 3 个或 4 个荧光通道信号的快速采集则基本不可能实现。虽然共聚焦显微镜可以同时采集多个荧光通道的信号，但是它们过慢的速度和极低的光子收集效率制约了它们在活细胞成像上的应用（Murray et al. 2007）。OMX 最初的设计理念就是提供一个打破传统显微镜限制的平台，科研工作者可以很方便地加上各种模块实现不同的功能。

OMX 系统包括照明模块、成像模块、显微镜控制模块和样品定位模块。图 1 是 OMX 系统的示意图和每个模块的组成说明。OMX 系统使用固态激光器提供高亮度的单色照明，在照明模块中至少可以安装 5 种波长的激光器。快门采用电磁控制，开关时间在 1ms 内。在照明光路中使用了 6 个中性滤光片以精确控制不同强度的激发光强。所有的激光偶合到两根光纤中的一根，通过光纤传导到显微镜中。在目前的 OMX 系统中，一根光纤用于常规的快速活细胞成像，另一光纤根用于超高分辨率成像中的三维结构照明（3D-SIM）。由于 OMX 系统的开放设计，未来根据不同应用可以灵活进行配置的改变。

为了增加机械和温度稳定性，整个显微镜的结构部分由一块合金制备而成，在需要安装光学部件的相应部位打孔。其荧光光路部分被安装在可移动的抽屉结构中。整个显微镜被置于防震台上，然后整体放入一个隔音、控温的暗室中。对于荧光信号，在光路设计上更多地考虑到了发射光信号的收集，或多或少地牺牲了激发光的效率。金属底座和抽屉结构完全取代了传统显微镜的机械和光路设计。显微镜的载物台和物镜的固定平台均采用热膨胀系数很小的因瓦合金制成。相比传统显微镜使用物镜转换器更换物镜，使用调焦螺旋来升降物镜，OMX 系统的物镜被固定在因瓦合金制成的平台上，从而使成像具有了更高的稳定性和可重复性。调焦和光学切片过程中物镜均保持不动，依赖压电载物台带动其上样品的运动，两个纳米步进马达控制载物台在 x-y 平面上的运动。OMX 系统没有目镜，所以整个显微镜系统可被置于一个和外界隔离的恒温、恒湿环境中。OMX 系统可以同时装备 4 个摄像机，实现高速多荧光通道成像。

OMX 的荧光光路部分使用 4 个分光器（BS1-4）来引导光线投射到相应的 CCD 上（图 1）。理论上所有的激发光都可以无反射地通过中央分光器（分光器 1 和分光器 2），极小部分的反射光被光陷阱捕捉，从而实现消除杂散光以降低背景。从样品返回的发射光则被中央分光器反射到相应的 CCD 光路中。红光和远红外的光线首先被分光器 2 反射到左侧光路，然后红光被分光器 3 反射到一个 CCD 中，远红光透过分光器 3

到达另外一个 CCD。绿光和蓝光通过分光器 2，被分光器 1 和分光器 4 反射，其中绿光被引导到第三个 CCD，蓝光透过分光器到达第四个 CCD。由于 4 个分光器均置于抽屉结构中，可以很容易的进行更换，因此可以很方便地观察不同的荧光分子组合。此外，可更换的滤光片和多个 CCD 使得发射光线可以实现更加灵活的分配，如可以加入偏光片以实现偏振光的观察。

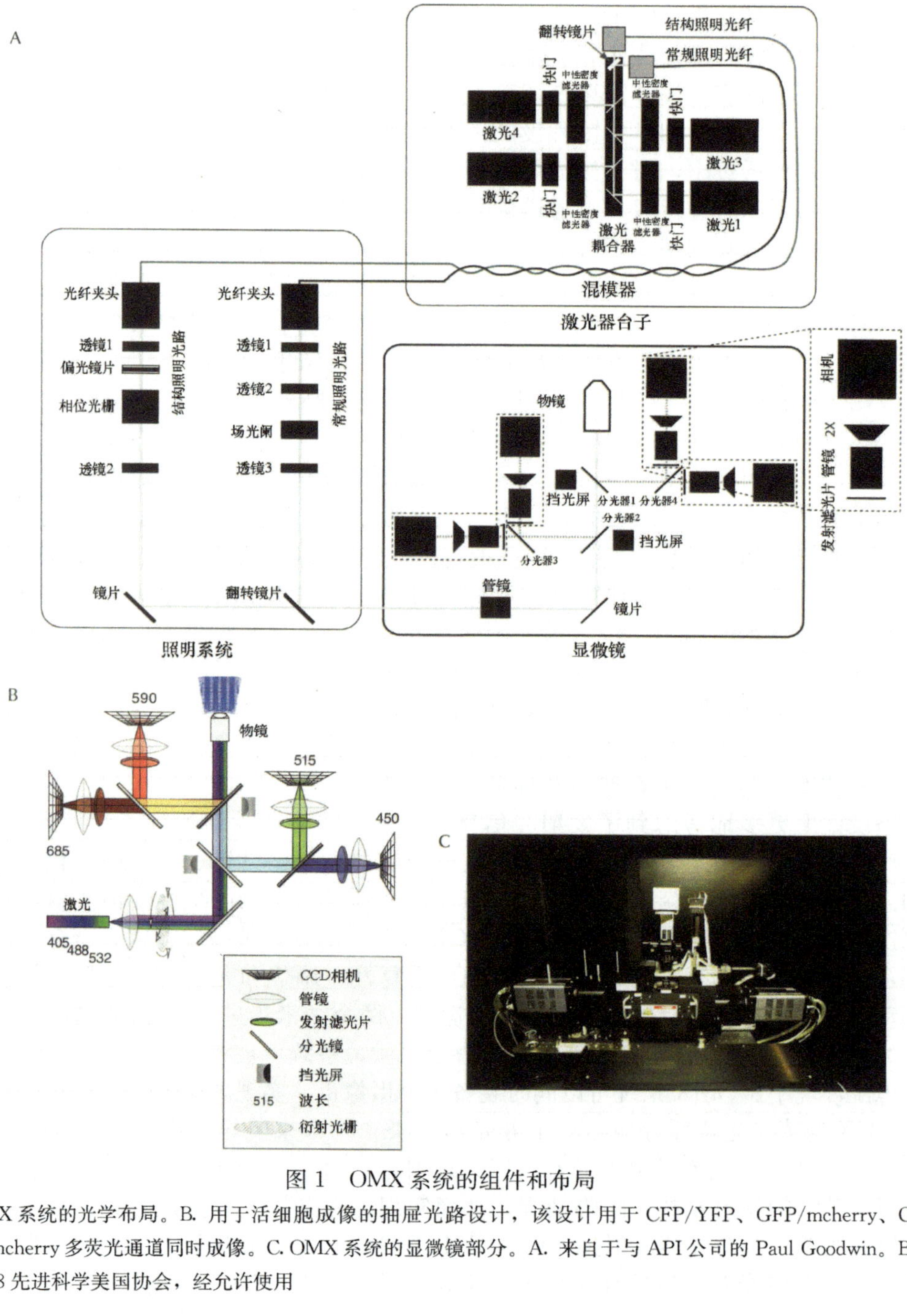

图 1　OMX 系统的组件和布局

A. OMX 系统的光学布局。B. 用于活细胞成像的抽屉光路设计，该设计用于 CFP/YFP、GFP/mcherry、CFP/YFP/mcherry 多荧光通道同时成像。C. OMX 系统的显微镜部分。A. 来自于与 API 公司的 Paul Goodwin。B. 来自 2008 先进科学美国协会，经允许使用

OMX 系统的控制部分为多个基于 Windows 操作系统的计算机，它们控制 CCD、快门和其他各个装置。控制软件由 C++和 Python 编写而成。在操作过程中，Python 的源代码可以直接被访问、修改和重新加载。用户可以编写自己的命令，然后通过内置的 Python 编译器进行编译，控制显微镜实现各种复杂的应用。这些设计使得各种复杂的照明方法可以很容易在 OMX 系统上实现，这也是为什么 OMX 系统是一个很好的 PALM 平台的原因。所有在辅助计算机上运行的程序都可以通过 Pyro 分布式任务系统（http：//pyro. sourceforge. net/）被主控计算机访问。大多数用户的操作都会被保存在日志文件中，以方便未来重复试验和问题查找。另外，载物台、显微镜镜体、马达和显微镜暗室的温度都被实时监测并被保存，这样使用者就可以立即察觉到异常情况的发生。

为了方便使用者寻找样品和确定实验条件，OMX 系统还配备了一台精密的低倍辅助显微镜（low magnification microscope，LMX）。LMX 使用长工作距离镜头，同时拥有透射和荧光光路。LMX 还配备了精密的电动载物台，以实现样品的精确定位。LMX 电动载物台获得的样品位置参数可以和 OMX 系统的载物台共享。LMX 可以扫描载玻片上位于载物台移动距离范围内的所有样品信息，然后输出到 OMX 的控制计算机中，使得 OMX 系统可以很简单就寻找到载玻片上的特定样品或者特定位点。

OMX 系统对于固定样品的使用流程包括样品制备，使用 LMX 在透射光或者荧光模式下对样品进行扫描，然后把样品放置到 OMX 显微镜上进行观察。LMX 将在扫描模式下获得的信息传输到 OMX 主控计算机上后，会辅助确定 OMX 系统需要观察的具体区域。对于活细胞观察，一般会在 LMX 进行预扫描以确定需要观察的样品具体位置，或者直接将细胞培养皿放置在 OMX 上，使用 OMX 的控制软件进行扫描。LMX 扫描整个载玻片后获得的信息会呈现在主控计算机的屏幕上，使用者可以方便的拖动或者进行缩放以发现感兴趣的位点，然后使用 OMX 进行高分辨成像。LMX 的预扫描模式使得经过一次扫描后，就可以在不照射样品的情况下轻松进行样品的定位和寻找工作。

John Sedat 实验室搭建了 OMX 系统的第一台原型机，OMX v1。随后 API 公司获得了 OMX 系统的设计专利，制造了一批测试版的 OMX v2 系统。图 2～6 展示的数据均从安装在牛津（Oxford）大学和邓迪（Dundee）大学的 OMX v2 系统上获得。

OMX 系统的成像应用

设计 OMX 系统最初是为了满足两个方面的需要：①应用于活细胞上的快速多通道成像，这方面的应用要求系统具有很高的灵敏度和时间分辨率；②使用 3D - SIM 对固定细胞进行超高分辨率成像。下面我们将详细介绍 OMX 在不同模式下的应用和具体的实验结果。

快速活细胞成像以便进行高时间分辨率分析

生物体内的生理生化过程，发生时间从亚毫秒到几分钟不等。目前为了建立分子间相互作用的数学模型，也需要描述这些过程的高质量数据的支持。虽然传统显微镜可以以每秒几十帧的速度成像，但是在 3D 成像（如光学切片）和多个荧光通道成像同时进行时，成像速度就降低到大概每秒 1 幅 3D 图像。由于较低的时间分辨率，观察任何持续时间低于 1s 的生理生化过程都无法实现。在真实的实验中，理论上的图像采集速度并不是关键因素，光线的通过率和探测器的探测效率直接决定了在有限的曝光时间内能否获得有意义的图像，也就直接决定了成像系统所能达到的最快速度。

OMX 系统在活细胞成像上拥有两大优势：①最多 4 个荧光通道的信号可以同时被收集。即使遇到荧光信号的发射光谱有重叠而无法同时成像，不同荧光通道之间切换的时间也会低于 1～2ms，这样就保证了多荧光下的成像速度。②高亮激光光源、高速快门、快速而稳定的聚焦系统和高度整合的电子控制系统使得 OMX 系统能够快速准确地 3D 成像。目前的 OMX 系统在单个通道下可达到每秒 2～10 幅 3D 图像的采集速度，在 1ms 的曝光时间下，最快实现 93 帧/s 或者 107 帧/s 的成像速度。整个系统成像速度方面的瓶颈在于 CCD 的读出速度，目前读出一幅 512 像素×512 像素、16bit 的图像耗时 13ms，制约了成像速度进一步提高的可能。通过减小 CCD 的读出面积则可以进一步提高读出速度，从而提高成像速度。

大多数活细胞成像的实验都使用荧光蛋白来进行标记。荧光蛋白的选择受制于可选的激光激发波长，以及荧光蛋白的亮度和光稳定性。对于同时进行多通道拍摄的应用，发射光谱完全分开的荧光蛋白最合适。例如，绿色荧光蛋白 GFP 和 mCherry 既可以同时被 488nm 和 593nm 的激光激发，发射光谱重叠又很少，同时光稳定较好，因此使用它们进行实时多通道拍摄就可取得很好的效果。图 2 和图 3 显示的就是在这种模式下，对酵母、果蝇和人类细胞的活细胞进行拍摄的结果。

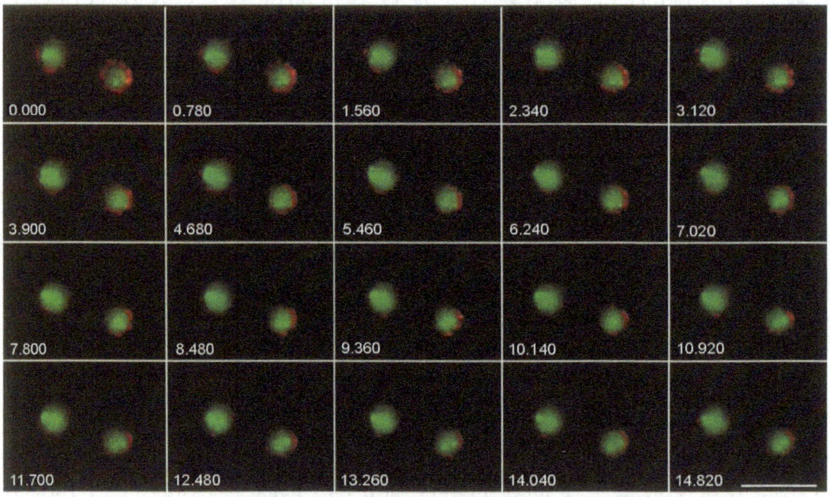

图 2　使用 OMX 系统对酿酒酵母活细胞成像

其中 mcherry 标记核孔复合体，GFP－TetO 标记 4 号染色体（13 层 z 轴光学切片，层间间隔 0.3μm，时间间隔 780ms）。OMX v2 系统对 mcherry 和 GFP 通道同时成像，然后对齐和叠加。原始图像经过去卷积，通过最大强度投影获得单一平面照片。图中数字表示时间点（以秒为单位）。标尺为 5μm（图片来自邓迪大学的 Emma King 和 David Dickerson，API 公司的 Paul Goodwin）

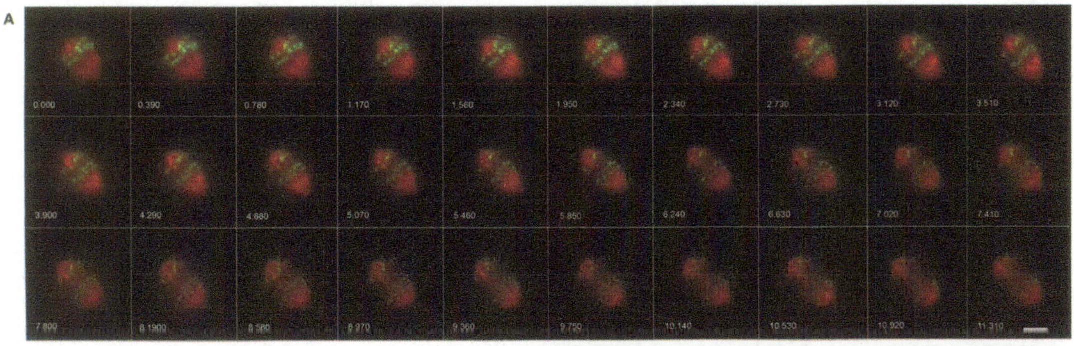

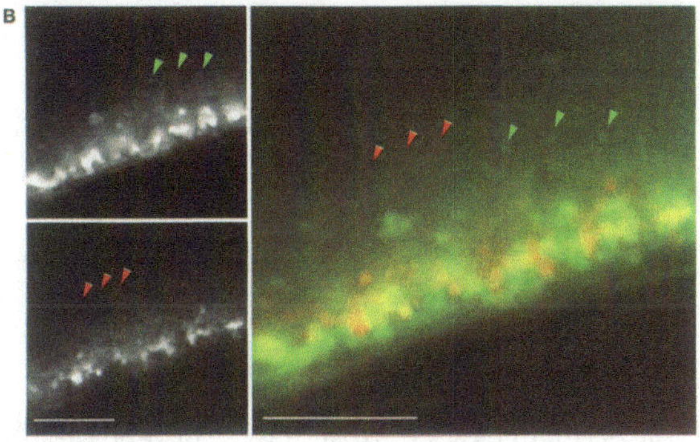

图 3　使用 OMX 系统进行活细胞成像
A. 处于有丝分裂期的 HeLa 细胞。mcherry 标记微管，GFP 标记 CenpB（三层 z 轴光学切片，层间间隔 0.5μm，时间间隔 390ms）。原始图像经过去卷积，最大强度投影获得单一平面照片。B. 表达 Swa-GFP 和 *bcd* * RFP 的果蝇卵母细胞［应用 MS2 系统对 *bcd*-RNA 进行 RFP 标记（Weil et al. 2006)］。左图. GFP；中图. RFP；右图. GFP 和 RFP 彩色叠加。箭头指示运动中的颗粒，图中两类颗粒明显独立地运动。A 和 B 中不同波长使用 OMX v2 同时收集图像，然后对齐和叠加。图中数字表示时间点（以秒为单位）。标尺为 5μm（A 图来自邓迪大学的 Emma King 和 Markus Posch，及 API 公司的 Paul Goodwin。B 图来自牛津大学的 Timothy Weil 和 Richard Parton）

目前，OMX 使用 Bioptechs FCS2 活细胞室来维持良好的细胞生长状态。细胞自我附着在 40mm 圆形盖玻片（No. 1.5），或者盖玻片包被有多聚赖氨酸或者刀豆球蛋白 A（concanavalin A）。OMX 系统通常使用的是 40mm 圆形（1.5 号）盖玻片。FCS2 既可以进行温度的控制，又可以进行培养基的交换，但是它无法控制二氧化碳的浓度。因此未来为 OMX 系统设计和配备更加完备的细胞培养成像室成为当务之急。

3D-SIM 成像以便进行高空间分辨率分析

光学显微镜受制于光线的衍射，其极限分辨率为发射波长的 1/2。在过去几年里，一些超越光学显微镜衍射极限的技术被开发出来。所有的这些方法被统称为超高分辨率技术（Hell 2009）。

3D-SIM 使用结构照明，通过对样品单一层面多次成像，并对多次成像后的结果进行运算分析，最终得到在三维方向上的分辨率均为目前光学显微镜 2 倍的图像。通过将照明光束调制成正弦波状条纹，然后照射样品，样品空间上的高分辨信息就包含在荧光发射光中（Gustafsson 2000；Schermelleh et al. 2008）。条纹状的照明光束以 5 个不同的相位，每个相位分别旋转 60°照射样品后成像，每个 z 轴位置所获得的 15 张照片经过计算机运算获得最终的超高分辨率图像。图 4 展示了荧光珠在普通宽场显微镜下和 3D-SIM 下成像后分辨率的差别。目前可以达到的分辨率为 105nm（405nm 发射波长）和 165nm（593nm 发射波长）（Gustafsson 2000）。

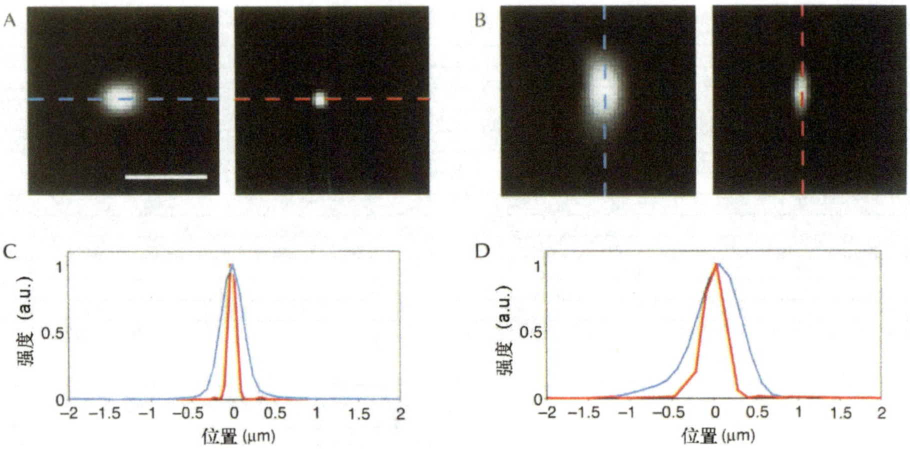

图 4 OMX 使用 3D-SIM 前后的点扩散函数

A、B. 488nm 的激发光照射 89nm 的荧光珠，探测 510nm 的发射光。A 和 B 中的左图为常规宽场显微镜模式，右图为 3D-SIM 模式。A 图为 $x-y$ 平面图像，B 图为 $x-z$ 平面图像。C、D 为行扫描得到的强度图谱，经过中心的行扫描强度图谱表明 3D-SIM（红线）相比常规宽场显微镜（蓝线）在 x、y、z 轴上分辨率都有了明显的提高。C. $x-y$ 方向；D. $x-z$ 方向。标尺为 1μm（来自牛津大学的 Ian Dobbie）

3D-SIM 在固定样品成像上尤为有用。目前，使用 OMX 系统已经成功地获得了一系列样品的图像，如微生物、高等动物细胞、组织切片，甚至整个胚胎。OMX 系统已经为合作者服务，获得了大量可以发表的结果。图 5 和图 6 展示了 OMX 拍摄的果蝇巨噬细胞和 HeLa 细胞（图 5）以及固定的小鼠结肠切片（图 6）。相比常规的去卷积显微镜和共聚焦显微镜，OMX 在 z 轴方面分辨率的改进更加显著，许多原来不可见的亚细胞结构也清晰可见。例如，OMX 系统获得的微管或者微丝纤维的直径接近它们的实际大小，因此在微管微丝重叠或者密集排布的区域，仍然能分辨出单个纤维。

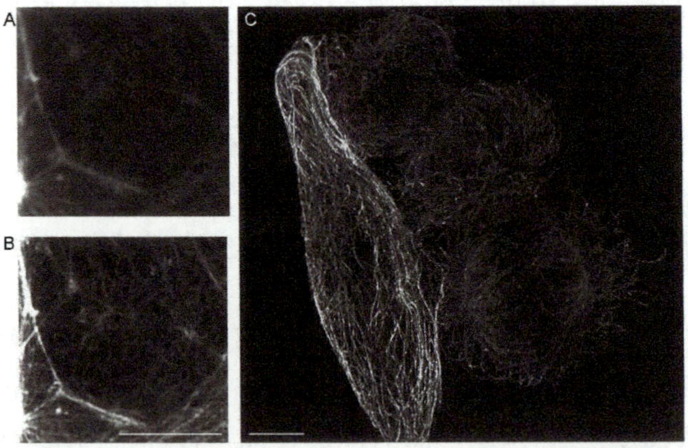

图 5 使用 OMX 对培养细胞进行 3D-SIM 成像

A、B. 果蝇的巨噬细胞经过固定，然后使用 FITC-phallloidin 标记 F-actin。A. 常规宽场显微镜图像；B. 3D-SIM 重构后的图像。B 显示了更多的细节信息。C. 经过甲醛固定的 HeLa 细胞，使用微管蛋白的一抗和 Alexa Fluor 488 标记的二抗对微管蛋白进行染色。所有图片均在 OMX v2 系统上使用 3D-SIM 获得，显示图片为整个细胞成像后经过最大强度投射获得的单一平面图像。标尺，5μm（A 和 B 来自牛津大学的 Ian Dobbie 和 Ilan Davis；C. 来自邓迪大学的 Jason Swedlow 和 API 公司的 Paul Goodwin）

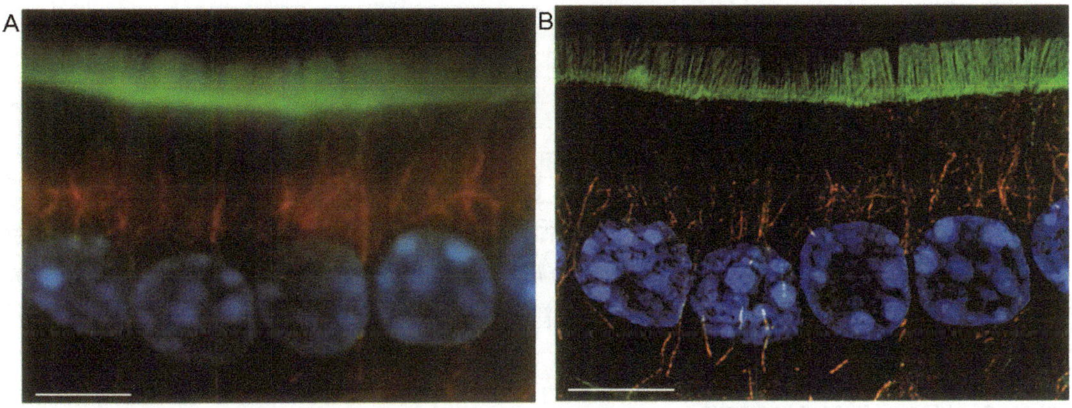

图 6　使用 OMX 系统对冰冻切片进行 3D - SIM 成像。

A. 小鼠小肠冰冻切片，厚度 10μm。DAPI（4，6 - diamidino - 2 - phenylindole）标记细胞核（蓝色），微管蛋白抗体/Alexa Fluor 568 标记微管（橙色），FITC - phalloidin 标记 F - actin（绿色）。图像经常规显微镜获得 5 层 z 轴光学切片并进行最大强度投影获得。B. 使用 OMX v2 系统进行 3D - SIM 成像。一共 5 层 z 轴光学切片，依次获得单个荧光通道信号，经过重建和叠加并进行最大强度投影以获得单一平面图像。标尺，5μm（来自邓迪大学的 Emma King 和 Paul Appleton）

样品制备和 3D - SIM 的实验方案

样品制备在结构照明成像和其他显微成像平台上并没有什么明显的不同。但是在样品制备中，获得特异、足够强度、稳定的荧光信号和保留正常的形态结构都需要格外注意。固定过程中保护抗原决定簇的完整和荧光分子的荧光是重中之重。

整个 3D - SIM 系统使用 1.5 号（0.17mm 厚）的盖玻片。目前为止 OMX 系统可以拍摄的样品厚度是 16μm。固定条件和一抗的选择需要多次优化以取得最好的信噪比，从而使重建后的图像达到最优并尽可能减少重建过程中引入的误差。无论是单层细胞，还是更厚的老鼠胃部石蜡切片或者植物的叶表皮，都可在 OMX 系统上获得高质量的图像。

大量兼具高亮度和高稳定性的荧光二抗可以用在 OMX 系统的样品上，在选择荧光二抗时，需要考虑它们激发波长，OMX 系统激光的波长和发射滤光片的协调，以取得最好的成像效果。我们使用 Invitrogen 公司的 Alexa Fluor 系列荧光二抗取得良好的成像效果。最近，Jackson ImmunoResearch. Inc 公司公布了最新的 Dylight 系列荧光二抗，不仅可以识别来源自不同物种的一抗，而且激发波长的选择更加自由。593nm 的激光适用于激发波长为 568～594nm 的荧光染料。GFP 等荧光蛋白在 z 轴光学切片数量不多或者可选波长有限的情况下，也可用在 OMX 的样品中。但是荧光蛋白的光稳定性限制了它们在 3D - SIM 中的应用。在 3D - SIM 成像中，EM-CCD 的使用为在低背景下获取微弱的样品信号提供了可能。另外，为了减少荧光信号的损失和保证光路中各部分折射系数的一致，需要使用折射系数和物镜相匹配的介质封固样品。90%的甘油和 10%的 Tris 制成的固定剂中还需要添加类似 1，4 苯二胺（1，4 - phenylenediamine）之类的抗猝灭剂。实验证明，在 594nm 下激发的时候，使用这种配比可以取得良好的效果。

未来的方向

OMX 系统作为一个基本的研究工具，目前仍然在继续发展完善中。它从根本上重新设计了荧光显微镜，提供了一个非常灵活的新平台。目前，API 公司销售的 OMX 系统兼顾多通道高速成像和 3D－SIM 超高分辨率成像。由于 OMX 系统开放的光路和灵活的软硬件控制，可相对容易在其上添加新的功能，这些拓展的功能包括了以下一些内容。

活细胞的二维结构照明

OMX 系统的 3D－SIM 能够将传统荧光显微镜的分辨率提高一倍。但是，整套技术仍然有两个比较大的缺陷。①在 3D－SIM 中，为了获取一张照片，需要在 3 个角度上改变 5 个照明相位，一共拍摄 15 张照片。因此在拍摄过程中，光漂白比较严重，获取最终照片的速度也比较慢。由于采用旋转的光栅以提供不同角度上的结构照明，整个系统的成像速度更加缓慢，光栅旋转一个角度大致需要 2s。为了保证图像重建的准确性，在成像过程中，样品的移动范围不能超出 100nm，因此，目前的 OMX 系统，获取一个 z 轴光学切片系列的最短时间为 10s，在这段时间内，细胞内容物的移动范围往往超出 100nm。这个缺陷可以使用两个方法解决，一个方法是使用全内反射荧光（TIRF）的方法以获取单层的图像，在这种情况下，获得一张最终照片只需要在 3 个角度 3 个相位上拍摄 9 张照片。另一个方法是使用光线调制器，衍射光栅角度的改变可以不依赖于光学部件的物理旋转。结合这两种方法，获取一张二维 TIRF 超高分辨率照片的时间可以低于 100ms（Kner et al. 2009）。

TIRF

TIRF 可以实现 100nm 的 z 轴分辨率，同时大幅度减少背景的干扰。它通过光线在盖玻片和样品之间发生全反射时，照射全反射界面上样品。在全反射发生的界面上，会在与盖玻片平行的方向上产生消逝波，而且消逝波的强度随着离开界面距离指数衰减（第 36 章）。多波长 TIRF 系统已经在 Sedat 实验室的 OMX 系统上安装，它将传统的宽场照明导入多波长单模光纤实现照明。通过改变聚焦平面的位置，它可以快速改变入射角以实现不同波长的激发光在同一焦平面上实现全内反射成像。

3D TIRF

由于 OMX 系统可以非常精确地控制发生全反射时的临界角，因此使用 OMX 系统可以在大于临界角的一系列角度上获得 TIRF 图像。使用这种方法，逐渐照射离界面较远的样品，获得一系列 z 轴光学切片的图像。后期的图像处理使得图像的 z 轴分辨率可以达到很高。目前，使用该技术可以获得 z 轴分辨 100nm，厚度 $1\mu m$ 的样品图像。

活细胞成像中的图像处理

OMX 系统的首要设计目标就是在快速观察活细胞的过程中，在有限的照明强度和很短的曝光时间下，仍然能够收集到足够的信号以获得最大的信噪比。分析快速成像过程中产生的数据则需要物体识别和跟踪，以跟踪快速运动而且信噪比有限的颗粒（Jaqaman et al. 2008）。这些识别和定量分析工具对活细胞成像至关重要（第 13、15、16 章）。

另外一个未来极有前途的改进方向是使用图像处理工具改善活细胞成像中信号的信噪比和随后的分析。OMX 系统获得的三维图像信息，利用去卷积技术，根据点扩散函数计算样品中焦平面信号的位置，进一步提高信噪比（Swedlow et al. 1997；Wallace et al. 2001；Parton and Davis 2006）。此外，采用去噪声的算法也可以极大的改善图像的质量。去噪声的算法依据样品信号在二维或者三维空间有规律的分布，而噪声信号则无规律的分布这一特性，从而过滤掉无规律的信号。对于二维信号，去噪声相对简单，常用高斯或者中值滤波加以处理。对于三维信号，由于其本身具有的空间位置的信息，则可以进一步提高信噪比。最近，更加先进的算法也陆续被开发出来。将去噪声技术应用于四维成像中，图像的信噪比可以得到进一步提高。

光激活定位显微镜

另有一种分辨率能够达到 20nm 分辨率的超高分辨率技术被称为光激活定位成像（PALM）（Betzig et al. 2006）。这项技术通过每次以随机方式激发少量的荧光分子，并通过反复地单个荧光分子成像，最终将所有的荧光分子累加获得一幅超高分辨率图像。基本的二维 PALM，由于其只需要常规光路、低强度的脉冲照明和常规荧光成像，因此在 OMX 系统可以轻易实现。z 轴信息可以使用在不同的 z 轴上以获得两张照片（Juette et al. 2008）或者使用散光光路（Huang et al. 2008）来实现。OMX 系统多个摄像机和滤光片光路的设计使得在两个成像通道中可以使用一个 50/50 二分镜将光线均分，然后在一个通道中加上额外的镜片使得焦点发生偏移，这样就可以同时获得两个不同 z 轴的图像。另外，由于 OMX 开放的光路系统，OMX 照明光路中可以轻易地加入柱面镜，从而引发散光。

结束语

由于 OMX 灵活的设计，该平台还在迅速的演化中。我们希望更多的功能被引入到这个平台。理论上任何宽场显微镜的应用都可以通过改善照明条件、提高系统的稳定性和多通道信号获取能力而得到改善。

致谢

特别感谢 Sam Swift、Chris Allan 和 Benny Chitambira 在邓迪大学 OMX 平台使用

过程中的帮助。感谢邓迪大学的 Paul Appleton、David Dickerson、Markus Posch，API 公司的 Paul Goodwin 的许可，允许我们在本章中使用他们的图片。感谢 Kim Nsamyth 对于 OMX 系统的生物学应用的建议和 Tim Weil 在时间延迟成像中的帮助。邓迪大学的 OMX 平台的购置和使用得到 Scottish University Life Science Alliance 的支持。Swedlow 实验室 OMX 系统的相关工作得到 Wellcome 基金会、英联邦癌症研究会、生物技术和生命科学研究会的资助。L. D. 和 R. M. P 得到 Wellcome 基金会高级研究奖学金的资助。牛津大学的 OMX 系统的购置得到 Wellcome 基金会、E. P. A. 、Cephalosporin 基金和 Oxford University Press Fell 基金的资助。

参考文献

Agard D, Sedat, J. 1983. Three-dimensional architecture of a polytene nucleus. *Nature* **302:** 676–681.

Betzig E, Patterson GH, Sougrat R, Lindwasser OW, Olenych S, Bonifacino JS, Davidson MW, Lippincott-Schwartz J, Hess HF. 2006. Imaging intracellular fluorescent proteins at nanometer resolution. *Science* **313:** 1642–1645.

Gustafsson MG. 2000. Surpassing the lateral resolution limit by a factor of two using structured illumination microscopy. *J Microsc* **198:** 82–87.

Hell SW. 2009. Microscopy and its focal switch. *Nat Methods* **6:** 24–32.

Huang B, Wang W, Bates M, Zhuang X. 2008. Three-dimensional super-resolution imaging by stochastic optical reconstruction microscopy. *Science* **319:** 810–813.

Jaqaman K, Loerke D, Mettlen M, Kuwata H, Grinstein S, Schmid SL, Danuser G. 2008. Robust single-particle tracking in live-cell time-lapse sequences. *Nat Methods* **5:** 695–702.

Juette MF, Gould TJ, Lessard MD, Mlodzianoski MJ, Nagpure BS, Bennett BT, Hess ST, Bewersdorf J. 2008. Three-dimensional sub-100 nm resolution fluorescence microscopy of thick samples. *Nat Methods* **5:** 527–529.

Kner P, Chhun BB, Griffis ER, Winoto L, Gustafsson MG. 2009. Super-resolution video microscopy of live cells by structured illumination. *Nat Methods* **6:** 339–342.

Minden JS, Agard DA, Sedat JW, Alberts BM. 1989. Direct cell lineage analysis of *Drosophila melanogaster* by time-lapse, three-dimensional optical microscopy of living embryos. *J Cell Biol* **109:** 505–516.

Murray JM, Appleton P, Swedlow JR, Waters JC. 2007. Evaluating performance in fluorescence 3-D microscopy. *J Microsc* **228:** 390–405.

Parton R, Davis I. 2006. Lifting the fog: Image restoration by deconvolution. In *Cell biology* (ed. JE Celis), pp. 187–200. Academic, New York.

Schermelleh L, Carlton PM, Haase S, Shao L, Winoto L, Kner P, Burke B, Cardoso MC, Agard DA, Gustafsson MGL, et al. 2008. Subdiffraction multicolor imaging of the nuclear periphery with 3D structured illumination microscopy. *Science* **320:** 1332–1336.

Swedlow JR, Sedat JW, Agard DA. 1997. Deconvolution in optical microscopy. In *Deconvolution of images and spectra* (ed. PA Jansson), pp. 284–309. Academic, New York.

Wallace W, Schaefer LH, Swedlow JR. 2001. A workingperson's guide to deconvolution in light microscopy. *BioTechniques* **31:** 1076–1097.

Weil TT, Forrest KM, Gavis ER. 2006. Localization of bicoid mRNA in late oocytes is maintained by continual active transport. *Dev Cell* **11:** 251–262.

（李紫煜　译　方玉达　校）

第 11 章　数字扫描激光光片荧光显微镜

Philipp J. Keller and Ernst H. K. Stelzer

The European Molecular Biology Laboratory (EMBL), Heidelberg, Germany

生命科学的现代应用经常基于生物样本的活体成像，在这一领域光学显微镜的方法非常适用。通常，定量的信息只能来源于大的多细胞组织，并且这些组织在细胞或者亚细胞水平需要具备良好的时间分辨率。这就要求样本整合一些相互矛盾的特征：成像速度快，光漂白低，样品光毒性低，良好的三维分辨率，优秀的信噪比和多视角成像能力。最后一个特征是指多方向记录一个样品的能力，这对于具有强光散射和光吸收的大组织来说是成像的关键（Huisken et al. 2004；Swoger et al. 2007；Keller et al. 2008b）。满足这些要求的成像技术对于很多关键应用，如对细胞内快速进程的长时间研究、整个胚胎发育过程的成像或者突变体形态缺陷的重建来说是必不可少的。

在此，我们讨论数字扫描激光光片式荧光显微镜（DSLM）（Keller et al. 2008b），它作为后基因组时代新兴的活体成像定量工具得到了广泛的应用，并且介绍了这种新兴技术在生物学领域与最近广泛应用的三维显微镜技术的结合体：共聚焦荧光显微镜和双光子显微镜（第 8 章）。

DSLM 属于光片荧光显微镜家族（LSFM）。常规的共聚焦荧光显微镜激发与检测采用相同的镜头，而 LSFM 依靠样品照射的原理，所用光片垂直于荧光检测轴。（Siedentopf and Zsigmondy 1903；Voie et al. 1993）。光学图像叠层来自荧光检测系统的焦平面和激发光片之间的重叠（图 1）。

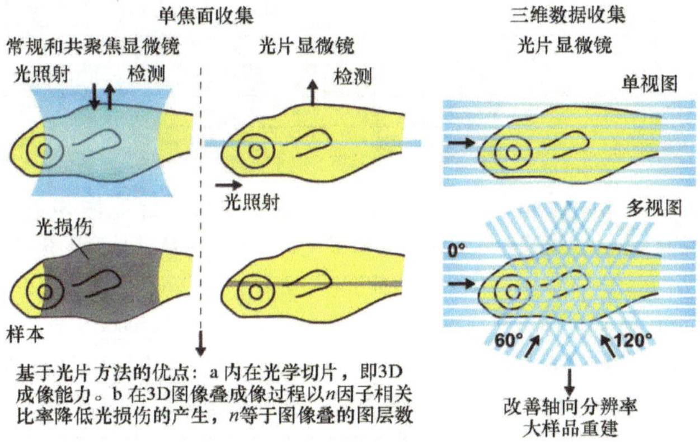

图 1　基于光片的显微镜的原理

左．常规/共聚焦显微镜和 LSFM 的样品照射和荧光检测的比较。尽管样品只有单焦平面的荧光被检测到，常规/共聚焦显微镜还是几乎照射了整个样品。相反，LSFM 检测系统没有造成聚焦平面以外的光损伤。右．基于光片的显微镜的三维成像是通过移动样品通过光片一小步一小步来完成的，每一步都会有一个二维的图像被检测到。在 DSLM 中，三维成像能够通过移动穿过样品的光片和调整检测镜头来收集，在多视图成像中，同样体积内样品或者整个样品沿着不同角度被记录。多视野信息的数据用融合算法进行处理，能够合成一个图像层叠

常规的共聚焦荧光显微镜沿着整个激发/检测轴激发荧光。因此，当记录一个标本单一平面上的数据时，就会在样品所有位置出现光褪色和光损伤（Pawley 2006）。共聚焦荧光显微镜的三维分辨率是通过辨别共聚焦平面上的外源激发光来实现的。相反，LSFM 直接提供光学图像叠层：荧光只在曝光平面被激发，从而完全避免了在感兴趣的小体积之外的样品中非聚焦部分的光漂白和其他光诱导损伤（图 1）。因此，LSFM 极大地减少了在所有依赖于成像的试验中都亟待解决的光毒性作用（Keller et al. 2007）。这种环境使得 LSFM 在敏感的生物样品的快速成像或者长时间成像过程中具备了决定性的优点。（图 2A）（Aronaout et al. 2007；Keller et al. 2008a；2008b；Scherz et al. 2008）。

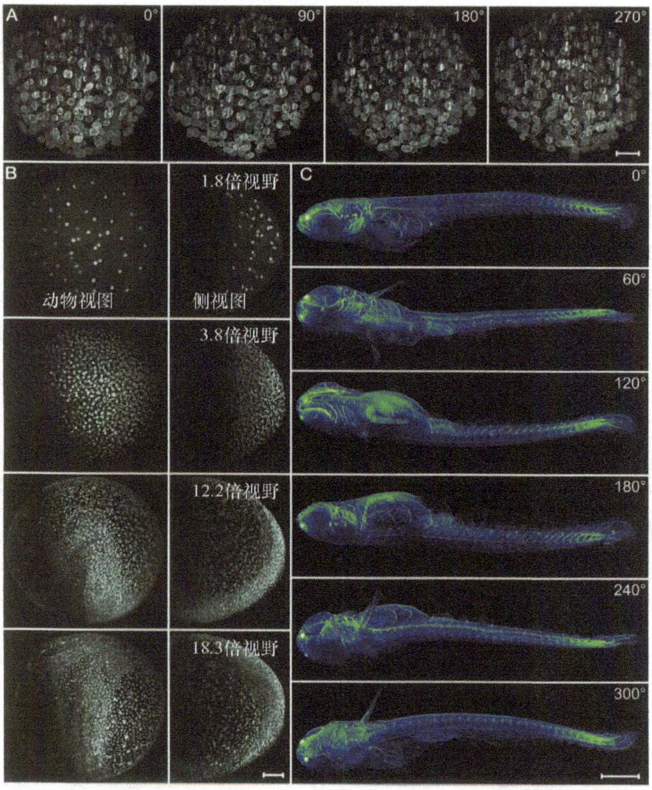

图 2　大的多细胞样品在光片显微镜下的胚胎发育活体成像和多视图收集

A. 一组多视图数据的 SPIM 最大强度投影，显示了 BXPC-3 胰腺癌细胞球（悬滴法获得的），包埋在 0.5%的琼脂糖中（约 800 个细胞，直径约 135μm）。每个投影基于 310 张图片。Draq5 核染色（在 633nm 被激发）。SPIM 检测使用 Carl Zeiss Achroplan 40×/0.8W 检测镜头，然后使用 Lucy-Richardson 算法（迭代 20 次）去卷积。比例尺，20μm，样品由 M. Lohr（DKFZ）提供；由 F. Pampaloni（EMBL）和 M. Marcello（DKFZ）记录。B. DSLM 得到的野生斑马鱼胚胎动物半球的最大强度投影，荧光来自细胞核标记（H2B-eGFP，以 mRNA 形式提供，单细胞阶段注射）。右手边的图片展示了三维图像叠层的侧面投影（每张 200 图）。DSLM 记录使用 Carl Zeiss C-Apochromat 10×/0.45 W 检测镜头，然后使用 Lucy-Richardson 算法（迭代 10 次）去卷积，比例尺，100μm，由 A. Schmidt 和 J. Wittbrodt（EMBL）共同记录。C. 一组多视图数据的 DSLM 最大强度投影，显示了 5mm 长的乙酰化微管蛋白免疫染色的小青鳉，示鱼的神经系统。24 个角度中的 6 个展示出来了，使用绿色/蓝色查找。每个投影基于 2000 张图片。成像使用 Carl Zeiss Plan-Neofluar 2.5×/0.075 空气镜头，标尺为 500μm，由 A. Schmidt、L. Centanin 和 J. Wittbrodt（EMBL）共同记录

在 DSLM 中，微米级的激光束快速移动，垂直通过样品，通过激光扫描得到光片（Keller et al. 2008b）。样品放置在第二个镜头前，第二个镜头是荧光检测镜片，这种镜头通常嵌入在水凝胶里（Huisken et al. 2004）或者放在一个透明塑料盒里（Keller et al. 2006）。这种扫描方式使得样品的每条线激光强度都相同，这正是 DSLM 整体定量分析大样本的技术优势。此外，DSLM 的照射镜头具有低数值孔径（NA），比检测镜的数值孔径要低，这就使它具备良好的穿透度。通过观察相同样品在不同方向的图像使得我们得到的信息量进一步增加（图 2B）。从而在单一方向被隐藏或者遮蔽的样品部分显现出来了（Swoger et al. 2007）。

DSLM 的组成

DSLM 由 6 个亚系统组成（图 3）：①光源；②光束整形装置；③扫描照射/激发系统；④样品翻转/旋转装置；⑤（多通道）检测系统；⑥电子设备、电气设备、计算机和软件。与标准荧光显微镜相比（如常规或者共聚焦荧光显微镜），DSLM 的激发系统和荧光发射收集系统是独立操作的，而标准荧光显微镜激发系统和发射光检测（荧光）使用相同的物镜。

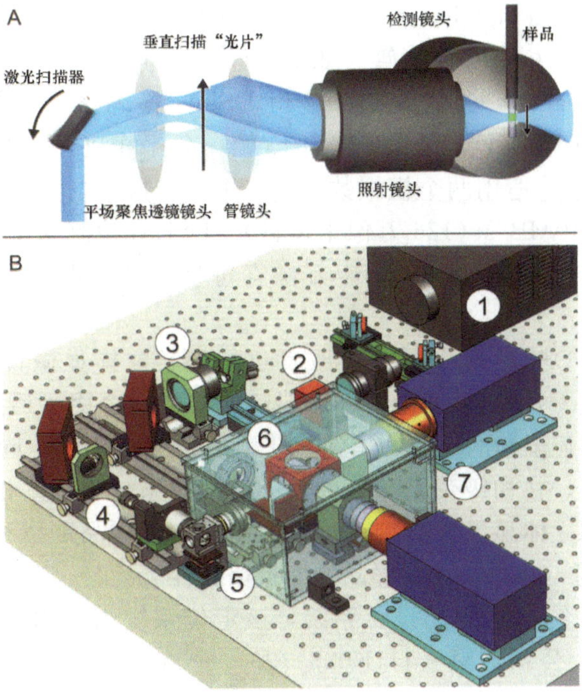

图 3　DSLM

A. 激光光柱从样品一侧照射，沿着单一条线激发样品。薄片的快速扫描，在一个与照射轴呈直角的位置检测荧光，得到光学图像层叠（视频 11 - 1）。平场聚焦透镜镜头将扫描镜的倾斜运动转换成激光光柱的竖直位移。管镜头和照射物镜聚焦激光到样品上，样品的位置在检测镜头的前面。B. 显微镜的光电学意图，包括激光光源①；声光可调谐滤光器②；配备平场共聚焦透镜镜头的激光扫描器③；线性激光光柱照射臂④；温控样品室⑤；配备分光器单元的检测室⑥；两个配有独立操作相机的宽视场荧光检测臂⑦

完整的DSLM照射/激发系统（图3的1～3亚系统；也见图4）由以下构件组成：多线氩氪激光器（如Melles Griot公司，35 LTL 835－230）、一个声光可调滤波器［（AOTF），如AA Opto－Electronic公司，AA. AOTFnC-400-650-nm-PV-TN］作为激光波长选择和强度控制器、一个双轴高速扫描头（如GSI Group Lumonics公司，VM500+）、一个平场聚焦透镜（f－theta lens，如Sill Optics公司，S4LFT0061/065）和一个由常规管镜控制的低NA照射物镜（如Zeiss公司，Plan－Apochromat 5X/0.16）。照射/激发物镜安装在一个压电光学轮廓仪上（piezo nanofocus，如Physik Instrumente公司，P－725.CLQ），压电光学轮廓仪能够沿它的光轴上升400μm。样品被包被在自制的样品盒里，如用惰性黑色聚甲醛树脂包被。样品盒里有温控系统，包括一个内置的温度传感器和位于下方的金属加热片装置。常规的电子反馈装置能在许多天内保持温度稳定在±0.2℃。

DSLM的检测系统（图4）能利用几种检测物镜的优点（如Zeiss公司，Plan－Neofluar 2.5/0.075、Fluar 5X/0.25、C－Apochromat 10X/0.45 W、Plan－Apochromat 20X/1.0 W和Plan-Apochromat 63X/1.0 W），物镜安装在第二个独立运行的压电光学轮廓仪上，分光器带有可换宽带滤光片组（long－pass filters，如AHF的Q 565 LP；Semrock的RazorEdge RU 488 LP、RU 568 LP和RU 647 LP）以及两个配备了两个管镜头和至少两个相机的检测管［如PCO AG公司的the pco. 2000 charge-coupled device（CCD） camera］。这些配件使得DSLM检测系统能够记录动态范围约10 000灰度的图像（即14bit），最大速度为15帧/s每个相机，CCD图像的全幅大小为2048像素×2048像素［适用两个模拟数字（A/D）转换器］。因此，双通道检测系统的最高数据速率是240MB/s（126万像素每秒）。DSLM检测系统中，单A/D转换系统单个相机的最高记录速率减少到64万像素每秒（120MB/s）时能获得高质量的数据。

为了方便使用，DSLM配备了一个改良过的旋转立体显微镜作为辅助观察系统（Zeiss，Stemi 2000－C），该显微镜在相机端口加载了一个用于透射照射的红外光源。使用者可以旋转立体显微镜的旋钮调焦到DSLM样品盒的中间，同时通过DSLM控制软件调整样品的位置，在初级荧光和（或）透射检测系统中观察相机得到的图片。在初级检测系统中使用立体显微镜直接观察，简化和加速样品定位和样品方向，从而得到DSLM的最佳成像（也最小化了样品的能量负载）。

照射和检测亚系统包括样品定位系统，该定位系统由一组三线性的转换载物台（Physik Instrumente公司，M－111K028）和一个旋转微调载物台（Physik Instrumente公司，M－116.DG）构成。旋转载物台具有专门的端口连接铝阳极氧化膜样品台，样品台上用于放置毛细玻璃管和塑料注射器。

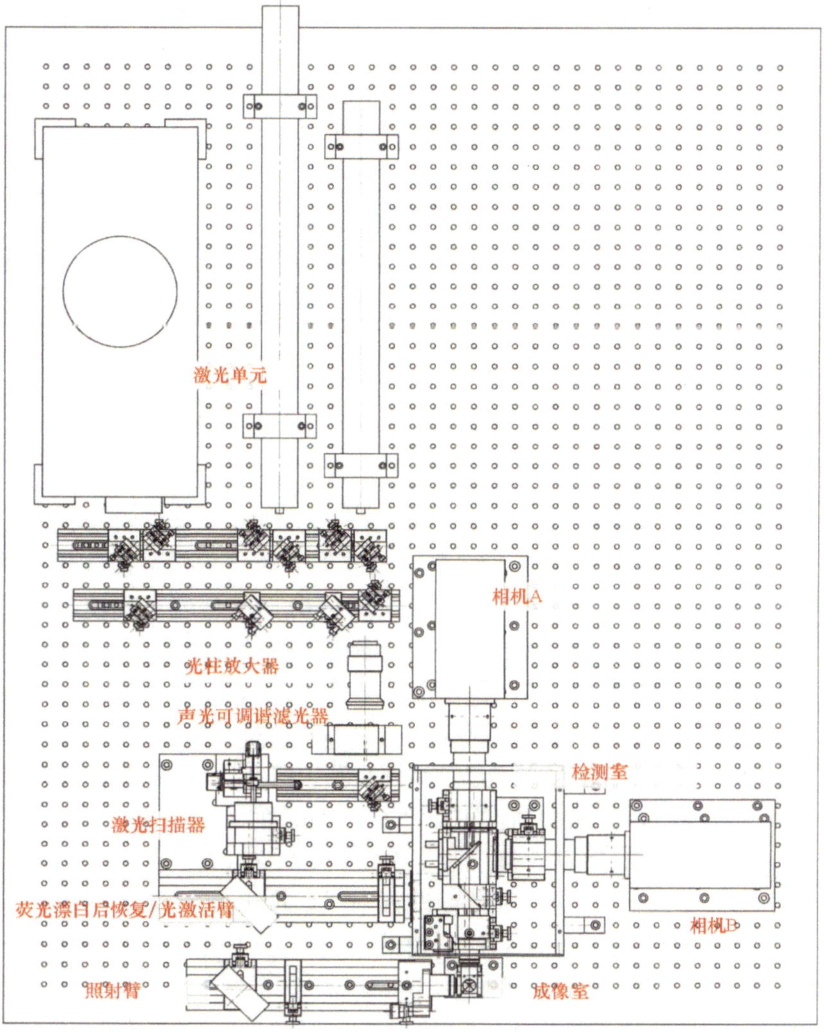

图 4　DSLM 的设计图

设计图展示了“DSLM 的组件”部分中描述的 DSLM 的全部零件。额外的激光和光柱放大器可以安装在照射系统上，从而提供额外的激发波长，能够对光片厚薄进行控制

DSLM 的控制计算机具有 4 个中央处理单元（CPUs，Intel 公司，Core2 Quad Q6600 2.4GHz）。操作软件使用两个物理 CPU 专门用来负责两个相机的数据传输。而剩下的两个 CPU 处理图形用户界面，实时图像处理子程序以及和主机的通信。大容量存储设备是一个高性能硬盘阵列控制器（Promise 公司，SuperTrak EX8350），硬盘阵列控制器具有两个 RAID-0 双硬盘阵列（每个相机一个），每个硬盘具有 1.5TB 的空间。图片以可选择的方式存储在独立的 RAID 系统中，从而使最大数据处理速率加倍，而且使得双镜头检测系统的操作以相机 A/D 转换器的限速运行。安装在采样参数计算机上的双镜头连接控制卡（National Intruments 公司，PCIe-1430）为双镜头数据转换提供了便利。其他的电子控制卡位于 DSLM 电子集线器上，电子集线器通过以太网

连接扩展总线连接到计算机（Harmann Elektronik 公司，StarFabric Bridge）。电子集线器包括扫描控制器（GSI Group 公司，Lumonics，HC/3）、一个四通道阶段控制器（Physik Instrumente 公司，C-843.41）、两个多通道输入输出控制器（National Instruments 公司，PCI－6733）和自定义主机继电系统。AOTF 光束控制元件（AA Opto－Electronic 公司，AA. mod. 8C－C＊＊－75.158，24VDC）有独立的线性电源（Kniel 公司，CA 24.2，5），双通道扫描驱动器（GSI Group 公司，Lumonics，MiniSAX）也有独立的线性电源（Kniel，CA 15.4），而样品盒用户界面控制系统在另外的机箱中。

我们研发了专门的显微镜控制软件。用户界面和高级控制层使用 C＃语言研发，底层硬件通信使用 C＋＋语言。

DSLM 照射系统

DSLM 最基础的创新理念之一是使用激光扫描仪创造一个垂直于检测轴的二维样品照射剖面。在标准的 DSLM 操作系统中，扫描头上的一个扫描镜以恒定的速度在预定角度范围内移动扫描。一个平场聚焦透镜镜头转换扫描角度范围使其垂直于平行光束。由于扫描方法的原因，光源发出的一个单衍射限制的光束，随时沿着明确界定线照射样品。随着时间和空间的推移，整合出完整样品的数据。因此，为了得到二维图，将激光扫描仪分别照射在检测系统的观测范围内不同的样品平面时的信号与相机整合。通过使用扫描速度常数，建立了单色光片状体系（即所有水平线的照射用同样的光强）。整个视野的范围内，高速扫描都可以在小于 1ms 的时间内收集完整的二维数据。

在照射进程中的任何时间点，整个激光强度（由 AOTF 的设置来控制）集中在一个单衍射限制线上。在以前的光片显微镜设置中［如单平面照射显微镜（SPIM）］，孔对于改变强度信号是必要的（导致平均照射效率为 3%）。而 DSLM 照射效率为 95%，仅受限于镜片和镜头上的损失，整个损失的量相当于每个表面损失量之和，每个表面损失量小于 1%（总体小于 5%）。除了高照射效率，扫描方法能精确地控制垂直范围内的照射进程。

DSLM 检测系统

DSLM 检测系统的主要特征有：①同时采用两个相机的准并行检测概念；②避免了快门或者滤光片轮引起的移动；③相机可视领域很大；④最少的光学元件；⑤电子的应用使我们能够同时独立地平行数字化所有元素。总的来说，这些特征成就了最大化的成像速度。

检测物镜聚焦在与照射/激发系统产生的光片重叠的位置（即 DSLM 检测轴正面垂直于照射面）。每个 DSLM 检测臂都有一个光绝缘管系统、一个管镜头和一个相机组成。为避免在需要保护的相机镜头上形成灰层，管镜头和相机都直接连接在金属管筒上。检测物镜收集的荧光或者被透射或者在中心分光器偏转 90°。分光器经过优化，检测双记号试验中散发的 488～568nm 和≥568nm 的荧光效率达到最高［如绿色荧光蛋白（GFP）和 td Tomato］。第一个标记发射的荧光在第一个管道系统里传送，而第二个记号发射的光子偏转向第二个管道系统。在单通道实验中，分光器能够拆下来以获得最大量的光信号。

相机通过操作软件来异步触发。在双通道 DSLM 记录模式下，两个用来激发荧光标记分子的不同波长激光被依次激活。理想情况是，当一个相机记录被活化的激光线激发的荧光标记分子信号时，另一个相机传输前一个照射周期的数据。因为当前可用的 CCD 相机的电子停机时间取决于 A/D 转换器的读数和数据传输速度（>60ms）通常主要被记录速度所限制，异步双通道记录模式有效地加倍了 DSLM 的收集速率。作为一个附加的优点，交替采集取代了两种荧光信号对光谱分离技术的需求。我们偏好的两种标记样品的策略是分别用最佳波长激发每种荧光。激发出的荧光通过滤光片，分别独立地被观察，根据两种荧光的不同优化滤光片使其最适合观察。设置也允许我们同时用两种或者更多的激光管线激发染料，然后用合适的滤光片分光，平行采集数据。然而，这种操作对滤光片的要求很苛刻，大量能量都到达不了检测器。能量的损失不得不用更长的采集时间来补偿，以达到合适的信噪比。

DSLM 与常规、共聚焦、双光子和其他基于光片的光学显微镜的比较

照射效率

在 DSLM 中，整个激光强度集中于一个单衍射限制的光柱，照射集中于样品的焦点部位。因为光圈不再是控制强度分布必要部件，DSLM 照射效率接近 100%，在镜片和镜头表面的能量损失总量<5%。

相比之下，SPLM 的平均照射效率仅为 3%，这种照射效率的大量损失（不是在检测效率中）主要是由一系列水平和垂直缝引起的，这些水平垂直缝是用来剪裁激光轮廓的。缝隙的开口定义光片的高度和厚薄。这种损失在高放大率（40×～100×）和低放大率（1×～10×）试验中都存在。在高放大率 SOIM 试验中，需要高光照数值孔径（NA）以获得一个薄的光片（薄激光柱需要被扩大）。然而，由于使用高放大率物镜，检测范围非常小，激光轮廓必须沿着垂直方向剪切。类似的，在低放大倍数的 SPIM 实验中，低照射的 NA 需要一个合适的均匀光片，但是激光束需要放大到照亮一个大的检测范围的程度。因此，为了减少 NA，激光轮廓必须沿着水平垂直方向剪切。总的来说，使用相同的光源，在低荧光量收集图像方面，DSLM 的速度要快（如染色很弱时）。与 SPIM 相比，DSLM 在相同时间内能采集到 30 倍以上的荧光量。另外一个主要的优点是，DSLM 光源的功率要求比 SPIM 光源要低很多，这就使得我们可以使用到更便宜、更简单、更低功率要求和更小的激光（即可以选择范围更广的激光器）。

共聚焦显微镜通过针孔除去非聚焦的光来进行光学层收集（图 8）。单个焦层检测需要照亮整个样品。聚焦区以外领域的荧光（主信号）简单地被检测针孔阻挡。根据

样品的成像深度，共聚焦荧光显微镜的照射效率相对要低。双光子荧光显微镜比共聚焦荧光显微镜的效率要高，因为甄选准则是依据双光子激发过程的概率密度函数。只有接近聚焦区域的样品荧光被激发（Denk et al. 1990）。

光漂白

相机芯片要达到同样的集成强度，DSLM 和 SPIM 需要样品储存同样多的电磁能。两种显微镜系统进行光层收集时都是通过照射单个样品聚焦层在正确的角度进入检测系统来实现的。SPIM 用一个持续的光照强度照射整个面，而 DSLM 一一照射单个面。需要说明的是，激光束的宽度在相机中跨越了几个线，与相机中单一线或者更少不对应。例如，当放大倍数是 10×，CCD 像素点间距 7.5μm，DSLM 图像层相对于相机芯片中 6 线（覆盖了一个 4μm 的样品层面上的条带）。光照激光束在 SPIM 和 DSLM 中有相同的功率。然而，在 DSLM 中，光束集中在一条线上（与 SPIM 的光片相比）。因此样品照射功率比 DSLM 要高（如当使用 Hamamatsu ORCA 相机时，在 10×放大倍数下是 170，在 100×放大倍数下是 40）。DSLM 激光功率需求范围通常为 10μW～1mW。接近这个区间的高限，在照射剖面的焦面上，测量到的最大 DSLM 辐照水平是 2 kW/cm^2，比 GFP 的半饱和水平要低 20%（11kW/cm^2）（Kubitscheck et al. 2000）。总的来说，即使是在最不适宜的条件下，DSLM 仍然有漂白，SPIM 和 DSLM 的漂白比率是一样的。

由于 DSLM 提供一维的扫描，图像中单个像素成像的有效曝光时间比二维扫描的共聚焦和双光子荧光显微镜都要长几个数量级。例如，如果在斑马鱼试验中每张图片的整个曝光时间是 50ms，DSLM 图像每像素曝光约 500μs。相比而言，共聚焦和双光子荧光显微镜要求像素停留时间为 5μs 或者更短。因此，与共聚焦和双光子荧光显微镜相比，DSLM 能够容许在照射进程中少 100 倍以上的激光功率。

DSLM 和 SPLM 不同优点的实现都是通过只照射样品需要被观察的面。这个优点用因子 n 来表示，等于图像叠层的总厚度除以光片的厚度。因为聚焦和常规荧光显微镜在记录单平面数据时照射整个样品，所以这二者的光漂白率至少比 DSLM 的 n 要高。例如，典型的 DSLM 记录斑马鱼发育实验中，光片的厚度是 4～6μm，图像叠层是 600μm 深。因此，DSLM 光漂白因子要比普通荧光显微镜低 100～150。如果共聚焦显微镜光漂白是非线性的（由高激光功率引起的），这个因子通常比 n 要高。

由于低的双光子激发在图层间交叉，双光子荧光显微镜在照射进程中需要使用超短高能光脉冲，因此双光子荧光显微镜的光漂白是非线性的。另外，双光子的成像层之间有很大重叠，引起了 3D 成像过程中光损伤的增加。从而使 DSLM 光漂白率也要比双光子荧光显微镜低。

详细的并列比较斑马鱼活体成像结果揭示，与 DSLM 相比，共聚焦显微镜的能源负荷因子要高 5600 以上，而双光子荧光显微镜的因子要高 10^6 以上（Keller et al. 2008b）。

点扩散函数的横向和轴向扩展

共聚焦、双光子和基于光片的荧光显微镜的横向和轴向点扩散函数是由激发/荧光的波长、物镜的 NA 与图像的信噪比决定的。因为同样的物镜可被应用在所有的 4 种技术上，所以一种技术所采集数据的横向分辨率与其他技术的差别是很小的。常规的和基于光片的荧光显微镜的横向分辨率是相同的，共聚焦显微镜比前两者好 $1/\sqrt{2}$，而比双光子荧光显微镜差$\sqrt{2}$；也就是说，这方面后者比普通光学显微镜还要差（Stelzer et al. 1994）。众所周知，共聚焦荧光显微镜不能利用这种高横向分辨率的优势，因为它通常不具备这么高的信噪比（Ztelzer 1998）。

点扩散的轴向扩展情况不同。普通显微镜点扩散的轴向扩展功能简单地由检测物镜的聚焦深度决定。任何光层荧光显微镜的轴向扩展都与激发和检测物镜的聚焦深度有关。LSFM 利用衍射限制的照射组建光图像层并且具备多视图能力（即选择采集样品不同角度的数据，见图 4）。在单视图试验中，如使用 NA 相对低的镜头，LSFM 点扩散的轴向扩展功能主要由照射面的厚薄来决定。然而，值得注意的是，LSFM 的照射和检测系统是脱钩的。与普通以及共聚焦荧光显微镜相比，LSFM 的点扩散功能的横向和轴向扩展实际上可以分别定义。通常，对 LSFM 的 NA 照射面是这样定义的，平面区域边缘的厚度比中心的厚度大$\sqrt{2}$，这确保了穿过整个可视区域的合适的同质成像条件。因此，在 SPIM 和 DSLM 中轴向分辨率是一样的，在多视野实验中，轴向分辨率可以通过合成不同角度得到的检测信息来进一步改进。对于一些样品来说，合成不同角度的数据导致三维各向同质分辨率，也就是说，相对低的轴向分辨率变得几乎等同于更好的横向分辨率。

总的来说，在多视图实验中，对整个检测 NA 范围，DSLM 和 SPIM 超越了共聚焦和双光子荧光显微镜。在单视野实验中，如 NA 高达 0.6～0.8（依赖于相机成像区域）时，DSLM 和 SPIM 的点扩散功能的轴向延伸至少要好 50%。在更高的 NA 中，DSLM 和 SPIM 依然超越了双光子显微镜，当 NA 高于 0.8 时，共聚焦荧光显微镜比 LSFM 更优（Engelbrecht and Stelzer 2006）。

LSFM 的高信噪比也是值得注意的（见下文），它使 LSFM 图像特别服从于去卷积处理，使得横向和轴向分辨率进一步提高。

照射模式的质量和灵活性

这个比较涉及 DSLM 和 SPIM 显微镜，它们都实现了薄的衍射限制照射进行光层收集。SPIM 的照射轮廓由一系列光束成型设备来完成，包括一个圆柱镜片和一个照射物镜。相比之下，DSLM 照射采用激光扫描替代了圆柱镜片，因此，DSLM 不需要光束成型设备。事实上，DSLM 中使用的光学元件与商业化共聚焦荧光显微镜是相同的，这些光学元件的性能都很优秀。

在标准的 DSLM 照射模式中，产生了一个均匀的照射形式。采集层面所有线的激光强度都一样。DSLM 图像的质量只受照射光学场特性的影响，这与 SPIM 不同，SPIM 的光片层是由最初准直的 Gaussian 激光束通过圆柱形镜片在一维方向聚焦而生成的。非聚焦维度保留着准直光束的性质，因此，SPIM 的照射强度在周边和在中心领域是不同的，而 DSLM 更适合定量成像和大样品的成像。我们目前使用的 DSLM 确保一个独立的照射系统能够照亮 5mm 厚的样品。

光束整形孔也影响照射光束的质量。在 DSLM 中，未受限的激光束提供了一个衍射限制的聚焦区域。在 SPIM 中，狭缝在垂直和水平面上限制光片以获得合适的光片厚度，同时得到合适的光片高度（见上文）。当大的样品（$>200\mu m$）在 SPIM 中成像时，激光束需同质扩展以确保沿着垂直维度数据的均一性，因而为了降低照射 NA 不得不沿着水平维度剪切激光束。在激光轮廓上施加限制常常导致 SPIM 光片出现旁瓣，增加衍射限制光片的厚度。

作为激光扫描方式附加的优势，DSLM 提供固有的结构照射和具有增强对比度的功能。扫描方法使得照射系统具有灵活性。例如，允许调整照射光片的强度分布。几乎任意强度功能都能够通过 AOTF 和（或）扫描仪加速曲线调整来实现。

成像速度

DSLM 目前提供两个独立的相机频道，两个相机被交叉触发，一个相机处于电子停机时间时另一个相机在成像。当一个相机在处理数据和向计算机传输图片时，另一个相机被曝光。在低曝光时间下（$<50ms$），DSLM 以单个相机基础帧速率的 2 倍采集数据。在 200ms 的曝光时间下，采集率仍有 60%的增长。例如，在操作时，pco2000 的相机使用它的全芯片区域。重要的是，扫描方法不会导致响应成像的限制，因为即使一个 5mm×5mm 的光学平面也能在 1ms 内完成扫描。使用目前最快的电子倍增 CCD 相机，在采样（≥512 像素×512 像素）同时将图像传输到操作计算机上，也只能在几毫秒内将数据读出和传输到计算机上。因此，相机速度的限制因素是 DSLM 的采集。事实上，对于弱染色的样品，DSLM 的扫描照射确实增加了收集速度，因为激光共聚焦在样品上的效率几乎为 100%，所以在短时间段内能够从样品中产生和收集到大量荧光。

与 SPIM 相比，DSLM 扫描方法提供了另一种固有的成像速度优势：DSLM 的双轴激光扫描允许生成和取代照射光片。进行 3D 成像时，样品被固定在一个位置不动，快速移动的光片通过样品，同时置换压电式检测物镜。这种方式有效地避免了使用载物台进行样品位置调整时加速/减速周期的时间消耗，使得最脆弱的样品也能够进行高速的 3D 成像。

共聚焦和双光子荧光显微镜使用二维扫描照射样品，使用光电倍增管来进行检测，也就是说图像的强度水平以一次一个像素的方式生成。典型的 512×512 共聚焦或者双光子扫描场中，每张图片的 262 144 像素是被顺序照射的。与此相反，基于相机的 DSLM 检测系统同时收集 6～8 条线相机芯片内的强度数据，最后每张图片由 16 000 像素构成。平行的数据响应系统使得 DSLM 比共聚焦和双光子荧光显微镜更具有优势。在最大速度时，DSLM 每秒采集 30 张图（每个相机都使用双 A/D 转换器），每张图片为 2048 像素×2048 像素，对应 126 万像素每秒的采集率。美国最先进的共聚焦和双光子荧光显微镜采集图片的速率是 5 帧/s（fps）（Zeiss LSM 5 LIVE 为 120fps），图片为 512 像素×512 像素，对应的采集率为 13 000 像素每秒（Zeiss LSM 5 LIVE 为 310 000 像素每秒）。总体来说，DSLM 比标准共聚焦和双光子荧光显微镜要快 90 倍以上，比

LSM 5 LIVE 快 4 倍。

在 DSLM 中，转盘式共聚焦荧光显微镜具有高成像速度和 CCD 相机，从而具备了高量子效率的优势。与在 DSLM 的情况不同，转盘式共聚焦荧光显微镜牺牲了信噪比，且由于光散射和同时使用多个针孔引起数据不一致产生了图像失真。

最后，需要注意的是，每个样品提供有限量的光子；也就是说，更快的扫描速度不可避免的导致光漂白率的升高。因此，线性扫描或者共振扫描器共聚焦显微镜的程序尤其不适合长时间高速成像，因为它会引起相当高的光漂白率。

动态范围

DSLM 和 SPIM 的都具有基于相机的检测系统，这得益于 CCD 和其他基于半导体的相机的高动态范围。DSLM 检测系统提供 10 000 灰度级的动态成像范围。共聚焦和双光子荧光显微镜通常提供最多 6～8bit 的动态范围（即 64～256 灰度级）。高动态范围的一个优势是可进行图像去卷积以增加分辨率（Verveer et al. 2007），更重要的是，在脊椎动物发育的时程成像中，高动态范围十分有用。例如，在细胞核标记的斑马鱼胚胎中，高动态范围方便准确地记录细胞核内浓度水平的变化。这些信息反映了 DNA 包装水平，也因此揭示了细胞周期状态，不需要添加其他记号。

成本效益

我们设计的 DSLM 优化了照射系统元件的数量和光学界面。考虑到运行所需仪器的自由度，光学部分元件的最小数目是两个。在这个意义上说，DSLM 提供了一个基本完美的方案。我们也关注确保一个紧凑的整体。显微镜在光学平台上目前需要 0.3m^2 的空间，（不包括光源）。DSLM 设备的总标价是 80 000 欧元（不包括软件升级和定制电子元件）。使用单相机，减少可选光学元件的数量，DSLM 最低价可以到 50 000欧元。

结论

DSLM 十分适合检测大的多细胞活体组织样品。与共聚焦显微镜和双光子显微镜相比，DSLM 提供了快 50 倍的成像速度和高 10～100 倍的信噪比，同时，曝光样品所用的光能至少减少 3 个数量级（表 1）。

表 1　整个胚胎发育长时间活体成像过程中三维荧光显微镜的性能比较

	DSLM	共聚焦显微镜	双光子显微镜
图层效[a]	焦平面	整个样品	焦平面＋表面部分
能源负荷[b]	E	约 10^3E	约 10^6E
横向分辨率[c]	r	$r/\sqrt{2}$	$r\sqrt{2}$
轴向分辨率[d]	＋＋ 相当于多视图横向分辨率	＋	－

续表

	DSLM	共聚焦显微镜	双光子显微镜
成像速度[e]	63 百万像素每秒	2 百万～6 百万像素每秒	1 百万像素每秒
信噪比[f]	1 000∶1	60∶1	10∶1
成本效益[g]	≥50 000	>100 000	>200 000

＋＋表示性能很好，＋表示中等性能，－表示低性能。

a 在检测镜头的聚焦面上照射光仅仅激发荧光的效率；双光子荧光显微镜表面贡献取决于激光强度和样品厚度。

b 相对因子依赖于胚胎总的大小；因子由核标记的斑马鱼胚胎检测得到（Keller et al. 2008b）。

c 不考虑图片去卷积；在图像去卷积条件下，DSLM 的横向分辨率远优于共聚焦显微镜（Verveer et al. 2007）。

d 考虑到 DSLM 的多视图能力，额外的性能取决于目标的选择。

e 只考虑适合长时间高速成像的情况，即没有线性扫描共聚焦显微镜。值得注意的是共振扫描的共聚焦成像达到了 6 百万体素每秒，但是由于视野小的原因，不适合用于整个胚胎发育过程的高空间分辨率成像。

f 在最大成像速度 F 的平均性能。

g 包括共聚焦和双光子荧光显微镜附加的光学元件和高性能的激光（特别是双光子荧光显微镜）。

这项技术的进一步改良是可能的，如倍增和并行激光照射及荧光检测进程（图 5）。例如，简单的改进我们目前的设备，使样品两面照射。这种改进在 SPIM 中应用得很成功，它增加了具有低透明度、高光散射性质的大样品的照射同质性（Huisken and Stainier 2007；Scherz et al. 2008）。同样，检测系统也可以升级为观测样品的正反两个视野。整个设备提供了固有的多视野能力，降低了从不同角度采集荧光信号的时间。综合这些理念，DSLM 的相当有力的扩展是同时拥有双向线性扫描照射系统和双面检测系统。

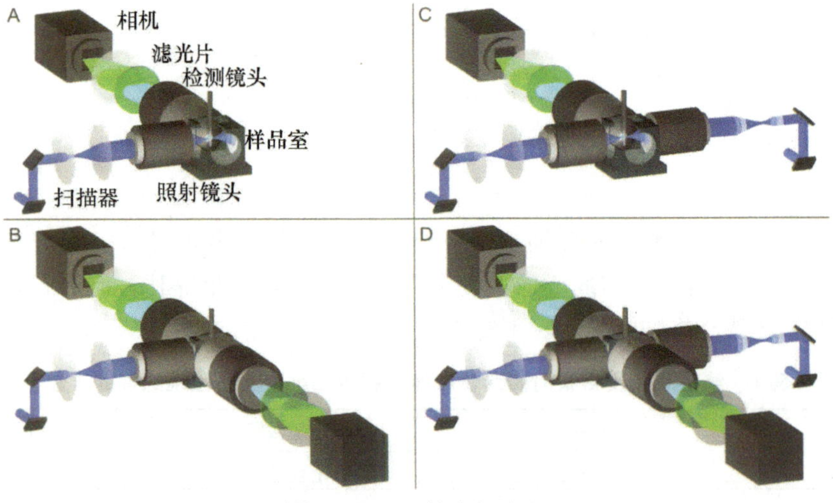

图 5　DSLM 的高级配置

A. 标准 DSLM 配置示意图；B. 双面检测的扩展版本；C. 双向照射；D. 双向照射和双面检测结合版本。多边光源在照射进程中能够产生更多的均匀曝光，从而在多视图成像时，由同时多边检测节约采集时间和照射光能

影像说明

免费的影像在线 www. cshprotocols. org/livecellimaging。

影像 11. 1. DSLM 的工作原理示意图。影像展示了标准 DSLM 成像模式下主要的样品照射流程和荧光检测流程。激光束从边缘开始照射样片，沿着样片中的单线激发荧光。两个激光扫描仪在水平和竖直方向上移动激发激光线。通过快速扫描的样品的整个平面，与照射轴呈一定角度的荧光被检测到，光学切面图就被记录下来。上边左图可以看到一个被放大的样品照射分数，样品包被在琼脂糖筒中，放在样品室里。

参考文献

Arnaout R, Ferrer T, Huisken J, Spitzer K, Stainier DY, Tristani-Firouzi M, Chi NC. 2007. Zebrafish model for human long QT syndrome. *Proc Natl Acad Sci* **104:** 11316–11321.

Denk W, Strickler JH, Webb WW. 1990. Two-photon laser scanning fluorescence microscopy. *Science* **248:** 73–76.

Engelbrecht CJ, Stelzer EH. 2006. Resolution enhancement in a light-sheet-based microscope (SPIM). *Opt Lett* **31:** 1477–1479.

Huisken J, Stainier DY. 2007. Even fluorescence excitation by multidirectional selective plane illumination microscopy (mSPIM). *Opt Lett* **32:** 2608–2610.

Huisken J, Swoger J, Del Bene F, Wittbrodt J, Stelzer EH. 2004. Optical sectioning deep inside live embryos by selective plane illumination microscopy. *Science* **305:** 1007–1009.

Keller PJ, Pampaloni F, Stelzer EH. 2006. Life sciences require the third dimension. *Curr Opin Cell Biol* **18:** 117–124.

Keller PJ, Pampaloni F, Stelzer EH. 2007. Three-dimensional preparation and imaging reveal intrinsic microtubule properties. *Nat Methods* **4:** 843–846.

Keller PJ, Pampaloni F, Lattanzi G, Stelzer EH. 2008a. Three-dimensional microtubule behavior in *Xenopus* egg extracts reveals four dynamic states and state-dependent elastic properties. *Biophys J* **95:** 1474–1486.

Keller PJ, Schmidt AD, Wittbrodt J, Stelzer EH. 2008b. Reconstruction of zebrafish early embryonic development by scanned light sheet microscopy. *Science* **322:** 1065–1069.

Kubitscheck U, Kuckmann O, Kues T, Peters R. 2000. Imaging and tracking of single GFP molecules in solution. *Biophys J* **78:** 2170–2179.

Pawley J. 2006. *Handbook of confocal microscopy*. Springer, New York.

Scherz PJ, Huisken J, Sahai-Hernandez P, Stainier DY. 2008. High-speed imaging of developing heart valves reveals interplay of morphogenesis and function. *Development* **135:** 1179–1187.

Siedentopf H, Zsigmondy R. 1903. Über Sichtbarmachung und Größenbestimmung ultramikroskopischer Teilchen, mit besonderer Anwendung auf Goldrubingläser. *Ann Phys* **315:** 1–39.

Stelzer EHK. 1998. Contrast, resolution and the signal to noise ratio in fluorescence microscopy. *J Microsc* **1:** 15–24.

Stelzer EHK, Hell SW, Lindek S, Stricker R, Pick R, Storz C, Ritter G, Salmon N. 1994. Nonlinear absorption extends confocal fluorescence microscopy into the ultra-violet regime and confines the illumination volume. *Opt Commun* **104:** 223–228.

Swoger J, Verveer P, Greger K, Huisken J, Stelzer EHK. 2007. Multiview image fusion improves resolution in three-dimensional microscopy. *Opt Express* **15:** 8029–8042.

Vermot J, Fraser SE, Liebling M. 2008. Fast fluorescence microscopy for imaging the dynamics of embryonic development. *HFSP J* **2:** 143–155.

Verveer PJ, Swoger J, Pampaloni F, Greger K, Marcello M, Stelzer EH. 2007. High-resolution three-dimensional imaging of large specimens with light sheet-based microscopy. *Nat Methods* **4:** 311–313.

Voie AH, Burns DH, Spelman FA. 1993. Orthogonal-plane fluorescence optical sectioning: Three-dimensional imaging of macroscopic biological specimens. *J Microsc* **170:** 229–236.

（王贝 译 方玉达 校）

第 12 章　活体细胞荧光相关光谱初步

Masataka Kinjo，Hiroshi Sakata，and Shintaro Mikuni

Laboratory of Molecular Cell Dynamics，Faculty Of Advanced Life Science，Hokkaido University，Sapporo，Japan

在生物化学和生物物理学中，荧光相关光谱（FCS）已成为一个灵敏而强有力的工具（Thompson，1991；Eigen and Rigler 1994；Rigler and Elson 2001）。FCS 包括了两个物理参数，分别是荧光分子的平均数量（*N*）以及它们在一个小的检测范围的扩散时间（τ）（Rigler et al 1993）。只要这些物理参数能够直接获得，FCS 就能够提供其他一些有用的信息，如分子的亮度等。荧光分子进出光学上确定的毫微微升大小的检测体积，即衍射限制的共聚焦体积时会产生荧光强度的波动。FCS 的特性之一就是能检测这种荧光强度的波动。在 FCS 的实验中，FCS 监测到很小的检测区域中荧光发射强度的波动并换算成时间的函数。根据自动校正计算器单位，被监测到的荧光波动的信号被转换成为自动校正曲线。通过将曲线模拟成一个合适的物理模型，这种方法就能够提供以上的参数以及在水分环境中分子间相互作用的准确信息。因为 FCS 检测区域比很多真核细胞小很多，并且 FCS 测量是在水分环境中进行的，FCS 已经被用来研究分子间的相互作用（Lakowicz 2006）以及用来评价活细胞中生物分子的动态特性（Lippincott - Schwartz et al. 2001；Vukojevic et al. 2005）。最近，人们扩展 FCS 的作用，将其用来分析细胞质和核质的微环境（Pack et al. 2006）。除了广泛应用的商业化的双颜色系统 ConfoCor 2 和 ConfoCor 3（Carl Zeiss 公司），几种新的 FCS 系统也被研发出来，其中包括 FCS2（Leica 公司）、ISS Alba FCS 模块、MicroTime 200（Pico-Quant 公司）、MF20（Olymous 公司）及 C - FCS（Hamamatsu Photonics 公司；单激光单检测器和单激光双检测器的系统都可使用）。虽然每种仪器获得的信息都是基于相同的参数和原则，但是每种仪器设备在研究目的和研究对象上都有所不同。无论是体外实验还是活细胞实验中，理解每个参数的特性和它们之间的关系对于 FCS 的应用就显得很重要。但是，这些参数之间有着密切的联系，有时对于细胞生物学家来说理解起来显得十分复杂和困难。另外，测量结果随每个荧光探针特性的不同而改变，因此测量条件必须进行合适的优化。目标蛋白的特性，无论是其参与了配体结合、复合体分子的形成、膜或者囊泡的相互作用或者运输，都影响了其本身在水分环境中的迁移特性。目标蛋白在迁移特性方面的不同产生了对连接的荧光基团不同的照射条件。在活细胞中这些效果十分复杂，而且不能被准确清晰地预测。因此，即使使用相同的荧光探针分子（荧光蛋白或者有机化合物），对于每一个实验的蛋白质或者分子 FCS 的测量条件也会不同，同时为了在每一次的实验中获得好的结果，也都应该对测量条件进行调试。因此，本章主要关注于理解一个选定的荧光染料所应选择的每个 FCS 参数的基本特性，并将其作为鉴定的第一步；然后，决定所选定的荧光染料所需测量条件的阈值。进一步，对活细胞而言，测量条件及其阈值在溶液中的条件要更加严格。

FCS：基本测量参数及其特征

自动校正曲线主要是由在水溶液和活细胞中的单元素三维 Brownian 运动模型决定的。由于细胞内部的复杂性，对于活细胞来说这种简单的单元素模型可能看起来不符合实际。但是，在开始设计实验的第一步时，一个简单的模型是十分有用的，这个简单模型也可用来确定活细胞中没有关联的荧光蛋白的特性。

扩散时间

扩散时间（τ）是指一个分子横向或者运输穿过检测区域的平均时间。扩散时间的测量提供了分子的大小或者形状。从实践来说，如果分子的大小没有改变，分子扩散时间的明显变化告诉我们其结合了其他分子（或者从其他分子中释放出来）。因此扩散时间可以作为分子间相互作用的指示。数学上，这些参数表示为

$$G(\tau)=1+\frac{1}{N}\left(1+\frac{\tau}{\tau}\right)^{-1}\left(1+\frac{\tau}{S^2\tau}\right)^{-1/2} \quad (1)$$

其中检测区域的半径 w_0 和长度 $2z_0$ 限定了检测区域的体积，τ 和 N 分别表示在检测区域上的扩散时间和荧光分子数目。S 是结构参数，代表比值 $S=z_{0/}\ w_0$。

分子数目

FCS 的测量是基于分子进出检测区域所引起的荧光强度的波动。由于很好的平均和小的偏差，当大量的分子存在于检测区域时，这种荧光强度的波动很小。相反，当很少量的分子分布于检测区域时，由于较大的偏差，这种波动就会变大。自动校准曲线纵坐标的截距反映了波动信号的幅度，因此截距也与检测区域内平均分子个数成反比。

更准确地说，纵坐标的截距减去基线 1 [G（0）-1] 反映了平均分子个数的倒数（Chen et al. 2003；Enderlein et al. 2004）。而且，由于对自动校准曲线基线的定义基于波动关联（0）和全关联（1），所以有时会从 0 到 1 有所不同。

分子数目（N）提供给我们关于分子传播和产生的信息。在检测区域的体积内，分子数量可以通过一个拟合过程被转换成荧光标记分子的浓度。

每分子计数速率

只要能直接获得这些参数，分子数目和平均分子强度（荧光测量中的一个基本参数）产生了荧光分子的另外一个动态特性。这个特性就是每分子荧光强度，相当于荧光分子的量子产出效率。在 FCS 系统中，荧光分子不像传统的激光扫描荧光显微镜一样通过模拟系统被检测，而是通过带有单光子计数的数字系统被检测。通过单光子计

数系统的使用，荧光强度可以被换算为正常计数速率（Hz）。因为荧光强度被表达为正常计数速率，每分子荧光强度也可以被换算为每分子荧光效率（单位时间单位颗粒被检测到的光子数量），然后简单命名为单分子计数（CPM）。CPM 与二聚体、寡聚体或更高级复杂分子的形成有关。这些参数也可以通过其他方法获得，如荧光强度分布分析（FIDA）（Palo et al. 2002）以及光子计数直方图（PCH）（Chen et al. 2003）。

最后，通过建立合适的实验条件，FCS 能对多模型分子参数，包括扩散常数、局部浓度、聚集状态等以及细胞中分子间的互相作用提供准确信息（图 1）。

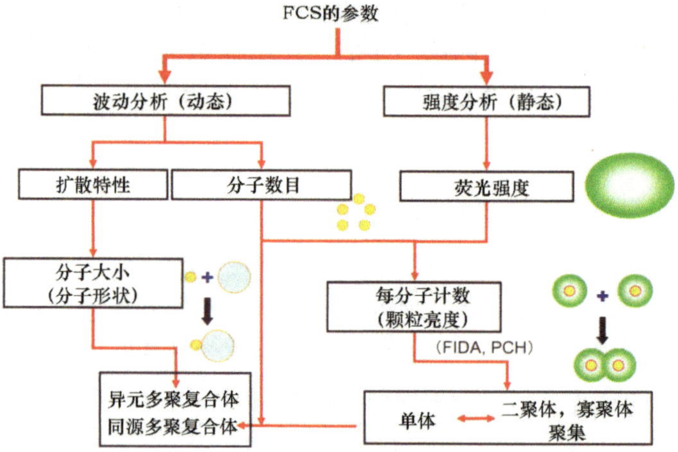

图 1　FCS 参数间的关系

在合适的实验条件下，FCS 测量可以用来提供一系列的相关信息，对不同目标蛋白的特性及其在细胞中的相互作用进行描述。流程图中显示了分析及特性；目标分子图示在分析或者探测的节点处显示于流程图表中

其他参数和模型

如果在自动校准曲线中考虑快速现象时，对于拟合过程，其他因素，如三重态（闪烁）寿命和三重组成部分也应该被包括。另外，组成部分也应该根据拟合的模型，如两组分三维模型或者三组分三维模型来做适当考虑。分子结合和释放速率以及分子浓度的测定值定义了分子解离速常数。如果需要，限制扩散（反常扩散）模型和流量扩散模型也可以被确定（Vukojevic et al. 2005）。

实验方案 1

基本 FCS 的设置和测量

与典型的激光扫描共聚焦显微镜相似，FCS 由激发、检测、数据处理系统组成。激光束通过二色分光镜和高数值孔径（NA）物镜（如 NA1.2）聚焦在盖玻片上。通过共聚焦光学系统产生一个小的检测区域（衍射限制聚焦点）。发射的荧光被检测器检测到，检测器为高敏感的单光子计数检测器，如雪崩光电二极管（APD）或者高量子效率的光电倍增管（PMT），通过针孔被设置在共聚焦位置上。由硬件或者软件关联系统、显示和存储系统组成的实时数据处理系统也是 FCS 设置中需要的部分。

材料

试剂

荧光染料［如罗丹明 6G（R6G）、罗丹明绿、或 Alexa 488］溶液，浓度为 10^{-7}～10^{-6} mol/L

荧光蛋白（EGFP 溶液，在 PBS 中浓度为 10^{-7} mol/L）

仪器

有盖玻片的腔槽（培养皿或 8 孔槽）

盖玻片的厚度为 0.17mm，No. 1 或者 No. 1S 型。No. 0（<0.1mm）或者塑料的盖玻片都不适合［Enderlein 等（2004）所描述的理论方法］

FCS 系统设置（实验方案引言）

方法

初始调试

（1）为选择的荧光染料调试一个合适的通路。

（2）用荧光染料（如 R6G），根据 x、y 和 z 轴调整针孔的大小和位置。

一般选择的针孔大小等同于一个空气的单位（airy unit）。

（3）将激光束聚焦在腔室盖玻片上方的 150～200μm。

（4）将激光能量调整为厂家推荐的值。

对于 FCS 而言，典型的设置包括高 NA 的水浸物镜，无荧光水放在盖玻片和物镜之间。

开始测量

（5）将 15～20μL 10^{-7}～10^{-6}mol/L 的 R6G 或者合适的染料放到有腔槽的盖玻片上。如果要考虑到蒸发，将体积加大到 100～200μL。

（6）检查和调试聚焦在盖玻片表面 150～200μm 以上。

（7）通过使用 10s 的持续测量来产生典型的自动校正曲线。

见故障排除方法。

决定结构参数

（8）用一个已知的荧光染料（如 R6G、罗丹明绿或 Alexa 488 等）来获得实际测量需要的激光功率（见下文）的平均自动校准曲线；同时重复 5～7 步（10s×5）。将获得的 FCS 数据和单元素三维模型拟合（方程式 1）以决定结构参数（在通常情况下，该参数应该为 4～7）。

在分析实验样品所获得的数据时（实验方案 2），结构参数作为一个固定的参数（作为一个仪器函数）。如果因为是第一次测量，准确的激光能量不知道，可以根据步骤（9）～（12）检查激光强度。

调整激光强度

对于 FCS 测量而言，激发激光能量是一个很重要的因子，同时它也可以对系统调试准确度和可靠性进行测验。为了确定其合适的激光能量，对于一个给定的荧光基团（如 EGFP），一系列的荧光强度作为从最低到最高激光能量的函数而被测量（图 2）。

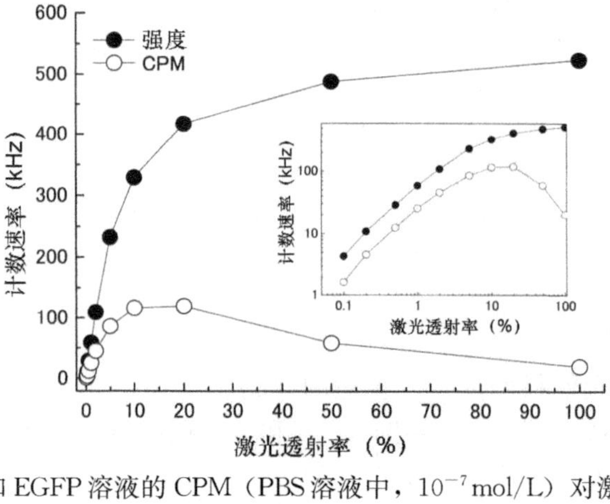

图 2　荧光强度和 EGFP 溶液的 CPM（PBS 溶液中，10^{-7}mol/L）对激光能量的函数图

FCS 测量用 ConfoCor3（Carl Zeiss 公司）完成，其激发波长为 488nm，发射光的滤光片 BP 505～610。每个数据点是 5 次 10s 收集时间的平均值。通过单一元素模型的拟合步骤，CPM 可以通过荧光强度和分子数目（N）计算。激光透射率由声-光可调滤光片进行减弱。在总激光能量 10%处，荧光强度和 CPM 值就已经饱和。内置图表显示数据取 log－log 后的坐标图

（9）在有腔槽的盖玻片上滴 15～20μL 的 EGFP 溶液。如果考虑到蒸发，可以将体

积提高到 100～200μL。

（10）通过使用 5 次 10s 持续时间的测量来产生平均的自动校正曲线。

在激光强度调整过程中，测量持续时间不是非常重要；但是在步骤（11）和（12）测量 CPM 值时，10s×5 是被推荐的。

（11）绘制荧光强度（计数速率）对激光能量的函数曲线：将荧光强度作为纵坐标，激光能量作为横坐标绘制曲线。激光能量表示为总激光能量的百分比。

（12）在 FCS 测量中，利用荧光强度和激光能量间的线性关系可以确定水溶液中特定波长下的特定染料的安全激发能量范围。

在我们的条件中（图 2），激发能量的安全范围为<10%的透过率，因为在这个范围内激光强度和激发能量是成比例的。曲线从线性比例关系中分离出来是由饱和效应和高强度的激光能量激发造成的光漂白引起的。注意，当使用高激光能量时，染料样品的浓度可以根据需要减小。

以 CPM 对激光能量进行作图

（13）在激光能量未饱和的安全范围内，在拟合程序中决定结构参数（图 2 插入部分）。①对于测量和拟合，可以将结构参数固定为设备函数值。②然后以 CPM 对一系列的激光能量作图。CPM 应该随着激光能量增加而增加，直到离开安全区域范围，引起饱和和（或）光漂白（图 2）。③如果需要（如果 CPM 值不令人满意的话），通过 x-y-z 轴的针孔调节重新调试 FCS 的设置［步骤（2）］。

用于活体测量的激光能量

对于体外测量，为了获得清晰的自动校准曲线和高 CPM 值，建议使用较高的激光能量。但是对于活细胞测量来说，为了同时避免观察的荧光蛋白或染料出现的严重光漂白现象以及减少 FCS 测量中对细胞的损失，推荐使用较低的激光能量。严重的光漂白来自于细胞内一些荧光分子的低流动性。正如在实验方案 1 中所描述的一样，对于荧光分子的最佳激发能量而言，体内实验比体外实验要低。作为一个初步的指导，在活细胞测量中最低的可能的 CPM 值应该>1kHz。对于体外测量实验而言，安全的激光能量范围明显要比体内（约 1kHz）低。然而，对于这样测量的实际范围需要依赖各种不同条件，包括扩散时间、收集时间、背景以及在每个实验中需要被解决的问题来确定。

故障排除

问题［步骤（7）］：自动校准曲线不合适或者超出范围。

解决：如果物镜有光圈环，调整到 0.17 以获得最大的荧光强度。

检查在物镜和盖玻片之间是否有适量的水。

检查针孔大小和位置［步骤（2）］。大的针孔会产生较高的荧光强度，但是也会产生高的背景信号最终导致较低的信噪比。使用高浓度染料溶液（10^{-6}～10^{-5} mol/L），调整针孔在 $x-y$ 轴上的位置使得其达到高荧光强度。同时调整针孔在 z 轴上的位置，使其也对准高的荧光强度。注意，对 FCS 测量而言，一旦调整好了微孔在 $x-y$ 轴上的位置，染料就应该稀释到 10^{-7}～10^{-6}mol/L［步骤（5）］。在一些 FCS 系统中，针孔位置的调节可以通过自动调节系统完成，但是这种调节也可以通过使用荧光强度监测器（带计数器）来手动实现。

讨论

理论上，随着激光能量的增加至饱和，荧光强度也会增加。但是，共聚焦体积（聚焦激光束区域）并不是作为激光能量的函数而变动的，所以观察到的分子数目是稳定的随着激光能量的增加而增加的。最后，CPM 随着激发激光能量的增长而增长。在 FCS 测量中，因为 CPM 和静态、动态的参数都有联系，所以相对于决定信号性质而言，CPM 是很重要的参数之一（图 1）。CPM 反映了所用仪器的质量以及收集效率、物镜透性、所选择的滤光片组、激光质量和监测器效率。

CPM 的测量也受背景信号的影响。所以，有必要重新评价自发荧光、溶液的扩散特性、盖玻片的表面，以及样品槽周围区域和显微镜室的散射灯光。因为荧光的光饱和会导致扩大的点扩散函数（point spread function，PSF），会减低所获得图片的空间分辨率，因此荧光的光饱和会影响扩散时间以及分子数量的计算。光饱和区域也十分重要，因为它与荧光基团和光学的物理化学性质有关（细节见 Enderlein et al. 2004；Gregor et al. 2005）。记住这条并且在测量中排除这个区域十分重要。

实验方案 2

例子：自动校准曲线的偏移

在FCS实验中，扩散时间是活细胞中分子间相互作用或结合的指示。作为理论上的物理参数，扩散常数来源于测量的扩散时间。扩散时间经常被用来作为分子大小的参数；因为扩散时间与分子大小和分子间相互作用的程度成比例，其也经常作为分子间相互作用的指示。

当扩散时间R6G（τ_{R6G}）被测量而且知道目标蛋白的分子质量（MW），假设目标分子为球形，其扩散时间可以被计算出来，并且可以通过数据分析软件（如Origin、SigmaPlot、MATLAB等）绘制模拟曲线，计算如下：

$$\tau_{\text{sphere}}=\tau_{\text{R6G}}\left[\frac{MV_{\text{sphere}}}{MV_{\text{R6G}}}\right]^{1/3}.$$

所感兴趣的目标分子的扩散时间可以由其分子质量估计。另外，扩散时间可以通过使用在不同黏度溶液中不同单体GFP的寡聚体来进行实际决定（EGFP可以形成五聚体；Pack et al. 2006）。因此，在FCS测量中我们描述了使用不同浓度的蔗糖溶液来改变扩散时间的技术。

材料

试剂

荧光蛋白（如EGFP）母液

系列蔗糖溶液（0%、10%、20%、30%、40%和50%，*m*/*V*）

仪器

腔槽（培养平皿或者8孔培养室），有盖玻片

盖玻片厚度应该为0.17mm，No. 1或No. 1S。No. 0（<0.1mm）或者塑料盖玻片不合适［见Enderlein等（2004）叙述的理论方法］

FCS系统设置（见实验方案引言）

方法

不同黏度溶液中FCS的测量

（1）在试管中制备在不同浓度蔗糖溶液中（0%、10%、20%、30%、40%和50%、*m*/*V*）的30nmol/L的EGFP溶液（1～5mL）。振动和涡漩混匀每个试管，让试管中的溶液过夜以便去除小的空气泡。

不推荐在小体积腔槽的盖玻片上准备蔗糖溶液，因为在小体积范围内吹打黏稠的溶液比较困难，而且有时会产生小的空气泡。

（2）将每一种 EGFP 溶液（每种在不同浓度的蔗糖溶液中）取 50～100μL 于独立的有腔槽的盖玻片上。

（3）获得每一种浓度的蔗糖溶液的平均自相关拟合曲线（30s×5），在继续实验前以其来定义 FCS 的测量条件。

（4）以扩散时间（τ）为纵坐标，蔗糖溶液浓度为横坐标绘制曲线（图 3）。

也推荐将蔗糖浓度换算为黏稠度。

（5）对 FCS 测量而言，在给定的 EGFP 波长下，在安全的黏稠度范围内，决定扩散时间和黏稠度的线性关系。

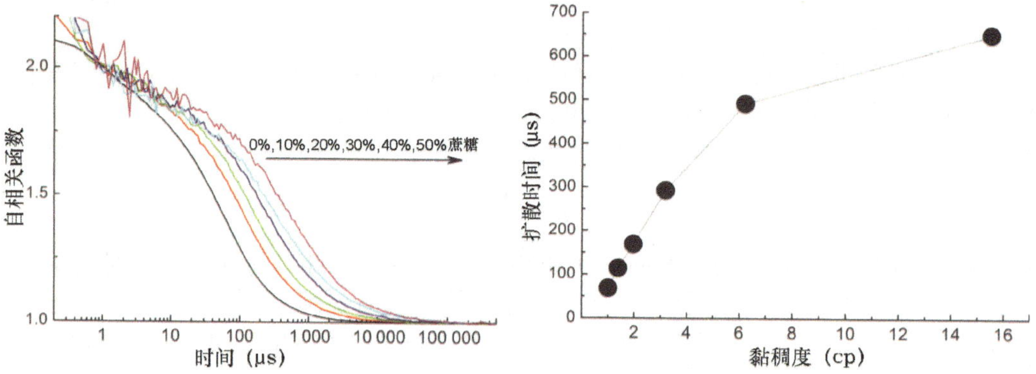

图 3　将扩散时间作为黏稠度的函数

左．在不同黏稠度溶液中自相关曲线的漂移。自相关函数由不同浓度的蔗糖溶液决定，分别是 0%、10%、20%、30%、40%和 50%。扩散时间就是由式（1）决定的荧光波动的典型衰退时间。但是，自相关函数的半峰值（在本次实验中为 1.5）可以用来对扩散时间进行快速的估算。右．扩散时间作为溶液黏稠度的函数显示出来。与浓度相关的黏稠度（cp）分别为 1、1.38、1.96、3.17、6.2 和 15.5。FCS 测量通过使用 ConfoCor3（Carl Zeiss 公司）完成，激发光波长为 488nm，发射光带宽滤光片为 BP 505～610。对总强度而言，激光能量为 5%，但对于 0%蔗糖溶液，激光能量为 0.7%。每个数据是 5 次 30s 收集时间的平均值

讨论

68μs 和 492μs 的扩散时间分别由 0%和 40%的蔗糖溶液所对应的自相关拟合曲线获得（图 3 右）。由式（2）可知 EGFP 的分子质量约为 28kDa，在 40%的蔗糖溶液中，EGFP 的表观分子质量被计算为约 10 000kDa。也就是说，即使分子质量增长了约 360 倍左右（28～10 000），扩散时间仅增长约 7 倍（68～462）。这个现象说明对估算分子间的互相作用和结合来说，扩散时间不是一个非常敏感的参数。因此，FCS 仅用来对标记的较小分子结合较大分子，如膜、囊泡、染色质、细胞内外基质、抗体等进行动力学分析。

结论

在生物系统中，FCS 提供了低浓度（10^{-9}～10^{-6}mol/L）下和均一环境中的高时空分辨率情况下的移动动力学参数。对于每一个选定的染料或者荧光蛋白，FCS 可以通过移动动力学参数的改变来评价分子间的相互作用。基于在很小的区域内两个光谱上分离的荧光探针在时空上的相关性，荧光交叉相关显微镜（FCCS）也能检测分子间的相互作用。

因此在显微图像领域，这种波动分析技术变得越来越流行，但是为了减少 FCS（Kim et al. 2007）和 FCCS（Bacia and Schwille 2007；Muto et al. 2008）中的人为假象，就十分需要专门的实验方案。而且，FCS 与全内反射荧光显微镜（TIRFM）的联合使用已经被用来探索细胞表面的特定区域，包括比传统共聚焦光学显微镜的检测区域更加细小的结构（Ohsugi et al. 2006；Thompson and Steele 2007；Ohsugi and Kinjo 2009）。

用传统的 LSM 通过光漂白后的荧光恢复（FRAP）技术也可以在高浓度和低时空分辨率的情况下分析分子迁移速率。用 LSM 或者 CCD 相机通过图像相关光谱可以在高空间分辨率（像素分辨率）下研究分子的动态性，但是需要在比 FCS 更高的荧光基团浓度以及更低的时间分辨率下进行（Kolin and Wiseman 2007）。用高灵敏度、低噪声的检测器，如互补金属氧化物半导体（complementary metal-oxide semiconductor，C-MOS）相机可能能够解决上述问题，但是现在并未实现。FCS 的主要缺点在于真实的两维成像很困难。通过全内反射荧光相关光谱（TIR-FCS）以及基于 FCS 系统的多点式 TIR－FCS 和C－MOS检测器的拓展系统的使用，FCS 的缺点和问题将会在不久的将来得到解决。

致谢

作者特别感谢细胞生物学显微成像研讨班（Hokkaido 大学和 Osaka 大学的共同联合课程）的学术和商业成员提供的 FCS 数据和相关讨论。来自日本科学推动协会提供的 Grants-in-Aid 课题（A）18207010、重点学科“Protein Community”项目 No. 19058001 和“Nuclear Dynamics”项目 No. 19038001 对我们实验室工作提供的部分支持。

参考文献

Bacia K, Schwille P. 2007. Practical guidelines for dual-color fluorescence cross-correlation spectroscopy. *Nat Protoc* **2:** 2842–2856.

Chen Y, Wei LN, Mueller JD. 2003. Probing protein oligomerization in living cells with fluorescence fluctuation spectroscopy. *Proc Natl Acad Sci* **100:** 15492–15497.

Eigen M, Rigler R. 1994. Sorting single molecules: Application to diagnostics and evolutionary biotechnology. *Proc Natl Acad Sci* **91:** 5740–5747.

Enderlein J, Gregor I, Patra D, Fitter J. 2004. Art and artefacts of fluorescence correlation spectroscopy. *Curr Pharm Biotechnol* **5:** 155–161.

Gregor I, Patra D, Enderlein J. 2005. Optical saturation in fluorescence correlation spectroscopy under continuous-wave and pulsed excitation. *ChemPhysChem* **6:** 164–170.

Kim SA, Heinze KG, Schwille P. 2007. Fluorescence correlation spectroscopy in living cells. *Nat Methods* **4:** 963–973.

Kolin DL, Wiseman PWA. 2007. Advances in image correlation spectroscopy: Measuring number densities, aggregation states, and dynamics of fluorescently labeled macromolecules in cells. *Cell Biochem Biophys* **49:** 141–164.

Lakowicz JR. 2006. Fluorescence correlation spectroscopy. In *Principles of fluorescence spectroscopy* (ed. JR Lakowicz), pp. 797–840. Springer, New York.

Lippincott-Schwartz J, Snapp E, Kenworthy A. 2001. Studying protein dynamics in living cells. *Nat Rev Mol Cell Biol* **2:** 444–456.

Muto H, Kinjo M, Yamamoto KT. 2008. Fluorescence cross-correlation spectroscopy of plant proteins. In *Methods in molecular biology* (ed. T Pfanschmidt), pp. 203–215. Humana Press, Totowa, NJ.

Ohsugi Y, Kinjo M. 2009. Multipoint fluorescence correlation spectroscopy with total internal reflection fluorescence microscope. *J Biomed Opt* **14:** 014030.

Ohsugi Y, Saito K, Tamura M, Kinjo M. 2006. Lateral mobility of membrane-binding proteins in living cells measured by total internal reflection fluorescence correlation spectroscopy. *Biophys J* **91:** 3456–3464.

Pack C, Saito K, Tamura M, Kinjo M. 2006. Microenvironment and effect of energy depletion in the nucleus analyzed by mobility of multiple oligomeric EGFPs. *Biophys J* **91:** 3921–3936.

Palo K, Brand L, Eggeling C, Jäger S, Kask P, Gall K. 2002. Fluorescence intensity and lifetime distribution analysis: Toward higher accuracy in fluorescence fluctuation spectroscopy. *Biophys J* **83:** 605–618.

Rigler R, Elson EL. 2001. *Fluorescence correlation spectroscopy: Theory and applications*. Springer, Berlin.

Rigler R, Mets Ü, Widengren J, Kask P. 1993. Fluorescence correlation spectroscopy with high count rate and low background: Analysis of translational diffusion. *Eur Biophys J* **22:** 169–175.

Thompson N. 1991. Fluorescence correlation spectroscopy. In *Topics in fluorescence spectroscopy* (ed. JR Lakowicz), pp. 337–378. Plenum, New York.

Thompson NL, Steele BL. 2007. Total internal reflection with fluorescence correlation spectroscopy. *Nat Protoc* **2:** 878–890.

Vukojeviс V, Pramanik A, Yakovleva T, Rigler R. 2005. Study of molecular events in cells by fluorescence correlation spectroscopy. *Cell Mol Life Sci* **62:** 535–550.

（刘奇　译　方玉达　校）

第 13 章　动态移动细胞和粒点的跟踪及定量分析

Karl Rohr, William J. Godinez, Nathalie Harder, Stefan Wörz, Julian Mattes, Wolfgang Tvaruskó, and Roland Eils

University of Heidelberg, BioQuant Center, IPMB, and German Cancer Research Center (DKFZ); Department of Bioinformatics and Functional Genomics, Biomedical Computer Vision Group (BMCV), Im Neuenheimer Feld 267, 69120 Heidelberg, Germany

理解复杂的细胞过程需要在时间和空间环境里研究支持它们的机制。虽然自然界中细胞过程是动态的，但多数分子细胞学研究都是基于固定的样品，如免疫细胞化学和荧光原位杂交（FISH）。荧光显微镜成像技术的突破，特别是绿色荧光蛋白（GFP）及其光谱变体的发现（Chalfie et al. 1994；第 1 章），使得在活细胞内非损伤标记目标结构而研究其广泛的动态过程成为可能（如 Lippincott - Schwartz and Smiths 1997；Misteli and Spector 1997）。随着光学显微镜在时空分辨率上的巨大提高，我们能够史无前例地详细分析细胞过程。

成像技术的发展提供了大量的数字化图像数据，并且与日俱增。假设一个 3D 图像数据组在 $x-y$ 轴的大小为 1024 像素×1024 像素，z 轴上有 100 层，而且同时在三个通道收集（对应于不同的细胞标记），图像灰度为 16bit（相当于 65 536 灰度水平）。这样一组 3D 多光谱的空间图像要占据 600MB 磁盘空间（未压缩）。随后 100 个时间点的图像加起来则高达 60GB。再加上分子细胞生物学实验需要多次重复或是在不同的条件下进行，上述的数据体积就要乘以一个倍数因子，如一个 100 的倍数因子就会使图像大小高达 6TB。由于图像数据的体积巨大，人工分析几乎不可能。更麻烦的是，3D 图像很难人工阐释，而且结果会受主观判断的影响。为了处理庞大的图像数据以提取既可重复又能定量的信息，就需要依赖计算机分析。

本章讲述了计算机分析多维活细胞显微图像的原理及其在细胞和粒点动力学研究上的应用（欲了解更多，我们推荐读者以下几篇文献：Eils and Athale 2003；Gerlich et al. 2003；Meijering et al. 2006；Peng 2008；Rittscher et al. 2008）。首先，我们绘制了一个活细胞图像定量分析的通用工作流程。其次，我们将详述自动图像分析的计算机原理，包括图像的预处理、分割、对齐、跟踪和分类。最后，我们以定量分析和系统生物学的讨论作为结束语。

定量图像分析的工作流程

活细胞显微图像定量分析的通用工作流程如图 1 所示。收集数字化图像后，第一步是图像的预处理。图像预处理的目的是要提高图像质量，特别是用滤波技术来降噪以提高信噪比。此外，成像系统导致的图像模糊能用去卷积技术降低（第 8 章）。预处理后，第二步就是典型的图像分割。分割是指将一张图像切割成一组有意义的区域，如从背景中区分细胞和鉴定细胞。分割结果是量化物体的几何属性（如细胞的大小和形状）和相应的信号强度的先决条件。另有一个主要的图像分析任务是图像对齐，在纠正全局运动（如物体或相机的移动）或处理成像物体的形状变化时通常需要这一步。对齐是指图像数据的几何比对，以便将不同的图像转换成同一参考系。这种空间的标准化对随后的定量非常重要，如细胞 3D 结构的重建和粒点运动的精确分析。值得注意的是，对齐和分割这两步是可以互换的。一些对齐技术直接作用于原始图像，而对齐后的图像又能用于分割和定量。

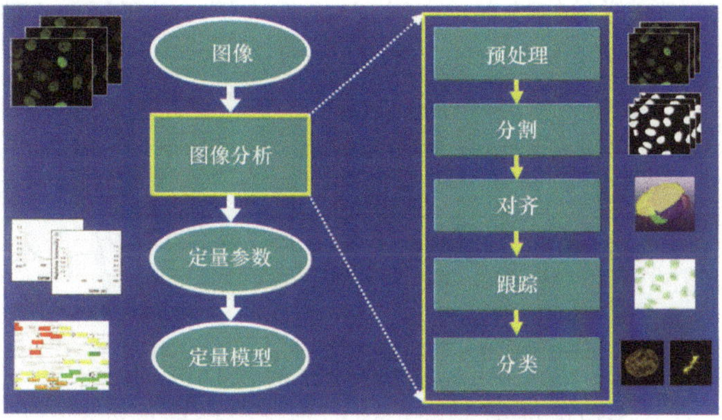

图 1　活细胞显微镜图像定量分析的通用工作流程

工作流程的下一步是跟踪和运动分析。跟踪是指用连续的动态图像来对物体进行重复定位，以建立被分割物体（如细胞和粒点）的时间对应关系。通过跟踪确定物体的轨迹，就能得到速度、加速度、扩散常数等诸如此类的定量参数。跟踪到物体后，接下来就要分类，即把物体分成不同的组（如根据先前提取的特征将细胞分成不同的细胞周期）。通过跟踪和分类得到的定量信息与通过分割得到的物体的几何属性和信号强度一起，对量化复杂的细胞过程起着非常重要的作用。此外，定量参数又是系统生物学中计算机建模的一个先决条件，如分子途径的重建。值得注意的是，虽然图 1 中所列的所有处理步骤在许多活细胞成像应用中是需要的，但在一些应用中，并非图 1 中的所有处理步骤都是必需的，读者可根据自身情况灵活变动。

定量图像分析的计算机原理

多维活细胞显微镜图像的自动分析需要根据上述一般性工作流程中的不同步骤采用不同的计算机方法。这里，我们描述了图像预处理、分割、对齐、跟踪和分类的主要方法。为了阐明这些计算机方法，我们列举了活细胞成像不同应用的实例。

图像预处理

得到活细胞显微镜图像后，通常需要预处理以便于后续分析。预处理后的图像与原图像的大小和维数相同，但一般来说图像质量会提高。具体过程包括降噪、去除假象、强度的归一化、提高对比度和去卷积。下面，我们介绍两个主要的预处理技术：降噪，即减少图像噪声；去卷积，即减少成像过程导致的图像模糊。

降噪

用线性或者非线性的滤波来减少图像噪声从而提高信噪比。

1. 线性滤波

在线性滤波下，二维（2D）图像的每个像素 $x=(x, y)$ 或 3D 图像的立体像素 $x=(x, y, z)$ 都用同样的线性方式。以 3D 图像为例，对于每个立体像素 x，其领域也是确定的，就是一个 $N\times N\times N$ 的立方体，x 是领域的中心（如 $N=3, 5, 7$）。在领域上运用 3D 滤波（或权重蒙版）$h(x)$，这意味着每个领域的立体像素的灰度值乘以相应滤波的值，然后将所有领域乘得的结果相加，得到 x 滤波后的结果。对一张图像的所以立体像素都重复这一操作。上述的线性滤波方案成为离散卷积；即一张图像 g 用一个滤波 h 进行卷积。连续的卷积在 3D 图像中的数学定义为

$$g_{\text{result}}(x, y, z)=g(x, y, z) * h(x, y, z)$$
$$=\int_{-\infty}^{\infty}\int_{-\infty}^{\infty}\int_{-\infty}^{\infty} g(\xi,\eta,\zeta)\cdot h(x-\xi, y-\eta, z-\zeta)\,\mathrm{d}\xi\mathrm{d}\eta\mathrm{d}\zeta,$$

式中，$*$ 为卷积。存在争议的滤波 h 的负信号是信号处理理论的推论，这意味着在将图像灰度乘以滤波值前，必须根据坐标轴调整滤波。卷积的离散部分是通过连续公式得到的，用坐标上从 $-n$ 到 n 的总和代替积分，这里 $n=(N-1)/2$ 定义了领域的范围。通常应用高斯滤波来给图像降噪。在 3D 图像中，高斯滤波用一个 3D 各向同性高斯函数来定义：

$$G(x, y, z)=\sigma^{-3}\sqrt{2\pi}^{-3}\exp\left[-(x^2+y^2+z^2)/(2\sigma^2)\right]$$

σ 是标准差。在不连续分立位置 x 确定 $G(x)$ 的值，就能得到滤波蒙版 h 的权重。一个经验性的选择就是由高斯函数的标准差的 3 倍得到领域的范围，即 $n=3\sigma$，则 $N=6\sigma+1$。标准差典型的值有 $\sigma=1.0, 1.5, 2.0, 3.0$，值越大对图像的降噪效果越强，但也会不可避免地引起图像中结构的模糊（均匀）。由此可得到一个物理学上的模拟：高斯函数是线性扩散方程（热学方程）的一个基本解：

$$\frac{\partial g(x, y, z, t)}{\partial t}=D\Delta g(x, y, z, t)$$

式中，Δ 为（空间）拉普拉斯算子（Laplacian operator）；D 为扩散常数，起始条件为 $g(x, y, z, t=0)=g(x, y, z)$。在这个模拟中，图像灰度 g 对应于粒点的浓度、模糊程度的提高对应于浓度随时间 t 的变化。最终结果就是高斯函数滤波处理相当于解出扩散方程。

2. 非线性滤波

不基于卷积的滤波称为非线性滤波。中值滤波就是常用的一类非线性降噪滤波。

领域定义为 x 周围的每个 3D 像素（体素），但是和线性滤波相比，领域内的像素灰度值会被分类，归为中间值一类的灰度作为 g_{result}（x）。中间值滤波对于减少脉冲噪声（点噪声）效果很好。另一类非线性降噪滤波是基于扩散的原理。非线性扩散滤波的主旨是将线性扩散方程（如上所述）的扩散常数 D 调整到局部灰度结构，以避免目标结构（如边缘）的模糊。例如，在不均一扩散时，扩散力要根据图像梯度 ∇g 的大小来调整（Perona and Malik 1990），

$$\frac{\partial g(x, y, z, t)}{\partial t} = D(|\nabla g(x, y, z, t)|)\Delta g(x, y, z, t)$$

其中

$$D(|\nabla g|) = D_0 \frac{\lambda^2}{|\nabla g|^2 + \lambda^2},$$

D_0 和 λ 都是常数。如果图像梯度小（如在均一区域）就用强均一化处理（$D \approx D_0$），如果图像梯度大（如在边缘）就几乎没有均一化处理（$D \approx 0$）。因此，在噪声被有效减少的同时目标结构被很好地保护。但是在这一步，图像边缘（此处图像梯度很大）的噪声没有很好地减少。作为对照，在各向异性扩散中，均一化处理强度是依据方向确定的。这样，边缘就顺着边线均一化处理而不是垂直于它的方向。用矩阵 D 和图像梯度 ∇g 替换扩散常数 D 就能解决这个问题（Weickert 1998）。各向异性扩散能在不引入严重模糊的同时有效地减少噪声。图 2 展示了对一张显微镜拍摄的细胞核的原始图像应用不同降噪滤波的结果。

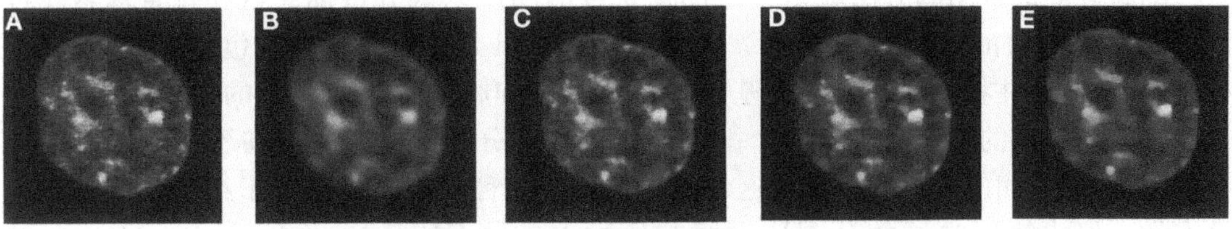

图 2　对一张显微拍摄的细胞核的原始图像应用不同降噪滤波的结果

A. 原始图像；B. 高斯滤波；C. 中间值滤波；D. 不均一扩散；E. 各项异性扩散

去卷积

去卷积显微镜用于减少显微镜光学系统引起的图像模糊（焦点外模糊）。这种方法既可用于宽视场显微镜又可用于光学共聚焦显微镜。通常假设图像的模糊是由线性过程引起的，因此能够用点弥散函数（PSF）卷积来表示。PSF 描述一个点状物（光点）是怎样被光学系统扭曲。去卷积的目的是为了利用卷积的反效果来重建原始图像，从而提高图像的分辨率和对比度。大多数去卷积方法都假设 PSF 是已知或可以测量的（用荧光球或荧光珠）。这种方法的例子有反转滤波（inverse filter）、威纳滤波（Wiener filter）、约束最小二乘滤波（constrained least-squares filter）（Gonzalez and Woods 2007）。通常，用迭代的去卷积算法反复改进来求解和应用这种约束（约束迭代去卷积）。

分割

图像预处理后下一步就是图像分割。分割是指将一张图像划分成一系列有意义的区域（Shapiro and Stockman 2001）。显微镜成像中，一个重要任务就是鉴别细胞并与背景区分开；另一个重要任务则是对图像中的粒点进行检测和定位，如细胞核中的早幼粒细胞白血病（PML）小体或病毒颗粒。由于微粒比细胞要小得多，并且对应于点状图像结构，因此对细胞和粒点要用不同的方法分割。分割是确定物体几何属性（如位置、大小、形状、细胞数量）的一个先决条件，同时也是确定相关信号强度的先决条件。此外，分割通常是连续图像分析的基础，尤其是跟踪。

细胞分割

细胞分割在许多应用中都很重要。通常是能区分细胞核与细胞质（或整个细胞）的分割。细胞核的分割较为容易，因为细胞核被压缩成近似圆形或椭圆形，而且因高度浓缩通常清晰可见。细胞质的分割则更具挑战性，因为细胞质的形状更复杂，柔韧性更高，且常常显示出低对比度（视显微镜的型号和所用的染色方法而定）。细胞分割的一个普遍问题就是成簇细胞的分离。本节介绍细胞分割的主要方法。

1. 基于阈值的分割

细胞分割最常用的方法就是设定图像灰度的阈值以区分目标像素和背景像素。自动决定最佳阈值的方法有很多（综述见 Sezgin and Sankur 2004），包括常用的 Otsu（1979）描述的柱状图法，此方法基于最小化目标细胞和背景灰度差的加权和的原理。通常，一个全局的阈值会用于整个图像。为了增强分割的效果（如在不均匀照明或染色的情况下），阈值可以根据图像区域自动决定。这种适应阈值法对于细胞核的分割十分有效，但成簇细胞核的分割还需要其他技术（如下所示），在图 3 中，Harder 等（2006）的适应阈值法分割的结果以原始 3D 显微镜图像的最大灰度投影显示。

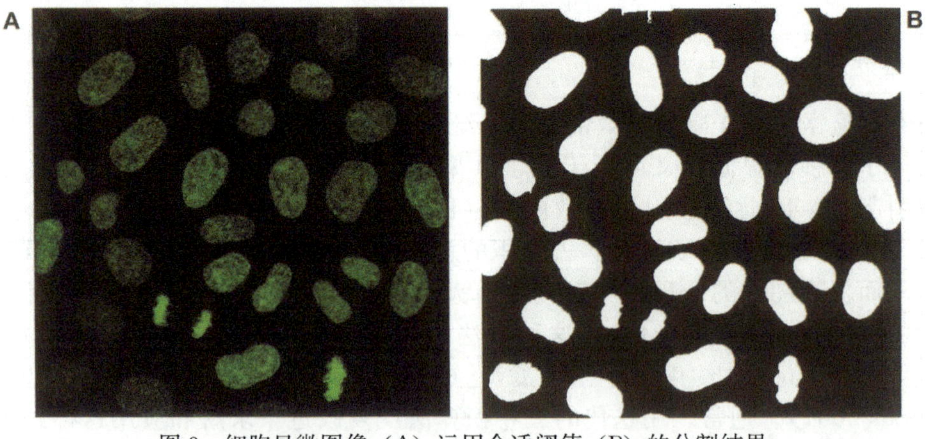

图 3　细胞显微图像（A）运用合适阈值（B）的分割结果

2. 基于边界的分割

边界通常与目标的边界有关，在图像中表现为突然的亮度转变。要提取边界，尤其是灰度变化的坡度和方向，是根据图像梯度决定的。图像梯度用卷积内核计算来决定一张图像的局部派生。探寻边界需要运用依据图像梯度大小设定的阈值，而且重新定义边界的位置需要运用非最大化抑制。然后必须把提取的边界点连接起来，形成封闭的边界线，并且去除假边界（如根据大小和形状限制）。对于细胞核和整个细胞的分割来说，普遍的边界探寻算子，如坎尼算子（Canny operator）和高斯函数的拉普拉斯算子（Laplacian of Gaussian，LoG）已经被广泛应用（Perlman et al. 2004；Li et al. 2008）。

3. 基于区域的分割

基于区域的分割方法决定了有相似属性的像素在空间上形成连接的区域。起始预分割的一种方法是高帽变换（top hat transform）[滚球滤波（rolling ball filter）]。滚球滤波模拟了一个球在灰度轮廓之下滚动，并去除球无法接触的所有顶点。用原始图像减去滤波处理后的图像，这样能够粗略分割比球的直径小的明亮物体，等价于高帽变换。这项技术已被应用于相差显微镜图像的起始细胞分割（Li et al. 2008）和提高荧光染色的细胞核的对比度（Zhou et al. 2005）。

基于区域分割的另一种方法是区域扩大。这项技术是将给予的种子区域有条件地扩大，相邻的像素如果满足类似的约束条件（如相似的灰度）就被加入到这个区域。区域扩大已被运用于荧光显微镜成像的细胞质分割（Lindlad et al. 2003；Matula et al. 2009）。一种区域扩大的常用方法称为分水岭变换（watershed transform）（Vincent and Soille 1991），常用于细胞图像分割。与传统方法相比，分水岭变换是根据灰度水平而不是邻域相似度来定义区域。一张图像的灰度表面就像一张地形图，水从最小灰度（汇水盆地）开始淹没表面。一旦两个相邻盆地的岸线相遇，就会在两个区域间形成波峰，最终形成的分水岭线就是分割的结果。由于这种方法常导致过度分割，所以采用指定种子的或标记的分水岭转换。运用这种方法，从指定种子点开始的淹没步骤就能人工控制到最小。指定的分水岭变换已被用于基于梯度滤波的图像（Wählby et al. 2004）的 3D 细胞核分割或基于反转滤波的图像的细胞质分割，此时，之前被分割的细胞核又能被当做指定的种子点（Lindblad et al. 2003；Matula et al. 2009）。分水岭变换还能用于预分割后的 2D（Malpica et al. 1997；Lindblad et al. 2003）或 3D（Adiga et al. 2006）图像中成簇细胞核的分割。根据图像的属性，分水岭变换可用于原始灰度、梯度滤波的图像，或二进制图像（如通过灰度阈值得到的）的距离变换。在后一种情况中常用欧几里得（Euclidean）距离变换，将每个前景像素到最近的背景像素的距离定义为一个新的灰度值。这促进了邻近细胞的分离。同样，如加权梯度距离变换这种组合策略也已被应用（Lin et al. 2003）。成簇细胞核的分离和过度分割的细胞核的融合进一步用分割区域的几何属性（如大小和形状）以及分离合并算法来解决（Zhou et al. 2005；Lin et al. 2007）。

4. 可变形的模型

基于可变形模型的分割能综合已知的物体形状信息来提高稳定性和精确性。最常用的例子就是动态的轮廓模型，也就是蛇行（Mclnerney and Terzopoulos 1996）。这个方法中，物体用闭合曲线（或表面）来塑形，闭合曲线随着时间的推移不断变化以求尽可能地和物体的边界吻合。其基本原理是一个能量泛函，由内部能量和外部能量两项组成。内部能量（正则化项）代表轮廓的物理约束（特别是用拉伸和弯曲能量项）和加强曲线的平滑度。外部能量（数据项）驱使曲线向图像目标的特征接近（尤其是高倍梯度图像的边缘）。

在总能量泛函的迭代最小化中，动态轮廓不断变化以很好地贴合物体，同时也要足够平滑。为了表示动态的轮廓，常选用曲线的外在表示法（表示参变量的动态轮廓）。另外，也有人建议用基于水平集方法（前沿传播）的内在表示法。这个方法让物体拓扑变化的处理变得更容易（表示几何的动态轮廓算法）。动态轮廓算法已经成功地应用于 2D（Ortiz de Solorzano et al. 2001；Zimmer et al. 2002；Nath et al. 2006）和 3D（Dufour et al. 2005）显微成像中全细胞和细胞核的分割。

粒点定位

除了细胞的分割，细胞显微镜成像的另一个主要任务是粒点（如 PML 体或病毒颗粒）的探寻和定位。粒点比细胞小得多，类似于点状图像结构。因此，粒点的分割方法一般与细胞不同。通常假设代表一个荧光标记的粒点的灰度类似于一个 2D 高斯函数，其中粒点的最大灰度与本底的最大灰度有显著性差异。为了解决粒点的定位问题，常采用自下而上或自上而下的策略。自下而上法由图像数据驱动，而自上而下由对预期的粒点形状和外表的已知信息来引导。

1. 自下而上法

典型的荧光粒点自下而上的定位方案由三个连续的步骤组成：图像的预处理、粒点的探寻和粒点的定位。在预处理这一步，必须根据粒点提高灰度、抑制图像噪声、削弱背景的灰度（如细胞背景）。一般的图像预处理技术包括线性滤波（如高斯滤波；Sbalzarini and Koumoutsakos 2005）、LoG 滤波（Sage et al. 2005）和非线性滤波（如中间值滤波和各向异性扩散滤波；Tvarusko et al. 1999）。

粒点探寻的目的是要确定与微粒相关的图像区域。一个常用的技术就是在（预处理过的）图像灰度上设定阈值（Ponti et al. 2003；Sbalzarini and Koumoutsakos 2005）。这样，灰度值在阈值以上的像素就被认为代表粒点。这个技术的结果好坏很大程度上取决于选择的阈值。如果阈值设得太低，假阳性就会增多；而设得太高又会出现假阴性。人为设定一个好的阈值是不切实际的，而且可能会导致不同的图像有不同的结果。因此就需要一些能自动选择最佳阈值的方案（Otsu 1979）。通常这些方案将阈值作为图像灰度值柱状图的函数。对于荧光显微镜成像来说，阈值的自动计算还要考虑光漂白对灰度值分布的影响。

粒点定位的任务是对每个探寻到的粒点给予一个清楚的描述。这种描述常包括图像中粒点的定位和其他属性（如微粒灰度的均值）。例如，要计算这种描述，需要先用连通分支标记的算法（Haralick and Shapiro 1992）鉴定一系列相邻的像素（连通区域），这种算法给每个连通区域指定一个唯一的标记。假设每个连通区域代表一个粒点，这样每个粒点的属性就能被计算。例如，随着灰度加权的质量中心或是灰度的平均值被确定，位置也就算出来了。同样，可以通过判断粒点的属性（像素数和光强）是否满足一系列区分的标准来排除假阳性（Sbalzarini and Koumoutsakos 2005）。

2. 自上而下法

自上而下法采用模型驱动策略，即根据图像中找到的信息测试模型的假设值。2D 高斯函数常作为荧光标记粒点的形状和外形的模型（Kues et al. 2001；Thomann et al. 2002；Godinez et al. 2007；Cortes and Amit 2008）。自上而下法一般由两步组成：探寻候选的粒点和模型拟合。第一步要搜寻最大灰度值，每个鉴定到的最大值都代表一个候选的位置；第二步，对于每个候选位置，模型被拟合成图像的灰度（一般通过一个最小平方估计量）。假阳性的排除可以通过鉴定模型拟合的估计参数（如各向同性高斯函数的标准差）是否达到相应的标准来实现。

对齐

图像分析的另一个任务是为后续的定量和数据分析进行图像数据的几何比对，为此需要计算几何变换。图像对齐就是要找到一个最佳的相关图像数据间的几何变换。其目的是把不同图像的信息转换到同一参考坐标系中，这样一张图像上的每个点都能与另一张图像的点形成一一映射。细胞显微镜成像中，这种空间的标准化对纠正图像收集导致的全局性移动（如相机的移动）或处理细胞形状的变化十分重要。活细胞成像中的一个问题是观察到的亚细胞粒点移动通常是全局性移动、细胞变形和粒点移动的叠加。这里，对齐法可用来分离两种移动，从而鉴别出真正的粒点移动。

对齐法可根据变换模式的类型和所用的图像信息来分类。变换模式界定了两张图像几何相似性的自由度，其主要区别在于刚性的、仿射的、非刚性的方案。运用刚性变换（包括转化和旋转），图像能被移动和旋转以便对齐。仿射变换还能处理图像间的缩放和剪切。刚性变换和仿射变换是将图像整体变换。而非刚性变换则更普遍，可以处理局部的变形（注意此处非刚性、非线性、非仿射是同义词）。非刚性变换，常用的是基于弹性论模型的弹性变换，也会用到部分流体模型。为了定义变换模型，必须分辨用于对齐的图像信息类型。这里能够区分基于特征和基于灰度的方法。在基于特征的方案中，点（标记）、曲线（线）、面被从图像里提取出来，然后用于变换运算。它的优点是这些方案的运算效率通常很高，也能很好地处理图像间大的变形。而在基于灰度的方案中，图像灰度被直接用于变换运算。一个主要优点是不需要之前的特征提取，尽管这些方法运算起来很复杂。典型的灰度类似方法是灰度的平方差、灰度的相关性或熵值（如共有信息）之和。近年来，出现了一些称为混合的方法，同时运用了特征和灰度的信息，从而结合了两种方案的优点（需进一步了解见 Rohr 2001；Zitova and Flusser 2003；Holden 2008）。

对齐方法被广泛应用于医学成像，如 MR（核磁共振）和 CT（X 射线断层扫描）成像，但在细胞生物学上的工作却寥寥无几。以前的细胞显微成像工作主要采用刚性的方法。Goobic 等（2005）、Sage 等（2005）、Wilson 和 Theriot（2006）及 Kim 等（2007a）介绍过 2D 图像的刚性灰度对齐法可以校正随时程图像集。在 3D 图像中，刚性灰度的方法（Bacher et al. 2004；Rieger et al. 2004）、基于点的方法（Matula et al. 2006）、基于面的方案（Gerlich et al. 2001）都已经被应用了。但是，这些方法都无法处理活细胞的形状改变（变形）。因此，也需要非刚性的或弹性的对齐方法。至今为止，只有一小部分细胞核的非刚性对齐方法被描述过。运用薄盘齿条变换模型（thin－plates spline transformation）和半自动提取的点标记已经发展出了一个基于点的对齐方法（Mattes et al. 2006）。用这个方法分析固定好的细胞 2D 图像时，观察到的变形是由于染色产生的。Yang 和他的同事提出了一种基于灰度的非刚性对齐方法。这个方法依赖一个光学流程的方案并且利用分割过的图像（Yang et al. 2006；2008）。它既可用于不同细胞核的 2D、3D 静态图像的对齐，又可用于活细胞时程动态图像的对齐（图 4）。基于灰度的方法可被用于不同细胞核 2D 静态图像的对齐（Rohde et al. 2008）。生物力学模型也可用于分割过的细胞核的 3D 图像的对齐（Gladilin et al. 2008）。上述的非刚性对齐方法的缺点为需要预分割。因而发展出一个基于灰度的对齐方法（Kim et al. 2007b），这个方法直接分析灰度信息而不需要分割，依赖于光学流程估计。它已被用于活细胞时程的动态图像的对齐，从而精确分析蛋白颗粒的移动（如 PML body）。

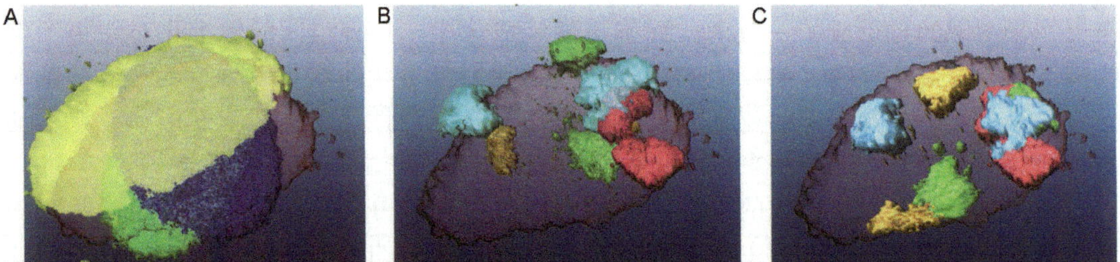

图 4　A. 不同颜色表示的 4 个 HeLa 细胞的不同细胞核；
B. 没有对齐的染色体对；C. 弹性对齐后的染色体对

跟踪和运动分析

跟踪是指对连续图像中物体的重复定位，它是活细胞图像研究的基础。其目的是要建立物体彼此之间在时间上的对应关系，从而分析物体的运动。虽然当图像中只有一个物体时就大大简化了寻找对应关系的难度，但是当有很多移动物体时任务就很艰巨了。这时就需要智能的跟踪方法。通过跟踪能够确定物体的轨迹，从而得到速度、加速度、扩散常数等诸如此类的量化参数。本节介绍主要的跟踪方法，以及细胞跟踪与粒点跟踪间的区别。

细胞跟踪

细胞跟踪对研究细胞移动、增殖或细胞学属性（如大小、形状和灰度）随时间的变化十分重要。跟踪的结果是细胞随时间而变换的位置，通常将细胞的中心认为是它的位置。除了跟踪多个细胞，处理从分裂中和生成中的细胞（一对多和多对一）里得到的不明确的对应关系，以及视野中细胞的出现和消失，都非常重要。大多数现有的跟踪细胞或细胞核的方法可分为以下三大类。我们也会讲述不同的方法怎样处理分裂中细胞的跟踪，这对分析细胞分裂（有丝分裂）就很重要。

1. 两步确定法

可能最直观的跟踪策略是用以下的两步法：①基于系列图像中所有图像分割的物体定位；②基于物体距离（如最近的邻域）和物体分布（如几何或拓扑属性）确定物体的对应关系。例如，细胞跟踪对应关系的发现是基于欧几里得距离、物体的重叠区域或是两者的综合（Bunyak et al. 2006；Chen et al. 2006）。同样，类似轨迹的平滑度这样的运动属性也已经用于对应关系的发现（Chetverikov and Verestoy 1998；Harder et al. 2006）。起始的对应关系可以用基于图像的最佳技术重新定义，该技术考虑了多个或所有的图像（Bunyak et al. 2006）。

2. 可变形的模型

可变形的模型，特别是基于动态轮廓算法的模型，不但成功地用于细胞分割，还被证明适用于细胞跟踪。运用这种方法时，由一张图像得到的分割结果作为后面图像分割的起始，从而建立物体间的对应关系。通常，它能区分参变量的动态轮廓算法和几何动态算法。动态轮廓算法用物体模型的外在参变量表示，而几何动态算法用基于水平集合函数的固有参数表示（前面分割一节也有提及）。动态轮廓算法已经应用于 2D 细胞跟踪（Zimmer et al. 2002），但它也有缺陷，即物体分裂或出现新物体时不容易处理。与此不同，几何动态算法能处理物体分裂或出现新物体的情况，但是必须引入避免算法合并的限制。几何动态算法已被用于细胞和细胞核在 2D（Nath et al. 2006；Yang et al. 2005a）和 3D（Dufour et al. 2005）中的跟踪。三维动态表面已经用于时间和空间上的 2D 跟踪（Padfield et al. 2009）。

3. 或然法

近年来，或然法已用于细胞跟踪，尤其是随机运动滤波如卡尔曼滤波或粒点滤波。这些方法将跟踪物体的不确定参数以可能性分布的形式合并，并用时空滤波来提高稳定可靠性。物体的参数（如位置、速度和其他属性）用一个状态矢量表示，它根据一个时间点的噪声测量和前面时间点的预测来确定。预测要考虑一个运动模型，而状态矢量的估计也涉及一个测量模型。卡尔曼滤波（Li et al. 2008）和粒点滤波（Wang et al. 2007）已经与动态轮廓模型结合，共同用于细胞跟踪。

4. 有丝分裂的处理

有丝分裂（细胞分裂）的检测和处理在活细胞跟踪时十分重要。有丝分裂的检测要基于母子细胞的几何和形态属性，如物体间的欧几里得距离（Padfield et al. 2006）和物体的大小（Chen et al. 2006）、距离和交叠的综合（Harder et al. 2006），或相应的灰度（Padfield et al. 2009）。一种基于有监督学习的分类方法已被用于有丝分裂的检测（Yang et al. 2005a）。基于水平集合的方法自然被允许处理细胞的分裂，但同时也能处理（相接触）细胞的融合，这是我们不想要的。为了避免融合，运用多个水平集合函数，其中每个细胞用一个水平集合函数表示（Dufour et al. 2005）。经计算更有效率的计算方法是用拓扑约束（Li et al. 2008）或混合顶点着色算法（Nath et al. 2006）来防止相邻细胞融合。图 5 列举了一个运用几何属性来处理有丝分裂的例子，其中运用了两步确定法来跟踪一个有丝分裂的细胞核（Harder et al. 2006）。第一步，用分割的细胞核的重心来决定起始轨迹和轨迹的平滑标准。第二步，基于潜在的母子细胞的距离交叠率来检测有丝分裂（Withers and Robbins 1996），然后合并相应的轨迹。图 6 展示跟踪几个分裂中细胞核的结果。

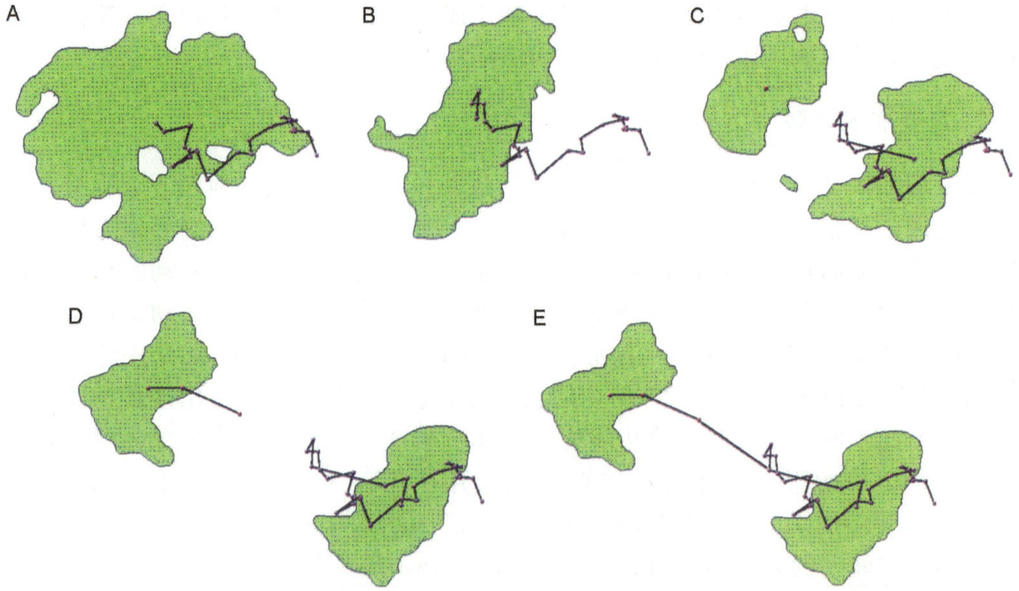

图 5　A～C. 跟踪一个分裂中的细胞核；D. 没有进行有丝分裂的检测结果；E. 有丝分裂检测和轨迹合并后的结果

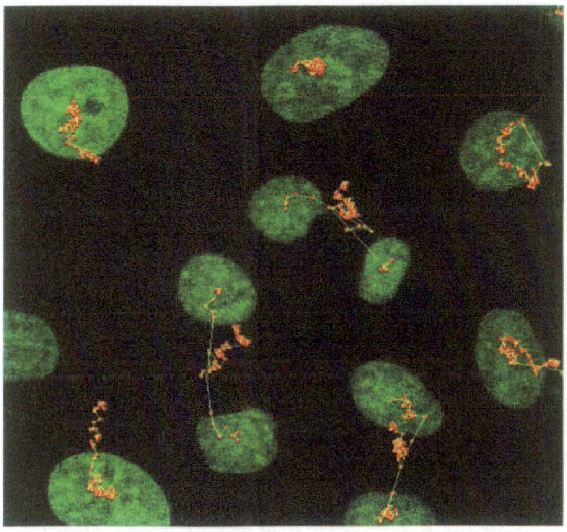

图 6　跟踪几个分裂中的细胞核的结果
小红方框表示计算的物体（细胞核）位置，将红框连起来的黄线就是细胞核运动的轨迹

粒点跟踪

与细胞相比，粒点要小得多，对应于点状图像结构，例子有细胞核内的 PML 体、囊泡和病毒颗粒。粒点跟踪一般有两个主要任务：①粒点定位；②对应运动的时空滤波（Comaniciu et al. 2003）。跟踪法常用确定法或概率法来解决这些问题。

1. 确定法

确定法的跟踪方案常套用一个由粒点定位和运动对应组成的两步样式。第一步涉及粒点在一个图像序列每个时间点上的位置确定（见前面的粒点定位部分）。这导致每个时间点都有一系列测量矢量，其中一个矢量描述一个粒点，并可能包含位置、灰度等信息。在运动对应这一步，必须决定两个测量矢量是否由同一粒点在不同时间点（常常是连续的）引起的（Cox 1993）。

为了解决运动对应的问题，常建立连续时间点生成的测量矢量间的一一对应联合。对粒点跟踪来说，多数运动关联算法使用定性启发式法来建立这些联合（Veenman et al. 2001）。基于确定的一种对粒点运动的先验假设，定性启发式法（如运动平滑度 Chetverikov and Verestoy 1998）被翻译成一个定量的准则（距离函数），可按照准则鉴别一系列最佳的任务。普通的准则包括最近邻域准则（Kues et al. 2001）和平滑运动准则（Vallotton et al. 2003）。除了空间信息之外，距离函数可能扩大到包含粒点的总灰度等其他信息（Tvarusko et al. 1999；Bacher et al. 2004；Yang et al. 2005b；Sbalzarini and Koumoutsakos 2005）。只用距离函数就可以很好地处理稀疏分布的粒点。但在物体密度高的图像区域，对应关系的搜索就变得似是而非。为了解决这个问题，常使用贪婪算法（Ponti et al. 2003）或图论算法（Vallotton et al. 2003；Sbalzarini and Koumoutsakos 2005；Helenius et al. 2006；Cortes and Amit 2008）这些最优化技术。图 7 展示了运用确定法跟踪 Vero 细胞中囊泡的结果（Tvarusko et al. 1999）。

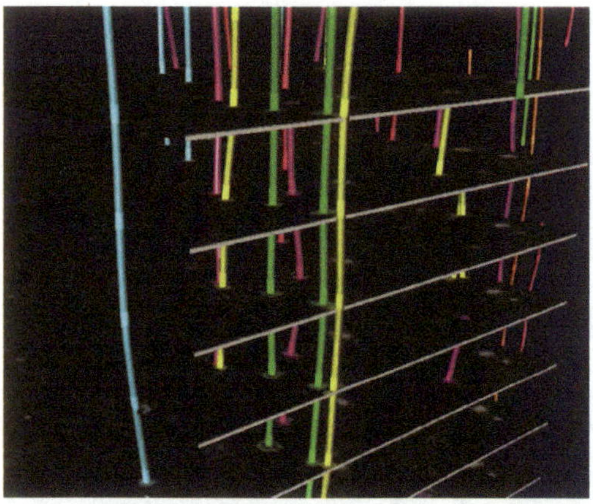

图 7　运用确定法跟踪 Vero 细胞中囊泡的结果

被跟踪的物体用不同的颜色标记且用连续的原始图像叠合

2. 概率法

跟踪粒点的概率法方案近来被引入生物成像。这些算法的特征是，除了粒点定位和运动对应的步骤外还包括一步时空的滤波。在概率法的构架中，跟踪用贝叶斯序贯估计（Bayesian sequential estimation）公式表示。序贯估计理论（Anderson and Moore 1979）假设一个物体用状态矢量 $\boldsymbol{x}_t$ 表示（噪声），测量矢量 $\boldsymbol{y}_t$ 反映 $\boldsymbol{x}_t$ 的真实状态。在时间点 t，滤波的目的是要在已知一系列测量值 $\boldsymbol{y}_1$，…，$\boldsymbol{y}_t$ 的条件下估计状态 $\boldsymbol{x}_t$。用动力学模型 $p(\boldsymbol{x}_t \mid \boldsymbol{x}_{t-1})$ 来模拟状态矢量的改变，用测量模型 $p(\boldsymbol{y}_t \mid \boldsymbol{x}_t)$ 来合并测量值，贝叶斯滤波通过随机传播和贝氏理论来估计后验分布：

$$p(\boldsymbol{x}_t \mid \boldsymbol{y}_1, \cdots, \boldsymbol{y}_t) \propto p(\boldsymbol{y}_t \mid \boldsymbol{x}_t) \int p(\boldsymbol{x}_t \mid \boldsymbol{x}_{t-1})\, p(\boldsymbol{x}_{t-1} \mid \boldsymbol{y}_1, \cdots, \boldsymbol{y}_{t-1})\, \mathrm{d}\boldsymbol{x}_{t-1}.$$

由后验的 $p(\boldsymbol{x}_t \mid \boldsymbol{y}_1, \cdots, \boldsymbol{y}_t)$ 可以得到 $\boldsymbol{x}_t$ 的估计。以上的递归关系很难求值，因为必须先解决复杂的高维度的积分。但卡尔曼滤波提供了一种假设动态和测量模型呈线性和符合高斯函数时的分析方法。如果这种分布模型的假设不成立，可以用粒点滤波取近似值来解递归。这种算法的主旨是通过一个有 N_S 个随机样本（粒点）的集合 $\{x_t^i;\ w_t^i\}_{i=1}^{N}$ 来取后验的近似值。随机样本与权数 w_t^i 通过 $\sum_{i=1}^{Ns} w_t^i \delta(x_t - x_t^i)$ 联系在一起，其中 $\delta(\cdot)$ 表示狄拉克（Dirac delta）函数且 $\sum_{i=1}^{Ns} w_t^i = 1$。当跟踪多个物体时，后验分布 $p(\boldsymbol{x}_t \mid \boldsymbol{y}_1, \cdots, \boldsymbol{y}_t)$ 中会出现多模态。多模态可以通过非参数的 M—成分混合模型来模拟，该模型可以用混合的粒点滤波来计算（Vermaak et al. 2003）。或者，可以以每个物体用一个独立的粒点滤波来跟踪多个物体（Qu et al. 2005）。类似地，也可以以每个物体用一个卡尔曼滤波来跟踪。对于粒点跟踪，状态矢量 $\boldsymbol{x}_t$ 常包括粒点在图像中的位置和粒点的其他属性（如最大灰度值）。测量矢量 $\boldsymbol{y}_t$ 常用粒点定位算法来计算，因此包括粒点的精确位置和其他属性。或者，$\boldsymbol{y}_t$ 可能包括一个粒点预测位置周围区域的图像亮度。Arhel 等（2006）采用了三个不同动力学模型的三种卡尔曼滤波来计算单个 HIV-1 颗粒的位置。但在运用卡尔曼滤波时，粒点定位和时空滤波两步常常不是偶联的。这意味着粒点定位必须忽视时间信息，而时空滤波又不能直接分析图像数据。相对地，粒点滤波已被引入计算机可视化领域（Isard and Blake 1998），它能更有效地利用图像序列中编码的信息。运用粒点滤波来跟踪粒点的方法也已经介绍。一种混合的粒点滤波已经用来跟踪微管（Smal et al. 2007），独立的粒点滤波和判罚方案共同阻止滤波融合的方法也已被用于跟踪 HIV-1 颗粒（Godinez et al. 2008）。与混合的粒点滤波相比，独立的粒点滤波的优点在于跟踪物体的数量可以随时间改变，而且计算效率很高（图 8）。

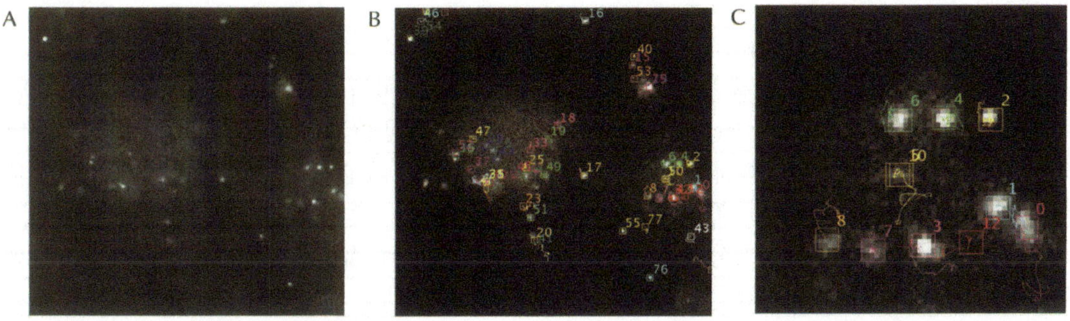

图 8　A. HIV-1 颗粒的原始显微图像（亮点）；B. 用概率法跟踪的结果（独立粒点滤波）；C. B 中白色方框区域扩大后的跟踪结果。被跟踪粒点的位置用方框标记；轨迹数如图所示

分类

随时间变化跟踪到细胞物体后，后续的任务就是将物体分为不同类别［如分成不同类型的亚细胞结构（Boland and Murphy 2001；Conrad et al. 2004）或细胞周期的不同时期（Chen et al. 2006；Harder et al. 2006）］。自动分类法可分为有监督的和无监督的学习方法。有监督的学习方法要预先定义类别，而且需要分类器用一系列有注释的例子（训练集合）来训练。无监督的学习方法不必提前知道类别。在细胞显微成像中，常使用有监督的学习方法，因为其表现更好且类别常是提前知晓的。常用的分类器有人工神经网络（Boland and Murphy 2001）、k-最近邻域分类器（Chen et al. 2006）和支持向量机（Conrad et al. 2004；Harder et al. 2006；2008）。已有实验比较了有监督和无监督的分类方法间的差别（Kovalev et al. 2006）。二者都依赖于前特征提取，这些特征需要尽可能抓住不同类别间的典型区别。在细胞显微成像中已经应用了很大范围的不同特征（Boland and Murphy 2001；Conrad et al. 2004；Harder et al. 2006），如描述物体几何属性的特征（如大小、形状）和表示灰度变化（如质地、时刻）的特征。

定量分析和系统生物学

运用上述图像分析方法，目标是要从活细胞显微图像中得到定量信息。在分割结果的基础上就能直接确定物体的几何属性，如细胞的大小或形状（如圆形）。同样，也能计算物体间的距离或角度信息。此外，还能对一个细胞中的信号强度定量（如荧光标记蛋白的量），如把分割区域内属于该细胞的灰度值相加。几何和灰度信息都能随时间的改变而确定，即可在连续的图像中确定。但要进行这种分析，需要知道这张图像中的某个物体对应于另一张图像中的哪个物体；还需要建立时间上的对应关系，为此就需要跟踪方法。跟踪的结果是物体的轨迹，即物体随时间改变的位置。除了这些位置参数，还能直接计算物体在每个时间点的速度和加速度，甚至能确定运动类型参数（如扩散常数），而运动可以被归类到不同类型的运动中去（定向的、扩散的和局限性的运动）。

定量化的几何、灰度和运动属性已被用来回答很多生物学问题。而定量参数也为系统生物学领域建立预测模型奠定了基础（Kitano 2001；Kriete and Eils 2005；Danuser 2006；Megason and Fraser 2007）。这个领域出现的目的是要更深入地理解细胞功能。定量计算模型是以整体的观念来理解细胞系统（或它们的一部分），而不是用传统的分子细胞生物学来研究单个大分子（蛋白质）。图形模型常用于表示生理生化通路的网络拓扑结构，即相关成分和相互作用（如信号转导网络和代谢网络）。此外，需要利用常微分方程和线性偏微分方程来模拟细胞系统的动态和应答。建立的基于计算机的模型可用于在不同条件和扰动下预测细胞的功能。特别是对健康、病态或药物处理后的表现都能模拟。模型产生的假设都需要用实验来验证（如通路网络拓扑结构的验证）。另外，预测的模型属性可用于指导和最优化以后的实验。建立基于计算机的细胞学过程的一个主要挑战是处理大量的复杂数据。

总结

活细胞成像生成了大量的图像数据信息，并且与日俱增。这就使得怎样分析获得的数据被提上议程。由于数据的体积巨大，人工分析已经是不可能了，因此对基于计算机的图像分析技术的需求也大大增加。要全自动分析多维的活细胞显微图像，就需要采用不同的计算方法，包括图像的预处理、分割、对齐、跟踪和分类。在计算机可视图像分析领域，对这些常用方法已经有了一定的研究，尤其是在视频图像分析和医学图像分析领域。但这些方法通常不能直接用于显微图像分析。于是，为了精准、强力和有效地处理活细胞显微图像数据，就需要开发适应性强、运用范围广的新算法。图像分析的最终目标是复杂细胞学过程的定量。这对于理解这些过程来说十分重要，也为建立系统生物学预测模型奠定了基础（如分子信号通路网络的重建）。整合的系统生物学方法需要包括实验生物学、显微技术、图像分析和建模在内的各种学科间的合作。这对于加深我们对诸如有丝分裂、内吞作用、细胞凋亡、传染等基本细胞学过程的理解十分必要，从而达到提高对癌症、心血管疾病、神经系统疾病和传染病等人类疾病的诊断和治疗的目的。

致谢

在此对欧洲联盟 MitoCheck 计划和德意志联邦教研部（Forschungseinheiten zur Systembiologie）ViroQuant 计划的支持表示衷心地感谢。

参考文献

Adiga U, Malladi R, Fernandez-Gonzalez R, Ortiz de Solórzano C. 2006. High-throughput analysis of multispectral images of breast cancer tissue. *IEEE Trans Image Process* **15:** 2259–2268.

Anderson B, Moore J. 1979. *Optimal filtering*. Dover, Mineola, NY.

Arhel N, Genovesio A, Kim K, Miko S, Perret E, Olivo-Marin J-C, Shorte S, Charneau P. 2006. Quantitative four-dimensional tracking of cytoplasmic and nuclear HIV-1 complexes. *Nat Methods* **3:** 817–824.

Bacher CP, Reichenzeller M, Athale C, Herrmann H, Eils R. 2004. 4-D single particle tracking of synthetic and proteinaceous microspheres reveals preferential movement of nuclear particles along chromatin-poor tracks. *BMC Cell Biol* **5:** 45.

Boland MV, Murphy RF. 2001. A neural network classifier capable of recognizing the patterns of all major subcellular structures in fluorescence microscope images of HeLa cells. *Bioinformatics* **17:** 1213–1223.

Bunyak F, Palaniappan K, Nath SK, Baskin TI, Dong G. 2006. Quantitative cell motility for in vitro wound healing using level set-based active contour tracking. *Proc IEEE Int Symp Biomed Imaging* **2006:** 1040–1043.

Chalfie M, Tu Y, Euskirchen G, Ward WW, Prasher DC. 1994. Green fluorescent protein as a marker for gene expression. *Science* **263:** 802–805.

Chen X, Zhou X, Wong STC. 2006. Automated segmentation, classification, and tracking of cancer cell nuclei in time-lapse microscopy. *IEEE Trans Biomed Eng* **53:** 762–766.

Chetverikov D, Verestoy J. 1998. Tracking feature points: A new algorithm. *Proc IEEE Int Conf Pattern Recog* **1998:** 1436–1438.

Comaniciu D, Ramesh V, Meer P. 2003. Kernel-based object tracking. *IEEE Trans Pattern Anal Mach Intell* **25:** 564–575.

Conrad C, Erfle H, Warnat P, Daigle N, Lörch T, Ellenberg J, Pepperkok R, Eils R. 2004. Automatic identification of subcellular phenotypes on human cell arrays. *Genome Res* **14:** 1130–1136.

Cortes L, Amit Y. 2008. Efficient annotation of vesicle dynamics video microscopy. *IEEE Trans Pattern Anal Mach Intell* **30:** 1998–2010.

Cox IJ. 1993. A review of statistical data association for motion correspondence. *Int J Comput Vision* **10:** 53–66.

Danuser G. 2006. Computer vision for systems biology. *Proc IEEE Int Symp Biomed Imaging* **2006:** 241–244.

Dufour A, Shinin V, Tajbakhsh S, Guillén-Aghion N, Olivo-Marin J-C, Zimmer C. 2005. Segmenting and tracking fluorescent cells in dynamic 3-D microscopy with coupled active surfaces. *IEEE Trans Image Process* **14:** 1396–1410.

Eils R, Athale C. 2003. Computational imaging in cell biology. *J Cell Biol* **161:** 477–481.

Gerlich D, Beaudouin J, Gebhard M, Ellenberg J, Eils R. 2001. Four-dimensional imaging and quantitative reconstruction to analyse complex spatiotemporal processes in live cells. *Nat Cell Biol* **3:** 852–855.

Gerlich D, Mattes J, Eils R. 2003. Quantitative motion analysis and visualization of cellular structures. *Methods* **29:** 3–13.

Gladilin E, Goetze S, Mateos-Langerak J, van Driel R, Eils R, Rohr K. 2008. Shape normalization of 3D cell nuclei using elastic spherical mapping. *J Microsc* **231:** 105–114.

Godinez WJ, Lampe M, Wörz S, Müller B, Eils R, Rohr K. 2007. Tracking of virus particles in time-lapse fluorescence microscopy image sequences. *Proc IEEE Int Symp Biomed Imaging* **2007:** 256–259.

Godinez WJ, Lampe M, Wörz S, Müller B, Eils R, Rohr K. 2008. Probabilistic tracking of virus particles in fluorescence microscopy images. *Proc IEEE Int Symp Biomed Imaging* **2008:** 272–275.

Goobic AP, Tang J, Acton ST. 2005. Image stabilization and registration for tracking cells in the microvasculature. *IEEE Trans Biomed Eng* **52:** 287–299.

Gonzalez RF, Woods RE. 2007. *Digital image processing*. Prentice Hall, Englewood Cliffs, NJ.

Haralick R. Shapiro L. 1992. *Computer and robot vision*. Addison-Wesley, Boston.

Harder N, Mora-Bermúdez F, Godinez WJ, Ellenberg J, Eils R, Rohr K. 2006. Automated analysis of the mitotic phases of human cells in 3D fluorescence microscopy image sequences. *Proc Int Conf Med Image Comput Comput Assist Interv* **4190:** 840–848.

Harder N, Eils R, Rohr K. 2008. Automated classification of mitotic phenotypes of human cells using fluorescent proteins. *Methods Cell Biol* **85:** 539–554.

Helenius J, Brouhard G, Kalaidzidis Y, Diez S, Howard J. 2006. The depolymerizing kinesin MCAK uses lattice diffusion to rapidly target microtubule ends. *Nature* **441:** 115–119.

Holden M. 2008. A review of geometric transformations for nonrigid body registration. *IEEE Trans Med Imaging* **27:** 111–128.

Isard M, Blake A. 1998. CONDENSATION—Conditional density propagation for visual tracking. *Int J Comput Vision* **29:** 5–28.

Kim IH, Godinez W, Harder N, Mora-Bermúdez F, Ellenberg J, Eils R, Rohr K. 2007a. Compensation of global movement for improved tracking of cells in time-lapse confocal microscopy image sequences. In *Proceedings of the SPIE Medical Imaging 2007: Image processing* (ed. JPW Pluim, JM Reinhardt), Vol. 6512, 6512R. SPIE, Bellingham, WA.

Kim IH, Yang S, Le Baccon P, Heard E, Kappel C, Chen Y, Spector D, Eils R, Rohr K. 2007b. Non-rigid temporal registration of 2D and 3D multi-channel microscopy image sequences of human cells. *Proc IEEE Int Symp Biomed Imaging* **2007:** 1328–1331.

Kitano H. 2001. *Foundations of systems biology*. MIT Press, Cambridge, MA.

Kovalev V, Harder N, Neumann B, Held M, Liebel U, Erfle H, Ellenberg J, Eils R, Rohr K. 2006. Feature selection for evaluating fluorescence microscopy images in genome-wide cell screens. *Proc IEEE Comput Soc Conf Comput Vision Pattern Recog* **1:** 276–283.

Kriete A, Eils R, eds. 2005. *Computational systems biology*. Elsevier, Amsterdam.

Kues T, Peters R, Kubitscheck U. 2001. Visualization and tracking of single protein molecules in the cell nucleus. *Biophys J* **80:** 2954–2967.

Li K, Miller ED, Chen M, Kanade T, Weiss LE, Campbell PG. 2008. Cell population tracking and lineage construction with spatiotemporal context. *Med Image Anal* **12:** 546–566.

Lin G, Adiga U, Olson K, Guzowski J, Barnes C, Roysam B. 2003. A hybrid 3D watershed algorithm incorporating gradient cues and object models for automatic segmentation of nuclei in confocal image stacks. *Cytometry A* **56:** 23–36.

Lin G, Chawla MK, Olson K, Barnes CA, Guzowski JF, Bjornsson C, Shain W, Roysam B. 2007. A multi-model approach to simultaneous segmentation and classification of heterogeneous populations of cell nuclei in 3D confocal microscope images. *Cytometry A* **71:** 724–736.

Lindblad J, Wählby C, Bengtsson E, Zaltsman A. 2003. Image analysis for automatic segmentation of cytoplasms and classification of Rac1 activation. *Cytometry A* **57:** 22–33.

Lippincott-Schwartz JL, Smith CL. 1997. Insights into secretory and endocytic membrane traffic using green fluorescent protein chimeras. *Curr Opin Neurobiol* **7:** 631–639.

Malpica N, Ortiz de Solórzano C, Vaquero JJ, Santos A, Vallcorba I, García-Sagredo JM, del Pozo F. 1997. Applying watershed algorithms to the segmentation of clustered nuclei. *Cytometry* **28:** 289–297.

Mattes J, Nawroth J, Boukamp P, Eils R, Greulich-Bode KM. 2006. Analyzing motion and deformation of the cell nucleus for studying colocalizations of nuclear structures. *Proc IEEE Int Symp Biomed Imaging* **2006:** 1044–1047.

Matula P, Matula P, Kozubek M, Dvořák V. 2006. Fast point-based 3-D alignment of live cells. *IEEE Trans Image Process* **15:** 2388–2396.

Matula P, Kumar A, Wörz I, Harder N, Erfle H, Bartenschlager R, Eils R, Rohr K. 2009. Single-cell-based image analysis of high-throughput cell array screens for quantification of viral infection. *Cytometry A* **75:** 309–318.

McInerney T, Terzopoulos D. 1996. Deformable models in medical image analysis: A survey. *Med Image Anal* **1:** 91–108.

Megason SG, Fraser SE. 2007. Imaging in systems biology. *Cell* **130:** 784–795.

Meijering E, Smal I, Danuser G. 2006. Tracking in molecular bioimaging. *IEEE Signal Process Mag* **23:** 46–53.

Misteli T, Spector DL. 1997. Applications of the green fluorescent protein in cell biology and biotechnology. *Nat Biotechnol* **15:** 961–964.

Nath SK, Palaniappan K, Bunyak F. 2006. Cell segmentation using coupled level sets and graph-vertex coloring. *Proc Int Conf Med Image Comput Comput Assist Interv* **4190:** 101–108.

Otsu N. 1979. A threshold selection method from grey level histograms. *IEEE Trans Systems Man Cybernet* **9:** 62–66.

Ortiz de Solórzano C, Malladi R, Lelièvre SA, Lockett SJ. 2001. Segmentation of nuclei and cells using membrane related protein markers. *J Microsc* **201:** 404–415.

Padfield DR, Rittscher J, Sebastian T, Thomas N, Roysam B. 2006. Spatio-temporal cell cycle analysis using 3D level set segmentation of unstained nuclei in line scan confocal fluorescence images. *Proc IEEE Int Symp Biomed Imaging* **2006:** 1036–1039.

Padfield DR, Rittscher J, Thomas N, Roysam B. 2009. Spatio-temporal cell cycle phase analysis using level sets and fast marching methods. *Med Image Anal* **13:** 143–155

Peng H. 2008. Bioimage informatics: A new area of engineering biology. *Bioinformatics* **24:** 1827–1836.

Perlman ZE, Slack MD, Feng Y, Mitchison TJ, Wu LF, Altschuler SJ. 2004. Multidimensional drug profiling by automated microscopy. *Science* **306:** 1194–1198.

Perona P, Malik J. 1990. Scale space and edge detection using anisotropic diffusion. *IEEE Trans Pattern Anal Mach Intell* **12:** 629–639.

Ponti A, Vallotton P, Salmon W, Waterman-Storer C, Danuser G. 2003. Computational analysis of F-actin turnover in cortical actin meshworks using fluorescent speckle microscopy. *Biophys J* **84:** 336–3352.

Qu W, Schonfeld D, Mohamed M. 2005. Real-time interactively distributed multi-object tracking using a magnetic-inertia potential model. In *Proceedings of the Tenth IEEE International Conference on Computer Vision*, pp. 535–540. IEEE, Piscataway, NJ.

Rieger B, Molenaar C, Dirks RW, Vliet IJV. 2004. Alignment of the cell nucleus from labeled proteins only for 4D in vivo imaging. *Microsc Res Tech* **64:** 142–150.

Rittscher J, Machiraju R, Wong STC, eds. 2008. *Microscopic image analysis for life science applications*. Artech House, Boston.

Rohde GK, Ribeiro AJS, Dahl KN, Murphy RF. 2008. Deformation-based nuclear morphometry: Capturing nuclear shape variation in HeLa cells. *Cytometry A* **73:** 341–350.

Rohr K. 2001. *Landmark-based image analysis using geometric and intensity models*. Kluwer Academic, Dordrecht, The Netherlands.

Sage D, Neumann FR., Hediger F, Gasser SM, Unser M. 2005. Automatic tracking of individual fluorescence particles: Application to the study of chromosome dynamics. *IEEE Trans Image Process* **14:** 1372–1382.

Sbalzarini I, Koumoutsakos P. 2005. Feature point tracking and trajectory analysis for video imaging in cell biology. *J Struct Biol* **151:** 182–195.

Sezgin M, Sankur B. 2004. Survey over image thresholding techniques and quantitative performance evaluation. *J Electron Imaging* **13:** 146–168.

Shapiro LG, Stockman GC. 2001. *Computer vision*. Prentice Hall, Englewood Cliffs, NJ.

Smal I, Niessen W, Meijering E. 2007. Advanced particle filtering for multiple object tracking in dynamic fluorescence microscopy images. In *Proc IEEE Int Symp Biomed Imaging* **2007:** 1048–1051.

Thomann D, Rines DR., Sorger PK, Danuser G. 2002. Automatic fluorescent tag detection in 3D with super-resolution: Application to the analysis of chromosome movement. *J Microsc* **208:** 49–64.

Tvarusko W, Bentele M, Misteli T, Rudolf R, Kaether C, Spector DL, Gerdes HH., Eils R. 1999. Time-resolved analysis and visualization of dynamic processes in living cells. *Proc Natl Acad Sci* **96:** 7950–7955.

Vallotton P, Ponti A, Waterman-Storer C, Salmon E, Danuser G. 2003. Recovery, visualization, and analysis of actin and tubulin polymer flow in live cells: A fluorescent speckle microscopy study. *Biophys J* **85:** 1289–1306.

Veenman CJ., Reinders MJT, Backer E. 2001. Resolving motion correspondence for densely moving points. *IEEE Trans Pattern Anal Mach Intell* **23:** 54–72.

Vermaak J, Doucet A, Pérez P. 2003. Maintaining multimodality through mixture tracking. *Proc Int Conf Comput Vision* **2003:** 1110–1116.

Vincent L, Soille P. 1991. Watersheds in digital spaces: An efficient algorithm based on immersion simulations. *IEEE Trans Pattern Anal Mach Intell* **13:** 583–598.

Wählby C, Sintorn I-M, Erlandsson F, Borgefors G, Bengtsson E. 2004. Combining intensity, edge and shape information for 2D and 3D segmentation of cell nuclei in tissue sections. *J Microsc* **215:** 67–76.

Wang X, He W, Metaxas D, Mathew R, White E. 2007. Cell segmentation and tracking using texture-adaptive snakes. *Proc IEEE Int Symp Biomed Imaging* **2007:** 101–104.

Weickert J. 1998. *Anisotropic diffusion in image processing*. ECMI Series. Teubner, Stuttgart.

Wilson CA, Theriot JA. 2006. A correlation-based approach to calculate rotation and translation of moving cells. *IEEE Trans Image Process* **15:** 1939–1951.

Withers JA, Robbins KA. Tracking cell splits and merges. 1996. *Proc IEEE Southwest Symp Image Anal Interpr* **1996:** 117–122.

Yang F, Mackey MA, Ianzini F, Gallardo G, Sonka M. 2005a. Cell segmentation, tracking, and mitosis detection using temporal context. *Proc Int Conf Med Image Comput Comput Assist Interv* **3749:** 302–309.

Yang G, Matov A, Danuser G. 2005b. Reliable tracking of large scale dense antiparallel particle motion for fluorescence live cell imaging. In *Proceedings of the IEEE Computer Society Conference on Computer Vision and Pattern Recognition (CVPRW'05)—Workshops, 2005*, pp. 138–146. IEEE Computer Society, Washington, DC.

Yang S, Köhler D, Teller K, Cremer T, Baccon PL, Heard E, Eils R, Rohr K. 2006. Non-rigid registration of 3D multi-channel microscopy images of cell nuclei. *Proc Int Conf Med Image Comput Comput Assist Inter* **4160:** 907–914.

Yang S, Köhler D, Teller K, Cremer T, Baccon PL, Heard E, Eils R, Rohr K. 2008. Non-rigid registration of 3D multi-channel microscopy images of cell nuclei. *IEEE Trans Image Process* **17:** 493–499.

Zhou X, Liu K-Y, Bradley P, Perrimon N, Wong STC. 2005. Towards automated cellular image segmentation for RNAi genome-wide screening. *Proc Int Conf Med Image Comput Comput Assist Interv* **3749:** 302—309.

Zimmer C, Labruyère E, Maes-Yedid V, Guillén N, Olivo-Marin J-C. 2002. Segmentation and tracking of migrating cells in videomicroscopy with parametric active contours. *IEEE Trans Med Imaging* **21:** 1212–1221.

Zitova B, Flusser J. 2003. Image registration methods: A survey. *Image Vision Comput* **21:** 977–1000.

（周慧　译　方玉达　校）

第 14 章　测量细胞材料特性的成像技术

Karen E. Kasza[1], David Vader[1], Sarah Köster[2], Ning Wang[3] and David A. Weitz[1]

[1]Department of Physics, School of Engineering and Applied Sciences, Harvard University; Cambridge, Massachusetts 02138; [2]Courant Centre Physics, University of Göttingen, 37077 Göttingen, Germany; [3]Department of Mechanical Science and Engineering, University of Illinois at Urbana-Champaign, Urbana, Illinois 61801

生物材料的“材料特性”包括它的组成成分、显微结构以及结构和力学性质之间的关系。在活细胞中，马达蛋白驱动的内部运动对其性质会产生重要的影响，甚至可能发生任何独立的细胞结构重塑。生物材料的这些性质决定了材料对作用力的被动力学响应。

细胞和组织的力学性质对于它们的功能和健康是非常重要的。例如，皮肤是非常有弹性的，不易撕裂，而红血细胞是高度可变的。此外，细胞的材料特性和它们的微环境会影响细胞在一些重要的生物过程中对机械作用力的有效应答，这些细胞过程包括从细胞的运动性到分化和形态发生。大块组织的力学性质可以通过传统的流变技术，通过测量伸展、压缩或者剪切宏观组织所需的力来确定。但是，对于单个细胞力学性质的测量，由于单个细胞太小而且具有高度混杂的结构所以不能用这些方法来测定，因此亟需能在微米尺度上探索柔软材料的力学性质的方法。多种微流变技术已经开发并在测量细胞的物质性质中得到应用。它们已经揭示出活细胞在与一般的惰性材料相比较时所表现出来的一些非同寻常的物质性质。细胞是有活性的、非线性弹性的不平衡材料。此外，细胞材料性质通常不同于它们所在的环境和组织的力学性质，但它们的性质通常高度依赖于它们所处的环境。

本章介绍包括一些在单个细胞内或细胞上的微米尺度光学成像的微流变技术。根据这些技术所采用的力的作用方法可以分为两类：在主动微流变学中，需要外力的应用；在被动微流变学中，实验者需要随机的热量起伏变化来驱动探针的运动。本章描述主动和被动微流变学技术的试验要求，阐释如何分析探针运动，也讨论了这项技术的一些缺陷。

流变学概念

在传统大的流变学中，力学响应是通过压力 σ（单位面积的作用力，单位为帕斯卡，$1\mathrm{Pa}=1\mathrm{N/m^2}$）表示的，观察引起的应变量 γ（图 1 和图 2）。应变量是一种没有单位的测量变形强度的方法，如长度变化除以原始长度。因为它们不依赖于材料的数量和大小，σ 和 γ 对描述材料的固有响应都是非常有用的度量。σ 和 γ 之间的关系取决于材料的弹性系数。通常，压力可以被应用于多种途径；而每一种途径都表示不同的响应类型。与微流变通常一起测量的剪切系数 G 描述了在保持体积不变的剪切力作用下材料的行为，如压力，G 的单位为 Pa。虽然这是压强的单位，表示单位面积的作用力，但也可以等同地把 G 视为单位体积的能量（J/m^3）。这些系数描述了材料的密度，以及使材料聚集在一起的原子和分子键能，反映了这些键的强度和持续时间。在细胞中，这些系数描述了细胞骨架单位的微结构以及它们之间的相互作用关系。

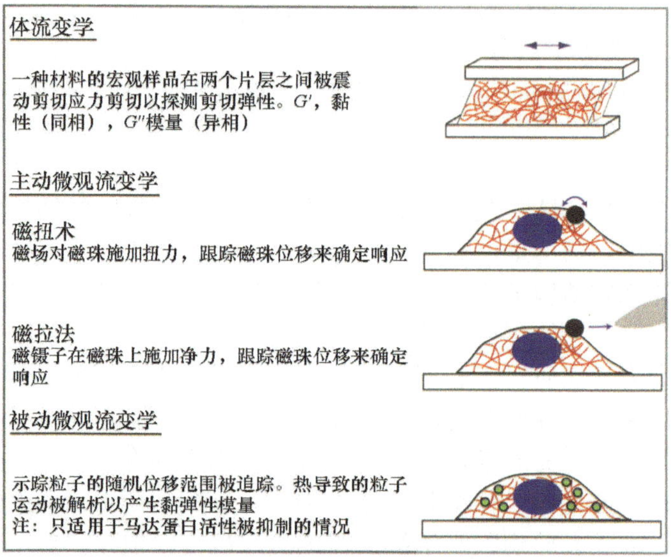

图 1　测量黏滞弹性材料性质的方法

多种微观流变技术已经得到开发以测量单个细胞的特性（经 Elsevier 允许，修改自 Kasza et al. 2007）

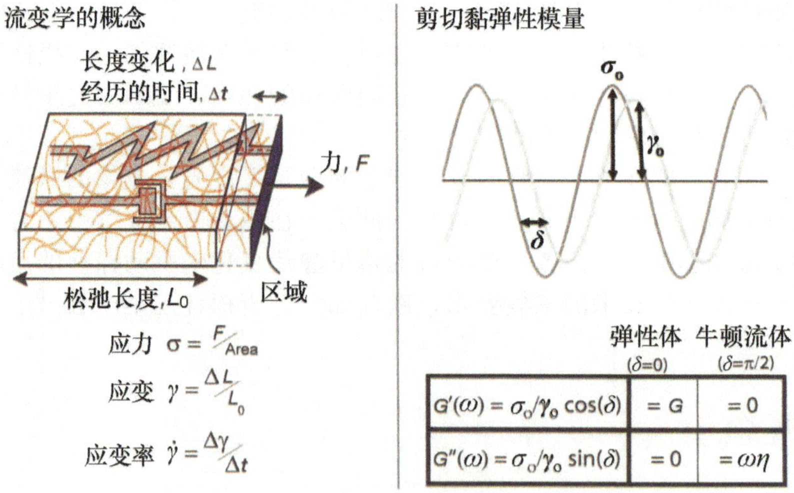

图 2　基本流变学概念

左图．为测定固有的材料性质，首先施加压力，如图所示材料被拉伸，根据形变大小（变形）和形变速率（变形率）来进行测量；右图．对于黏滞弹性材料，通过振荡剪切来确定剪切弹性响应 G' 和剪切黏性响应 G''

线性黏滞弹性

弹性固体能像弹簧一样抵抗形变，并且储存形变的能量。它们遵循本构关系（constitutive law）$\sigma=G\gamma$。黏性液体的流动、消耗能量、抵抗压力都像在阻尼器中一样依靠形变比率，$\sigma=\eta\gamma'$（η 是黏度，γ' 是应变量对时间的变化率 $d\gamma/dt$）。细胞具有弹性材料和黏性材料的性质，所以是黏滞弹性的。为了测量黏滞弹性响应，我们设计了一个振动测量方法，将弹性响应和黏性响应区分成两个不同的部分（图 2）。黏滞弹性材料在某些时候表现得像固体，而在其他时候表现得更像液体。通过改变摆动频率 ω，我们在不同的时间尺度上测定这些响应。对于一个施加的正弦压力，$\sigma_{(t)}=\sigma_0\sin(\omega t)$，应变量也是正弦的，但有一个相移 δ，$\gamma_{(t)}=\gamma_0\sin(\omega t-\delta)$。对于单一的弹性材料，压力和应变量全部在相内（$\delta=0$）。对于单一的黏性材料，压力和张力全部在相外（$\delta=\pi/2$）。更普遍的黏滞弹性是 $0<\delta<\pi/2$，反映了弹性组分（相内）和黏性组分（相外）的结合。

所以，黏滞弹性模数 G^* 将压力和应变量联系了起来，$\delta=G^*\gamma$ 是一个更复杂的函数，既有实部（相内）也有虚部（相外），$G^*(\omega)=(\sigma_0/\gamma_0)e^{i\delta}=G'(\omega)+iG''(\omega)$，这里的 $e^{i\delta}=\cos\delta+i\sin\delta$。实部就是弹性模数 $G'(\omega)=(\sigma_0/\gamma_0)\cos\delta$，虚部就是黏性模数 $G''(\omega)=(\sigma_0/\gamma_0)\sin\delta$。对于单一的弹性材料 $G'(\omega)=\sigma_0/\gamma_0=G$。对于单一的黏性流体 $G''(\omega)=\sigma_0/\gamma_0(\omega)=\eta\omega$。

非线性弹性

对于小的压力，γ_0 与 σ_0 成比例，是线性相关的。当压力足够大以至于改变或分开材料时，线性响应停止。大多数普通材料在大的压力下变得松弛，模数增加。相反，许多组织和细胞却显著的变硬（Fernandez et al. 2006；Kasza et al. 2007），这是细胞骨架和细胞外基质中生物大分子独特的物理性质的表现（Gardel et al. 2004；Storm et al. 2005）。这些材料在应对小的压力时是软的，可变性的，而在应对较大的压力时却变得更硬。

主动与被动微流变学

除了利用微米大小的探针粒子来测量物质的压力，主动微流变学的试验方法和大量流变学的试验方法基本一致（图 1）。细胞的弹性和黏性决定了粒子在细胞局部环境中的运动方式。通过观察粒子的运动可以确定材料的黏滞弹性响应。主动微流变学技术在测定细胞黏滞弹性响应中已经被应用了数十年（Crick and Hughes 1950），并且已经形成了一套完整、可靠的细胞测定方法。尽管如此，主动微流变学技术也需要非标准的试验设备以对探针粒子施加皮牛顿到纳米牛顿大小的作用力。通常这些作用力是通过自制的磁性镊子、磁性线圈或者是购买的原子力显微镜获得的。

被动微流变学是一种不需要施加外力测量材料黏滞弹性响应的一种简单、基本的方法，它利用的是探针粒子的热激发（Mason and Weitz 1995）。但是，从本质上讲，它在研究正常生理条件下的细胞响应时却没有太大的实用性。被动微流变学依赖于将测定的平均平方位移（mean squared displacement ，MSD）转换为黏滞弹性的剪切模量，在转换的过程中假定细胞是热平衡的，且温度就是环境的温度。但是由于探针粒子非常小，所以它们也非常容易受到细胞内分子马达驱动的主动微流变引起的运动的影响。不需要连接或者拉动探针粒子，它们也能将化学能转化为机械能，并产生有效的影响探针的背景运动，所以，任何尝试阐释细胞内探针的被动运动以测量细胞固有黏滞弹性模量都是注定要失败的。

只有在马达的活动受到抑制时，传统的被动微流变学才能应用于细胞（Hoffman et al. 2006）。但是，对细胞骨架网络的重建研究表明模数可以是非线性的，随压力增加而显著增加（Gardel et al. 2004；Strom et al. 2005）。所以，排除收缩马达的活动能更改细胞内骨架系统的性质，随后进行的测量也就无法确定在其中性状态下细胞的行为。被动微流变学依然是测定重构细胞骨架网络的黏滞弹性行为的有效方法。这些简单的模型系统是细胞测量方法的有力补充。

这些重要的被动流变学概念对于阐述细胞内结构的运动是非常有用的。例如，荧光标记的微管已经被开发为细胞局部作用力的探针。微管是非常坚硬的细丝，以至于无法观察到其由于热量变化所引起的形变。但是，它们确实呈现由于细胞内马达作用所产生的形状变化。这种运动可以用与探针粒子运动类似的方法进行分析。因为微管的硬度是已知的，这种运动就可以作为细胞内局部作用力的有价值的探针。

主动微流变学：磁扭流式细胞术

尽管对主动微流变施加外部作用力有多种途径，我们主要探究一种称为磁扭流式细胞术（magetic twisting cytometry ，MTC）的技术。一个非均匀的磁场被用来扭曲部分镶嵌在细胞中的磁珠。这种技术能实现对数百个细胞的同步振荡流变测量。

MTC 的试验条件

在磁场 B 中，磁珠的扭矩 τ 和磁矩 m 满足：$\tau=m\times B$（τ 的单位是牛顿米，m 的单位是安培平方米，B 的单位是特斯拉，也等于牛顿每安培米）。在数据分析章节中（见 MTC 的数据分析），被主要运用的量为每单位磁珠体积的扭矩或者具体扭矩 $T=\tau/V$，单位为帕斯卡（Pa）。通过磁珠施加给细胞的特征应力与 T 成比例，依赖于磁珠和细胞表面之间的接触面积。

磁珠

磁珠能从多个商家中购买到，并且大小、单分散性、磁性各不相同。这些性质将影响所能得到的作用力或者是扭矩的大小。

1. 形状

磁珠应该越圆越好。应避免表面粗糙和一些边缘锋利的磁珠以将对细胞膜的潜在伤害降低到最小。

2. 大小

购买的磁性粒子大小从数十纳米到数十微米不等。如磁化强度为 M 的磁性材料不均匀地分布在半径为 a 的球上，其磁矩大小会随着磁珠的体积而增加到 $m \sim Ma^3$。如果磁性材料是分布在一个无磁性核心的外薄壳上，则为 $m \sim Ma^2$。在这两种情况下 τ 都随 a 而增加。对于 MTC 而言，一般采用 4～5μm 的珠子［如 Spherotech 公司、Lake Forest、Illimois 或定制的珠子（Fabry et al. 2003)］。

3. 磁性大小

购买的磁珠通常含有铁氧化物或铬氧化物。对于 MTC，这些珠子应该是铁或者亚铁磁性，所以能像指南针一样在没有磁场的时候依然保持磁性。根据不同的合成方法，磁性材料的量及其在珠子表面的分布会显著不同。

4. 单分散性

粒子的大小以及磁性物质的单分散性越好，测量结果也就越精确，重现性也越好。

5. 涂层

对于 MTC，珠子是被细胞部分吞没的。为与整合素（integrin）特异性结合，珠子被细胞外基质中的纤维连接蛋白（fibronectin）或 RGD（精氨酸-甘氨酸-天冬氨酸）肽所包被。珠子可被多聚-L-赖氨酸包被以便与细胞膜非特异性结合。配体的类型和密度将影响珠子的包埋及其探测的细胞骨架结构。

磁场来源

MTC 利用一个非均匀的磁场 B 为磁珠提供扭矩。这不同于磁性或者光学镊子利用场的梯度对探针粒子施加的一个净作用力 $F=(m \times \nabla)B$。MTC 的磁场是通过亥姆霍兹（Helmholtz）线圈产生的，该线圈由一对相同磁线圈被等于线圈半径的距离 R 分开。磁场大小随着金属线圈的数量 n 而成直线上升，线圈中的电流 I 为 $B \sim nI/R$。对于 MTC，一个大的（$>0.1T$）、10μs 的脉冲即可使样品中所有的磁珠磁化。这可以通过线圈由一个电容放电来实现（Valberg and Bulter 1987）。这样能非常方便地将珠子磁化并指向与显微镜载物台平行的 x 方向。通过可以高达 5A 的电流生成一个垂直作用于珠子的磁钜来产生一个小的毫特斯拉振荡扭场。这个振荡磁场应保持足够小以防止珠子被再次磁化。对于自制的 4.5μm 大小珠子的实验（Febry et al. 2001），这个场相当于一个特殊的扭矩 $T=10$Pa。

校准

为了测定模数的绝对量，珠子的扭矩是可以校准的。它可以通过磁力计在已知黏性的液体中测量一个被磁化的珠子的旋转速率（Valberg and Bulter 1987）或者直接测量珠子的磁扭矩（Laurent et al. 2003）来实现。但是，校准并不都是必需的，除非需要测量相关模数，如比例 G'/G''或 G'（ω）/G'（ω_0）（Hoffman et al. 2006）。

细胞

在特定细胞类型中 MTC 成功依赖于一系列的因素，包括细胞与底层的良好黏合及磁珠与细胞的良好偶联。MTC 已经在多种细胞中应用，包括内皮细胞、肌原细胞、上皮细胞、心肌细胞、成纤维细胞、呼吸道和血管平滑肌细胞，以及血红细胞（Wang et al. 1993；1995；Huubmayr et al. 1996；Portard et al. 1997；Tagwa et al. 1997；Cai et al. 1998；Hoffman et al. 2006；Puig-de-Morales-Marinkovic et al. 2007）。根据细胞类型和实验持续时间的不同，对环境进行控制的载物台也许是需要的。

成像

对于一个完全被嵌合在不均一材料中的球形磁珠，扭矩仅引起旋转，用简单的成像方法难以定量。但是，由于磁珠是被部分嵌入在细胞中的，所以扭矩会导致旋转和转移。结果在 $x-y$ 平面上珠子的分布可以用亮视场显微镜成像，图像可以用 CCD 照相机收集。根据粒子追踪所需的分辨率（见粒子追踪）和视野里的细胞数目选择适当的放大倍数的物镜。一般来说，对 4.5μm 大小的珠子在 10×～20×放大倍数成像，在 35mm 大小的培养皿上可以同时测量数十到数百个细胞，这时跟踪它们的位置能达 10nm 的空间分辨率。所需的帧速率依赖将要测量的频率变化，通常 16 帧每个振荡周期是比较合适的。如果需要的帧频高于一般相机能达的最大值，则用电外差频闪技术，它比其他方法所允许的最大帧速率要高（Fabry et al. 2003）。例如，当需要 30Hz 的相机去收集大于 1Hz 的探针频率时，就采用电外差技术。相机和线圈电流需要控制以便让扭矩和珠子运动之间的相转换 δ 可以被精确测量。

MTC 方案

在本章末尾对一种普遍的 MTC 方案进行了详细介绍。

MTC 的数据分析

珠子运动

在各种频率下的每个珠子，取在扭曲方向上的粒子运动组分（在实验方案 1 中的 x 方向）。利用分离的傅里叶变换式，确定振幅 d_0和振荡珠子位移 d（t）滞后相 δ（对于驱动力矩）。一部分珠子没有或者只有很少的部分黏附在细胞上，这样会产生很大的位移。这部分珠子在分析过程中应排除在外。对应于观察到的珠子位移的典型应变张力 γ 依赖于可以粗略估计为 d_0/a 的珠子-细胞结合区域。线性响应可以通过验证 d_0随扭矩线性增加或者在量化高次谐波振幅 $d(t)$ 来进行检验。

确定弹性和黏性响应

具体扭矩 T_0(Pa) 与珠子位移 d_0(nm) 之间的比值决定了弹性和黏性响应，依次为，$g'(\omega) = (T_0/d_0)\cos(\delta)$ 和 $g''(\omega) = (T_0/d_0)\sin(\delta)$，$g'(\omega)$和 $g''(\omega)$ 的单位都是 Pa/nm。因为它们依赖于珠子和细胞的具体几何学关系，所以它们并不是真实的黏滞弹性模量。

校准 $\boldsymbol{g'(\omega)}$和 $\boldsymbol{g''(\omega)}$

真实的黏滞弹性模量 $G'(\omega)$和 $G''(\omega)$与 $g'(\omega)$和 $g''(\omega)$通过一个乘法几何系数 a 相联系。为了确定黏滞弹性模量 $G'(\omega)=a\,g'(\omega)$和 $G''(\omega)=a\,g''(\omega)$，我们必须确定珠子嵌入的量以及利用共聚焦显微镜、原子力显微镜或电子显微镜确定细胞形状，必须使用一个具体几何学模型来确定 a（Mijailovich et al. 2002)。在实际操作中，因为珠子-细胞结合面积、区域内偶联的强度、所用模型的限制以及细胞与细胞间的显著差异等不确定性因素，一般不太容易精确确定 a 值。基于这个原因，$g'(\omega)$和 $g''(\omega)$的值通常是在文献中引用而非真实的黏滞弹性模量。

总体平均数

MTC 最重要的特点就是能同时测量数百个独立的细胞。这不同于传统的一次只能测量一个珠子-细胞组合的光学和磁镊实验。为了描述一个细胞群的平均黏滞弹性响应，我们可以对 $G'(\omega)$和 $G''(\omega)$（或者 g'和 g''）采用总体平均数（图 3C)。通过 MTC 测出的细胞模数通常是成对数分布的，所以，模量的对数分布是正态分布。这种分布来源于细胞群体中珠子-细胞接触的几何学情况的变化（Van Citters et al. 2006)。可以通过测得模数的对数的平均数和标准差来描述这个正态分布。

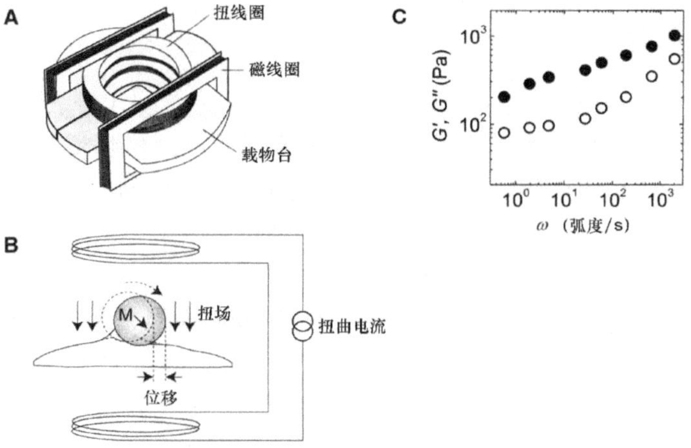

图 3　MTC

A. 用于 MTC 的显微镜载物台改装图解；一共有两组线圈，一个用于磁化，另一个用于扭转磁珠。B. 磁珠的扭转运动图解。C. 人类黑色素瘤细胞的黏滞弹性模量 G'（弹性，闭环）和 G''（黏性，开环）示例。数据为数百个同时测量的细胞的总体平均数（A 和 B，再版，经美国生理学会许可引自 Fabry et al. 2001)

总结：MTC

MTC已被证实为通过相对高通量方式探测细胞黏滞弹性材料性质的有效技术。它可以和其他形式的成像技术结合来研究应力传播和机械传导的分子机制（Hu et al. 2003；Na et al. 2008）或者提高激光偏转粒子跟踪的空间和时间分辨率（Hoffman et al. 2006）。

与其他技术一样，MTC也存在一些局限性。由于很难量化磁珠细胞的几何接触，所以无法对黏滞弹性模数进行完全精确的测量。另外，对于一个典型的MTC体系，最大的具体扭矩限于约100Pa，它可能无法接近细胞流变学的非线性状态。磁镊子能产生100nN的作用力，这对测量非线性弹力来说已经足够了。更普遍的是，它无法确定被探测细胞的结构。这不是某一项技术的缺陷，而是由于细胞的复杂性、异质性和动态性造成的。把一些互补的技术相结合来研究在不同的作用力和时间范围下细胞材料的性质以及不同的偶联机制，从而构建细胞材料性质一个更加复杂的网络图都是非常可行的。

被动微流变学

另有一种微流变学技术能采用随机热量起伏来驱使探针的运动。虽然从本质上讲利用被动微流变研究细胞在正常培养条件下的黏滞弹性反应没有太大的实践意义，但是它在研究重构细胞骨架网络（Gardel et al. 2003）、从细胞骨架中提取的原生中间纤维网络（Sivaramarkrishnan et al. 2008）以及ATP耗竭的细胞（Hoffman et al. 2006）中有相当的价值。此外，被动微流变的基本概念对于解释细胞内结构的运动也是非常有用的。

单点被动微流变

一种材料内的示踪粒子的MSD满足 $\langle \Delta r(\tau)^2 \rangle = \langle [r(t+\tau) - r(t)^2] \rangle$，即在时间间隔 τ 内粒子运动的净距离的平方。在简单、单一的牛顿流体如水或者甘油中，半径为 a 的粒子会进行布朗运动。在 d 空间维度中具有扩散常数 D 的粒子的MSD与 τ 是成比例的：

$$\langle \Delta r(\tau)^2 \rangle = 2dD\tau \tag{1}$$

根据MSD，液体的黏性 η 可以通过斯托克斯-爱因斯坦关系（Stokes - Einstein relation，SER）确定：

$$\eta = \frac{k_B \mathrm{T}}{6\pi Da} = \frac{k_B T\tau}{\pi a \langle \Delta r(\tau)^2 \rangle} \tag{2}$$

式中，k_B为玻尔兹曼常数；T 为绝对温度、$k_B T$ 为热量波动的能量。

在黏滞弹性材料中，SER［式（2）］可以在广义上包括弹性性质（Mason and Weitz 1995）：

$$G^*(\omega)=\frac{k_B T}{i\omega\pi a\langle\Delta r(\omega)^2\rangle}.\tag{3}$$

式（3）中的广义 SER（generalized SER，GSER）、MSD 的单向傅里叶转换、$\langle\Delta r(\omega)^2\rangle$，从 τ 转换成 ω，只有在材料平衡时 GSER 才是有效的。此外，这些推导都假定材料是均匀的，并且在粒子与周围的材料之间没有滑移边界。

两点被动微流变

在单点被动微流变中，每个粒子的布朗运动被用来计算 $G^*(\omega)$。单点被动微流变一个显著的缺陷是粒子和周围材料间的相互作用会对测量结果产生严重影响。这个局限可以通过能确定粒子对的交联相关运动的两点微流变学来克服（Crocker et al. 2000）。当示踪粒子运动时，它都会使周围的材料和邻近的粒子产生位移。粒子对的集体运动是由于周围材料的起伏，所以是统计相关的。在局部微环境中单个粒子的运动是由珠子表面特殊的相互作用产生的，不会相互关联，所以也不会对测量结果产生影响。正因如此，两点微流变可以应用于探针颗粒或者材料中已有的内源示踪物，不用担心示踪物质和材料的偶联。

从离子对被测量的交互作用中得出的两点 MSD，可以和单点 MSD 直接比较，并且可以作为 GSER 的输入数据来确定黏滞弹性模量。两点微流变在重构细胞骨架网络和 ATP 耗竭的细胞中已经得到了成功的应用。对两点微流变算法、软件、理论和实际应用的详细讨论请参阅 Crocker 和 Hoffman（2007）。

被动微流变的试验条件

聚苯乙烯粒子探针

聚苯乙烯粒子由于有较高的折射率以及多种尺寸，所以是探针的良好材料。通常，在亮视场、相差或者微分干涉差（DIC）显微镜中能追踪到 0.2～1μm 颗粒。

涂层。对于单点微流变，一个惰性的珠子表面是有利的，可以在珠子外层涂上一层聚乙二醇。对于两点微流变，表面涂层不是很关键。

导入方法。对于重构细胞骨架网络，粒子可以和蛋白质溶液缓和的结合。对于 ATP-耗竭细胞，微注射的珠子会和细胞质直接作用，而被吞噬的珠子会经常被包在与马达蛋白相关的囊泡中。

内源性示踪物探针

与聚苯乙烯粒子探针不同的另一种方法是使用内源性示踪剂，也就是细胞器、囊泡，或者是在显微镜下能被观察到的脂质颗粒。内源性示踪物可用于两点微流变，示踪物在微环境中的特性也没有如此重要（Crocker and Hoffman 2007）。

细胞

对 ATP 耗竭实验，将细胞置于盖玻片上，如果有必要，引入示踪粒子。在测量前

1～2h 更换无血清、无糖的培养基，再加上 0.05％的叠氮化钠和 50mmol/L 2-D-脱氧葡萄糖（Lau et al. 2003；Hoffman et al. 2006）。

显微镜

良好的成像质量有利于图像分析和粒子示踪。采用稳定的光源、高品质的光学以及良好的对比度可以优化成像质量。利用气动隔离台面使振动减小到最低。由于加热阶段的不足或小股气流导致的热量膨胀会导致产生偏移，在试验过程中应注意把这些影响降低到最小。亮视场成像技术对多种样本都是可行的，但是，非常有必要利用相差或 DIC 来增强对比。荧光成像技术可用于追踪很小的粒子，但是总体亮度比较低，这也限制了粒子追踪的精确度。

照相机

利用一个好的、噪声低的、能收集视频（30Hz）图像的照相机。探测高频率的材料需要快速相机（>100Hz）。较高的图像采集速率和短的曝光时间可能会限制图像的亮度和示踪精确性。

被动微流变数据分析

分析探针的运动请参阅粒子示踪部分。在网上有免费提供的将粒子轨迹换算成 G^* 的源代码，以 IDL 程序语言形式，网址：HTTP：//www.physicsemory.edu/～weeks/idl/rheo.html。

被动微流变的物理限制

与被动微流变一起测量的 G^* 和 ω 的范围与以下条件有关。

（1）图像收集频率，它确定了最短的时间尺度（最高 ω 值），$\omega_{max}=2\pi$（帧/s）$=2\pi/$（秒帧之间）。

（2）影像中粒子轨迹的持续时间，确定了最长的时间尺度（最低 ω 值）。

（3）粒子半径 α，在一定的时间间隔内它影响粒子跟踪精确度和一个典型粒子运动的距离：一般情况下离子半径越小，阻力越小，移动距离越远。

（4）能测定的最小粒子位移（本底噪声）d，它是由振动干扰振幅以及在粒子定位中的误差决定的。

假设需要应用 GSER，则探测的最大弹性模数接近于 G'_{max}＝KBT/（ad2）。对一个 1μm 大小的粒子，本底 MSD 噪声为（10nm）^{2}，其 G'_{max}约为 10Pa。通过对比，细胞模数为 100～1000Pa。所以，通过优化成像、粒子示踪和隔振，把 d 减小到数纳米级是很有必要的。

粒子追踪

精确的粒子追踪是微流变学的关键因子，也是决定弹性和黏性模数测量范围的重要因素。一定要注意收集高质量的数据，然后对数据进行最佳处理。这里，我们介绍了基本的图像处理（Crocker and Grier 1996），我们也鼓励各位研究人员参考关于粒子追踪免费的教程（见 HTTP：//www. physics. emory. edu/～weeks/idl/）。

图像收集

收集高质量图像有以下几个基本技巧。

（1）提高原始图像质量是提高数据质量最好的方法之一。

（2）粒子大小应该至少 4～5 像素宽。

（3）过度放大会减小视野范围以及被追踪的粒子数目。

（4）如果粒子非常易于移动，高帧频率会使粒子从一个帧向下一帧移动时以低于平均距离将它们分开。

（5）避开曝光不足和曝光过度。调整照明和对比度使得在相机无饱和情况下实现粒子和背景的最大亮度差。

图像处理

在每一个图像中定位粒子时，注意考虑以下几点。

（1）如果粒子没有在黑暗的背景中以亮点出现，则倒置图像。

（2）限定图像带宽以减少在短的长度尺寸（一般为 1 像素）和长的长度尺寸（背景照明中的低频率变化）出现的噪声。

（3）在像素分辨水平找到每个粒子。这时，粒点呈现局部强度最大。不要找单一像素的最大值，对周围像素进行整合，这是定位亮点，而不是像素。整合的空间窗口大小应与粒子直径相当。

（4）找到每个斑点的强度加权质心以更好地对粒子进行定位。利用一个和粒子直径相当的窗口，亚像素精度应该在约 0.1 像素并且随着粒子大小增加而提高。图像一定不能达到饱和。

（5）为了将待研究的粒子从聚集或者假象中分离出来，根据外观的半径、整合强度，以及偏心率（圆形与椭圆形）进行过滤。

连接

一旦粒子在某一帧被定位，则它们能在几个帧里被连在一起而被一起追踪。如果在一个帧里的粒子分开得很远，则能在下一帧找到与先前位置最近的一个相同粒子。

总结与展望

阐明细胞的材料性质对于细胞力学和动力传导领域依旧是一个重要挑战（Janmay and Weitz 2004；Discher et al. 2005）。这里所阐述的主动微流变技术是在微米尺度上探测细胞黏滞弹性模量的一个重要方法。由于细胞材料的复杂性和异质性，把一些互补的技术结合起来是非常有见地的（Hoffman et al. 2006；Stamenovic et al. 2007）。

由于马达蛋白的随机搅动，从本质上讲，被动微流变在研究细胞材料性质过程中没有太大的实践意义，但是它依旧是研究重构细胞骨架网络和 ATP 耗竭细胞的有用技术。此外，探针颗粒在活细胞中的被动运动能很好地观察马达自身的活动。为了解释这些结果，需要对导致探针明显随机运动的分子马达有更好的理解。这项技术的最初目标已经得以实现（Lau et al. 2003；Mizuno et al. 2007），但是依旧只是一个开端，不管怎样，我们已经取得了一些进步。

实验方案

MTC 实验方案

本方案提供了 MTC 的一般步骤。MTC 是一种便利的测量单个黏附细胞力学性质的主动微流变技术。在该技术中需要特殊的设备来产生磁场。所用细胞、试剂和实验时间以及温度都依赖于研究者具体的试验目的。

材料

试剂

细胞

磁珠，4～5μm（如 Spherotec 公司，Lake Forest，Illimois,），用纤连蛋白、RGD 或多聚-L-赖氨酸包被

培养基

仪器

培养皿，35mm（塑料或者玻璃底）

显微镜，改装以产生磁场

显微镜载物台改装是增加一个磁性线圈和一个扭线圈（图 3）。此外，显微镜必须装备 CCD 相机。

方法

（1）将细胞置于 35mm 的培养皿中，培养至所需密度。

（2）在培养基中清洗并悬浮包被的珠子。把珠子加入到有培养细胞的培养皿中，直至密度为每个细胞中约有 1 颗珠子。在期望的温度下培养 15min。具体培养时间以不同的细胞类型而异。

（3）轻轻地洗去没有黏附上的珠子。

（4）将带细胞和珠子的培养皿置于显微镜的载物台上。定位细胞和珠子于焦平面。

（5）在与镜台平行的平面上磁化珠子，让所有的 m 都指向 x 方向。

（6）在亮场下，如需要重新调整珠子到焦平面上，调整亮度，使珠子和背景在光照下有最大的反差。

（7）在 z 方向上施加一个 $0.001T$ 的振动场将频率从 0.01Hz 逐渐调至 100Hz。参照下表，利用＞1Hz 的频率外差施加振动场（Fabry et al. 2003）。

赫兹	循环	赫兹	循环
0.01	3	4.2	80
0.03	5	10	80
0.075	5	30	100
0.1	5	100	800
0.3	5	300	4 800
0.75	6	1 000	28 800

频率扫描时间应为 5～10min。频率可以调高或者调低以检查迟滞或者时间依赖性变化。粒子追踪可以离线或者实时进行。

致谢

本项目受到美国国家科学基金会（National Science Foundation，NSF）、哈佛大学材料科学与工程研究中心（DMR－080820484）、NSF 研究生研究奖学金（K. E. K）、德意志研究联合会（KO 3572/1 和优秀启动基金）以及国立卫生研究所（GM072744）（N. W）的支持。

参考文献

Bausch AR, Moller W, Sackmann E. 1999. Measurement of local viscoelasticity and forces in living cells by magnetic tweezers. *Biophys J* **76:** 573–579.

Brangwynne CP, MacKintosh FC, Weitz DA. 2007. Force fluctuations and polymerization dynamics of intracellular microtubules. *Proc Natl Acad Sci* **104:** 16128–16133.

Cai S, Pestic-Dragovich L, O'Donnell ME, Wang N, Ingber D, Elson E, De Lanerolle P. 1998. Regulation of cytoskeletal mechanics and cell growth by myosin light chain phosphorylation. *Am J Physiol* **275:** C1349–C1356.

Crick FHC, Hughes AFW. 1950. The physical properties of the cytoplasm. A study by means of the magnetic particle method. Part 1. *Exp Cell Res* **1:** 37–80.

Crocker JC, Grier DG. 1996. Methods of digital video microscopy for colloidal studies. *J Colloid Interface Sci* **179:** 298–310.

Crocker JC, Hoffman BD. 2007. Multiple-particle tracking and two-point microrheology in cells. *Methods Cell Biol* **83:** 141–178.

Crocker JC, Valentine MT, Weeks ER, Gisler T, Kaplan PD, Yodh AG, Weitz DA. 2000. Two-point microrheology of inhomogeneous soft materials. *Phys Rev Lett* **85:** 888–891.

Discher DE, Janmey P, Wang YL 2005. Tissue cells feel and respond to the stiffness of their substrate. *Science* **310:** 1139–1143.

Fabry B, Maksym GN, Butler JP, Glogauer M, Navajas D, Taback NA, Millet EJ, Fredberg JJ. 2003. Time scale and other invariants of integrative mechanical behavior in living cells. *Phys Rev E* **68:** 041914.

Fabry B, Maksym GN, Shore SA, Moore PE, Panettieri RA Jr, Butler JP, Fredberg JJ. 2001. Selected contribution: time course and heterogeneity of contractile responses in cultured human airway smooth muscle cells. *J Appl Physiol* **91:** 986–994.

Fernandez P, Pullarkat PA, Ott A. 2006. A master relation defines the nonlinear viscoelasticity of single fibroblasts. *Biophys J* **90:** 3796–3805.

Gardel ML, Shin JH, MacKintosh FC, Mahadevan L, Matsudaira P, Weitz DA. 2004. Elastic behavior of cross-linked and bundled actin networks. *Science* **304:** 1301–1305.

Gardel ML, Valentine MT, Crocker JC, Bausch AR, Weitz DA. 2003. Microrheology of entangled F-actin solutions. *Phys Rev Lett* **91:** 158302.

Hoffman BD, Massiera G, Van Citters KM, Crocker JC. 2006. The consensus mechanics of cultured mammalian cells. *Proc Natl Acad Sci* **103:** 10259–10264.

Hu S, Chen J, Fabry B, Numaguchi,Y, Gouldstone,A, Ingber DE, Fredberg JJ, Butler JP, Wang N. 2003. Intracellular stress tomography reveals stress focusing and structural anisotropy in cytoskeleton of living cells. *Am J Physiol Cell Physiol* **285:** C1082–C1090.

Hubmayr RD, Shore S, Fredberg JJ, Planus E, Panettieri RA Jr, Moller W, Heyder J, Wang N. 1996. Pharmacologic activation changes stiffness of cultured human airway smooth muscle cells. *Am J Physiol Cell Physiol* **271:** C1660–C1668.

Janmey PA, Weitz DA. 2004. Dealing with mechanics: Mechanisms of force transduction in cells. *Trends Biochem Sci* **29:** 364–370.

Kasza KE, Rowat AC, Liu J, Angelini TE, Brangwynne CP, Koenderink GH, Weitz DA. 2007. The cell as a material. *Curr Opin Cell Biol* **19:** 101–107.

Lau AWC, Hoffman BD, Davies A, Crocker JC, Lubensky TC. 2003. Microrheology, stress fluctuations, and active behavior of living cells. *Phys Rev Lett* **91:** 198101.

Laurent VM, Fodil R, Canadas P, Fereol S, Louis B, Planus E, Isabey D. 2003. Partitioning of cortical and deep cytoskeleton responses from transient magnetic bead twisting. *Ann Biomed Eng* **31:** 1263–1278.

Mahaffy RE, Shih CK, MacKintosh FC, Kas J. 2000. Scanning probe-based frequency-dependent microrheology of polymer gels and biological cells. *Phys Rev Lett* **85:** 880–883.

Mason TG, Weitz DA. 1995. Optical measurements of frequency-dependent linear viscoelastic moduli of complex fluids. *Phys Rev Lett* **74:** 1250–1253.

Mijailovich SM, Kojic M, Zivkovic, M, Fabry B, Fredberg JJ. 2002. A finite element model of cell deformation during magnetic bead twisting. *J Appl Physiol* **93:** 1429–1436.

Mizuno D, Tardin C, Schmidt CF, MacKintosh FC. 2007. Nonequilibrium mechanics of active cytoskeletal networks. *Science* **315:** 370–373.

Na S, Collin O, Chowdhury F, Tay B, Ouyang M, Wang Y, Wang N. 2008. Rapid signal transduction in living cells is a unique feature of mechanotransduction. *Proc Natl Acad Sci* **105:** 6626–6631.

Potard USB, Butler JP, Wang N. 1997. Cytoskeletal mechanics in confluent epithelial cells probed through integrins and E-cadherins. *Am J Physiol Cell Physiol* **272:** C1654–C1663.

Puig-de-Morales-Marinkovic M, Turner KT, Butler JP, Fredberg JJ, Suresh S. 2007. Viscoelasticity of the human red blood cell. *Am J Physiol Cell Physiol* **293:** C597–C605.

Sivaramakrishnan S, DeGiulio JV, Lorand L, Goldman RD, Ridge KM. 2008. Micromechanical properties of keratin intermediate filament networks. *Proc Natl Acad Sci* **105:** 889–894.

Stamenovic D, Rosenblatt N, Montoya-Zavala M, Matthews BD, Hu S, Suki B, Wang N, Ingber DE. 2007. Rheological behavior of living cells is timescale-dependent. *Biophys J* **93:** L39–L41.

Storm C, Pastore JJ, MacKintosh FC, Lubensky TC, Janmey PA. 2005. Nonlinear elasticity in biological gels. *Nature* **435:** 191–194.

Tagawa H, Wang N, Narishige T, Ingber DE, Zile MR, Cooper G IV. 1997. Cytoskeletal mechanics in pressure-overload cardiac hypertrophy. *Circ Res* **80:** 281–289.

Valberg PA, Butler JP. 1987. Magnetic particle motions within living cells. Physical theory and techniques. *Biophys J* **52:** 537–550.

Valentine MT, Perlman ZE, Gardel ML, Shin JH, Matsudaira P, Mitchison TJ, Weitz DA. 2004. Colloid surface chemistry critically affects multiple particle tracking measurements of biomaterials. *Biophys J* **86:** 4004–4014.

Van Citters KM, Hoffman BD, Massiera G, Crocker JC. 2006. The role of F-actin and myosin in epithelial cell rheology. *Biophys J* **91:** 3946–3956.

Wang N, Butler JP, Ingber DE. 1993. Mechanotransduction across the cell surface and through the cytoskeleton. *Science* **260:** 1124–1127.

Wang N, Planus E, Pouchelet M, Fredberg JJ, Barlovatz-Meimon G. 1995. Urokinase receptor mediates mechanical force transfer across the cell surface. *Am J Physiol Cell Physiol* **268:** C1062–C1066.

（马定邦　译　方玉达　校）

第 15 章　细胞动态的计算图像分析

——粒点追踪的案例分析

Khuloud Jaqaman and Gaudenz Danuser

Department of Cell Biology, The Scripps Research Insitute, La Jolla, California 92037

从活细胞的图像中获得数量化的数据是验证分子和细胞学过程机制假说的关键。人们对应用基于计算机视觉的方法来完成这个任务的重要性已经有非常清楚的认识（Eils and Athale，2003；Swedlow et al. 2003）。然而，在实际应用中，研究者经常会遇到一些障碍而无法将图像分析方法在细胞生物学研究中进行常规化应用。首先，不能一直清楚地了解要定义一个分子系统需要哪种测定方法，以及所得到的测量值是否已足以解释所研究的细胞学过程。其次，即使所需要的测量值已经很清楚了，但要找到相应的软件来提取这些数据也很困难，还有，更具有挑战性的是找到一款软件可以解决实验过程中碰到的与所研究的假说有关的一些特殊问题。

有一种方法是研究者自己开发所需要的软件工具。在那些允许组装和整合用户自己设计算法的商业和开源软件的支持下，用户可以自己进行编程，即使计算机的水平一般也没关系。另外一个解决方法是与计算机学家合作，发展多学科交叉研究。这种合作研究需要计算机科学家与实验生物学家在任何需要对生物学图像数据进行计算分析的项目中紧密协作。

在这一章里我们将主要介绍一些已经应用计算图像分析对活细胞图像数据进行处理的基本规则。当然，规则是很抽象的。我们将从粒点追踪（particle tracking，PT）实验中来举例说明。PT 是细胞生物学中最常见的图像分析技术，如果想要了解更多有关计算机视觉在活细胞成像中的应用，可以参考 Dore 等（2008）的论文。

为什么要使用计算图像分析？

高效

计算图像分析的一个主要的优点是数字测量值的提取效率很高，特别是在内容筛选上。随着显微镜技术在活细胞基因组大规模筛选中的应用和发展（Smith and Eisenstein 2005；Bakal et al. 2007），研究者可以在短时间里获得大量数据。例如，尽管是在很低的时空内采样，活细胞 siRNA 筛选得到了 49 个与有丝分裂有关的基因，产生了超过 100GB 的图像数据（Neumann et al. 2006）。这样海量的“影像”使得数据的管理非常有难度，也难以进行人工数据分析。这些实验需要计算图像分析来提取图像数据，以用于对细胞响应外界干扰的行为进行鉴别。对于筛选来说，一致性是最为重要的。因此，大部分情况下，可以使用简单的算法来生成有研究意义的特征数据而不需要手动更改任何图像分析结果。相应地，一致性也可以通过人工让计算机识别一小部分表型来获得（Conrad et al. 2004；Chen et al. 2006）。

一致性

计算图像分析产生前后一致的数据，就是说不同的实验结果是用同样的参数设置进行处理的，测定值的变化标准也是一样的。这就消除了研究者之间对图像内容主观判断所产生的误差，甚至可以消除同一个研究者在不同的实验中产生的误差。还有，计算图像分析允许由原始图像中的噪点引起的量化测量值的不一致。高度的一致性和已知的不一致性有时候是很有用的，特别是在研究某些需要对微弱和明显表型进行区分的细胞功能时尤为重要（Dorn et al. 2005）。

完全性

计算图像分析产生完整的数据，也就是说每一个图像事件只要达到一个客观的标准就都会被纳入分析范围内。人会有一种倾向性——天性或者必要性使然——只去注意明显感兴趣的事件，这可能导致分析出现偏差，会增加具有较弱表型的小概率事件被遗漏的风险。而完整的图像分析测量对明显和不明显的事件进行数学上的选择，包括高频瞬时事件。瞬时图像事件与构建主要图像事件之间功能相关性尤其关联。

研究实例：粒点追踪

活细胞图像经常会包括大量强弱变化的特征（粒点）代表单个荧光基因标记的单个分子（Sako et al. 2000；Fujiwara et al. 2000；Groc et al. 2004）、荧光基因簇标记的亚细胞复合体（Zenisek et al. 2000；Ewers et al. 2005；Danuser and Waterman-Storer 2006）或者是与囊泡以及其他亚细胞器官结合的荧光小泡。为了获得亚细胞粒点动态完整的时空复杂性，并将它们与所研究的分子过程联系起来（Ehrlich et al. 2009；Tirnaver et al. 2004），必须采用自动的 PT 技术从活细胞图像中提取数据。

PT 包括两大主要步骤：①在时程图像系列的每幅图像中鉴别出粒点；②对整个时程图像系列构建粒点运动轨迹（图 1）。在有些工作模式中，粒点鉴别和轨迹构建是偶联并互相反馈的（Ponti et al. 2005；Racine et al. 2007），在大多数计算分析模式中，信息流是从粒点鉴别到轨迹构建单向流动的。轨迹构建可以结合粒点移动模型，粒点移动模型基于上一帧粒点的位置和下一帧预测粒点的位置，这样就可以减少在帧之间鉴别粒点的不确定性（图 1）。此外，PT 通常必须包括一个轨迹诊断模块，它与移动模型参数一样是用来评估追踪结果的质量，并通过这一模块来调整优化追踪参数（图 1）。我们在这里讨论粒点鉴别、轨迹构建和移动模型模块。在接下来的两个部分里，我们将阐述如何进行实验的设计以获得适用于自动图像分析的数据和追踪质量的评估及调整分析参数所需的图像分析结果诊断。

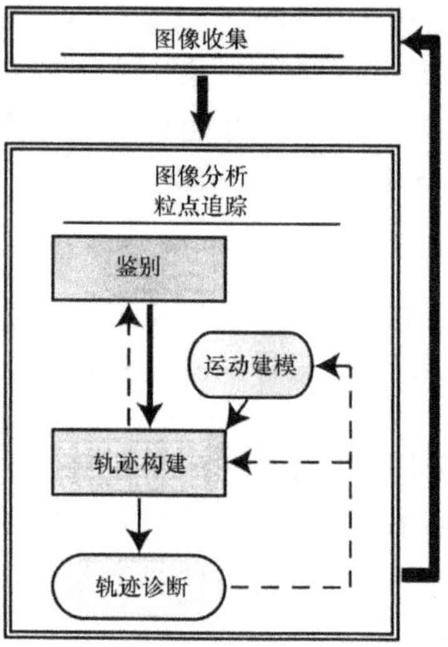

图 1　粒点追踪的主要步骤（鉴别和轨迹构建）和推荐（但是可选）的步骤（运动模型和轨迹诊断）。图像的收集和分析是紧密联系在一起的

鉴别

鉴别的目的是为了获得代表图像特征位置和特点的数字代表数据（Starck et al. 2000；Nxion and Aquado 2002）。图像特征是局部强度最大值，其强度水平与其相邻的有明显不同。因此，粒点鉴别技术必须定义一个用于计算背景强度分布的近邻平均值和一个显著差异的平均值。最严格的办法是将前景强度与背景强度的对比作为一个数学校验。

与在单分子成像实验中遇到的一样，黑暗背景中的次分辨率特征可以通过比较局部最大值和局部背景强度分布来鉴别（Jaqaman et al. 2008）。在低信噪比（SNR）下（SNR＜3 时，这里 SNR 定义为大于局部背景平均值的信号值与局部背景变异的比值），成像时间均一化可以提高鉴别效率（Jaqaman et al. 2008）。如果特征是次分辨率的且处于荧光包围中，如散斑标记的致密大分子团，就需要更精确的数学算法来比较局部最大值与它们近邻的局部强度最小值，同时必须要在这里应用一个相机噪点的预校检模型（Ponti et al. 2003）。

在鉴别了显著的局部最大值之后，粒点次像素位置和强度最大值可以通过点扩散函数（PSF）拟合来估算（Thomann et al. 2002，Yildiz and Selvin 2005；Jaqaman et al. 2008）。对于可分辨的粒点来说，获得位置的精确性只依赖于 SNR；如果收集到足够的光子，就可以获得纳米级的精度（Yildiz and Selvin 2005）。对于无法分辨的粒点，可以使用重复多次的 PSF 拟合来获得正确的位置估算。同时，在探测周边并排的粒点时提高分辨率（Thomann et al. 2002；Dorn et al. 2005；Jaqaman et al. 2008）。基于模拟和非直接的实验证据，反复的 PSF 拟合可以减少 1/3～1/2 显微镜分辨率所受的光衍射限制（Thomann et al. 2002）。这样，在不使用超分辨率成像时就可以测量 100nm 级的距离（Bates et al. 2007；Shroff et al. 2007）。这里所阐述的次分辨率和定位方法可以同时在 2D 和 3D 的图像数据分析中应用。

PSF 拟合不可以应用于所鉴别的粒点代表的目标大于显微镜衍射限制，特别是大小会变化的目标。对于那些大小会变化，但还是相对各向同性的粒点，可以应用微波算法（Olivo-Marin 2002）。对于那些外形还有变化的粒点，Tvarusko 等（1999）应用了一种基于边界鉴别的算法来寻找粒点轮廓。然而，次分辨率的特性是位置和强度，大粒点可以使用它们的大小和外形来描述，这些额外的特性为构建粒点轨迹提供了非常重要的信息。值得注意的是在 3D 上来鉴别非均质在大的图像特征是非常困难的，目前还没有一个通用的解决方法。

轨迹构建

可以这么认为，要在整个时间轴图像系列中构建粒点轨迹，最关键的 PT 步骤是在图像系列中构建图像粒点之间的关联。构建关联受到多个因子共同组成的干扰，主要是高粒点密度、粒点运动的不均匀性、粒点瞬时消失（如由焦距漂移和鉴别错误引起的)、粒点融合（如两个粒点相互靠近的距离在分辨率极限之下)、粒点分离（如两个不可分辨的粒点分开可以分辨的距离）（Meijering et al. 2006；Kalaidzidis 2007）。以往，这些问题都可以通过稀释荧光探针使粒点密度下降，那么粒点间相互的关联就都可以区分清楚（Ghosh and Webb 1994；Grocker and Grier 1996）。在这些情况下，PT 被简化为单粒点鉴别和定位的问题了。然而，尽管低粒点密度可以反映运动特点，但它们不允许对粒点间的相互作用进行标记。还有，每次实验获得的数据量低，限制了在时间和空间上对粒点行为多样性的发现，并妨碍了小概率事件的捕获。另外，尽管在低粒点密度下，低 SNR 和探针闪烁使粒点关联的查找变得复杂。因此，对于大多数细胞生物学研究来说，非常需要稳定的轨迹构建方法来应对上述这些挑战。

在密度非常低的情况下，粒点位移和近邻粒点平均距离的比值≪0.5，帧到帧的粒点关联可以通过一个简单的局部近邻算法（LNN）获得（图 2A)。通过帧中的粒点列表，粒点被联系到下一帧中最近的粒点。Crocker 和 Crier 粒点追踪软件包是应用最广泛的 LNN 算法追踪工具，可以在 http：//www. physics. emory. edu/-weeks/idl/网站下载。

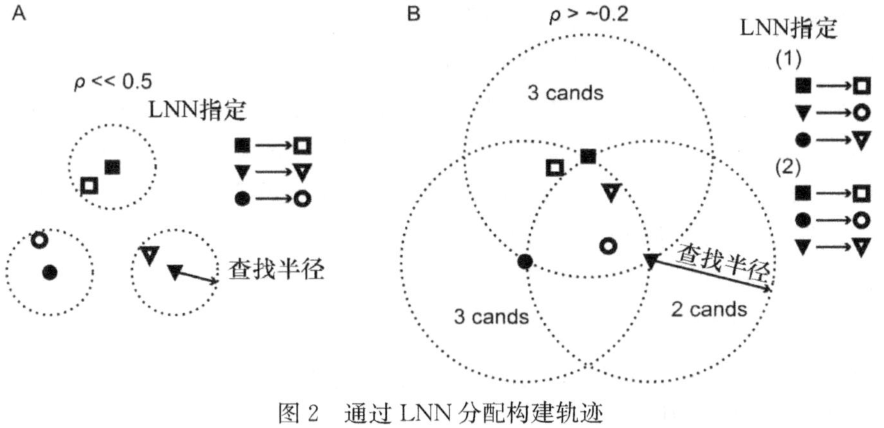

图 2　通过 LNN 分配构建轨迹

A. 当 ρ=（帧到帧的平均位移）/（平均近邻距离）≪0.5 时，LNN 有效；B. 当 ρ≥~0.2 时，LNN 无效，候选指定以 cands 表示

当粒点密度足够高时，LNN 算法就难以胜任。这种情况下，下一帧中就有超过一个可以匹配的候选粒点（图 2B）。那么，LNN 算法的结果就依赖于进行匹配时的顺序。在图 2B 中，如果三角形所对应的粒点在圆圈所对应的粒点之前进行匹配（系列 1），那么所有三个相互作用的粒点追踪都会是错误的。相反，如果圆圈所对应的粒点在三角形所对应的粒点之前进行匹配（系列 2），那么所有三个相干涉的粒点追踪都是正确的。通常，最好的匹配顺序是不确定的。有些情况下，简单的经验值可能就足以校正这个状况了（Ponti et al. 2003）。然而，通常都需要采用全局的方法来获得满意的追踪结果。

最有保证和全局优化的 PT 解决方法是多重假设追踪（MHT）（Reid 1997）。在 MHT 中，先给定每帧中粒点的位置，所有粒点路径包括预期粒点运动界限的边界都在整个影像中被构建。最大的无冲突路径群体被选择出来作为解决方案（无冲突的意思是在任何帧中，两个路径里不会出现同一个粒点）。这种解决方案可同时适用于空间和时间；也就是说它在所有的时间点上同时计算所有的粒点位置，是所能找到的最好的解决方法。很明显，即使是只在几十帧中追踪几十个粒点，MHT 也会受阻于其计算效率。

拟合算法具有较高的计算效率，已经被用来替代 MHT 算法。大多数这种算法都具有“贪婪”的特点，就是说它们采取一系列局部最佳方案来达到总体的最佳方案。通常，这意味着粒点关联是在连续的帧之间一步一步来决定的，减少在瞬时总体化上计算的复杂性。许多追踪算法在空间全局方式上来解决帧与帧之间的关联问题，这样，它们引用了全局近邻（GNN）方法。GNN 方法是在雷达追踪和计算机视觉领域发展起来的，现在已被用于细胞生物学研究中（Vallotton et al. 2003；Bonneau et al. 2005；Sage et al. 2005；Sbalzarini and Koumoutsakos-sakos 2005；Shafique and Shah 2005；Genovesio et al. 2006）。Sbalzarini 和 Koumoutsakos 粒点追踪软件可以在 http：//www. mosaic. ethz. ch/Downloads/particle-tracking/下载。有些算法是用来处理有更多其他因子及更复杂的 PT，如瞬时粒点消失（Chetverikov and Verestoy 1999；Veenman et al. 2001；Bonneau et al. 2005；Sbalzarini and Koumoutsakos 2005；Shafique and Shah 2005；Genovesio et al. 2006）、粒点融合和分裂（Genovesio and Olivo-Marin 2004；Jing et al. 2007）以及粒点运动不均匀性（Genovesio et al. 2006）。

Jaqaman 等（2008）对最近有关细胞生物学中应用的 PT 算法进行了介绍，他们开发的粒点追踪软件包可以从 http：//qccb. scripps. edu“Download”超链接下载。这一软件包使用单一、高效的数学工作结构——线性匹配问题（LAP）（Burkard and Cela 1999），为上述所有的 PT 所遇到的问题提供一个可行的解决方案。假设通过时间轴图像系列中有一系列可探测的粒点，该算法先在连续的帧之间将可探测的粒点联系起来，然后将第一步中形成的追踪片段与同一时间点的最近的轨迹缺口联系起来并捕获粒点融合和分裂事件。这样，最初的粒点匹配在空间上是全局的，但在时间上是“贪婪”的。然而，接下来的追踪片段匹配是通过空间和时间全局优化来完成的，这样就可以克服仅依靠运算庞大的分布算法以解决匹配问题的缺陷。这个算法可以在处理 2D 和 3D 数据的问题上通用。总体而言，这个方案给出了一个可信但灵活的替代 MHT 的算法，允许在高密度条件下进行稳定的粒点追踪。

运动建模

运动预测可以增加高密度下 GNN 匹配的稳定性。匹配不再基于粒点在 $t+1$ 帧中的位置和在 t 帧中的位置，而是基于粒点在 $t+1$ 帧的位置和从 t 帧到 $t+1$ 帧中的预测位置。在帧之间预测粒点移动的可行方法是从可用的粒点匹配中反复估算粒点运动的全局系列数据（Ponti et al. 2005）或其他追踪方法（Ji and Danuser 2005），或者对每个粒点的移动进行详细的公式化，所使用的参数可以从已经追踪到的粒点运动轨迹中得出（Genovesio et al. 2006；Jaqaman et al. 2008）。

获得理想的荧光图像

PT 算法无法获取活细胞图像的动态，除非在图像收集过程中调整空间和时间上的采样、SNR，以及必需的影像长度来获得所有可能的处理状态。然而，时空间采样、SNR 和观察时间不是独立的，是有部分冲突的成像参数。例如，高时空采样意味着在高放大倍数下快速获取图像，这会导致到达图像感应器的光子数目变少从而降低 SNR。SNR 可以通过延长曝光时间或者增加照明强度来提高，但是，这样做会增加样品的光漂白和光毒性伤害，限制可能的曝光次数和观察时间。

图像分析算法对图像数据获取还有另一层次的冲突。例如，帧到帧的粒点位移和粒点间距离比值的增加会降低追踪的质量。在同样粒点密度下，要提高追踪质量，获取图像的速度必须要加快。然而，快速的图像获取可能会降低图像的 SNR，这样就降低了粒点鉴别的质量，且会导致更多的瞬时粒点消失现象出现。瞬时粒点消失现象增多会导致帧与帧之间粒点关联错误的增加。图像获取和粒点追踪参数就必须反复进行调整以优化追踪质量和使追踪错误最小化（图 1）。在数量化活细胞成像中，图像获取和分析是紧密结合的，这是一个通用的规则。

为了设计一个可量化成像实验，时空采样率、SNR、观察时长的最小需求都需要事先确定。它们和样品及显微镜硬件之间的兼容性都需要进行测试。这三个成像参数的每一个参数都需要在样品和显微镜的配合下定义一个最佳点，这可以从显微镜技术数据中得出（相机成像频率、最大放大倍数）或者通过实验来决定（在光漂白和光毒性破坏样品之前的成像时间；在固定样品中长时间曝光下获得的 SNR）。假设参数之间变化有互相依赖性，通过三个参数最佳表现点连接起来的三角平面，即将可能的所有结果形象化（图 3）。假如某一个实验步骤最低要求在一个平面之外，那么就不可能使用这些实验步骤获得所有必需的图像数据。

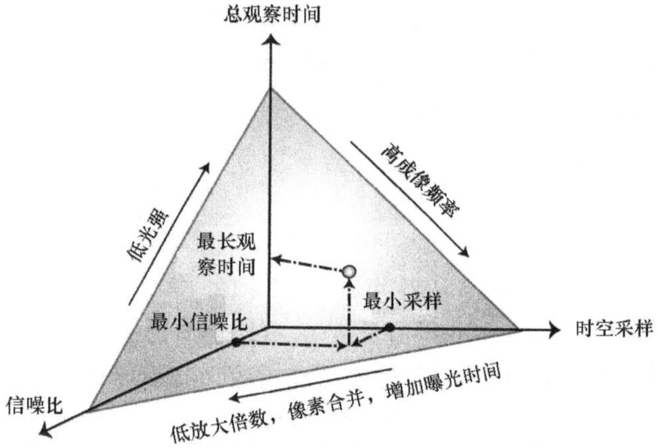

图 3　实验参数设置的三角关系

由样品、显微镜硬件和图像分析软件共同决定。时空采样、SNR、观察时长是相关和对立的成像参数（经 Elsevier 允许，修改自 Dorn et al. 2008）

解决无效实验步骤有两种方法：第一，重新设计步骤，如寻找更好的显微镜硬件或提高荧光探针的稳定性和效率；第二，可以在单个影像的层面进行折中，假设不同的实验中细胞成像在数学统计上是相同的情况下，在分析水平上将不同实验中获得的数据组合起来。例如，Loerke 等（2009）的研究中，快速采样得到的短时动画和低速采样得到的长时动画被组合在一起来获得对网格蛋白质斑点的广泛分布情况的全面理解。

下面，我们将提供一些常用的规则用于决定一个特定实验的最小需求。

采样

为了允许对活细胞中时空动态的任何计算机图像进行分析，采样频率至少要比最高的期望时空频率高 3 倍（Stelzer 2000）。以短半轴（和同等）在横轴和长半轴在纵轴方向上来模拟显微镜的 3D 点扩散函数（PSF），有效采样意味着显微镜的放大倍数必须按以下两个原则进行选择：①像素的大小在横轴上至少在 PSF 短半轴的 1/3；②z 面的厚度至少在纵轴面上是 PSF 长半轴的 1/3（Inoue and Spring 1997）。

为了及时采样，探针动态的时间特性需要事先了解，或者基于前面工作的预先设定值，或模拟感兴趣的分子过程，或通过分析动态数据本身来决定。例如，为了估算在限定范围内做扩散移动的粒点的扩散系数，一般会先绘制出粒点对时间轴的平均位移平方（means square displacement，MSD）。如果粒点的动态充分记录，MSD 首先随着时间的移动而线性增长，然后到达反映其限制半径的峰值（图 4A，黑点）。通过将直线部分的 MSD 曲线最初的几个点进行拟合，最初的 MSD 曲线的线性部分可以用于对扩散系数进行估算（图 4A，黑线）（Huet et al. 2006）。另外，对于采样率过低的动态来说，采样期间粒点从边界多次弹回。其结果是 MSD 线的线性段消失，无法对扩散系数进行任何正确的估算（图 4A，深蓝色和红色标记线条）。相似地，如果粒点进行周期性或拟周期性运动，所发现的粒点位置是由采样过程中粒点发生反转的次数决定的。如果动态的采样率过低，测量的速度与采样的间隔成反比。采样间隔时间的优化可以通过以下步骤进行：在可接受范围内以最大频率采样，可以忽略过快采样对观察时长的影响。然后，可以通过剪辑人为地降低采样频率，一般来讲，当测量的速度对时间间隔的比值刚开始脱离水平线之前的那一点即为最佳时间间隔（图 4B）。

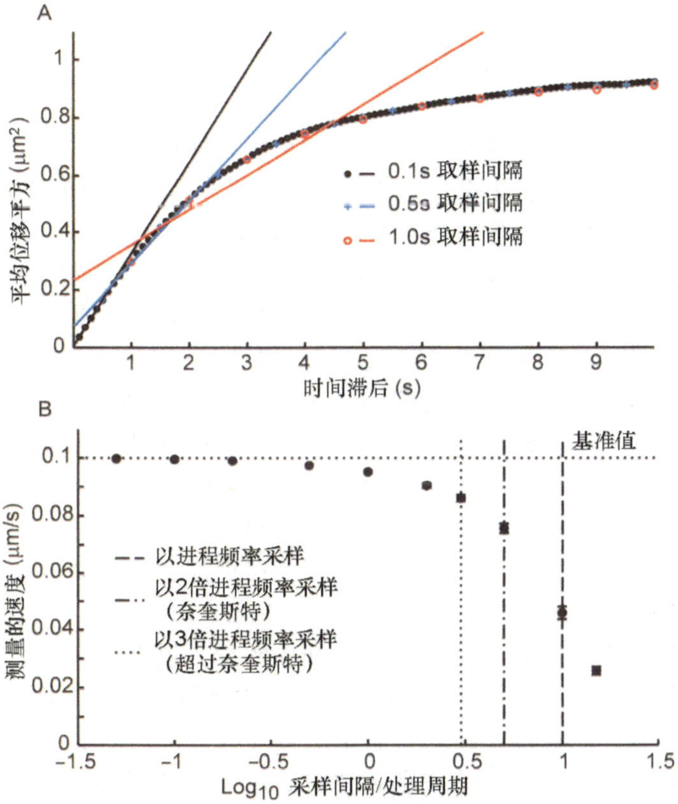

图 4　数据分析来保证测量动态的采样时间正确

A. 采样频率对受限扩散运动的扩散系数估算的影响，时间轴以秒表示（s）；B. 采样频率对周期性和拟周期性运动速度估算的影响。

SNR

SNR 的需求完全是由图像分析的算法决定的。例如，假设对一个固定的样品进行长时间的曝光，样品的图像具有较高的 SNR，探测的保真性和算法的失败可以通过模拟提高图像的 SNR 来判断。接着，在获得算法失败之上的 SNR 所需要的照明条件和曝光时间可以通过实验来决定。在光漂白的影响最强烈的情况下，这些成像参数必须确定以保证在时间轴图像系列结束时，SNR 可以满足需求。

观察时长

观察时长要足以捕获一个动态分子系统的所有可能状态，是决定预置值最难的标准。从多个实验中得到的数据必须收集到一起，直到有统计学意义上的证据表明所有的系统状态都已被采样。例如，假定所有的细胞行为都相同，参数的分布可以汇集到一个固定的点。由于合并不同实验数据的能力，观察时长往往只能以最低的重要性满足单个实验。相应地，过低的采样速度或过低的 SNR 会导致基本信息的丢失，且无法通过合并数据来恢复。

对照参数的调整和追踪的评价

最大效率、一致性和完整性在图像测量中意味着用户对软件控制的输入很少。但是，要想设计一种在所有应用中都可以稳定获取完整图像信息数据的算法是不可能的，常需要用户的输入根据应用的特殊性而预先设计好的算法来支持。

然而，所提供信息的量以及对图像测量结果的影响必须在每个实验中仔细分析。还有，全自动（一般是不可能的）和全手工的参数（可能全数据会出现误差）之间的部分结合可以通过设计自适应算法来实现。这种算法可以在分析图像时联机学习参数，但用户必须设定最低和最高临界值来防止自适应漂移。例如，在 Jaqaman 等（2008）的论文中，软件从粒点轨迹构建中估算去决定查找半径且仅依赖于用户的输入来确定可用于粒点追踪的最快速度，而不是依赖用户来指定帧之间粒点联系的查找半径。还有，用户指定的不管是仅考虑布朗运动或是布朗和线性运动都考虑到的算法，最终还是由软件来决定哪个粒点是进行线性运动，哪个粒点是进行布朗运动，就像用参数来定性某一个运动模型。

与用户输入层面无关，软件输出需要仔细地校准。很重要的是，视觉检验是很好的第一道关，在许多 PT 应用中，会受到粒点动态的视觉映像的欺骗，许多明显的粒点行为会被简单地遗漏掉。这样，在人工测量被接受为校准后的实况之前，用户本身和用户之间在人工数据分析设置上的差别必须要确定并记录下来。我们已经运行过一些 PT 项目，但相应的结果经评价后只有最佳值的 50%～70%（G. Danuser 未发表），这样的结果是无法用来评估 PT 计算的结果。接下来，我们将讨论两个可以更客观地校准追踪结果的方法。

基于模拟的校准

模拟实验为判断测量绝对值的假阳性、假阴性和其他在不同情况下追踪的运行参数提供了一个手段。例如，点探测器的选择，它依赖于一个统计检验从噪点中区分出粒点信号（Pontic et al. 2003；Jaqaman et al. 2008），这里引入一个置信阈值来控制把局部最大值认为是一个粒点的过程。阈值降低，则假阳性增加；阈值升高，则假阴性增加。两个追踪片段之间的比值与这个置信阈值和影像的 SNR 是不呈线性相关的。这样只要是不同的 SNR 模拟图像，就可以评估点探测器的运行（如它所产生的假阳性和假阴性的数量）。这样的运行路线图可以随后用来决定在一定 SNR 范围内的影像的优化置信阈值。同样，使用实况追踪、轨迹构建的算法质量可以随粒点密度和影像 SNR 来评价（Jaqaman et al. 2008）。这个可以识别轨迹算法的失败点，并决定在给定一个影像的粒点密度和它的 SNR 下构建轨迹的预期质量。

基于数据的诊断

除了基于模拟的软件校准之外，对实验中获得的粒点轨迹分析和评价的诊断可以用优化的轨迹构建参数来进行。例如，为了决定帧之间粒点关联的查找半径，从追踪中获得的粒点位移分布必须进行失真研究。假如位移柱形图是中断的（图 5A），那么说明设定的查找半径数值太小；相反，如果柱形图是慢慢降低至 0（图 5B），那么查找半径就足够以捕获所有可能的位移。需要注意的是，当轨迹构建算法包括了运动扩散时，就不需要一帧一帧地分析粒点的位移，而是分析粒点扩散位置间距和它所关联到的粒点之间的距离。这样，在图 5A、B 中，x 轴所代表的是帧到帧之间的联系距离而不是帧到帧之间的位移。

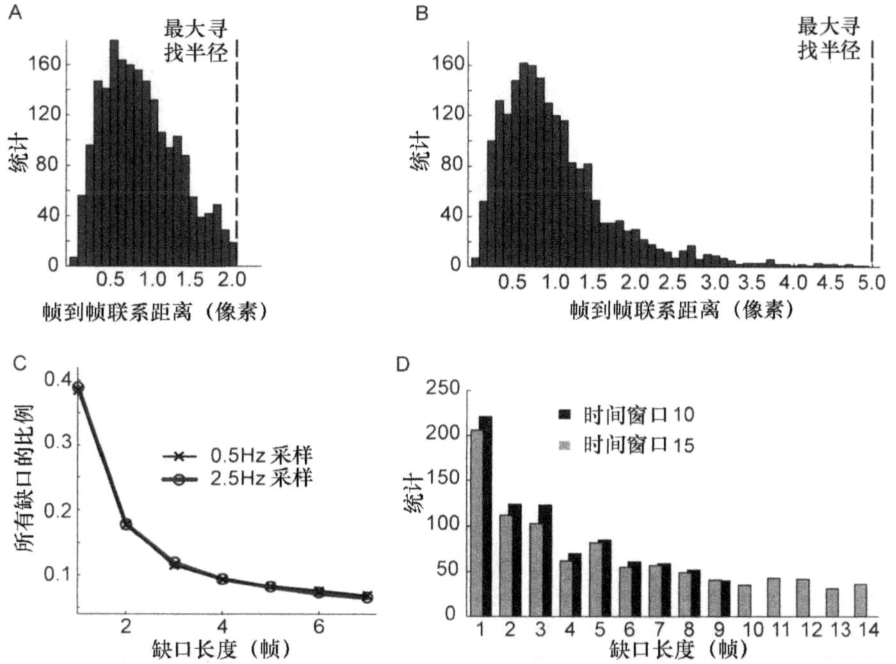

图 5　用轨迹诊断进行追踪评价

A. 图片显示的是帧到帧联系距离的一个部分柱形图，代表查找半径太小；B. 缓慢下降的柱形图表示帧到帧的联系距离，代表一个有效的查找半径大小；C. 这个图表示的是轨迹缺口长度不依赖采样频率分布，用帧来表示；D. 轨迹缺口长度的柱形图，比较过大轨迹缺口关闭时间窗口（灰色）与合适时间窗口（黑色）

另一个优化轨迹构建的重要参数是由瞬时粒点消失而产生的用于关闭轨迹缺口的时间窗口（Jaqaman et al. 2008）。在活细胞时间轴系列图中，粒点暂时消失现象可以由探测的假阴性和粒点做随机运动出现在焦平面之外。这有两条规则。首先，当在帧中测量时，轨迹缺口长度分布需要与动画采样频率无关联（假定曝光时间相同）（图 5C）。其次，任何采样频率下，所统计到的较长轨迹缺口的出现频率要低于较低的轨迹缺口的出现频率。这样，轨迹缺口长度柱形图尾部的峰值表示轨迹缺口关闭的时间窗口太大，导致错误的轨迹缺口关闭（图 5D，灰色柱形图）。这种情况下，轨迹缺口的关闭时间窗口必须要减少，直到没有峰值出现（图 5D，黑色柱形图）。

结论

计算图像分析是一个复杂且权重继续增加的活细胞成像实验中重要的组成部分。为了将其应用在细胞生物学研究中，相关学科的科学家们已经做了大量的工作。第一，算法在其中的作用是显而易见的，不但在编程层面上是必需的，而且其非常容易改变图像质量，以及对输出结果控制参数的影响上。第二，成像实验设计必须与分析软件的设计紧密结合。但是，实验图像往往在没有很好的后续分析计划的情况下获得，然后再由计算机学家来从图像中拯救出一些信息。为了避免这个问题，实验生物学家与计算机学家的交流必须尽早进行，必须先要正确认识到数据的捕获和分析是同样重要的，然后再设计实验。第三，软件的开发和应用必须要小心进行控制，与其他在细胞生物学中应用的软件一样。这一章给出了可用于执行这些控制的一小部分建议。在细胞生物学著作中，我们希望看到更多有关于验证图像分析结果有效性的测量方法。另外，用人工的方法来分析图像已经不再考虑，正如这章所讨论的，人工分析在一致性和完整性上有缺陷，而这两者是从图像数据中得到科学模型的有效标准。

网络资源

http://lccb.scripps.edu,"Download" hyperlink The Jaqaman et al. particle-tracking package.

http://www.mosaic.ethz.ch/Downloads/ParticleTracker The Sbalzarini and Koumoutsakos particle-tracking package.

http://www.physics.emory.edu/~weeks/idl/ The Crocker and Grier particle-tracking package.

参考文献

Abraham VC, Taylor DL, Haskins JR. 2004. High content screening applied to large-scale cell biology. *Trends Biotechnol* **22**: 15–22.

Bakal C, Aach J, Church G, Perrimon N. 2007. Quantitative morphological signatures define local signaling networks regulating cell morphology. *Science* **316**: 1753–1756.

Bates M, Huang B, Dempsey GT, Zhuang XW. 2007. Multicolor super-resolution imaging with photo-switchable fluorescent probes. *Science* **317**: 1749–1753.

Bonneau S, Dahan M, Cohen LD. 2005. Single quantum dot tracking based on perceptual grouping using minimal paths in a spatiotemporal volume. *IEEE Trans Image Process* **14**: 1384–1395.

Burkard KE, Cela E. 1999. Linear assignment problems and extensions. In *Handbook of combinatorial optimization—Supplement Vol. A* (ed. DZ Du, PM Pardalos), pp. 75–149. Kluwer Academic, Dordrecht, Netherlands.

Chen X, Murphy RF, Kwang WJ. 2006. Automated interpretation of protein subcellular location patterns. *Int Rev Cytol* **249**: 193–227.

Chetverikov D, Verestoy J. 1999. Feature point tracking for incomplete trajectories. *Computing* **62**: 321–338.

Conrad C, Erfle H, Warnat P, Daigle N, Lorch T, Ellenberg J, Pepperkok R, Eils R. 2004. Automatic identification of subcellular phenotypes on human cell arrays. *Genome Res* **14**: 1130– 1136.

Crocker JC, Grier DG. 1996. Methods of digital video microscopy for colloidal studies. *J Colloid Interface Sci* **179**: 298–310.

Danuser G, Waterman-Storer CM. 2006. Quantitative fluorescent speckle microscopy of cytoskeleton dynamics. *Annu Rev Biophys Biomol Struct* **35**: 361–387.

Dorn JF, Jaqaman K, Rines DR, Jelson GS, Sorger PK, Danuser G. 2005. Yeast kinetochore microtubule dynamics analyzed by high-resolution three-dimensional microscopy. *Biophys J* **89**: 2835– 2854.

Dorn JF, Danuser G, Yang G. 2008. Computational processing and analysis of dynamic fluorescence image data. In *Fluorescent proteins*, 2nd ed. (ed. KF Sullivan), pp. 497–523. Elsevier Academic, San Diego.

Ehrlich M, Boll W, van Oijen A, Hariharan R, Chandran K, Nibert ML, Kirchhausen T. 2004. Endocytosis by random initiation and stabilization of clathrin-coated pits. *Cell* **118**: 591–605.

Eils R, Athale C. 2003. Computational imaging in cell biology. *J Cell Biol* **161**: 477–481.

Ewers H, Smith AE, Sbalzarini IF, Lilie H, Koumoutsakos P, Helenius A. 2005. Single-particle tracking of murine polyoma virus-like particles on live cells and artificial membranes. *Proc Natl Acad Sci* **102**: 15110–15115.

Fujiwara T, Ritchie K, Murakoshi H, Jacobson K, Kusumi A. 2002. Phospholipids undergo hop diffusion in compartmentalized cell membrane. *J Cell Biol* **157**: 1071–1081.

Genovesio A, Olivo-Marin J-C. 2004. Split and merge data association filter for dense multi-target tracking. In *Proceedings of the 17th International Conference on Pattern Recognition, 2004*, Vol. 4, pp. 677–680. IEEE, Piscataway, NJ.

Genovesio A, Liedl T, Emiliani V, Parak WJ, Coppey-Moisan M, Olivo-Marin JC. 2006. Multiple particle tracking in 3-D+t microscopy: Method and application to the tracking of endocytosed quantum dots. *IEEE Trans Image Process* **15**: 1062–1070.

Ghosh RN, Webb WW. 1994. Automated detection and tracking of individual and clustered cell-surface low-density-lipoprotein receptor molecules. *Biophys J* **66**: 1301–1318.

Groc L, Heine M, Cognet L, Brickley K, Stephenson FA, Lounis B, Choquet D. 2004. Differential activity-dependent regulation of the lateral mobilities of AMPA and NMDA receptors. *Nat Neurosci* **7**: 695–696.

Huet S, Karatekin E, Tran VS, Fanget I, Cribier S, Henry JP. 2006. Analysis of transient behavior in complex trajectories: Application to secretory vesicle dynamics. *Biophys J* **91**: 3542– 3559.

Inoue S, Spring KR. 1997. *Video microscopy: The fundamentals*. Plenum, New York.

Jaqaman K, Loerke D, Mettlen M, Kuwata H, Grinstein S, Schmid SL, Danuser G. 2008. Robust single particle tracking in live-cell time-lapse sequences. *Nat Methods* **5**: 695–702.

Ji L, Danuser G. 2005. Tracking quasi-stationary flow of weak fluorescent signals by adaptive multi-frame correlation. *J Micros* **220**: 150–167.

Jiang S, Zhou XB, Kirchhausen T, Wong STC. 2007. Tracking molecular particles in live cells using fuzzy rule-based system. *Cytometry Part A* **71A**: 576–584.

Kalaidzidis Y. 2007. Intracellular objects tracking. *Eur J Cell Biol* **86**: 569–578.

Loerke D, Mettlen M, Yarar D, Jaqaman K, Jaqaman H, Danuser G, Schmid SL. 2009. Cargo and dynamin regulate clathrin coated pit maturation. *PLoS Biol* **10**: e1000057.

Meijering E, Smal I, Danuser G. 2006. Tracking in molecular bioimaging. *IEEE Signal Process Mag* **23**: 46–53.

Neumann B, Held M, Liebel U, Erfle H, Rogers P, Pepperkok R, Ellenberg J. 2006. High-throughput RNAi screening by time-lapse imaging of live human cells. *Nat Methods* **3**: 385–390.

Nixon M, Aguado A. 2002. *Feature extraction in computer vision and image processing*. Butterworth-Heinemann/Newnes, Oxford.

Olivo-Marin J-C. 2002. Extraction of spots in biological images using multiscale products. *Pattern Recogn* **35**: 1989–1996.

Ponti A, Vallotton P, Salmon WC, Waterman-Storer CM, Danuser G. 2003. Computational analysis of F-actin turnover in cortical actin meshworks using fluorescent speckle microscopy. *Biophys J* **84**: 3336–3352.

Ponti A, Matov A, Adams M, Gupton S, Waterman-Storer CM, Danuser G. 2005. Periodic patterns of actin turnover in lamellipodia and lamellae of migrating epithelial cells analyzed by quantitative fluorescent speckle microscopy. *Biophys J* **89**: 3456–3469.

Racine V, Sachse M, Salamero J, Fraisier V, Trubuil A, Sibarita J-B. 2007. Visualization and quantification of vesicle trafficking on a three-dimensional cytoskeleton network in living cells. *J Microsc* **225**: 214–228.

Reid DB. 1979. An algorithm for tracking multiple targets. *IEEE Trans Autom Control* **24**: 843–854.

Sage D, Neumann FR, Hediger F, Gasser SM, Unser M. 2005. Automatic tracking of individual fluorescence particles: Application to the study of chromosome dynamics. *IEEE Trans Image Process* **14**: 1372–1383.

Sako Y, Minoguchi S, Yanagida T. 2000. Single-molecule imaging of EGFR signalling on the surface of living cells. *Nat Cell Biol* **2**: 168–172.

Sbalzarini IF, Koumoutsakos P. 2005. Feature point tracking and trajectory analysis for video imaging in cell biology. *J Struct Biol* **151**: 182–195.

Shafique K, Shah M. 2005. A noniterative greedy algorithm for multiframe point correspondence. *IEEE Trans Pattern Anal Mach Intell* **27**: 51–65.

Shroff H, Galbraith CG, Galbraith JA, White H, Gillette J, Olenych S, Davidson MW, Betzig E. 2007. Dual-color superresolution imaging of genetically expressed probes within individual adhesion complexes. *Proc Natl Acad Sci* **104**: 20308–20313.

Smith C, Eisenstein M. 2005. Automated imaging: Data as far as the eye can see. *Nat Methods* **2**: 547–555.

Starck JL, Murtagh F, Bijaoui A. 2000. *Image processing and data analysis: The multiscale approach*. Cambridge University Press, Cambridge.

Stelzer EHK. 2000. Practical limits to resolution in fluorescence light microscopy. In *Imaging neurons* (ed. R Yuste et al.), pp. 12.11–12.19. Cold Spring Harbor Laboratory Press, Cold Spring Harbor, NY.

Swedlow JR, Goldberg I, Brauner E, Sorger PK. 2003. Informatics and quantitative analysis in biological imaging. *Science* **300**: 100– 102.

Thomann D, Rines DR, Sorger PK, Danuser G. 2002. Automatic fluorescent tag detection in 3D with super-resolution: Application to the analysis of chromosome movement. *J Microsc* **208**: 49–64.

Tirnauer JS, Salmon ED, Mitchison TJ. 2004. Microtubule plus-end dynamics in *Xenopus* egg extract spindles. *Mol Biol Cell* **15**: 1776–1784.

Tvarusko W, Bentele M, Misteli T, Rudolf R, Kaether C, Spector DL, Gerdes HH, Eils R. 1999. Time-resolved analysis and visualization of dynamic processes in living cells. *Proc Natl Acad Sci* **96**: 7950–7955.

Vallotton P, Ponti A, Waterman-Storer CM, Salmon ED, Danuser G. 2003. Recovery, visualization, and analysis of actin and tubulin polymer flow in live cells: A fluorescence speckle microscopy study. *Biophys J* **85**: 1289–1306.

Veenman CJ, Reinders MJT, Backer E. 2001. Resolving motion correspondence for densely moving points. *IEEE Trans Pattern Anal Mach Intell* **23**: 54–72.

Yildiz A, Selvin PR. 2005. Fluorescence imaging with one nanometer accuracy: Application to molecular motors. *Acc Chem Res* **38**: 574–582.

Zenisek D, Steyer JA, Almers W. 2000. Transport, capture and exocytosis of single synaptic vesicles at active zones. *Nature* **406**: 849–854.

（阮孟斌　译　方玉达　校）

第 16 章　显微成像中的软件工具、数据结构及控制界面

Nico Stuurman[1] and Jason R. Swedlow[2]

[1]Department of Cellular and Molecular Pharmacology, The Howard Hughes Medical Insitute, University of California, San Francisco, San Francisco, California 94158; [2]Wellcome Trust Centre for Gene Regulation and Expression, College of Life Sciences, University of Dundee, Dundee DD1 5EH, United Kindom

对照和处理实验数据的定量对比是科学实验的真实准确依据。在生物学中，显微镜被用于观察细胞、组织及器官的结构和动态变化，以及评测它们在外界刺激之前、之中和之后的变化。显微镜从样品收集到光线形成代表样品的图像，并基于某种对比机制突出样品中某些特殊的部分。显微镜出现后的前 300 年内，这种图像是用铅笔在纸上绘出来的，然后再用于相互之间的学术交流。在显微镜上附加相机可以大量地重复生成图像和大幅度地减少所记录图像之间的误差，虽然这个误差是不可能完全消除的。尽管显微镜图像是直接映射到保存媒介中的，但是胶片和光子流之间的非线性关系以及其在弱光环境下的相对不敏感性限制了显微镜技术在定量分析中的应用。

光电感应设备在生物学显微镜技术中的出现使得细胞和发育生物学成像技术发生了革命性的变化。光电感应设备良好的光敏感性使活细胞和组织成像可以在空间和时间维度，以及光谱跨度上进行多维的数据捕获。这些技术为活细胞分子和结构的动态分析提供了极其重要的识别能力。而且，数码光电设备还有一个优点是它们可以对样品的光子流和它们所产生的电子进行线性关系作图。这样一张图像既代表样品的可视图像，也代表了光子流的测定数值。这些定量测定数值是图像后续操作的基础，可以用于提高信号的对比度、比较信号强度变化以及反映细胞结构和动态变化等的分析中。由于这个原因，许多实验室和公司集中了大量的资源在相关的图像处理和分析软件的研究和开发中。在这章里，我们综述了目前的一些常用于数据分析的软件工具，并给出了几个它们在对生物学机制有新的认识的成像实验中的应用例子。在最后一部分，我们重点列出了一些图像数据分析的新发展方向，这些发展方向都非常有挑战性，也是我们今后的研究重点。

数码图像

什么是数码图像

显微数码图像是对通过某一栅格或区域的光子流的测定结果。它们是由感光元件构成的列阵或像素；可以同时记录整个视界或者通常以光栅扫描的单点感应器扫描过

样品区域产生的全景图像。图像中的每个像素是在某一特定区域光子流的数字测量值，它与光子和感应器表面发生作用后所释放的电子产生的电压有关。计算机软件被用于显示、修改和储存测量到的光子流，也就是我们所看到的数码显微图像。

多维 5D 图像

每个像素列阵构成一个代表样品的 2D 图像。然而，现在普遍将这样的 2D 图像组成更大的图元，例如，一系列相邻焦距的 2D 图像可以认为是细胞在物镜下的 3D 图像。相应地，一系列同一个聚焦点上相邻时间内的 3D 图像就组成了另一种不同的 3D 图像——在特定聚焦面上的时间轴影像，也可以是一段时间里的同一焦距的系列图像所形成的 4D 电影。任何一种上述的方法都可以扩展，以不同的比较方法进行记录。到目前为止，最常见的方法就是利用不同的荧光在同一时间段里同时记录下不同分子的荧光强度，这就形成了某种意义上的 5D 图像，我们可以选择单张图像来说明这一数据结构的完整真实信息，以及单一的时间点、聚焦面、所测定的光谱跨度都是单次测量数值中的一部分。

如果不考虑实验中特殊细节的话，一张图像实际上包括所有的这些维度空间，但有些只能是单一维度。最简单的一个例子，对一个荧光信号从单一波长的光和聚焦点在特定的时间内进行记录就形成一个 5D 的图像，焦距和波长等维度都是存在的，但是等于 1 而已。这样，要测定不同的荧光基团只需要简单地扩展一下测定光谱维度，要记录下一段时间内的图像只需要扩展时间维度即可。用这种方法，维度的改变不会导致图像内在维度的变化，它的好处在于为所有的数据贮存、显示和处理提供了一个简单的数据结构。例如，处理一个 5D 的图像只需要限定聚焦面、时间点和波长。大多数情况下，单个能够生成 5D 图像数据的程序就足够提交出不同维度的数据。

对这些数据结构的操作最困难的部分是缺少一个方便查找这些数据的统一命名方法。仅有样品的空间图像有时被称为“3D 图像”或者“图像堆叠”，时间轴的图像经常被称为“影像”或 4D 图像。时间轴的数据可以以它们原始的状态进行存贮或者压缩和组合成单个文件并以适当的格式保存（Quick Time、AVI、WAV 等）。这些压缩格式很容易从本质上减少文件的大小并为常用的显示软件所支持（如 Powerpoint 和 Keynote），但它们并不需要保存完整原始数据。因此，了解数据保真压缩法（完全保留原始数据）和失真压缩法（牺牲数据的完整性而获得更大的压缩比）是非常重要的。

单色和彩色

显微图像可以是单色或彩色的。要知道什么才是真正被测量的内容，了解一张图像中数据真实来源所记录的内容是非常重要的。单色图像是单通道图像，是通过光电感应设备对光子流测量的直接作图。它们是用不同颜色表示不同通道或者不同的色表，借以精确显示图像的信息，彩色图像可以基于多个单色图像的重叠而成，当然，图像也可以直接保存成彩色的（如 JPEG）。对彩色图像的分析也是可行的，但更多的时候是把彩色图像解压缩成单个的 RGB（红-绿-蓝）通道的图像来单独处理。基于强度差别的分析在这里就需要注意，因为保存成彩色图像的文件很少会完整保留感应器探测到的光子流量测定结果。

位深度

光电感应器中的数据以字节的形式，即以 2 为基数的数字串来贮存成数字格式或其他多种的格式保存。通过转换，1 个字节等于 8bit 的数字串，这样就可以代表数值 0 到 2^8-1，或 255。在这一范围内的数据就被称为比 8bit 数据或都拥有 8bit 位深，许多科学级的 CCD 相机将它们的数据数字化成 12bit（数据范围从 0 到 $2^{12}-1$ 或 4095）或 16bit 的数据（数据范围从 0 到 $2^{16}-1$ 或 65 535）（第 4 章）。当保存到计算机的存贮设备中，8bit 数据图更容易成为单个字节，而 12bit 或 16bit 数据必须保存成 2 字节的字串以完整包含数据。一般来说，数据获取软件进行保存的这些数据是不经过用户处理的。然而，在不同的程序之间转移数据可能会产生未知的转换。例如，12bitCCD 相机获得的数据在任何读取它的显示或分析软件中会变成 16bit 的数据。大部分显微图像处理软件能够正确识别这种差异，然而有些程序（Potoshop）将图像放大到大约 2^{16} 动态范围内显示，需要用户手动更改显示设置。由于这些原因，了解数据的位深对理解真正显示的内容是有所帮助的。

元数据（非像素数据）

任何显微数码图像最重要的部分是图像的“元数据”——就是非像素数据。它记录的是图像的像素信息或二元数据，元数据可以包括大量与图像有关的测量结果和数值。最重要的是图像的维度、位深或每个像素的数值、样品图像中每个像素的物理大小，还有许多其他信息（第 4 章）。这些是元数据最多的基础组成形式，并与图像自身有很大的相关性，要准确分析上述的 5D 图像就要掌握每一个维度的特点、记录点、样品间隔相关的信息、光谱特征以及图像对比模型等尽可能多的信息。另外，许多图像文件还包括描述图像获取时显微镜的详细设置。通常图像元是图像的一个重要组成部分，也是系统应用软件工具进行图像显示和分析所必需的。

图像格式

显微数码图像必须在一个文件系统中写成一个文件，这种文件被写成特定的文件格式以便可以被其他软件所读取。文件格式不但要有贮存图像自身数据的功能，还在贮存记录特定方面的元数据和获取图像的过程。几乎所有上述软件包都支持 5D 数据，但是使用的文件类型在细节方面就有非常大的差异：有些将数据贮存成单个文件，有些则用一个目录在文件系统中将图像所有的单独帧保存成单独的文件。这些差异中的大部分是由于不同的商业化图像捕获软件系统而引起的。每款商业软件都使用它们自身的文件格式，捕获软件的快速增加就导致了大量不同的图像格式出现。据我们估算至少有 60 种不同的文件格式在生物学显微成像中使用，这导致了在不同软件或操作系统之间传输数据变得非常麻烦。

文件格式工具：Bio - formats

了解正确的图像、元数据对于图像的显示和处理工作是非常重要的。元数据记录了一些非常基础的信息，如图像的大小、原始的位置、图像中每个像素的字节数，也能包括一些重要的实验设计信息（光学切片的厚度）；这样让任何图像信息携带有元数据对于后续正确分析和查看图像是非常重要的。

大部分软件以它们自己的格式写入图像数据和元数据，就这导致生命科学显微实验中图像格式的冗余。这很大一部分原因是由于每一款商业软件都有自己预置的文件格式；另外，有一小部分公共项目也为生物学显微实验开发了一些图像处理软件，这些软件也有自己的格式。这样就出现了一个非常明显的问题，想将某一款软件产生的文件导入到另一款软件中是非常困难的。这种缺少统一文件标准的情况一直困扰着这一领域的发展。到目前为止，最好的解决办法就是使用一个可以转换数据格式的公共资源库，将不同的文件格式转换成可以为任何软件所接受使用的统一格式。这个数据库就是 Bio - Formats（http：//www.openmicroscopy.org/site/products/bio-formats），是由 Madison 的 Wisconsin 大学与 Glencoe 软件公司合作的一个开放项目资助的，这个文库是以 Java 编写的，是 GPL（通用公共许可）（http：//www.gnu.org/copyleft/gpl.html）下的一个开放资源和开放发展资源策略。在写这本书的时候（2009 年），这一数据库可以读取 70 多种不同格式的图像元数据和数据，并可以在 ImageJ、MATLAB 等其他流行的图像处理软件中使用。

标准化的格式

显微图像文件格式之间的壁垒使得科学家难以将一种软件生成的数据用另一种软件进行读取。更进一步地说，在图像已经越来越多地成为系统生物学的支柱的今天，发展和应用新的算法处理数据却受控于必须得兼容众多的不同文件格式。因此，迫切需要一个统一的、可以为所有软件所使用的文件格式。这种格式必须使用一种常见的为人们所接受的规格，并能以通常可以接受的形式贮存二元数据（真实像素）。

2005 年，开放显微环境（OME；http：//openmicroscopy. org）公布了基于 XML（extensible markuplanguage，XML）的元数据规格，名为 DME 数据模型（Goldberg et al. 2005）。这一规格提供了可以记录大多常用的显微镜模型（荧光、相、不同的对比界面），并能记录大多数成像方式（全角、共聚焦、多通道）等成像系统参数。元数据和二元数据可以以一种独立的格式写入（OME - XML），在单个 XML 文件夹中获得一个 5D 图像并包括二元图像数据，以 64 倍进行压缩贮存，这样便于文件的传输但难以进行分析和显示。另外一种格式是在 OME - XML 中使用元数据并把这些数据写在一个 TIFF 格式的文件头。这种组合式的文件格式被称为 OME - TIFF 格式，它有以下几个显著的优点。

（1）图像是以一个多页的 TIFF 文件或多个 TIFF 文件联系在一起，任何图像组织形式都可以。一个完整的 OME - XML 记录图像的元数据内嵌在每个 TIFF 文件头，这样即使有些5D图像的TIFF文件被放置错误，它的元数据也还可以完整地保存着。

（2）OME－TIFF文件中的OME－XML元数据文件块与一个OME－XML文件中的元数据是完全相同的并可以索引像素数据存贮在一个或多个TIFF文件中。

（3）OME－XML和OME－TIFF在概念上仅有的区别是OME－XML是以64位的数据块与XML一起编码像素；而OME－TIFF则与之相反，它使用标准的TIFF机制在每一个文件组成部分来存贮一个或多个图像。

（4）以TIFF存贮图像数据已经是一种事实上的标准。几乎所有的图像处理软件可以读取基于TIFF的文件格式，这样，就很容易调整和结合OME－TIFF。

（5）OME数据模型的完整阐述可以在以下站点获得http：//OME－XML.org。OME－XML和OME－TIFF可以被许多软件支持并可以作为ImageJ和MATLAB的输出格式。

数据收集

数码图像的捕获

数码显微图像可以将目标物体的放大图像直接拍摄到相机，也可以通过扫描样品并测定每一个空间元素的光密度，使用一个快速的感应器，如光电倍增管或电子雪崩光电二极管。两种情况下，光密度数据在计算机内被收集起来，组成行和列，这样就可以显示、存贮及修改。当使用扫描成像时，扫描设备的控制需要与密度测定的时间协同起来（扫描设备经常在反射装置中装上滤镜），这样计算机就知道哪个强度测定值属于哪个维度空间的。

信息内容最小化

拍摄到的图像的信息内容是由所捕获到的光子流（信号）、信号中的噪点以及探测系统的噪点所组成。信息自身中的噪点被称为散粒噪点，随着信号强度的增强而增加。然而，因为散粒噪点的增加比信号强度自身的增加要慢得多，增加信息的强度就可以增加SNR。感应系统中的噪点大多包括与信号无关的固定组成（降低这个固定内容是非常有价值的）和可能会存在与信息强度呈线性关系的组成部分。这样，感应系统产生的噪点经常可以通过增加信号强度来克服。这就促使用户喜欢在最大可探测信号，接近感应系统饱和点时进行图像拍摄。值得注意的是，感应系统的饱和是不能超过的，如果超过了，这样截取到的图像并不能代表真实的样品情况。那么，应该如何增加可探测到的信号呢？

最明显的方法是增加光子流自身，这通常可以通过增加光源的强度来实现，也可以通过增加感应器的作用时间来实现（通过增加相机的曝光时间或在栅格扫描系统中降低扫描速度）。上述两种方法的缺点在于增加光线作用于样品的时间会增加光诱导的伤害和光漂白。另外，增加光线作用时间可能会使活细胞的图像变模糊，这样活细胞图像的信息内容大多通常会受限于光对样品的约束。另外一种方法是牺牲一部分空间分辨率，如将相机中的多个像素合并输出。在一般情况下，设置好样品和感应器之间的光路可以减少光的丢失。这包括在荧光成像中使用大数值孔径的物镜，这样样品发射的大部分光都可以收集到，以减少光像差（如球形像差），也可以优化滤镜或其他元件的设置以便让尽可能多的光通过。更多有关增加 SNR 同时支持活细胞成像的详细方法可以参考本书的第 4 章和第 18 章。

自动对焦

当图像需要在不同的位置或者随着拍摄帧的改变而焦距也随着变化时（如环境温度的变化引起焦距的改变），就需要自动对焦机制了。在显微成像中，自动对焦从方法上来讲有两个规则：基于图像的自动对焦和基于反射的自动对焦。在基于图像的对焦中，先拍摄不同焦点的一系列图像，根据图像的内容计算出最合适的焦距（Rabutand Elleberg 2004）。这在方法学上包括将一个聚焦因子引入到拍摄的每一张图像中，如通过寻找最大强度、光锐边缘或使用其他图像分析技术；然后根据聚焦因子和聚焦点的关系，估算出最合适的焦点。在反射自动对焦系统中，一个光束（经常是红外线）从物体直接到图像，这个光束（在空气镜条件下，主要从空气-盖玻片界面；在油镜条件下，是从盖玻片细胞培养基面板）反射回来并为感应器监测到。通过结合聚焦台移动时信号的测定值，就能够找出这样一个反射面或者锁定在这个面上（需要感应器和对焦台之间的一个直接反馈环）。目前已有的设备区别在于光学聚焦点和反射面之间应用设置能力的不同，以及感应器和聚焦驱动之间反馈速度的不同。基于图像的自动对焦系统通常要比反射对焦系统慢很多，并经常导致样品在明光下曝光（而在反射自动对焦系统中更多的是用低作用的红外光），这可能会引起光毒性和光漂白。然而，当样品和反射面之间的距离发生变化时，反射自动对焦系统就无法完全满足需求了。发展适应范围更广的自动对焦机制就出现了全自动高通量图像筛选技术，在显微成像中自动对焦应用的增加刺激了高通量自动应用程度在活细胞成像中的应用。

计算机控制成像的辅助设备

如今，研究用的显微镜会配置许多由计算机控制的设备组件，如 $x-y$ 台、对焦驱动台、光闸、滤镜转盘等。这些驱动的装置使全自动拍摄 5D 图像成为可能。首先，使用者需要制定一个操作步骤，包括拍摄和各个装置移动的顺序。例如，使用带有广角落射荧光的相机拍摄一张 5D 图像；软件会移动 $x-y$ 台到指定位置，移动 z 轴到起始点，让分光镜、激发和发射滤镜移动到合适的位置，打开光闸，相机开始曝光；从相机输出图像，将 z 轴移动到下一个位点，如此反复循环。拍摄软件的任务就是执行设备控制事件的顺序，尽可能快地重复，也让终端用户可以方便地进行设置。

图像捕获软件工具

现在有很多显微图像捕获软件包，在那些设备控制面板有专利的情况下，捕获软件只能由硬件供应商提供。这种情况在目前大多数广泛应用的扫描（共聚焦）显微镜

（最明显的就是 ScanImage 软件）中是普遍存在的。基于相机的系统经常会更加开放，许多电动驱动的显微镜和研究级相机以及部分附加设备（如滤镜转换器、光闸和平台）相应地就有许多基于相机的显微图像捕获相关的软件包可用（如 MetaMorph、Image-ProPlus、Volocity、SlideBook）。另外，显微镜公司只提供仅在他们自己的显微镜上工作的软件（如 Carl Zeiss 的 Axio Vision 和 Nikon 的 NIS-Elements）。在这种情况下，每一款软件包支持的显微镜设备的数目就有限，因为这些设备有很大的差异，也缺少统一的计算机控制标准。很少有例外的是，第三方是很难在已有的软件包中增加对显微镜相关设备的支持接口。许多软件包只在 Windows 操作系统中工作，对其进行编程接入是不允许的，这导致先进的成像实验室不使用这些软件包，反而在可编程的环境下编写程序（如 LabVIEW），由于这种保守性，在实验室环境下，每一个显微镜都运行着不同的软件包，这明显增加了训练需求并影响了研究人员的工作，他们需要花更多的时间去熟悉一部分使用界面，而不是去学习如何正确操作显微镜。因为与一些客户端软件相比，这些软件包的销量是极低的，所以图像捕获软件的价格相对就很高（5 000～10 000 美元），但质量却无法保证。

为了减少这种状况，Ron Vale 在加利福，尼亚大学圣弗朗西斯分析实验室的一个团队（包括本文的一名作者）在 2005 开始年研究发展了一个名为μManager（http：//micro-manager. org）的开源的显微镜控制软件。这个软件可以在不同的平台运行（如 Windows、MacOSX 和 Linux），用户界面简单，也允许许多其他途径的编程扩展。现在它的许多技术基于相机的显微成像设备，最主要的是，μManager 有一个为设备进行编程的专用开放编程界面，可以让任何人将新设备的技术添加进μManager，许多这种“设备连接器”已经由第三方提供了。这个可编程界面允许对一些设备，如相机、光闸和平台进行编程控制。因此，为μManager 内核编写的程度或脚本现在可以与所有可以被它支持的硬件一起工作，这在很大程度上扩展了它们的用途，这不仅让先进的成像实验室可以很容易地让他们的研究成果为其他科学家所用，而且也为显微镜专家提供了一个通用的设备平台。这很有希望发展成为一个行业标准，以减少在显微镜软件方面的支出并提高其质量。

图像处理

图像处理基础

图像处理是一个广义的术语，它包括许多种不同的对图像进行操作的方法。通常图像处理途径可以定义为线性的和非线性的处理。线性处理途径保留相对强度的准确性，而非线性处理途径则很有可能会改变相对强度。由于这个原因，基于强度的测量和分析只能在经过线性处理后进行。然而，非线性处理途径通常在分割图像产生一个蒙版以用于定义图像的边界和质量。

非线性对比较强化

有一系列用于加强图像中对比的非线性方法，这些方法最好的综合性资源可以参考 John Russ 的有关图像处理的报告（Russ 2007）。这些非线性方法包括从边界探测到卷积技术和其他一些过滤技术。分清仅作用于 2D 图像和那些考虑到了 3D 内容的方法是非常重要的。通常，这些方法被用于生成数据和展示以方便察看或形成蒙版以用于进一步察看图像的质量。

去卷积

去卷积技术在显微镜的点扩散函数中发挥着重要的作用，可以提高 SNR 和图像的对比度。有许多种不同的去卷积技术在大部分的商业和开源的图像处理软件包中应用。通常去卷积技术可以分为去模糊技术和复原技术。去模糊技术应用点扩散函数来估算和去除原始图像中的模糊。对应的，修复技术也使用点扩散函数但倾向于使用点扩散函数来计算样品中的强度分布情况。修复技术通常要反复计算，因此，需要大量的处理资源。关于这些技术在生物学显微镜中的应用的完整阐述可以参考相关文献（Swedlow et al. 1997；Wallece et al. 2001）。

图像处理平台

有许多不同的商业和开源处理平台可用于处理生物学图像。Potoshop 是一款标准的图像处理软件，常用于简单的图像增强、裁剪和图像色彩的改变。Potoshop 仅只能处理 2D 图像，且是一个非常强大的工具，遗憾的是它也能从根本上改变图像的显示。记住处理过后的图像也应该是实验的实际数据，数据的原始形态必须要保存下来。在细胞和发育生物学中，合适的图像处理有一个非常明确和清楚的界定，具体的标准可以参考发表于 *The Journal of Cell Biology* 杂志的文章（Rossner and Yamada 2004）。

有许多商业图像处理软件包可用在生物学显微镜技术中。在这就不一一阐述，但可以在供应商的网站上获得。大部分情况下，这些图像处理软件包可以处理多维的时间轴和 3D 图像或 5D 图像，并提供精细的图像处理和察看工具。另外，所有的商业图像捕获软件都会捆绑许多图像处理能力。这些商业软件包很少会支持与它们自身不一样的文件格式，需要比较一下文件的兼容性，所以在这些软件之间转移文件要非常小心。

常用于显微镜图像处理的开源平台是 ImageJ，它是一个开放的基于 Java 的程序，可以外接补丁修饰，因此，在大多数非商业图像处理和分析中使用较为普遍。ImageJ 可以免费下载（http：//rsbweb. nih. gov/ij/），包括一个有补丁功能的扩展库，这个库是通过相互合作而发展起来的，用于扩展 ImageJ 的基本功能（如前面提到的图像捕获软件μManager 可以作为 ImageJ 的一个补丁运行）。ImageJ 可以用于捕获图像、图像分析、图像处理以及最后生成示图。ImageJ 由 Wayne Rasband（NIH）提供技术，现在他们花了非常大的精力，应用现代软件编程技术［如 FiJi（http：//pacific. mpi _ cbg. de/wiki/）］以扩展 ImageJ 的结构与功能。

分析

目标的定义和测量

分析生物学图像数据通常是通过鉴定被测量的目标然后正确地测定它们的特性。鉴定目标称为分割，分割的工具有很多，许多图像处理软件包都通过多种不同的方法来定义目标的边界（更多的信息请参考第 15 章）。与上面提到的一样，了解哪一种算法适用于 2D 或 3D 图像是非常重要的。通常，分割方法使用某些基于强边界的方法来定义目标，也可以包括更加精细的测定方法。大多数情况下，进行分割的参数是根据使用者对所要测定的目标的了解、参考经验值和定义值。分割的最终结果是目标在空间和时间上被指定哪些是包括在内的，哪些是不包括在内的。可见，分割是进行分析目标强度和踪迹的基础。

对于单细胞成像来说，常用的方法是使用图像中的高斯方程与每一个真实的信号分子配对，这一配对的图像可用于随后深入的定性分析（第 35 章）。

在活细胞成像中，最常见的分析方法是追踪一个目标，观察它随着时间的变化所移动的空间，追踪算法有许多种。最简单的一种就是在 t 时间点对目标进行定义，然后对其最近的相邻时间点 $t+1$ 再进行定义。这种基于相邻时间的技术（如 Platani et al. 2002）可能只适用于那些每帧之间的移动距离很少且图像中目标分布也非常稀少的情况。更加复杂的情况下就需要更加精确的追踪工具。我们当中有人（JRS）把全部的小工具综合起来并成功应用于追踪实验中，填补了没有强大追踪工具的空白（Jaqaman et al. 2008）。

目标和测量

一旦目标确定了，有多种不同的方法可以用于测量它们。通常最多的是先计算目标内强度测定值，然后通过目标周围发现的背景强度进行纠正。更精确的测量方法包括测量目标中的荧光基团的半衰期，荧光半衰期的测定是十分灵敏的，容易随着环境而发生变化，并会在 Forster 能量共振传递分析中增加（Waters et al. 2001）。

还有许多参数可以应用于目标计算以定性目标的形状及目标中强度的分析情况，形状的参数包括以下测量值：延伸率、偏斜、峰度、一定范围内的误差。目标中强度值的分布通常是指定为一种结构并可以通过将多项式对应到目标来计算。每一个目标都有大量的特征数据需要计算，决定怎样去计算是依靠经验去决定哪个引申出的参数可以用于基于图像的测量。

机器学习方法

在过去的 10 年里，许多研究组在显微图像的信号分布中应用成熟的机器学习工具，最早的研究是由 Murphy 实验室开始的。他们通过鉴定亚细胞分布（肉眼无法观察的）验证了这一方法应用的可行性。自此，许多研究组加入到发展这一方法的行列中，并应用这些方法解决大量的生物学问题，从单细胞分析到组织学再到高能量筛选（Neumann et al. 2006；Zhou and Peng 2007；Orlov et al. 2008）。所有的这些方法都需要计算大量的强度结构和基于形状的特征数据，然后使用几种不同的方法来定义不同类别并加以区分。这些工具十分有用，尤其在用于分辨那些使用者很难分类的群体上。

图像分析工具

多维图像分析的商业化和开源软件都有很多。ImageJ 就是一款具有开放框架并包括补丁的十分强大的图像分析工具。另外，MATLAB 和 IDL（界面定义语言）框架工作可以提供脚本框架工作用于精确的图像分析。所有这些工具在现代生物学研究中都比较常用。但使用这些工具必须一直小心保证不会引起数据的混乱。

图像分析的重要的应用方面

现在，在细胞和发育生物学中图像的处理和分析已经应用非常广泛了。我们已经阐述了用于大多数的商业和开源图像处理软件包中可用的基本工具。然而，还有大量更加精细的工具值得我们注意，同时也需要注意更加精细的图像捕获和更先进的数学方法。

第一个例子就是荧光斑点显微镜。这一方法主要用于研究多聚体的动态，特别是活细胞骨架（Danuser and Waterman - Storer 2006）。这一方法在有丝分裂纺锤体以及微管和肌动蛋白的动态分析中特别有用。这一方法依赖于先进的图像捕获、目标定义和追踪。Danuser 和 Waterman 实验室已经率先应用这些技术对细胞骨架的特性和动态有了新的本质上的理解。

在活细胞成像中，图像分析最有用的应用之一是在活细胞中测定分子或大分子复合物的动态变化。随着激光扫描共聚焦显微镜的成熟应用，使用光漂白后荧光恢复技术来监测荧光标记分子的移动将变得很平常。这种方法最早是用来测量 2D 单分子层中分子的动态（Axelrod et al. 1976），但现在已经扩展到在不同的细胞和组织中分析分子动态（Lippincott - Schwantz，et al. 2001）。这种方法在漂白的区域内测定荧光蛋白的恢复。使用最多的是荧光恢复半衰期 $t_{1/2}$ 和移动部分或标记蛋白在测量时间段内的移动。更加精细的分析可以显示荧光标记蛋白和它的受体之间的结合以及具有不同运动能力的蛋白质多种形式（Brage et al. 2004；Rabut et al. 2004；Sprague and Mcnally 2005）。这种方法提供了一个定量分析的基础，用于比较活细胞中分子相互作用。

利用成像技术进行大规模分析正变得越来越普遍。大量的 siRNA 筛选揭示了许多重要的细胞机制的新组分和新途径、网络。在果蝇 S2 细胞中检测信号和移动（Ramadan et al. 2007），在果蝇和人细胞系中使用多基因敲除技术后使人们对驱动纺锤体形成的机制有了更进一步的了解（BettenCourt - Dias et al. 2004；Neumann et al. 2006；Goshima et al. 2007）。这一研究揭示出了大量的有丝分裂纺锤体的新组分。

总之，目标定义、特征选择和机器学习这些技术的新组合被用于鉴定新的组分和途径。当生物学成像实验中进一步的图像处理出现时，上述的这些分析是作为各种可能的精细分析的验证。

图像数据管理

在我们自己的实验室里，每个研究生或博士后在实验室工作的这段时间里能得到500GB以上的图像数据是十分普遍的。不可避免地，他们需要费力地将收集到的图像数据文件与相应的实验结合起来进行管理。由于这个原因，图像数据的管理就成了一个重要的问题，且有可能妨碍生物学发现。在所有实验室中，数据通常可以在文件系统中组织起来或使用其他特殊的文件管理程序。在这一部分，我们将阐述这些优点和它们的能力及缺陷。

基于文件系统的数据管理

将数据存贮到文件系统中可能是最简单的管理大量图像数据的方法。它可以让用户以非常熟悉的工具（如文件名和目录）来组织和查找数据。对于复杂得多步分析工作来说，只要简单地在文件名上加个名字或将结果文件存贮到特殊的文件夹目录中就可以足够区别这些数据文件。然而，因为并没有可以追踪谁对每个文件都做了些什么样的处理，基于文件系统的数据管理一般不允许多个用户来察看，以及在文件系统中注释和分析数据。还有更重要的读取数据依赖于直接读取文件系统，这对于那些没有足够权限或不在防火墙内的用户和工作人员就不大可能实现。

数据管理的应用

另有一种使用文件系统包括构建程序来管理大规模的成像实验数据。通常，这些程序是基于服务器—客户端结构的，程序是在中央服务器构建和运行的，然后通过因特网连接将信息传递出来到客户端程序。通常，这些客户端程序包括网页路径，但是可以肯定的是客户端可以用任何语言编程，这种结构类型的使用可以让一个服务器程序为多个用户所使用，并可以提供移动的接入以及更加灵活方便的接入途径。

服务器客户端程序通常是以一系列分层结构组成的，经常称之为三层架构。程序的基础或底部是数据程序存贮数据并用相关的数据库把不同的数据元素关联起来。在第二层，一个中间程序提供定义和策略来与扩展客户端交流，这样将联系数据库传递到称为前端或客户程序。这就提供了一个面对用户的可以使用数据库中数据的工具。这种服务器-客户端关系是大多数数据管理软件的核心部分，并且全部设计和构建它们的工具都具有很好的标准化且有许多程序资源可以免费使用。

本章的两位作者都曾参与过为显微镜成像传递数据管理工具的软件项目。科学图像数据库（SIDB；http：//sidb. sourceforge. net/）是第一代开源数据管理工具，是在 Nico Stuurman 的帮助下，以 PHP 脚本和 PostgreSQL 数据库合作的基于网页路径的用户端。这个第一代开源数据管理工具的应用展示了数据管理的用处，而且也说明了发展一个成熟的数据管理程序的难度，这一数据管理程序要支持大量不同的文件格式，并为察看、管理和分析存贮了大量图像数据的数据库提供一个友好的界面。

2001 年，Jason R. Swedlow 和共同创建者 Ilya Goldberg 以及 Peter Sorger 创建了 OME 基金（http：//openmicrosocpy. org）。OME 是一个开放的项目基金，用于生命科学成像实验数据管理软件开发的项目。OME 已经公布了前面提到的“生物-格式”数据库，也公布了一系列用于生物科学数据管理的程序。OME 最基本的原则是发展软件程序间可以互通的工具，而不是为任何科学领域建立特殊的程序。OME 主要致力于尽可能的通用，并在已有的软件工具之间充当一个管理界面或为将来使用的工具提供界面。另外，OME 对一般的文件格式进行规范化以促进在不同的人和不同的软件程序间共享数据。

从 2002 年开始，OME 公布了数据管理程序来支持对大量图像数据的操作和支持分析的界面（Swedlow et al. 2009）。从 2000～2005 年，OME 公布了 OME 服务器，一个基于 Perl 语言的数据管理程序。从 2007 年开始，OME 公布了开放显微环境移动项目（OMERO），一个用 Java 编写的数据库管理软件。所有的 OME 数据管理软件都依赖于服务器-客户端结构，如一个数据库和中间程序提供所有的存贮、查询和图像数据及元数据接入并允许用户利用一般的因特网连接，在桌面或笔记本电脑中运行。OMERO 可以在所有主要的操作系统中运行，已经在全世界成百上千个实验室中应用，可以在 http：//openmicroscopy. org 网站下载。

总结

现代显微镜以及部分活细胞成像，其数据捕获、处理、分析都需要软件工具。大多数情况下，一个成像实验的结果是经过多步处理和分析后的数据形式。对于现代显微镜学家来说，可用的技术发展很快，开源软件工具的出现为科学研究和新发现提供了更加灵活的环境。随着整个领域的商业和开源图像软件工具的持续发展，让我们可以在细胞机制和调控途径上进行更加精确的实验和深入的理解。我们期待着这些新发展和发现在未来不断涌现。

致谢

N. S. 关于 μManager 的工作受到 NIH 基金 1R01RB007187 的支持。J. R. S. 实验室的工作得到威康信托基金会（085982）、美国癌症研究会（C303/A5434）和生命科学研究会（BB/G01518X/1）的支持。

网络资源

http://www.openmicroscopy.org/site/products/bio-formats Bio-Formats.
http://rsbweb.nih.gov/ij/ ImageJ.
http://micro-manager.org μManager.
http://openmicroscopy.org OME.
http://ome-xml.org OME Data Model (Goldberg et al. 2005).
http://sidb.sourceforge.net/ SIDB.

参考文献

Axelrod D, Koppel DE, Schlessinger J, Elson E, Webb WW. 1976. Mobility measurement by analysis of fluorescence photobleaching recovery kinetics. *Biophys J* **16:** 1055–1069.

Bettencourt-Dias M, Giet R, Sinka R, Mazumdar A, Loc WG, Balloux F, Zafiropoulos PJ, Yamaguchi S, Winter S, Carthew RW, et al. 2004. Genome-wide survey of protein kinases required for cell cycle progression. *Nature* **432:** 980–987.

Boland MV, Murphy RF. 2001. A neural network classifier capable of recognizing the patterns of all major subcellular structures in fluorescence microscope images of HeLa cells. *Bioinformatics* **17:** 1213–1223.

Braga J, Desterro JM, Carmo-Fonseca M. 2004. Intracellular macromolecular mobility measured by fluorescence recovery after photobleaching with confocal laser scanning microscopes. *Mol Biol Cell* **15:** 4749–4760.

Danuser G, Waterman-Storer CM. 2006. Quantitative fluorescent speckle microscopy of cytoskeleton dynamics. *Annu Rev Biophys Biomol Struct* **35:** 361–387.

Goldberg IG, Allan C, Burel J-M, Creager D, Falconi A, Hochheiser HS, Johnston J, Mellen J, Sorger PK, Swedlow JR. 2005. The Open Microscopy Environment (OME) Data Model and XML file: Open tools for informatics and quantitative analysis in biological imaging. *Genome Biol* **6:** R47.

Goshima G, Wollman R, Goodwin SS, Zhang N, Scholey JM, Vale RD, Stuurman N. 2007. Genes required for mitotic spindle assembly in *Drosophila* S2 cells. *Science* **316:** 417–421.

Jaqaman K, Loerke D, Mettlen M, Kuwata H, Grinstein S, Schmid SL, Danuser G. 2008. Robust single-particle tracking in live-cell time-lapse sequences. *Nat Methods* **5:** 695–702.

Lippincott-Schwartz J, Snapp E, Kenworthy A. 2001. Studying protein dynamics in living cells. *Nat Rev Mol Cell Biol* **2:** 444–456.

Neumann B, Held M, Liebel U, Erfle H, Rogers P, Pepperkok R, Ellenberg J. 2006. High-throughput RNAi screening by time-lapse imaging of live human cells. *Nat Methods* **3:** 385–390.

Orlov N, Shamir L, Macura T, Johnston J, Eckley DM, Goldberg IG. 2008. WND-CHARM: Multi-purpose image classification using compound image transforms. *Pattern Recogn Lett* **29:** 1684–1693.

Platani M, Goldberg I, Lamond AI, Swedlow JR. (2002). Cajal body dynamics and association with chromatin are ATP-dependent. *Nat Cell Biol* **4:** 502–508.

Rabut G, Ellenberg J. 004. Automatic real-time three-dimensional cell tracking by fluorescence microscopy. *J Microsc* **216:** 131–137.

Rabut G, Doye V, Ellenberg J. 2004. Mapping the dynamic organization of the nuclear pore complex inside single living cells. *Nat Cell Biol* **6:** 1114–1121.

Ramadan N, Flockhart I, Booker M, Perrimon N, Mathey-Prevot B. 2007. Design and implementation of high-throughput RNAi screens in cultured *Drosophila* cells. *Nat Protoc* **2:** 2245–2264.

Rossner M, Yamada KM. 2004. What's in a picture? The temptation of image manipulation. *J Cell Biol* **166:** 11–15.

Russ JC. 2007. *The image processing handbook*. CRC, Boca Raton, FL.

Sprague BL, McNally JG. 2005. FRAP analysis of binding: Proper and fitting. *Trends Cell Biol* **15:** 84–91.

Swedlow JR, Sedat JW, Agard DA. 1997. Deconvolution in optical microscopy. In *Deconvolution of images and spectra* (ed. PA Jansson), pp. 284–309. Academic, New York.

Swedlow JR, Goldberg IG, Eliceiri KW. (2009). Bioimage informatics for experimental biology. *Annu Rev Biophys* **38:** 327–346.

Wallace W, Schaefer LH, Swedlow JR. 2001. A workingperson's guide to deconvolution in light microscopy. *BioTechniques* **31:** 1076–1097.

Wouters FS, Verveer PJ, Bastiaens PI. 2001. Imaging biochemistry inside cells. *Trends Cell Biol* **11:** 203–211.

Zhou J, Peng H. 2007. Automatic recognition and annotation of gene expression patterns of fly embryos. *Bioinformatics* **23:** 589–596.

（阮孟斌　译　李紫煜　方玉达　校）

第 17 章　以哺乳动物活细胞为例介绍高通量显微镜

Stefan Terjung[1], Thomas Walter[2], Arne Seitz[1,2],
Beate Neumann[1], Rainer Pepperkok[1,2], and Jan Ellenberg[2]

[1] Advanced Light Microscopy Facility, European Molecular Biology Laboratory, Meyerhofstrasse 1, D－69117 Heidelberg, Germany; [2] Cell Biology and Biophysics Unit, European Molecular Biology Laboratory, Meyerhofstrasse 1, D－69117 Heidelberg, Germany

自从几个全基因组测序完成以来，系统性地认知蛋白质功能及其相互作用已成为当代分子生物学最重要难题之一。近年来光学显微镜设备在自动化和收集速率的改进为进行大量实验提供了可能，并且可以同时在完整细胞中进行研究蛋白质功能和相互作用的实验。在这种情况下，活细胞成像技术成为一种出色工具，可用于研究动态或稀有发生的细胞过程、区分初级和次级表型，以及研究表型动力学。本章我们介绍活细胞中进行功能筛选的高通量显微镜技术的指导路线。图 1 概述了高容量/高通量筛选过程的工作流程。我们将检验整个筛选过程的各个方面，并考虑对特定样品进行时程实验。尽管本章内容大部分以哺乳动物培养细胞为例，但在很多方面同样适用于来自其他物种的培养细胞，如果蝇（*Drosophila*），并且在一定程度上适用于以显微镜技术为基础进行筛选的个体较小的生物，如秀丽隐杆线虫（*Caenorhabditis elegans*）。

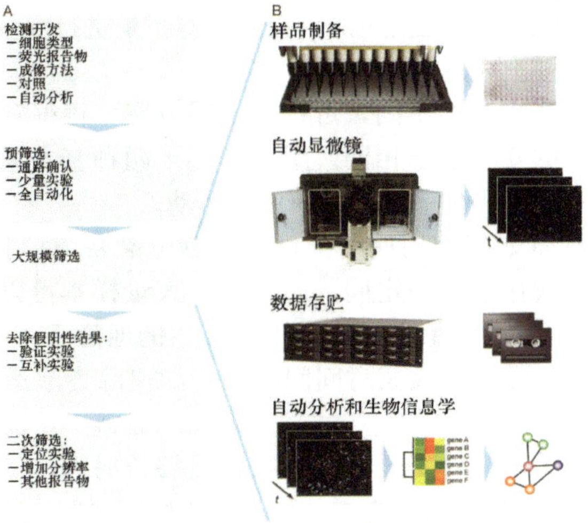

图 1　高通量筛选的工程流程

A. 实验设计完成之后，进行预实验，在小范围内对整个实验过程加以确定和纠正潜在问题。随后的大规模筛选通常将得出一系列候选阳性结果，这些阳性结果必须进一步验证。二次筛选有较高的空间、时间、表型分辨率，收集并整合更多的得到证实的阳性结果的信息。B. 基于时程显微镜进行大规模筛选的一般工作流程，包括样品制备、自动时程显微镜、专业数据存储和备份以及自动分析和生物信息学

实验检测方法的开发

大规模或高容量筛选（high content screening，HCS）显微镜技术课题的前提是检测标记感兴趣的生物功能。其中涉及的基因可以通过各种不同方式加以研究，如利用RNA干扰途径下调表达［利用小干扰RNA（siRNA）；Dorsett and Tuschl 2004］、利用cDNA过量表达技术（Starkuviene et al. 2004）或利用化合物处理（Carpenter 2007）。该实验兼容自动化、定量化数据读取和重复性检测（如技术复制的利用）。重要的是收集的数据要能被图像自动处理程序分析，从而处理大量数据、获得高度客观性、确保结果的可比性。有必要鉴定能够与实验和高通量获取兼容的阳性和阴性对照。应用分布在多孔板和芯片中的阳性和阴性对照检测表型重复性。检验培养的种子细胞质量和转染效率促成可重复性样品的制备。对于一个特定的表型，确定探测的最适方法取决于所研究的生物过程。在某些情况下，透射成像技术更有利于观察。例如，分析时程影像中的运动情况以观察致死性表型。随着绿色荧光蛋白和广谱色的各式荧光蛋白用来标记感兴趣的蛋白质（Shaner et al. 2005；第1章），选择荧光蛋白作为荧光标记显然是研究很多类似问题的首选。有大量荧光蛋白可供使用，它们可用于简单地标记感兴趣的蛋白质，或作为细胞结构的标记，或作为感兴趣的生物活性的特异传感器（Schultz 2007）。对于时程检测，荧光标记的选择同样是非常关键的，但需满足以下要求：

（1）对于所研究的生物过程具有高度专一性；

（2）对所研究过程产生最少的干扰；

（3）对整体生理条件不产生改变。

稳定表达所选择FP标记的蛋白质的单克隆细胞系是进行大量检测的理想材料，因为大量细胞在相近的水平上表达荧光标记物。

根据时程高容量筛选实验的不同，可选择不同方案。根据感兴趣的生物功能的本质不同，对时间分辨率的要求很不相同。图2描述了两种基本策略，用来优化时程高容量筛选实验中从一个样本到另一个样本的依次运动。

（1）比较慢的过程（如细胞周期的推进或细胞分裂）：时间分辨率可以相对比较低，在第一个样本再次成像前的一定间隔时间内，大量样本可以成像（图2A）。在本章的实验方案部分中详细介绍如何提高单位时间点内的通量。

（2）比较快的过程：需要的收集时间间隔短［如追踪囊泡运动（Pepperkok et al. 2005）或获得心率频率（Burn et al. 2005）］。因此，通常不可能实现平行的图像收集程序。处理这些情况的策略是对每一个样品收集足够长时间，依次收集不同样品（图2B）。此方法的缺点是：如果同时转染样品，就刺激处理时间来说，不同样品间开始成像的时间存在差异。通过样品重复性策略可部分弥补差异问题，相应的代价是在一次实验中成像数目较少，从而导致通量降低。另外，也可以通过自动化协调药物处理或转染时间以获得补偿。

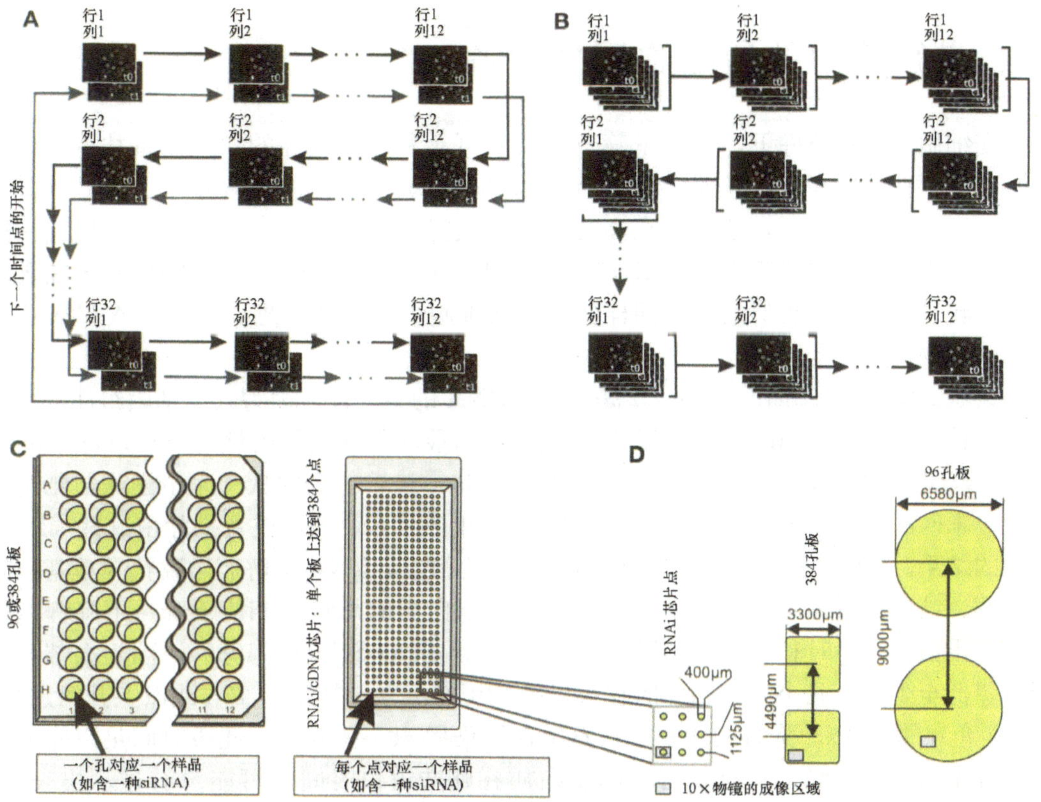

图 2　高容量筛选方案的维度和载物台移动策略

A. 相对慢的载物台依次移动策略。在每个时间点，载物台从一个样品移动到另一个样品。同一个位置，按照收集次序的图片串联起来得到影像。B. 相对快速进程相关的空间移动策略。在每个位点（样品或者样品中的子阵列）收集一个具备足够时间分辨率的时程序列，在这个限定时间内不会发生载物台的位移。完成之后，载物台再移动到下一个位点（下一个样品或者下一个样品子阵列）C. 96 孔板、384 孔板和 RNAi/cDNA 芯片的构成比较。D. 96 孔板、384 孔板和 RNAi/cDNA 芯片大小的比较。10×物镜的成像区用绿色矩形表示 RNAi/cDNA 芯片点和 96 孔板、384 孔板的孔。尽管成像区对于获得一个完整的细胞芯片点已经足够大，但可能还会需要对孔板中每个样品（子阵列）的进行多次成像

筛选的细胞类型应与感兴趣的生物过程相配。也就是说，如果特异信号转导通路中的基因被标记以便研究时，这条通路必须在所用细胞类型中有功能。因为不同细胞类型有不同的特点，必须依据所用细胞类型优化成像条件和实验过程。转染效率、继代时间、运动特征在不同细胞系间有显著差异。另外，成像时间受光毒性限制，除了尽可能地减少曝光量，还应检测每个细胞系是否可以承受所需要的曝光剂量。新的成像实验开始前，应先做小量而全自动化预筛选实验以验证有效性，包括不同强度和种类的阴性和阳性对照（图 1A）。预筛选过程中可观察潜在的问题和瓶颈。在大规模高容量筛选实验前解决这些问题并消除瓶颈，有助于提高效率、减少时间和成本。关键是自动成像分析应考虑为整个筛选通路的一部分（图 1A），并在预筛选数据中得到验证。

高容量筛选中的活细胞样品制备

在细胞的生理条件下，高容量筛选需要有可靠和可重复性的样本制备技术。生物细胞之间存在的内在变异需要多组实验数据以获得统计学上的显著结果。样品制备自动化便于平行样品处理，这也是在高通量规模获得可重复性的重要内容。这里我们重点介绍在大规模筛选研究中利用 RNA 干扰（RNA interference）技术降低特异哺乳动物基因转录的策略，类似的技术同样适用于活细胞中的其他处理，如 cDNA 过表达或添加化合物。

定购 siRNA 文库前的重要一步是评估 siRNA 的专一性。因为人类基因组注解持续更新，首先要将各种 siRNA 序列对照人类基因组最新版本进行比对（www. ncbi. nlm. nih. gov/BLAST/ 或 www. ensembl. org/perl/blastview）。必须从文库中剔除与靶基因错配、未匹配所有转录产物或者匹配到其他基因上的 siRNA，或者剔除由这些 siRNA 获得的结果。RNAi 引起细胞中与 siRNA 配对的相应 mRNA 降解而导致特异单基因转录下调。结果是所编码的蛋白质合成减少，此蛋白质的总量也相应下降。下降程度依赖于靶蛋白在几小时和几天内的稳定性（Hargrove and Schmidt 1989）。因为大部分靶蛋白降低至少需要几小时，因此时程成像实验可在沉默剂转染后 12h 或以上开始进行。RNAi 介导的 mRNA 降解的回复一般发生在转染后 48～96h 内，此段时间足以完成对大部分蛋白质的检测。具有长寿命的蛋白质在筛选窗口时间内可能没有显示出表型。这种情况下，利用沉默剂的二次转染或表达短发夹 RNA（shRNA；Silva et al. 2005；Root et al. 2006）也许能有效降低这些蛋白质总量。

对于大规模实验来说，两个关键问题是如何使这些小干扰 siRNA 分子有效地转染给细胞以及如何使样品制备多元化。用于促进 siRNA 摄入的多种试剂已研制出并已商业化。试剂清单和供应商在 www. biocompare. com 查询。

转染策略必须有效并具有可重复性，任何时候进行大规模筛选，实验方法都必须适合并行化。一般来说，多个 siRNA 可分别转染到独立的样本中，或者几个非重叠 siRNA 混合物转染到单个样本以达到相同的总浓度。目前，利用 siRNA 做高容量显微镜实验有两种基本策略。这些方法对于实行自动化和高通量具有兼容性。最常用的方法是在培养基上培养细胞，通过添加 siRNA 和转染试剂混合物转染细胞。添加液体可以用机械手自动操作（也可用于药物筛选时加入化合物）。此方法需使用全部分离成隔室的基片，如 96 孔或 384 孔板（表 1），以及细胞接种装置以获得同质细胞层。另有一种方法是反式转染（Ziauddin and Sabatini 2001），在细胞接种前，将转染混合物涂布到基片上，风干（因此有时也称为固相转染）。

表 1　基于成像的高通量筛选不同样品格式的比较

样品格式	96 孔板	384 孔板	RNAi 芯片
样品数量	96	384	大于 384
孔间距	大	中	小（点到点）

续表

样品格式	96 孔板	384 孔板	RNAi 芯片
光学玻璃底部	是	是	是
孔间物理分离	是	是	否
可能存在交叉污染	否	否	是
细胞接种时间	中	中	快速
细胞接种均匀性	非常好（用细胞接种设备）	非常好（用细胞接种设备）	好，手动
转染策略	液体或反向	液体或反向	反向
活细胞检测	可以	可以	理想
每个样品的 siRNA 量[a]	107ng/10.7ng	36ng/3.6ng	0.41ng/0.041ng
转染试剂用量[b]	0.187μL/0.094μL	0.062μL/0.031μL	0.0036μL/0.00036μL

a Ambion 公司沉默剂/沉默剂筛选。

b Invitrogen 公司的 lipofectamine 2000 和 ambion Ambion 公司沉默剂/沉默剂筛选。

a、b 计算区域 34mm^2（96 孔板）/10.9mm^2（384 孔板）/0.1257mm^2（基因芯片点）。

反式转染和机械手接触印迹结合使用产生了高密度 RNAi 芯片（表 1）。这种方法广泛使用的例子是发行的 Lab-Tek 有间隔的盖玻片（Nalge Nunc international 公司，商品号：1555361），包含不同 siRNA 的 384 个点（Erfle et al. 2007）。这里，每一点包含 siRNA、转染混合物、细胞附着蛋白以及凝胶（图 2C）。单点直径是 400μm，为 50～300 个附着细胞提供了足够空间。点对点之间距离是 1125μm（图 2D），对于大部分细胞类型在点之间的细胞迁移已经足够，避免了交叉污染。这种高密度的点缩短了显微镜的空间移动，提高了单个时间段的样本通量（图 2C、2D）。由于每一个点比 384 孔板的孔还小，所以反式转染时每点只需很少 siRNA 和转染试剂（表 1），降低了实验成本。总体上说，转染试剂远远大于 siRNA 的成本。接种在每个 Lab-Tek 点上的细胞为 384 个以上的不同样本/点提供了相似条件，降低了点与点之间的差异。反式转染基片/Lab-Tek 的优点是所有样品均来自一批转染混合物，为许多重复实验提供了可能性，另外，转染混合物在室温条件下可保存至少 3 年，并且转化效率没有明显降低。siRNA 芯片和涂布平板的制备可与细胞接种分开进行，这样可以提高实验的重复性和比较实验的能力。详细的制作方法已发表（Erfle et al. 2007；2008）。

不论采取何种转染策略，细胞自动播种（如美国 Thermo Scientific 公司多点联合试剂分配器）通过细胞密度控制以获得同质细胞层，从而增加了不同平板之间细胞培养条件的可重复性，培养缓冲液中的水分蒸发可引发毒性，如何降低蒸发的策略将在实验设置（环境）部分讨论。

对显微镜系统的要求

总体上，应用于常规活细胞成像的大部分基本规则同样适用于哺乳动物活细胞的高容量筛选的显微操作。但是，由于高通量的要求，高容量筛选成像系统必须满足一些额外的必要条件。大量商业化高容量筛选显微镜系统可供选择（表 2）。对于基础研究环境的高通量成像系统最好不应只针对于特定的应用，而应该具有弹性化、模块化，能兼容基于一般荧光显微镜的许多其他不同检测。

应特别考虑以下特征。

表 2　HCS 的仪器设备

名称	制造商	网页
具备活细胞成像能力		
BD pathway885 [a]	BD biosciences	www. bdbiosciences. com/
Cell Observer[b]	Carl Zeiss	www. zeiss. de/micro
IN Cell Analyzer3000 [a]	GE Healthcare	www. biacore. com/hig—content—analysis
Leica AF7000[b]	Leica Microsystems	www. leica—microsystems. com/
Leica SP5 MSA[a]	Leica Microsystems	www. leica—microsystems. com/
ImageXpress MICRO[b]	Molecular Devices	www. moleculardevices. com
ImageXpress ULTRA[a]	Molecular Devices	www. moleculardevices. com
Scan∧R [b]	Olympus	www. microscopy. olympus. eu/
Opera[a]	PerkinElmer	http：//las. perkinelmer. com/Imaging/
Opera LX[a]	PerkinElmer	http：//las. perkinelmer. com/Imaging/
Operetta	PerkinElmer	http：//las. perkinelmer. com/Imaging/
ArrayScan V[TI b]	Thermo Scientific Cellomics	www. cellomics. com/
不具备活细胞成像能力		
cellWoRx[b]	Applied Precision	www. api. com/lifescience/cellworx. html
BD Pathway 435[b]	BD biosciences	www. bdbiosciences. com/biomaging/
Cell Lab Quanta SC[c]	Beckman Coulter	www. beckmancoulter，com
iCyte[c]	CompuCyte	www. compucyte. com/icyte. htm
IN Cell Analyzer 1000[b]	GE Healthcare	www. biacore. com/high—content—analysis
NanoZoomer HT[b]	Hamamatsu	www. hamamatsu. com
NanoZoomer RS[b]	Hamamatsu	www. hamamatsu. com
IsoCyte DL[c]	Molecular Devices	www. blueshiftbiotech. com/
Acumen eX3 [c]	TTP LabTech	www. ttplabtech. com/

a 共聚焦。

b 宽视场。

c 流式细胞仪。

成像硬件的自动化

与样品制备过程一样，高通量成像需高度自动化，包括焦点自动化鉴定、快门控制的光学曝光、马达控制荧光滤光片组、数据储存以及不同孔（点）之间的显微镜载物台移动。通常固定 1～3 个位点，其他位点根据一定的模式由计算机自动计算。基于成像和（或）硬件的自动聚焦一般是高容量筛选显微镜系统的瓶颈，因此，当购买到一台新高容量筛选仪器时，要特别关注此特征。尤其是在活体样品时程成像的高容量筛选显微镜实验中，依赖一套恰当的自动聚焦检测策略对获得理想的时间分辨率是很重要的。自动聚焦有两种基本策略。第一是基于软件的自动对焦，即通过图像来确定聚焦质量（如在不同焦距层中确定最高变异度或优化图像中的聚焦物体数目）。此技术的优点是直接聚焦在感兴趣的结构上，使它们始终保持在焦点，而不管它们到细胞支持物的距离。然而，以图像为参照的自动聚焦程序通常很慢。在此方法中，在不同的焦平面要获得多个图像。而且，在聚焦过程中活体样品曝光量很大，增加了样本光漂白速度，同时增加了光毒性。第二种策略是基于硬件进行的聚焦点鉴定，即通过近红外光反射来测量细胞支持物，如盖玻片位置。图像收集的理想焦距位置可以通过使用者设定对自动检测出细胞支持物的位置进行抵消，也可以通过额外再加上基于图像的自动聚焦程序。硬件自动聚焦通常比图像聚焦鉴定快，显著降低了光漂白和光毒性。硬件自动聚焦的缺点是需要额外的硬件系统，而且在聚焦过程中只对细胞支持物聚焦，因此在整个实验过程中，只有样品位于细胞支持物同一位置时才能对样品精确聚焦。硬件自动聚焦很少用于长时间观察，因为附着细胞经常部分解离，或者在有丝分裂过程中圆形化以及胚胎在发育过程中改变形态。

稳定性

在时程实验中，成像条件长时间的稳定性是定量成像分析的基本条件。只有当成像条件在短时间和长时间都能保持恒定时，在不同时间段内进行的实验才具有可比性。下述显微镜部件在高容量筛选显微镜实验中必须优化。

激发光源。对于定量分析，在整个实验过程中持续稳定的光强度是必要的。这可以通过使用非常稳定的光源得到证明，如发光二极管（LED；如 precisExcite，CoolLED 公司，英国；Colibri，Carl Zeiss 公司，德国）或者监测和调整灯温度和光强度的稳定光源［如 MT20，Olympus Soft Imaging Solution（SIS）公司，德国；X-Cite exacte，EXFO Life Science 公司，加拿大］。另有一选择是自动曝光，在不同实验中可保持成像强度的持续性。

自动曝光。此特征确保只有几个饱和像素并使用相机的动态范围。在高容量筛选实验中，重点确定最小和最大曝光时间，并将获取的灰度值转化为反映样品的荧光强度可比值。可通过校准选定的最小、最大强度的不同曝光时间和激发光强度而实现。

马达驱动的 $x-y$ 显微镜载物台。在高容量筛选时程实验中，载物台在几百个位点之间重复移动。为保证每个 $x-y$ 位点在时间进程中尽可能保持稳定以避免成像分析时的问题，应获得 $<1\mu m$ 高重复准确性。

环境控制。温度波动可导致焦距漂移，造成可靠性成像困难，也影响细胞中很多生物过程；也就是说，在实验时间段内上下浮动 1℃可引起明显变化（Rao and Engelberg 1965）。有不同类型的显微镜恒温箱，小型的只控制培养皿，大型的控制包括整个显微镜镜体。对于时间长的实验，我们倾向于使用大恒温箱保持温度恒定（图 1B，第 2 图）。这种大恒温箱包容了显微镜的大部分部件（包括焦距调整组件），与小恒温箱相比其提供了更高的温度恒定性（第 8 章）。

聚焦稳定性。自动聚焦检测起始后，非常稳定的显微镜镜架和恒定温度足够保持焦距稳定性。如果检测期间聚焦稳定性不够或者细胞沿 z 轴方向在细胞支持物上上下移动，可以应用自动调焦系统来解决这个问题，但会降低时间分辨率、增加细胞毒性和光漂白，这在前面的内容中已有讨论。

兼容性

高容量筛选显微镜实验需要大量样本，产生庞大的数据组。高通量筛选显微镜设置应与样本制备和数据储存兼容以便优化工作流程并将获取的图像与初始样本（siRNA/cDNA/化合物）的图像分析结果联系起来。有些情况下，图像和分析程序间的界面是必要的。例如，上样机械手、利用样本条形码输入信息的可能性、数据库和实验室信息管理系统（laboratory information management system，LIMS）间的界面。对于数据储存，常用文件格式不必为图像处理转变格式、图像收集过程中自动存入指定文件形式和连接到数据库的可能性都是重要的。

实验安排

对于每个高容量筛选实验，实验条件通过在检测开发阶段和预筛选检验可行性来进行确定。这些参数需要在整套样本（如 siRNA、cDNA、小化合物）和所有重复中保持不变。通常实验至少设定 3 次重复，包括同一组 siRNA/cDNA/化合物以增加统计显著性及测验重复性。如果一种 siRNA/cDNA/化合物在大部分重复里的估计值为阳性，记为阳（hit）。以下参数需优化调整。

时间分辨率

为使大量样品达到高时间分辨率（如一次有丝分裂筛选要 30min；Neumann et al. 2006)，需要优化几个参数。以下参数影响时程高容量筛选显微镜的时间分辨率。

收集速率。为获得在短曝光时间的同时没有增加太多的激发强度，需要一套灵敏系统。宽视场荧光显微镜一般比转盘式共聚焦显微镜以及点扫描共聚焦显微镜有更好的光效率。如果不需要收集图像层叠，基于宽视场显微镜的高容量筛选系统对活体样本是一个好的选择。更灵敏的 CCD 相机便于缩短曝光时间或降低激发光强度（第 4 章）。另有一个重要参数是从相机中输出图像需要的时间，即数据读取时间，这个时间因系统不同而有显著差异。

自动聚焦速度。为优化时间分辨率，可调节几个自动聚焦参数。提高时间分辨率的可行方法是只在第一个时间点使用自动聚焦，获得各个位点的 z 轴值后保持不变，这些不同位点的 z 轴值一般称为焦距图。这种方法需要非常稳定的焦距位置，使用稳定的显微镜结合封闭整个显微镜的恒温盒就可实现。如果焦距长时间不稳定或样本相对于细胞支持物移动时，可间断地应用自动聚焦程序（如每 10 个时间点后或每 3 个样品位点后）。限制自动聚焦检测时间的另外一个选择是减小搜索范围。基于图像的自动聚焦经常分两步运行：先粗略测量，后精细测量。只在实验的第一个时间点或样品的第一个样品阵列位点对自动焦距进行粗调，随后对其他位点采用焦距图调焦，这就节约了时间。

滤光片和快门转换时间。在多通道实验中，转换滤光片所需要的时间极大地减缓了收集速度。如果计划选用多通道时程高容量筛选显微镜，应特别注重选择快速滤光片转换轮或其他快速装置，如单色器或 LED 光源。同样的，快门速度也相差很多，明智的选择是使用快速模式（如 MT20 光源中的快门，Olympus SIS 公司，德国）以避免不同图像收集间的延迟，从而也降低样本漂白和毒性。

载物台移动速度。载物台 $x-y$ 移动速度显著影响高容量筛选显微镜运行，在时程高通量筛选实验中尤其重要。但是用于活细胞成像的显微镜的载物台移动速度不仅取决于快速载物台的存在，同时还取决于样品可承受多大程度的速度（如附着细胞可能因为速度太快而脱落）。

样本制备。决定一个循环时间的另外一个相关参数是样本之间（孔板是孔与孔之间/RNAi 芯片是点与点之间）的距离。从 RNAi 芯片中极短的距离到 96 孔板，有很多种样品制备方法（图 2C、D；也可参照样品制备部分）。

样本数目。最后，在所需的时间段内可成像的最大样本数取决于上述讨论的参数间的结合。

空间分辨率

高通量实验收集的空间分辨率应适合解析所研究的结构或过程。如果空间分辨率对所研究过程是足够的，推荐使用低倍物镜（10×和 20×）。镜头在单一图像中获取较多细胞（图 2D），此特征可以获得更可靠的统计分析，对细胞之间变异提供更深入的了解。另外一种情况是必须使用高倍物镜（40×或 60×）。但是，相同细胞数中得到的数据需在每点/孔上多次成像，降低了高通量效率同时也增加了需储存和加工的数据量。低倍镜的一优点是焦距景深的增大，降低了焦距移动的影响。尤其对重点研究细胞分裂作用的高通量筛选实验（Neumann et al. 2006），增加镜头景深是很有价值的，因为在有丝分裂过程中，细胞圆形化导致有丝分裂细胞在 z 轴上移动。

环境

有必要尽量保持在活细胞成像过程中使细胞接近生理条件，以便在时程实验中获得具有重复性和有意义的数据。应保持温度、pH 和渗透压恒定在生理值。温度控制在显微镜系统要求（环境控制）中已讨论，因为温度控制对降低焦距变化也是重要的。

稳定 pH 可通过 CO_2 依赖型培养基［如 Eagle 的改良培养基 motified eagle medium (MEM)，无酚红；Invitrogen 公司，货号 21935－028］结合周围环境中 CO_2 浓度升高（典型地为 5%）获得。也可选择使用不依赖 CO_2 的培养基（Invitrogen 公司，货号 18045－088），含有如 Hepes 的缓冲液。

应保持培养基渗透压在一定时间内的恒定，因为渗透压增加将诱导胁迫、降低生长速度和生活力（Takagi et al. 2000）。当空气温度升至 37℃时，相对湿度降低，培养基水分蒸发明显加快。为降低培养基水分蒸发，可使用显微镜恒温箱控制湿度（如 PeCon 公司，德国；Olympus Europe 公司，德国）。我们通常使用不依赖 CO_2 的成像培养基，用硅来封闭培养孔板/培养皿。细胞在最小空气交换和蒸发的条件下至少生长 48h。同样的，这种方法将边际效应降到最低，边际效应可发生在 96 孔和 384 孔盘，由盘孔内部和外沿的不同蒸发造成。另外，可利用以薄塑料作为细胞支持物以降低蒸发率以及空气交换的培养孔板/培养皿［如 Integrated BioDiagnostics（ibidi）公司，德国，货号 89626］。

数据处理

时程成像的高通量筛选产生大于几十或成百上千兆兆字节的大量图像数据。因此，除了使用合适的显微镜硬件外，能有效安全地处理大量数据的恰当的信息技术基础设施对于这类实验也是至关重要的。大量数据对于后期实验筛选有两个应用：首先，图像数据及其关联信息（如 siRNA 及其提供者、样品位置、目前基因组的作图、质量控制状态和指南注释）必须储存为系统的可浏览方式。对于中大规模筛选（涉及 100 个基因以上），强烈推荐使用 LIMS。必须了解、保存 siRNA 序列或在实验中使用的其他刺激剂并写入由此产生的出版物中。伴随着参照基因组的持续变动，基因名称也很快过时，在短时间内就可变得无用。第二个结果是需要将计算机方法用于自动分析。这种方法不仅避免了手动注释大量时程动画的单调、费时、易出错的问题，而且使实验读数的定量化具有再现性和客观性方面的特征，这对于以后进行相似聚类和生物信息分析是必要的。

但是，不同的实验没有一个标准的解决方案；甚至对于以前使用过的方法重新用于新的筛选分析，一般来说也要根据实验特别要求来改动实验方法，这取决于实验细节、使用的标记和细胞系，最重要的是筛选要能够用于所要回答的生物学问题。因此，发展图像处理方法是高通量时程实验的必要组成部分，可在预筛选阶段方便检测和优化。本节主要讨论处理时间分辨的图像数据的策略。

用于分析时程图像数据的图像处理策略——概述

自动分析目的是将时程实验的大量图像转换为一维或多维数值，挑选出阳性基因，最终根据表型相似性聚类。最简单的方法是从每一个图像（如平均强度）计算整体的特征，对此特征的时序性发展进行估值（如采取最大值、最速上升法）。

在所描述的高通量筛选设置中，控制一个图像中的细胞数是不可能的。而且，并不是每一个点/孔中的所有细胞都被转染，细胞之间的变异同样也提供了有意义的生物信息。因此，首先应更精确、更严格地鉴定每个图像中的每个细胞，将它们都定量化，然后定义如何计算所有群体数值［精确地，我们应称“客体”而不是“细胞”，因为根据所使用的标记不同，鉴定对象可能对应于亚细胞组分（如核）。为简单起见，在本段中我们仍使用“细胞”］。此过程涉及分割（如单个细胞鉴定），通过提取数值特征对分割的细胞进行参数化以期得到一个群体的估值方案（图 3）。为量化时序进程，可以从单图像中推算群体分值，群体分值的时序变化可用于描述时程实验（如一定时间段内核的平均大小，图 3E）。或者，对每一个单细胞进行记录和追踪，将产生的单细胞特征时间序列结合起来用于推导群体统计（如将实验中细胞覆盖的平均距离作为迁移分析中可能的读数）。后一种方法的优点在于细胞间计算是同步的，但需要可靠、强大的追踪算法，因此更为复杂。

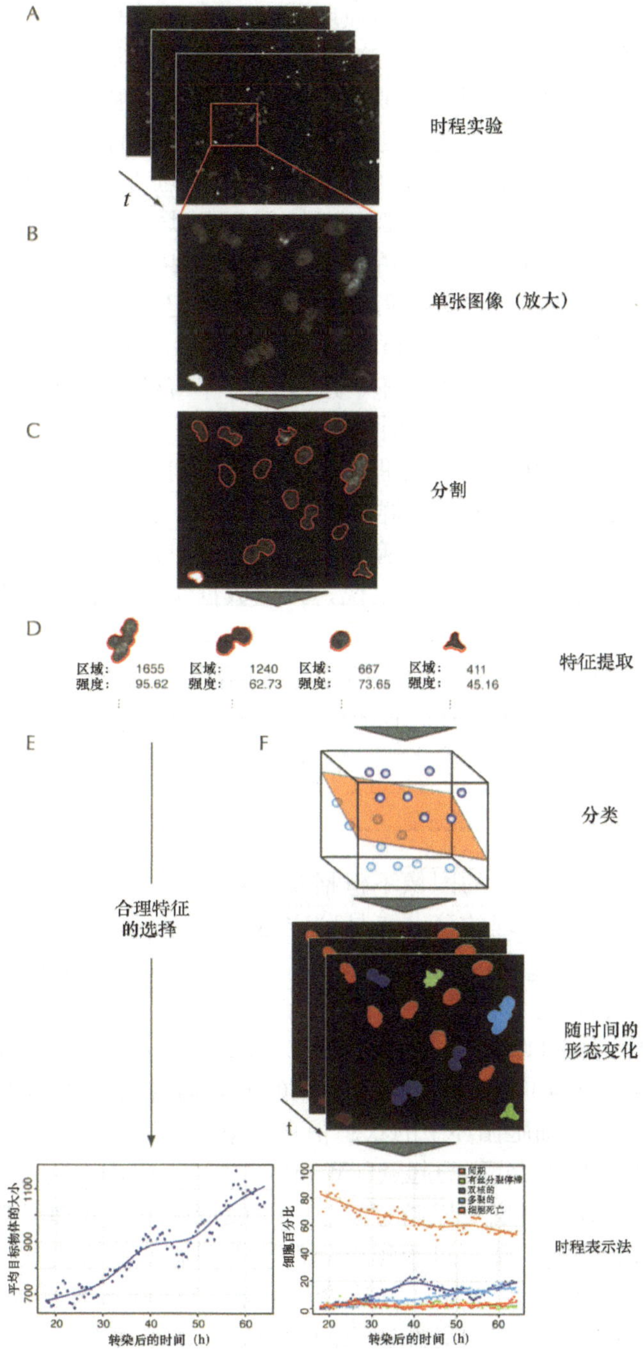

图 3　时程实验中的自动处理过程典型工作流程

A. 一个时程实验对应一个图像层叠；B. 这一步，对来自一次时程实验的所有成像都分别进行处理；C. 图像被分割，也就是说，感兴趣的物体（这里是细胞核）被鉴定出来；D. 描述的形状和质地的数值特征从每个被鉴定出的物体（这里是细胞核的区域和平均亮度）中提取出来；E. 每个实验中每个图像的一组特征数值（这里是平均核大小）被确定。(F) 在更多复杂的情况下，通过自动分类，从多个预定的形态类型中提取出的特征用于分配给每个分割的对象（这里是核）。不同类型中的细胞百分比能够作为所对应表型的定量描述

在很多情况下，单细胞特征（如平均强度或平均速率）不足以描述细胞水平的生物学观察。例如，有丝分裂过程中的形态变化不能用简单的强度测量描述。在这些情况下，必须提取出很多描述细胞形状和质地的特征。但是，很难操作和解释这些多维单细胞的估计值。克服此问题的可能方法是将某些特征结合的细胞归入一类形态类型（如间期、中期、双核细胞），这种技术通常称为机器学习方法：根据提取出的特征，每一个细胞获得一定类型标记（对应于细胞状态）。如果类型是先验的，就称为监督学习；如果细胞类型是从数据中学习获得的，就称为非监督学习。一旦类型标记决定，它们可作为一维细胞水平数值，典型的群体数值是在给定类型中的细胞百分比，给定类型同样也需要学习一段时间（Neumann et al. 2006；图 3B)。在单细胞水平上，一连串描述表型事件的时序可用于描绘单细胞，从这些时序事件中归结到的信息可用来进行群体统计（如停留在中期细胞的平均时间)。

现在我们已有各种方法用于处理时程图像数据；而且，对每一步来说，又可以选择不同方法（分割、特征提取、追踪、群体统计及机器学习方法)。选择和设计方法的核心问题在于在什么程度和哪一种预实验所获得的信息可用于改进方法学。这在很大程度上依赖于实验的数据和规模。总体上说，无偏数据组越大越多，有用的先验信息越少。

现在我们将详细讨论处理管路的每一步。我们给出的例子是一种监督学习策略，已成功应用到全基因组范围的 RNAi 时程成像筛选中对有丝分裂相关基因的自动鉴定。

分割

通过荧光显微镜预实验获得的图像不包括观察对象的任何信息，它仅仅代表了荧光强度矩阵值。因此，图像处理的第一步是鉴定感兴趣的对象［即每一个像素要分配到一个（或只有一个）对象或背景中］。这项任务依赖于所使用的标记，可能非常复杂，有时甚至是不可能的。

对细胞核/染色体（如 Hoechst 染色或 GFP 标签的组蛋白）的分割特别感兴趣。第一，这是相对简单的分割工作，此工作依可靠的方式通过简单图像处理解决。第二，核/染色体的出现包含大量细胞循环中的状态信息。第三，从算法观点出发，核可以用做其他更难分割的细胞结构的分割的起点（Wahlby 2002；Carpenter 2006)。

核作为连续明亮的对象出现在黑暗背景中。一般情况下，处理噪声和不均匀的背景强度只需要少数几个处理步骤。对于噪声降低，中间滤波非常受欢迎，因为它们没有模糊对象边缘。考虑到背景变异，可选择在用阈值前在图像中减去背景近似值（Neumann et al. 2006)，也可应用局部适用的阈值，该阈值可从局部图像性能中计算出（Harder et al. 2008)；从任意一种方法中得出的结果都是很相似的。在筛选中，根据图像性质调整和优化参数设置。

更困难的问题是空间上接近的细胞核通常一起被分割。因此，多个作者提出分离接触性核，将具有很大凹陷的核分为两个的外形尺度方式［将转折点转换应用于反距离图谱或这种方法的改进（Carpenter et al. 2006；Chen et al. 2006)］。这个强有力的先验假说应用的前提是只有提前已知所研究的刺激导致对象发生导向性凹陷的形态变化。因此，此策略可在核/染色体形态已充分了解时使用，在筛选条件下往往没有这种情况。

其他细胞结构的精确分割通常更为复杂，因此，倾向于粗略估计操作。例如，核区膨大，这个膨大的区域可用做另一个通道上细胞质的掩盖物，而细胞质是更难分割的（Liebel et al. 2003）。更精确的方法是标记受控制的转折点转换，细胞核作为外形和强度变化引起的区域增加算法的标记（Lindblad et al. 2004；Wang et al. 2008）。

追踪

在一些情况下，有必要追踪细胞（或细胞结构，如核），也就是说，在一定时间内跟踪细胞获得特定细胞的数值。这些情况源自追踪对统计实验估值是重要的，如结构变化及其出现的估计，或一类细胞需从分析中去除（如“出现”或模糊的核，在间期不能被检测出来，只有在间期时它们才浓缩）。

所研究的细胞系的黏附性质、时间间隔、使用的标记、分析类型以及跟踪问题的难度依不同实验而变化很大。最受欢迎的方法是受约束的最邻近物追踪法，这时使用先验信息可增加可靠性。这里，如果它们空间位置很近，基本思路是构建 t 时和 $t-1$ 时细胞之间的相关性。如果有一个以上候选细胞，一组先验规则（如运动的平滑度、形态相似性）用于决定选择这个或另外一个（或两个，如分裂和融合是允许的）细胞。同样的，检验使用的先验信息是否满足筛选规模的需求也是至关重要的。追踪是分析的一部分，看起来简单，但一旦出现未预料的表型就变得复杂。

特征提炼

一旦鉴定出细胞（或亚细胞结构，如核），就可以在单细胞水平上进行定量描述。这可以是很简单的特征，如鉴定出来的区域的平均强度。但是，很多情况下，一个特征不足以描述细胞状态，这种情况下，几个特征必须共同描述分割区域的质地和（或）外形。外形特征根据由分割运算法定义的二进制掩码来计算（图 3 的带轮廓区）[如像素数、周长、不变矩（Hu 1962；Prokop 1992）]，而在细胞范围内原始图像灰度值用于统计质地特征 [如平均强度、标准差、Haralick 特征（Haralick 1973）]。没有一般性规则决定哪个是恰当描述的最有力或不可缺少的特征，事实上，这个选择在很大程度上依赖于待区别的类别。但是，通常，有一些合适特征可用于恰当地描述很多不同类型。这类很好的例子是 Haralick 特征组，这里，从图像中可计算一定距离的灰度共生矩阵（此矩阵包括出现在一定距离上的 i 和 j 两个灰度水平的可能性）。从本矩阵中可推导出有用的一般质地的描述，成功地用于定位形式（Murphy 2003；Glory 2007）和核形态（Neumann et al. 2006）的描述。

实际上，选择能够代表筛选生物学差异性的特征是很重要的，但是，正常情况下很多特征有相似的排除率。很少见从恰当特征中除去某一特征对分类造成严重后果的现象。

分类

这时，统计出的特征可用于将每个细胞指定为几类预定形态类型中的一种。实际上，这一步中最困难的是定义这些类型。一方面，对于预期形态通常已有一些先验知识（尤其那些有预期表型的指示特征）；另一方面，类型定义必须考虑通常存在于数据组中的其他形态特征。这呈现了一个问题：当处理无偏的大规模筛选时，其中出现未预期的形态或者需要搜索这些形态。一种可能的解决方法是从数据中通过非监督学习方法直接进行分类。但是，目前没有有效方法能有效利用亿万数据点处理大规模筛选。因此，应首先应用探索式程序降低数据组，但目前此类方法尚不存在。另外，并不能保证自动确定的类型也具有生物学意义，因为看得见的相似性并不总是和生物相似性吻合。因此，每当新类型通过人工检测方式确定时，我们相信目前大部分实践方法是先从定义的分类集开始，然后添加一个假象类型（如失去附着力的细胞，不在焦点上的细胞），这个假象类型要从分析中除去，当新的类型通过人工检测鉴定出来后就需更新此类型组。这是一种乏味的迭代方法。但是，目前通过大规模筛选鉴定增加了形态类型数目，利用这些形态类型作为开始组通常能够快速地形成具有代表性的合理分类组。未来，杂交的非监督方法使此过程更有效并具有潜在通用性，在这个杂交的非监督方法中，以非监督方式获得的无偏类型组作为起始点去以监督方式选择最有生物意义的类型。

一旦形态类型得以定义，便产生了一组人工标记细胞（称为训练组）。此组代表了每一类型形态变异的整个范围。形态越少，困难越多，结果，很少出现的形态通常很难被精确地检测到。对于充分认知且不是瞬间出现的形态，生成训练组相对容易。

训练组包含的细胞形态学类型和特征都是已知的。可以通过自动方法认识类型和特征表现之间的联系（作为监督学习术语，此步通常称为训练）。为此目的设计的很多方法中，支持向量机（support vector machine，SVM）成为选择方法。它在高维空间内运行效果佳，不需要非关联特征，易于参数化，在不同的应用领域超越很多其他监督学习方法。尤其是前两个特征可节约使用者学习特征分布的时间，学习特征分布很花时间，并需要大量专业知识。

时间序列和阳性检出

有了所有图像中全部分割细胞的分类结果后，每个时程动画由一组在各种形态类别中物体百分率的时间曲线表现。因此，这个时间序列组描述了所表现的表型的动态。

表型描述通过很多途径应用于阳性检出和特征描述。一个途径是对每个相关形态类型计算的实验和对照曲线间（培养板/芯片的阴性对照平均值）的最大差异。对显著偏离阴性对照的一组实验数值给出阈值。在高通量筛选中，检验技术的可重复性同样也是很关键的（如选取重复实验的中间值）。这仅是如何使用分类输出的一个例子，必然存在与筛选同样多的阳性检出方法，目前我们距离掌握在不同环境中适合的标准程序仍很远。

数据挖掘

自动分析的结果是阳性结果集合（典型的是基因或分子），观察到了具有显著重复性的偏离阴性对照的阳性结果，因此它们以某种方式影响所研究的生物过程。但是，应注意这些基因或分子只能认定是候选的，而不是事实上的阳性，已得到的结果应进一步通过互补实验和积累更多信息证实，或者通过另外的方法来获得更详细的功能预测。但是，很多情况下许多信息存在于初级信息中，在评价过程中超过预测的影响。因此，主要方法是利用初级数据丰富的表型读数去挖掘具相似表型的基因或分子。此聚类方法为二级实验的具体设计提供了有用信息（如影响选择标记、时间窗口、图像系统、时间延迟），并对形成更多详细的功能假说提供帮助。

定义聚类的一种简单方法是为不同表型形态的共现赋值——也就是说，具有相似表型结合性的聚类组分为一组。更精确但更复杂的策略是直接从多维时间序列中得出相似性测量；在这种情况下，聚类可依据相似表型动态定义，相反，聚类定义也可依据简单的共出现测量，将表型事件的相关顺序考虑在内（Walter 2009)。如果候选者还有其他的信息（如定位或相互作用信息），可整合到聚类程序中。

一旦表型信息被深度分析并对相似表型推导聚类，下一步就是依据已发表的生物信息分析得出的知识比较结果并推导假说，这些知识包括基因本体论分析、蛋白质与蛋白质之间相互作用、保守性和序列类型）。

自动化的质量控制

这里介绍的图像处理程序的使用并不局限于阳性结果检出和特征分析，一种不同但可能同等重要的应用涉及自动化质量控制。明智的选择是在两个水平上运行质量控制。在第一个水平上，可通过证实阳性和阴性对照是否恰当地工作以及整个图像质量是否达到预期水平来评估整个培养板的质量。一定程度上需要手动检查，因为自动化运算法很难检测出各种非预期的实验问题。但是，决定一块培养板是否事实上满足质量控制的条件，关键取决于客观和可重复的方法。这里，可使用描述性实验赋值系统，阳性对照一定显示阳性结果，而阴性对照不应该显示。在第二个水平上，评估单点或单孔的质量。例如，如果起始细胞数太少，可能推出的结果不显著，因此更适合去排除这些点；如果起始细胞数太多，细胞极有可能在一定时间内全部生长到高峰期，自动化分析将不能给出可信结果。通过自动化方法，同样有可能检测到其他已知的假象（如死细胞团）。另外，检测培养板或 RNAi 芯片的点空间分布也是有价值的。例如，如果点倾向于出现在培养板或芯片的边缘，这个结果极有可能代表了实验假象而不是基因沉默的作用。这种情况下，必须应用空间标准化方案。

执行和软件包

选择软件包主要依赖于程序设计专业知识、问题的复杂性、所拥有的硬件资源、收集数据的大小。对于相对简单的终点检测实验来说，可用显微镜公司开发的现成软件包（表 3)。大部分软件包（如 scanR 分析）易于使用的优点导致拓展缓慢。这种使用方便的优点伴随着弹性缺失。例如，如果在一些分析程序的某点上，需要使用具体模块（如最近发表的分割运算法则、具体问题特征或 LIMS 的接口），将需要的模块融合到选择的平台上是比较困难的甚至是不可能的。大部分商业软件包只处理初级图像定量化问题（分割和特征挖掘）。

表 3 HCS 分析软件

软件	公司	链接
现成的解决方案		
CellMine	BioImagene	http：//www. bioimagene. com
AxioVision/Assay Builder	Carl Zeiss	http：//www. zeiss. com/micro
MetaMorph	Molecular Devices	http：//www. moleculardevices. com
Scan∧R Analysis	Olympus SIS	http：//www. olympus－sis. com
Acapella	PerkinElmer	http：//las. perkinelmer. com
Columbus Conductor	PerkinElmer	http：//las. perkinelmer. com
SciTegic Platform	Accelrys	http：//accelrys. com
Cellomics BioApplications	Cellomics	http：//www. cellomics. com
HCi	Cellomics	vHCS Discovery Toolbox（分析）
Cellomics Store（数据库）		
BioConductor	Open Source	http：//bioconductor. org
CellProfiler	Open Source	http：//cellprofiler. org
定制解决方案库		
ImageJ	Open Source	http：//rsb. info. nih－gov/ij
VIGRA	Open Source	http：//hci. iwr. uni－heidelberg. de/vigra/
Aphelion	ADCIS	http：//www. adcis. net
Cellenger	Definiens	http：//www. definiens. com
MATLAB	MathWorks	http：//www. mathworks. com

图像处理和数据挖掘的另一种选择是依赖更多弹性软件包，这些软件包不局限于高通量筛选。对于初级图像处理（即分割和特征挖掘）存在拓展空间，通过简单脚本或绘制用户界面［如 ImageJ、MATLAB、Aphelion 等（表 3）］使运算法则相对简单的介入、组装并参数化。另外，还有开放式资源图像处理库（VIGRA），需要更多程序设计技能，但它更具有弹性、伸展性，能提供更好性能，对于大规模筛选具有更重要意义（表 3）。

对于很多此类工具来说，同样有很多分类模块，如果选择方法不存在，必须将特征写成单一文本，并利用不同工具分类，如 R（开源软件，www. r－project. org）、WEKA（开源软件，http：//wekaclassalgos. sourceforge. net）或者针对 SVMs 的 LIBSVM（开源软件，www. csie. ntu. edu. tw/～cjlin/libsvm/）。对于时间序列处理，IGOR Pro（www. wavemetrics. com）、Origin（www. additive－net. de/sofeware/origin/index. shtml）、R 或 MATLAB 都是很好的选择。

进一步，这两种免费使用的高通量分析平台旨在提供完整的数据组处理和分析工具（尽管目前没有提供时程数据的基础结构），达成了在使用性和灵活性之间的折中点。CellProfiler 有望解决终点实验分析，未来极有可能扩展到时程数据分析（表 3）。CellProfiler 提供了各种分割算法，方便使用者估计和浏览大量合理的数值化特征以及将基于规则的分类器的参数化。CellProfiler 的强大在于图像数据的交互式和可浏览性的显示形式，以及改善用户便利性的图像处理运算法则的参数化，同时还提供了增加用于使用者自己分析来源于 MATLAB 模块的可能性。

公开源代码软件包 Bioconductor（http：//www. bioconductor. org/）为基因组数据分析提供了统计和图像的工具，包括大范围的数据归一化过程和许多有用函数功能用于高通量实验。图像数据的延伸处理（终点测验）将很快出现。迄今，Bioconductor 的主要优势是推导数据的分析（即图像加工后的数据），据我们了解，在这方面这个分析平台是已有最强大的软件包。

致谢

我们分别感谢欧洲 Olympus、Carl Zeiss、Leica 显微系统和 PerkinElmer 为 MitoCheck 课题和高级光学显微镜平台提供的持续性支持。我们感谢 C. Conrad 和 Y. Belyaev 的启发性探讨。

参考文献

Burns CG, Milan DJ., Grande EJ, Rottbauer W, MacRae CA, Fishman MC. 2005. High-throughput assay for small molecules that modulate zebrafish embryonic heart rate. *Nat Chem Biol* **1:** 263–264.

Carpenter AE. 2007. Image-based chemical screening. *Nat Chem Biol* **3:** 461–465.

Carpenter AE, Jones TR, Lamprecht MR, Clarke C, Kang IH, Friman O, Guertin DA, Chang JH, Lindquist RA, Moffat J, et al. 2006. CellProfiler: Image analysis software for identifying and quantifying cell phenotypes. *Genome Biol* **7:** R100.

Chen X, Zhou X, and Wong STC. 2006. Automated segmentation, classification, and tracking of cancer cell nuclei in time-lapse microscopy. *IEEE Trans Biomed Eng* **53:** 762–766.

Dorsett Y, Tuschl T. 2004. siRNAs: Applications in functional genomics and potential as therapeutics. *Nat Rev* **3:** 318–329.

Erfle H, Neumann B, Liebel U, Rogers P, Held M, Walter T, Ellenberg J, Pepperkok R. 2007. Reverse transfection on cell arrays for high content screening microscopy. *Nat Protoc* **2:** 392–399.

Erfle H, Neumann B, Rogers P, Bulkescher J, Ellenberg J, Pepperkok R. 2008. Work flow for multiplexing siRNA assays by solid-phase reverse transfection in multiwell plates. *J Biomol Screen* **13:** 575–580.

Glory E, Murphy RF. 2007. Automated subcellular location determination and high-throughput microscopy. *Dev Cell* **12:** 7–16.

Haralick RM, Shanmugam K, Dinstein I. 1973. Textural features for image classification. *IEEE Trans Syst Man Cybernet* **SMC-3:** 610–621.

Harder N, Eils R, Rohr K. 2008. Automated classification of mitotic phenotypes of human cells using fluorescent proteins. *Methods Cell Biol* **85:** 539–554.

Hargrove JL, Schmidt FH. 1989. The role of mRNA and protein stability in gene expression. *FASEB J* **3:** 2360–2370.

Hu M-K. 1962. Visual pattern recognition by moment invariants. *IEEE Trans Inf Theory* **8:** 179–187.

Liebel U, Starkuviene V, Erfle H, Simpson JC, Poustka A, Wiemann S, Pepperkok R. 2003. A microscope-based screening platform for large-scale functional protein analysis in intact cells. *FEBS Lett* **554:** 394–398.

Lindblad J, Wählby C, Bengtsson E, Zaltsman A. 2004. Image analysis for automatic segmentation of cytoplasms and classification of Rac1 activation. *Cytometry A* **57:** 22–33.

Murphy RF, Velliste M, Porreca G. 2003. Robust numerical features for description and classification of subcellular location patterns in fluorescence microscope images. *J VLSI Signal Process* **35:** 311–321.

Neumann B, Held M, Liebel U, Erfle H, Rogers P, Pepperkok R, Ellenberg J. 2006. High-throughput RNAi screening by time-lapse imaging of live human cells. *Nat Methods* **3:** 385–390.

Pepperkok R, Simpson JC, Rietdorf J, Cetin C, Liebel U, Terjung S, Zimmermann T. 2005. Imaging platforms for measurement of membrane trafficking in GTPases regulating membrane dynamics. *Methods Enzymol* **404:** 8–18.

Prokop RJ, Reeves AP. 1992. A survey of moment-based techniques for unoccluded object representation and recognition. *CVGIP: Graph Models Image Process* **54:** 438–460.

Rao PN, Engelberg J. 1965. HeLa cells: Effects of temperature on the life cycle. *Science* **148:** 1092–1094.

Root DE, Hacohen N, Hahn WC, Lander ES, Sabatini DM. 2006. Genome-scale loss-of-function screening with a lentiviral RNAi library. *Nat Methods* **3:** 715–719.

Schultz C. 2007. Molecular tools for cell and systems biology. *HFSP J* **1:** 230–248.

Shaner NC, Steinbach PA, Tsien RY. 2005. A guide to choosing fluorescent proteins. *Nat Methods* **2:** 905–909.

Silva JM, Li MZ, Chang K, Ge W, Golding MC, Rickles RJ, Siolas D, Hu G, Paddison PJ, Schlabach MR, et al. 2005. Second-generation shRNA libraries covering the mouse and human genomes. *Nat Genet* **37:** 1281–1288.

Starkuviene V, Liebel U, Simpson JC, Erfle H, Poustka A, Wiemann S, Pepperkok R. 2004. High-content screening microscopy identifies novel proteins with a putative role in secretory membrane traffic. *Genome Res* **14:** 1948–1956.

Takagi M, Hayashi H, Yoshida T. 2000. The effect of osmolarity on metabolism and morphology in adhesion and suspension Chinese hamster ovary cells producing tissue plasminogen activator. *Cytotechnology* **32:** 171–179.

Wählby C, Lindblad J, Vondrus M, Bengtsson E, Björkesten L. 2002. Algorithms for cytoplasm segmentation of fluorescence labelled cells. *Anal Cell Pathol* **24:** 101–111.

Walter T, Held M, Neumann B, Hériché J-K, Conrad C, Pepperkok R, Ellenberg J. 2009. Automatic identification and clustering of chromosome phenotypes in a genome wide RNAi screen by time-lapse imaging. *J Struct Biol* (in press).

Wang J, Zhou X, Bradley PL, Chang S-F, Perrimon N, Wong STC. 2008. Cellular phenotype recognition for high-content RNA interference genome-wide screening. *J Biomol Screen* **13:** 29–39.

Ziauddin J, Sabatini DM. 2001. Microarrays of cells expressing defined cDNAs. *Nature* **411:** 107–110.

（孙玲　王贝译　方玉达　校）

下篇　活细胞和生物体的成像

第 18 章　哺乳动物细胞的活体成像

Jason R. Swedlow, Iain M. Porter[1], Markus Posch[1], and Sam Swift[2]

[1] Wellcome Trust Centre for Gene Regulation and Expression, University of Dundee, Dundee DD1 5EH, Scotland; [2] Light Microscopy Facility, MSI/WTB Complex, University of Dundee, Dundee DD1 5EH, Scotland

这些年来，活细胞成像技术极大地推进了人们对细胞和组织功能的认识。因此，活细胞成像技术成为了生物医学实验室必不可缺的一项技术，尤其在细胞生物学、神经生物学和发育生物学领域。

活细胞成像的理论障碍已经不存在，但是在进行这类实验的技术方面还有许多需要仔细考虑的地方，包括得到适合标记的细胞以用于成像实验，以便得到所研究系统的报告物。荧光蛋白和其他许多标记方法允许以遗传编码的方式特异性地标记细胞，这极大地推动了标记技术的革新（详见第 1 章、第 2 章）。另外，现在也越来越容易买到公司生产的、易于操作的数码成像系统，这些系统整合了适合不同活细胞、组织或整体动物的各种成像模块。

这一章的主要目的是阐述活细胞成像的主要元素。当然，本章不能提供一把成功的万能钥匙。活细胞成像很需要实践经验，对于每一种细胞、每一个实验目的都需要根据实际需求谨慎地优化实验条件。所以本章阐述了我们在做此类实验时所采用的方法和所积累的经验。我们将主要集中讨论使用荧光显微镜进行活细胞成像中遇到的一些问题，但很多内容也适用于其他类型的成像技术。

用于活细胞成像的细胞工程

荧光蛋白的功能性

GFP 的发现促成了现代细胞生物学发展的革命性突破（Tsien 1998）（详见第 1 章、第 2 章）。GFP 的融合蛋白可以通过重组技术轻易地获得，融合蛋白能够准确地报告 GFP 的表达和定位（Chalfie et al. 1994）。但是，需要确定每一个特异的融合蛋白是否在细胞中具有同样的功能（详见第 1 章、第 2 章）。近几年来，陆续出现了新的增强型荧光蛋白（尤其是单体荧光蛋白），涵盖整个可见光谱，尤其重要的是在黄色到红色光谱区的荧光蛋白（Shaner et al. 2004）（详见第 1 章）。由于这些新的荧光蛋白在光谱上明显可以和 GFP 分开，所以只要使用合适的滤光片组，就可以进行双色活细胞成像实验。许多带荧光蛋白、具有不同载体骨架的质粒都可以从公司获得（如 Clontech 公司），包括病毒表达质粒。另外，一些 FP 突变体有特殊的用途，如可被紫外线或者 405nm 激光进行光激活或者光转换的荧光蛋白（Lippinott - Schwartz et al. 2003；Lukyanov et al. 2005）。

使用小分子荧光分子标记

在此我们想提一下使用小分子荧光分子标记进行的活细胞成像实验。有些标记由于其分子特性，可以指示细胞功能（如钙离子传感器、Caspase 的底物以指示细胞凋亡活性等）。细胞膜特异性标记（如 $DiOC_6$）和离子感应标记（如 Fura 和 Indo）等可以标记单细胞或穿透厚的组织。如果对小分子荧光分子标记有兴趣，可以参考 Molecular Probes 手册（http：//www.invitrogen.com/site/us/en/home/References/Molecular - Probes - The - Handbook.html）。小分子荧光分子标记因为其使用方便，为研究人员所青睐，但切记小分子荧光分子标记可能会干扰细胞本身功能，如 DNA 插入型染料。

细胞转染技术

一般来说，细胞或组织可以瞬时转染含有所需融合蛋白的质粒，然后等一段时间再进行观察。有很多种方式都能达到转染的目的，其中脂质体转染法最为常用。通过病毒转染能够转染较难处理的细胞系（如原代细胞），此类转染体系可从公司购买（如 Clontech 公司和 Invitrogen 公司）。RNA 干扰技术在活细胞成像上也有广泛应用，由此我们可以在特异地减少一个基因产物的同时观测相关融合蛋白的行为。由于 RNA 干扰技术需要转染，很重要的一点是使用合适的实验流程和试剂以同时有效地转染含融合蛋白的质粒和 siRNA。在实际操作中，我们觉得 Lipofectamine 2000（Invitrogen 公司）转染的效果最好。瞬时转染，因为其方便和快捷的特性，常常被用来检验功能域和变异体的功能。另外，瞬时转染后还可用于脉冲实验，尤其在质粒由微注射导入之后（Sleeman and Lamond 1999）。

荧光融合蛋白表达要点

在用荧光蛋白融合的时候，需要注意的是瞬时表达荧光融合蛋白就是过量表达蛋白质。如果目标蛋白的定位是依赖于其他细胞因子或者目标蛋白是多蛋白质复合体中的一个组分，那么荧光融合蛋白在细胞中的定位有可能与内源蛋白不同。同样，荧光蛋白融合位置在氨基端或羟基端以接各类接头序列都可能影响目标蛋白的细胞定位。因此，在细胞系内理想的情况是荧光融合蛋白的表达量稳定且维持在较低水平。表达载体的筛选是通过抗性标记基因的共表达来获得阳性细胞株（如 G418 或嘌呤霉素）的。抗药性是通过内部的核糖体进入位点序列由双顺反子表达系统来实现，甚至可以通过调控抗性药物的量来调控荧光融合蛋白的表达水平（Clontech 公司）。另外有一点很重要，即不同的稳定表达细胞系的表达量可以大不相同，因此对荧光蛋白融合需要进行生理生化分析。这包括确定表达的蛋白质是否突变、缩短、降解和确定此融合蛋白是否具有功能。如果有可能的话，可以用一个不会被 siRNA 降解的荧光蛋白融合来恢复被 siRNA 改变的内源蛋白功能，或者用荧光蛋白融合来恢复突变的内源蛋白功能（详见第 20 章）。最近一个特别令人兴奋的例子是研究人员用编码小鼠的目的基因的荧光融合蛋白的细菌人工染色体质粒在人或小鼠的培养细胞系中表达（Poser et al. 2008）。大部分情况下小鼠荧光蛋白融合蛋白并不改变原有蛋白质的功能，可以恢复被 siRNA 改变的内源蛋白质功能。

在表达水平不能太高或是表达时间不能太长的情况下，或是研究人员有必要调控表达量时，可以使用另外一种策略，即使用可诱导的表达系统，这些表达系统可从商业渠道获得。

在成像过程中维持细胞活力和健康的策略

环境的控制

最佳生长条件和环境是活细胞成像成功的重要因素。有两种策略来保证对温度、湿度和空气环境的控制。一是使用一个放在显微镜载物台上的特制小密封腔室。通常来说，温度是由金属加热池中的热敏电阻控制的，或是用由一薄层金属氧化的覆盖的盖玻片直接加热细胞。二是整个显微镜或操作台可以放在一个大的密封腔室中。有不少公司直接提供这类密封腔室，如 Solent scientific 公司（Reider and Cole 1998）。大的密封腔室的优点是灵活性更大，细胞皿可以是多种类型的，而且在对细胞进行操作时环境也是可控的（如换培养基、微注射、加药等）。

敞开的还是封闭的腔室

因为最优的生长和外部环境非常重要，敞开的腔室又由于蒸发和污染的问题有很大的局限性。而封闭的腔室加上泵或者重力驱动的灌流系统可以避免这些弊端，尤其对于多日的持续活体成像。在加入培养基时，需要注意将培养基预热到同样温度。同理，将细胞放至显微镜下后需等一个多小时之后再开始实验，这样细胞可以恢复到正常状态。另外，很多细胞对剪切作用力敏感，因此灌流系统的流速一定要比较缓慢。在长时间的活体成像实验中，我们观测到细胞会逐渐移向有新鲜培养基的一方，这可以通过在比较长的间隙中脉冲灌注培养基来取代持续灌流。

成像腔室

成像腔室可以让细胞固定在显微镜上，通常有一个和盖玻片厚度相当的玻璃窗口，细胞透过玻璃窗口就能进行成像。成像腔室根据不同的用途可分为很多种，细胞可以在腔室里生长，在做成像实验时可直接转到显微镜上。最基本的成像腔室类型包括以下几种。

1. 培养皿型腔室。这种腔室基本就是将标准培养皿的底部换成盖玻片（如 MatTek）。这些腔室方便使用，但不密封，因此做实验时需要考虑培养基蒸发的因素。可以用凡士林或 Parafilm 把空隙处封起来，避免蒸发。由于这些腔室比较简单，自身不具备温度控制装置，所以要求所用的显微镜必须有温控系统。总体来说，这些腔室最适合做简单的成像实验，如看细胞的死亡情况。值得注意的是，如果需要做微分干涉差成像技术，培养皿型腔室的盖子必须被拿开或用玻璃盖替代。

2. 载玻片型腔室。这种腔室是由塑料的小腔室放在载玻片上组成（如 Lab－Tek）。这种腔室的优点是可以利用电动载物台的自动点访问和定位功能，在相同的成像条件下同时对不同的小腔室格里的不同样品进行成像（如对照组和实验组的实验）。这些腔室有多种规格，如有的具有多达 384 个格。最近载玻片型腔室出现了下面为高通量而优化的以塑料载玻片［如 Integrated BioDiagnostic（ibidi）］代替玻璃载玻片而特制的腔室，更具可操作性（如上面加上灌注系统）。载玻片型腔室也需要注意培养皿型腔室所述的一系列问题。

根据我们的经验，大多数实验室针对自己实验而采用某个腔室设计，因此，偏好各不相同。关键是要用腔室来保持最佳的细胞生长条件。如下所述，最好是试用不同的腔室以选择适合你自己的系统。

温度控制

细胞功能和外部温度息息相关。温度改变 2℃，细胞的很多生理功能就会发生显著改变。有多种方法可实现放在显微镜上的细胞的温度控制，主要有包围培养细胞的小腔室和包围整台显微镜的大的环境培养箱。其中，显微镜本身就受温度影响，温度变化 1℃就会引起光学元件移动，导致聚焦或对齐改变，于是干扰时程追踪成像技术的空间分辨率。通常来说，显微镜载物台和物镜转换台是金属的，可以大量吸热。物镜和载物台以及其他与样品接触的部件都必须和样品处于同一温度，否则它们会引起样品的降温。所以，如果可以的话，将大部分的显微镜部件都放置在温控密封箱里最为合适，这样可以避免由于房间温度变化对显微镜载物台、镜体和样品温度的影响。当然，这也不能完全避免环境大波动引起的温度变化。大部分显微镜所处的房间是有空调的，当空调开关时，在这些房间里温度升降 5℃是非常正常的。因此，如果有大的发热源，如激光的供给电源或弧型灯光源，必须保证其散热口是对着外面或向着另一个房间。具体情况需要具体分析，不过温度控制是活细胞成像实验成功的关键元素。

细胞和培养基条件

哺乳类细胞必须在特定的条件下生长，通常是在特定的培养基中加入生长因子和（或）动物血清，有缓冲系统使细胞维持在最合适的 pH。在成像实验（甚至是非常短的时间）中，细胞在载物台上的条件必需和正常生长条件一致。对于培养基的选择和准备来说，有以下一些考虑要点。

（1）pH

所有细胞培养基都能提供一个合适的 pH 以适合细胞生长。很多培养基依靠大气中 5% CO_2的供给来保持缓冲系统（如 DMEM 培养基）。如果这种培养基在成像实验中被使用，那么必须提供 5% CO_2。这可以通过在腔室中充满 5% CO_2之后再密封，或者在环境控制箱中维持 5%的 CO_2来实现。不过也可以用不需要依赖大气的培养基，如 Leibovitz 培养基或商业的不依赖 CO_2的培养基（Gibco BRL 公司）。在我们的实验中，使用不需要 CO_2的培养基，培养的细胞通常在 48h 内仍保持健康。与之对比的是，鸡的胚胎只能在这种培养基中存活少数几个小时，但在具有 CO_2、温度、湿度适合的培养基中可以存活很长一段时间。另外一种策略是加入 HEPES 缓冲系统（10～20mmol/L，pH7.2）。这可能是最常用的一种使用 CO_2 依赖型培养基时没有 5% CO_2 空气时的做法，但是要注意，有报道说 HEPES 见光后会有毒性。在我们的实验中，当使用 HEPES 时，有些 HeLa 细胞系在成像实验 8～12h 后开始凋亡。具体原因不明，不过可能与商业的 HEPES 缓冲系统有污染物有关。所以对于所有的培养基，都必须搞清楚细胞在其中的活力。

（2）pH 指示剂

为方便起见，大部分培养基都具有 pH 指示剂，如酚酞。这些指示剂有微弱的荧光，但是由于活细胞的荧光信号较弱，这些指示剂会引起背景噪声。所以，不应该在进行活细胞成像实验时使用 pH 指示剂。

（3）自由基清除剂

活细胞对荧光激发后产生的自由基非常敏感。因此，很多实验者在培养基中加入自由基清除剂，如维生素 C 或维生素 E 的衍生物 Trolox。我们认为更为有效的方法是减少照射时间，但如果这还不足以保护细胞，可以试用自由基清除剂。

（4）氧气清除系统

在活体成像实验中产生的光伤害通常是由于氧自由基造成的。因此理论上清除氧气之后就能减少光伤害。这种策略被一些实验室所采用，不过需要注意的是，减低氧气含量可能对细胞也有害，在哺乳动物细胞中有低氧胁迫信号转导通路被报道（Harris 2002)。最常见的策略是使用商业化的氧气清除系统（oxyrase；http：//www. oxyrase. com/)。这种产品是从大肠杆菌的细胞膜中生产而来的，因此含有内毒素，只有细胞不会被内毒素影响时才可以使用。如果样品没有活细胞而只是体外反应，最常用的方法是用一个酶系统，包括过氧化氢酶和葡萄糖氧化酶（Hyman and Mitchison 1993)，可以保证可溶的氧气被清除。

（5）渗透压

离子和营养物的含量首先是由培养基决定的，但是因为活体成像系统的体积很小，就算在室温下也会迅速引起蒸发，从而改变渗透压（这个问题在 37℃下更为严重）。所以为了减少蒸发，必须使用密封的系统，或者在敞开的培养基上加油或在腔室中加湿。

在成像实验之前和之中检查细胞

细胞一旦放在显微镜之下，通常需要观察细胞以检查它们是否健康，并找到合适的成像区域和设定成像参数。不管何种成像模式，成像使用的光照都是越小越好。很多光源，如水银弧灯，在紫外区的光最强。细胞对紫外光非常敏感，使用紫外滤光片能大大提高细胞存活率。新一代的稳定状态激光和发光二极管光源能够发射特定波长的光，应该能减少紫外引起的光损伤。值得注意的是细胞对激发 GFP 和 CFP 的蓝光也非常敏感（Gorgidze et al. 1998；Ohara et al. 2002)。使用更长波长的荧光蛋白能避免这个问题，如使用 mCherry 而不是 CFP 能提高细胞活力。总体来说，在进行活体成像实验之前检查细胞和对焦步骤中都必须尽量减少对细胞的照射，而且检查时间越短越好。这可以通过加入中性限制滤光片来减少激发光的强度。

在活体成像实验中大部分的光伤害都是在肉眼检查的步骤中造成的。肉眼看细胞至少要 1～2s，是使用数字成像系统收集一张分辨率好的图像所需要时间的至少 10 倍以上。细胞可以在明场或微分干涉模式中被找到，并可以使用绿色干涉滤光片来加强对比和减少蓝光的照射。总之，在实验的任何步骤中，能看到细胞的光就足够了（见下文）。

不贴壁细胞的成像

很多细胞类型都会贴壁，可以在盖玻片或腔室壁上生长。然而，有一些类型的细胞长在培养基里或只是很弱地贴壁，还有一些细胞运动很快，给成像带来了不便。成像腔室可以先被覆盖上细胞外周蛋白（如胶原蛋白 IV 或纤连蛋白）或带电的分子（如多左旋赖氨酸）。这些处理能够加强贴壁，并且细胞仍然维持单层生长。对于淋巴细胞来说，可以使用 Matrigel（BD Bioscience 公司）或 CyGEL（Biostatus Limited 公司）来限制细胞运动。这两种产品都是在 4℃下是液体而在室温下是胶状。Matrigel 是由细胞外周蛋白组成的，能够在固定细胞的同时允许细胞自然移动。CyGEL 是合成的胶质，在限制细胞运动的同时能允许在胶质中灌注培养基。这些方法能对移动强的细胞进行数小时的显微成像实验。但是必须注意的是，由于这些胶质是三维的，很多细胞在成像时可能不对焦或移到对焦层之外。

图像时间系统的设计和信噪比的最大化

活细胞成像通常需要考虑对分辨率的要求和如何最大化信噪比（signal - to - noise，SNR）。

噪声的来源

（1）检测器噪声。每一个光子检测器在每次检测中都会引入噪声。每一种类型的光子检测器都会有特定的噪声。扫描显微镜（包括激光共聚焦扫描显微镜和多光子激光扫描显微镜）的光电倍增管在增强信号时会加入新的电子（Art 2006）。宽场显微镜（WFM）和转盘式共聚焦显微镜（SDCM）CCD 的每一个像素都具有背景暗电流。将 CCD 冷却和其他设计的改进已经将背景暗电流降到了很低的水平（Inoue and Spring 1997）。但是，从每个像素上读取模拟信息并转化成数字信号时会引入噪声，这些正是冷却的相机的主要噪声来源。这种读取的噪声在每种相机的主页上都有提供（如 http：//www. photomet. com/和 http：//www. hamamatsu. com)。对于荧光活细胞成像实验，我们通常使用冷却的 CCD，并且读取噪声小于 $6e^-$ 平均方根。

最近几年来，电子倍增 CCD（EM - CCD）相机经常在活细胞成像实验中被采用。这些相机有一个电子倍增器，将弱信号在通过输出放大器之前就倍增了（见第 4 章和 Moomaw 2007）。也就是说，信号放大在读取噪声引入之前就完成了，因此，这些相机通常可以成功地探测到很弱的信号。信噪比的提高使得能使用更弱强度的光源和缩短曝光时间，从而减少光毒性和光伤害。我们使用这些相机的经验证明，这种信号的放大可能会呈现另外一种噪声模式——周期性充电，由在检测器读取之时像素间的电子移动而加入的更多伪电子引起的噪声。EM-CCD常在使用全内反射荧光显微技术（第36章）进行单分子实验中被使用，但也在活细胞成像实验中检测弱信号时十分实用。

（2）照明噪声。任何数字成像实验的前提是在样品上的照明是持续而均匀的。在大部分的成像系统中，在样品范围中的光学特性通常不是持续的，或者在空间上是不均匀的。在扫描显微镜上，各个像素之间的照明程度可能是不一样的（Zucker and Price 2001；Swedlow et al. 2002）。宽视场显微镜的照明范围可以在光源与显微镜光路之间装上光纤来保证均一（Kam et al. 1993），另外的不均一可以根据一个荧光一致的样品使用平场校正方法通过计算机来纠正（Wolf et al. 2007）。但是，这些方法都不能纠正光源在不同时间的强度。一般来说，在平均值上下10%的波动是正常的，但可以用稳压器和（或）测量电压波动来修正（Chen et al. 1995）。

（3）泊松或散粒噪声。对光子的测量本身就是一个统计学过程，有着信号测量的不确定性（Art 2006）。对N个光子的测量，不确定性是（N）$^{1/2}$，所以信噪比是N/（N）$^{1/2}$。N的最大化使信噪比提高。一个简单的提高信噪比的方法是收集更多信号，通常是增加曝光时间或激发光的量。可惜的是，因为会引起更多光损伤这些方法通常不可行。CCD可以通过像素合并的方法来减少这个问题。通常来说，CCD中的像素一行一行地被转到读取设备，每一个像素被单独地读出（Abramowtiz et al. 2000）。在像素合并时，一个方块内的像素（2×2、3×3等）被同时读出并认为是一个像素（Abramowtiz and Davidson 2000）。这是通过多行转移到读取设备而实现的（2行就是2×2合并、3行就是3×3合并），然后再重新归组。对于2×2的合并，会引起2倍的分辨率下降、4倍的信号增加和2倍的信噪比的上升。这对于弱信号来说可能非常关键。像素合并的关键在于读取噪声发生在合并之后，尽管有2×2或者3×3合并，但只有一次读出。如果2×2的像素在信号收集之后再用计算机合并平均，结果会逊于像素合并，因为这4个像素都具有读取噪声。总而言之，像素合并虽然牺牲了一些分辨率但是可以优化信噪比，特别是在只能使用弱光和短曝光时间的光敏感细胞成像中十分有用。

（4）迷路的光和伪光子。最近发展出一些非常高分辨率/高灵敏度的荧光显微技术，它们能探测和追踪单分子（Vale et al. 1996）。这些技术需要灵敏的探测系统，通常是CCD相机和增强器（Inoue and Spring 1997；Moomaw 2007）或EM-CCD。实际上，这些技术的关键在于减低非聚焦光，使用短时光波激发，减低显微镜中各种迷路的光，包括脏的光学元件引入的迷路光（Funatsu et al. 1997）。在信号有限的成像实验中很重要的元素是减少光学通路中的噪声。总体来说，通过小心选择信号检测器和优化照明系统可以提高信噪比。

显微镜的光学系统

优化信噪比的另外一个方面是收集和转移光子的显微镜的光学器件。任何在光路中的元件都可能降低信噪比。因此考虑以下的因素是非常重要的。

（1）物镜的数值孔径（NA）。对于荧光显微镜来说，经常会使用高数值孔径的物镜从而使从样本上收集的光最大化。孔径的宽度是由数值孔径给出的，在物镜的侧面标记出来。公式 NA＝ηsin（α/2)，其中 η 为介质的反射率，α 为物镜孔的收集角度（详细见 Inoue and Spring 1997）。由给定物镜收集的图像的分辨率是其对应的 NA 的函数（Inoue and Spring 1997；Wallace et al. 2001）。然而，对于荧光成像，光采集能力（也是物镜收集的信号）是和 NA^4 成正比，因此 NA 很小的提高就能够明显提高信号程度。因此，活细胞成像通常使用高 NA 物镜和高反射率介质（如油的 η=1.51 和水的 η=1.33)。

（2）物镜放大倍数。信号的强度是与放大倍数的平方呈反比的，因此对于比较暗的样品，有时需要考虑用低倍镜成像。例如，如果 SNR 在 100×/1.4NA 的物镜不佳，则换到 60×/1.4NA 或者 63×/1.4NA 甚至 40×/1.3NA 的物镜会明显提高 SNR。分辨率的降低相对 SNR 的提高是小问题。进行实验时总是需要考虑放大倍数、像素合并等来考虑最终应该采用的物镜放大倍数。

（3）物镜矫正。生产物镜的厂家提供各种各样的物镜。总体来说，每一种物镜都有其最适合的实验条件，所以最好根据实验所需选择最合适的物镜。举例来说，奥林巴斯生产的 100×/1.4NA PlanApo 物镜有着非常好的分辨率。然而，这个物镜同时具有很大的色谱矫正，所以适合于透射光显微技术，包括 DIC，结果就是通过物镜的光线大部分都在色谱纠正过程中损失了，因为其在低信号下表现不好，所以这个物镜不太适合活细胞成像。相比之下，奥林巴斯还生产一种 100×/1.35NA UPlanApo 物镜，并没有很强的色谱纠正（我们在使用这个物镜时发现了在中轴上的微小的色谱歪曲），但是这种物镜通过的光大大增多，即使其 NA 较小，但因为比较少纠正的光学元件，所以净通过光增强。因为大部分活体细胞实验并不要求很高的共定位分辨率，所以我们可以通过牺牲一点色谱上的歪曲来大大提高 SNR。最后，有一些物镜具有特殊的光学元件（如用于相差显微镜的相位推迟板）会大大减小光通过。这种光的减少对于相差显微技术通常没什么影响，但显著影响荧光信号通过。所以，我们从来也不会使用相差物镜来进行活体细胞荧光显微成像。当然，用相差显微镜进行活细胞成像时，相差物镜就很理想。

（4）荧光滤光片组。对于荧光显微技术，干涉滤光片和色镜是用来选择对特定荧光素合适的波长的光（Flynn et al. 1998）。因为成功的活细胞成像依赖于 SNR，对于滤光片和色镜的选择是极为重要的。常用的是带通滤光片（bandpass filter）(Abramowitz and Davidson 1998）来选择荧光素的发射波段，而不是简单的长波通滤光片（long-pass filter)。Chroma、Semrock 和 Omega Optical 公司提供适合各种荧光素的带通滤光片。最好要选择最适合的带通滤光片。例如，使用为异硫氰酸荧光素（FITC）优化的滤光片组来进行 GFP 的活细胞成像时会牺牲大量荧光信号，而这些信号本来可以提高 SNR，因为 FITC 的滤光片组对 GFP 的光谱选择太狭窄。同样，对于多色成像，在使用 CFP 和 YFP 时，最好使用一个滤光片是在 CFP 的小波长边（偏蓝色的）而又在 YFP 的大波长边（偏红色的)，这样能减少两种荧光素的干扰。但这也带来了一个问题，就是收集的信号减少了（因为要么激发光滤光片设置不在激发光谱峰附近，要么发射光滤光片设置不在发射光光谱峰附近），所以如果只是一个荧光素的成像最好不要采用此滤光片组。总体来说，选择合适的滤光片组合对信号的收集很有影响。

（5）影响 SNR 的因素。任何在光路中的缺陷都会影响 SNR（Inoue and Spring 1997）。用高 NA 的物镜进行活细胞成像实验时最常见的歪曲是球面歪曲，由细胞所在的介质（通常是水相 $\eta=1.33$）和物镜浸没介质不同而造成的。球面歪曲显示为信号不正确聚焦，从而引起物体在光轴上拉长（Wallace et al. 2001）。因为信号被扩张到一个大的体积，SNR 就下降。这种问题可以通过使用水镜在很大程度上得到解决。另外，可以调整物镜浸没介质的折光率或盖玻片的厚度（Hiraoka et al. 1990）。球面歪曲随样本厚度和密度的增加而恶化（如组织或单层培养细胞），有时必须将物镜浸没介质和样本的折光率调到一致（Appleton et al. 2009）。折光率会随温度而变化，所以在室温和 37℃下最优化的物镜浸没介质或盖玻片的厚度是不同的。有 37℃下特用的物镜浸没油（Cargille Laboratories 公司）。另外，物镜的点扩散函数需要测量来保证物镜和物镜浸没介质是匹配的。对于水镜来说，水在 37℃时蒸发非常快，可以考虑使用和水同样折光率的油来替代。

图像收集：如何让细胞保持活性，得到数据

一旦细胞成功地被放进环境控制腔室中，显微镜的设置也优化了，就可以开始从活细胞收集数据。选择合适的成像参数将决定实验的成败。

二维或三维图像

所有的细胞都是三维结构。使用高 NA 的物镜通常只有很窄的景深（约 700nm 对于一个 1.4NA 的物镜），所以任何一个图像只是看细胞的非常薄的一层。对于一些样品来说（如在迁移的细胞的前沿），对一个聚焦层成像（光层）就足够包括整个样品了。还有一种情况（如细胞核），样品很厚，一次聚焦只能对物体的一小部分区域成像。另外，一些后处理技术，如去卷积需要不聚焦的信息来重建图像（Swedlow et al. 1997；McNally et al. 1999；Wallace et al. 2001）。这些方法可以提高对比度，即使是在活体细胞 SNR 不好的情况下（Swedlow et al. 1993）。但是，对细胞进行一组光学切片会使细胞在一个时间点照射很多光。此外，收集一组图像要花费不少时间，从而显著影响数据收集速度。这可能意味着成像的间隔太长而无法达到需要的速度，或者细胞内成分在进行光学切片时已经发生了移动。

光损伤

进行成像实验时，使用的光总是越弱越好。总体来说，可以使用中性密度滤光片来减弱照射光的强度，或者直接减小光源的能量和使用快门等来减少荧光激发光时间。在用自动载物台进行多点成像时，需要考虑成像点间的距离，对附近视野进行成像时

需避免过度照射和光损伤。细胞本身对光就十分敏感，在表达荧光素后更甚。在光子被吸收、荧光素被激发后（Wolf 2007），荧光素维持在激发态（S_1），通常是几个纳秒。好的荧光素马上就会回到基态，放出光子而产生荧光发射。但是，S_1的荧光素也可以转化成高度活跃的三体态（T_1），会很快引起自由基的形成，特别是 O_2^- 的形成。这些自由基可以在化学上改变细胞的组成，从而伤害细胞。自由基的形成和光伤害总是会在激发后形成，而且只能想法减少，不可避免。细胞自身具有把自由基转化成毒害较少的物质的能力，只要整个系统不被饱和，细胞具有一定承受荧光激发的能力。在实际应用中，这意味着只应该使用低水平的激发光来做活细胞成像实验。

选择最合适的光强度和曝光时间是一门艺术。在进行预实验时，最好使用较弱的光强（如使用 1.0 的中性密度滤光片或非常低的激光强度）和使用较短的曝光时间（<100ms），感兴趣的结构能被观测到即可。如果细胞在实时成像过程中可以耐受一定的光强水平，则在接下来的实验中可以加大激发光强度或曝光时间直到在高 SNR 和保持细胞活性之间达到平衡。非常重要的一点是细胞能忍受的总光强和单次曝光时间之间关系不是线性的。细胞只有在很短曝光的时候最健康。长时间的曝光（>0.5s）通常会引起细胞的死亡。我们有一个细胞系，在使用 1.0 的中性密度滤光片和使用 100ms 曝光时间的情况下，只要每次光照间隔 0.5s 细胞就可以耐受。增加曝光频率至 7Hz 会引起细胞泡状化。尽管原因不明，我们认为每次荧光激发后，细胞中的抗氧化酶会降低自由基水平，而这个过程需要时间。迅速和长时间的曝光超过了细胞能耐受的范围，会导致细胞中的自由基浓度过高。一种好办法是使用透射（非荧光）显微技术（如 DIC）来重复实验及对比荧光和透射光实验之间细胞的重要基本事件（如细胞分裂或移动速率）。

不同细胞之间的行为差异

很多活细胞成像实验是在一个或少数几个细胞中进行的。一个需要考虑的因素是培养的细胞可能是相当异质的，具有不同的表型。这可能是因为细胞在不同的细胞周期或其本身性质差异的缘故。虽然在群体检测（如免疫杂交）中发现对照与处理间差异很大，但是最近一个血清饥饿下转录激活测试表明，单个细胞间存在很大差异（Levsky et al. 2002）。因为这个缘故，时常需要记录多个细胞以获得统计学上的细胞行为和动态上的差异。收集这么多数据有时需要很大的工作量。我们实验室使用 DeltaVision Core（Applied Precision 公司）显微镜，有三向自动载物台，可以在一个实验中获取多个细胞的时程成像。这个系统使我们可以有足够的数据在统计学上定量研究细胞核内动态（Platani et al. 2002）。我们共收集了在不同实验条件下的 350 个 GFP 标记的细胞的实时成像。我们发现这么多数据对于储存和处理都是不小的挑战，因此我们发展了很多信息学工具来储存和处理大量数据（Swedlow et al. 2003；2009）。

图像收集系统的选择

有很多选择数字成像系统用于活细胞成像，这取决于样品和实验类型。大多数系统在信号和检测之间呈线性关系，因此可以用于定量成像。宽视场显微镜本身噪声较低，适合荧光很弱的样品（Swedlow et al. 2002）。但是，很厚的样品（>30μm），在每个聚焦面上非聚焦光占主导地位，使用激光共聚焦扫描显微镜比较好（Inoue 1995；Parry－Hill et al. 2003）。另外，备选方法是使用转盘式共聚焦显微镜，在转盘式共聚焦显微镜中，一个激光束阵列迅速扫描样品，形成共聚焦图像（Maddox et al. 2003）。对于特别厚的样品来说（如>100mm），吸收和散射起很大干扰作用，因此要使用多光子扫描显微镜（Helmchen and Denk 2002；Piston and Davidson 2003）。这些系统的不同照射方式图示见图 1。总体来说，对于某个样品，需要比较这些系统以确定哪种系统最好。这些系统现在很常见，可以到邻近的实验室去测试一个特定系统是否适合自己的样品。第 8 章对这些图像收集系统有更为详细的比较，另外最近也有一个研究比较这些系统相对于背景水平的 SNR（Murray et al. 2007）。

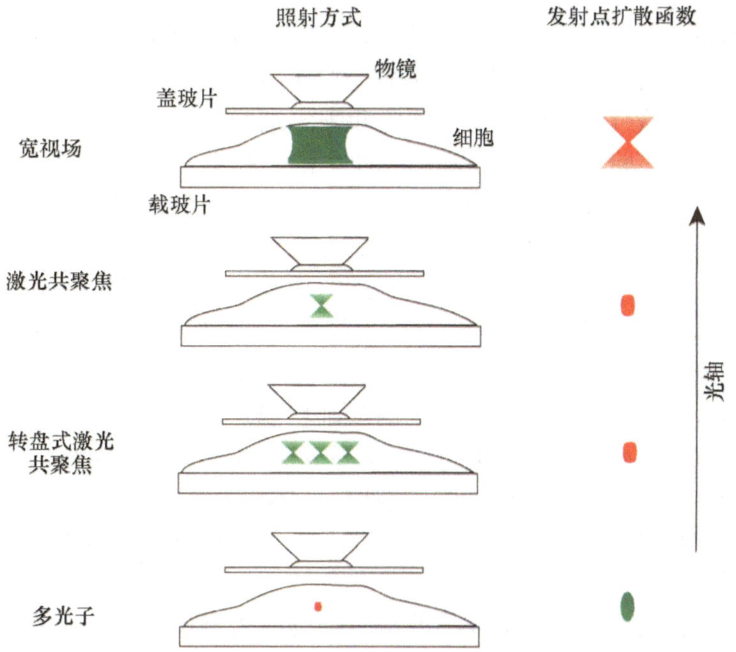

图 1　在扫描和宽视场显微技术中的照射和收集方式

宽视场显微镜、共聚焦扫描显微镜、转盘式共聚焦显微镜、多光子扫描显微镜各采用不同照明和图像收集方式。这个示意图画出了一个物镜、盖玻片、细胞和载玻片（不代表实物比例）。在图左侧标出不同显微镜的激发光照明方式，在图右侧标出从样品一点发出的荧光发射光分布，观测光轴在纸上是垂直的。注意为了清楚展现，图右边是被放大的。宽视场显微镜将整个视野照亮，包括聚焦面的上下位置，每一点都形成一个两个等边三角形对着的塔状（点扩散函数，Inoue and Spring 1997）。只有中间的部分是聚焦的，其他都是不对焦的虚光。在真正的样品上，不聚焦光降低图像质量。对比之下，共聚焦扫描显微镜、转盘式共聚焦显微镜、多光子扫描显微镜使用聚焦的激光来扫描（Inoue 1995；Helchen and Denk 2002；Parry－Hill et al. 2003；Piston and Davidson 2003）。激发光的形状仍然是点扩散函数，但是共聚焦扫描显微镜、转盘式共聚焦显微镜的小针孔避免了不对焦光进入光电倍增管检测器，所以只有对焦光被记录。共聚焦扫描显微镜只有一个针孔和一个激光聚焦点。转盘式共聚焦显微镜有一阵列具有微镜头的小孔在转盘上转动，迅速在样品上扫过，在区域相机上形成图像（Maddox et al. 2003）。多光子扫描显微镜，有多个光子打到的位置能激发荧光素，因此激发只在聚焦处形成。因为所有荧光都从聚焦处发射，因此不需要小针孔，发射的荧光形成对焦的图像（经允许，修改自 Andrews et al. 2002）

图像收集的速度

需要研究的生物过程决定数据需要多快被收集。Ca^{2+} 在毫秒范围内出现火花(spark)；囊泡运动在秒范围内发生；细胞分裂在分钟范围内发生；细胞在小时范围内凋亡。在不同的时间范围内获得数据可能需要不同的硬件和软件。在购买成像系统之前，必须要保证系统有能力能够收集合适时间范围内的数据。

结果评价

建立合适的细胞活力标准

在任何一个活细胞成像实验中，成像条件必需最小限度地影响细胞本身的功能。建立合适的细胞活力标准是非常重要的，这样才能真正决定实验是否成功，不仅是获得了实验结果而且整个过程没有损伤细胞。对于每个实验，具体标准都不一样。很明显，对所研究的实验过程来说，在活细胞和固定细胞中发生程度和动力学应该是一致的。同样重要的是实验条件（培养基、缓冲方法、腔室）不明显地改变细胞生长率或凋亡指数。这些影响需要一项项单独测试。例如，细胞可以通过在成像所用的培养基中、在平时的温箱里的生长情况来判断生命力、有丝分裂指数等。同样地，细胞可以在成像所用的腔室中生长几小时，并在不进行成像的情况下进行测试。这样可以一项项分离各种因素对细胞活力的影响，从而得知什么参数需要调整。

在一个成像实验中，细胞被大量照射并形成自由基（如上所述)。所以可以假定都有光损伤，然后来评定这是否影响细胞的基础功能。可以在做完成像实验后对细胞进行观察，看在数小时后是否引起细胞凋亡，或进入和完成有丝分裂。这可以通过时程、10～20min 间隔的数小时成像来实现。这些标准依赖于细胞中合适的代谢途径。有些哺乳类细胞系有细胞周期检查点的缺陷，因此对于每一种细胞系的有丝分裂和细胞凋亡的性质分析都必须分别考虑。

最后，在实验之后，一个很容易的检验细胞是否健康的方法是对比旁边视野未成像的细胞。这两群细胞在相差显微镜和 DIC 显微镜下看上去类似吗？如果是荧光成像，这两群细胞最终位置是否一致？如果细胞成像实验进行了几个小时，那么成像细胞与未成像的细胞看上去类似吗？这些比较可以告诉实验者成像细胞是否已经受到了明显损伤。

长时间实时成像中检查细胞

通常活细胞成像实验，特别是荧光实验，都是在短时间内完成（30～60min）的。虽然这些实验可能会发现很有趣的现象，但是通常细胞对伤害的反应，尤其是细胞凋亡，要用数个小时才会出现。因此，要保证细胞是真的健康，最好在实验后继续观察细胞 24h，最好用相差显微镜和 DIC 显微镜。这种长时间间隔成像能说明细胞在成像之后长时间会不会有什么影响。

在不同的时间点用固定细胞监测细胞事件

活细胞成像是非常强有力的研究方法，但是很多时候最好配合固定细胞检测以检验活细胞实验。这听上去似乎不符合逻辑-活细胞成像被认为是揭示细胞和分子动态的金标准。可是，因为其技术上的困难性和很容易造成细胞损伤，在不同时间点的固定细胞中展示一个类似的动态可以使活细胞成像实验更加有说服力。但在一些情况下这是不可能的，因为事件发生太快或实验本身（如用荧光斑点显微镜来测量细胞骨骼的动态，Danuser and Waterman - Storer 2006）不能进行有意义的固定细胞实验。但是，这种在固定细胞中进行的平行实验还是非常值得考虑的。

结论

活细胞成像是一个非常有力的技术，能揭示分子在细胞中的动态。例如，许多在本书中讨论的情况、持续改进的成像技术和荧光探针设计保证了它在现代生物学中的重要地位。但是，要做好活细胞成像，在技术方面和经验方面的要求很高。活细胞成像的重点是要注意在尽量减小对细胞损伤的情况下最大化 SNR。

致谢

我们特别感谢 Swedlow 实验室成员的讨论。感谢 Dundee 大学显微镜中心，海洋生物研究所的分析定量显微镜课程和冷泉港实验室的原位杂交、免疫组织化学和活细胞成像课程。本章作者们的工作是由 Wellcome Trust，Cancer Research UK，the Biotechnology and Biological Sciences Research Council（BBSRC）和 the Engineering and Physical Sciences Research Council（EPSRC）提供资助。

网络资源

http://www.invitrogen.com/site/us/en/home/References/Molecular-Probes-The-Handbook.html *Molecular probes handbook.*

http://www.micro.magnet.fsu.edu/primer/techniques/fluorescence/filters.html Abramowitz M, Davidson MJ. 1998.

http://www.micro.magnet.fsu.edu/primer/digitalimaging/concepts/binning.html Abramowitz M, Davidson MW. 2000.

http://www.micro.magnet.fsu.edu/primer/java/digitalimaging/ccd/shiftregister/index.html Abramowitz M, Tchourioukanov KI, Davidson MJ. 2000.

http://www.micro.magnet.fsu.edu/primer/techniques/fluorescence/fluorhome.html Flynn BO, Long JC, Parry-Hill MJ, Davidson MW. 1998.

http://www.micro.magnet.fsu.edu/primer/techniques/confocal/index.html Parry-Hill MJ, Fellers TJ, Davidson MJ. 2003.

http://www.micro.magnet.fsu.edu/primer/techniques/fluorescence/multiphoton/multiphotonintro.html Piston DW, Davidson MJ. 2003.

参考文献

Andrews PD, Harper IS, Swedlow JR. 2002. To 5D and beyond: Quantitative fluorescence microscopy in the postgenomic era. *Traffic* **3:** 29–36.

Appleton PL, Quyn AJ, Swift S, Näthke IS. 2009. Preparation of whole-mount mouse intestine for high-resolution three-dimensional imaging using two-photon microscopy. *J Microsc* **234:** 196–204.

Art J. 2006. Photon detectors for confocal microscopy. In *Handbook of biological confocal microscopy*, 3rd ed. (ed. JB Pawley), pp. 251–264. Plenum, New York.

Chalfie M, Tu Y, Euskirchen G, Ward WW, Prasher DC. 1994. Green fluorescent protein as a marker for gene expression. *Science* **263:** 802–805.

Chen H, Swedlow JR, Grote M, Sedat JW, Agard DA. 1995. The collection, processing, and display of digital three-dimensional images of biological specimens. In *Handbook of biological confocal microscopy*, 2nd ed. (ed. J Pawley), pp. 197–210. Plenum, New York.

Danuser G, Waterman-Storer CM. 2006. Quantitative fluorescent speckle microscopy of cytoskeleton dynamics. *Annu Rev Biophys Biomol Struct* **35:** 361–387.

Funatsu T, Harada Y, Higuchi H, Tokunaga M, Saito K, Ishii Y, Vale RD, Yanagida T. 1997. Imaging and nano-manipulation of single biomolecules. *Biophys Chem* **68:** 63–72.

Gorgidze LA, Oshemkova SA, Vorobjev IA. 1998. Blue light inhibits mitosis in tissue culture cells. *Biosci Rep* **18:** 215–224.

Harris AL. 2002. Hypoxia—A key regulatory factor in tumour growth. *Nat Rev Cancer* **2:** 38–47.

Helmchen F, Denk W. 2002. New developments in multiphoton microscopy. *Curr Opin Neurobiol* **12:** 593–601.

Hiraoka Y, Sedat JW, Agard DA. 1990. Determination of three-dimensional imaging properties of a light microscope system. *Biophys J* **57:** 325–333.

Hyman AA, Mitchison TJ. 1993. An assay for the activity of microtubule-based motors on the kinetochores of isolated Chinese hamster ovary chromosomes. *Methods Cell Biol* **39:** 267–276.

Inoué S. 1995. Foundations of confocal scanned imaging in light microscopy. In *Handbook of biological confocal microscopy* (ed. J Pawley), pp. 1–17. Plenum, New York.

Inoué S, Spring KR. 1997. *Video microscopy*. Plenum, New York.

Kam Z, Jones MO, Chen H, Agard DA, Sedat JW. 1993. Design and construction of an optimal illumination system for quantitative wide-field multi-dimensional microscopy. *Bioimaging* **1:** 71–81.

Levsky JM, Shenoy SM, Pezo RC, Singer RH. 2002. Single-cell gene expression profiling. *Science* **297:** 836–840.

Lippincott-Schwartz J, Altan-Bonnet N, Patterson GH. 2003. Photobleaching and photoactivation: Following protein dynamics in living cells. *Nat Cell Biol* **Suppl:** S7–S14.

Lukyanov KA, Chudakov DM, Lukyanov S, Verkhusha VV. 2005. Photoactivatable fluorescent proteins. *Nature Rev Mol Cell Biol* **6:** 885–890.

Maddox PS, Moree B, Canman JC, Salmon ED. 2003. Spinning disk confocal microscope system for rapid high-resolution, multimode, fluorescence speckle microscopy and green fluorescent protein imaging in living cells. *Methods Enzymol* **360:** 597–617.

McNally JG, Karpova T, Cooper J, Conchello JA. 1999. Three-dimensional imaging by deconvolution microscopy. *Methods* **19:** 373–385.

Moomaw B. 2007. Camera technologies for low light imaging: Overview and relative advantages. *Methods Cell Biol* **81:** 252–284.

Murray JM, Appleton P, Swedlow JR, Waters JC. 2007. Evaluating performance in fluorescence 3-D microscopy. *J Microsc* **229:** 390–405.

Ohara M, Kawashima Y, Katoh O, Watanabe H. 2002. Blue light inhibits the growth of b16 melanoma cells. *Jpn J Cancer Res* **93:** 551–558.

Platani M, Goldberg I, Lamond AI, Swedlow JR. 2002. Cajal body dynamics and association with chromatin are ATP-dependent. *Nat Cell Biol* **4:** 502–508.

Poser I, Sarov M, Hutchins JR, Hériché JK, Toyoda Y, Pozniakovsky A, Weigl D, Nitzsche A, Hegemann B, Bird AW, et al. 2008. BAC TransgeneOmics: A high-throughput method for exploration of protein function in mammals. *Nat Methods* **5:** 409–415.

Rieder CL, Cole RW. 1998. Perfusion chambers for high-resolution video light microscopic studies of vertebrate cell monolayers: Some considerations and a design. *Methods Cell Biol* **56:** 253–275.

Shaner NC, Campbell RE, Steinbach PA, Giepmans BNG, Palmer AE, Tsien RY. 2004. Improved monomeric red, orange and yellow fluorescent proteins derived from Discosoma sp. red fluorescent protein. *Nat Biotechnol* **22:** 1567–1572.

Sleeman JE, Lamond AI. 1999. Newly assembled snRNPs associate with coiled bodies before speckles, suggesting a nuclear snRNP maturation pathway. *Curr Biol* **9:** 1065–1074.

Swedlow JR, Sedat JW, Agard DA. 1993. Multiple chromosomal populations of topoisomerase II detected in vivo by time-lapse, three-dimensional wide field microscopy. *Cell* **73:** 97–108.

Swedlow JR, Sedat JW, Agard DA. 1997. Deconvolution in optical microscopy. In *Deconvolution of images and spectra* (ed. PA Jansson), pp. 284–309. Academic, New York.

Swedlow JR, Hu K, Andrews PD, Roos DS, Murray JM. 2002. Measuring tubulin content in *Toxoplasma gondii*: A comparison of laser-scanning confocal and wide-field fluorescence microscopy. *Proc Natl Acad Sci* **99:** 2014–2019.

Swedlow JR, Goldberg I, Brauner E, Sorger PK. 2003. Informatics and quantitative analysis in biological imaging. *Science* **300**, 100–102.

Swedlow JR, Goldberg IG, Eliceiri K, the OME Consortium. 2009. Bioimage informatics for experimental biology. *Annu Rev Biophys* **38:** 327–346.

Tsien RY. 1998. The green fluorescent protein. *Annu Rev Biochem* **67:** 509–544.

Vale RD, Funatsu T, Pierce DW, Romberg L, Harada Y, Yanagida T. 1996. Direct observation of single kinesin molecules moving along microtubules. *Nature* **380:** 451–453.

Wallace W, Schaefer LH, Swedlow JR. 2001. A workingperson's guide to deconvolution in light microscopy. *Biotechniques* **31:** 1076–1097.

Wilcock AC, Swedlow JR, Storey KG. 2007. Mitotic spindle orientation distinguishes stem cell and terminal modes of neuron production in the early spinal cord. *Development* **134:** 1943–1954.

Wolf DE. 2007. Fundamentals of fluorescence and fluorescence microscopy. *Methods Cell Biol.* **81:** 64–92.

Wolf DE, Samarasekera C, Swedlow JR. 2007 Quantitative analysis of digital microscope images. *Methods Cell Biol* **81:** 365–396.

Zucker RM, Price O. 2001. Evaluation of confocal microscopy system performance. *Cytometry* **44:** 273–294.

（武小芸　译　方玉达　校）

第19章 酵母活细胞成像

Daniel R. Rines[1], Dominik Thomann[2], Jonas F. Dorn[3], Paul Goodwin[4], and Peter K, Sorger[5]

[1]Genomics Institute of the Novartis Research Foundation, San Diego, California 92121;[2]Bio Micro Metrics Group, Laboratory for Biomechanics, Swiss Federal Institute of Technology, CH－8952 Schlieren, Switzerland;[3]Institute for Research in Immunology and Cancer, Universite de Montreal, Montreal, Quebec H3C 3J7, Canada;[4]Applied Precision, LLC, Issaquah, Washington 98027;[5]Department of Systems Biology, Harvard Medical School, Boston, Massachusetts 02115

GFP表达载体的发展和酵母反向遗传学系统的易操作性使得酵母活细胞中的蛋白质可以直接被标记。芽殖酵母和裂殖酵母也因此成为良好的模式生物以研究动态细胞过程，如在对细胞生长、细胞分裂和形态建成进行研究的过程中采用活细胞荧光显微成像技术。本章主要阐述利用3D显微镜技术来观察培养的芽殖酵母细胞的成像系统和观察方法也同样适用于其他种类的细胞。此方法重点强调3D显微镜成像技术，因为酵母细胞为立体球形状，细胞器在细胞内均呈三维立体移动。三维成像技术也使得应用成像重建方法（如去卷积）获取高解释度的图像成为可能。这对于观察酵母细胞来说是非常重要的，因为在最好的光学显微镜的分辨率（约0.25μm）下也很难对微小酵母细胞［单倍体酿酒酵母（*Saccharomyces cerevisiae*）细胞的直径4～5μm］进行清晰成像。

收集活细胞影像涉及多种因素的综合平衡，这些因素包括在一个时间点上收集光学图片层的数目、某个图片层的亮度、采样频率和影像持续时间。但是样品本身的特性和成像系统的局限性再加上以上这些可变因素使得活细胞成像更为复杂。一个不可避免的限制因素是酵母细胞所能被曝光的最多又不至于光漂白或者扰乱细胞正常生理活动的光照临界点。由于光照的延长，细胞内的化学和GFP荧光素被漂白，从而信号减弱到背景噪声以下，不能被检测到。另外，细胞对光非常敏感，曝光过度会停止分裂甚至死亡。像一些其他种类的酵母细胞，酿酒酵母对蓝光（420～480nm）较其他颜色近紫外光或者红外光更为敏感。然而这个波段的激发光与不同GFP的荧光是重叠的，所以会带来严重问题。光漂白以及光损害的直接影响是研究者必须限制采样频率、在一个时间点上收集光学图片层的数目以及影像持续时间，从而保证活细胞一直处于曝光时间的临界以下。

光学显微镜光学分辨率的极限、图像收集速率及信噪响应都是活细胞实验过程中的关键，需要很好地平衡以期达到高质量的成像结果。例如，较短的曝光时间可以增加取样速率但是降低了信噪比（SNR）和有效图像分辨率；较长的曝光时间会改善信噪比并提高分辨率但会增加光损害的可能性以及降低取样的速率。所有的显微镜成像方法，不论是固定细胞还是活细胞，必须起始于高质量的样品，精确的光对齐和样品装配入成像装置的技术等使得成像失真最小化。然而对于活细胞显微镜成像来说，没有单一最好的方法来设置影像的曝光时间长短、图层厚度、持续时间或其他特征参数。相反，由于样品的限制，必须根据不同的实验目的评价不同设备。例如，运用白光，每 5s 曝光一次，共 5min 收集一个三维图层叠以监测一个动态过程，如此收集影像一定会造成很严重的光漂白。虽然这是检测有丝分裂中快速过程的很有效方法，但是不能对细胞分裂整个过程加以描述以对细胞周期进行研究。光损害对细胞生长的负面影响很大，因此光照强度和图像收集的速率最好降低，使时间分辨率也随之减低。这一章从物理学方面讨论光学显微镜的固有局限性以及怎样优化才能达到最好的活细胞成像效果。

空间和时间的分辨率

显微镜成像技术中最经常碰到的两个问题是：能检测到的最小的物体是多大，能分辨的两物体之间的最小距离是多少？光学显微镜的分辨率由于光的衍射（当光通过物镜的圆孔和其他光学元件时产生）而受到限制。因此所有的显微镜由于受到所谓“衍射极限”使分辨率受到影响。来自一个点光源的光（在衍射极限以下）被扩散产生模糊的分布称为点扩散函数（point spread function，PSF）（第 8 章）。这个分布状态在 $x-y$ 轴平面较沿着 z 轴的分布狭窄，同时它的中心部分是一个伸长的椭圆形（图 1A、B）。通常，由于 PSF 可以看做是点光源输入后产生的输出，使 PSF 可以看做是显微镜的一种冲力响应。在真实的成像条件下检测一个物镜的 PSF 是很重要的（如下文）。通过对真实的生物样品中小的点光源进行成像检测（如荧光标记的纺锤体极点），由模糊的图像是否是对称的 PSF 从而确定成像的质量。PSF 沿 z 轴的不对称性称为“球差”，选择不同折射率的浸镜油可以纠正“球差”（见本章用浸没介质匹配折射率部分）。通常，沿 z 轴可以看到椭圆形（图 1B）。同时有一个中央亮环和沿 $x-y$ 平面迅速衰减的同心环（图 1C）。中央环称为艾里斑（Airy disk），占所有光能的 85%，其他同心环占另外 15%。重建或者去卷积显微镜能够利用 PSF 信息从模糊图像照片出发重建出较高清晰度的

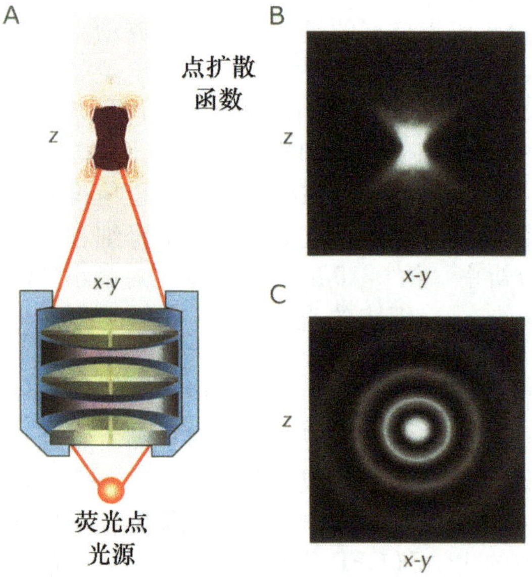

图 1　点扩散函数 PSF

A. 荧光点光源（如一个小的珠子）发散的光具有模糊效应。模糊效应是已知的想象，并且能够被计算机模拟（Thomann et al. 2002）。B. 模糊效应的负责形式通常称为点扩散函数 PSF，与镜头的放大倍数、构造、浸没介质、盖玻片、焦平面与镜头之间的细胞学组分有关。一个完好的点扩散函数 PSF 在点光源上下方应该有对称的锥形光线。通过观察通过一个单一的点光源的光学 z 图片层，可以检测到这种效果。通过侧面去观察 z 轴图层堆叠，可以看到如图所示的效果。C. 这个大的环状结构形式代表从上面观察到的 PSF，称为艾里斑，灰密度代表信号的强弱程度

类似原始图片（见第 8 章）。

空间分辨率是采用瑞利标准来定义的，当 $x-y$ 平面（与光轴垂直）上的两个点分开多达 d_{xy}^R 时被认为是可以分辨开的，同样 z 轴（与光轴平行）上的两个点分开多达 d_z^R 时被认为是可以分辨开的（Inoue 1995）：

$$d_{xy}^R=0.61\frac{\lambda}{\mathrm{NA}},\ d_z^R=2\frac{\lambda n}{\mathrm{NA}^2}$$

在瑞利长度下，点光源发出的第一条衍射波的最小值与第二条衍射波的最大值重叠（图 2A），分辨率随着物镜数值孔径（NA）的升高而增大，随波长（A）和折射率（η）的升高而降低。因此，在物镜 NA 为 100×1.4 时，绿色光条件下，瑞利分辨率的最小值在 $x-y$ 平面大约是 250nm，在 z 轴大约是 700nm。需要指出的是，这一分辨率只有在理想的光学环境下才能够达到。这时，球形色差达到最小值（见本章利用浸没介质改变折射率部分）。图像重建技术能够弥补光学模糊，而由制备样品和校准仪器产生的。误差则不能恢复。与其他组织和样品相比，酵母细胞有较小的体积，可以忽略样品导致的光散射和光轴深度依赖导致的色差。

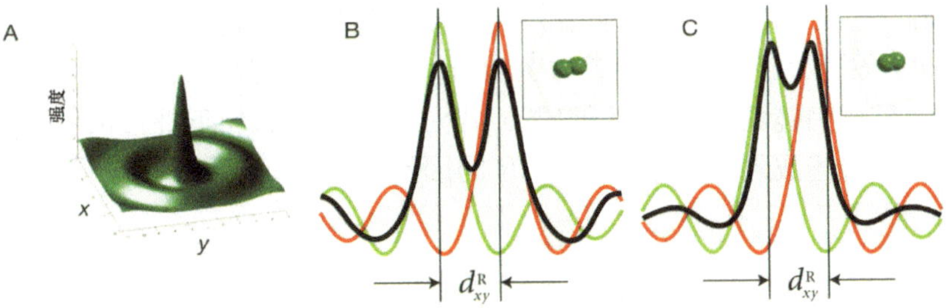

图 2　瑞利分辨标准

插图中绿色的小球代表两个独立的相距很近的点光源，绿色和红色的两条曲线分别显示两个点光源的荧光强度，黑色曲线代表两个点光源的荧光强度之和。A. 艾里分布的三维显示中央部位很高的特征峰代表零级位，半径处的其他圆环代表一系列的其他级位。B. 当两个物体离得足够近以至于它们的艾里图样重叠小于最大强度的 42% 时，物体就可以分辨开了（同样光强的物体）。瑞利分辨限制（d^R）表示两个可以分辨开的物体间的最小距离。C. 当两个物体的距离足够近以至于它们艾里图样重叠大于最大强度的 42%时，这两个物体将不能被区分开。注意：两个最大值比瑞利分辨限制更近

时间分辨率也是活细胞成像中考虑的一个因素。取样频率必须足够高，这样才能捕获关键的动态而不至于丢失信息。例如，周期波形（如染色体的振动）用来表述一种动态的过程。这一动态过程的采样频率必须不少于奈奎斯特频率（Nyquist frequency），奈奎斯特频率是原始波形最高频率的 2 倍。低于奈奎斯特频率的不连续取样将导致对原始波形频率的错误估计。宽视场的 3D 显微镜通常不能在低于 1～2s 内收集一个图像层叠，因此，在活细胞成像过程中，颞走样（temporal aliasing）是一个需要考虑的关键问题。而我们所能追踪的最小频率是 0.25～0.5Hz。

图像信息容量

分辨率的瑞利公式所反映的是假定不存在噪声的一种理想成像状态。在实际操作中，

噪声影响了物体的可检测性和可分辨性。即使在瑞利标准下两个物体是可以分辨的，但如果噪声的振幅超过了强度值轮廓最小值的宽度，这两个物体也是不能被区分开的。当判断小的暗物体（faint object）的可检测性时，需要考虑噪声的水平和光学模糊效应。当我们考虑噪声对成像的影响时，可以把显微镜作为一个简单的信息传输系统，含有三个空间（x、y、z）和一个时间通道。例如，Shannon 第一次提出了这种系统的信息容量 C，计算公式为 $C=f\log(1+\mathrm{SNR})$，其中 f 是显微镜在 4 位通道上的持续频带宽度。当 SNR 降低时，C（能够被显微镜传递的图像信息）降低，当 SNR 达到 0 时，C 完全消失。频带宽度是物镜截止频率的函数。为什么会存在截止频率呢？透镜将图像的光频率分解为不同的频率组分，较低的光频率组分（包含最少的图像信息）位于光轴中央，较高频率组分（包含更多的图片信息）位于边缘（图 3）。因此，当光收集的半锥角 θ 增大时，物镜可以收集的光频率也增大，能分辨更小物体。换句话说，物镜的固定直径限制了可以通过光的最大频率，即截止频率，V_c。V_c 在一定程度随 θ 的变化关系为

$$V_c=\frac{2\mathrm{NA}}{\lambda},\quad \mathrm{NA}=n\ (\sin\theta)$$

当光的频率高于 V_c（定义物体的细节）时，将不能够通过透镜成像（η=介质的折射率）。SNR 和分辨率之间的精确关系与图像特性和图像处理相关。图 4 显示一个点物体追踪的典型结果。物镜的截止频率和 SNR 共同限制了较弱光条件下的分辨率和可检测性。下面将详细讲述成像系统中影响 SNR 的因素。

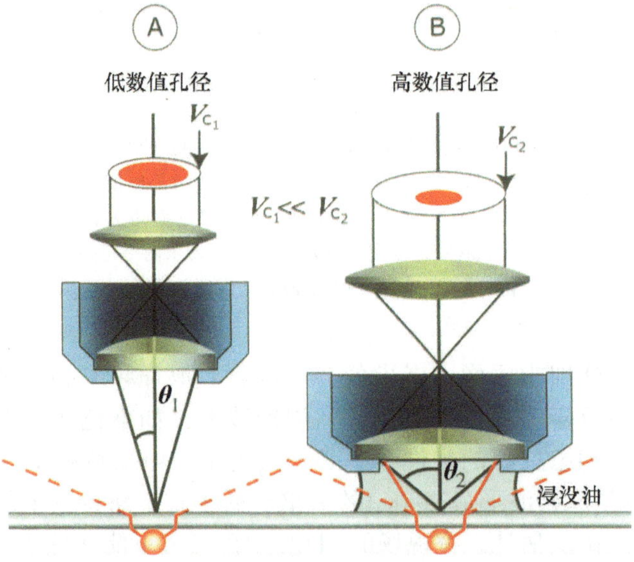

图 3　不同数值孔径物镜光信号收集比较

图示为两个具有不同数值孔径的物镜（左边为低 NA、右边为高 NA），黑线为由物镜 NA 所决定的接收光的半角锥形，半角 θ 越大，NA 值越高。左边物镜的 NA 比右边物镜的 NA 小，因此，θ_1 比 θ_2 小（红色虚线）。点光源发出的光通过盖玻片后呈现正常的扩散。较高 NA 的物镜吸收更多的来自样品的光。此外，采用折射匹配的浸没油限制了过多的折射，增强了物镜吸收的光子量（红色实线）。物镜截止频率说明对图像细节的影响。NA 值较高的物镜产生更加确定的图像，因为它能采集到 NA 较低的透镜所不能采集到的较高频率

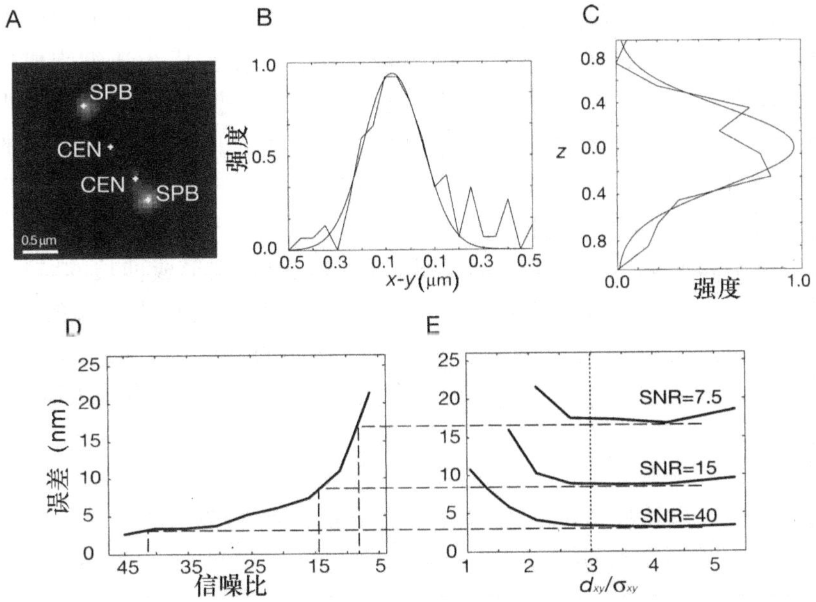

图 4 在实际应用中，SNR 对定位误差和分辨率的影响

A. 酵母有丝分裂纺锤体最大亮度投影。纺锤极体（SPB）使用 GFP 标记的 spc42p 进行标记。第三条染色体着丝粒（CEN）附近 DNA 采用 TetO/TetR GFP 标记系统（Straight et al. 1996；Ciosk et al. 1998）。B. $x-y$ 平面上的荧光点光源的 PSF 高斯近似分析。C. B 中荧光点光源在 z 平面上的 PSF 高斯近似分析。z 平面 PSF 高斯分布比 $x-y$ 平面更大。两个分布图的组合表示荧光点光源的 3D 模式。D. 单一点光源定位误差对 SNR 的函数。E. 单一点光源定位误差对三个不同 SNR 值时计算出的点与点之间距离的函数。注意从高到低 SNR 的垂直轴点。图像显示，物体已知的光强分布（按照我们的 PSF 分布）的中心位置可以在误差低于 20nm 下被确定（Bobroff 1986）。当 SNR＞15，精确度达 1nm。随着分离距离的缩短，精确度降低，瑞利界限用水平虚线表示。d_{xy} 是两点之间的分离距离，σ_{xy} 是高斯分布的宽度（D 和 E，经允许引自 Thomann et al. 2002）

亮度

活细胞成像中一个常见的问题是能否检测到物体的最低亮度。物体的可检测性和图像的 SNR 随着亮度的升高而增大。在活细胞成像过程中 SNR 的提高至关重要。光照强度和光照时间的提高会导致光漂白和光损伤产生，这使我们不能无限制地提高光照强度和时间。因此，我们必须提高激发光（激发）转化为可检测荧光（发射）的效率。也就是说，物镜必须尽可能多地收集发射的光子，同时显微镜将这些光子传导到相机，相机必须优化配置使发射光子能够转化为电信号。我们下面依次考虑以下因素。

荧光标记的物体内在固有亮度（B）依赖于单位体积的荧光基团数（密度）、激发光子的吸收能力（荧光基团猝灭率）、荧光基团吸收光子后产生荧光光子的能力（量子产率）。另外，需要考虑的因素是激发光和发射光的波长差别（斯托克斯位移，Stokes's shift），当激发光和发射光的光波长相近时，将不能够滤掉所有的激发光子，只能收集相当少数目（大约 10^{-6} 倍）的发射光子。与化学荧光团相比，GFP 有相对较

小的猝灭率、量子产率和斯托克斯位移，但一些 GFP 变体比其他 GFP 要好（Tsien 1998）。增强型 GFP（EGFP）有着较好的光稳定性，这使它成为活细胞成像中较好的荧光团。初步研究显示，一个蛋白质的固有亮度可以通过串联两个 GFP 而得到显著的增强。当对一个蛋白质复合体进行荧光标记时，选择复合体中局部浓度高的蛋白质可使我们的观察变得简便（不需要考虑基团的邻近效应产生的猝灭）。例如，在观察活细胞有丝分裂过程中纺锤体的变化移动时我们用 GFP 标记 Spc42p 蛋白，这一蛋白质在纺锤体极体中有很高拷贝。我们没有标记微管蛋白，因为它形成伸长的结构（图 4A）。纺锤体极体比显微镜衍射限度（约 0.24μm）小，从而呈现与放大无关的亮点（Bullitt et al. 1997）。因此通过荧光亮点的中心来测量纺锤体的长度和方向相对简便（图 4B、C）。相反，如果通过测量微管的范围来计算纺锤体的结构范围则有较大困难。

选择物镜

在荧光成像中，虽然显微镜的很多光学性质都会影响图像的亮度，但其中物镜的 NA 值影响很大（图 3）（综述见 Spector and Goldman 2003）。荧光图像可以检测到的亮度（b）计算式是

$$b \approx B\left(\frac{\mathrm{NA}^4}{M^2}\right)E$$

式中，B 为物体的荧光亮度；M 为放大率；NA 为物镜的数值孔径；E 为光学通透率。在其他条件不变的情况下，使用最高的 NA、最低的 M 可以达到最大的荧光亮度。当样品大小处于衍射分辨极限时，放大率将不会影响亮度。实际上，所有高 NA 值的物镜都有较高的放大率，放大率一般为 60×～100×。对酵母样品而言，100×1.4NA 的物镜效果比较好。对于物镜的透射率（E），避免使用相差物镜，因为相差环可以导致透射光损失大约 30%。同样需要避免在光路上使用 DIC 的相板和产生三棱镜，它们可以导致透射光损失多达 70%。对 400～700nm 波长的光，全色彩校正（平面复消色差，plan apochromat）物镜的透射率可以达 75%～85%。使用近全色彩校正透镜虽然提高的透射率很小，但作用却很大（详细介绍见第 18 章）。总之，活细胞成像中要使用落射荧光显微镜用的最高 NA 值的物镜，而不使用相差物镜。

滤光片和分色镜

落射荧光显微镜使用三种光学元件来选择合适的激发光和发射光，激发光滤光片，分色镜和透射光滤光片。图 5 是三种光学元件通常放置的位置。它们的吸收光谱可以从 Chroma Technology Corp 和 Omega Optical 公司及其他销售商下载。汞或氙发出的全光谱光线首先穿过放在显微镜背面的一系列远红外和紫外光滤光片（图 5A），然后再经过干涉滤光片，其只允许激发光波长的光通过（图 5B）。激发光然后通过分色镜将光反射到物镜和样品（图 5C）。样品发出的发射光通过物镜和分色镜，最后通过发射光滤光片后被相机收集或到目镜（图 5D）。滤光片生产商如 Omega optical 公司（www. omegafilters. com）和 Chroma Technology Corp. 公司（www. chroma. com）提供适合于不同应用的滤光片装置。很多情况下，所有的光学元件都被放置在单一支持物

中，称为滤光片立方体。在波长自动选择显微镜中，立方体中装有分色镜，而激发光和发射光则安装在分开的电动轮中。

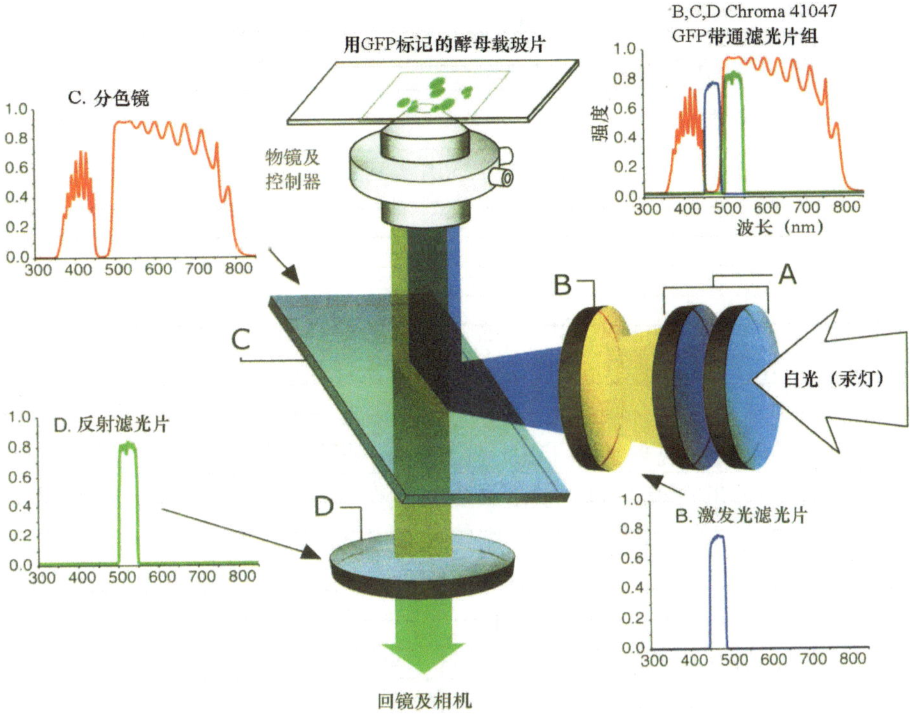

图 5　落射荧光显微镜系统中的滤光元件

A. 全光谱可见光进入到紫外、红外等一系列的滤光片中，去掉过量的损伤光波。B. 光波然后通过激发光滤光片被过滤，只有波长 450～500nm 的光波能通过，通过的光到达一个有角度的分光镜被反射进入物镜和样品载玻片。C. 分光镜不仅选择性地反射激发光，也允许从样品来的发射光通过。在这个例子中，只有波长 450～500nm 的光波被反射，从 GFP 分子发射的发射光（510～530nm）和其他背景的荧光通过分色镜进入发射光滤光片。D. 光束通过分光镜后被选择性地过滤，只有波长 500～550nm 的光进入 CCD 成像或目镜。因此发色光滤光片去掉了通过分色镜的自发荧光信号和激发光波长。Chroma 41047 图显示每一个 GFP 带通滤光片组中各个光学滤光片（元件）的重叠光谱图。

滤光片组的选择和组装是一个很棘手的问题。如果将波谱图和落射荧光显微镜的几何学联系起来，这个问题就不难理解了（图 5）。落射荧光显微镜的波长过滤依赖于它的二色性能，低于某一特定波长的光经它反射，较长波长的光可以透射（多色分光镜则有多个反射和透射的转换点）。激发光和发射光的短波通和长波通滤光片用波长来表示，这一波长是被吸收和透射光的临界波长（图 6A、B）。另外，带通滤光片用最大透射光波长（中央波长）和允许光波长宽度（最大透射光波长宽度总长的一半处；如 520/20）来表示。通过对装置中每一个光学元件的特性进行分析，可以针对特定的用途选择不同的滤光片组，但是对一些特殊实验需要单独优化光学配置。

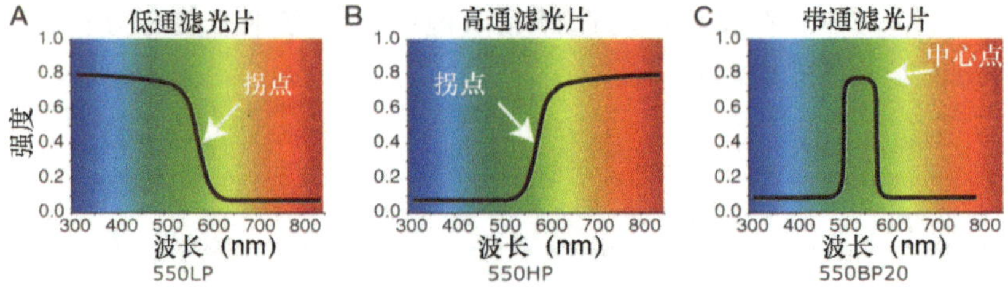

图 6 滤光片类型

A. 低通滤光片选择性地允许低于 550～600nm 的光。较长波长的光被低通滤光片阻止而不能通过。B. 高通滤光片选择性地让高于 550～600nm 的光通过。C. 带通滤光片只允许 525～625nm 波长的光通过，阻止所有短波长和长波长的光通过

在 GFP 标记的酵母活细胞成像中，滤光片组的设计必须在灵敏度和可选择性之间达到平衡。因为 GFP 的斯托克斯位移很小，经常让样品的所有发射光通过而牺牲掉一部分激发光。一些酵母品种有很强的自发荧光，因此，必须改善滤光片组设计尽量使这种背景最小化。我们发现长波通 GFP（Chroma 公司，HQ500LP）发射光滤光片对表达增强型 GFP 的酵母有很大的灵敏度。当自发荧光影响我们的实验观察时，尤其是使用腺苷酸缺陷型（ade^-）的品种时，则需要使用 GFP 发射光带通滤光片（Chroma 公司，HQ525/50nm）。在双色成像过程中，需要检测滤光片和荧光基团组合以避免波长重叠。然而，使用青色荧光蛋白（CFP）/GFP 或 CFP/YFP（黄色荧光蛋白）通常效果比较好。因为 GFP 比 CFP 光要亮，而且不易形成荧光猝灭，因此丰度低的蛋白质应该用 GFP 来标记。此外，YFP 和 CFP 还可以作为 FRET（荧光共振能量转移技术）中的一对荧光标记，参考第 6 章。

活样品曝光必须是尽可能短的曝光时间和尽可能低的光照强度。在我们用 GFP 标记的纺锤体和染色体成像中，通常使用每个 z 轴光层曝光 50 兆秒并用中性密度（ND）滤光片减少曝光量 5～10 倍。为了有合适的曝光强度，需要准备有较宽范围的 ND 滤光片。

设置相机

相机的设定和配置是图像亮度和分辨率的决定性变量，因为单色相机总是比彩色相机更有效，所以我们在这里只考虑单色电荷耦合（CCD）相机。显微镜连接单色相机后，在不同激发光和发射光滤光片下曝光，颜色是根据滤光片特性在曝光后加上的伪彩。CCD 相机的构造是一个相对复杂的问题，我们在此不在细节上描述（见第 4 章）。但是为优化相机的性能，对它的工作过程有一个基本了解是有帮助的（图 7）。CCD 相机的核心是一个芯片，它包抱一个由光敏探测器即像素组成的长方形区域，像素通过一定的量子效率（QE，它随波长而变化，对于蓝光是 60%～80%）将光子转换为电子。在一次曝光发生后，在每一个像素上产生的电子数目由模拟到数字转换器（analog-to-digital converter，ADC）决定，每个相机一般只有一个 ADC。CCD 每个像素上的电子必须通过一系列的位置转移，移动到 ADC 上，直至整个芯片被读出（图 7）。因此，既使一个相机以同时进行的方式收集光电子，像素的读取也是一个有序的

连续过程，这限制了 CCD 相机的运行效率，并且需要被读取的像素数目越少，被记录的框架比率（通常作为帧频）越高。最简单的增加帧频的方法就是减少由 ACD 读取的 CCD 区域。酵母细胞足够小，甚至在 100×物镜下，具有 64×64 或 128×128 像素的 CCD 区域就已经足够了。第二个增加帧频的方法是将邻近像素在到达 ADC 前合并，称为芯片上合并（on-chip binning）。除了快的读取，合并以牺牲分辨率为代价增加了 SNR。合并在一个图像中的影响，主要为它在 CCD 阵列中的像素对图像产生一个区域采样，并继而形成不同的二维波形。依据奈奎斯特标准，像素阵列采样频率必须是空间频率的 2 倍。图像最高频率由物镜截止频率 V_c 决定，我们因此按照以下公式决定像素间距 Px：

$$Px \leqslant \lambda M/4\mathrm{NA}$$

对于一个 100×1.4NA 的物镜，最大可接受的像素间距为 8.9μm。例如，一个 Roper Cool SNAP HQ 行间转移 CCD 相机如果没有合并，具有像素大小为 6.25μm×6.25μm，对于一个 100×1.4NA 的物镜，放大样品图像 1.4 倍（相对奈奎斯特标准）。这对于小的衍射限制物体是有效的。相对而言，2×2 的合并（产生 12.5μm×12.5μm 的大像素）会是不利的。

CCD 相机有三个噪声来源：黑暗噪声，光子噪声，读取噪声。黑暗噪声涉及由热而非光子吸收进而随机产生的电子，它存在于 CCD 阵列上的光敏元件。现代显微镜将 CCD 冷却至－30～50℃，可有效使黑暗噪声忽略不计。光子噪声，又称为散粒噪声（shot noise），是由光波束中不同光子流的变异产生的，光子噪声表现出泊松统计方式，由信号的平方根决定，是光子的固有特性，不能通过改变相机设置或操作步骤而消除。读取噪声，涉及前放大器、ADC 和其他的一些相机电子元件（www.roperscientific.com）的缺陷而引起的光电子数测定的不确定性。读取噪声与相机质量有关，因此在设计相机电子元件时需特别小心，但对于一个给定的相机，读取速率越高，噪声越大。理想的成像条件应该是不受相机设置的限制，而只受限于光子计数的物理学，在这些条件下，通常称为光子限制成像（photon limited imaging），光子噪声是主要的。然而对活体样品并不总是能在这个范围内，我们发现的成像是受仪器限制的。在这种情况下，找到最低噪声的相机和设置是重要的。例如，用 Cool SNAP 相机，在 CCD128 像素×128 像素的区域，曝光 50ms，我们发现在读出速率从 20MHz 降到 10MHz 时，SNR 显著降低，而帧频下降不多。

总结来说，对酵母活体成像，最好只用百万像素 CCD 相机的一小部分。这使得可在保持低的 ADC 读取率而增加 SNR 的同时增加帧频。通常避免合并图像，如果要合并，最好按上述进行一个简单的计算以决定所用的显微镜是否合适。如果可以合并，则图像 SNR 将会增加，因为在一个低的光强度下，信号只有光子噪声限制。在结束相机这个问题前，有必要提一下行间转移型 CCD 的结构，它对帧频有重要影响。在一个行间转移 CCD 上一系列屏蔽的像素（无感光性）插入在光敏探测器之间。这种行间转移 CCD 有一个原始记录阵列和次级屏蔽阵列，整帧可以以平行方式从记录阵列转移到屏蔽阵列，并且屏蔽阵列接着可以被数字化，在数字化同时，先前的记录阵列可以记录下一次曝光，这使得不用快门记录图像成为可能。客观地说，行间转移 CCD 也具有缺点，插入的屏蔽阵列，降低了芯片对光的反映，因而降低了相机敏感度。近期的相机是在每一个像素上装上一个小镜头，使来自屏蔽元件上的光聚焦在感光元件上来解决这一问题，因而达到了同时增加速度和敏感度的目的，行间转移 CCD 相机是近来高速度活体作图的最好选择（图 7C）。

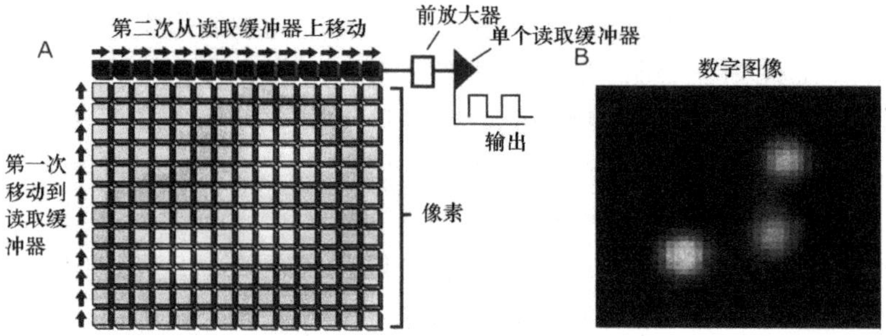

C

CCD区域（像素）

合并	1392 x 1040	256 x 256
1 x 1	7	12
3 x 3	11	14

帧频（幅/s）

注意：20MHz用50ms的曝光时间

暗电流：0.05 $\frac{e^-}{\text{像素/s}}$

读取噪声：6 e^- @ 10MHz
8 e^- @ 20MHz

图 7　CCD 芯片结构

A. 由显微镜进入的光子撞击 CCD 光敏探测器表面，这些光子在预定的曝光期间被记录并被转换为电子，电子数目通过阵列顶端的单个读取缓冲器转换为信号的强度。为了读出 CCD 阵列上的每一条线，信息必须同时向上移动一行，直至整个图像被读取缓冲器依次读出。B. 结束后，通过一一对应的强度值，原始的数码图像被构建。C. 一个有高性能的行间转移型 CCD 相机的特征

活体细胞成像的样品准备和装样

活体显微镜操作最单调的部分就是保持细胞生长，并且防止其在成像过程中的浮起，接下来的部分就是描述选择合适菌株、准备培养基、保持细胞在合适条件下的方法步骤。

菌系和生长

如果酵母生长在营养缺乏的条件下，特别是 ade^- 菌株，自发荧光是一个重要的问题。在 ade^- 菌株中，腺嘌呤生物合成中的一个有色中间代谢物——氨基咪唑核苷酸（phosphoribosylaminoimidazole），在外源腺嘌呤缺乏的条件下积累到一个高的水平，在蓝光激发下产生强的荧光（Stotz and Linder 1990）。实际上，在遗传分型测验中，氨基咪唑核苷酸使 ade^- 酵母细胞产生了与众不同的红色（Ishiguro 1989）。自发荧光可以通过用 ADE^+ 遗传背景、提供足够的必需氨基酸和施加 20μg/mL 的外源腺嘌呤的合成

完全（SC）培养基来降至最低。另外，培养物应维持在细胞为 5×10^6 个/mL 以下4～10 代，并应在装样和成像前更换培养基。

载玻片准备

虽然可以直接在盖玻片下放置活体酵母培养物，但我们发现，在直接装片下，很难避免物理损伤，也难以把细胞固定在一定位置，因而我们推荐使用在载玻片上形成一个 1.2%并有一定凹陷的琼脂糖层。这个体系，不仅可以更好地固定细胞的位置和防止意外损伤，并且为细胞提供一个充足的营养以维持其体外活力。琼脂糖层的使用对时程实验特别重要，我们已经成功地用它维持细胞在正常条件下生长 8h，甚至更长的时间（图 8）。

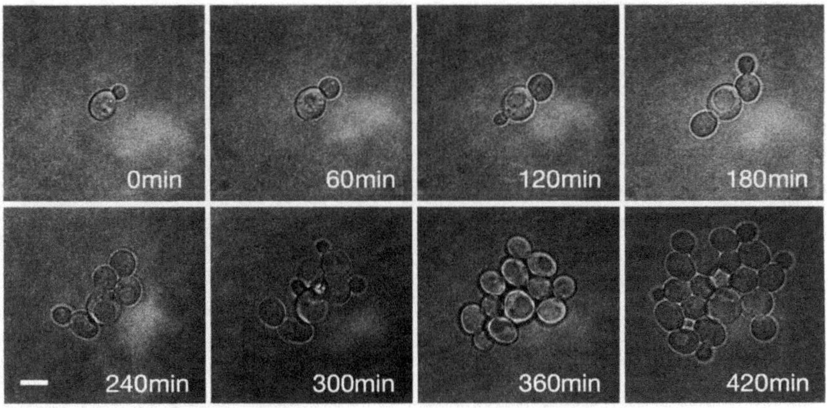

图 8　酿酒酵母细胞生长在含琼脂糖层的载玻片上

细胞培养至对数期，用这一章所述技术以细胞 1×10^7 个/mL 的密度将其封装于载玻片上，载玻片可在 30℃条件下培养 8h 以上，每隔 60min 用相差显微镜观察生长速率。培养细胞数量每 90～100min 增加一倍。标尺，4μm

准备具有琼脂糖垫层的载玻片

（1）准备琼脂糖粉溶液，混合 10μL 含有氨基酸混合物的全营养 SC 培养基（Bio101，www.Bio101.com）、20μg/mL 的腺嘌呤和碳源（如 2%的蔗糖），加入 1.2%的琼脂糖粉，微波炉加热融化琼脂糖粉。

（2）加入 200μL 融化的琼脂糖/SC 溶液至 60℃预热的带一个约 18mm 的半球下陷（VWR，www. vwr. com）的载玻片上（图 9A），立即用常规的显微载玻片直接盖至琼脂糖层上，拇指按压上部载玻片 1min，使琼脂糖凝固（图 9B）。

多余的琼脂糖在边缘被挤出，在此过程中，保证琼脂糖中间无气泡是必需的，并使琼脂糖在载玻片表面形成一个平面，为防止脱水，在细胞准备好至装载前应保持上部盖玻片一直在原位。

（3）准备一个 22mm×22mm，No. 1. 5（0. 16～0. 19mm）盖玻片（VWR）用于细胞装片。用干燥的刷子或者手动吹风机（如来自 www. watchpartsusa. com 或者 www. nationaljewelerssupplies. com 的 Bergeon 吹尘器 ）去除表面尘埃，确保除去盖玻片上杂物，因为它们会阻止盖玻片与琼脂糖粉的结合。

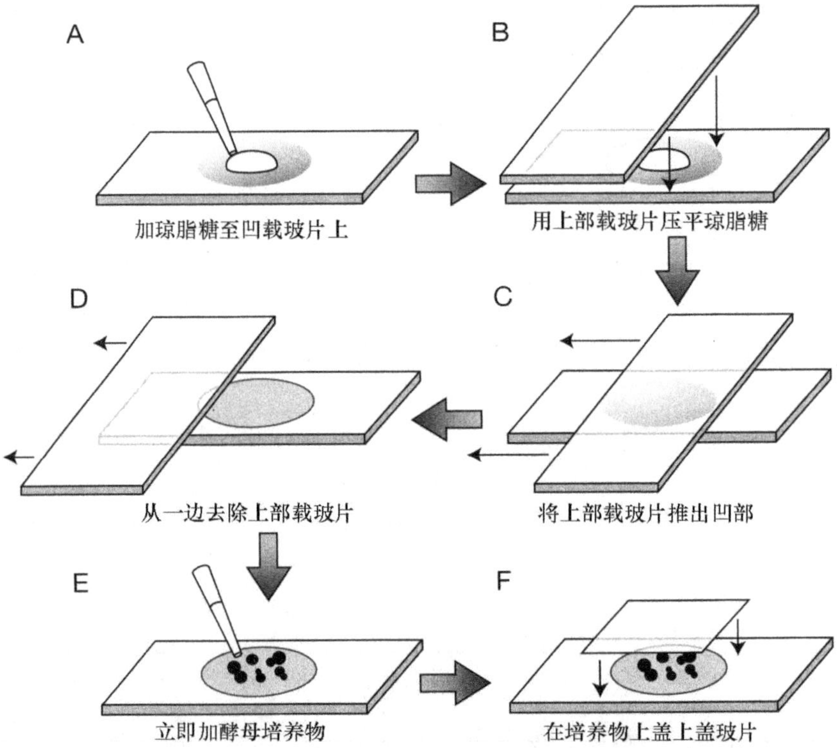

图 9　制备带琼脂糖垫层的样品载玻片和封固酿酒酵母细胞

A. 用移液器将 200μL 的琼脂糖/SC 全培养基混合物加到预热至 60℃的凹载玻片上；B. 用另一个预热的载玻片直接放于琼脂糖层表面，按压 60s，直到琼脂糖凝固；C. 将上部载玻片沿凹载玻片轻轻滑动以缓缓移除；D. 上部载玻片移除后，去除下部载玻片凹部周围多余的琼脂糖，形成一个平的表面；E. 用小的移液器立即加入 2.2μL 酵母培养物至琼脂糖层中央；F. 用边上涂了凡士林的无尘的盖玻片轻放于酵母样品表面，去除盖玻片周围空气，大气泡可以沿辐射方向按压去除

避免使用擦洗纸（如 Kimwipes），因为它们会在表面留下刮痕和造成荧光，同时应尽量避免使用无尘的或者相近的压缩玻璃产品，因为它们常含有少的高荧光成分。

盖玻片在光学通路中是一个重要而又易被忽略的部分。物镜的特别设计使之与特定厚度的盖玻片结合工作，一般 No. 1. 5（厚度 0. 16～0. 19mm），并且合适的选择可以提高图片质量，对多数精确作业来说，度量厚度并选择在正常尺度上下浮动 0. 002mm 的盖玻片是一个好的方法。在任何工具店里提供的一个数字微米计都是适合测量厚度的（如 www. mscdirect. com）。

（4）使用高质量的 100%纯的石油胶（如凡士林）加在盖玻片外边缘的各个边，用牙签将很少量胶状物放于角部，用手指轻轻地缓缓移至外边缘使胶均匀分布。

石油胶防止细胞培养物快速蒸发，并且使盖玻片放于琼脂糖层表面后二者有好的结合。

装载细胞

（5）取 1mL 处于对数期的酵母培养物，放于离心管，在低速（4000r/min）下离心 1min，应避免离心过度。

（6）去除上清，用 0.3～0.5mL 新鲜的 SC 培养液［同步骤（1），但不含琼脂糖］重悬细胞。

所加体积由步骤（5）中所得细胞沉淀物大小和最后在显微镜载玻片上所需的细胞终浓度决定。

（7）沿着凹载玻片的长边轻轻推移，去除上部载玻片，使琼脂糖层露出（图 9C、D）。这一步应该释放两载玻片中间的部分，并在下部载玻片上留下一个光滑的琼脂糖层，如果有大的琼脂糖块存在，小心将其移除。

（8）取 2.2μL 重悬的细胞培养物，转至平滑的琼脂糖层上，在细胞培养物上轻轻盖上盖玻片（图 9E、F），轻压盖玻片外边缘，使细胞与盖玻片紧密结合，不要用力过大或在盖玻片与载玻片间出现滑动，因为这样细胞可能会受损伤。

（9）用少量指甲油涂在盖玻片 4 个角，防止在成像过程中它在琼脂糖层上滑动。

仪器设备：条件控制和光学显微镜

环境控制装置

温度敏感的酵母菌株非常适合活细胞显微操作，并且它为确定单个基因在活细胞动态进程中的作用提供了机会。然而，必须要控制酵母生长环境的温度，因为载玻片通过油与物镜相连，使物镜成为一个吸热源。活细胞酵母显微操作可以在正置或倒置显微镜上进行，两者都有合适的商业化的环境控制系统。对于酵母细胞，不必用动物细胞的精密环境控制箱，因为酵母对 O_2 和 CO_2 水平的调控需求并不严格。当选择或建立控制系统时，注意高 NA 物镜的几何限制是很重要的。这些包括一个直径相对较大的镜体、直接与样品接触（通过浸没油）以及一个相对短的工作距离。在我们的实验中，用一个载物台加热器、一个物镜加热器和前面所述的凹载玻片系统来维持酵母细胞在 15～40℃条件下生长多个小时。将容许温度快速变为非容许温度的最好方法是使用预热多个物镜而非通过改变单个物镜的温度，而这种改变方式需要对装载油的选择进行考虑（见下文）。

构建温度调节的载玻片支架

一个简单的载物台加热器可由一个内距 4 英寸×2 英寸×0.5 英寸的黄铜盒构成，这种水浴系统与传统的电阻加热系统相比的一个优势是当循环开始或结束时，温度更加稳定平缓。另外，冷却循环系统可以使冷敏突变体冷却至室温以下。

一个完整的温度调控组件必须与显微镜洁净地连接，其结构见图 10D 显示的详细设计（以倒置显微镜的构造为例）。

（1）在黄铜箱子上钻一个 1 英寸大小的孔使白光能通过。沿箱体长度钻交叉的孔，用盖子封住。将黄铜箱的孔与水循环系统的导管连接，构造一个热水或冷却水通道（图 10A）。

(2) 将温度圈（可从 Bioptechs Inc 公司得到，www. bioptechs. com）置物镜上，以调节其温度（图 10B），同时阻止热量传递至显微镜底部。在使用温度圈时要格外小心，因为它比较大，在载物台移动时可能引起物镜碰上载物台。

(3) 插入小的钢针，牢固地把载玻片固定于黄铜盒和陶瓷的底部垫子上，防止因为与显微镜载物台连接而导致热丢失。

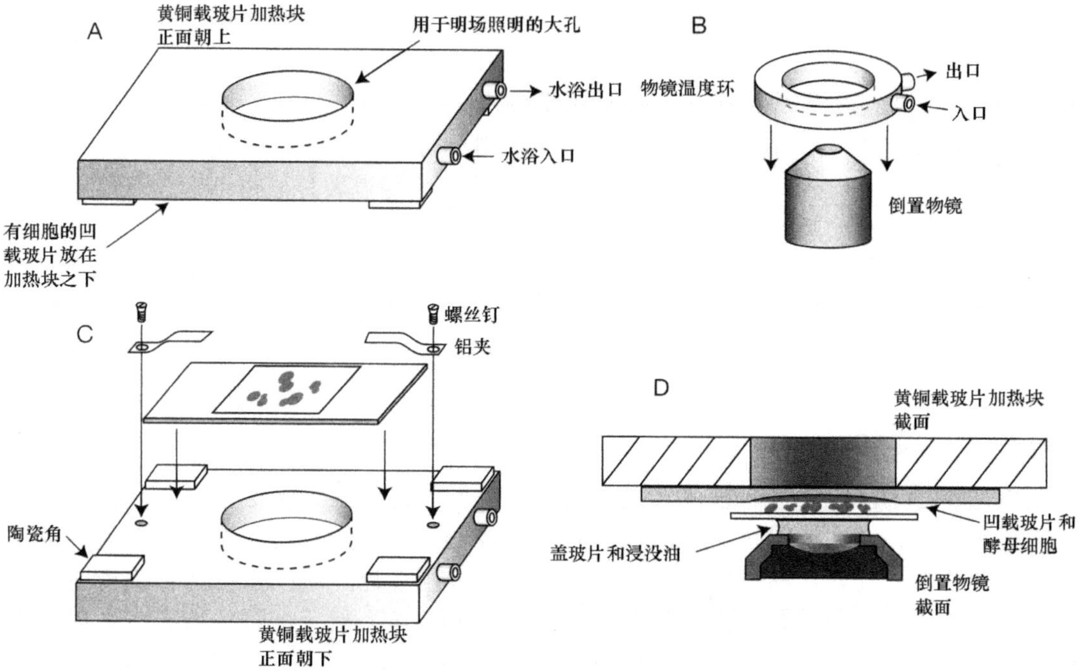

图 10　温度控制模块与物镜组装

A. 用液体控制的热块维持样品载玻片在所需温度。加热块的通道允许液体在一个孔进入并在另一个孔流出。加热块的中间直接钻有一个大的孔，允许光照在样品载玻片上（一般与加热块底部结合，便于与倒置显微镜整合）。用一个隔热陶瓷垫加在加热块底部以隔绝载物台与带载玻片的加热块之间的热传递。B. 商业的物镜用液体温度调节圈。圈与液体循环系统结合，一般由温度控制的循环水浴提供。C. 温度调节块的倒置示意图。小的铝夹子和螺丝钉被用于固定样品载玻片至温度调节块的底部来配合倒置显微镜。对于正置显微镜，螺丝钉和夹子可以放在温度调节块的上部。D. 完整组装的热块，包括样品、载玻片和浸没油，放于倒置显微镜的物镜之上

商业化的环境系统

商业化的温度控制系统是可用的，它们在构造、式样、选择和价格范围上有较大的差异。一些系统与上面所述的相似，只是一个连接了电阻热线圈的铝制载玻片架。此外，为哺乳动物细胞的显微观察特别设计了可精确调控温度的培养皿（www. bioptechs. com）。这些系统并不很适合酵母的研究，因为所研究的许多哺乳动物细胞是黏附在盖玻片上的，但是酵母细胞却是流动或一直旋转的。最后，附在多数显微镜上的聚丙烯塑料腔室也是可用的，可以用于控制空气温度和显微镜温度（www. lis. ch/thebox. html），这一系统具有保持整个显微镜、载物台和物镜一直处在需要的温度下的优点，但是所需花费比一个台面装载控制系统大得多。不管用的是哪一个系统，必

须使用小的薄膜 RTD 温度传感器或数字温度计（www. omega. com）检测载玻片的温度尽可能接近于样品温度。我们发现样品实际温度与循环水浴温度存在 1～3℃的差异。

限制几何偏差

镜头几何上的不完美或者样品装载不当会以不同方式影响点扩散函数的形状(point spread function，PSF)（图 11)。一个倾斜的或者没有对齐的镜头会使 PSF 发生偏差以至于它不能垂直于图像层叠或者在半道弯曲（图 11B)。这种类型的 PSF 暗示物镜是倾斜并偏离中心的，并且不能由使用者纠正。当 PSF 对称性在纵向或轴向被破坏(图 11C)，就会出现球面偏差的问题。球面偏差可能由物镜问题或者使用不适当折射率的浸没油导致。相对于显微镜的分辨率，酵母细胞很小，需要球面偏差最小，因为即使很小的轴向偏差也会导致产生很大的错误。球面偏差可以通过选择合适折射率的浸没介质有效地消除。

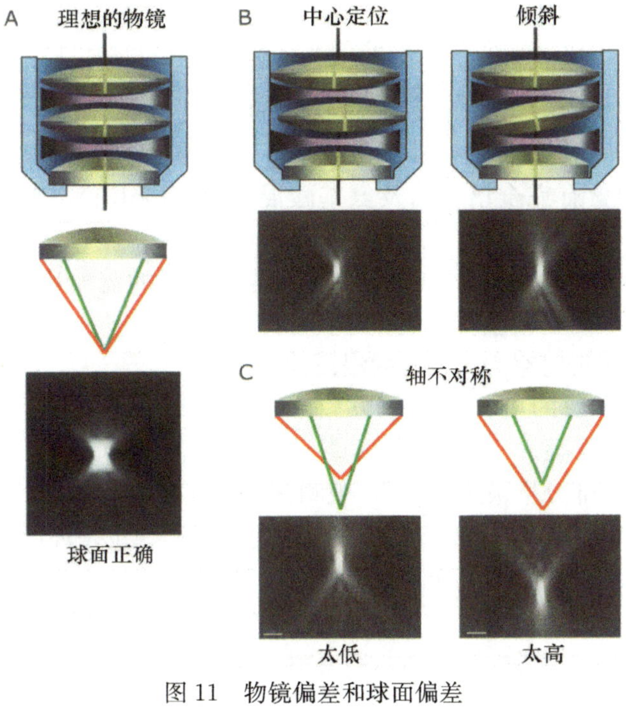

图 11　物镜偏差和球面偏差

A. 一个理想状态的物镜应该从一个单一的聚焦点对称地收集光子（红或绿线展示）。选择合适的浸没介质，来自一个单个荧光点的光产生正确球面或者对称 PSF。B. 物镜内的元件没有对齐引起 PSF 变形，物镜可以被错误排列（如中心定位）或者有一个轻微倾斜构造。物镜构造问题引起 PSF 改变垂直于 $x-z$ 面或者对点光源起始形成弯曲而不对称。C. 有瑕疵的曲率玻璃导致从空间不同轴漂移位置收集光线，导致轴的不对称（也被认为是球面偏差），发生 PSF 上的偏差。球面偏差也可以因为使用不当折射率的浸没油引起。所有的偏差都会引起信号强度的降低，并且使最终图像变形

用浸没介质使折射率协调

浸没物镜被设计用来同油或者水介质联合工作，而不是两者都可，如物镜外壳边

缘所标记的那样。浸没油的折射率越高，照入物镜的光的范围越大，因此大 NA 物镜是油镜（图 3）。环境因子，特别是温度影响封固和浸没介质的折射率，两者任一个不配对都会导致球面不对称。通过在一个小的范围内改变浸没介质的折射率，使对培养基、盖玻片厚度和温度进行校正成为可能。含有折射率为 1.500～1.534，以 0.002 增加的浸没油的试剂盒可以从 Applied Precision 公司（www. api. com）或 Cargille Laboratories 公司（www. cargille. com）获得。对给定的温度，选定哪一种油，主要凭借经验对不同油的 PSF 的分析。当光的分散角度在点光源以上比它下面要大，封固介质的折射率就太高；反之就太低（图 11C）。当 PSF 在 z 轴上接近对称，合适的折射率就被确定了。我们发现用于成像的活细胞在 30℃，用 No. 1.5 盖玻片，选折射率 1.518 的油是合适的；在 37℃，合适的折射率可以高达 1.526 或 1.528。尽管开始时油的配对是冗繁的工作，但之后的流程就是很常规的操作，所以值得这样去做。

实验确定 PSF

在典型的成像条件下确定一个物镜的 PSF 有助于鉴定该物镜的瑕疵和样品准备时出现的问题。下面的方法描述了一种 PSF 确定的实验。

（1）细胞封片所用的相同的培养基稀释一系列小的异硫氰酸荧光素（FITC）结合的珠子［SC 培养基中含有完全培养基及氨基酸混合物（Bio101），腺嘌呤 20μg/mL 和碳源］。

（2）将 2.2μL 的珠子混合物加到有多聚赖氨酸涂层的盖玻片上，然后用指甲油封住它，移到一个标准的显微载玻片上。

室温下首先试用折射率为 1.516 的浸没油。

（3）当在点荧光源的上、中和下方聚焦（用自动化系统），在一般的步距（如 0.020μm）收集图像层叠。

（4）一旦光学 z 部分堆被旋转 90°，观测其对称性和模糊度。

正确的球形 PSF 在点荧光源的上面和下面完全对称，也是环形对称。

（5）改变浸没油的折射率直至得到对称的 PSF。

光伤害

如上所讨论的，在活细胞分析中，光毒性和光漂白是很大的问题，GFP 光漂白的精细机制现在还不清楚，据目前所知，不是因为蛋白质的破坏或者降解，而是长时间的持续曝光，激发波长不可逆地改变了 GFP 分子，使它不再发出荧光，这一特性可用于荧光漂白后的恢复（FRAP）实验（见第 5 章），并且它是研究细胞骨架动态的一个常用途径。

光毒性间接地指由于长时间或者短时间但过度曝光引起的对活细胞的有害效应。与光漂白相比，光毒性很难辨别，因为它难以直接测量，有 DNA 损伤（紫外光）或蛋白质损伤（红外线）产生的结果。另外，荧光素过多的曝光导致氧自由基的产生，这也对细胞的生长产生消极影响。在活细胞图像收集中，为避免不可预料的效应，在显微系统中加入干扰滤光片是很重要的。经常，多个滤光片可以重叠放置。特定的滤光片组可以将不同的滤光片结合使用（www. chroma. com 和 www. omegafilters. com）。对细胞进行3D显微操作会增加光毒性和光漂白，多个图像层的收集需要持续重复地曝光，根据图层的数目不同，曝光量成倍数增加。因而，用荧光进行活细胞成像分析，需要对显微镜的细节和设置进行全面考虑。

为最小化光漂白作用，可以采用一个带通激发光滤光片（如 Chroma 公司，HQ470/40x）和一个红外线阻断的滤光片并结合一系列的发射滤光片以阻止不想要的紫外和红外光。同时，中性密度滤光片可以减少所有波长激发光的强度，这些滤光片用一个数值表示，这个数值随通透率的增加而降低，这些滤光片在0.10（80%通透率）～3.0（0.10%通透率）时可用。所有滤光片都需要定期维护，尤其对需突然在强光下曝光的滤光片，如激发或中性密度滤光片。我们发现这些元件将会变差，出现小的缺陷，逐步出现针孔，在6个月高强度使用后需要更换。

最好的曝光时间和中性密度滤光片结合必须被确定，并且依赖于需要重复曝光的频度和成像过程的动态。我们发现在50ms和一个0.500中性密度滤光片对快速收集图像效果最好，如每时间点14～20图像层，时间点间隔5s收集影像。使用EGFP标记的纺锤极体和单个染色体标记，在上述成像条件下，我们可以得到一个有100个时间点共10min长的影像。

发展前景

在未来几年，预期在活细胞显微成像和自动化图像分析上可以取得进展。机械视觉方法能快速将图像信息转化为量化信息以研究分子机制和用于筛选。另外，机械视觉方法提高在瑞利衍射限制之上的显微分辨率，能处理对人来说太模糊的图像。机械视觉方法有潜力解决活细胞成像中的许多问题，包括光毒性、光漂白、大数据流和主观数据分析。

网络资源

www. chroma. com Chroma Technology 公司网站。关于滤光片基本知识网上手册以及 GFP 滤光片说明书和吸收光谱。

www. hamamatus. com Hamamatus Photonics 公司网站。相机的领头制造商。

www. microscopy. fsu. edu Molecular Expressions Primer 公司网站。

Point - Spread - Function：点扩散函数；Fluorescent Point - Source：荧光点光源。显微镜信息的良好来源，有许多关于显微镜重要概念的互动展示。

www. omegafilters. com Omega Optical 公司网站。有在线滤光片多重光谱曲线。

www. roperscientific. com Roper Scientific 公司网站。相机的领头制造商提供的技术资料库。

参考文献

Bobroff N. 1986. Position measurement with a resolution and noise-limited instrument. *Rev Sci Instrum* **57:** 1152–1157.

Bullitt E, Rout MP, Kilmartin JV, Akey CW. 1997. The yeast spindle pole body is assembled around a central crystal of Spc42p. *Cell* **89:** 1077–1086.

Ciosk R, Zachariae W, Michaelis C, Shevchenko A, Mann M, Nasmyth K. 1998. An ESP1/PDS1 complex regulates loss of sister chromatid cohesion at the metaphase to anaphase transition in yeast. *Cell* **93:** 1067–1076.

Inoue S. 1995. Microscopes. In *Handbook of optics*, 2nd ed. (ed. M Bass et al.), vol. 2, pp. 17.1–17.50. McGraw-Hill, New York.

Ishiguro J. 1989. An abnormal cell division cycle in an AIR carboxylase-deficient mutant of the fission yeast *Schizosaccharomyces pombe*. *Curr Genet* **15:** 71–74.

Spector DL, Goldman RD. 2003. *Essentials from cells: A laboratory manual* (Laboratory Essentials on CD). Cold Spring Harbor Laboratory Press. Cold Spring Harbor, NY.

Stotz A, Linder P. 1990. The *ADE2* gene from *Saccharomyces cerevisiae*: Sequence and new vectors. *Gene* **95:** 91–98.

Straight AF, Belmont AS, Robinett CC, Murray AW. 1996. GFP tagging of budding yeast chromosomes reveals that protein–protein interactions can mediate sister chromatid cohesion. *Curr Biol* **6:** 1599–1608.

Thomann D, Rines DR, Sorger PK, Danuser G. 2002. Automatic fluorescent tag detection in 3D with super-resolution: Application to the analysis of chromosome movement. *J Microsc* **208:** 49–64.

Tsien RY. 1998. The green fluorescent protein. *Annu Rev Biochem* **67:** 509–544.

（张秀芳　孟栓　李敏　译　方玉达　校）

第 20 章　线虫的活细胞成像

Benjamin Podbilewicz[1] and Yosef Gruenbaum[2]

[1]Department of Biology, Technion - Israel Institute of Technology, Haifa, 32000, Israel;

[2]Department of Genetics, The Institute of Life Science, The Hebrew University of Jerusalem, Givat Ram, Jerusalem, 91904, Israel

秀丽隐杆线虫（*Caenorhabditis elegans*）是应用于各种活细胞显微镜技术的理想生物。它是一种自由生活在土壤中以细菌为食的小型线虫（成虫体长约 1mm）。

线虫包括两种性别，雄性线虫只产生精子，而雌雄同体线虫的既能产生精子也能产生卵子，具有通过自体受精进行自我繁殖能力。雌雄同体线虫的生命周期约为 3.5 天，虫体结构也非常简单，由 959 个体细胞组成，但是这些体细胞的主要类型有肌肉细胞、神经细胞、肠细胞、真皮细胞及生殖细胞。线虫的受精以及胚胎发育的起始都在雌雄同体线虫的体内进行，当胚胎发育开始后，线虫开始产卵，胚胎在卵内继续发育，从第 1 轮分裂开始到卵的孵化，大约需要 800min。幼虫经过 4 个发育时期（L1～L4）后变为成虫。成年的雌雄同体线虫能在繁殖期的前 4 天内产下约 300 枚受精卵。

线虫用于活细胞成像主要有以下优点：首先，线虫通透性好，在整个生长周期内都便于用显微成像技术观察整个虫体；其次，对线虫所有的细胞系都了解得非常清楚，这为实时研究发育以及分化等生物学过程提供了可能；再次，线虫基因组测序信息已经公布，方便基因数据查询；最后，线虫相关的转基因技术、RNA 干涉（RNAi）技术以及大量突变体的存在和精密的遗传学分析方法都使线虫在活细胞成像研究中具有得天独厚的优势。

本章我们概括了一些线虫活细胞成像中样品准备的技术，结合图像与影像提供几个运用这些技术的范例，同时也提供了一个简单的故障排除指南（表 1）。首先让我们来简单回顾一下线虫活细胞成像的发展历程。

表 1　线虫活体成像的故障排除指南

问题	解决方法
成像过程中动物运动过快	观察时用更少的缓冲液，或者用吸水纸利用虹吸作用吸走一些缓冲液
幼虫运动离开观察视野	可以在盖玻片的中央加入少量的大肠杆菌 OP50 作为幼虫的食物，幼虫就会待在食物附近
胚胎抽动或者运动太快	在 4～8 °C 低温环境下观察样本可以解决这个问题
动物运动	在缓冲液中加入叠氮化物（3～10mmol/L）或者左旋咪唑（1mmol/L）
时程成像过程中聚焦点漂移	让工作环境温度稳定的保持在 20～22℃
时程成像过程中聚焦点微小漂移	手动上下调整载物台 1 次或 2 次直至载物台稳定（误差固定）。有时成像时需要坐在显微镜旁边看好胚胎
有未聚焦荧光	可用共聚焦或者去卷积（deconvolution）显微镜进行观察

续表

问题	解决方法
样品无法在多聚-L-赖氨酸涂层玻片上黏附	用水取代缓冲液，因为高盐可能影响结合能力。同时也可以考虑用新的多-聚-L赖氨酸涂层玻片
在观察目标附近有气泡	用镊子轻轻挤压盖玻片可以赶走气泡，或者准备一个新的载玻片用镊子小心地把盖玻片铺在上面

线虫与显微镜技术：简史回顾

线虫是可以在活细胞水平研究其细胞、亚细胞生物学进程的理想模式生物。伴随基础细胞学理论的发展，光学显微镜研究活体线虫开始于19世纪。Otto Bütschli在1875年观察并报道了卵子发生过程中的极体（Chitwood and Chitwood 1974）。1883年，Edouard van Beneden通过观察同源染色体的分离发现了遗传的细胞学基础（Chitwood and Chitwood 1974）。19世纪末、20世纪初，Theodor Boveri观察到体细胞以及精细胞（胚胎的分裂球包含所有的遗传信息，能够源源不断的生成精细胞）的早期分离，这些分离的体细胞最后分化形成各个组织从而构成虫体，在此基础上他提出线虫细胞分化的概念，并且证明了发育的细胞学基础（Schierenberg 1997）。1963年，Sydney Brenner给Max Perutz写了一封具有重大历史意义的信，他在信中写道：“我们计划鉴定线虫的每一个细胞并且追溯它们的来源，我们还要研究线虫的遗传调控以及其在发育中的保守性”（Wood 1988）。

为了鉴定不同生物体内的各种细胞并且研究这些细胞系，如肌肉细胞、神经细胞、上皮细胞及生殖腺细胞等的来源，仅仅靠精良的光学显微镜是不够的。John Sulston发现能在显微镜下持续观察活线虫3.5天就能追踪到线虫的胚胎期以及后胚胎期的所有细胞分裂（Sulston and Horvitz 1977）。从20世纪70年代开始，John Sulston、John White、H. Robert Horvitz，以及他们的后继者已经发展和使用了微分干涉相差（differential interference contrast，DIC）光学技术来观察细胞内以及细胞间的各种令人惊叹的现象（Sulston and Horvitz 1977；Singh and Sulston 1978；Horvitz and Sulston 1980；Sulston et al. 1980；Sulston and White 1980；White 1980）。在这期间，他们在活体线虫体内观察到了减数分裂、卵子发生、精子发生、繁殖、胚胎及后胚胎期发育、神经系统发生、器官发生、程序性细胞死亡、衰老及线虫的各种行为等许多动态的生物学过程。在70年代末到80年代初，激光显微手术结合遗传学方法被应用于研究细胞命运决定（Sulston and Horvitz 1977）。在这期间还有一项重大突破，就是微分干涉相差结合荧光显微技术开始被应用于细胞学研究，如用颜料灌充的方法来研究活动物的神经细胞（Hedgecock et al. 1985）、多倍体的产生（Hedgecock and White）、细胞程序性死亡（Hedgecock et al. 1983；Ellis and Horvitz 1986），以及细胞极性的产生（Strome and Wood 1983；Hiss and Strome 1988；Kirby et al. 1990；Mains et al. 1990；Guo and Kemphnues 1995；Hutter and Schnabel 1995）。

转基因技术结合DIC光学技术让研究者可以在线虫中进行转化恢复实验。在做这些挑战性的实验时，科学家们一直主要通过向部分脱水的雌雄同体合孢性腺显微注射构建好的 DNA，然后用 DIC 光学技术进行活细胞观察。感谢 Andrew Fire 和 Craig Mello 在这个领域的领导力以及想象力（Mello and Fire 1995），使得线虫研究者们现在已经可以构建转基因线虫以及进行转基因恢复实验以克隆基因。微粒子轰击技术（microparticle bombardment technique）的运用是线虫转基因领域的一项重大突破，借助这项技术，研究者可以实现转基因的低拷贝整合以及在生殖细胞表达。1994 年 Martin Chalfie 和他的合作者开始在线虫研究中应用绿色荧光蛋白（GFP）报告基因，把线虫的活体荧光显微技术推上了一个新的台阶（Chalfie et al. 1994）。共聚焦显微技术（White and Amos 1987；White et al. 1987）的发展，让研究者们可以利用 GFP 来研究神经系统的发育（Bargmann and Horvitz 1991；Bargmann et al. 1993；Sengupta et al. 1994；Zipkin et al. 1997；Kerr et al. 1987）。多光子显微镜技术的运用，让科学家们可以观察更厚的组织样本，这是共聚焦和去卷积显微镜技术所无法解决的问题（Mohler et al. 1998；Mohler and White 1998）。其他线虫的活细胞成像技术还包括荧光漂白后恢复技术（fluorescenece recovery after photobleaching，FRAP）（参考影像 20.6 及影像 20.7）（Brignull et al. 2006）、光漂白中荧光损失技术（Labrousse et al. 1999）和荧光共振能量转移技术（Witherow et al. 2003）。

总之，回顾线虫活细胞成像技术的发展简史，我们发现线虫这种微小生物为活体水平研究生物的发育以及行为提供了一个很好的模板，并且取得了许多重大的突破。线虫研究者们目前已发展和应用多维的、多光子及多色的活体显微成像技术（Hird and White 1993；Mohler and White 1998；Skop and White 1998；Miller et al. 1999；Squirrel et al. 1999；Rabin and Podbilewicz 2000；Zipperlen et al. 2001；Eliceiri et al. 2002；Inoue et al. 2002）。在未来的研究中，线虫的活体成像将向着高分辨率（如 $<$200nm）、长时间（如 1～3 个星期）和高灵敏度方向发展（Gustafsson et al. 2008；Schermelleh et al. 2008）。

线虫活细胞成像样品的准备

活细胞成像的样品需要保持线虫处于理想的生长状态。在成像的过程中样品最好不要移动并且避免显微镜光照对样品造成的光损伤达到最小。根据线虫不同的发育时期，样品准备的处理方法会有一些不同。实验方案 1～5 描述线虫活体显微分析中有用的样品制备方法。

线虫的观察

活线虫可以被运用于各种不同分辨率水平的显微成像研究。放大倍数较低时，解剖显微镜非常有用，当放大倍数以及分辨率高时，有很多光学方法可以选择，包括 DIC 光学技术、相差、荧光、偏振光、共聚焦及暗场等，这其中以 DIC 光学技术应用最为广泛。以下为有助于线虫观察的一些建议。

(1) 显微镜下线虫的定位，用 4×、10×、20×物镜。

(2) 显微注射，可用 40×Plan Fluor 或 Plan Apochromat（数值孔径 0.9 或更高）干物镜观察。

(3) 在 100×NA1.4 Plan Apochromat 的油镜下可以获得最大的分辨率及放大倍数，主要用于细胞起源、细胞命运决定、细胞内及细胞间生物学过程研究。

(4) Plan 或 Plan Fluor 物镜（选择较少的应变双折射）通常比 Plan Apochromat 物镜更多的应用于 DIC。

(5) 荧光显微镜最好选用 60×或 63×NA1.4 的 Plan Apochromat 或 Plan Fluor 物镜，它们透光性较好。

(6) Leica、Zeiss、Olympus 及 Nikon 等公司都有很好的显微光学设备可以运用于线虫的活体显微成像。Nikon 的油镜（NA1.4）运用共聚焦显微成像时可以有长的工作距离，可以进行更深组织的光学层叠收集。

数据收集

根据 Sulston 和 Horvitz（1997）及 Sulston 等（1983）所描述的谱系图，研究者可以检测到线虫中所有的细胞核，并且以高的时间、空间分辨率跟踪胚胎期以及后胚胎期细胞系的起源。直到今天，核定位图谱依然是研究线虫生物学途径的重要参考标准。依靠这种方法，在单个线虫中只有相对较少数量的细胞可以被跟踪，因为它局限于显微操作员的短期记忆。

依靠 DIC，线虫中的细胞核、核仁及细胞内颗粒可以被清楚的区分，因为它们的折射率及透明度都不同（Sulston and Horvitz 1977）。尽管研究者们可以直接显微观察活体样品追踪所有不同类型的细胞核，包括它们的生长、迁移、分裂和死亡，细胞边界却通常是看不清楚的。所以除了细胞核以外，还有必要在细胞中表达带有标签的报告基因，再结合原位杂交的方法，利用细胞类型特异性的抗体来鉴定不同类型的细胞（Sulston and Horvitz 1977；Podbilewicz and White 1994）（也参考表 2、表 3）。

表 2　Fire 的荧光载体

载体	描述	定位
pPD95.75（L2463）	GFP [S65C]	无
pPD135.83（L4796）	GFP [S65C]；2×SV40 - NLS	核仁和核
pPD136.15（L4809）	GFP [S65C]；3×SV 40 - NLS	核仁>核
pPD133.48（L4663）	CFP [Y66W，N146I，M153T，V163A]；1×SV 40 - NLS	核>细胞质
pPD133.45（L4660）	CFP [Y66W，N146I，M153T，V163A]：：lacZ；1×SV 40 - NLS	核
pPD132.112（L4643）	YFP [S65G V68A S72A T203Y]；1×SV 40 - NLS	核>细胞质
pPD133.63（L4671）	YFP [S65G V68A S72A T203Y]：：lacZ；1×SV 40 - NLS	核
pPD122.39（L4058）	PAT - 3 - GFP [S65C]；PAT - 3 跨膜结构域	质膜
pPD133.54（L4665）	Mt：：CFP [Y66W，N1461，M153T，V163A]	线粒体
pPD133.60（L4667）	Mt：：YFP [S65G V68A S72A T203Y]	线粒体

注：改自 Boulin 等（2006）。

表 3　活体成像用于亚细胞定位的荧光蛋白

亚细胞定位	报告蛋白	细胞生物学上的应用	参考文献
细胞核	SUR-5：：GFP	镶嵌分析	Yochem et al. 1998
核膜	UNC-84：：GFP	核迁移	Malone et al. 1999
核纤层	LMN-1：：GFP	细胞核装配和解离	Liu et al. 2000
染色体	H2B：：GFP	细胞周期和有丝分裂	Praitis et al. 2001
细胞质	myo-3：：DsRED2	镶嵌分析	Winston et al. 2002
细胞骨架，MT	GFP：：β-tubulin	微管以及纺锤体装配	Strome et al. 2001
细胞骨架，MF	GFP：：moesin	肌动蛋白动态、胞质分裂	Motegi et al. 2006
细胞骨架，IF	IFB-1A：：GFP	表皮形态发生	Woo et al. 2004
极化后皮层	PAR-2：：GFP	前后细胞极性	Wallenfang and Seydoux 2000
P-颗粒	GFP：：CAR-1	P-颗粒的定位	Audhya et al. 2005
中心体	GFP：：γ-tubulin	中心体动态研究	Strome et al. 2008
线粒体	TOM20-mRFP	线粒体动态研究	Ichishita et al. 2008
ER 内腔	mCherry：：SP12	ER 动态以及压力	Green et al. 2008
高尔基体	MANS：：YFP	高尔基体动态研究	Glodowski et al. 2005
早期内涵体	GFP：：RAB-5	细胞膜动态研究	Chen et al. 2006
后期内涵体	GFP：：RAB-7	内涵体形成	Chen et al. 2006
循环内涵体	GFP：：RAB-10 GFP：：RME-1	基底以及顶端循环	Chen et al. 2006
顶点循环内涵体	RFP：：RAB-11	内涵体循环	Chen et al. 2006
溶酶体	CUP-5：：GFP	溶酶体生物发生	Treusch et al. 2004
细胞膜	GFP：：$PH^{PLC\delta 1}$	细胞膜动态研究	Green et al. 2008
顶端连接	AJM-1：：GFP	顶端连接的聚集	Koppen et al. 2001
后部细胞膜	LET-413：：GFP	顶底极性研究	Legouis et al. 2000
基底细胞膜	LMP-1：：GFP	基底细胞内吞	Chen et al. 2006
过氧化物酶体	GFP：：PTS1	结构和功能	Motley et al. 2000
分泌的	ssGFP	胞外分泌和细胞内吞	Chen et al. 2006

注：MP. 微管；MF. 微丝；IP. 中间丝；ER. 内质网。

Fire 荧光载体

在 20 世纪 90 年代，Fire 实验室构建了几百个带有报告基因的质粒，这些质粒都可以通过 Fire 载体系列（Fire Vector Kit）获得（http：//ww. addgene. org）。这些表达载体包含多克隆位点、人工内含子、报告基因、3′端非翻译区及其他一些优良特性。许多载体都包含 GFP 变体的一种，并具有不同亚细胞定位信号。表 2 中是一些可用于线虫活体成像的载体（Boulin et al. 2006）。需要查询这些载体以及其他 Fire 载体的详细信息请登录 ftp：//ftp. wormbase. org/pub/wormbase/datasets/fire _ vectors 和 Addgene 网站。

图像记录

活体标本的成像需要在弱光照的状态下进行。延长光照时间进行图像收集时可使线虫变热从而导致热休克以光氧化损伤。因此，在成像过程中，温度保持在 20～22℃

是很重要的。

影像显微镜

影像显微镜（video microscopy）被用于线虫早期胚胎发育的研究已经有几十年的历史（Depper et al. 1978），借助这些影像，研究者可以以可重复且定量的方式跟踪线虫细胞系的发生、神经细胞迁移、细胞死亡或细胞行为，但是这种技术难以运用于研究线虫胚胎晚期的细胞分裂。

多聚焦平面的时程成像系统（四维显微镜）

多数细胞系可以直接通过显微镜观察，但是很多细胞随着发育会改变它们的定位，这就要求沿着 *z* 轴在不同光学平面上进行实时成像。如果需要，通过光学、荧光或共聚焦显微镜获得的数码图像可以被去积卷，也可以被制成影像或者立体图。例如，在 DIC 成像过程中，我们所用的显微镜通常包括 DIC 光学系统、具有暗视野抵消功能的 Hamamatsu C2400 摄像机及计算机控制的聚焦元件。Mike Thompson 首次在英国剑桥医学研究中心的分子生物学实验室的电子学研讨班采用这种方法（Hird and White 1993），后来威斯康星的 Charle Thomas 进一步发展了该方法。目前这个系统已经作为 ImageJ（http：//rsb. info. nih. gov. ij/）的一个插件可以迅速浏览多通道、多聚焦平面和多时间点的图像数据（http：//www. loci. wisc. edu. ）。用这个软件，研究者们可以定义一个时间点上聚焦平面的数目、平面间的距离、每组三维图像之间的时间间隔以及时间点的数目。每个时间点记录一个图像层叠，也可以定义时间点间的长短，并可以多次重复。获得的影像通常可以根据时间点先后向前或向后显示，也可以根据不同聚焦平面向上或向下显示，可以跟踪活体样品中细胞核、细胞颗粒以及细胞内其他结构的三维时程动态（Hird and White 1993；Thomas et al. 1996）。

数码成像

数码成像结合激光共聚焦扫描系统或者带去卷积软件的宽场显微镜可以对荧光标记的活体样本进行时程有效成像，并且能有效去除非聚焦信息（详细见第 8 章）。沿着 *z* 轴收集的系列图像以及整个动物的投影都可以通过商业化的软件包（www. scioncorp. com）或 NIH（National Institutes of Health）提供的免费软件 ImageJ（http：//rsb. info. nih. gov/ij/）来完成。Carl Zeiss、Nikon、Leica、Olympus、PerkinElmer、Delta Vision 及 Bio－Rad 等公司都有四维显微成像设备。这些设备都可以同时采集荧光和 DIC 图像。因为相对来说线虫的样品比较厚（20～50μm），根据需要，可以比较方便地收集 15～150 个光学截面，每个截面之间距离 0. 1～1μm。根据观察的目标不同可以选择不同的连续时间点，以秒或者分钟为间隔，但是要注意在成像的间期关掉照明，尽量避免光损伤。

线虫活体成像的范例

线虫核纤层蛋白（lamin）突变体中早期胚胎的第一次分裂以及染色质动态观察

借助 H2B-GFP 融合蛋白（或 lamin：：GFP），可以方便的观察到早期分裂以及染色质的动态变化过程（Praitis et al. 2001；Liu et al. 2000）。表 2、表 3 列举了一些可用于线虫亚细胞结构定位的报告蛋白。利用共聚焦显微镜系统以及相关的配套软件可以获得时程影像。从转基因雌雄同体解剖而来的早期胚胎与胚胎盐溶液一起被放置于琼脂上。

染色质的动态过程可以很方便地被跟踪观察到，并且研究者还可以把野生型的胚胎细胞和突变体或者 RNAi 处理的胚胎进行对比研究［如 lamin（Liu et al. 2000）；野生型核纤层蛋白的染色见图 1，lamin RNAi 抑制之后的染色质缺陷见影像 20.1］。

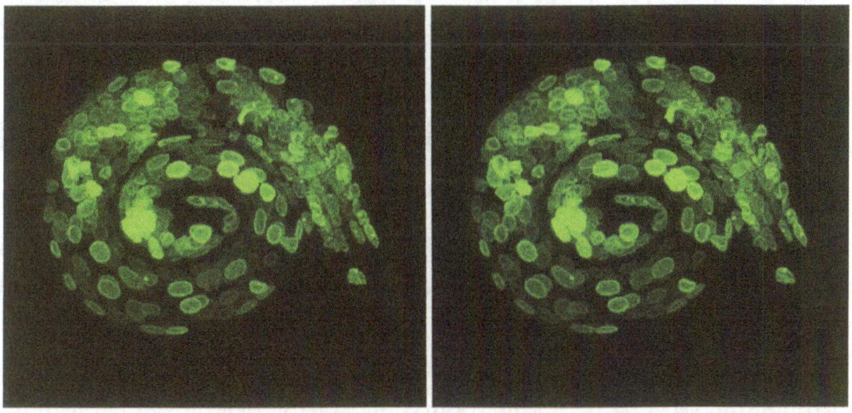

图 1　表达 Ce-lamin-GFP 融合蛋白的转基因线虫 L1 幼虫立体图（Liu et al. 2000）

图像收集选用 Bio-Rad MRC-1024 共聚焦扫描头配以 Zeiss Axiovert 135M 倒置显微镜。采用 VoxBlast 软件进行三维测量和立体观察进而产生三维重建图像

胚胎上皮细胞延伸的微分干涉相差和 GFP 同时成像

借助 White 和其合作者开发的四维成像技术，可以在不同的聚焦平面上对胚胎进行时程影像观察［Hird and White 1993；Skop and White 1998；Eliceiri et al. 2002；也可参考多聚焦平面的时程成像系统（四维显微镜）部分］。该成像系统所用的软件可以在威斯康星大学的网站免费获得（http：//www.loci.wisc.edu/）。对各种共聚焦或去积卷显微镜来说，也有商业化的共聚焦和去卷积软件可以运用（参考数据收集部分）。胚胎放置在多聚-L-赖氨酸包被的盖玻片上，然后覆盖一小滴胚胎盐溶液（egg salt buffer）（Edgar 1995）。可以用 1mL 的注射器在盖玻片的边缘加上一层薄薄的真空润滑脂或凡士林，将第二片盖玻片或者有琼脂垫的载玻片覆盖在上面。胚胎吸附在多聚-L-赖氨酸上，真空润滑脂或凡士林可以保护胚胎以免被挤压。封闭好的片子允许长

时间观察胚胎的多种荧光标记及 DIC（Rabin and Podbilewicz 2000；Gattegno et al. 2007）（图 2 及影像 20.2 和影像 20.3）。

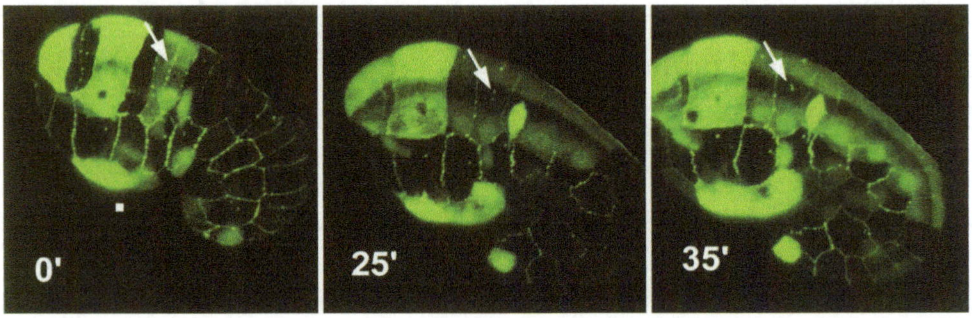

图 2

在黏着连接中（zonulae adheren）表达 AJM－1：：GFP 的胚胎以及表皮发生时在细胞质中表达 eff－1 启动子：：GFP 的上皮细胞的投射图（Rabin and Podbilewicz 2000；Mohler et al. 2002；Shemer and Podbilewicz 2002；Shemer et al. 2004）。观察采用 Bio－Rad MRC－1024 共聚焦扫描头配以 Nikon E800 显微镜。分析采用 LaserSharp 软件，3 个 z 系列的图像代表三个不同时间点（以分钟表示）。箭头标识两个背上皮细胞融合前（0min）和融合后（25min 和 35min）的黏着连接。细胞质和细胞核用转录报告基因 eff－1 启动子：：GFP 着色。细胞质的混合标识细胞融合，黏着连接的消失代表质膜的融合

用共聚焦显微镜和外阴环三维重构技术分析单个幼虫及成虫

利用激光共聚焦扫描显微镜跟踪表达不同 GFP 报告蛋白的外阴细胞，可以分析线虫外阴的组织形成，包括细胞产生的时期、细胞迁移、环的形成及内环细胞融合（Sharma－Kishore et al. 1999；Shemer et al. 2000；Inoue et al. 2002；Broday et al. 2004；Sapir et al. 2007）。按照下述实验方案 1～5 的描述，通过线虫的不断恢复可以跟踪单个线虫的整个发育过程。用 0.01％的左旋咪唑麻醉幼虫可以防止幼虫在琼脂垫上运动。在用 488nm 强度为 0.3％的 100mW 的氩激光快速成像后（Rabin and Podbilewicz 2000），小心移开盖玻片，把线虫转移到新的玻片上滴加 M9，20℃复苏，2h 后又可以开始另外一轮麻醉、成像和复苏的循环（Shemer and Podbilewicz；Shemer et al. 2004）（见影像 20.4 和影像 20.5）。

实验方案 1

线虫早期胚胎的封片

早期胚胎收集后可转移至有琼脂垫或多聚-L-赖氨酸包被的盖玻片上。注意 1.5 倍时期以前的线虫早期胚胎很少会运动。

材料

标有<R>的试剂请参考本章最后的配方制备。

试剂

带有早期胚胎的成年线虫
胚胎盐溶液<R>

设备

琼脂垫或多聚-L-赖氨酸包被的盖玻片
　　制备方法见实验方案 3 和实验方案 5
凹玻片
解剖显微镜
解剖针（两枚锋利的解剖针当解剖剪用）
载玻片
真空润滑脂

方法

（1）把成年线虫放在凹玻片上，在解剖显微镜下用解剖针解剖线虫，收集早期胚胎。解剖在胚胎盐溶液中进行。

（2）转移解剖好的胚胎到琼脂垫或多聚-L-赖氨酸包被的盖玻片上。在胚胎位置滴加适量胚胎盐溶液保持胚胎湿润。

（3）小心地把盖玻片放在载玻片上，并在周围涂上薄薄一层真空润滑脂，注意不要产生气泡。

实验方案 2

晚期胚胎、幼虫和成虫的封片及减慢它们的运动

在活体状态下观察线虫早期胚胎或晚期胚胎、幼虫、成虫时，可以根据本实验方案减慢甚至停止线虫的运动。

材料

标有<R>的试剂请参考本章最后的配方制备。

试剂

处于适当发育时期的线虫
M9 培养基<R>

设备

琼脂垫或多聚-L-赖氨酸包被的盖玻片（参考实验方案 3 和实验方案 5）

方法

（1）将线虫放在琼脂垫或多聚-L-赖氨酸包被的盖玻片上，并且加一滴 M9 培养基。

（2）像实验方案 1 中早期胚胎一样封片（参考实验方案 1）。

（3）可以根据以下方法固定样品或者减缓样品的移动。

①低温固定
②微流体芯片固定
③胶水固定
④化学麻醉

（4）一旦样品被固定，尽快将样品转移至载物台上进行显微镜观察，收集数据。

关于线虫成像的其他讨论，请参考线虫的观察以及数据收集部分。

讨论

线虫的最佳固定方法可能是微流体芯片系统。借助微流体芯片技术，研究者可以在记录神经元运动的同时也研究其向前或向后的移动（Chronis et al. 2007），还有其他一些芯片技术可以用来检测动物对挥发性化学物质的反应（Chronis et al. 2007）。最近新开发的一种芯片可以对具有生理活性的动物进行高通量分类（Chronis et al. 2007）。

这些芯片还有待商业化。

对样品伤害最小的减缓虫移动的方法是低温处理，在转移至显微镜载物台前先将样品置于 4℃冷处理一段时间。而且这种冷处理是可逆的，在成像结束后，样品可以恢复。但是，在整个成像过程中都要保持样品的冷冻状态，一旦样品复苏运动就会影响后续活体成像。使用具有温控装置的显微镜时（Rieder and Cole 1998），线虫可以用 4～8℃的低温麻醉（Rabin and Podbilewicz 2000）。由普通温控水浴、温控载物台、显微镜镜头热交换器（适合 60×油镜的水套）以及温度测量装置所组成的简单装置不仅可以用来低温麻醉线虫，还可以用来研究发育过程的温度依赖性（Rabin and Podbilewicz 2000；Gattegno et al. 2007）。

第三种用于线虫活体成像的方法就是用有机胶水把线虫粘在湿润的琼脂垫上（这种方法相对比较温和）（Nehrke 2006）。尽管有机胶水的毒性目前还没有确切报道，组织黏合胶水的毒性似乎相对来说更低，所以我们采用 Nexaband 局部组织黏合剂（Abbot Laboratories 公司）。

化学试剂也可以用来代替低温或者在物理限制样品的移动。在 M9 培养基中加入 3～10mmol/L 的叠氮化钠可以让线虫保持静态，但是会慢慢杀死线虫。最为常用的麻醉化学试剂是往 M9 培养基中加 1mmol/L 的左旋咪唑，但用新鲜的 M9 培养基冲洗样品就可以逆转麻醉。

实验方案 3

线虫活体成像过程中所用琼脂垫的准备和使用

线虫的封片对于成像成功与否非常重要。根据本实验方案可以将线虫放置在琼脂垫上进行 DIC 成像，观察后的样品也可用于免疫标记或电子显微镜观察。这个实验方案修改自 Sulston 和 Horvitz（1977）。

材料

注意：标记有<!>的材料请参考附录正确处理；标有<R>的试剂请参考本章最后的配方制备。

试剂

3%～5%的琼脂溶液
处于合适发育状态的线虫
胚胎盐溶液<R>或 M9 培养基<R>［见步骤（7）］
生长在培养皿的大肠杆菌 OP50（可选）
　　用于线虫幼虫的延伸成像
3～10mmol/L<!>的叠氮化钠或 1mmol/L<!>的左旋咪唑［见步骤（7）］（可选）

设备

胶带
盖玻片（12mm×12mm）
设为 60℃的加热板
带有 DIC 的显微镜
线虫转移设备［见步骤（8）］
精巧画笔
巴斯德吸管
凡士林，液化（放置在 60℃试管中）
刀片
载玻片
　　部分载玻片可以硅化处理［见步骤（5）］
试管

方法

(1) 在试管中溶解 1～2mL 3%～5%的琼脂，并在干燥的加热板上维持 60℃，注意琼脂中不要产生气泡。

(2) 准备一支巴斯德吸管，从颈部切割并且用试管浸泡在 60℃水浴中。

(3) 准备 2 块用 1～2 层胶带托起的载玻片。

(4) 沿着平行的方向把一块干净的载玻片放在 2 块托起载玻片之间。

(5) 用巴斯德吸管滴加一滴琼脂，用另外一块载玻片在垂直方向抹平琼脂（这块载玻片可以是硅化的），注意不要产生气泡。

(6) 当琼脂变硬之后，小心移开上部压平的那块垂直方向的载玻片，一块 0.2～0.5mm 厚的琼脂板就形成了。

(7) 为早期胚胎滴加约为 2μL 的胚胎盐溶液（Edgar 1995），为幼虫或者成虫滴加约为 2μL 的 M9 缓冲液。

溶液中可以加入叠氮化钠或左旋咪唑以抑制样品运动（见实验方案 2）。

(8) 迅速用黏在牙签上的睫毛刷、装在巴斯德吸管上的铂金丝或拉出了合适大小毛细管口的吸管转移线虫。

(9) 小心在琼脂上覆盖一片 12mm×12mm 的盖玻片，注意不要破坏琼脂表面。尽管线虫依然能运动，液滴的小体积以及盖玻片的压力能够防止颠簸。

(10) 用刀片除去溢出盖玻片以外的琼脂，用小刷子和凡士林（60℃保存在试管中的）密封盖玻片下的琼脂。

密封可以防止蒸发，有利于长时间观察。覆盖盖玻片时产生的小气泡可以被琼脂吸收。

(11) 为了延长对活幼虫样品的观察时间，用铂金丝从培养皿转移并涂一薄层大肠杆菌 OP50 到盖玻片的中心作为线虫食物，线虫将待在食物附近。

实验方案 4

线虫显微注射所用琼脂垫的准备和使用

当雌雄同体的线虫静躺在琼脂垫上时，可以对子宫内的线虫胚胎进行显微注射。

材料

试剂

2%的琼脂

子宫中有少量胚胎的雌雄同体线虫成虫

设备

干净的载玻片盒

盖玻片（22mm×40mm）

显微注射装置

配备 DIC 以及 40×物镜的显微镜

线虫转移装置（如黏有睫毛的牙签）

80℃的烤箱［见步骤（5）］

液态石蜡（BDH 化学试剂 140172W）

玻璃载玻片（25mm×75mm）

水浴或其他干燥加热设备，设为 60℃

方法

（1）用肥皂和水清洗 25mm×75mm 载玻片，再用双蒸水冲洗两遍，晾干，放于干净的载玻片盒子中，备用。

（2）用双蒸水溶解 2%的琼脂，并且置于 60℃水浴或其他干燥加热设备中。

（3）滴加一滴（约为 0.2mL）融化的琼脂于一片干净载玻片的中央，并且立即用一片 22mm×40mm No.1 盖玻片垂直覆盖。

（4）让琼脂凝固后，把盖玻片和载玻片分离，在有琼脂的盖玻片一面做上标记。

（5）让盖玻片的琼脂面朝上，室温干燥过夜，或者在 80℃烘烤几个小时。

（6）把盖玻片保存在一个干净干燥的地方，防止灰尘及潮湿。

（7）往琼脂垫上滴加一滴液态石蜡，用黏有睫毛的牙签把子宫中有少量胚胎的雌雄同体线虫成虫转移至琼脂垫，让它们黏附在其上。

（8）让线虫在琼脂垫上静置几分钟，可导致部分脱水。

（9）根据 Mello 和 Fire（1995）所描述的方法，在带 DIC 和 40×干式物镜的显微镜下进行显微注射。

实验方案 5

用于观察线虫胚胎的多聚-L-赖氨酸盖玻片的准备和使用

在准备线虫活体成像用支持介质时，高分子质量的多聚-L-赖氨酸可用来替代琼脂。

材料

标有<R>的试剂请参考本章最后的配方制备。

试剂

线虫胚胎
胚胎盐溶液<R>
高分子多聚-L-赖氨酸（Sigma P-1524）

设备

干净的载玻片盒
盖玻片 22mm×22mm
配备 DIC 的显微镜
线虫转移装置［见步骤（6）］
烘箱，设为 65℃
石蜡或者真空润滑脂
载玻片
装有微量枪头的 1mL 注射器
镊子

方法

（1）用双蒸水配置 0.1%（mg/mL）的高分子多聚-L-赖氨酸溶液。

（2）用肥皂和蒸馏水清洗 22mm×22mm No.1 盖玻片，用双蒸水冲洗 2 次，在 65℃的烘箱中烘干，然后室温中自然冷却。

（3）在每块载玻片中央滴约 150μL 多聚-L-赖氨酸，室温中孵育 30min。

（4）用枪头吸去多余的多聚-L-赖氨酸，标记载玻片中覆盖有多聚-L-赖氨酸的一面。

（5）65℃的烘箱中干燥载玻片 3h，或者在加热板上干燥几分钟，把盖玻片保存在干净的载玻片盒中待用。

（6）用具合适直径毛细管的口吸管、黏在牙签上的睫毛刷、铂金丝或微量吸管转移线虫。

线虫的胚胎转移用硅化的玻璃移液管头，不要使用塑料的移液管，因为线虫样品会吸附在塑料移液管上。

（7）用带微量枪头的 1mL 注射器将石蜡或者真空润滑脂涂在盖玻片周围约 2mm 处。

（8）用镊子小心的夹取另外一块盖玻片或载玻片覆盖在盖玻片上，注意不要有气泡。

（9）轻轻挤压盖玻片，移走多余的液体。

（10）用 DIC 观察胚胎。

试剂配方

注意：标记有<！>的材料请参考附录正确处理。

胚胎盐溶液（egg salt buffer）（Edgar 1995；Keating and White 1998）

NaCl	118mmol/L
KCl<！>	40mmol/L
$CaCl_2$<！>	3.4mmol/L
HEPES 缓冲液（pH7.4）	5mmol/L

M9 培养基（Sulston and Hodgkin 1988）

KH_2PO_4	3g
$NaHPO_4$	6g
NaCl	5g
1mol/L $MgSO_4$<！>	1mL
加水或 PBS 定容到 1L	

影像说明

影像可以免费从 www.cshprotocols.org/livecellimaging 网站在线获取。

影像 20.1. 注射了 lmn－1 dsRNA 的发育停滞胚胎。表达组蛋白 H2B－GFP 的雌雄同体线虫（AZ212 系，由 J. Austin 博士提供，见 Praitis et al. 2001）中，*lmn－1* 基因的表达下调。插入双链 lmn－1 RNA 的 F1 的雌雄同体线虫后代被固定在胚胎盐溶液琼脂垫上，用润滑脂真空密封，用带有荧光照明的 Zeiss Axioplan 2 显微镜观察。每 30s 用 AxioCam CCD，AxioVision 成像分析包收集时程数据。影像说明大多数细胞核呈现无组织的染色质。有一个细胞核在有丝分裂时显示典型的后期桥。

影像可以免费从 www.cshprotocols.org/livecellimaging 网站在线获取。

影像 20.2. 在发育的胚胎中，DIC（蓝）和 eff1－启动子：：GFP（绿色）同时成像揭示了细胞融合的时间。共聚焦显微镜按图 2 设置（Rabin and Podbilewiz 2000）。在表皮细胞的前体中观察到报告基因的初始表达。在胚胎伸长（形态发育）阶段，在背部和腹部皮下组织的细胞质中出现 GFP 信号，反映了表皮细胞之间的融合（Mohler et al.，2002）。

影像 20.3. 在胚胎形态发育阶段的上皮细胞中表达 AJM－1：：GFP。每隔 5min 收集共聚焦图像，投射生成的动画显示形态发育阶段的表皮细胞形态和细胞融合的变化。

影像 20.4. 表达 egl－17/FGF 启动子：：GFP（Burdine et al. 1998）的双门环的 z 系列图像。在 L4 时期，排泄门由一摞 7 个圈或环组成（Sharmakishore et al. 1999）。只有两个门合胞体细胞表达成纤维细胞生长因子（FGF/egl－17）。VulD 环在顶端（背部）包括两个细胞核，而 vulC 环包括 4 个细胞核，vulD 上有两个额外的环，它们和另外三个腹环在这个时期不表达报告基因。

影像 20.5 . 影像 20.4 中表达成纤维生长因子（egl－17）的两个门环的 z 系列图像的投射和旋转。使用 Bio－Rad 公司的 LaserSharp 软件可以得到门环的动画。中心（洞）允许卵排出，在交配时精子由相反方向进入。

影像 20.6. 表达 GFP：：Ce－lamin 野生型蛋白的细胞核的 FRAP 实验。使用奥林巴斯公司配备了 IX81 倒置显微镜和 60×/1.4 油镜的 FV－1000 共聚焦显微镜拍摄影像。对蠕虫表达的 GFP：：Ce－lamin 野生型蛋白在特定的细胞核区域使用 488nm 激光 100%强度进行光漂白，成像时使用 488nm 激光作为激发光和 505～525nm 发射滤光片。在光漂白前每 30s 拍摄 5 帧，光漂白后每 30s 拍摄 10 帧，每 2.5min 拍摄 30 帧。

影像 20.7. 表达 GFP：：Ce－lamin 的细胞核的 FRAP 实验，该 Ce－lamin 包含 R64P 点突变。使用奥林巴斯公司配备了 IX81 倒置显微镜和 60×/1.4 油镜的 FV－1000 共聚焦显微镜拍摄影像。对蠕虫表达的 R64P GFP：：Ce－lamin 蛋白在特定的细胞核区域使用 405nm 激光进行光漂白，成像时使用 488nm 激光作为激发光和 505～525nm 发射滤光片。在光漂白前每 1.107s 拍摄 15 帧，光漂白时每 1.107s 拍摄 2 帧，光漂白后每 1.107s 拍摄 200 帧（Wiesel et al. 2008）。

参考文献

Audhya A, Hyndman F, McLeod IX, Maddox AS, Yates JR 3rd, Desai A, Oegema K. 2005. A complex containing the Sm protein CAR-1 and the RNA helicase CGH-1 is required for embryonic cytokinesis in *Caenorhabditis elegans*. *J Cell Biol* **171:** 267–279.

Bargmann CI, Horvitz RH. 1991. Chemosensory neurons with overlapping functions direct chemostaxis to multiple chemicals in *C. elegans*. *Neuron* **7:** 729–742.

Bargmann CI, Hartwieg E, Horvitz RH. 1993. Odorant-selective genes and neurons mediate olfaction in *C. elegans*. *Cell* **74:** 515–527.

Boulin T, Etchberger JF, Hobert O. 2006. Reporter gene fusions. In *WormBook* (ed. The *C. elegans* Research Community). doi/10.1895/wormbook.1.106.1, http://www.wormbook.org.

Brignull HR, Moore FE, Tang SJ, Morimoto RI. 2006. Polyglutamine proteins at the pathogenic threshold display neuron-specific aggregation in a pan-neuronal *Caenorhabditis elegans* model. *J Neurosci* **26:** 7597–7606.

Broday L, Kolotuev I, Didier C, Bhoumik A, Gupta BJ, Sternberg PW, Podbilewicz B, Ronai Z. 2004. The small ubiquitin like modifier (SUMO) is required for gonadal and uterine-vulval morphogenesis in *C. elegans*. *Genes Dev* **18:** 2380–2391.

Burdine RD, Branda CS, Stern MJ. 1998. Egl-17(fgf) expression coordinates the attraction of the migrating sex myoblasts with vulval induction in *C. elegans*. *Development* **125:** 1083–1093.

Chalfie M, Tu Y, Euskirchen G, Ward WW, Prasher DC. 1994. Green fluorescent protein as a marker for gene expression. *Science* **263:** 802–805.

Chen CC, Schweinsberg PJ, Vashist S, Mareiniss DP, Lambie EJ, Grant BD. 2006. RAB-10 is required for endocytic recycling in the *Caenorhabditis elegans* intestine. *Mol Biol Cell* **17:** 1286–1297.

Chitwood BG, Chitwood MBH. 1974. *Introduction to nematology*. University Park Press, Baltimore.

Chronis N, Zimmer M, Bargmann CI. 2007. Microfluidics for in vivo imaging of neuronal and behavioral activity in *Caenorhabditis elegans*. *Nat Methods* **4:** 727–731.

Deppe U, Schierenberg E, Cole T, Krieg C, Schmitt D, Yoder B, von Ehrenstein G. 1978. Cell lineages of the embryo of the nematode *Caenorhabditis elegans*. *Proc Natl Acad Sci* **75:** 376–380.

Edgar LG. 1995. Blastomere culture and analysis. In Caenorhabditis elegans: *Modern biological analysis of an organism* (ed. HF Epstein, DC Shakes), Vol. 48, pp. 303–320. Academic, San Diego.

Eliceiri KW, Rueden C, Mohler WA, Hibbard WL, White JG. 2002. Analysis of multidimensional biological image data. *BioTechniques* **33:** 1268–1273.

Ellis HM, Horvitz HR. 1986. Genetic control of programmed cell death in the nematode *C. elegans*. *Cell* **44:** 817–829.

Gattegno T, Mittal A, Valansi C, Nguyen KC, Hall DH, Chernomordik LV, Podbilewicz B. 2007. Genetic control of fusion pore expansion in the epidermis of *Caenorhabditis elegans*. *Mol Biol Cell* **18:** 1153–1166.

Glodowski DR, Wright T, Martinowich K, Chang HC, Beach D, Rongo C. 2005. Distinct LIN-10 domains are required for its neuronal function, its epithelial function, and its synaptic localization. *Mol Biol Cell* **16:** 1417–1426.

Green RA, Audhya A, Pozniakovsky A, Dammermann A, Pemble H, Monen J, Portier N, Hyman A, Desai A, Oegema K. 2008. Expression and imaging of fluorescent proteins in the *C. elegans* gonad and early embryo. *Methods Cell Biol* **85:** 179–218.

Guo S, Kemphues KJ. 1995. *par-1*, a gene required for establishing polarity in *C. elegans* embryos, encodes a putative Ser/Thr kinase that is asymmetrically distributed. *Cell* **81:** 611–620.

Gustafsson MG, Shao L, Carlton PM, Wang CJ, Golubovskaya IN, Cande WZ, Agard DA, Sedat JW. 2008. Three-dimensional resolution doubling in wide-field fluorescence microscopy by structured illumination. *Biophys J* **94:** 4957–4970.

Hedgecock EM, White JG. 1985. Polyploid tissues in the nematode *Caenorhabditis elegans*. *Dev Biol* **107:** 128–138.

Hedgecock EM, Sulston JE, Thomson JN. 1983. Mutations affecting programmed cell deaths in the nematode *Caenorhabditis elegans*. *Science* **220:** 1277–1279.

Hedgecock EM, Culotti JG, Thomson JN, Perkins LA. 1985. Axonal guidance mutants of *Caenorhabditis elegans* identified by filling sensory neurons with fluorescein dyes. *Dev Biol* **111:** 158–170.

Hill DP, Strome S. 1988. An analysis of the role of microfilaments in the establishment and maintenance of asymmetry in *Caenorhabditis elegans* zygotes. *Dev Biol* **125:** 75–84.

Hird SN, White JG. 1993. Cortical and cytoplasmic flow polarity in early embryonic cells of *Caenorhabditis elegans*. *J Cell Biol* **121:** 1343–1355.

Horvitz HR, Sulston JE. 1980. Isolation and genetic characterization of cell-lineage mutants of the nematode *Caenorhabditis elegans*. *Genetics* **96:** 435–454.

Hutter H, Schnabel R. 1995. Specification of anterior–posterior differences within the AB lineage in the *C. elegans* embryo: Polarising induction. *Development* **121:** 1559–1568.

Ichishita R, Tanaka K, Sugiura Y, Sayano T, Mihara K, Oka T. 2008. An RNAi screen for mitochondrial proteins required to maintain the morphology of the organelle in *Caenorhabditis elegans*. *J Biochem* **143:** 449–454.

Inoue T, Sherwood DR, Aspoeck G, Butler JA, Gupta BP, Kirouac M, Wang M, Lee PY, Kramer JM, Hope I, et al. 2002. Gene expression markers for *Caenorhabditis elegans* vulval cells. *Gene Expr Patterns* **2:** 235–241.

Keating HH, White JG. 1998. Centrosome dynamics in early embryos of *Caenorhabditis elegans*. *J Cell Sci* **111:** 3027–3033.

Kerr R, Lev-Ram V, Baird GVP, Tsien RY, Schafer WR. 2000. Optical imaging of calcium transients in neurons and pharyngeal muscle of *C. elegans*. *Neuron* **26:** 583–594.

Kirby C, Kusch M, Kemphues K. 1990. Mutations in the *par* genes of *Caenorhabditis elegans* affect cytoplasmic reorganization during the first cell cycle. *Dev Biol* **142:** 203–215.

Koppen M, Simske JS, Sims PA, Firestein BL, Hall DH, Radice AD, Rongo C, Hardin JD. 2001. Cooperative regulation of AJM-1 controls junctional integrity in *Caenorhabditis elegans* epithelia. *Nat Cell Biol* **3:** 983–991.

Labrousse AM, Zappaterra MD, Rube DA, van der Bliek AM. 1999. *C. elegans* dynamin-related protein DRP-1 controls severing of the mitochondrial outer membrane. *Mol Cell* **4:** 815–826.

Legouis R, Gansmuller A, Sookhareea S, Bosher JM, Baillie DL, Labouesse M. 2000. LET-413 is a basolateral protein required for the assembly of adherens junctions in *Caenorhabditis elegans*. *Nat Cell Biol* **2:** 415–422.

Liu J, Rolef Ben-Shahar T, Riemer D, Treinin M, Spann P, Weber K, Fire A, Gruenbaum Y. 2000. The *Caenorhabditis elegans* lamin gene is essential and is required for nuclear organization, mitotic progression, chromosome segregation and spatial organization of nuclear pore complexes. *Mol Biol Cell* **11:** 3937–3947.

Mains PE, Kemphues KJ, Sprunger SA, Sulston IA, Wood WB. 1990. Mutations affecting the meiotic and mitotic divisions of the early *Caenorhabditis elegans* embryo. *Genetics* **126:** 593–605.

Malone CJ, Fixsen WD, Horvitz HR, Han M. 1999. UNC-84 localizes to the nuclear envelope and is required for nuclear migration and anchoring during *C. elegans* development. *Development* **126:** 3171–3181.

Mello C, Fire A. 1995. DNA transformation. *Methods Cell Biol* **48:** 451–482.

Miller DM, Desai NS, Hardin DC, Piston DW, Patterson GH, Fleenor J, Xu S, Fire A. 1999. Two-color GFP expression system for *C. elegans*. *BioTechniques* **26:** 914–921.

Mohler WA, White JG. 1998. Stereo-4-D reconstruction and animation from living fluorescent specimens. *BioTechniques* **24:** 1006–1010.

Mohler WA, Simske JS, Williams-Masson EM, Hardin JD, White JG. 1998. Dynamics and ultrastructure of developmental cell fusions in the *Caenorhabditis elegans* hypodermis. *Curr Biol* **8:** 1087–1090.

Mohler WA, Shemer G, del Campo J, Valansi C, Opoku-Serebuoh E, Scranton V, Assaf N, White JG, Podbilewicz B. 2002. The type I membrane protein EFF-1 is essential for developmental cell fusion in *C. elegans*. *Dev Cell* **2:** 355–362.

Motegi F, Velarde NV, Piano F, Sugimoto A. 2006. Two phases of astral microtubule activity during cytokinesis in *C. elegans* embryos. *Dev Cell* **10:** 509–520.

Motley AM, Hettema EH, Ketting R, Plasterk R, Tabak HF. 2000. *Caenorhabditis elegans* has a single pathway to target matrix proteins to peroxisomes. *EMBO Rep* **1:** 40–46.

Nehrke K. 2006. Intracellular pH measurements in vivo using green fluorescent protein variants. *Methods Mol Biol* **351:** 223–239.

Podbilewicz B, White JG. 1994. Cell fusions in the developing epithelia of *C. elegans*. *Dev Biol* **161:** 408–424.

Praitis V, Casey E, Collar D, Austin J. 2001. Creation of low-copy integrated transgenic lines in *Caenorhabditis elegans*. *Genetics* **157:** 1217–1226.

Rabin Y, Podbilewicz B. 2000. Temperature-controlled microscopy for imaging living cells: Apparatus, thermal analysis, and temperature dependency of embryonic elongation in *C. elegans*. *J Microsc* **199:** 214–223.

Rieder C, Cole R. 1998. Perfusion chambers for high-resolution video light microscopic studies of vertebrate cell monolayers: Some considerations and design. *Methods Cell Biol* **56:** 253–275.

Rohde CB, Zeng F, Gonzalez-Rubio R, Angel M, Yanik MF. 2007. Microfluidic system for on-chip high-throughput whole-animal sorting and screening at subcellular resolution. *Proc Natl Acad Sci* **104:** 13891–13895.

Sapir A, Choi J, Leikina E, Avinoam O, Valansi C, Chernomordik LV, Newman AP, Podbilewicz B. 2007. AFF-1, a FOS-1-regulated fusogen, mediates fusion of the anchor cell in *C. elegans*. *Dev Cell* **12:** 683–698.

Schermelleh L, Carlton PM, Haase S, Shao L, Winoto L, Kner P, Burke B, Cardoso MC, Agard DA, Gustafsson MG, et al. 2008. Subdiffraction multicolor imaging of the nuclear periphery with 3D structured illumination microscopy. *Science* **320:** 1332–1336.

Schierenberg E. 1997. Nematodes, the roundworms. In *Embryology: Constructing the organism* (ed. SF Gilbert, AM Raunio), pp. 131–148. Sinauer Associates, Sunderland, MA.

Sengupta P, Colbert HA, Bargmann CI. 1994. The *C. elegans* gene *odr-7* encodes an olfactory-specific member of the nuclear receptor superfamily. *Cell* **79:** 971–980.

Sharma-Kishore R, White JG, Southgate E, Podbilewicz B. 1999. Formation of the vulva in *C. elegans:* A paradigm for organogenesis. *Development* **126:** 691–699.

Shemer G, Podbilewicz B. 2002. LIN-39/Hox triggers cell division and represses EFF-1/Fusogen-dependent vulval cell fusion. *Genes Dev* **16:** 3136–3141.

Shemer G, Kishore R, Podbilewicz B. 2000. Ring formation drives invagination of the vulva in *C. elegans:* Ras, cell fusion and cell migration determine structural fates. *Dev Biol* **221:** 233–248.

Shemer G, Suissa M, Kolotuev I, Nguyen KCQ, Hall DH, Podbilewicz B. 2004. EFF-1 is sufficient to initiate and execute tissue-specific cell fusion in *C. elegans*. *Curr Biol* **14:** 1587–1591.

Singh RN, Sulston JE. 1978. Some observations on moulting in *Caenorhabditis elegans*. *Nematologica* **24:** 63–71.

Skop AR, White JG. 1998. The dynactin complex is required for cleavage plane specification in early *Caenorhabditis elegans* embryos. *Curr Biol* **8:** 1110–1116.

Squirrell JM, Wokosin DL, White JG, Bavister BD. 1999. Long-term two-photon fluorescence imaging of mammalian embryos without compromising viability. *Nat Biotechnol* **17:** 763–767.

Strome S, Wood WB. 1983. Generation of asymmetry and segregation of germ-line granules in early *C. elegans* embryos. *Cell* **35:** 15–25.

Strome S, Powers J, Dunn M, Reese K, Malone CJ, White J, Seydoux G, Saxton W. 2001. Spindle dynamics and the role of γ-tubulin in early *Caenorhabditis elegans* embryos. *Mol Biol Cell* **12:** 1751–1764.

Sulston JE, Horvitz HR. 1977. Post-embryonic cell lineages of the nematode, *Caenorhabditis elegans*. *Dev Biol* **56:** 110–156.

Sulston JE, White JG. 1980. Regulation and cell autonomy during postembryonic development of *Caenorhabditis elegans*. *Dev Biol* **78:** 577–597.

Sulston J, Hodgkin J. 1988. Methods. In *The nematode* Caenorhabditis elegans (ed. WB Wood), pp. 587–606. Cold Spring Harbor Laboratory, Cold Spring Harbor, NY.

Sulston JE, Albertson DG, Thomson JN. 1980. The *Caenorhabditis elegans* male: Postembryonic development of nongonadal structure. *Dev Biol* **78:** 542–576.

Sulston JE, Schierenberg E, White JG, Thomson JN. 1983. The embryonic cell lineage of the nematode *Caenorhabditis elegans*. *Dev Biol* **100:** 64–119.

Thomas C, DeVries P, Hardin J, White JG. 1996. Four-dimensional imaging: Computer visualization of 3D movements in living specimens. *Science* **273:** 603–607.

Treusch S, Knuth S, Slaugenhaupt SA, Goldin E, Grant BD, Fares H. 2004. *Caenorhabditis elegans* functional orthologue of human protein h-mucolipin-1 is required for lysosome biogenesis. *Proc Natl Acad Sci* **101:** 4483–4488.

Wallenfang MR, Seydoux G. 2000. Polarization of the anterior–posterior axis of *C. elegans* is a microtubule-directed process. *Nature* **408:** 89–92.

White JG. 1980. The astral relaxation theory of cytokinesis revisited. *BioEssays* **2:** 267–272.

White JG, Amos WB. 1987. Confocal microscopy comes of age. *Nature* **328:** 183–184.

White JG, Amos WB, Fordham M. 1987. An evaluation of confocal versus conventional imaging of biological structures by fluorescence light microscopy. *J Cell Biol* **105:** 41–48.

Wiesel N, Mattout A, Melcer S, Melamed-Book N, Herrmann H, Medalia O, Aebi U, Gruenbaum Y. 2008. Laminopathic mutations interfere with the assembly, localization, and dynamics of nuclear lamins. *Proc Natl Acad Sci* **105:** 180–185.

Winston WM, Molodowitch C, Hunter CP. 2002. Systemic RNAi in *C. elegans* requires the putative transmembrane protein SID-1. *Science* **295:** 2456–2459.

Witherow DS, Tovey SC, Wang Q, Willars GB, Slepak, V.Z. 2003. Gβ5.RGS7 inhibits $G\alpha_q$-mediated signaling via a direct protein–protein interaction. *J Biol Chem* **278:** 21307–21313.

Woo WM, Goncharov A, Jin Y, Chisholm, A.D. 2004. Intermediate filaments are required for *C. elegans* epidermal elongation. *Dev Biol* **267:** 216–229.

Wood WB. 1988. *The nematode* Caenorhabditis elegans. Cold Spring Harbor Laboratory, Cold Spring Harbor, NY.

Yochem J, Gu T, Han M. 1998. A new marker for mosaic analysis in *Caenorhabditis elegans* indicates a fusion between hyp6 and hyp7, two major components of the hypodermis. *Genetics* **149:** 1323–1334.

Zipkin ID, Kindt RM, Kenyon CJ. 1997. Role of a new Rho family member in cell migration and axon guidance in *C. elegans*. *Cell* **90:** 883–894.

Zipperlen P, Fraser AG, Kamath RS, Martinez-Campos M, Ahringer J. 2001. Roles for 147 embryonic lethal genes on *C. elegans* chromosome I identified by RNA interference and video microscopy. *EMBO J* **20:** 3984–3992.

（周　博　译　方玉达　校）

第 21 章　植物活细胞成像

Yuda Fang[1] D. L Spector[2]

[1] National Laboratory of Plant Molecular Genetics, Shanghai Institute of Plant Physiology and Ecology, Shanghai Institutes for Biological Sciences, Chinese Academy of Sciences, Shanghai 200032, China; [2] Cold Spring Harbor Laboratory, Cold Spring Harbor, New York 11724

植物活细胞成像是一种研究活体植株在正常或者受胁迫条件下细胞的结构、动力学以及功能的重要方法。小的开花植物，如拟南芥为多种活体显微成像技术提供了理想的研究系统。它的个体较小能允许荧光穿透组织，并且它有多种不同倍性水平和分化阶段的细胞类型。其二倍体细胞核只含有 5 对染色体，其中异染色质区域组成染色中心，染色质域在显微镜下非常容易识别。此外，通过一些强大的遗传学工具的使用，可使一些细胞现象的分子机制的研究变得更加方便。在设计活细胞成像实验时应该注意，植物对光、温度、渗透压、湿度、重力和营养条件比较敏感，同时植物也有很强的生理和基因表达节律。此外，植物组织一般比较厚，有许多层细胞和很强的自发荧光。自发荧光在绿色叶片上尤其突出。所以理想的培养和成像条件对植物活细胞成像是非常重要的。这里我们讨论进行植物活细胞成像的一般实验考虑和设计。我们提供了两个具体的实验方案，一种是通过在烟草中的瞬时表达来进行蛋白质与蛋白质间相互作用的成像检测，另一种是对稳定转化的拟南芥在细胞周期中进行三维或四维细胞成像。

植物活细胞成像的常规实验设计和注意事项

植物活细胞成像通常的步骤是将要进行研究的蛋白质与合适的荧光蛋白融合，稳定或者短暂表达融合蛋白，然后利用各种活细胞成像技术观察融合蛋白的表达、组构及其动态。此外，生物传感器荧光蛋白已用来报告不同的代谢物、离子以及细胞内过程，如葡萄糖、GTPase、cAMP、Ca^{2+}、pH 和磷酸化（Berg and Beachy 2008）。

选择一个合适的荧光蛋白

现在已经获得了一系列具有不同的激发和发射光谱的荧光蛋白，包括蓝色、青色、绿色、黄色、橙色及红色单体荧光蛋白变种和一种紫外激发绿色荧光蛋白（见第 1 章）。最近，Chapman 等（2008）利用光、氧气或植物蓝光受体的电压感应（LOV）域制作出了一种比 GFP 更小的黄素型荧光蛋白（iLOV）。选择合适的荧光蛋白是必需的。增强型黄色荧光蛋白（EYFP）和它的变种亮度更高，已经在植物活细胞成像上得到了广泛的应用。EYFP 平均每个分子会比增强型绿色荧光蛋白（EGFP）多吸收 50%

的光能，两者却有相当的量子产量（Shaner et al. 2004），导致EGFP具有比EYFP更低的漂白敏感性，从而适合进行长时间的时程成像。当红移荧光蛋白和增强型青色荧光蛋白（ECFP）在它们合适的激发光下被激发时，叶片组织中的叶绿体会发射出很强的自体荧光，这些荧光蛋白就不太适合植物活细胞成像。此外，用在ECFP样本上的较短波长激发光的能量更高，导致其光伤害也更大。由于它们特殊的荧光光谱，红移FP和ECFP对多种颜色的FP实验是非常有用的。对于共定位分析，双标记组合包括EGFP/远红移FP（如mCherry and HcRced）和EYFP/ECFP。三标记组合包括CFP/YFP/mCherry。或者与YFP配对，CFP在利用荧光共振能量转移（FRET）研究蛋白-蛋白质相互作用时是有用的（见第6章）。研究活体内蛋白质-蛋白质相互作用的另一个简单方法是双分子荧光互补（BiFC），也称为分裂FP（split FP）（Ghosh et al. 2000; Hu et al. 2002）。在BiFC中，FP分裂成氨基端片段和羧基端片段，每个片段各自与被研究的相互作用的蛋白质对配体融合。如果这两种蛋白质存在相互作用，则FP中的氨基端部分和羧基端部分足够近，两个荧光片段就能组成具有功能的融合蛋白。如果这两种蛋白质不存在相互作用则不能观察到荧光。

制作FP融合：克隆策略

当FP和待研究的蛋白质融合时，需要考虑以下几个问题：FP是融合在蛋白质的氨基端、羧基端，还是蛋白质的中间位置？FP是和基因组DNA还是和cDNA结合？是利用内源还是外源启动子来驱动融合蛋白的表达？外源启动子是否是组成性的、可诱导的、组织特异的还是组织特异性诱导的？表达载体骨架是否具有合适的克隆位点以及是否具有细菌或者植物的选择标记？

一般而言，FP在蛋白质的氨基端和羧基端都能结合。如果蛋白质的某一个末端更加靠近其功能域则另一个末端应该用来进行初步实验。有时候，氨基端和羧基端都不合适，这时FP也可以融合在蛋白质序列的中间（Tian et al. 2004）。为了克隆的便利以及连结合位点结构的灵活性，可在FP和蛋白质之间添加富含甘氨酸和丙氨酸的连接序列。成功的连接序列能最多包含20个氨基酸残基（详细细节见第2章）。虽然连接序列没有危害性，但是它的影响却往往难以评估。

利用内源启动子驱动融合蛋白的表达能减少过表达和异位表达引起的假象。此外利用包含内含子和外显子的基因组DNA也为融合蛋白的适量表达提供了更好的机会。一个进行基因组DNA融合的简便方法是利用PCR扩增出基因组DNA，包括所有内含子和外显子的编码区、5′端非转录区、上游调节序列。对于组成型表达，常用的启动子包括肌动蛋白、泛素、花椰菜花叶病毒35S启动子。有时，需要组织、细胞类型或者发育阶段特异性的启动子来减少组织相关的基因组成型表达。利用诱导型启动子能获得相对较低而且可控的基因表达水平，如那些响应地塞米松、乙醇、雌二醇、四环素、铜、病原物相关蛋白的诱导物、除草剂（Safener）、杀虫剂（甲氧虫酰肼）以及温度的启动子（Padidan 2003）。另外，通过将这两种方法结合运用，也能实现组织特异性诱导表达（Deveeaux et al. 2003）。

FP 融合序列通常被插入进包含植物选择标记基因的农杆菌双元质粒的 T－DNA 左右边界序列之间。包含大肠杆菌和农杆菌复制子的双元载体能在这些菌系中得到扩增。双元载体家族，如 pBin19、pBI121（Brasileiro et al. 1991）、pPZP（Hajdukiewicz et al. 1994）、pGreen（Hellens et al. 2000）和 pCAMBIA（http：//www.cambia.org.au/）系列，这些载体具有不同的大肠杆菌选择标记，如卡拉霉素、潮霉素、链霉素、壮观霉素、庆大霉素和四环素，以及植物抗性基因，如抗生素、卡拉霉素、潮霉素、除草剂草丁膦和草铵膦铵盐。这些不同的细菌选择标记为植物抗性基因提供了合适的载体和农杆菌组合，能共同表达和筛选两个或三个植物转基因。大多数农杆菌具有利福平抗性；GV301（pMP90）对庆大霉素具有抗性；GV3101（pMP90RK）对庆大霉素和卡拉霉素具有抗性。限制性内切核酸酶、三模板链式反应（TT－PCR）（Tian et al. 2004）和 Gateway 重组克隆技术在 FP 融合的制备以及将它们插入双元载体中都得到了广泛应用。为了促进 FP 亚克隆融合进植物双元载体，一系列支持氨基端和羧基端融合的双元载体已经开发（Fang and Spector 2007）。

将带 FP 融合的双元载体转入农杆菌

在植物转化中有多种卸甲农杆菌可以使用（Zupan and Zambryski 1995）。最常用的菌系包括 LBA4404、GV3101、AGLO、AGL1、A281、EHA101 和 EHA105。被转化植物的种类、转化方法以及与细菌选择标记的匹配性对选择合适的农杆菌株系都有影响。携带有 FP 融合的双元载体通常通过电击、冻融、三亲交配方法（Weigel and Glazebrook 2006；Wise et al. 2006）进入农杆菌（见以下实验方案）。

通过快速短暂表达验证 FP 融合蛋白

通过轰击和农杆菌渗入法（实验方案 1）在植物细胞中进行短暂的表达为验证融合蛋白载体和定位分析提供了一种快速的方法。但是，表达水平在短暂表达时通常比较高，而且可能会发生短时的显性负表现型和异常的蛋白质定位，所以在分析结果时需要格外小心。

获得表达 FP 融合蛋白的转基因植物

研究融合蛋白在转基因植物中的组构和动态是有必要的。轰击和农杆菌介导转化是获得转基因植株比较常用的方法。如果融合蛋白能使突变体恢复正常，这就表明融合蛋白是有功能的。如果融合蛋白能使酵母突变体恢复正常则提示这个植物蛋白是与酵母基因同源的。

准备活细胞成像的植物样本

为了获得用于成像的活的细胞样本，需要尽可能地使生长条件，包括光、温度、渗透压、湿度、重力及营养最优化。

显微镜、数据收集及分析

常用于植物活细胞成像的显微镜系统包括激光扫描共聚焦显微镜、去卷积显微镜和转盘式共聚焦显微镜（见第 8 章）。植物样本一般比较厚，所以共焦显微镜非常适合植物活细胞成像，因为激光束能穿透厚的组织。装有电动载物台和去卷积软件的宽视场显微镜能够收集沿 z 轴的时程图像叠，有效地去除非聚焦光。因为植物组织含有大量水分，建议使用水渍物镜，因为水的折射率更接近活体植物材料的折射率。在成像过程中减少光氧化的损伤是非常有必要的，具体可以利用以下途径，如利用较低的激发光强度，更少的成像切面层，减少时程实验中成像的频率等。绿色组织、花粉粒和受胁迫或受到光损伤的细胞通常有更高水平的自体荧光。有时受光损伤的细胞的细胞质会出现更多的粒状物并且高度液泡化，这时细胞核被挤压到细胞的一侧。

融合蛋白的荧光和猝灭受 pH 的影响。这种 pH 依赖性已被用来探测植物细胞内的 pH（Gao et al. 2004）。在液泡中依赖于 pH 和半胱氨酸蛋白酶的 GFP 快速光解已见报道（Tamura et al. 2003）。YFP 的荧光也被证实是 Cl^- 依赖性的（Griesbeck et al. 2001）。

成像系统中的软件一般能处理三维图像叠和时程图像叠（四维数据），这些处理包括去卷积、投影、三维观察、信号强度测量、粒子间距离测量和将数据保存为影像等其他格式。对于一些处理任务，如图像对齐和在二维和三维中的粒点跟踪都需要特殊的专业的软件。NIH 的免费软件（如 ImageJ）具有多种不同功能的插件也是非常有用（http：//rsbweb. nih. gov/ij/）。

以下是植物活细胞成像 Tro 两个具体实验方案：第一个描述的是通过短暂表达进行 BiFC 实验以检测蛋白质-蛋白质相互作用。第二个描述的是转基因拟南芥植株细胞周期中特殊染色质位点（着丝粒）的组构观察及动态分析。这些方案可以根据所研究的蛋白质和细胞亚结构做必要的调整。

实验方案 1

蛋白质-蛋白质相互作用的成像检测方法

在此方案中我们描述了利用 BiFC 成像方法来检测植物小 RNA（microRNA）加工蛋白之间的相互作用，这些小 RNA 加工蛋白是 Dicer-like 1（DCL1，At1g01040）、Hyponastic leaves 1（HYL1，At1g09700）和 SERRTE（SE，At2g27100）（Fang and Spector 2007）。

材料

注意：请参阅附录中标有<!>的正确处理材料

请参阅本章末尾标有<R>的试剂配方

试剂

农杆菌株系 GV3101（pMP90）

双元载体 pCambia1300

DCL1－9（Jacobsen et al. 1999）

EYFP 载体（Clontech 公司）

甘油［10%和 40%（*m/V*）水溶液，灭菌，冰浴］

Hoechst 33342［Molecular probes 公司或 Sigma－Aldrich 公司（双苯酰亚胺）］原液（1mg/mL 溶于水，过滤除菌，分装在避光小管中，冷藏贮存）<!>

含有相应抗生素的 LB 固体平板

LB 液体培养基<R>

烟草（*Nicotiana tobacum*、*Nicotiana benthamiana* 或 *Nicotiana clevelandii*）植株（4～5 周龄，21℃，14h 光照/10h 黑暗周期培养）

只有那些开花之前幼嫩的植株才能得到好的结果。烟草生长很快，这也导致对烟草幼苗的准备很花费时间。相反，烟草幼苗在实验室不规则光照-黑暗周期条件下能几年不开花并一直保持营养生长期，这也使得它们成为验证融合蛋白载体功能的良好日常材料。

水（无菌，冰浴）

仪器

烧杯（2L 和 500mL）

盖玻片（no. 11/2，24mm×50mm）（Corning 公司 cat. no. 2940－245）

DeltaVision 重建成像系统（Applied Precision 公司，Issaquah，Washington）

这套显微镜包括一台 IX71 型倒置显微镜（Olympus 公司），配有 UPlanApo 水浸物镜［60×，数值孔径（NA）1.2］和 Photometrics 冷却 CCD 相机（Roper Scientific 公司）（分辨率 0.1122μm/像素）。用于 YFP 的滤光片组是激发滤光片 495/20（nm/nm）和发射滤光片 535/30（nm/nm）；对于 Hoechst33342 的滤光片是激发滤光片 360/40（nm/nm）和发射滤光片 475/50（nm/nm）；8600bs 分光器（Chroma Technology 公司）

电击杯（2mm，预冷）

电击仪（如 Eppendorf 公司的 multiporator）

温室或者生长培养箱（21℃，14h 光照/10h 黑暗周期）

恒温箱（28℃和 37℃）

层流式超净台

显微镜载玻片（75mm×25mm）

摇床

培养皿

花盆（4 英寸）

剪刀和镊子

分光光度计

注射器（1mL，无针头；BD309602）

方法

准备分裂的 YFP 载体

（1）将 EYFP 分成两个片段，一个氨基端片段（1～154 个氨基酸，YFPN）和一个羧基端片段（155～238 个氨基酸，YFPC）。将 HYL1、SE、DCL1、DCL1 - 9（DCL1 突变体）的基因组 DNA 或 cDNA 通过羧基端和氨基端分别与 YFPC 和 YFPN 融合，并置于各自内源启动子控制之下，分别插入到 pCambia 1300 以形成 pHYL1 - HYL1 - YFPN 和 pHYL1 - HYL1 - YFPC、pSE - YFPN - SE 和 pSE - YFPC - SE、pDCL1 - DCL1 - YFPN 和 pDCL1 - DCL1 - YFPC、pDCL1 - DCL1 - 9 - YFPN 和 pDCL1 - DCL1 - 9 - YFPC 融合载体。

制备农杆菌感受态细胞

（2）从含有 25mg/L 庆大霉素的 LB 平板上挑选 GV3101（pMP90）单菌落接种于含有 25mg/L 庆大霉素的 LB 液体培养基中，接种后的烧瓶置 28℃摇床以 200r/min 过夜摇菌。

（3）取 2mL 新鲜摇菌过夜的培养基，接种到 500mL 含有 25mg/L 庆大霉素的 LB 液体培养基中，接种后的烧瓶置 28℃摇床以 200r/min 过夜摇菌。

（4）当大肠杆菌细胞的 OD 值达 OD_{600} 0.8 左右，在冰浴中轻轻摇动烧瓶使培养基迅速冷却。

(5) 在冰上将这 500mL 培养基分装到两个 250mL 的离心管中。

(6) 在 4℃预冷的转子中以 4000r/min 将农杆菌细胞离心 10min。弃上清，每管加入 200mL 预冷的 10%甘油溶液，悬浮细胞。

(7) 在 4℃预冷的转子中以 4000r/min 将农杆菌细胞离心 10min。

(8) 弃上清，加入 150mL 预冷的 10%甘油溶液，再次悬浮细胞。

(9) 在 4℃预冷的转子中以 4000r/min 将农杆菌细胞离心 10min。弃上清，用 1mL 枪头小心吸取残留的上清液，加入 6mL 预冷的 10%甘油溶液，悬浮细胞。

(10) 按 45μL 一管分装到 1.5mL 离心管中，在液氮中轻微冷冻后于－70℃保存。

将双元载体转入农杆菌株系 GV3101

(11) 每种载体各取一管农杆菌感受态细胞置于冰上融化。

(12) 在装有融化感受态细胞的管中，加 1～2μg 脱盐的融合蛋白双元质粒 DNA，在冰上轻轻混合。

(13) 将 40μL 混合细胞加入一个 2mm 预冷的电击杯中。

(14) 利用电击仪在 2000V 电压下对细胞进行电穿孔。

(15) 电击以后立即向试管中加入 1mL LB 培养基，将悬浮液转移到 1.5mL 的离心管中，28℃条件下并缓慢摇动培养 3h。

(16) 取 150μL 的悬浮液涂布在含有 25mg/L 庆大霉素和 50mg/L 卡那霉素的 LB 固体培养基平板上，28～30℃培养 2 天。

(17) 在每个平板上挑选克隆，接种到含有 25mg/L 庆大霉素和 50mg/L 卡那霉素的 LB 液体培养基上，在 28℃摇床上以 200r/min 过夜培养。

(18) 通过 PCR 扩增一段融合序列验证转化结果。

(19) 对于成功转化的株系，加入 0.5mL 农杆菌培养液和 0.5mL 40%甘油，室温下放置 4～6h，并每隔 30min 轻轻摇动，然后贮存于－70℃冰箱中。

植株侵染和共侵染

(20) 从－70℃冰箱中取一管转化的含有融合蛋白序列的 GV3101 株系，用 1mL 枪头立即加入少量的冷冻细胞到合适体积（每组实验 2mL）含有 25mg/L 庆大霉素和 50mg/L 卡那霉素的 LB 培养基中，在 28℃摇床上以 200r/min 过夜培养。

冷冻菌原液管应立即放回－70℃冰箱中以避免反复冻融。

(21) 取 1.5mL 培养菌液到无菌的 1.5mL 离心管中。

(22) 在 2000r/min 条件下离心 5min，弃上清。

(23) 重复步骤（22）以彻底去除残留的抗生素，因为它们会在侵染叶片后影响植物细胞的生活力。

(24) 用蒸馏水重新悬浮细菌细胞至 OD_{600} 为 0.8 左右。

(25) 选取健康的烟草叶片以供侵染。利用记号笔在叶片上标好待侵染区域。

(26) 利用1mL去掉针头的注射器吸取从步骤(24)获得的农杆菌悬浮液0.6mL。

(27) 将注射器置于叶片背面同时用手指顶住叶片正面，轻轻推动活塞。当推动活塞的时，能观察到液体在叶片中散布开来，悬浮逐步填充叶肉组织气腔(图1)。

图1 侵染烟草叶片

当把去掉针头的注射器置于叶片背面时，相对的叶片正面由一个手指固定顶住。轻轻推下活塞，农杆菌悬浮液会填满叶片的叶肉组织气腔

当推下活塞时农杆菌悬浮液可能溅射出来，所以需要穿好实验服和戴上面罩。

(28) 在成像前5h用同样方法将Hoechst33342(水中浓度为0.4μg/mL)溶液注射到农杆菌侵染的烟草叶片区域，标定植物活细胞中细胞核的位置。

(29) 通常可在2天后再进行显微观察分析，但是，侵染4～5天内，融合蛋白的表达需要每隔24h就检测一次。

显微镜成像检测

(30) 打开荧光显微镜以平衡系统。打开电弧灯，在水渍物镜上滴一滴水。

(31) 在载玻片上滴一滴水。在侵染的部位切下1～2cm^2的叶片组织，置于载玻片的水滴中，盖上盖玻片(24mm×25mm)。立即将玻片放在载物台上，盖玻片朝向水渍物镜。

(32) 升起载物台以使盖玻片能接触到水渍物镜。

(33) 打开卤灯，用DIC快速精确调整焦面至烟草叶表面，这时，能够观察到烟草叶片表皮细胞之间z字形分隔。

(34) 关闭卤灯。

(35) 设置激发、发射和目镜滤光片组。打开激发光路径，通过目镜找到细胞核。

见故障排除。

(36) 将光路径旋钮调到数据收集位置，两个通道同时收集数据(一个通道为YFP，另外一个通道为Hoechst33342)。

(37) 去卷积和投射后，以TIFF格式保存。BiFC信号可以观察到呈细胞核剪切体(D-body)形式(图2)。

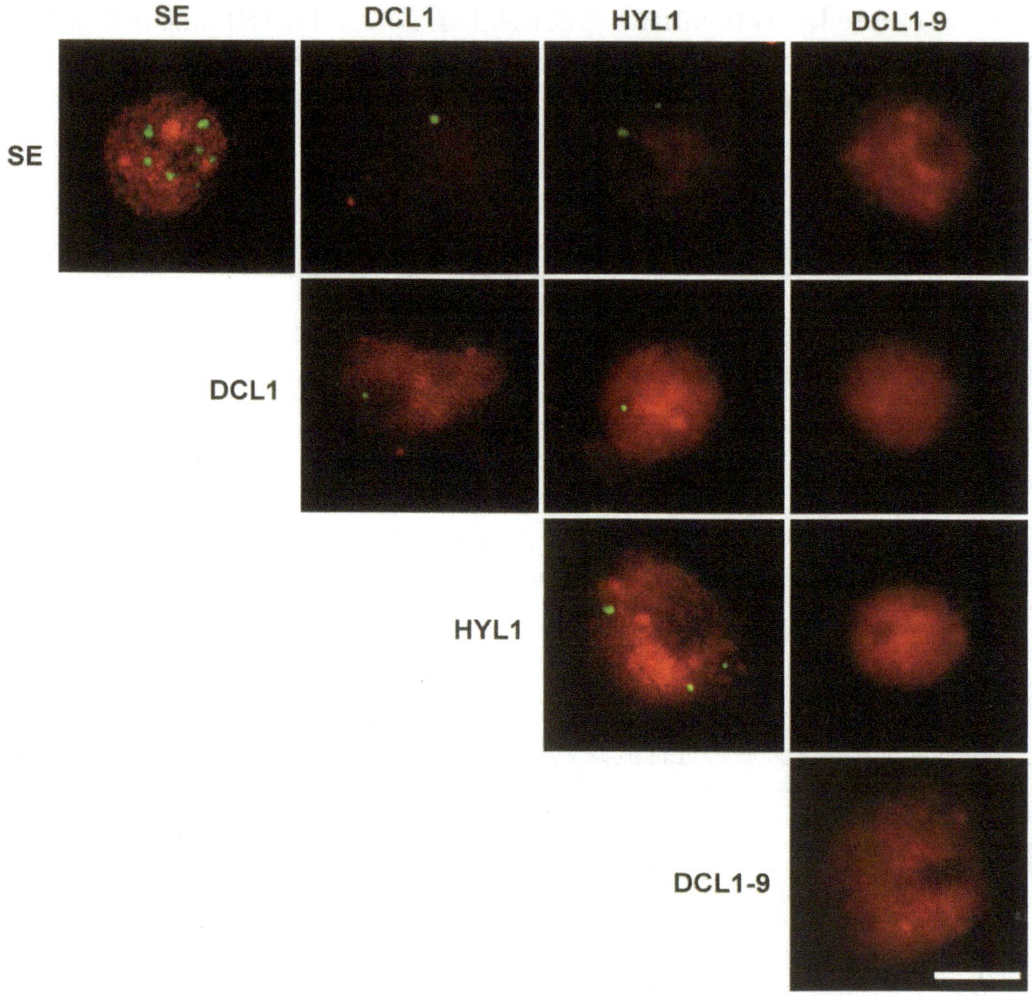

图 2　SE、DCL1、HYL1、DCLI-9 之间的 BiFC 成对正交试验

可能存在相互作用的两个蛋白质分别与 YFP 的氨基端和羧基端融合，然后共侵染到烟草的叶片中。Hoechst 33342 被用来标记细胞核（红色），BiFC 信号是绿色的。SE 与其自身在核散斑上相互作用，但是 DCL1 和 HYL1 是在细胞核剪切体内（D－body）相互作用。此外在 D－body 中 SE、DCL1、HYL1 之间能观察到 BiFC 信号。DCL1－9 和 SE、DCL1、HYL1 中没有观察到 BiFC 信号。标尺为 5μm（经允许选自 Fang and Spector 2007）

问题排查

问题［步骤（35）］：背景太亮。

解决途径：造成这个现象可能有以下原因。

（1）叶片侵染区域的细胞生活力较低。①检查融合蛋白的表达对细胞是否有害。②检查用于侵染的农杆菌悬浮液浓度是否过大，调节其密度为 OD_{600} 约 0.8。③离心农杆菌细胞，去除含有抗生素的微量培养基。

（2）细胞可能受到光损伤，对样品的成像要越快越好。

(3) 没有观察到信号。①检查融合蛋白的读码框是否正确。②检查启动子是否太弱或组织、细胞和发育阶段是特异性的。

讨论

烟草注射侵染是一种快速检测融合蛋白在局部细胞表达的方法。约 80%的融合蛋白载体能够在植物细胞中得到有关其定位以及动态方面的初步结果。其他短暂的基因转入方法包括轰击洋葱表皮细胞、培养的愈伤组织或整个植株（Scott et al. 1999；Lorence and Verpoorte 2004）以及电击和聚乙二醇介导的多种植物来源的原生质的转化。

BiFC 是一种在时间和空间上研究蛋白质-蛋白质相互作用的简单方法。潜在的假阳性是这种方法主要需要注意的地方，所以一定要采取有效的措施予以避免。其他在活体内分析蛋白质-蛋白质相互作用的方法包括 FRET（见第 6 章）、生物发光共振转移（bioluminescence resonance energy transfer）（Subramanian et al. 2004；Xu et al 2007）和萤火虫荧光素酶补充（firefly luciferase complementation）（Chen et al. 2008）.

实验方案 2

植物细胞分裂周期的四维成像

在这个方案中，拟南芥（*Arabidopsis*）着丝粒由着丝粒特异性组蛋白 3 变体（HTR12）融合的荧光蛋白标记，并且获得了表达这些融合蛋白的转基因植物。在分裂间期以及整个有丝分裂过程中，这些特异性染色质位点的组构定位和动态变化可以通过三维和四维成像技术观察（Fang and Spector 2005）。

材料

注意：标记有<!>的材料请参考附录正确处理；

标有<R>的试剂请参考本章最后的配方制备。

试剂

根癌农杆菌（*Agrobacterium tumefaciens*）菌株 GV3101（pMP90）

表达 HTR12 - GFP 融合蛋白的拟南芥植株或者共表达 HTR12 - Venus 和 HTB1（H2B）- CFP 的植株（生长室温为 21℃，每日光照 14h/黑暗 10h）

双元载体 pCambia 2300 和 pFGC5941

乙醇（70%）

浸花溶液（5% 的蔗糖）

萌发平板<R>

草胺磷铵盐 <!>（Glufosinate ammonium，Sigma - Aldrich 公司；cat. no. 45520）

MS 培养基<R>

烟草（*Nicotiana tabacum*）（4～5 周大小；生长条件为 21℃，每天光照 16h/黑暗 8h）

Phytagel（Sigma - Aldrich 公司；cat. no. P8169）

筛选平板<R>

Silwet L - 77 表面活性剂 <!>（硅树脂聚环氧烷烃的共聚物；OSi 公司，Tarrytown，New York）

次氯酸钠 <!>（15%）

吐温 20

载体

pHTP12：HTR12 - Venus - T_{HTR12}载体，骨架质粒 pFGC941，含有抗草胺磷铵盐的植物抗性标记（http：//www.chromdb.org/rnai/pFGC5941.html）

pHTR12 - HTR12 - GFP - T_{HTR12}载体，骨架质粒 pCambia 2300，含有卡那霉素抗性

pHTB1 - HTB1 - CFP - T_{HTB1} 载体，骨架质粒 pCambia 2300

仪器设备

盖玻片（no. 11/2，24mm×50mm）（Corning 公司，cat. no. 2940 - 245）

DeltaVision 图像重建显微镜系统（Applied Precision 公司，Issaquah，Washington）

这个系统包含一台 IX71 倒置显微镜（Olympus 公司），配有 UPlanApo 水浸物镜（60×，数值孔径为 1.2）的和一个分辨率为每像素 0.1122μm 的 Photometrics（Roper Scientific 公司，Trenton，New Jersey）的制冷 CCD 相机。所用的滤光片组如下：Venus 的激发滤光片 495/20（nm/nm）；发射滤光片 535/30（nm/nm）；CFP 的激发滤光片 436/10（nm/nm）；发射滤光片 470/30（nm/nm）；GFP 的激发滤光片 485/25（nm/nm）；发射滤光片 520/40（nm/nm）；86006bs 的分光镜（Chroma Technology Corp. 公司，Brattleboro，Vermont）

电转化用的电激杯（2 mm）

电转仪（如 Eppendorf 公司的 Multiporator）

温室或植物培养箱（设定温度为 21℃，每日光照 14h/黑暗 10h）

Lab - Tek Ⅱ 单孔腔室（no. 1.5）盖玻片（Nunc 公司，http://www.nuncbrand.com/，cat. no. 155360）

层流式超净台

显微镜载玻片（75mm×25mm）

轨道式摇床（设为 28℃，200r/min）

培养皿

花盆（直径 4 英寸）

剪刀和镊子

注射器（无针头的 1mL 注射器，BD 309602）

方法

载体的构建

（1）将拟南芥着丝粒特异性组蛋白 H3 变体基因 *HTR12*（Atlg01370）与 *Venus* 或 *GFP* 基因融合，插入到双元载体 pFGC5941（http://www.chromdb.org/）上，最终使植物获得对草丁磷除草剂或草胺磷铵盐的抗性。将组蛋白 H2B 基因 *HTB1*（Atlg07790）与 *CFP* 融合，插入到 pCambia2300 上，使植物获得对卡那霉素的抗性。这些融合基因分别受各自的内源启动子和终止子的调控（Fang and Spector 2005）。

将质粒转入根癌土壤杆菌菌株 GV3101

（2）通过电转化将载体 p_{HTR12}：HTR12 - Venus - T_{HTR12}、pHTR12 - HTR12 - GFP -

T_{HTR12}和 pHTB1 - HTB1 - CFP - T_{HTB1}导入到农杆菌菌株 GV3101 中（参见实验方案 1）。

融合蛋白在烟草中的瞬时表达

（3）使用已经转化的含有 HTR12 - Venus、HTR12 - GFP 和 HTB1 - CFP 的 GV3101 菌株侵染烟草叶片鉴定融合蛋白的表达并观察它们的定位（参见实验方案 1）。

可以看到着丝粒在烟草细胞核周边以及核仁周围成簇存在。

花浸法进行拟南芥的转化和共转化

这个步骤从 Clough 和 Bent（1998）修改而来。

（4）将拟南芥种植在 4 英寸的花盆中，在 21℃环境中每日光照 14h，黑暗 10h。

（5）当主花序出现时将其移除以刺激二级花序的生长。

（6）在浸花前停止浇水使花盆中稍微干燥，在浸花过程中要防止盆中的土壤滑落。

（7）对每一个菌株，取 0.5mL 农杆菌的甘油储藏菌接种到 400mL LB 培养基中。28℃摇菌过夜。

（8）室温下 4000r/min 离心 10min 沉淀农杆菌。

（9）用 400mL 浸花溶液重悬菌体，调整细胞密度至 OD_{600}在 0.8 左右。将 GV3101（p_{HTR12}：HTR12 - Venus - T_{HTR12}）和 GV3101（pHTB1 - HTB1 - CFP - T_{HTB1}）等密度的菌体悬浮液等体积混合，用来共转化。

（10）浸花前先加入 0.05%的 Silwet L - 77 表面活性剂或者 0.02%的吐温 20。

（11）转移 400mL 农杆菌悬浮液于一个 500mL 的广口烧杯中。

（12）将烧杯放到一块实验台台布上以避免交叉污染。

（13）倒置植物使花序浸入菌悬液中，缓慢旋转搅动 15～30s。每 1 份菌悬液可供 8 盆或者更多盆的植株使用。

（14）在浸染之后，将植株盆放到新的盘子上，并且用一个高的塑料钟罩罩起来。

（15）第二天，将塑料钟罩移走并浇水。

（16）让植物在正常条件下生长，在种子成熟后，收集干燥的种子（在 5～6 周后）。

（17）在筛选平板上挑选独立的 T1 代转基因系。

成像用植物组织的准备

（18）使用共表达 HTR12 - Venus 和 HTB1 - CFP 的 T2 代转基因植株进行三维成像观察。剪取莲座叶（0.5～0.5cm）、萼片和花瓣，放置在两片 50mm×24mm No.1.5 的盖玻片之间或者一个盖玻片和一个载玻片之间，玻片之间和物镜上要加一小滴水保持有水的状态。将其放置在倒置显微镜的载物台上，盖玻片朝向物镜并立即开始成像。

根生长腔室盖玻装片的制备

这个步骤编自 Fang 等（2004）以及 Fang 和 Spector（2005）。

（19）对根进行时程成像时，首先将转基因的 HTR12 - GFP T2 代种子在含有 15%

的次氯酸钠和 0.01%的吐温 20 溶液中杀菌 15min。将 5～8 颗种子播种到含有 5mL 的 1/2 MS 培养基的一个 Lab - Tek Ⅱ 单孔腔室盖玻片中，培养基中添加有 1%蔗糖和 0.25%的 Phytagel。用 10μL 枪头将种子播在萌发培养基约 1mm 深处。移液枪的活塞松开时种子会黏在枪头上，当活塞被压下时，种子便会被播入凝固的培养基中。

(20) 当初生根向下生长（约 1 周）然后沿着 No. 1.5 盖玻片生长时，根会和腔室底部的盖玻片紧密的贴合（图 3），这样就可以在倒置显微镜下观察。腔室倾斜成几乎垂直的角度以便根可以沿着凝固的培养基紧贴盖玻片生长。这样，当生长腔室玻片放到显微镜的载物台上时，根在盖玻片上是呈从左至右生长并被固定在盖玻片上。

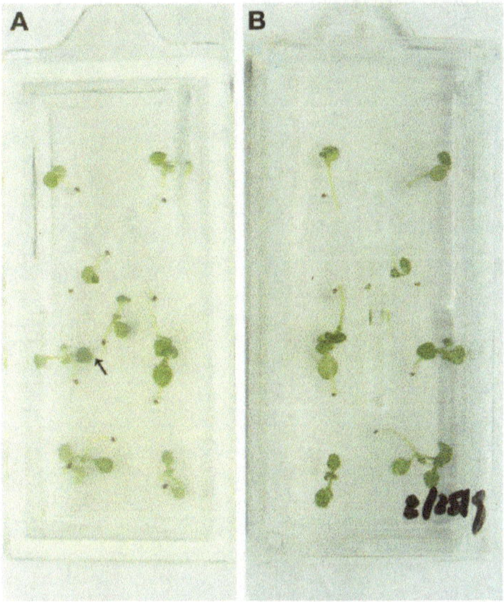

图 3　进行活细胞成像的拟南芥根生长盒

A. 根生长盒的盖玻片一侧；箭头表示根沿着盖玻片生长的方向。B. 根生长盒的上表面

参见疑难解答。

三维数据的采集和处理

将植物组织的载玻片放到显微镜的载物台上，打来卤素灯并调节焦平面。对于叶片，可以观察到典型的锯齿形细胞边界。关闭卤素灯，打开弧光灯。在室温下使用 DeltaVision 显微镜系统收集细胞核的图像层叠，其中 z 轴步长设为 0.2μm。通过 Octane 工作站的 softworx 软件（Applied Precision 公司，Issaquah，Washington）对收集到的核的图像层叠进行去卷积处理（重复次数设置为 15 次）。去卷积完成后，从不同角度以最大光强度投影，使这些图像层叠形成立体显示的视图，然后以 TIFF 和影像格式输出。一个二倍体拟南芥细胞核中含有 10 个着丝粒，可以明显观察到这些着丝粒定位在细胞核的外周（见影像 21.1）。

四维数据的采集和处理

将含有已萌发种子的 Lab-Tek Ⅱ 单孔腔室盖玻片放到显微镜的载物台上，打开卤素灯，调整焦平面以找到根尖。关闭卤素灯，打开弧光灯。收集时程三维图像，在 4h 内每隔 45s 拍摄一次，每次收集 7 个图像层，图像大小为 512 像素×512 像素，每一个层面曝光 0.06s，z 轴的步长设为 0.60μm。通过 Octane 工作站的 softworx 软件对收集到的细胞核图像层叠进行去卷积处理（重复次数设置为 15 次）。用 softworx 软件完成图像堆栈的去卷积、投影和立体显示。用 softworx 软件测定信号强度和着丝粒间的距离。通过单层面、部分图层投影和全部图层投影以及影像来完成着丝粒在细胞分裂中的运动轨迹的手动跟踪（图 4 和影像 21.2）。

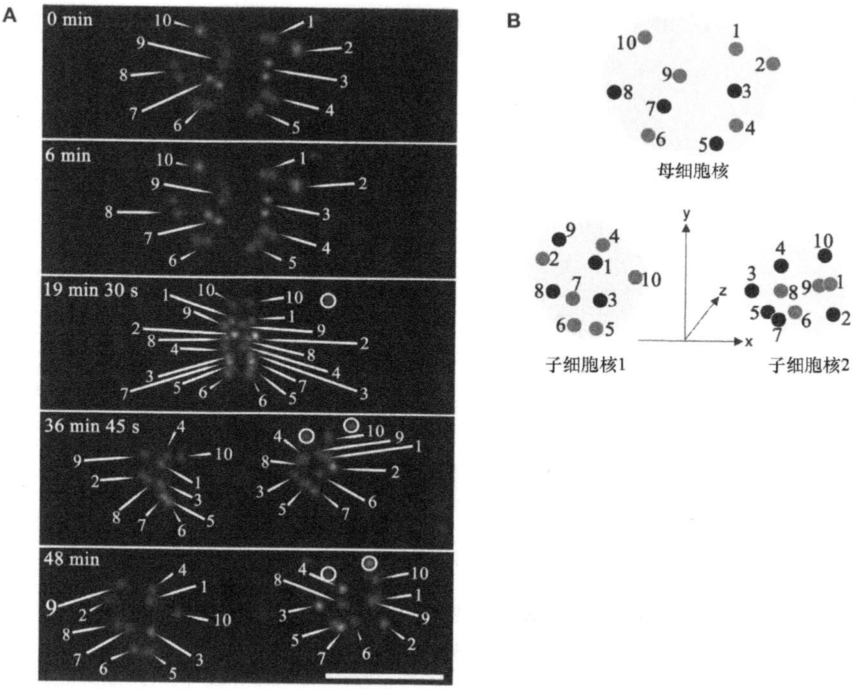

图 4　有丝分裂中着丝粒变化的三维跟踪

A. 分别在 0min、6min、19min30s、36min45s 和 48min 时记录有丝分裂细胞的细胞核的投影图像。每一个时间点的着丝粒都通过数字被突出标记。圆圈表示邻近细胞的投射信号。标尺为 5μm。B. 一个母细胞与其两个子细胞核中着丝粒位置的三维示意图。z 轴指向的是细胞核的底部。在细胞核上半剖面的着丝粒是用数字标记的深灰色的点表示的，而细胞核下半部中的着丝粒是用数字标记的浅灰色的点标记的

参见疑难解答。

疑难解答

问题［步骤（20）］：根尖没有与盖玻片接触，显微镜物镜找不到根细胞。

解决方法：针对这个问题有两个可能的原因。

（1）Lab－TekⅡ单孔腔室盖玻片系统中培养基过多或过少。培养基在 5mL 左右最好，培养基的深度应该在 3～5mm。

培养基中种子播的太深。种子播种的最佳深度约为 1mm。

（2）问题［步骤（22）］：根生长得太快，分生区总是在焦距之外。

解决方法：解决这个问题有以下几种可能的方法。

（1）使用 DeltaVision 显微镜的细胞追踪模块使载物台沿着根生长的方向以根生长的相同速度移动。

（2）每隔 1h 手动调节显微镜焦距一次。

（3）观察次生根的根尖，因为它们比初生根生长得慢。

配方

Luria - Bertani（LB）培养基

试剂	质量（g）
蛋白胨	10
酵母粉	5
氯化钠（NaCl）	10

将试剂混合溶解于 950mL 水中，用 2mol/L 的 NaOH（大约 0.5mL）调整 pH 至 7.0，最终加水定容至 1L。在 15psi（1.05kg/cm^2）下高压蒸汽灭菌 20min。

种子萌发培养基

试剂	终浓度
MS 培养基 <R>	50%（*m*/*V*）
Phytagel	50%（*m*/*V*）
卡那霉素<!>	50mg/L
草胺磷铵盐<!>	12 mg/L

加水制备 5g/L 的 Phytagel。高压蒸汽灭菌后冷却至 60℃，与等量的 MS 培养基混合，添加添加剂，然后在超净台中倒平板。

MS 培养基

试剂	质量（g）
MS 盐和维生素	4.33
蔗糖	20

加入 900mL 水，搅拌使试剂充分溶解。用 2mol/L 的 KOH 调节 pH 至 5.7<!>。最终加水定容到 1L，室温下过滤除菌。

筛选平板

试剂	终浓度
琼脂（14g/L 蒸馏水；高压蒸汽灭菌后冷却到 60℃左右）	50%（*m*/*V*）
MS 培养基<R>	50%（*m*/*V*）
羧苄青霉素<!>（可抑制农杆菌生长）	500mg/L

续表

试剂	终浓度
氨噻肟头孢菌素＜!＞（作为羧苄青霉素的可选替换品）	100mg/L
草胺磷铵盐＜!＞	12mg/L
卡那霉素＜!＞	50mg/L

在超净台中加入各种试剂，充分混匀后倒平板。

讨论

对于根尖四维成像的每一个实验，观察到1～10个细胞完成有丝分裂周期是正常的。除了有丝分裂时期细胞，根分生组织伸长区和分化区的间期细胞也可以观察到。当使用低倍物镜（5×、10×或20×）时，四维成像实验方案可以在组织水平上观察根的发育。我们所提到的根生长盖玻片系统也可以用来培养原生质体（如烟草和拟南芥原生质体）并研究细胞周期中融合的荧光蛋白的动态变化。同样，四维成像实验方案也可以通过其他显微镜系统，如蔡司激光共聚焦显微镜或转盘式共聚焦显微镜进行活细胞的观察研究。

影像说明

影像可以在网站 www. cshprotocol. org/livecellimaging 上免费获得。

影像 21. 1. 拟南芥表皮细胞细胞核中着丝粒组织的立体视图。

影像 21. 2. 有丝分裂期间着丝粒动态的观察。着丝粒被 HTR12 - GFP 标记呈绿色。

参考文献

Berg RH, Beachy RN. 2008. Fluorescent protein applications in plants. *Methods Cell Biol* **85:** 153–177.

Brasileiro AC, Leple JC, Muzzin J, Ounnoughi D, Michel MF, Jouanin L. 1991. An alternative approach for gene transfer in trees using wild-type *Agrobacterium* strains. *Plant Mol Biol* **17:** 441–452.

Chapman S, Faulkner C, Kaiserli E, Garcia-Mata C, Savenkov EI, Roberts AG, Oparka KJ, Christie JM. 2008. The photoreversible fluorescent protein iLOV outperforms GFP as a reporter of plant virus infection. *Proc Natl Acad Sci* **105:** 20038–20043.

Chen H, Zou Y, Shang Y, Lin H, Wang Y, Cai R, Tang X, Zhou JM. 2008. Firefly luciferase complementation imaging assay for protein-protein interactions in plants. *Plant Physiol* **146:** 368–376.

Clough SJ, Bent AF. 1998. Floral dip: A simplified method for *Agrobacterium*-mediated transformation of *Arabidopsis thaliana*. *Plant J* **16:** 735–743.

Craig W, Gargano D, Scotti N, Nguyen TT, Lao NT, Kavanagh TA, Dix PJ, Cardi T. 2005. Direct gene transfer in potato: A comparison of particle bombardment of leaf explants and PEG-mediated transformation of protoplasts. *Plant Cell Rep* **24:** 603–611.

Deveaux Y, Peaucelle A, Roberts GR, Coen E, Simon R, Mizukami Y, Traas J, Murray JA, Doonan JH, Laufs P. 2003. The ethanol switch: A tool for tissue-specific gene induction during plant development. *Plant J* **36:** 918–930.

Fang Y, Spector DL. 2005. Centromere positioning and dynamics in living *Arabidopsis* plants. *Mol Biol Cell* **16:** 5710–5718.

Fang Y, Spector DL. 2007. Identification of nuclear dicing bodies containing proteins for microRNA biogenesis in living *Arabidopsis* plants. *Curr Biol* **17:** 818–823.

Fang Y, Hearn S, Spector DL. 2004. Tissue-specific expression and dynamic organization of SR splicing factors in *Arabidopsis. Mol Biol Cell* **15:** 2664–2673.

Gao D, Knight MR, Trewavas AJ, Sattelmacher B, Plieth C. 2004. Self-reporting *Arabidopsis* expressing pH and [Ca^{2+}] indicators unveil ion dynamics in the cytoplasm and in the apoplast under abiotic stress. *Plant Physiol* **134:** 898–908.

Ghosh I, Hamilton AD, Regan L. 2000. Antiparallel leucine zipper-directed protein reassembly: Application to the green fluorescent protein. *J Am Chem Soc* **122:** 5658–5659.

Griesbeck O, Baird GS, Campbell RE, Zacharias DA, Tsien RY. 2001. Reducing the environmental sensitivity of yellow fluorescent protein. Mechanism and applications. *J Biol Chem* **276:** 29188–29194.

Hajdukiewicz P, Svab Z, Maliga P. 1994. The small, versatile pPZP family of *Agrobacterium* binary vectors for plant transformation. *Plant Mol Biol* **25:** 989–994.

Hellens RP, Edwards EA, Leyland NR, Bean S, Mullineaux PM. 2000. pGreen: A versatile and flexible binary Ti vector for Agrobacterium-mediated plant transformation. *Plant Mol Biol* **42:** 819–832.

Hu CD, Chinenov Y, Kerppola TK. 2002. Visualization of interactions among bZIP and Rel family proteins in living cells using bimolecular fluorescence complementation. *Mol Cell* **9:** 789–798.

Jacobsen SE, Running MP, Meyerowitz EM. 1999. Disruption of an RNA helicase/RNase III gene in *Arabidopsis* causes unregulated cell division in floral meristems. *Development* **126:** 5231–5243.

Lorence A, Verpoorte R. 2004. Gene transfer and expression in plants. *Methods Mol Biol* **267:** 329–350.

Padidam M. 2003. Chemically regulated gene expression in plants. *Curr Opin Plant Biol* **6:** 169–177.

Scott A, Wyatt S, Tsou PL, Robertson D, Allen NS. 1999. Model system for plant cell biology: GFP imaging in living onion epidermal cells. *BioTechniques* **26:** 1125, 1128–1132.

Shaner NC, Campbell RE, Steinbach PA, Giepmans BN, Palmer AE, Tsien RY. 2004. Improved monomeric red, orange and yellow fluorescent proteins derived from Discosoma sp. red fluorescent protein. *Nat Biotechnol* **22:** 1567–1572.

Subramanian C, Xu Y, Johnson CH, von Arnim AG. 2004. In vivo detection of protein–protein interaction in plant cells using BRET. *Methods Mol Biol* **284:** 271–286.

Tamura K, Shimada T, Ono E, Tanaka Y, Nagatani A, Higashi SI, Watanabe M, Nishimura M, Hara-Nishimura I. 2003. Why green fluorescent fusion proteins have not been observed in the vacuoles of higher plants. *Plant J* **35:** 545–555.

Tian GW, Mohanty A, Chary SN, Li S, Paap B, Drakakaki G, Kopec CD, Li J, Ehrhardt D, Jackson D, et al. 2004. High-throughput fluorescent tagging of full-length *Arabidopsis* gene products in planta. *Plant Physiol* **135:** 25–38.

Weigel D, Glazebrook J. 2006. Transformation of *Agrobacterium* using electroporation. *Cold Spring Harb Protoc* doi:10.1101/pdb.prot.4665.

Wise AA, Liu Z, Binns AN. 2006. Three methods for the introduction of foreign DNA into *Agrobacterium. Methods Mol Biol* **343:** 43–53.

Xu X, Soutto M, Xie Q, Servick S, Subramanian C, von Arnim AG, Johnson CH. 2007. Imaging protein interactions with bioluminescence resonance energy transfer (BRET) in plant and mammalian cells and tissues. *Proc Natl Acad Sci* **104:** 10264–10269.

Zupan JR, Zambryski P. 1995. Transfer of T-DNA from *Agrobacterium* to the plant cell. *Plant Physiol* **107:** 1041–1047.

（马定邦　王敏　译　方玉达　校）

第22章 果蝇活细胞成像技术的拓展

Richard M. Parton, Ana Maria Vallés, Ian M. Dobbie, and Ilan Davis

Department of Biochemistry, The University of Oxford, Oxford OX1 3QU, United Kingdom

果蝇（*Drosophila melanogaster*）是一种长期应用于细胞功能与发育分子机制基础研究的最重要的模式生物。同时，果蝇也是生物医学领域一种主要的研究工具。在单基因控制的人类疾病中，约75%的致病基因在果蝇中发现了具有相似功能的同源基因（Botas 2007；Chintapalli et al. 2007）。事实上，果蝇中许多组织、器官都与人类相应的组织器官具备类似的基本功能，并且通过高度类似的分子机制和信号通路进行发育调控。从吸毒成瘾到肿瘤转移，果蝇为多种人类生理与疾病的研究提供了极好的模型。果蝇是人类认识最深入的高等多细胞生物，尤其在神经系统发生及成体的功能研究方面（Clyne and Miesenbuck 2008）。

作为一种优良的实验动物，果蝇拥有许多优点，表1对此做了总结。然而，其中最突出的优点是在果蝇中我们能将活细胞成像技术广泛运用于多种果蝇活体组织与器官，达到在体内、离体及体外成像的目的（表2）。同时，其解剖方法的简易性及遗传手段的灵活性往往可以将功能强大的遗传筛选与活细胞成像分析结合起来，以发现发育相关信号通路中的新成员（Martin et al. 2003；Ryder et al. 2009）。

表1 模式生物——果蝇

体型和多样的组织类型	个体较小，便于实验室培养 生殖能力强，世代周期短（25℃下，约10天） 具备与哺乳动物相似的多种复杂的组织类型，但更易于操作 利于成像：个体小到能在显微镜下检查整个个体；个体也足够大到能分离单种组织（如胚胎150μm×150μm×400μm） 唾腺巨大，包含多线染色体（易于分辨的染色体带型） 染色体组型简单（4对染色体）
遗传可操作性	多种简单的遗传筛选方法可用于鉴定新的突变 荧光诱捕筛选 遗传技巧多样，如P转座子转化、生殖细胞克隆、体细胞克隆、组织特异性表达品系、易于在组织培养细胞中实施RNAi（Venken and Bellen 2007） 能够从某些实验室或品系库获得各种已有的荧光蛋白表达品系 制备转基因果蝇品系日趋商品化（见正文）
研究背景	高度合作的研究团队间的广泛学术交流，FlyBase网站提供的基因组信息（Drysdale et al. 2008） 12种果蝇科（Drosophilidae）物种完成全基因组测序 可供选用的突变品系 应用于固定或新鲜材料的成像术已有多年历史 实验方案可在线查询（详见互联网资源）

续表

缺点	难以用冷冻的方法保存品系 转基因品系制备需要几个月时间 难以同源重组 不像线虫一样雌雄同体

表 2　果蝇中不同组织活细胞成像的重要例子

组织类型	对象	方法	参考文献
多种组织	染色体/细胞分裂/细胞核	核定位-GFP（NLS-GFP） 组蛋白-GFP H2Av-mRFP1 EGFP-Cid（着丝点）	Davis et al. 1995；Yucel et al. 2000；Pauli et al. 2009
	多种细胞组分	多种染料及染色方法	Molecular Probes（在线）
卵泡	边缘细胞迁移	GFP 荧光蛋白	Tekotte et al. 2007；McDonald et al. 2008
	高尔基体	加 GFP 标签的 GalT 品系	Morin et al. 2001；Nicolas et al. 2009
	微管	tau-GFP、tubulin-GFP、Jupiter-GFP	Grieder et al. 2000；Micklem et al. 1997；Endow and Komma 1997；Karpova et al. 2006
	mRNA 转运	MS2/MCP-RFP 和 GFP Alexa Fluor 488/546-RN	MacDougall et al. 2003；Clark et al. 2007；Weil et al. 2008；Zimyanin et al. 2008
精巢	精子发生，细胞分裂	GFP、FRAP	Noguchi and Miller 2003
性腺	生殖细胞迁移	Six4-nls-eGFP	Clark et al. 2007
胚胎	脂质小滴运动	DIC	Welte et al. 1998
	Wg 信号移动	Wg-GFP	Pfeiffer et al. 2002
	染色体位点移动示踪	LacI-LacO-GFP	Marshall et al. 1997
	标记胚胎	成虫喂食若丹明 B	I Davis（未发表资料）
	不对称细胞分裂	tau-GFP	Kaltschmidt et al. 2000
	巨噬细胞迁移，伤口愈合	胞质 GFP	Stramer et al. 2005 Wirtz-Peitz et al. 2008
	不对称细胞分裂	FRAP Llg-GFP	Hidalgo and Brand 1997；Bardet et al. 2008
	细胞凋亡，神经细胞脱落	Caspase 感受器(Apoliner) GFP	Vincent and O' Farrell 1992
	标记克隆	Caged-FITC-dextran	Bullock and Ish-Horowicz2001；Wilkie and Davis2001；Vendra et al. 2007
	mRNA 转运	Alexa Fluor 546-RNA	
幼虫	唾腺染色体	DIC，GFP	Vazquez et al. 2001；Vazquez et al. 2002
	成虫盘	Agros-GFP，Dpp-GFP	Entchev et al. 2000；Greco et al. 2001
	线粒体转运	Mito-GFP	Pilling et al. 2006
	脑成神经细胞周期	GFP 示踪品系、中心体蛋白-GFP	Siller and Doe 2008；Rusan and Peifer 2007
	突触附属物	GFP/RFP/FM 染料 FRAP-GFP	Rasse et al. 2005；Schmid et al. 2008
	树突形态发生	Rab5-GFP，2xFYVE-GFP	Satoh et al. 2008
	周围神经系统(PNS)	EB1-GFP、mCD8-GFP	Rolls et al. 2007
	神经肌肉连接(NMJs)	钙传感器	Reiff et al. 2005
	NMJs，囊泡运输	FM1-43	Verstreken et al. 2008

续表

组织类型	对象	方法	参考文献
蛹	翅神经胶质迁移 不对称细胞分裂	UV 激光猝灭 GFP	Aigouy et al. 2008；Gho et al. 1999
成虫	成虫眼	视紫质	Mollereau et al. 2000；Pichaud and Desplan 2001
	脑	钙和 camgaroo（cameleon calcium 传感器）	Yu et al. 2003；Riemensperger et al. 2005；Hendel et al. 2008

尽管细胞生物学家们也借鉴果蝇的活细胞成像技术用于研究其他模式生物，果蝇活体组织研究在维持细胞活性、引入荧光探针以及通过较厚、较模糊的细胞质成像等方面仍然面临着特殊的困难。这一章列出了适用于时程成像的主要组织类型以及多种保持细胞活性的方法。随后将介绍一些用于在这些组织中实时追踪荧光标记分子的成像及相关技术。总体而言，成像是一门发展迅速的学科。成像技术的不断进步，极大扩展了果蝇组织中活细胞成像的应用范围。本章节包括最新的技术发展概况，并在最后部分讨论对果蝇研究具有重要影响的成像技术在未来的发展。

活细胞成像的材料制备

多种不同类型的组织可以通过活细胞成像技术研究轴的特化、细胞分化及器官发生等各种问题。从受精卵经过幼虫发育为成虫，果蝇的不同组织来源于生活史的不同时期（表 2）。实验材料制备是成像过程中的首要步骤。其主要目的是既保存其生理特征，又能使材料达到最好的成像效果。然而在活细胞成像的实际操作中，往往需要寻找成像效果与优化组织活力之间的平衡点。

易于进行时程成像的果蝇组织

镜检时，实验所用的果蝇组织通常都能比较容易在显微镜载物台上维持其生理状态。对于不同种类的组织而言，需要考虑不同的影响因素，如温度（通常为 18～37℃）、低氧敏感性及脱水等。如表 3 所示，在不同实验环境下，保持最佳组织活力的条件不同。由于篇幅所限，本章不能列出一份十分详尽的材料制备方法，但以一些最重要的样品为例做了说明（见实验方法 1～4）。

表 3　成像过程中优化果蝇组织培养条件的方法

组织	优化的培养条件	备注
从雌果蝇解剖的早期到中期卵泡（图 6）	卤烃油（95 系列） 避免脱水和缺氧	早期：水溶性培养基存在着微管结构丢失以及活化问题 油的折射率比水高。 易于显微注射
后期卵泡（同上）	Grace 氏培养基（Sigma 公司） 提供金属离子和营养，维持渗透平衡	不存在上述早期卵泡的问题

续表

组织	优化的培养条件	备注
脱水的、脱去绒毛膜的胚胎	卤烃油（700 系列，折射率与丙三醇相似）	卤烃油可防止过量脱水且能够避免缺氧（可导致细胞周期变化） 利于进行显微注射
	卤烃油，带有 Teflon 透气膜	防止脱水，利于长期研究 利于明场成像，利于压平样品、增加拍摄的清晰度（减少干扰）
	水溶性培养基	可配合使用具有更长工作距离和更高数值孔径（NA）的水浸物镜
三龄幼虫巨噬细胞涂片	用 ConA 处理盖玻片，置于湿度适宜的样品室内	倒置显微镜，100×1.4NA 油镜
	使用 6 孔组织培养皿 含 5% FCS[a] 的 Schneider 氏昆虫培养基	正置显微镜，60×0.9NA 浸入式物镜
幼虫脑神经元细胞培养，过夜培养	酶混合物酶切分离（Kraft et al. 1998） 含 5% FCS 的 Schneider 氏昆虫培养基 ConA（16μg/mL）和层黏连蛋白（5μg/mL）混合液涂抹盖玻片	倒置显微镜，100×1.4NA 油镜
幼虫（图 10）	含 5% FCS 的 Schneider 氏昆虫培养基 Sylgard 样品室	正置显微镜，60×0.9NA 浸入式物镜

a 来自 Sigma-Aldrich 公司。

在显微镜载物台上保持果蝇组织活力的方法

为了维持镜检时组织的活力，避免脱水、缺氧、过热或培养基变质是至关重要的。早期至中期的卵泡不能在水溶性培养基上培养，否则会导致卵泡微管组成和细胞形态发生变化。一般而言，卤烃油类由于透氧性好、黏稠度低，又能防止脱水和缺氧，适于卵泡细胞的培养（见实验方案 1）。同时，卤烃油类的折射率（RI）与甘油相似，具有成像所需的良好光学特性。正是由于这些特性，卤烃油类适用于对胚胎进行长时间拍摄（见实验方案 2）。但是，与水溶性培养不同，卤烃油类培养基在使用过程中不能更换，这是其缺陷所在。与早中期卵泡不同，后期卵泡在水溶性培养基（如 Grace 氏培养基）中的长势优于卤烃油类。另外，培养细胞时还必须考虑使用合适的、利于细胞黏附和铺展的基质（见实验方案 3）。

除了选择合适的培养基之外，还必须考虑培养用的腔室以及样本固定到载物台上的方法。选择培养腔室主要取决于使用正置还是倒置显微镜。大多数实验室一般选用倒置显微镜。活体胚胎成像的一种常用方法是将胚胎逐一粘到盖玻片上（见实验方案 2），以卤烃油覆盖后，用玻片夹将其固定于倒置显微镜的载物台上（表 3）（Davis

2000)。卵泡也可以用类似方法封固，但不同的是，卵泡在卤烃油覆盖下可以自然黏附到玻璃上，无需人工粘连。若使用油镜时，可以使用带有小孔的铝片作为支持物（图 1），以此避免因盖玻片弯曲导致的焦距变化。

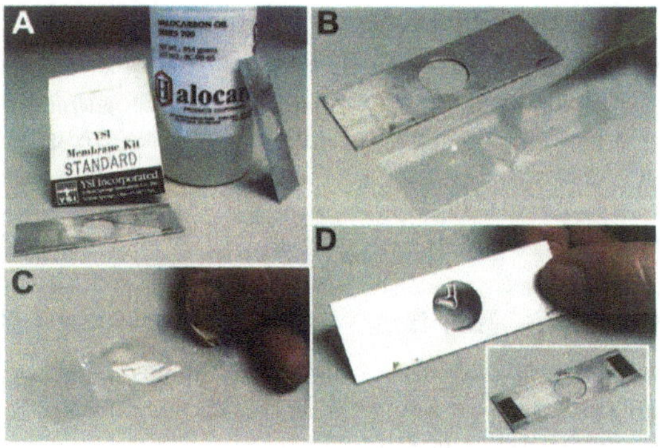

图 1 演示用卤烃油封固材料的过程

A. 卤烃油，Teflon 膜和铝制盖玻片托片；B. 在封固介质上覆一层膜；C. 胚胎置于盖玻片上，用庚烷粘住，覆上卤烃油（700 系列），再盖上一层 Teflon 膜；D. 把盖玻片放在铝托片上，制成一个铝制“载玻片”，能够置于载物台上或用于正置显微镜观察。（插图）背面观

维持样品和载物台的温度恒定，不仅可以保持材料的生理状态［如当在严格温度条件下对温度敏感突变体成像时（Wilkie and Davis 2001)］，而且能够在聚焦时大大降低或避免焦点漂移的问题。可以选用固定于载物台的控温装置（如 Bioptechs Delta T Open Dish 系统）或将显微镜这个镜体放进一个严格控制温度的环境箱来达到控制样品温度的目的。这两种情况都有不同的商品化设备可供选择。

活细胞成像使用的荧光试剂及其细胞导入

包括果蝇组织在内的大多数生物样品，其透明度一般较低，因此很难用简单的明场技术收集未经处理样品的细胞内外细致的形态结构。虽然目前有许多方法能增强明场成像的对比度（见增强明场对比度方法部分），但荧光显微成像术在提高对比度和细胞内分子定位等方面依然占有绝对优势，因此荧光显微方法是最适合研究活体材料的。目前能对细胞内组分或活性示踪的生物探针种类不断增加（参见 Molecular Probes 实验手册最新的网络在线资料），其中的很多种探针已被应用于果蝇研究（表 2）。通过运用不同的探针，现已能够将明场与激发和发射光谱范围较窄的、稳定性较好的染料结合运用［如 Invitrogen 公司 Alexa Fluor 系列染料或新近研制的荧光蛋白（Shaner et al. 2005)］。多重染色与多重探针技术相结合，可以研究活体样品在细胞器和分子水平上的相互作用。这里我们列出了三种最常用的方法，介绍在不影响实验材料正常生物活性的前提下如何将合适的探针导入果蝇的组织。

染料的外用

果蝇胚胎及其他组织染色最简单的方法就是将其直接浸入可透膜的染料中。然而，实际操作中，这种方法最适合用于成虫盘、10～12 期的卵泡以及那些能在水溶性介质中培养或解剖的组织的染色。后期卵泡和胚胎外层包裹的蜡质卵黄膜能阻止可透膜的染料进入质膜，早期、中期的卵泡需要直接在卤烃油下解剖（表 3），所以解剖后很难加入水溶性染料。这些问题都能解决，但是过程较复杂。加入染料之前，可以用庚烷或辛烷浸泡胚胎卵黄膜以增加其通透性，但是这种处理会使胚胎膜变得更加脆弱，导致胚胎出现非特异性死亡或病变。所以，在解释这种实验结果时要小心。在含有食糖和染料的混合物的滤纸上喂雌性成虫或者直接在雌果蝇腹部注射（如 Drummond Scientific 公司的 Drummond Nanoject II）可透膜的染料就能把染料导入早期或中期卵泡。

显微注射

显微注射是能够将各种荧光染料直接导入活体果蝇组织的方法（影像 22.1）。与其他方法相比，显微注射的主要优点是能够在任意时间往特定部位导入高浓度的染料。对于胚胎和卵泡，经过训练和运用合适的设备进行显微注射是速度最快、可信度最高、可定量重复的方法。同时，目前有很多种商业化显微操作和注射设备可供选择。从以往的经验看来，能用操纵杆灵活操作的显微注射器最为方便，它能通过迅速地穿刺动作准确刺入目标（图 2）。此外，沿针轴（along - the - needle - axis）方向的移动也有助于注射动作。

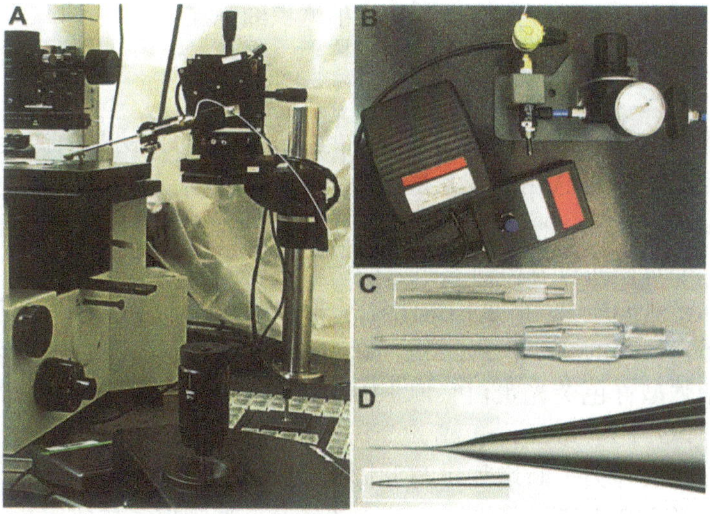

图 2 显微注射仪

A. 防震台上的 Burleigh 微操作系统，通过操作杆精确控制注射针头，能旋转、升降针头，并在移动后能把针头精确地移回原位。也有其他微操作系统是直接固定在显微镜体上的。B. 气体-脉冲注射系统的组件。从顶部开始按顺时针方向分别为调节气流压力的桌面控制器、黄色的控制脉冲气流释放的电控气流阀、脉冲持续时间的调节器及脚踏总开关。压力由标准的氮气罐与其控制器提供（未显示）。C. 商品化的无菌玻璃针头（Eppendorf 公司），使用极为方便（插图为带保护套的针头）。D. 提高放大倍数显示与上图相同的针头，显示其特别的尖端；尖端细长有利于深入胚胎内部而不产生过多的伤害。使用拉针器（如 Sutter P－97）可自制常规形状和大小的针头

注射系统可大致分为两类：一类是气脉冲类型；另一类是直接移位注射器类型。后一种类型的优点是更利于定量注射，能使用更细的针头，可注射黏性材料，但是针头的安装较难把握。为了达到最佳的注射效果，以下要点需要注意。

（1）材料在注射之前必须离心，避免堵塞针头。针头堵塞后，可浸于卤烃油中，在盖玻片边缘折断针头的堵塞部分，以疏通针头，增加针头的使用次数。

（2）仅使用新的自制针头或购买预先拉好的针头（如 Eppendorf 公司 Femtotips)。

（3）可能的话，穿刺时让注射系统对针头轻微地加压，从而减少胞质碎片进入并堵塞针头的概率。

（4）在注射时把细胞固定或者限制在一定范围内。例如，盖玻片的一部分可以粘在主盖玻片上，以此固定组织样品。

（5）胚胎样品不能过度脱水也不能过度肿胀（见实验方法 2)。合适的脱水程度可依据经验判断。

显微注射也存在缺点。

（1）并不适于所有种类的组织。

（2）只能注射有限数量的样品。

（3）所注射的试剂进入细胞内后形成的终浓度有上限（注射量通常不超过细胞总体积的 5％)。

（4）可能对细胞造成物理损伤，尤其对小体积细胞。

荧光蛋白

在活体果蝇细胞中添加荧光标记最重要的、最广泛的方法是内源表达重组荧光蛋白（表 2；见第 2 章)。可选用的荧光蛋白种类很多，包括不同颜色和突变的荧光蛋白（见第 1 章，Shaner et al. 2005)。荧光蛋白对细胞功能的影响均比显微注射、渗透染色要小。荧光标记的蛋白质可以由高表达启动子、组织和时间特异启动子（如运用 UAS/Gal4 体系；Brand et al. 1994）或内源启动子驱动表达。通常，如果重组荧光标记的蛋白质能互补该蛋白缺失的突变果蝇品系，则表明该重组荧光蛋白的功能正常。一些荧光蛋白组合如增强型青色荧光蛋白（ECFP）/增强型黄色荧光蛋白（EYFP)、增强型绿色荧光蛋白（EGFP）/mCherry 或 ECFP/EYFP/mCherry 可用于多色标记实验。

可用的荧光蛋白种类不断增加，与此同时，基于荧光蛋白用来间接标记非蛋白细胞组分的探针种类也大大增加（Zhang et al. 2002)，如钙离子传感器 Camgaroo（Yu et al. 2003)。运用 GFP 标记的核苷酸结合蛋白也可以间接标记 DNA 和 RNA 结构域。例如，利用 RNA 上带的 MS2 病毒衣壳蛋白的结合区以及荧光蛋白标记的衣壳蛋白（mRNA - MS2 /MCP -荧光蛋白)，研究者成功的追踪了果蝇卵室中 mRNA 的转运（影像 22. 2；Weil et al. 2006；Zimyanin et al. 2008)。可光激活的和可开关型的荧光蛋白的使用（Diaspro 2008；Subach et al. 2009）拓展了示踪特定类型分子的分布和去向的实验技术（详见下文)。

荧光蛋白的主要缺点是当没有现成的转基因果蝇时，构建载体和制备转基因果蝇耗时较长（见第 2 章；Roberts and Standen 1998；Davis 2000）。然而，最近商业化定制重组果蝇品系（Genetic Services 公司，http：//www. geneticservices. com/）的实现以及新型克隆技术的出现，如 Gateway 克隆技术体系（见网站资源）都使研究者可以更容易地构建含荧光蛋白标记的品系。另外，带荧光标记的重组果蝇品系的数量不断增加（Ryder et al. 2009；http：//flyview. uni-muenster. de/html/searchpage. html）为研究者提供了方便。

虽然使用瞬时表达蛋白的载体可以代替构建转基因果蝇品系，但是这种方法在果蝇研究中没有被广泛运用（Bossing et al. 2002）。在我们以往的实验中，将编码包括荧光蛋白标记的 mRNA 注射到胚胎或卵细胞中，在 2h 内可见到这些蛋白质的表达（R. Oliveira and J. Soetaert，个人通讯）。

如何选择合适的成像设备和方法

目前，可选用的显微镜设备与技术种类很多。在过去的二十几年里，光学、检测技术以及计算机的日益发展致使光学显微镜技术得到了不断革新。目前，这项技术依然在飞速地发展。篇幅所限，本章无法涵盖成像技术的所有方面。但是，本章内容尽量涵盖了果蝇细胞和组织成像的主要方法和注意事项（表 4）。本章内容主要是针对熟悉明场和荧光显微镜的读者。另有与本章内容有关的大量优秀文献和网站资料可供参考（Murphy 2001；Stephens and Allen 2003；Pawley 2006；另见附于本章末的网站资源）。

表 4　主要成像技术的总结

成像技术	特点	注意事项	参考文献
宽场显微镜	灵敏度最高，但聚焦平面之上和之下的非聚焦造成的图像模糊导致图像质量不高	多用于薄的组织或者培养细胞，及低数值孔径（NA）、低放大倍数的物镜	Davis2000；Wallace et al. 2001
去卷积宽场显微镜（三维成像）	把三维 $x-y-z$ 数据处理后获得图像。利用迭代约束去卷积算法把偏离聚焦点的光线还原到原发光点以增强信噪比，提高分辨率和对比度。需要沿 z 轴收集多个图层	最常用的用于分析结构和动态过程的高分辨率成像技术	Parton and Davis 2005
去卷积宽场显微镜（二维成像）	将有限的去模糊、去卷积方法应用于二维 $x-y-t$ 数据的处理，以获得更清晰的图像细节	当速度要求高或组织的高敏感性限制 z 轴图像收集时，该方法可增加信噪比，提高对比度	MacDougall et al. 2003；Parton and Davis. 2005
OMX 快速活体宽场反卷积	是一种具有更高灵敏度、时间分辨率，背景极低的宽场成像系统。能同时利用 4 种荧光成像	用于敏感生物样品的多通道快速成像	见第 10 章

续表

成像技术	特点	注意事项	参考文献
逐点扫描共聚焦显微镜（或 LSCM）	通过排列物理小针孔去除非聚焦光线而获得的清晰图像，逐点扫描汇集成像，相对费时	用于强信号标记的较厚、模糊或散射的材料。对于研究结构有极高的分辨率，但与宽场技术相比，速度慢、灵敏度明显较低	Pawley 2006
狭缝扫描共聚焦显微镜	与 LSCM 基本相似，只是每次扫描成-直线而非一点，但速度有所提高	用于多通道成像时替代转盘式共聚焦显微镜的方法	
转盘式或多焦点共聚焦显微镜	与 LSCM 和狭缝扫描共聚焦基本相似，由于同时进行多点扫描并用 CCD 相机成像，速度较快，灵敏度较高	介于宽场和共聚焦显微术之间，是适于敏感组织快速成像的折中方法。比共聚焦法速度快，而比宽场灵敏度低	Basto et al. 2006
多光子成像	通过吸收多个低能量光子（波长 740～1100nm）获得光学图层。多光子吸收导致极高照明强度，并将激发限制于小于 1 μm 厚的聚焦平面上	能够对更深、更模糊或散射的深部组织成像并且保持细胞的活力。目前该方法在果蝇成像中的应用有限	Amos 2000；Diaspro et al. 2006
SPIM（或 Theta 成像，DSLM）	与共聚焦方法相比，该法在三维成像和保持组织活力方面较有优势	用于活体样品动态过程的三维成像。与其他宽场和共聚焦技术相比，很大程度上减少了对样品的光损伤	Huisken et al. 2004；Keller et al. 2008；见第 11 章
STED（和 STED 4pi）	在 x、y 轴（和 z 轴如果是 4pi 型）上，光学成像能达到超高分辨率的效果	用于分辨常规光学体系所不能分辨的精细结构以及组分之间的相互作用	Willig et al. 2006

如何评估一套显微镜系统

在选择使用或购买哪种系统时，第一个需要考虑的是哪种参数对实验来说是最重要的：速度、灵敏度、分辨率、多波长的识别能力或是细胞的活力，其中的许多参数之间是相互抵触的，需要折中考虑。第二个需要考虑的是使用此系统的目的是用于某些特定的检测，还是用于一般检测。一般来说，硬件选择灵活性大的系统更适用于特定检测，但组装和使用时有较高的技术要求。选择带有成熟软件的系统比较节省时间。无论选择什么类型的系统，都要先用自己的实验材料做测试。公司的销售代表作设备演示时必须根据实验使用的荧光染料和要求的放大倍数选择合适的滤光片、激发光源和物镜。除了感兴趣的生物材料外，还应该使用含不同荧光珠的系列玻片。例如，In-Speck 和 TetraSpeck（Invitrgen 公司），根据获得的量化数据用于对比不同的系统（Davis 2000；Swedlow et al. 2002）。

显微镜

首先要选择正置（从上方观察）还是倒置（从下方观察）显微镜（图 3 和图 4）。

一般来说，观察活细胞，要获得高分辨率的三维图像时，倒置显微镜比较有优势。倒置显微镜的载物台使实验者更便于对样品进行操作，也便于进行显微注射，并且便于使用环境可控培养箱。同时，倒置显微镜也为CCD相机的安装提供了更好的机械稳定性。

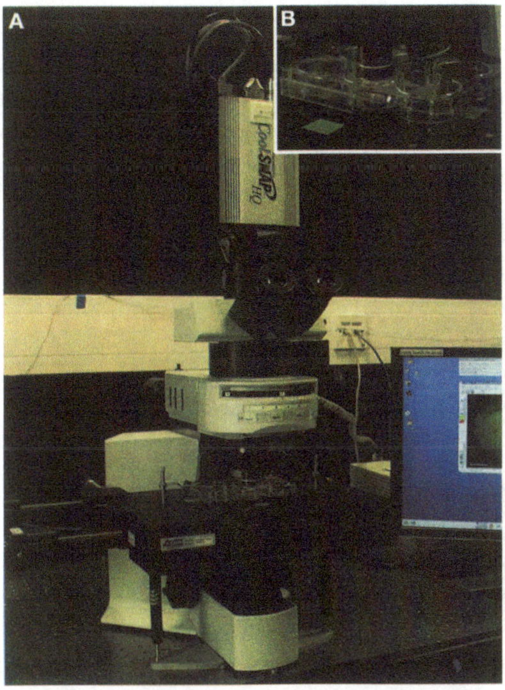

图3 正置宽场去卷积荧光显微成像系统

A. 安装于Olympus BX51显微镜底座（imsol，UK）上的DV（API公司）图像采集系统。B. 马达驱动的DV载物台、物镜和用于巨噬细胞筛选的6孔板细节图

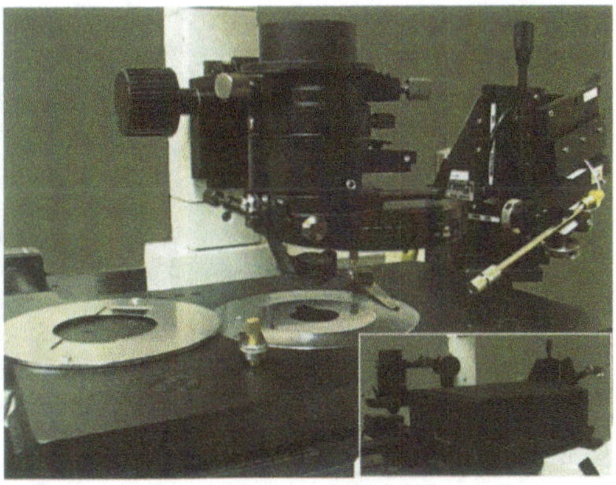

图4 具有API DV马达驱动的载物台的Olympus IX70倒置显微镜

该显微镜装有聚光器和微操作仪。其中微操作仪可以卸下，以放置载物台盖（见插图）

增加明场对比度的方法

在荧光成像中也需要明场拍摄，因为它能为荧光信号的定位提供参照。增强明场对比度的方法，如微分干涉相衬（DIC；也称为Nomarski）以及相差等在一些情况下非常有用。例如，DIC可以用来观察脂质小滴运动（Welte et al. 1998）或者活体胚胎内结构形式，相差显微镜对观察睾丸发育中的有丝分裂过程效果很好（Yamashita et al. 1993）。然而，实际操作中要预先考虑选择哪种技术与荧光成像结合使用。相差的物镜明显减少多达30%的荧光强度，而DIC与荧光同时使用则要求滤光片轮上安装DIC分析器（即荧光和DIC不同时使用），或者使用定制的DIC/荧光分光镜，以确保极化光滤光片不会减少荧光通路的信号。

选择适用于果蝇组织的荧光成像系统

生物学研究中两种主要的荧光成像技术是宽场和共聚焦显微镜（其不同形式见表4）。这两种技术均已被用于果蝇组织的成像。先前已有文章对这些技术进行了的详尽介绍（如 Stephens and Allen 2003、Pawley 2006），本章不做赘述。一般而言，光学切片技术（包括多光子和转盘式共聚焦）多用于信号强度高、模糊、较厚样品的成像，如胚胎（图 5；影像 22.3）以及自幼虫和成虫中解剖到的组织。虽然共聚焦显微镜的拍摄图像不需要耗时进行后期处理，可直接使用，也不需要沿 z 轴收集很多图像，但其灵敏度却远不如宽视场成像。对果蝇胚胎和卵室中的敏感生物学过程的抓拍（如细胞骨架动态变化）或者追踪 RNA 颗粒的快速移动，点扫描设备太慢并且不够灵敏。这种情况下，只有转盘式共聚焦或宽场成像系统比较适合（图 5）。

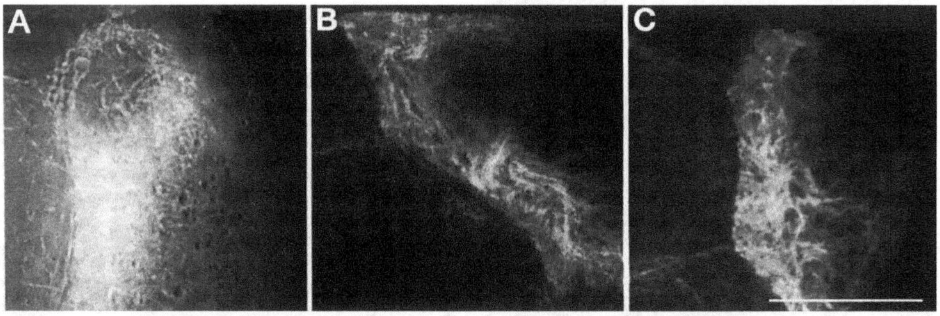

图 5　宽场去卷积与共聚焦显微镜对活体细胞成像的比较

表达 tau-GFP（与细胞骨架微管结合）的 8 期卵室由以下不同显微镜成像：A. 宽场去卷积显微镜，DV Core（Applied Precision 公司）；B. 激光共聚焦显微镜，Leica SP5 共振扫描；C. 转盘式，PerkinElmer Ultraview/CSU21 Yokagawa 头。标尺＝20μm。图像分别采集于 1z stack/s、1z stack/1.5s、1z stack/s。像素大小分别为 0.066μm、0.084μm 和 1.2μm。应注意宽场反卷积与能快速成像的共聚焦显微镜所拍图像在对比度和细节方面的差异。共聚焦成像显然提供了较好的对比度，但若不增加曝光时间，不产生光漂白的情况下，图像则不能达到对细节上的要求

宽场反卷积技术在观察弱信号或敏感材料时（如追踪 mRNA 动态；见影像 22.2；Wilkie et al. 2001）优于共聚焦显微镜，得到的原始图像虽然模糊却可以分辨。实际操作中，宽场结合反卷积技术较共聚焦成像而言更灵敏、可定量，图像分辨率也更高（图 5；Swedlow et al. 2002）。存在多种去卷积算法（Parton and Davis 2005），但其中最好的是迭代约束复原算法（constrained iterative restoration algorithms）。

果蝇组织荧光成像中激发和发射的优化

在特定量的光照条件下，更好地收集发射的光子需要选用合适的染料组合、激发光源、滤光片组合、检测器和物镜，否则会影响图像质量和细胞活力。现成的用于成像的关键方法和技巧同样适用于果蝇的组织和细胞，综述见 Pawley（2006）。正确的系统校准对齐是至关重要的。在宽场系统中，要确保荧光激发通路中的光圈设置合适，能正好覆盖感兴趣的样品区域。

一般来说，波长较长的激发光对生物样品的损害较小，产生的自发荧光也较弱。

但具体情况还是取决于待成像的果蝇组织。例如，卵黄在紫外光（UV）和蓝光下可发出荧光，最好用 405～440nm 的激发光替代紫外光，运用合适的染色，或采用多光子激发。因此对含卵黄组织成像时，我们倾向于使用红光激发体系（如 Rhodamine、Alexa Fluor 546、Alexa Fluor 568 和 mCherry）。

拍摄活体细胞和组织中动态过程时，光损伤（激发光的直接伤害）、光毒害（染料的光辐射产生毒害作用）及光漂白（不可逆的荧光染色丢失）都会造成荧光减弱。已有证据显示，尽管选用最先进的成像设备，对细胞生命活动的负面影响都是不可避免的（Keller et al. 2008；Stelzer 2008）。

为了减少活体细胞成像中光损伤、光毒害和光漂白的影响，应该尽量减少曝光时间、降低激发光的能量，如使用中性密度滤光片（减光镜）。光漂白和光毒害的产生机制十分复杂，其中涉及非线性的因素。转盘式和共振扫描共聚焦法缩短了活体细胞在激发光下的暴露时间，提高了细胞活力和光稳定性。如之前所述，通过选择合适的荧光分子并配合激发光、发射光滤光片组合，充分利用照射光源的最大激发和检测器接收效率最高的光谱，才能使成像效率达到最大化。

保护性的红外和 UV 滤光片也能降低激发光对组织的伤害。应该经常检查并更换新滤光片，尤其是激发光滤光片（UV-蓝色）。还应知道生产商在产品信息中所述荧光分子的激发和发射光谱曲线是在与体内条件非常不同的条件下测出的，这对多色荧光检测中尤为重要，因为不同染料的光谱应能分开或共观察。多种共聚焦系统（如 Leica SP5 AOBS 和 Zeiss LSM 710）配备了光谱检测系统以增加光效优化激发和吸收选择自由。这些系统也允许在线性分离条件下多通道检测同步进行。

物镜的选择

物镜镜头及其使用模式的选择是影响图像质量的重要参数。选择适合封固剂的显微镜物镜对成像来说至关重要。显微镜物镜可在空气（通常是低放大倍数的）、水浸（WI）或甘油溶液（80%）、硅油或常规油镜用油（折射率 RI 为 1.50～1.534）中发挥作用。物镜是显微镜中最重要的部件，必须定期检查和清洗。物镜的种类以及它们在果蝇组织成像过程中的使用见表 5。

表 5　果蝇活体细胞成像中物镜的选择

物镜类型	举例[a]	说明	应用
干式	20×0.75NA 40×0.95NA 50×0.5NA LMPLFLN	第 1.5 号盖玻片校正，长工作距离	较厚组织的深层成像，如胚胎。显微操作与注射（正置显微镜）
WI	60×1.2NA WI	带盖玻片校正环，对盖玻片角度敏感，有好的工作距离	较厚组织的深层成像，如胚胎。多光子成像
水浸	60×0.9NA 100×1.0NA LUMPFL	正置显微镜，不需盖玻片，工作距离长	正置显微镜下对活体材料高分辨率成像

续表

物镜类型	举例[a]	说明	应用
混合介质（甘油）	20×0.75NA 60×1.3NA	80%甘油（更匹配细胞质RI），对盖玻片角度敏感	较厚组织的深层成像，如胚胎 多光子成像
硅酮油	60×1.3-NA 硅酮油	需要硅酮油（更匹配细胞质RI），对盖玻片角度敏感	更有效地对较厚组织深层成像，如胚胎
其他常规油类	40×1.3NA 100×1.4NA	No. 1.5 号盖玻片校正过，使用一系列不同 RI 的油类校正球状偏差	组织培养细胞 盖玻片下成像深度可达 30μm 高分辨率成像 固定的材料

a 以 Olympus 物镜为例——多数情况下在其他品牌也有相似的物镜。

检测器

检测器作为硬件选择中最为基础的一部分，决定着图像最终的质量。宽场和转盘式共聚焦显微镜都是采用 CCD 相机，这种相机可供选择的范围很大。有关不同的 CCD 相机之间的具体比较可以参阅其他章节，本章不予具体讨论（见网络资源、第 4 章、Amos 2000，Coates et al. 2003）。对于活细胞成像，检测速度（追踪动态过程）和灵敏度（减少激发光产生的损伤）是重要参数，高质量的冷却 CCD 相机也是必不可少的。最新研制的 EMCCD 相机的灵敏度和运行速度有了很大提升（见下文）。虽然加强型相机（http://www.andor.com/learn/digital_cameras/?docid=326）在活细胞成像中占据着重要的位置，但是 EMCCD 在很大程度上已经远远超越了加强型相机。通常我们将 EMCCD 的常规模式用作一个高量子效率的背部薄化的检测器。只有在很低信号强度或者需要快速读出以进行快速成像时，我们才用 EMCCD 的增益模式。在增益模式中，图像的信噪比很低，但是，可以通过成像后“去噪声”技术加以改进（见后文）。虽然有些系统中提供了光电二极管用于低光水平下的光子探测，但现在的点扫描共聚焦显微镜大都配有优化的冷却光电倍增管。

如何克服较厚果蝇样品的成像问题

较大的多细胞生物样品的成像比单细胞成像面临更多的问题和挑战。果蝇组织成像较其他模式动物，如爪蟾和小鼠相对容易，但比秀丽线虫要难。除了特殊情况外，显微镜生产商设计的大多数物镜都适用于 1.5 号盖玻片（厚度 0.16～0.19mm），并使用配合玻璃 RI（通常为 1.515～1.518）的浸入介质。不同样品具有不同的光学特性，因此图像的光学质量与待成像的样品结构有关：成像部位越深，偏差就越大，其中最主要的影响是球面像差（SA）。SA 的产生是由于光束通过镜头不同部分（如中部和边缘部分）时会有不同的路径长度，沿着显微镜轴向就会聚焦在不同的点上（Davis 2000），这主要是从样品到物镜间的 RI 不一致造成的。除了生物材料内部成像会引起 SA，未准确校对的物镜、封片介质和物镜浸入介质的 RI 不匹配，以及盖玻片厚度与物镜校正环不匹配等也会产生SA。增加成像部位的深度，SA会降低分辨率，使图像模糊（Davis 2000）。

使用共聚焦时，由于SA的缘故，目标平面的一些光被针孔排除在外，成像部位越深，信号就越减弱。多光子成像使用直接的检测器而非针孔，因而能够避免类似情况发生。然而，SA会降低聚焦点的光能量，导致较深的成像部位信号减弱。物镜浸入介质、封片介质和样品的RI不匹配也会导致有效工作距离的减少，这在使用高NA油浸物镜时较常见。成像部位深度增加也会加剧色差的产生，使得样品上不同波长的光被聚焦于检测器的不同位置或不同成像平面上（这是做共定位研究时面临的一个重要问题）（Davis 2000）。

按照我们的经验，组合运用多种方法可以降低SA。各种果蝇组织的RI不均匀性和散光特性也不相同，因此成像中要注意以下几点。

（1）成像位置尽可能接近盖玻片。可以使用Teflon透气膜适当挤压的活体样品（见实验方案2）。压平样品可以明显提高成像质量，减少目标结构所需的成像深度（Davis 2000）。

（2）仔细选择物镜（见表5）。如果不需要高空间分辨率时，20×0.75NA干式物镜适用于深度成像。高NA镜头不适用于对深的成像部位成像。可试用WI镜头（如60×/1.2W）或带盖玻片校正环的油浸镜头（如40×/1.35）。盖玻片校正环可以校正SA。在宽场显微镜中可肉眼判断SA：当观察一个很小很亮的物体时，平面上方和下方的艾里环看上去应该是对称的。如果不是，说明存在SA。

（3）当使用浸入式镜头时，浸入介质的RI必须与细胞内容物的RI接近（水、甘油或浸入油）。

（4）高RI的油可以用于校正SA（Hiraoka et al. 1990）。常规油的RI与盖片玻璃介质的RI（1.515～1.518）相匹配。Cargille油也有一系列的RI，1.512～1.534。也有更高RI的油（如1.65），但是均比较贵，有毒性，不便于使用。

（5）薄的盖玻片（1.0号或0号）可以补偿SA。

（6）自适应光学（一种自动机械装置）可以用来校正偏差，包括SA（Kam et al. 2009；Azucena et al. 2009）。

但是，深部成像的问题并不仅仅受SA的限制。当光束通过样品时，由于果蝇组织不同部位在三维上的RI差异，组织对光产生反射、吸收和散射。从这方面来说，胚胎、后期卵泡和唾腺均属不易成像的组织。一种非常繁琐的方法已开发用来解决这个问题，包括运用DIC图解三维组织各部位的RI，再把这些RI变异数据用于反卷积运算（Kam et al. 2001）。但是，该手段要求计算机处理的运行速度增加10倍以上。同时，长波长可视染料成像技术（Kam et al. 2001）可减少散射，也已经用于深位成像。

多光子（MP）成像利用红外线照射减少SA和散射，因而可增强较深部位组织的穿透度（见影像22.3）。现代的MP系统大都容易设置，其激光器易调整，但是价格仍然很昂贵（Diaspro et al. 2006）。

较厚的果蝇组织成像的另外一个主要问题是自发荧光。由于带有卵黄颗粒，胚胎和后期卵泡自发荧光尤其严重。绒毛膜和卵黄膜也能造成自发荧光，且透明性差，虽然漂白剂能够去除绒毛膜（实验方案 2）。通过选择合适的滤光片组以及使用长波长光成像，可以降低自发荧光。例如，Chroma 公司的荧光素异硫氰酸盐（FITC）HQ 滤过器至少可以去除 GFP 成像中的部分黄色自发荧光。带有光谱检测器的成像系统更容易鉴别自发荧光，优化发射光的收集，同时，这种成像系统也可以运用线性分离方法从自发荧光中分离出有效信号。

活细胞成像作为果蝇的实验途径

简而言之，成像可用于遗传表型的筛选，如形态特征分析（Schüpbach and Wieschaus 1986；Merabet et al. 2002）或者用于检测活体胚胎中荧光标记蛋白的分布（Martin et al. 2003；Ryder et al. 2009）。检测活细胞中荧光蛋白分布比抗体染色筛选方便快捷许多（Seeger et al. 1993）。抗体染色有固定造成的假象、样品可渗透性以及其他问题，观察 GFP 融合蛋白过程简单，可以作为抗体染色方法的一种补充（Micklem et al. 1997；Newmark et al. 1997）。但是固定的材料不能研究动态生物学过程，这时活细胞成像必不可少，这对于研究细胞内快速变化的过程至关重要，如胚胎中小脂滴运动（Welte et al. 1998）、核内染色体位点移动（Vazquez et al. 2001；2002）、成虫盘中蛋白质信号扩散（Greco et al. 2001）、卵细胞中蛋白颗粒（Theurkauf and Hazelrigg 1998；Shimada et al. 2006）和 RNA 颗粒（Wilkie and Davis 2001；MacDougall et al. 2003；Wei et al. 2006；2008）的快速移动（表 2）。

当与其他各种遗传手段结合，活细胞成像在果蝇研究中起着特别重要的作用（St. Johnston 2002）。尤其是在研究突变组织的动态过程时，其优势就能充分体现出来。亚效非致死突变体的组织通过固定后再研究时，表型可能正常，但研究其组织细胞内的动态过程中则可能发现异常。例如，在表达突变马达蛋白的果蝇体内，原位杂交结果表明 RNA 颗粒在细胞内的分布是正常的，但通过活细胞成像发现其运动速度减慢（Zimyanin et al. 2008）。在这种情况下，强的突变等位基因是不能研究的，因为它是致死的。但是如果生殖细胞克隆（Chou and Perrimon 1992）能存活至需要分析的发育阶段（Brebdza et al. 2000），致死的等位基因也可以被研究。UAS/Gal4 激活体系（Brand 1994）也能够用于激活显性负（dominant negative）蛋白，虽然这些蛋白质具有致死性，但可以研究其在特定发育阶段、特定部位中的作用（Duncan and Warrior 2002）。

RNA 干扰（RNAi）是组织培养细胞研究中的常规技术。RNAi 是通过表达携带相关基因的 RNAi 载体，使得在 RNA 水平上选择性降低表达量（Carthew and Sontheimer 2009）。这项技术也被应用于果蝇原代神经元（Sepp et al. 2008）以及前囊胚期胚胎（Koizumi et al. 2007）的研究，以鉴定神经系统发育中的重要基因。

高级的荧光成像技术使研究者能够通过精巧的实验设计研究动态活体组织以回答复杂的生物学问题。

（1）光漂白后荧光恢复（FRAP；见第 5 章）能够用于研究被标记结构的动态变化。这种技术可以测量自由移动荧光标记物的扩散速率或蛋白质复合体的更新效率。在亮的、自由扩散的背景下，光漂白的方法能够用于观察在亮背景中不易察觉到的结构（Entchev et al. 2000；Berdink and Knoblich 2002；Noguchi and Miller 2003；Delanoue et al. 2007）。这项技术既可用于宽场显微镜来记录荧光迅速恢复的动态过程，也可用于点扫描共聚焦显微镜系统来观察结构复杂的荧光恢复过程。

（2）笼锁 FITC 已经用于胚胎细胞的标记，并能实时追踪其细胞命运（Vincent and O' Farrell 1992）。分析某段时间内荧光信号的强度及其运动使研究者阐明了核内染色体移动机制（Vazquez et al. 2001）。光激活和光开关蛋白能够用于追踪细胞内和细胞之间的蛋白质重分布及更新（见第 1 章）。多光子激发可以分析一个精确定义的三维体积内的解笼锁（uncaging）或者光转换过程（Patterson et al. 2002；Diaspro et al. 2008）。

（3）荧光共振能量转移（FRET；见第 6 章）能确定相距<10nm 分子间的相互作用，即在一对供体-受体 FRET 中监测伴随供体荧光素的荧光发射猝灭受体的荧光发射。这项技术功能强大，但在应用中不够稳定。FLIM（荧光寿命成像）是测定荧光物被激发后荧光发射的时间，即荧光寿命。荧光寿命受到荧光分子周围环境的影响。FLIM 也可以用作 FRET 的监视器，因为它比光谱 FRET 光谱测定方法对荧光强度偏差、交叉干扰和漏光还不敏感。

新兴的荧光显微镜技术及其在果蝇研究中的使用方法

显微术是一个迅速发展的领域。过去十年中，该领域的技术革新使研究者能够对细胞和分子事件进行细致的研究。那些对成像最基本的限制都被大大降低，其中包括长期困扰的衍射（在 x、y 和 z 轴上）对分辨率的限制、收集图像的速度（t）、多探针成像以及维持细胞活力等。这些问题通过硬件设备和技术革新综合应用逐步得以改进。

提高光效以及通过减低背景干扰和增加对比度是目前硬件改进的通用思路。

（1）检测器技术的进步表现在新一代深冷（deep - cooled）、背部薄化（back - thinned）、具低读出噪声和高量子效率的 EMCCD 的应用（Coates et al. 2003）。这对宽场和转盘式显微镜有着重大影响，使用在激光扫描共聚焦显微镜（LSCM）和狭缝扫描仪上的检测器也得以改进（见 http：//www. olympusfluoview. com/java/channelpmt/index. html）。

（2）最新型的滤光片（Chroma Technology Corp 公司的 ET 滤光片系列）降低了因反射造成的光损失，极大地增强了光通过率。现在也出现了不需要滤光片的成像系统，如莱卡的 SP5 AOBS 声光分束器 [Leica SP5 AOBS（acousto - optical beam splitter）]，既能为快速多通道成像优化激发光的选择，也能为优化信号的收集自行选择发射光。

（3）改良的氙气灯、可发射一系列波长及其功率输出的固体激光器、可调激光器、白光激光器的应用提高了激发光源的稳定性和选择灵活性。共振扫描 LSCM 系统和速度更快的转盘式共聚焦显微镜的广泛应用使成像过程中荧光分子仅被极小剂量的激发光重复照射，大大降低了光损伤和光漂白。

（4）最新的荧光标记物有更好的光谱性质，更高的量子效率（如发射光子/吸收光子数目）。其中包括 Alexa 染料系列（Invitrongen 公司）以及各种新型的荧光蛋白（Shaner et al. 2005；Resch－Genger et al. 2008）。

（5）各种硬件的运行速度及相互间协调性的改善（快门、滤光片轮、照相机启动装置，以及 x、y、z 轴向的移动控制）通过相机曝光与激发光更好的匹配使激发光的激发效率得以最大化，并加快了运行速度［如新型 Delta Vision（DV）Core 与 Applied Precision DV RT 相比，见 http：//www. api. com/pdfs/lifescience/DVspecs. pdf］。

（6）目前马达驱动的 SA 自动校正镜头在 SA 校正中得到了初步应用（Monks 2004，Intelligent Imaging Innovations 公司，http：//www. intelligent － imaging. com/spherical/Monks－SIM0304. pdf）。自适应光学可应用于偏差校正和快速对焦，它们在快速多维成像中也有极大的应用潜力（Kam et al. 2007；Azucena et al. 2009）。

除了硬件方面的重大发展，最近有些实验室提出了革新性的成像概念。虽然目前这只用于某些实验室自行组装的成像设备，但正在被商业化。

单层照明显微镜（single-plane illumination microscope，SPIM）是由德国海德堡欧洲分子生物学实验室（EMBL）的 Ernst Stelzer 首先应用的一项技术，它可以利用片光照射样品对样品形成光学切片，从而重建出整个果蝇胚胎的精彩三维图像（见第 11 章）。目前，在这项技术的基础上，已经发展出数码激光光片扫描显微镜（digital scanned laser light sheet microscope，DSLM）（Keller et al. 2008；见网站资源部分）。与其他技术相比，DSLM 产生的光损伤较低，并能提供较大活体样品的全三维图像。但需要注意的是，虽然该技术值得尝试，但其在样品制备、封固及收集大规模数据的运行速度上还有待改进。

很久以来，衍射造成的分辨率限制问题被视为光学显微镜中一个不可避免的问题。技术的发展使显微镜对固定样品和活体组织的分辨率都得到大幅度提高（Gustafsson 1999；Helle 2003），这些技术的发展颠覆了传统上的一些概念，也逐步应用于果蝇组织成像。

受激发射损耗（stimulated emission depletion，STED）是由 Stefan Hell 开发的一项纯光学技术（已被 Leica 公司商业化，见网站资源）（Willing et al. 2006；Nägerl et al. 2008）。这项技术的工作原理是通过构建成像系统有效的 PSF。在激发光照射的同时，另一环形的红外激光束也照射样品，由于受激发射而损耗，因此只剩中央很小的点上保留样品的发射光。它能增加 $x-y$ 轴的分辨率，但对 z 轴的分辨率没有影响。事实上，这种技术在保持系统对齐、染料选择和信号较弱等方面依然面临着很多问题。然而，利用这种技术在果蝇组织（如神经）活体成像中获得了前所未有的 $x-y$ 轴高分辨率。通过使用两个相对的物镜而改进后的 STED 4Pi 技术增加了 z 轴分辨率，但是却增加了设备的复杂性，尤其是对齐方面，另外也限制了可用样品范围（Hell 2003）。

光激活定位显微镜（photoactivated localization microscopy，PALM）、荧光 PALM（fluorescence-PALM，F-PALM）以及单粒点跟踪 PALM（single-particle-tracking PALM，SPT-PALM）（Subach et al. 2009）和类似的随机光学重建显微技术（Bates et al. 2007）都是在原有硬件设备的基础上，通过改进图像收集的方法，突破了 $x-y$ 轴分辨率上的限制。这些方法通过分析荧光分子发射出光子的有效矩心确定单个染色分子的空间位置。这个方法用选择性激活部分染色分子实现对单个分子成像，单分子的密度小于每个像素一个分子。不断重复这一过程从而得到整体图像。（有关这个技术的具体介绍见 Betzig et al. 2006）。这项技术原来只能用于单通道、固定的材料，技术改进后形成多通道 PALM、活体成像和粒点跟踪 PALM（Manley et al. 2009）。

由 Gustafsson 和 Sedat 发明的结构照明显微术（structured illumination，SI）（Gustafsson et al. 2008；Schermelleh et al. 2008）依然用普通的光学显微镜，但使用的激发光有一定的模式（结构化）。PALM 和 STED 均对样品制备和探针选择有较大限制，而 SI 可以用于标准样品和染色，只是它在超高分辨率方面不具有优势（$x-y$ 和 z 轴分辨率，见第 10 章）。在 Davis 的实验室，SI 成像已经用于观察活体巨噬细胞中的微管，尽管现有的 SI 系统成像速率还太慢，不能有效跟踪动态结构。因为这项技术对 SA 十分敏感，成像部位只限于盖玻片下 10～15μm。运用在盖玻片界面上的全内反射荧光（TIRF）照明提高了 SI 成像速率，也实现了 z 轴方向上的分辨率，这个方法有可能被用于活体组织培养细胞成像。

加州大学圣地亚哥分校的 Sedat 实验室开发的 OMX（optical microscope experimental）是对基础显微镜的彻底革新，增加了显微镜的稳定性和可控性（见第 10 章）。OMX 结合了两种成像模式：①高灵敏度、多通道、快速活体成像；②超高分辨率 SI 成像。在快速活体成像模式下，OMX 提供了同步多通道（至多 4 个）$x-y-z-t$ 数据集成，且增加了光子利用率和对比度。在 SI 成像模式下，OMX 的设计提供了热力和机械稳定性，仍然使用传统样品制备和标记方法，但突破了衍射造成的在 x、y 和 z 轴方向对分辨率的限制。目前，SI 成像系统运行速度较慢，不适于高分辨率的快速动态成像，但这些问题会逐渐得到解决。OMX 是值得进一步发展的理想平台，目前的研制工作正将它与 TIRF、PALM、SPIM 等技术相结合。

去噪算法（denoising algorithm）是一种图像收集后处理方法。其目的是降低收集时激发光的照明度以增强细胞活力。可以通过处理信噪比很低的图像，降低干扰，从而加强低光子流量条件下收集的弱图像信号。去噪的方法有很多，Boulanger 的基于斑块的算法（patch-based algorithm）能在 $x-y-z-t$ 四维去噪，是一个有希望的方法。

尽管果蝇的生物复杂程度不高，但它种类多样、样品易于制备、适应性广，因此果蝇是一种很好的能够利用最新成像技术的实验模式生物。利用果蝇进行成像必将继续帮助研究者回答最具挑战性的生物学难题，促进细胞和发育生物学的长足进步。

实验方案 1

分离果蝇卵泡

分离果蝇卵泡的简要步骤见图 6。

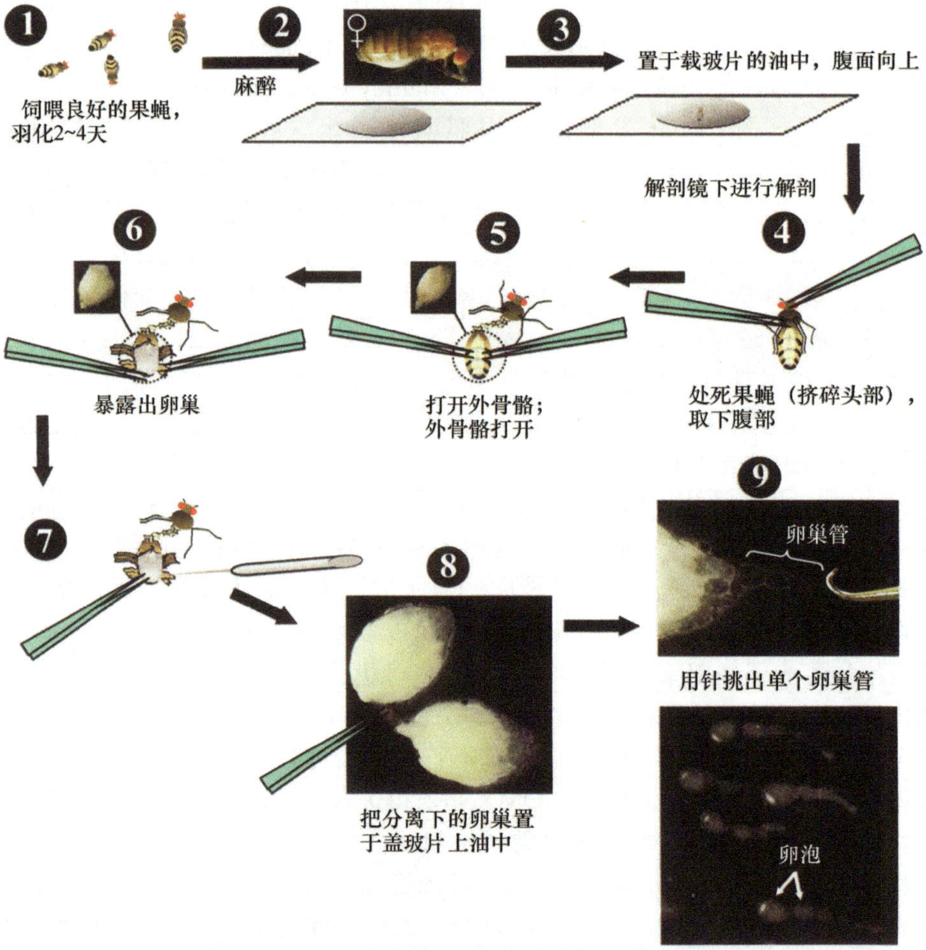

图 6　分离果蝇卵泡（步骤详见实验方案 1）

材料

试剂

卤烃油（95 系列，Halocarbon Products Corporation 公司）

设备

解剖显微镜

玻璃载玻片、盖玻片

钨针（细）

尖头镊子（Dumont No. 5 或 Dumostar，Fine Science Tools 公司）

方法

（1）准备饲喂良好的雌果蝇（孵化至 5 天多），用 CO_2 使其麻痹。

果蝇饲养方法可参考 Sullivan 等（2000）。

（2）将单个雌果蝇腹部向上置于载玻片的卤烃油中。

雌果蝇与雄果蝇的区别在于后腹部颜色较浅，有清晰的黑色条带，最前的胸肢没有黑色的性梳。

（3）用解剖显微镜的黑背景板进行观察。

（4）用两个尖头镊子夹住果蝇，用镊子将其头部挤碎将果蝇处死，轻轻把腹部分离下来。

此时将肠道清理干净可使后续步骤更易操作。

（5）将分离到的腹部腹面朝上，用两把镊子分别夹住腹部的前端和末端，向相反方向拉以打开外骨骼。

也可用一把镊子沿着腹中线将外骨骼向前划开。

（6）在饲喂条件较好的果蝇体内，卵巢为两个近似泪滴状的结构，几乎充满了果蝇的后腹部。

（7）拉着卵巢的后端（即含有成熟卵泡的乳白色的一端）将其从外骨骼中分离出来。

（8）将卵巢转移至另一片滴有卤烃油的载玻片上。

（9）用一个镊子固定卵巢，用钨针仔细挑出单个卵巢管（一串卵泡）。

卵巢结构详见 Spradling（1993）。

（10）卵巢管中卵泡的不同位置体现了卵泡的各个发育阶段。以上操作过程需在几分钟内完成，以保持其活性。浸在油中的卵泡可紧贴载玻片，这时已经可以进行镜检。

实验方案 2

果蝇胚胎的收集与装片

果蝇胚胎的收集与装片的步骤总结和图示见图 7。

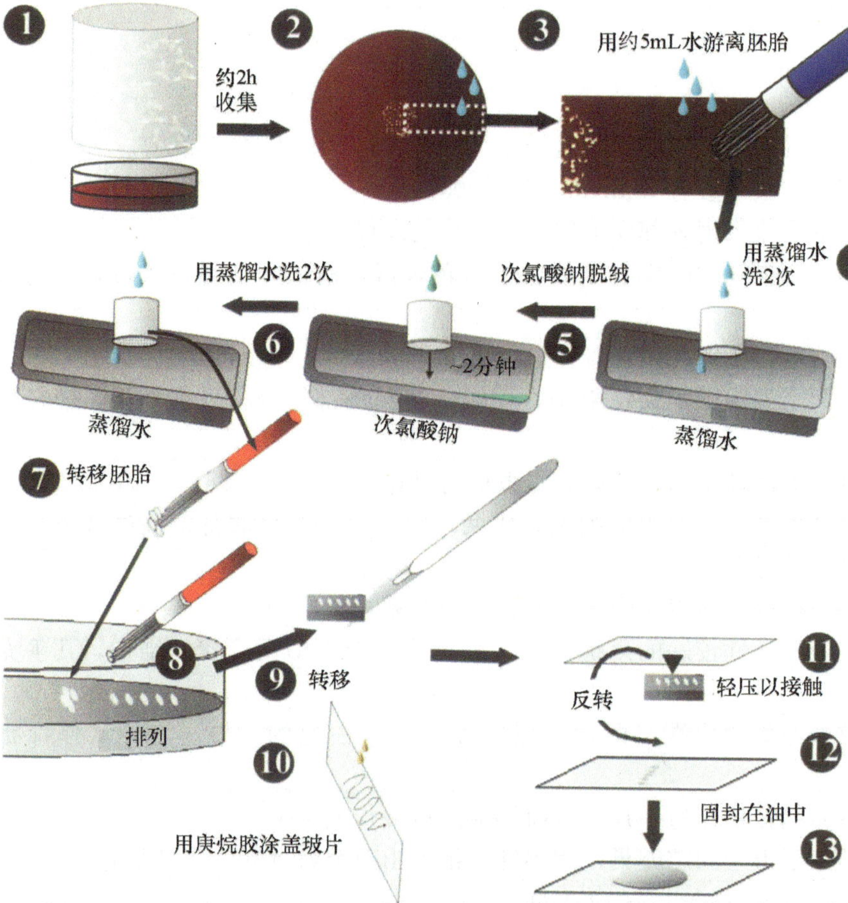

图 7 果蝇胚胎的收集与制片（详细步骤见实验方案 2）

材料

注意：标有<!>的试剂需按附录要求小心处理。

试剂

卤烃油（700 系列，Halocarbon Products 公司）

庚烷胶

将 3m 双面玻璃纸带揉成小团（cellophane tape）加至 200mL 庚烷<!>中，摇动 3h 后，倒掉液体。胶水应较清透稀薄

次氯酸钠<!>（7% m/V）

设备

解剖显微镜

干燥器（带有紧密盖子的塑料容器，内部的金属网下装有干硅胶）

胚胎滤管（直径为 2～5cm 的塑料管，底部有尼龙网）

盖玻片

果蝇产卵笼（顶部有尼龙网的塑料圆柱体）

刷子（小、软，毛质）

手术刀

Teflon 膜（如标准膜试剂盒 5793；YSI Life Sciences 公司）

称量盘（塑料）

葡萄酒琼脂平板（准备方法，见 Davis 2000）

酵母粉或酵母膏

方法

（1）将孵化 5～12 天的果蝇置于产卵笼内。在葡萄酒琼脂平板上撒一层酵母粉或涂一层酵母膏，用胶带将其固定于上述产卵笼的笼底。

（2）根据所需胚胎的发育时间将果蝇培养至合适的阶段，把平板更换下来（如囊胚期胚胎的收集时间为 2h，故平板需在 25℃培养 2h）。

（3）在平板上加蒸馏水，用软刷子将胚胎从琼脂表面轻轻刷下来。

（4）将重悬的胚胎倒至胚胎滤管，在塑料称量盘中用蒸馏水于室温下把胚胎冲洗两次，洗去残留的酵母及残渣。

（5）把胚胎浸在 7%次氯酸钠（或用水 1∶1 稀释的市售漂白液）中轻轻摇动 1～2min，以去除卵壳与绒毛膜。去除卵壳与绒毛膜后，胚胎应漂浮在水中。

（6）室温下用蒸馏水冲洗胚胎两次。

（7）用吸水纸将滤网的水吸干，用软刷将胚胎转移至琼脂平板上，并将胚胎排列起来。

（8）在解剖显微镜下观察胚胎，每个胚胎之间至少间隔一个胚胎的宽度以避免缺氧。排成一排可便于注射。

（9）将排列着胚胎的琼脂块切下，转移至载玻片上。

（10）用庚烷胶覆盖盖玻片。20μL 的胶覆盖 1.5cm×3cm 区域，倾斜玻片，左右移动，使胶均匀分布。

干的胶应该只在载玻片上能看得到。

（11）将盖玻片轻压在排列有胚胎的琼脂块上，使胚胎转移至盖玻片上。

琼脂能防止胚胎被压破并防止胚胎干燥。

（12）这时将粘有胚胎的盖玻片放入干燥器中 4～10min，使轻微干燥。

轻微干燥适当去除胚胎表面水分，便于注射，但需注意防止过度脱水。过度脱水会导致胚胎变软、表面松弛。

（13）在胚胎上覆上卤烃油。若不需要其他操作，覆以 Teflon 膜有助于维持胚胎的活性以延长观察时间、增加清晰度（图 3）。此时可开始镜检。

实验方案 3

巨噬细胞的分离与筛选

这个实验方法描述了从果蝇三龄幼虫分离巨噬细胞的实验步骤（图 8）。巨噬细胞可以培养数小时。荧光标记的巨噬细胞可以通过荧光成像系统进行筛选（图 3 和图 9）。

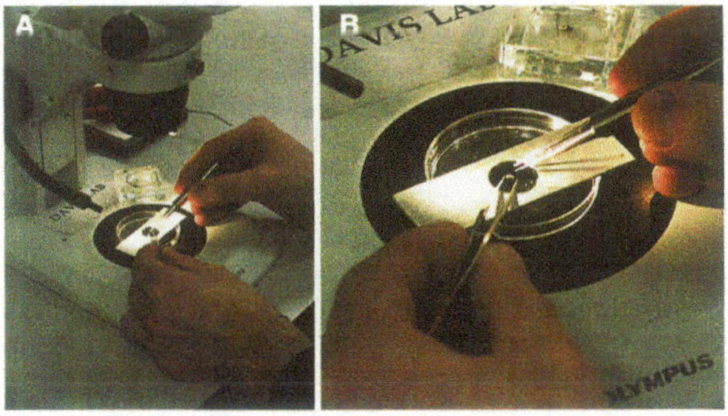

图 8　分离幼虫的巨噬细胞（详细步骤见实验方案 3）

A. 在解剖镜下处理幼虫；B. 解剖过程中置于培养皿盖上的载玻片培养室特写

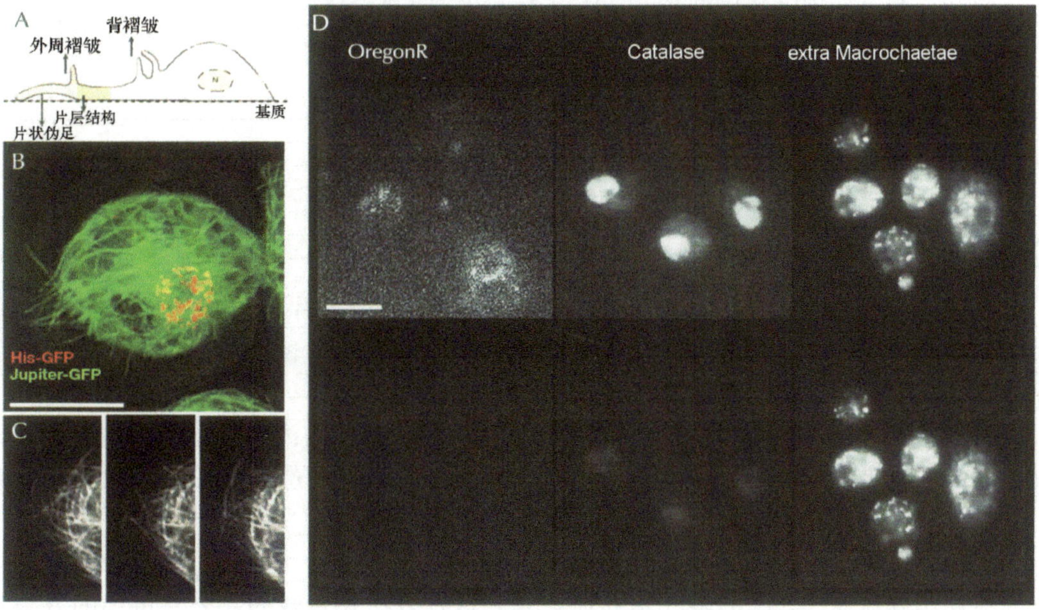

图 9　巨噬细胞的荧光成像

A. 巨噬细胞的结构示意图（见 Chhabra and Higgs 2007）；B. 用宽场去卷积技术活体拍摄一个伸展的巨噬细胞，Jupiter-GFP 把微管标记为绿色，histone-RFP 把染色体标记为红色；C. 伸展的巨噬细胞伪足中被 Jupiter-GFP 标记的微管动态变化的系列时程图像；D. 巨噬细胞 YFP 基因诱捕筛选。图示 OregonR 对照和两个阳性对照。上排显示优化对比度图像；下排为对比度与表达 YFP 的阳性对照相同的图像。请注意高低不同的表达水平。标尺为 10μm

材料

标有<R>试剂的配制方法参见本章末。

试剂

伴刀豆球蛋白 A（concanavalin A，ConA；Calbiochem 公司）

果蝇食物（http：//flystocks. bio. indiana. edu/Fly－Work/media－recipes/media-recipes. htm）

葡萄汁琼脂（Genesee Scientific 公司）

PBS <R>

Schneider 氏昆虫培养基（Sigma－Aldrich 公司）

设备

铝质载片（通常由 2mm 厚的铝片制成）

解剖显微镜

Sylgard 硅胶 184（Dow Corning 公司）

Teflon 膜（如标准膜试剂盒 5793；YSI Life Sciences 公司）

真空润滑油

观察玻片

方法

玻片培养室的制备

（1）把 1.5 号盖玻片（22mm×22 mm）装在特制的玻片架上，并将其在 300μg/mL ConA 溶液中浸泡几分钟。把盖玻片从架上取下，吸干残留液体，将一张张盖玻片平放在滤纸上放至层流超净台中晾干。

（2）将上述覆以 ConA 的盖玻片用真空润滑脂或 Sylgard 灌封胶牢牢地粘在铝质载片上（图 1）（根据公司说明书预先备好 Sylgard 灌封胶，按产品说明书把两种成分混合后，分装于小离心管内，－20℃保存备用）。

也可以使用 6 孔组织培养平板（微小平板 3810-006，Iwaki 公司），或在倒置显微镜上可使用以盖玻片为底的多孔培养皿，只是这种方法花费较高。另外可选的方法是可用覆以 ConA 的有室盖玻片（Lab－Tek II，NUNC 公司）。

巨噬细胞的分离

（3）将新羽化的果蝇成虫放至含新鲜食物的培养瓶或培养管中，使其产卵 3 天后，移去成虫。

25℃条件下，卵经 3～5 天可发育为三龄幼虫。

（4）收集攀爬于瓶壁或管壁上的三龄幼虫，将其转移至直径 9cm 葡萄汁琼脂平板上。

（5）解剖之前，将 3 个幼虫放至装有水或 PBS 的表面皿上。在解剖显微镜下观察，并用尖头镊子小心去除幼虫表面的食物残渣，然后转移幼虫至另一个装有水或 PBS 的表面皿上，重复操作上述步骤一次。最后让幼虫在吸水纸轻轻滚动以吸干幼虫表面的液体。

（6）选取一个幼虫，放置于装有 250μL Schneider 氏昆虫培养基的玻片培养室中（图 8）。用 2 个尖头镊子，小心撕开外表皮，释放出血淋巴液，尽量避免破坏肠道。重复该步骤，解剖 3 个幼虫即可。在培养基表面覆盖一层透气的 Teflon 膜（图 1）。

（7）将沾湿的滤纸排列在边长 10cm 正方形的培养皿中制成湿盒，将上述玻片培养皿放置于湿盒中，并用玻璃棒或木棒架起置于滤纸上方，于 21～25℃培养。

为防止巨噬细胞扩散，前 30min 避免移动培养皿，用 ConA 处理 30min 后，巨噬细胞黏附在盖玻片表面，以此方法培养，巨噬细胞可以保持至少 8h 的活力。

（8）该方法能在倒置显微镜下对巨噬细胞进行高分辨率成像（图 9A～C）。

荧光成像筛选巨噬细胞

（9）为便于筛选，巨噬细胞可在 6 孔板上培养［见步骤（2）］。在每个孔中央滴一滴 250μL 培养基，在这滴培养基中解剖幼虫。这可避免巨噬细胞沾到培养板的孔壁上。在第一个孔中解剖 Oregon－R 幼虫作为阴性对照，同时可以用表达荧光蛋白的幼虫做阳性对照。

（10）30min 至 1h 后，在带有 60×0.9NA 浸入式物镜［如 image solution（imsol）custom－modified DV core on an Olympus BX51 stand；图 3］的正置荧光显微镜筛选平板。在 3 种不同曝光时间下成像以区分荧光表达水平的差异（图 9D）。

讨论

果蝇浆血细胞，也就是巨噬细胞，是果蝇先天免疫系统的一部分（Lemaitre and Hoffman 2007），在发育中也有一定的作用（Wood and Jacinto 2007）。在胚胎后期的发育过程中，我们可以通过原位成像，记录它们的发育过程及往受伤部位聚集时的迁移（Stramer et al. 2005）。巨噬细胞特异性的 UAS/Gal4 系统可用于果蝇品系中标记蛋白的靶向表达。S2 昆虫细胞系被应用于高通量筛选（Cherry 2008）时，也表现出许多巨噬细胞的特征。在大规模遗传筛选中，带有黄色荧光蛋白（YFP）标记的品系中，运用巨噬细胞成像可鉴定标记蛋白的亚细胞定位（Vallés and Davis 与 St. Johnston、Ryder、Roote、Spriggs 合作，http：//www. flyprot. org/）。

实验方案 4

幼虫神经肌肉制片与神经元成像

果蝇是用于研究突触发育、功能及可塑性的一个成熟的模式系统。幼虫神经肌肉系统的最大优势在于神经及其所控制的肌肉按照体节严格分布。本实验方案描述了如何从果蝇幼虫中分离神经元用于活细胞成像。某些特殊的荧光蛋白可用于体内神经和突触的鉴定。UASmCD8 - GFP 和 UASmyr - RFP 可标记质膜，同时，Discs 显示突触。Gal4 drivers 可以运用于标记所有的神经元（如 elavGal4）或者细胞特异性运动的神经元（如 d42Gal4）（这些果蝇品系可以从 Bloomington stock collection 获得）。

材料

试剂

Schneider 氏昆虫培养基（Sigma - Aldrich 公司）

Sylgard 硅胶 184（Dow Corning 公司）

设备

解剖显微镜

解剖剪［0.1mm 尖头 McPherson — Vannas 剪，World Precision Instrument（WPI）公司］

镊子（Dumont 5 号/Dumostar，Fine Science Tools 公司）

培养皿（35mm，Corning 公司）

钨丝（直径 0.075mm，WPI 公司）

方法

下述实验步骤根据 Bellen 和 Budnik（2000）以及 Budnik 等（2006）的幼虫神经肌肉制片方法改写。幼虫神经肌肉制片方法在 Broadie（2000）文章中也有叙述。

（1）准备解剖皿：将 Sylgard 硅胶倒入直径 35mm 培养皿中直至 2/3 的容量，40℃下静置数日使之凝固（图 10A）。

轻轻混匀 Sylgard 硅胶，避免产生气泡。

（2）用钨丝制作长度 4～5mm 的细解剖针（每只幼虫至少需 6 个解剖针）。

（3）培养幼虫，为解剖作准备。具体方法参见实验方案 3 中步骤（3）～（5）。

（4）让幼虫背部（有两个并排纵向排列的气管）向上置于解剖皿中。

（5）在口器略下部位用针固定虫体前端。用镊子夹住针，准确地一针扎下，穿过虫体组织深入至 Sylgard 硅胶中，将虫体固定在合适的位置。让虫体伸展开，但勿牵拉虫体，再用另外一根针固定后端。

（6）加一滴（约 200μL）Schneider 氏昆虫培养基覆盖幼虫。

（7）用解剖剪从后端把幼虫剪开。起初用镊子夹起后端解剖针上方的幼虫表皮以辅助剪切。

（8）用镊子小心地去除内脏，用剪刀辅助以免撕裂内脏，再滴加培养基用于清洗。

（9）先处理左边，在幼虫前后端各剪开一横向开口，使左侧体壁能翻开，并在前后端各加一解剖针固定。右边处理方法相同（图 10）。

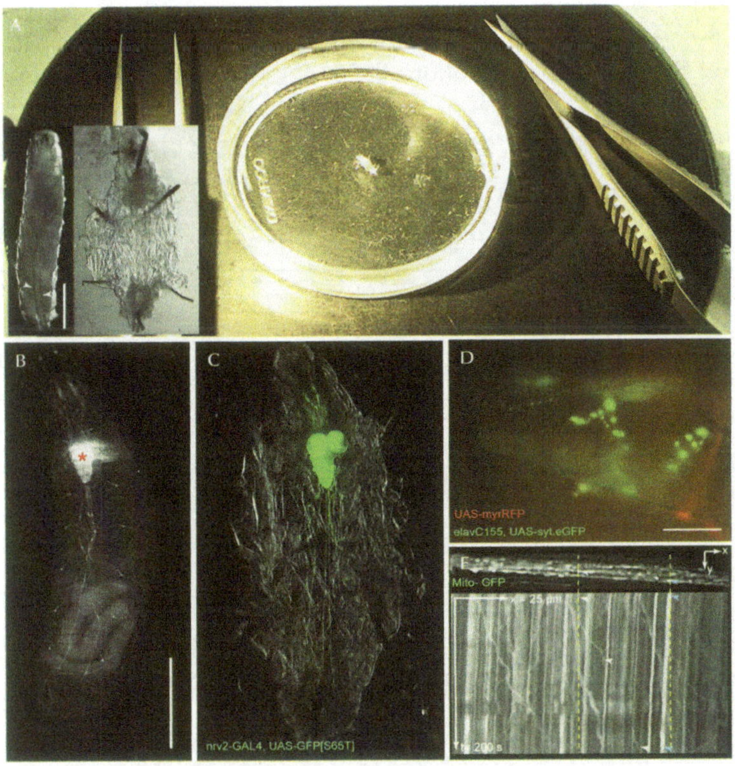

图 10　幼虫神经肌肉制片及成像（详细步骤见实验方案 4）

A. 固定有幼虫体壁的 Sylgard 硅胶解剖皿及需要用到的解剖工具。插图为一只背面向上待解剖的完整幼虫（箭头示气管）和固定好的体壁的放大图。B. 通过表达 nrv2－GAL4，UAS－GFP（S65T）标记神经系统的三龄幼虫腹面观（Sun et al. 1999）；星号示其脑。该图片由莱卡 MZFLIII 荧光立体显微镜拍摄。C. 通过表达 nrv2－GAL4，UAS－GFP（S65T）显示中枢神经系统和周围神经（交叠后显示为绿色荧光）的解剖好的幼虫。按体节分布的肌肉组织可在明场显微镜下观察到。D. 表达 elavC155－GAL4、UAS－syt. eGFP、UAS－myrRFP 的神经肌肉组织活体成像显示神经肌肉接点。E. 通过 mito－GFP 标记对周围神经单个轴突中的动态转运进行活体成像。上图为从 200s 的影像中选出的单张 $x-y$ 平面的图像，下图为 Xt 移动轨迹图像。箭头指示慢速移动（蓝色）和快速移动（白色）的结构。虚线示结构移动的初始位置。标尺，A～C 为 500μm；D 和 E 为 25μm

（10）去除脂肪体、气管、成虫盘和唾腺等，要十分小心避免破坏神经、脑以及体壁内侧的肌肉。另滴加培养基清洗。整个操作过程中需注意使材料浸于培养基中以免干燥。

（11）小心调整插针位置，以确保两侧体壁能平整地展开，且尽可能减小解剖针与 Sylgard 硅胶之间的夹角。这在后续成像过程中或电生理操作时可获得更多的操作空间。也可以适当使用折弯的针。

（12）加入新鲜培养基，在正置显微镜下观察（图 3）。首先使用长工作距离干式物镜下调节观察的角度和部位，再换至更高倍数的浸入式物镜下进行成像。

讨论

果蝇中枢神经系统的运动神经元是在起源、特性、形态及电生理等方面研究最透彻的。研究者已经将其运用于轴突的胞器转运、囊泡运输及循环的研究中（Hollenbeck and Saxton 2005；Kidokoro 2006）。

配方

注意事项：标记<!>的材料处理方法见附录。

磷酸盐缓冲液［phosphate buffered saline，PBS（10×）］

试剂	质量（g）	终浓度
NaCl	80	1.37mol/L
KCl <!>	2	27mmol/L
KH_2PO_4	2.4	20mmol/L
Na_2HPO_4	14.4	100mmol/L
H_2O		至 1L

致谢

感谢牛津大学 Davis 实验室的成员以及 Ben Bleasdale、Tim Weil 和 Raquel Oliviera，也感谢 Daniel St. Johnston 提供了相关的材料和技术方面的信息。

网络资源

Drosophila *Resources*

http://www.ceolas.org/fly/protocols.html
http://flystocks.bio.indiana.edu/Fly_Work/media-recipes/media-recipes.htm
http://www.geneticservices.com/
https://dgrc.cgb.indiana.edu/vectors/store/vectors.html?product_category=3
http://www.ciwemb.edu/labs/murphy/Gateway%20vectors.html

Live Cell Imaging

http://www.microscopyu.com/articles/livecellimaging/
http://micro.magnet.fsu.edu/primer/techniques/livecellimaging/index.html

General Microscopy

http://www.andor.com/learn/digital_cameras/?docid=326
http://www.api.com/pdfs/lifescience/DVspecs.pdf
http://www.bioptechs.com/
http://www.cairnweb.com/menus/menustub_main.html
http://www.chroma.com/
http://listserv.acsu.buffalo.edu/cgi-bin/wa?S1=confocal
http://www.intelligent-imaging.com/
http://www.intelligent-imaging.com/spherical/Monks_SIM0304.pdf
http://www.invitrogen.com/site/us/en/home/References/Molecular-Probes-The-Handbook.html
http://www.leica-microsystems.com/
http://www.microscopy.fsu.edu/
http://www.microscopyu.com/
http://rsb.info.nih.gov/nih-image/
http://www.olympusmicro.com/primer/index.html
http://www.omegafilters.com/
http://www.openmicroscopy.org/
http://www.prior.com/uk/products/product.html
http://www.roperscientific.com/
http://www.sutter.com/
http://www.universal-imaging.com/products/metamorph/
http://www.zeiss.com/micro

SPIM

http://www.zeiss.com/C125716F004E0776/0/186443B05DA200CBC125717C003F7169/$File/Innovation_15_34.pdf

STED

http://www.leica-microsystems.com/Website/Products.nsf/(printallids)/D0AF715211CFBE90C1257370002F68B0

OMX

http://www.api.com/pdfs/lifescience/DeltaVisionOMX.pdf
http://msg.ucsf.edu/sedat//omx/omxtechnology.htm

影像说明

影像可以从 www. cshprotocols. org/livecellimaging 网站免费获得。

影像 22.1. 注射入第 4 期合胞体胚盘果蝇胚胎（14～15 循环）。使用微分干涉相衬和宽视场荧光显微镜，在 20×0.75NA 物镜下成像。

影像 22.2. 在 11 期果蝇卵巢前部，通过追踪标记了 MS2/MCP -绿色荧光蛋白的 bcdmRNA，*Bicoid* 基因 mRNA 转运的动态过程。在 DV - Core 宽视场去卷积显微镜下以 3 帧/s 的速度收集影像，以 15 帧/s 的速度放映。

影像 22.3. 深入到晚期（排卵后 12～18h）组蛋白 H2A - GFP 标记的果蝇胚胎的多光子和共聚焦成像。使用 20×0.75NA 多浸物镜。共聚焦用的 GFP 激发光波长为 475nm，多光子激发波长 870nm。收集 520nm 以上的发射光。

参考文献

Aigouy B, Lepelletier L, Giangrande A. 2008. Glial chain migration requires pioneer cells. *J Neurosci* **28:** 11635–11641.

Amos WB. 2000. Instruments for fluorescence imaging. In *Protein localization by fluorescence microscopy* (ed. VJ Allan), pp. 67–108. Oxford University Press, Oxford.

Azucena O, Kubby, J, Crest J, Cao J, Sullivan W, Kner P, Gavel D, Dillon D, Olivier S. 2009. Implementation of a Shack-Hartmann wavefront sensor for the measurement of embryo-induced aberrations using fluorescent microscopy. *Proc SPIE* **7209:** 720906.

Bardet PL, Kolahgar G, Mynett A, Miguel-Aliaga I, Briscoe J, Meier P, Vincent JP. 2008. A fluorescent reporter of caspase activity for live imaging. *Proc Natl Acad Sci* **105:** 13901–13905.

Basto R, Lau J, Vinogradova T, Gardiol A, Woods CG, Khodjakov A, Raff JW. 2006. Flies without centrioles. *Cell* **125:** 1375–1386.

Bates M, Huang B, Dempsey GT, Zhuang X. 2007. Multicolor superresolution imaging with photo-switchable fluorescent probes. *Science* **31:** 1749–1753.

Bellen HJ, Budnik V. 2000. The neuromuscular junction. In Drosophila *protocols* (ed. M Ashburner, RS Hawley, W Sullivan), pp. 175–199. Cold Spring Harbor Laboratory Press, Cold Spring Harbor, New York.

Berdnik D, Knoblich JA. 2002. *Drosophila* Aurora-A is required for centrosome maturation and actin-dependent asymmetric protein localization during mitosis. *Curr Biol.* **12:** 640–647.

Betzig E, Patterson GH, Sougrat R, Lindwasser OW, Olenych S, Bonifacino JS, Davidson MW, Lippincott-Schwartz J, Hess HF. 2006. Imaging intracellular fluorescent proteins at nanometer resolution. *Science* **313:** 1642–1645.

Bossing T, Barros CS, Brand AH. 2002. Rapid tissue-specific expression assay in living embryos. *Genesis* **34:** 123–126.

Botas J. 2007. *Drosophila* researchers focus on human disease. *Nat Genet* **39:** 589–591.

Boulanger J, Kervrann C, Bouthemy P. 2009. A simulation and estimation framework for intracellular dynamics and trafficking in video-microscopy and fluorescence imagery. *Med Image Anal* **13:** 132–142.

Brand AH, Manoukian AS, Perrimon N. 1994. Ectopic expression in *Drosophila*. *Methods Cell Biol* **44:** 635–654.

Brendza RP, Serbus LR., Duffy JB, Saxton WM. 2000. A function for kinesin I in the posterior transport of *oskar* mRNA and Staufen protein. *Science* **289:** 2120–2122.

Broadie KS. 2000. Electrophysiological approaches to the neuromusculature. In Drosophila *protocols* (ed. M Ashburner, RS Hawley, W Sullivan), pp. 273–299. Cold Spring Harbor Laboratory Press, Cold Spring Harbor, New York.

Budnik,V, Gorczyca M, Prokop A. 2006. Selected methods for the anatomical study of *Drosophila* embryonic and larval neuromuscular junctions. *Int Rev Neurobiol* **75:** 323–365.

Bullock SL, Ish-Horowicz D. 2001. Conserved signals and machinery for RNA transport in *Drosophila* oogenesis and embryogenesis. *Nature* **414:** 611–616.

Carthew RW, Sontheimer EJ. 2009. Origins and mechanisms of miRNA's and siRNA's. *Cell* **136:** 642–655.

Cherry S. 2008. Genomic RNAi screening in *Drosophila* S2 cells: What have we learned about host–pathogen interactions? *Curr Opin Microbiol* **11:** 262–270.

Chhabra ES, Higgs HN. 2007. The many faces of actin: Matching assembly factors with cellular structures. *Nat Cell Biol* **9:** 1110–1121.

Chintapalli VR, Wang J, Dow JA. 2007. Using FlyAtlas to identify better *Drosophila melanogaster* models of human disease. *Nat Genet* **39:** 715–720.

Chou TB, Perrimon N. 1992. Use of a yeast site-specific recombinase to produce female germline chimeras in *Drosophila*. *Genetics* **131:** 643–653.

Clark A, Meignin C, Davis I. 2007. A Dynein-dependent shortcut rapidly delivers axis determination transcripts into the *Drosophila* oocyte. *Development* **134:** 1955–1965.

Clark IB, Jarman AP, Finnegan DJ. 2007. Live imaging of *Drosophila* gonad formation reveals roles for Six4 in regulating germline and somatic cell migration. *BMC Dev Biol* **7:** 52.

Clyne JD, Miesenböck G. 2008. Sex-specific control and tuning of the pattern generator for courtship song in *Drosophila*. *Cell* **133:** 354–363.

Coates CG, Denvir DJ, Conroy E, McHale NG, Thornbury K, Hollywood M. 2003. Back-illuminated electron multiplying technology: The world's most sensitive CCD for ultralow-light microscopy. *Proc SPIE* **4962:** 319–328.

Davis I. 2000. Visualising fluorescence in *Drosophila*—Optimal detection in thick specimens. In *Protein localisation by fluorescence microscopy: A practical approach* (ed. VJ Allan), pp. 131–162. Oxford University Press, Oxford.

Davis I, Girdham CH, O'Farrell PH. 1995. A nuclear GFP that marks nuclei in living *Drosophila* embryos—Maternal supply over-

comes a delay in the appearance of zygotic fluorescence. *Dev Biol* **170:** 726–729.
Delanoue R, Herpers B, Soetaert J, Davis I, Rabouille C. 2007. *Drosophila* Squid/hnRNP helps Dynein switch from a gurken mRNA transport motor to an ultrastructural static anchor in sponge bodies. *Dev Cell* **13:** 523–538.
Diaspro A, Bianchini P, Vicidomini G, Faretta M, Ramoino P, Usai C. 2006. Multi-photon excitation microscopy. *Biomed Eng Online* **5:** 36.
Drysdale R and FlyBase Consortium. 2008. FlyBase: A database for the *Drosophila* research community. *Methods Mol Biol* **20:** 45–59.
Duncan JE, Warrior R. 2002. The cytoplasmic Dynein and Kinesin motors have interdependent roles in patterning the *Drosophila* oocyte. *Curr Biol* **1:** 1982–1991.
Endow SA, Komma DJ. 1997. Spindle dynamics during meiosis in *Drosophila* oocytes. *J Cell Biol* **137:** 1321–1336.
Entchev EV, Schwabedissen A, Gonzalez-Gaitan M. 2000. Gradient formation of the TGF-β homolog Dpp. *Cell* **103:** 981–991.
Gho M, Bellaiche Y, Schweisguth F. 1999. Revisiting the *Drosophila* microchaete lineage: A novel intrinsically asymmetric cell division generates a glial cell. *Development* **126:** 3573–3584.
Greco V, Hannus M, Eaton S. 2001. Argosomes: A potential vehicle for the spread of morphogens through epithelia. *Cell* **106:** 633–645.
Grieder NC, de Cuevas M, Spradling AC. 2000. The fusome organizes the microtubule network during oocyte differentiation in *Drosophila*. *Development* **127:** 4253–4264.
Gustafsson MG. 1999. Extended resolution fluorescence microscopy. *Curr Opin Struct Biol* **9:** 627–634.
Gustafsson MG, Shao L, Carlton PM, Wang CJ, Golubovskaya IN, Cande WZ, Agard DA, Sedat JW. 2008. Three-dimensional resolution doubling in wide-field fluorescence microscopy by structured illumination. *Biophys J* **94:** 4957–4970.
Hell SW. 2003. Toward fluorescence nanoscopy. *Nat Biotechnol* **21:** 1347–1355.
Hendel T, Mank M, Schnell B, Griesbeck O, Borst A, Reiff DF. 2008. Fluorescence changes of genetic calcium indicators and OGB-1 correlated with neural activity and calcium in vivo and in vitro. *J Neurosci* **28:** 7399–7411.
Hidalgo A, Brand AH. 1997. Targeted neuronal ablation: The role of pioneer neurons in guidance and fasciculation in the CNS of *Drosophila*. *Development* **124:** 3253–3262.
Hiraoka Y, Sedat J, Agard D. 1990. Determination of three-dimensional imaging properties of a light microscope system. *Biophys J* **57:** 325–333.
Hollenbeck PJ, Saxton WM. 2005. The axonal transport of mitochondria. *J Cell Sci* **118:** 5411–5419.
Huisken J, Swoger J, Del Bene F, Wittbrodt J, Stelzer EH. 2004. Optical sectioning deep inside live embryos by selective plane illumination microscopy. *Science* **305:** 1007–1009.
Kaltschmidt JA, Davidson CM, Brown NH, Brand AH. 2000. Rotation and asymmetry of the mitotic spindle direct asymmetric cell division in the developing central nervous system. *Nat Cell Biol* **2:** 7–12.
Kam Z, Hanser B, Gustafsson MG, Agard DA, Sedat JW. 2001. Computational adaptive optics for live three-dimensional biological imaging. *Proc Natl Acad Sci* **98:** 3790–3795.
Kam Z, Kner P, Agard D, Sedat JW. 2007. Modelling the application of adaptive optics to wide-field microscope live imaging. *J Microsc* **226:** 33–42.
Karpova N, Bobinnec Y, Fouix S, Huitorel P, Debec A. 2006. Jupiter, a new *Drosophila* protein associated with microtubules. *Cell Motil Cytoskel* **63:** 301–312.
Keller PJ, Pampaloni F, Stelzer EH. 2007. Three-dimensional preparation and imaging reveal intrinsic microtubule properties. *Nat Methods* **4:** 843–846.
Keller PJ, Pampaloni F, Lattanzi G, Stelzer EH. 2008. Three-dimensional microtubule behavior in *Xenopus* egg extracts reveals four dynamic states and state-dependent elastic properties. *Biophys J* **95:** 1474–1486.
Kidokoro Y. 2006. Vesicle trafficking and recycling at the neuromuscular junction: Two pathways for endocytosis. *Int Rev Neurobiol* **75:** 145–164.
Koizumi K, Higashida H, Yoo S, Islam MS, Ivanov AI, Guo V, Pozzi P, Yu SH, Rovescalli AC, Tang D, et al. 2007. RNA interference screen to identify genes required for *Drosophila* embryonic nervous system development. *Proc Natl Acad Sci* **104:** 5626–5631.
Kraft R, Levine RB, Restifo LL. 1988. Growth of *Drosophila* mushroom neurons isolated during metamorphosis. *J Neurosci* **18:** 8886–8899.
Lemaitre B, Hoffmann J. 2007. The host defense of *Drosophila melanogaster*. *Annu Rev Immunol* **25:** 697–743
MacDougall N, Clark A, MacDougall E, Davis I. 2003. *Drosophila* gurken (TGFα) mRNA localizes as particles that move within the oocyte in two dynein-dependent steps. *Dev Cell* **4:** 307–319.
Manley S, Patterson GH, Subach FV, Verkhusha VV, Lippincott-Schwartz J. 2009. Visualizing the receptor assembly into clathrin-coated pits with super-resolution two-color PALM and sptPALM. *Biophys J* **96:** 385a–385a.
Marshall WF, Straight A, Marko JF, Swedlow J, Dernburg A, Belmont A, Murray AW, Agard DA, Sedat JW. 1997. Interphase chromosomes undergo constrained diffusional motion in living cells. *Curr Biol* **7:** 930–939.
Martin SG, Leclerc V, Smith-Litière K, St Johnston D. 2003. The identification of novel genes required for *Drosophila* anteroposterior axis formation in a germline clone screen using GFP-Staufen. *Development* **130:** 4201–4215.
McDonald JA, Khodyakova A, Aranjuez G, Dudle, C, Montell DJ. 2008. PAR-1 kinase regulates epithelial detachment and directional protrusion of migrating border cells. *Curr Biol* **18:** 1659–1667.
Merabet S, Catala F, Pradel J, Graba Y. 2002. A green fluorescent protein reporter genetic screen that identifies modifiers of Hox gene function in the *Drosophila* embryo. *Genetics* **162:** 189–202.
Micklem DR, Dasgupta R, Elliott H, Gergely F, Davidson C, Brand A, Gonzalez-Reyes A, St Johnston D. 1997. The *mago nashi* gene is required for the polarisation of the oocyte and the formation of perpendicular axes in *Drosophila*. *Curr Biol* **7:** 468–478.
Mollereau B, Wernet MF, Beaufils P, Killian D, Pichaud F, Kuhnlein R, Desplan C. 2000. A green fluorescent protein enhancer trap screen in *Drosophila* photoreceptor cells. *Mech Dev* **93:** 151–160.
Morin X, Daneman R, Zavortink M, Chia W. 2001. A protein trap strategy to detect GFP-tagged proteins expressed from their endogenous loci in *Drosophila*. *Proc Natl Acad Sci* **98:** 15050–15055.
Murphy DB. 2001. *Fundamentals of light microscopy and electronic imaging*. Wiley-Liss, New York.
Nägerl UV, Willig KI, Hein B, Hell SW, Bonhoeffer T. 2008. Live-cell imaging of dendritic spines by STED microscopy. *Proc Natl Acad Sci* **105:** 18982–18987.
Newmark PA, Mohr SE, Gong L, Boswell RE. 1997. *mago nashi* mediates the posterior follicle cell-to-oocyte signal to organize axis formation in *Drosophila*. *Development* **124:** 3197–3207.
Nicolas E, Chenouard N, Olivo-Marin JC, Guichet A. 2009. A dual role for actin and microtubule cytoskeleton in the transport of Golgi units from the nurse cells to the oocyte across ring canals. *Mol Biol Cell* **20:** 556–568.
Noguchi T, Miller KG. 2003. A role for actin dynamics in individualization during spermatogenesis in *Drosophila melanogaster*. *Development* **130:** 1805–1816.
Parton RM, Davis I. 2005. Lifting the fog: Image restoration by deconvolution. In *Cell biology: A laboratory handbook*, 3rd ed. (ed. JE Celis), pp. 187–200. Academic, New York.
Patterson GH, Lippincott-Schwartz J. 2002. A photoactivatable GFP for selective photolabeling of proteins and cells. *Science* **29:** 1873–1877.
Pauli A, Althoff F, Oliveira RA, Heidmann S, Schuldiner O, Lehner CF, Dickson BJ, Nasmyth K. 2009. Cell-type-specific TEV protease cleavage reveals cohesin functions in *Drosophila* neurons. *Dev Cell* **14:** 239–251.
Pawley JB. 2006. *Handbook of biological confocal microscopy*, 3rd ed. Springer Science and Business Media, New York.
Pfeiffer S, Ricardo S, Manneville JB, Alexandre C, Vincent JP. 2002. Producing cells retain and recycle *Wingless* in *Drosophila* embryos. *Curr Biol* **12:** 957–962.
Pichaud F, Desplan C. 2001. A new visualization approach for identifying mutations that affect differentiation and organization of the *Drosophila* ommatidia. *Development* **128:** 815–826.
Pilling AD, Horiuchi D, Lively CM, Saxton WM. 2006 Kinesin-1 and Dynein are the primary motors for fast transport of mitochondria in *Drosophila* motor axons. *Mol Biol Cell* **17:** 2057–2068.
Rasse TM, Fouquet W, Schmid A, Kittel RJ, Mertel S, Sigrist CB, Schmidt M, Guzman A, Merino C, Qin G, et al. 2005. Glutamate receptor dynamics organizing synapse formation in vivo. *Nat Neurosci* **8:** 898–905.

Reiff DF, Ihring A, Guerrero G, Isacoff EY, Joesch M, Nakai J, Borst A. 2005. In vivo performance of genetically encoded indicators of neural activity in flies. *J Neurosci* **25:** 4766–4778.

Resch-Genger U, Grabolle M. Cavaliere-Jaricot S, Nitschke R, Nann T. 2008. Quantum dots versus organic dyes as fluorescent labels. *Nat Meth* **5:** 763–775.

Riemensperger T, Völler T, Stock P, Buchner E, Fiala A. 2005. Punishment prediction by dopaminergic neurons in *Drosophila*. *Curr Biol* **15:** 1953–1960.

Roberts D, Standen G. 1998. The elements of *Drosophila* biology and genetics. In Drosophila: A *practical approach* (ed. D Roberts), p. 1. Oxford University Press, Oxford.

Rolls MM, Satoh D, Clyne PJ, Henner AL, Uemura T, Doe Q. 2007. Polarity and intracellular compartmentalization of *Drosophila* neurons. *Neural Dev* **2:** 7.

Rusan NM, Peifer M. 2007. A role for a novel centrosome cycle in asymmetric cell division. *J Cell Biol* **177:** 13–20.

Ryder E, Spriggs H, Drummond E, St Johnston D, Russell S. 2009. The Flannotator—A gene and protein expression annotation tool for *Drosophila melanogaster*. *Bioinformatics* **25:** 548–549.

Satoh D, Sato D, Tsuyama T, Saito M, Ohkura H, Rolls MM, Ishikawa F, Uemura T. 2008. Spatial control of branching within dendritic arbors by dynein-dependent transport of Rab5-endosomes. *Nat Cell Biol* **10:** 1164–1171.

Schmid A, Hallermann S, Kittel RJ, Khorramshahi O, Frölich AM, Quentin C, Rasse TM, Mertel S, Heckmann M, Sigrist SJ. 2008. Activity-dependent site-specific changes of glutamate receptor composition in vivo. *Nat Neurosci* **11:** 659–666.

Schüpbach T, Wieschaus E. 1986. Maternal-effect mutations altering the anterior–posterior pattern of the *Drosophila* embryo. *Roux's Arch Dev Biol* **195:** 302–317.

Seeger M, Tear G, Ferres-Marco D, Goodman CS. 1993. Mutations affecting growth cone guidance in *Drosophila*: Genes necessary for guidance toward or away from the midline. *Neuron* **10:** 409–426.

Sepp KJ, Hong P, Lizarraga SB, Liu JS, Mejia LA, Walsh CA, Perrimon N. 2008. Identification of neural outgrowth genes using genome-wide RNAi. *PLoS Genet* **4:** e1000111.

Shaner NC, Steinbach PA, Tsien RY. 2005. A guide to choosing fluorescent proteins. *Nat Methods* **2:** 905–909.

Shimada Y, Yonemura S, Ohkura H, Strutt DI, Uemura T. 2006. Polarized transport of *Frizzled* along the planar microtubule arrays in *Drosophila* wing epithelium. *Dev Cell* **10:** 209–222.

Siller KH, Doe CQ. 2008. Lis1/dynactin regulates metaphase spindle orientation in *Drosophila* neuroblasts. *Dev Biol* **319:** 1–9.

Spradling AC. 1993. Germline cysts: Communes that work. *Cell* **72:** 649–651.

Stephens DJ, Allan VJ. 2003. Light microscopy techniques for live cell imaging. *Science* **300:** 82–86.

Stelzer EHK 2008. Light sheet based fluorescence microscopes (LSFM, SPIM, DSLM) reduce phototoxic effects by several orders of magnitude. Online abstract: http://www.cefmc.de/fileadmin/user_upload/Seminars/20081002_Abstract_Stelzer.pdf.

St Johnston D. 2002. The art and design of genetic screens: *Drosophila melanogaster*. *Nat Rev Genet* **3:** 176–188.

Stramer B, Wood W, Galko MJ, Redd MJ, Jacinto A, Parkhurst SM, Martin P. 2005. Live imaging of wound inflammation in *Drosophila* embryos reveals key roles for small GTPases during in vivo cell migration. *J Cell Biol* **168:** 567–573.

Subach FV, Patterson GH, Manley S, Gillette JM, Lippincott-Schwartz J, Verkhusha VV. 2009. Photoactivatable mCherry for high-resolution two-color fluorescence microscopy. *Nat Methods* **6:** 153–159.

Sullivan W, Ashburner M, Hawley RS, ed. 2000. Drosophila *protocols*. Cold Spring Harbor Laboratory Press, Cold Spring Harbor, New York.

Sun B, Xu P, Salvaterra PM. 1999. Dynamic visualization of nervous system in live *Drosophila*. *Proc Natl Acad Sci* **96:** 10438–10443.

Swedlow JR, Hu K, Andrews PD, Roos DS, Murray JM. 2002. Measuring tubulin content in *Toxoplasma gondii*: A comparison of laser-scanning confocal and wide-field fluorescence microscopy. *Proc Natl Acad Sci* **99:** 2014–2019.

Tekotte H, Tollervey D, Davis I. 2007. Imaging the migrating border cell cluster in living *Drosophila* egg chambers. *Dev Dyn* **236:** 2818–2824.

Vazquez J, Belmont AS, Sedat JW. 2001. Multiple regimes of constrained chromosome motion are regulated in the interphase *Drosophila* nucleus. *Curr Biol* 11: 1227–1239.

Vazquez J, Belmont AS, Sedat JW. 2002. The dynamics of homologous chromosome pairing during male *Drosophila* meiosis. *Curr Biol* **12:** 1473–1483.

Vendra G, Hamilton RS, Davis, I. 2007. Dynactin suppresses the retrograde movement of apically localized mRNA in *Drosophila* blastoderm embryos. *RNA* **13:** 1860–1867.

Venken KJ, Bellen HJ. 2007. Transgenesis upgrades for *Drosophila melanogaster*. *Development* **134:** 3571–3584.

Verstreken P, Ohyama T, Bellen HJ. 2008. FM 1-43 labeling of synaptic vesicle pools at the *Drosophila* neuromuscular junction. *Methods Mol Biol* **440:** 349–369.

Vincent JP, O'Farrell PH. 1992. The state of engrailed expression is not clonally transmitted during early *Drosophila* development. *Cell* **68:** 923–931.

Wallace W, Schaefer LH, Swedlow JR. 2001. A workingperson's guide to deconvolution in light microscopy. *Biotechniques* **31:** 1076–1078, 1080, 1082.

Weil TT, Forrest KM, Gavis ER. 2006. Localization of bicoid mRNA in late oocytes is maintained by continual active transport. *Dev Cell* **11:** 251–262.

Weil TT, Parton R, Davis I, Gavis ER. 2008. Changes in bicoid mRNA anchoring highlight conserved mechanisms during the oocyte-to-embryo transition. *Curr Biol* **18:** 1055–1061.

Welte MA, Gross SP, Postner M, Block SM, Wieschaus EF. 1998. Developmental regulation of vesicle transport in *Drosophila* embryos: Forces and kinetics. *Cell* **92:** 547–557.

Wilkie GS, Davis I. 2001. *Drosophila wingless* and pair-rule transcripts localize apically by dynein-mediated transport of RNA particles. *Cell* **105:** 209–219.

Willig KI, Kellner RR, Medda R, Hein B, Jakobs S, Hell SW. 2006. Nanoscale resolution in GFP-based microscopy. *Nat Methods* **3:** 721–723.

Wirtz-Peitz F, Nishimura T, Knoblich JA. 2008. Linking cell cycle to asymmetric division: Aurora-A phosphorylates the Par complex to regulate Numb localization. *Cell* **135:** 161–173.

Wood W, Jacinto A. 2007. *Drosophila melanogaster* embryonic haemocytes: Masters of multitasking. *Nat Rev Mol Cell Biol* **8:** 542–551.

Yamashita YM, Jones DL, Fuller MT. 2003. Orientation of asymmetric stem cell division by the APC tumor suppressor and centrosome. *Science* **301:** 1547–1550.

Yu D, Baird GS, Tsien RY, Davis RL. 2003. Detection of calcium transients in *Drosophila* mushroom body neurons with camgaroo reporters. *J Neurosci* **23:** 64–72.

Yucel JK, Marszalek JD, McIntosh JR, Goldstein LS, Cleveland DW, Philp AV. 2000. CENP-meta, an essential kinetochore kinesin required for the maintenance of metaphase chromosome alignment in *Drosophila*. *J Cell Biol* **150:** 1–11.

Zhang J, Campbell RE, Ting AY, Tsien RY. 2002. Creating new fluorescent probes for cell biology. *Nat Rev Mol Cell Biol* **3:** 906–918.

Zimyanin VL, Belay K, Pecreaux J, Gilchrist MJ, Clark A, Davis I, St Johnston D. 2008. In vivo imaging of oskar mRNA transport reveals the mechanism of posterior localization. *Cell* **134:** 843–853.

（邱晨　樊玉杰　译　方玉达　校）

第23章　乳腺癌鼠模型肿瘤基质相互作用在转盘式共聚焦显微镜下的动态和长时间活体成像

Andrew J. Ewald[1,2], Zena Werb[1], and Mikala Egeblad[1,3]

[1]Department of Anatomy, University of California, San Francisco, California 94143;[2]Department of Cell Biology, Center for Cell Dynamics, School of Medicine, Johns Hopkins University, Baltimore, Maryland 21205;[3]Cold Spring Harbor Laboratory, Cold Spring Harbor, New York 11724

肿瘤包括许多癌症细胞没有的组分，如血管、成纤维细胞和免疫细胞（Hanahan and Weinberg 2000）。遗传研究及活组织检测都揭示了这些基质组分对癌症病情发展的重要性（Bissell and Radisky 2001；Bhowmick and Moses 2005；Littlepage et al. 2005；Proia and Kuperwasser 2005；de Visser et al. 2006）。但是在活体动物中，直接显示不同肿瘤组分的动态相互作用仍然难度很高。活体动物原位成像能为观察肿瘤基质之间的相互作用提供新的视角。

活体动物原位成像以便深入了解肿瘤与基质的相互作用

近期的前沿研究建立了活体观察单细胞迁移以及血管渗透性的技术，因此我们现在能够对活的小鼠体内组织直接进行细胞水平的研究（Brown et al. 2001；Pluen et al. 2001；Ahmed et al. 2002；Brown et al. 2003；Mempel et al. 2004；Sumen et al. 2004；Halin et al. 2005；Stroh et al. 2005；Dreher et al. 2006；Sidani et al. 2006；Wyckoff et al. 2006）。这些方法大多数使用多光子显微镜，主要是因为多光子显微镜能比常规共聚焦显微镜观察到更深层的组织情况。但是多光子显微镜非常昂贵，操作复杂而且大多数时候只能用单个波长来激发所有的荧光分子。除了显微镜技术以外，把活小鼠固定在显微镜平台上并在相当长时间内维持其正常的生理状态也是一个非常困难的事情。

为了观察正在发展的肿瘤中的细胞行为，我们想定量比较单个活鼠中不同肿瘤微环境中的细胞动态变化。主要的挑战来自以下几个方面。

（1）荧光特异标记肿瘤组分。

（2）对组织的低损操作。

（3）长时程麻醉方法。

（4）快速图像采集以减少小鼠呼吸等动作造成的假象。

（5）在同一只小鼠身上产生多种不同的肿瘤微环境。

（6）能够对同一只小鼠的不同肿瘤区域进行成像。

（7）能进行多色激发和检测以便对多种类型细胞之间的相互作用进行观察。

在下面的部分，我们将解决这些问题所带来的挑战，并讨论我们基于微透镜转盘式共聚焦显微镜的活体影像系统（图 1）。这种显微镜有两个碟片：照明光线首先通过带有微透镜的 Nipkow 碟片从而聚焦通过带有针孔的第二张碟片。一个分光二相色镜位于两个碟片之间用来将激发出来的共聚焦荧光反射到像增强型电压耦合器件（ICCD）相机上进行弱光图像采集（Nakano 2002）。转盘式共聚焦显微镜和多光子显微镜相比组织穿透能力比较差，但有几个适合与活体动物成像的优点：图像采集速度非常快，一个 670μm×670μm 区域内的某些荧光分子标记的图像可以在几毫秒内采集完（Nakano 2002）；活体动物呼吸运动会引起采集的图像变形，如果采集速度大大高于呼吸频率则可以克服这个问题；快速的图像采集也会降低光毒性（Ross et al. 2006）；另外一个非常重要的优点是转盘式共聚焦显微镜比多光子显微镜更容易也更便宜地实现对多色荧光图像的采集，还能在一个比较亮的房间做实验，方便随时观察小鼠。

解决对肿瘤微环境成像的技术障碍

要在原位对活鼠进行成像有许多问题，在这里我们逐一讨论，并提出我们解决问题的主要方法，同时也给出了替代方案。

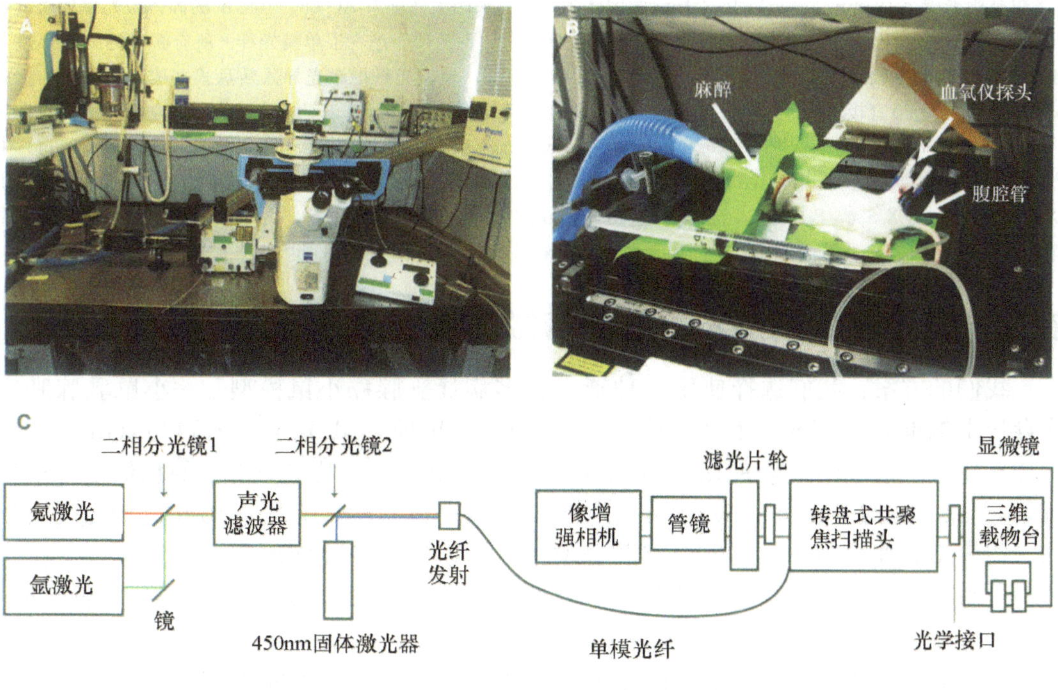

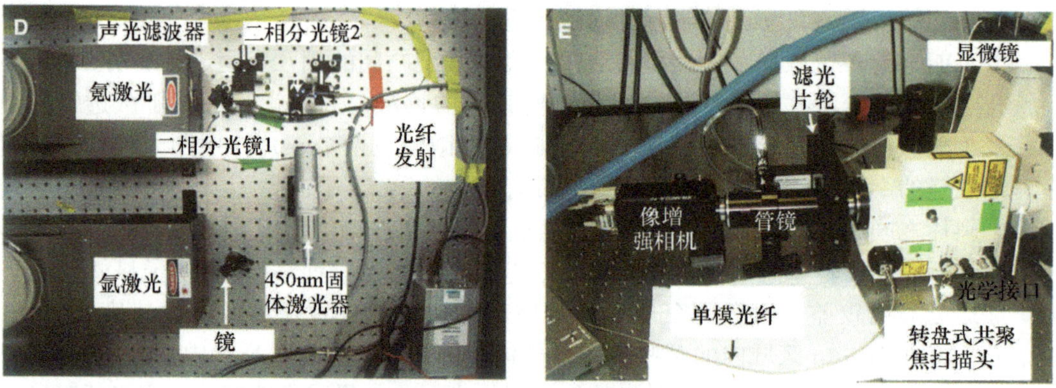

图 1　一套自建对活鼠进行 4 色成像的微透镜转盘式共聚焦显微镜

A. 显微镜系统中激光接入转盘式共聚焦扫描头（CSU－10b，Corporation 公司，Kanazawa，Japan），扫描头直接连接到一台电动的倒置荧光显微镜（Zeiss Axiovert 200M，Carl Zeiss Inc. 公司）。显微镜电源以及控制装置和麻醉仪器都置于架子上，与光学隔振平台隔离。B. 通过把气体异氟醚与生理盐水混合后注入腹腔来麻醉小鼠并将其固定在显微镜平台上，麻醉状态通过血氧浓度监视。C. 显微镜系统的原理示意图。AOTF. 声光调制仪；ICCD. 像增强相机。D. 激发光光路的细节图。我们使用 405nm 固体激光（Blue Sky Research 公司，Milpitas，California）和其他固体激光（491nm、561nm、641nm）或者氪、氩离子气体激光器（DynamicLaser 公司，SaltLakeCity，Utah）。氩离子激光器出来的激光（457nm、477nm、488nm、514nm）被可调节反射镜反射，并穿透可调节分光二相色镜；氪离子激光器出来的激光（568nm、647nm）被同一面分光二相色镜反射，从而将这两束激光耦合在一起。耦合后的激光进入 AOTF（NEOS Technologies 公司，Melbourne，Florida）以便选择激光波长以及调节激光强度。相似的装置也被用来耦合 491mm、561nm 和 641nm 的固体激光器出来的激光进入 AOTF。405nm 的固体激光单独通过电压来调制。从 AOTF 及 405nm 出来的激光通过第二块分光二相色镜耦合进一根单模光纤。所有激光的强度都使用自制的激光控制电路通过电压来调制。E. 发射光光路的细节图。单模光纤把激光导入转盘式共聚焦扫描头，扫描头和显微镜左 C－口直接连接。扫描头还通过自制接口和电动滤光片转轮相连。不同波长的发射光通过窄带滤光片（BP435～485、BP500～550、BP560～620 和 LP680，Chroma Technology Corp. 公司，Rockingham，Vermont）来选择。发射光通过电动滤光片转轮（FW－1000，ASI 公司，Eugene，Oregon）和自制成像接口后在像增强相机（XR/MEGA－10EX S30，Stanford Photonics 公司，Palo Alto，California）上成像，并可以对聚焦成像进行精细调节。以上装置可以在一个充分照明的房间内工作［图片来源于 Egeblad 等（2008）］

在同一只小鼠中制造不同的肿瘤微环境

我们的方案：我们选择使用一种渐进式多病灶乳腺癌小鼠模型——小鼠乳腺肿瘤病毒长末端重复（LTR）驱动多瘤病毒的中断 T 抗原（MMTV－PyMT；Guy et al. 1992）模型。这个模型与人 luminal 型乳腺癌在分子、细胞及组织水平的相似度都很高（Lin et al. 2003；Herschkowitz et al. 2007）。这个模型要对所有的 10 个乳腺做多次损伤。在模型后期同一个乳腺中会有混合增生、早期癌变及晚期癌变。我们主要关注腹股沟乳腺（No. 4），因为这个部分相对容易做手术而且和胸部乳腺比起来呼吸运动对成像的影像更小一点（No. 1～3）。

替代方案：我们使用转基因诱导肿瘤，转基因诱导肿瘤通过植入肿瘤碎片（Kouros－Mehr et al. 2008）或者注射肿瘤细胞系（鼠源细胞系注入同基因小鼠或者人源细胞系注入免疫缺陷型小鼠）来产生。手术和成像技术与上面的主方案一致。皮下肿瘤通过在容易操作的腹股沟部位进行皮下注射肿瘤细胞来诱导发生。我们主要研究免疫细胞和乳腺癌之间的相互作用，因此我们的工作主要集中在建立拥有完整免疫系统的乳腺癌模型。不过我们的成像技术可以非常方便地研究人肿瘤细胞系在免疫缺陷小鼠中的行为（如裸鼠或重症缺陷小鼠）。

分析同一只小鼠内多个肿瘤微环境

我们的方案：在 MMTV－PyMT 小鼠的单个腹股沟乳腺中有许多独立的不同阶段的癌病灶。要对活鼠中的肿瘤进行分类，但是又不使用石蜡切片苏木精和伊红染色之类的方法，我们用了一种简单的分类系统对体内的肿瘤进行了分类（图 2；Egeblad et al. 2008）。增生被定义为没有过多基质浸润或入侵面的直径小于 500μm 的病灶。早期癌变是指小型和中型病灶而且基质细胞浸润和入浸面增加。晚期癌则被定义为大型病灶而且有紧密的癌细胞，在基质边缘还有非常多的基质细胞浸润。这套分类方法在多种小鼠中都是非常可靠的，而且对将病灶根据基质细胞的不同行为进行分类非常有用。

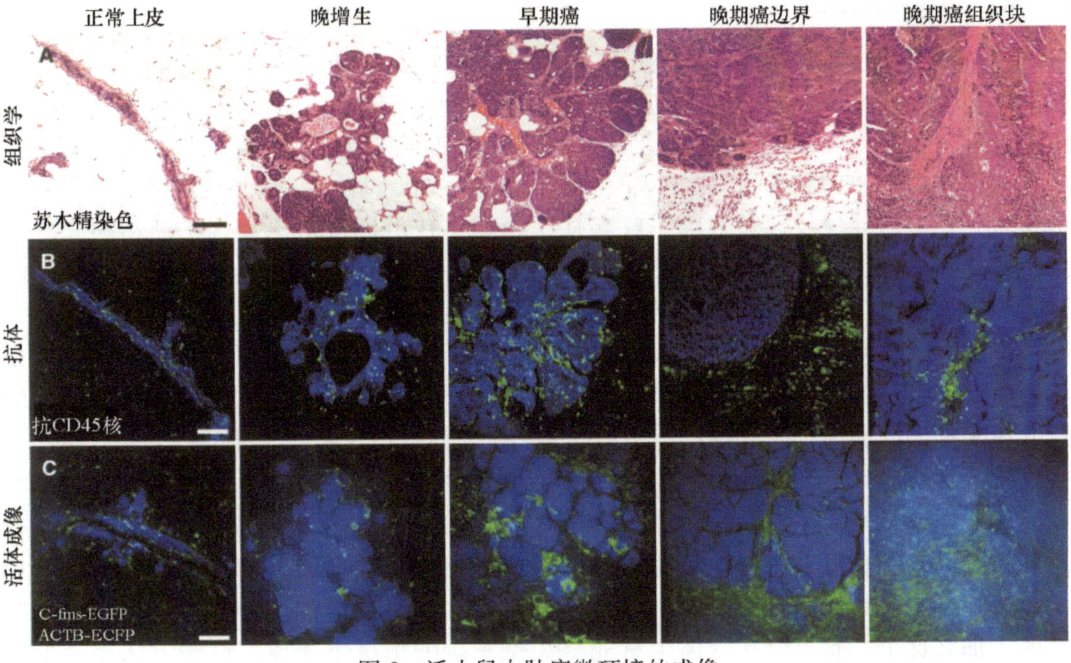

图 2　活小鼠中肿瘤微环境的成像

A. 常规野生型小鼠正常导管不同阶段 MMTV－PyMT 肿瘤切片经苏木精和伊红染色后的图像。B. 乳腺组织中的白细胞通过 CD45 抗体（绿色）来标记，MMTV－PyMT 肿瘤通过碘化丙锭对细胞核染色（蓝色）进行标记。C. 活小鼠中不同的肿瘤微环境，小鼠为转染了 ACTB－ECFP 和 c－fms－ECFP 的 MM7V-PyMT 小鼠。正常导管来自 ACTB－ECPP 和 c－fms－EGFP 标记的活鼠。骨髓细胞为绿色（c－fm－EGPP），所有细胞标记为蓝色（ACTB－ECFP）。图像为最大荧光强度投影图。标尺为 100μm［经允许引自 Egeblad 等（2008）］

替代解决方案：活体动物中癌症分期的标准必然与使用苏木精和伊红对石蜡切片进行染色不同。我们的目标应该是一个有高度可重复性的系统，可随时用较为传统的分类系统进行了验证。一种替代我们形态学分类法的方法是用特异荧光探针来确定基因的表达以及分子的分布来对病灶进行分类（如雌激素受体或 E－cad－herin 的表达缺失）。这些方法虽然刚开始发展但是以后应该会有非常广泛的应用。

在同一只小鼠中对不同肿瘤位置进行成像

我们的方案：为了取得一个腺体内多个区域的图像，我们使用了一个压电陶瓷型的$x-y-z$电动平台，这样我们能够对一个乳腺的不同位置进行快速定位和成像。一次观察不同区域的主要优点在于能够获得在同一只动物、同一时间点在不同区域的结果，这样与健康以及整体炎症状况相关的系统差异就减小到了最少。

替代方案：当然也可以比较不同小鼠中不同的微环境。每一只小鼠应该只能有一个处于某一特定阶段的肿瘤，这样就只能比较相似小鼠的不同阶段的肿瘤。但是小鼠之间的系统差异，如激素周期水平、炎症及肺功能的差异都是存在的，这样就很难判断细胞行为之间的不同到底是因为微环境的差异造成的还是系统差异造成的。

肿瘤组分的荧光标记

我们的方案：我们将癌症模型小鼠系和特定的小鼠系杂交得到带特异标记的小鼠。我们主要使用带有特定细胞表达启动子来驱动表达绿色荧光蛋白的转基因小鼠［如 c－fms－EGFP（图 2）；Sasmono et al. 2003］，或者某些基因敲入小鼠系，这些小鼠系转入了由内源启动子控制表达（如 $\mathrm{FoxP3^{EGFP}}$；Fontenot et al. 2005）的 *GFP* 基因。这个方法有几个明显的优点：转基因小鼠系从亲代到子代的高度可重复性；动物肿瘤微环境中用来成像的标记细胞群体都是内源的而不是外源导入的；这个方法还没有注射或移植引起炎症反应风险，转基因小鼠系都具有充分的免疫能力。

替代方法：我们的方法需要我们产生 3 种以上不同的转基因小鼠系，加之我们主要关注雌性小鼠的乳腺癌，这使得我们必须维持一个非常大的小鼠种群以提供足够的试验鼠来拍照。如果要用新的标记来做实验，那么这个方法就会非常缓慢，可能需要 6 个月来产生带有新荧光探针的肿瘤模型的小鼠。常用的替代方案是从供体小鼠上分离特定的基质细胞并在体外标记，然后移植入新的受体动物中。这个技术可以通过细胞表明的标记来观察任意一种细胞群体而不需要有细胞特异表达启动子或者加强子的识别。如果供体和受体动物来自同一株近亲繁殖的小鼠系，同时转移的细胞不是免疫原性的，那么这个实验可以在受体带有完整免疫系统的情况下完成。这些方法显著缩短了产生新标记小鼠的时间，减少了完成特定实验需要的鼠群数量。但是对于分离、标记和重新导入是否会导致研究群体尤其是免疫细胞群体产生显著的生理变化总是让人担心。第 3 种方法我们通过注射带有荧光标记的抗体与特异细胞表面标记结合（图 3A）来标记细胞。用这个方法我们演示了在小鼠尾静脉注射抗 Gr1 抗体来标记血管中的巡逻骨髓细胞群，同样可通过注射不同的抗体来标记/中性粒细胞/骨髓抑制细胞/单核细胞（Egeblad et al. 2008）。我们还将这种方法的抗体扩展到其他骨髓细胞标记。

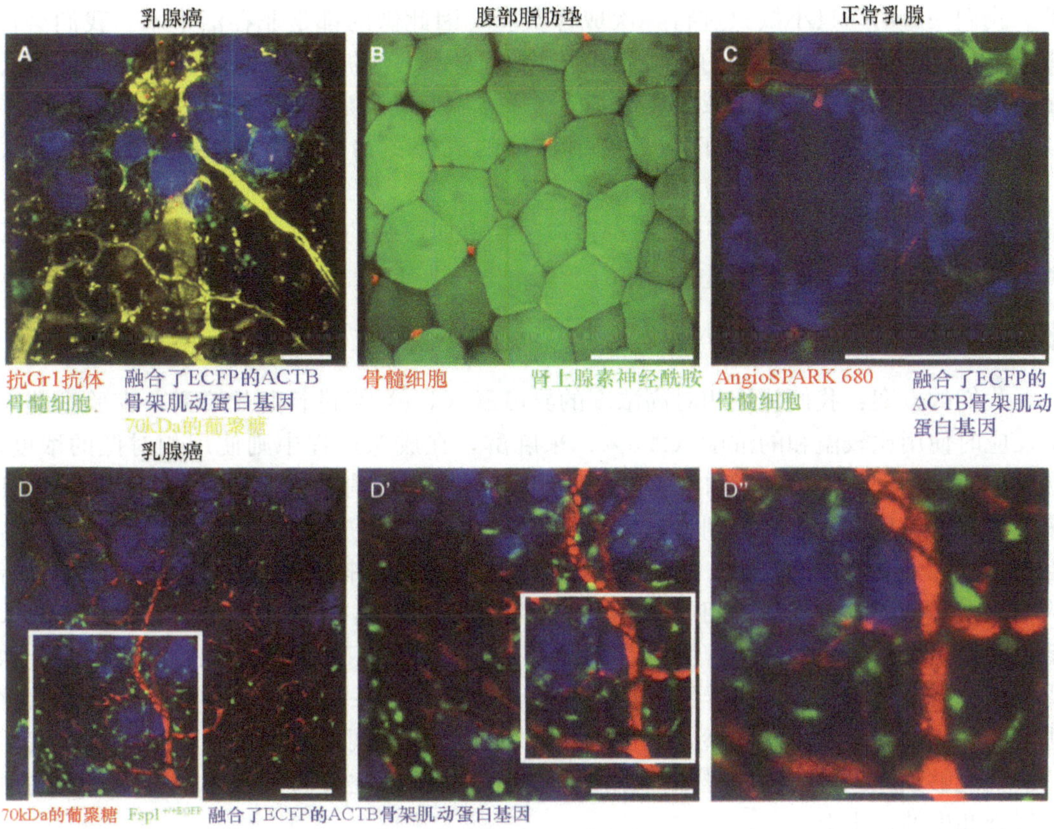

图 3　微透镜共聚焦显微镜系统的光学成像水平

A. MMTV - PyMT、ACTB - ECFP、c - fms - EGFP 小鼠中癌组织的 4 色图像。小鼠共注射了 70kDa 右旋糖苷染料（黄色）和偶联了 Alexa 647 的抗 Gr1 抗体。物镜为 Fluar 10×0. 5NA。骨髓细胞标记为绿色（c - fms - EGFP），所有的癌细胞由于高表达 ECFP 都标记为蓝色（ACTB - ECFP）。同型对照抗体并没有标记肿瘤中的任何细胞（结果没展示）。需要注意 Gf1＋细胞（红色）在血管中（黄色）右旋糖酐（黄色）被基质细胞吸收。B. 小鼠腹部脂肪垫中的骨髓细胞图像，骨髓细胞（红色）位于脂肪细胞（绿色）之间。物镜为 LD Plan - Neofluar 20×0. 4NA。脂肪细胞通过在成像前直接在组织中加入 Biodipy 来标记。C. ACTB - ECFP、c - fmS - EGFP 小鼠中退化的乳腺图像，小鼠静脉注射了 AngioSPARK 680 染料，使用的物镜为 LD C—Apochromat 40×1. 1NA 水镜。骨髓细胞（绿色，c - fms - EGFP）位于上皮小叶泡结构（蓝色，ACTB - ECFP；这个结构中没有细胞核和脂泡的阳性染色信号）和毛细血管（红色，用 AngioSPARK 680 标记）边上。静脉骨髓细胞位于左上方的角上。D. MMTV - PyMT、ACTB - ECFP、Fspl $^{+/+ECF}$ 小鼠静脉注射 70kDa 罗丹明偶联右旋糖苷后立刻使用 Fluar 10×0. 5NA 物镜拍照后图片的大小和像素分辨率。图片 D' 和 D" 为用同样的最大强度投射采集的图像，只是放大倍数不一同。标尺为 100μm

对组织的微创手术操作

我们的方案：我们通过制造皮肤薄片来暴露第四腹股沟乳腺，然后透过装在倒置显微镜上的盖玻片窗口来对腺体的内表皮进行成像（详见图 8 和实验方案 1）。这个手术不用损伤腹膜和大血管，大多数时间小鼠都能忍受。如果对一只小鼠只进行一次实验，那么相对来说容易学习。理论上，切口可以在拍照后缝合，隔一段时间后重新拍照。我们一直对一只小鼠只进行一次成像实验，因此做的都是非存活手术。我们会仔细对工具进行灭菌，在干净的环境中做实验，使用灭菌的溶液并且在手术中也使用无菌技术。这些步骤都是为了减少成像实验时手术引起的炎症反应。

替代方案：有几个发表的例子使用移植的成像窗口，如背部皮肤（Lehr et al. 1993）。最近有人发明了对腹股沟乳腺移植窗口进行纵向成像的方法（Shan et al. 2003；Kedrin et al. 2008）。这些腹部窗口需要更加熟练的手术技术，并且能够与我们的麻醉和成像方法一起使用。

长时程麻醉

我们的方案：我们使用相对高浓度的异氟醚（4%）来进行起始麻醉，在验证非响应反应时使用比较温和的浓度（2.5%）来麻醉，在成像过程中则使用相对低的浓度，通常为0.9%～1.2%。这个水平的麻醉使小鼠维持在不响应状态，但是可以非受迫呼吸。当我们使用高浓度麻醉剂（1.5%～2.5%）时，在反应性上我们没有观察到不同，但是在呼吸上有巨大的差异。使用高于1.5%浓度异氟醚来长时程麻醉时会引起喘气行为，同时降低动物的成活时间（细节详见图9和稍后的实验方案2）。我们使用绑在大腿上的血氧探头监视单个小鼠对麻醉的反应性，这样我们能得到心跳、血氧浓度和血管收缩的实时信息。麻醉时异氟醚的浓度会根据血氧探头反馈来的重要生命特种数据进行调节。每只小鼠由于年龄、基因背景和健康状况不同对麻醉的反应也不同。我们的装置能够独立调节氧气和异氟醚浓度，以使血氧浓度在实验过程中一直保持在高于95%饱和度的水平上。

重要的安全提示：我们的动物操作步骤需要每15min检测一次动物的非反应性，这样如果动物在成像时开始有反应行为也可以提示介入。这些请求由于研究机构不同而不同，但是一般说来都需要一个受过训练的操作人员在实验过程中一直在场。因此成像实验场所的人机设计需要重点考虑某些方面，如高度可靠的通风装置以避免操作员暴露于麻醉气体中。异氟醚是一种潜在的人体麻醉剂，因此只能由受过训练的人在通风很好的房间来操作，同时还需要有抽气装置来去掉多余的异氟醚。

替代方案：在前期研究中我们使用阿佛丁和尿脂［氨基甲酸乙酯（$NH_2COOCH_2CH_3$）］来注射麻醉。阿佛丁用来产生非反应状态以方便手术，尿脂用来在成像过程中的长期麻醉（6～12h）。这些药物不需要紧密的设备来持续给药，只需要一次合适剂量的给药就好。对于相对短时间的成像实验（4～10h），这个麻醉方法是一个可行的选择。我们后来不使用尿脂有几个原因。首先，尿脂是一种致癌物质，这可能会影响我们的实验结果；其次，非常难计算单个小鼠的确切剂量，剂量低了小鼠会有反应性，高了小鼠会死亡；最后，尿脂不能维持麻醉状态到我们希望采集数据的时间（10～40h）。

显微镜平台上的小鼠护理

我们的方案：麻醉会降低小鼠的呼吸频率和体温，如果没有外来供热麻醉的状态下，小鼠会在几个小时内死亡。我们将一个带有水循环的毯子覆盖在小鼠上。麻醉气体异氟醚从高压储气罐出来，湿度很低，为了避免长期暴露与干燥气体中引起的肺部刺激和损伤，我们会在麻醉气体到达动物前增加其湿度。为了补偿小鼠的体液流失，我们通过一根留置在小鼠腹膜内的小管以 50μL/h 的速度补充盐分。我们使用灭菌的无钙、镁磷酸盐缓冲液（PBS）溶液来补充盐分，避免使用钙和镁的原因是这两个电解质的浓度改变会剧烈影响小鼠的生理活动，带来我们不想要的结果，如影响心血管系统。

替代方案：在长时间的成像试验中，小鼠必须补充液体，因此没有什么办法来代替盐溶液注入。对于我们的实验目的来说，腹膜内是最方便补充盐、水的位置。动物体温的维持有多种替代方案，包括将整个显微镜都装入小房间的装置（如 Okolab 或 PeCon）、显微平台上的热台系统（如 inside parathesis；Tokai Hit，Okolab，PeCon）。保持小鼠的位置容易接近及方便操作是非常有必要的，另外，我们强烈建议保持一条观察小鼠的光学路径。一种可能是用透明的树脂玻璃来制造加热室，如果由于光学原因必须使用不透明的材质那么也必须留有观察口，至少一个。

显微镜系统选择：定制或成熟系统

我们的方案：我们选择在一家显微镜整合公司（图 1，Solamere Technology Group 公司）的帮助下自己定制搭配转盘式共聚焦系统。在 2004 年我们搭建了这个系统的第一版，我们选择 Yokogawa 转盘式共聚焦扫描头（CSU－10）是因为它相对高的扫描速度（30Hz，常规激光共聚焦扫描速度只有 0.1～1Hz）和它的模块化。它能够安装于任意一款常规显微镜的侧口，还有接口和许多滤光片转轮以及与相机相连接。由于我们的显微镜系统所有的部件都能单独选择，所以我们能够选择最好的部件然后改装在一起以保证最大的可靠性。单个组件的选择我们将在后面讨论。通过定制配置我们的显微镜系统，我们建造了一台根据我们的应用优化了的具有可靠性非常高的显微镜系统。完整的、质量很好的图像系统可以从主要的显微镜厂家购买，当然由于要面对非常多的应用和宽广的用户群在某些方面必然会有一些妥协。如果显微镜系统能为单一应用优化并且由专家用户来运行，那么商品化系统总是有提升性能的空间。这章的第一个和最后一个作者曾经在 2004 年和 2009 年分别购买过同样设计的新转盘式共聚焦系统，不过组件有明显的改变。

替代方案：如果对活鼠的在体成像仅仅是许多应用中的一种，而用户面和受训水平又参差不齐，那么购买完全整合的商品化系统有非常大的优势。另外由于经济上的原因一套新的显微镜系统不太可能立马到位，因此我们建议首先找出显微镜系统所有可用的附件，然后测试它们的灵敏度和适用性。在不同的显微镜平台上比较系统的对比活体小鼠成像的适用性，唯一准确的办法就是带上小鼠去各个平台试用。在购买我们的系统之前，我们用同一种带有报告荧光蛋白的转基因小鼠系测试了 6 套不同的显微镜系统。我们推荐对测试标本的不同可比区域分别用 100%、50%和 10%的激光能量连续拍摄 1000 张图片。这个测试主要是用来确定这套系统在长时间获取可用图片时会不会有明显的漂白。对于双光子显微镜这个测试也同样非常重要，因为双光子显微镜在焦平面的激光强度非常高。如果最好的显微镜系统在最低可用的激光强度设定下仍然有明显的漂白，那么很可能需要升级显微镜了。升级物镜可能是最有效的，因为放大同样倍数的物镜得到的图像的亮度之间可能会相差 10 倍甚至更多。其他的可变因素会影响活体成像，主要为滤光片的选择。对于转盘式共聚焦来说，CCD 相机的灵敏度也是一个重要的因素。

倒置或正置显微镜的选择

我们的方案：显微镜的选择主要需要考虑是用正置还是倒置的。我们选择倒置蔡司显微镜（2004 system Zeiss Axiovert 200M；2009 system：Zeiss AxioObserver. Zl）的主要原因是它提供最佳的操作空间，能让我们比较方便的直接将乳腺的内表面贴到 1 号厚度的盖玻片上。另外，小鼠肚子也不会影响物镜的转换。其还有一个优势是这种腹部朝下的姿势有利于保持小鼠生理稳定性，同时这个姿势带来的重力有助于维持小鼠在平台上的相对位置。另外一个重要的优势是倒置显微镜的配置方便我们使用多种介质的物镜，如空气（图 2C，图 3A、B、C，图 4A，图 5～图 7），水（图 3C）、甘油、油（图 4B）镜。

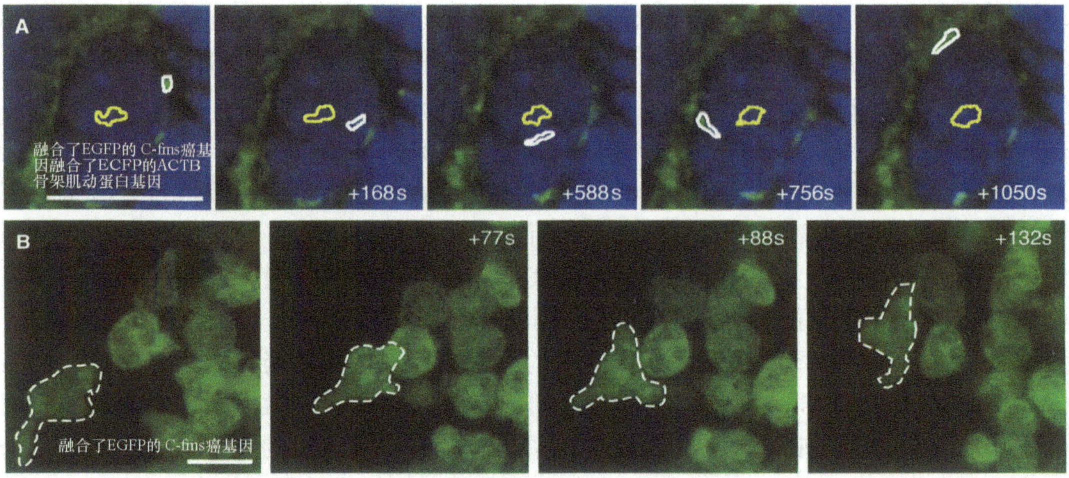

图 4　骨髓细胞在体迁移的序列图片

A. MMTV - PyMT、ACFB - ECFP、c - fms - EGFP 小鼠晚期癌病灶中两个骨髓细胞迁移的例子：在众多癌细胞中的低迁移性细胞（黄线标记）和一个从血管中渗出快速迁移的细胞（白线标记）。在影像 23.1 可以看到这个视野完整的时序记录。标尺，100μm。B. 一只活 ACTB - ECFP、c - fms - EGFP 小鼠乳腺中的 c - fms - EGFP^{+} 骨髓细胞的高分辨图像。物镜为 Plan - Apochromat 63×1.4NA 油镜。其中的一个细胞（白线标记）被追踪。影像 23.2 有这个视野的完整时序图片记录。标尺为 10μm

替代方案：神经科学和免疫学领域的科学家喜欢使用正置显微镜加上水浸物镜。也有一些非常有吸引力的只能安装于正置显微镜上的配件。在正置显微镜上进行在体活鼠成像需要注意以下几个方面：时刻注意并保证操作位置的干净；保持暴露组织的湿润；在保证组织不影响成像光路的前提下使物镜的易损部分不会暴露在小鼠体液中。

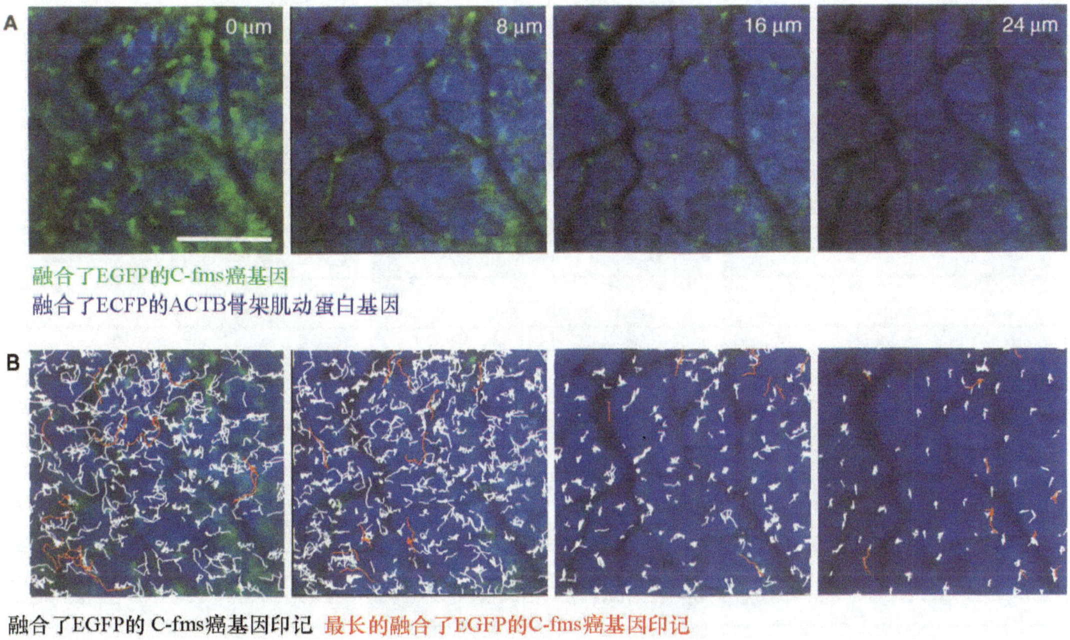

图 5　骨髓细胞在肿瘤边缘的迁移性最高

A. MMTV－PyMT、ACTB－ECFP、c－fms－EGFP 小鼠中同一肿瘤不同深度图像。B. 同一组织中单个 c－fms－EGFP^{+}骨髓细胞在 1h 内运动的轨迹追踪图。最长的轨迹线显示为橙色。标尺为 100μm

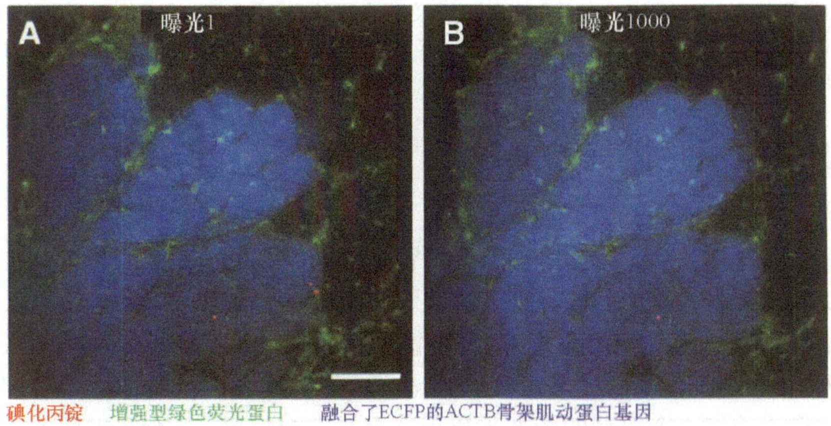

图 6　微透镜转盘式共聚焦显微镜能减少在体成像时的光漂白

腹膜内注射了 propidium iodide（PI 染料，标记死细胞）的 MMTV－PyMT、ACTB－ECFP、c－fms－ECFP 小鼠单个光切片图片，每个时间点都拍摄 3 种颜色，EGFP（绿色）、ECFP（蓝色）和 PI（红色），然后中间没有间隔的连续拍摄 1000 个时间点。第一个时间点的图片为 A 图，最后一个时间点为 B 图。标尺为 100μm

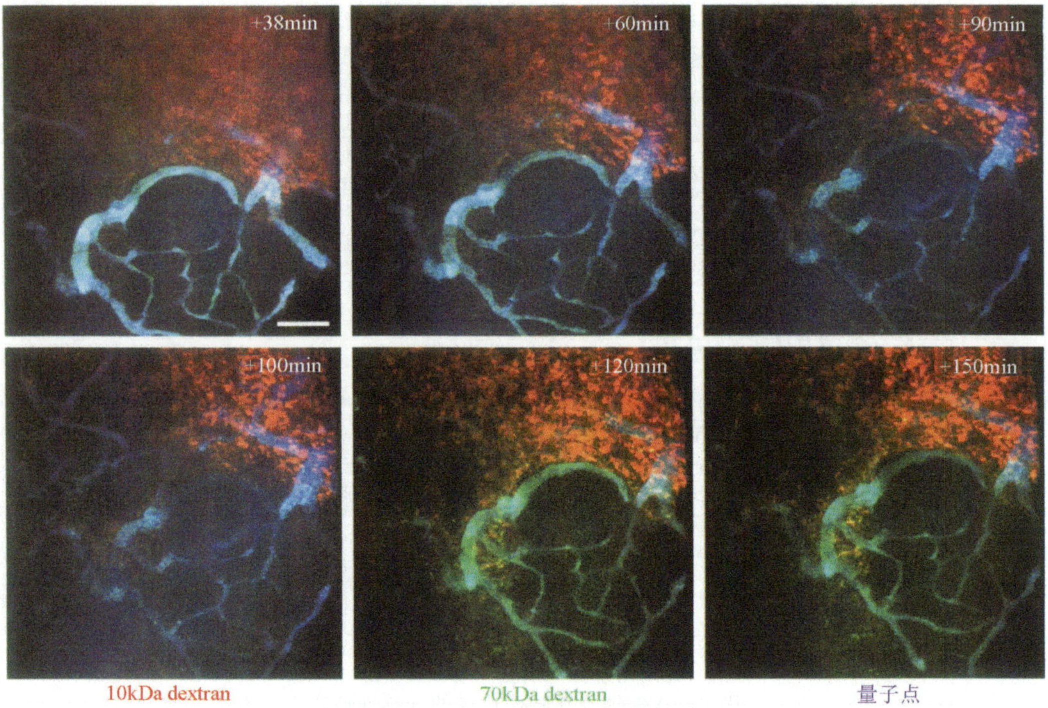

图 7　肿瘤形成时血管泄漏的动态影像

MMTV-PyMT 小鼠中晚期癌组织中大分子右旋糖苷（70kDa，绿色）和小分子（10kDa，红色）右旋糖苷的泄漏图片。右旋糖苷和没有靶标的量子点（蓝色）一起静脉注射，量子点在拍照过程中没有从血管泄漏出来（肿瘤组织没有标记）；少量的大分子右旋糖苷（绿色）在注射后不久泄漏，但是它们和小分子右旋糖苷（红色）在稍晚就共存（导致显示为黄色）。图片显示了静脉注射后不同时间点的结果，图片是通过多个光切片最大强度投射得到。标尺为 100μm

快速图像采集以减少运动假象

我们的方案：我们选择了一种相对较快的转盘式共聚焦扫描头（30Hz；2004 system：Yokogawa CSU-10；2009 system：Yokogawa CSU-X1）。需要注意扫描头只能决定最快能以多高的速度扫描，但是如果没有足够的发射光，也就无法以 33ms 的曝光时间采集到可接受的图像。我们选择了增强型 CCD 相机（Stanford Photonics XR/Mega-10EX S30）来使系统的灵敏度最大化。软件的速度、稳定性以及处理大数据的能力是非常重要的。一个典型的图像采集程序会对 5 个位置、3 个 z 平面的 4 种颜色的荧光采集 540 张图片。运行一次这种采集程序会产生 32 400 张图片，图片的大小大约为 64.8Gb（假定每张 1024 像素×1024 像素图像的大小为 2Mb）。因此采集程序的一个小的持续内存溢出都会导致系统的崩溃。2004 年版本的系统我们使用 MediaCybernetics QED InVivo 软件，我们 2009 年的系统使用了一个开源软件 micro-manager。

替代方案：ICCD 的主要替代相机为电子倍增 CCD 相机（EMCCD；如 Hamamat SV，C9100-02）。EMCCD 相对于 ICCD，灵敏度稍差但是噪声低。如果是自己配置系统，那么在购买之前先要确认所有的组件是否能被同一个软件控制。

灵活的多色激发

我们 2004 年的方案：将一个氩离子激光器（457nm、488nm、514nm）、一个氪离子激光器（568nm、647nm）和一个 405nm 的固体激光器发出的所有激光耦合在一起。上面提到过一次典型的拍照程序很容易就拍下 33 000 张图片，因此 30 天的长期成像就会让系统重复拍照 10^6 张。我们最开始使用机械快门来控制 405nm 激光，但是很快发现快门在重复几万次后就出问题了。这个经验明确地告诉我们，减少系统中的运动部件非常重要。我们在多色激发光路中有用电压来控制 405nm 固体激光器（定制的电路，Solamere Technology Group 公司），声光调制器（AOTF；NEOS Technologies 公司）来控制氩离子和氪离子激光器，一个四通的分光二相色镜一个相对应的 4 通发射光滤光片（两者都是来自 Semrock 公司）。

我们 2009 年的方案：我们的一个最新的系统使用全固体激光器（405nm、491nm、561nm 和 641nm 激光），而其他系统都使用氩离子激光器（457nm、488nm 和 514nm，这个激光器可以使 YFP 和 GFP 最佳激发）和三个固体激光器（405nm、561nm 和 641nm）耦合。我们调制范围最宽的 AOTF 也只是 440～660nm 而不能调节 405nm 激光，因此我们继续通过电压调节 405nm 激光电源，通过 AOTF 调节其他激光。

替代方案：现在激光光源的选择余地很大，许多都能根据特殊应用需要来选择耦合。

发射光选择

我们的方案：多色荧光成像有两种基本的探测配置。如果需要最高的速度就应该用所有需要的激光同时激发标本中所有的染料，然后把多种发射光信号通过分光二相色镜分离到不同的探测器上。另外，通过一次激发一种荧光分子来使荧光探测的灵敏度最高并减少染料之间的交叉干扰，然后将这一系列单色图片合成为多色图片。我们选择了一次对一种荧光分子成像来最大化检测灵敏度，通过 AOTF 和直接调节电源快速切换激发激光。我们通过一个相当高速（20～30ms）的电动滤光片转轮来选择[Applied Scientific Instruments（ASI）公司，FW-1000]不同激光激发出来的不同发射光。

替代方案：如果使用转盘式共聚焦扫描头和单 CCD 相机，那么大多数用户都会使用滤光片转轮来选择发射光波长。不过许多激光共聚焦扫描系统通过棱镜或光栅将发射光分光后射入探测器阵列来分别探测多种发射光信号。

物镜

我们的方案：用户对现有显微镜系统能做的影响最大的改变是镜头。通常来说物镜的数值孔径（NA）越高得到的图像就越亮、分辨率也越高。不过结果是非线性的，放大同样倍数的不同镜头得到的结果差别很大。物镜的数值孔径反映了能从标本收集信号的最大角度，不过这个最大角度受制于镜头之间和盖玻片之间的介质的折射率。

角度越大物镜的数值孔径也就越大。许多高数值孔径物镜的景深都很小，工作距离（镜头穿过盖玻片之后标本最远地方成像的距离）也很短。对我们的试验来说，工作距离是一个非常重要的考虑因素，许多高数值孔径的物镜不能聚焦到我们希望看到的部分。不用高数值孔径物镜则意味着要看的目标比较亮，而且在组织内比较深的地方。就我们的经验来说，测试物镜最好的办法是在自己的实验室用自己的标本凭经验来决定哪个物镜最适合你的试验。另外，物镜是否适合你用的波长也是一个非常关键的因素，尤其是在使用比较宽范围的荧光染料时［如 ECFP（enhanced cyan fluorescent protein）、EGFP（enhanced green fluorescent protein）、DsRed、Cy5 这 4 种荧光染料都用］。现在的物镜对于绿色和红色染料一般都能表现得很好，但是对于蓝色和长红光以及近红外光的表现就相差很大了。根据我们做活体动物成像的经验，下面这三个蔡司物镜表现不错：10×Fluar 0.5NA、20×LD Plan－Neofluar 0.4NA 和 40× LD C－Apochromat 1.1NA（图 3A～C）。我们发现 10×Fluar 0.5－NA 物镜虽然 NA 低了一点，但是非常实用，因为这个物镜能让我们对 670μm×670μm 区域比较快的采集，且图像分辨率还可以接受（图 3D）。这个分辨率已经足够对单细胞迁移进行追踪了（图 4A）。如果要看到追踪细胞的细节则使用 63×1.4NA（oil-immersion）物镜，但是能看到的深度非常有限。

$x-y$ 平台

我们的方案：我们选择一个带有整合的嵌入式压电陶瓷 Z 的 $x-y$ 平台（Applied Scientific Instruments 公司，MS－2000z）。压电陶瓷 Z 能快速的采集 z 轴切片，整个平台总体而言非常准确和可靠。使用压电陶瓷 Z 我们能够比较骨髓细胞在不同组织深度（从肿瘤－基质界面到肿瘤中）的不同微环境中的迁移行为（图 5）。

替代方案：如果预算有限，那么显微镜上的电动 z 轴可以用来产生 z 轴切片，不过速度比较慢。另外，还可以使用物镜型压电陶瓷 z 轴。我们偏向于用平台嵌入式压电 z 轴，因为这种容易换物镜。

光漂白

微透镜转盘式共聚焦显微镜的一个主要优点在于光漂白和光毒性比较低，这对长时程连续拍照非常重要。我们实现低光毒性通过减少激发光强度和我们非常灵敏的检测系统（ICCD 和优化了的滤光片以及分光二相色镜）。不管用什么系统增强发射光的采集效率，降低激发光的强度都是非常关键的。我们通过 1000 张连续拍摄的图片（图 6）证实，在我们的系统中活体成像的光漂白确实比较低。

替代方案：许多显微专家使用双光子显微镜来减少光漂白和光毒性。不过双光子显微镜的主要优势在于大大降低了焦平面外的激发光强度，不过在焦平面处其激发光的强度非常高，而且必须维持在这一高强度水平，否则会影响系统运行。

使用上述图像系统和我们提供的准备小鼠和长时程麻醉的方案（在这章的最后提供），我们能日常地持续得到同一乳腺的 5～10 个位置的 4 色图片，拍照可以持续 12～

40h。我们用这套系统研究基质细胞行为（Egeblad et al. 2008）和不同肿瘤微环境中的血管完整性（图 7）。这个方法非常灵活，稍加调整就能对正常乳腺（图 3C）、腹部脂肪垫（图 3B）和胰腺进行成像。我们有信心，这里描述的手术、麻醉和成像技术很容易稍作调整就能对很多组织和器官适用。

实验方案 1

制备活体乳腺长时程成像的小鼠

为了使小鼠能长时程成像，需要一些必要的辅助设备来起始和控制麻醉过程（如麻醉气体混合机、气体加湿机、注射盐水用留置管和热毯）。另外一个重要部分是能够对乳腺进行光学观察。我们开发了一项手术技术来制造乳腺的皮肤片。我们的方法相对来说容易学习，不会损伤腹腔和大血管，大多数小鼠都能够忍受。如果使用灭菌的手术工具、洁净的手术区域、灭菌溶液和无菌技术，那么就能将手术炎症反应降到最低。我们的技术适合将小鼠用于一次长时程成像实验，不能用于多次成像实验，如果需要重复实验，则需要用在腹股沟乳腺上移植成像窗口的方案（Shan et al. 2003；Kedrin et al. 2008）

材料

注意：标记有＜!＞的材料请参考附录正确处理。

试剂

速效万能胶，高级配方凝胶（Elmer's products，Inc. 公司；reorder no. KG484）

异氟醚＜!＞，最开始为4%异氟醚和21%的氧气与平衡氮气（作为携带气体）混合，然后为2.5%，最后为0.8%～1.2%（Summit Anesthesia Solutions 公司，Bend，Oregon）

盐溶液的给药速度为50μL/h

仪器

酒精棉签（BD公司，No. 326895）

1号盖玻片，24mm×40mm（Corning Labware & Equipment 公司）

柯蒂纱布海绵，4英寸×4英寸（USP type VII gauze；Kendall，no. 2733），手术时用来止血，使用前需要灭菌

面罩（Barrier 公司，Ref. 4228）

带水循环的热毯系统（MouseOx，STARR Life Sciences Corp. 公司，Oakmont，Pennsylvania），成像过程中盖在小鼠身上

异氟醚蒸发器，吸气室，鼻罩（都来自 Summit Medical Systems，Inc. 公司）

实验室用胶带（Fisher Scientific 公司）

电动剃须刀（Wahl 公司，model 9906－2001）

喷雾器（加湿机）（Salter Labs 公司，Ref. 8901）

血氧计（MouseOx，STARR Life Sciences Corp. 公司，Oakmont，PA）

麻醉气体氧气浓度分析计（Pacifictech 公司，P－100 E）

麻醉气体的氧气传感器（Sensoronics 公司，SS－08A）

Superfrost/plus 预净显微镜防脱载玻片，25mm×75mm×1mm（Fisherbrand 公司，cat. no. 2－550－15）

蝶翼静脉输液针（23gx3/4"）> Terumo，ref：SV＊23BLK

注射器，3mL（BD 公司，Ref. 309585）对应实验时间 >12h

结核菌素注射器，1mL（BD 公司，Ref. 309602）对应实验时间<12h

方法

准备显微镜载物台（5min）

（1）将盖玻片用实验室胶带固定在显微镜平台的成像口上，并用无菌异丙醇对平台和盖玻片消毒（图 8）。

平台嵌入板必须坚固足以支撑小鼠的重量，这样当小鼠呼吸时才没有沿 z 轴方向的移动。我们使用一块定制的嵌入板（Applied Scientific Instruments 公司），在小鼠腹股沟乳腺的地方有开口。

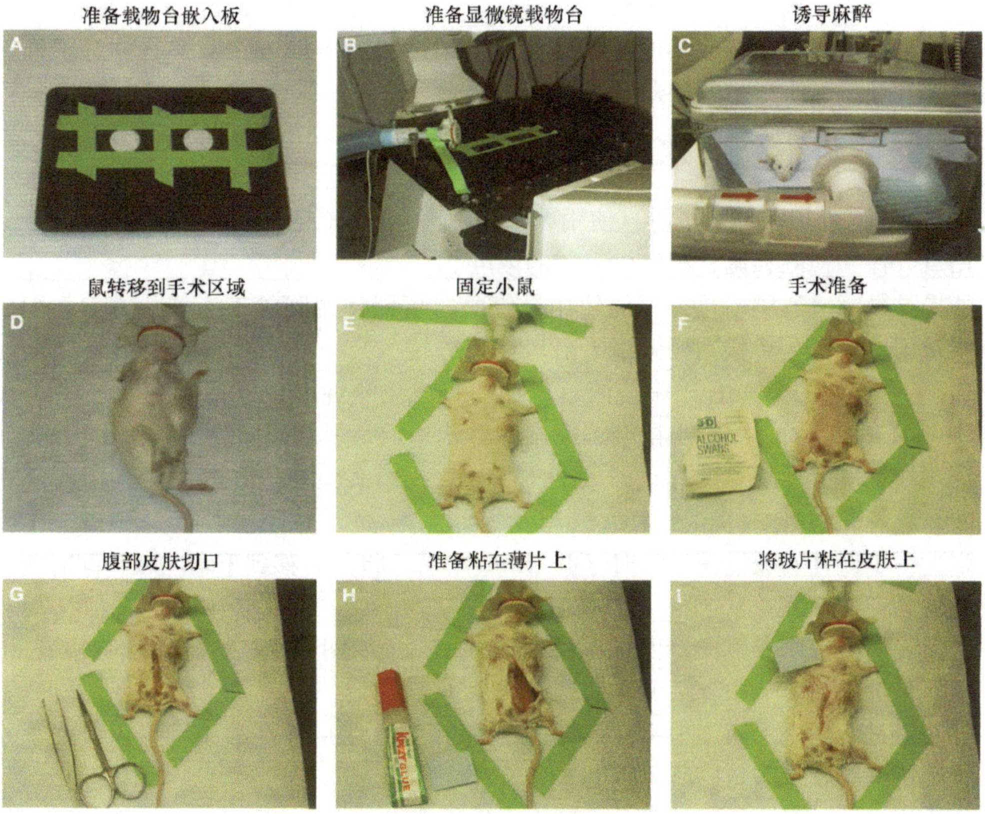

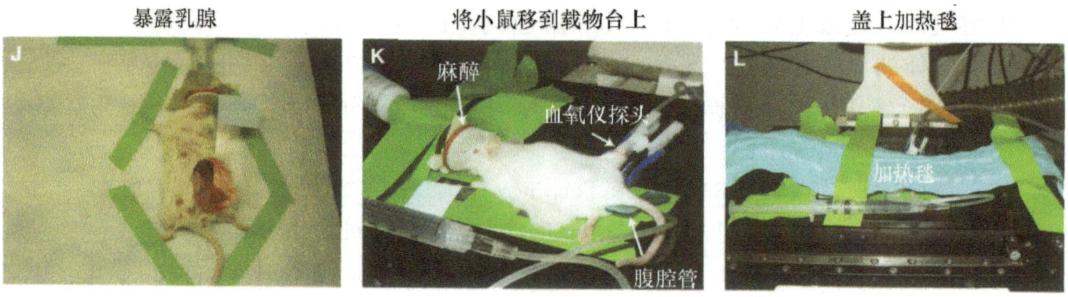

图 8　手术准备用来长时程观察活体成像观察乳腺中肿瘤-基质相互作用的小鼠

A. 盖玻片用胶带固定在定制平台嵌入板（ASI）可成像开口处；B. 嵌入板放入 x-y-z 平台中，异氟醚麻醉管固定在平台上；C. 小鼠用 4% 异氟醚（载气为 21%氧气和平衡氮气；Summit Anesthesia Solution，Bend，Oregon）来起始麻醉直到小鼠开始缓慢的深呼吸（2～4min）；D. 再将小鼠转移到手术区域并将异氟醚浓度降低到 2.5%；E. 小鼠用胶带固定；F. 小鼠腹部表皮用异丙醇棉球消毒准备手术；G. 腹部中线用消毒剪刀剪开；H、I. 为了将乳腺定位在显微镜平台上，小鼠乳腺部分的外表面和毛皮用 Krazy Clue 粘在一片玻片上；K. 将小鼠转移到显微镜平台上并将异氟醚的浓度降低到 0.9%～1.1%。腹膜留置管插入蝶翼静脉输液针（输液速度为 50μL/h），血氧探头（MouseOx，STARR Life Sciences 公司，Oakmont，Pennsylvania）粘在小鼠大腿上；L. 一个循环热水毯子盖在正在成像的小鼠上面（Gaymar Industries，Inc. 公司，Orchard Park，New York）

（2）将嵌入板放 $x-y-z$ 平台，并将麻醉气体管和鼻罩用胶带固定在平台上。

包装泡沫、压缩纱布或其他容易塑性的半柔性材料可以放在麻醉气体管下面帮助固定管子和鼻罩与小鼠之间的角度。

手术过程（根据经验不同需时 10～20min）

（3）在吸气室用 4%异氟醚（使用 21%的氧气和氮气混合气体为载气）麻醉小鼠，同时用氧气探头检测和调整载气中氧气的浓度。

如果显微镜室通风不足，不能使用异氟醚时可以使用阿佛丁为替代方案。阿佛丁可以用在手术阶段，转移到显微镜平台后注射尿烷（1.0～1.2g/kg，用 10%溶液从腹腔注射）。平均大约 300μL 尿烷溶液可以让一只成年雌性小鼠保持麻醉状态 6h。如果有必要可以追加注射尿烷让小鼠继续保持麻醉状态，一般从起始注射量的 1/10 开始追加。连续尿烷麻醉下小鼠的存活时间为 6～8h。我们实验中达到的最大存活时间也只有 12h。

（4）当小鼠开始缓慢深呼吸时（2～4min 之后）将其转移到手术区域，同时将异氟醚的浓度降低到 2.5%。

小鼠使用高浓度异氟醚麻醉的时间越少越好。如果小鼠深度麻醉时间过长，那么其在接下来的成像环节中存活的时间就会减少。

（5）通过使用手术钳用力夹后脚掌来验证麻醉深度是否足够用来手术。如果小鼠不反应则用实验胶带固定麻醉鼠。

（6）用异丙醇对小鼠腹部手术区域表面进行消毒。

如果手术区域松散的毛发影响手术，那么可以用剃须刀（如 Wahl model 9906 -

2001）剃掉。另外毛发也可以用脱毛剂去除，由于脱毛剂都富含油脂，所以最好在手术前一天使用。

（7）用手术剪刀沿着腹部中线从阴道上方 5mm 处剪到胸骨尖端下方 4mm 处做一个开口。给乳腺供血的大血管应该离中线 0.5cm 左右，因此这个开口应该不会对其造成损伤。第一刀通过手术钳将皮肤向上拉离腹壁。

小心不要切开腹壁；切开后用一把钝剪刀小心分离皮肤和腹壁然后再继续切皮肤。

（8）换一套新的无菌剪刀，然后小心将腹股沟乳腺部分的皮肤从腹壁上分离。

主要方法应是用无菌手术钳小心的拉皮肤并使用钝剪刀，只需要切开少量连接组织就可以了。皮肤被切开的距离不能离中线过远。

（9）用强力胶水将皮肤外表面粘在玻片上。这主要是为了方便在显微镜平台上对乳腺进行定位，同时也能稳定的对皮肤片上的乳腺进行操作。

我们推荐最开始不要在玻片上用任何胶水，这样易于确定在什么位置用胶水最合适。注意不要让玻片的位置干扰小鼠后腿在显微镜平台上的位置。我们试过很多品牌的强力胶水，最合适的是 Krazy Glue（advanced formula gel）。

将小鼠在平台上定位（需时约 5min）

（10）将小鼠转移到显微镜平台上，同时旋转并暴露乳腺的内表皮并将其直接置于粘好的盖玻片上方。调整麻醉管的位置以适合小鼠，同时降低异氟醚浓度，从 1%开始，然后根据具体情况在 0.8%～1.2%调节。

不同遗传背景的小鼠对异氟醚的敏感程度差别很大。这里的推荐值是对 FVB/n 背景的小鼠来说的，如果是 C3H 背景的小鼠那么可能需要降低异氟醚浓度来使小鼠在长时程麻醉过程中存活。用显微镜的宽场荧光照明和目镜来选定最佳成像区域然后将麻醉管固定。将载玻片的一头用胶带松散固定在显微镜平台上以使后面的操作不会导致成像区域大范围的移动。但是要注意不要挤压组织影响血液供应。

（11）腹膜留置管用蝶翼静脉输液针固定（蝶翼针可以用胶带固定在平台上），输液量为 50μL/h。

重要提示：长时程麻醉中的盐水输入对于小鼠存活非常重要。

（12）如果成像过程要＞3h，需要将一个血氧探头粘在小鼠大腿上（正在成像的乳腺的对面一侧的大腿）。这可以准确测量小鼠状态，极大方便控制麻醉水平（见下）。

当然也可以用在方案 2 中描述的方法仔细监视呼吸频率和角膜反射（眨眼）来确定麻醉状态。

（13）将热毯（如使用水循环系统的热毯）盖在小鼠身上，以避免在成像过程中小鼠体温的降低。将热毯下面粘住以保证小鼠被很好的盖住。

重要提示：避免体温降低对长时程麻醉的存活非常重要。

避免小鼠体温降低的其他方法有热灯、热板和环境保持小室。

讨论

使用上面的方法来对腹股沟乳腺进行成像容易实现，而且流血和打断血液供应的风险都很小。我们用这个方法由 6 个不同操作人员成功的对超过 80 只小鼠进行过成像试验。因此这个方法容易掌握，并且小鼠的耐受度高。相比其他需要插入玻璃成像窗口，这个方法手术步骤非常简单快捷，没有窗口限制组织的生长（如肿瘤）。但是我们的方法并不适用于重复成像，不熟练的操作员可能会使小鼠产生急性免疫反应。使用灭菌的手术器械、干净的手术区域、灭菌的溶液和无菌技术能降低急性炎症反应的发生率。这个针对于乳腺成像的技术可以稍作修改用于其他器官（如皮肤）。

实验方案 2

监视麻醉状态下对长时程存活非常重要的指标

我们优化了麻醉方案能够对小鼠长时程成像至 40h，并通过麻醉过程中小心监测来保障小鼠的存活时间。我们偏向于使用异氟醚来麻醉的原因是能快速的根据试验需要来调整。要想使麻醉状态下的存活时间达到最长，关键是使用尽可能低的麻醉剂浓度，这就需要通过观察角膜反射和通过血氧计来监视呼吸和心脏速率、血氧浓度及血管收缩（图 9）。对异氟醚的载气进行加湿也是非常重要的。另外，保证小鼠的温度并通过注射盐水来补偿小鼠的体液流失也非常重要。替代方案是通过注射麻醉药实现的，这个方法不需要精密的仪器和通风度很高的成像实验室。不过注射型麻醉很难让成像时间＞6～10h。

材料

设备

喷雾器/加湿机（Salter Labs 公司，Ref. 8901）
麻醉气体氧气分析仪（Pacifictech 公司，P-100 E）
麻醉气体氧气探头（Sensoronics 公司，SS-08A）

方法

（1）使用血氧探头来监视麻醉。在成像试验之前就将血氧探头绑在小鼠大腿上[见实验方案 1，步骤（12）] 来检测心率 [每分钟心跳数（b/min）]、动脉中血氧的氧气饱和度以及与呼吸和心跳相关的血管扩张、呼吸频率（图 9）。标准值如下所述。

最佳麻醉状态下：心率稳定在 300～450b/min，氧气饱和度维持在 97%～98%，与心跳相关的血管扩张相对稳定，比其由呼吸引起的血管扩张幅度更大一点。呼吸频率为 55～65 次/min。

深层麻醉状态下：心率降低到 300b/min 以下且可能不规则。氧饱和度降低到 95%以下。呼吸导致血管扩张幅度增加并超过心跳引起的扩张。呼吸频率下降到 50 次/min以下。

麻醉度过轻：心率增加至＞450b/min，呼吸频率 ＞70 次/min。

血氧探头在某些情况下是会损害腿部血氧供应的。因此如果试验时间超过 12h，我们会在 3h 以后将探头移开（在麻醉状态稳定至少 1h 以上的情况下），然后让小鼠腿部恢复 3h（在这个过程中我们依靠观察小鼠角膜反射来监测麻醉状况）再将血氧探头重新绑在小鼠腿上，继续用血氧计测量。

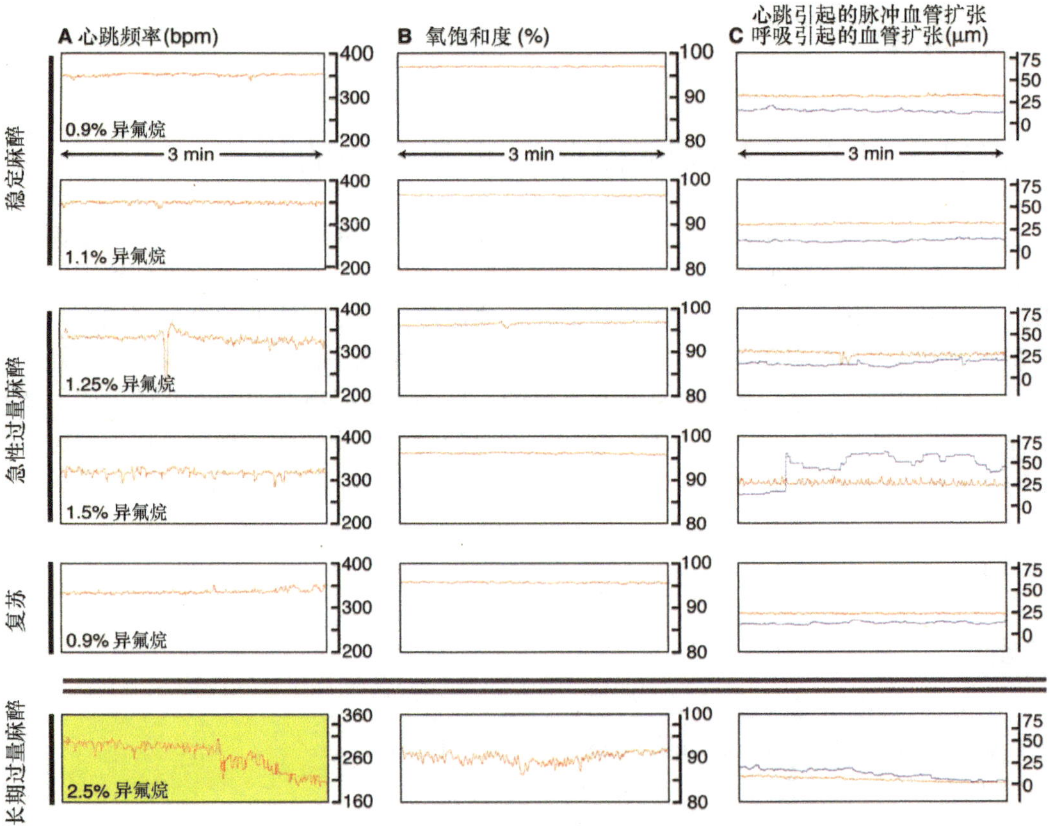

图 9　监视长时程麻醉和成像时的重要指标

血氧探头粘在小鼠大腿上来测量（A）心率（b/min）、（B）动脉血氧饱和度（%）和（C）由心跳或者呼吸引起的血管扩张（μm）。图上数据为从一次 9h 成像试验中取出的 3min 监视数据。A. 在稳定麻醉（0.9%～1.1%异氟醚）状态下心率非常稳定，通常为 300～450b/min。当异氟醚浓度在 1.25%～1.5%时麻醉状态有可能过深，心率会变低并且不规则，这时可以将异氟醚浓度降低到 0.9%来恢复，心率会稳定下来。慢性过量麻醉状态下（2.5%异氟醚）老鼠心律会降低到一个非常低的水平（黄色，<210b/min）。B. 氧饱和度在异氟醚浓度为 0.9%～1.25%时维持在 97%左右。当异氟醚浓度为 1.5%时氧饱和度降低至 90%～95%，并且随着异氟醚浓度恢复至 0.9%血氧饱和度会缓慢恢复，但是还是比心率恢复速度慢。在长时程高浓度麻醉状态下血氧饱和度会大幅度下降至<90%。C. 稳定麻醉状态下由于脉搏导致的血管扩张相对稳定且比由于呼吸应起的血管扩张幅度大。异氟醚浓度为 1.25%时呼吸扩张强度增加，当异氟醚浓度为 1.5%时小鼠开始喘气，呼吸扩张开始不规则并且幅度超过脉搏扩张。当异氟醚浓度下降至 0.9%小鼠会恢复正常。长期过量麻醉（2.5%异氟醚）会导致两种血管扩张（呼吸和脉搏）幅度都下降

（2）通过视觉检查小鼠呼吸频率和角膜反射来监测麻醉水平。我们每 15min 通过视觉检查小鼠呼吸频率和深度，并定时检测角膜反射。这些方法用来作为血氧探头检测的备份。尽管我们发现通过血氧饱和度、心率、心跳扩张度和呼吸扩张度之比这些详细数据来精细调节每只小鼠所需的异氟醚和氧气浓度能得到小鼠更长的存活时间，不过还是可以只通过视觉检测来调整麻醉水平。在没有血氧探头的情况，我们能得到麻醉状态下小鼠的存活时间一般都小于 18h，而在血氧探头的帮助下存活时间一般都会大于 40h。

①小鼠的呼吸频率应该在 55～65 次/min。当呼吸频率小于 50 次/min 就意味着小鼠被深度麻醉了，呼吸频率大于 70 次/min 则麻醉水平太轻。如果小鼠呼吸很重（喘气），则意味着麻醉过深。相反的。如果小鼠呼吸很浅则意味着麻醉过轻。

②角膜反射（眨眼反应）是通过轻触眼球（如用消毒的手术钳尖端）来进行测试。如果测试中小鼠眨眼或者眼部肌肉有颤动则麻醉状态过轻。

注意

（1）对于 FVB/n 背景的小鼠最合适的麻醉剂浓度几乎总为 0.9%～1%。需要注意随着麻醉时间延长所需的麻醉剂浓度总是在不断降低。

（2）通常需要 10～15min 小鼠才会对异氟醚浓度变化完全反应。

（3）要使小鼠在成像试验过程中血液氧饱和度一直大于 98%，常常需要不断增加氧气的浓度。我们通常在麻醉 6～8h 之后使用大约 40%的氧气，24h 之后使用 80%～100%的氧气（氧气用氮气平衡之后作为异氟醚的载气）。氧气浓度用氧气探测器和分析仪来进行监视和调节。

（4）载气的湿度对于使用异氟醚麻醉小鼠的长时间存活非常重要。这可以让载气通过一个装了灭菌水的小室来对载气加湿。小室在每次试验后需要仔细清洁后干燥存放以避免细菌产生（如军团杆菌）。

讨论

我们的监视方案能高重复性的让小鼠在麻醉状态下存活 12h 以上。对于长时间存活的关键点有：使用浓度尽可能低的麻醉剂；对异氟醚的载气加湿；另外需要维持小鼠体温并用盐溶液补充小鼠流失的体液。用注射麻醉药的替代方法不需要精密的仪器和高通风的成像房间，但是很难对每个小鼠都适用，而且成像试验很难维持大于 6～10h。

致谢

我们感谢 David Lum 博士对脂肪细胞标记的建议。此工作受到国家健康研究院基金 CA057621、CA105379 和 ES012801 的支持。

影像说明

影像可以从 www. cshprotocols. org/livecellimaging 网站免费获取。

影像 23.1. 骨髓细胞渗出和渗透晚期癌病变组织。已经渗透入癌细胞组织块（蓝色）的两个骨髓细胞（绿色，用白方块标出）大部分已固定不动，而第三个细胞是从血管神经渗透侵入肿瘤，显示在画面的右侧（沿着点 A～J)。在 MMTV－PyMT 、

ACTB－ECFP、c－fms－EGFP 小鼠中，蓝色和绿色分别显示的是 ECFP 和 EGFP 通道。影像最初是被标记的，后面没有被标记。大刻度线是 20μm，ECFP 的曝光时间是 33ms，而 EGFP 的曝光时间是 67ms。播放时间是 600×真实时间，代表 50min 长的图片序列，每帧之间相隔 42s。

影像 23.2. 正常乳腺的伤口表面的骨髓细胞迁移响应。c－fms－EGFP 鼠的乳腺间质成脂骨髓细胞（绿色）被观察到迁移。绿色标记的是 EGFP 通道。标尺，20μm。EGFP 的曝光时间为 133ms。播放时间是 50×真实时间。代表 8min 长的图片序列，每帧相隔 5s。

参考文献

Ahmed F, Wyckoff J, Lin EY, Wang W, Wang Y, Hennighausen L, Miyazaki J, Jones J, Pollard JW, Condeelis JS, et al. 2002. GFP expression in the mammary gland for imaging of mammary tumor cells in transgenic mice. *Cancer Res* **62:** 7166–7169.

Bhowmick NA, Moses HL. 2005. Tumor–stroma interactions. *Curr Opin Genet Dev* **15:** 97–101.

Bissell MJ, Radisky D. 2001. Putting tumours in context. *Nat Rev Cancer* **1:** 46–54.

Brown E, McKee T, diTomaso E, Pluen A, Seed B, Boucher Y, Jain RK. 2003. Dynamic imaging of collagen and its modulation in tumors in vivo using second-harmonic generation. *Nat Med* **9:** 796–800.

Brown EB, Campbell RB, Tsuzuki Y, Xu L, Carmeliet P, Fukumura D, Jain RK. 2001. In vivo measurement of gene expression, angiogenesis and physiological function in tumors using multiphoton laser scanning microscopy. *Nat Med* **7:** 864–868.

de Visser KE, Eichten A, Coussens LM. 2006. Paradoxical roles of the immune system during cancer development. *Nat Rev Cancer* **6:** 24–37.

Dreher MR, Liu W, Michelich CR, Dewhirst MW, Yuan F, Chilkoti A. 2006. Tumor vascular permeability, accumulation, and penetration of macromolecular drug carriers. *J Natl Cancer Inst* **98:** 335–344.

Egeblad M, Ewald AJ, Askautrud HA, Truitt ML, Welm BE, Bainbridge E, Peeters G, Krummel MF, Werb Z. 2008. Visualizing stromal cell dynamics in different tumor microenvironments by spinning disk confocal microscopy. *Dis Model Mech* **1:** 155–167.

Fontenot JD, Rasmussen JP, Williams LM, Dooley JL, Farr AG, Rudensky AY. 2005. Regulatory T cell lineage specification by the forkhead transcription factor foxp3. *Immunity* **22:** 329–341.

Guy CT, Cardiff RD, Muller WJ. 1992. Induction of mammary tumors by expression of polyomavirus middle T oncogene: A transgenic mouse model for metastatic disease. *Mol Cell Biol* **12:** 954–961.

Halin C, Rodrigo Mora J, Sumen C, von Andrian UH. 2005. In vivo imaging of lymphocyte trafficking. *Annu Rev Cell Dev Biol* **21:** 581–603.

Hanahan D, Weinberg RA. 2000. The hallmarks of cancer. *Cell* **100:** 57–70.

Herschkowitz JI, Simin K, Weigman VJ, Mikaelian I, Usary J, Hu Z, Rasmussen KE, Jones LP, Assefnia S, Chandrasekharan S, et al. 2007. Identification of conserved gene expression features between murine mammary carcinoma models and human breast tumors. *Genome Biol* **8:** R76.

Kedrin D, Gligorijevic B, Wyckoff J, Verkhusha VV, Condeelis J, Segall JE, van Rheenen J. 2008. Intravital imaging of metastatic behavior through a mammary imaging window. *Nat Methods* **5:** 1019–1021.

Kouros-Mehr H, Bechis SK, Slorach EM, Littlepage LE, Egeblad M, Ewald AJ, Pai SY, Ho IC, Werb Z. 2008. GATA-3 links tumor differentiation and dissemination in a luminal breast cancer model. *Cancer Cell* **13:** 141–152.

Lehr HA, Leunig M, Menger MD, Nolte D, Messmer K. 1993. Dorsal skinfold chamber technique for intravital microscopy in nude mice. *Am J Pathol* **143:** 1055–1062.

Lin EY, Jones JG, Li P, Zhu L, Whitney KD, Muller WJ, Pollard JW. 2003. Progression to malignancy in the polyoma middle T oncoprotein mouse breast cancer model provides a reliable model for human diseases. *Am J Pathol* **163:** 2113–2126.

Littlepage LE, Egeblad M, Werb Z. 2005. Coevolution of cancer and stromal cellular responses. *Cancer Cell* **7:** 499–500.

Mempel TR, Scimone ML, Mora JR, von Andrian UH. 2004. In vivo imaging of leukocyte trafficking in blood vessels and tissues. *Curr Opin Immunol* **16:** 406–417.

Nakano A. 2002. Spinning-disk confocal microscopy—A cutting-edge tool for imaging of membrane traffic. *Cell Struct Funct* **27:** 349–355.

Pluen A, Boucher Y, Ramanujan S, McKee TD, Gohongi T, di Tomaso E, Brown EB, Izumi Y, Campbell RB, Berk DA, et al. 2001. Role of tumor-host interactions in interstitial diffusion of macromolecules: Cranial vs. subcutaneous tumors. *Proc Natl Acad Sci* **98:** 4628–4633.

Proia DA, Kuperwasser C. 2005. Stroma: Tumor agonist or antagonist. *Cell Cycle* **4:** 1022–1025.

Ross PJ, Perez GI, Ko T, Yoo MS, Cibelli JB. 2006. Full developmental potential of mammalian preimplantation embryos is maintained after imaging using a spinning-disk confocal microscope. *BioTechniques* **41:** 741–750.

Sasmono RT, Oceandy D, Pollard JW, Tong W, Pavli P, Wainwright BJ, Ostrowski MC, Himes SR, Hume DA. 2003. A macrophage colony-stimulating factor receptor–green fluorescent protein transgene is expressed throughout the mononuclear phagocyte system of the mouse. *Blood* **101:** 1155–1163.

Shan S, Sorg B, Dewhirst MW. 2003. A novel rodent mammary window of orthotopic breast cancer for intravital microscopy. *Microvasc Res* **65:** 109–117.

Sidani M, Wyckoff J, Xue C, Segall JE, Condeelis J. 2006. Probing the microenvironment of mammary tumors using multiphoton microscopy. *J Mammary Gland Biol Neoplasia* **11:** 151–163.

Stroh M, Zimmer JP, Duda DG, Levchenko TS, Cohen KS, Brown EB, Scadden DT, Torchilin VP, Bawendi MG, Fukumura D, et al. 2005. Quantum dots spectrally distinguish multiple species within the tumor milieu in vivo. *Nat Med* **11:** 678–682.

Sumen C, Mempel TR, Mazo IB, von Andrian UH. 2004. Intravital microscopy: Visualizing immunity in context. *Immunity* **21:** 315–329.

Wyckoff JB, Pinner SE, Gschmeissner S, Condeelis JS, Sahai E. 2006. ROCK- and myosin-dependent matrix deformation enables protease-independent tumor-cell invasion in vivo. *Curr Biol* **16:** 1515–1523.

（宁丰收　译　李紫煜　方玉达　校）

第 24 章　活体肿瘤的高分辨多光子成像

Jeffrey Wyckoff, Bojana Gligorijevic, David Entenberg, Jeffrey Segall, and John Condeelis

Department of Anatomy and Structural Biology, Gruss Lipper Biophotonics Center, Albert Einstein College of Medicine, Bronx, New York 10461-1975

如果我们要联系分子水平和细胞水平对癌症进行理解，那么对于肿瘤转移扩散的每一个步骤的分析就显得非常重要。若要研究肿瘤扩散的每个步骤，有一个很大的技术性难题，那就是不管是动物模型还是人类患者的肿瘤，一般来说都不是均一性质的。人体原发性肿瘤在以下各个方面都有非常大的变化：肿瘤的生长和形态，血液里的肿瘤细胞浓度，以及肿瘤扩散的形成和发展过程。我们主要研究乳腺肿瘤，而且我们已经知道肿瘤细胞扩散所依赖的细胞能动性是由巨噬细胞介导的趋化作用调控的（Condeelis 2006）。乳腺肿瘤细胞的一个普遍特征是它们能够扩散性地迁移和进入血液循环系统，是早期扩散过程的重要步骤。这些步骤虽然已经被研究过，但都是通过传统的实验手段进行的一些间接研究（Liotta et al. 1974；Butler and Gullino 1975；Glaves 1986）。

人类乳腺癌绝大多数是导管癌，在临床上和病理上都存在着极大的多样性。现有的组织学分类法，如改进的 Bloom - Richardson 方法，能让病理学家把肿瘤归为三个级别。然而，仅那些有高度分化或者低级别肿瘤的患者在存活率上有显著的差异。一级癌变的无复发 5 年和 10 年成活率分别为 75%和 64%；对于二级癌变，相应的数字为 50%和 40%；对于三级，相应数字为 40%和 38%。这表明二级和三级癌变的特征有显著的重合，因此这种分级对于有效地、有针对性的管理和结果预测而言，并不是一个完美的手段（Elston and Ellis 1991；Carter 2001）。基于微阵列的基因表达谱（gene expression profiling with microarrays）分析已经在进一步完善癌症分级上展示了可行性（Ramaswamy et al. 2003），这些研究也表明原代肿瘤的扩散性和侵入性是在肿瘤形成早期就决定的（Bernards and Weinberg 2002）。然而，前述方法没能清楚地阐述人类乳腺癌会有不同病变结果的机理。更多研究肿瘤的方法，尤其是对异质性的肿瘤运用一些通用的标记物来有针对性地研究协助肿瘤扩散的微环境的方法，会帮助我们在细节上了解不同病变结果的机理。这些新方法有可能在策略上帮助我们研发新的肿瘤标记物，而这些标记物也可以用在常规组织病理诊断、病情预断和治疗上。因此，在活体内单细胞水平上直接观测和分析癌细胞的方法对于推进关于癌症扩散机制的理解、微环境的定义以及相关标记的发展都是至关重要的。

体内单细胞分辨水平的多光子成像

过去的几年里，在活体内利用多光子成像和有荧光标记的模式动物，以及对完整的原发肿瘤内的癌细胞和巨噬细胞的行为进行详细研究的成像方法，已逐渐成为常规的研究手段（Condeelis and Segall 2003；Wykoff 2004；2006；2007；Sahai et al. 2005；Wyckoff et al. 2005；Sidani 2006；Soon et al. 2007；Wang et al. 2007）。这些方法不仅直接在单细胞水平上提供了活体细胞行为的信息，而且提供了肿瘤在不同微环境下的信息，这对于研究肿瘤的异质性来说是很重要的。成像研究与生俱来的定量特性使其能定量研究一些行为参数。例如，朝向如血管之类的组织学标记的定向迁移，体内细胞迁移的频率、速度和持久度，以及在侵入和渗出血管时癌细胞和基质细胞的相互作用。这些成像方法对于定义如下行为是非常有价值的：①细胞入侵、渗入和渗出血管所需要的细胞行为；②有特定突变的细胞的行为表象；③体内细胞的极化运动和趋化现象；④体内微环境的定义、大小和调节。如想了解多光子显微镜及其在体内细胞行为研究上的应用，请访问我们的网页 www. aecom. yu. edu/aif/welcome. htm 和 www. aecom. yu. edu/aif/intravital _ imaging/introduction. htm。

多光子显微镜相对于共聚焦显微镜的优点

我们曾经阐述过，多光子荧光激发显微镜相对于其他成像技术，如共聚焦显微镜在研究活细胞和厚的组织上有一些重要的优点（Farina et al. 1998；Wang et al. 2002）。这些优点包括以下几个方面。

（1）聚焦平面以外没有荧光激发，因此减少荧光分子的漂白和成像过程中毒性副产物的产生。

（2）多光子成像更少受到光散射导致的图像质量下降。这是因为长波光在样品内不同反射常数的物质间更少散射，使其可以观测更深的组织（Centonze and White 1998）。另外，因为分辨率是由激发光的几何特性决定的，荧光的发射并不受光线散射的影响。多光子成像对于光散射有更低的敏感度，这对于活体样品的研究有更大的优势，因为活体样品有很多不同反射常数介质的界面。

（3）多光子显微镜使用的长波光还能产生第二谐波（second harmonic），这可用于胶原蛋白纤维的成像。这种现象在普通显微技术里是看不到的（Campagnola et al. 2001；Williams et al. 2001）。第二谐波显微技术可以用于观测，如黏附和剥落时的细胞与细胞基质间的相互作用。

第二谐波成像的另一个好处是能够直接估算肿瘤内癌细胞附近的胞外基质（extracellular matrix，ECM）的数量和情况。ECM 纤维的数量、完整度以及大小可以通过测量图像中由 ECM 纤维发出的信号强度和形状来判断（Wang et al. 2002）。这种分析得到的一个结论是，在原代肿瘤的癌细胞附近，ECM 纤维在转移性 MTLn3 产生的癌细胞中比非转移性 MTC 产生的癌细胞中少 2～3 倍（Wang et al. 2002）。这是由使用国家健康研究院（NIH）的图像软件来计算一定体积内像素点的强度而得到的。此外，在第二谐波产生的影像中，纤维的形态呈现出不连续性，这说明 ECM 纤维中有蛋白质水解过程（Wang et al. 2002；Sidani 2006）。最后，这些纤维被发现能支持转移性肿瘤里癌细胞的快速和定向线性移动（Wang et al. 2002）。这个发现很让人激动，因为癌细胞对由 ECM 蛋白水解所产生的表皮生长因子类（EGF - like）配合物的趋化作用可能是侵入性肿瘤的一个重要特性（Liotta and Kohn 2001）。

第二谐波信号是当 α 螺旋链的 π 轨道电子（如胶原蛋白内）被长波光子激发所发射出的极化光波（Campagnola et al. 2001；Williams et al. 2001）。我们发现能够用 760～790nm 的光波激发第二谐波信号，并且用 450～480nm 临界值的滤镜来收集这些信号。

共聚焦成像和多光子成像的直接对比表明，多光子显微镜可以在>300μm 的深度范围内获得可用的图像，而普通共聚焦显微镜只可以到达不到 60μm 的深度（Wang et al. 2002；Kedrin et al. 2008）。另外，多光子成像中有更少的光漂白，而且在整个纵向图像中信噪比没有显著的降低（图 1）。我们用两种成像方法（麻醉的活体动物，激光共聚焦显微镜和多光子显微镜）都发现在肿瘤细胞中 GFP 是一个很好的细胞质体积标记物，它能使整个细胞的轮廓在活组织体内被清晰的显示出来，而且也没有因表达 GFP 而产生肿瘤排斥（Farina et al. 1998；Condeelis et al. 2000）。

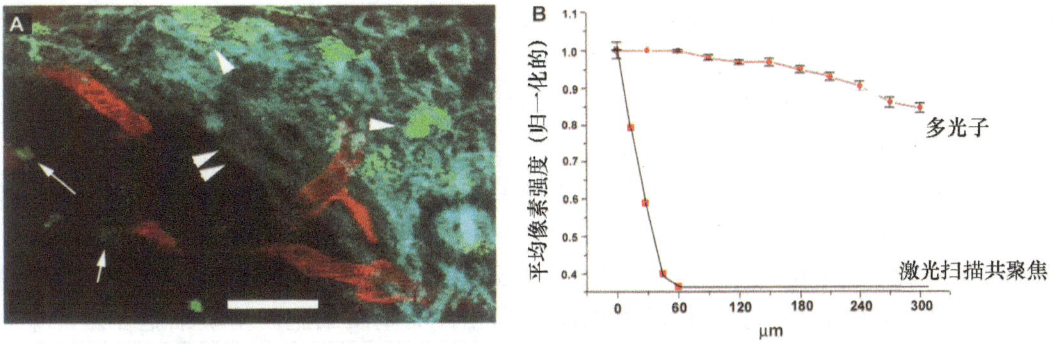

图 1 多光子显微镜和传统的共聚焦显微镜相比，可以探测更深的组织

A. MMTV - PyMT×c - fms - GFP 转基因小鼠的乳腺肿瘤被多光子显微镜成像。巨噬细胞，包括基质（短箭头）和环血管（长箭头），是绿色的。胶原蛋白（双箭头），通过第二谐波发出的极性光所见，被显示为蓝色。用得克萨斯红葡聚糖标记的血管是红色的。标尺为 75μm。B. 多光子显微镜可以在深达 300μm 的地方成像而没有太多的信号下降。传统的激光共聚焦显微镜的信号在 70μm 处就已经几乎全部消失了

多光子成像的动物模型：转基因小鼠

为了把致癌基因的表达和原代乳腺癌的发展和扩散联系起来，转基因小鼠是研究体内致癌基因组织特异性作用的重要研究工具。其中，乳腺癌的转基因小鼠模型特别重要，因为它们无论从病源学上和组织学上都很好地模拟了人类乳腺癌。这些小鼠模型是通过用乳房表皮特异的小鼠乳腺瘤病毒 MMTV 启动子控制表达多瘤病毒中间 T 抗原（PyMT）或 neu/erbB - 2 而得到的。MMTV 启动子已被很多研究人员用在乳腺表达一些蛋白质（Gunzburg et al 1991；Webster and Muller 1994；Bottinger et al. 1997）。用这种启动子表达 β-半乳糖苷酶的研究表明，在雌性小鼠中，主要的表达位置

是在乳腺的表皮细胞。

表达正常或者激活型 neu 的转基因小鼠是由 Muller 及其同事建立的（Muller et al. 1998；Siegel et al. 1999）。表达激活型基因（*NDL1*）的转基因小鼠平均在（135±37）天发展出乳腺癌，这其中约 57%的老鼠平均会在原代肿瘤出现后 45 天表现出肺部癌细胞转移。ErbB-2 家族成员直接和包括 Src PTKs、Shc、PLC-γ 和 PI3K 在内的多种信号蛋白发生作用。*PyMT* 是一个相关的致癌基因，它通过和 Src PTKs 结合而体现其致癌作用。人们认为 PyMT 小鼠和激活型 neu 小鼠体内 Src 往上的信号通路是非常相似的（Muller et al. 1998）。这些模型对研究人类乳腺癌是特别重要的，因为 erbB-2 在一大部分原代乳腺癌内是过表达的，而且其过表达的程度对于淋巴结阳性和淋巴结阴性患者临床预测的可靠性都有指导作用（Price et al. 1997）。

过去 6 年里，我们发展了一些受组织特异性启动子控制表达荧光蛋白的小鼠，并且将其与受 MMTV 启动子控制表达致癌基因的小鼠杂交，从而得到表达不同荧光蛋白的乳腺肿瘤。这样这些在乳腺中的原代肿瘤细胞能够在细胞水平上被影像（Ahmed et al. 2002；Condeelis and Segall 2003；Wang et al. 2003；Goswami et al. 2004；Wyckoff et al. 2004；Wyckoff 2005；2007）。

这些转基因小鼠模型包括以下几种。

（1）MMTV-PyMT×WAP-Cre/CAG-CAT-EGFP 或 MMTV-Cre/CAG-CAT-EGFP 小鼠。

（2）MMTV-HER2/neu×WAP-Cre/CAG-CAT-EGFP 或者 MMTV-Cre/CAG-CAT-EGFP 小鼠。

这些方法产生了在 PyMT 和 HER2/neu 致癌基因产生的肿瘤里表达 GFP 的癌细胞。这些乳腺肿瘤能被用来影像迁移的细胞和相伴的基质细胞。基质细胞在影像中是阴影，这是因为它们散射那些荧光肿瘤细胞发出的光线（Condeelis et al. 2000；Wyckoff et al. 2000；Condeelis and Segall 2003）。

（3）MMTV-PyMT×lys-GFP^{Ki}。

（4）MMTV-HER2/neu×lys-GFP^{Ki}。

这些方法产生了在同类肿瘤里表达 GFP 的巨噬细胞。这些小鼠可被用来确认那些阴影细胞可能是巨噬细胞。因为 lys-GFP 小鼠也在嗜中性粒细胞里表达 GFP，我们也用 CSF-1 受体启动子控制表达 GFP 的小鼠，因为这种小鼠有更高的巨噬细胞特异性（Sasmono 2003）。类似的结果在 CSF-1 受体启动子控制表达 GFP 的小鼠中也能得到。

（5）MMTV-PyMT×MMTV-iCre/CAG-CAC-ECFP×c-fms-GFP。

（6）MMTV-HER2/neu×MMTV-iCre/CAG-CAC-ECFP×c-fms-GFP。

我们建立了上述两种小鼠模型［（5）和（6）］用来在一个动物里同时影像肿瘤细胞和巨噬细胞。这两种小鼠是通过将在乳腺肿瘤里表达青色荧光蛋白（CFP）的小鼠［模型（1）和（2）］和在髓单核细胞里表达 GFP 的小鼠（用 c-fms 启动子）杂交而得到的。

（7）Tie2-GFP×MMTV-PyMT。

我们从 Richard Lang 博士（Skirball 研究所，纽约大学）那里得到的 Tie2/GFP 转基因小鼠。Tie2 特异性的在内皮细胞里表达，因此 GFP 能在 Tie2 表达的地方标记脉管系统（Yuan et al. 2000）。因为这些小鼠内 GFP 的表达可能是镶嵌式的，我们也可以通过静脉注射得克萨斯红葡聚糖（Texas red dextran，10kDa～2mDa）来标记血管。两种方法都得到类似的结论（Wyckoff et al. 2007）。

所有这些乳腺肿瘤的小鼠模型都可以用来做活体高解析度多光子成像。我们已经将一些小鼠模型应用于活体原代乳腺肿瘤的多光子成像实验里（Condeelis and Segall 2003；Condeelis et al. 2005；Wang et al. 2005；Wyckoff et al. 2005；Sidani et al. 2006；Soon et al. 2007）。这些研究揭示了肿瘤细胞迁移和渗入血管微环境以及巨噬细胞在这些过程中的重要性（Condeelis and Segall 2003 ；Condeelis and Pollard 2006；Yamaguchi et al. 2006；Kedrin et al. 2007）。特别需要提到的是，肿瘤细胞朝向巨噬细胞的趋化行为对小鼠原代乳腺肿瘤细胞的入侵行为是至关重要的（图 2）（Goswami et al. 2005；Wyckoff et al. 2005）。另外，人们也发现肿瘤细胞相对于环血管巨噬细胞的趋化行为对肿瘤细胞渗入血管是至关重要的（图 3）（Wyckoff 2007）。肿瘤细胞迁移进入血管内皮的点被发现是至少一个环血管巨噬细胞的停留处（图 3）（Wyckoff 2007）。

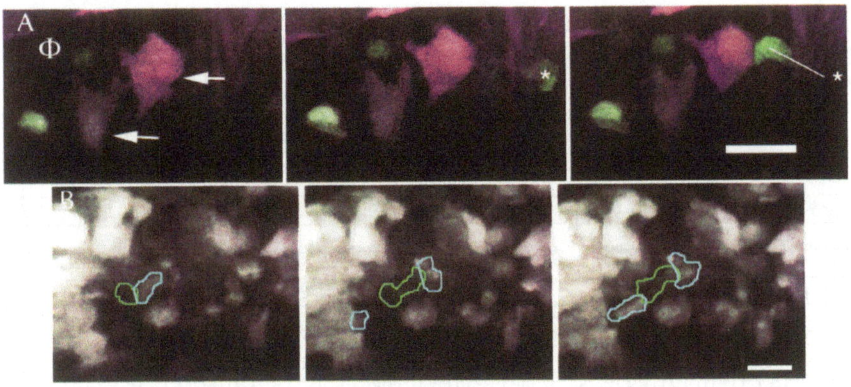

图 2　用多光子显微镜成像 CFP 肿瘤细胞和 GFP 巨噬细胞的相互作用

A. 在由 MMTV－PyMT ×MMTV－iCre/CAG－CAC－ECFP×c－fms－GFP 转基因小鼠肿瘤得到的电影中的三帧图像里，一个环血管巨噬细胞（Φ）正吸引 2 个肿瘤细胞（箭头）。这 2 个肿瘤细胞随之吸引另一个巨噬细胞（*，第 3 张图）。这 3 个细胞都聚集到了那个环血管巨噬细胞（Φ）附近。白线显示两帧图像之间巨噬细胞的移动距离。每张图像之间的时间间隔是 20min。3 张图像是相邻的三帧图像。B. 另一个视野里，肿瘤细胞（蓝色线圈）和一个巨噬细胞（绿色线圈）一起移动，通过旁泌环形成一队细胞。标尺为 25μm

在扩散过程中收集某些分组的扩散性肿瘤细胞和巨噬细胞的方法已经被发明出来（我们将在下文的“在原代肿瘤里显现和捕捉扩散性细胞”部分讨论）。这些方法是基于上述成像技术的。通过结合对这些小数目的扩散细胞的基因表达谱分析，能够揭示与存活、佐剂耐受性以及活肿瘤内扩散性癌细胞趋化行为相关的基因（Wang et al. 2003；2006；2007；Goswami et al. 2004；Xue et al. 2006；Goswami 2009；D Sun et al. in prep.）。这些基因属于一些明确定义的通路，并且在转移的肿瘤细胞内协同性地被调控（Condeelis et al. 2005；Wang et al. 2005；2007）。这些通路被统称为“扩散特征”。从这些研究得出的一个重要见解是扩散特征里的机动通路决定了体内肿瘤细胞迁移的机制（Condeelis et al. 2005）。

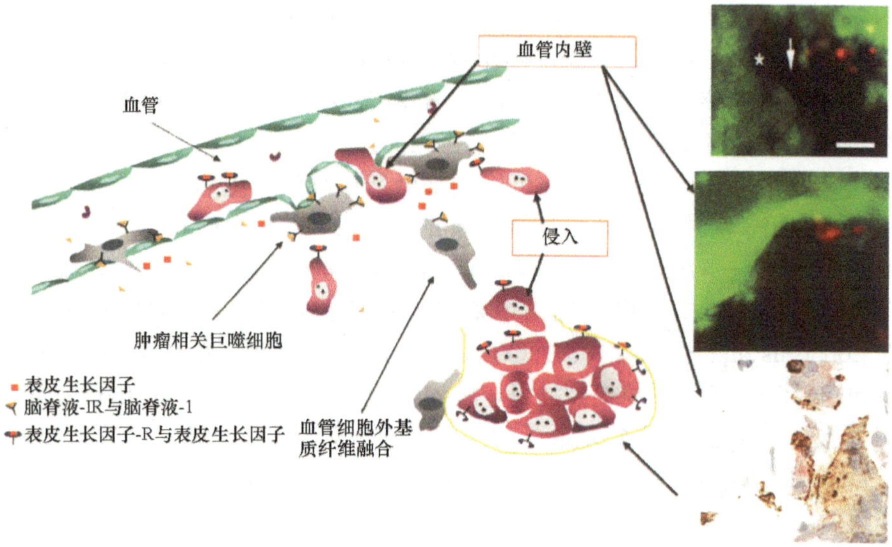

图 3　用多光子显微镜发现的入侵和渗入血管微环境

该图总结了由多光子成像得到的关于入侵和渗入血管微环境的结果。上方的两个插图表明小鼠体内乳腺肿瘤里肿瘤细胞（绿色）和巨噬细胞（红色，吞噬了得克萨斯红葡聚糖之后）相互作用的渗入血管微环境。相同的渗入血管微环境也可以通过传统的免疫组织染色得到。通过染 Mena（用抗 Mena 抗体）显示肿瘤细胞（红色），抗 CD68 作为巨噬细胞特异性标记，抗 CD31 作为内皮细胞标记。环血管巨噬细胞被显示为棕色，并且接触表达 Mena 的肿瘤细胞，这构成了 TMEM（Robinson et al. 2009）

从扩散特征里得到的分子标记已经被应用到人乳腺肿瘤中来研究是否有一些具扩散特征的主要基因对临床预测有任何价值。在大鼠、小鼠和人乳腺肿瘤的扩散性肿瘤细胞里都很大程度高表达的一个基因是编码 Mena 的基因（Wang and Singer 2004；Wang et al. 2007；Goswami 2009），这是一个 Ena/VASP 蛋白。Ena/VASP 蛋白通过控制组装肌动蛋白网的几何形态来调控细胞的能动性（Krause et al. 2003）。作为具扩散特征的一员，Mena 在 EGF 下游通过 PI3K 和 Rho 家族调控加盖蛋白，从而提高由 cofilin 和 N－WASP 通路产生的有刺端的存在时间。

如同上文所总结的，多光子活体成像已经证明了小鼠和大鼠乳腺肿瘤里扩散性癌细胞在和环血管的巨噬细胞结合时入侵血管，因此鉴别出扩散的一个微环境为肿瘤里的一种解剖学结构（图 3）（Wyckoff et al. 2007）。通过三重免疫组织染色，我们定义这种由一个扩散性癌细胞（由 Mena 过表达标记）、一个巨噬细胞和一个内皮细胞组成的三重组织为肿瘤扩散微环境（tumor microenvironment of metastasis，TMEM）。TMEM 已经通过三重免疫染色在人乳腺肿瘤中被确定（图 3）（Robinson et al. 2009）。我们接着又证明了 TMEM 在人乳腺癌标本里的密度能够预测系统性、血缘性扩散的发展。在一个病例-对照里，有 30 个患者有扩散性乳腺癌，另外 30 个患者没有。基于现有的诊断标准，每个病例都匹配了对照。石蜡包埋的原代乳腺癌标本被用来进行三重染色，以同时标记扩散性癌细胞、巨噬细胞和内皮细胞（TMEM）。两个不知道最终结果的病理学家对每个样本的 20 个高倍显微区域评估 TMEM 的数目。TMEM 的多少与肿瘤大小、淋巴结扩散、淋巴管扩散或激素受体状态并没有被发现有联系。TMEM 密度在有系统性扩散的患者体内比在仅有局部乳腺癌的患者体内要高（平均值分别为 112 和 55，$p=0.000\ 06$）。TMEM 每升高 10，系统性扩散的可能性升高 90%（或者 1.9 倍，95%置信区间为 1.1～3.4）。这项研究表明 TMEM 是对人乳腺癌血缘性扩散的一个有效的新预测标记（Robinson et al. 2009）。这项工作也表现出，结合多光子成像和小鼠乳腺癌模型对于更新的认识体内肿瘤扩散和癌细胞扩散所需的微环境，以及发现新的标记物，都是一个强有力的手段。

多光子成像的动物模型：细胞系

转基因动物模型在组织学上和人类患者相似，因此是研究肿瘤的理想手段。然而，准备和维持转基因动物模型非常昂贵，而且很花时间。一种在体内研究肿瘤细胞行为的相对快捷和便宜的方法是使用表达荧光蛋白的细胞系。我们已经从大鼠乳腺肿瘤里分离出 MTLn3 和 MTC 细胞，分别用来匹配扩散性和非扩散性的细胞。应该指出，用细胞系进行多光子成像来研究体内肿瘤细胞行为的方法也可以应用到迄今为止检验的所有其他细胞系。

MTLn3 - GFP 细胞是通过用 Lipofectamine 转染 pEGFP - N1（Clontech）进 MTLn3 细胞而得到的（Farina et al. 1998）。MTC - GFP 细胞是通过用表达 GFP 的反转录病毒感染 MTC 细胞而得到的。GFP 的序列是从 pEGFPN1 质粒里用 *Nsi* Ⅰ 和 *Eco*R Ⅰ 切出来，然后克隆到 pLXSN 的 *Bam*H Ⅰ/*Eco*R Ⅰ 位点里。所得到的质粒被用来通过标准的方法（Miller and Rosman 1989；Kinsella and Nolan 1996）转染到 Phoenix 细胞里（由 Stanford 大学的 Gary Nolan 制备），然后培养 24～48h。接着取上清，过滤，1000r/min 旋转离心 5min，之后取 1mL 液体覆盖到铺满 MTC 细胞的培养皿上。通过新霉素和 GFP 荧光来选择表达的细胞克隆。稳定表达的细胞被作为母细胞培养传代（Segall et al. 1996）。感染的细胞的生长速度和形态都和母细胞相似，而且传代 30 次以后荧光水平仍然稳定。详细的组织病理学研究已经表明 MTLn3 - GFP（Farina et al. 1998）和 MTC - GFP 细胞与母细胞相比有着相似的转移性，其他表达 GFP 家族成员的细胞系也有这一特性。为了得到乳腺肿瘤，需要在 Fischer344 大鼠的从尾段数第二个乳头下注射 1×10^6 个细胞，并且让其生长 3.5 周。

对有乳腺肿瘤的动物模型进行成像实验

将转基因小鼠肿瘤和通过注射细胞系得到的肿瘤处理动物进行多光子成像实验的方法是相同的。有乳腺肿瘤的大鼠和小鼠被用 5%的异氟醚（isoflurane）麻醉，并且在整个成像过程中用 0.5%～2.5%的异氟醚来控制呼吸速率。通过建立一个皮肤口盖可以露出肿瘤。通过将手术刀插到表皮和真皮之间，然后往后剥开表皮，以露出肿瘤，并且将真皮和物镜联系起来。乳腺肿瘤在真皮以下，真皮胞外基质的细胞可以很容易被成像。如果处理得当，组织创伤的程度与烟头导致的创伤程度是相似的。这种处理应该产生极小的炎症反应，而且不会破坏供血和肿瘤的微环境。成像过程中，我们发现脂肪和密集胞外基质会降低成像质量。在这种情况下，在肿瘤上去除覆盖的脂肪的手术应该很小心，以免剪断肿瘤上的血管和扰乱肿瘤里的细胞而破坏微环境。对于坏死的肿瘤，这些事项要极其注意，因为坏死的肿瘤会在手术过程中爆裂。

一旦准备工作完成，就将动物放到多光子显微镜的平台上。成像过程中，用 20×0.95NA、40×0.80NA 或 60×1.10NA 水镜，每 2min 用 50lps 的线扫描速度获取 3～5 层的图像（下文的“多光子显微镜”部分会讨论不同的多光子系统）。平均来说，每个区域被成像 20～30min。每只老鼠可以在没有特别的保暖或通气系统的情况下被成像 3～4h，其间样品不会有偏移，而这对活体成像的成功是很关键的。通过调整异氟醚的水平，我们可以保持动物呼吸速率的平稳和其本身的存活，从而保证成像区域不偏移。对于胸腔附近区域的成像比较困难，这需要将动物麻醉得更深。麻醉会影响成像的时间长度。绝大多数可注射的麻醉剂，如氯胺酮不会抑制呼吸，在长时间的成像中不能被监测和控制，因此不适合肿瘤的活体成像。

转基因携带肿瘤的 PyMT 小鼠可以在成像前 10～16 周长出肿瘤。通常来说，其他致癌基因发展出的肿瘤模型发展得更慢，因此成像的最佳时间需要通过经验和不同的实验目的来优化。

多光子显微镜

对于那些可被标准的毫微微秒脉冲激光激发的荧光分子（如 GFP、CFP 或 Texas red dextran）的成像实验来说，可以用商业化即使用的多光子系统，如我们用 Bio-Rad 公司 Radiance 2000（图 4）。这种显微镜里，毫微微秒脉冲激光系统（millennia-tsunami，newport/spectra-physics）发出的光通过由衰减器、快门和一对瞄准镜片组成的光路调整元件，让激光束的大小刚好填满物镜的后光圈。之后，激光束通过显微镜（IX70，Olympus公司）里扫描头里的一对高频扫描镜片，从而进行光栅扫描。显微镜带有一个可以加热保持老鼠体温的环境控制箱。控制箱里的温度不要超过 30℃，否则难以保持老鼠的麻醉状态（图 4，插图）。产生的荧光和第二谐波信号在通过二相色滤镜后被两个光电倍增管（PMT）收集。PMT 前的发射滤镜可以相应的更换成检测 CFP（以及第二谐波）、GFP 或黄色荧光蛋白（YFP）的滤镜。

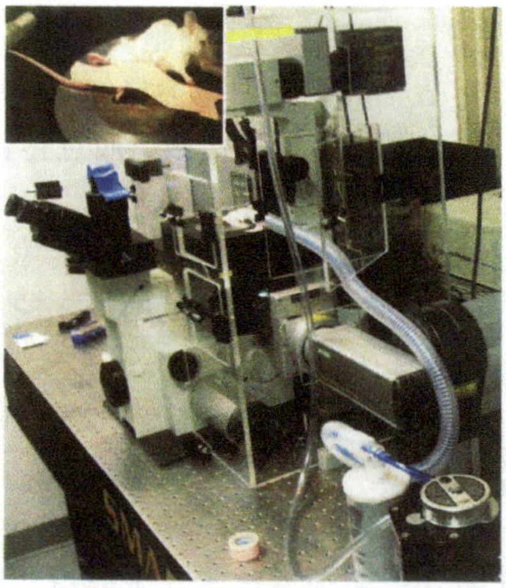

图 4　用多光子显微镜成像小鼠的普通方法

在多光子显微镜里，被 GFP 标记的在正常位置注射肿瘤的小鼠被放在倒置显微镜（首选的）的平台上，并且被异氟醚麻醉（插图）。麻醉管和温控箱也可以看见

一部分若丹明葡聚糖和得克萨斯红葡聚糖的发射光会被 YFP 通路检测到。虽然这个系统只能同时使用两个光信号检测通路，我们开发了一种可以在成像有 CFP 和 GFP 的样品时只用两个检测器但是检测三个光信号通路的技术。因为 CFP 信号很明显的渗滤到 GFP 通路，通过调整激光强弱和检测器的信号倍增大小可以平衡重叠的信号以便通过使用图像处理软件 Image J（http：//rsb. info. nih. gov/ij/）把这些信号叠加为一个 RGB（红-绿-蓝）图像文件而分开荧光和第二谐波信号。当把 CFP/第二谐波信号放在红色和蓝色通道，GFP 信号放在绿色通道会被显示为白色信号，GFP 为绿色，而产生第二谐波信号的胶原蛋白呈现为紫色（Sahai et al. 2005）。

为了扩展可使用的荧光蛋白和信号检测器，我们制作了一个可以同时使用两个激光光源的多光子显微镜（图 5）。一个光源是标准的毫微微秒脉冲激光系统（Tsunami - Millennia，Newport/Spectra - Physics），用来在 740～950nm 激发荧光分子。另一个光源是一个可以快速调节的毫微微秒脉冲激光（Mai Tai，Newport/Spectra - Physics）和一个光学参数振荡器（optical parametric oscillator）（Opal，Newport/Spectra - Physics）。

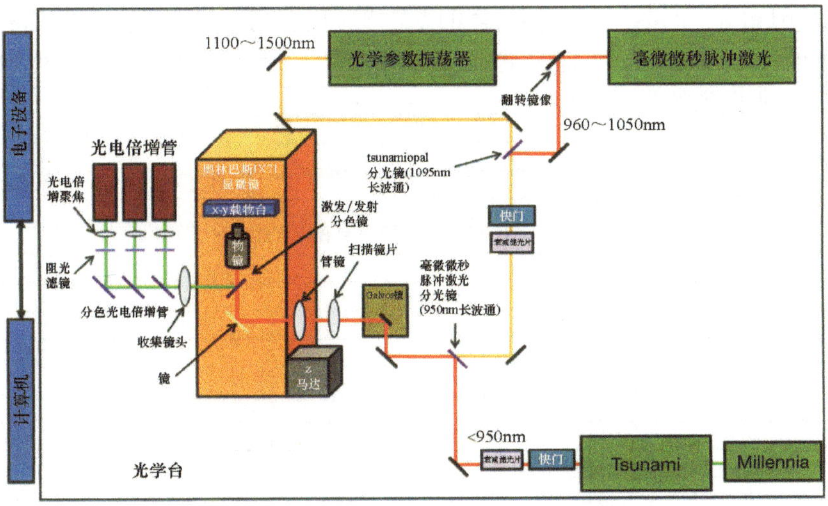

图 5　定做的多光子显微镜示意图

通过加入额外的光源和 PMT，我们可以用有多种荧光标记的老鼠来做多光子成像，并且用第二谐波产生的光线和 FLIM 来成像内源性荧光

对于所需要的不同荧光分子组合（图 6），Mai Tai 的输出光可被直接用来作为 960～1050nm 的光源，或者可将其调到 750nm 然后通过激发光学参数振荡器而将其能量转换为 1100～1500nm 的毫微微秒脉冲光。一个翻转镜和一个配套的二相色镜（1095DRLPXRP，Omega Optical 公司）可以让我们在这两种可能的输出光间进行选择。两束光可以用另一个二项色镜（LP02 - 1064RU - 25，Semrock）整合然后传递到高频扫描镜片（VM500＋，GSI Group 公司）。扫描时间和为高频扫描镜产生光栅扫描的控制信号可以通过个人编写的软件和数字-模拟输入输出卡（NI PXI - 6713，National Instruments）来控制。通过三个信号检测器（2×H7422P - 40 及 1×HC125 - 02、Hamamatsu）接受荧光信号，这些信号随即被两个数据接收卡（PXI - 6115、National

Instruments 公司）转换为数字信号。个人用 LabVIEW（National Instruments）编写的软件可以通过一个界面来控制整个系统，而且可以同时进行多种成像实验，如时间序列、z 轴堆栈、时间间隔序列及各项综合。因为电子器件和软件都被设计成可以容纳同时获取 8 个通道的数据，将来扩展现有的系统将更加简便。额外的成像通道可以在同一个肿瘤中同时检测多达 4 种细胞的 2 个第二谐波信号以及 2 个反射共聚焦信号，这样可以达到提高我们在同一个肿瘤中观测多种基因突变的肿瘤细胞和巨噬细胞相互作用，以及多种肿瘤-基质细胞相互作用的能力（参见图 6 以便知道可以用在这些系统里的荧光基团）。番茄红（Tomato）在多光子激发下有很高的荧光效率，因此能发射出更多的荧光，从而使其的应用特别好（图 7）。在活乳腺肿瘤中成像表达番茄红的肿瘤细胞表明，激发光和发射光都能更好地透过组织，因此能成像更深处的细胞（1000μm）（图 7B）。另外，两个新的信号检测器是门控的，因此可以对其本身的荧光作荧光寿命成像显微镜（fluorescence lifetime imaging microscopy，FLIM），因为不表达 GFP-类蛋白的人组织本身就有荧光（如 nicotinamide adenine dinucleotide plus hydrogen，NADH）（Bird et al. 2004）。这种功能可以支持对移植到小鼠里的人类肿瘤和基质细胞进行多光子成像，因为不同细胞的 FLIM 结果可以人为的加上颜色以便得到与那些用 GFP 表达细胞所得到的类似图像（Bird et al. 2005）。

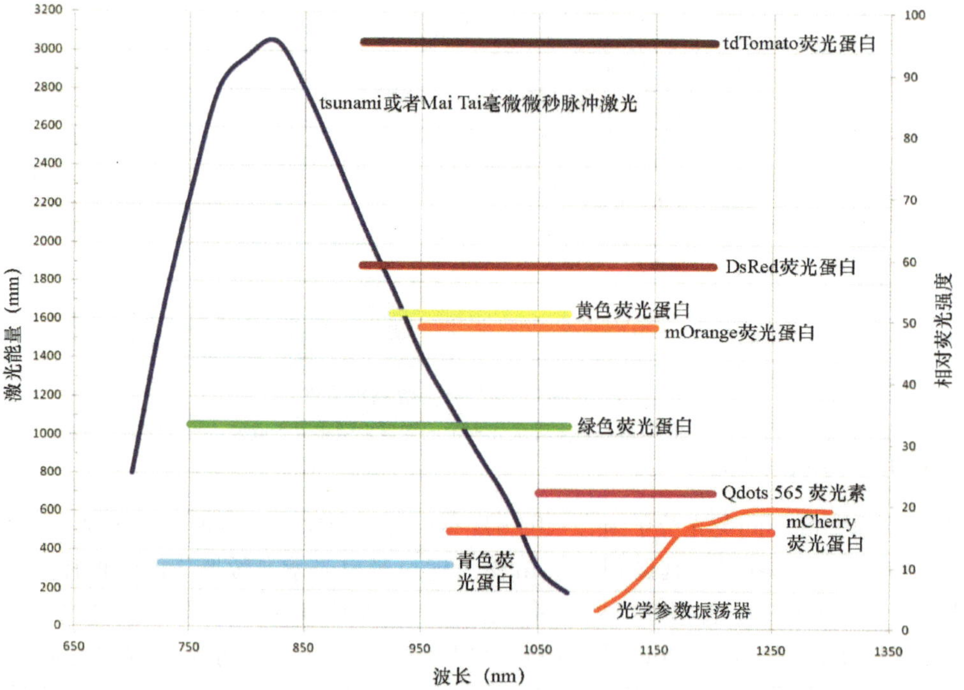

图 6　可被图 5 中的组合激光光源成像的多种荧光蛋白和可注射的试剂

之前，我们只能成像可被 760～980nm 的光源激发的荧光剂。通过使用光学参数振荡器，我们可以成像能被 1300nm 以内的光激发的荧光剂。该图表示各种可用的发色团，而且比较了图 5 中列出的激光光源多光子激发效率（相对荧光强度轴）和能量谱（激光能量轴）。这个分析表明 Tomato＞GFP＞CGP，并且这三者都可以被有效的成像

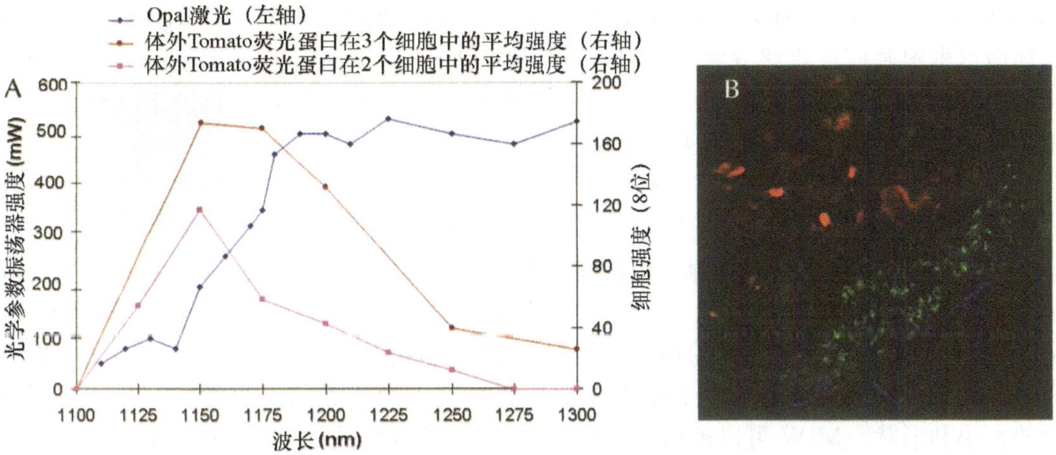

图 7　番茄红（Tomato）是一个可用在多光子成像的明亮的远红外发光团

A. 体外培养和活肿瘤内的细胞都被用 Opal 激光从 1100～1300nm 成像。在 Opal 的能量谱中，对于体内和体外的细胞，发射荧光的最高强度都发生在约 1150nm 的激发波长。L 和 R 分别指左轴和右轴。B. 番茄红标记的 MTLn3 细胞（红色）被常位注射到 Scid 小鼠乳腺脂肪囊中，然后被用结合了光学参数振荡器的多光子显微镜成像。巨噬细胞（绿色）能够在吞噬了俄勒冈绿色葡聚糖后被看见。胶原蛋白（蓝色）通过用第二谐波产生的极性光观测

脉管系统的观测

血管是乳腺肿瘤扩散的重要界标。为了观测血管，在麻醉大鼠或小鼠之后，手术之前，在尾静脉注射 200μL 20mg/mL 溶解在 Dulbecco’s 磷酸盐缓冲盐溶液（PBS）中的若丹明葡聚糖（rhodamine dextran）（分子质量：2MDa，Sigma - Aldrich 公司）。在多光子显微镜中，肿瘤内的脉管可通过使用红色滤镜被观测到。如想用得克萨斯葡聚糖对巨噬细胞进行成像，用上述方法注射 70kDa 的得克萨斯葡聚糖（Molecular Probes，Invitrogen 公司），并且等待 2h，以便让巨噬细胞能通过噬菌作用获取染料（见图 3 的顶部两个插图）（Farina et al. 1998；Wang et al. 2002；Wyckoff et al. 2007）。其他可以用于标记血管的可注射染料有：量子点（quantum dot）、荧光标记的 BSA（牛血清蛋白）及荧光标记的凝集素。不同的量子点可被同一个波长的光激发，但不同的量子点可发出不同波长的光。但是我们发现量子点会在血管里聚集，而且不同批次的量子点差异很大，因此在标记血管上没有其他标记的蛋白质有效。

成像窗口和光转换

使用皮肤口盖方法跟踪单个细胞数小时的试验揭示了肿瘤细胞侵入血管和渗入血管的微环境。然而，如果想要定量这些行为并且测量这些肿瘤微环境的物理尺寸，需要跟踪更长的时间。皮肤口盖方法通常最终杀死动物，因此仅限于一次成像实验。但另有一种广泛使用的可以做多次成像实验的方法是背部皮肤褶腔法（dorsal skinfold chamber）(Papenfuss et al. 1979；Lehr et al. 1993)。然而，这种方法引入的非正常位的环境（乳腺肿瘤在背部皮肤下生长）是一种局限，而且只可监测很小的区域或者二维的肿瘤成像（Dolmans et al. 2002)。这对想在正常部位的特定微环境下（如在乳房里的乳腺肿瘤）研究细胞行为来说是一个真正的问题。

为了在活体内高清晰的多次成像正常位置的乳腺肿瘤，我们研发了一种可以放在可触摸到的肿瘤上的乳腺成像窗口（mammary imaging window，MIW）（直径 4～10mm)，MIW 也放在小鼠乳腺上以便将来打入肿瘤细胞（图 8)。这种方法让我们可以利用正常位置的异种移植小鼠、转基因小鼠或注射入乳腺脂肪垫的瞬时转染的细胞。MIW 由一个带有 8 个缝合孔的塑料底座和顶端的玻璃盖玻片组成（图 8A)。使用玻璃盖玻片是为了保证最佳的光学工作距离和高清晰度成像所需的反射常数。基于不同肿瘤的大小和形状，MIW 可以被做成平的（图 8A）或者弯曲的（图 8B)。使用 MIW 能将原来数小时的成像实验延长到数天（这取决于肿瘤的生长速度，最多 21 天)，MIW 的唯一限制是其下方的肿瘤大小。与没有 MIW 的肿瘤相比，覆盖了 MIW 1～9 天的肿瘤并不表现出显著不同的肿瘤生长速度、巨噬细胞密度、血管生长情况或坏死程度（Kedrin et al. 2008)。

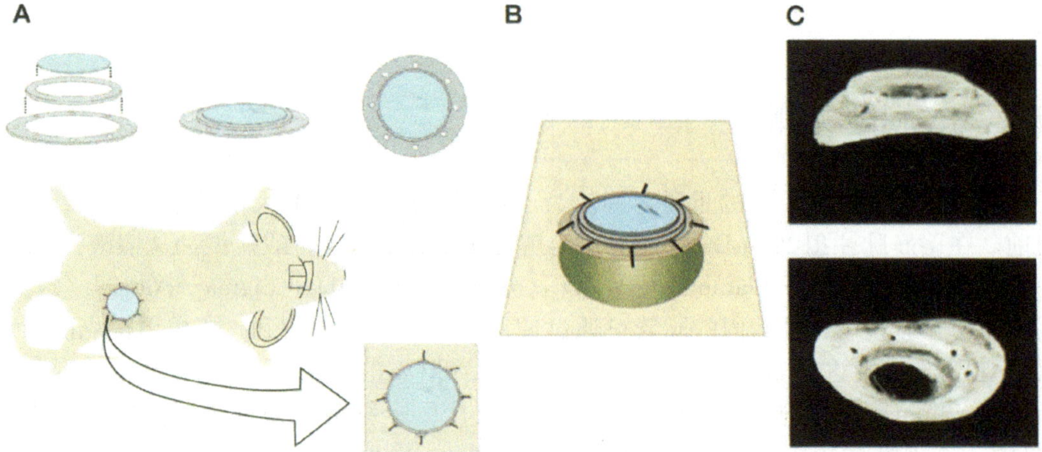

图 8　乳腺成像窗口（MIW）的组成和植入

MIW 有两个塑料环，它们组成玻璃盖玻片的基座。支架上有洞，能帮助缝合到皮肤里。玻璃盖玻片能保证最佳的工作距离和高解析度成像的反射常数。通过手术可将 MIW 植入到乳腺或乳腺肿瘤的上方。A. 缝合到正在生长的肿瘤上方皮肤（米色）里的窗口的样子；B. MIW 的塑料基座符合解剖形状，被放到 4～10mm 直径的肿瘤（窗口下的绿色圆形物质）上方；C. MIW 的侧面和底部照片

为了能够在所有成像实验中重复成像相同的区域，我们把有 MIW 的动物放在立体定位成像盒（stereotactic imaging box）里（图 9)，以便能正确地放置 MIW 和显微镜的目镜并且不让动物扭动。立体成像盒也能通过调节进气口（异氟醚/氧气）和出气口（抽气）流速保持稳定的麻醉水平。麻醉剂通过进气口进入立体成像盒，然后由于抽气形成的负压从出气口排出，排出前异氟醚会被出气口的碳过滤器滤走。

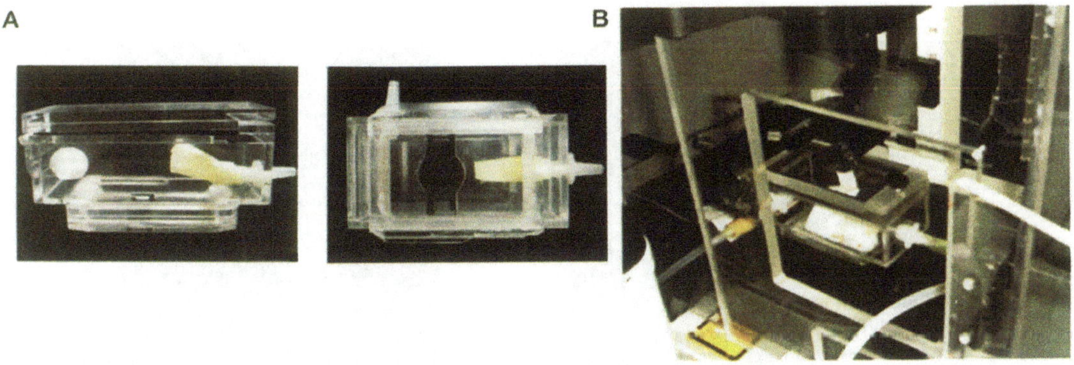

图 9　立体定位盒

A. 立体定位成像盒的侧面（左侧）和底部图像（右侧）。通过打开顶部的盖子可将动物放到盒里，成像窗口被盒底部的两个滑动门进一步固定。B. 小鼠在成像盒里的样子。成像盒连接麻醉仪（右边）和抽真空（从左边进来），并且被放在围绕显微镜台所造的环境箱里。聚光器和载玻片支架在放入成像盒之前已经被拿掉

如前文所述，我们对在同一动物体内长时间观测特定种类的细胞并且比较不同的微环境感兴趣。然而，肿瘤组织的拓扑结构会因为血管的生长和细胞的繁殖及迁移而发生改变，因此限制了包括使用黏附到组织或 MIW 的荧光小珠作为参照点的方法的使用（Entenberg et al. 2006；Bins et al. 2007）。为了克服这个问题，我们通过在 MTLn3 和 MDA - MB - 231 的乳腺癌小鼠里稳定表达 Dendra2 来直接光标记感兴趣的细胞。Dendra2 是一种光转换荧光蛋白（Lukyanov et al. 2005；Gurskaya et al. 2006），它在光转换前拥有和 GFP 类似的光谱特性，但蓝光可以导致其激发和发射光谱都不可逆的红移超过 150nm，因此使其变成类似 RFP 的蛋白（Chudakov et al. 2007）。光转换之后，红色荧光在体外（数据未在此提供）和体内（图 10A）都稳定地提高了 250 倍，能得到最多 850 倍的红绿色值比率，因此我们能够用这种方法跟踪细胞。光转换 5 天后，肿瘤内被光转换细胞的红色荧光仍然比没被光转换的要高 31 倍，因此能让我们在光转换后很长时间里还能在体内识别出这些标记的细胞（图 10B）。

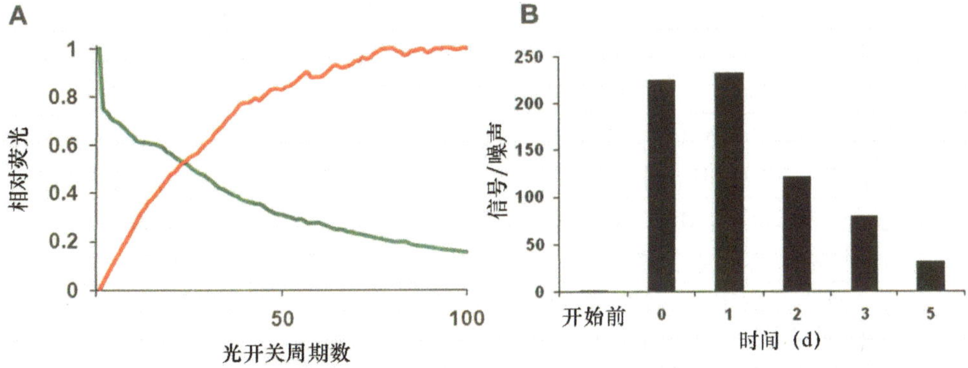

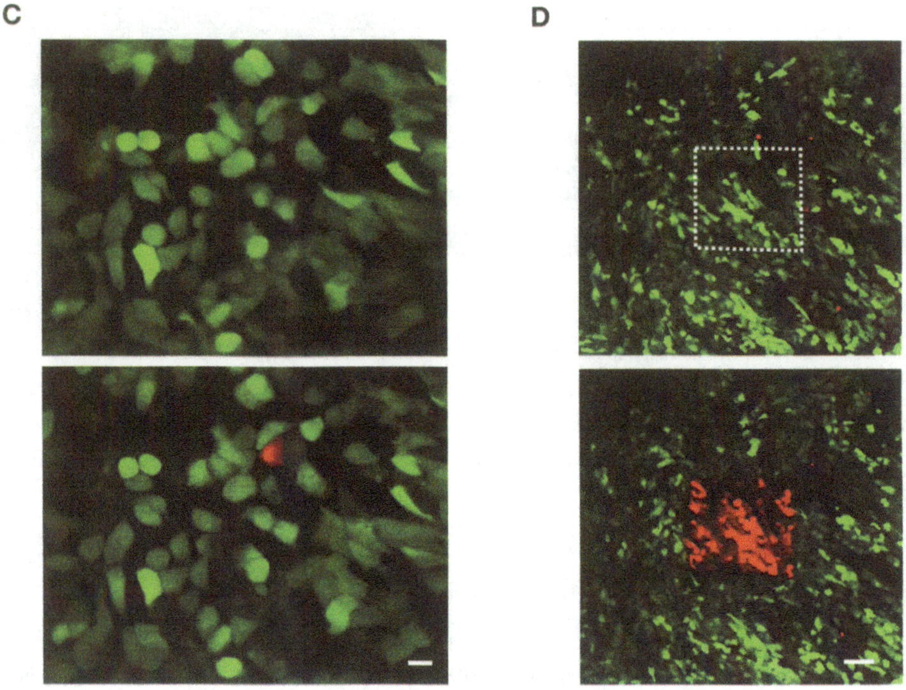

图 10　体内光转换的速度、稳定性和精确性

A. D 图中方形区域里 Dendra2 - MTLn3 细胞在光转换之后平均红色信号的升高和绿色信号的降低。这些值是通过红色的最高荧光值和绿色的起始值来标准化的。我们发现这个区域最佳的光转换时间（荧光水平达到平台期）是 126s（即 70 个周期）。B. Dendra2 - MTLn3 肿瘤里的细胞被 MIW 光转换。测定了马上光转换后（0 天）以及接下来 5 天里的红色荧光信号，这些值是以光转换之前的红色荧光来标准化的。C、D. Dendra2 的体内感兴趣区域的单个细胞（C；标尺为 10μm）到数百个细胞（D；标尺为 75μm）的光转换都可以通过 MIW 很容易的实现

我们可以在感兴趣的区域内通过 MIW 选择性的光转换观测一个至数百个细胞（图 10C、D）。因为肿瘤内细胞的迁移和入侵，这些（红色）细胞相对于血管和其他（绿色）肿瘤细胞的分布会随时间而改变。为了计算不同乳腺微环境里的入侵和渗入血管，同一个生长在正常位置的肿瘤里，我们在有血管和没有血管的区域都选择一个正方形区域而且光转换大约为 300 个细胞。光转换细胞的位置会在接下来的 0h、6h 和 24h 时间点上通过在同一个地方获取 z 轴堆栈来测算（图 10C、D）（Kedrin et al. 2008）。

可光转换蛋白和 MIW 技术的结合，可以在无需长期麻醉的情况下，在原代肿瘤里长期进行定量分析和跟踪用光标记的不同细胞。针对不同的试验目的，我们可以在单光子或多光子显微镜下用 MIW 技术进行成像实验。Dendra2 的高稳定性也可以让我们冷冻固定组织样品，然后在无需额外标记的情况下分析它们。光转换的一个局限性是绿色和红色光通路都被用来标记肿瘤细胞，因此减少了对微环境中其他组分可使用的激发波长的数目。结合使用 MIW 和光标记细胞来重新观测选定的细胞分组是让我们能进一步在异质性的肿瘤背景下研究肿瘤细胞活动性和扩散性之间关系的重要手段。

在原代肿瘤里观测和获取扩散性细胞

活体肿瘤成像所带来的重要技术之一是体内入侵检测（*in vivo* invasion assay）。多光子成像观察到小鼠和大鼠的原代肿瘤细胞自发地并且趋化性的被血管吸引，这种现象启发了体内入侵检测的想法（图 11）。体内入侵检测用一种人为的血管代替物，这是由基质胶和多种生长因子填充的 33 号针并且插入到原代肿瘤里实现的（Wang et al. 2003；2006；2007；Goswami et al. 2004；Wang et al. 2004；Wyckoff et al. 2004；Hernandez et al. 2009）。这种装置的设计和微控定位系统可以让研究人员检测那些能有效地在原代肿瘤内吸引扩散性肿瘤细胞的生长因子，并且确定体内和扩散性肿瘤细胞一起迁移的基质细胞。体内入侵检测已被成功地用于小鼠和大鼠的乳腺肿瘤里，以及异体移植的人类乳腺、肺、头部和颈部肿瘤中收集扩散性肿瘤细胞和伴随的基质细胞。在乳腺肿瘤里，已经用多光子显微镜在体内对肿瘤细胞和巨噬细胞迁移进入针头进行了成像研究，并表明这种迁移现象很好地模拟了针对血管的迁移现象（Wyckoff et al. 2005）（图 11D）。

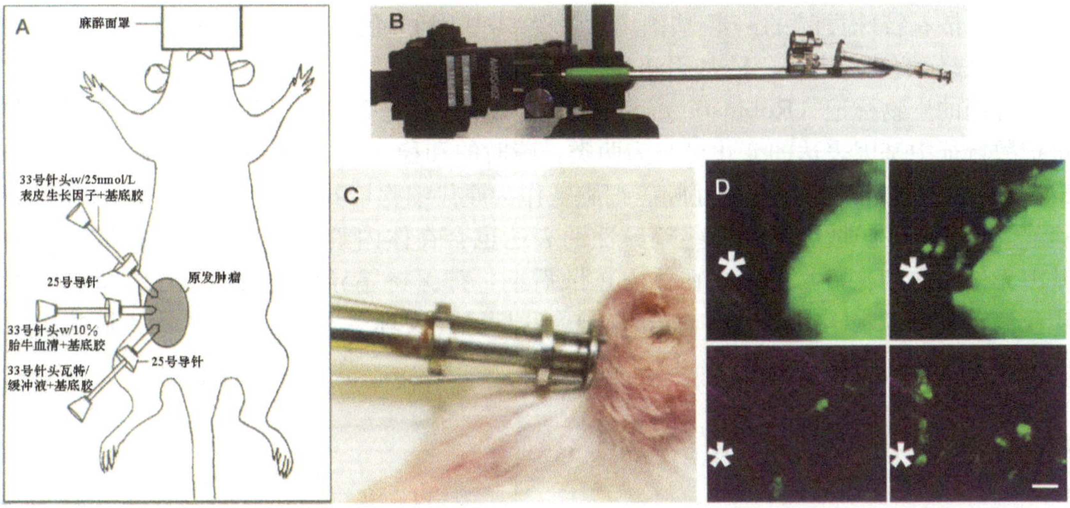

图 11 体内入侵检测可被用来在活体成像中从活肿瘤里收集肿瘤细胞和相伴的基质细胞

A. 体内入侵检测的模型图。该图显示用填充了基质胶和其他感兴趣的因子的针头（ID 102μ），放到麻醉了的动物的乳腺肿瘤里收集细胞。B. 连接到显微操纵器的夹持 25 号针头和 33 号实验针头的夹持装置被用来将针头精确的放到乳腺肿瘤里。C. 一个麻醉了的小鼠的插入了针头的活体肿瘤。针头可被放在肿瘤内长达 4h。D. 肿瘤细胞（上方，WAP - Cre/CAG - CAT - EGFP/MMTV - PyMT 肿瘤）和巨噬细胞（下方，MMTV - PyMT/lys - GFP^{Ki}）朝向含有 EGF 的针头的运动。视野内收集针头的可能的开口处备用 * 标出。每张图片都是一个 50μm 的时间间隔序列里的 z 投影图。右边图像是在左边图像 90min 后成像的。标尺为 25μm

通过使用体内入侵检测，我们可以收集分组的扩散性肿瘤细胞，使这些细胞作为一个活细胞群体在体内被成像研究。这种细胞收集可以进一步被用来进行表达谱分析，以找出和体内细胞行为有关的基因表达（Wang and Singer 2004；Wang et al. 2006；2007）。准备和插入收集针头的具体步骤收录在本章的最后。

基于行为分析的基因发现

相关的多光子成像和通过体内入侵检测收集活细胞表明，从原代肿瘤里收集迁移的细胞对于了解原代肿瘤里扩散性细胞的行为和性质是足够有效的（Wang et al. 2004；Wyckoff et al. 2005）。多光子成像结合体内入侵检测，通过测定细胞活动性确定了肿瘤细胞和相伴的基质细胞是主动入侵针头的，这些方法也证明通过此方法收集的细胞不是插入针头的被动性结果，也不是这些方法造成的一些假象。使用成像实验来确定有迁移进入针头的扩散性肿瘤细胞存在，这在之前的文章中已被详细描述（Wang et al. 2004；Wyckoff et al. 2005）。结合用遗传学方法得到的肿瘤扩散的动物模型和多光子成像，加上细胞收集，是一种独特的和创造性的在体内研究入侵和扩散的方法。这种结合的技术使鉴定从肿瘤里分离到的正在入侵的细胞的基因表达状态成为可能（Wang et al. 2003；2004；2005；2006；2007；Condeelis et al. 2005；Goswami et al. 2005；2009；D Sun et al. in prep.）。进一步比较通过体内入侵检测收集到的迁移进针头的肿瘤细胞和整个原代肿瘤、血管以及整个扩散性肿瘤的基因表达谱，已经发现了对肿瘤扩散有特殊贡献的一些基因。这一系列基因和通路被称为扩散特征（在前文“多光子成像的动物模型：转基因小鼠”部分已经描述过）。这已经为临床预测提供了一些有用的生物标记（Robinson et al. 2009）。通过这些手段，已经可以证明小鼠和大鼠扩散特征中基因表达的变化可归为两类：瞬时的和稳定的（Goswami et al. 2009；D Sun et al. in prep.）。当扩散性肿瘤细胞被作为原代细胞培养后，一些差异性的基因表达就消失了。在扩散后期，一些差异性的表达也会在体内消失；而另一些扩散特征的基因无论是在细胞培养后还是在体内扩散后期，都保持差异性的表达。这种机制的本质我们正在研究（D Sun et al. in prep.）。我们已经发现了 Mena 可以作为人肿瘤扩散的一个生物标记（Robinson et al. 2009）。

体内细胞行为的测量

细胞的活动性、极性、渗入和黏附血管可以通过在 30min 内每 2min 用多光子显微镜成像来研究。目前，每张图像需要 10s 来收集，以对移动速度小于 10μm/min 的细胞提供很好的空间解析度。这些图像接着用 ImageJ 整合成 4D 电影。影像可以让我们观测细胞动态、入侵血管和表面突起。从这些电影里，我们通过手动描绘测算转移的细胞数、细胞移动的速度和距离、细胞朝向血管运动的极性和方向、伪足的移动，以及围绕如 ECM 和巨噬细胞这类标记物的细胞的朝向和运动（Farina et al. 1998；Wang et al. 2002；2007；Sidani et al. 2006；Wyckoff et al. 2007）。

细胞极性，尤其是朝向血管的方向性，是通过观测视野内细胞的形态来决定的。一个极化的细胞表现出一个明显的前缘，并且长宽比大于 1.5（Sidani et al. 2007）。通过和那些随机朝向的细胞相比，围绕血管的细胞极性可被用于确定细胞是否朝向血管。

朝向百分比是由每 200μm 视野内有 4 个或以上直接相邻并且朝向该血管的细胞百分比决定的。朝向百分比进一步通过减去随机朝向的细胞比率来校正（Sidani et al. 2006；Wang et al. 2007）。

宿主细胞可以通过三种方法来成像。第一，它们可以被成像为趴在荧光的癌细胞之上的阴影（Farina et al. 1998）。第二，巨噬细胞可以通过静脉注射若丹明葡聚糖，然后吞噬这些染料来被成像。第三，特定的细胞类型可通过用表达细胞类型特异性启动子控制的 GFP 来成像。例如，前文描述过用 lys 或 CSF－1 启动子控制 GFP 在巨噬细胞中表达（Faust et al. 2000；Wyckoff et al. 2004）。

因为可以用第二谐波光散射来成像胞外基质，细胞和胞外基质的作用也可以被暗示出来。这些相互作用包括细胞在胞外纤维上的活动性和黏附行为（Wang et al. 2002；Condeelis and Segall 2003）。为了成像黏附行为，我们可以比较只有胞外基质的电影和有细胞、胞外基质的电影。细胞和阴影的基质重叠地方被算为黏附点。虽然黏附不能被直接计算出来，但是不同的细胞黏附可以通过比较没有细胞的地方和有细胞接触处胶原蛋白纤维产生的第二谐波信号密度而得到。细胞沿着胶原蛋白纤维的移动可以作为测算细胞黏附的一个指标（Wang et al. 2002）。不同肿瘤体积内的基质浓度可通过计算重构的仅有基质信号通路的 z 系列图片中像素的密度来得到（Wang et al. 2002）。

最近，一个 ImageJ 插件（MTrackJ，Biomedical Imaging Group Rotterdam）被应用到计算细胞，包括速度、总移动距离和净移动距离上。基于这些信息，一些如持久度和方向性的变量可以被计算出来。另外，这个插件可以用来描绘细胞移动的路径（Egeblad et al. 2008）。其他软件，如 Volocity（Improvision 公司）被用来描绘质心运动。单个细胞周长形态的变化可以用 Adobe ImageReady CS2（Cvejic et al. 2008）来表示。高清晰度 4D 重构可通过 Imaris（Bitplane 公司）来实现。

实验方案

体内入侵检测：收集针头的准备和操作

因为发现肿瘤细胞被血管吸引，发明体内入侵检测就是为了分析有哪些因素刺激这些细胞入侵进入血管。用一套 33 号针头插入肿瘤来制作人工或替代血管。这需要在插入麻醉动物的过程中和之后使用连接了显微操纵器的特殊夹持装置来稳定针头的位置。针头用基质胶填充，其中混有不同的生长因子，以检测那种因子会影响肿瘤细胞的扩散。这项检测的仪器装配如图 11 所示。

材料

注意：参考附录以获知如何正确处理标有＜!＞的材料。

试剂

待注射的动物（大鼠或小鼠），被用来引发肿瘤生长
BSA（牛血清蛋白）
DAPI（4，6 -二脒基- 2 -苯吲哚盐酸）
EDTA＜!＞（Sigma - Aldrich 公司）
EGF（Life Technologies 公司）或其他待检测的生长因子/趋化物
异氟醚＜!＞
L15（GIBCO）
基质胶
氧气

仪器

麻醉喷雾器，可调范围为 0%～5%（Harvard Apparatus；100 型）
阻挡线
盖玻片
连接了显微操纵器的夹持装置
多光子显微镜
针头（引导用，25 号）
针头（33 号）

方法

（1）在实验当天，将基质胶以 1∶10 用 L15 - BSA（L15 - BSA 和 5%FBS 是等渗

的）或者有25nmol/L EGF的L15－BSA稀释，稀释液填充到33号针头里。

对于其他的趋化因子或者细胞因子，基于从针头到肿瘤的浓度梯度，针头内的最佳浓度应该是5倍于体外试验所用的浓度（Wyckoff et al. 2004）。所有的针头都应含有0.01mmol/L的EGTA（pH 7.4）用以螯合可能从针头里释放出的重金属。

（2）用5%异氟醚麻醉大鼠或小鼠，将其背面朝下平放在显微镜台上。实验过程中降低异氟醚的浓度至2.5%或者更低，以维持呼吸。

（3）将3个25号针头放在连接了显微操纵器的夹持装置以保持稳定（图11）；显微操纵器可以将3个25号针头同时放入肿瘤里。此时，这些针头里应该有引导或者阻挡线，用来防止针头内部在插入肿瘤的过程中被动地填入肿瘤细胞。用显微操纵器把3个25号针头插入肿瘤。

（4）将25号针头里的引导线抽出，把含有基质胶并且添加了（或没有添加）趋化物（如EGF）的33号针头插入25号针头里。

（5）保持动物在监控的麻醉状态下4h，以便让肿瘤细胞迁移进入针头。

（6）用多光子显微镜和20×0.95NA的目镜，在收集细胞的过程中进行时间间隔观测。

（7）收集之后（通常超过4h），把针头里的内容物吹出到盖玻片上，用DAPI 1∶1混合，然后马上清点细胞数目。

（8）若想建立EGF的剂量反应曲线，在33号针头里［参考步骤（1）］分别添加最终浓度为5nmol/L、10nmol/L、25nmol/L和50nmol/L的EGF。重复步骤（2）～（7）的试验。每次试验里使用至少3个不同浓度的EGF，以校正不同肿瘤之间的差异。

致谢

我们感谢Mazen Sidani、Erik Sahai、Jacco van Rheenen及Dimitri Kedrin对本章所讨论的体内成像技术所做出的贡献。我们还要感谢Albert Einstein College of Medicine图像分析中心工作人员对于本章的帮助。所涉及研究经费是由NIH的CA100324、CA113395、CA126511和美国国防部W81XWH0501405提供。

网络资源

http：//www.einstein.yu.edu/biophotonics/。

这一章描述的先进光学显微镜来自Gruss Lipper生物光学中心。

参考文献

Ahmed F, Wyckoff J, Lin EY, Wang W, Wang Y, Hennighausen L, Miyazaki J, Jones J, Pollard JW, Condeelis JS, et al. 2002. GFP expression in the mammary gland for imaging of mammary tumor cells in transgenic mice. *Cancer Res* **62:** 7166–7169.

Bernards R, Weinberg RA. 2002. A progression puzzle. *Nature* **418:** 823.

Bins AD, van Rheenen J, Jalink K, Halstead JR, Divecha N, Spencer DM, Haanen JB, Schumacher TN. 2007. Intravital imaging of fluorescent markers and FRET probes by DNA tattooing. *BMC Biotechnol* **7:** 2.

Bird D, Yan L, Vrotsos K, Eliceiri K, Keely PJ, White JG, Ramanujam N. 2005. Metabolic mapping of MCF10A human breast cells via multiphoton fluorescence lifetime imaging of the coenzyme NADH. *Cancer Res* **65:** 8766–8773.

Bird DK, Eliceiri KW, Fan CH, White JG. 2004. Simultaneous two-photon spectral and lifetime fluorescence microscopy. *Appl Opt* **43:** 5173–5182.

Böttinger EP, Jakubczak JL, Haines DC, Bagnall K, Wakefield LM. 1997. Transgenic mice overexpressing a dominant-negative mutant type II transforming growth factor β receptor show enhanced tumorigenesis in the mammary gland and lung in response to the carcinogen 7,12-dimethylbenz-[*a*]-anthracene. *Cancer Res* **57:** 5564–5570.

Butler TP, Gullino PM. 1975. Quantitation of cell shedding into efferent blood of mammary adenocarcinoma. *Cancer Res* **35:** 512–516.

Campagnola PJ, Clark HA, Mohler WA, Lewis A, Loew LM. 2001. Second-harmonic imaging microscopy of living cells. *J Biomed Opt* **6:** 277–286.

Carter D. 2001. *Interpretation of breast biopsies.* Lippincott Williams & Wilkins, New York.

Centonze, VE, White, JG. 1998. Multiphoton excitation provides optical sections from deeper within scattering specimens than confocal imaging. *Biophys J* **75:** 2015-2024.

Chudakov DM, Lukyanov S, Lukyanov KA. 2007. Tracking intracellular protein movements using photoswitchable fluorescent proteins PS-CFP2 and Dendra2. *Nat Protoc* **2:** 2024–2032.

Condeelis J, Segall JE. 2003. Intravital imaging of cell movement in tumours. *Nat Rev Cancer* **3:** 921–930.

Condeelis J, Pollard J. 2006. Macrophages: Obligate partners for tumor cell migration, invasion, and metastasis. *Cell* **124:** 263–266.

Condeelis JS, Wyckoff J, Segall JE. 2000. Imaging of cancer invasion and metastasis using green fluorescent protein. *Eur J Cancer* **36:** 1671–1680.

Condeelis J, Singer RH, Segall JE. 2005. THE GREAT ESCAPE: When cancer cells hijack the genes for chemotaxis and motility. *Annu Rev Cell Dev Biol* **21:** 695–718.

Cvejic A, Hall C, Bak-Maier M, Flores MV, Crosier P, Redd MJ, Martin P. 2008. Analysis of WASp function during the wound inflammatory response—Live-imaging studies in zebrafish larvae. *J Cell Sci* **121:** 3196–3206.

Dolmans DE, Kadambi A, Hill JS, Waters CA, Robinson BC, Walker JP, Fukumura D, Jain RK. 2002. Vascular accumulation of a novel photosensitizer, MV6401, causes selective thrombosis in tumor vessels after photodynamic therapy. *Cancer Res* **62:** 2151–2156.

Egeblad M, Ewald AJ, Askautrud HA, Truitt ML, Welm BE, Bainbridge E, Peeters G, Krummel MF, Werb Z. 2008. Visualizing stromal cell dynamics in different tumor microenvironments by spinning disk confocal microscopy. *Dis Models Mech* **1:** 155–167.

Elston CW, Ellis IO. 1991. Pathological prognostic factors in breast cancer. I. The value of histological grade in breast cancer: Experience from a large study with long-term follow-up. *Histopathology* **19:** 403–410.

Entenberg D, Aranda I, Li Y, Toledo-Crow R, Schaer D, Li Y. 2006. Multimodal microscopy of immune cells and melanoma for longitudinal studies. *Proc SPIE* **6081:** 62–73.

Farina KL, Wyckoff JB, Rivera J, Lee H, Segall JE, Condeelis JS, Jones JG. 1998. Cell motility of tumor cells visualized in living intact primary tumors using green fluorescent protein. *Cancer Res* **58:** 2528–2532.

Faust N, Varas F, Kelly LM, Heck S, Graf T. 2000. Insertion of enhanced green fluorescent protein into the lysozyme gene creates mice with green fluorescent granulocytes and macrophages. *Blood* **96:** 719–726.

Glaves D. 1986. Detection of circulating metastatic cells. *Prog Clin Biol Res* **212:** 151–167.

Goswami S, Philippar U, Sun D, Patsialou A, Avraham J, Wang W, Di Modugno F, Nistico P, Bertier FB, Condeelis JS. 2009. Identification of invasion specific splice variants of the cytoskeletal protein Mena present in mammary tumor cells during invasion in vivo. *Clin Exp Metastasis* **26:** 153–159.

Goswami S, Sahai E, Wyckoff JB, Cammer M, Cox D, Pixley FJ, Stanley ER, Segall JE, Condeelis JS. 2005. Macrophages promote the invasion of breast carcinoma cells via a colony-stimulating factor-1/epidermal growth factor paracrine loop. *Cancer Res* **65:** 5278–5283.

Goswami S, Wang W, Wyckoff JB, Condeelis JS. 2004. Breast cancer cells isolated by chemotaxis from primary tumors show increased survival and resistance to chemotherapy. *Cancer Res* **64:** 7664–7667.

Gunzburg WH, Salmons B, Zimmermann B, Muller M, Erfle V, Brem G. 1991. A mammary-specific promoter directs expression of growth hormone not only to the mammary gland, but also to Bergman glia cells in transgenic mice. *Mol Endocrinol* **5:** 123–133.

Gurskaya NG, Verkhusha VV, Shcheglov AS, Staroverov DB, Chepurnykh TV, Fradkov AF, Lukyanov S, Lukyanov KA. 2006. Engineering of a monomeric green-to-red photoactivatable fluorescent protein induced by blue light. *Nat Biotechnol* **24:** 461–465.

Hernandez L, Smirnova T, Wyckoff J, Condeelis J, Segall JE. 2009. In vivo assay for tumor cell invasion. *Methods Mol Biol* **571:** 227–238.

Kedrin D, van Rheenen J, Hernandez L, Condeelis J, Segall JE. 2007. Cell motility and cytoskeletal regulation in invasion and metastasis. *J Mammary Gland Biol Neoplasia* **12:** 143–152.

Kedrin D, Gligorijevic B, Wyckoff J, Verkhusha VV, Condeelis J, Segall JE, van Rheenen J. 2008. Intravital imaging of metastatic behavior through a mammary imaging window. *Nat Methods* **5:** 1019–1021.

Kinsella TM, Nolan GP. 1996. Episomal vectors rapidly and stably produce high-titer recombinant retrovirus. *Hum Gene Ther* **7:** 1405–1413.

Krause M, Dent EW, Bear JE, Loureiro JJ, Gertler FB. 2003. Ena/VASP proteins: Regulators of the actin cytoskeleton and cell migration. *Annu Rev Cell Dev Biol* **19:** 541–564.

Lehr HA, Leunig M, Menger MD, Nolte D, Messmer K. 1993. Dorsal skinfold chamber technique for intravital microscopy in nude mice. *Am J Pathol* **143:** 1055–1062.

Liotta LA, Kohn EC. 2001. The microenvironment of the tumour–host interface. *Nature* **411:** 375–379.

Liotta LA, Kleinerman J, Saidel GM. 1974. Quantitative relationships of intravascular tumor cells, tumor vessels, and pulmonary metastases following tumor implantation. *Cancer Res* **34:** 997–1004.

Lukyanov KA, Chudakov DM, Lukyanov S, Verkhusha VV. 2005. Innovation: Photoactivatable fluorescent proteins. *Nat Rev Mol Cell Biol* **6:** 885–891.

Miller AD, Rosman GJ. 1989. Improved retroviral vectors for gene transfer and expression. *BioTechniques* **7:** 980–982, 984–986, 989–990.

Muller WJ, Ho J, Siegel PM. 1998. Oncogenic activation of Neu/ErbB-2 in a transgenic mouse model for breast cancer. *Biochem Soc Symp* **63:** 149–157.

Papenfuss HD, Gross JF, Intaglietta M, Treese FA. 1979. A transparent access chamber for the rat dorsal skin fold. *Microvasc Res* **18:** 311–318.

Price JT, Bonovich MT, Kohn EC. 1997. The biochemistry of cancer dissemination. *Crit Rev Biochem Mol Biol* **32:** 175–253.

Ramaswamy S, Ross KN, Lander ES, Golub TR. 2003. A molecular signature of metastasis in primary solid tumors. *Nat Genet* **33:** 49–54.

Robinson B, Sica G, Liu Y-F, Rohan T, Gertler F, Condeelis J, Jones J. 2009. Tumor microenvironment of metastasis (TMEM) in human breast carcinoma: A potential prognostic marker linked to hematogenous dissemination. *Clin Cancer Res* **15:** 2433–2441.

Sahai E, Wyckoff J, Philippar U, Segall JE, Gertler F, Condeelis J. 2005. Simultaneous imaging of GFP, CFP and collagen in tumors in vivo using multiphoton microscopy. *BMC Biotechnol* **5:** 14.

Sasmono R, Oceandy D, Pollard J, Tong W, Pavli P, Wainwright B, Ostrowski M, Himes S, Hume D. 2003. A macrophage colony-stimulating factor receptor-green fluorescent protein transgene is expressed throughout the mononuclear phagocyte system of the mouse. *Blood* **101:** 1155–1163.

Segall JE, Tyerech S, Boselli L, Masseling S, Helft J, Chan A, Jones J, Condeelis J. 1996. EGF stimulates lamellipod extension in metastatic mammary adenocarcinoma cells by an actin-dependent mechanism. *Clin Exp Metastasis* **14:** 61–72.

Sidani, M, Wyckoff K, Xue C, Segall JE, Condeelis J. 2006. Probing the microenvironment of mammary tumors using multiphoton microscopy. *J Mammary Gland Biol Neosplasia* **11:** 151–163.

Sidani M, Wessels D, Mouneimne G, Ghosh M, Goswami S, Sarmiento C, Wang W, Kuhl S. El-Sibai M, Backer EM, et al. 2007. Cofilin determines the migration behavior and turning frequency of metastatic cancer cells. *J Cell Biol* **179:** 777–791.

Siegel PM, Ryan ED, Cardiff RD, Muller WJ. 1999. Elevated expression of activated forms of Neu/ErbB-2 and ErbB-3 are involved in the induction of mammary tumors in transgenic mice: Implications for human breast cancer. *EMBO J* **18:** 2149–2164.

Soon L, Braet F, Condeelis J. 2007. Moving in the right direction-nanoimaging in cancer cell motility and metastasis. *Microsc Res Tech* **70:** 252–257.

Wang W, Wyckoff J, Wang Y, Goswami S, Sidani M, Condeelis J. 2007. Coordinated regulation of pathways for enhanced cell motility and chemotaxis is conserved in rat and mouse mammary tumors. *Cancer Res* **67:** 3505–3511.

Wang W, Wyckoff JB, Frohlich VC, Oleynikov Y, Huttelmaier S, Zavadil J, Cermak L, Bottinger EP, Singer RH, White JG, et al. 2002. Single cell behavior in metastatic primary mammary tumors correlated with gene expression patterns revealed by molecular profiling. *Cancer Res* **62:** 6278–6288.

Wang W, Wyckoff JB, Wang Y, Bottinger EP, Segall JE, Condeelis JS. 2003. Gene expression analysis on small numbers of invasive cells collected by chemotaxis from primary mammary tumors of the mouse. *BMC Biotechnol* **3:** 13–25.

Wang W, Goswami S, Lapidus K, Wells A, Wyckoff J, Sahai E, Singer R, Segall J, Condeelis, J. 2004. Identification and testing of a gene expression signature of invasive carcinoma cells within primary mammary tumors. *Cancer Res* **64:** 8585–8594.

Wang W, Goswami S, Sahai E, Wyckoff JB, Segall JE, Condeelis JS. 2005. Tumor cells caught in the act of invading: Their strategy for enhanced cell motility. *Trends Cell Biol* **15:** 138–145.

Wang W, Mouneimne G, Sidani M, Wyckoff J, Chen X, Makris A, Goswami S, Bresnick AR, Condeelis JS. 2006. The activity status of cofilin is directly related to invasion, intravasation, and metastasis of mammary tumors. *J Cell Biol* **173:** 395–404.

Webster MA, Muller WJ. 1994. Mammary tumorigenesis and metastasis in transgenic mice. *Semin Cancer Biol* **5:** 69–76.

Williams RM, Zipfel WR, Webb WW. 2001. Multiphoton microscopy in biological research. *Curr Opin Chem Biol* **5:** 603–608.

Wyckoff J, Jones JG, Condeelis JS, Segall JE. 2000. A critical step in metastasis: In vivo analysis of intravasation at the primary tumor. *Cancer Res* **60:** 2504–2511.

Wyckoff J, Wang W, Lin EY, Wang Y, Pixley F, Stanley ER, Graf T, Pollard JW, Segall J, Condeelis J. 2004. A paracrine loop between tumor cells and macrophages is required for tumor cell migration in mammary tumors. *Cancer Res* **64:** 7022–7029.

Wyckoff J, Segall J, Condeelis J. 2004. Single-cell imaging in animal tumors in vivo. In *Live cell imaging, A laboratory manual* (ed. RD Goldman and DL Spector), pp. 409–422. Cold Spring Harbor Laboratory Press, Cold Spring Harbor, NY.

Wyckoff JB, Pinner SE, Gschmeissner S, Condeelis JS, Sahai E. 2006. ROCK- and myosin-dependent matrix deformation enables protease-independent tumor-cell invasion in vivo. *Curr Biol* **16:** 1515–1523.

Wyckoff JB, Wang Y, Lin EY, Li JF, Goswami S, Stanley ER, Segall JE, Pollard JW, Condeelis J. 2007. Direct visualization of macrophage-assisted tumor cell intravasation in mammary tumors. *Cancer Res* **67:** 2649–2656.

Xue C, Wyckoff J, Liang F, Sidani M, Violini S, Tsai KL, Zhang ZY, Sahai E, Condeelis J, Segall JE. 2006. Epidermal growth factor receptor overexpression results in increased tumor cell motility in vivo coordinately with enhanced intravasation and metastasis. *Cancer Res* **66:** 192–197.

Yamaguchi H, Pixley F, Condeelis J. 2006. Invadopodia and podosomes in tumor invasion. *Eur J Cell Biol* **85:** 213–218.

Yuan HT, Suri C, Landon DN, Yancopoulos GD, Woolf AS. 2000. Angiopoietin-2 is a site-specific factor in differentiation of mouse renal vasculature. *J Am Soc Nephrol* **11:** 1055–1066.

（傅玉 译 赵芮 方玉达 校）

第 25 章　四半胱氨酸标签与双砷染料标记的活细胞光学显微镜与电子显微镜的关联成像

Guido M. Gaietta[1], Thomas J. Deerinck[1], and Mark H. Ellisman[1,2]

[1]National Center for Microscopy and Imaging Research, Center for Research on Biological Structure, University of California at San Diego, La Jolla, California 92093;[2]Department of Neurosciences, Department Code 0608, University of California at San Diego, La Jolla, California 92093

获取蛋白质大分子在细胞中的位置、移动和瞬时相互作用的高分辨率图像是全面了解其在细胞中的作用与功能的基础。遗憾的是当前可以同时用于实时或延时成像的光学显微镜（LM）与电子显微镜（EM）观察的探针几乎没有。绿色荧光蛋白（green fluorescent protein，GFP）给活细胞成像研究带来了革命性的变化，但是它不能直接用于 EM 的观察。要使 LM 与 EM 观察的图像具有可比性，只能通过基于免疫学方法来间接使用这些探针进行图像观察，但这种方法往往会由于使用温和固定剂和去污剂的渗透作用导致细胞的超微结构受到干扰。荧光纳米颗粒或量子点是一类 LM 标记物，也可以直接用于 EM 观察。目前常用的肽标签是一类具有 Cys－Cys－Xaa－Xaa－Cys－Cys（四半胱氨酸，tetracysteine）通用序列的六肽，在活细胞中该肽标签可以被带有两个砷原子（砷化合物）的荧光载体所标记。四半胱氨酸结构域短，容易插入或附着于标记蛋白质的末端，并能用于结合其他分子标签，如 GFP 及其衍生物。本章将介绍用双砷染料标记细胞，活细胞成像，制备用于 LM/EM 结合分析的 EM 分析样品的方法。

细胞工程和双砷染料标记的活细胞成像

制备四半胱氨酸标签蛋白质的方法

四半胱氨酸标签可以被连接在目标蛋白质的氨基端或羧基端，插入到该蛋白质的中间适当区域。目前常用的标签氨基酸序列为 FLNCCPGCCMEP，该序列是从哺乳动物细胞的氨基酸序列文库中筛选获得的，可以与亿万分之一摩尔双砷染料特异结合，用毫摩尔二巯基化物可以除去细胞内非特异结合的双砷染料（Martin et al. 2005）。另外，这个序列与双砷试剂 FIAsH（来自荧光素）和 ReAsH（来自 resorufin）形成的复合体具有高消光系数与荧光强度，其荧光强度相当于或超过相似光谱的荧光蛋白。基于与双砷荧光标记分子结合的复合体的 α 螺旋结构，目前上述氨基酸序列的肽标签已取代了最初的 17 氨基酸标签（Griffin et al. 1998），另外，α 螺旋处暴露出的脯氨酸与甘氨酸基团表明一个类似 β 片层的回旋结构可能是肽标签与双砷染料高亲和力所必需的。若在肽标签的旁侧序列中有一个芳香族氨基酸，如苯丙氨酸或色氨酸，可以增加其稳定性、荧光强度和消光系数，尤其是 ReAsH 的消光系数（Martin et al. 2005）。

下面是设计四半胱氨酸结构域标签重组蛋白质指南。

（1）制备一种以上类型的标签蛋白质，若有可能的话，将四半胱氨酸序列整合在目标蛋白的不同位置，同时将四半胱氨酸序列与其他分子标记进行重组后再整合到目标蛋白中。我们发现四半胱氨酸序列附加其他荧光蛋白（如 GFP）具有明显的优越性（Gaietta et al. 2006），因为利用这种带有 GFP 荧光标记的双标记体系作为内源的正对照，来确定最佳小分子探针的荧光标记参数（如双砷染料浓度、标记时间、洗涤条件），在小分子荧光标记参数确定后，就可以用四半胱氨酸标签的细胞体系来进行后续实验。

（2）只有在半胱氨酸中巯基数目减少的情况下双砷分子才能与四半胱氨酸肽标签结合。如果要标记氧化性较强的细胞器，如高尔基体或内质网腔区域，四半胱氨酸肽标签需要用还原剂，如三乙基膦或三丁基膦（Gaietta et al. 2006）洗涤后才能与双砷染料结合。

（3）避免在目标蛋白末端插入 3 个或 3 个以上的四半胱氨酸肽的重复序列，防止双砷染料之间的交联与猝灭效应，导致荧光信号的减弱（未发表）。

转染方法

关于将四半胱氨酸标签蛋白质导入理想细胞系的方法非常多（见第 2 章）。我们成功应用的方法有脂质体法，其相关的试剂，如 FuGENE（Roche 公司）、转化脂（Lipofectamin，Invitrogen 公司）、电激穿孔法（electrooporation，Bio - Rad Laboratories 公司；Amaxa，Inc. 公司，Walkersville，Maryland）和病毒介导法。瞬时表达（如 24～56h 后转染，重组基因保持游离状态）通常是实验开始时标记物的定量和参数确定阶段的首选方法。稳定表达体系（标记蛋白基因插入目标 DNA）通常是指能够确保低浓度，接近生理水平的重组蛋白与一个选择标记基因（如 G418、潮霉素、嘌呤霉素抗性基因）共表达，并可用特殊药物处理转染细胞 1～2 个星期。要了解关于此项技术的更多信息，请参考试剂供应商提供的指南或本书第 2 章关于哺乳动物基因转染方法部分的内容。

双砷化合物标记

导入四半胱氨酸标记的蛋白质后，在相关细胞系中能够测试它的表达、分布和功能，双砷染料用做蛋白质的荧光标记使得蛋白质可以在光学显微镜下成像，经过 1，2 -二氨基联苯胺盐酸盐的荧光转换后也可以在电子显微镜下成像（DAB；Sigma - Aldrich 公司）。用于活体成像的被标记细胞培养在带玻璃底的培养皿中（更多细节，请参照活细胞成像小室部分）。

标准的标记方法包括以下三个步骤。

（1）标记染料的准备；

（2）蛋白质的标记；

（3）巯基竞争性抑制剂洗涤细胞，以除去非特异性结合的染料。

巯基竞争性抑制剂洗涤细胞对于四半胱氨酸-双砷染料法标记细胞极其重要。我们建议在标记步骤中使用10～20μmol/L的巯基乙醇（1，2－ethanedihiol，EDT；Sigma－Aldrich公司）。注意：高浓度的EDT可增加标记的特异性，但却降低了反应速度。在洗涤步骤中用EDT或二巯基丙醇（2，3－dimercaptoproanol，British anti－Lewisite or BAL；Sigma－Aldrich公司），浓度范围一般可从100μmol/L到1～2mmol/L。在去除低亲和力内源巯基基团时BAL比EDT的效率高大约2.2倍。在标记步骤中建议使用EDT，因为BAL可能有降低双砷染料对于细胞膜的渗透性，并可能形成更稳定的砷-BAL复合物，置换已经与砷基团结合的EDT，从而形成两个极性很强的乙醇基团。洗脱时的巯基确切的浓度取决于使用的半胱氨酸组成的序列（Griffin et al. 2000；Adams et al. 2002；Martin et al. 2007），每次实验都需要定量。开始时采用温和洗涤条件（100～200μmol/L，巯基试剂），逐渐增加到更强烈的条件，同时仔细检测活细胞中双砷分子的荧光。建议使用的双砷染料与巯基试剂的浓度不要对细胞造成毒害，尤其对敏感类型的细胞，如哺乳动物的初级培养细胞（Ju et al. 2004）。具体操作参考方法1中双砷染料标记细胞的方法。

活细胞成像的相关显微镜技术

双砷标记细胞的活细胞成像的相关显微镜技术与常规荧光活细胞成像技术研究相同。以下重点介绍利用双砷染料荧光成像的特殊要求以及对相关的LM/EM分析技术的一些建议。在培养皿中同时获得与记录不同细胞的多个位点的图像是相关研究的两个基本目的，这些数据可以提供实验的相关性（精确的关联性），并可以记录多个细胞群体的实验过程，获得最多的数据。

制备用于活细胞成像的双砷标记的细胞

成功的活细胞成像需要在成像前和成像过程中始终保持细胞的健康与活力，使用的成像小室与生长介质（包括pH、渗透压、温度）是维持细胞健康的关键因素。

活细胞成像小室

通常短时间观察（几分钟到几小时）可以使用带玻璃底的培养皿。避免在培养皿的表面留下指印而影响观察的精确度与灵敏度，可以购买带玻璃底的培养皿（如Mat-Tek Corporation公司，Ashland，Massachusetts），也可以在直径30mm培养皿盖子上打一个洞，粘上一个玻璃盖玻片（我们通常使用Fisherbrand显微镜盖玻片），也可以购买带网格的盖玻片。这种盖玻片在进行相应显微观察时特别有用，因为在活细胞成像过程中，通过网格可以很容易辨认出不同位置的细胞。

在加上细胞悬浮液之前，应对玻璃皿表面进行高温消毒或在超净台中进行紫外线消毒，再在其表面涂上一层细胞外基质（如collagen type I或fibronectin溶液）或人工合成的多聚物（如多聚赖氨酸、poly－D－lysine）。为了使培养基中细胞在成像过程中保持适当的渗透压，防止水分蒸发，我们使用了一个封闭的、湿润的、CO_2平衡环境的培养小室（Weather station by Precision Control 温度控制仪和 CO_2加湿器），在培养皿的顶部放一个大的玻璃盖子。在长时间的成像过程中，显微镜小室很难与相关显微镜相匹配，因为这些小室干扰荧光转换操作和 EM 样品制备（请见活细胞后的荧光转换部分和操作方法 2）。微环境小室也可以用两个盖玻片制作而成，将细胞培养于一个封闭小盒中并同时控制液体流动、温度、CO_2浓度，微环境封闭小室有很多商业化的产品（如 Warner Instruments 公司，Hamden，Connecticut）。

细胞生长成像培养基

在去除牛血清的培养基（1×HBSS 附加葡萄糖，见双砷标记部分）中用双砷染料标记带有四半胱氨酸标签蛋白质的细胞。在细胞被标记和洗脱后，将培养基换成富含牛血清的培养基。我们常用的标记培养基附加 5%～10% 牛血清，细胞生长培养基[通常 DMEM（Dulbecco's modified Eagle's 培养基）或 RPMI－1640] 也附加牛血清，或者 Opti－MEM。另外一种方法对研究细胞分裂特别有用处，是在标记前将细胞培养在一种不仅含有标准细胞生长培养基的营养成分而且附加了生长因子和细胞生长期间的分泌物的培养基中。

在活细胞成像中，培养基的条件对维持细胞的活性和产生最佳的荧光信号都是非常重要的。对于用于活性成像的培养基，它的 pH、渗透压和能产生荧光背景的试剂都要加以控制。

培养基的 pH。常用的生长培养基，如 DMEM，其本身的缓冲作用依赖于 CO_2的含量。在组织培养箱中生长的细胞，其 CO_2的含量控制在 5%～10%。成像小室用适当浓度的 CO_2为其换气后密封，然后将成像小室放在恒温、恒湿和 CO_2平衡的环境培养室中。我们也建议在成像培养基中加入 10～20mmol/L HEPES 使其 pH 维持在 7.2～7.4。

pH 指示剂。大多数生长培养基包含 pH 指示剂酚红 [通常也称为苯酚磺酞 phenolsulfonphthalein（PSP）]，它自身的荧光强度很弱，但是指示剂酚红自身的荧光背景可能对探测到双砷标记和荧光蛋白的特异荧光信号产生干扰，因此在成像中要使用没有 PSP 的培养基。

渗透压。除非将成像小室放置在恒温恒湿的环境中，否则由于成像培养基的快速蒸发会导致其离子浓度升高，其作用最终会诱导细胞凋亡。

自由基。在成像培养基中要加入自由基清除剂，如抗坏血酸（维生素 C），或者要将培养基中的氧清除。后者通常的做法是用矿物油将成像小室密封，但是对上述这两种清除自由基方法，我们还没有发现其优势，而限制荧光激发水平（使用较短的曝光时间）可以有效降低氧自由基对细胞的伤害。

相关显微镜采集与处理系统的设计

显微镜的组成

活细胞成像的显微镜配置过程在一些综述（Swedlow and Platani 2002；Stephens

and Allan 2003；Waters 2007）和手册（见第 18 章）中已有详细的描述，同时显微镜制造商的网页也可以提供一些重要信息。在活体细胞成像中倒置显微镜是最常用的，因为它拥有长焦距的聚光器和直接用于高数值孔径的物镜。自动显微镜系统已经商品化了，如果具有相应的专业知识也可以自己组装。这个系统包括将显微镜、滤光片、快门、自动化平台和软件都整合到了一个功能单位，同时具有一个自动化的系统（包括一个自动载物台）为显微镜提供了可重复数据采集，并可连续采集多个区域的细胞图像。

信号检测

ReAsH -四半胱氨酸的激发和发射波长分别为 593nm 和 608nm，而 FIAsH -四半胱氨酸的激发和发射波长分别为 508nm 和 528nm。当四半胱氨酸与荧光蛋白融合后，通过荧光共振能量转移（fluorescence resonance energy transfer，FRET）激活双砷-四半胱氨酸，从而间接激活荧光蛋白。因为当供体（荧光蛋白）和受体（双砷）靠得很近（通常<10nm）时，FRET 才能发生，此时只有与荧光蛋白特异性结合的双砷分子才能被激发，产生荧光，而非特异结合的双砷分子不产生荧光。要探测 CFP 和 FIAsH 或 GFP 和 ReAsH，可使用下述的滤光镜参数。

CFP 和 FIAsH。青色荧光蛋白（cyan fluorescent protein，CFP）的激发波长为 440nm（20nm 带宽），发射波长为 480nm（30nm 带宽）。FRET 时，CFP 在 435nm 被激发。FIAsH 在 495nm（10nm 带宽）激发而在 535nm（25nm 带宽）被发射，使用 455nm 的双色镜可以允许 495nm 的光通过。

GFP 和 ReAsH。GFP 蛋白的激发波长为 480nm（在半透过时带宽 30nm），发射波长为 535nm（25nm 带宽）或 635nm（45nm 带宽），使用 505nm 双色滤光片。对于 ReAsH 最佳的激发波为 568nm（55nm 带宽），在 600nm 时使用双色滤光片，发射波长为 653nm（95nm 带宽）。

活细胞成像的荧光转换

荧光转换的过程包括：首先，用强光使荧光化合物激发，进而激发活性氧产生；其次，活性氧可以将 DAB 氧化成不溶于水的多聚物，最终多聚物可以被四氧化锇染成电子密度标记物（图 1 说明 ReAsH 驱动的 DAB 荧光转换）。为了使这个过程成功，需要注意以下几个方面。

（1）在能量激发时荧光化合物必须能够产生足够多的活性氧。因为活性氧的生成往往和荧光量子产率成反比，因此许多荧光化合物没有高的荧光转换率。许多传统的荧光蛋白不适合用于荧光转换，可能是因为其生色基团周围桶形的结构阻碍了活性氧的交换。绿色双砷 FIAsH 在驱动 DAB 的荧光转换中同样有类似的缺点，但是 ReAsH 能激发明亮的荧光，并能在氧化 DAB 时产生大量单线态的活性氧（Adams et al. 2002；Gaietta et al. 2002；2006；Lichtenstein et al. 2009）。

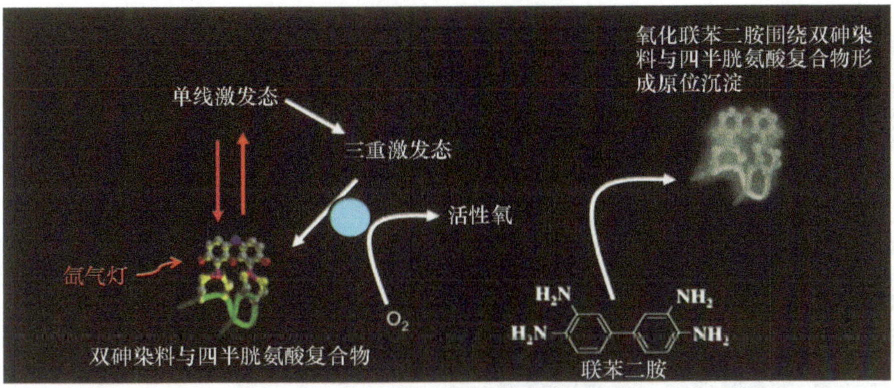

图 1　ReAsH 促使 DAB 发生荧光转换

在正常的氧浓度下，ReAsH 和四半胱氨酸结合后被一个强光源照射（氙灯）产生活性氧，活性氧进一步氧化溶液中的 DAB。氧化的 DAB 多聚体会变成不溶于水的多聚体，然后在接近 ReAsH 和四半胱氨酸复合体的位置沉积下来。沉积后经过四氧化锇处理后即可用电子显微镜观察

（2）在有效的荧光转换中，荧光化合物的量必须充足。虽然我们不能从定量上分析到底需要多少被标记的蛋白质，但是我们发现标有四半胱氨酸肽段 FLNCCPGCC-MEP 的蛋白质，其含量在几个或几十个时，很难观察到其荧光转换。相反，如果标记蛋白质的分子质量在几百或几千时，用这种技术很容易观测到荧光转换（图 2 和图 3 说明四半胱氨酸标记蛋白的 LM/EM 研究）。

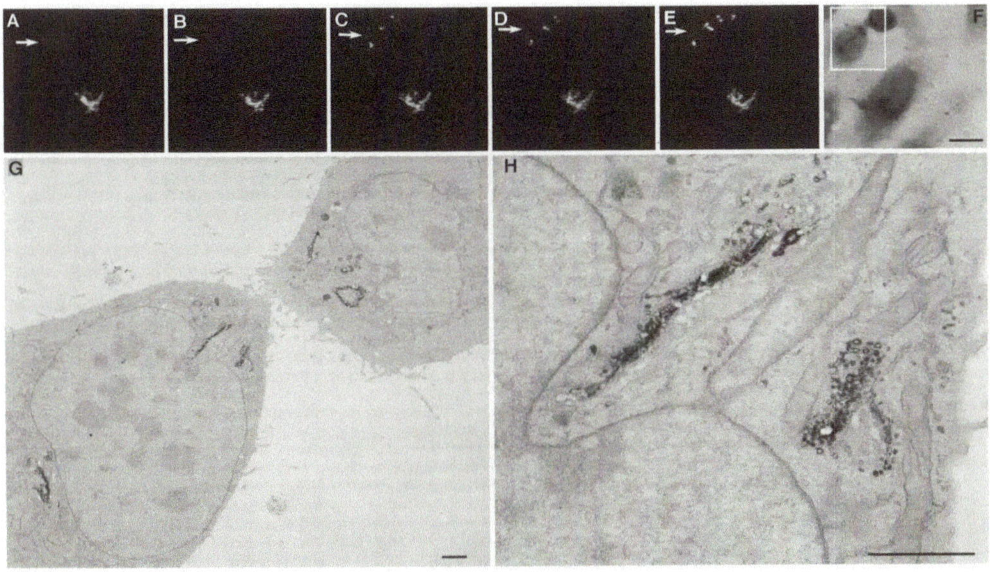

图 2　使用 LM/EM 对处于间期的高尔基体进行观察

mannosidase II - GFP - tetracystein 首先在 HeLa 细胞中表达来标记高尔基体。使用 LM 每隔 10min 进行一次延时摄影（A～E）。在完成活细胞成像后，细胞被固定然后进行光转换。其中光转换的区域（F，透射光）在处理和超薄切片后使用 EM 进行观察（G、H）。透射电子显微镜的图像在 80kV 电压下获得。标尺：F 为 10μm；G、H 为 0.5μm

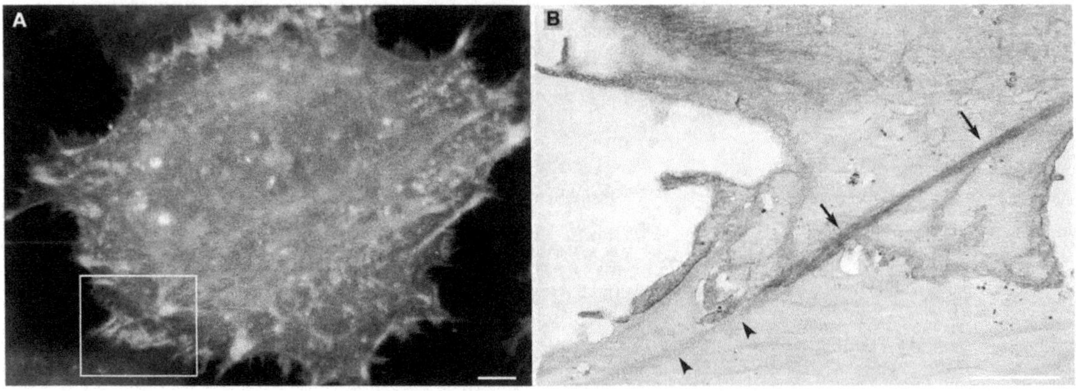

图 3　使用 LM/EM 对大鼠肾细胞（NRK）的微丝进行关联观察

在氨基端使用四半胱氨酸标记的微丝蛋白在 NRK 细胞中稳定表达，然后使用 ReAsh 进行染色和活细胞成像（A 为一个时间点的图像）。当完成活细胞成像后，细胞被固定然后进行光转换。A 中的方框区域在进行光转换后在 B 中也清晰可见。箭头指向发生光转换的微丝。注意在 B 图中转染和未转染的微丝。标尺为 0.5μm

（3）适当波长的光强对荧光转换也很重要。在这个过程中水银或氙光源和高数值孔径的物镜是必需的。

（4）荧光转换过程中需要氧的自由交换。建议使用倒置显微镜，因为在反应中氧化的 DAB 溶液可周期性的补给。

实验方案 1

活体成像中用双砷染料标记带四半胱氨酸标签蛋白质的方法

以下方法中，细胞表达带有四半胱氨酸标签的蛋白质均用双砷染料染色 1h。这里的体积指的是装有 2mL 标记培养基的 30mm 培养皿。体积的上、下限范围取决于在标记中所用培养皿的大小。这个步骤同样适用于用 50～100nmol/L（竞争性的二巯基化合物 EDT 的浓度要维持在 10～20μmol/L）低浓度的染料长时间进行染色。对于活细胞成像，我们发现较长时间的染色标记能够提高信噪比和降低对细胞的伤害。

材料

注意：标记有＜！＞的材料请参考附录正确处理。

试剂

BAL＜！＞（2，3 -二巯基- 1 -丙醇；Sigma - Aldrich 公司）

双砷染料（FIAsH - EDT2 或 ReAsH - EDT2；Invitrogen 公司）

带有四半胱氨酸标签的细胞表达蛋白质

二甲基亚砜＜！＞

EDT＜！＞（1，2 -乙二硫醇；Sigma - Aldrich 公司）

HBSS/葡萄糖，1×（如 Gibco - BRL 14025，Invitrogen 公司）

缓冲液中必须加入适当浓度的钙离子、钾离子和葡萄糖。

成像液［见步骤（7）］

洗涤液［HBSS/葡萄糖，加入巯基竞争性抑制剂；见用双砷染料标记部分和步骤（5）］

器材

组织培养箱（温度 37℃，CO_2浓度 5%～10%）

方法

（1）配制新鲜的 25mmol/L EDT（溶于 DMSO）。

（2）将 25mmol/L EDT 与双砷染料混合，得到 1∶2000 的标记母液。例如，将 1μL 25mmol/L EDT 与 1μL 1mmol/L FIAsH - EDT2 混合。在混合液中加入 2mL 标记培养基［步骤（4）］，培养皿中最终的浓度是 12.5μmol/L EDT 和 500nmol/L FIAsH -EDT2。

在对每个培养皿中的细胞标记时，准备单个等份的 EDT -双砷混合液（而不是为所有标记的培养皿准备大量 EDT-双砷混合液）。最佳的双砷浓度根据实验情况维持在 50nmol/L～1μmol/L。

（3）用 1×HBSS/葡萄糖温和洗涤细胞 3 次。洗涤后在培养皿中留 2mL HBSS/葡萄糖

在没有血清或牛血清蛋白（bovine serum albumin，BSA）培养基中，用双砷染料标记细胞的时间要小于 2h（Griffin et al. 2000）。

（4）从培养皿中吸取 100～200μL HBSS/葡萄糖加到含有 EDT-双砷标记混合液的管子中，用移液器上下吸几次混匀，然后将管子中的液体全部转到培养皿中。震荡混匀培养皿中的液体，在 37℃组织培养箱中培养细胞 1h。

（5）用 EDT 或 BAL 的竞争性溶剂洗涤。在与砷竞争性结合时，巯基试剂 BAL 的效率高于 EDT，因此在洗脱时 BAL 能达到对细胞无毒害的低浓度状态。洗脱二巯基化物时洗脱液的浓度根据目标蛋白中四半胱氨酸结构域的类型，具体应用浓度可参考 Griffin 等（2000）、Adams 等（2002）、Martin 等（2007）。

（6）去除标记溶液，用洗涤液清洗细胞 3 次，第 3 次清洗时，在培养皿中留 2～3 mL洗涤液，在 37℃培养箱中洗 15～20min。

（7）用 HBSS/葡萄糖清洗细胞，然后加入成像培养基（具体参照细胞生长成像培养基部分对培养基参数的说明）。在观察实验开始之前，一直将细胞培养在 37℃组织培养箱中。

实验方案 2

用于 EM 的双砷标记细胞荧光转换

在 LM 活细胞成像中，由于使用戊二醛固定剂的细胞活性逐渐降低。快速固定的目的是为了保持细胞超微结构和限制胞内反应产物的扩散。与 LM 活细胞成像相似，本方法详细阐述了用 DAB 荧光转换来固定细胞和进行 EM 观察样品制作的过程。

材料

注意：标记有＜！＞的材料请参考附录正确处理；

标有＜R＞的试剂请参考本章最后的配方制备。

试剂

细胞（同实验方案 1）

二氨基联苯胺盐酸盐（3，3 - diaminobenzidine tetrahydrochloride，DAB）＜！＞，10mg/mL（Sigma - Aldrich 公司）

不同批次的 DAB 有很大的差异。在双蒸水中快速溶解 DAB 配制成 10mg/mL 母液，再过滤，分装成 1mL，用液氮快速冷冻后储存于－80℃冰箱中。这样就可以制成统一批次的 DAB 溶液并可以长期保存

Durcupan ACM 树脂（Electron Microscopy Sciences 公司，Hatfield，Pennsylvania）

Durcupan－乙醇，1∶1

乙醇＜！＞，冰冻（20%、50%、70%、90%和 100%）

戊二醛＜！＞，在 37℃下用 0.1mol/L 二甲胂酸钠缓冲液（pH 7.4）配成 2%戊二醛

双蒸水，冷冻

四氧化锇＜！＞，用 0.1mol/L 二甲胂酸钠＜！＞缓冲液（pH 7.4）配成 1%四氧化锇

光转化封闭缓冲液（photoconversion blocking buffer）＜R＞＜！＞

二甲胂酸钠＜！＞，0.1mol/L（冰冻）

乙酸铀（uranyl acetate）＜！＞，用水配成 2%乙酸铀溶液

器材

氰基丙烯酸胶（cyanoacrylic glue）＜！＞

EM 样品准备的样品槽（dummy block）

通风橱
玻璃刀
60℃保温箱
锯子（Jeweler's saw）
水银或氙光源<!>
电子显微镜
光学显微镜
切片机和钻石切片刀
细记号笔
刀片
荧光过滤镜（Rhodamine filter set）
透射电子显微镜（TEM），300 目铜网（Electron Microscopy Sciences T300 - Cu）

方法

快速固定细胞

（1）在 37℃条件下，去除细胞培养物中的成像培养基，加含 2%戊二醛的 0.1mol/L 二甲胂酸钠缓冲液（pH7.4）。37℃保温 5min 后，逐渐降温到 4℃。在 4℃保温 30min，固定完成。

（2）去除固定液，用冰浴的 0.1mol/L 二甲胂酸钠缓冲液清洗样品数次，以去除戊二醛。

（3）在 4℃用光转化封闭缓冲液处理样品 20～30min，以去除光转化过程中产生的非特异的背景。

注意：光转化封闭缓冲液有剧毒。

DAB 的光转化

（4）从冰箱中取出已分装好的 10mg/mL DAB 管，将 DAB 溶解在 0.1mol/L 冰上预冷的二甲胂酸钠缓冲溶液中，使 DAB 最终浓度为 0.5mg/mL。再往该溶液中充入氧气，使其氧化。

虽然 DAB 在数小时内保持稳定，但必须现用现配。

（5）样品中加入冰浴的 DAB，4℃保温数 min。

（6）采用汞或氙光源并通过一个标准的荧光过滤镜（rhodamine filter set），用最大光强照射样品。每几分钟更换一次 DAB 溶液，在 LM 下检测照光部位，直到在荧光部位产生亮棕色的反应产物（根据荧光强度、光源强度和物镜光圈，这个过程需要 5～15min）时结束照光，停止反应。

通常每个培养皿的几个部位可以同时进行光转化。我们通常在每个培养皿中转化 3～4 个不同区域。由于特异产物和荧光强度是成比例的，所以高强度的荧光有利于加快光转化速率。

EM 的后期操作过程

（7）从显微镜台上取下培养皿，用 0.1mol/L 二甲胂酸钠溶液在冰上洗涤细胞 5 次，每次 3min。

（8）在通风橱中，向细胞样品中加入含 1％四氧化锇的 0.1mol/L 二甲胂酸钠溶液，再于冰上固定 30min。

（9）用冰浴的双蒸水洗涤细胞 5 次，每次 3min，然后用 2％乙酸铀染色。光转化的细胞需要染色 1h 或 4℃过夜。

（10）用冰浴的双蒸水洗涤细胞 1min。

（11）用冰乙醇在室温下逐级脱水：20％、50％、70％、90％各 2min，随后用 100％乙醇脱水 2 次，每次 2min。

（12）用 1∶1 的乙醇- Durcupan 渗透细胞 30min，使其 Durcupan ACM 树脂渗入到细胞，随后在室温下将细胞样品保温于 100％ Durcupan 中，更换 3 次。

（13）60℃保温 24～48h 使其聚合。

修块与切片

（14）用 LM 确定光转化的部位

在光转化反应中只有在物镜的视野范围内的样品有反应，表现出暗的棕色。没有反应的部位颜色较淡。当用四氧化锇固定和树脂包埋后，发生反应的产物将比完全发生光转化部位更黑。

（15）对感兴趣的部位用细的记号笔标记，再用锯子切下该部位。在通风橱下用胶水（cyanoarylic glue）将带有样品的树脂块粘在事先准备好的树脂块上，然后进行修块。用刀片小心移除盖玻片，并且修理粗糙的树脂块。

（16）用玻璃刀修剪样品块的边缘，找到目标样品后，用钻石刀切成超薄切片。

（17）将切片放到 300 目的铜网（ Electron Microscopy Sciences 公司）上，在常规的 TME 下用 80keV 进行观察。通常铜网无需染色。

溶液的配方

注意：标记有＜!＞的材料请参考附录正确处理。

光转化封闭缓冲液

试剂	终浓度
甘氨酸	20mmol/L
氰化钾（potassium cyanide）＜!＞	10mmol/L
氨基三唑（aminotrizole）	10mmol/L
二甲胂酸钠（sodium cacodylate）＜!＞	0.1mol/L

致谢

我们感谢 Julie Lee、Monica Berlanga 和 Daniela Boassa 提供的启发性讨论和对本章的建设性贡献。

参考文献

Adams SR, Campbell RE, Gross LA, Martin BR, Walkup GK, Yao Y, Llopis J, Tsien RY. 2002. New biarsenical ligands and tetracysteine motifs for protein labeling in vitro and in vivo: Synthesis and biological applications. *J Am Chem Soc* **124:** 6063–6076.

Gaietta G, Deerinck TJ, Adams SR, Bouwer J, Tour O, Laird DW, Sosinsky GE, Tsien RY, Ellisman MH. 2002. Multicolor and electron microscopic imaging of connexin trafficking. *Science* **296:** 503–507.

Gaietta GM, Giepmans BN, Deerinck TJ, Smith WB, Ngan L, Llopis J, Adams SR, Tsien RY, Ellisman MH. 2006. Golgi twins in late mitosis revealed by genetically encoded tags for live cell imaging and correlated electron microscopy. *Proc Natl Acad Sci* **103:** 17777–17782.

Griffin BA, Adams SR, Jones J, Tsien RY. 1998. Specific covalent labeling of recombinant protein molecules inside live cells. *Science* **281:** 269–272.

Griffin BA, Adams SR, Jones J, Tsien RY. 2000. Fluorescent labeling of recombinant proteins in living cells with FlAsH. *Methods Enzymol* **327:** 565–578.

Ju W, Morishita W, Tsui J, Gaietta G, Deerinck TJ, Adams SR, Garner CC, Tsien RY, Ellisman MH, Malenka RC. 2004. Activity-dependent regulation of dendritic synthesis and trafficking of AMPA receptors. *Nat Neurosci* **7:** 244–253.

Lichtenstein A, Gaietta GM, Deerinck TJ, Crum J, Sosinsky GE, Beyer EC, Berthoud VM. 2009. The cytoplasmic accumulations of the cataract-associated mutant, Connexin50P88S, are long-lived and form in the endoplasmic reticulum. *Exp Eye Res* **88:** 600–609.

Martin BR, Giepmans BN, Adams SR, Tsien RY. 2005. Mammalian cell–based optimization of the biarsenical-binding tetracysteine motif for improved fluorescence and affinity. *Nat Biotechnol* **23:** 1308–1314.

Martin BR, Deerinck TJ, Ellisman MH, Taylor SS, Tsien RY. 2007. Isoform-specific PKA dynamics revealed by dye-triggered aggregation and DAKAP1α-mediated localization in living cells. *Chem Biol* **14:** 1031–1042.

Stephens DJ and Allan VJ. 2003. Light microscopy techniques for live cell imaging. *Science* **300:** 82–86.

Swedlow JR and Platani M. 2002. Live cell imaging using wide-field microscopy and deconvolution. *Cell Struct Funct* **27:** 335–341.

Waters JC. 2007. Live-cell fluorescence imaging. *Methods Cell Biol* **81:** 115–140.

（祁斌　郑慧琼　译　方玉达　校）

第 26 章 小鼠正常组织和疾病组织活体成像研究

Rakesh K. Jain，Lance L. Munn，and Dai Fukumura

Department of Radiation oncology，Edwin L. Steele Laboratory，Massachusetts General Hospital and Harvard Medical School，Boston，Massachusetts 02114

过去的 30 年间，我们在理解癌症和其他疾病的分子起源上取得了巨大的进步。得益于这些进步，现在已经鉴定出了多种和血管新生（angiogenesis）、肿瘤生成（oncogenesis）及其他病理过程相关的基因，同时促进了多种诊疗制剂的发展。但现在面临的巨大问题是：①如何将这些基因的表达和它们在机体中的功能相结合？②如何在在体情况下将这些新型的诊疗手段作用到靶位点（Jain 1998）。当前，测量基因表达、生理功能和药物输送的典型方法，要么需要对生物体进行破坏，要么只能在低分辨率（毫米到厘米水平）情况下进行活体在体成像。前者限制了对生理动态活动的观察，后者限制了对细胞和亚细胞水平（1～10μm）生物学现象的研究。

在动物体上制作长期观察窗，同时配合显微镜观察可以解决这些问题（Jain et al. 2001；2002）。此外，最近的报告基因，如绿色荧光蛋白（GFP）以及使用了这些报告基因的转基因鼠和细胞系也为功能基因组研究提供了新的机会。尽管本章讲述的动物模型和成像技术都是围绕肿瘤病理生理学展开，但它们同样可以应用于其他生物学问题和健康组织研究。

常规的反射荧光和明视场显微镜是活体成像最常用的工具。最近多光子显微镜已经更多的应用于动物研究，它的一些特性明显优于传统单光子显微镜。多光子激光扫描显微镜（multiphoton laser scanning microscope，MPLSM）在标本内的成像深度可以达 700μm，其空间的三维分辨率可以达 1μm 以内（Brown et al. 2001）。尽管这个深度明显比传统显微镜和共聚焦显微镜都大，但它仍然不能满足多数体内组织成像要求。因此利用手术辅助手段对更深层的组织进行高分辨率成像很有必要。利用手术制备组织的方法可以分为三类：①长期透明观察窗（如背部皮褶室、颅窗）；②急性组织制备（肠系膜）；③原位制备（如尾部淋巴）。所有这些制备方法都可以应用于正常组织或肿瘤接种研究。每种手术制备方案都存在各自的优缺点。因此通常需要将几种方法结合起来检测基因表达、机体生理和药物输送的组织微循环效果。

在本章中，我们从对外科手术的一个简单历史回顾开始，概要讲述相关的成像技术。然后我们将对用这些方法取得的重要结论加以综述，并提出对未来的展望。最后，我们列举一些实验方案，讲解如何通过不同组织的制备和不同的成像分析方法取得感兴趣数据。

组织样制备的手术过程

长期观察窗的制备

1924 年，Sandison 开发了第一个植入兔子耳朵的透明窗式培养室（图 1）（Sandison 1924）。在实验方案 1 中讲述了这种方法的制备过程，它允许在非侵入模式下长期观察伤口愈合过程中的血管新生情况（Clark et al. 1930；Clark and Clark 1932）。Ide 和同事（Ide et al. 1939）利用这个观察窗率先研究了 Brown - Pearce 癌肿瘤的血管新生。

图 1　制备长期观察窗

A. 兔子耳室；B. 小鼠背部皮褶室；C. 颅窗。这些观察窗可以长时间的高分辨观察肿瘤生长、血管新生、生理过程和基因表达等（图片使用得到 Jain et al. 2001 允许）

20 世纪 40 年代，Algire 对 Sandison 的培养室进行了改造，将它安装在了小鼠背部皮肤上，并观察了伤口愈合及肿瘤生长过程中的血管新生（Algire 1943a；1943b；Algire and Chalkley 1945；Algire and Legallis 1948）。实验方案 2 中讲解了将观察窗植入背部皮肤的方法。关于其他实验方法的研究进展请参考表 1。类似的长期观察窗已经应用于观察其他啮齿类动物（如大鼠和仓鼠）的背部皮肤，仓鼠的颊囊，大鼠、小鼠的头颅（参考实验方案 3 和表 1）。

表 1　肿瘤研究中活体样品的制备

类型	模式生物	肿瘤	年份
长期观察窗			
耳观察窗	兔	Brown - Pearce 癌症	1939
		VX2 CA-intra-arterial injection	1958
		VX2 CA - multifocal growth	1984
背部皮肤观察窗	小鼠	多种 CAs，SAs，黑素瘤	1943
		肝癌 134	1961
		乳腺癌	1971
	裸鼠	无黑素性黑素瘤	1984
	SCID 小鼠	人类肿瘤移植	1992
	仓鼠	无黑素性黑素瘤	1981
	大鼠	腹水肝癌	1971

续表

类型	模式生物	肿瘤	年份
		横纹肌肉瘤	1977
		大鼠肉瘤	1979
		大鼠乳腺癌	1989
颅观察窗	大鼠或小鼠	人类或者啮齿类肿瘤	1994
胰腺观察窗	小鼠	人类乳腺癌	1999
肺观察窗	小鼠	Lewis 肺癌	2000
短期脏器外置			
颊囊	仓鼠	化学诱导瘤	1950
		人类肿瘤	1952
		人类黑色素瘤 血管外皮细胞瘤	1965
		恶性神经鞘瘤	1973
肠系膜	兔	VX2 CA - intra - arterial injection	1961
	大鼠	鼠结肠癌	1990
提睾肌	大鼠	Warker 256 癌，软骨肉瘤	1986
肝	小鼠	人类恶性腺瘤	1997
乳腺	小鼠	人类乳腺癌	1998
胰腺	小鼠	人类乳腺癌	1999
肺	小鼠	Lewis 肺癌	2000
原位制备			
眼前室	蛙	肾癌	1939
	几内亚猪	人类癌症	1952
前室/虹膜测试	兔	小鼠乳腺癌	1976
		小鼠乳腺刺瘤	1977
		大鼠乳腺增生	1977
角膜小室	兔	Brown - Pearce 癌、VX2 癌	1974
	小鼠	小鼠乳腺癌和乳腺瘤	1979
尾淋巴管	小鼠	小鼠纤维瘤	2000
耳淋巴管	小鼠	小鼠纤维瘤、小鼠黑色素瘤	2006
特殊模型			
单个大血管灌流	小鼠	人类恶性腺瘤	1996
血管生成凝胶	小鼠	多种血管生成因子	1996
使用 GFP 跟踪肿瘤细胞	小鼠	CHO 细胞，鼠乳腺癌，人各种腺癌	1997
透明小室中观察 GFP 报告基因	转基因鼠	鼠乳腺和肝癌	1998
	小鼠	人胶质瘤	2001

应用于啮齿类动物背部皮肤观察的长期观察窗是最常用的观察窗（参考实验方案 2）。同其他制备方法相比，它的植入更容易使用标准的设备。应用于小鼠的乳腺脂肪垫培养室（参考实验方案 4），其植入方法类似于背部观察窗，适用于乳腺癌研究。颅观察窗可以持续观察近一年，并且它还可以成为一个免疫豁免区（immunoprivileged site）。而背部皮肤的观察窗只能持续观察 30～40 天。这种长期观察窗的最大缺点是在观察微血管时，多数情况下都需要使用增强反差的试剂（如荧光试剂）。

胰腺癌的预后性较差，从临床前期研究中获得的指导治疗策略没能成功地显著延长患者的生存时间。实验方案 5 描述了一个新改进的腹部观察窗，这个观察窗允许使用活体显微镜在胰腺肿瘤生长过程中对其直接进行观察，并且可以监视其对各种处理的反应情况（Tsuzuki et al. 2001）。

肺部微循环中肿瘤生长的活体显微镜观察，因为需要即时制备样品而受到限制（Al-Mehdi et al. 2000；Funakoshi et al. 2000）。我们最近在小鼠上开发了胸部长期观察窗，它允许长时间观察胸膜表面接种肿瘤的微循环系统，观察过程无需手术干扰。实验方案 6 详细讲解了这个观察窗的制备方法，它可以对不同起源的肿瘤以及原发性原位肺癌胸膜转移进行研究。

急性（取出器官）制备

为了对内脏器官中的肿瘤生长进行高分辨率成像，很多时候需要将这些器官从体内取出。小鼠、大鼠和兔子的肠系膜常用于体微循环研究（图 2）（House and Lipowsky 1988；Kubes et al. 1991；Kurose et al. 1993a；1993b；Higuchi et al. 1997；Milstone et al. 1998）。由于在肠系膜中只有两层透明的膜结构覆盖在血管上，所以它非常适合用光学方法进行体微循环研究。遗憾的是，肠系膜非常脆弱，在实验操作过程中需要非常小心以保证肠系膜的完整性（参考实验方法 7）。另外，这种观察方法也不能维持很长时间。除了研究常规血管外，肠系膜也可用于研究腹膜转移（peritoneal metastasis）（Zeidman 1961；Yanagi and Ohsima 1996）。

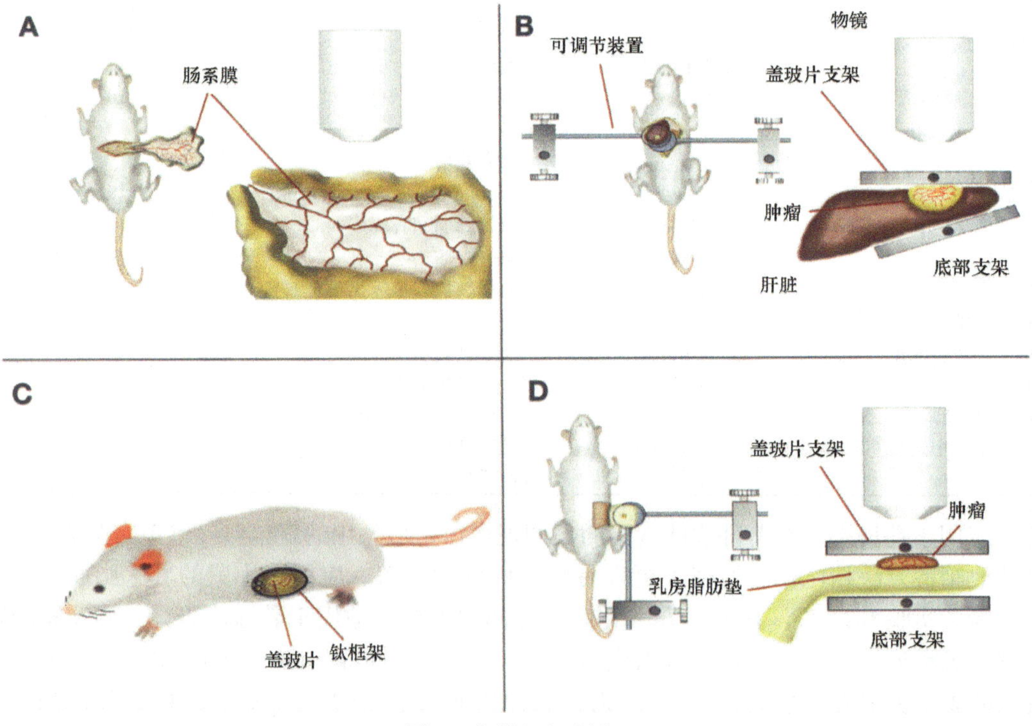

图 2　急性组织制备

A. 肠系膜，B. 小鼠肝脏，C. 胰腺，D. 乳房脂肪垫模型。这些模型可以用于急性观察和（或）器官特异性肿瘤微循环研究［图片使用得到 Jain 等（2001）允许］

我们和其他实验室已经证明了宿主微环境会影响肿瘤生物学，它可以影响很多生物学特性，如基因表达、血管新生、生理功能、肿瘤生长、侵入、转移和机体对治疗的反应等。原位实验模型允许在尽量接近原位位置直接观察（如在肝脏中观察肝肿瘤），因此其对更严谨的理解肿瘤病理学和更准确的研究抗癌处理十分必要（Filder 1995）。原位肿瘤模型包括肝（Morris et al. 1993；Fukumura et al. 1997b）（参考实验方案 8）和乳腺（Monsky et al. 2002）（参考实验方案 9）。这些制备方法为肿瘤生物学和治疗反应中宿主与肿瘤相互作用研究提供了理想的解决方案。

原位制备

早期的眼睛培养室是一种观察肿瘤生长的天然位点，植入虹膜或角膜囊袋是两种广泛用于这种目的的试验方法（图 3）（Gimbrone et al. 1972；1974；Gimbrone and Gullio 1976；Ausprunk and Folkman 1977；Brem et al. 1977；Maiorana and Gullino 1978；Muthukkarwppan and Auerbacr 1979；Sholley et al. 1984；Klintworth 1991）。在这两种试验方法中，角膜囊袋的使用范围更广泛（参考实验方案 10；并请参考 Klintworth 的综述）。由于血管有向三维方向生长的自然特性，所以很难对其做定量测定，但可以对早期血管长度和数量进行评估。一些研究人员通过灌流胶态碳反复定量测量了血管反应，并通过计算机辅助软件测量了血管长度（Klintworth 1991）。

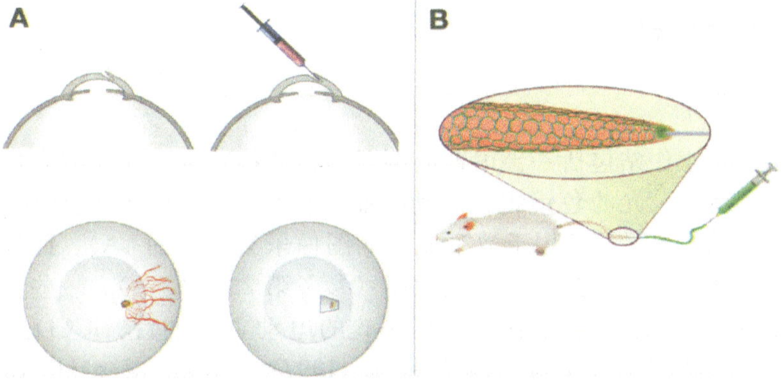

图 3　原位制备

A. 角膜囊袋试验；B. 小鼠尾部淋巴模型。这两种模型都使用原位制备方法研究血管新生和淋巴生成［图片使用得到 Jain 等（2001）允许］

角膜微囊袋试验最初应用于兔子身上（实验方案 10），现在已经可以应用于大鼠和小鼠（Muthukkaruppan and Auerbach 1979；Schlenger et al. 1994）。尽管使用大鼠或小鼠的实验成本会低很多，但由于它们的眼睛比兔子小很多，所以手术操作的难度将变得比较大。由于小鼠和大鼠的角膜都比兔子的薄，所以血管的三维生长将会受到明显限制。

小鸡绒膜尿囊膜（chorioallantoic membrane，CAM）也是常用的实验材料，它通常可以在全壳、部分脱壳和全部脱壳状态下使用（Leighton 1967；Auerbach et al. 1975；Nguyen et al. 1994；Friedlander et al. 1995）。这种实验方法非常廉价，所以成

为血管新生试验非常常用的材料（参考实验方案 11）。为了避免 7～8 日龄发生的炎症反应，4 日龄鸡胚的卵黄膜也被使用（Taylor and Weiss 1984）。因为很难精确定量新生成的血管，CAM 试验一般用于初级筛选。然而，经过（Nguyen et al. 1994）改进后，它更容易应用于定量研究。CAM 同样在分析转移细胞外渗（extavasation）和定植（colonization）（Koop et al. 1995）及研究转移细胞基因表达的动态在研究中发挥很大作用（Shioda et al. 1997）。

淋巴是免疫系统的首要成分，同时也是癌细胞迁移的重要途径（Jain and Padera, 2002）。利用淋巴管造影术可以观察小鼠尾巴或耳的毛细淋巴管（参考实验方案 12 和 13）（Leu et al. 1994；Berk et al. 1996；Swartz et al. 1996；Jeltsch et al. 1997）。这项技术需要使用大分子质量荧光标记示踪剂，将其注射到耳部培养室的间质间隔（intersititial compartment）或尾部组织中（图 3）。可以观察示踪剂迁移到并充满淋巴管网的状况。在尾部接种肿瘤后，可以监视肿瘤周围的淋巴结构和功能变化（Leu et al. 2000；Padera et al. 2002a；2002b）。不同组织中的原生和收集淋巴以及淋巴组织，如淋巴结或输入和输出派伊尔结（Peyer' s patche）同样可以通过注射示踪剂分子的方法观察到。

活体显微镜和成像分析

活体显微镜工作站

单光子显微镜

标准的显微镜工作站包括一台正置或倒置的显微镜、透射光照明和反射荧光照明系统、激发光光源、荧光滤色镜组、电动控制的滤色片转轮、电耦合元器件（CCD）相机、视频监视器、录像机和用于数字成像的图像采集卡（图 4A）。此外，也可以使用转盘扫描共聚焦或激光扫描共聚焦显微镜（参考第 23～26 章）。一些更高级的技术需要更多的设备，如水平分辨率在 ±1.0μm 的电动 XY 平台、iCCD、光电倍增管（PMT）和双通道数字示波镜等（Berk et al. 1997；Fukumura et al. 1997a；Helmlinger et al. 1997b；Jain et al. 2001；2002）。

多光子激光扫描显微镜

多光子激光扫描显微镜（MPLSM）包括一个锁模的钛-蓝宝石激光器和一个激光扫描头，激光扫描头可以是专门定制的多光子专用扫描头，也可以通过改造共聚焦系统，使其具备高红外透过率实现多光子激发观察。激光光束首先经过可以快速（约 1μs）调节激光强度的 Pockel 室，然后通过扫描头进入正置的反射荧光显微镜。多光子系统使用不必再次经过扫描振镜的 PMT 检测器（NDD）收集来自深层的高散射组织图像，通过位于扫描头和显微镜物镜之间的分色镜可以实现激光和标本荧光的分离（图 4B）（Denk et al. 1990；Brown et al. 2001）。

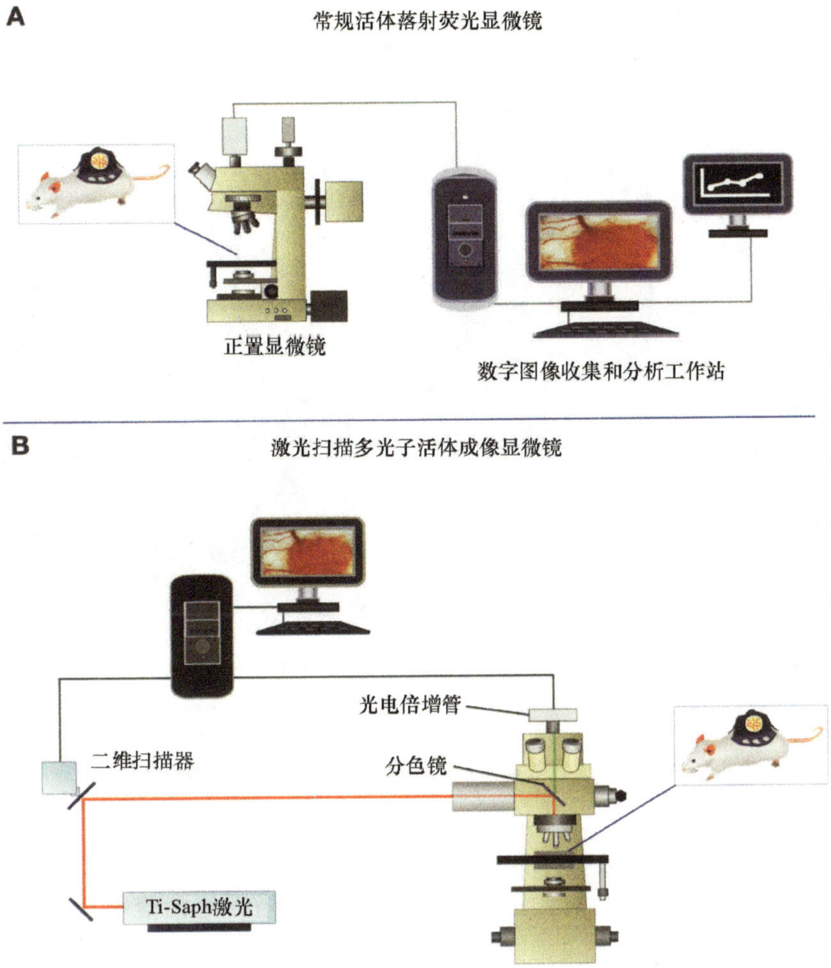

图 4　活体显微镜工作站

利用常规活体显微镜（A）或多光子激光扫描显微镜（B）观察小鼠肿瘤。使用合适的示踪分子和（或）工程菌/细胞在计算机辅助下进行成像及分析，可以观察肿瘤大小、血管密度、血管直径、RBC 速度、白细胞内皮（leukocyte endothelial）相互作用、血管渗透性、组织 pO_2、pH、基因启动子（promoter）活性、酶活性、药物及基因传递等［图片 B 使用得到 Brown 等（2001）许可］

为了使用 MPLSM 或单光子显微镜采集肿瘤的大小参数，我们通常在低放大倍率物镜下进行成像。为了获得定量的生理学参数，我们通常使用合适倍率的长工作距离物镜随机采集多个区域（3～6 个部位/肿瘤或实验动物）。我们通常测量的参数包括：肿瘤大小、血管新生（如血管密度、长度和直径）、血流动力学（如红细胞移动速度），血管渗透性，白细胞内皮相互作用，间隙扩散，迁移和结合，基因启动子活性，胶原蛋白结构和动态等。

光频域成像

我们最近在活体显微镜上实现了光频域成像（optical frequency domain imaging,

OFDI)，这一技术规避了多光子显微镜技术的一些局限（Vakoc et al. 2009）。并因此进入到了以前组织生物学未曾探索的一些极其重要的方面（图 5）。基于 OFDI 技术，我们可以定量测量肿瘤血管新生、淋巴管生成及血管和细胞对治疗的反应等参数。

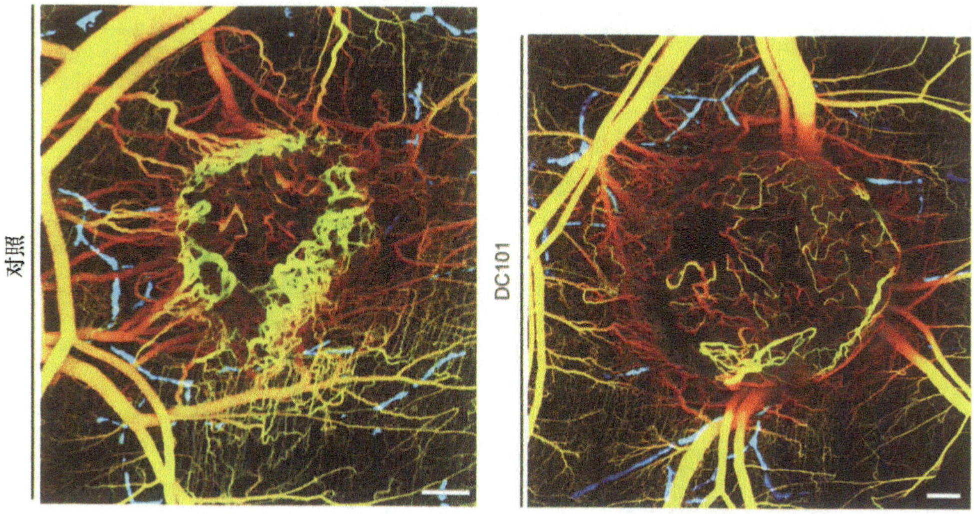

图 5　使用抗 VEGFR－2 处理的小鼠肿瘤多普勒- OFDI 图像

抗 VEGFR－2 处理 5 天时，使用 OFDI 通过 SCID 小鼠背部观察窗观察小鼠乳腺癌（MCaIV）血管投影图像（Vakoc et al. 2009）。浅层血管比较明亮（黄色），深层（至 4mm）血管则比较暗（红色）。对照和处理过的肿瘤血管形态明显不同。肿瘤血管周围围绕着一个毛细血管网床。两种肿瘤的淋巴管网络（蓝色）也可以识别出来。标尺长度，500μm（图片改编自 Vakoc et al. 2009）

OFDI 利用样品弹性光散射性质实现三维高分辨率成像，汇聚光束产生信号的横向（x、y 方向）分辨率，干涉仪可以测量出沿 z 轴方向的光延迟门信号。首先测量并行干涉信号，这种干涉信号是所有可检测深度内的光散射和一个外部参考光束的波长函数。随后对这种干涉信号进行波长傅里叶分析，从整合的信号中解析出各种不同深度的信号，得到解析深度的散射曲线。为了测量与波长相关的干涉信号，我们使用了能够实现瞬间狭窄带宽（<0.17nm）的波长扫描激光光源。这个激光光源使用了半导体光学放大器作为宽带增益介质，同时使用多边形扫描仪作为波长扫描滤镜。持续在以 1300nm 为中心的 140nm 窗口内进行波长取样，最终在组织内的垂直分辨率可以达 6μm。在 50kHz 的频率下进行深度扫描（A 线）。通过声光频率移相器（acousto－optic frequency shifter）可以得到 5mm 的扫描深度。一个偏振异性的光学调制器能够产生偏振态相互垂直的干涉光学信号，从而防止由于偏振信号衰减而产生的假象。干涉信号通过双通道的 100MHz 采集卡数字化，并且不间断存档到高速硬盘存储阵列中。用来描述组织结构特点的体积测量数据序列产生于采集的每一个偏振态反射场强度的总和。图像中用灰度来表示强度（分贝值）。为了展示结构，我们使用平面上下几层的强度平均值投影，这样可以降低噪音同时增加对比度。

我们对多普勒 OFDI 进行了改造，它可以对整个肿瘤（约 4mm×5mm）进行快速（约 10min）的三维成像（图片改编自 Vakoc et al. 2009）。这项技术的纵向分辨率约为

5μm，水平分辨率约为 10μm（图 5）。因为用于成像的散射信号是基于血液的固有运动，所以不需要额外添加增加反差的试剂，因此这是一项真正的非侵入式成像技术。我们将这项技术作为一种补偿，与 MPLSM 技术结合，并且评估它们的异同。

肿瘤生长和消退

可以使用数字化的透射光或反射荧光图像结合测量分析软件测量肿瘤的二维尺寸（Jain et al. 1986）。肿瘤的边缘可以通过特定形状的新生血管进行界定，通过 GFP 表达或突出于背部皮肤褶培养室周围组织表面的隆起可以确认这些血管。如果肿瘤突出表面足够高（如从组织/观察窗表面突出＞400μm），或者它的光密度较高（如由于 GFP 表达或血管密度高），则二维的肿瘤尺寸可以通过观察到的肿瘤表面积直接计算，如果可以在体外测量出其厚度，还可以计算肿瘤的体积（Tsuzuki et al. 2000）。对于非常小的肿瘤（如从组织/观察窗表面突出＜400～500μm，并且它的光密度不高），可以使用 MPLSM 测量肿瘤的体积。

血管参数

表 2 列举了我们曾经开发用于评估血管参数的非侵入技术。可以通过单光子显微镜或 MPLSM 测量血管新生、血液动力学、血管渗透性和白细胞-内皮相互作用等，本章的实验方案 14、15 和 16 分别介绍了这些技术。

表 2　作者实验室开发的非侵入技术举例

技术	参考文献
血管参数	
正常和癌组织血管的渗透性	Gerlowski and Jain 1986
微脉管白蛋白的渗透性，肿瘤血管表面区域和血管容积	Yuan et al. 1993
使用多光子共聚焦显微镜测量单个肿瘤血管的渗透性	Brown et al. 2001
血管的透过孔径大小	Yuan et al. 1995；Hobbs et al. 1998
单个肿瘤微脉管灌流，血管通透性检测	Lichtenbeld et al. 1996；1999
RBC 在白细胞细胞核上皮细胞之间相互作用中的效用	Melder et al. 2000
血管和淋巴管的成像	Vakoc et al. 2009
血管外参数	
pH 梯度的荧光检测：在正常和癌症组织中的计算和应用	Martin and Jain 1993；1994
人类移植肿瘤后微脉管和间质氧情况的非接触检测	Torres Filho et al. 1994
同时检测固态肿瘤内源的间质 pH 和 pO_2 情况	Helmlinger et al. 1997b
使用荧光漂白来检测发生在正常和癌症组织的间质扩散和白蛋白的传递	Chary and Jain 1989
使用荧光漂白结合空间傅里叶分析的方法来检测肿瘤间扩散和结合	Berk et al. 1993；1997
小鼠尾中表层淋巴网络的流速分析	Leu et al. 1994；Berk et al. 1996；Swartz et al. 1996
使用活体报告基因检测基因表达	Fukumura et al. 1998；2001
使用内源 GFP 进行细胞鉴定	Chang et al. 2000；Brown et al. 2001
对肿瘤中Ⅰ型胶原质进行二次谐波成像	Brown et al. 2003

血管外参数

除了下面列出的血管外参数外，本章末还列举了间质 pH（实验方案 17），间质和微血管 pO_2（实验方案 18）及间质扩散、传输和结合（实验方案 19）等测量方法。表 2 列举了我们曾经开发出来用于评估血管参数的非侵入技术。

淋巴管造影术

为了观察淋巴和评估其功能，可以将 5μL、2.5%的 FITC 标记或 TMR 标记的右旋葡萄糖苷［分子质量（MW）：2×10^6］低压力注射入肿瘤或肿瘤的真皮远端（Leu et al. 2000）。荧光右旋葡萄糖苷能够被淋巴接收成为功能性淋巴的指示剂（图 6）。MPLSM 成像的深度可以达 450μm（Padera et al. 2002b）。淋巴网络的形态，如淋巴管直径和几何网（mesh geometry，每个六边形平行边的最大距离）可以用离线分析软件［如 NIH Image（http：//rsb. info. nih. gov/nih－image/)］分析。在距注射点不同距离处监测，可以获得鼠尾淋巴网络的表面流速（Leu et al. 1994），也可以通过荧光漂白后恢复（FRAP）技术证明（Berk et al. 1996；Swartz et al. 1996）。

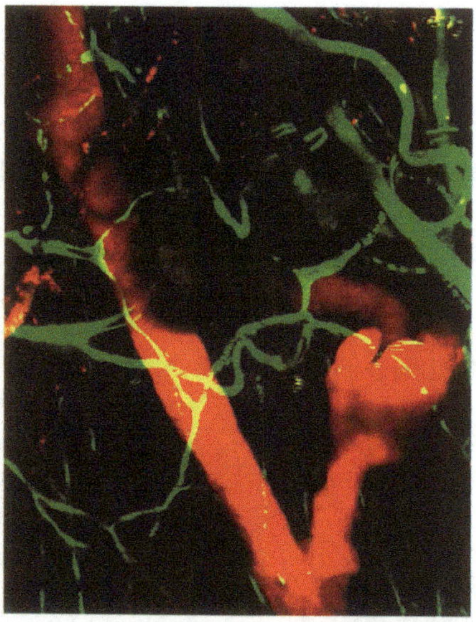

图 6　MPLSM 非侵入式淋巴造影术

图片显示的是裸鼠耳部的淋巴管和血管。静脉注射 0.2mL 10mg/mL 的 2×10^6MW FITC 标记右旋葡萄糖苷实现血管的高亮显影；直接注射 5μL 2.5%的 TMR 标记右旋葡萄糖苷进行淋巴管显影。图像是将 20 个间隔 5μm 的光学切片平面投影显示的结果。图片宽度为 250μm（图片来自 T. Padera 和 R. Tong.）

基因表达：携带 GFP 启动子活性成像

为了监视基质或肿瘤细胞内基因启动子的活性，可以将能够被该启动子启动的荧光报告基因转入小鼠体内（Fukumura et al. 1998）或者肿瘤细胞内（Fukumura et al. 1999）。一旦该基因被激活，则相应的细胞会带有荧光，并且可以检测到荧光的强度。

现在，最常用的报告基因是 GFP。随着更多的 GFP 变种出现，同时观察多个基因或在不同的细胞群中观察基因活性已经实现。为了使 MPLSM 观察 GFP 荧光（激发波长：509nm）的同时可以观察脉管系统。在小鼠的尾部静脉中注入红色的示踪剂（如 TMR 标记的 2×10^6 MW 右旋葡萄糖苷，10mg/mL，0.1mL/25g 体重），在 840～860nm 激发波长下可以同时观察两种荧光，两种荧光可以分别使用 525/100 和 610/75 两组滤色片收集，分色镜为 550LP（图 7）（Brown et al. 2001）。为了在活体条件下取得启动子活性的定量数据，需要使用逆卷积运算方法计算蛋白质水平和 GFP 荧光的相互关系，同时补偿 GFP 荧光的衰减变化。

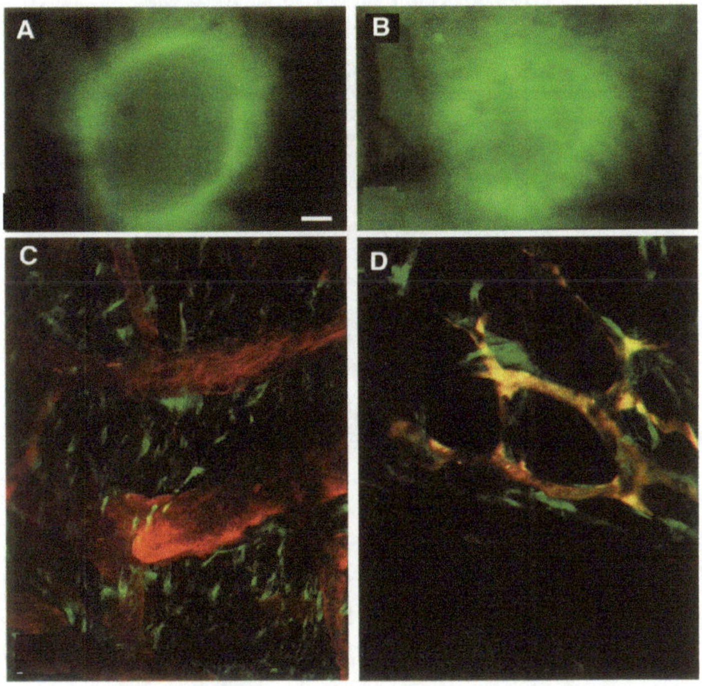

图 7　肿瘤生长过程中的 VEGF 启动子活性

反射荧光成像（A、B）：使用活体成像显微镜观察 VEGFP - GFP 小鼠背部皮褶室中小鼠肝癌 Hcal 的生长情况，A 为接种 2 周后，B 为接种 3 周后。转基因小鼠中接种实体肿瘤后，诱导宿主基质细胞 VEGF 启动子活性，导致绿色荧光累积。随着时间推移，可以在肿瘤块中看到荧光细胞侵入肿瘤（Fukumura et al. 1998）。MPLSM 成像（C、D）：用 MPLSM 成像显微镜观察 VEGFP - GFP 小鼠背部皮褶室中小鼠乳腺癌 McalV 的生长情况，C 为接种 2 周后，D 为接种 4 周后。在肿瘤周围可以观察到高密度的成纤维样 GFP 阳性（绿色）宿主细胞。同时，往往在肿瘤内生成新生血管（黄色/红色）（D）。标尺（A、B），500μm（图片 D 来自 Brown et al. 2001，并得到 Elsevier 许可改编）

使用二次谐波观察胶原蛋白动态

Brown 等（2003）说明了可以利用 MPLSM 对纤维状胶原蛋白进行二次谐波（second harmonic generation，SHG）成像（图 8）。为了同时对纤维状胶原蛋白、血管和 GFP 标记细胞成像，需要选择一个合适的激发波长。对 TMR 右旋葡萄糖苷标记的血管同 GFP 标记的细胞来说，使用 850～860nm 的激发波长比较合适。同 SHG 结合需要选择合适的滤色片和分色镜，使波长为激发波长 1/2 的 SHG 到达检测器，同时还要将它和其他荧光分开。以上述标本为例，如果使用 860nm 激发，需要使用 430DF30nm 滤色片收集 SHG，同时使用 525/100（GFP）和 610/75（TMR）两组滤色片收集荧光，分色镜为 460LP 和 575LP。

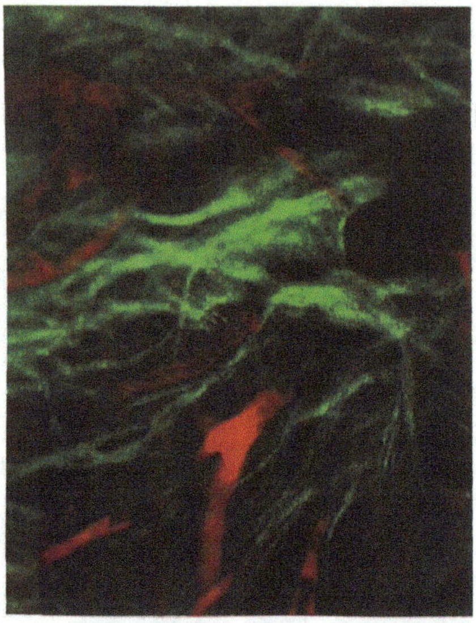

图 8　使用二次谐波进行肿瘤内胶原蛋白成像

使用二次谐波方法观察肿瘤中的胶原蛋白（绿色），不需要使用外部标记物。肿瘤脉管（红色）显像使用外源注射的 0.2mL 10mg/mL TMR 标记右旋葡萄糖苷。图像是将 5 个间隔 5μm 的光学切片进行平面投影显示的结果。图片宽度为 250μm

加入胶原蛋白降解酶后反复对胶原蛋白基质成像，通过该方法可以定量测量急性胶原蛋白修饰（modification）。例如，向生长在背部皮褶室中的肿瘤加入 100μL 1%的细菌胶原酶后，每隔 1min 拍一张图片，或者在接种表达松弛素激素的渗透泵后每隔 2 天对肿瘤进行一次拍照（Brown et al. 2003）。

新见解

肿瘤的血液供应决定了传递治疗药物到肿瘤所有区域的能力。使用活体显微镜，我们可以明确的证明肿瘤血管的结构和功能是多样化的（Endrich et al. 1979a；1979b；Dudar and Jain 1984；Dewhirst et al. 1989；Leunig et al. 1992），并提出位于血管壁的癌细胞可能会造成这种多样化（Sasaki et al. 1991；Chang et al. 2000）。此外，我们发现癌细胞会迫使宿主细胞生成潜在血管新生因子——血管上皮生长因子（VEGF），这一结论表明宿主细胞并不是被动的旁观者，而是积极主动地参与到肿瘤血管新生、生长和对治疗的反应中（Fukumura et al. 1998；Brown et al. 2001）。以上观点是我们实验室很多重要发现的汇总。

（1）从一个肿瘤转移到另一个肿瘤，从同一个肿瘤的一个区域转移到另一个区域，从一天到随后的另一天，从一个解剖部位到下一个解剖部位，血管新生、pO_2、pH、渗透性和截止孔尺寸都在变化（pore cutoff size）（Yuan et al. 1994；Helmlinger et al. 1997b；Fukumura et al. 2000）。

（2）类似于血管新生刺激剂的血管新生抑制剂的产物依赖于最初肿瘤生长的位置（Gohongi et al. 1999），并且根据位置不同而变化（Hartford et al. 2000）。

（3）令人惊奇的是，在一个激素依赖型肿瘤中，激素消退会导致内皮细胞凋亡，这种现象首先要由癌细胞下调 VEGF 产物而导致的癌细胞凋亡，然后可能由来自宿主细胞的 VEGF 驱动第二轮血管新生（Jain et al. 1998b）。

（4）人们预期血管新生制剂可以通过诱导血管退化来削弱药物传递过程。然而，在最初阶段，这些疗法可能会剪除一些未成熟的血管并且诱导生成正常的由更多成熟血管组成的血管网。它解释了抗血管新生和细胞毒性疗法之间的潜在协同作用（Jain et al. 1998b；Hansen - Algenstaedt et al. 2000；Lee et al. 2000；Willett et al. 2004）。

小鼠尾部模型的纤维肉瘤淋巴造影术表明，虽然肿瘤块内的淋巴管已经受损，但却在肿瘤外围富集（Leu et al. 2000；Padera et al. 2002a；2002b）。前者导致肿瘤内的间质性高血压，阻碍药物传递（Jain 1994）。推测后者可能是在 VEGF - C 诱导下促进了淋巴转移（Jeltsch et al. 1997）。于是一旦淋巴结中肿瘤细胞扩散足够多，就会形成大规模转移（Hoshida et al. 2006）。瘤内淋巴管的减少可能是癌细胞增生产生的固体应力的结果（Helmlinger et al. 1997a；Padera et al. 2004）。释放这些固体应力会打开淋巴管、降低压力，并因此提高了通过肿瘤血管运输药物的能力（Griffon - Etienne et al. 1999）。

当治疗剂从血管中泄漏后，它必须通过间质性基质转移到癌细胞（Jain 1987）。我们实验室使用 FRAP 方法已经第一次测量了间质扩散、传递和体内结合（Chary and Jain 1989；Berk et al. 1997）。此外，我们发现肿瘤中胶原蛋白的异常装配能够阻止治疗剂的渗透（Brown et al. 2003）。这一发现表明，胶原蛋白合成是改进大分子传递的一个潜在研究方向，其作用类似于松弛素作为原型基质改进剂（prototypic matrix modifier）的作用（Torres Filho et al. 1994）。

在了解活性淋巴细胞进入肿瘤血管的过程中，我们发现血管新生剂可以调节血管上的血小板黏附分子。这一发现为新生血管和血小板黏附两个截然不同领域提供了第一个相关环节。例如，我们发现 VEGF 正向调节、bFGF 反向调节血管上的血小板黏附分子（Melder et al. 1996；Detmar et al. 1998）。这是一种罕见的现象：两个分子为了一个功能可以协调作用，但为了另一个功能却相互拮抗。这一发现还为 bFGF 介导的免疫逃避提供了一个新的机制。

未来展望

活体显微镜已经为血管新生和肿瘤生物学提供了非常有用的洞察力（Ferrrara and Alitaro 1999；Carmeliet and Jain 2000；Folkman 2000；Kerbel 2000）。然而我们还要

面临 4 个重要的挑战。第一，所有的显微镜技术都只能做表面观察，对于不同种类的肿瘤，我们通常需要获得其内部环境的动态信息。共聚焦显微镜成像深度可以达到百微米（Dirnagl et al. 1992；Suzuki et al. 2001），多光子显微镜可以将这一限制扩展到 $>500\mu m$（Kleinfel et al. 1998；Lendvia et al. 2000；Brown et al . 2001；Helmchen and Denk 2002）。其他光学方法，如光学相干断层扫描可以对更深的区域成像（Huang et al. 1991；Boppart et al. 1999）。我们最近改进的多普勒 OFDI 技术允许在较短的时间内（约 10min）对大体积的标本（$4mm\times 5mm\times 4mm$）进行高分辨率（约 $10\mu m$）成像。这已经是一个很显著的改进。但这项技术不能检测荧光探针——这也是第二项重要挑战。将 OFDI 和多光子显微镜结合可以整合两项技术的优点。随着更多研究的开展，我们在不久的将来可能会以更高分辨率采集到整个肿瘤的动态图像。

第三项挑战是现有设备都很大或很零散，这也限制了它们的应用。小型化的多光子和高速扫描成像可能在将来会解决这些限制（Helmchen and Denk 2002）。第四项挑战是各种在体血管进程成像可以选择的分子探针短缺。随着该研究领域的快速发展，将来会有更多的机会揭示各种分子现象（Weissleder 2001；Weissleder and Ntziachristos 2003）。随着新型荧光和计算机分析技术的改进，我们将能够同时对多种事件进行成像。

随着这些显微镜和探针的改进，在体显微镜技术将会继续为肿瘤生物学、癌症检测和处理研究领域的意外发现提供新的机会。同样，这一方法也可以用于其他生物学和医学领域，包括神经生物学（Helmchen and Denk 2002）和免疫学（Buosso et al. 2002；Cahalan et al. 2002）等。

实验方案 1

兔子耳朵观察室

该方法可以通过手术将透明培养室植入雄性新西兰白兔耳朵（Zawicki et al. 1981；Nugent and Jain 1984）。

材料

注意：标记有＜!＞的材料请参考附录正确处理。

试剂

麻醉剂＜!＞，异氟醚＜!＞，1%～3%吸入剂（用于诱导最高至 5%）或氯胺酮/甲苯噻嗪＜!＞［（30～50mg/kg BW）/（5～10mg/kg BW）］

杀菌剂

NaCl（0.9%）［仅用于肿瘤移植；参考步骤（4）］

新西兰白兔，雄性（体重 2～3kg）

如果做肿瘤移植还需要荷瘤宿主（参考步骤 4）

设备

用于固定培养室到显微镜上的铝质适配器（Nugent and Jain 1984）

显微镜观察时固定动物的支架

加热垫或同类设备

活体显微镜

带塑料盖的兔子耳朵培养室

手术工具

方法

所有手术过程都必须保证妥善麻醉实验动物，并需要得到动物保护和使用委员会机构的允许。整个实验过程中使用加热垫或类似设备维持动物体温在 36～37℃。

（1）在耳朵上打 4 个孔，注意避开大的血管。其中 3 个外穿孔用于固定培养室，1 个中心穿刺（直径 5.4mm）用于放置观察窗。

（2）小心拉开耳朵两侧穿刺周围的表皮。在内耳侧放置模压板，按照孔洞调整其位置，同时在软骨外侧放置一个薄盖玻片（厚约 200μm）。使用 3 个螺杆和 6 个螺母固定紧模压板和云母玻璃片（和中央的穿刺孔以三明治形式存在）。

（3）牵拉缩回的皮肤，使其紧绷在盖玻片和模压板的边缘以保护暴露的部分。加少量杀菌剂，并且安装两个塑料盖来封闭和保护培养室。约 8 天后，培养室内［厚度（40±5）μm；直径 5.4mm］生出肉芽组织，大约手术后 40 天达到成熟。这时该培养室可以用于常规组织研究或肿瘤接种。

（4）接种肿瘤（Nugent and Jain 1984）：小心取下盖玻片。从宿主荷瘤的侧面切下一个肿瘤，捣碎，放到 0.9% NaCl 溶液中。在盖玻片上均匀摊开肿瘤溶液，重新将盖玻片放回，使其靠紧整个正常组织。

如果该过程致使组织破坏，应该去除这部分损坏的组织。接种 3～4 天后可以观察到血管新生反应，10 天后荷瘤培养室可以用于活体观察。

（5）活体成像显微镜：将实验动物放置为背卧位，用支架固定限制其头部移动，同时要维持合适的动物生存环境。将装有培养室的耳朵放到活体显微镜样品台上。用铝质适配器将培养室固定到显微镜载物台上（Nugent and Jain 1984）。

实验方案 2

小鼠背部皮褶室制备

使用该流程可以将背部皮褶室植入小鼠（Leunig et al. 1992）。

材料

注意：标记有<!>的材料请参考附录正确处理。

试剂

小鼠用麻醉剂<!>，异氟醚<!>，1%～3%吸入剂（用于诱导最高至 5%）或氯胺酮/甲苯噻嗪<!>（80～100mg/kg BW/5～10mg/kg BW）（Leunig et al. 1992）

小鼠

肿瘤细胞悬液或肿瘤组织片［仅用于肿瘤细胞接种；参考步骤（4）］

设备

培养室

加热垫或同类设备

活体显微镜，带热台和固定培养室用的金属框架

手术工具和缝合线

钛架（两个，每个 3.2g，互为镜像）

一边带有划槽的透明聚碳酸酯管［内径（ID）25mm］［仅用于肿瘤细胞接种；参考步骤（4）］

方法

所有手术过程都必须保证妥善麻醉实验动物，并需要得到动物保护和使用委员会机构的允许。整个实验过程中使用加热垫或类似设备维持动物体温在 36～37℃。

（1）除去动物背部的毛。轻轻地拉起小鼠背部皮肤，使用两个钛架（3.2g），互为镜像放置，以三明治形式夹住双层皮肤，用缝合线将其缝合固定。

（2）在其中一层皮肤上取下直径约 15mm 的皮肤，使用盖玻片将另一层皮肤盖上，包括表皮、皮下组织和横纹肌。使用扣环固定。

（3）在接种肿瘤或使用活体显微镜研究前，让动物恢复 48h。

（4）接种肿瘤：使用内径为 25mm 的透明聚碳酸酯管固定动物，让装有背部皮褶室的一面朝向划槽。小心揭开培养室的盖玻片，在背部培养室的中心接种 2μL 的肿瘤

细胞悬液（约 10^5 细胞）或 1mm 大小的肿瘤组织片。使用一个新的盖玻片重新密封好。

（5）活体成像：要事先麻醉小鼠（Leunig et al. 1992），让其侧卧在热台上，使用自己制作的金属框架轻轻将培养室夹紧固定到显微镜载物台上。

实验方案 3

制备大鼠和小鼠颅窗

使用该流程可以将颅窗植入小鼠和大鼠（Yuan et al. 1994）。

材料

注意：标记有＜！＞的材料请参考附录正确处理。

试剂

小鼠用麻醉剂＜！＞，异氟醚＜！＞，1％～3％吸入剂（用于诱导最高至 5％）或氯胺酮/甲苯噻嗪＜！＞（80～100mg/kg BW/5～10mg/kg BW）；大鼠用 1％～3％吸入剂（用于诱导最高至 5％）或氯胺酮/甲苯噻嗪＜！＞（75～100mg/kg BW/5～10mg/kg BW）

明胶海绵

加热垫或同类设备

小鼠或大鼠

生理盐水

肿瘤组织

设备

盖玻片

高速电钻和钻头（直径 0.5mm）

显微镜

脑立体定位仪

手术工具，包括虹膜微剪刀和皮肤解剖器

方法

所有手术过程都必须保证妥善麻醉实验动物，并需要得到动物保护和使用委员会机构的允许。整个实验过程中使用加热垫或类似设备维持动物体温在 36～37℃。

（1）使用脑离体定位仪固定动物头部。在枕骨和前额之间的皮肤上切割出一个纵向切口。在头骨上剪掉一个圆形的区域，刮去颞肌嵴下方的骨膜。

（2）在颅骨的额叶和顶叶区域画一个 6mm 的圆。用高速电钻（直径 0.5mm）在画出的圆边缘作出凹槽。小心使用电钻将凹槽磨得更薄，直到骨片变松软。

（3）使用皮肤解剖器从硬脑膜上将骨片分离。移除骨片后，将明胶海绵放于切口处，使用生理盐水反复冲洗硬脑膜。

（4）在靠近矢状窦的地方开一个小的切口，将虹膜微剪刀插入这个切口。从两个大脑半球的表面完全剪掉硬脑膜和蛛网膜。小心不要对矢状窦有任何损伤。

（5）接种肿瘤：在窗口中心接种 1mm 大小的肿瘤组织片。将一个 7mm 的盖玻片用组织相容性的氰基丙烯酸盐黏合剂粘到颅骨上。

（6）当肿瘤生长到预期大小时，可以进行功能特性的测量。将动物麻醉后放置到简易的脑立体定位仪上，使其头部固定紧，尽量减少呼吸造成的运动伪影。将颅窗放置在物镜下，使其表面垂直于物镜。

实验方案 4

小鼠乳腺脂肪垫培养室制备

使用该流程可以将乳腺脂肪垫培养室植入小鼠。除了位置不同外，这个实验的手术方法与制备背部皮褶室的方法类似。此外，这里讲述的方法和传统乳腺脂肪垫培养室模型相比具有的优势是：只需要简单的麻醉就可以对同一个动物做多次观察。

材料

注意：标记有＜！＞的材料请参考附录正确处理。

试剂

小鼠用麻醉剂＜！＞，异氟醚＜！＞，1%～3%吸入剂（用于诱导最高至 5%）或氯胺酮/甲苯噻嗪＜！＞（80～100mg/kg BW/5～10mg/kg BW）

小鼠

设备

培养室

加热垫或同类设备

手术工具

钛架（两个，每个 3.2g，互为镜像）

透明的 Access 培养室

方法

所有手术过程都必须保证妥善麻醉实验动物，并需要得到动物保护和使用委员会机构的允许。整个实验过程中使用加热垫或类似设备维持动物体温在 36～37℃。

（1）在植入培养室之前，除去动物整个横向侧翼的毛。确定从第一个到第三个乳头都露出来。

（2）轻轻地拉起小鼠背部皮肤，使用两个钛架（2.5g），互为镜像放置，以三明治形式夹住双层皮肤。

（3）在其中一层皮肤上打直径约 15mm 的圆孔，使用盖玻片将另一层皮肤盖上，包括带乳头的表皮、皮下组织和乳腺脂肪垫。

（4）在接种肿瘤或使用活体显微镜研究前，让动物恢复 48h（参考实验方案 2）。每只乳腺脂肪垫培养室小鼠单独养殖在一个笼子里，将饲料颗粒放置在笼底。

实验方案 5

小鼠胰腺肿瘤培养室制备

使用该流程可以将胰腺肿瘤培养室植入小鼠。这个实验方案既可以直接用活体显微镜观察，又可以长期观察胰腺肿瘤的生长情况和对治疗处理的反应（Tsuzuki et al. 2001）。

材料

注意：标记有＜!＞的材料请参考附录正确处理。

试剂

小鼠用麻醉剂＜!＞，异氟醚＜!＞，1%～3%吸入剂（用于诱导最高至 5%）或氯胺酮/甲苯噻嗪＜!＞（80～100mg/kg BW/5～10mg/kg BW）

小鼠

设备

胶带

盖玻片（圆形，直径 11mm）

加热垫或同类设备

活体显微镜

一边带有 14mm×37mm 划槽的塑料管（内径 25mm）

手术工具和缝合线（5－0 聚丙烯纺织纤维）

钛环，边缘有 8 个孔，扣环

方法

所有手术过程都必须保证妥善麻醉实验动物，并需要得到动物保护和使用委员会机构的允许。整个实验过程中使用加热垫或类似设备维持动物体温在 36～37℃。

（1）为了接种肿瘤，需要在左外侧做一个小的开腹手术。小心取出胰腺，将一小片肿瘤组织用 5－0 聚丙烯纺织纤维固定到胰腺的浆膜侧。合上并缝合腹壁和皮肤。

（2）接种约 4 周后，当肿瘤直径为 6～8mm 时，植入腹壁观察窗用来观察肿瘤微循环。

（3）重新打开皮肤和腹壁，轻轻取出长有肿瘤的胰腺。用 5－0 聚丙烯纺织纤维缝合线将一部分正常的胰腺缝合到腹壁的外侧，保证胰腺和肿瘤在腹腔外。

（4）使用缝合线通过钛环的 8 个孔将钛环缝合到腹壁。将直径 11mm 的圆形盖玻片放置到顶部封闭观察窗，通过扣环将其固定（图 2C）。

（5）活体成像：要事先麻醉小鼠，将其放在一个带有 14mm×37mm 划槽的塑料管（内径 25mm）中。将腹部观察窗朝向塑料管的划槽，使用胶带固定。

实验方案 6

小鼠肺部观察窗制备

使用该方法可以将胸部观察窗植入小鼠。

材料

注意：标记有＜！＞的材料请参考附录正确处理。

试剂

小鼠用麻醉剂＜！＞，异氟醚＜！＞，1％～3％吸入剂（用于诱导最高至 5％）或氯胺酮/甲苯噻嗪＜！＞（80～100mg/kg BW/5～10mg/kg BW）

生物相容性的氰基丙烯酸盐黏合剂＜！＞，胶合剂

小鼠

肿瘤碎片

设备

烧灼器

盖玻片（圆形，直径 8mm）

加热垫或同类设备

机械呼吸机

显微镜

PE－10 聚乙烯管（内径 0.28mm，外径 0.61mm）

手术工具和缝合线（5－0 和 8－0 爱惜邦聚丁酯缝线）

配 30 号针头的注射器（3mL）

方法

所有手术过程都必须保证妥善麻醉实验动物，并需要得到动物保护和使用委员会机构的允许。整个实验过程中使用加热垫或类似设备维持动物体温在 36～37℃。

（1）除去动物左胸部的毛。将动物放置为右侧卧。从腹向背横向切开皮肤，直接剖开皮下脂肪和结缔组织。大幅切除胸肌，暴露出左侧胸壁。

（2）将动物放置为仰卧位。利用气管切开和器官插管术将 PE－10 聚乙烯管（内径 0.28mm、外径 0.61mm）从颈部中部切口插入。将动物恢复为右侧卧，将导管连接到呼吸机。以 15mL/kg 换气量和 50 次/min 的频率对动物进行换气（Kleinman and Radford 1964)。

(3) 在腹部第五和第六根肋骨间切除6mm部分，同时切除胸壁，在胸壁上留下约7mm×6mm的孔洞。彻底灼烧消毒肋骨边缘和胸壁以防潜在出血。用直径8mm的圆形盖玻片封口。将生物相容性的氰基丙烯酸盐黏合剂和胶合剂涂在盖玻片周围，固定和封闭胸部孔洞。

(4) 使用配30号针头的3mL注射器刺入胸腔，从胸腔内抽出剩余的空气，让肺膨胀接触到盖玻片。使用5-0缝合线缝合皮肤和肌肉。当动物充分恢复自主呼吸后逐渐终止呼吸机。拔出导气管，用8-0缝合线缝合气管，并使用5-0缝合线缝合颈部切口。

(5) 1周以后将盖玻片揭开，在胸腔表面接种1mm的肿瘤碎片。接种后，重新盖上盖玻片并用氰基丙烯酸盐黏合剂和胶合剂固定。

(6) 活体显微镜观察：让动物右侧卧在载物台上（参考实验方案8）(Fukumura et al. 1997b)。为了将呼吸作用引起的胸壁移动控制到最小，在盖玻片头和尾方向的皮肤上缝合两个线绳。使用线绳轻轻提起胸壁使其贴近载物台的可调节臂。

实验方案 7

小鼠和大鼠肠系膜制备

使用该流程可以制备小鼠和大鼠肠系膜（Jain et al. 1998a）。

材料

注意：标记有＜!＞的材料请参考附录正确处理。

试剂

小鼠用麻醉剂＜!＞，异氟醚＜!＞，1%～3%吸入剂（用于诱导最高至5%）或氯胺酮/甲苯噻嗪＜!＞（80～100mg/kg BW/5～10mg/kg BW）；大鼠用1%～3%吸入剂（用于诱导最高至5%）或氯胺酮/甲苯噻嗪＜! ＞（75～100mg/kg BW/5～10mg/kg BW）

小鼠或大鼠，实验前禁食24h

生理盐水，预热到37℃

设备

吸血棉垫和棉棒，预先用温生理盐水沾湿

加热垫或同类设备

配合适当照明的显微镜［参考步骤（4）］

手术工具

生理盐水灌流系统

方法

所有手术过程都必须保证妥善麻醉实验动物，并需要得到动物保护和使用委员会机构的允许。整个实验过程中使用加热垫或类似设备维持动物体温在36～37℃。

（1）动物处于麻醉状态后，除去动物腹部的毛。从正中线切开腹部。

（2）取出小肠的回盲部，用生理盐水预湿的棉花棒轻轻将小肠套推到玻璃板上。避免直接接触到或拉扯肠系膜。

（3）轻轻拉紧小肠，以免折叠肠系膜，将其固定到事先用生理盐水预湿的吸血棉垫上。向肠系膜灌流温的生理盐水以保证湿度和温度。

（4）使用透射光、反射荧光照明或者多光子扫描显微镜和适当的示踪剂观察肠系膜微循环（图2A）。

实验方案 8

小鼠肝肿瘤制备

肝是最常见的结肠癌远程转移部位。使用该方法，通过脾注射肿瘤细胞方法制备肝肿瘤转移动物模型小鼠（Fukumura et al. 1997b）。

材料

注意：标记有<!>的材料请参考附录正确处理。

试剂

小鼠用麻醉剂<!>，异氟醚<!>，1%～3%吸入剂（用于诱导最高至 5%）或氯胺酮/甲苯噻嗪<!>（80～100mg/kg BW/5～10mg/kg BW）

生物相容性的氰基丙烯酸盐黏合剂<!>

义齿黏合剂霜

小鼠

肿瘤细胞悬液

设备

圆形盖玻片，其中一个连有一个棒棒糖形金属支撑环

加热垫或同类设备

人工肝支撑装置（图 2B）

金属伤口夹

显微镜手术工具

方法

所有手术过程都必须保证妥善麻醉实验动物，并需要得到动物保护和使用委员会机构的允许。整个实验过程中使用加热垫或类似设备维持动物体温在 36～37℃。

（1）在左侧肋部切一个小口，取出脾脏，将 100μL 肿瘤细胞悬液（1×10^6～5×10^6 个细胞）注射入脾脏被膜下。将脾脏重新放回腹膜腔。使用金属伤口夹夹紧两层伤口（皮肤和腹腔壁）。

（2）1 周后取下金属夹。

（3）接种肿瘤细胞 3～4 周后，从正中线切口打开腹腔壁。轻轻取出转移肿瘤的主肝叶，使用人工肝支撑装置固定（图 2B）。

（4）用氰基丙烯酸盐黏合剂将圆形盖玻片粘到肝叶底部表面，并使用义齿黏合剂霜将盖玻片固定到机械支架上。

这种设计允许调整肝表面的三维位置和角度，使其平行于载物台。

（5）将连有棒棒糖形金属支撑环的圆形盖玻片轻轻放置在肿瘤或正常肝组织表面。可以在肿瘤直径 3～5mm 聚焦测量功能性参数。

实验方案 9

小鼠乳腺脂肪垫肿瘤制备

乳腺癌是妇女因疾病死亡的主要原因。小鼠的乳腺脂肪垫（图 2D）可以作为乳腺癌的移植位点。

材料

注意：标记有＜！＞的材料请参考附录正确处理。

试剂

小鼠用麻醉剂＜！＞，异氟醚＜！＞，1%～3%吸入剂（用于诱导最高至 5%）或氯胺酮/甲苯噻嗪＜！＞（80～100mg/kg BW/5～10mg/kg BW）

乳腺癌细胞

雌性小鼠

设备

加热垫或同类设备

显微镜观察用的固定肝脏的材料（参考实验方案 8）

显微镜

手术工具

方法

所有手术过程都必须保证妥善麻醉实验动物，并需要得到动物保护和使用委员会机构的允许。整个实验过程中使用加热垫或类似设备维持动物体温在 36～37℃。

（1）将乳腺癌细胞（3×10^6 个；用 PBS 将最终体积调整到 30μL）或肿瘤研磨液注入雌鼠乳头下面的乳腺脂肪垫。

4～6 周后肿瘤的直径会长到 5～8mm。

（2）当肿瘤生长到预期大小时，通过皮肤和筋膜切一个中线切口。使用钝性剥离器轻轻提升皮瓣，小心操作避免破坏血管和刺激肿瘤脉管。

（3）轻轻将皮瓣粘到特殊设计的载物台上，载物台由肝脏载物台改进而来（请参考实验方案 8 和图 2B）。将连有棒棒糖形金属支撑环的圆形盖玻片轻轻放置在肿瘤表面。

实验方案 10

兔子角膜囊袋制备

使用该方法可以制作兔子角膜囊袋（图 3）（Gimbrone et al. 1974），通过调整后可以用于小鼠（Muthukkaruppan and Auerbach 1979）。

材料

注意：标记有<！>的材料请参考附录正确处理。

试剂

麻醉剂<！>，异氟醚<！>，1%～3%吸入剂（用于诱导最高至 5%）或氯胺酮/甲苯噻嗪<！>（80～100mg/kg BW/5～10mg/kg BW）

碎肿瘤或凝胶

兔子

利多卡因（xylocaine，麻醉药）

设备

加热垫或同类设备

显微镜观察用的固定肝脏的材料（参考实验方案 8）

显微镜

手术工具

方法

所有手术过程都必须保证妥善麻醉实验动物，并需要得到动物保护和使用委员会机构的允许。整个实验过程中使用加热垫或类似设备维持动物体温在 36～37℃。

（1）使用 2%的利多卡因进行麻醉和眼球后渗透，然后将眼睛向前移动，并且夹紧下眼睑固定它。

（2）在角膜偏离中心位置用手术刀片切一个 1.5mm 长的表面切口。使用 27 号针头在前眼房释放一小部分房水来降低眼压。

（3）插入韧性的虹膜铲（1.5mm），在角膜基质内制作一个椭圆形的囊袋。

从切口边缘到囊袋边缘 1～2mm。

（4）将一小片肉肿瘤或含有测试分子（如 5～10μL 血管新生生长因子）的凝胶放置在囊袋的底部，自然封合。

（5）用体视显微镜观察角膜植入。使用 10×目镜和测微尺测量肿瘤和血管生长情况。

使用绿色滤光片可以更容易看到角膜内微细的血管通道。

实验方案 11

小鸡绒膜尿囊膜

该方法讲述了如何在小鸡绒膜尿囊膜（CAM）中评估血管新生。

材料

试剂

白来杭鸡受精鸡蛋，在温度 37°C、相对湿度约 60%条件下孵育 8～12 天（Chambers et al. 1982；McDonald et al. 1992；Nguyen et al. 1994；Shioda et al. 1997）

肿瘤细胞（Chambers et al. 1982），基质接种物（Nguyen et al. 1994）或荧光标记的肿瘤细胞（McDonald et al. 1992；Shioda et al. 1997）

设备

解剖显微镜
电钻
活体显微镜
培养皿
手术工具

方法

所有手术过程都必须保证妥善麻醉实验动物，并需要得到动物保护和使用委员会机构的允许。整个实验过程中使用加热垫或类似设备维持动物体温在 36～37℃。

（1）为了接种肿瘤细胞或基质凝胶和在 CAM 中确定大的血管，需要使用电钻在 CAM 的外壳上开一个窗（约 1cm×1cm）。取下这一小部分蛋壳或整个蛋壳，留下完整的 CAM。如果将整个蛋壳移除，则要将其小心的放置在培养皿中。

（2）将肿瘤细胞（Chambers et al. 1982）或基质植入物（Nguyen et al. 1994）放在 CAM 的上部或通过静脉注射 0.1mL 荧光标记的肿瘤细胞（细胞数 1×10^5～4×10^5 个）（McDonald et al. 1992；Shioda et al. 1997）。

（3）使用手术显微镜检查凝胶或肿瘤中血管新生的生长情况（Chambers et al. 1982；Nguyen et al. 1994）。

（4）使用活体显微镜和荧光照明观察活肿瘤细胞（McDonald et al. 1992；Shioda et al. 1997）。

实验方案 12

小鼠尾部淋巴

长有或未长有肿瘤的小鼠尾部淋巴为研究人员提供了一个淋巴管造影术的原位模型（图 3）（Leu et al. 2000；Padera et al. 2002a；2002b）。

材料

注意：标记有＜!＞的材料请参考附录正确处理。

试剂

麻醉剂＜!＞，异氟醚＜!＞，1%～3%吸入剂（用于诱导最高至 5%）或氯胺酮/甲苯噻嗪＜!＞（80～100mg/kg BW/5～10mg/kg BW）

荧光标记的右旋葡萄糖苷（2×10^6MW，10mg/mL）

小鼠

因为雌性 Nu/Nu 小鼠攻击性小，尾部也不易受伤，所以最适合用于尾部研究。雌鼠还不需要在实验、观察前除毛。动物在实验前需单独喂养，以免损伤尾部。

胰蛋白酶溶液＜!＞（0.25%）

肿瘤组织

设备

双面胶带

有机玻璃块

显微镜

针头（26 号）

针头（30 号），连接到一个恒压源

培养皿

针筒

方法

所有手术过程都必须保证妥善麻醉实验动物，并需要得到动物保护和使用委员会机构的允许。整个实验过程中使用加热垫或类似设备维持动物体温在 36～37℃。步骤（1）～（3）用于鼠尾肿瘤生长研究，步骤（4）～（5）用于微淋巴管造影术研究。

肿瘤生长

（1）从肿瘤组织中收集并制备肿瘤细胞的单细胞悬液，捣碎并使用胰蛋白酶消化，直到均匀溶解。

（2）用 26 号针头从尾部末端刺入皮肤约 1cm，注射 0.2mL 单细胞悬液。非常小心的操作以免尾静脉撕裂。

（3）监视尾部肿瘤生长（根据生长速度不同，大约 4 周）。

微淋巴管造影术

（4）将小鼠放在有机玻璃块上，旁边放置培养皿，将小鼠尾部用双面胶粘到培养皿内侧底壁上。将小鼠臀部用胶带固定到有机玻璃块上。在培养皿中注入双蒸水，使用长工作距离水浸物镜成像。

（5）恒压源上连接 30 号针头，将荧光标记的右旋葡萄糖苷（2×10^6MW）注入尾部顶端的间隙。使用注射器增加压力促进其充满癌旁淋巴。

实验方案 13

小鼠耳朵模型。

关于耳朵模型，通过在耳朵边缘缓慢间质注射可以进行淋巴管造影术研究，通过尾静脉注射可以进行血管造影术研究（Hoshida et al. 2006）。使用 Evan's 蓝或 FITC—右旋葡萄糖苷（2.5%，2×10^6 MW）淋巴造影术显示耳廓中密集的毛细淋巴管网络汇集到耳根的大脉管中，进而汇集到颈部浅层淋巴结。

材料

注意：标记有＜!＞的材料请参考附录正确处理。

试剂

麻醉剂＜!＞，异氟醚＜!＞，1%～3%吸入剂（用于诱导最高至 5%）或氯胺酮/甲苯噻嗪＜!＞（80～100mg/kg BW/5～10mg/kg BW）

FITC 右旋葡萄糖苷＜!＞（10mg/mL）

小鼠（包括 4～6 只肿瘤生长在侧腹的小鼠）

胰蛋白酶溶液＜!＞（0.0125%胰蛋白酶 Hank's 平衡盐缓冲液）

设备

离心机

加热垫或同类设备

ImageJ 软件（http：//rsb. info. nih. gov/ij/）

活体显微镜

剪刀

针筒配 30 号针头

方法

所有手术过程都必须保证妥善麻醉实验动物，并需要得到动物保护和使用委员会机构的允许。整个实验过程中使用加热垫或类似设备维持动物体温在 36～37℃。步骤（1）～（3）用于鼠尾肿瘤生长研究，步骤（4）～（5）用于微淋巴管造影术研究。

（1）按照如下方法从生长在 4～6 只小鼠的侧腹部的取原肿瘤制备肿瘤细胞悬液。

①用剪刀剪下肿瘤。

②使用胰蛋白酶溶液（0.0125%胰蛋白酶 Hank' s 平衡盐缓冲液）处理 5min。

③室温下以 1200r/min 离心 5min。

（2）使用 30 号针头将 50μL 肿瘤细胞悬液（约含有细胞数 5×10^6 个）注射到耳朵

边缘。

(3) 当肿瘤体积生长到 $40mm^3$ (约 2 周) 后，麻醉小鼠，将它们放在小盘中，固定耳部。

(4) 将 $2\mu L$ FITC 右旋葡萄糖苷注射到肿瘤表面 (或者未接种肿瘤小鼠的耳朵皮肤表面)。

使用反射荧光活体显微镜或多光子活体显微镜观察耳朵淋巴系统。拍照淋巴系统图像，使用 ImageJ 软件测量淋巴直径。

需要测量每个淋巴管最大直径 (两个瓣膜之间的淋巴管片段)。从肿瘤中心到边缘 $700\mu m$ 处的淋巴都定义为 peritumor 淋巴，离肿瘤较远的淋巴定义为耳基淋巴。在暴露的颈侧区可以观察到传入淋巴的颈部淋巴结 (Hoshida et al. 2006)。

实验方案 14

血管参数：血管新生和血流动力学

将 FITC 右旋葡萄糖苷注入小鼠的尾部顶端，观察肿瘤或观察窗表面以下 150μm（使用单光子显微镜）或约 600μm（使用 MPLSM）深度的微脉管。观察过程中，每隔 60s 拍一张 FITC 右旋葡萄糖苷图像，然后离线进行动态图像分析（图 9）；或使用 MPLSM 拍照后进行三维图像叠加观察和脉管特性测量（图 10）。

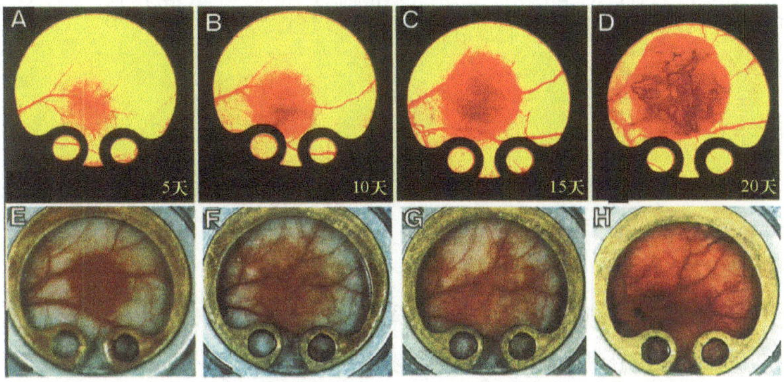

图 9　背部皮褶室血管新生、肿瘤生长和退化

A～D. 人结肠癌克隆血管新生和肿瘤生长图。肿瘤细胞接种 5 天后，至第 10 天可以看到宿主脉管扩大，偶尔发生出血和萌芽形成；到第 15 天，肿瘤生长和更多的血管新生都变得很明显；到第 20 天时，肿瘤已经肉眼可见。E～H. Shionogi 小鼠乳腺癌肿瘤的生长和消退。图像显示显示睾丸切除术前 12 天（E）和睾丸切除术 3 天（F）及 9 天（G）的脉管退化和肿瘤缩小情况。H. 显示了第二次血管新生情况［A～D，改编自 Leunig et al. 1992；E～H，改编并得到 Jain 等（1998b）许可］。

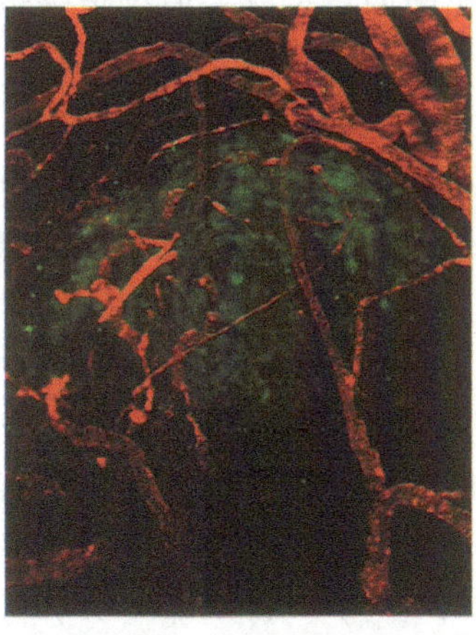

图 10　MPLSM 肿瘤微循环成像

生长在 SCID 小鼠颅窗内的 U87 人胶质卵母细胞的自发转移。使用静脉注射方法注入 0.2mL 10mg/mL，2×10^6 MW FITC 右旋葡萄糖苷显示脉管。图像是将 74 个间隔 2μm 的光学切片进行平面投影显示的结果。图片宽度为 500μm（图片来自 E. di Tomaso）

材料

注意：标记有<!>的材料请参考附录正确处理。

试剂

麻醉剂<!>，异氟醚<!>，1%～3%吸入剂（用于诱导最高至5%）或氯胺酮/甲苯噻嗪<!>（80～100mg/kg BW/5～10mg/kg BW）

FITC 右旋葡萄糖苷<!>（10mg/mL）

用于标记红细胞（RBC）的亲脂性荧光染料［可选；参考步骤（10）和讨论］

小鼠

设备

四缝（Four-slit）设备（微流系统，型号 280C，视频光度计版本，IPM，San Diego，California）

加热垫或同类设备

图像剪裁设备（数字视频图像剪裁监视器，型号 908，IPM，San Diego，California）

单光子显微镜或多光子激光扫描显微镜

参考前文讲解的活体显微镜工作站

方法

所有手术过程都必须保证妥善麻醉实验动物，并需要得到动物保护和使用委员会机构的允许。整个实验过程中使用加热垫或类似设备维持动物体温在 36～37℃。

注射示踪剂

（1）将 100μL FITC 右旋葡萄糖苷（2×10^6 MW，10mg/mL）从小鼠的尾部顶端注入。

单光子显微镜参考步骤（2），多光子显微镜参考步骤（6）。

单光子显微镜流程

（2）使用图像剪切设备（Kaufman and Intaglietta 1985）测量脉管直径（D）。

（3）通过连接在个人计算机上的四缝设备进行时空相关测速（Intaglietta and Tompkins 1973）以测量 RBC 的横向速度［如 RBC 在图像水平面的移动速度（V_{TRBC}）］。

（4）使用 D 和平均 V_{TRBC}（V_{Tmean}）· $Q_{\tau}=\pi/4\times V_{\mathrm{Tmean}}\times D^2$ 计算单个血管的平均横向血液流速（Q_{τ}），$V_{\mathrm{Tmean}}=V_{\mathrm{TRBC}}/a$（当血管内径<10μm 时，$a=1.3$；当血管内径>15μm 时，$a=1.6$；当血管内径位于 10～15μm 时，$a$ 的值为 1.3～1.6 线性变化）（Lipowsky and Zweifach 1978）。

（5）使用图像软件系统分析二维功能的血管密度和二维血管分支指数，血管密度定义为单位面积上的总血管长度（cm/cm^2），二维分支指数定义为图片平面上无分叉血管的平均长度（μm）（Fukumura et al. 1997a；1997b；Jain et al. 1997）。

MPLSM 流程

（6）使用图像分析软件测量三维多层图像中的血管直径（D，单位 μm）。

（7）通过线扫描技术测量 RBC 的横向速度（V_{TRBC}）（Brown et al. 2001）[由于多数的激光扫描显微镜（LSM）包括共聚焦和多光子显微镜，可以只在一个方向上扫描，所以这项技术可以产生该扫描线的切向 RBC 速度]。随后通过三维图像检测扫描扫描线和血管周之间的角度 θ 可以计算 RBC 绝对速度（V_{RBC}）。实际的 RBC 速度为 $V_{RBC}=V_{TRBC}/\cos\theta$。

（8）使用 D 和平均 V_{RBC}（V_{mean}）· $Q=\pi/4\times V_{mean}\times D^2$ 计算每个血管的平均绝对血流速度（Q），$V_{mean}=VTRBC/a$（当血管内径<10μm 时，$a=1.3$；当血管内径>15μm 时，$a=1.6$；当血管内径位于 10～15μm 时，a 的值为 1.3～1.6 呈线性变化）（Lipowsky and Zweifach 1978）。

（9）使用图像软件系统从三维多层图像分析三维功能的血管密度和三维血管分支指数，血管密度定义为单位体积的总血管长度（cm/cm^3），三维分支指数定义为图片无分叉血管的平均长度（μm）（Abdul-Karim et al. 2003）。

（10）如果需要，可以使用荧光示踪 RBC 在血管之间测量 RBC 流量。

参考讨论部分。

通用分析

（11）如果需要，可以按照其他文献描述的方法测量不规则血管的多维度参数（Gazit et al. 1995；Baish and Jain 2000）。

展望

我们开发出两种基于 MPLSM 可以用来分析肿瘤和正常血管中血液流动情况的方法（Kamoun et al. 2008）。第一种方法可以在单一血管中测量 RBC 驻留时间［驻留时间线扫描（rtLS）］，而不是位移来直接分析三维流速。第二种方法是一种全视场方法（相对全视野流动分析），这种方法通过流速和激光扫描速度的相对关系，分析视野内的多数血管。使用亲脂性远红光荧光染料体外标记 RBC，可以进行多通道成像和测量更深位置血管的血流动力学。静脉注射的荧光标记 RBC 可以保持很长时间的稳定性，其半衰期约为 10 天。通过沿血管相交叉方向扫描执行 rtLS（Kamoun et al. 2008）。沿这条线反复扫描可以产生一个图像，根据扫描频率不同，在这个图像中的 RBC 会有不同程度的变形（压缩或拉长）。沿着时间轴的 RBC 变形长度代表激光扫描 RBC 的次数，相当于 RBC 驻留时间。格序玻尔兹曼（lattice Boltzmann）拟合算法可以用来验证这种解析方法。

实验方案 15

血管参数：血管渗透性

这个方法讲述如何使用单光子显微镜测量一个血管区域内的有效平均渗透率（P）（Yuan et al. 1993；Yuan et al. 1994；Fukumura et al. 1997a）。同时还讲述如何使用MPLSM 测量 600μm 深度内的单个血管渗透率（Brown et al. 2001）。

材料

注意：标记有<!>的材料请参考附录正确处理。

试剂

麻醉剂<!>，异氟醚<!>，1%～3%吸入剂（用于诱导最高至 5%）或氯胺酮/甲苯噻嗪<!>（80～100mg/kg BW/5～10mg/kg BW）

荧光示踪剂［如 Rho 标记或 Cy5 标记牛血清白蛋白（BSA）或其他分子，10mg/mL］

小鼠

设备

加热垫或同类设备

单光子显微镜或多光子激光扫描显微镜

参考前文讲解的活体显微镜工作站

方法

所有手术过程都必须保证妥善麻醉实验动物，并需要得到动物保护和使用委员会机构的允许。整个实验过程中使用加热垫或类似设备维持动物体温在 36～37℃。步骤（1）～（3）用于鼠尾肿瘤生长研究，步骤（4）～（5）用于微淋巴管造影术研究。

（1）注射荧光示踪剂（如 Rho 标记或 Cy5 标记的 BSA 或其他分子；10mg/mL；0.1mL/25g 体重）。

（2）每隔 20min 测量肿瘤组织荧光强度。

（3）使用下列方法之一计算 P 值。

单光子显微镜流程

①用 $P=(1-\mathrm{HT})V/S\{1/(I_0-I_b)\times \mathrm{d}I/\mathrm{d}t+1/K\}$ 计算 P 值，I 是整个图像

的荧光强度，I_0 是荧光示踪剂刚刚充满所有血管时的 I 值，I_b 是背景荧光值。

肿瘤血管的平均血细胞比容（HT）需要独立评估（Brizel et al. 1993）。V 和 S 分别指表面成像部分的组织中血管的总体积和总表面积。质膜上示踪剂的 clearance 时间常数（K）同样需要独立测量（Yuan et al. 1994）。

MPLSM 流程

②使用图像软件在每个图像中沿血管垂直方向线测量荧光强度 F（r）。血管的渗透率（P）用下面的公式表示：

$$P=\frac{\partial}{\partial t}\frac{\int_{r=R}^{\infty}F(r)rdr}{(\mathrm{Fr}-F_{\mathrm{i}})R}$$

式中，R 是血管半径；$F\mathrm{r}$ 是血管膜上的荧光信号；F_{i} 是紧邻血管外的荧光信号。

P 值从 $t=0$ 计算，以便将荧光扩散带来的误差降到最低，这种误差可能是由附近血管渗透、荧光物质扩散形成的有限积分造成。

实验方案 16

血管参数：白细胞-内皮相互作用

这个方法中，流动的白细胞、原位翻转的白细胞和黏附的白细胞被定期测量（Fukumura et al. 1995）。

材料

注意：标记有＜!＞的材料请参考附录正确处理。

试剂

麻醉剂＜!＞，异氟醚＜!＞，1%～3%吸入剂（用于诱导最高至 5%）或氯胺酮/甲苯噻嗪＜!＞（80～100mg/kg BW/5～10mg/kg BW）

含有 0.1%罗丹明 6G 的生理盐水（0.9%）

设备

加热垫或同类设备

单光子显微镜或多光子激光扫描显微镜

参考前文讲解的活体显微镜工作站

方法

所有手术过程都必须保证妥善麻醉实验动物，并需要得到动物保护和使用委员会机构的允许。整个实验过程中使用加热垫或类似设备维持动物体温在 36～37℃。

（1）在小鼠尾部顶端注射 20μL 0.1%罗丹明 6G 的生理盐水。

（2）使用下列方法之一观察和分析白细胞。

单光子显微镜流程

①通过增强型 CCD（intensified CCD）观察白细胞，用 S-VHS 记录。

②在 30s 内计数 100μm 血管片段中原位滚动（Nr）和黏附（Na）的白细胞数量。同时测量 30s 内全部流动细胞数（Nt）。

MPLSM 流程

③用 810nm 光激发和 550DF150 收集观察白细胞。

④采集 10～15 张选定血管的高时间分辨率（以≥2 帧/s 速度拍照）序列图像，总

持续时间约 30s。计数原位滚动（Nr）和黏附（Na）白细胞数量和全部流动细胞数（Nt）。

(3) 计算滚动细胞和总流动细胞的比例（rolling count），黏附白细胞密度（adhesion density）和每一个血管的剪切速率（shear rate），计算公式如下：

rolling count（%）$=100 \times Nr/Nt$

adhesion density（细胞/mm²）$=10^6 \times Na/(\pi \times D \times 100\mu m)$

shear rate$=8 \times V_{mean}/D$

讨论

当前多数 LSM 受限于扫描的时间分辨率，通常扫描 768×512 的图像需要约 1s。这种时间分辨率不能充分满足自由流动白细胞的多时间点测量，这些测量通常需要测量出精确的白细胞迁移速度和全部测试颗粒计数。结果，在实验中通常需要降低图像空间分辨率（通过减少成像像素点数）来提高时间分辨率。具体的操作程序取决于共聚焦图像软件功能。取而代之的是，使用转盘式共聚焦显微镜进行高速接近视频速度成像，但实际操作中往往需要对多幅图像取平均以获得足够高的图像信噪比（Padera et al. 2002b）（参考第 23 章内容）。使用典型的 LSM 测量白细胞流动性和使用 MPLSM 测量滚动白细胞及黏附白细胞数量的方法请参考步骤（2）中的③和④（Brown et al. 2001）。

实验方案 17

血管外参数：间质 pH 测量

用荧光比例成像显微镜（FRIM）测量 pH，本方法讲述了操作、厚组织应用和校对过程（Dellian et al. 1996a；Helmlinger et al. 1997b）。

材料

注意：标记有<!>的材料请参考附录正确处理

试剂

麻醉剂<!>，异氟醚<!>，1%～3%吸入剂（用于诱导最高至 5%）或氯胺酮/甲苯噻嗪<!>（80～100mg/kg BW/5～10mg/kg BW）

BCECF［2’，7’－bis－（2－carboxyethl）－5，6－carboxyfluorescien］

小鼠

设备

加热垫或同类设备

活体显微镜

参考前文讲解的活体显微镜工作站

方法

所有手术过程都必须保证妥善麻醉实验动物，并需要得到动物保护和使用委员会机构的允许。整个实验过程中使用加热垫或类似设备维持动物体温在 36～37℃。

（1）静脉注射非细胞渗入性 pH 敏感荧光染料 BCECF（0.7mg/mL）。

（2）用 CCD 成像，激发波长峰值为 440nm 和 495nm，荧光采集波长为 570nm。使用 40×水浸物镜，采集标本深度≤25μm 范围内的荧光，将共聚焦针孔调整到 400μm，此时图像的水平分辨率约为 5μm。

（3）在同一 xy 水平位置反复测量，用于 pH 动态测量（参考实验方案 18）

（4）将灰度比例结果按照标准曲线转化为 pH。

实验方案 18

血管外参数：间质和毛细血管中 pO_2 测量

本实验基于氧依赖性白蛋白结合钯中-四（4-羧基苯基）卟啉［albumin-bound palladium meso-tetra（4-caboxyphenyl）porphyrin］的磷光猝灭现象（Torress Filho and Intaglietta 1993；Torres Filho et al. 1994；Helmlinger et al. 1997b；Tsai et al. 1998）。

材料

注意：标记有＜!＞的材料请参考附录正确处理。

试剂

麻醉剂＜!＞，异氟醚＜!＞，1%～3%吸入剂（用于诱导最高至 5%）或氯胺酮/甲苯噻嗪＜!＞

小鼠

钯中-四（4-羧基苯基）卟啉，结合白蛋白

设备

加热垫或同类设备

活体显微镜

参考前文讲解的活体显微镜工作站。

方法

所有手术过程都必须保证妥善麻醉实验动物，并需要得到动物保护和使用委员会机构的允许。整个实验过程中使用加热垫或类似设备维持动物体温在 36～37℃。

（1）将卟啉探针（60mg/kg）注射到小鼠尾部顶端。

（2）用闪光灯（波长 540nm）照射组织后，用光电倍增管在波长≥630nm 处检查磷光信号。用示波器对信号取平均，在计算机中存储数据。

（3）取和 pH 动态测量同一 xy 水平位置的肿瘤进行反复测量（参考实验方案 17）。

（4）将照明视野缩小到 100μm 视野，在发射光光路上放置一个 10μm×10μm 的狭缝。

同样将样品成像深度控制在约≤25μm，同 pH 测量类似，水平分辨率为 10μm。

（5）将第二个目镜放置在狭缝和收集管之间，允许在测量磷光衰减前重新聚焦感

兴趣区域。

磷光测量对于间质空间内和血管同样有效。

（6）将数据结果按照标准曲线转化为 pO_2（Lahiri et al. 1993）。

讨论

校准测量已经表明 pO_2（0～60mmHg）与磷光寿命的倒数呈非常好的线性关系（$r^2 \geqslant 0.99$）。此外 pO_2 标准曲线没有显示出其和溶液 pH 有任何相关（pH：6.60～7.40）。因此卟啉是一种非常理想的肿瘤研究探针，可以应用于各种 pH 环境。我们也证明因为 pH 探针（BCECF）的存在不会影响 pO_2 探针的测量（Helmlinger et al. 1997b），可以在体组织中顺序测量 pH 和 pO_2。

实验方案 19

血管外参数：间质扩散、传输和结合

按照 Berk 等（1993；1997）的文献进行 FRAP 结合空间傅里叶分析实验。按照 Brown 等（1999）的文献使用多光子显微镜进行 FRAP 实验，测量间质扩散系数。

材料

注意：标记有<!>的材料请参考附录正确处理。

试剂

麻醉剂<!>，异氟醚<!>，1%～3%吸入剂（用于诱导最高至 5%）或氯胺酮/甲苯噻嗪<!>

荧光标记的感兴趣分子，如 FITC 标记的抗体、病毒或纳米颗粒

小鼠

TMR 标记的右旋葡萄糖苷（MW：2×10^6；2mg/mL）[只限于 MPLSM 使用，参考步骤（1）]

设备

加热垫或同类设备

单光子显微镜或多光子 LSM

参考前文讲解的活体显微镜工作站。

方法

所有手术过程都必须保证妥善麻醉实验动物，并需要得到动物保护和使用委员会机构的允许。整个实验过程中使用加热垫或类似设备维持动物体温在 36～37℃。

（1）通过静脉注射后外渗作用或原位低压微灌流方法将荧光标记分子注入肿瘤间质（Netti et al. 2000；Pluen et al. 2000；Ramanujan et al. 2002）。当使用 MPLSM 时，通过向小鼠尾部顶端注射 100μL TMR 标记的右旋葡萄糖苷（MW：2×10^6；10mg/mL）。

单光子显微镜流程见步骤 2，MPLSM 流程见步骤 5。

单光子显微镜流程

（2）使用聚集激光瞬间（约 1ms）强闪漂白一个区域的荧光分子。在漂白过程中

必须关闭相机光闸，以免损伤电子元件。

（3）用荧光显微镜连续对漂白区域成像，使用 CCD 可以采集到未漂白荧光颗粒扩散到漂白区域的过程。

（4）按照此前文献描述方法对荧光恢复图像执行空间傅里叶分析（Chary and Jain 1989；Berk et al. 1993；1997），提取扩散系数、传输速度和结合参数。

MPLSM 流程

（5）用 840nm 波长激发、550DF40（FITC）和 610DF75（TMR）发射荧光滤色片采集荧光图像，分色镜为 570LP。

（6）从 MPLSM 采集的血管图像中选择一个感兴趣区域。通过软件控制激光聚焦并驻留在该区域。使用高强度激光对其进行短暂扫描。

（7）将激光强度调低后，使用同一波长的激光连续成像。采集未漂白荧光颗粒扩散到漂白区域的过程。

（8）利用数学算法分析荧光恢复曲线，提取标记分子的扩散系数（Brown et al. 1999）。

致谢

本章中所讲述工作的资金来自于美国国家健康院（NIH）、美国国家自然基金、美国癌症学会、美国部队、美国国家癌症研究基金和 Whitaker 基金。本章内容主要是基于 4 篇早先相关评论文章（Jain et al. 1997；1998a；2001；2002a）。我们也感谢出版社允许我们重现相关材料。

影像说明

影像可以从 www. cshprotocols. org/livecellimaging 网站免费获得。

影像 26.1. 肿瘤血流。MCalV 小鼠乳腺癌生长在 C3H 小鼠的背部皮肤上。肿瘤微循环用常规活体显微镜配备绿色滤光片透射照明来观察，绿色滤光片可以增强红细胞的对比度。这些血管中的红细胞速率使用时间相关速度计或者其他技术进行离线测量。更多细节请看正文。图像横跨 330μm。

影像 26.2. 肿瘤血管中白细胞与内皮细胞的相互作用。MCalV 小鼠乳腺癌生长在 C3H 小鼠的背部皮肤上。灌流炎症胞嘧啶（INFα）诱导了白细胞黏附。静脉注射罗丹明 6G 突出了白细胞，使用荧光活体显微镜观察，S－VHS 磁盘记录。用形态分析对白细胞与内皮细胞的相互作用进行量化。更多细节请看正文。图像横跨 330μm。

影像 26.3. 脂肪组织中的新生血管。图像使用双光子 LSM 采集，并通过静脉注射四甲基罗丹明标记葡聚糖（MW：2×10^6）。影像的垂直深度为从表面开始的 300μm（看到活体脂肪组织的血管）直至底部（看到典型的皮下组织存在的血管），图像横跨

1mm（从 Fukumura 的文章中转载）。

影像 26.4. 组织工程产生的血管的三维展示。人脐静脉内皮细胞（HUVEC）结构中和 10T1/2 细胞（间质祖细胞）放在由纤维连接蛋白和胶原蛋白 I 构成的三维内，植入 SCID 小鼠颅窗。绿色荧光蛋白表达 HUVEC（绿色）和灌注过的血管（红色，通过四甲基罗丹明连接的葡聚糖增强对比度）用多光子 LSM 来收集。在第 28 天，小室中各层都出现了血液扩散。小室厚度为 165μm，图像横跨 270μm（经 Koike 允许转载自 Nature Publishing Group，Koike et al. 2004）。

参考文献

Abdul-Karim A, Al-Kofahi K, Brown E, Jain RK, Roysam B. 2003. Automated tracing and change analysis of angiogenic vasculature from in vivo multiphoton image time series. *Microvasc Res* **66:** 113–125.

Al-Mehdi AB, Tozawa K, Fisher A B, Shientag L, Lee A, Muschel RJ. 2000. Intravascular origin of metastasis from the proliferation of endothelium-attached tumor cells: A new model for metastasis. *Nat Med* **6:** 100–102.

Algire GH. 1943a. An adaptation of the transparent chamber technique to the mouse. *J Natl Cancer Inst* **4:** 1–11.

Algire GH. 1943b. Microscopic studies of the early growth of a transplantable melanoma of the mouse, using the transparent-chamber technique. *J Natl Cancer Inst* **4:** 13–20.

Algire GH, Chalkley HW. 1945. Vascular reactions of normal and malignant tissues in vivo. I. Vascular reactions of mice to wounds and to normal and neoplastic transplants. *J Natl Cancer Inst* **6:** 73–85.

Algire GH, Legallis FY. 1948. Growth and vascularization of transplanted mouse melanomas. *NY Acad Sci* **4:** 159–175.

Asaishi K, Endrich B, Gotz A, Messmer K. 1981. Quantitative analysis of microvascular structure and function in the amelanotic melanoma A-Mel-3. *Cancer Res* **41:** 1898–1904.

Auerbach R, Arensman R, Kubai L, Folkman, J. 1975. Tumor-induced angiogenesis: Lack of inhibition by irradiation. *Int J Cancer* **15:** 241–245.

Ausprunk DH, Folkman J. 1977. Migration and proliferation of endothelial cells in preformed and newly formed blood vessels during tumor angiogenesis. *Microvasc Res* **14:** 53–65.

Baish JW, Jain RK. 2000. Fractals and cancer. *Cancer Res* **60:** 3683–3688.

Berk DA, Yuan F, Leunig M Jain RK. 1993. Fluorescence photobleaching with spatial Fourier analysis: Measurement of diffusion in light-scattering media. *Biophys J* **65:** 2428–2436.

Berk DA, Swartz MA, Leu AJ, Jain RK. 1996. Transport in lymphatic capillaries. II. Microscopic velocity measurement with fluorescence photobleaching. *Am J Physiol* **270:** H330–H337.

Berk DA, Yuan F, Leunig M, Jain RK. 1997. Direct in vivo measurement of targeted binding in a human tumor xenograft. *Proc Natl Acad Sci* **94:** 1785–1790.

Boppart S, Herrmann J, Pitris C, Stamper D, Brezinski M Fujimoto J. 1999. High resolution optical coherence tomography-guided laser ablation of surgical tissue. *J Surg Res* **82:** 275–284.

Bousso P, Bhakta NR, Lewis RS, Robey E. 2002. Dynamics of thymocyte-stromal cell interactions visualized by two-photon microscopy. *Science* **296:** 1876–1880.

Brem SS, Gullino PM, Medina D. 1977. Angiogenesis: A marker for neoplastic transformation of mammary papillary hyperplasia. *Science* **195:** 880–882.

Brizel DM, Klitzman B, Cook JM, Edwards J, Rosner G, Dewhirst MW. 1993. A comparison of tumor and normal tissue microvascular hematocrits and red cell fluxes in a rat window chamber model. *Int J Radiat Oncol Biol Phys* **25:** 269–276.

Brown E, Campbell R, Tsuzuki, Y, Xu L, Carmeliet P, Fukumura D, Jain RK. 2000. In vivo measurement of gene expression, angiogenesis, and physiological function in tumors using multiphoton laser scanning microscopy. *Nat Med* **7:** 864–868.

Brown E, McKee TD, di Tomaso E, Pluen A, Seed B, Boucher Y, Jain RK. 2003. Dynamic imaging of collagen and its modulation in tumors in vivo using second harmonic generation. *Nat Med* **9:** 796–801.

Brown EB, Wu ES, Zipfel W, Webb WW. 1999. Measurement of molecular diffusion in solution by multiphoton fluorescence photobleaching recovery. *Biophys J* **77:** 2837–2849.

Cahalan MD, Parker I, Wei SH, Miller MJ. 2002. Two-photon tissue imaging: Seeing the immune system in a fresh light. *Nat Rev Immunol* **2:** 872–880.

Carmeliet P, Jain RK. 2000. Angiogenesis in cancer and other diseases. *Nature* **407:** 249–257.

Chambers AF, Shafir R, Ling V. 1982. A model system for studying metastasis using the embryonic chick. *Cancer Res* **42:** 4018–4025.

Chang YS, di Tomaso E, McDonald DM, Jones R, Jain RK, Munn LL. 2000. Mosaic blood vessels in tumors: Frequency of cancer cells in contact with flowing blood. *Proc Natl Acad Sci* **97:** 14608–14613.

Chary SR, Jain RK. 1989. Direct measurement of interstitial convection and diffusion of albumin in normal and neoplastic tissues by fluorescence photobleaching. *Proc Natl Acad Sci* **86:** 5385–5389.

Chishima T, Miyagi Y, Wang X, Yamaoka H, Shimada H, Moossa AR, Hoffman RM. 1997. Cancer invasion and micrometastasis visulaized in live tissue by green fluorescent protein expression. *Cancer Res* **57:** 2042–2047.

Chute RN, Sommers SC, Warren S. 1952. Heterotransplantation of human cancer. II. Hamster cheek pouch. *Cancer Res* **12:** 912–914.

Clark ER, Clark EL. 1932. Observations on living preformed blood vessels as seen in a transparent chamber inserted into the rabbit's ear. *Am J Anat* **49:** 441–477.

Clark ER, Kirby-Smith HT, Rex RO, Williams RG. 1930. Recent modifications in the method of studying living cells and tissues in transparent chambers inserted in the rabbit's ear. *Anat Rec* **47:** 187–211.

Dellian M, Helmlinger G, Yuan F, Jain RK. 1996a. Fluorescence ratio imaging and optical sectioning: Effect of glucose on spatial and temporal gradients. *Br J Cancer* **74:** 1206–1215.

Dellian M, Witwer BP, Salehi HA, Yuan F, Jain RK. 1996b. Quantitation and physiological characterization of angiogenic vessels in mice: Effect of basic fibroblast growth factor, vascular endothelial growth factor/vascular permeability factor, and host microenvironment. *Am J Pathol* **149:** 59–72.

Denk W, Strickler JH, Webb WW. 1990. Two-photon laser scanning fluorescence microscopy. *Science* **248:** 73–76.

Detmar M, Brown LF, Schön MP, Elicker BM, Richard L, Velasco P, Fukumura D, Monsky W, Claffey KP, Jain RK. 1998. Increased microvascular density and enhanced leukocyte rolling and adhesion in the skin of VEGF transgenic mice. *J Invest Dermatol* **111:** 1–6.

Dewhirst MW, Tso CY, Oliver R, Gustafson CS, Secomb TW, Gross JF. 1989. Morphologic and hemodynamic comparison of tumor and healing normal tissue microvasculature. *Int J Radiat Oncol Biol Phys* **17:** 91–99.

Dirnagl U, Villringer A, Einhuapl K. 1992. In vivo confocal laser scanning microscopy of the cerebral microcirculation. *J Microsc* **65:** 147–157.

Dudar TE, Jain RK. 1984. Differential response of normal and tumor microcirculation to hyperthermia. *Cancer Res* **44:** 605–612.

Eddy HA, Casarett GW. 1973. Development of the vascular system in the hamster malignant neurilemmoma. *Microvasc Res* **6:** 63–82.

Endrich B, Intaglietta M, Reinhold HS, Gross JF. 1979a. Hemodynamic characteristics in microcirculatory blood channels during early tumor growth. *Cancer Res* **39:** 17–23.

Endrich B, Reinhold HS, Gross JF, Intaglietta M. 1979b. Tissue perfusion inhomogeneity during early tumor growth in rats. *J Natl Cancer Inst* **62:** 387–395.

Falkvoll KH, Rofstad EK, Brustad T, Marton P. 1984. A transparent chamber for the dorsal skin fold of athymic mice. *Exp Cell Biol* **52:** 260–268.

Ferrara N, Alitaro K. 1999. Clinical application of angiogenic growth factors and their inhibitors. *Nat Med* **5:** 1359–1364.

Fidler IJ. 1995. Modulation of the organ microenvironment for treatment of cancer metastasis. *J Natl Cancer Inst* **87:** 1588–1592.

Folkman J. 2000. Tumor angiogenesis. In *Cancer medicine*, 5th ed. (ed. JF Holand et al.), pp. 132–152. Decker Inc., Ontario, BC.

Friedlander M, Brooks PC, Shaffer RW, Kincaid CM, Varner JA, Cheresh DA. 1995. Definition of two angiogenic pathways by distinct α v integrins. *Science* **270:** 1500–1502.

Fukumura D, Salehi HA, Witwer B, Tuma RF, Melder RJ, Jain RK. 1995. Tumor necrosis factor α-induced leukocyte adhesion in normal and tumor vessels: Effect of tumor type, transplantation site, and host strain. *Cancer Res* **55:** 4824–4829.

Fukumura D, Yuan F, Endo M, Jain RK. 1997a. Role of nitric oxide in tumor microcirculation: Blood flow, vascular permeability, and leukocyte-endothelial interactions. *Am J Pathol* **150:** 713–725.

Fukumura D, Yuan F, Monsky WL, Chen Y, Jain RK. 1997b. Effect of host microenvironment on the microcirculation of human colon7 adenocarcinoma. *Am J Pathol* **151:** 679–688.

Fukumura D, Xavier R, Sugiura T, Chen Y, Parks E, Lu N, Selig M, Nielsen G, Taksir T, Jain R, Seed B. 1998. Tumor induction of VEGF promoter activity in stromal cells. *Cell* **94:** 715–725.

Fukumura D, Gohongi T, Ohtaka K, Stoll B, Chen Y, Seed B, Jain RK. 1999. Regulation of VEGF promoter activity in tumors by tissue oxygen and pH levels. *Proc Am Assoc Cancer Res* **40:** 722.

Fukumura D, Xu L, Chen Y, Gohongi T, Seed B, Jain RK. 2000. Hypoxia and acidosis independently up-regulate vascular endothelial growth factor transcription in brain tumors in vivo. *Cancer Res* **61:** 6020–6024.

Fukumura D, Ushiyuama A, Duda DG, Xu L, Krishna V, Chatterjee K, Garkavtsev I, Jain RK. 2003. Paracrine regulation of angiogenesis and adipocyte differentiation during in vivo adipogenesis. *Circ Res* **93:** e88–e97.

Funakoshi N, Onizuka M, Yanagi K, Ohshima N, Tomoyasu M, Sato Y, Yamamoto T, Ishikawa S, Mitsui T. 2000. A new model of lung metastasis for intravital studies. *Microvasc Res* **59:** 361–367.

Gazit Y, Berk DA., Leunig M, Baxter LT, Jain RK. 1995. Scale-invariant behavior and vascular network formation in normal and tumor tissue. *Phys Rev Lett* **75:** 2428–2431.

Gerlowski LE, Jain RK. 1986. Microvascular permeability of normal and neoplastic tissues. *Microvasc Res* **31:** 288–305.

Gimbrone MAJ, Cotran RS, Leapman SB, Folkman J. 1974. Tumor growth and neovascularization: An experimental model using the rabbit cornea. *J Natl Cancer Inst* **52:** 413–427.

Gimbrone MAJ, Gullino PM. 1976. Angiogenic capacity of preneoplastic lesions of the murine mammary gland as a marker of neoplastic transformation. *Cancer Res* **36:** 2611–2620.

Gimbrone MAJ, Leapman SB, Cotran RS, Folkman J. 1972. Tumor dormancy in vivo by prevention of neovascularization. *J Exp Med* **136:** 261–276.

Gohongi T, Fukumura D, Boucher Y, Yun C-O, Soff GA, Compton C, Todoroki T, Jain RK. 1999. Tumor–host interactions in the gallbladder suppress distal angiogenesis and tumor growth: Involvement of transforming growth factor β1. *Nat Med* **5:** 1203–1208.

Goodall CM, Sanders AG, Shubik P. 1965. Studies of vascular patterns in living tumors with a transparent chamber inserted in hamster cheek pouch. *J Natl Cancer Inst* **35:** 497–521.

Greene HSN. 1952. The significance of heterologous transplantability of human cancer. *Cancer* **5:** 24–44.

Griffon-Etienne G, Boucher Y, Brekken C, Suit HD, Jain RK. 1999. Taxane-induced apoptosis decompress blood vessels and lowers interstitial fluid pressure in solid tumors: Clinical implications. *Cancer Res* **54:** 3776–3782.

Hansen-Algenstaedt N, Stoll BR, Padera TP, Dolmans DEGJ, Hicklin DJ, Fukumura D, Jain RK. 2000. Tumor oxygeneation in hormone-dependent tumors during vascular endothelial growth factor receptor-2 blockage, hormone ablation, and chemotherapy. *Cancer Res* **60:** 4556–4560.

Hartford AC, Gohongi T, Fukumura D, Jain RK. 2000. Irradiation of a primary tumor, unlike surgical removal, enhances angiogenesis suppression at a distal site: Potential role of host–tumor interaction. *Cancer Res* **60:** 2128–2131.

Helmchen F, Denk W. 2002. New developments in multiphoton microscopy. *Curr Opin Neurobiol* **12:** 593–601.

Helmlinger G, Netti PA, Lichtenbeld HC, Melder RJ, Jain RK. 1997a. Solid stress inhibits the growth of multicellular tumor spheroids. *Nat Biotechnol* **15:** 778–783.

Helmlinger G, Yuan F, Dellian M, Jain RK. 1997b. Interstitial pH and pO_2 gradients in solid tumors in vivo: High-resolution measurements reveal a lack of correlation. *Nat Med* **3:** 177–182.

Heuser LS, Miller FN. 1986. Differential macromolecular leakage from the vasculature of tumors. *Cancer* **57:** 461–464.

Higuchi H, Kurose I, Fukumura D, Han JY, Saito H, Miura S, Hokari R, Watanabe N, Zeki S, Yoshida M, et al. 1997. Active oxidants mediate IFN-α-induced microvascular alterations in rat mesentery. *J Immunol* **158:** 4893–4900.

Hobbs SK, Monsky WL, Yuan F, Roberts WG, Griffith L, Torchilin VP, Jain RK. 1998. Regulation of transport pathways in tumor vessels: Role of tumor type and microenvironment. *Proc Natl Acad Sci* **95:** 4607–4612.

Hoshida T, Isaka N, Hagendoorn J, di Tomaso E, Chen Y-L, Pytowski B, Fukumura D, Padera TP, Jain RK. 2006. Imaging steps of lymphatic metastasis reveals that vascular endothelial growth factor-C increases metastasis by increasing delivery of cancer cells to lymph nodes: Therapeutic implications. *Cancer Res* **66:** 8065–8075.

House SD, Lipowsky HH. 1988. In vivo determination of the force of leukocyte-endothelium adhesion in the mesenteric microvasculature of the cat. *Circ Res* **63:** 658–668.

Huang D, Swanson EA, Lin CP, Schuman JS, Stinson WG, Chang W, Hee MR, Flottet T, Gregory K, Puliafito CA, et al. 1991. Optical coherence tomography. *Science* **254:** 1178–1181.

Ide AG, Baker NH, Warren SL. 1939. Vascularization of the Brown–Pearce rabbit epithelioma transplant as seen in the transparent ear chamber. *Am J Roentgenol* **42:** 891–899.

Intaglietta M, Tompkins WR. 1973. Microvascular measurements by video image shearing and splitting. *Microvasc Res* **5:** 309–12.

Jain RK. 1987. Transport of molecules in the tumor interstitium: A review. *Cancer Res* **47:** 3038–3050.

Jain RK. 1994. Barriers to drug delivery in solid tumors. *Sci Am* **271:** 58–65.

Jain RK. 1998. The next frontier of molecular medicine: Delivery of therapeutics. *Nat Med* **4:** 655–657.

Jain RK, Padera TP. 2002. Prevention and treatment of lymphatic metastasis by antilymphangiogenic therapy. *J Natl Cancer Inst* **94:** 785–787.

Jain RK, Schlenger K, Hockel M, Yuan F. 1997. Quantitative angiogenesis assays: Progress and problems. *Nat Med* **3:** 1203–1208.

Jain RK, Munn LL, Fukumura D, Melder RJ. 1998a. In vitro and in vivo quantification of adhesion between leukocytes and vascular endothelium. *Methods Mol Med* **18:** 553–575.

Jain RK, Safabakhsh N, Sckell A, Chen Y, Jiang P, Benjamin L, Yuan F, Keshet E. 1998b. Endothelial cell death, angiogenesis, and microvascular function after castration in an androgen-dependent tumor: Role of vascular endothelial growth factor. *Proc Natl Acad Sci* **95:** 10820–10825.

Jain RK, Munn LL, Fukumura D. 2000. Transparent window models and intravital microscopy. In *Tumor models in cancer research* (ed. BA Teicher), pp. 647–671. Humana, Totowa, NJ.

Jain RK, Munn LL, Fukumura D. 2002. Dissecting tumor pathophysiology using intravital microscopy. *Nat Rev Cancer* **2:** 266–276.

Jeltsch M, Kaipainen A, Joukov V, Meng X, Lakso M, Rauvala H, Swartz M, Fukumura D, Jain RK, Alitalo K. 1997. Hyperplasia of lymphatic vessels in VEGF-C transgenic mice. *Science* **276:** 1423–1425.

Kamoun W, Jain R, Munn L. 2008. Simultaenous measurements of tumor vessel topology, perfusion and vascular permeability. In *AACR Meeting Abstracts*, p. 457. San Diego, CA.

Kaufman AG, Intaglietta M. 1985. Automated diameter measurement of vasomotion by cross-correlation. *Int J Microcirc Clin Exp* **4:** 45–53.

Kerbel RS. 2000. Tumor angiogenesis: Past, present and the near future. *Carcinogenesis* **21:** 505–515.

Kleinfeld D, Mitra PP, Helmchen F, Denk W. 1998. Fluctuations and stimulus-induced changes in blood flow observed in individual capillaries in layers 2 through 4 of rat neocortex. *Proc Natl Acad Sci* **95:** 15741–15746.

Kleinman LI, Radford JEP. 1964. Ventilation standards for small mammals. *J Appl Physiol* **19:** 360–362.

Kligerman MM, Henel DK. 1961. Some aspects of the microcirculation of a transplantable experimental tumor. *Radiology* **76:** 810–817.

Klintworth GK. 1991. *Corneal angiogenesis: A comprehensive critical review*. Springer-Verlag, New York.

Koike N, Fukumura D, Gralla O, Au P, Schechner JS, Jain RK. 2004. Tissue engineering: Creation of long-lasting blood vessels. *Nature* **428:** 138–139.

Koop S, MacDonald I, Luzzi K, Schmidt E, Morris V, Grattan M, Khokha T, Chambers A, Groom A. 1995. Fate of melanoma cells entering the microcirculation: Over 80% survive and extravasate. *Cancer Res* **55:** 2520–2523.

Kubes P, Suzuki M, Granger DN. 1991. Nitric oxide: an endogenous modulator of leukocyte adhesion. *Proc Natl Acad Sci* **88:** 4651–4655.

Kurose I, Fukumura D, Miura S, Suematsu M, Sekizuka E, Nagata H, Tsuchiya M. 1993a. Nitric oxide mediates vasoactive effects of endothelin-3 on rat mesenteric microvascular beds in vivo. *Angiology* **44:** 483–490.

Kurose I, Miura S, Fukumura D, Tsuchiya M. 1993b. Mechanisms of endothelin-induced macromolecular leakage in microvascular beds. *Eur J Pharmacol* **250:** 85–94.

Lahiri S, Rumsey WL, Wilson DF, Iturriaga R. 1993. Contribution of in vivo microvascular pO_2 in the cat carotid body chemotransduction. *J. Appl. Physiol.* **75:** 1035–1043.

Lee CG, Heijn M, di Tomaso E, Griffon-Etienne G, Ancukiewicz M, Koike C, Park KR, Ferrara N, Jain RK, Suit HD, et al. 2000. Anti-vascular endothelial growth factor treatment augments tumor radiation response under normoxic or hypoxic conditions. *Cancer Res* **60:** 5565–5570.

Leighton J. 1967. *The spread of cancer. Pathogenesis, experimental methods, interpretations*. Academic, New York.

Lendvai B, Stern EA, Chen B, Svoboda K. 2000. Experience-dependent plasticity of dendritic spines in the developing rat barrel cortex in vivo. *Nature* **404:** 876–881.

Leu AJ, Berk DA, Lymboussaki A, Alitaro K, Jain RK. 2000. Absent of functional lymphatics within a murine sarcoma: A molecular functional evaluation. *Cancer Res* **60:** 4324–4327.

Leu AJ, Berk DA, Yuan F, Jain RK. 1994. Flow velocity in the superficial lymphatic network of the mouse tail. *Am J Physiol* **267:** H1507–H1513.

Leunig M, Yuan F, Menger MD, Boucher Y, Goetz AE, Messmer K, Jain RK. 1992. Angiogenesis, microvascular architecture, microhemodynamics, and interstitial fluid pressure during early growth of human adenocarcinoma LS174T in SCID mice. *Cancer Res* **52:** 6553–6560.

Li C-Y, Shan S, Huang Q, Braun RD, Lanzen J, Hu K, Lin P, Dewhirst MW. 2000. Initial stages of tumor cell-induced angiogenesis: Evaluation via skin window chambers in rodent models. *J Natl Cancer Inst* **92:** 143–147.

Lichtenbeld HC, Yuan F, Michel CC, Jain RK. 1996. Perfusion of single tumor microvessels: Application to vascular permeability measurement. *Microcirculation* **3:** 349–357.

Lichtenbeld HC, Ferarra N, Jain RK, Munn LL. 1999. Effect of local anti-VEGF antibody treatment on tumor microvessel permeability. *Microvasc Res* **57:** 357–362.

Lipowsky HH, Zweifach BW. 1978. Applications of the "two-slit" photometric technique to the measurement of microvascular volumetric flow rates. *Microvasc Res* **15:** 93–101.

Lucké B, Schlumberger H. 1939. The manner of growth of frog carcinoma, studied by direct microscopic examination of living intraocular transplants. *J Exp Med* **70:** 257–268.

Lutz BR, Fulton GP, Patt DI, Handler AH. 1950. The growth rate of tumor transplants in the cheek pouch of the hamster (*Mesocricetus auratus*). *Cancer Res* **10:** 231–232.

Maiorana A, Gullino PM. 1978. Acquisition of angiogenic capacity and neoplastic transformation in the rat mammary gland. *Cancer Res* **38:** 4409–4414.

Martin GR, Jain RK. 1993. Fluorescence ratio imaging measurement of pH gradients: Calibration and application in normal and tumor tissues. *Microvasc Res* **46:** 216–230.

Martin GR, Jain RK. 1994. Noninvasive measurement of interstitial pH profiles in normal and neoplastic tissue using fluorescence ratio imaging microscopy. *Cancer Res* **54:** 5670–5674.

McDonald IC, Schmidt EE, Morris VL, Chambers AF, Groom AC. 1992. Intravital videomicroscopy of the chorioallantoic microcirculation: A model system for studying metastasis. *Microvasc Res* **44:** 185–199.

Melder RJ, Koenig GC, Witwer BP, Safabakhsh N, Munn LL, Jain RK. 1996. During angiogenesis, vascular endothelial growth factor and basic fibroblast growth factor regulate natural killer cell adhesion to tumor endothelium. *Nat Med* **2:** 992–997.

Melder RJ, Yuan J, Munn LL, Jain RK. 2000. Erythrocytes enhance lymphocyte rolling and arrest in vivo. *Microvasc Res* **59:** 316–322.

Milstone DS, Fukumura D, Padget RC, O'Donnell PE, Davis VM, Benavidez OJ, Monsky WL, Melder RJ, Jain RK, Gimbrone JMA. 1998. Mice lacking E-selectin show normal numbers of rolling leukocytes but reduced leukocyte stable arrest on cytokine-activated microvascular endothelium. *Microcirculation* **5:** 153–171.

Monsky WL, Fukumura D, Gohongi T, Chen Y, Yuan F, Kristensen C, Jain RK. 1998. Novel orthotopic models demonstrate effect of host microenvironment on human mammary carcinoma microcirculation. *Proc Am Assoc Cancer Res* **39:** 376–377.

Monsky WL, Carreira CM, Tsuzuki Y, Gohongi T, Fukumura D, Jain RK. 2002. Role of host microenvironment in angiogenesis and microvascular functions in human breast cancer xenografts: Mammary fat pad vs. cranial tumors. *Clin Cancer Res* **8:** 1008–1013.

Morris VL, MacDonald IC, Koop S, Schmidt EE, Chambers AF, Groom AC. 1993. Early interactions of cancer cells with the microvasculature in mouse liver and muscle during hematogenous metastasis: Videomicroscopic analysis. *Clin Exp Metastasis* **11:** 377–390.

Muthukkaruppan V R, Auerbach R. 1979. Angiogenesis in the mouse cornea. *Science* **205:** 1416–1418.

Naumov GN, Wilson SM, MacDonald IC, Schmidt EE, Morris VL, Groom AC, Hoffman RM, Chambers AF. 1999. Cellular expression of green fluorescent protein, couple with high-resolution in vivo videomicroscopy, to monitor steps in tumor metastasis. *J Cell Sci* **112:** 1835–1842.

Netti PA, Berk DA, Swartz MA, Grodzinsky AJ, Jain RK. 2000. Role of extracellular matrix assembly in interstitial transport in solid tumors. *Cancer Res* **60:** 2497–2503.

Nguyen M, Shing Y, Folkman J. 1994. Quantitation of angiogenesis and antiangiogenesis in the chick embryo chorioallantoic membrane. *Microvasc Res* **47:** 31–40.

Norrby K, Jakobsson A, Sörbo J. 1990. Quantitative angiogenesis in spreads of intact rat mesenteric windows. *Microvasc Res* **39:** 341–348.

Nugent LJ, Jain RK. 1984. Extravascular diffusion in normal and neoplastic tissues. *Cancer Res* **44:** 238–244.

Padera TP, Kadambi A, di Tomaso E, Carreira CM, Brown EB, Munn LL, Jain RK. 2002a. Lymphatic metastasis in the absence of functional intratumor lymphatics. *Science* **296:** 1883–1886.

Padera TP, Stoll BR, So PTC, Jain RK. 2002b. High-speed intravital multiphoton laser scanning microscopy of microvasculature, lymphatics, and leukocyte-endothelial interactions. *Mol Imaging* **1:** 9–15.

Padera TP, Stoll BR, Tooredman JB, Capen D, di Tomaso E, Jain RK. 2004. Cancer cells compress intratumor vessels. *Nature* **427:** 695.

Pluen A, Boucher Y, Ramanujan S, McKee TD, Gohongi T, di Tomaso E, Brown EB, Izumi Y, Campbell RB, Berk DA, et al. 2000. Role of tumor--host interactions in interstitial diffusion of macromolecules: Vranial vs. subcutaneous tumors. *Proc Natl Acad Sci* **98:** 4628–3633.

Ramanujan S, Pluen A, McKee TD, Brown EB, Boucher Y, Jain RK. 2002. Diffusion and convection in collagen gels: Implications for transport in the tumor interstitium. *Biophys J* **83:** 1650–1660.

Reinhold HS. 1971. Improved microcirculation in irradiated tumours. *Eur J Cancer* **7:** 273–280.

Reinhold HS, Blachiwiecz B, Blok A. 1977. Oxygenation and reoxygenation in "Sandwich" tumours. *Bibl Anat* **15:** 270–272.
Sandison JC. 1924. A new method for the microscopic study of living growing tissues by the introduction of a transparent chamber in the rabbit's ear. *Anat Rec* **28:** 281–287.
Sasaki A, Melder RJ, Whiteside TL, Herberman RB, Jain RK. 1991. Preferential localization of human adherent lymphokine-activated killer cells in tumor microcirculation. *J Natl Cancer Inst* **83:** 433–437.
Schlenger K, Höckel M, Schwab R, Frischmann-Berger R, Vaupel P. 1994. How to improve the uterotomy healing. I. Effects of fibrin and tumor necrosis factor-α in the rat uterotomy model. *J Surg Res* **56:** 235–241.
Schmidt J, Ryschich E, Maksan S, Werner J, Gebhard M, Herfarth C, Klar E. 1999. Reduced basal and stimulated leukocyte adherence in tumor endothelium of experimental pancreatic cancer. *Int J Pancreatol* **26:** 173–179.
Shioda T, Munn L, Fenner M, Jain R, Isselbacher K. 1997. Early events of metastasis in the microcirculation involve changes in gene expression of cancer cells: Tracking mRNA levels of metastasizing cancer cells in the chick embryo chorioallantoic membrane. *Am J Pathol* **150:** 2099–2112.
Sholley MM, Ferguson GP, Seibel HR, Montour JL, Wilson JD. 1984. Mechanisms of neovascularization. Vascular sprouting can occur without proliferation of endothelial cells. *Lab Invest* **51:** 624–634.
Suzuki T, Yanagi K, Ookawa K, Hatakeyama K, Ohshima N. 1998. Blood flow and leukocyte adhesiveness are reduced in the mirocirculation of a peritoneal disseminated colon carcinoma. *Ann Biom Eng* **26:** 803–811.
Swartz MA, Berk DA, Jain RK. 1996. Transport in lymphatic capillaries. I. Macroscopic measurements using residence time distribution theory. *Am J Physiol* **270:** H324–H329.
Taylor CM, Weiss JB. 1984. The chick vitelline membrane as a test system for angiogenesis and antiangiogenesis. *Int J Microcirc: Clin Exptl (Abstr)* **3:** 337.
Toolan HW. 1954. Transplantable human neoplasms maintained in cortisone-treated laboratory animals: H.S. #1; H.Ep.#1; H.Ep. # 2; H.Ep. # 3; and H.Emb.Rh. #1. *Cancer Res* **14:** 660–666.
Torres Filho IP, Intaglietta M. 1993. Microvessel PO_2 measurements by phosphorescence decay method. *Am J Physiol* **265:** H1434–H1438.
Torres Filho IP, Leunig M, Yuan, F, Intaglietta M, Jain RK. 1994. Noninvasive measurement of microvascular and interstitial oxygen profiles in a human tumor in SCID mice. *Proc Natl Acad Sci* **91:** 2081–2085.
Tsai AG, Friesenecker B, Mazzoni MC, Kerger H, Buerk DG, Johnson PC, Intaglietta M. 1998. Microvascular and tissue oxygen gradients in the rat mesentery. *Proc Natl Acad Sci* **95:** 6590–6595.
Tsuzuki Y, Fukumura D, Oosthuyse B, Koike C, Carmeliet P, Jain RK. 2000. Vascular endothelial growth factor (VEGF) modulation by targeting hypoxia inducible factor-1α → Hypoxia response element → VEGF cascade differentially regulates vascular response and growth rate in tumors. *Cancer Res* **60:** 6248–6252.
Tsuzuki Y, Carreira CM, Bockhorn M, Xu L, Jain RK, Fukumura D. 2001. Pancreas microenvironment promotes VEGF expression and tumor growth: Novel window models for pancreatic tumor angiogenesis and microcirculation. *Lab Invest* **81:** 1439–1452.
Vakoc BJ, Lanning RM, Tyrrell JA, Padera TP, Bartlett LA, Stylianopoulos T, Munn LL, Tearney GJ, Fukumura D, Jain RK, et al. 2009. Three-dimensional microscopy of the tumor microenvironment in vivo using optical frequency domain imaging. *Nat Med* **15:** 1219–1223.
Weissleder R. 2001. A clearer vision for in vivo imaging. *Nat Biotechnol* **19:** 316–317.
Weissleder R, Ntziachristos V. 2003. Shedding light onto live molecular targets. *Nat Med* **9:** 123–128.
Willett CG, Boucher Y, di Tomaso E, Duda DG, Munn LL, Tong R, Chung DC, Sahani DV, Kalva SP, Kozin SV, et al. (2004). Direct evidence that the anti-VEGF antibody Bevacizumab has anti-vascular effects in human rectal cancer. *Nat Med* **10:** 145–147.
Wood S. 1958. Pathogenesis of metastasis formation observed in vivo in the rabbit ear chamber. *Arch Pathol* **66:** 550–568.
Yamaura H, Suzuki M, Sato H. 1971. Transparent chamber in the rat skin for studies on microcirculation in cancer tissue. *Gann* **62:** 177–185.
Yanagi K, Ohsima N. 1996. Angiogenic vascular growth in the rat peritoneal disseminated tumor model. *Microvasc Res* **51:** 15–28.
Yuan F, Leunig M, Berk DA, Jain RK. 1993. Microvascular permeability of albumin, vascular surface area, and vascular volume measured in human adenocarcinoma LS174T using dorsal chamber in SCID mice. *Microvasc Res* **45:** 269–289.
Yuan F, Salehi HA, Boucher Y, Vasthare US, Tuma RF, Jain RK. 1994. Vascular permeability and microcirculation of gliomas and mammary carcinomas transplanted in rat and mouse cranial windows. *Cancer Res* **54:** 4564–4568.
Yuan F, Dellian M, Fukumura D, Leunig M, Berk DA, Torchilin VP, Jain RK. 1995. Vascular permeability in a human tumor xenograft: Molecular size dependence and cutoff size. *Cancer Res* **55:** 3752–3756.
Zawicki DF, Jain RK, Schmid-Schoenbein GW, Chien S. 1981. Dynamics of neovascularization in normal tissue. *Microvasc Res* **21:** 27–47.
Zeidman I. 1961. The fate of circulating tumor cells. 1. Passage of cells through capillaries. *Cancer Res* **21:** 38–39.

（郭连峰 译　李紫煜　方玉达　校）

第 27 章　活细胞中脂类的成像

Carsten Schultz[1], Anne B Neef[1], Theodorus W. Gadella, Jr.[2], and Joachim Goedhart[2]

[1] Cell Biology and Biophysics Unit, European Molecular Laboratory, Meyerhofstrasse 1, D-69117 Heidelberg, Germany,[2] Swammerdam Institute for Life Sciences, Section of Molecular Cytology, Centre for Advanced Microscopy, University of Amsterdam, Science Park 904, NL-1098 XH Amsterdam, The Netherlands

在活细胞中研究脂类是细胞生物学中的一个落后领域。虽然分析一种细胞类型的总脂类成分是可能的，但从细胞中分离各种不同类型的膜是非常困难的，主要因为大部分膜都是相互联络的。因此，虽然我们知道脂类的组成成分，但依然难以知道它们的位置、定位变化的动态及代谢的速度。活细胞中脂类的成像显然是回答上述问题的途径。

分子成像的通常途径是加上外源的荧光标签。荧光蛋白已广泛用于蛋白质的成像，但该方法显然不适合应用于小分子（如脂类）。遗憾的是荧光标签通常与脂类同样大，因此可能对脂类的定位和代谢产生严重影响。为克服这个问题，已发展了两种方法：用荧光标记的特异识别脂类的蛋白质和化学法引入荧光标记进入细胞。

荧光标记的脂类结合域已成为一种用来成像分析脂类物质，如参与细胞信号传导的磷酸肌醇和二酰甘油（DAG）的流行工具（Lemmon 2008）。读出的结果通常涉及脂类结合域从细胞质或核质向感兴趣的膜转移或者相反。由于这种响应的动态性，该方法特别适合时程成像方法。虽然荧光共振能量转移方法已经引入（van der Wal et al. 2001），但通常一个单一荧光团足以报告各个脂类。因此通过光谱分离，几种脂类可以被同时监测，提供脂类更新的相对时间信息（Schultz et al. 2005）。然而，这种方法似乎只对质膜上的脂类有效。由于未知的原因，一些脂类，如磷脂酰肌醇-4，5-二磷酸（PIP2）不能在内质网和高尔基体膜上成像识别，尽管有强有力的证据证明 PIP2 在这些膜上大量存在（Balla and Varnai 2002）。

由于这些限制，因此希望有另外的方法来定位感兴趣的脂类。最近，我们发展了一种通过一次特异化学反应来荧光标记最小修饰的脂类衍生物的方法（Neef and Schultz 2009）。该方法已用于固定细胞的脂类定位分析。然而，在活细胞中特异标记以研究脂类动态也是可能的。本章阐述在固定和活细胞中，用荧光标记的脂类结合域或标记脂类衍生物方法来成像脂类的所需步骤。

脂类结合域用做脂类探测器

脂类结合域使蛋白质与细胞内膜系统结合，这些细胞内膜对许多细胞的功能来说是必不可少的，这些细胞功能包括信号传导、运输和细胞结构维持。例如，一旦受到细胞表面受体的刺激，大量的信号蛋白就会被招募到质膜上，引发脂类的修饰以及小G蛋白和激酶的活化（Teruel and Meyer 2000）。进而，许多囊泡和细胞内亚结构被镶嵌上特殊的磷脂，这对于细胞内运输和细胞器识别是必需的（Behnia and Munro 2005）。另外，决定细胞形状和控制细胞运动的细胞骨架的锚定和动态依赖于膜/脂类和细胞骨架蛋白上脂类结合域的直接相互作用（Di Paolo and De Camilli 2006；Sheetz et al. 2006）。

脂类结合域几乎都是以很多不同的结合机制与酸性磷脂结合。研究最清楚的脂类结合域是两大类特殊（球状）蛋白质折叠：一类是非特异脂类结合域，它们识别膜上的一般特征，如双亲性、电荷和曲率，并与之结合；另一类是空间特异脂类结合域，它们有时以高度的亲和性和特异性与特定的膜成分结合（Lemmon 2008）。非特异的脂类结合域，如BAR、F－BAR和ANTH/ENTH域，它们很少或者没有磷脂结合特异性，但涉及膜的形变（Itoh and De Camilli 2006）。最主要的特异脂类结合域是PH结构域（pleckstrin homology，PH）、C1结合域（conserved domain 1，C1）、PX结合域（Phox homolog，PH）和FYVE（Fab1、YOTB、Vac1、EEA1）结合域（Lemmon，2008）。另外，已经鉴定出一些依赖于钙的结合域，主要是磷脂结合域，包括一大类C2结合域（conserved region 2，C2）、膜联蛋白和胞外Gla（富含γ-谷氨酸）结合域。

脂类成像主要使用特异脂类结合域，包括依赖于钙结合域。观察特定脂类的策略是构建脂类结合域与可见荧光蛋白（visible fluorescent protein，VFP）的融合蛋白（Halet 2005）。依赖于钙结合域已被用于自然界七类磷酸化肌醇及二酰甘油和磷脂（表1）成像。有时串联重复的结合域是产生足够亲和性所需要的，如磷脂酰肌醇-3-磷酸FYVE识别域。然而，使用串联重复的结合域时必须小心，因为与感兴趣的脂类结合太紧可能会干扰有关脂类和蛋白质的相互作用。

表1　与特异目标结合的脂类结合域

脂类结合域	结合目标	参考文献
$FYVE_{EFA1}$	PtdIns（3）P	Gaullier et al. 1998
$PX_{p40Phox}$		Ellson et al. 2001
PH_{FAPP1}	PtdIns（4）P	Dowler et al. 2000
PHD_{Atx1}	PtdIns（5）P	Alvarez－Venegas et al. 2006
PHD_{Ing2}		Gozani et al. 2003
PH_{Tapp2}	PtdIns（3，4）P2	Dowler et al. 2000
$PH_{centaurin-b2}$	PtdIns（3，5）P2	Dowler et al. 2000
$PH_{PLC\delta 1}$	PtdIns（4，5）P2	Stauffer et al. 1998
PH_{GRP1}	PtdIns（3，4，5）P3	Venkateswarlu et al. 1998
PHB_{TK}		Varnai et al. 1999
$C1_{PKC}$	二酰甘油（DAG）	Oancea et al. 1998
$C2_{cPKC}$	磷脂	Oancea and Meyer 1998

VFP标记的脂类结合域DNA载体构建将在下一节叙述，目标细胞系然后用DNA转染（见实验方案1），接着用荧光显微镜观察。各种显微镜的选择将在下面讨论，考虑因素包括时程实验和定量分析脂类的动态和位置变化。实验方案1集中在哺乳动物

细胞，但用 VFP 标记脂类结合域以观察脂类的方法也被应用于其他细胞类型，如网柄菌属（*Dictyostelium*）(Dormann et al. 2002)、酵母（Levine and Munro 2002）甚至整株植物（Vermeer et al. 2006；2009）。

构建 VFP 标记脂类结合域的策略

编码脂类结合域的 cDNA 必须与编码 VFP 的 cDNA 融合。现在，各种高亮度的 VFP 变体覆盖了整个可见光光谱（Shaner et al. 2005）。通常，27kDa 大小的荧光团不会干扰脂类结合域的亲和性和特异性。但是，应注意许多早期的 GFP 变体有二聚体化的倾向，尤其是使用脂类传感器（Zacharias et al. 2002）时，因为二维平面上传感器扩散的限制性可有效加强它们的浓度。因此，应使用严格单体的 VFP（通常带有 A206K 突变）。几种含 A206K 突变的优化 VFP 变体已在我们实验室和其他实验室开发出来。我们的载体（Kremers et al. 2006；2007）可以索取。脂类结合域来自于多结构域的蛋白质，因此通常氨基端和羧基端融合表现相同。

脂类结合域通常比较小（如 PX 和 PH 结合域是 100～130 氨基酸，而 C1 和 FYVE 结合域更小）。因此，脂类结合域与 VFP 融合在一起不超过 40kDa，可通过被动扩散进入细胞核。在细胞质中的脂类传感器可与膜上的脂类马上结合，而细胞核中的脂类传感器需通过核膜后才能结合。因此会导致双向结合反应，即细胞质中脂类传感器的快速反应和细胞核中脂类传感器的滞后反应。这种双向反应会干扰动力学的测定，因此应使用一个带核输出序列（nuclear export sequence，NES）的脂类传感器避免该情况的发生。这种修饰的优点是所有传感器都位于细胞质，而目标脂类一般都存在于细胞质中。需要指出的是，第一个在单个活细胞中用于观察脂类动态的脂类结合域，即从 PLCδ1 来的 PH 结合域有一个内源性的核输出序列（Stauffer et al. 1998）。

通过仔细选择光谱可分的 VFP 以及选择合适的显微镜激发和发射滤光片组，多种脂类结合域可在单个细胞同时使用而没有相互交叉（Schultz et al. 2005）。我们喜欢采用灵活的策略通过剪切和粘贴的方法快速改变 VFP 种类。为达到这个目的，脂类结合域被插入到来自 Clontech 公司的哺乳动物表达载体上的多克隆位点。一旦脂类结合传感器构建起来并测序验证，可通过 AgeI/BsrGI 限制酶位点快速改变 VFP 种类从而改变它的颜色。这种策略不仅适用于氨基端也适用于羧基端载体。

在一个细胞中同时成像多个经不同突变修饰的脂类结合域可用于研究突变的效应。例如，Verbeek 等（2008）通过在同一细胞共表达融合蛋白比较了野生型 C1 域和突变 C1 域的易位。这种途径的优点是结合域所处环境是一致的，易位速率直接与突变相关。

荧光显微镜

宽视场显微镜

宽视场显微镜一般来说是实验室里最容易使用的，用来检测质粒是否正确（如所期望的 VFP 是否存在），转染是否有效，并以此获得荧光团定位的初步数据。如果膜广泛存在（特别是质膜），膜的定位可被观察到，但细微的膜聚集则很难观察。水泡状和网状膜聚集如果是主导的情形，虽然可用宽视场显微镜观察，但是，要得到清晰的定位图像通常需要共聚焦显微镜。

共聚焦显微镜

一个细胞的二维荧光图像来自于底层膜、细胞质和顶层膜共同产生的荧光。共聚焦显微镜提高了横向的分辨率，更重要的是它能收集厚度通常为 0.8μm 的单一光学切片的荧光。

分辨率的提高对获得传感器的清晰定位图像是重要的。例如，如果脂类结合域一部分定位于囊泡，一部分定位于细胞质，在宽视场显微镜下，囊泡上脂类结合域的聚焦荧光可被来自细胞质中的非聚焦荧光稀释。而在共聚焦显微镜下，来自非聚焦平面的细胞质荧光则被摒弃，囊泡与细胞质之间的对比度得到提高。同样，来自 PLCδ1 的 PH 结构域与 VFP 融合蛋白若结合到质膜上，最好用共聚焦显微镜收集一个薄的光学层（图 1）。如果用宽视场显微镜（开放的针孔）成像，细胞质区域所呈现的荧光实际上是来自底层和顶层膜的非聚焦荧光。另外，横向分布膜信号被模糊了。如果用共聚焦显微镜收集细胞中部的单一光学层，那么底层和顶层膜的荧光就被摒弃了。细胞质看起来是黑的，横跨聚焦层的横向膜分辨率就提高了（图 1）。

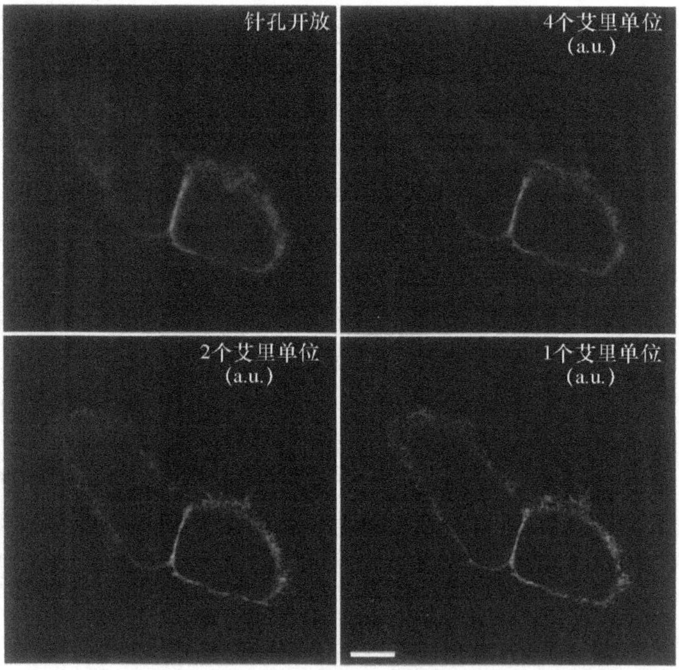

图 1

表达来自 PLCδ1 的 PH 结构域与 GFP 融合蛋白的两个 HeLa 细胞在不同针孔大小下的单一光学层图像（针孔大小以 a. u. 单位计），显示逐步关闭针孔对质膜和细胞质对比度的影响。PH 结构域识别质膜上高的 PtdIns（4，5）P_2水平。标尺为 10μm

光学层的厚度取决于针孔大小。共聚焦显微镜通常以 airy unit 为单位（缩写为 a. u.）计算针孔大小。一个 a. u. 表示最佳聚焦检测效果，有高的轴向分辨率并且信号足够强。然而，对具弱荧光的样品，以牺牲轴向分辨率为代价，增加光学层的厚度进而增加信号强度是有利的。另外一个决定光学层厚度的因素是细胞的厚度。

一般来说，共聚焦显微镜是一类最适合脂类传感器定位观察的显微镜。对荧光标记的亚结构可进行共定位研究。通过收集 z 轴图像集层，可重建三维荧光分布图。对于时程成像则在一定的时间间隔内收集各个光学层叠。

全内反射荧光显微镜

全内反射荧光显微镜（也称为渐逝波显微镜）(total internal reflective microscopy, TIRF) 用另外一种激发方式提高轴向分辨率（波长约 100nm）（见第 35 章和第 36 章）(Toomre and Manstein 2001)。紧贴着盖玻片的一个薄层选择性地被激发，产生的荧光用 CCD (charge coupled device) 相机收集。结果，附着细胞底部膜的荧光相对于细胞质以高对比度被检测到。因此，进出膜的脂类传感器的易位能以高对比度、高时间和高空间分辨率被检测到（图 2）。因为，只有附着于底部的细胞膜能被观察到，因此，全内反射荧光显微镜的应用只限于这个亚结构。

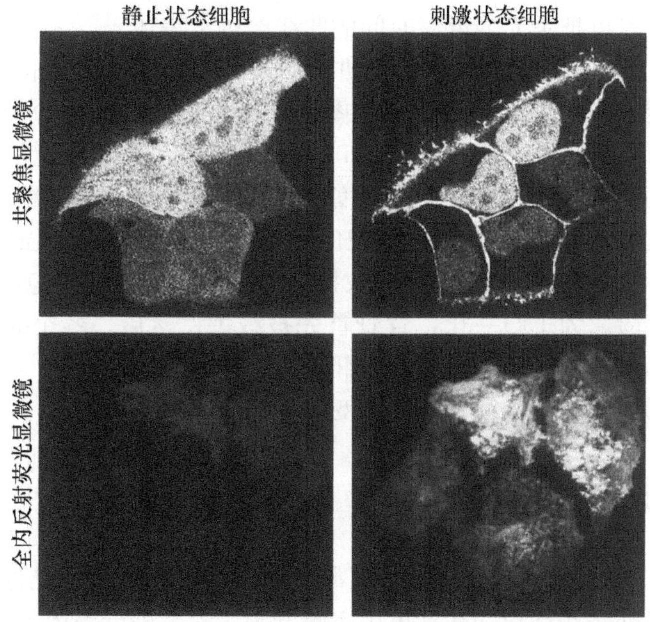

图 2　用共聚焦显微镜和全内反射荧光显微镜分别测定荧光标记的蛋白质从细胞质向质膜易位

HeLa 细胞表达来自 PKCγ 的 C2 结合域与单聚体 YFP（C2 - mYFP）融合蛋白。C2 结合域依赖于钙的脂类结合域，定位于细胞质和静止状态细胞的核中（左版）。细胞被 100μm 的组胺刺激后，细胞内 Ca^{2+} 水平提高，C2 - mYFP 易位到细胞质膜（右版）。在质膜中聚集可在共聚焦层马上观察到。在全内反射荧光实验中，当荧光强度增加时易位可被观察到

时程实验和定量

要回答定位改变和动态问题需要采用时程成像实验。这些实验能跟踪囊泡的移动以及脂类传感器在不同亚单位间的易位（如从细胞质向细胞膜的易位）。这类实验的主要挑战是如何减少光漂白（和光毒性）以及减少由于聚焦漂移引起的假象。时间间隔必须足够短以使目标的动态能被跟踪到，但也不能太短以避免不必要的过度曝光。快速的过程可通过宽视场显微镜的影像功能快速成像，或者采用转盘式共聚焦显微镜及 TIRF 显微镜。如果采用激光共聚焦显微镜，线扫描方式是获得快速动力学的一种方法。

从宽视场显微镜或共聚焦时程实验得到的易位过程可通过计算感兴趣区域（region of interest，ROI）的平均荧光强度来进行定量分析。通常用于图像收集的软件包都带有这部分计算功能。用于图像收集后分析的一个非常好的开放软件包是 ImageJ（http：//rsbweb. nih. gov/ij/）。为进行荧光定量分析，ROI 可选择细胞质或细胞质膜。

在测定过程中膜的形状经常发生变化，这可以是膜组分改变的结果。膜形状的改变影响膜区域定量分析的可靠性，尤其是一些高度运动的细胞（如网柄菌细胞）的这个问题更加明显（Postma et al. 2003）。通常，定量分析细胞质中荧光强度是容易的，也足够了。通过描述荧光强度的增加来显示膜上一种脂类的减少可能会引起人们的费解。因此，在演讲时可把荧光强度对时间的曲线倒过来表述。

至于 TIRF 显微镜，它的一个优势是进出质膜易位事件的定量是直接的，因为只有收集到的荧光被定量；另一个优势是膜的图像采集是以高的空间分辨率进行的，因此局部的易位事件可立即被检测到（Codazzi et al. 2001）。需要注意的是必须保持膜聚焦，因为聚焦面的细微变化将导致荧光强度变化，结果严重干扰定量分析结果。

为进行实验比较，或者计算多个细胞的平均值，初始的荧光强度需进行归一化。为做到这一点至少必须收集到 10 个点的数据，同时荧光必须保持稳定。另外，对这些细胞可进行刺激实验。为了归一化，背景首先被减去。然后，各个时间点测得的荧光被从 10 个左右基础点数据得到的平均值相除。这将产生一条曲线，展示在特定亚细胞结构的平均荧光强度随时间延续是如何改变的。

在细胞中直接标记脂类

上面所述的技术是脂类活体成像的基本技术。最近，直接荧光标记脂类的方法才发展起来，作为另外一些选择，在这里由实验方案 2 和 3 进行表述。

活细胞内的化学

在活细胞中进行特定的化学反应，两种反应物必须是生物正交的，即两种反应物都不与细胞内源成分发生反应达到可感知的程度（Chen and Ting，2005）。至今，只有少数几个成功的例子，部分是由于生物正交且有活性的化学基团非常有限。另外，活体反应要求在大部分是水环境且最高温度为 37℃的温和条件下工作。合适的基团是叠氮，因为它很小而且在大多数生物体内实际上是不存在的。叠氮经历一系列化学反应，涉及氮的失去、一个没有催化而使化学反应进行下去的好推动力。研究得最彻底的这类反应类型是 Staudinger 连接反应，已被成功地用于共价标记细胞表面的碳水化合物（Saxon and Bertozzi 2000）。另一种反应类型是通过 Cu（I）催化的 3+2 环加成反应将叠氮与末端炔连接，通常称为点击化学（click chemistry）（见下述）（Prescher and Bertozzi 2005）。在已命名的反应中，点击反应似乎是最适合用来标记脂类的，因为脂类只需要一个在脂肪酸顶端的 C—C 叁键，在结构和生物物理学上改变很少。

人工合成脂类与天然脂类只是端部三键的不同，预期二者表现相同，因此与荧光标记的脂类类似物相比，它们更加适合于报告脂类的定位。此外，它们可在任何所期望的时间点标记以观察细胞内当前的分布。改变环境和内源环境（如施加一定刺激），然后就可以直接检测脂类分布的动态变化，不需要观察脂类结合域或者大的荧光团。

点击化学

叠氮与炔的 3+2 环加成反应通常需要 Cu（I）离子催化。不幸的是，铜离子对活细胞是有毒的，但在固定细胞，Cu（II）可以与一种抗氧化剂——抗坏血酸一起加入并保持铜处于正确的氧化状态［Cu（I）］。3+2 环加成反应的产物是三唑，一种在化学上相当惰性的稳定结构（图 3）。Bertozzi 和合作者最近发展了一种环状炔，在足够张力下在没有铜离子时点击反应能进行下去（Agard et al. 2004）。我们将 cyclooctynyl 基团加载到脂上时，发现在活细胞中没有铜离子情况下反应能缓慢进行（Neef and Schultz 2009）。

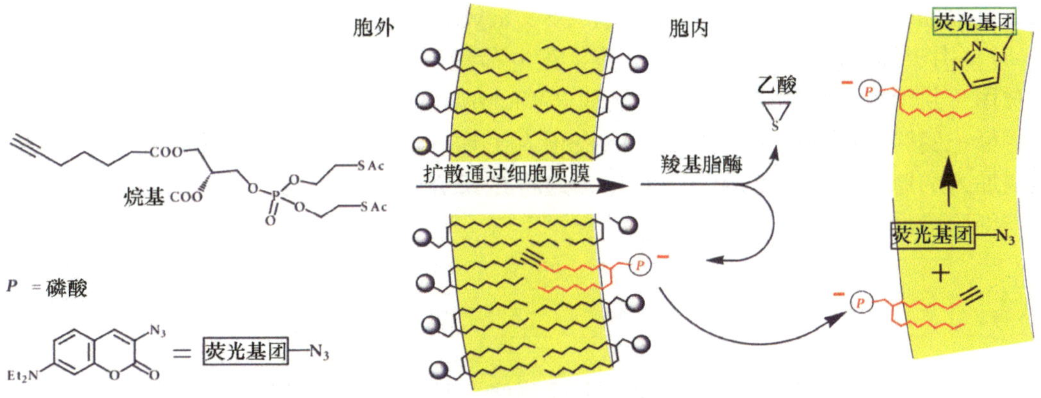

图 3　S—酰巯乙基（SATE）保护的炔磷脂酸通过扩散进入细胞

酶法去保护和固定后，在 Cu（I）催化下由 3+2 环加成（点击反应），烷基与荧光 3-叠氮香豆素反应生成带荧光的脂类衍生物

荧光团

另有一个重要问题是荧光团的选择。因为所有的荧光团都会产生非特异的染色，有必要应用只有在所期望的荧光标记反应效率高的荧光化合物。3-叠氮香豆素（3－azidocoumarins）符合这个标准，因为叠氮基团猝灭香豆素荧光，而点击反应形成三唑通过去猝灭过程产生荧光（图 3）（Sivakumar et al. 2004）。

当点击化学应用于细胞，最大的障碍是叠氮自发还原成氨基团，产生的氨基香豆素有非常强的荧光。这种非期望的反应立即发生，在对照细胞中虽然没有带炔的脂类，细胞也立即产生荧光。小心控制细胞培养条件可避免这个问题。标记时间要特别短。细胞培养过程中营养要充分，因此，推荐使用高浓度血清。固定后，多聚甲醛（PFA）要加甘氨酸除去。最后，固定的细胞不要用含去污剂的溶液洗，因为会洗去脂类。

可点击合成的脂类

活体标记的先决条件是要有带炔的脂类。它们要通过有机合成制备。最方便的方法是将带末端炔或 cyclooctynyl 基团的脂肪酸引入甘油骨架，然后如 Neef 和 Schultz（2009）所述引入合适的顶端基团。另外的方法是用合适的带炔的脂肪酸通过一步反应去标记溶血磷脂（lysophospholipid，市场有售）。其他的方法（如标记胆固醇）则需要精细的有机化学制备过程。

脂类进入细胞

不带电荷的脂类如 DAG 和单脂肪酸进入细胞非常快。我们通常在 1～2min 后看到细胞膜开始染色，2～10min 后细胞内膜荧光团标记的脂类达到最多，荧光团也进入靶位。为让带电荷的脂类（如磷脂）通过细胞质膜，前药途径（prodrug）已被成功地应用。在这些方法中，带负电荷的基团被可生物激活的保护基团封闭，这些保护基团在细胞外是稳定的，进入细胞后很快被内源水解酶除去。典型的用于封闭负电荷的基团有 acetoxymethyl ester 或 *S*-酰巯乙基（*S*－acylthioethyl，SATE）（图 3）（Schultz 2003）。由于细胞质膜上存在的负电荷，正电荷很少有可能被拒进入细胞。SATE 基团已被用于封闭脂类（如磷脂）上的氨基（Wichmann et al. 2006）。

标记实验的成败在很大程度上取决于人工加入脂类的代谢。将来，需要用质谱来探测加入的原始带炔脂类的结构变化。这将是研究细胞中脂类代谢的有力工具，尤其是与细胞成像结合使用。

总结

用脂类结合域标记还是直接标记来检测脂类取决于所要回答的生物学问题。尽管在微体膜检测上，脂类结合域存在一定的限制，但脂类结合域还是常被用于观察活细胞脂类动态。直接标记在固定细胞中应用于脂类定位研究能对遗传编码的脂类传感器进行补充。虽然直接标记一般需要固定细胞，但在无铜离子的活细胞中应用也是可行的。如果进一步优化标记的速度和完整性，无铜点击化学能让我们在活细胞中监测脂类的动态，并且对它们的分布、互作成分和对内部和外界刺激反应的行为有深入的了解。为选择性地标记多种脂类，需要发展一些具不同荧光特性的荧光染料。这些改进是非常迫切的，因为我们对脂类生物学的知识在很大程度上是来源于体外实验，因此至今脂类在时间和空间上的信息是非常有限的。

实验方案 1

用编码 VFP 标记的脂类结合域的 DNA 转染细胞

编码 VFP 标记的脂类结合域的 DNA 从大肠杆菌（*Escherichia coli*）中提取，待转染的细胞生长在带玻璃底的培养皿或盖玻片上。我们用市场上买到的试剂进行转染，然而对有些细胞系，磷酸钙沉淀是经济的替代方法。这里所述的方法用脂〔质〕转染胺 2000（Lipofectamine 2000，Invitrogen 公司），它对 HeLa、N1E-115 和 HEK-293 细胞系效果很好。用其他试剂如 FuGENE（Roche 公司）和 GeneJuice（Novagen 公司）也有相似的效果。

材料

注意：标记有<!>的材料请参考附录正确处理；标有<R>的试剂请参考本章最后的配方制备。

试剂

细胞悬液（如 HeLa、N1E-115 或 HEK-239 细胞）

大肠杆菌培养液（3mL，过夜培养），携带一个 VFP 标记的脂类结合域 DNA 质粒（见上述构建 VFP 标记脂类结合域的策略）

乙醇<!>（70%）[如果用盖玻片培养细胞，见步骤（3）]

高纯度 PCR 产物纯化试剂盒（high pure PCR product purification kit，Roche 公司）

脂〔质〕转染胺 2000（lipofectamine 2000，Invitrogen 公司）

显微镜培养基 [可选，见步骤（10）] <R>

改良 Eagle 氏培养基（Opti-MEM）

标准碱裂解质粒小量提取试剂

设备

商业购买的培养小室（如来自 Invitrogen 公司、Mattec Corporation 公司或 Bioscience Tools 公司）或自制的小室 [可选，见步骤（10）]

荧光显微镜

玻璃底的培养皿（直径 35mm）或盖玻片（直径 24mm），用于细胞培养 [见步骤（3）]

玻璃表面是否处理取决于细胞系。根据我们的经验，大多数细胞系表面无需处理

培养箱设置到细胞系合适的条件

多孔培养板（6 孔）[如果用盖玻片培养细胞，见步骤（3）]

方法

制备用于转染的 DNA

（1）从 3mL 大肠杆菌过夜培养液中用标准碱裂解质粒小量提取法提取哺乳动物表达质粒。

（2）根据制造商的产品说明用高纯度 PCR 产物纯化试剂盒（Roche 公司）提纯质粒 DNA。用 50μL 的洗脱缓冲液或 H_2O 溶解 DNA。

细胞的准备

（3）用 70%乙醇浸泡盖玻片进行灭菌，在 6 孔聚苯乙烯培养板的每个孔中各放一块盖玻片。通风橱中干燥 10min 后加入细胞悬液。细胞也可直接接种入 35mm 玻璃底的培养皿中。

细胞接种的最佳密度需通过实验确定。

转染

这个步骤足够转染两个 35mm 培养皿。

（4）加 1μL 提纯的 DNA 进入一个管中。

如果多个质粒共转染，各种质粒各加 1μL。共转染多达 4 种质粒效果很好。

（5）加 2μL 脂（质）转染胺 2000 至另外一个管中。

（6）加 100μL 改良 Eagle 氏培养基（Opti - MEM）进入脂（质）转染胺中，轻打管子混合。

（7）取改良 Eagle 氏培养基脂（质）转染胺混合液入含 DNA 的管中。轻打管子混合，然后室温保育 20～30min。

（8）滴加 50μL 转染混合物进入第一个培养皿，加同样量至第二个培养皿。水平方向移动以轻轻混匀转染混合物。

（9）培养皿放入培养箱中过夜培养。

荧光显微镜

（10）转染后一天，观察转染细胞的荧光。

生长在盖玻片上的细胞可放入培养小室。为减少培养基产生的荧光，采用显微镜培养基。许多细胞系在显微镜培养基中存活几个小时。

实验方案 2

固定细胞中脂类标记

本实验方案描述在固定细胞中如何直接标记脂类。

材料

注意：标记有＜!＞的材料请参考附录正确处理；标有＜R＞的试剂请参考本章最后的配方制备。

试剂

合适的细胞培养基
感兴趣的细胞（如 RAW 巨噬细胞，HeLa 细胞）
Dulbecco 磷酸盐缓冲液（PBS）＜R＞，预热至 37℃
胎牛血清（FBS）（10%），在 HEPES 缓冲液中制备＜R＞，预热至 37℃
新鲜制备的脂类混合物 A ＜R＞
多聚甲醛（PFA）＜!＞（3.7%），用 PBS 制备
聚醚 F-127（pluronic F－127）（5%），用二甲基亚砜（DMSO）溶解＜!＞
猝灭液＜R＞
染色混合液 A ＜R＞

重要的是，染色混合液应该在每一个标记实验开始之前新鲜配制，混合到最后才加入抗血酸钠。因为抗血酸钠长时间与荧光染料接触会起反应。当使用气态环辛基脂时，用混合染色液 B＜R＞代替

设备

带盖玻片的细胞培养皿（35mm）（MatTek Corporation 公司）
带 405nm 激光器的荧光显微镜
培养箱，设置为 37℃和 5% CO_2
摇床

方法

用磷脂、带末端炔的脂肪酸或 cyclooctynyl 基团标记固定细胞

（1）在 35mm 细胞培养皿、合适的培养基，37℃和 5% CO_2条件下培养细胞 1 天。

（2）用预热至 37℃的 PBS 洗细胞 2 次。

(3) 加 2mL 预热的、用 HEPES 缓冲液制备的 10%胎牛血清覆盖细胞。

(4) 加 5μL 新配制的脂类混合液到终浓度为 10μmol/L。在负对照皿中加等量新配制溶于 DMSO 的 5%聚醚 F-127。

(5) 在 37℃和 5% CO_2条件下孵育 1h。

对于脂肪酸，孵育时间延长至 12～24h

固定细胞的荧光标记

(6) 用预热至 37℃的 PBS 洗细胞 2 次。

(7) 用 2mL PFA 在室温固定细胞 20min。

(8) 室温 PBS 洗 2min。

(9) 除去残留的 PFA，否则导致荧光显微镜下高背景。室温下用猝灭液洗 5min，然后用 PBS 漂 2 次。

(10) 在细胞培养皿中加满新配制的染色混合液 A。

如果是带 cyclooctnyl 的脂类，则用染色混合液 B。

(11) 封紧细胞培养皿。

(12) 室温黑暗条件下摇床孵育 10min～2h。

(13) 移去染色混合液。

(14) PBS 洗细胞 3 次，每次 1min。

(15) 荧光显微镜下成像分析（激发光波长 405 nm，发射光滤光片 505/30nm）。

样品结果见图 4。

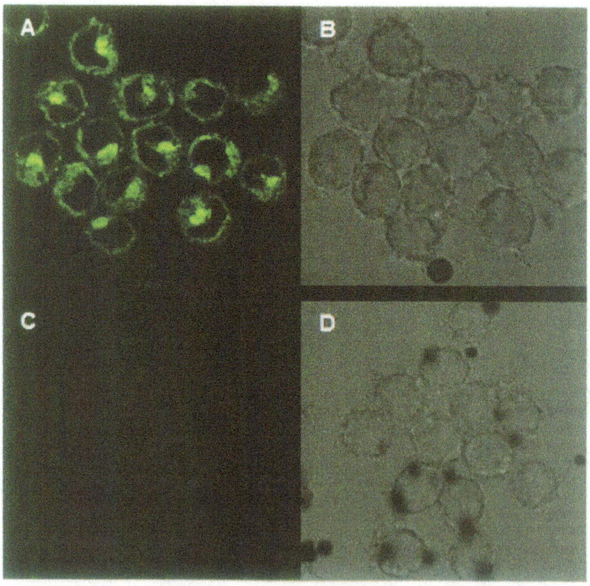

图 4　标记了荧光 3-叠氮-7-（二乙）香豆素的带炔的脂类，用于标记固定后的 RAW 巨噬细胞

A. 香豆素通道；B. 微分干涉对比（DIC）；C. 缺少脂类的阴性对照和香豆素通道；D. 微分干涉对比

实验方案 3

活细胞中脂类标记

本实验方案描述在活细胞中如何直接标记脂类。

材料

注意：标记有<!>的材料请参考附录正确处理；标有<R>的试剂请参考本章最后的配方制备。

试剂

合适的细胞培养基
感兴趣的细胞（如 RAW 巨噬细胞，HeLa 细胞）
Dulbecco 磷酸盐缓冲液（PBS）<R>，预热至 37℃
胎牛血清（FBS）（10%），在 HEPES 缓冲液中制备<R>，预热至 37℃
成像缓冲液<R>，预热至 37℃
脂类混合物 B <R>，新鲜制备
聚醚 F－127（pluronic F－127）（5%），用二甲基亚砜（DMSO）溶解<!>
染色混合液 C <R>

设备

带盖玻片的细胞培养皿（35mm）（MatTek Corporation 公司）
带 405nm 激光器的荧光显微镜
培养箱，设置为 37℃和 5% CO_2
摇床，放置在黑暗处，设置为 37℃

方法

（1）在 35mm 细胞培养皿、合适的培养基，37℃和 5% CO_2条件下培养细胞 1 天。

（2）用预热至 37℃的 PBS 洗细胞 2 次。

（3）加 2mL 预热的、用 HEPES 缓冲液制备的 10%胎牛血清覆盖细胞。

（4）加 5μL 新配制的脂类混合物 B 到终浓度为 10μmol/L。在阴性对照皿中加等量新配制溶于 DMSO 的 5% 聚醚 F－127。

（5）在 37℃和 5% CO_2 条件下孵育 1h。

（6）用预热至 37℃的 PBS 洗细胞 2 次。

（7）加 2mL 新鲜配制并预热至 37℃的染色混合液 C。

（8）封紧培养皿，室温黑暗条件下摇床孵育 10min～2h。

（9）移去染色混合液，用预热至 37℃的 PBS 洗 3 次，每次 1min。

（10）用显微镜缓冲液覆盖细胞。荧光显微镜下成像分析（激发光波长 405nm，发射光滤光片 505/30nm）。

样品结果见图 5。

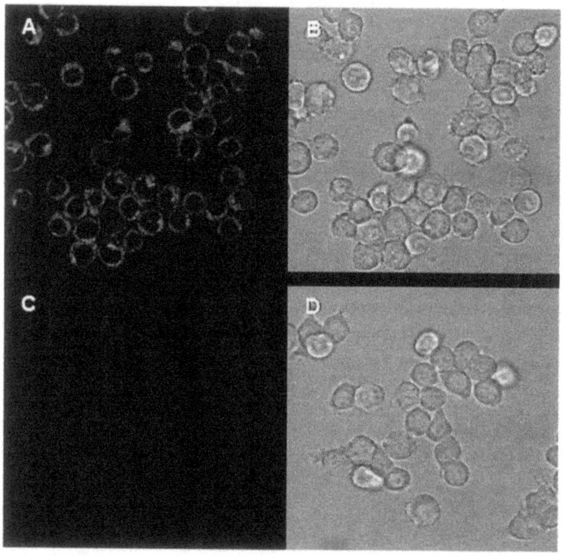

图 5　结合了荧光 3-叠氮-7-（二乙）香豆素的带环辛炔的脂类，用于标记活细胞

A. 香豆素通道；B. 微分干涉对比（DIC）；C. 不加脂类的阴性对照，香豆素通道；D. 阴性对照，DIC

配方

注意：标记有＜！＞的材料请参考附录正确处理

显微镜培养基

试剂	量（用于 1L）（mg）	终浓度（mmol/L）
NaCl	8000	137
KCl＜！＞	400	5.4
$CaCl_2 \cdot 2H_2O$＜！＞	264	1.8
$MgSO_4 \cdot 7H_2O$＜！＞	200	0.8
D-葡萄糖 · H_2O＜！＞	4000	20
H_2O	至 980mL	

上表中的盐和糖溶液进行高压灭菌。1mmol/L HEPES 缓冲液的制备：23.8g HEPES 溶于 75mL H_2O 中，然后加约 6 片固体 NaOH＜！＞片调 pH 至 7.4。定容至 100mL，控制 pH，过滤灭菌。加 20mL 过滤灭菌的 1mmol/L HEPES 缓冲液入高压灭菌的盐和糖溶液得到显微镜培养基。该溶液（无菌状态）可在 4℃保存数月。

Dulbecco’s PBS

试剂	量（用于 1L）	终浓度（mmol/L）
NaCl	8g	137
KCl<!>	200mg	2.68
Na_2HPO_4	1.43mg	10.1
KH_2PO_4	240mg	1.76
H_2O	至 1L	

用 HCl<!>或 NaOH<!>调 pH 至 7.4。保存时间：经过滤灭菌后，Dulbecco’s PBS 可在室温保存数月。

HEPES 缓冲液

试剂	量（用于 1L）	终浓度（mmol/L）
NaCl	6.72g	115
$CaCl_2$<!>	133mg	1.2
$MgCl_2$<!>	114mg	1.2
K_2HPO_4	418mg	2.4
HEPES	4.77g	20
H_2O	至 1L	

用 HCl<!>或 NaOH<!>调 pH 至 7.4。保存时间：HEPES 缓冲液可在冰箱中保存数月。

脂混合物 A

试剂	量（用于 10μL）	终浓度
1 - *O* - hept - 6 - ynoyl - 2 - *O* - myristoyl - *O* - ｛bis - ［2 - （acetylthio） ethoxy］ - phosphoryl｝ - *sn* - glycerol 或者 1 - *O* - undec - 10 - ynyl - 2 - *O* - myristoyl - 3 - *O* - ｛bis - ［2 - （acetylthio） ethoxy］ - phosphoryl｝ - *sn* - glycerol 或者 6 - heptynoicl acid<!> 或其他 ［omega］ - alkynoic acid 或者 1 - *O* - ｛10 - （cyclooct - 2 - ynyloxy） decanoyl） - 2 - O - myristoyl - 3 - O - （bis - ［2 - （acetylthio） ethoxy］ - phosphoryl｝ - *sn* - glycerol （40mmol/L 于 DMSO 中）（Neef and Schultz 2009）	1μL	4mmol/L
聚醚 F - 127（用 10% DMSO<!>配制）	5μL	5%
二甲基亚砜（DMSO）<!>	4μL	

保存时间：该混合液必须在各个标记实验前现配。

猝灭液

试剂	量（用于 100mL）（mg）	终浓度（mmol/L）
甘氨酸	375	50
NH_4Cl<!>	267mg	50
PBS	至 100mL	

保存时间：该溶液可在−20℃保存几个星期。

染色混合液 A

试剂	量（用于 20mL）	终浓度
PBS	18.875mL	
3-叠氮-7-（二乙氨基）香豆素［3-azido-7-（diethylamino) coumarin］（40mmol/L，用 DMSO 制备<!>）（Sivakumar et al. 2004）	25μL	50μmol/L
$CuSO_4$（100mmol/L 于 H_2O 中）<!>	200μL	1mmol/L
三-（苄基三唑-甲基）胺［Tris-（benzyltriazolyl-methyl）amine］（200mmol/L 于 DMSO<!>中）	100μL	1mmol/L
抗坏血酸钠（2.5mol/L 于 H_2O 中）	800μL	100mmol/L

保存时间：该混合液必须在各个标记实验前现配。

染色混合液 B

试剂	量（用于 1L）	终浓度
PBS	19.975mL	
3-叠氮-7-（二乙氨基）香豆素（40mmol/L，用 DMSO 制备<! >）［3-azido-7-（diethylamino) coumarin］（Sivakumar et al. 2004）	25μL	50μmol/L

保存时间：该混合液必须在各个标记实验前现配。

成像缓冲液

试剂	量（用于 10mL）（mL）	终浓度（%）
HEPES 缓冲液	8.6	
D-葡萄糖（5%于 HEPES 中）	0.4	0.2
FBS	1	10

保存时间：成像缓冲液可在−20℃保存 7 天。

脂混合物 B

试剂	量（用于 10μL）	终浓度
1-*O*-［10-（cyclooct-2-ynyloxy）decanoyl］-2-O-myristoyl-3-O-{bis-［2-（acetylthio）ethoxy］-phosphoryl}-sn-glycerol	1μL	4mmol/L
聚醚 F-127（用 10% DMSO<!>配制）	5μL	5%
二甲基亚砜（DMSO）<!>		4μL

保存时间：该混合液必须在各个标记实验前现配。

染色混合液 C

试剂	量（用于 20mL）	终浓度
HEPES	17.175mL	137mmol/L
3-叠氮-7-（二乙氨基）香豆素（40mmol/L，用 DMSO 制备<!>）（Sivakumar et al. 2004）	25μL	50μmol/L
D-葡萄糖（5%母液，HEPES 配制）	0.8mL	0.2%
FBS	2mL	10%

保存时间：该混合液必须在各个标记实验前现配。

参考文献

Agard NJ, Prescher JA, Bertozzi CR. 2004. A strain-promoted [3+2] azide-alkyne cycloaddition for covalent modification of biomolecules in living systems. *J Am Chem Soc* **126:** 15046–15047.

Alvarez-Venegas R, Sadder M, Hlavacka A, Baluska F, Xia Y, Lu G, Firsov A, Sarath G, Moriyama H, Dubrovsky JG, et al. 2006. The *Arabidopsis* homolog of trithorax, ATX1, binds phosphatidylinositol 5-phosphate, and the two regulate a common set of target genes. *Proc Natl Acad Sci* **103:** 6049–6054.

Balla T, Varnai P. 2002. Visualizing cellular phosphoinositide pools with GFP-fused protein-modules. *Science's STKE* **2002:** PL3.

Behnia R, Munro S. 2005. Organelle identity and the signposts for membrane traffic. *Nature* **438:** 597-604.

Chen I, Ting AY. 2005. Site-specific labeling of proteins with small molecules in live cells. *Curr Opin Biotechnol* **16:** 35-40.

Codazzi F, Teruel MN, Meyer T. 2001. Control of astrocyte Ca^{2+} oscillations and waves by oscillating translocation and activation of protein kinase C. *Curr Biol* **11:** 1089-1097.

Di Paolo G, De Camilli P. 2006. Phosphoinositides in cell regulation and membrane dynamics. *Nature* **443:** 651-657.

Dormann D, Weijer G, Parent CA, Devreotes PN, Weijer CJ. 2002. Visualizing PI3 kinase-mediated cell–cell signaling during *Dictyostelium* development. *Curr Biol* **12:** 1178-1188.

Dowler S, Currie RA, Campbell DG, Deak M, Kular G, Downes CP, Alessi DR. 2000. Identification of pleckstrin-homology-domain-containing proteins with novel phosphoinositide-binding specificities. *Biochemistry* **351:** 19–31.

Ellson CD, Gobert-Gosse S, Anderson KE, Davidson K, Erdjument-Bromage H, Tempst P, Thuring JW, Cooper MA, Lim ZY, Holmes AB, et al. 2001. PtdIns(3)P regulates the neutrophil oxidase complex by binding to the PX domain of $p40^{phox}$. *Nat Cell Biol* **3:** 679–682.

Gaullier JM, Simonsen A, D'Arrigo A, Bremnes B, Stenmark H, Aasland R. 1998. FYVE fingers bind PtdIns(3)P. *Nature* **394:** 432–433.

Gozani O, Karuman P, Jones DR, Ivanov D, Cha J, Lugovskoy AA, Baird CL, Zhu H, Field SJ, Lessnick SL, et al. 2003. The PHD finger of the chromatin-associated protein ING2 functions as a nuclear phosphoinositide receptor. *Cell* **114:** 99–111.

Halet G. 2005. Imaging phosphoinositide dynamics using GFP-tagged protein domains. *Biol Cell* **97:** 501–518.

Itoh T, De Camilli P. 2006. BAR, F-BAR (EFC) and ENTH/ANTH domains in the regulation of membrane-cytosol interfaces and membrane curvature. *Biochim Biophys Acta* **1761:** 897–912.

Kremers GJ, Goedhart J, van Munster EB, Gadella TW Jr. 2006. Cyan and yellow super fluorescent proteins with improved brightness, protein folding, and FRET Förster radius. *Biochemistry* **45:** 6570–6580.

Kremers GJ, Goedhart J, van den Heuvel DJ, Gerritsen HC, Gadella TW Jr. 2007. Improved green and blue fluorescent proteins for expression in bacteria and mammalian cells. *Biochemistry* **46:** 3775–3783.

Lemmon MA. 2008. Membrane recognition by phospholipid-binding domains. *Nat Rev Mol Cell Biol* **9:** 99–111.

Levine TP, Munro S. 2002. Targeting of Golgi-specific pleckstrin homology domains involves both PtdIns 4-kinase-dependent and -independent components. *Curr Biol* **12:** 695–704.

Neef AB, Schultz C. 2009. Selective fluorescence labeling of lipids in living cells. *Angew Chem Int Ed* **48:** 1498–1500.

Oancea E, Meyer T. 1998. Protein kinase C as a molecular machine for decoding calcium and diacylglycerol signals. *Cell* **95:** 307–318.

Oancea E, Teruel MN, Quest AF, Meyer T. 1998. Green fluorescent protein (GFP)-tagged cysteine-rich domains from protein kinase C as fluorescent indicators for diacylglycerol signaling in living cells. *J Cell Biol* **140:** 485–498.

Postma M, Roelofs J, Goedhart J, Gadella TW, Visser AJ, Van Haastert PJ. 2003. Uniform cAMP stimulation of *Dictyostelium* cells induces localized patches of signal transduction and pseudopodia. *Mol Biol Cell* **14:** 5019–5027.

Prescher JA, Bertozzi CR. 2005. Chemistry in living systems. *Nat Chem Biol* **1:** 13–21.

Saxon E, Bertozzi CR. 2000. Cell surface engineering by a modified Staudinger reaction. *Science* **287:** 2007–2010.

Schultz C. 2003. Prodrugs of biologically active phosphate esters. *Bioorg Med Chem* **11:** 885–898.

Schultz C, Schleifenbaum A, Goedhart J, Gadella TW Jr. 2005. Multiparameter imaging for the analysis of intracellular signaling. *ChemBioChem* **6:** 1323–1330.

Shaner NC, Steinbach PA, Tsien RY. 2005. A guide to choosing fluorescent proteins. *Nat Methods* **2:** 905–909.

Sheetz MP, Sable JE, Dobereiner HG. 2006. Continuous membrane-cytoskeleton adhesion requires continuous accommodation to lipid and cytoskeleton dynamics. *Annu Rev Biophys Biomol Struct* **35:** 417–434.

Sivakumar K, Xie F, Cash BM, Long S, Barnhill, HN, Wang Q. 2004. A fluorogenic 1,3-dipolar cycloaddition reaction of 3-azidocoumarins and acetylenes. *Org Lett* **6:** 4603–4606.

Stauffer TP, Ahn S, Meyer T. 1998. Receptor-induced transient reduction in plasma membrane PtdIns(4,5)P2 concentration monitored in living cells. *Curr Biol* **8:** 343–346.

Teruel MN, Meyer T. 2000. Translocation and reversible localization of signaling proteins: A dynamic future for signal transduction. *Cell* **103:** 181–184.

Toomre D, Manstein DJ. 2001. Lighting up the cell surface with evanescent wave microscopy. *Trends Cell Biol* **11:** 298–303.

van der Wal J, Habets R, Varnai P, Balla T, Jalink K. 2001. Monitoring agonist-induced phospholipase C activation in live cells by fluorescence resonance energy transfer. *J Biol Chem* **276:** 15337–15344.

Varnai P, Rother KI, Balla T. 1999. Phosphatidylinositol 3-kinase-dependent membrane association of the Bruton's tyrosine

kinase pleckstrin homology domain visualized in single living cells. *J Biol Chem* **274:** 10983–10989.
Venkateswarlu K, Gunn-Moore F, Oatey PB, Tavare JM, Cullen PJ. 1998. Nerve growth factor- and epidermal growth factor-stimulated translocation of the ADP-ribosylation factor-exchange factor GRP1 to the plasma membrane of PC12 cells requires activation of phosphatidylinositol 3-kinase and the GRP1 pleckstrin homology domain. *Biochem J* **335:** 139–146.
Verbeek DS, Goedhart J, Bruinsma L, Sinke RJ, Reits EA. 2008. PKC γ mutations in spinocerebellar ataxia type 14 affect C1 domain accessibility and kinase activity leading to aberrant MAPK signaling. *J Cell Sci* **121:** 2339–2349.
Vermeer JE, van Leeuwen W, Tobena-Santamaria R, Laxalt AM, Jones DR, Divecha N, Gadella TW Jr, Munnik T. 2006. Visualization of PtdIns3P dynamics in living plant cells. *Plant J* **47:** 687–700.
Vermeer JE, Thole JM, Goedhart J, Nielsen E, Munnik T, Gadella TW Jr. 2009. Imaging phosphatidylinositol 4-phosphate dynamics in living plant cells. *Plant J* **57:** 356–372.
Wichmann O, Wittbrodt J, Schultz C. 2006. A small-molecule FRET probe to monitor phospholipase A_2 activity in cells and organisms. *Angew Chem Int Ed* **45:** 508–512.
Zacharias DA, Violin JD, Newton AC, Tsien RY. 2002. Partitioning of lipid-modified monomeric GFPs into membrane microdomains of live cells. *Science* **296:** 913–916.

（方玉达　译）

第 28 章 染色体被乳糖操纵基因标记的哺乳动物细胞系的发展

Yuri G. Strukov, Matt Plutz, and Andrew S. Belmont

Department of Cell and Developmental Biology and Biophysics Program, University of Illinois, Urbana－Champaign, Urbana, Illinois 61801

在活细胞中用荧光蛋白为染色体蛋白成像结合其他光谱方法，如光漂白后荧光恢复（fluorescence recovery after photobleaching，FRAP）、光漂白中荧光损失（fluorescence loss in photobleaching，FLIP）及荧光共振能量转移（fluorescence resonance energy transfer，FRET）提供了细胞核以及染色体的结构和动态变化前所未有的观察结果。在本章中我们主要介绍利用细菌操纵子的重复序列以及识别这些序列的带有绿色荧光蛋白（green fluorescent protein，GFP）的标记蛋白来标记染色体中特异性位点（Belmont et al. 1999；Belmont 2001）的方法。这里我们介绍一些实验方案以用来分离出带有标记的染色体位点的哺乳动物细胞系，这些标记可以是小片段的转基因插入序列，也可以是大片段的选择性标记的染色体区域。

通过这种选择性标记的染色体位点可以直接观察活细胞大范围的染色质结构和动态变化，这种优势是传统观察方法无法比拟的。在活细胞中直接观察一个特定染色体区域的构象可以与固定细胞进行对比，并且还可以观察大范围内染色质的动态。直接观察染色体的一个小的区域相对于观察整个间期的染色质来说，所观察到的染色质折叠的复杂性大大地降低了，分辨率和清晰度也得到了提高。

这种方法可以在活体水平分析细胞周期进程中的特定类型染色质的结构变化和转录激活，以及在培养细胞或组织中基因时空特异性表达。结合适当增强子或者抑制子的融合蛋白以及连锁的转基因也可以用来在活体水平观察转录因子以及转录相关因子的聚集装配（Tumber et al. 1999；Stenoien et al. 2001；Ye et al. 2001；Li et al. 2003；Memdula and Belmont 2003；Chen et al. 2004；Janicki et al. 2004；Verschure et al. 2005），还可以在活体水平观察蛋白质和蛋白质间的相互作用（Zolghadr et al. 2008）。除了转录以外，这项染色体标记技术也已经被用于其他方面的染色体研究，包括 DNA 复制（Alexandrow and Hamlin 2005）、DNA 修复（Soutoglou and Misteli 2008）、染色体分离（Minshull et al. 1996；Michaelis et al. 1997；Thrower and Blomm 2001），甚至核体（Nuclear body）的形成（Kaiser et al. 2008）。总之，这种方法为大范围染色质结构和功能的研究提供了方便。把 lac 阻遏蛋白的融合蛋白结合到这些染色体上人工插入的区域可以分析染色体蛋白结构域的功能，而 RNA 干涉或蛋白质过表达技术可以帮助确定特定染色体蛋白在染色体结构形成中的特定功能。

带有特异性标签的染色质区域的构建和活体观察技术概述

理论上，染色质标签可通过任何可以与特异性蛋白结合的重复序列来实现。这种方法的首次运用是细菌的 lac 操纵子和 lac 阻遏蛋白（Robinett et al. 1996；Straight et al. 1996）的配对。这种 lac 操纵子/lac 阻遏蛋白标记系统已成功地被运用于活细菌、酵母、哺乳动物组织培养细胞，以及多细胞生物包括线虫、果蝇和拟南芥的染色质标记（Belmont 2001）。随后又发展了一些运用 tet 操纵子、糖皮质激素受体元件、NF-κB 结合位点及 Pit-1 和雌性激素受体元件重复序列的配对（Michaelis et al. 1997；McNally et al. 2000；Becker et al. 2002；Bosisio et al. 2006；Sharp et al. 2006）。

尽管其他 DNA 操纵子/结合蛋白标记系统同样值得关注，但鉴于我们的实验经验，在本章中我们主要介绍 lac 操纵子/lac 阻遏蛋白标记系统。要运用这个标记系统，首先，需要构建一个 DNA 操纵子的串联重复序列。其中的关键问题是需要多少重复。需要的操纵子重复数需同时考虑敏感度及背景，还有运用的具体情况。其次，需要把这些重复序列引入到不同的克隆载体中。正如我们在后续中会讲到的那样，通过 DNA 的重组整合，选择不同的载体会显著影响染色体区段性标签构建的质量。再次，这些构建后的质粒需要转染细胞以及挑选稳定的转化细胞系。根据具体的实验目的，采用不同的策略以挑选合适的细胞亚克隆，这些克隆包含有合适大小和特性的标记染色体区段，这关系到实验的成败。我们在此介绍几个从大量稳定细胞系中挑选出含所期望的标记染色体区段的目标细胞系的方法。

含串连重复序列的重组 DNA 克隆

关于 lac 操纵子串连重复序列的构建和使用的详细介绍可以参考其他文献（Robinett et al. 1996；Belmont et al. 1999a）。这种方法需要 3 个限制性酶切位点，其中两个可形成互补的黏性末端。根据具体的序列不同，串连重复序列的稳定性也不同，但一般来说，太长的重复序列会导致重组不稳定。这种不稳定性和克隆载体的拷贝数有关。例如，在单拷贝的细菌人工染色体中很少发现有稳定性很差的，而高拷贝的质粒，如 pUC18 则稳定性很差。载体的选择需要综合考虑重复序列的稳定性以及质粒的承载能力和拷贝数。根据我们实验室的经验，在 pUC18 中插入 64 个拷贝的 lac 操纵子对重复序列的稳定性都没有太大的影响，但实际上，如果串连重复数目超过 128 则需使用低拷贝的质粒。对于一般的克隆目的，我们现在使用的是一个细胞中大约有 20 个拷贝的中拷贝数的质粒，这个质粒具有来源于 pBR322 的 pMB1 复制起始位点。使用的细菌菌系要尽量减少串连重复序列重组，这些菌系包括来自 Invitrogen 公司的 STBL2，用于 BAC 的来自 EPICENTRE Technologies Corp. 公司的 EC100。质粒抽提需要的细菌细胞需要分小批培养，而不是一次准备好。通常情况下，用单菌落接种的多个过夜培养菌进行 DNA 的小抽（minipreparation）。用限制性酶切检测少量制备的质粒的重复序列大小是否正确，然后合并没有重组的克隆。当需要准备大量质粒时，则用没有重组的小培养菌接种入大量的 LB 培养基中进行过夜培养，然后大抽（maxipreparation）（参考实验方案 1）。对于高重复拷贝数的质粒来说（如 256 个 lac 操纵子拷贝），通常只需要从新鲜平板上的菌落接种，然后培养过夜的 1/3～1/2 时间就够了。DNA 转化以及从在实验台或者低温环境中放置时间长的平板菌落接种都会导致稳定性下降。根据我们实验的经验，在选用 pBR322 来源的质粒时如果用电击转化会导致重复片段极不稳定。因此我们一般采用热激法转化。在最近的工作中，我们把 lac 操纵子重复片段插入 BAC 载体中后发现 lac 操纵子重复片段的稳定性得到很大的提高，即使用于电击转化也没有不稳定的问题。

重复片段的检测极限

不难理解，考虑到高拷贝的重复片段所带来的干扰，研究者们都希望在实验中选择最低拷贝数的重复片段。运用定向克隆的方法，我们从 8 个 lac 操纵子开始，经过循环克隆步骤让这些操纵子倍增，从而产生 16 个、32 个、64 个、128 个和 256 个拷贝（Robinett et al. 1996）。接着的问题是到底需要多少个重复拷贝才能检测到 lac 操纵子。在活体内检测 lac 操纵子的重复片段采用增强型绿色荧光蛋白（EGFP）融合一个 lac 阻遏蛋白来进行。野生型的 lac 阻遏蛋白可以与两个 lac 操纵子位点结合形成四聚体。为了避免两个操纵子位点之间的交联，我们用一个羧基端缺失 11 个氨基酸的 lac 阻遏蛋白阻止四聚体形成，而只形成二聚体进而只能结合一个 lac 操纵子位点。lac 阻遏蛋白融合有核定位信号可以使 GFP 标记的 lac 阻遏蛋白集中在细胞核内。而且我们实验数据表明并非所有的操纵子位点都能被结合，通常情况下结合率低于 10%。

lac 操纵子的检测并不是简单地依赖成像设备自身的灵敏度，实际上取决于 lac 阻遏蛋白结合到操纵子重复序列对比核内背景的信号强度，而这种非操纵子结合的阻遏蛋白背景主要取决于 EGFP 融合的 lac 阻遏蛋白的表达水平。在宽场光学显微镜中，相对于标记的染色体小片段上操纵子结合的 lac 阻遏蛋白产生的信号，焦点外的信号干扰会导致背景的强度增加。细胞的形状和大小也对检测的灵敏度有影响，通常我们在观察扁平的哺乳动物细胞时比圆球形的哺乳动物细胞灵敏度高，而这也说明了果蝇细胞的检测灵敏度一般比哺乳动物细胞更好。

最后，检测的灵敏度取决于 lac 操纵子重复序列在染色体位点的前后序列情况，因为染色体位点的微环境能决定 lac 阻遏蛋白结合到 lac 操纵子重复序列的丰度。这种观点的主要依据是本实验室的一些尚未公开发表的实验数据，我们在利用 P 转座子元件携带不同的 lac 操纵子拷贝数插入果蝇细胞系不同的染色体位点时，观测到了这种现象（图 1）。这些细胞系都用相同的转座子插入全长 256 个拷贝的 lac 操纵子重复片段。在转座子的重组过程中 P 转座酶的表达会导致 lac 操纵子重复序列产生多样化剪短。在一个果蝇品系中，虽然随 P 转座子只插入了约 30 个拷贝的 lac 操纵子重复序列，但是我们可以在几乎所有二倍体的成虫盘核中都可以检测到这些重复序列，而另外一个具有 P

转座子插入元件的品系中，具有高于 7 倍的操纵子拷贝数，但是只以较低的比例检测到这些长的插入重复片段。

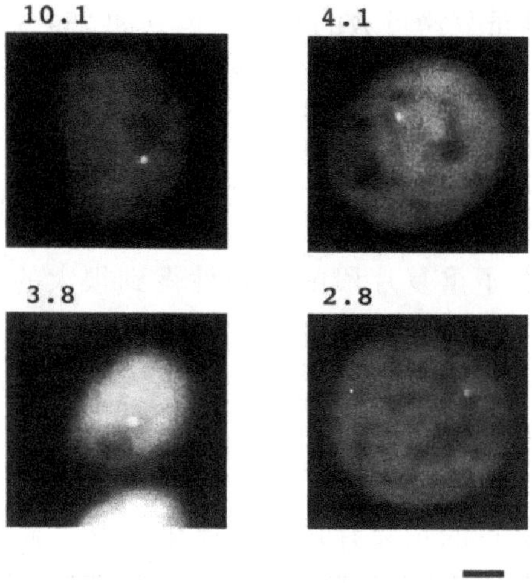

图 1　果蝇二倍体细胞核内 lac 操纵子重复片段的拷贝数检测灵敏度

带有 10.1kb lac 操纵子 256 个拷贝的转座子的 P 转座子插入元件通过重组使果蝇品系在染色体的不同位点产生不同大小的 lac 操纵子重复片段。杂合体果蝇带有一个拷贝的含 lac 操纵子的染色体以及一个拷贝的 GFP－二聚体 lac 阻遏蛋白－NLS 表达框的染色体。成像对象为果蝇成虫盘。图中分别表示 10.1kb、4.1kb、3.8kb、2.8kb 的操纵子重复片段。在观察的大约 200 个果蝇重组品系的，100 品系的 lac 操纵子可以被观察到。Southern blot 的检测结果表明，GFP－lac 阻遏蛋白信号强度与 lac 操纵子重复数目呈正相关。除此，信号强度还与染色体的整合位点位置有关。标尺为 2μm（图由 Jon Radosta 提供）

在哺乳动物细胞 CHO 中，在 GFP－lac 阻遏蛋白适当表达时，我们可以很容易检测到单拷贝的 256 个串连重复序列。所谓的容易检测是指使用配置了科研用 CCD 照相机并且具低读出噪声和暗电流的现代显微镜。我们的成像系统整合了窄带通滤光片，这时，单拷贝的插入序列用肉眼很难检测得到，需要用 CCD 相机对整个细胞核进行仔细的光学切片图层分析以便检测到 GFP 荧光点。这个 GFP 位点只能在聚焦点附近才能观察到，而且荧光点的峰值密度通常只有细胞核背景的 1.5～2 倍。如果没有 EM－CCD 相机，曝光需要 1～2s。正如我们前面提到，在果蝇细胞中通常可以检测到更小的重复片段序列。这可能是因为果蝇细胞核内的背景较低，或者是 lac 阻遏蛋白结合 lac 操纵子的丰度比较高。

为了获得适当的 lac 阻遏蛋白表达水平，我们选用 F9－1 等较弱的多瘤病毒启动子，而不用较强的巨细胞病毒启动子（Fieck et al. 1992）。瞬时表达虽然能够获得较高的转化率，但是其造成细胞核背景太亮而影响单拷贝串连重复插入序列的观察。从 10 倍或者更低表达水平的稳定转化细胞中可以挑选出表达水平适当的细胞。实际上，我们发现细胞中理想的 EGFP－lac 阻遏蛋白的表达在核内产生较低的荧光，这些低荧光刚好能被我们的成像系统检测到。理论上来说，表达具强结合能力的 lac 阻遏蛋白突变应该在产生同样的信号强度时细胞核背景较弱，因而提高检测的灵敏度。然而在实验中把脯氨酸 3 用酪氨酸替换之后，我们发现这些突变蛋白质会产生人工的点状 GFP 信号，导致不均一的细胞核背景，从而影响单拷贝 lac 操纵子串连重复序列的检测（M Lakonishok and A Belmont，未发表）。

尽管这些研究结果告诉我们重复片段的最低检测极限，但是并非这些极限就是最佳检测水平。在很大程度上来说，这主要取决于具体的实验目的以及实验设计。例如，在分析间期染色体的动态过程中应该选择几个拷贝数的 256 个 lac 操纵子串联的重复序列（Chubb et al. 2002），能够在较低的曝光强度和较短的曝光时间下获得较好的图像。而在其他一些研究项目当中，我们关注一些具有数十个到数百个转基因拷贝数的细胞系。在这些细胞中我们采用 64 个 lac 操纵子串联的重复序列能够获得更佳的图像，因为这些细胞具有多拷贝的质粒插入（Dietzel et al. 2004）。

构建带有 lac 操纵子重复序列的人工染色体区域的三种策略

我们用三种不同的方法来构建带有标记的染色体区域（图 2）。第一种方法是我们插入质粒带有 256 个操纵子串联的重复序列和用于筛选的二氢叶酸还原酶基因（DHFR），然后发生基因扩增（Robinett et al. 1996）。采用这种方法，通过不同基因组序列的共同扩增，我们可以获得具有异染色质特点的染色质区域（Li et al. 1998；Dietzel and Belmont 2001；Verschure et al. 2005；Kireev et al. 2008）。这种方法的优势是可以产生大片段的标记染色质片段，有时甚至相当于整条染色体臂。其缺陷是这些扩增的细胞系通常不稳定，扩增片段插入染色体的大小和位置变化很大。但有时通过多次传代及亚克隆也能获得稳定的细胞系（Li et al. 1998；Dietzel and Belmont 2001）。

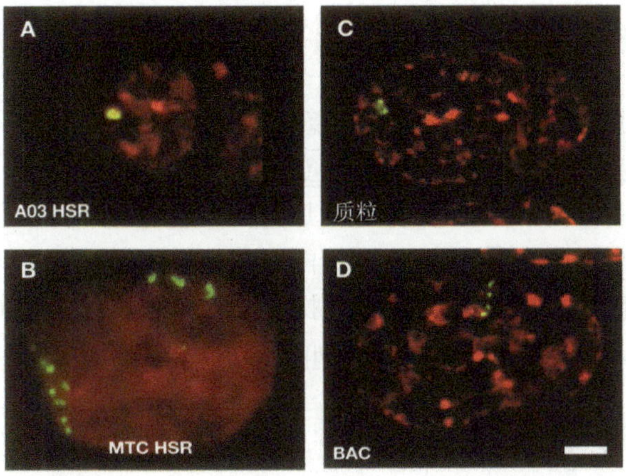

图 2　构建带有 lac 操纵子重复序列的人工染色体区域的三种方法

人工染色体区域通过 lac 阻遏蛋白（绿色）结合 DAPI 反染 DNA（红色）观察。A、B. 用 DHFR cDNA 微小基因为选择标记通过基因扩增产生均一染色区域（HSR）（Li et al. 1998）。A. A03 HSR 处于浓缩状态以及复制末期。B. MTC HSR 经常延伸呈相对松散状。HSR 的选择性染色甚至在未去卷积处理的宽场显微图像中呈现高对比度。C. 大的多拷贝质粒插入几乎总是产生紧凑的非特异性信号。图中所示为表达 GFP - lac 阻遏蛋白并且带有 lac 操纵子（64 个拷贝）标记的转基因 Hsp70 质粒的多拷贝插入细胞系（图像由 Yan Yu 提供）。D. 多拷贝的 BAC 插入（DHFR 衍生）显示类似 MTC HSR 延伸的大范围染色质结构（B），但是这种插入具有较高的基因组稳定性（图像由 Qian Bian 提供）。（A～C）CHO DG44 细胞；D. 小鼠 3T3 细胞。标尺为 2μm

第二种方法是利用带有 lac 操纵子重复序列的质粒多拷贝插入构建带有标记的染色体片段（Strukov et al. 2003；Dietzel et al. 2004）。普通的转染能够获得插入质粒数十、数百甚至上千拷贝数的克隆。任何一种选择性的标记都可以与 lac 操纵子重复序列结合使用。当我们要特意选择多拷贝插入片段时，通常选用含更低的 lac 操纵子拷贝重复数（32 个或 64 个拷贝）的质粒，因为这样的质粒在克隆操作过程中更加稳定，也可以用高拷贝的质粒载体。这种方法的优势是克隆比较方便，适用于各种不同的细胞系，我们几乎能在所有的亚克隆中检测到带有标记的染色体区域具有较高的基因组稳定性。不利的是，我们发现带有多拷贝质粒插入位点的标记染色体区域都呈现异染色质的特点。例外的是，当整合的质粒序列散布在大块的基因组 DNA 之间时会导致标记的染色体区域去浓缩状。

第三种方法是利用 Tn5 转座子插入带选择性标记的 100～250kb 含小鼠、人类或果蝇基因组序列和 256 个 lac 操纵子重复序列的 BAC（见实验方案 2）（Hu et al. 2009）。这种方法同时具备前面两种方法的优点，根据 BAC 转基因序列的不同可以获得不同的大范围染色质构象以及细胞核定位，也可以获得与内源周围染色质类似的常染色质的构象。通过多拷贝的 BAC 整合，可以获得基因组上具有较高稳定性的巨大人工染色体区域。当然，一些特点究竟是优点还是缺点主要取决于实验的预期目的，当整合的 BAC 序列足够大时它们就可能形成具有自身特点的构象而独立于插入位点原来的构象。这时，lac 操纵子位点的密度相对较低，因此这些人工染色体序列不太适合标记目的。

具有 lac 操纵子重复序列以及表达 EGFP－lac 阻遏蛋白的稳定细胞系的建立

lac 操纵子/lac 阻遏蛋白标记系统需要稳定，这些细胞系具有 lac 操纵子重复片段，同时能瞬时或者稳定表达 EGFP－lac 阻遏蛋白。一种方法是先建立稳定表达 EGFP－lac 阻遏蛋白的细胞系，再往细胞系中导入 lac 操纵子重复序列；还有一种方法是先建立具有 lac 操纵子重复片段的稳定细胞系，再往其中导入 EGFP－lac 阻遏蛋白。这两种方法各有优点，前者可以迅速进行具有 lac 操纵子插入片段的显微观察筛选。这种检测可以为稀少插入的选择提供有利条件。例如，细胞系中的转基因插入片段具特异性大小、结构或核定位。第二种方法提供了一个对照细胞系，这个细胞系具有 lac 操纵子重复序列，但是不表达 EGFP－lac 阻遏蛋白。这可以用于产生以及分离细胞系，这些细胞系可以融合表达各种颜色的 GFP、新的荧光蛋白和（或）其他蛋白质，如转录激活因子或抑制因子（Tumber et al. 1999；Tumbar and Belmont 2001；Ye et al. 2001；Nye et al. 2002；Li et al. 2003）。

我们采用电转导入 lac 操纵子标记转基因的单拷贝插入片段，采用磷酸钙转染（载体的纯化以及灭菌请参照实验方案 3、4）、脂质体转染（GIBCO－BRL 公司）及 FuGENE（Roche 公司）等方法把多拷贝数的载体导入染色体。在合适的条件下，磷酸钙转染是获得高拷贝数插入片段的最佳方法。通常来说，虽然频率较低，但是采用这些方法可以获得数十个拷贝的导入，而有时可以获得数百甚至数千个拷贝的导入。转化可以选用环状的模板也可以用线状的。环状的 DNA 可以在质粒的任何位点断链，从而整合入宿主细胞染色体；多拷贝整合的质粒往往具有相似的断链位点，可以是正向或反向整合（Barsoum 1990）。我们的经验表明那些具有很高拷贝数的片段，往往被基因组中大量的未知 DNA 片段分隔开来（Strukov et al. 2003）。

用于筛选稳定转化产物的筛选标记可以直接连接到 EGFP - lac 阻遏蛋白的表达载体或者是具有 lac 操纵子重复序列的载体上。也可以用含选择标记的 DNA 进行共转。通过调节筛选标记与具有 lac 操纵子重复片段载体的比例，使这种共转方法可以成为筛选具有 lac 操纵子的高拷贝数质粒转化后稳定克隆的基本策略。选择 DHFR 作为选择标记，可以帮助筛选具有 lac 操纵子的高拷贝数质粒转化的稳定克隆。荧光素标记的甲氨蝶呤作为一种 DHFR 的抑制剂，可用于 DHFR 高表达细胞的流式细胞术筛选（实验方案 6）。

通过前面介绍的基因扩增的方法，可以获得更大片段带有标记的染色体区域。X 射线可以诱导内源 DHFR 基因的去除，借助 CHO DG44 细胞的双倍体，DHFR 转基因可用于无胸苷、无次黄嘌呤、无抗生素培养基中培养的细胞的直接筛选（Urlaub et al. 1986）。可以通过增加甲氨蝶呤的浓度来进行筛选，从而实现基因的扩增（Belmont et al. 1999b）。

稳定转化株的亚克隆

用 EGFP - lac 阻遏蛋白的质粒转化，通常有约一半的稳定转化株表达 EGFP 融合蛋白。在这种情况下，我们从较少数目的克隆中就能选出一个具有合适表达水平的克隆。当 lac 阻遏蛋白融合蛋白用于将其他一些蛋白质结构域连接到染色体位点时，通常选择出的概率就比较低。例如，很少一部分的稳定转化克隆会表达 EGFP - lac 阻遏蛋白- VP16 的酸性激活域融合蛋白（Tumbar and Belmont 2001）。同样，具有高拷贝转基因插入克隆的分离、具有特定大小及染色质结构的染色体区域的基因扩增或具有特定的细胞核定位的染色体标记区域可能需要筛选很多克隆。

有两种比较常用的筛选方法，即显微镜筛选及化学或生物化学筛选。有时这两种方法可以结合使用。例如，我们在筛选没有荧光标记的 VP16 转录激活因子融合蛋白转染后的 96 个亚克隆时，我们就采用了免疫荧光的方法直接检测激活因子的表达、用瞬时转染表达分析来检测每个亚克隆对荧光素酶报告基因的激活能力（Chuang et al. 2006）。这两种方法交叉筛选出一个在 VP16 导向功能产生之后可以导致染色体重定位的克隆。

亚克隆的第一步是决定哪些稳定转染株符合后续试验的要求。如果符合要求的转染株比较多，我们通常可以在细胞培养瓶中开始转染，然后再用 96 孔板连续稀释来进行亚克隆筛选。这种连续稀释的优点是更容易确定一个特定孔的细胞是由一个单克隆生长而来。如果符合要求的转染细胞比较少，而且可以进行直观筛选，我们就首先对混合转染细胞中的一个盖玻片上的细胞进行初步估算，然后初步计算确定我们需要筛选多少稳定转化细胞。当符合实验要求的稳定转染细胞比例很低（几个百分点甚至更低）时，我们尝试多种不同的方法。一种方法是转染后让克隆进行几轮的分裂扩增，然后再进行亚克隆的筛选。然而我们的实验经验表明这种方法很少有用，因为相对于这些克隆偏低的生长速度，能够获得可供选择比例的亚克隆的比例依然很低。因为多轮分裂扩增后，细胞会饱和，而此时目标转染株依然不饱和，不容易分离，从而限制了这种简单的亚克隆方法的运用。我们有一种更佳的方法，即先用流式细胞仪进行分选和富集所期望表达水平的克隆。

当需要筛选大量克隆时，我们用另外的方法取代连续稀释的方法。如果不需视觉筛选，我们简单地从 150mm 培养皿中挑取大量的克隆。我们发现两种简单的方法来收集这些克隆（见实验方案 5）。第一种方法用小块的经胰蛋白酶浸泡过的滤纸来挑克隆；第二种方法用枪头直接挑取克隆。这些方法用来将克隆转入 96 孔板。两种方法都非常简单，但由于使用一个培养皿，有高污染的可能。因此，我们选出的克隆需经过另一轮筛选，用连续稀释进行另外一次克隆纯化。

在需要视觉筛选活细胞时，情况就变得更加复杂。一种较经济的方法是在较大的培养皿中（直径 60mm）加入一层小的圆形盖玻片（直径 12mm）。细胞应该铺得密度较稀，每个盖玻片上细胞密度为 1～5 个克隆。在无菌的条件下，把盖玻片转移到底端有孔的培养皿中，用一片较大的盖玻片盖住培养皿中的孔，用真空润滑脂将小的含细胞的盖玻片黏合上去后再转移到显微镜下进行视觉筛选。找到阳性克隆后，在无菌的条件下移去上面覆盖的盖玻片，然后用钻石玻璃刀划取含阳性克隆的盖玻片区域，再用于分裂扩增。另外一种相对比较昂贵的方法就是挑取较多数量的克隆，分别接种于显微镜用 96 孔玻璃底板或塑料底的培养皿中，再用高分辨率的油镜筛选（如 Whatman 和 Polyfiltronics 公司提供）。当细胞到达一定密度后，96 孔板可以直接在显微镜下进行筛选。我们还发现，不同批次的 96 孔板的玻璃底部获得高克隆效率的能力也有很大的区别。这似乎与 96 孔板残胶的污染有关。碰到这种情况时，我们先把细胞铺在标准的 96 孔板，等它们达到高密度以后，再转移到玻璃的平板中培养和观察。

活体显微镜技术

在此之前我们提到的方法的目的是如何分离出用于活细胞观察的具有 GFP 标记染色体位点的细胞系（参考实验方案 1～6）。下一步我们强烈推荐制定一套总体的方法来评估生物学成像是否能够回答你所要研究的生物学现象。我们的经验表明，光损伤也是这项技术应用方面一个比较重要的问题，特别是利用成像实验研究 GFP 标记的小染色体区域，因为这时需要高放大倍数、信号强度低及正确对焦，从而导致非常大的曝光。我们发现不同的生物学现象有着不同的光损伤阈值。例如，有丝分裂后的染色体解压缩（Li et al. 1998；Dietzel and Belmont 2001）以及快速局限染色体运动具有一般性的光敏感性（Levi et al. 2005；Hu et al. 2009），而 VP16 靶向诱导的长距离染色体运动表现出极高的光敏感性（Chuang et al. 2006）（图 3），V16 诱导的有丝分裂大规模染色质去浓缩及转递则介于两者之间。

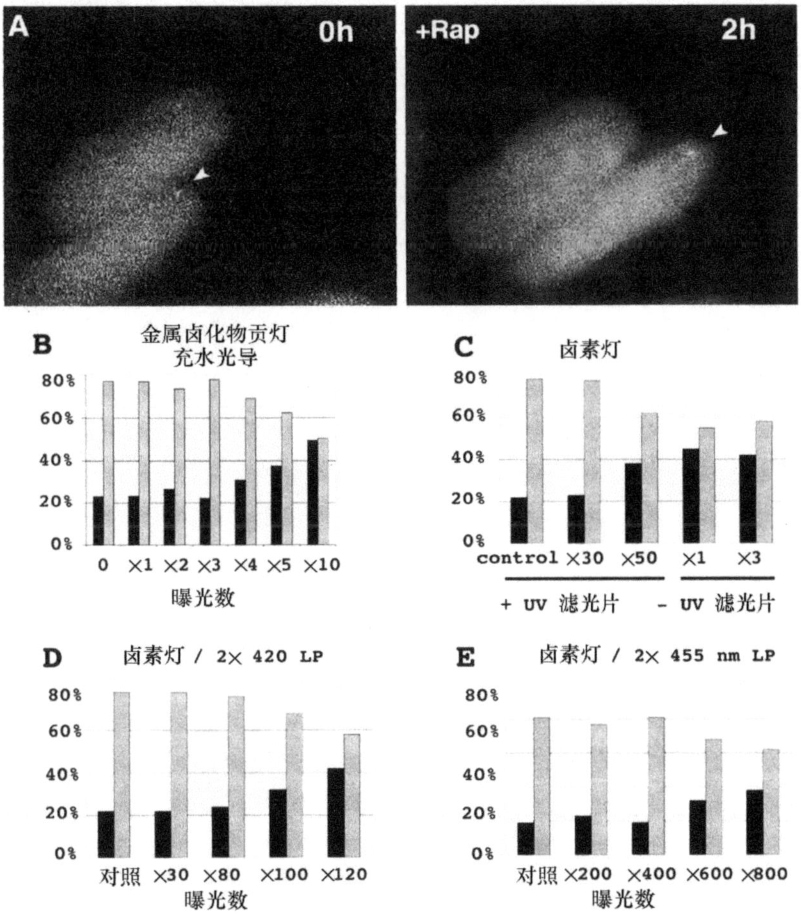

图 3 利用统计分析减少光毒性

利用 lac 操纵子系统把酸性转录激活子 VP16 整合到核外围染色体位点，导致标记位点向细胞核内部移动（Chuang et al. 2006）。A. 活细胞成像时，标记前（箭头）（左）以及标记后（右）的位点跟踪受到严重光毒性的限制，没有足够的时间来对跟踪点运动的细节进行观察。使用固定细胞的统计学分析 VP16 诱导 2h 后细胞核边缘 0.5μm 范围内的具有追踪点的细胞的百分比（B～D），我们的结果表明，在金属卤光灯下 5 次以上最小强度曝光就能抑制大范围染色质的运动（B）。在 10 次曝光后，约 50％的细胞核外围跟踪点与没有 VP16 定位的对照水平相似（B）。在细胞核外围（灰色）和内部（黑色）的追踪点的百分率对曝光次数的函数图（B～E）。使用释放更少紫外线的卤素灯照射可以增加曝光次数而没有造成光毒性（C）。光毒性和光源灯所释放的紫外线密切相关，在没有紫外过滤的情况下，只要 1 次曝光就能导致追踪点的重排而完全被抑制（C）。当加上 420nm 的长波通玻璃滤光片后（D），光毒性明显减低，而 455nm 的滤光片（E）则效果更好，这表明远蓝光也与光毒性有关［经 Elsevier 许可，引自 Chuang 等（2006）］。

我们在此推荐，在进行活细胞成像研究前，首先采用固定细胞的方法仔细分析。这里的目标是通过标准细胞的细胞学，用统计的方法研究生物学现象。接着用活细胞成像方法决定这些统计数据是否能够重复。如果无法重复，这些统计数据也可以用于分析是什么原因造成这种实验结果，是显微镜观察时期细胞的生长差异还是光损伤的直接影响。在后来的实验中，同样的统计数据可以用来确定不会影响细胞正常生理活动的最长曝光时间。

如果实验现象无法用固定样品进行研究（如染色质的快速运动），就必须采用其他不同的方法。至少这种方法应该能够证明这些现象不会因为曝光时间、细胞生长时间及显微镜观察的时期等因素不同而不同。

实验方案 1

具有大的串连重复片段的载体 DNA 的大量制备

因为具有大量的重复片段，具有 256 个 lac 操纵子重复序列的片段在很多质粒中都无法维持多拷贝。要制备大量具有 256 个 lac 操纵子重复序列的质粒，不管是高拷贝、低拷贝或中拷贝，都需要非标准的实验方案，要用到一些特殊的细菌菌株及实验方法，把重组率减少到最低和（或）筛选中间体以便把发生重组的克隆除去。本实验方案用 pSV2 - DHFR - 8.32 载体，它含有 256 个 lac 操纵子重复序列。

材料

注意：标记有＜!＞的材料请参考附录正确处理；标有＜R＞的试剂请参考本章最后的配方制备。

试剂

氨苄青霉素＜!＞
甘油
LB 培养基＜R＞
LB 平板＜R＞
Maxiprep 试剂盒（Qiagen 公司，Valencia，California）
Miniprep 试剂盒（Qiagen 公司，Valencia，California）
反应缓冲液＜R＞
限制性内切核酸酶（*Sal* Ⅰ 和 *Xho* Ⅰ）
STBL2 细胞（Gibco - BRL 公司）

实验设备

琼脂糖凝胶电泳仪

方法

这是一个低拷贝数的质粒，所以在纯化的每一步预期得到的产物应该都比较少。完成整个实验进程需要连续 2 天。从划板开始到完成质粒大抽不能超过 3 天（如果选择步骤 9 则不能超过 4 天）。平板和培养基置于 4℃时间太长会提高重组率。

（1）采用冷冻或穿刺培养在具有 100μg/mL 氨苄青霉素的 LB 平板上划线接菌。

（2）30℃培养 24h（即便培养更长的时间，克隆依然会较小）。

(3) 挑取至少 10 个克隆，接种到 3mL 含 100μg/mL 氨苄青霉素的 LB 培养基中培养。

(4) 30℃振荡过夜培养。

(5) 用 Qiagen 公司的小抽试剂盒从 1.5mL 培养基中抽提质粒，剩余的培养基 4℃保存。

(6) 用 Invitrogen *Sal* Ⅰ 和 *Xho* Ⅰ 各 5 单位在 37℃反应缓冲液 2 中酶切 1h，用 0.7%琼脂糖电泳检测酶切结果。

这一步要注意观察，除了 5kb 或 10kb，任何其他的带出现就表明发生了重组。

(7) 对阳性克隆进行甘油保菌或者进行接菌培养。

(8) 剩余的阳性克隆菌液接种到 500mL 100μg/mL 氨苄青霉素的 LB 培养基中，30℃振荡过夜培养（为了防止质粒在培养过程中发生丢失，可以同时培养两个克隆）。

(9) 从每个克隆培养菌液中取出 1.5mL 培养基，重复步骤（5）、（6）。离心其余的培养基，冻存沉淀的菌体。继续阳性克隆的大抽（可选）。

(10) 用 Qiagen 大抽试剂盒抽提质粒。

如果用 Qiafilters 过滤抽提，往菌块中加入 2 倍的 P1、P2 和 P3，然后把混合液分到两个 Qiafilters 滤器中过滤，防止过滤完成前滤器被堵塞。

如前所说，质粒产量是较低的。125μg DNA/500mL 培养菌液是好的产率。

(11) 取小部分质粒样品用 *Sal* Ⅰ 和 *Xho* Ⅰ 酶切检测，正确的克隆只能看到 10kb 和 5kb 两条带。

这个质粒克隆的一些提示

(1) 选用适配的 STBL2 细胞在 30℃培养，以维持全长 lac 操纵子重复序列的完整性。

(2) 256 个 lac 操纵子重复序列串联的片段只适合在低拷贝数的载体中克隆。

(3) 细胞中拷贝数的增加会导致重组率的上升。

(4) 在把质粒转入细胞后，所有的步骤越迅速越好，尽量不要让平板或者培养基放在 4℃太长时间。

(5) 选用可以化学转化的细胞，而不用电转，我们发现电转能导致重组率上升。

实验方案 2

把具有 256 个 lac 操纵子重复序列以及卡那霉素/新霉素选择标记的 Tn5 转座子转入 BAC DNA

p［K/N－8.32］（Hu et al. 2009）是来源于 pMod－2 的一个载体，*Pvu* Ⅱ或 *Psh*A Ⅰ酶切之后会释放出具有 Tn5 镶嵌末端的 Tn5 转座子。*Psh*A Ⅰ酶切后获得转座子的转座效率较低，但是 *Pvu* Ⅱ酶切位点位于卡那霉素/新霉素选择标记编码区内，所以 p［K/N－8.32］只能选用 *Psh*A Ⅰ酶切。我们建议采用 25℃来确定 *Psh*A Ⅰ完全酶切的时间。

材料

注意：标记有<!>的材料的适当处理方式请见附录。
标记<R>的试剂配方请见本章末尾。

试剂

EC100 大肠杆菌细胞（EPICENTRE 公司，Madison，Wisconsin）
70%及 100%的乙醇
EZ::TN 插入试剂盒（EPICENTRE 公司，Madison，Wisconsin）
大规模构建试剂盒（Qiagen 公司，Valencia，California）
LB 平板<R>（含有 12.5μg/mL 氯霉素<!>或者 20μg/mL 卡那霉素<!>）
限制性内切核酸酶 *Psh*A Ⅰ（NEB 公司，Ipswich，Massachusetts）
SOC 培养基<R>
乙酸钠（3mol/L；pH5.2）
Tris－HCl（10mmol/L；pH8.5）

设备

琼脂糖凝胶电泳仪
电击杯（0.2cm 间距）（Bio－Rad 公司，Hercules，California）
电转仪（Bio－Rad Gene Pulser Ⅱ，Pulse Controller Ⅱ，Capacitance Extender Ⅱ）

方法

p［K/N－8.32］转座子的制备

p［K/N－8.32］无法在含有标准卡那霉素浓度（50μg/mL）的 LB 培养基中生长，

所有培养培养基的卡那霉素浓度应为 20μg/mL。

（1）在 30μL 的反应体系中，用 10 单位的 *Psh*AⅠ酶切 2μg 的 p［K/N-8.32］质粒，反应条件为 25℃，25min。

（2）用 0.5%的低熔解温度的琼脂糖凝胶在 4℃低温的条件下检测酶切结果。

（3）染色，切下具有 p［K/N-8.32］的部分，收集到 1.5mL 的离心管中。

（4）根据试剂盒的操作指南，用凝胶酶消化琼脂糖凝胶。

（5）在 4℃下离心样品 2min 以除去琼脂沉淀，转移上清至新的离心管。

（6）可以通过沉淀 DNA 再溶于小体积的缓冲液中从而浓缩 DNA（在多数条件下，这一步不是必需的）。

① 加入 1/10 体积的 3mol/L pH5.2 的乙酸钠到样品中。

② 加入 2 倍体积的无水乙醇。

③ 4℃，14 000r/min 离心 30min。

④ 移去上清，往沉淀中加入 500μL 的 70%乙醇。

⑤ 4℃，14 000r/min 离心 5min。

⑥ 吸去上清，空气中晾干沉淀。

⑦ 用 10mmol/L pH8.5 的 Tris-HCl 重悬沉淀。

（7）用 0.5%的低浓度凝胶检测转座子样品，确定条带是否正确，估算出浓度。

转座酶反应

（8）根据 Qiangen 公司的大质粒试剂盒（Qiagen Large-construct kit）的说明制备目标 BAC。

（9）利用 EZ：：TN 插入试剂盒和以下成分进行转座。

① 0.1μg 目标 BAC DNA。

② 等分子数量的转座子

③ 0.5μL EZ：：TN 的 10×反应缓冲液

④ 蒸发水分到体积减为 4.5μL（根据实验需要）

⑤ 0.5μL EZ：：TN10 转座酶。

上诉所有的实验方案都只是建议。转座子的浓度可能因为浓度太低而无法准确定量，BAC DNA 的浓度可能太低而无法达到每个实验要求的 0.1μg。根据实验做一些细微的调整不会对实验结果产生太大的影响。

（10）37℃反应 2h。

（11）加入 0.5μL 的 EZ：：TN 10×终止反应液，混匀后 70℃放置 10min。

转座酶反应的转化

（12）预冷 1.5mL 的离心管以及 0.2cm 的电击杯。

（13）在每个试管中加入 1μL 转座酶。

（14）EC100 大肠杆菌冰上融化。

（15）往步骤（13）的每个试管中加入 50μL 的大肠杆菌。

（16）把样品转移到预冷的电击杯中，轻轻敲打电击杯以确保样品位于电击杯的底部，并且没有气泡。

（17）擦去电击杯周围的冷凝水，放入电转仪，以 2500V、电阻 200Ω、电容 25μF 的条件电击。

（18）电击后，往电击杯中加入 950μL 的 SOC 培养基后转移到培养管中。

（19）37℃孵育试管 1h。

（20）完成复苏之后，把转化产物涂在 LB-氯霉素以及 LB-卡那霉素的平板上。涂板可以有不同的稀释度，通常一般为转化产物的 1/1000～1/10。

（21）37℃平板过夜培养。

（22）这些平板可以用于计算转化效率以及转座子插入频率。

① 计算一块或多块 LB-氯霉素平板上的克隆数量，只有那些可以正确统计克隆数的平板才可以用于计算转化效率。按照如下例子的指引计算转化效率。

对用了 100ng BAC DNA 的 5μL 反应体系来说，1μL 转染需要 20ng BAC DNA。如果 1/1000 的稀释液所涂布的平板长出 350 个克隆，那么其转染效率为

$$\frac{350\text{ 个克隆}}{20\text{ng 的 DNA}}\times\frac{10^3\text{ng}}{\mu\text{g}}\times 1000=\frac{1.75\times10^7\text{colonies}}{\mu\text{g}}.$$

我们通常获得转化效率约为每微克的 BAC DNA 能获得 1×10^7～3×10^7 个克隆。

② 计算一块或多块 LB-卡那霉素 20 平板上的克隆数量，计算出每微克 BAC DNA 能够产生的克隆数。根据 LB-氯霉素平板获得的 BAC 转化效率计算出 BAC 转座效率。例如，对于上述的转座反应以及转化来说，如果 1/10 浓度的 LB-卡那霉素平板得到 200 个克隆，那么每微克 BAC DNA 的转座数为

$$\frac{200\text{ 个克隆}}{20\text{ng 的 DNA}}\times\frac{10^3\text{ng}}{\mu\text{g}}\times 10=\frac{1.0\times10^5\text{ 个克隆}}{\mu\text{g}}.$$

转座效率为

$$\frac{1.0\times10^5\text{ 个克隆}}{1.75\times10^7\text{ 个克隆}}=0.6\%$$

对于这种大小的转座子来说，我们通常能获得的转座效率为 0.5%～2.0%。

讨论

最快速检测克隆中的插入片段中是否包含了全长的［K/N－8.32］插入片段的方法是对小抽的样品进行限制性酶切检测。然而，这种检测只能显示是否存在插入片段，却无法显示插入位点。有两对限制性酶切酶可以进行全长［K/N－8.32］插入子的检测。最佳选择是 *Ava* Ⅰ＋*Hind*Ⅲ，这对酶可以从 BAC 上切下 11.8kb 的 K/N－8.32 条带。如果 BAC 本身具有这个大小的条带就会导致这个条带无法鉴别，碰到这种情况，则选用 *Hind*Ⅲ＋*Sal* Ⅰ消化，能够切下 10.1kb 大小的 K/N－8.32 片段。这两个反应都可以在 Invitrogen 公司的反应缓冲液 2 中进行。我们还没有碰到过无法用这些酶来检

测全长插入的 BAC。

在确定了 BAC 中含有全长插入片段之后，接下来就要确定插入位点。[K/N-8.32] 的插入偶尔可以破坏其中的一条带。这种带型上的改变可以显示出 [K/N-8.32] 插入的大体位置。尽管不是最理想的，小抽制备的 BAC 可以用于测序以确定插入位点的位置，通常的问题是这些样品的纯度和浓度都不是特别理想，但可以通过快速、低廉地制备大量克隆得以解决。如果插入位点不是关键问题，则只需要分析较少的克隆，可以选用商业化的试剂盒纯化出高纯度的 DNA。转座子末端具有一对引物，可以用于 BAC 内部的测序。我们的方法是先从一个转座子末端开始测序，挑选出有在目标 BAC 上插入的克隆，然后用另一条引物测序这些克隆，以证明 BAC 没有在转座子插入过程中发生丢失，转座子的两个末端都保持完整。

实验方案 3

利用乙醇沉淀法纯化和无菌化载体 DNA

这个实验方案用于制备无菌的 DNA，用于转染以及挑选稳定的转化体。

材料

标有<R>的试剂请参考本章最后的配方制备。

试剂

70％及 100％的乙醇。

乙酸钠（3mol/L；pH5.5）

Tris－EDTA（TE）缓冲液<R>

方法

（1）转移 0.3mL 载体 DNA 溶液（浓度约为 100μg/μL）到 1.5mL 的离心管中。

（2）加入 33μL 乙酸钠（3mol/L；pH5.5），用移液器混匀。

（3）加入 0.66mL 冰预冷的乙醇，颠倒几次混匀，把混合物放置在干冰中 5min。

这一步应该能看到絮状的 DNA 沉淀。

（4）14 000r/min，4℃离心 15min。

可以用长效性记号笔在沉淀位置做出标记。

（5）移去上清液，用 1mL 70％的 4℃预冷乙醇洗涤沉淀，14 000r/min，4℃离心 10min。

接下来的各个步骤都应该在无菌条件下进行。

（6）移去上清液，把打开盖子的离心管在 70％乙醇中浸泡 10s，把离心管移出乙醇后吸去上清液。空气中干燥 10～15min 后，沉淀溶于 200μL 的灭菌水或 TE 缓冲液中。

（7）取一部分样品来测量浓度及检测纯度。

提取的 DNA 如果溶解在水中，－20℃冻存应该能在短期内保持完整性，溶解在 TE 中的 DNA 于 4℃下至少能在几周内保持完整。

实验方案 4

磷酸钙转化

关于磷酸钙转化的实验方案很多。除了受体细胞的生长状态之外，插入片段的拷贝数还和其他因素密切相关，如磷酸钙的浓度、DNA 浓度、pH、温度、沉淀反应的时间。所有这些因素共同影响 DNA-磷酸钙共沉淀复合物的起始及生长（Kjer and Fallon 1991；Jordan et al. 1996；Batard et al. 2001）。混合物的 pH 应该调节到尽可能精确，因为转化对于 pH 极其敏感，即使是 pH0.05 的变化，也能对转化造成很大的影响。然而这种精确度通常超出了普通实验室 pH 计的测量范围。我们在这里推荐准备一系列 pH 差别较小的缓冲液。例如，实验所需 pH 为 7.05，应该准备 pH 6.95、7.00、7.05、7.10、7.15 各个梯度的缓冲液（Chen and Okayama 1988）。因为磷酸钙的溶解度与温度相关，重复实验时应该避免温度变化。随着沉淀培育时间从 1min 到 20min，瞬时转染的效率从 60%降到 3%。长时间的沉淀培育比较短时间培育形成的 DNA-磷酸钙颗粒要大很多。当加入培养基后，沉淀会停止生长。磷酸钙转染后，大量的载体质粒进入目标细胞的细胞质并且分布在多个位点，只有在少数细胞内能精确定位到细胞核。目前还没有证据表明整合的载体 DNA 的平均大小与 DNA 磷酸钙的沉淀大小呈正相关。

材料

注意：标记有<!>的材料请参考附录正确处理；标有<R>的试剂请参考本章最后的配方制备。

试剂

氯化钙（250mmol/L）<!>

转化（TR）缓冲液<R>

方法

（1）转染前一天在 75cm^{2}的细胞培养瓶中接入细胞，在转染前 4h 更换新鲜培养基。细胞应该 50%～80%聚合并且处于对数生长期，这样能得到较高的转染效率。

（2）把 7mg 超螺旋的 DNA 质粒加入 0.5mL 的氯化钙溶液中（250mmol/L），再加入 0.5mL 的 TR 缓冲液，混匀。在室温中孵育 30min 后滴加到细胞中。

（3）转染 24h 后，更换成普通培养基，再培养 24h 后，更换成选择培养基。

（4）经过两个星期的选择后能获得稳定的转化体。

实验方案 5

利用滤纸或小枪头尖端进行亚克隆筛选

本实验方案是挑选数十至数百个独立、稳定的亚克隆的快速方法。

材料

注意：标记有<!>的材料请参考附录正确处理；标有<R>的试剂请参考本章最后的配方制备。

试剂

不含钙镁离子的磷酸盐缓冲液（CMF - PBS）<R>
胰酶<!>

设备

滤纸（Whatman）
尖头镊子

方法

（1）在直径 150mm 的培养皿中铺入 20～100 个细胞。确保胰酶消化充分，并且剧烈吹打让细胞不要成团。让细胞继续生长，在前几天要尽量避免移动培养皿。

移动培养皿会导致形成卫星克隆，会造成克隆之间的交叉污染。我们一般根据不同的浓度培养几培养皿细胞以获得理想的克隆密度。

（2）培养克隆到可以根据肉眼轻易区分，但是不要过度生长以避免交叉污染。标记那些可轻易分离的克隆。也可以用低倍显微镜确定目标克隆周围没有其他小克隆污染。

胰酶法挑取克隆

（3）把 Whatman 滤纸切成小的正方形（$2mm^2$左右）。把这些小纸片和尖头镊子一起高压灭菌。

（4）移去培养皿中的培养基，用无菌的 CMF - PBS 轻洗细胞，移去残余。滴加 0.25％的胰酶溶液到一个小的无菌培养皿。用镊子夹起一片方形滤纸在胰酶溶液里沾一下，除去多余的胰酶，把它覆盖在克隆上。把所有的克隆都用这种方法覆盖后，把培养皿放在培养箱中培养 5min，然后镊取每张滤纸到一个 96 空培养板的空格中，每个培养孔中加 0.1mL 的培养基。

这种克隆拷贝的方法几乎有 100%的成功率，把滤纸在一个孔中沾一下然后放入另一个 96 孔平板的孔中。为了防止培养皿中的细胞在转移过程中的干燥，整个转移过程不要超过 15～20min。如果要延长操作时间，可以往克隆或滤纸的周围滴加 CMF-PBS。

（5）移去培养孔的滤纸，避免各个小孔之间的交叉污染。

我们将 200μL 的枪头和真空源连接，用 1mL 的枪头作为接头，大的一头接入塑料管，剪切小的一端让其适合接入 200μL 的移液器枪头，把枪头插入小孔底部，当操作正确时，滤纸应该能够吸附在吸管上并且能够随着枪头一齐被移除。

（6）让细胞生长到可以进行筛选时，筛选每个小孔的细胞，冷冻保存阳性克隆。

候选方法：用移液器枪头直接挑取克隆

在克隆密度较大时，这种方法更为迅速、实用，一个操作者可以在几个小时内转移几百个克隆，只要操作得当也能达到 100%的效率，尽管每次从克隆中转移的细胞数目相对较少。

（1）标记那些独立的克隆，防止形成交叉污染。用 CMF-PBS 洗涤细胞 2 次（每个直径 150mm 的培养皿用 10mL 洗液）。然后滴加 4～6mL 的刚好能覆盖细胞的 CMF-PBS 到培养皿，再把培养皿放回培养箱中培养 5min。然后在显微镜下观察，看细胞是否全部成圆形，如果没有，则需要培养更长时间。利用培养皿下面的标记可以区分各个克隆群，也可以继续观察那些已经挑取过的克隆。用带有新鲜 200μL 枪头的移液器在克隆上刮 2 次或 3 次，吸入 10μL 液体。把挑有克隆的枪头在有新鲜培养基的 96 孔板中浸洗几次，把枪头上的细胞洗入 96 孔板。

（2）让细胞生长到可以进行筛选时，筛选每个小孔的细胞，冷冻保存阳性克隆。

实验方案 6

利用流式细胞仪选择具有高倍数染色体插入的 DNFR 转基因稳定转化体

经过标准的转染程序之后，通常只能观察到小部分的细胞 DNA 具有大片段的染色体插入。以下的实验方案介绍了一种利用分选方法从稳定转化的细胞中挑选出高表达外源 DHFR 的 CHO 细胞。这种选择是基于可通透细胞的荧光 DHFR 抑制剂（荧光素标记的甲氨蝶呤）可结合到细胞内的 DHFR。具有较强荧光的细胞整体表达更多的 DHFR，这种表达大致反映了拷贝数的情况。

材料

注意：标记有＜!＞的材料请参考附录正确处理；

标有＜R＞的试剂请参考本章最后的配方制备。

试剂

胎牛血清（FBS；使用浓度 10%）

荧光素标记的甲氨蝶呤＜!＞（FMTX；20mmol/L）（Molecular Probes 公司，Eugene，Oregon）

甘氨酸

次黄嘌呤

磷酸盐缓冲液（PBS）＜R＞

胸腺嘧啶

胰酶＜!＞

方法

（1）让细胞在容量为 $25cm^3$ 的培养瓶生长，让它们处于对数生长期。

（2）用新鲜的常规培养基替换生长培养基，加入 10% 的 FBS 及 20mmol/L 的 FMTX。然后加入 100mmol/L 的甘氨酸、30mmol/L 的次黄嘌呤、30mmol/L 胸腺嘧啶以减少培养基中 FMTX 的毒性（Sherwood et al. 1990）。细胞在培养箱中培养 8h。

（3）用胰酶消化后收集细胞，把细胞收集在无菌的 PBS 中，置于冰上。

FMTX 依然在细胞中保持足够的浓度，冰浴 PBS 中的细胞只能存活几个小时。

（4）用流式细胞仪进行细胞分选，分选后的细胞可以用培养瓶培养，也可以用 96 孔培养板直接分类培养。

（5）筛选后培养足够量的细胞，冷冻保存阳性克隆。

试剂配方

注意：标有＜R＞的试剂请参考本章最后的配方制备。

LB（Luria－Bertani）液体培养基

试剂	数量
水	950mL
蛋白胨	10g
氯化钠	10g
酵母提取物	5g

合并所有试剂，振荡直到全部溶解，用 5mol/L 氢氧化钠（约为 0.2mL）调整 pH 到 7.0。最后加水定容到 1L。15psi（1.05kg/cm^2）高压液态灭菌 20min。

LB 平板

按照液体培养基的配方配制 LB 液体培养基，在灭菌前往每升培养基中加入 15g 琼脂。15psi（1.05kg/cm^2）高压液态灭菌 20min。当培养基从灭菌锅拿出后，轻轻摇晃让琼脂分布均匀。注意在摇晃时，由于培养基很热可能会沸腾出来。等到培养基凉到 50～60℃时，加入其他高温不稳定的物质（如抗生素等），摇晃混匀，注意不要产生气泡。

反应缓冲液 2

试剂	数量（mmol/L）
Tris－HCl（pH 8.0）	50
氯化镁＜!＞	10
氯化钠	50

SOC 培养基

试剂	数量（1L）
去离子水	950mL
蛋白胨	20g
酵母提取物	5g
氯化钠	0.5g
氯化钾＜!＞（250mmol/L）	10mL

在去离子水中加入蛋白胨、酵母提取物以及氯化钠，混匀后加入 10mL 250mmol/L 的氯化钾，用 5mol 氢氧化钠（约为 0.2mL）调整 pH 到 7.0。用双蒸水定容到 1L。15psi（1.05kg/cm^2）高压液态灭菌 20min。在使用前加入 5mL 无菌的氯化镁＜!＞溶液（2mol/L，高压灭菌，使用前冷却到低于 60℃）以及 20mL 无菌的葡萄糖溶液

（1mol/L，0.22μL 孔径滤纸过滤）。

TE 缓冲液

试剂	数量（mL）	终浓度（mmol/L）
EDTA<!>（0.5mol/L，pH80.）	0.2	1
Tris-HCl（1mol/L，pH 8.0）	1	10
水	补至 100	

TR 缓冲液

试剂	终浓度（mmol/L）
HEPES 缓冲液	50
磷酸氢二钠	1.5
氯化钠	0.28
氯化钾	5
葡萄糖	5.5

调整 pH 到 6.95、7.05 或 7.10。

不含钙镁离子的磷酸盐缓冲液（CMF-PBS）（1×）

试剂	数量（1L）（g）
氯化钠	8
氯化钾	0.2
磷酸氢二钠	1.44
磷酸二氢钾	0.24

把这些试剂溶于 800mL 的双蒸水中，用盐酸或氢氧化钠调整 pH 到 7.4，加水定容至 1L。

致谢

本研究获得 NIH 基金 GM42516 及 GM58460 的支持。

参考文献

Alexandrow MG, Hamlin JL. 2005. Chromatin decondensation in S-phase involves recruitment of Cdk2 by Cdc45 and histone H1 phosphorylation. *J Cell Biol* **168:** 875–886.

Barsoum J. 1990. Introduction of stable, high-copy-number DNA into Chinese hamster ovary cells by electroporation. *DNA Cell Biol* **9:** 293–300.

Batard P, Jordan M, Wurm F. 2001. Transfer of high copy number plasmid into mammalian cells by calcium phosphate transfection. *Gene* **270:** 61–68.

Becker M, Baumann C, John S, Walker DA, Vigneron M, McNally JG, Hager GL. 2002. Dynamic behavior of transcription factors on a natural promoter in living cells. *EMBO Rep* **3:** 1188–1194.

Belmont AS. 2001. Visualizing chromosome dynamics with GFP. *Trends Cell Biol* **11:** 250–257.

Belmont AS, Li G, Sudlow G, Robinett C. 1999. Visualization of large-scale chromatin structure and dynamics using the *lac* operator/Lac repressor reporter system. *Methods Cell Biol* **58:** 203–222.

Bosisio D, Marazzi I, Agresti A, Shimizu N, Bianchi ME, Natoli G. 2006. A hyper-dynamic equilibrium between promoter-bound and nucleoplasmic dimers controls NF-κB-dependent gene activity. *EMBO J* **25:** 798–810.

Chen CA, Okayama H. 1988. Calcium phosphate–mediated gene transfer: A highly efficient transfection system for stably transforming cells with plasmid DNA. *BioTechniques* **6:** 632–638.

Chen D, Belmont AS, Huang S. 2004. Upstream binding factor association induces large-scale chromatin decondensation. *Proc Natl*

Acad Sci **101:** 15106–15111.
Chuang CH, Carpenter AE, Fuchsova B, Johnson T, de Lanerolle P, Belmont AS. 2006. Long-range directional movement of an interphase chromosome site. *Curr Biol* **16:** 825–831.
Chubb JR, Boyle S, Perry P, Bickmore WA. 2002. Chromatin motion is constrained by association with nuclear compartments in human cells. *Curr Biol* **12:** 439–445.
Dietzel S, Belmont AS. 2001. Reproducible but dynamic positioning of DNA in chromosomes during mitosis. *Nat Cell Biol* **3:** 767–770.
Dietzel S, Zolghadr K, Hepperger C, Belmont AS. 2004. Differential large-scale chromatin compaction and intranuclear positioning of transcribed versus non-transcribed transgene arrays containing β–globin regulatory sequences. *J Cell Sci* **117:** 4603–4614.
Fieck A, Wyborski DL, Short JM. 1992. Modifications of the *E. coli* Lac repressor for expression in eukaryotic cells: Effects of nuclear signal sequences on protein activity and nuclear accumulation. *Nucleic Acids Res* **20:** 1785–1791.
Hu Y, Kireev I, Plutz MJ, Ashourian N, Belmont AS. 2009. Large-scale chromatin structure of inducible genes—Transcription on a linear template. *J Cell Biol* **185:** 87–100.
Janicki SM, Tsukamoto T, Salghetti SE, Tansey WP, Sachidanandam R, Prasanth KV, Ried T, Shav-Tal Y, Bertrand E, Singer RH, et al. 2004. From silencing to gene expression: Real-time analysis in single cells. *Cell* **116:** 83–98.
Jordan M, Schallhorn A, Wurm FM. 1996. Transfecting mammalian cells: Optimization of critical parameters affecting calcium-phosphate precipitate formation. *Nucleic Acids Res* **24:** 596–601.
Kaiser TE, Intine RV, Dundr M. 2008. De novo formation of a subnuclear body. *Science* **322:** 1713–1717.
Kireev I, Lakonishok M, Liu W, Joshi VN, Powell R, Belmont AS. 2008. In vivo immunogold labeling confirms large-scale chromatin folding motifs. *Nat Methods* **5:** 311–313.
Kjer KM, Fallon AM. 1991. Efficient transfection of mosquito cells is influenced by the temperature at which DNA–calcium phosphate coprecipitates are prepared. *Arch Insect Biochem Physiol* **16:** 189–200.
Levi V, Ruan Q, Plutz M, Belmont AS, Gratton E. 2005. Chromatin dynamics in interphase cells revealed by tracking in a two-photon excitation microscope. *Biophys J* **89:** 4275–4285.
Li G, Sudlow G, Belmont AS. 1998. Interphase cell cycle dynamics of a late-replicating, heterochromatic homogeneously staining region: Precise choreography of condensation/decondensation and nuclear positioning. *J Cell Biol* **140:** 975–989.
Li Y, Danzer JR, Alvarez P, Belmont AS, Wallrath LL. 2003. Effects of tethering HP1 to euchromatic regions of the *Drosophila* genome. *Development* **130:** 1817–1824.
McNally JG, Muller WG, Walker D, Wolford R, Hager GL. 2000. The glucocorticoid receptor: Rapid exchange with regulatory sites in living cells. *Science* **287:** 1262–1265.
Memedula S, Belmont AS. 2003. Sequential recruitment of HAT and SWI/SNF components to condensed chromatin by VP16. *Curr Biol* **13:** 241–246.
Michaelis C, Ciosk R, Nasmyth K. 1997. Cohesins: Chromosomal proteins that prevent premature separation of sister chromatids. *Cell* **91:** 35–45.
Minshull J, Straight A, Rudner A, Dernburg A, Belmont A, Murray AW. 1996. Protein phosphatase 2A regulates MPF activity and sister chromatid cohesion in budding yeast. *Curr Biol* **6:** 1609–1620.
Nye AC, Rajendran RR, Stenoien DL, Mancini MA, Katzenellenbogen BS, Belmont AS. 2002. Alterations of large-scale chromatin structure by the estrogen receptor. *Mol Cell Biol* **22:** 3437–3449.
Robinett CC, Straight A, Li G, Willhelm C, Sudlow G, Murray A, Belmont AS. 1996. In vivo localization of DNA sequences and visualization of large-scale chromatin organization using *lac* operator/repressor recognition. *J Cell Biol* **135:** 1685–1700.
Sharp ZD, Mancini MG, Hinojos CA, Dai F, Berno V, Szafran AT, Smith KP, Lele TP, Ingber DE, Mancini MA. 2006. Estrogen-receptor-α exchange and chromatin dynamics are ligand- and domain-dependent. *J Cell Sci* **119:** 4101–4016.
Sherwood SW, Assaraf YG, Molina A, Schimke RT. 1990. Flow cytometric characterization of antifolate resistance in cultured mammalian cells using fluoresceinated methotrexate and daunorubicin. *Cancer Res* **50:** 4946–4950.
Soutoglou E, Misteli T. 2008. Activation of the cellular DNA damage response in the absence of DNA lesions. *Science* **320:** 1507–1510.
Stenoien D, Nye AC, Mancini MG, Patel K, Dutertre M, O'Malley BW, Smith CL, Belmont AS, Mancini MA. 2001. Ligand-mediated assembly and real-time cellular dynamics of estrogen receptor α-coactivator complexes in living cells. *Mol Cell Biol* **21:** 4404–4412.
Straight AF, Belmont AS, Robinett CC, Murray AW. 1996. GFP tagging of budding yeast chromosomes reveals that protein–protein interactions can mediate sister chromatid cohesion. *Curr Biol* **6:** 1599–1608.
Strukov YG, Wang Y, Belmont AS. 2003. Engineered chromosome regions with altered sequence composition demonstrate hierarchical large-scale folding within metaphase chromosomes. *J Cell Biol* **162:** 23–35.
Thrower DA, Bloom K. 2001. Dicentric chromosome stretching during anaphase reveals roles of Sir2/Ku in chromatin compaction in budding yeast. *Mol Biol Cell* **12:** 2800–2812.
Tumbar T, Belmont AS. 2001. Interphase movements of a DNA chromosome region modulated by VP16 transcriptional activator. *Nat Cell Biol* **3:** 134–139.
Tumbar T, Sudlow G, Belmont AS. 1999. Large-scale chromatin unfolding and remodeling induced by VP16 acidic activation domain. *J. Cell Biol* **145:** 1341–1354.
Urlaub G, Mitchell PG, Kas E, Chasin LA, Funanage VL, Myoda TT, Hamlin J. 1986. Effect of gamma rays at the dihydrofolate reductase locus: Deletions and inversions. *Somat Cell Mol Genet* **12:** 555–566.
Verschure PJ, van der Kraan I, de Leeuw W, van der Vlag J, Carpenter AE, Belmont AS, van Driel R. 2005. In vivo HP1 targeting causes large-scale chromatin condensation and enhanced histone lysine methylation. *Mol Cell Biol* **25:** 4552–4564.
Ye Q, Hu YF, Zhong H, Nye AC, Belmont AS, Li R. 2001. BRCA1-induced large-scale chromatin unfolding and allele-specific effects of cancer-predisposing mutations. *J Cell Biol* **155:** 911–921.
Zolghadr K, Mortusewicz O, Rothbauer U, Kleinhans R, Goehler H, Wanker EE, Cardoso MC, Leonhardt H. 2008. A fluorescent two-hybrid assay for direct visualization of protein interactions in living cells. *Mol Cell Proteom* **7:** 2279–2287.

（周博　译　方玉达　校）

第 29 章　活细胞中基因表达的成像

Susan M. Janicki[1] and David L. Spector[2]

[1]The Wistar Institute，Philadelphia，Philadelphia 19104；[2] Cold Spring Harbor Laboratory，Cold Spring Harbor，New York 11724

基因表达的进程能从细胞外基质向细胞核中延伸，各种信号最终传入细胞核以调节其中基因组的功能。基因表达的每一步都涉及大量蛋白质或蛋白质复合体的相互作用（Lemon and Tjian 2000；Rappsilber et al. 2002)。所有的步骤都按一定的程序协调发生，最终导致蛋白质在特定的细胞类型中按一定的程序精确合成（Maniatis and Reed 2002；Orphanides and Reinberg 2002)。由于基因表达的整个过程很复杂，至今，基因表达的每一步主要还是通过体外实验单独进行研究。虽然这种分步体外研究鉴定出了许多涉及基因表达的关键蛋白质因子、复合体及其功能，但它们不能研究基因表达在时间和空间上是如何发生的，而这只能在活细胞中来进行研究。

最近发展了多个途径来观察活细胞中基因表达的一个或者多个方面。总体来说，主要是利用 DNA 结合蛋白和它们目标序列的相互作用。一个重要的突破是 Belmont 和合作者利用 lac 操纵子/阻抑物（lac - operator/repressor）系统来直接观察活细胞中染色质的结构和动态（Robinett et al. 1996)。在真核细胞基因组中插入来源于细菌的乳糖操纵基因，然后表达绿色荧光蛋白（GFP）-乳糖阻抑物融合蛋白，由于乳糖操纵基因和阻抑物的相互结合，该系统可非侵入性地被用于鉴定和研究染色质上的特定位点（Belmont 2001；Janicki and Spector 2003）（也见第 28 章)。将 lac 操纵子重复序列和二氢叶酸还原酶基因同时稳定地导入到中国仓鼠的卵巢细胞，然后用甲氨蝶呤选择和扩增得到一个稳定细胞系。这个细胞系的染色体上包含了一个约 90Mb 的 lac 操纵子重复序列，这个序列可以被 GFP -乳糖阻抑物融合蛋白结合进而被观察到（Robinett et al. 1996)。该序列形成了滞后复制的均一染色区（homogeneously staining region，HSR）（Li et al. 1998)。细胞周期实验研究表明，这个序列整合位点在间期的大多数时间内位于细胞核的外周。在中后 S 期的几个小时里，HSR 去浓缩并向细胞核内部移动，同时伴随着 HSR 的 DNA 复制（Li et al. 1998)。用这个系统，Belmont 研究组能在活细胞中直接观察激活剂的结合，他们发现一旦激活剂结合，即使转录停止，染色质也会浓缩（Tumber et al. 1999)。然而，接着用小鼠乳腺肿瘤病毒（mouse mammary tumor virus，MMTV）启动子引导一个 *ras* 报告基因的串联序列（约 2Mb）（见下文）的研究表明，该串联序列染色质的去浓缩需要转录的发生（Muller et al. 2001)。因此，不同的染色体位点如发生去浓缩可能需不同的信号。另外一个独立研究则在一个细胞系中整合入一段较短的 DNA 序列（150～300kb)，当 VP16 导向这个整合位点时导致该位点由细胞核膜附近向核内部位移动（Tumbar and Belmont 2001），提示细胞核内部区域的基因可能更具活跃转录的潜力。进一步还发现多种染色质修饰因子被招募到整合位点，这些染色质修饰因子包括内源组蛋白乙酰转移酶（HAT）、SWI/SNF染色质重塑复合体的蛋白质组分（Memedula and Belmont 2003）以及多个HAT（包括GCN5、P/CAF和p300/CBP），同时伴随所有核心组蛋白的高度乙酰化（Tumbar et al. 1999）。通过对伸展的染色体纤丝的光镜和电镜研究表明其存在折叠的染色线模型，这些约100nm的染色线由10nm和30nm的染色质纤丝构成（Robinett et al. 1996；Tumbar et al. 1999）。用lac操纵子/阻抑物系统也可在活细胞中观察一个由四环素调控的转录单位的串联序列（Tsukamoto et al. 2000）。这个转录单位编码含过氧化物酶体定位信号的青色荧光蛋白（cyan fluorescent protein，CFP），因此能在活细胞中直接在蛋白质水平上看到基因表达。

另外一个观察基因表达的途径是用一个含MMTV/哈维病毒ras报告元件（MMTV/v-Ha-ras）的细胞系（Kramer et al. 1999）。GFP融合的糖皮质激素受体（GR）通过配体激活后从细胞质靶向细胞核中的重复调节元件，使得该位点的转录能在活细胞中被观察到（McNally et al. 2000；Muller et al. 2001）。有趣的是，用这个系统和荧光漂白后恢复技术发现GFP-GR在染色质和核质之间快速交换，这挑战了传统的观点，即启动子结合复合体是非常稳定的蛋白质复合体（Becker et al. 1984；Thanos and Maniatis 1995；Cosma et al. 1999；Shang et al. 2000），支持了一个“打了就跑”（Hit-and-run）模型（McNally et al. 2000）。GR和GR共激活因子GRIP/Tif-2在这个位点上交换很快（$t_{1/2}$约5s）。起始阶段的RNA聚合酶Ⅱ交换很快然后速度降低，这可以认为细胞内存在两个RNA聚合酶Ⅱ类群：交换快速类群经历了不成功的转录起始事件，交换慢速类群参与转录延伸，转录延伸必须在荧光恢复前完成（Becker et al. 2002）。激活因子与染色质相互作用的高度动态性提示转录因子在启动子上不形成稳定的完整复合物，并且它们的功能也是以类似的方式调控的。

总的来说，大多数染色质重塑和基因表达的研究都是在体外或是通过染色质免疫沉淀来完成的，因此，所获得的DNA/蛋白质相互作用的数据是许多细胞的平均值（Frey and Peterson 2001；Featherstone 2002；Narlikar et al. 2002）。与此不同，上面所述途径能够在单个细胞水平上评估染色质重塑和基因表达，并且在很大程度上提供了在时间上和空间上染色质重塑和基因表达是如何相互协调发生的证据。

在活细胞中观察中心法则：DNA→RNA→蛋白质

我们在上述研究的基础上发展了能在活细胞中同时观察一个可调控的稳定整合遗传位点、其转录产生的RNA和翻译产生的蛋白质的系统。这个系统让我们首次在活细胞中评估基因表达的各个阶段。

这个活细胞基因表达系统是由作者所在实验室（D. L. Spector实验室）的以前系统基础上改进而成的，以前的系统能在活细胞中研究特定的转录位点及其蛋白质产物

(Tsukamoto et al. 2000)。这个新系统由人 U2OS 细胞系（U2OS2-6-3）构成，包括一个稳定整合大约 200 个拷贝共 20kb 的质粒，这个质粒含有一系列可以被替换的元件（图 1）。在质粒的 5′端是 256 个拷贝的乳糖操纵基因重复序列，当被 CFP-乳糖阻抑物融合蛋白结合时整合位点就可以被观察到。96 个拷贝的四环素响应元件（tetracycline responsive element，TRE）使得最小巨细胞病毒（cytomegalovirus，CMV）启动子能被 pTet-ON 和 pTet-OFF 系统调控，pTet-ON 和 pTet-OFF 系统由四环素响应 DNA 结合域和 VP16 激活域构成一个激活因子。加入四环素，pTet-ON 就结合到 TRE 位点，然后转录产生一个 mRNA，这个 mRNA 编码带过氧化物酶体定位信号 1（Ser-Lys-Leu，SKL 三肽）的 CFP，当 CFP-SKL 聚集在过氧化物酶体时，转录单位的蛋白质产物就可观察到。另外，该系统直接证明转录、pre-mRNA 加工、mRNP 转运、翻译、蛋白质的正确定位确实已经发生。

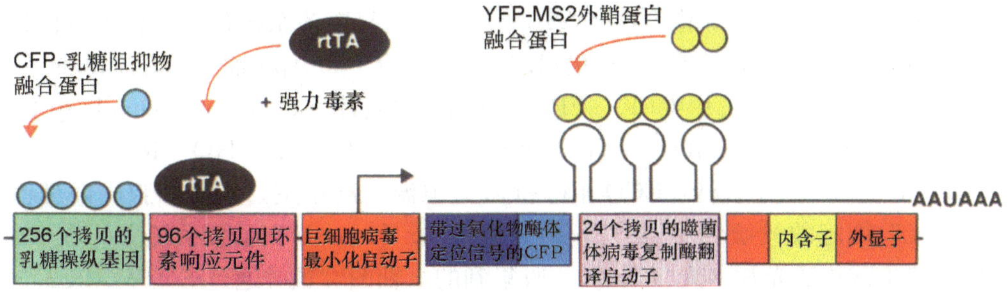

图 1　基因表达载体 p3216PECMS2β 示意图

这个质粒含 256 个拷贝乳糖操纵基因、96 个拷贝四环素响应元件、CMV 最小启动子、带过氧化物酶体定位信号 SKL 的 CFP、24 个拷贝的噬菌体病毒复制酶翻译启动子（MS2 重复单位）、兔 β-球蛋白内含子-外显子模块和 poly（A）信号。表达 CFP-乳糖阻抑物融合蛋白使得 DNA 可被观察到，强力毒素诱导的 pTet-ON（rtTA）表达导致巨细胞病毒最小化启动子的表达。当 MS2-YFP（YFP-MS2 外鞘蛋白融合蛋白）二聚体化，MS2-YFP 结合到 MS2 翻译启动子的茎环结构上时，转录产生的 RNA 可被观察到

为了观察转录单位编码的 mRNA，我们引入了 24 个拷贝的噬菌体病毒复制酶翻译启动子（一个 19 个核苷酸的 RNA 茎环结构），它能被噬菌体 MS2 外鞘蛋白以二聚体形式结合识别（Beckett and Uhlenbeck 1988；Valegard et al. 1994）。表达带核定位信号的 YFP-MS2 外鞘蛋白融合蛋白可让我们看到转录产生的 RNA 以及这些 RNA 在核质和细胞质内的转运。这种 RNA 标记方法过去已被用来追踪酵母细胞中 ASH1mRNA 的不对称移动（Bertrand et al. 1998）、海马神经和 COS 细胞质中 RNA 粒子的移动（Rook et al. 2000；Fusco et al. 2003）以及果蝇卵母细胞中内源 *nanos* RNA 的动态（Forrest and Gavis 2003），但是在一个特定转录位点的 RNA 合成和转运没有被研究过。另外，这个转录单位的 3′端还有一个兔 β 球蛋白内含子，两边有两个外显子以及一个多聚 A [poly（A）] 信号，因此，当转录激活时，这个体系可用来研究 pre-mRNA 加工系统被招募到转录位点的过程，或者当转录关闭时，pre-mRNA 加工系统是否消失。结合所有这些元件到一个载体中去后，这个体系可用来在活细胞中以高的时空分辨率同时研究基因表达的多个方面。

为观察基因表达，三个质粒包括 pTet-ON（2μg）、pSV2-CFP-Lac 乳糖阻抑物

(2μg) 和 pYFP - MS2 外鞘蛋白 (0.5μg)，再加上已剪切鲑精 DNA 作为载体被同时通过电击转染到稳定表达 p3216PECMS2β 质粒的 U2OS 细胞 (U2OS 2 - 6 - 3 细胞系) 中。电击采用 Gene Pulser 电击仪 (Bio - Rad Laboratories 公司)，条件为 170V、950μF。电击后的细胞在含 Cell - Tak 涂层 (BD Biosciences 公司，Palo Alto，California) 的盖玻片上让细胞吸附 2.5h，这个过程让细胞迅速扁平，防止成像过程中细胞移动。这个短暂的表达时间保证细胞中有低水平但容易检测到的蛋白质量。然后盖玻片被封固到 FCS2 活细胞小室 (Bioptechs Inc. 公司，Butler，Pennsylvania) 中，或者细胞也可放在带 MatTek 玻璃底的培养皿 (MatTek Corporation 公司，Ashland，Massachusetts) 中生长。细胞在含青霉素和链霉素及 30% FCS (小牛血清) 的无酚红并经肝素钠缓冲的 DMEM 培养基 (Dulbecco's 改良后的 Eagle's 培养基) (Invitrogen 公司) 上生长。这时，细胞通过 DeltaVision RT 复位显微镜系统 (Applied Precision 公司，Issaqua，Washington) 来成像。DeltaVision RT 复位显微镜系统包括一台奥林巴斯 IX - 70 型倒置显微镜、快速光闸、60 倍/1.4 数值孔径 PlanApo 油镜 (Olympus 公司，Melville，New York)，采用 CFP/YFP/mCherry 滤光片 (Chroma Technology Corp. 公司，Brattleboro，Vermont)、一台 Photometrics CoolSNAP - HQ (Roper Scientific 公司，Trenton，New Jersey) CCD 相机和 37℃恒温控制小室。在活细胞成像过程中，为减少蓝光对细胞的光敏性/光毒性，我们的 DeltaVision RT 显微系统大约在 420nm 波长处设置了截止滤光片 (光带通过)。收集到的 z 轴图像重叠通过 SoftWoRx 2.50 软件 (Applied Precision 公司) 反卷积处理。其他活细胞成像系统也可以用来进行图像观察和图像收集。我们用这个细胞系进行了大量的时程实验，在这些扁平化的细胞 ($z \simeq 7\mu m$) 中，细胞核的移动不明显，细胞本身移动很少。

在不加强力毒素 (dox) 时，转录不活跃的位点用 CFP -乳糖阻抑物融合蛋白看起来在核质中呈紧密浓缩的点 (图 2A)。同样的细胞，YFP - MS2 外鞘蛋白在核质中呈弥散分布，在位点周围没有明显的聚集 (图 2B)。加强力毒素 (1μg/mL) 后 2.5h，位点处的染色质明显解浓缩 (图 2D)，YFP - MS2 外鞘蛋白在转录位点处聚集 (图 2E)。有趣的是，在加 dox 之前，YFP - MS2 外鞘蛋白在核质中呈均匀弥散分布，当转录被打开后，YFP - MS2 外鞘蛋白呈现颗粒状 (图 2E)，提示 mRNA 被包装成 mRNP 颗粒。在这个时间点，我们在细胞质过氧化物酶体中观察到 CFP - SKL 蛋白 (图 2F)，证明 mRNP 被转运出细胞核，mRNA 在细胞质中被翻译。在大约 70%的转染细胞中能观察到这种染色质结构的变化和 YFP - MS2 外鞘蛋白的定位。加入 dox 5min 内，我们能在转录位点处观察到 VP16 转录激活子及大量 RNA，蛋白质则在 30～60min 以后被观察到。

活细胞成像的主要优点是能以高的时间和空间分辨率追踪细胞进程的动态动力学。细胞每隔 2.5min 在 YFP 和 CFP 双通道成像一次，共 4～6h，这样我们可以仔细地研究各个细胞在转录激活过程中的 RNA 合成动力学 (见影像 29.1)。加入 dox 后，RNA 水平的增加立刻被检测到。在起始阶段，位点处的染色质还是高度浓缩的，提示只有一部分重复序列正在转录，因为加入 dox 5min 内，只有少量的活化剂能被检测到。到了 17.5min，位点处的染色质可明显观察到解浓缩时，RNA 分子包被了位点处的整个区域。到了约 130min，染色质最大程度解浓缩时，转录位点处的 RNA 达到最大水平 (Janicki et al. 2004)。

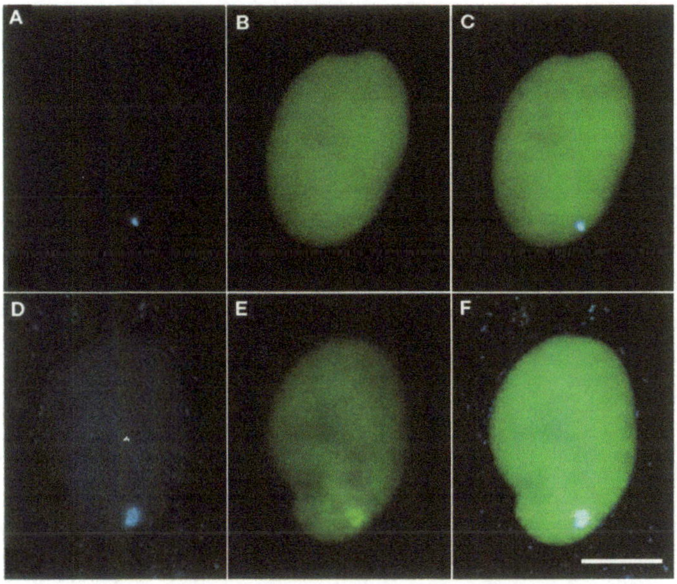

图 2　在活细胞中观察 DNA、RNA 和蛋白质

U2OS2-6-3 细胞瞬时转染 pSV2-CFP-lac 阻抑物、pTet-ON（rtTA）和 MS2-YFP，转染 2.5h 后开始成像。A～C. 转录关闭状态。A. 位点处染色质呈浓缩状；B. MS2 外鞘蛋白弥散在整个细胞核质中；A、C. 细胞质中没有蛋白质产物。D～F. 转录单位诱导 2.5h 时。D. 染色质已解浓缩；E. MS2 外鞘蛋白出现在转录位点处以及核质的颗粒中；D、F. 细胞质过氧化物酶体中可观察到表达的蛋白质产物。标尺，10μm

总结

本章描述的系统提供了活细胞在 DNA、RNA 和蛋白质水平中直接观察基因表达的方法。这个系统是模块化的，可以引入不同的启动子和转录单位，因此，适合研究不同染色体区域基因表达在时空上的各个方面和功能。为在单个活细胞中同时研究基因表达的不同水平提供了一种强大的途径，以此用来关联分析许多细胞进程，包括转录、DNA 复制、mRNA 包装和转运。这个系统最近已被用于其他研究（Shav-Tal et al. 2004；Kumaran and Spector 2008）。

影像说明

影像可以从 www.cshprotocols.org/livecellimaging 网站免费获得。

影像 29.1. 基因表达的实时分析。用活细胞显微镜和各种荧光融合蛋白，我们所发展的一个细胞系能观察一个稳定整合的遗传位点以及它的 mRNA 和蛋白质产物。这个位点能诱导转录起始。影像左版显示该遗传位点染色质的荧光信号以及蛋白质产物，右版显示当遗传位点打开后 mRNA 的合成。当遗传位点的转录不活化时，染色质是浓缩的（左

版紧密的蓝色点），细胞质中看不到蛋白质产物。同时，mRNA结合蛋白弥散在细胞核中（左版），因为几乎没有底物可以结合。影像开始，左版中染色质随时间推移解浓缩，而且这个遗传位点编码的蛋白质分布在细胞质过氧化物酶体（细胞质中蓝色点）中，该蛋白质带有过氧化物酶体定位信号。在影像右版，随着染色质解浓缩，mRNA结合蛋白集中在遗传位点（转录位置）处。因为mRNA正在合成，荧光蛋白标记的mRNA结合蛋白有了结合点，在核质中呈颗粒状。颗粒状结构代表信使核糖核蛋白（mRNP）颗粒，它们从遗传位点处向各个方向扩散，止于细胞质，在细胞质中mRNA被翻译成蛋白质并定位到过氧化物酶体中（经Elsevier公司允许，转载自Janicki et al. 2004）。

参考文献

Becker M, Baumann C, John S, Walker DA, Vigneron M, McNally JG, Hager GL. 2002. Dynamic behavior of transcription factors on a natural promoter in living cells. *EMBO Rep* **3:** 1188–1194.

Becker P, Renkawitz R, Schutz G. 1984. Tissue-specific DNaseI hypersensitive sites in the 59-flanking sequences of the tryptophan oxygenase and the tyrosine aminotransferase genes. *EMBO J* **3:** 2015–2020.

Beckett D., Uhlenbeck OC. 1988. Ribonucleoprotein complexes of R17 coat protein and a translational operator analog. *J Mol Biol* **204:** 927–938.

Belmont AS. 2001. Visualizing chromosome dynamics with GFP. *Trends Cell Biol* **11:** 250–257.

Bertrand E, Chartrand P, Schaefer M, Shenoy SM, Singer RH, Long RM. 1998. Localization of ASH1 mRNA particles in living yeast. *Mol Cell* **2:** 437445.

Cosma MP, Tanaka T, Nasmyth K. 1999. Ordered recruitment of transcription and chromatin remodeling factors to a cell cycle- and developmentally regulated promoter. *Cell* **97:** 299–311.

Featherstone M. 2002. Coactivators in transcription initiation: Here are your orders. *Curr Opin Genet Dev* **12:** 149–155.

Forrest KM, Gavis ER. 2003. Live imaging of endogenous RNA reveals a diffusion and entrapment mechanism for *nanos* mRNA localization in *Drosophila*. *Curr Biol* **13:** 1159–1168.

Fry CJ, Peterson CL. 2001. Chromatin remodeling enzymes: Who's on first? *Curr Biol* **11:** R185–R197.

Fusco D, Accornero N, Lavoie B, Shenoy SM, Blanchard JM, Singer RH, Bertrand E. 2003. Single mRNA molecules demonstrate probabilistic movement in living mammalian cells. *Curr Biol* **13:** 161–167.

Janicki S.M, Spector DL. 2003. Nuclear choreography: Interpretations from living cells. *Curr Opin Cell Biol* **15:** 149–157.

Janicki SM, Tsukamoto T, Salghetti SE, Tansey WP, Sachidanandam R, Prasanth KV, Ried T, Shav-Tal Y, Bertrand E, Singer RH, et al. 2004. From silencing to gene expression: Real-time analysis in single cells. *Cell* **116:** 683–698.

Kramer PR, Fragoso G, Pennie W, Htun H, Hager GL, Sinden RR. 1999. Transcriptional state of the mouse mammary tumor virus promoter can affect topological domain size in vivo. *J Biol Chem* **274:** 28590–28597.

Kumaran RI, Spector DL. 2008. A genetic locus targeted to the nuclear periphery in living cells maintains its transcriptional competence. *J Cell Biol* **180:** 51–65.

Lemon B, Tjian R. 2000. Orchestrated response: A symphony of transcription factors for gene control. *Genes Dev* **14:** 2551–2569.

Li G, Sudlow G, Belmont AS. 1998. Interphase cell cycle dynamics of a late-replicating, heterochromatic homogeneously staining region: Precise choreography of condensation/decondensation and nuclear positioning. *J Cell Biol* **140:** 975–989.

Maniatis T, Reed R. 2002. An extensive network of coupling among gene expression machines. *Nature* **416:** 499–506.

McNally JG, Muller WG, Walker D, Wolford R, Hager GL. 2000. The glucocorticoid receptor: Rapid exchange with regulatory sites in living cells. *Science* **287:** 1262–1265.

Memedula S, Belmont AS. 2003. Sequential recruitment of HAT and SWI/SNF components to condensed chromatin by VP16. *Curr Biol* **13:** 241–246.

Miyazawa S, Osumi T, Hashimoto T, Ohno K, Miura S, and Fujiki Y. 1989. Peroxisome targeting signal of rat liver acyl-coenzyme A oxidase resides at the carboxy terminus. *Mol Cell Biol* **9:** 83–91.

Muller WG, Walker D, Hager G.L, McNally JG. 2001. Large-scale chromatin decondensation and recondensation regulated by transcription from a natural promoter. *J Cell Biol* **154:** 33–48.

Narlikar GJ, Fan H-Y, Kingston RE. 2002. Cooperation between complexes that regulate chromatin structure and transcription. *Cell* **108:** 475–487.

Orphanides G, Reinberg D. 2002. A unified theory of gene expression. *Cell* **108:** 439–451.

Rappsilber J, Ryder U, Lamond AI, Mann M. 2002. Large-scale proteomic analysis of the human spliceosome. *Genome Res* **12:** 1231–1245.

Robinett CC, Straight A, Li G, Willhelm C, Sudlow G, Murray A, Belmont AS. 1996. In vivo localization of DNA sequences and visualization of large-scale chromatin organization using *lac* operator/repressor recognition. *J Cell Biol* **135:** 1685–1700.

Rook MS, Lu M, Kosik KS. 2000. CaMKIIα 3' untranslated region-directed mRNA translocation in living neurons: Visualization by GFP linkage. *J Neurosci* **20:** 6385–6393.

Shang Y, Hu X, DiRenzo J, Lazar MA, Brown M. 2000. Cofactor dynamics and sufficiency in estrogen receptor-regulated transcription. *Cell* **103:** 843–852.

Shav-Tal Y, Darzacq X, Shenoy SM, Fusco D, Janicki SM, Spector DL, Singer RH. 2004. Dynamics of single mRNPs in nuclei of living cells. *Science* **304:** 1797–1800.

Thanos D, Maniatis T. 1995. Virus induction of human IFN β gene expression requires the assembly of an enhanceosome. *Cell* **83:** 1091–1100.

Tsukamoto T, Hashiguchi N, Janicki SM, Tumbar T, Belmont AS, Spector DL. 2000. Visualization of gene activity in living cells. *Nat Cell Biol* **2:** 871–878.

Tumbar T, Belmont AS. 2001. Interphase movements of a DNA chromosome region modulated by VP16 transcriptional activator. *Nat Cell Biol* **3:** 134–139.

Tumbar T, Sudlow G, Belmont AS. 1999. Large-scale chromatin unfolding and remodeling induced by VP16 acidic activation domain. *J Cell Biol* **145:** 1341–1354.

Valegard K, Murray JB, Stockley PG, Stonehouse NJ, Liljas L. 1994. Crystal structure of an RNA bacteriophage coat protein-operator complex. *Nature* **371:** 623–626.

（方玉达　译）

第 30 章　在哺乳动物培养细胞中研究有丝分裂

Patricia Wadsworth

Department of Biology and Program in Molecular and Cellular Biology，University of Massachusetts Amherst，Amherst，Massachusetts 01003

直接观测细胞分裂为我们提供了关于染色体行为及有丝分裂丰富的信息。几种细胞中，非洲血百合（*Haemanthus katherinae*）胚乳细胞和蝾螈肺表皮细胞是比较理想的观测细胞系。当把胚乳细胞涂层在盖玻片封片之后还能维持几个小时的有丝分裂活性，其中又大又舒展的细胞较为适合用极化（polarization）或者相衬（phase - contrast）显微镜来观测。蝾螈肺表皮细胞是比较大而舒展并包含数目少而体积大的染色体。这些细胞能用来活体成像之后再固定，并进行相关的免疫荧光染色或者电子显微成像（Rieder and Cassels 1999）。这样处理的一个缺点是胚乳细胞必须从活的植物上取出，所以要全年维持花期，而蝾螈肺表皮细胞必须在肺部组织外植体上进行初代培养（Inoue and Bajer 1961；Bajer 1990；Rieder and Hard 1990；Vos et al. 1999）。多种昆虫的精母细胞也含有大的减数分裂纺锤体和纺锤丝，能够在极化显微镜下看得很清楚。这些细胞已经被证明可以在染色体微调控试验中使用（Nicklas 1997），而且这些昆虫都可以在实验室中培养。尽管每一种细胞都为我们提供了很重要的关于染色体在有丝分裂中的行为学信息，但对这些细胞进行细胞培养的难度和基因组学方法的缺乏限制了它们的应用。

迅速分裂的胚胎细胞也被用来研究有丝分裂。其中对非洲爪蟾（*Xenopus*）卵子的减数分裂提取物的使用最为广泛。这些提取物能够支持纺锤体构建的同时也能够很方便地对它进行控制。例如，我们可以利用免疫沉淀来除去任何一种成分，并且我们可以加入荧光探针来跟踪某一种成分（Desai et al. 1999）。另外，爪蟾提取物可以被维持在某个特定的细胞周期（Lohka and Maller 1985；Murray 1991）。

在那些受精后同步发育的多种海洋生物（如海胆）中可以用卵子和早期胚胎来研究有丝分裂，因为容易拿到一定数量的细胞，而且比较容易进行微注射和微调控（Sluder et al. 1999）。至少一个品种的海胆的基因组被测序，所以这可以被认为是研究有丝分裂的复兴系统。几种发育系统，如线虫（*Caenorhabditis elegans*）和果蝇（*Dorshophila*）都是研究活细胞包括有丝分裂很好的系统（请参看第 20 章和第 22 章）。最后，多种真菌包括曲霉（Aspergillus）和酵母也为我们提供了很多关于有丝分裂的分子信息，很大一部分是因为这些生物容易进行基因调控和活细胞分裂的成像（Bloom et al. 1999）（参看第 19 章）。

在哺乳动物细胞培养中研究有丝分裂

在传代细胞培养中研究有丝分裂有几个优势。第一，它们非常容易生长而且维持起来相对便宜；第二，培养的细胞在有丝分裂中维持扁平的特征，因为它们很薄就可以用于显微镜观测；第三，尽管这里我们不能运用标准的遗传学方法，但是这些细胞可以很容易被显性负的（dominnant negative）或组成性活性（constitutively active）的质粒转染，我们还可以应用 RNA 干扰（RNAi）来有选择性地降低或去除特定基因的表达，同时细胞表达绿色荧光蛋白（green fluorescent protein ，GFP）标记的蛋白质是很容易准备的（Wadsworth et al. 2005）。传代细胞还可以很容易地进行显微注射，所以抗体及其他试剂可以直接注入细胞质中（Wadsworth 1999）。最后培养的细胞一般都是体（不是胚胎）细胞，有着较长的细胞周期的 G_1 时期。对研究体细胞细胞周期调控感兴趣的研究者来说，哺乳动物培养细胞是其理想的选择。

多种不同的哺乳动物细胞已被用来研究细胞分裂。实验设计决定细胞系的选择，往往多于一种细胞可以适用于同一种实验。PtK 细胞是研究有丝分裂非常理想的细胞系，因为它们不仅在有丝分裂中维持扁平，同时有相对较少的染色体，有利于单个染色体动态的观测（注意有两种细胞系：PtK_1有 12 条染色体；PtK_2有 13 条染色体。在本章，用 PtK 细胞来代表这两个细胞系）。用 PtK 细胞研究有丝分裂的另外一个优势在于我们已经对这种细胞的有丝分裂信息，包括结构分析有了相当的了解（McDonald et al. 1992；Mastronarde et al. 1993；McEwen et al. 1997）。PtK 细胞可以通过标准方法转染（Stout et al. 2006），可以很容易地用来显微注射，适用于光学和电子显微镜（Rieder and Hard 1990）。

LLC-Pkl 细胞是研究细胞分裂的另外一个很好的选择。这些表皮细胞在有丝分裂中维持扁平，尽管它们的染色体数多于 PtK 细胞，但它们非常容易进行显微注射（Wadsworth 1999），同时对它们进行转染效率很高。BS－C－1 细胞是表皮样细胞并在有丝分裂中维持扁平，同时它的纺锤体又大又宽。这种细胞的特征是有着很显著的中心体，被用来在活细胞中观测有丝分裂中中心体的动态（Schliwa 1999）以及切开细胞去除中心体（Hinchcliffe et al. 2001）。BS－C－l cells 可以用来转染、显微注射和显微手术。

NRK-52E 和 MDCK 细胞也被用于研究有丝分裂。正常大鼠肾脏（NRK）传代细胞在细胞分裂中维持扁平，所以它们非常适合活细胞成像和显微注射实验（Fishkind and Wang 1995）。相反，狗肾（MDCK）表皮传代细胞的特征是极化形态并且细胞很厚，特别是培养在滤网上时（Bacallao et al. 1989）。在细胞分裂时，纺锤体移向细胞顶部并且方向与盖玻片的平面平行，使这种细胞适于哺乳动物纺锤体的方向性研究（Busson et al. 1998）。

很多种哺乳动物基因组学信息已经存在。NRK－52E 和 MDCK 细胞是从大鼠和狗中培养出来的，对两种动物的基因组已有测序。关于 LLC－Pk1 细胞（猪的传代细胞）

也有很好的基因组信息，其基因组测序已接近完成。而 BS－C－1 和 PtK 细胞分别从鼠袋鼠和非洲绿猴中培养出来，因此它们的基因组信息相对比较有限。

我们（从 LLC－Pk1 细胞的运用中）发现即使对于某个特定基因只有有限的基因组信息，我们也可以相对容易的利用聚合酶链反应（PCR）获得额外的序列信息。这是因为大多数哺乳动物基因都有比较高的同源性可以帮助我们设计引物。一旦一个基因被测序，它就可以被用来设计小干扰 RNA（siRNA）或者短发夹 RNA（shRNA）或者被克隆和表达以便于生产有针对性的试剂（如抗体等）。因此，尽管传代哺乳细胞培养不能用来进行传统的遗传学实验，但充足的基因组学信息有助于利用其到多种实验中去。

几种人类细胞系也在有丝分裂的研究中被利用，其中 HeLa 细胞系是从人类表皮肿瘤细胞中分离出来的，应用最为广泛。这种细胞很容易被同步和转染。但是 HeLa 细胞在有丝分裂时会隆起来，这也是它们不是十分适合进行活细胞成像和显微注射的原因。另外一个可替换的细胞系是 CFPAC－1 细胞，这是一种从已转移的胰腺癌肿瘤中分离的细胞系。这种细胞在形态上呈立方体，有很多小的染色体，在有丝分裂中不会像 HeLa 细胞一样隆起，使它们适用于活细胞成像和显微注射（Compton 2000）。但是 HeLa 和 CFPAC－1 都是肿瘤细胞在基因上有别于正常细胞。例如，CFPAC－1 细胞是超二倍体。最近，表达人类端粒酶反转录酶的人类细胞系已经商业化（BD Biosciences 公司）。这些细胞是未转化细胞，所以不存在基因异常的问题。现在市场上有三个细胞系：人纤维细胞、乳腺上皮细胞和视网膜色素上皮细胞。尽管这几种细胞都不能在有丝分裂中维持扁平的形态，但是由于它们是未转化的细胞令它们的使用在多种实验中有很大的优势。最后，研究人类细胞系的优势在于人类基因组已被完全测序，很多用于人类细胞实验的试剂都是商品化的。

表 1 比较了几种有丝分裂在不同传代细胞中的关键特征。除了 PtK 细胞，大多数细胞都有很多小染色体令单个染色体的观测比较有难度。大多数指数生长的传代细胞都有一个有丝分裂指数。有趣的是，大多在有丝分裂中维持扁平的细胞都来自于肾脏（PtK、LLC－PK1、BS－C－1、MDCK 和 NRK；表 1）。正常的肾脏细胞是否有合适的细胞形态是值得我们研究的。

表 1　用来研究有丝分裂细胞系的特点

细胞系	物种	组织器官	组织类型，形态	有丝分裂指数	染色体数目
PtK1 和 PtK2		肾	上皮细胞，扁平	3.8	$2n=12$ $2n=13$
MDCK	狗	肾	上皮细胞，柱状	2.2	$2n=78$
LLC－PK－1	猪	肾	上皮细胞，扁平	3.6	$2n=38$
CFPAC－1	人	肝	上皮样细胞，立方体	4.8	超二倍体
NRK－52E	大鼠	肾	上皮细胞，扁平	3.7	$2n=42$
BS－C－1	非洲绿猴	肾	上皮样细胞，扁平	2.6	$2n=60$
HeLa	人	子宫颈	上皮样细胞，隆起	n. a.	超二倍体

几个细胞系的有丝分裂形态见图 1 和图 2。在相差活细胞图片中，染色体是暗色的，

纺锤丝是明亮的（除去了细胞质中的细胞器和一些颗粒的部分）（图 1）。一般来说，PtK 和 LLC－PK－1 纺锤丝比起其他细胞的要长一些，纺锤丝可以通过拱顶细胞后，用构成细胞微管的微管蛋白免疫染色（图 2 和图 3），或者当细胞表达 GFP 标记的微管蛋白时（图 4）来观测。图 2 是共聚焦显微镜拍摄的 LLC－Pk1 细胞纺锤丝的一系列 z 轴图叠的投影图片（图 2A～C）。同样一组图片，利用去卷积方法（deconvolusion）去除非聚焦信息后显示在图 2D～F。在这些图里可以很清楚地看到纺锤丝，包括从两个纺锤极呈星状散发出来和叠交在赤道板上的细胞微管，以及连接染色体着丝粒到纺锤极的微管（图 2A～D）（McIntosh et al. 2002）。染色体用碘化丙锭（propidium iodide）进行染色（图 2B、E）（叠合图中红色部分）。最后值得注意的是细胞的扁平程度取决于细胞密度，近而会影响纺锤丝的形态（图 3）。在一些情况下，在盖玻片上涂上细胞外基质分子会促进分裂细胞的黏合，有利于细胞舒展（Fishkind and Wang 1995）。

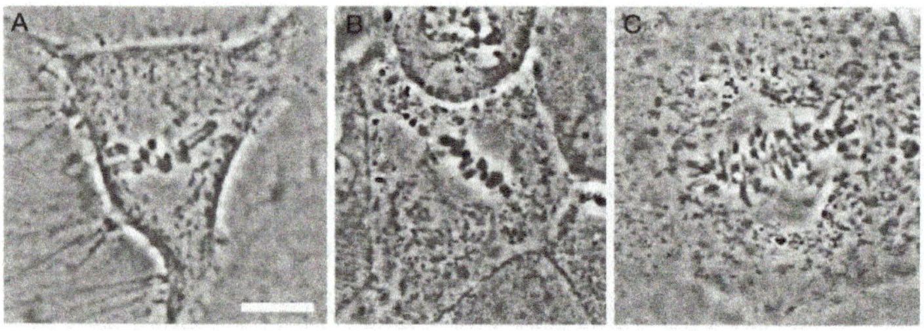

图 1　有丝分裂中期的活细胞相差显微图像

A. PtK；B. LLC－Pk－1；C. BS－C－1。标尺为 10μm

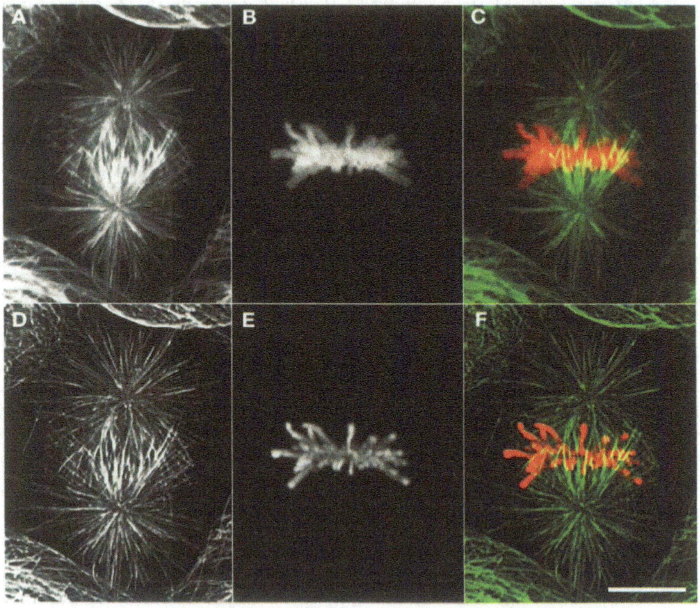

图 2　LLC－Pk－1 细胞有丝分裂的共聚焦显微图像

A、D. 细胞固定后用微管蛋白抗体染色；B、E. 染色体用碘化丙锭染色；叠合图显示在 C 和 F。上面一行是在有丝分裂中期一个细胞的一系列 z 轴的投影图片；这些图是用 PerkinElmer 公司安装在 Nikon 显微镜上的转盘式共聚焦头拍摄的。下面一行，是同一组图片经过 AutoQuant 软件进行去卷积处理后的图像

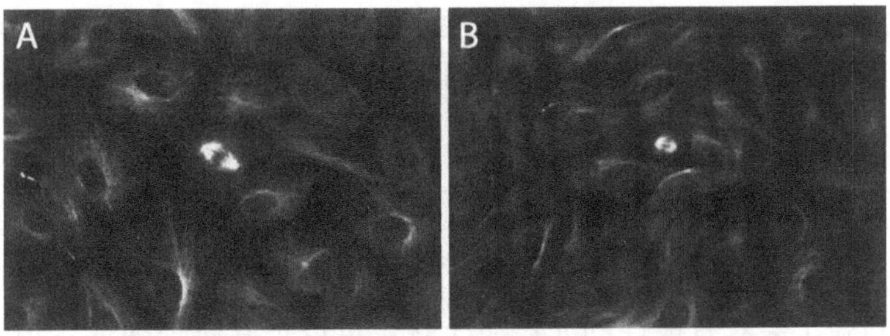

图 3　细胞生长在高密度和低密度下的纺锤丝的形态

细胞被固定后用微管蛋白抗体染色。图像是用 PerkinElmer 公司转盘式共聚焦显微镜拍摄的；这里显示的是单一的聚焦平面。LLC - Pk1 细胞在低密度（A）和高密度（B）生长状态下。标尺为 10μm

通过序列影像来展现有丝分裂过程是最能让人了解这一过程的方法。从 LLC - PK - 1α 细胞经过有丝分裂过程的系列影像中挑选出的图片展现在图 4。这些细胞稳定表达 GFP 标记的微管蛋白，从而使我们可以看到细胞微管在有丝分裂过程中的动态变化（Rusan et al. 2001；影像 30. 1）。

研究有丝分裂的培养细胞

用传代细胞研究有丝分裂，要保证在观测过程中细胞必须健康并有分裂活性。在这一节中，我们描述几种对维持传代细胞活性从而观测其进行有丝分裂的重要条件。细胞培养一般流程包括基本的培养器材、无菌技术、培养溶液的制备，以及传代的流程，细胞冻存、解冻可以在许多实验方法的书中找到（如 Celis 1997；Sambrook and Russell 2001）。一些特殊的实验方案，传代细胞的培养（实验方案 1）和用于成像的盖玻片的封片（实验方案 2）提供在本章的最后。

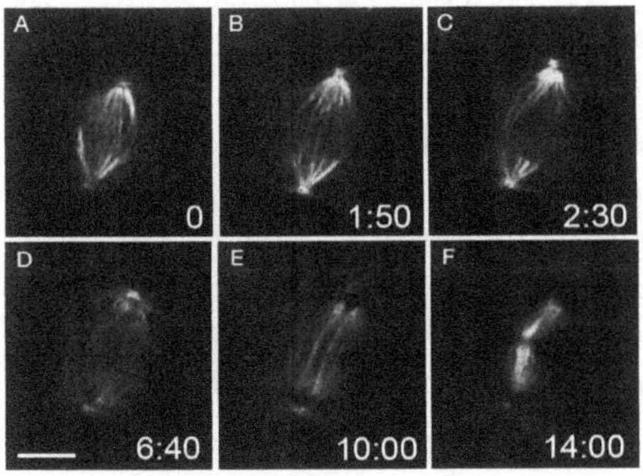

图 4　表达 GFP 标记的微管蛋白的 LLC - PK - 1 细胞的有丝分裂

图像是一个完整的有丝分裂过程。A. 前期；B. 前中期；C. 中期；D. 后期；E. 末期；F. 胞质分裂。这些图是用 PerkinElmer 公司的转盘式共聚焦头安装在 Nikon 显微镜上收集的

盖玻片的封片

三种常用方法用来进行成像用的盖玻片封片。一种简单而有效的方法是用简单的

载玻片/盖玻片制备（参见实验方案 2，方法 1）；第二种简单而直接的方法是用玻片底的培养盘（参见下方）；第三种方法是我们推荐的，用罗斯小室成像。

玻璃底培养皿

这种玻璃底的细胞培养皿在显微成像中十分有用（如 MatTek 盘，美国麻省阿什兰市 MatTek 公司），同时还有带格子的玻片底可以适用于同一细胞的长时间跟踪。但这种盘子的塑料盖子会对有极性的光产生干扰，可以把它拿掉换成合适大小的圆形盖玻片。适于细胞生长和显微镜观测的长方形带有不同孔数的玻璃底细胞小室也可以在市场上买到。细胞被直接接种在培养盘底以便生长。在观测前，培养基需换成非二氧化碳依赖的培养基，并把培养盘移到倒置显微镜的载物台上。这种培养盘也可用于直立装有水镜的显微镜。玻璃底的培养盘和培养室相对便宜并适合显微注射实验。

罗斯小室

罗斯小室（Rose chamber）的结构请参考实验方案 2，方法 2（图 5，本章稍后）。尽管罗斯小室还没有商品化，已经有几家公司基于它的设计在制造类似的小室，其中有一些是为灌注实验专门设计的（Bioptech 公司；更多信息请参考 McKenna and Wang 1989）。我们在倒置显微镜上使用罗斯小室，要在直立显微镜上使用可以用更薄的垫圈，或者把它倒过来令有细胞的盖玻片一面向上。罗斯小室可以在大多数显微镜的载物台上使用，或者可以使用专门的载物台插件（Wadsworth 1999）。

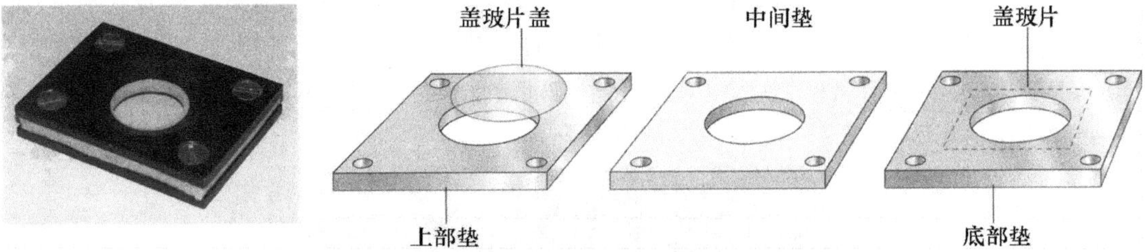

图 5　用于细胞影像的罗斯小室的照片与示意图

照片为已经搭建好的罗斯小室；盖玻片在底部用于倒置显微镜。右边的示意图是罗斯小室的零件。上下底盘都是铝制品，垫片是弹性硅橡胶（silastic elastomer）（理想厚度的弹性硅橡胶用软木螟切出圆形切口）。为防止盖玻片在搭建过程中破裂，可以在加上盖玻片前在底部铝片上垫上有圆形切口的石蜡膜。整个小室用 4 个螺丝拧在一起成为一个整体，一片圆形盖玻片放在顶上作为盖子

罗斯小室有很多优点。

（1）橡胶垫圈封得很紧不会漏水。虽然偶然会发生盖玻片破损和泄漏，但都不会是胶圈的原因。

（2）罗斯小室可以装大量的培养液（取决于垫圈的厚度）。多余的培养液有利于维持细胞的健康和减少观测过程中的温度浮动。

（3）小室可以进行无菌处理和无菌安装，细胞可以在观测间隙被送回培养箱。

（4）安装在罗斯小室的盖玻片可以被用于显微注射和后续高倍观测（在这里，小室在安装时不安第二片盖玻片，用圆形盖玻片作‘盖子’，可以在显微注射时被移除并

在注射完成时被放回原处)。

(5) 细胞可以在完成活细胞成像后被迅速固定，只要移掉盖玻片并加入固定剂即可。

(6) 细胞在罗斯小室可以进行拮抗剂或其他试剂灌注。这里要用到双注射器和轻压方法。

温度维持

有丝分裂的观测最好让细胞温度维持在 37°C，尽管有些细胞在低温下仍可持续分裂 (Rieder 1981)。短时间的研究，可以用“空气帘”装置在封闭的空间里吹入热空气来维持温度。这样做的优点在于便宜和易于搭建。我们在罗斯小室内放入一个电热调节器的探头来控制加温。这种方法最大的缺点在于显微镜及镜头 (尤其是油镜) 会吸掉大量的热，焦距在显微镜变热的过程中会变化。在实验前对显微镜进行加热会有助于改善这个问题。注意空气帘加热装置应当在显微注射、细胞暴露在空气中时被关掉，以免培养液挥发杀死细胞。

长时间的实验则需要更为精密的温度控制装置，整个显微镜或者载物台应安装在封闭的小室内，热空气可以从培养箱送入小室，如用可动的金属输出管道。这样的小室已经商品化 (如 Buck Scientific 公司)，或者可以利用有机玻璃、硬纸板或胶合板自行搭建。显微镜在一个合适的小室里，可以更容易的控制温度。同时控制二氧化碳和温度的小室也是可行的 (McKenna and Wang 1989)。我们发现在短时间内观测哺乳动物细胞有丝分裂，二氧化碳的控制不是必须的。

除了“空气帘”加热器，有些显微镜还可以用可加热的载物台。在无需油镜观测时可以采用这种加热方式。如果使用油镜，可以采用加热项圈套在油镜上使用 (Bioptech 公司) 以防止镜头吸热 (加热项圈可以和“空气帘”类加热器一起使用)。人们已经设计了一种用来放罗斯小室的加热块 (Rieder and Cole 1998b)。这种方法的缺点是不断加热、冷却对镜头有损害。解决这个问题的方法是把镜头保存在 37°C 干燥的保温箱中 (Bioptechs 公司)。最终最有效的方法是把整个显微镜保存在一个温度恒定的环境下。

有丝分裂时相的维持

细胞在不适宜的环境下会停止有丝分裂。有时细胞会从有丝分裂早期倒退回间期，这是我们在研究有丝分裂中需要避免的情况。例如，被显微注射的细胞会发生从有丝分裂早期回退的情况。这被认为是由于钙离子在显微注射中从培养液进入细胞造成的 (Vos et al. 1999)。从培养液中去掉钙离子可以避免这类情况的发生，但是在培养液缺乏钙离子时，细胞会逐渐的脱离底部。有丝分裂早期的细胞也会由于光损伤而退回到有丝分裂间期。在这种情况下，光引起的损伤通过激活 G_2 检查点从而使细胞退回到间期 (Rieder and Cold 1998a)。一般来说，维持细胞活性与保证细胞顺利完成有丝分裂都可以通过限制细胞与光，尤其是短波光暴露的时间来完成。实际上，我们发现当用钨丝光源进行相差或微分干涉相衬（differential interference contrast，DIC）显微镜时，用绿色光和（或）加一个隔热挡板就可以保证细胞有丝分裂的活性了。进行荧光观测时，我们要尽量减少细胞暴露在荧光下的时间。

细胞同步化

在需要研究大量细胞的有丝分裂或者要研究有丝分裂的某一时相时，细胞同步化就能发挥极大的作用。例如，要观测有丝分裂早期的细胞，这通常只占一片盖玻片上很小一部分，我们利用细胞微管的解散在脊椎动物细胞内 G_2 期到 M 期转折点有延迟的特点（Rieder and Cole 2000）。先把盖玻片上的细胞用诺考达唑（Nocodazole，90μmol/L）培养 90min，洗脱 90min 后我们就可以得到一致性增多的有丝分裂早期的细胞（Rieder and Cole 2000）。

机械性抖落是收集有丝分裂细胞很有效的方法，但是这种方法仅限于那些在有丝分裂中会隆起的细胞，如 HeLa 细胞。我们发现 LLC－Pk1 细胞可以用很低浓度的诺考达唑处理（低于微摩尔级别）来防止细胞通过有丝分裂，从而达到富集有丝分裂的细胞的目的。对那些在有丝分裂过程中维持细胞黏性或半黏性的细胞，可以用胸腺嘧啶来使细胞阻滞在进入细胞复制期前，洗脱后细胞可以进入到 G_2 期和 M 期。重复使用胸腺嘧啶来处理细胞是利用胸腺嘧啶最为有效的方法，也称为双-胸腺嘧啶阻滞法（Rao and Johnson 1970；Telzer and Rosenbaum 1979）。秋水仙碱可以用在胸腺嘧啶洗脱之后已达到细胞同步并将其阻滞在有丝分裂期（Telzer and Rosenbaum 1979）。这些方法的缺点是，根据不同细胞周期的长度，有时要等上几天才能得到一批被同步的细胞。

实验方案 1

传代细胞的生长

研究有丝分裂的关键是利用一批健康的分裂细胞。这里我们描述了一种用于成像的基本细胞培养方法。关于细胞冻存和解冻等的细节问题请参考其他实验方法手册（Celis 1997；Sambrook 2001）。

材料

注意：正确处理标记有＜！＞的材料，请参看附录。

试剂

细胞生长培养基，用碳酸氢盐缓冲

用美国标准菌种收藏所（ATCC）推荐的培养基，并加入 10%胎牛血清与抗生素

细胞生长培养基，用碳酸氢盐缓冲，制备时加入 20%血清和 15% DMSO＜！＞

这是细胞冻存液

细胞生长培养基（无碳酸氢盐缓冲），pH 用 HEPES 溶液（20mmol/L，pH7.2）维持

研究用细胞系

Opti－MEM 培养基（Invitrogen 公司），制备时加入 5%的血清

Oxyrase（Oxyrase 有限公司，曼斯菲尔德，俄亥俄）

仪器

培养箱，含有 5%～7%二氧化碳的加湿空气

显微镜

方法

（1）细胞生长在 37℃，含有 5%～10%二氧化碳的加湿环境中。

我们发现将细胞培养液与混有 5%血清的 Opti－MEM 以 1∶1 混合有助于改善细胞的形态。

（2）在细胞使用前 1～3 天铺板。为了保证观测时进行有丝分裂的细胞数目达到最多，细胞要铺板到一定的密度以使细胞在实验时处于指数生长期。每个细胞系需要用实验来决定合适的细胞密度。

（3）为了在活细胞中观测有丝分裂，需要换掉碳酸氢盐缓冲溶液而换上用 HEPES

溶液（20mmol/L，pH7.2）维持 pH 的溶液。

尽管细胞在 CO_2 培养基中生长得更快，在 HEPES 缓冲的培养基中对细胞进行短时间（几小时）观测是不会对细胞有明显的副作用的。荧光观测时，需要用不含 pH 指示剂苯酚红的培养液，因为苯酚红具自身荧光性（autofluorescent）。为了减少在荧光观测中的光漂白，可以按商家的指导加入去氧剂（oxyrase）。

（4）为了长时间保存细胞，需要将细胞用含有 20%血清和 15% DMSO 的碳酸氢盐缓冲的细胞生长培养基来冻存细胞。细胞保存在液氮罐里。

实验方案 2

成像用盖玻片的封片

下面讲到两种成像用盖玻片封片的方法。对在活细胞中观测有丝分裂，载玻片/盖玻片的制备比较简单而且无需特别的设备，但是我们一般推荐使用罗斯小室（图 5；Rose et al. 1958；Rieder and Hard 1990）。另外，用玻璃底的培养盘，已经在之前本章封片一节中讨论过。

无论是成像还是显微注射，细胞都被接种在无菌的载玻片上。载玻片可以按如下方法清洁。每片盖玻片用 Alconox 清洁剂手洗，超声处理后用大量的热水冲洗，再用蒸馏水清洗。洗过的盖玻片保存在 95%的乙醇中，使用前火烧进行无菌处理。关于此种清洁方法请参看 Lutz 和 Inoue（1986）。又或者尽管不十分推荐，也可以只用 95%酒精润洗盖玻片，在使用前火烧作无菌处理。对于显微注射试验或者细胞在成像后需固定和移位的试验，细胞长在有格纹的盖玻片上（Bellco Glass 公司）。

材料

有<R>标记的试剂配方请参看本章最后。

试剂

适合的细胞培养基
研究用细胞系
Valap<R>

仪器

尖头镊子（方法 1）
玻璃盖玻片
玻璃载玻片
金属板和垫圈及螺丝（方法 2）
小刷子（或棉棒）（方法 1）
有针头的针筒用来灌注罗斯小室（方法 2）

方法 1：盖玻片/载玻片的准备

（1）将细胞接种到干净的盖玻片上，让它们长到所需密度。

（2）洗净一个载玻片并进行标记。剪两条约 2mm×20mm 的石蜡膜（parafilm），将它们平行放置在载玻片上分开大约一片盖玻片的距离；用尖头镊子将石蜡膜紧压在载玻片上。在两片石蜡膜之间滴一滴温的二氧化碳不依赖细胞培养液。

(3) 用尖头镊子将盖玻片从培养盘中取出，洗掉多余的溶液。

(4) 将盖玻片反过来扣在载玻片的石蜡膜上。

这里石蜡膜用来将盖玻片与载玻片隔开以防止由于盖玻片的重力作用将细胞压坏。小心放低盖玻片令其架在石蜡膜上，而盖玻片和载玻片之间的空隙被培养液填满。

(5) 用滤纸吸掉盖玻片上多余的培养液。不然很难用 Valap 来封片。

(6) 将盖玻片用 Valap 封在载玻片上以防止在显微镜观测中培养液的蒸发。

①将 Valap 低温加热至融化。

②用小刷子（或棉棒）将融化的 Valap 涂在盖玻片的边缘。

方法 2：罗斯小室

一个罗斯小室包含 2 个金属片和一个垫圈，可以用螺丝将它们拧在一起形成一个封闭的小室，可以放长有细胞的盖玻片。

(1) 搭建时下面的金属片上要盖上一层石蜡膜（打了一个圆孔的）来避免拧紧时盖玻片破裂。

(2) 一种方法是将长有细胞的盖玻片对准中心，加上垫圈再盖上第二片盖玻片，最后加上顶上的金属片。

另一种方法是把第二片盖玻片放在顶部金属片的上面来封住小室。

(3) 小心的拧紧 4 个螺丝使所有配件组合在一起。

(4) 准备两个合适大小的针筒：其中一个加满细胞培养液，另一个用来除掉小室中的空气。

(5) 在垫圈两头给针筒加上针头，用一边针筒给小室注满培养液的同时用另一边针筒抽掉小室中的空气。注意动作要轻以防止盖玻片破裂。

如果一开始第二片盖玻片是加在小室的外面，培养液也可以直接从顶端加入。再盖上直径 25mm 的圆形盖玻片。

配方

Valap

Valap 含有等份的凡士林（petroleum jelly）、羊毛脂（lanolin）和石腊（paraffin）(1∶1∶1 质量比)（Lutz and Inoue 1986）在玻璃或陶瓷质低的容器中混合低温加热直到完全混匀及液化。在玻璃量杯中保存 Valap。Valap 在室温下是固态，其用前需低温加热融化。

影像说明

影像免费在线 www. cshprotocols. org/livecellimaging。

影像 30.1. 表达 GFP-微管蛋白的猪肾细胞的有丝分裂。这里显示的是从前期到细胞质分裂的全过程。

参考文献

Bacallao R, Antony C, Dotti C, Karsenti E, Stelzer EHK, Simons K. 1989. The subcellular organization of Madin–Darby canine kidney cells during the formation of a polarized epithelium. *J Cell Biol* **109:** 2817–2832.

Bajer AS. 1990. The elusive organization of the spindle and the kinetochore fiber: A conceptual retrospect. *Adv Cell Biol* **3:** 65–93.

Bloom K, Beach DL, Maddox P, Shaw SL, Yeh E, Salmon ED. 1999. Using green fluorescent protein fusion proteins to quantitate microtubule and spindle dynamics in budding yeast. *Methods Cell Biol* **61:** 369–383.

Busson S, Dujardin D, Moreau A, Dompierre J, DeMay JR. 1998. Dynein and dynactin are localized to astral microtubules and at cortical sites in mitotic epithelial cells. *Curr Biol* **8:** 541–544.

Celis J. 1997. *Cell biology: A laboratory handbook*, 2nd ed. Academic, San Diego.

Compton DA. 2000. Spindle assembly in animal cells. *Annu Rev Biochem* **69:** 95–114.

Desai A, Murray AW, Mitchison TJ, Walczak CE. 1999. The use of *Xenopus* egg extracts to study mitotic spindle assembly and function in vitro. *Methods Cell Biol* **61:** 386–411.

Fishkind DJ, Wang Y-L. 1995. New horizons for cytokinesis. *Curr Biol* **7:** 23–31.

Hinchcliffe EH, Cham M, Khodjakov A, Sluder G. 2001. Requirement of a centrosomal activity for cell cycle progression through G1 into S phase. *Science* **291:** 1547–1550.

Inoue S, Bajer AS. 1961. Birefringence in endosperm mitosis. *Chromosoma* **12:** 48–63.

Lohka MJ, Maller JL. 1985. Induction of nuclear envelope breakdown, chromosome condensation and spindle formation in cell-free extracts. *J Cell Biol* **101:** 518–523.

Lutz DA, Inoue S. 1986. Techniques for observing living gametes and embryos. *Methods Cell Biol* **27:** 89–110.

Mastronarde DN, McDonald KL, Ding R, McIntosh JR. 1993. Interpolar spindle microtubules in PtK cells. *J Cell Biol* **123:** 1475–1489.

McDonald KL, O'Toole E, Ding R, McIntosh JR. 1992. Kinetochore microtubules in PtK cells. *J Cell Biol* **118:** 369–383.

McEwen BF, Heagle AB, Cassels GO, Buttle KF, Rieder CL. 1997. Kinetochore fiber maturation in PtK1 cells and its implications for the mechanisms of chromosome congression and anaphase onset. *J Cell Biol* **137:** 1567–1580.

McIntosh JR, Grishchuk EL, West RR. 2002. Chromosome-microtubule interactions during mitosis. *Annu Rev Cell Dev Biol* **18:** 193–219.

McKenna NM, Wang Y-L. 1989. Culturing cells on the microscope stage. In *Fluorescence microscopy of living cells in culture* (ed. Y-L Wang, DL Taylor), Vol. 29, pp. 195–205. Academic, New York.

Murray AW. 1991. Cell cycle extracts. *Methods Cell Biol* **36:** 581–605.

Nicklas RB. 1997. How cells get the right chromosomes. *Science* **275:** 632–637.

Rao PN, Johnson RT. 1970. Mammalian cell fusion: Studies on the regulation of DNA synthesis and mitosis. *Nature* **225:** 159–164.

Rieder CL. 1981. Effect of hypothermia (20–25°C) on mitosis in PtK1 cells. *Cell Biol Int Rep* **5:** 563–573.

Rieder CL, Cassels G. 1999. Correlative light and electron microscopy of mitotic cells in monolayer cultures. *Methods Cell Biol* **61:** 297–313.

Rieder CL, Cole RW. 1998a. Entry into mitosis in vertebrate somatic cells is guarded by a chromosome damage checkpoint that reverses the cell cycle when triggered during early but not late prophase. *J Cell Biol* **142:** 1013–1022.

Rieder CL, Cole RW. 1998b. Perfusion chambers for high resolution video light microscopic studies of vertebrate cell monolayers: Some considerations and a design. *Methods Cell Biol* **56:** 253–277.

Rieder CL, Cole R. 2000. Microtubule disassembly delays the G2-M transition in vertebrates. *Curr Biol* **10:** 1067–1070.

Rieder CL, Hard R. 1990. Newt lung epithelial cells: Cultivation, use, and advantages for biomedical research. *Int Rev Cytol* **122:** 153–220.

Rose GG, Pomerat CM, Shindler TO, JB Trunnel. 1958. A cellophane strip technique for culturing tissue in multipurpose culture chambers. *J Biophys Biochem Cytol* **4:** 761-764.

Rusan NM, Fagerstrom C, Yvon AC, Wadsworth P. 2001. Cell cycle dependent changes in microtubule dynamics in living cells expressing GFP-α tubulin. *Mol Biol Cell* **12:** 971–980.

Sambrook J, Russell D. 2001. *Molecular cloning: A laboratory manual*. Cold Spring Harbor Laboratory Press, Cold Spring Harbor, New York.

Schliwa M. 1999. Centrosomes, microtubules and cell migration. *Biochem Soc Symp* **65:** 223–231.

Sluder G, Miller FJ, Hinchcliffe EH. 1999. Using sea urchin gametes for the study of mitosis. *Methods Cell Biol* **61:** 440–473.

Stout JR, Rizk RS, Kline SL, Walczak CE. 2006. Deciphering protein function during mitosis in PtK cells using RNAi. *BMC Cell Biol* **7:** 26.

Telzer BR, Rosenbaum JL. 1979. Cell cycle-dependent, in vitro assembly of microtubules onto the pericentriolar material of HeLa cells. *J Cell Biol* **81:** 484497.

Vos JW, Valster AH, Hepler PK. 1999. Methods for studying cell division in higher plants. *Methods Cell Biol* **61:** 413–434.

Wadsworth P. 1999. Microinjection of mitotic cells. *Methods Cell Biol* **61:** 219–231.

Wadsworth P, Rusan NM, Tulu US, Fagerstrom C. 2005. Stable expression of fluorescently tagged proteins for studies of mitosis in mammalian cells. *Nat Methods* **2:** 981–987.

（赵芮　译　方玉达　校）

第 31 章 中间纤维蛋白在活细胞内的成像

Patricia Wadsworth

Edward R. Kuczmarski, Takeshi Shimi, and Robert D. Goldman

Department of Cell and Molecular Biology, Feinberg School of Medicine, Northwestern University, Chicago, Illinois 60611

中间纤维（IF）是脊椎动物和许多非脊椎动物细胞内的主要细胞骨架系统。迄今为止，接近 70 种的基因已经得到证实能够编码中间纤维蛋白，这些基因分布于人类基因组的 100 多个大的基因家族（Hesse et al. 2004）。基于序列的相似性和表达模式，脊椎动物的中间纤维可被归为 5 类不同的蛋白质家族（Herrmann and Aebi 2000）。Ⅰ型和Ⅱ型同源家族是角蛋白（keratin）；Ⅲ型 IF 蛋白，包括肌间线蛋白（desmin）、波形蛋白（vimentin）、酸性的神经胶质纤丝蛋白（glial fibrillary acid protein）和外周蛋白（peripherin）；Ⅳ型 IF 蛋白的同源家族编码 α-丝连蛋白（α-internexin）、syncoilin 蛋白、神经巢蛋白（nestin）、联丝蛋白（synemin）和神经丝蛋白（neurofilament protein）（NF-L、NF-M、NF-H）；而 A 类型和 B 类型的核纤层蛋白质构成了Ⅴ型的 IF 蛋白。这类大的蛋白质家族的表达是细胞类型特异的并受发育的调控。基于这些属性，中间纤维已经用于细胞分型和跟踪以及识别各种发育途径的不同细胞类型，包括胚胎干细胞。

直到最近，IF 细胞骨架被认为在活细胞中是非常稳定的。这个假设是基于缺失能直接影响 IF 的药物，而且生化研究表明，用含有洗涤液和高盐溶液提取出的细胞，再用低速离心的方法，有超过 90%的 IF 蛋白会被沉淀下来。后一种观察表明溶解的物质中能够和 IF 亚单位交换的成分很少，因此，IF 被认为是活细胞中 3 种主要细胞骨架中最稳定的。只有在活细胞成像技术开发之后，利用荧光标记的蛋白质揭示了 IF 在体内形成动态的微丝系统。有趣的是，不同的 IF 的动态性在不同类型的细胞和不同细胞周期中是不同的。活细胞中 IF 的动态性首先是通过提纯标记有荧光的 IF 蛋白进行显微注射的方法证实的，然而最近更多的研究已经运用不同类型的 GFP 与 IF 的 cDNA 形成的重组 DNA 来转染细胞。现在，运用这些方法可以研究 5 种 IF 在活细胞中的性能。迄今为止的这些结果揭示了 IF 的一系列惊人的动态和运动特性，并且也为控制 IF 组装的独特机制提供了新的见解。这一章就阐述了我们用显微注射法和转染法来研究在活细胞中 IF 网络的动态性。

直接观察 IF 在活细胞中的动态和运动特性的特殊方法

显微注射荧光标记的 IF 蛋白

在现代的克隆技术建立之前，能够直接观察活细胞中 IF 动态性的方法仅仅是从动物组织中提取几毫克的 IF 蛋白。从技术上来说，这并不是一个大的障碍，因为许多分化的组织，如晶状体能够表达大量的 IF 蛋白。从组织中获得 IF 蛋白的一个主要优势就是保证了它最终的修饰状态。用这种方法获得的蛋白质的优点是它会尽可能地反映 IF 的性能，尤其是在注射入细胞后的一段很短的时间间隙内。最近，细菌表达系统被看做是 IF 蛋白的重要来源，这种方法的明显优势是可以避免大量使用新鲜组织提取 IF 所带来的不便，并且在细菌体内表达的蛋白质的提纯比从新鲜组织中提纯所用的时间少。然而在这两种方法中，一旦得到纯化的蛋白质，用简单的体外聚合反应就能够很容易地证明蛋白质是否保留了在体外聚合成直径为 10nm 的 IF 的能力（Vikstrom et al. 1992）。这些纯化的蛋白质能够很容易的连接上小的荧光分子，如荧光素和罗丹明，在体外进行纯化和分析其聚合能力，并将其显微注射到活细胞的细胞质中。一个简单的试验可以证明这些外源蛋白质是否整合到内生的 IF 网络中，这可以通过将样品固定然后用带有不同荧光标记的抗体标记细胞来确认。例如，显微注射用 X-罗丹明标记的波形蛋白几个小时后，用波形蛋白的抗体和一个荧光标记的二抗进行的间接免疫荧光可以观察是否存在两个探针的重叠，从而证明注射的外源蛋白是否整合到了内生的 IF 网络中（Vikstrom et al. 1992）。将荧光标记的 IF 蛋白显微注射到细胞质中仍然是一项有用的技术，它可以用来研究标记的蛋白质注射进细胞质之后的几分钟内与内源结构相整合的过程。虽然我们已经分离和提纯了几种不同类型的 IF 蛋白，但我们只描述从牛的晶状体组织提纯和标记牛的波形蛋白以及在 *E. coli* 中表达的人的波形蛋白的方法（见实验方案 1 和 2）。应用于波形蛋白的基本方法（见实验方案 3 和 4）也可用于进行显微注射研究用的其他 IF 亚单位的制备。

GFP 标记的 IF 蛋白的应用

克隆技术的进步和 GFP 标记的 IF 蛋白表达的发展为观察活细胞中一系列不同类型的 IF 提供了一个非常好的机会。这种方法的一个主要的优点是 GFP 荧光标记并不对光漂白敏感，因此允许在一个较长的时间内对 IF 的性能进行时程的分析研究。例如，我们发现用 X-罗丹明标记蛋白（实验方案 3、4）的显微注射从未得到完全的光漂白的恢复，因为背景的光漂白一般造成光的消失（图 1；Vikstrom et al. 1992）。在相似的条件下，用荧光漂白后恢复（FRAP）技术分析细胞中 GFP 标记的波形蛋白则很少有背景光漂白的发生，并且在标定的光漂白区域荧光能够完全恢复（Yoon et al. 1998；见实验方案 5）。此外，使用可分离发射光谱的不同 GFP 变体，可以在一个细胞中同时监测几种 IF 系统（见下面讨论）。

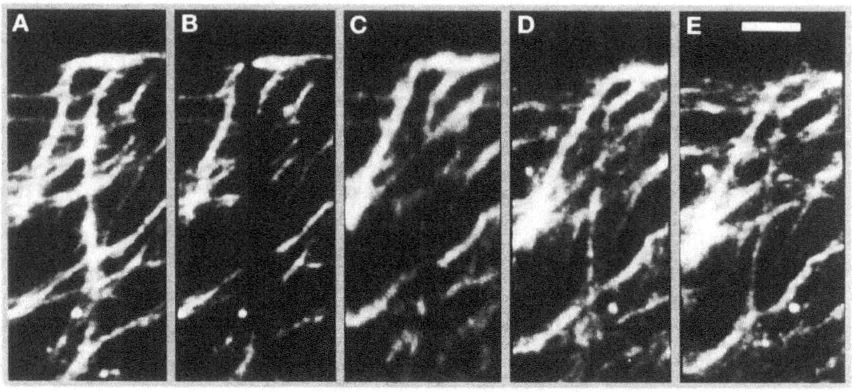

图 1　活细胞中波形蛋白的荧光恢复

将用 X-罗丹明标记的波形蛋白纤维注射进一个 3T3 细胞，经过 12h 整合后，一条波形蛋白的纤丝沿着它的长度被光漂白，荧光恢复每 15min 监测一次，显示荧光在整条纤丝上的恢复没有极性。A. 荧光漂白之前用 X-罗丹明标记的活细胞中的整个波形蛋白网络；荧光恢复在 0.5min（B）、15min（C）、30min（D）、45min（E）之后。标尺为 5μm（经允许复制自 Vikstrom et al. 1992）

构建和在活细胞中表达 GFP-IP 融合蛋白

我们第一次用 GFP 作为标记进行研究使用了克隆的人类波形蛋白（Yoon et al. 1998）。用 *Bam*HⅠ切开一个带有 GFP 的商业化质粒（pEGFP-C1，Clontech Laboratories Inc. 公司，Palo Alto，California）。包括有人类波形蛋白基因的 *Bam*HⅠ-*Bam*HⅠcDNA 片段被亚克隆于质粒中（Yoon et al. 1998）。我们发现将 GFP 接到波形蛋白的 N 端是必须的，因为当把 GFP 挂在 C 端时，表达的蛋白质不能在体内整合进入 IF 网络（Yoon et al. 1998）。随后为了在细胞中观察多种 IF，我们构建了 GFP-IF，CFP-IF，YFP-IF cDNA 载体，包括角蛋白（Yoon et al. 2001）、核纤层蛋白（Moir et al. 2000b）、外周蛋白（Helfand et al. 2003）。在所有情况下，GFP 都融合在 IF 蛋白质链的 N 端表达。将这些载体引入细胞的转染方法见本章末实验方案 5。

GFP-IF 融合蛋白的特性分析

因为加入的 GFP 融合蛋白可能会影响被标记蛋白的正常功能，所以证明 GFP 与 IF 的融合蛋白功能是否正常很重要（Yoon et al. 1998）。有几个标准可用来检测 IF 的衍生物。例如，用表达 GFP 标记的波形蛋白的细胞转染 BHK-21 细胞展现出典型的 IF 网络，并且用双分子免疫荧光标记技术也可以证明 GFP 标记的波形蛋白和内源蛋白发生了共定位（图 2；Yoon et al. 1998）。体外研究证明 GFP 标记的波形蛋白和内源性 IF 进行了重新组装，这可以通过 SDS-PAGE 以及 IF 丰富的细胞骨架提取物的免疫杂交分析进行证明（Yoon et al. 1998）。

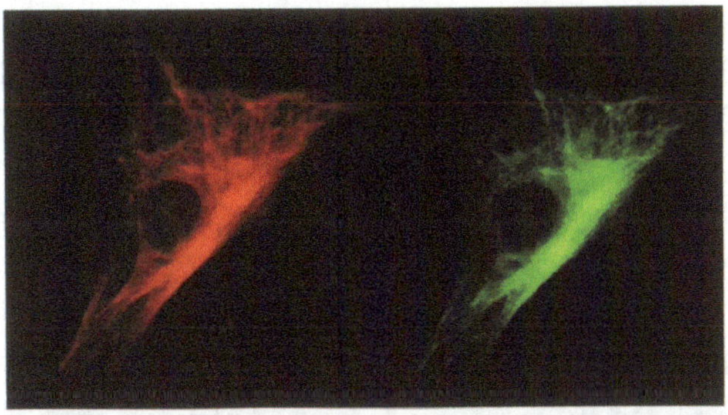

图 2　GFP 标记的波形蛋白转染细胞 48h 后的观察结果

此时，细胞被固定，然后用兔抗波形蛋白的抗体和罗丹明标记的羊抗兔 IgG 对细胞进行非直接免疫荧光标记。GFP 的荧光可以被直接观察到（绿色）。注意 GFP 标记的波形蛋白和抗体发生了广泛的共定位

GFP 荧光标记揭示 IF 网络系统的动态特性

Ⅲ型 IF 蛋白（波形蛋白和外周蛋白）

对表达 GFP -波形蛋白融合蛋白的间期成纤维细胞的研究揭示了它大范围的动态和运动特性。运用时程共聚焦显微镜我们发现紧密排列的波形蛋白纤维能向相反的方向运动，并且在相对短的时间间隙内不断地展现弯曲和伸展运动。此外，这些相连的荧光粒点间彼此靠近和离开对方的运动揭示它们能够缩短和变长（看影像 31.1；Yoon et al. 1998）。GFP 标记的波形蛋白进一步揭示短的纤丝结构有两个快速运动的自由端点（波形蛋白的歪曲）。对展开细胞的研究发现存在荧光标记的波形蛋白的非细丝粒点，它们能够以很高的速度沿微管运动（Prahlad et al. 1998）。这些粒点转变成为短的细丝或歪曲，它们仍然是运动的（影像 31.2；Prahlad et al. 1998）。另外一种Ⅲ型的 IF 蛋白，即外周蛋白具有相似的运动，存在于 PC12 神经元细胞的许多亚单位中，如细胞体、神经突和生长圆锥体中（影像 31.3；Prahlad et al. 2003）。这些实验揭示了 IF 的聚集和运动特性的一个全新领域。应该提到的是标记有 GFP 的波形蛋白对活的内皮细胞中血液剪切力动态时细胞骨架系统的改变提供了重要的见解（Helmke et al. 2000；2001）（见第 34 章）。

Ⅰ型和Ⅱ型的角蛋白

角蛋白是上皮细胞中功能专一的杂聚的 IF，在上皮细胞中它们形成束状的张力原纤维（tonofibril）。张力原纤维曾被认为是 IF 系统中最稳固的，因为它们在上皮组织，如皮肤中大量表达，必须能够承受大的机械力。用 GFP 标记角蛋白 8 和角蛋白 18，我们能够直接观察张力原纤维的运动特性。角蛋白运动中最有趣的一个方面是它们的运动与其形成发夹结构的能力有关，并以波形的方式增殖。甚至紧邻的张力原纤维也能够改变自身的形状并可独自移动（Yoon et al. 2001）。影响微管和肌动蛋白/球蛋白细胞骨架的药物不影响这些张力原纤维固有的运动（影像 31.4；Yoon et al. 2001）。对

带有 GFP 的角蛋白的张力原纤维进行分析，发现它们恢复的速率比Ⅲ型的 IF（如波形蛋白）要慢得多。这在那些能够表达分开的角蛋白和波形蛋白的 IF 网络的细胞，如 PtK2 细胞中非常明显。这也为研究在一个细胞相同区域中两个分开的 IF 骨架系统的动态性提供了机会。例如，PtK2 细胞能够被双重转染而表达 YFP-角蛋白 8 和 GFP-波形蛋白。漂白的区域同时穿过了角蛋白的张力原纤维和波形蛋白的纤维，通过时程观察可以发现荧光恢复。有趣的是，对于角蛋白来说，恢复到一半时的时间约为 100min，而波形蛋白全部恢复的时间是约 30min（图 3；Yoon et al. 2001），提示不同的因素会在相同细胞质区域调控不同 IF 系统的动态性。

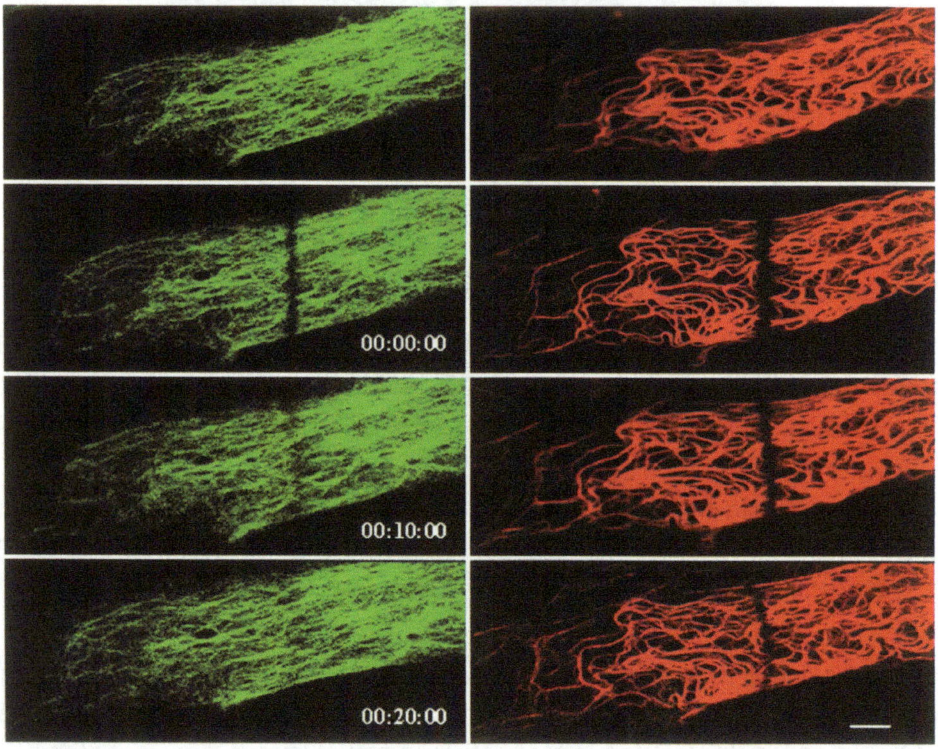

图 3

在激光扫描共聚焦显微镜下运用荧光漂白恢复技术同时分析同一细胞中的波形蛋白纤维和角蛋白的张力原纤维。一个 PtK2 上皮细胞被 CFP-波形蛋白和 YFP-角蛋白 8 双重转染，条形区域被光漂白。荧光恢复以 2min 的间隔不断监测。光漂白的 CFP-波形蛋白在 30min 后荧光基本恢复（A～D）。相反，在相同的时间间歇内光漂白的 YFP-角蛋白 8 并没有发生光恢复（E～H）。所用的时间（h：min：s）在图的右下角标出。标尺，5μm（转载自 Yoon et al. 2001）

表达 GFP 标记的核纤层蛋白揭示细胞核中Ⅴ型的 IF 的动态性

和内源性的核纤层蛋白相似，GFP 标记的核纤层蛋白大多数位于核纤层和核质幕（nucleoplasmic veil）中（Moir et al. 2000b）。比较 GFP 标记的核纤层蛋白 A 和 B1 的组成和分布，提供了关于它们在有丝分裂过程中的动态和在子细胞核中重新组装的新信息（GFP-核纤层蛋白融合的制备和实验方案 1、方案 2 中波形蛋白的方法相似；细节见 Moir et al. 2000b）。在哺乳动物细胞有丝分裂核被膜解体（NEBD）的过程中，核纤层解体。在活细胞成像的研究中，对 GFP 标记的核纤层蛋白 A 和 B1 运用了 FRAP 和漂白过程中荧光损失技术（fluorescence loss in photobleaching，FLIP）（这些技术的细节见第 5 章），证明 A 类型的核纤层蛋白先从核纤层上解离并且扩散到核质中，而 B 类型的核纤层蛋白在从前期向前中期转换时发生了解聚（Moir et al. 2000b；Dechat et al. 2007）。随后，这些 A 类型和 B1 类型的核纤层蛋白以不同的途径重新在子细胞核内形成核纤层（Moir et al. 2000b；Dechat et al. 2004）。核纤层蛋白定位在子细胞染色体边缘的时期随细胞类型的不同而不同。例如，在老鼠的角质形成细胞 PAM 过程中，B1 类型的核纤层蛋白在末期聚积在染色体的边缘，形成一个稳定的聚合物（Moir et al. 2000b）；而 A 类型的核纤层蛋白在细胞核中的积累是在核膜的主要组分（包括核孔复合物）在子细胞中聚合之后才发生的（Moir et al. 2000b）。相反，在 HeLa 细胞有丝分裂的后期，A 类型的核纤层蛋白位于染色体的中央区靠近纺锤体结合部位（被称为“核心”区；见 Haraguchi et al. 2001；2008；图 4）。在 G_1 期的早期，A 类型的核纤层蛋白弥散在子细胞的核质中，并且在细胞周期这个阶段的前几个小时整合到核纤层中（Moir et al. 2000b）。FRAP 分析显示这两种核纤层蛋白在间期形成了高聚合物，并且形成相对稳定的结构（Broers et al. 1999；Moir et al. 2000b）。

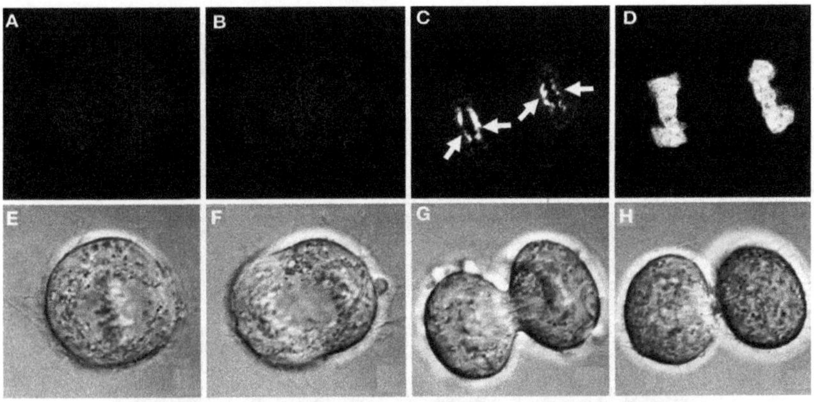

图 4　活的 HeLa 细胞中，标记有 GFP 的核纤层蛋白从有丝分裂中期到末期的变化

共焦成像（A～D）和对应细胞的相差成像（E～H）揭示了在中期/早末期 GFP-核纤层蛋白 A 弥散在整个细胞质中（A～C）。在中期向后期转换 6min 后，GFP-核纤层蛋白 A 与分开的染色体的亚结构部分（与纺锤体的微管相连的部位）相结合（C，箭头）。细胞到达末期 8min 后，卵裂沟开始形成，几乎所有 GFP-核纤层蛋白 A 都聚集在染色体所在的部位（D）（转载自 Dechat et al. 2007）

利用 GFP 标记的核纤层蛋白的另外一个重要用途涉及在活细胞中分析突变的核纤层蛋白对核纤层组装的影响。这些研究是通过显微注射 GFP 标记的核纤层蛋白 A 和细菌表达产生的显性负突变的蛋白△NLA，然后观察核纤层的形成，显性负突变的蛋白△NLA 打断了头到尾合成二聚体-核纤层基本结构单位（Moir et al. 2000a）。突变的核纤层蛋白显微注射到细胞质几分钟后（用实验方案 3 和 4 中的方法），突变的核纤层蛋白进入细胞核并打断了细胞的内生网络结构。在这个实验中，被打断的核纤层蛋白

很快在核质中重新组装成为核质聚合物，伴随核纤层区域消失和细胞核畸形（图 5）。

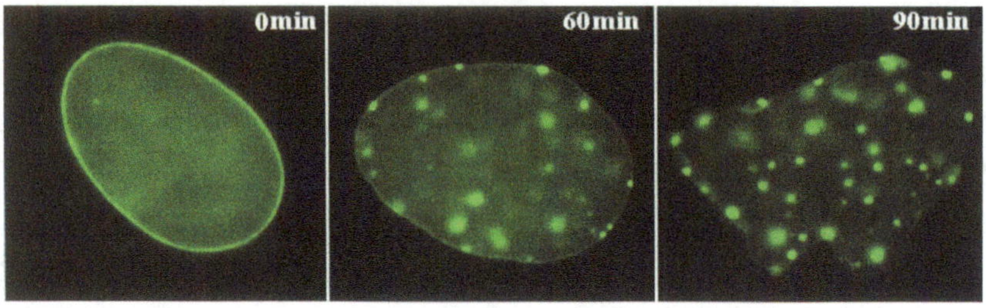

图 5

表达 GFP-核纤层蛋白 A 的活 BHK-21 细胞，以及在显微注射显性负突变的蛋白△NLA 的不同时间间歇后的变化。注意核纤层中正常的核纤层蛋白分布的破坏、核纤层蛋白的分离（从核纤层和核质）并聚集，以及细胞核形状的变化

我们通过研究光激活 GFP（PAGFP）标记的核纤层蛋白的动态性扩展了这些实验（这个技术的详细步骤见实验方案 5）。在这个方法中，一个矩形的区域穿过短暂表达 PAGFP-LA 和 PAGFP-LB1 的 HeLa 细胞的间期细胞核的一半，这个矩形区域内的 PAGFP-LA 和 PAGFP-LB1 在收集第一和第二张图像之间被光激发而激活，接着进行图像收集检测没有光激活的区域内荧光信号强度增加。正如预期，PAGFP-LA 和 PAGFP-LB1 的荧光信号出现在核纤层和核质的光激活部分，并且伴随时间的增加，达到一个高峰之后保持不变。光激发之后，在核纤层的光未激发区域没有或很少有荧光发现，表明核纤层中的 PAGFP-LA 和 PAGFP-LB1 是静止不动的，验证了以前使用 FRAP 和 FLIP 技术所获得的结果。相反，在几秒钟内 PAGFP-LA 的荧光信号在核质中的光未激发区域增加，而 PAGFP-LB1 的荧光在 5min 后也并未出现（图 6）。这些结果显示，在细胞质中 PAGFP-LA 的交换的速率显著高于 PAGFP-LB1。

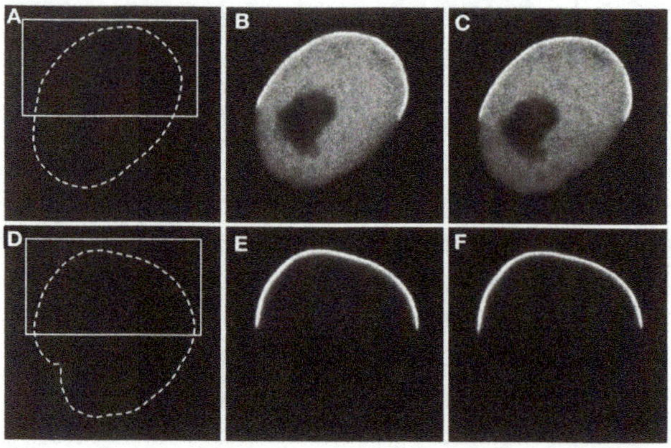

图 6　活的 HeLa 细胞中 PAGFP-LA（A～C）和 PAGFP-LB1（D～F）的光激活

在 A 和 D 中，细胞核用虚线标出，而光漂白的区域用矩形实线标出。B. 光激活的核纤层蛋白 A 扩散的非常快，光激活之后很快扩散至整个细胞质（C）4min 之后的仍保持该形态（E）相反，光激活的核纤层蛋白 B1 并没有很快扩散到下面一半的细胞核中（F）光激活 4min 后的现象。注意，位于核纤层上的核纤层蛋白并没有很快地扩散，因为 PAGFP-核纤层蛋 A 和 PAGFP－核纤层蛋 B1 仅仅出现在激活的区域（图 B、E），而信号没有整合到核下半部分的核纤层上，甚至 4min 后也没有（图 C、F）

在活细胞中运用以上所描述的荧光漂白技术和荧光恢复技术来观察分子的动态性时需要显著过表达的 GFP -核纤层蛋白，有可能引入假象。为在更接近生理状态下观察核纤层的动态性，我们采用了与荧光相关光谱技术［FCS；见第 12 章和 Shimi 等(2008)］。这项技术利用在细胞核内非常少量表达的 GFP 标记的核纤层蛋白就可以在空间和时间上对核纤层蛋白的扩散系数进行分析（Shimi et al. 2008）。在 HeLa 细胞中瞬时表达的 GFP - LB2、GFP - LC、GFP - LA、GFP - LB1 通过 FCS 进行分析（Shimi et al. 2008）。与我们上述在光激活实验中得到的结论相似，FCS 也证明了 GFP - LA、GFP - LC 在核质中是高度运动的。定量 FCS 分析表明，GFP - LA 有两个组分分别呈现两个不同的运动特性：运动较快的蛋白质大约有 53%，扩散系数为（5.0±0.3）$\mu m^2/s$；运动较慢的蛋白质大约有 47%，扩散系数为（0.38±0.04）$\mu m^2/s$。GFP - LC 核质中也有两个运动组分，一种快的（5.6±0.3）$\mu m^2/s$ 组分和一种慢的组分（0.65±0.06）$\mu m^2/s$，每种组分有 50%的运动蛋白。在细胞核中，运动的组分占据了 GFP - LA 和 GFP - LC 的大约 90%。对于核纤层上不运动的 GFP 标记的核纤层蛋白，光漂白 FCS 观察不到。依赖于细胞核中 GFP - LA 和 GFP - LC 的最快速运动组分的扩散系数，可以估计分子质量为 1.4MDa。正如 Shimi 等（2008）所描述，在细胞核质中 A 类型和 B 类型核纤层蛋白的显著不同的运动特性为核纤层蛋白在核质中形成独立的结构提供了进一步的证据。

实验方案 1

牛晶状体中波形蛋白的提纯

下面的实验方案描述了从牛的晶状体中用匀浆接着过 G－25 的葡聚糖柱以提取波形蛋白的方法［见 Vikstrom et al. 1991，方法最初的出处为 Geisler 和 Weber（1981）和 Lieska 等（1980）］。

材料

标记有＜R＞的试剂请参考本章最后的配方。

试剂

硫酸铵（固态、超纯）
聚合缓冲液＜R＞
牛的眼睛，新鲜切取，冰上保存
柱缓冲液＜R＞
提取缓冲液＜R＞
匀浆缓冲液＜R＞
磷酸盐梯度（溶于柱缓冲液中，浓度为 8～35mmol/L）用于羟基磷灰石色谱层析

仪器

玻璃匀浆器
G－25 的葡聚糖柱，用柱缓冲液平衡
羟基磷灰石石柱（50mL 的柱床体积），用柱缓冲液使其平衡
羟基磷灰石石柱应平衡到洗脱液的导电性和 pH 与起始溶液一致
Sorvall 匀浆仪（Kendro Laboratory Products Inc. 公司，Newtown，Connecticut）

方法

（1）从屠宰场新鲜切取的牛眼睛，放在冰上带回实验室。1～2h 取出晶状体，立即使用，或者－70℃贮存备用。

（2）将约 15 个晶状体（22～25g 组织）放进装有 200mL 4℃的匀浆缓冲液的 Sovall 匀浆器中匀浆 1～2min，速度设为 2 档。去掉在这个操作中不能被打碎的牛眼晶状体的致密小核。

（3）混合物在 4℃下 32 000g 离心 20min，去掉上清。

（4）将沉淀物重新悬浮于装有 200mL 的匀浆缓冲液的玻璃匀浆器中匀浆，按步骤（3）离心，重复 1 次。第 2 次洗涤后，上清应该变得清澈。

（5）沉淀物放入提取缓冲液中（约 3mL/g）提取，4℃下搅拌至少 4h 或过夜。

（6）4℃下 100 000*g* 离心 30min，澄清尿素提取物。

（7）每 100mL 溶液中加入约 36g 的硫酸铵沉淀蛋白质。4℃下搅拌 30min，4℃下 25 000*g* 离心 20min，收集沉淀。

（8）将沉淀溶解于柱缓冲液中（0.5mL/g），室温下搅拌 30～60min 后，调节 pH 到 7.2。

（9）将溶液转移到柱缓冲液平衡过的 G－25 葡聚糖凝胶柱（80mL 的柱床体积）完成交换过程。

（10）样品通过柱缓冲液平衡过的羟基磷灰石石柱（50mL 的柱床体积），流速为 30～40mL/h。

（11）用接近柱床体积一半的缓冲液冲洗树脂柱。

（12）用柱缓冲液制备的 8～35mmol/L 的磷酸盐梯度洗脱蛋白质。

（13）SDS－PAGE 分析含波形蛋白的部分。

（14）集中选择波形蛋白含量最多的部分，在室温下用浓缩缓冲液透析过夜。

IF 聚合物可以立即加上 X－罗丹明的标签（实验方案 3），或在液氮中快速冷冻后贮存在－70℃中。

实验方案 2

提纯细菌中表达的波形蛋白

这个实验方案介绍了从细菌细胞中提取表达的人波形蛋白的步骤。为了提取波形蛋白，我们构建了 pETvim 重组质粒，将人类的波形蛋白的 cDNA 克隆到质粒 pET－7 的 *Nco* Ⅰ－*Xba* Ⅰ 酶切位点（Chou et al. 1996）。我们已经成功运用了 pET 系统表达了波形蛋白［这个表达系统见 Sambrook 和 Russell（2001）］和另外的一些 IF，如外周蛋白、核纤层蛋白、角蛋白。

材料

注意：标记有<!>的材料请参考附录正确处理；

标记有<R>的试剂请参照文章后面的配方。

试剂

细菌培养基（2YT 或 LB），有抗性和无抗性的，氨苄青霉素<!>及氯霉素<!>浓度分别为 100μg /L 和 50μg /L

用于包涵体的树脂柱缓冲液<R>

用于包涵体的透析缓冲液<R>

DNase Ⅰ（20mg/mL 的母液）

大肠杆菌 BL21（DE3），带要表达的目的基因（如波形蛋白）的 pET 质粒，带 pLysS 和 pLysE 以调控目的基因的非诱导表达

去垢剂缓冲液<R>

用于包涵体的匀浆缓冲液<R>

异丙基-β-的 D-半乳糖苷（IPTG）<!>（100mmol/L 的母液）

用于 FPLC（fast performance liqid chromatography）的氯化钠梯度（0～0.6mol/L）

蛋白水解抑制剂：胃蛋白酶抑制剂 A（pepstatin）、亮肽霉素（leupeptin）<!>、抑酶肽（aprotinin）<!>，分别制备母液，浓度为 5mg/mL；苯甲磺酰氯（PMSF）100mmol/L 的母液

TNE（10mmol/L Tris－HCl、100mmol/L NaCl、1mmol/L EDTA<!>）<R>

洗涤缓冲液<R>

仪器

离心机

用来做 FPLC 的仪器，Mono－Q 柱

SDS－PAGE 的设备

玻璃匀浆器

方法

（1）用有氨苄青霉素和氯霉素的 2YT 或 LB 的培养基准备 5mL 过夜培养的含适合的 pET 载体的 *E. coli* BL21 培养物。

（2）将 5mL 的培养物全部转移到 1L 预热至 37℃的培养基中（加氨苄青霉素和氯霉素），37℃下 275r/min 摇菌 3～5h，直到 OD_{595}＝0.6～1.0。

表达许多类型的 IF 蛋白（如核纤层蛋白）的细菌生长较慢。因此，有时将一个细菌单克隆加入到 1L 的培养基中，先在较低的温度下（30～32℃）培养过夜，第二天早晨再将温度升到 37℃继续培养至菌体所需的浓度。

（3）达到所需的浓度时，加 IPTG 到培养物至 0.6mmol/L 以诱导质粒中编码的 IF 蛋白的表达，继续培养 3h。

（4）将培养物放置冰上冷却，然后 4℃、4000r/min 离心 30min 收集菌体，加入 20mL 的冰冷的 TNE 悬浮菌体，转移到一个小的试管中（50mL 的 Falcon），在台式离心机中 4000r/min 离心 10min。

（5）收集到的细胞在液氮中冷冻一下。

在这一步骤中，可以将沉淀物储存在－20℃或将 IF 蛋白从包涵体中提取出来［步骤（6）～（10）］。

从细菌包涵体中提纯 IF 蛋白。

（6）冻存之后，将细胞融化［步骤（5）］，在冰上将沉淀物在匀浆缓冲液匀浆，匀浆缓冲液用量为每升菌体沉淀 20～30mL。为了防止蛋白质水解，在匀浆缓冲液中加 1mmol/L 的 PMSF、5μg /mL 的胃蛋白酶抑制剂 A、亮肽酶和抑酶肽。其他所有的缓冲液都要加上这些蛋白抑制剂。

所有的溶液都要保持冰冷状态。

（7）加入 2 倍体积的去垢剂缓冲液，混匀。

释放出的 DNA 会使溶液变得非常黏稠，但是不断的混合会降低黏稠度。

（8）4℃下、12 000r/min 离心 30min，加入 10～15mL 的洗涤缓冲液洗涤包涵体沉淀。

（9）加入 1mg 的 DNaseⅠ，37℃下温育 20min。

（10）按步骤（8）离心，加入 TNE 重复洗 1 次。

在这一步，包涵体可以储存在－20℃下留待以后用。

（11）将包涵体在柱缓冲液中匀浆以便让包涵体溶解释放蛋白质，4℃下 100 000*g* 离心 30min 以除去任何不溶物。可以对上清液进行 SDS－PAGE 以确认是否含有波形蛋白。

（12）通过 FPLC 过 Mono－Q 柱将上清组分分离，用 0～0.6mol/L 的 NaCl 梯度来

洗脱蛋白质。

（13）用 SDS－PAGE 来分析含有波形蛋白的组分，根据结果合并含有波形蛋白的组分，用透析缓冲液透析合并的部分，透析缓冲液换 3 次。

（14）最理想的储存方式是让溶解的波形蛋白聚合，然后在液氮中稍冻一下，－80℃保存［实验方案，步骤（14）］。

实验方案 3

用 X-罗丹明标记波形蛋白。

将从实验方案 1 和 2 中提纯的 IF 蛋白用此实验方案标记上 X-罗丹明，并注射入细胞（实验方案 4），让其整合入内生的 IF 蛋白网络。

材料

注意：标记有<!>的材料请参考附录正确处理；
标记有<R>的试剂请参照文章后面的配方。

试剂

透析缓冲液<R>

二甲基甲酰胺（DMF）<!>

解聚缓冲液<R>

标记试剂：5-（6-）羧基-X-罗丹明琥珀酰亚胺酯［5-（and 6-）carboxy-X-rhodamine succimidyl ester］（Molecular Probes 公司）

NaCl（10mol/L）

磷酸盐缓冲液（PBS）<R>

交联葡聚糖（Sephadex）柱缓冲液<R>

用实验方案 1 从牛眼晶状体中纯化出的或实验方案 2 从 *E. coil* 中提取出的波形蛋白

仪器

交联葡聚糖 G-25 凝胶柱

方法

（1）将新鲜获得的或冻存融化的波形蛋白在 4℃下 100 000*g* 离心 30min，收集 IF 蛋白。

（2）用解聚缓冲液悬浮沉淀，室温下对解聚缓冲液透析 30min。

（3）在室温下对溶解的 IF 蛋白用分析缓冲液透析 30min。

（4）从透析管中取出 IF 蛋白，用透析缓冲液将蛋白质浓度调至 2.0～2.5mg/mL，按 40∶1 的摩尔量加入过量的 5-（6-）羧基-X-罗丹明琥珀酰亚胺酯［溶于 DMF，浓度 10%（*m/V*）］。加入 NaCl 使终浓度为 0.170mol/L，用来在标记过程中聚合 IF 蛋白。

在加入蛋白质溶液之前才能将标记试剂新鲜溶解于二甲基甲酰胺。我们尝试荧光偶联溶解的非纤丝状 IF 蛋白，聚合中的 IF 蛋白和完全聚合的 IF 蛋白，发现通过荧光团的量和聚合的 IF 的特性优化，聚合中的 IF 蛋白的荧光偶联效果最好。

（5）标记反应在室温下进行 60min，然后 100 000g 离心 30min，收集 X-罗丹明标记的 IF 蛋白。为了去掉多余的标记的反应物，可以用 PBS 洗涤沉淀物及管壁多次。

（6）加入解聚缓冲液溶解沉淀［步骤（2）］，过解聚缓冲液平衡后的 G-25 的葡聚糖凝胶柱以交换蛋白质。

（7）调节蛋白质浓缩到 0.3～0.7mg/mL。加入 NaCl 至终浓度 0.17mol/L 促使 IF 蛋白的聚集，用聚合缓冲液透析几小时或者过夜。

（8）100 000g 离心 30min 收集标记有 X-罗丹明的波形蛋白，重复步骤（6）、（7）。一个标准的制备物为大约每摩尔波形蛋白含有 0.5mol 的 X-罗丹明，X-罗丹明的浓度根据在 5mmol/L 磷酸钠中 X-罗丹明的光猝灭系数 5.3104/mol/L^{-1} · cm^{-1} 以及 IF 相对分子质量为 55 000 来计算。

（9）为了长时间的保存，收集到的波形蛋白［步骤（7）］在液氮中冻一下然后储存在－70℃。

实验方案 4

显微注射标记有 X-罗丹明的波形蛋白

将带有 X-罗丹明标记的波形蛋白显微注射入细胞，通过荧光或共聚焦显微镜的时程实验来观察波形蛋白整合到 IF 骨架系统的途径。最后，FRAP 分析可直接监测波形蛋白在活成纤维细胞中的动态性。

材料

注意：标记有＜!＞的材料请参考附录正确处理。

试剂

用来进行显微注射的细胞（如成纤维细胞）

70%的乙醇＜!＞

Leibovitz's L15 培养基

SYLGRAD184 胶（Dow Corning 公司）

X-罗丹明标记的波形蛋白（1～2mg/mL）放入 5mmol/L 的钠磷酸盐＜! ＞（pH8.5）或 0.05%的 2-巯基乙醇中

仪器

气流载物台恒温箱

自动的显微注射系统（InjectManNⅠ2，Eppendorf Scientific，Inc. 公司）

细胞培养皿（35mm）

共聚焦显微镜

FRAP 的设备

杀菌紫外灯

倒置显微镜

定位盖玻片

方法

（1）在黏附在 35mm 培养皿内的定位载玻片上培养细胞，直到细胞覆盖切割的小孔。

①在培养皿底部用 3/4 英寸的钻头钻几个孔，将盖玻片粘在培养皿的外底部，用 SYLGRAD184 胶封孔。

②用 70%的乙醇漂洗、消毒，并将培养皿放在杀菌紫外灯下照射 30min。

③将细胞接种到培养皿上，当有 70%的细胞发生聚集时就可以进行显微注射。

这种排列便于在倒置和荧光显微镜下接近细胞进行显微注射。

④显微注射之后为便于在培养皿不移开载物台的情况下进行间歇观察，可在培养皿中加入 Leibovitz's L15 培养基，并用载物台保温箱让细胞保持在 37℃生长。

(2) 将细胞放在倒置显微镜下用自动显微注射仪注射，通过它们在定位载玻片上的协同作用来进行细胞区分定位。每个细胞注射 0.06pL 的 X-罗丹明（1～2mg/mL 的母液）。

在靠近细胞核的较厚区域通过一个浅的角度进行注射会得到最好的效果。注射进的蛋白质可以在带有灵敏图像收集系统（见第 4 章）的同一台倒置荧光显微镜下间歇观察以监测这些蛋白质的整合途径，或者将培养皿转移到共聚焦显微镜上通过更高分辨的时程图像收集进行观察，显微注射的细胞可通过它们在定位载玻片上的已知位置来定位。

(3) 一旦标记有 X-罗丹明的波形蛋白被注射入细胞，就用 FRAP 进行分析。一个前提就是，X-罗丹明标记的波形蛋白应该与内生的网络系统整合几个小时或过夜（Vikstrom et al. 1992），以便在活的成纤维细胞中对波形蛋白的纤丝进行直接观察。

用于进行 FRAP 分析的最好的亚细胞结构是那些单个的纤维上能够被观察到的细胞外周区域。现在，我们用传统的共聚焦技术来进行光漂白（见实验方案 5）。在漂白区域用时程图像收集技术监测荧光的恢复（图 1）。

实验方案 5

带有 GFP 标记的波形蛋白转染细胞

带有标签的波形蛋白引入细胞的另一种方法是构建一个编码融合蛋白的载体，在这里 IF 蛋白与 GFP（或者 GFP 的变种）融合，并将其转入细胞。本实验方案中将标记有 GFP 的 IF 蛋白基因导入载体，并将载体转移进细胞。在这里，包含 GFP 融合蛋白基因的质粒是通过转染方法（电转或是脂质体介导的转染方法）导入细胞的。随后带有荧光标签的蛋白质的运动可以通过共聚焦显微镜跟踪［转染方法的细节见 Sanbrook 和 Russell (2001)］。

材料

注意：标记有<！>的材料请参考附录正确处理；

每个转染实验中所需要的试剂和仪器见步骤（2）。

试剂

承载 DNA（剪切的鲑鱼精 DNA，AMRESCO 公司）

细胞培养基（完全）

含有 10mmol/L HEPES 缓冲液（pH7.1）的细胞培养基

无血清细胞培养基

待转染的细胞

细胞转染剂（Lipofectamine，Gibco－BRL 公司）

含有 GFP 融合蛋白基因的质粒 DNA

胰蛋白酶消化试剂

仪器

电转仪器（Gene Pulser Ⅱ；Bio－Rad Laboratories 公司）

盖玻片（22mm No.1）或培养皿（直径 35mm），带或者不带吸附在培养皿底部的定位盖玻片［见实验方案 3 步骤（1）］

方法

（1）提取含有融合蛋白 DNA 序列的质粒，培养用于转化的细胞。

（2）转染细胞。

电转

①用胰蛋白酶处理在直径 100mm 培养皿中的半聚合培养细胞，悬浮在 250μL 含有 10mmol/L 的 HEPES 缓冲液的培养基上（pH7.1）。

②将悬浮细胞与 7μg 的目标载体质粒和 13μg 的承载 DNA（剪切的鲑鱼精 DNA）轻轻混合。

进行转染实验时，如果加 5μg 的目标载体质粒，则承载 DNA 减少到 10μg。

③在 0.25V/960μFD 下对悬浮液进行电击，并将电击的细胞涂在盖玻片上或直径 35mm 的培养皿上。

脂质体法

①待转化的细胞在盖玻片上生长至约有 75%的聚合。

②在 200μL 的无血清培养基中加大约 2μg 的质粒、6μg 的脂质体，室温放置 40min。

③将细胞加入上述混合液中（在无血清培养基中总体积 1mL）37℃保温 3h。

④去掉多余的 DNA/脂质体混合物，用无血清的培养基清洗细胞，在完全培养基中复苏过夜。

（3）用时程共聚焦显微镜收集的一系列图片来观察标记的蛋白质在细胞中的动态性。

配方

注意：标记有<!>的材料请参考附录正确处理。

聚合缓冲液

试剂	终浓度
钠/钾磷酸盐<!>（pH7.4）	6mmol/L
NaCl	0.17mol/L
KCl<!>	3mmol/L
2-巯基乙醇	0.2%
PMSF<!>	0.2mmol/L

树脂柱缓冲液

试剂	终浓度
尿素<!>	6mol/L
钠磷酸盐缓冲液<!>（pH7.2）	8mmol/L
NaCl	0.14mol/L
二硫苏糖醇（DTT）<!>	1mmol/L

注：用超纯尿素（尿素，超纯，来自 ICN Biomedicals 公司）。分析用的尿素溶液应该是新鲜的，用 AG 501-X8（D）树脂（Bio-Rad 公司，Richmond，California）去离子。

提取缓冲液

试剂	终浓度
尿素<!>	8mol/L
Tris-HCl（pH7.4）	50mmol/L
EGTA	5mmol/L
二硫苏糖醇<!>	0.2%
PMSF	1mmol/L

注：用超纯尿素（尿素，超纯，来自 ICN Biomedicals 公司）。分析用的尿素溶液应该是新鲜的，用 AG 501-X8（D）树脂（Bio-Rad 公司，Richmond，California）去离子。

匀浆缓冲液

试剂	终浓度
Tris-HCl（pH7.4）	50mmol/L
MgcL2<!>	5mmol/L
二硫苏糖醇<!>	0.1%
PMSF<!>	1mmol/L

用于包涵体的树脂柱缓冲液

试剂	终浓度
Tris-HCl（pH8.0）	10mmol/L
尿素<!>	8mol/L
EDTA<!>	2mmol/L
二硫苏糖醇<!>	10mmol/L

透析缓冲液

试剂	终浓度
钠磷酸盐<!>（pH7.2）	2mmol/L
二硫苏糖醇<!>	1mmol/L

去污剂缓冲液

试剂	终浓度
Tris-HCl（pH8.0）	25mmol/L
NaCl	0.2mol/L
NP-40 <!>	1%
脱氧胆酸盐<!>	1%
EDTA <! >	1mmol/L

用于包涵体的匀浆缓冲液

试剂	终浓度
Tris-HCl（pH8）	50mmol/L
蔗糖	25%
EDTA <!>	1mmol/L

TNE

试剂	终浓度
Tris-HCl（pH8）	10mmol/L
NaCl	100mmol/L
EDTA <!>	1mmol/L

洗脱缓冲液（根据下面加 TNE）

试剂	终浓度
NP-40 <!>	0.5%
$MgCl_2$<!>	3mmol/L

透析缓冲液

试剂	终浓度
钠磷酸盐（pH7.4）<!>	5mmol/L
2-巯基乙醇<!>	0.2%
PMSF <!>	0.2mmol/L

解聚缓冲液

试剂	终浓度
尿素<!>	8mol/L
钠磷酸盐（pH7.2）<!>	5mmol/L
2-巯基乙醇<!>	0.2%
PMSF <!>	2mmol/L

PBS

试剂	终浓度
NaCl	137mmol/L
KCl <!>	2.7mmol/L
Na_2HPO_4	10mmol/L

交联葡聚糖柱缓冲液

试剂	终浓度
钠磷酸盐（pH7.4）<!>	5mmol/L
2-巯基乙醇<!>	0.2%
PMSF <!>	0.2mmol/L

影像说明

影像 31.1. 表达标记有 GFP 的波形蛋白并扩展良好的 BHK-21 细胞。注意许多纤维蛋白表现出变长和缩短的表型，而且这些波形蛋白具有运动的特性［见 Yoon 等(1998)］。相差显微图片用来显示细胞的轮廓或是正在观察的细胞区域。

影像 31.2. 正在分散的 BHK-21 细胞表现出波形蛋白颗粒的运动特性，一些颗粒发生了明显的融合，并且短的细丝开始形成并发生扭曲。这些细胞转染了标记有 GFP 的波形蛋白，经胰蛋白酶处理，重新铺板，然后按 Prahlad 等（1998）的方法观察。

影像 31.3. 一个 PC-12 细胞在加入神经生长因子后短时间内，在新生成的圆锥体区域表达标记有 GFP 的外周蛋白。注意外周蛋白颗粒和短的纤维状结构（绿色）在圆锥体的许多区域运动。用相差显微镜观察生长锥［详细请见 Helfand 等（2003)］。

影像 31.4. 转染了标记有 GFP 的角蛋白 14 的一个 PtK2 细胞的一个区域。注意张力原纤维表现出了弯曲的运动并且在某些情况下表现出了扩增的波形［详细请见 Yoon 等（2001)］。

影像 31.5. 在有丝分裂期，表达标记有 GFP 的核纤层蛋白并正在分裂的一个 HeLa 细胞。注意在有丝分裂末期，在核被膜形成之前，标记有 GFP 的核纤层蛋白 A 聚集在子细胞中与纺锤体微管相连的染色质区域［详细请见 Dechat 等（2007)］。

参考文献

Broers JL, Machiels BM, van Eys GJ, Kuijpers HJ, Manders EM, van Driel R, Ramaekers FC. 1999. Dynamics of the nuclear lamina as monitored by GFP-tagged A-type lamins. *J Cell Sci* **112:** 3463–3475.

Chou YH, Opal P, Quinlan RA, Goldman RD. 1996. The relative roles of specific N- and C-terminal phosphorylation sites in the disassembly of intermediate filament in mitotic BHK-21 cells. *J Cell Sci* **109:** 817–826.

Dechat T, Gajewski A, Korbei B, Gerlich D, Daigle N, Haraguchi T, Furukawa K, Ellenberg J, Foisner R. 2004. LAP2α and BAF transiently localize to telomeres and specific regions on chromatin during nuclear assembly. *J Cell Sci* **117:** 6117–6128.

Dechat T, Shimi T, Adam SA, Rusinol AE, Andres DA, Spielmann HP, Sinensky MS, Goldman RD. 2007. Alterations in mitosis and cell cycle progression caused by a mutant lamin A known to accelerate human aging. *Proc Natl Acad Sci* **104:** 4955–4960.

Geisler N, Weber K. 1981. Isolation of polymerization-competent vimentin from porcine eye lens tissue. *FEBS Lett* **125:** 253–256.

Haraguchi T, Koujin T, Segura-Totten M, Lee KK, Matsuoka Y, Yoneda Y, Wilson KL, Hiraoka Y. 2001. BAF is required for emerin assembly into the reforming nuclear envelope. *J Cell Sci* **114:** 4575–4585

Haraguchi T, Kojidani T, Koujin T, Shimi T, Osakada H, Mori C, Yamamoto A, Hiraoka Y. 2008. Live cell imaging and electron microscopy reveal dynamic processes of BAF-directed nuclear envelope assembly. *J Cell Sci* **121:** 2540–2554.

Helfand BT, Loomis P, Yoon M, Goldman RD. 2003. Rapid transport of neural intermediate filament protein. *J Cell Sci* **116:** 2345–2359.

Helmke BP, Goldman RD, Davies PF. 2000. Rapid displacement of vimentin intermediate filaments in living endothelial cells exposed to flow. *Circ Res* **86:** 745–752.

Helmke BP, Thakker DB, Goldman RD, Davies PF. 2001. Spatiotemporal analysis of flow-induced intermediate filament displacement in living endothelial cells. *Biophys J* **80:** 184–194.

Herrmann H, Aebi U. 2000. Intermediate filaments and their associates: Multitalented structural elements specifying cytoarchitecture and cytodynamics. *Curr Opin Cell Biol* **12:** 79–90.

Hesse M, Zimek A, Weber K, Magin TM. 2004. Comprehensive analysis of keratin gene clusters in humans and rodents. *Eur J Cell Biol* **83:** 19–26.

Lieska N, Chen J, Maisel H, Romero-Herrera AE. 1980. Subunit characterization of lens intermediate filaments. *Biochim Biophys Acta* **626:** 136–153.

Moir RD, Spann TP, Herrmann H, Goldman RD. 2000a. Disruption of nuclear lamin organization blocks the elongation phase of DNA replication. *J Cell Biol* **149:** 1179–1192.

Moir RD, Yoon M, Khuon S, Goldman RD. 2000b. Nuclear lamins A and B1. Different pathways of assembly during nuclear envelope formation in living cells. *J Cell Biol* **151:** 1155–1168.

Prahlad V, Yoon M, Moir RD, Vale RD, Goldman RD. 1998. Rapid movements of vimentin on microtubule tracks: Kinesin-dependent assembly of intermediate filament networks. *J Cell Biol* **143:** 159–170.

Sambrook J, Russell D. 2001. *Molecular cloning: A laboratory manual*, 3rd ed. Cold Spring Harbor Laboratory Press, Cold Spring Harbor, NY.

Shimi T, Pfleghaar K, Kojima S, Pack CG, Solovei I, Goldman AE, Adam SA, Shumaker DK, Kinjo M, Cremer T, et al. 2008. The A- and B-type nuclear lamin networks: Microdomains involved in chromatin organization and transcription. *Genes Dev* **22:** 3409–3421

Vikstrom KL, Miller RK, Goldman RD. 1991. Analyzing dynamic properties of intermediate filaments. *Methods Enzymol* **196:** 506–525.

Vikstrom KL, Lim SS, Goldman RD, Borisy GG. 1992. Steady state dynamics of intermediate filament networks. *J Cell Biol* **118:** 121–129.

Yoon M, Moir RD, Prahlad V, Goldman RD. 1998. Motile properties of vimentin intermediate filament networks in living cells. *J Cell Biol* **143:** 147–157.

Yoon KH, Yoon M, Moir RD, Khuon S, Flitney FW, Goldman RD. 2001. Insights into the dynamic properties of keratin intermediate filaments in living epithelial cells. *J Cell Biol* **153:** 503–516.

（闫青青　译　方玉达　校）

第 32 章　表达和分析绿色荧光蛋白标记的微管蛋白和微管相关蛋白的方法

Holly V. Goodson[1], Jill S. Dzurisin[1], and Patricia Wadsworth [2]

[1] Department of Chemistry and Biochemistry, University of Notre Dame, Notre Dame, Indiana 46556;[2] Department of Biology, University of Massachusetts, Amherst, Massachusetts 01003

我们对理解细胞骨架的组织和动态的重要进展是通过直接观察活细胞中荧光标记的细胞骨架蛋白而取得的。在早期实验中，感兴趣的细胞骨架蛋白被纯化，用荧光染料进行共价修饰，再用微注射入活细胞中。在 20 世纪 90 年代中期，一种强有力的新技术产生了：研究人员发展了将感兴趣的基因与绿色荧光蛋白（GFP）融合从而表达嵌合蛋白的方法。这种方法已成为研究蛋白质定位和动态的标准方法。最近，大量的"XFP"（GFP 的波谱变异）已被开发，允许科研人员直接同时观察蛋白质动态及进行荧光漂白后恢复（FRAP）、荧光共振能量转移（FRET）、受激发射消耗显微镜（STED）及光激活定位显微镜（PALM）等实验。在这一章里，讨论用于表达和分析 GEP 和（或）XFP-标记的微管和微管相关蛋白（MAP）的方法。尽管一些细节可能是系统专一性的，但这里讲述的方法和思路适用于许多其他蛋白质和生物体。

背景

早期人们用微分干涉（DIC）、极化光和相差显微镜观察活细胞，很清楚地说明了细胞骨架元素在细胞运动、有丝分裂和胞质分裂过程中是高度变化的。然而，涉及的每一种细胞骨架成分是不可能用这些方法鉴定的。在 20 世纪 80 年代早期，Talor 和 Wang 介绍了一种荧光类似细胞化学的方法（Wang et al. 1982a），描述了分离细胞骨架蛋白，用荧光染料标记，然后注入活细胞中的过程。这些开创性的研究提供了活细胞和胚胎中肌动蛋白行为的新信息，表明这种技术用于体内实验以研究细胞骨架的可能性（Wang and Taylor 1979；Wang et al. 1982b）。

尽管用荧光类似细胞化学研究细胞骨架动态不断有新的发现（见第 3 章），但这一技术有几个限制因素。第一，必须在体外获得足够量纯化和共价修饰的目标蛋白，而且修饰后的蛋白质必须有功能。第二，需要进行微注射将荧光物质导入感兴趣的细胞，这限制了研究的细胞类型和数量。第三，微注射后的细胞必须温育以便荧光物质整合入细胞结构，因此当需要成像快速的事件，如进入有丝分裂时期转换时，这种方法就会受到限制。

20 世纪 90 年代中期，表达 GFP 标记的克隆蛋白成为分析活细胞细胞骨架的重要方法（Chalfie et al. 1994）。与荧光类似细胞化学法相比，GFP 技术提供了几个重要的好处。首先，GFP 技术能应用在任何 cDNA 可得的蛋白质上，而且蛋白质不需生物化学纯化和荧光修饰。GFP 标记可被加在 cDNA 的 5′端或 3′端，因此产生的嵌合蛋白在羧基端或氨基端有 GFP 标记。实际上，许多蛋白质只能在一端而不是另一端标记。加入 GFP 标记涉及直接亚克隆进入商业化的包括 GFP 或光谱变体的步骤。一旦包含目标基因－GFP 融合的质粒被构建，用标准的方法可以转染进入细胞。另外，质粒也可以注入细胞核。GFP 融合蛋白比荧光蛋白类似物实验的重要好处在于点突变可在克隆步骤直接引入，以便直接测试涉及的蛋白质定位和动态的结构与功能之间的关系（如 Olsen et al. 1995；Vaughan et al. 2002）。

GFP 技术的主要不利因素在于 GFP（238 个氨基酸）加入到目标蛋白的羧基端或氨基端可能会干扰蛋白质的功能。因此，嵌合蛋白保持正常特性是非常重要的。特别的是，GFP 标记的蛋白质可能在装配成大分子复合体时出现差错，这是因为 GFP 可能造成的空间阻力；或者相对于内源复合物的成分，GFP 融合蛋白表达过多（Vaughan et al. 2002）；或实验周期和复合体装配动力学之间的不协调。一些装配问题可以用 GFP 融合蛋白代替内源蛋白得到改善，这可以在模式生物或者细胞中表达 GFP 标记的蛋白质来实现，但是这种模式生物或细胞中的内源基因必须已经通过同源重组而突变或者缺失。研究人员也可以选择用小干扰 RNA（siRNA）结合标准的转染技术来减少内源蛋白同时表达 GFP 标记的融合蛋白（siRNA 的目标序列在 GFP 融合蛋白序列中不存在）。最后，过表达任何蛋白质可能会干扰细胞功能。这个缺陷可以通过采用可诱导的启动子或建立 GFP 嵌合体表达水平恰当的永久细胞系来克服。

近来出现了大量不同于 GFP 光谱特性的其他荧光蛋白。这些蛋白质包括原本维多利亚水母 GFP 的衍生物或从其他生物体来源的荧光蛋白，已经应用到共同观察不同标记蛋白的实验中。尽管理论上很理想，但这些“XFP”（或简单称为 FP，荧光蛋白）在实验中还是存在问题的，包括弱荧光、增加（有时很强）寡聚的倾向，以及与 GFP 光谱重叠（产生信号干扰问题）。然而，大量工程改进工作产生了新一代光谱范围拓宽的荧光蛋白，它们是单体的、光稳定提高的，以及在一些情况下可光激活的［综述见 Shaner 等（2007）］。因为这些新荧光蛋白（如 mCherry 和其他水果色蛋白）最近才开发出来（Shaner et al. 2004），还没有发表与微管（MT）相关的文章。然而，早期的指示预计上述方法很快会成为分析 MT 和微管相关蛋白（MAP）的标准方法的一部分（表 1 和表 2）。

用 FP 进行实验的一个挑战在于鉴定和获得合适的滤光片组。Omega Optical 公司（www. omegafilters. com）和 Chroma Technology 公司（www. chroma. com）的网站有各种 FP 配合使用的详细优化滤光片的信息。然而，优化并不等于完美，交叉干扰仍然是大部分 FP 配合使用都存在的问题。当 FP 用在共定位实验时，研究人员必须知道在不合适的滤光片通道下一种荧光团被检测到的程度以及何时会影响到实验结果的解释。

表 1　微管蛋白和 GFP 或其他 FP 之间的融合蛋白

种/细胞类型	融入 GFP 的蛋白/基因名	转染类型	标记位置（如果光谱变化）	参考文献
黑曲霉	α-微管蛋白/TUBA	整合入 TUBA 位点	氨基端	Han et al. 2001；Sampson and Heath 2005
拟南芥	α-微管蛋白/TUA6，TUB1A，TUB3A，TUA4，TUA5	稳定	氨基端，～	Hasezawa et al. 2000；Shaw et al. 2003（both YFP）；Dhonukshe et al. 2006；Kirik et al. 2007（both CFP）；Gu et al. 2008（YFP）
白色念珠菌	β-微管蛋白/TUB2	基因替代	～	Hazan et al. 2002
线虫	α-微管蛋白，β-微管蛋白	转基因动物	～	Oegema et al. 2001；Strome et al. 2001；McNally et al. 2006
鸡/Nuf23-63	人 α-微管蛋白	稳定	氨基端	Hori et al. 2003
黄瓜炭疽病菌	α-微管蛋白/tub1	～	～	Takano et al. 2001
盘基网柄菌	α-微管蛋白	稳定	氨基端	Koonce et al. 1999；Kimble et al. 2000；Brito et al. 2005
果蝇	α-微管蛋白/tub84B	转基因动物和 S2 细胞	氨基端	Grieder et al. 2000；Rogers et al. 2002；Brust-Mascher et al. 2009
果蝇/S2 细胞	人 α-微管蛋白	稳定	氨基端	Goshima et al. 2007；Kulic et al. 2008（both mCherry）
大肠杆菌	Ftsz	质粒	羧基端	Ma et al. 1996；Sun and Margolin 1998
金鱼/鳍成纤维细胞	鼠 β-微管蛋白，人 α-微管蛋白/～	短暂和/或稳定	～	Kaverina et al. 2002；Krylyshkina et al. 2003；Efimov et al. 2008（mCherry）
绿猴/COS-1、COS-7、CV-1	人 α-微管蛋白	短暂和/或稳定	氨基端	Buster et al. 2002；Martin et al. 2002；Vaughan et al. 2002；Petrulis et al. 2003（all YFP）
人/SK-N-SH、U2-OS、RPMI8226MCF7、HeLa	α-微管蛋白	短暂和/或稳定	氨基端	Popova et al. 2002；Seong et al. 2002；Kamath and Jordan 2003；Maxwell et al. 2003；Lauf et al. 2002（YFP）；Shaner et al. 2004（RFP，mCherry）；Moss et al. 2009（mCherry）
鼠/B16 黑色素瘤	鼠 β-微管蛋白/～	短暂	～	Kaverina et al. 2002
鼠/骨-骨髓树突状细胞	人 α-微管蛋白	慢病毒载体	氨基末端	Vyas et al. 2007（YFP）
猪/肾上皮细胞（LICPK）	人 α-微管蛋白	稳定	～	Rusan et al. 2001；Salaycik et al. 2005；Ferenz and Wadsworth 2007（PA-GFP）
鼠/REF、NRK、REF-52	鼠 β-微管蛋白，人 α-微管蛋白	短暂	羧基末端（β），氨基末端（α）	Heidemann et al. 1999；Chen et al. 2003；Schmoranzer and Simon 2003（all YFP）

续表

种/细胞类型	融入 GFP 的蛋白/基因名	转染类型	标记位置（如果光谱变化）	参考文献
啤酒酵母	α-微管蛋白/TUB1 和 TUB3	Cen 质粒，染色体整合	氨基末端羧基末端	Carminati and Stearns 1997；Straight et al. 1997；Jensen et al. 2001（all CFP）；more recent examples include Huang and Huffaker 2006；Molk et al. 2006（GFP and CFP）
裂殖酵母	α-微管蛋白/α2	多拷贝质粒，稳定	氨基末端	Ding et al. 1998；Browning et al. 2003（both CFP）；Unsworth et al. 2008（mRFP，mCherry）
烟草/BY-2	拟南芥 α-微管蛋白/TUA6，TUA2	稳定	氨基末端，～	Dhonukshe et al. 2006；Van Damme et al. 2004（RFP）；Dixit and Cyr 2004（YFP）
弓形虫	α-微管蛋白/～	短暂	氨基末端羧基末端	Striepen et al. 2000（YFP）
黑粉菌	α-微管蛋白/TUB1	稳定	羧基末端氨基末端	Straube et al. 2003；Fink and Steinberg 2006（RFP）
爪蟾/成纤维细胞	鼠 β-微管蛋白/～	短暂	～	Krylyshkina et al. 2002；Samaonov et al. 2004

注：此表不光意味着提供大量信息，还提供可得的方法。大部分情况下列举了特异融合蛋白和（或）细胞系的原始文献，并列出一些近期的例子；利用这些方法的大量其他研究内容可通过引文搜索找到。在第二列如果没有指出物种，表示微管蛋白和受体细胞系/生物体是同种的。～：原始来源不清。

表 2　微管结合蛋白 MBP 和 GFP 或 FP 的融合蛋白

MBP 家族	MBP 种（个体基因或蛋白质名称）	种/细胞系 GFP 融合蛋白	表达转染类型（相关光谱变体）	参考文献
APC	人（APC）	SW480，COS7	短暂、稳定	Langford et al. 2006；Li et al. 2008
	爪蟾（APC）	爪蟾 A6 细胞	短暂	Mimori-Kiyosue et al. 2000a；2007
CLIP-170	哺乳动物（CLIP-170）	Vero，CHO，NRK，COS-7	短暂、稳定	Pefez et al. 1999；Komarova et al. 2002；2005；2009；Folker et al. 2005（all YFP）
	哺乳动物（CLIP-170）	转基因鼠		Akhmanova et al. 2005
	哺乳动物（CLIP-170）	豇豆叶肉原生质体、烟草 BY-2	短暂，稳定	Dhonukshe and Gadella 2003（YFP）
	啤酒酵母菌（B1K1）	啤酒酵母	稳定	Lin et al. 2001；Caudron et al. 2008
	裂殖酵母（T1P1）	裂殖酵母	稳定	Brunner and Nurse 2000；Niccoli and Nurse 2002；Zimmerman and Chang 2005（last two YFP）
ClipR-59	哺乳动物（ClipR-59）	HeLa	短暂	Perez et al. 2002
CLASPS/MAST/	哺乳动物（CLASPS1/2）	COS-1、PTK1	短暂	Akhmanova et al. 2001；Wittmann and Waterman-Storer 2005

续表

MBP家族	MBP种（个体基因或蛋白名称）	种/细胞系GFP融合蛋白	表达转染类型（相关光谱变体）	参考文献
ORBIT	拟南芥CLASP	烟草BY-2细胞转基因植物	稳定	Ambrose et al. 2007；Kirik et al. 2007（YFP）
EB1	哺乳动物（EB1）	LLCPK	稳定	Piehl and Cassimeris 2003；Salaycik et al. 2005
	哺乳动物（EB1）	爪蟾A6细胞	短暂	Mimori-Kiyosue et al. 2000
	哺乳动物（EB3）	神经元（浦肯野细胞，鼠海马神经元，鼠背根神经节神经元）	短暂（方法包括腺病毒感染）	Stepanova et al. 2003；Purro et al. 2008；Nakata and Hirokawa 2003（YFP）
	哺乳动物（EB3）	CHO-K1	短暂	Komarova et al. 2009（mCherry，mVenus）
	哺乳动物（EB3）	血小板（小鼠巨核细胞）	逆转录病毒载体	Patel-Hett et al. 2008
	哺乳动物（EB3）	金鱼鳍成纤维细胞（CCL71）	短暂	Efimov et al. 2008（mCherry and CFP）
	果蝇（EB1）	S2细胞	稳定	Rogers et al. 2008（mRFP）
	玉米瘤黑粉菌（Peb1）	玉米瘤黑粉菌	稳定（同源重组）	Straube et al. 2003；Fink and Steinberg 2006（both YFP，RFP）
	啤酒酵母菌（B1M1）	啤酒酵母	稳定	Schwartz et al. 1997；Tirnauer et al. 1999；Cuschieri et al. 2006
	裂殖酵母（Mal3）	裂殖酵母	稳定	Browning et al. 2003
	拟南芥（AtEB1a、b）	拟南芥组织培养细胞，烟草BY-2细胞	稳定、短暂	Chan et al. 2003；Van Damine et al. 2004；Dhonukshe et al. 2006；Kirik et al. 2007（all CFP）
	盘基网（DdEB1）	盘基网	短暂	Rehberg and Graf 2002
	贾第（G1EB1）	贾第	为细胞	Dawson et al. 2007
Ensconsin（也称为E-MAP-115、MAP7）	哺乳动物（Ensconsin）	非洲绿猴/TC-7、人/MCF-7	稳定	Fake et al. 1999；Bulinski et al. 2001
	人EMTB（Ensconsin MT-结合域）	金鱼鳍成纤维细胞	短暂	Efimov et al. 2008
KAR9	啤酒酵母（KAR9）	啤酒酵母	Cen质粒	Miller and Rose 1998；Lee et al. 2000；Matheos et al. 2004；Cuschieri et al. 2006
Katanin/Spastin	哺乳动物（katanin，spastin）	CV-1、COS-7、HeLa、TC7、NIH 3T3	短暂	Hartman and Vale 1999（GFP，YFP，CFP）；Buster et al. 2002；Errico et al. 2002；Evans et al. 2005，2006（last four YFP）
	线虫（Mei-1）	HeLa	短暂	Srayko et al. 2000
	拟南芥（AtKSS）	拟南芥	～	Bouquin et al. 2003
	四膜虫（Kat1）	四膜虫	稳定	Sharma et al. 2007

续表

MBP 家族	MBP 种（个体基因或蛋白名称）	种/细胞系 GFP 融合蛋白	表达转染类型（相关光谱变体）	参考文献
MAP2	哺乳动物（MAP2）	HeLa、COS－7、Neuro－2A、小脑颗粒神经元	短暂	Ludin et al. 1996；Ozer and Halpain 2000；Bjorkblom et al. 2005
MAP4	哺乳动物（MAP4）	BHK、CHO、Ltk	稳定，短暂	Olson et al. 1995；Chang et al. 2001；Kremer et al. 2005
MAP4	哺乳动物（MAP4）	法瓦豆表皮细胞，豇豆叶肉原生质体，烟草 BY－2 细胞	～	Marc et al. 1998；Dhonukshe and Gadella 2003；Dhonukshe et al. 2006；Dixit and Cyr 2003，2004 (last two DsRed)
	爪蟾（XMAP4/p220）	爪蟾 A6 细胞	稳定	Shiina and Tsukita 1999
MAP65	拟南芥烟草（MAP65－1，4，5）	BY－2 细胞	稳定	Vall Damme et al. 2004；Gaillard et al. 2008
NuMa	哺乳动物（NuMa）	HeLa	短暂	Merdes et al. 2000；Kisurina－Evgenieva et al. 2004
NuSAP	哺乳动物（NuSAP）	COS－1、PtK2	短暂	Raemaekaers et al. 2003（GFP，YFP，and CFP）
P150	哺乳动物（鼠脑 p150）	COS－7	短暂	Vaughan et al. 2002（GFP and RFP）
Plakins	人（ACF7）	鼠内脏内胚层细胞	短暂	Kodama et al. 2003
	果蝇（短暂停留）	NIH－3T3，转基因蝇	短暂	Lee and Kolodziei 2002
帕金共规则基因工程	布氏锥虫（TbPACRG）	布氏锥虫	稳定	Dawe et al. 2005
PRC1	哺乳动物（PRC1）	HeLa	短暂	Mollinari et al. 2002
Stathmin	爪蟾 Stathmin 蛋白	爪蟾 A6 上皮细胞	短暂	Niethammer et al. 2004（CFP and YFP）
Tea1	裂殖酵母（Tea1）	裂殖酵母	染色体整合	Behrens and Nurse 2002（GFR YFP）；Feierbach et al. 2004（YFP）
Tektin	鼠（Tek2）	CHO	稳定	Durcan et al. 2008
TOG/Dis1	爪蟾（XMAP－215）	XL177 细胞	短暂	Popov et al. 2001
	啤酒酵母（Stu2）	啤酒酵母	稳定	Kosco et al. 2001；Ma et al. 2007（VFP）
	裂殖酵母（Dis1、Mtc1/Alp14）	裂殖酵母	染色体整合	Nakaseko et al. 2001（GFP and YFP）
	盘基网（CP224）	盘基网	短暂	Grafet al. 2000
Tau	牛头	B104、CHO、NIH-3T3、x 初级神经元、ES 细胞、转基因鼠	短暂、腺病毒、染色体整合	Ludin et al. 1996；Illenberger et al. 1996；Lu and Kosik 2001；Stamer et al. 2002（CFP）；Pratt et al. 2000. Many more recent indude Tacobs et al. 2007；Glavaski－Joksimovic et al. 2009

续表

MBP 家族	MBP 种（个体基因或蛋白名称）	种/细胞系 GFP 融合蛋白	表达转染类型（相关光谱变体）	参考文献
	牛头	斑马鱼	胚胎微注射	Geldmacher-Voss et al. 2003
	哺乳动物	爪蟾胚初生神经元	胚胎微注射	Samsonov et al. 2004
	哺乳动物	果蝇	转基因蝇	Williams et al. 2000
病毒蛋白	单纯疱疹 VP-22	COS-1	短暂	Martin et al. 2002
	烟草花叶病毒运动蛋白	COS-7	短暂	Ferralli et al. 2006

注：此表不光意味着提供大量信息，还提供可得的方法。在很多情况下，引用的文章是利用所列融合蛋白或变体中的一篇。表中的总结仅针对已知直接作用在 MT 的蛋白质。因为篇幅限制，马达蛋白和定位于中心体的蛋白质未列入。～. 原始来源不清；一. 融合蛋白和表达系统是同种。

MBP. 微管结合蛋白；GFP. 绿色荧光蛋白；YFP. 黄色荧光蛋白；RFP. 红色荧光蛋白；VFP. 可见荧光蛋白。

GFP-微管融合蛋白

首先应用 GFP 技术研究 MT 行为的是在酵母中，用 GFP 标记酵母的 α-微管蛋白基因（TUB1 和 TUB3）（Carminati and Stearns 1997；Straight et al. 1997）。原始酵母 GFP 微管蛋白的文献说明了几个有关联的重要问题。第一，在 TUB3 氨基端的 GFP 构建能互补 TUB3 突变体，但在 TUB3 羧基端的构建不能互补 TUB3 突变体，这说明 GFP 位置的重要性（Carminati and Stearns 1997）。第二，GFP 融合蛋白在 TUB1（另一种酵母的 α-微管蛋白）的任何一端都不能互补突变体（Maddox et al. 1999；Carminati and Stearns 1997），说明同样的分子对 GFP 融合的反应不同。尽管 GFP-TUB1 融合蛋白不能作为 TUB1 的唯一来源，表明 TUB1 融合蛋白功能不完整，但这一融合蛋白作为微管蛋白聚合反应动态的报告蛋白仍然是有用的。同时表达 GFP 融合蛋白和野生型 TUB1 的酵母细胞有纺锤形的 MT，并有明显正常动态（Straight et al. 1997）和生长速度（Maddox et al. 1999）。第三，具功能的 GFP 与 β-微管蛋白基因 TUB2 的融合还未见报道，部分是由于 β-微管蛋白表达水平的改变对酵母是有害的（Katz et al. 1990；Weinstein and Solomon 1990；Andresen et al. 2004），除此，标记 β-微管蛋白的标签大小也与此有关，有报道指出羧基端用 1× 或 2× TetCys 标记的 β-微管蛋白是有功能的，而 3× TetCys 和 GFP 标记都没有功能（Andresen et al. 2004）。这些观察说明研究蛋白质复合体时最好用不同标签标记多个亚单位，选择那些具正常功能的融合蛋白。

GFP-微管融合蛋白已成功地运用于许多哺乳动物培养细胞系，如昆虫、真菌、植物和原生动物细胞以检测 MT 的行为（表 1）。虽然 GFP-微管蛋白的表达会改变一些表型，特别是在盘基网柄菌属中（*Dictyostelium*）（Kimble et al. 2000），但是在大多数生物系统中，已有的文献强有力地说明表达 GFP-微管蛋白以及它们整合入微管系统并没有监测到 MT 行为的改变。其他 FP-微管融合蛋白同样证明是有用的，具体例子见表 1。

GFP -微管相关蛋白的融合

除了 GFP -微管融合外，许多微管相关蛋白（MAP）已与 GFP 融合。传统的 MAP（MAP2 和 tau）首先被标记（Kaech et al. 1996），但现在标记的种类包括从分子马达到 MT 正端跟踪蛋白（＋TIP）（表 2）。在提供蛋白质定位预期信息的同时，GFP - MAP 融合蛋白也被用于检测 MAP - MT 相互作用的动态（Bulinski et al. 2001；Samsonov et al. 2004；Dragestein et al. 2008）、单个 MT 马达的行为（Pierce et al. 1999；Furuta and Toyoshima 2008），以及在转基因动物中用作轴突和有丝分裂机制的标记（Pratt et al. 2000；Karpova et al. 2006；Wianny et al. 2008）。

MT＋TIP 提供了 GFP 融合蛋白作为强有力实验工具的一个特别生动的例子。＋TIP的免疫荧光分析首先说明它们以类似慧星形状定位在 MT 的正端（Diamantopoulos et al. 1999；Vaughan et al. 1999）。科研人员第一次看到 GFP - CLIP - 170 的影像前没有进行大量静态图像分析。从 GFP - CLIP - 170 的影像中发现：CLIP - 170 慧星动态性地跟踪不断生长的 MT 导致细胞“烟火”的呈现（Perez et al. 1999；Komarova et al. 2002）。通过 GFP 融合蛋白已发现相当可观的蛋白质呈现＋TIP 行为［综述见 Morrison（2007）；Akhmanova 和 Steinmetz（2008）］。

＋TIP GFP 融合蛋白不仅可以研究这些蛋白质本身，而且也可以作为正在生长的 MT 正端的标签。第一个实例来源于 Komarova 和 Borisy，当他们用 GFP - CLIP - 170 观察细胞内部间期细胞 MT 成长过程时，发现 MT 在间期沿细胞内侧逐步增长，而只有在细胞边沿展现出典型的不稳定动态性（Komarova et al. 2002）。使用＋TIP 作为工具鉴定成长的 MT 已证明在研究 MT 密集的细胞类型或结构的 MT 动态和组构中特别重要，因为如果 MT 太密集，用其他方法很难分析。应用包括哺乳动物细胞（Piehl et al. 2004）和拟南芥（Chan et al. 2003）MT 聚合的定量、神经元中 MT 的成长和极性（Stepanova et al. 2003；Rolls et al. 2007）、有丝分裂纺锤体动态的检测（Mahoney et al. 2006）、肌管融合中 MT 组构的定义（Pizon et al. 2005）。在非哺乳动物系统包括植物（Chan et al. 2003；Dixit et al. 2006）和原生生物（Dawson et al. 2007）中，GFP - EB1 已成为检测 MT 动态特别流行的方法。尽管 EB1 - GFP 相当有用，但有必要指出此方法也有一定的危险。低水平的 EB1 - GFP 表达似乎没什么影响（Stepanova et al. 2003；Salaycik et al. 2005），但高水平的 EB1 - GFP 表达造成 CLIP - 170 从 MT 正端丢失，表明它会造成 MT 动态或通过＋TIP 介导的其他功能的干扰（SB Skube and HV Goodson，待发表）。

从 GFP 的光谱变体产生起就有很大兴趣利用这些变体来共同观察 MAP 和其他蛋白（特别是微管蛋白）以便在细胞水平上研究共定位和 FRET。对于微管蛋白，早期 FP 的弱荧光和寡聚性限制了它们在 MAP 上的应用。然而，近期改良的单体 FP 已使它们成为很有用的研究工具。一些 MAP 和其他 FP 融合蛋白的例子见表 2。

下面的内容主要介绍在培养的哺乳动物细胞中准备和表达 GFP -微管蛋白和 MAP

的方法。在其他系统中表达 GFP 融合蛋白的方法，读者可参阅表 1 和表 2。植物专一的组织表达的很好综述可见 Berg 和 Beachy（2008）。尽管下面的方法介绍只限于 GFP，当选用其他 FP 时，大部分方法也基本适用。对于其他 FP 的综述及文献见 Shaner 等（2007）。表 1 和表 2 包括了用其他 FP 标记微管蛋白和 MAP 的参考文献。如果需要进行特异的 MAP 或微管蛋白 FP 融合蛋白的实验，从文献中搜集尽可能多的信息以获得或设计载体很重要。上文提到过，标记物的长度、位置和荧光强度会造成重要的功能或技术性后果。除了表 1 和表 2 中的参考文献外，我们鼓励读者从网上查找商业的 FP 载体的信息。

微管蛋白与 MAP 和 GFP 的融合

分子方法

在哺乳动物中构建 GFP 融合蛋白，我们主要用增强型绿色荧光蛋白（pEGFP）载体，这些载体最早从 BD　Biosciences/Clontech 公司得到。许多新的 FP 包括 mCherry 可从 Clontech 得到（http：//www. clontech. com/products/detail. asp? product - id＝208908&tabno＝2）。这些载体用巨细胞病毒最早期（CMV IE）启动子并包含新霉素基因来选择稳定细胞系。用标准的分子生物学方法可将 cDNA 插入多克隆位点。插入在 GFP 基因上游在目标蛋白中产生羧基端标记，而插入在 GFP 基因下游在目标蛋白中产生氨基端标记。尽管大部分文章报道过微管蛋白的氨基端标记（表 1），但哺乳动物 β-微管蛋白也用羧基端标记（Heidemann et al. 1999）。人 α-微管蛋白在氨基端用 EGFP 和 GFP 的变体标记的载体可从商业 Clontech 公司获得。我们发现许多这样的载体在注入哺乳动物细胞后与罗丹明标记的微管蛋白表现相同（Rusan et al. 2001）。另外一个得到预制的 GFP -（或 FP -）微管蛋白质粒的公司是 Addgene，Inc. 公司（www. addgene. org），一个非营利的只收取很少分发费的机构。

尽管大部分在哺乳动物细胞中研究 GFP 和 MT 细胞骨架融合蛋白用组成性的启动子，如 CMV IE 启动子，但也可以用诱导性的启动子系统［如四环素（Tet）可诱导或抑制的启动子］。在这种情况下，嵌合蛋白的表达水平可由加入或减少培养基中的 Tet 来控制（Zhu et al. 2002）。有趣的是，细胞中微管蛋白的亚单位的表达水平是自体调节的：微管蛋白结合自身的 mRNA，在细胞质中调控蛋白质的水平（Yen et al. 1988）。在表达 GFP 微管蛋白的猪肾上皮（LLCPK）中，17％的微管蛋白是 GFP 标记的，未标记微管蛋白的表达简单到母细胞微管蛋白量的 81％，这说明在表达 GFP -微管蛋白的细胞中的微管蛋白水平的自体调控机制仍然保持（Rusan et al. 2001）。

除了标准的哺乳动物克隆载体，Clontech 公司近期还有很多表达 AcGFP、DsRed 和 ZsGreen 融合蛋白的病毒载体。我们还没有应用这些载体，但它们应该适用于在各类哺乳动物细胞类型，包括不分裂的和终极分化的细胞。其他各种 FP 的克隆载体可以从 Invitrogen 公司（Living Colors 载体）和 Evrogen 公司（包括可光转换的 DenDra2）获得。

商业载体的注意点：可获得的载体变化快速，公司的可选产品目录经常过期。从现有的公司网页仔细搜寻载体是否可得是值得的。

转染

DNA 载体完成后，需将它导入目标细胞中。对于大部分哺乳动物细胞系，绝大多数可容易地通过短暂转染完成。许多细胞系已成功地用不同的转染试剂被转染。不同转染试剂的优化条件可从产品网站上找到。我们习惯用脂质体 2000（Lipofectamine 2000，Invitrogen 公司）按照制造商的说明书进行转染。从表 1 和表 2 可以找到描述微管蛋白和 MAP 转染入不同细胞类型和生物体的文献。

短暂转染的一个好处是非常快，细胞通常可在转染后一天被观察到，虽然表达在转染后可维持几天。在一些情况下，细胞健康随着时间好转，但一些蛋白质的长期表达是有害的（见下面 MAP 的特别考虑）。短暂转染的主要不利因素在于嵌合蛋白的表达水平在细胞间差异很大。一些细胞表达很高的蛋白质水平，这些细胞可能出现过表达假象，一般不可能存活很长时间。其他细胞不表达嵌合蛋白或表达水平太低不能用于成像。一部分细胞的表达水平适合于成像：需要确定表达水平是否足够并且避免产生过表达假象。表达水平的差异有时在研究细胞表达 GFP 融合蛋白的效果上是有利的，因为转染细胞一般被同样条件的非转染的对照细胞包围，这些细胞的处理条件是一致的。很明显，确定表达蛋白不干扰细胞功能以及与细胞目标结构整合是重要的。

永久细胞系

代替短暂转染的另外一个选择是获得永久表达一定水平嵌合蛋白的克隆细胞系。尽管这一过程比短暂转染的过程更长，但它的主要好处是对所有细胞在同样水平下表达嵌合蛋白以及细胞系可做进一步分析。在这一章的结束，有一个构建表达 GFP-微管蛋白的永久细胞系及分析表达克隆特性的实验方案。

显微镜

一旦稳定或短暂表达 GFP-微管蛋白或 GFP-MAP 转染细胞系产生后，它们可用于荧光显微镜的观察。读者可参阅第 18 章和第 30 章关于活细胞成像的讨论。下面是我们实验室对表达 GFP-微管蛋白或 GFP-MAP 的细胞进行成像的方法。

细胞可以在不同的情况下被成像。我们一般用罗氏小室把细胞附在盖玻片上或把细胞铺在带盖玻片底的小室中（见第 30 章）。为了观察，细胞培养基用无酚红指示染料和碳酸氢盐以及含有 HEPES 缓冲液的培养基代替品。氧化酶（EC 氧化酶，Oxyrase Inc. 公司）在成像前被加入培养基中以防止光漂白。在空气二氧化碳的水平下，培养基中含 HEPES 缓冲液对阻止 pH 的变化是重要的。当载玻片处于恒温箱外时，一些研究者选择在碳酸氢盐培养基上加入惰性油来阻止 pH 的变化（替代培养基的选择见第 18 章）。为了短期观察，普通生长培养基中的盖玻片可以倒过来放在载玻片上然后用 Valap 封片（Rogers et al. 2002）。

封片的细胞用高数值孔径（NA）物镜（100×或 63×1.4NA）的倒置显微镜观察，滤光片组针对 EGFP 的激发和发射光谱进行优化。我们使用 Nikon 公司（B－2E/C）和 Chroma 公司（Endow GFP）的标准配置。尽管宽带通过的滤光片产生更强的信号，但它们也趋于产生光漂白和自发荧光的问题。为了减少荧光光源对表达细胞的最小损伤，光源应尽量在不用时关闭。一种冷却电荷耦合装置（CCD）照相机（见第 4 章）被用来收集图像，在稀薄的培养细胞外围区域成像单个 MT 用 400～700ms 进行曝光已经足够。为测定 MT 的动态不稳定性，我们一般以 1～2s 的间隔收集图像。延长系列影像的间隔时间对 MT 动态不稳定性的研究不利，因为一些转变过程没有捕捉到（Shelden and Wadsworth 1993）。另外，MT 的动态依靠温度，因此在成像时保持恒温很重要（见第 30 章）。对于计算动态不稳定性参数的细节描述，见 Dhamodharan 和 Wadsworth（1995）。

对于 MT 个体成像，特别是在较厚的细胞区，共聚焦显微镜是值得推荐的。转盘共聚焦显微镜的好处是成像速度快，具更高的时间分辨率以及样品光漂白更少（Maddox et al. 2003）。如果没有这些问题，激光扫描共聚焦显微镜同样也可以使用。这两种共聚焦显微镜都可以减少背景荧光，允许观察个体的 MT。

分析 GFP－MAP 的特别考虑

上文描述的大部分信息已经直接被用于对 GFP－MAP 的特征分析。然而，在分析 GFP－MAP 融合蛋白时，另外一些问题需要被考虑。第一，一些 MAP，特别是＋TIP 对细胞的环境变化相当敏感，尤其是对 pH 和温度的变化（Vaughan et al. 1999；HV Goodson 和 TE Kreis，未发表）。因此，涉及观察活细胞的行为特征还应该考虑环境条件的影响。

第二，GFP－MAP 比 GFP-微管蛋白可能多出现的问题是表达水平的变化和（或）过表达。这种不同似乎是由于细胞微管蛋白总浓度的反馈调控机制引起的（Yen et al. 1988；Rusan et al. 2001），对于 MAP，这种机制一般不出现，因此，过表达造成的问题可能更为严重。大部分 MAP 过表达会导致 MT 聚集。一些 MAP（如 CLIP－170）由于中度的过表达水平而诱导额外的不正常结构（Goodson et al. 2003）。一些结果可能更微妙：像上文提到的那样，EB1－GFP 在低表达水平下很正常，因此它是一个成长的 MT 正端的极好标记，但在高表达水平下，它干扰 CLIP－170 的定位，因此，正在测量的参数会受到影响（SB Skube 和 HV Goodson，准备发表中）。

为避免过表达 GFP－MAP 所造成的问题，表达水平尽可能低很重要，而且要证实表达的蛋白质和内源蛋白的功能相似。在 CLIP－170 的原始分析中，为了限制 CLIP－170 的表达水平，Perez 和 Kreis 在转染后用蛋白质合成抑制剂控制 CLIP－170 的表达水平（Perez et al. 1999）。然而，在更多近期的工作中，大部分科研人员发现，表达水平的问题可简单地通过选择低表达水平融合蛋白（短暂或稳定转染）的细胞来避免。近来报道使用细菌人工染色体（BAC）可实现融合蛋白与内源蛋白在表达水平上的相似，这些 BAC 中含内源启动子和 mRNA 前体剪接形式（Bird and Hyman 2008；Poser et al. 2008)。BAC 是包含上游调控区和内含子及外显子的大片段基因组 DNA，允许产生剪接变异。重要的是，重组的使用允许突变的引入和（或）添加标记，包括 FP。通过表达一个抗 RNAi 基因的 BAC 克隆，这一技术被用于 RNA 干扰（RNAi）引起的蛋白质表达降低的恢复（Bird and Hyman 2008）。这一新技术可能提供一套分析细胞骨架的新工具。特别是有丝分裂蛋白，它的表达水平是受细胞周期调控的。

第三，一些蛋白质的表达（那些干扰有丝分裂的蛋白质等）可能在任何水平上对细胞的存活有害。如果这一问题发生，可能需要在转染后 24h 内完成实验或用可诱导的表达系统。在这些情况下，证实稳定转染的细胞表达全长蛋白质是很重要的。

实验方案

表达 GFP-微管蛋白和光激活 GFP-微管蛋白的稳定细胞系的建立及其特征分析

在我们的实验中，我们用双顺反子表达载体产生稳定表达 GFP-微管蛋白和光激活 GFP-微管蛋白（PA-GFP-微管蛋白）的细胞系（Rusan et al. 2001；Tulu et al. 2003）。这一载体，即 pIRES（原先可从 BD Biosciences/Clontech 公司得到）可以表达感兴趣的基因（GFP-微管蛋白）和从相同启动子引导的一个选择标记。载体使用从脑心肌炎病毒衍生的一个内部核糖体进入位点（IRES），从一个 mRNA 翻译成两个可读框。这一目标基因插入到 pCMV IE 启动子的下游，紧连启动子，选择标记在 IRES 位点的下游。我们发现用这一载体系统选择更有效，大概因为两个基因的连锁表达。我们用含新霉素和潮霉素抗性标记的 IRES 载体。产生的细胞系表达克隆进标准载体（如 pCMV）的蛋白质。读者可参考第 2 章找到更多的信息。

材料

注意：标记有＜！＞的材料请参考附录正确处理。

试剂

抗生素（如新霉素＜！＞或潮霉素＜！＞）
待转染细胞系
细胞培养基
脂质体 2000（Lipofectamine 2000）
磷酸缓冲液（PBS），无钙和镁离子（Invitrogen 公司）
编码 GFP-微管蛋白的 pIRES 载体
胰蛋白酶消化的试剂
真空润滑脂或凡士林

设备

6mm 或 8mm 外径的克隆环（Fisher Scientific 公司）
倒置荧光显微镜

方法

（1）用携带 GFP-微管蛋白的 pIRES 载体转染细胞系，脂质体 2000 的使用见本章开始的转染部分，在普通培养基上让细胞复苏 48h 以便抗性基因的表达。

（2）48h 后，在培养基中加入合适的抗生素，继续培养细胞 2 星期。使用最低浓度的抗生素来去除所有对照的亲本（未转染的）细胞。

这一浓度需在转染前做一个亲本细胞系死亡曲线来决定。亲本细胞系成长在包含不同浓度抗生素的 24 孔板上生活 10 天，可得出它们的成活率，杀死所有亲本细胞的最低水平抗生素的浓度被选用。在抗生素处理期间，培养基要频繁更换（1～2 天一个周期）来除去死亡和正在死亡的细胞。

（3）抗生素处理后胰酶消化存活的细胞，重新将它们稀释后放入 100mm 的培养皿上，稀释要能很好地分离单细胞，产生单个的克隆（这一步有很多变化，稀释多少必须以经验决定）。

同时准备一个培养皿或锥形瓶涂板高密度的细胞，将它保存起来，以免稀释的培养皿上无合适的克隆生长。

（4）让细胞生长（通常 1～2 星期）直到几百个细胞组成的单克隆出现。如果细胞表达 GFP 标记的细胞骨架蛋白，用倒置荧光显微镜定位克隆（不同亮度），标记它们在培养皿上的位置。也可在不观察荧光（盲克隆）情况下随机挑选克隆。

（5）一旦合适的克隆被定位，用外径 6mm 或 8mm 的克隆环分离单克隆。

①在一套克隆环的一面涂上一薄层真空润滑脂或凡士林，在组织培养超净台内一边放置。

②去除培养基，用 PBS（无钙和镁离子）洗细胞 2 次。

注意：在随后的步骤中仅有少部分的 PBS 留在培养皿中，注意不要因为干燥杀死细胞（从实践上来说，在产生干燥之前，大概有 20 个克隆能从 100mm 培养皿中被选择）。

③使用无菌的镊子，将克隆环放在被选的克隆上，凡士林的一侧向下，压在培养皿的表面。

④在克隆环内加入 50～70μL 的胰蛋白酶。

⑤当克隆环内的细胞变圆后（通常在 3min 后），在环内加入培养基，吸取细胞，将它们放入 24 孔培养板中。

应避免上下吸取很多次。这时，放入 24 孔培养板的每一克隆应考虑为一个潜在的细胞系。因此，在分离和培养细胞时，应小心操作，避免不同克隆间的相互污染。

克隆盘也可用于选择 100mm 的培养皿上的克隆。如果感兴趣的克隆没有形成紧密克隆（如成纤维细胞），细胞可在 96 孔板上通过限制稀释的方法得到克隆（Celis et al. 1994）。

（6）当 24 孔板上的克隆长到足够密度时，用胰蛋白酶处理它们，将它们放入 6 孔板中的 2 个孔内，其中的一个有盖玻片。

盖玻片上的细胞用高分辨率荧光显微镜来检查 GFP -微管蛋白的表达水平；表达合适水平嵌合蛋白的克隆被繁殖到其他孔。舍弃不表达 GFP -微管蛋白或表达水平过低的 GFP -微管蛋白的克隆。

讨论

选择的克隆现在可以通过不同方法进行研究来确定嵌合蛋白的表达水平以及微管

蛋白的动态（或微管结合蛋白 MBP）

（1）标记蛋白的表达水平可通过细胞提取物的 Western 杂交来决定，杂交使用标记蛋白的抗体，同时确定被标记总蛋白的百分率。未被标记的蛋白质水平通过比较对照细胞提取物中的内源蛋白量决定。总的来说，表达标签蛋白在接近或低于内源蛋白的细胞系最好，这样可避免过表达或标记引起的功能改变（见分析 GFP－MAP 的特别考虑部分）。

（2）标记蛋白的定位与内源蛋白定位进行比较，这首先说明标记蛋白表现是否正常。一种方法是这些活细胞的定位，与免疫荧光获得的同一蛋白质的活细胞定位比较；另一种方法是观察固定细胞的 GFP，但研究者应注意固定减少荧光量，对转基因细胞来说，用特异性抗体（如 GFP）可能是需要的。在任一情况下，用冷甲醇固定细胞而不选用多聚甲醛（PFA）是因为 PFA 对微管结构的固定效果很差。

（3）通过与对照细胞比较有丝分裂指数和细胞增殖时间以确定 GFP 融合蛋白的表达是否影响这些参数（Stein et al. 1994）。在表达 GFP－MAP 的情况下，转染细胞也应该观察微管蛋白的组织、膜和其他细胞骨架成分的可能变化。

（4）个体微管蛋白的动态行为由表达 GFP－微管蛋白细胞系的时程成像以及比较用罗丹明标记的微管蛋白注入亲本细胞后微管的行为来决定（Rusan et al. 2001）。更详细的内容，可参阅在这一章开始的显微镜部分。

在一些情况下，全长 GFP 融合蛋白的表达对细胞有害，要获得理想的稳定细胞系可能比较困难，或者仅仅得到含突变的 GFP 融合蛋白（如截断）的克隆。在进行任何深度分析之前，用可能的方法［Western 杂交和（或）聚合酶链反应］证实克隆确实表达全长融合蛋白很重要。如果出现这样的问题，为了获得理想的稳定细胞系，将启动子换成较弱或可调控的启动子（Zhu et al. 2002）可能是有必要的。

影像说明

影像可以从 www. cshprotocols. org/livecellimaging 网站免费获取。

影像 32. 1. 一个表达 GFP－微管蛋白的 LLCPK1 细胞的周边区域可以观测到微管的动态不稳定性。单个微管蛋白可以看到生长、缩短和暂停。以 2s 时间间隔成像；影像以 20×实际速度播放。

影像 32. 2. 一个表达 GFP－EB1 的 LLCPK1 细胞看到的 MT 生长，GFP－EB1（Piehl et al. 2004）标记微管生长的正端。中心细胞包括两个中心体，GFP－EB1 荧光点就从这里出现；正在生长的单个微管蛋白接近细胞边缘时被追踪。以 2s 时间间隔成像，影像以 15×实际速度播放。

影像 32. 3. 为了研究 CLIP－170（Perez et al. 1999）正端的追踪行为，观测了表达 GFP－CLIP－170 的一个 COS－7 细胞中微管的生长情况。特别注意到 CLIP－170 细胞中荧光分布不均匀（荧光散斑）。分析这些散斑随时间推移的分布（波动曲线分析）得知它们是不动的，且 CLIP－170＋TIP 行为不是马达介导的（Perez et al. 1999；

Folker et al. 2005)。以 0.5s 的曝光时间和 1s 的间隔成像；影像以 30 帧/s 的速度播放。微管的生长速度比影像 32.1 和影像 32.2 要慢，因为这个数据是在较低温度（28℃）下收集的。

参考文献

Akhmanova A, Steinmetz MO. 2008. Tracking the ends: A dynamic protein network controls the fate of microtubule tips. *Nat Rev Mol Cell Biol* **9:** 309–322.

Akhmanova A, Hoogenraad CC, Drabek K, Stepanova T, Dortland B, Verkerk T, Vermeulen W, Burgering BM, De Zeeuw CI, Grosveld F, et al. 2001. Clasps are CLIP-115 and -170 associating proteins involved in the regional regulation of microtubule dynamics in motile fibroblasts. *Cell* **104:** 923–935.

Akhmanova A, Mausset-Bonnefont AL, van Cappellen W, Keijzer N, Hoogenraad CC, Stepanova T, Drabek K, van der Wees J, Mommaas M, Onderwater J, et al. 2005. The microtubule plus-end-tracking protein CLIP-170 associates with the spermatid manchette and is essential for spermatogenesis. *Genes Dev* **19:** 2501–2515.

Ambrose JC, Shoji T, Kotzer AM, Pighin JA, Wasteneys GO. 2007. The *Arabidopsis* CLASP gene encodes a microtubule-associated protein involved in cell expansion and division. *Plant Cell* **19:** 2763–2775.

Andresen M, Schmitz-Salue R, Jakobs S. 2004. Short tetracysteine tags to β-tubulin demonstrate the significance of small labels for live cell imaging. *Mol Biol Cell* **15:** 5616–5622.

Behrens R, Nurse P. 2002. Roles of fission yeast tea1p in the localization of polarity factors and in organizing the microtubular cytoskeleton. *J Cell Biol* **157:** 783–793.

Berg RH, Beachy RN. 2008. Fluorescent protein applications in plants. *Methods Cell Biol* **85:** 153–177.

Bird AW, Hyman AA. 2008. Building a spindle of the correct length in human cells requires the interaction between TPX2 and Aurora A. *J Cell Biol* **182:** 289–300.

Björkblom B, Ostman N, Hongisto V, Komarovski V, Filen JJ, Nyman TA, Kallunki T, Courtney MJ, Coffey ET. 2005. Constitutively active cytoplasmic c-Jun N-terminal kinase 1 is a dominant regulator of dendritic architecture: Role of microtubule-associated protein 2 as an effector. *J Neurosci* **25:** 6350–6361.

Bouquin T, Mattsson O, Naested H, Foster R, Mundy J. 2003. The *Arabidopsis lue1* mutant defines a katanin p60 ortholog involved in hormonal control of microtubule orientation during cell growth. *J Cell Sci* **116:** 791–801.

Brito DA, Strauss J, Magidson V, Tikhonenko I, Khodjakov A, Koonce MP. 2005. Pushing forces drive the comet-like motility of microtubule arrays in *Dictyostelium*. *Mol Biol Cell* **16:** 3334–3340.

Browning H, Hackney DD, Nurse P. 2003. Targeted movement of cell end factors in fission yeast. *Nat Cell Biol* **5:** 812–818.

Brunner D, Nurse P. 2000. CLIP170-like tip1p spatially organizes microtubular dynamics in fission yeast. *Cell* **102:** 695–704.

Brust-Mascher I, Sommi P, Cheerambathur DK, Scholey JM. 2009. Kinesin-5-dependent poleward flux and spindle length control in *Drosophila* embryo mitosis. *Mol Biol Cell* **20:** 1749–1762.

Bulinski JC, Odde DJ, Howell BJ, Salmon TD, Waterman-Storer CM. 2001. Rapid dynamics of the microtubule binding of ensconsin in vivo. *J Cell Sci* **114:** 3885–3897.

Buster D, McNally K, McNally FJ. 2002. Katanin inhibition prevents the redistribution of γ-tubulin at mitosis. *J Cell Sci* **115:** 1083–1092.

Carminati JL, Stearns T. 1997. Microtubules orient the mitotic spindle in yeast through dynein-dependent interactions with the cell cortex. *J Cell Biol* **138:** 629–641.

Caudron F, Andrieux A, Job D, Boscheron C. 2008. A new role for kinesin-directed transport of Bik1p (CLIP-170) in *Saccharomyces cerevisiae*. *J Cell Sci* **121:** 1506–1513.

Celis A, Dejgaard K, Celis JE. 1994. Production of mouse monoclonal antibodies. In *Cell biology: A laboratory handbook* (ed. JE Celis). Academic, San Diego.

Chalfie M, Tu Y, Euskirchen G, Ward WW, Prasher DC. 1994. Green fluorescent protein as a marker for gene expression. *Science* **263:** 802–805.

Chan J, Calder GM, Doonan JH, Lloyd CW. 2003. EB1 reveals mobile microtubule nucleation sites in *Arabidopsis*. *Nat Cell Biol* **5:** 967–971.

Chang W, Gruber D, Chari S, Kitazawa H, Hamazumi Y, Hisanaga S, Bulinski JC. 2001. Phosphorylation of MAP4 affects microtubule properties and cell cycle progression. *J Cell Sci* **114:** 2879–2887.

Chen X, Kojima S, Borisy GG, Green KJ. 2003. p120 catenin associates with kinesin and facilitates the transport of cadherin-catenin complexes to intercellular junctions. *J Cell Biol* **163:** 547–557.

Cuschieri L, Miller R, Vogel J. 2006. γ-tubulin is required for proper recruitment and assembly of Kar9-Bim1 complexes in budding yeast. *Mol Biol Cell* **17:** 4420–4434.

Danuser G, Waterman-Storer CM. 2003. Quantitative fluorescent speckle microscopy: Where it came from and where it is going. *J Microsc* **211:** 191–207.

Dawe HR, Farr H, Portman N, Shaw MK, Gull K. 2005. The Parkin co-regulated gene product, PACRG, is an evolutionarily conserved axonemal protein that functions in outer-doublet microtubule morphogenesis. *J Cell Sci* **118:** 5421–5430.

Dawson SC, Sagolla MS, Mancuso JJ, Woessner DJ, House SA, Fritz-Laylin L, Cande WZ. 2007. Kinesin-13 regulates flagellar, interphase, and mitotic microtubule dynamics in *Giardia intestinalis*. *Eukaryot Cell* **6:** 2354–2364.

Dhamodharan R, Wadsworth P. 1995. Modulation of microtubule dynamic instability in vivo by brain microtubule associated proteins. *J Cell Sci* **108:** 1679–1689.

Dhonukshe P, Gadella TW Jr. 2003. Alteration of microtubule dynamic instability during preprophase band formation revealed by yellow fluorescent protein-CLIP170 microtubule plus-end labeling. *Plant Cell* **15:** 597–611.

Dhonukshe P, Vischer N, Gadella TW Jr. 2006. Contribution of microtubule growth polarity and flux to spindle assembly and functioning in plant cells. *J Cell Sci* **119:** 3193–3205.

Diamantopoulos GS, Perez F, Goodson HV, Batelier G, Melki R, Kreis TE, Rickard JE. 1999. Dynamic localization of CLIP-170 to microtubule plus ends is coupled to microtubule assembly. *J Cell Biol* **144:** 99–112.

Ding DQ, Chikashige Y, Haraguchi T, Hiraoka Y. 1998. Oscillatory nuclear movement in fission yeast meiotic prophase is driven by astral microtubules, as revealed by continuous observation of chromosomes and microtubules in living cells. *J Cell Sci* **111:** 701–712.

Dixit R, Cyr R. 2003. Cell damage and reactive oxygen species production induced by fluorescence microscopy: Effect on mitosis and guidelines for non-invasive fluorescence microscopy. *Plant J* **36:** 280–290.

Dixit R, Cyr R. 2004. Encounters between dynamic cortical microtubules promote ordering of the cortical array through angle-dependent modifications of microtubule behavior. *Plant Cell* **16:** 3274–3284.

Dixit R, Chang E, Cyr R. 2006. Establishment of polarity during organization of the acentrosomal plant cortical microtubule array. *Mol Biol Cell* **17:** 1298–1305.

Dragestein KA, van Cappellen WA, van Haren J, Tsibidis GD, Akhmanova A, Knoch TA, Grosveld F, Galjart N. 2008. Dynamic behavior of GFP-CLIP-170 reveals fast protein turnover on microtubule plus ends. *J Cell Biol* **180:** 729–737.

Durcan TM, Halpin ES, Rao T, Collins NS, Tribble EK, Hornick JE, Hinchcliffe EH. 2008. Tektin 2 is required for central spindle microtubule organization and the completion of cytokinesis. *J Cell Biol* **181:** 595–603.

Efimov A, Schiefermeier N, Grigoriev I, Ohi R, Brown MC, Turner CE, Small JV, Kaverina I. 2008. Paxillin-dependent stimulation of microtubule catastrophes at focal adhesion sites. *J Cell Sci* **121:** 196–204.

Errico A, Ballabio A, Rugarli EI. 2002. Spastin, the protein mutated in autosomal dominant hereditary spastic paraplegia, is involved in microtubule dynamics. *Hum Mol Genet* **11:** 153–163.

Evans K, Keller C, Pavur K, Glasgow K, Conn B, Lauring B. 2006. Interaction of two hereditary spastic paraplegia gene products, spastin and atlastin, suggests a common pathway for axonal maintenance. *Proc Natl Acad Sci* **103:** 10666–10671.

Evans KJ, Gomes ER, Reisenweber SM, Gundersen GG, Lauring BP. 2005. Linking axonal degeneration to microtubule remodeling by Spastin-mediated microtubule severing. *J Cell Biol* **168:** 599–606.

Faire K, Waterman-Storer CM, Gruber D, Masson D, Salmon ED, Bulinski JC. 1999. E-MAP-115 (ensconsin) associates dynamically with microtubules in vivo and is not a physiological modulator of microtubule dynamics. *J Cell Sci* **112:** 4243–4255.

Feierbach B, Verde F, Chang F. 2004. Regulation of a formin complex by the microtubule plus end protein tea1p. *J Cell Biol* **165:** 697–707.

Ferenz NP, Wadsworth P. 2007. Prophase microtubule arrays undergo flux-like behavior in mammalian cells. *Mol Biol Cell* **18:** 3993–4002.

Ferralli J, Ashby J, Fasler M, Boyko V, Heinlein M. 2006. Disruption of microtubule organization and centrosome function by expression of tobacco mosaic virus movement protein. *J Virol* **80:** 5807–5821.

Fink G, Steinberg G. 2006. Dynein-dependent motility of microtubules and nucleation sites supports polarization of the tubulin array in the fungus *Ustilago maydis*. *Mol Biol Cell* **17:** 3242–3253.

Folker ES, Baker BM, Goodson HV. 2005. Interactions between CLIP-170, tubulin, and microtubules: Implications for the mechanism of Clip-170 plus-end tracking behavior. *Mol Biol Cell* **16:** 5373–5384.

Furuta K, Toyoshima YY. 2008. Minus-end-directed motor Ncd exhibits processive movement that is enhanced by microtubule bundling in vitro. *Curr Biol* **18:** 152–157.

Gaillard J, Neumann E, Van Damme D, Stoppin-Mellet V, Ebel C, Barbier E, Geelen D, Vantard M. 2008. Two microtubule-associated proteins of *Arabidopsis* MAP65s promote antiparallel microtubule bundling. *Mol Biol Cell* **19:** 4534–4544.

Geldmacher-Voss B, Reugels AM, Pauls S, Campos-Ortega JA. 2003. A 90° rotation of the mitotic spindle changes the orientation of mitoses of zebrafish neuroepithelial cells. *Development* **130:** 3767–3780.

Glavaski-Joksimovic A, Thonabulsombat C, Wendt M, Eriksson M, Ma H, Olivius P. 2009. Morphological differentiation of tau-green fluorescent protein embryonic stem cells into neurons after co-culture with auditory brain stem slices. *Neuroscience* **162:** 472–481.

Goodson HV, Skube SB, Stalder R, Valetti C, Kreis TE, Morrison EE, Schroer TA. 2003. CLIP-170 interacts with dynactin complex and the APC-binding protein EB1 by different mechanisms. *Cell Motil Cytoskeleton* **55:** 156–173.

Goshima G, Wollman R, Goodwin SS, Zhang N, Scholey JM, Vale RD, Stuurman N. 2007. Genes required for mitotic spindle assembly in *Drosophila* S2 cells. *Science* **316:** 417–421.

Graf R, Daunderer C, Schliwa M. 2000. *Dictyostelium* DdCP224 is a microtubule-associated protein and a permanent centrosomal resident involved in centrosome duplication. *J Cell Sci* **113:** 1747–1758.

Grieder NC, de Cuevas M, Spradling, A.C. 2000. The fusome organizes the microtubule network during oocyte differentiation in *Drosophila*. *Development* **127:** 4253–4264.

Gu Y, Deng Z, Paredez AR, DeBolt S, Wang ZY, Somerville C. 2008. Prefoldin 6 is required for normal microtubule dynamics and organization in *Arabidopsis*. *Proc Natl Acad Sci* **105:** 18064–18069.

Han G, Liu B, Zhang J, Zuo W, Morris NR, Xiang X. 2001. The *Aspergillus* cytoplasmic dynein heavy chain and NUDF localize to microtubule ends and affect microtubule dynamics. *Curr Biol* **11:** 719–724.

Hartman JJ, Vale RD. 1999. Microtubule disassembly by ATP-dependent oligomerization of the AAA enzyme katanin. *Science* **286:** 782–785.

Hasezawa S, Ueda K, Kumagai F. 2000. Time-sequence observations of microtubule dynamics throughout mitosis in living cell suspensions of stable transgenic *Arabidopsis*—Direct evidence for the origin of cortical microtubules at M/G1 interface. *Plant Cell Physiol* **41:** 244–250.

Hazan I, Sepulveda-Becerra M, Liu H. 2002. Hyphal elongation is regulated independently of cell cycle in *Candida albicans*. *Mol Biol Cell* **13:** 134–145.

Heidemann SR, Kaech S, Buxbaum RE, Matus A. 1999. Direct observations of the mechanical behaviors of the cytoskeleton in living fibroblasts. *J Cell Biol* **145:** 109–122.

Hori T, Haraguchi T, Hiraoka Y, Kimura H, Fukagawa T. 2003. Dynamic behavior of Nuf2-Hec1 complex that localizes to the centrosome and centromere and is essential for mitotic progression in vertebrate cells. *J Cell Sci* **116:** 3347–3362.

Huang B, Huffaker TC. 2006. Dynamic microtubules are essential for efficient chromosome capture and biorientation in *S. cerevisiae*. *J Cell Biol* **175:** 17–23.

Illenberger S, Drewes G, Trinczek B, Biernat J, Meyer HE, Olmsted JB, Mandelkow EM, Mandelkow E. 1996. Phosphorylation of microtubule-associated proteins MAP2 and MAP4 by the protein kinase p110mark. Phosphorylation sites and regulation of microtubule dynamics. *J Biol Chem* **271:** 10834–10843.

Jacobs EC, Campagnoni C, Kampf K, Reyes SD, Kalra V, Handley V, Xie YY, Hong-Hu Y, Spreur V, Fisher RS, et al. 2007. Visualization of corticofugal projections during early cortical development in a tau-GFP-transgenic mouse. *Eur J Neurosci* **25:** 17–30.

Jensen S, Segal M, Clarke DJ, Reed SI. 2001. A novel role of the budding yeast separin Esp1 in anaphase spindle elongation: Evidence that proper spindle association of Esp1 is regulated by Pds1. *J Cell Biol* **152:** 27–40.

Kaech S, Ludin B, Matus, A. 1996. Cytoskeletal plasticity in cells expressing neuronal microtubule-associated proteins. *Neuron* **17:** 1189–1199.

Kamath K, Jordan MA. 2003. Suppression of microtubule dynamics by epothilone B is associated with mitotic arrest. *Cancer Res* **63:** 6026–6031.

Karpova N, Bobinnec Y, Fouix S, Huitorel P, Debec A. 2006. Jupiter, a new *Drosophila* protein associated with microtubules. *Cell Motil Cytoskeleton* **63:** 301–312.

Katz W, Weinstein B, Solomon F. 1990. Regulation of tubulin levels and microtubule assembly in *Saccharomyces cerevisiae:* Consequences of altered tubulin gene copy number. *Mol Cell Biol* **10:** 5286–5294.

Kaverina I, Krylyshkina O, Beningo K, Anderson K, Wang YL, Small JV. 2002. Tensile stress stimulates microtubule outgrowth in living cells. *J Cell Sci* **115:** 2283–2291.

Kimble M, Kuzmiak C, McGovern KN, de Hostos EL. 2000. Microtubule organization and the effects of GFP-tubulin expression in *Dictyostelium discoideum*. *Cell Motil Cytoskeleton* **47:** 48–62.

Kirik V, Herrmann U, Parupalli C, Sedbrook JC, Ehrhardt DW, Hulskamp M. 2007. CLASP localizes in two discrete patterns on cortical microtubules and is required for cell morphogenesis and cell division in *Arabidopsis*. *J Cell Sci* **120:** 4416–4425.

Kisurina-Evgenieva O, Mack G, Du Q, Macara I, Khodjakov A, Compton DA. 2004. Multiple mechanisms regulate NuMA dynamics at spindle poles. *J Cell Sci* **117:** 6391–6400.

Kodama A, Karakesisoglou I, Wong E, Vaezi A, Fuchs E. 2003. ACF7: An essential integrator of microtubule dynamics. *Cell* **115:** 343–354.

Komarova YA, Vorobjev IA, Borisy GG. 2002. Life cycle of MTs: Persistent growth in the cell interior, asymmetric transition frequencies and effects of the cell boundary. *J Cell Sci* **115:** 3527–3539.

Komarova Y, Lansbergen G, Galjart N, Grosveld F, Borisy GG, Akhmanova A. 2005. EB1 and EB3 control CLIP dissociation from the ends of growing microtubules. *Mol Biol Cell* **16:** 5334–5345.

Komarova Y, De Groot CO, Grigoriev I, Gouveia SM, Munteanu EL, Schober JM, Honnappa S, Buey RM, Hoogenraad CC, Dogterom M, et al. 2009. Mammalian end binding proteins control persistent microtubule growth. *J Cell Biol* **184:** 691–706.

Koonce MP, Kohler J, Neujahr R, Schwartz JM, Tikhonenko I, Gerisch G. 1999. Dynein motor regulation stabilizes interphase microtubule arrays and determines centrosome position. *EMBO J* **18:** 6786–6792.

Kosco KA, Pearson CG, Maddox PS, Wang PJ, Adams IR, Salmon ED, Bloom K, Huffaker TC. 2001. Control of microtubule dynamics by Stu2p is essential for spindle orientation and metaphase chromosome alignment in yeast. *Mol Biol Cell* **12:** 2870–2880.

Kremer BE, Haystead T, Macara IG. 2005. Mammalian septins regulate microtubule stability through interaction with the microtubule-binding protein MAP4. *Mol Biol Cell* **16:** 4648–4659.

Krylyshkina O, Kaverina I, Kranewitter W, Steffen W, Alonso MC, Cross RA, Small JV. 2002. Modulation of substrate adhesion dynamics via microtubule targeting requires kinesin-1. *J Cell Biol* **156:** 349–359.

Krylyshkina O, Anderson KI, Kaverina I, Upmann I, Manstein DJ, Small JV, Toomre DK. 2003. Nanometer targeting of microtubules to focal adhesions. *J Cell Biol* **161:** 853–859.

Kulic IM, Brown AE, Kim H, Kural C, Blehm B, Selvin PR, Nelson PC, Gelfand VI. 2008. The role of microtubule movement in bidirectional organelle transport. *Proc Natl Acad Sci* **105:** 10011–10016.

Langford KJ, Askham JM, Lee T, Adams M, Morrison EE. 2006. Examination of actin and microtubule dependent APC localisations in living mammalian cells. *BMC Cell Biol* **7:** 3.

Lauf U, Giepmans BN, Lopez P, Braconnot S, Chen SC, Falk MM. 2002. Dynamic trafficking and delivery of connexons to the plasma membrane and accretion to gap junctions in living cells. *Proc Natl Acad Sci* **99:** 10446–10451.

Lee L, Tirnauer JS, Li J, Schuyler SC, Liu JY, Pellman D. 2000. Positioning of the mitotic spindle by a cortical- microtubule capture mechanism. *Science* **287:** 2260–2262.

Lee S, Kolodziej PA. 2002. Short Stop provides an essential link between F-actin and microtubules during axon extension. *Development* **129:** 1195–1204.

Li Z, Kroboth K, Newton IP, Nathke IS. 2008. Novel self-association of the APC molecule affects APC clusters and cell migration. *J Cell Sci* **121:** 1916–1925.

Lin H, de Carvalho P, Kho D, Tai CY, Pierre P, Fink GR, Pellman D. 2001. Polyploids require Bik1 for kinetochore-microtubule attachment. *J Cell Biol* **155:** 1173–1184.

Lu M, Kosik KS. 2001. Competition for microtubule-binding with dual expression of tau missense and splice isoforms. *Mol Biol Cell* **12:** 171–184.

Ludin B, Doll T, Meili R, Kaech S, Matus A. 1996. Application of novel vectors for GFP-tagging of proteins to study microtubule-associated proteins. *Gene* **173:** 107–111.

Ma L, McQueen J, Cuschieri L, Vogel J, Measday V. 2007. Spc24 and Stu2 promote spindle integrity when DNA replication is stalled. *Mol Biol Cell* **18:** 2805–2816.

Ma X, Ehrhardt DW, Margolin W. 1996. Colocalization of cell division proteins FtsZ and FtsA to cytoskeletal structures in living *Escherichia coli* cells by using green fluorescent protein. *Proc Natl Acad Sci* **93:** 12998–13003.

Maddox P, Chin E, Mallavarapu A, Yeh E, Salmon ED, Bloom K. 1999. Microtubule dynamics from mating through the first zygotic division in the budding yeast *Saccharomyces cerevisiae*. *J Cell Biol* **144:** 977–987.

Maddox PS, Moree B, Canman JC, Salmon ED. 2003. Spinning disk confocal microscope system for rapid high-resolution, multimode, fluorescence speckle microscopy and green fluorescent protein imaging in living cells. *Methods Enzymol* **360:** 597–617.

Mahoney NM, Goshima G, Douglass AD, Vale RD. 2006. Making microtubules and mitotic spindles in cells without functional centrosomes. *Curr Biol* **16:** 564–569.

Marc J, Granger CL, Brincat J, Fisher DD, Kao T, McCubbin AG, Cyr RJ. 1998. A GFP-MAP4 reporter gene for visualizing cortical microtubule rearrangements in living epidermal cells. *Plant Cell* **10:** 1927–1940.

Martin A, O'Hare P, McLauchlan J, Elliott G. 2002. Herpes simplex virus tegument protein VP22 contains overlapping domains for cytoplasmic localization, microtubule interaction, and chromatin binding. *J Virol* **76:** 4961–4970.

Matheos D, Metodiev M, Muller E, Stone D, Rose MD. 2004. Pheromone-induced polarization is dependent on the Fus3p MAPK acting through the formin Bni1p. *J Cell Biol* **165:** 99–109.

Maxwell CA, Keats JJ, Crainie M, Sun X, Yen T, Shibuya E, Hendzel M, Chan G, Pilarski LM. 2003. RHAMM is a centrosomal protein that interacts with dynein and maintains spindle pole stability. *Mol Biol Cell* **14:** 2262–2276.

McNally K, Audhya A, Oegema K, McNally FJ. 2006. Katanin controls mitotic and meiotic spindle length. *J Cell Biol* **175:** 881–891.

Merdes A, Heald R, Samejima K, Earnshaw WC, Cleveland DW. 2000. Formation of spindle poles by dynein/dynactin-dependent transport of NuMA. *J Cell Biol* **149:** 851–862.

Miller RK, Rose MD. 1998. Kar9p is a novel cortical protein required for cytoplasmic microtubule orientation in yeast. *J Cell Biol* **140:** 377–390.

Mimori-Kiyosue Y, Shiina N, Tsukita S. 2000a. Adenomatous polyposis coli (APC) protein moves along microtubules and concentrates at their growing ends in epithelial cells. *J Cell Biol* **148:** 505–518.

Mimori-Kiyosue Y, Shiina N, Tsukita S.. 2000b. The dynamic behavior of the APC-binding protein EB1 on the distal ends of microtubules. *Curr Biol* **10:** 865–868.

Mimori-Kiyosue Y, Matsui C, Sasaki H, Tsukita S. 2007. Adenomatous polyposis coli (APC) protein regulates epithelial cell migration and morphogenesis via PDZ domain-based interactions with plasma membranes. *Genes Cells* **12:** 219–233.

Molk JN, Salmon ED, Bloom K. 2006. Nuclear congression is driven by cytoplasmic microtubule plus end interactions in *S. cerevisiae*. *J Cell Biol* **172:** 27–39.

Mollinari C, Kleman JP, Jiang W, Schoehn G, Hunter T, Margolis RL. 2002. PRC1 is a microtubule binding and bundling protein essential to maintain the mitotic spindle midzone. *J Cell Biol* **157:** 1175–1186.

Morrison EE. 2007. Action and interactions at microtubule ends. *Cell Mol Life Sci* **64:** 307–317.

Moss DK, Wilde A, Lane JD. 2009. Dynamic release of nuclear RanGTP triggers TPX2-dependent microtubule assembly during the apoptotic execution phase. *J Cell Sci* **122:** 644–655.

Nakaseko Y, Goshima G, Morishita J, Yanagida M. 2001. M phase-specific kinetochore proteins in fission yeast: Microtubule-associating Dis1 and Mtc1 display rapid separation and segregation during anaphase. *Curr Biol* **11:** 537–549.

Nakata T, Hirokawa N. 2003. Microtubules provide directional cues for polarized axonal transport through interaction with kinesin motor head. *J Cell Biol* **162:** 1045–1055.

Niccoli T, Nurse P. 2002. Different mechanisms of cell polarisation in vegetative and shmooing growth in fission yeast. *J Cell Sci* **115:** 1651–1662.

Niethammer P, Bastiaens P, Karsenti, E. 2004. Stathmin-tubulin interaction gradients in motile and mitotic cells. *Science* **303:** 1862–1866.

Oegema K, Desai A, Rybina S, Kirkham M, Hyman AA. 2001. Functional analysis of kinetochore assembly in *Caenorhabditis elegans*. *J Cell Biol* **153:** 1209–1226.

Olson KR, McIntosh JR, Olmsted JB. 1995. Analysis of MAP 4 function in living cells using green fluorescent protein (GFP) chimeras. *J Cell Biol* **130:** 639–650.

Ozer RS, Halpain S. 2000. Phosphorylation-dependent localization of microtubule-associated protein MAP2c to the actin cytoskeleton. *Mol Biol Cell* **11:** 3573–3587.

Patel-Hett S, Richardson JL, Schulze H, Drabek K, Isaac NA, Hoffmeister K, Shivdasani RA, Bulinski JC, Galjart N, Hartwig JH, et al. 2008. Visualization of microtubule growth in living platelets reveals a dynamic marginal band with multiple microtubules. *Blood* **111:** 4605–4616.

Perez F, Diamantopoulos GS, Stalder R, Kreis TE. 1999. CLIP-170 highlights growing microtubule ends in vivo. *Cell* **96:** 517–527.

Perez F, Pernet-Gallay K, Nizak C, Goodson HV, Kreis TE, Goud B. 2002. CLIPR-59, a new trans-Golgi/TGN cytoplasmic linker protein belonging to the CLIP-170 family. *J Cell Biol* **156:** 631–642.

Petrulis JR, Kusnadi A, Ramadoss P, Hollingshead B, Perdew GH. 2003. The hsp90 co-chaperone XAP2 alters importin β recognition of the bipartite nuclear localization signal of the Ah receptor and represses transcriptional activity. *J Biol Chem* **278:**

2677–2685.

Piehl M, Cassimeris L. 2003. Organization and dynamics of growing microtubule plus ends during early mitosis. *Mol Biol Cell* **14:** 916–925.

Piehl M, Tulu US, Wadsworth P, Cassimeris L. 2004. Centrosome maturation: Measurement of microtubule nucleation throughout the cell cycle by using GFP-tagged EB1. *Proc Natl Acad Sci* **101:** 1584–1588.

Pierce DW, Hom-Booher N, Otsuka AJ, Vale RD. 1999. Single-molecule behavior of monomeric and heteromeric kinesins. *Biochemistry* **38:** 5412–5421.

Pizon V, Gerbal F, Diaz CC, Karsenti E. 2005. Microtubule-dependent transport and organization of sarcomeric myosin during skeletal muscle differentiation. *EMBO J* **24:** 3781–3792.

Popov AV, Pozniakovsky A, Arnal I, Antony C, Ashford AJ, Kinoshita K, Tournebize R, Hyman AA, Karsenti E. 2001. XMAP215 regulates microtubule dynamics through two distinct domains. *EMBO J* **20:** 397–410.

Popova JS, Greene AK, Wang J, Rasenick MM. 2002. Phosphatidylinositol 4,5-bisphosphate modifies tubulin participation in phospholipase Cβ1 signaling. *J Neurosci* **22:** 1668–1678.

Poser I, Sarov M, Hutchins JR, Heriche JK, Toyoda Y, Pozniakovsky A, Weigl D, Nitzsche A, Hegemann B, Bird AW, et al. 2008. BAC TransgeneOmics: A high-throughput method for exploration of protein function in mammals. *Nat Methods* **5:** 409–415.

Pratt T, Sharp L, Nichols J, Price DJ, Mason JO. 2000. Embryonic stem cells and transgenic mice ubiquitously expressing a tau-tagged green fluorescent protein. *Dev Biol* **228:** 19–28.

Purro SA, Ciani L, Hoyos-Flight M, Stamatakou E, Siomou E, Salinas PC. 2008. Wnt regulates axon behavior through changes in microtubule growth directionality: A new role for adenomatous polyposis coli. *J Neurosci* **28:** 8644–8654.

Raemaekers T, Ribbeck K, Beaudouin J, Annaert W, Van Camp M, Stockmans I, Smets N, Bouillon R, Ellenberg J, Carmeliet G. 2003. NuSAP, a novel microtubule-associated protein involved in mitotic spindle organization. *J Cell Biol* **162:** 1017–1029.

Rehberg M, Graf, R. 2002. *Dictyostelium* EB1 is a genuine centrosomal component required for proper spindle formation. *Mol Biol Cell* **13:** 2301–2310.

Rogers GC, Rusan NM, Peifer M, Rogers SL. 2008. A multicomponent assembly pathway contributes to the formation of acentrosomal microtubule arrays in interphase *Drosophila* cells. *Mol Biol Cell* **19:** 3163–3178.

Rogers SL, Rogers GC, Sharp DJ, Vale RD. 2002. *Drosophila* EB1 is important for proper assembly, dynamics, and positioning of the mitotic spindle. *J Cell Biol* **158:** 873–884.

Rolls MM, Satoh D, Clyne PJ, Henner AL, Uemura T, Doe CQ. 2007. Polarity and intracellular compartmentalization of *Drosophila* neurons. *Neural Dev* **2:** 7.

Rusan NM, Fagerstrom CJ, Yvo, AM, Wadsworth P. 2001. Cell cycle–dependent changes in microtubule dynamics in living cells expressing green fluorescent protein-α tubulin. *Mol Biol Cell* **12:** 971–980.

Salaycik KJ, Fagerstrom CJ, Murthy K, Tulu US, Wadsworth P. 2005. Quantification of microtubule nucleation, growth and dynamics in wound-edge cells. *J Cell Sci* **118:** 4113–4122.

Sampson K, Heath IB. 2005. The dynamic behaviour of microtubules and their contributions to hyphal tip growth in *Aspergillus nidulans*. *Microbiology* **151:** 1543–1555.

Samsonov A, Yu JZ, Rasenick M, Popov SV. 2004. Tau interaction with microtubules in vivo. *J Cell Sci* **117:** 6129–6141.

Schmoranzer J, Simon SM. 2003. Role of microtubules in fusion of post-Golgi vesicles to the plasma membrane. *Mol Biol Cell* **14:** 1558–1569.

Schwartz K, Richards K, Botstein D. 1997. BIM1 encodes a microtubule-binding protein in yeast. *Mol Biol Cell* **8:** 2677–2691.

Seong YS, Kamijo K, Lee JS, Fernandez E, Kuriyama R, Miki T, Lee KS. 2002. A spindle checkpoint arrest and a cytokinesis failure by the dominant-negative polo-box domain of Plk1 in U-2 OS cells. *J Biol Chem* **277:** 32282–32293.

Shaner NC, Campbell RE, Steinbach PA, Giepmans BN, Palmer AE, Tsien RY. 2004. Improved monomeric red, orange and yellow fluorescent proteins derived from *Discosoma* sp. red fluorescent protein. *Nat Biotechnol* **22:** 1567–1572.

Shaner NC, Patterson GH, Davidson MW. 2007. Advances in fluorescent protein technology. *J Cell Sci* **120:** 4247–4260.

Sharma N, Bryant J, Wloga D, Donaldson R, Davis RC, Jerka-Dziadosz M, Gaertig J. 2007. Katanin regulates dynamics of microtubules and biogenesis of motile cilia. *J Cell Biol* **178:** 1065–1079.

Shaw SL, Kamyar R, Ehrhardt DW. 2003. Sustained microtubule treadmilling in *Arabidopsis* cortical arrays. *Science* **300:** 1715–1718.

Shelden E, Wadsworth P. 1993. Observation and quantification of individual microtubule behavior in vivo: Microtubule dynamics are cell-type specific. *J Cell Biol* **120:** 935–945.

Shiina N, Tsukita S. 1999. Mutations at phosphorylation sites of *Xenopus* microtubule-associated protein 4 affect its microtubule-binding ability and chromosome movement during mitosis. *Mol Biol Cell* **10:** 597–608.

Srayko M, Buster DW, Bazirgan OA, McNally FJ, Mains PE. 2000. MEI-1/MEI-2 katanin-like microtubule severing activity is required for *Caenorhabditis elegans* meiosis. *Genes Dev* **14:** 1072–1084.

Stamer K, Vogel R, Thies E, Mandelkow E, Mandelkow EM. 2002. Tau blocks traffic of organelles, neurofilaments, and APP vesicles in neurons and enhances oxidative stress. *J Cell Biol* **156:** 1051–1063.

Stein GS, Stein JL, Lian JB, Last TJ, Owen T, McCabe L. 1994. Synchronization of normal diploid and transformed mammalian cells. In *Cell Biology: A laboratory handbook* (ed. JE Celis). Academic, San Diego.

Stepanova T, Slemmer J, Hoogenraad CC, Lansbergen G, Dortland B, De Zeeuw CI, Grosveld F, van Cappellen G, Akhmanova A, Galjart N. 2003. Visualization of microtubule growth in cultured neurons via the use of EB3-GFP (end-binding protein 3-green fluorescent protein). *J Neurosci* **23:** 2655–2664.

Straight AF, Marshall WF, Sedat JW, Murray AW. 1997. Mitosis in living budding yeast: Anaphase A but no metaphase plate. *Science* **277:** 574–578.

Straube A, Brill M, Oakley BR, Horio T, Steinberg G. 2003. Microtubule organization requires cell cycle-dependent nucleation at dispersed cytoplasmic sites: Polar and perinuclear microtubule organizing centers in the plant pathogen *Ustilago maydis*. *Mol Biol Cell* **14:** 642–657.

Striepen B, Crawford MJ, Shaw MK, Tilney LG, Seeber F, Roos DS. 2000. The plastid of *Toxoplasma gondii* is divided by association with the centrosomes. *J Cell Biol* **151:** 1423–1434.

Strome S, Powers J, Dunn M, Reese K, Malone CJ, White J, Seydoux G, Saxton W. 2001. Spindle dynamics and the role of γ-tubulin in early *Caenorhabditis elegans* embryos. *Mol Biol Cell* **12:** 1751–1764.

Sun Q, Margolin W. 1998. FtsZ dynamics during the division cycle of live *Escherichia coli* cells. *J Bacteriol* **180:** 2050–2056.

Takano Y, Oshiro E, Okuno T. 2001. Microtubule dynamics during infection-related morphogenesis of *Colletotrichum lagenarium*. *Fungal Genet Biol* **34:** 107–121.

Tirnauer JS, O'Toole E, Berrueta L, Bierer BE, Pellman D. 1999. Yeast Bim1p promotes the G1-specific dynamics of microtubules. *J Cell Biol* **145:** 993–1007.

Tulu US, Rusan NM, Wadsworth P. 2003. Peripheral, non-centrosome-associated microtubules contribute to spindle formation in centrosome-containing cells. *Curr Biol* **13:** 1894–1899.

Unsworth A, Masuda H, Dhut S, Toda T. 2008. Fission yeast kinesin-8 Klp5 and Klp6 are interdependent for mitotic nuclear retention and required for proper microtubule dynamics. *Mol Biol Cell* **19:** 5104–5115.

Van Damme D, Van Poucke K, Boutant E, Ritzenthaler C, Inze D, Geelen D. 2004. In vivo dynamics and differential microtubule-binding activities of MAP65 proteins. *Plant Physiol* **136:** 3956–3967.

Vaughan KT, Tynan SH, Faulkner NE, Echeverri CJ, Vallee RB. 1999. Colocalization of cytoplasmic dynein with dynactin and CLIP-170 at microtubule distal ends. *J Cell Sci* **112:** 1437–1447.

Vaughan PS, Miura P, Henderson M, Byrne B, Vaughan KT. 2002. A role for regulated binding of p150^{Glued} to microtubule plus ends in organelle transport. *J Cell Biol* **158:** 305–319.

Vyas JM, Kim YM, Artavanis-Tsakonas K, Love JC, Van der Veen AG,

Ploegh HL. 2007. Tubulation of class II MHC compartments is microtubule dependent and involves multiple endolysosomal membrane proteins in primary dendritic cells. *J Immunol* **178:** 7199–7210.

Wang YL, Taylor DL. 1979. Distribution of fluorescently labeled actin in living sea urchin eggs during early development. *J Cell Biol* **81:** 672–679.

Wang YL, Heiple JM, Taylor DL. 1982a. Fluorescent analog cytochemistry of contractile proteins. *Methods Cell Biol* **25:** 1–11.

Wang YL, Lanni F, McNeil PL, Ware BR, Taylor DL. 1982b. Mobility of cytoplasmic and membrane-associated actin in living cells. *Proc Natl Acad Sci* **79:** 4660–4664.

Weinstein B, Solomon F. 1990. Phenotypic consequences of tubulin overproduction in *Saccharomyces cerevisiae:* Differences between α-tubulin and β-tubulin. *Mol Cell Biol* **10:** 5295–5304.

Wianny F, Bernat A, Huissoud C, Marcy G, Markossian S, Cortay V, Giroud P, Leviel V, Kennedy H, Savatier P, et al. 2008. Derivation and cloning of a novel rhesus embryonic stem cell line stably expressing tau-green fluorescent protein. *Stem Cells* **26:** 1444–1453.

Williams DW, Tyrer M, Shepherd D. 2000. Tau and tau reporters disrupt central projections of sensory neurons in *Drosophila. J Comp Neurol* **428:** 630–640.

Wittmann T, Waterman-Storer CM. 2005. Spatial regulation of CLASP affinity for microtubules by Rac1 and GSK3β in migrating epithelial cells. *J Cell Biol* **169:** 929–939.

Yen TJ, Machlin PS, Cleveland DW. 1988. Autoregulated instability of β-tubulin mRNAs by recognition of the nascent amino terminus of β-tubulin. *Nature* **334:** 580–585.

Zhu Z, Zheng T, Lee CG, Homer RJ, Elias JA. 2002. Tetracycline-controlled transcriptional regulation systems: Advances and application in transgenic animal modeling. *Semin Cell Dev Biol* **13:** 121–128.

Zimmerman S, Chang F. 2005. Effects of γ-tubulin complex proteins on microtubule nucleation and catastrophe in fission yeast. *Mol Biol Cell* **16:** 2719–2733.

（王静　译　方玉达　校）

第 33 章　膜系统和膜运输的活细胞成像

Erik Lee Snapp and Patrick Lajoie

Department of Anatomy and Structural Biology，AlbertEinstein College of Medicine. Bronx，New York 10461

真核细胞是一个十分精密的膜系统，包含由细胞内膜分隔成的各种细胞器：内质网、核膜、高尔基体（Golgi complex，GC）、溶酶体、内体、细胞膜穴样内陷、线粒体和过氧化物酶体（图 1 和图 2），各种细胞器有不同的功能。由于绿色荧光蛋白（green fluorescent protein，GFP）的开发和荧光显微成像技术的进展使得可以在活细胞内追踪细胞内细胞器的位置和动态。研究结果揭示了细胞器是如何保持稳定状态和分布，如何生长和分裂，如何通过运输膜泡的形成和运动来在同种或不同种细胞器之间交换蛋白质和脂类。

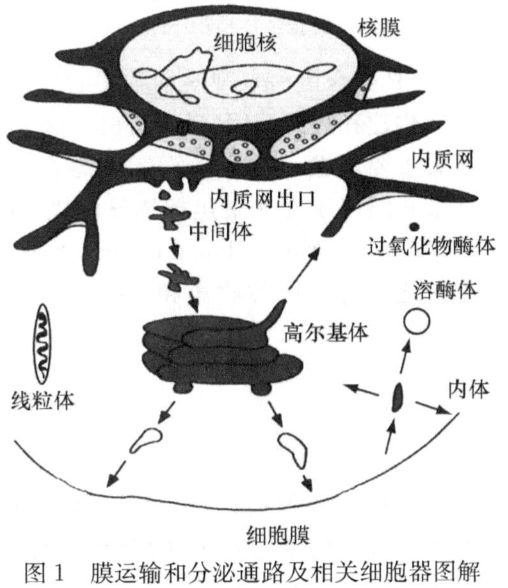

图 1　膜运输和分泌通路及相关细胞器图解

大多数膜蛋白和分泌蛋白是与翻译同步转运到内质网的。内质网是进行蛋白质修饰和转运的细胞器，核膜也是内质网的一部分。新合成的蛋白质被分拣到内质网的出口，进入到小泡，转运到中间体（intermediate compartments，VTC）进行分拣，然后转运到高尔基体或运回到内质网。到达高尔基体顺面的扁平膜囊内的蛋白质不断被分拣转运到高尔基体反面（*trans*－Golgi net work，TGN）或运回到之前的结构中。转运到 TGN 的蛋白质被进一步分拣转运到细胞膜、内体或溶酶体。细胞膜上的蛋白质可以被回收到内体上，从而再回到膜上，或者转运到 TGN，或是分拣到次级内体，也可能到溶酶体中进行降解。转运到线粒体和过氧化物酶体的蛋白质是与膜运输无关的转录后途径。线粒体的功能包括产生 ATP 和合成脂类。过氧化物酶体的功能包括脂类代谢和还原氧化自由基

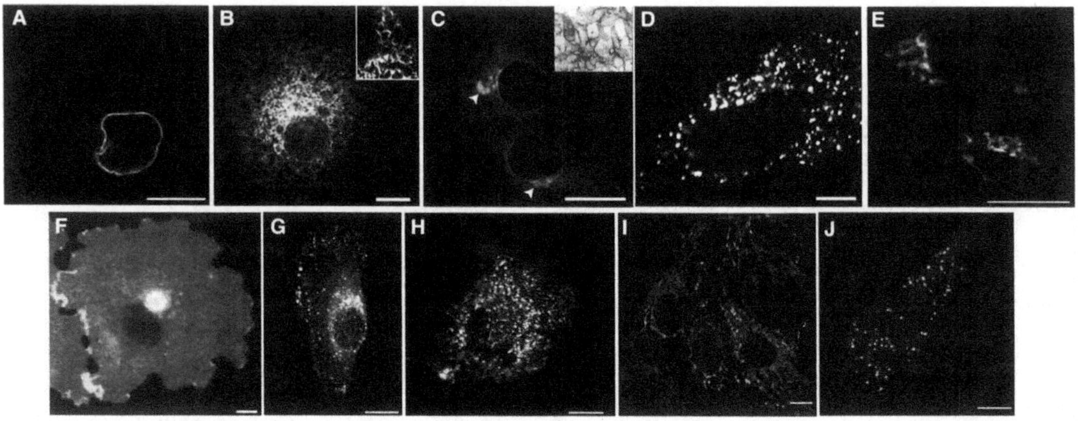

图 2　哺乳动物细胞内细胞器的荧光标记

A. Lamin B 受体（GFP 融合蛋白）标记的 COS-7 细胞核膜；B. Cytochrome B（GFP 融合蛋白）标记的 COS-7 细胞内质网（小图：典型的内质网系统细节图）；C. 在 COS-7 细胞中过表达 p450-mGFP 诱发的滑面内质网增生（小图：大图中白箭头所标出的电子显微镜照片，Maura Francolini 授权使用）；D. 正常大鼠肾脏（NRK）细胞表达内质网出口标记蛋白 Sec13-YFP；E. Madin～Daryby 犬科肾脏（MDCK）细胞表达高尔基体标记蛋白 GalT-GFP；F. MDCK 细胞表达细胞膜标记蛋白 GPI-GFP；G. NRK 细胞表达内体标记蛋白 CFP-Rab5；H. 小鼠乳腺 PyMT 肿瘤细胞表达细胞膜穴样内陷标记蛋白 Cav1-mRFP；I. MDCK 细胞被线粒体染色剂 mitotracker 标记；J. HeLa 细胞表达过氧化物酶体标记蛋白 DsRed-SKL。标尺为 10μm

这章内容介绍如何利用 GFP 融合蛋白来观察细胞器的行为和追踪运输膜泡在细胞器间的运动。首先，介绍如何构建和表达 GFP 融合蛋白。这一步对于优化 GFP 融合蛋白的发光强度和表达水平至关重要，进一步决定了 GFP 融合蛋白能否很好地用于观察细胞内的膜系统。其次，详细介绍用激光共聚焦扫描显微镜（confocal laser-scanning microscope，CLSM）进行时程成像（time-lapse imaging）的实验方案，包括用光漂白来标记细胞器和运输膜泡。之后介绍图像收集和数据分析的方法。最后介绍一些干扰膜运输的常用方法和新兴技术。

实验设置

为了观察细胞器的动态和膜运输的过程，一个能够观测多种荧光标记和高分辨率显微镜系统是必不可少的。激光共聚焦显微镜（CLSM）满足了这些要求。另外，新的 CLSM 还可以进行选择性的光漂白，这对于膜运输成像是非常有用的。为收集哺乳动物附着的单层细胞，物镜一般使用 Plan-Neo 40×数值孔径（NA）1.3 的油镜和 Plan-Apo 63×NA1.4 的油镜以保证高分辨率和有效地从一个薄的共聚焦层收集光。当样品比较厚时，如果蝇（drosophila）胚胎，使用 63×、NA1.2 的水镜来增加工作距离。

观测胞内运输需要高速成像技术。新一代的超高速共聚焦显微镜，如 Zeiss 公司的 LSM5 LIVE、PerkinElmer 公司的转盘式共聚焦显微镜和 Nikon 公司的 LiveScan SFC 可以达到 512×512 大小的图像以每秒 180 帧的速度成像。虽然研究膜泡运输经常借助于颗粒追踪软件来跟踪单个膜泡，但在现在的成像速度下很容易辨清同一膜泡在不同帧图像间的对应位置（图 3）。

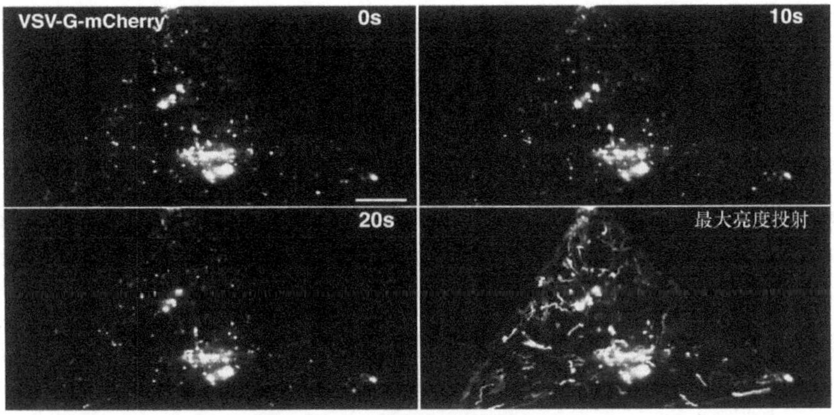

图 3　膜泡运输的高速成像

用 Zeiss DuoScan 显微镜以 1a. u.（艾里单位）分辨率，每秒 10 帧的成像速度观测一个表达 VSV－G－mCherry 的 COS－7 细胞。只有高尔基体和单个的转运膜泡可见。在 20s 的时段中，膜泡的分布发生了变化。在低的成像速度下，很难追踪单个膜泡在不同帧图像中的位置，因此经常需要用颗粒追踪算法来计算每个膜泡的路径。相反，在高速成像的条件下，如果把所有的图像用最大亮度的投射，每个膜泡经过的所有位置会重叠形成一个清楚的路线。每个路线的长度可以被测量，再除以时间来计算每个膜泡的运动速度。标尺为 15μm

为了保持细胞内正常的生物活动和显微镜对焦的稳定，成像时需要控制温度。有的实验还需要恒温模块，或者保持温度不变。环境实验箱，或者是更经济的替代品，如空气流载物台控温器（Model ASI 400 Air Stream Stage Incubator，Nevtek 公司，Burnsville，Virginia），可以有效地保持恒温，使细胞可以顺利完成有丝分裂。盖玻片或恒温箱的温度应该用合适的温度探头（如 Thermolyne Pyrometer、Cole－Parmer 公司、Vernon Hills，Illinois）进行实时监控。为了更精密地控制温度，我们的实验室用恒温套（可从 Bioptechs 公司购买）包在物镜上。

设置成像腔室

在成像前，表达 GFP 融合蛋白的细胞需要培养或者被附着在盖玻片上。盖玻片的厚度需要配合物镜的倍数来选择以免造成显著的球面像差（如 63×和 100×物镜需要配 1.5 号盖玻片）。长有细胞的盖玻片需要放在一个装有成像缓冲培养基的腔室中。图 4 解释了如何利用在硅胶片上打孔制作简单经济的成像腔室。

许多公司（Lab－Tek chambers，Nunc 公司，Rochester，New York 和 MatTek dishes，MatTek Corporation 公司，Ashland，Massachusetts）出售的成像腔室是在盖玻片上粘贴单独的塑料腔室。另外一种是把玻片放在具有良好光学性质的塑料腔室中用于高分辨显微镜［Integrated BioDiagnostic（ibidi），Munich，Germany］。这种成像腔室便于实验中的加药操作，但价格比较昂贵，而且只能用于倒置成像的显微镜。为了避免培养液挥发和碱化，可以用凡士林或硅润滑油将成像腔室的盖子密封，或者在培养液表面加一层矿物油。

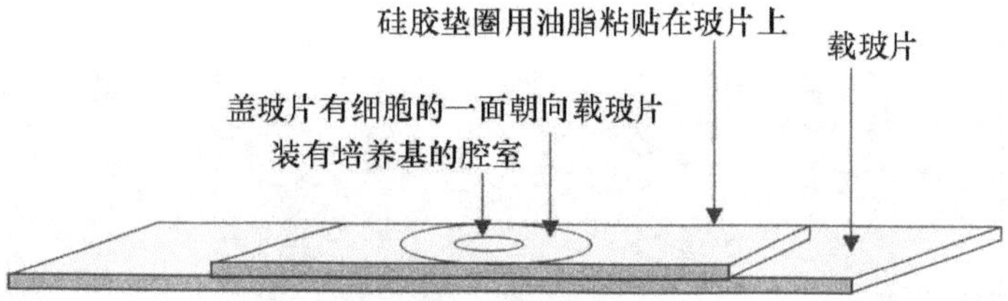

图 4　硅胶垫圈成像腔室图解

一张中间有孔的硅胶垫圈被粘贴在玻片上，孔部形成一个凹陷。凹陷中加入成像培养基，将附着有细胞的盖玻片有细胞面朝下（朝向培养基）盖在孔上。毛细作用使得盖玻片紧紧附着在硅胶片上。多余的培养基可以用吸水纸吸走

悬浮培养的细胞可以黏着在用多聚赖氨酸［5～10mg/mL，溶于磷酸盐缓冲液(PBS)］浸泡处理 15min 后的盖玻片或 Lab～Tek 腔室培养玻片上，盖玻片或腔室浸泡处理后用 PBS 清洗 2 次。处理过的玻片需在一周内使用。悬浮培养的细胞用 PBS 清洗 3 次，然后在多聚赖氨酸处理过的载玻片上黏附 2～5min，之后用 PBS 迅速清洗 2 次以洗掉没有附着的细胞，再加入成像用的缓冲液。

克隆和表达细胞器导向的 GFP 融合蛋白

在活细胞中研究（时程成像或连续切片进行三维重建成像）膜结合细胞器以及运输通路时，需收集同一细胞的多帧图像。因此应该使用亮度最高、稳定性最好的 GFP 变体以保证成像质量。增强型 GFP 变体 Venus 以及 Cerulean 和 mCherry 是最佳选择(Shaner et al. 2007)。

因为某些 GFP 变体在高浓度下会形成二聚体而影响膜结构，或者在青色荧光蛋白-黄色荧光蛋白（CFP－YFP）的荧光共振能量转移（FRET）实验中造成假阳性（Zacharias et al. 2002)，所以在实验中推荐使用 GFP 单体（Snapp et al. 2003)。同样也推荐使用单体红色荧光蛋白（RFP)（Shaner et al. 2007)。

除了 GFP 本身的亮度，也需要优化 GFP 融合蛋白的表达强度来保证细胞内有足够的荧光亮度。使用具有高强度启动子的载体来增强转录效率和合适的密码子来提高翻译效率对提高 GFP 融合蛋白的表达和荧光强度十分重要，尤其在背景中细胞自体荧光较强的情况下。

虽然有多种方法可以提高蛋白质的表达水平，但是过高表达可能会造成负面影响，如蛋白质聚合或者是蛋白质导向通路超负载，从而造成不正确的蛋白质定位。在蛋白质上融合连续两个 GFP，可以在不提高蛋白质表达的情况下提高亮度（Zaal et al. 1999)。

当 GFP 融合蛋白的表达被优化之后，下一个要证明的问题是其是否正确靶向和定位。最简单的方法是比较检测到的亲本分子与没有表达融合蛋白的经固定和通透化的同类细胞进行该蛋白质的免疫荧光染色结果，如果二者总体分布相似，则证明插入 GFP 并不影响蛋白质的定位。如果不同，则可能是加上的标记影响了蛋白质的正确定位，或者是表达量太大造成打靶向通路饱和。如果是后一种情况，降低蛋白质表达水平应该有帮助，途径有降低转染 DNA 的量或者筛选稳定细胞系以及使用弱启动子。另

外也有可能是抗体染色不能反映亲本蛋白的分布，因为抗体识别的抗原表位在固定时以某种途径被遮盖了。

如果融合蛋白能够恢复突变、缺失系细胞的表型或者融合蛋白整合入了一个有功能的大分子结构，则表明 GFP 标记的亲本蛋白的功能是正常的。如果 GFP 融合蛋白不能像亲本蛋白一样定位和产生功能，解决的途径之一是改变 GFP 插入的位置。例如，如果一开始 GFP 插入在蛋白质 N 端，可以换到 C 端，反之亦然。更详细的关于载体构建的讨论请参见本书第 2 章。

利用光漂白标记转运中间体

在细胞中表达 GFP 融合蛋白时，某些细胞器或结构可能显得比别的结构亮很多，或者两个不同但相邻的结构都被标记而难以分辨。为了分辨亮度较弱或者非常接近的细胞器，可以使用反向漂白后荧光恢复技术（IFRAP）或者选择性光漂白技术。两种技术都需要激光共聚焦显微镜（CLSM）来漂白一个特异的感兴趣区域（region of interest，ROI）。IFRAP 是将一个细胞器周围的荧光全部光漂白来观察这个细胞器向外的运输。应用此技术，图 5 A 中显示高尔基体中的糖磷脂酰肌醇-绿色荧光蛋白（glycosyl phosphatidylinositol - GFP，GPI - GFP）迅速转运出来并向细胞膜转移的过程。使用 IFRAP 时，需要观察的细胞器的荧光亮度不能过饱和。详细的光漂白技术解释请参见第 5 章。

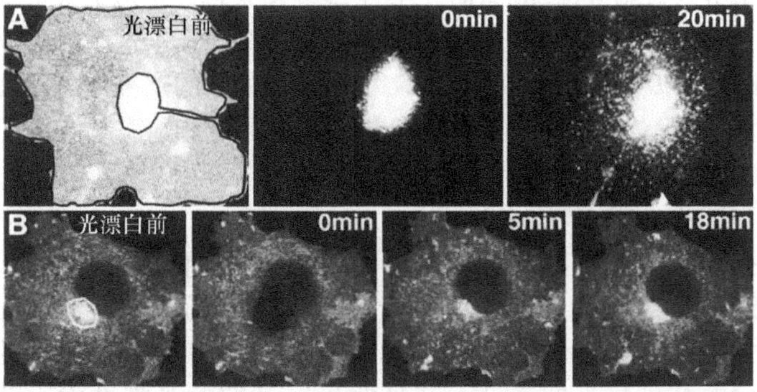

图 5　IFRAP 和选择性光漂白

A. 第一张图显示光漂白之前 GPI - GFP 在高尔基体和细胞膜上定位和之间的运输情况。细胞上黑线圈出部分的荧光全部被漂白（IFRAP），从而可以实时观察从高尔基体向外到细胞膜的运输。B. 当白框线内高尔基体上的荧光全部被漂白，实时观察整个细胞中荧光蛋白向高尔基体的运输。实验方案 2 和 3 介绍了如何用 CLSM 来对选定的胞内区域进行光漂白

选择性光漂白可以消除荧光强度高的细胞器对亮度低的细胞器的遮盖影响，或者用来观察经过或者流向某个细胞器的运输。例如，通过观察表达 GFP 融合蛋白的高尔基体上的荧光被漂白后的恢复情况来进行定量或定性分析（图 5B）（Nichols et al. 2001）。进行选择性光漂白需要定义一个合适的细胞器或结构区域作为 ROI，进而优化实验条件保证 ROI 之内的或者之外的区域被漂白。当漂白一个较亮的区域来观察较暗的区域时，要保证较暗的区域显得足够亮但不会过饱和。无需担心较亮的区域是否会过饱和，因为这个区域将被漂白。实验方案 2 和 3 描述了如何应用 CLSM 对一个选择

的细胞区域进行光漂白。

使用光激活的 GFP

为了实时追踪一个蛋白质群体，生化学家通常进行脉冲标记。光激活和光控开关荧光蛋白（如 PA - GFP、PS - CFP2 和 mEos）使得活细胞成像中的脉冲标记成为可能。它们可以用来标记蛋白质、细胞器或细胞（Shaner et al. 2007）。不同荧光蛋白的激活方式不同。实验方案 4 介绍了 PA-GFP 的使用方法（Patterson and Lippincott - Schwartz 2002）。

数据分析

膜运动

时程成像数据记录了荧光物体的运动。为了分析物体运动的轨迹和速度，两张图片中物体位置间的距离必须从像素转化为实际长度。通过明场显微镜用同样的物镜和相机成像已知长度的校准标尺可以计算出换算的比例，从而计算实际所追踪物体运动的实际长度。长度除以两张图片间隔的时间就可以计算出速度。在坐标纸上画出每幅图上物体的位置则可以得到运动轨迹。

在 ImageJ（http：//rsbweb. nih. gov/ij/）中写一个宏程序可以大大简化这一过程。宏程序的目的是操作者可以用鼠标在一个图像层叠中的每一图层点击选中目标物体，物体的位置和速度被自动输出成可以被图形软件识别的文本文件，物体的路径也可以被输出成为图像文件。本书第 13 章和第 15 章详细讲述了如何分析活细胞数据和追踪动态运动。

计算蛋白质浓度的变化

转运或者分拣是否会影响某个胞内结构中 GFP 融合蛋白的数量通常是个很重要的问题。为了回答这个问题，首先，设定一个区域作为目标，设定其附近一个区域作为背景来计算荧光强度。测量这两个区域在一次时程成像中的每张图中的平均荧光强度。确保目标区域不会游移到焦平面之外，并且背景区域的荧光强度没有意外变化。其次，将背景区域的荧光强度从目标区域的荧光强度中扣除。如果不是测量平均强度而是总强度，要确保目标区域和背景区域的大小，即总像素一样，或者用面积归一化来校正强度的值。用原始数据、背景数据和根据背景校正过的数据对应时间作图。

另外，用整个视野中的荧光总强度的对数值对应时间作图可以更容易地看出光漂白的过程，光漂白量应该呈现平滑的指数下降。如果实验过程中有任何因为焦点漂移造成的问题，都会在图上造成突然或者振荡的变化。

观察膜运输与细胞器的实验试剂和实验方案

药物

可以用来研究细胞器的分布和运输的药物有很多。这节将介绍几种常用药品的靶点和使用方法。这些药品可从市场上的主要供应商处购得，如 Sigma～aldrich、Roche 和 Calbiochem 公司。所有的药品必须按一次性的用量分装保存待每次使用，或者在实验前新鲜配制。

注意：有几种药品具有毒性，使用前要仔细阅读安全须知，保证安全操作。

备注：＜！＞表示该物品有毒；请参考附录正确处理。

布雷菲德菌素 A

布雷菲德菌素 A（Brefeldin A，BFA）＜！＞是一种真菌代谢产物，可以破坏 Arf1 的功能，诱发高尔基体释放 COPⅠ，导致高尔基体到内质网的重分布（Sciaky et al. 1997）。为了破坏高尔基体，用每毫升含有 5mg BFA 的成像培养基（储备液为 5mg/mL 的乙醇溶液，－20℃储存）在 37℃处理细胞 15～30min。用不含 BFA 的培养基快速润洗 3 次以去除残留的 BFA。高尔基体会在 1h 内恢复（Lippincott－Schwartz et al. 1989）。

微管阻断剂：噻氨酯哒唑（nocodazole）和秋水仙碱（colchicine）

许多与分泌和内吞相关的细胞器（包括内质网、高尔基体、内含体和溶酶体）与微管构成的细胞骨架相连。因此，破坏微管会对这些细胞器的分布造成很大的影响。例如，高尔基体会从靠近细胞核的位置分散为数百个小的靠近内质网出口的膜泡（图 6）（Cole et al. 1996）。为了在短时间内破坏微管，可以把细胞在加有微管阻断剂的成像培养基中置冰上培养 10min。这些药物阻断微管的重聚合。噻氨酯哒唑＜！＞（储备液为 5mg/mL 的 DMSO 溶液，－20℃储存）的使用浓度为 5mg/mL。秋水仙碱＜！＞（储备液为 50mmol/L 的水溶液，－20℃储存）的使用浓度为 1mmol/L。

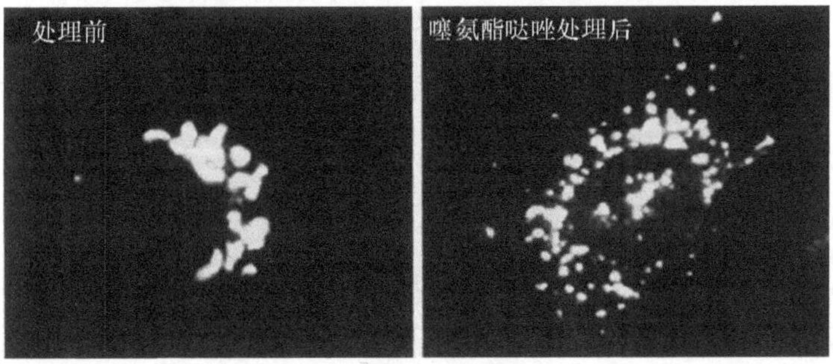

图 6　在被多聚甲醛固定过的 HeLa 细胞中用抗甘露糖苷酶Ⅱ（antimannosidase Ⅱ）抗体和有荧光标记的二抗染色的高尔基体。在未被药物处理过的细胞中，高尔基体是致密的并在细胞核周围。用微管阻断剂噻氨酯哒唑处理 1h 后，高尔基体重新分布到整个细胞内的内质网出口处

肌动蛋白解聚药品

黑色素体等细胞器的运动和吞噬小体的形成依靠肌动蛋白。为解聚肌动蛋白，一般在成像培养液中加入 1～20μmol/L 细胞分裂抑素 B（cytochalasin B）＜！＞（储备液为 10mmol/L 的 DMSO 溶液，－20℃储存）在 37℃培养 15～60min，或者在成像培养液中加入 0.2～10μg/mL 的拉春库林 A（latrunculin A）＜！＞（储备液为 10mmol/L

的 DMSO 或乙醇溶液，−20℃储存）在 37℃培养 1～12h。

氟化铝

氟化铝（aluminum fluoride，AIF）处理可持续激活异元三聚体 G 蛋白（Gilman 1987）和诱发外周壳蛋白与高尔基体膜的结合。后一种效应阻断蛋白质在分泌通路的运输。加入细胞 10min 后，内质网到高尔基体和高尔基体到细胞膜的运输都会被 AIF 阻断（Hirschberg et al. 1998）。AIF＜！＞需要在使用前新鲜配制，配方为 60nmol/L AlCL3 和 20mmol/L NaF＜！＞的成像培养基混合溶液。细胞需处理 30min 到 3h。

ATP 耗竭

许多细胞器的功能依靠三磷酸腺苷（adenosine-5′-triphosphate，ATP）。与膜运输最相关的一点是 ATP 耗竭会阻断细胞骨架马达蛋白和膜泡运输。为了减少细胞毒性，ATP 耗竭不能超过 45min。为了耗竭 ATP，细胞被培养在没有葡萄糖的生长培养基中（无糖培养基）。培养基应含有 10％透析过的血清、2mmol/L 谷氨酸、50mmol/L 2-脱氧葡萄糖（储备液为 1mol/L 的水溶液，4℃储存）和 0.02％的叠氮化钠＜！＞（NaN_3，储备液为 1mol/L 的水溶液，室温储存）。无糖培养基需要新鲜配制。大多数胞内 ATP 在 15min 内将被耗尽。

蛋白质合成阻断剂

为了阻断真核细胞的蛋白质合成，一般在成像缓冲液中 37℃下根据细胞类型使用 10～150μg/mL 的环己酰亚胺（cycloheximide）＜！＞（储备液为 10mg/mL 的水溶液，−20℃储存），或在成像缓冲液中使用 20～1000μmol/L 的嘌呤霉素（puromycin）（储备液为 100mmol/L 的水溶液，−20℃储存）在 37℃培养 10min。嘌呤霉素是一种氨基-mRNA 的结构类似物。

小分子化合物

对于膜运输的了解得益于新技术的发展对各种通路的分子机制的剖析。小分子（分子质量不大于 500Da 的碳基化合物）可以与蛋白质结合而迅速抑制其正常功能（Kawasumi and Ngheim 2007）。使用小分子比操纵基因更灵活，也可以避免长期的蛋白质失活而带来的细胞适应性改变。高通量筛选化学分子库发现了一些对微管（Gerdes and Katsanis 2005）或内吞运输（Saenz et al. 2007）有影响的小分子，而类似的可应用的小分子数目还在持续增加。相关课题的研究者应该密切关注这方面的进展以帮助自己的研究。

温度阻断

蛋白质分泌通路中不同步骤对温度降低的敏感性不同。例如，在 20℃培养细胞会造成分泌蛋白在反面高尔基网状系统（*trans*-Golgi network，TGN）中累积，而在

15℃培养则会造成同样的蛋白质在运输膜泡（vesicular transport carry，VTC）中累积（Griiths et al. 1989）。

在 15℃（5%二氧化碳浓度）的条件下培养细胞 1～3h 可以阻断蛋白质在内质网出口的运输。之后，可以将细胞置于正常温度下观察此过程的后效应，也可以继续在 15℃下观察（利用可控温的目镜，或者是在某个容器中装上干冰，再用某种吹风装置将其上的低温空气输入成像腔室），或者固定细胞进行免疫染色以及其他的一些研究。同理，在 20℃培养细胞则可以阻断蛋白质在顺面 GC 和 GC 中间膜囊的运输以便后续研究。

小干扰 RNA

小干扰 RNA（small interfering RNA，siRNA）常被用来抑制基因表达，从而抑制某些生物学过程。利用 siRNA 降低各种参与分泌或者内吞通路的蛋白质表达对于研究细胞的膜运输有很大的帮助。需要注意的一点是不同蛋白质的周转率不同，为了让蛋白质表达降低到所需水平，在转染 siRNA 之后需要等待的时间因蛋白质不同而不同。另外，不同细胞类型对同一蛋白质表达水平的容忍度不一样，故而对该蛋白质表达降低耐受度也会不同。在研究某个蛋白质失效对于运输的影响时，最佳的研究方案是结合药物处理和 siRNA 来对短期和长期的效果进行全面的评估。

染色剂

许多细胞器特异性的染色剂可用于活细胞成像。例如，线粒体特异性染色剂（MitoTracker）（图 21）、溶酶体特异性染色剂（LysoTracker）、高尔基体特异性染色剂（Bodipy Ceramide）、内质网特异性染色剂（ER tracker）、细胞膜特异性染色剂（FM 1-43 FX）和内体特异性染色剂（rhodamine-transferrin）。完整的列表可以在 Molecular Probes/Invitrogen 公司的产品目录或网站上（http：//www. probes. com）找到。这些染色剂可以和 GFP 融合蛋白配合使用，但是不能用于光漂白或者 FRAP 实验，因为一旦被光漂白就会释放出有毒物质伤害细胞。有些染色剂的特异性不够强，可能会同时标记多个细胞器。例如，$DIOC_6$（3）在低浓度下主要标记线粒体，但是在高浓度下也可以标记内质网。在使用这些染色剂时应该严格遵循生产厂商建议的实验条件。更改缓冲液或者溶度很可能造成非特异性的染色。

ts045 水泡性口炎病毒糖蛋白-GFP 融合蛋白

ts045 温度敏感性水泡性口炎病毒糖蛋白（vesicular stomatitis virus glycoprotein，VSVG）是在膜运输研究中经常用到的一种蛋白质（Presley et al. 1997）。这种单次穿膜的糖蛋白在正确折叠和三聚化的情况下会被运输到细胞膜上（Bergmann 1989）。如果温度高于 40℃，这种蛋白质就不能正确折叠，也不能与分子伴侣结合，从而滞留在内质网中。在 40℃培养细胞会使得内质网中大量滞留这种蛋白质；而一旦温度降低到 32℃，就可以观察该蛋白质从内质网向外运输及后续的过程（图 7）（Hirschberg et al. 1998）。

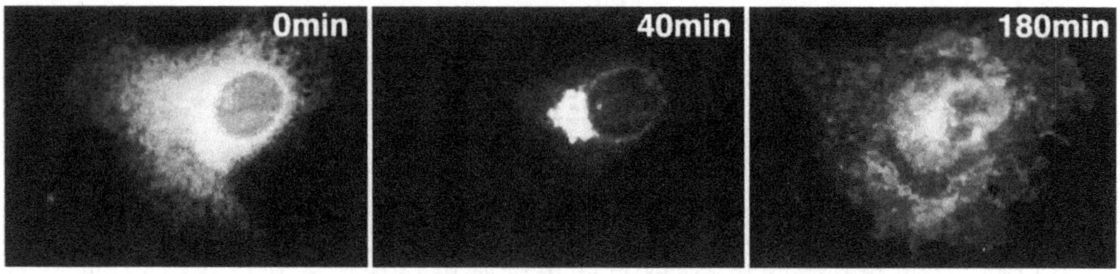

图 7　Cos-7 细胞中 ts045 VSVG-GFP 在分泌通路中的运输

VSVG-GFP 在 40℃的条件下会聚集于内质网中（0min）。当温度降到 32℃，大多数蛋白质在 40min 内已经被转运到高尔基体中。180min 后，大多数蛋白质已经到达细胞膜和内体

荧光蛋白替代物

荧光融合蛋白是活细胞成像一种强有力的工具，但是它也有一定的局限性。它增大了蛋白质的分子质量，可能会影响蛋白质的定位（Andresen et al. 2004）。一种替代的方法就是用更短的氨基酸链来标记蛋白质，再用识别这个多肽的染色剂来显色。例如，Invitrogen 公司提供的 FlAsh-EDT2 和 ReAsH-EDT2 会在与一个含有 4 个半胱氨酸（cysteine，Cys）的特异蛋白序列（Cys-Cys-Pro-Gly-Cys-Cys）结合后发光（参见本书第 25 章）。但是半胱氨酸的存在使得这种多肽标记不适用于在某些分泌细胞器具有氧化环境的内腔中标记蛋白质。

实验方案 1

活细胞时程成像

讲述如何利用激光共聚焦荧光显微镜对一种或多种荧光标记进行时程成像。

材料

标有<R>的试剂请参考本章最后的配方制备。

试剂

表达所需 GFP 融合蛋白的细胞系

成像培养基<R>

仪器

激光共聚焦显微镜（CLSM）

温度控制组件

方法

参见问题排除

（1）设置 CLSM 及相关组件。

研究者应该对 CLSM 的操作有基本的了解，必须了解包括针孔（pinhole）、扫描速度、放大倍数、检测器增益、线平均、激光功率、光漂白和收集多时间点图像的概念和操作。很多 CLSM 提供多个可调的数据采集参数，如图像大小（512 像素×512 像素、1024 像素×1024 像素等），数据密度（8 位、12 位或 16 位）以及文件类型。在选择参数前应该先了解将要使用的图像处理软件。例如，有些软件不能处理 12 位的图像，或者只能处理 PGM（portable graymap）类型的文件而不能处理 TIFF（taggerd - image file format）类型。

（2）预热成像载物台到 37℃或者其他所需温度，预热激光发射器至少 30min 以避免在成像过程中产生能量波动。参见“成像腔室的设置”一节来设置将要观察的活细胞，然后进行成像。

（3）选择感兴趣的细胞，调整焦距。在预期条件下（包括激发光强度、线平均、放大倍数等）先扫描一张整个细胞的图片。调节针孔和检测器增益以得到最大的荧光强度和最少的饱和像素（强度超过检测器测量范围的像素，如在 8 位图中强度超过

255)。

将饱和像素减到最少是很关键的，因为这部分的数据相当于被丢失掉了。不管其实际的亮度如何、是否相同，饱和的像素点在收集的图像中都会被认为是亮度为 255（对 8 位图来说）。检测器增益和补偿要根据荧光分子的浓度、激光强度、细胞器或成像区域的大小和厚度来调节。在观察荧光蛋白表达浓度高和低的不同细胞时应该记录下所用的探头增益数据。

（4）在实践中确定在整个成像过程中对细胞造成最小光漂白的成像条件（包括扫描速度、激光强度和显微镜物镜）。用成像软件来测量实验过程中整个细胞的荧光强度。

荧光强度的定量是为了检测整个实验过程中细胞光漂白的程度。如果整个细胞在实验过程中荧光强度显著降低，在解释数据时就需要把这个因素考虑进来，而且应该尽量避免产生这种情况。

（5）成像应使用 40mW 的 488/514nm 的氩激光源，45%～60%的强度，1%～5%的透光率。

也可在同样条件下使用 25mW 的 488nm 氩激光源。543nm 的激光源通常使用 15%～50%的透光率，而 633nm 的激光源通常使用 1%～5%的透光率。为了观察比较快的现象，通常在 0.798～3s 每帧（512×512）的速度下，不进行线平均或者每两条线平均一次来对细胞成像。为了进一步提高速度，可以在感兴趣的细胞结构周围设置 ROI 来缩小成像范围。为了更进一步提高速度，则可以利用新一代的 CLSM（如 Zeiss710、Olympus FV100 和 Leica SP5）双向扫描成像。如果是观察比较慢的现象，则可以增加每次成像之间的时间间隔（如 3s 到几分钟）。

参见问题排除

（6）因为许多运输过程相对较快，实验时需要优化快速成像的条件。当需要同时观察两种不同的荧光标记时，应该选择一对激发光和发射光的光谱都相隔较远的荧光分子，以便于同时通过不同的检测器同时成像（利用光电倍增器）。

最新型号的 CLSM（如 Zeiss710 和 Leica SP5）在发射光的接收和分离的设置上给了用户很大的调节空间。如果两种荧光间的渗滤不可避免，则需要单独成像。为了达到和同时成像相似的速率，新的 CLSM 提供了线成像的功能，也就是每扫描一条水平线都改变激发光源分别成像。这样在观察动态过程时，比对每帧图像分别成像更容易监测到两种荧光的共定位。

（7）收集 10 帧最初的图像来检测基础荧光强度和分布。这些图像将被用来确认荧光强度在整个成像过程中是否有显著变化。

（8）每个实验都应该收集多组数据来确定其可重复性和进行统计分析。

为了增加数据量而又不牺牲数据质量，可以收集 2048×2048 的图像而不是 512×512 的图像，这样得到的 1 帧图像质量相当于在 4 倍放大倍数下的 4 帧 512×512 的图像。虽然成像时间会增加，但是得到的细胞数量会更多。

常见问题排除

这里会介绍一些常见的成像问题和解决方法。

问题（开始前）：细胞自发荧光造成的噪声。

解决方案：在 400～488nm 的激发光下，溶酶体会产生强烈的自体荧光。降低激发光强度和使用更窄的激发光滤光片可以降低自发荧光。另外，不要在培养基内使用酚红和高的血清浓度（大于 20%）。

问题［步骤（5）］：荧光分子在成像过程中过于快速地被漂白。

解决方案：使用中性滤光片或者降低声光调制器的电压来降低激发光强度，同时调高检测器增益以提高对光的采集率；或者也可以降低图像采集的频率。

问题［步骤（5）］：虽然激发光强度稳定，但是发射光强度随时间变化。

解决方案：如果这种现象不是应为细胞自有的生物过程（如荧光分子的聚集和分解）造成的，那很可能是因为焦点变化或者是激发光源的输出不稳定。要保持焦点，可以手动调节或者用 CLSM 自带的软件自动跟踪调节。如果怀疑是光源输出的问题，则需要对荧光珠成像来检测发射光强度是否稳定。有时不稳定是光源的输入被调得太低造成的，这时可以试试把输出调到 50%。如果还是不能解决问题，则需要联系显微镜公司来检测调试。

问题［步骤（5）］：焦点漂移。

解决方案：为了减轻这种状况，可以使用形态相对扁平的细胞系（如 COS－7 或 U－2 OS）。使用数值孔径较低的物镜，将针孔部分或全部打开。提前把样品设置到和物镜同一温度来避免盖玻片或者成像腔室在成像过程中热胀冷缩。另外，要把样品在成像台上固定好。

实验方案 2

用 CLSM 进行光漂白

讲述如何利用 CLSM 对选定区域进行光漂白。

材料

标有＜R＞的试剂请参考本章最后的配方制备。

试剂

表达所需 GFP 融合蛋白的细胞系
成像培养基＜R＞

仪器

荧光共聚焦显微镜（CLSM）
温度控制组件

方法

（1）遵循实验方案 1 中所述设置实验条件。选择所感兴趣的细胞，调整焦距。在预期条件下（包括激发光强度、线平均、放大倍数等）先扫描一张整个细胞的图片。调节针孔和探头增益以得到最大的荧光强度和最少的饱和像素。

（2）定义一个 ROI 来进行光漂白。在实践中确定光漂白的条件（包括扫描速度、激光强度、放大倍数和有效光漂白的最小扫描次数）以使得在光漂白之后 ROI 中的荧光强度降到和背景相似。

对大多数细胞器来说，进行光漂白需要 100～1000 倍于成像条件的激光强度，重复 1～10 次（每次 0.1～2s）。对 EGFP 或 EYFP 推荐使用 40mW、488/514nm 的氩激光源、45%～60%强度、100%透光率。RFP 可以用 543nm 或 561nm 的激光源，100%透光率。ECFP 可以用 405nm 或 413nm 的激光源。强紫外线（UV）对细胞的杀伤性很大，所以一般不用 UV 进行光漂白。

实验方案 3

运用老型号 CLSM 进行光漂白

光漂白实验也可以在老型的、不支持选择性光漂白的 CLSM 上进行。这是通过在高倍镜下对一个小区域反复用全激光强度扫描来实现的。

材料

标有<R>的试剂请参考本章最后的配方制备。

试剂

表达所需 GFP 融合蛋白的细胞系
成像培养基<R>

仪器

荧光共聚焦显微镜（CLSM）
温度控制组件

方法

（1）遵循实验方案 1 中所述设置实验条件。选择感兴趣的细胞，调整焦距。在预期条件下（包括激发光强度、线平均、放大倍数等）先扫描一张整个细胞的图片。调节针孔和检测器增益以得到最大的荧光强度和最少的饱和像素。

（2）用最高倍数（通常是 8～32 倍，不同显微镜的情况不同）使得视野（也就是选定要漂白的区域）最小。在高倍镜下，激光在一个 ROI 上扫描一条线所需的时间较长，故而可以有更多的漂白效果。

（3）把激光源强度设到最大，去掉光路上所有的中性滤光片。

（4）扫描（漂白）所选区域。

实验方案 4

用激光激活可光激活的荧光蛋白

本方案介绍了激活最早应用的可光激活荧光蛋白之一 PA－GFP 的步骤（Patterson and Liooincott－Schwartz 2002）。

材料

标有<R>的试剂请参考本章最后的配方制备。

试剂

转染了 PA－GFP 或者其他相似蛋白质的未激活的细胞系
成像培养基<R>

仪器

激光共聚焦荧光显微镜（CLSM）

方法

（1）在稳定或者瞬时转染但未激活的细胞中，用低强度的 405nm 或 413nm 激光（413nm Enterprise II 离子激光源，1％透光率或者 5μW 强度）或 488nm 激光（40mW 氩激光源，1％透光率或者 1mW 强度）激发，通过 505nm 长波通滤光片来观察细胞。在 488nm 的激发光下荧光强度应该在不超过背景。

（2）用高强度紫外线激光（1mW 的 413nm 激光）快速扫描来激活细胞或 ROI 中的可光激活荧光蛋白。操作方法与实验方案 2 中光漂白的操作方法一样。

扫描的次数和激光的透光率需要在实践中摸索。使用 Zeiss 510 典型的方法是用 413nm 的激光用 5％的透光率在放大倍数为 3 和扫描速度为 8 的条件下用数值孔径为 1.4 的 63×油镜进行单次扫描。

（3）光激活之后，在 488nm 的激发光下，被激活区域的荧光强度应该增长 10×～100×。

也可以用汞电弧灯进行光激活，但是这样就失去了对细胞或胞内结构的特异性。这种方法在光激活前先用 GFP 的激发光对细胞成像，然后用汞电弧灯在 CFP 滤光片下激活，时间长短应通过实验确定，然后在再次用 GFP 的成像条件来观测。

配方

成像培养基

不含酚红的细胞培养基（如 RPMI 或 DMEM）

10％胎牛血清

2mmol/L 谷氨酸

25mmol/L HEPES 缓冲液（pH 7.4）

参考文献

Andresen M, Schmitz-Salue R, Jakobs S. 2004. Short tetracysteine tags to β-tubulin demonstrate the significance of small labels for live cell imaging. *Mol Biol Cell* **15:** 5616–5622.

Bergmann JE. 1989. Using temperature-sensitive mutants of VSV to study membrane protein biogenesis. *Methods Cell Biol* **32:** 85–110.

Cole NB, Sciaky N, Marotta A, Song J, Lippincott-Schwartz J. 1996. Golgi dispersal during microtubule disruption: Regeneration of Golgi stacks at peripheral endoplasmic reticulum exit sites. *Mol Biol Cell* **7:** 631–650.

Gerdes JM, Katsanis N. 2005 Small molecule intervention in microtubule-associated human disease. *Hum Mol Genet* **14:** R291–R300.

Gilman AG. 1987. G proteins: Transducers of receptor-generated signals. *Annu Rev Biochem* **56:** 615–649.

Griffiths G, Fuller SD, Hollinshead M, Pfeiffer S, Simons K. 1989. The dynamic nature of the Golgi complex. *J Cell Biol* **108:** 277–297.

Hirschberg K, Miller CM, Ellenberg J, Presley JF, Siggia ED, Phair RD, Lippincott-Schwartz J. 1998. Kinetic analysis of secretory protein traffic and characterization of Golgi to plasma membrane transport intermediates in living cells. *J Cell Biol* **143:** 1485–1503.

Kawasumi M, Nghiem P. 2007. Chemical genetics: Elucidating biological systems with small-molecule compounds. *J Invest Dermatol* **127:** 1577–1584.

Lippincott-Schwartz J, Yuan LC, Bonifacino JS, Klausner RD. 1989. Rapid redistribution of Golgi proteins into the ER in cells treated with brefeldin A: Evidence for membrane cycling from Golgi to ER. *Cell* **56:** 801–813.

Miyawaki A, Sawano A, Kogure T. 2003. Lighting up cells: Labelling proteins with fluorophores. *Nat Cell Biol* **Sep;Suppl:** S1–S7.

Nichols BJ, Kenworthy A, Polishchuk RS, Lodge R, Roberts TH, Hirschberg, K, Phair RD, Lippincott-Schwartz J. 2001. Rapid cycling of lipid raft markers between the cell surface and Golgi complex. *J Cell Biol* **153:** 529–542.

Patterson GH, Lippincott-Schwartz, J. 2002. A photoactivatable GFP for selective photolabeling of proteins and cells. *Science* **297:** 1873–1877.

Presley JF, Cole NB, Schroer TA, Hirschberg K, Zaal KJM, Lippincott-Schwartz J. 1997. ER-to-Golgi transport visualized in living cells. *Nature* **389:** 81–85.

Sciaky N, Presley J, Smith C, Zaal KJM, Cole N, Moreira JE, Terasaki M, Siggia E, Lippincott-Schwartz J. 1997. Golgi tubule traffic and the effects of brefeldin A visualized in living cells. *J Cell Biol* **139:** 1137–1155.

Saenz JB, Doggett TA, Haslam DB. 2007. Identification and characterization of small molecules that inhibit intracellular toxin transport. *Infect Immun* **75:** 4552–4561.

Shaner NC, Patterson GH, Davidson MW. 2007. Advances in fluorescent protein technology. *J Cell Sci* **120:** 4247–4260.

Snapp E, Hegde R, Colombo S, Borgese N, Francolini M, Lippincott-Schwartz J. 2003. Formation of stacked cisternae by low affinity protein interactions. *J Cell Biol* **163:** 257–269.

Wu X, Bowers B, Wei Q, Kocher B, Hammer JA 3rd. 1997. Myosin V associates with melanosomes in mouse melanocytes: Evidence that myosin V is an organelle motor. *J Cell Sci* **110:** 847–859.

Zaal KJM, Smith CL, Polishchuk RS, Altan N, Cole NB, Ellenberg J, Hirschberg K, Presley JF, Roberts TH, Siggia E, et al. 1999. Golgi membranes are absorbed into and reemerge from the ER during mitosis. *Cell* **99:** 589–601

Zacharias DA, Violin JD, Newton AC, Tsien RY. 2002. Partitioning of lipid-modified monomeric GFPs into membrane microdomains of live cells. *Science* **296:** 913–916.

（何苗　译　方玉达　校）

第 34 章 机械应力下的活细胞成像

Brian P. Helmke[1] and Peter F. Davies[2]

[1]Department of Biomedical Engineering, Robert M. Berne Cardiovascular Research Center, University of Virginia, Charlottesville, Virginia 22908; [2]Department of Pathology and Laboratory Medicine, Institute for Medicine and Engineering, University of Pennsylvania, Philadelphia, Pennsylvania 19104

细胞对机械刺激的反应牵涉许多组织在结构和功能方面的适应性。例如，细胞机制介导了机械负载情况下的骨骼和骨骼肌重塑，呼吸肌造成损伤时的肺功能，内耳听力下降，血流介导心血管病理生理学。由于我们的许多工作研究血管生物力学，因此本章我们主要聚焦研究离体血管内皮细胞的技术；而且，相似的技术也可用于研究其他细胞类型。

为什么对机械应力下的离体血管细胞进行成像

在血管壁，小动脉血流自动调节的两个主要机制依赖于血管壁细胞的功能。第一，针对摩擦性切变应力作用在血液-组织界面的内皮层，血流介导的血管扩张反应发生。来自内皮细胞的机械化学信号使附近的平滑肌细胞收缩，这样增加了血管的直径。这种反应降低了驱动血流通过血管的压力梯度并使容积流速回到基线。第二，小动脉压的增加或者血管壁外周牵拉导致血管平滑肌细胞收缩使血管收缩。这种肌原性反应限制了通过血管的容积流速并使其回到基线水平。生理性控制血流到外周器官主要依赖这两种急性血管调节反应的平衡。

尽管活体显微镜可直接观察微循环中的细胞过程（第 24 章和第 26 章），但对于在较大动脉机械刺激反应产生的细胞内相互作用和细胞间动力学进行直接测量还是极具挑战的事情。另外，精确进行局部血流动力学力学曲线的测量在技术上通常是困难的，而实验主体生理学变化也妨碍了对流体动力学参数的控制。所以，在体环境的复杂性通常限制了精确的机制阐述。机械刺激的离体模型提供了精确控制刺激和监视细胞反应的方法。从生物医学工程学的角度看，这将促进细胞行为的预测性模型的发展，从而产生基于控制血管功能的新的治疗方法。

对内皮细胞施加剪切应力的离体模型依赖于流式培养皿，这种皿只是近年来用于观察活细胞。使用这种皿的图像采集方法可以让我们获取高时间分辨率、高空间分辨率，以便理解细胞介导的管理血管功能的机制。例如，血流动力学剪切应力迅速导致暂时性细胞间活化，它在多信号网络活动中发挥作用（Davies，1995）。这些活动中最快的包括：异源三聚体 G 蛋白活化，氯、钾和体积调节负离子等通道开放的开发，细胞间钙浓度的增加，化学介质如 NO 或前列腺素的产生。由于这些过程发生在局部血流动力学属性改变几秒后，而这种改变需要在流体剪切应力应用中迅速测量生化功能才能得到。尽管细胞反应的时域变化通常能间接获得，但细胞内的机械和化学反应的空间分布却需要直接可视化。这样的例子包括增加的细胞膜脂类侧向运动和细胞骨架成分的非均匀位移、变形、聚合发生的优势部位。这些事件必须在亚细胞尺度 F 进行监测才能阐明机械化学传感机制。因此，要具体研究机械化学信号机制而采集机械导致的反应必须在细胞外力作用下进行活细胞成像。

关于生物力学模型的活细胞成像

为了解释受力后产生的细胞行为，现象模型基于一般细胞结构，细胞质的力学属性依赖细胞骨架结构。在一个模型里，细胞骨架依赖于弹性纤维之间的张力和支架之间的应力交联在一起，形成一个网络（Wang et al. 1993）。实际上，接近细胞边缘的黏连位置断裂后导致明显的向细胞体弹性回缩。这个模型已经扩展到细胞核，如实验性拉细胞表面导致细胞核变形。另有一个相似的模型说明了细胞质内细胞骨架是一个对施加压力或张力导致相位转变的黏弹性多聚体胶体。在这个模型里，局部施加的外力随着距离远离施力点而逐渐消失，所以细胞内较远位置外力不能直接感受（Heidemann et al. 1999）。在用微量管戳或者磁珠扭曲细胞表面的过程中，细胞骨架相关成分局部区域的相对位移也支持这个模型。比较清楚的是：介导机械化学信号转导的细胞质内的机械反应存在于不太好理解的复杂方式中。机械压力下的高分辨率活细胞图像为检测这种模型提供实验方法。

最近在活细胞图像分析方面的进展揭示了与在亚细胞尺度水平被这些模型推测的机械性交互作用相关的一些新细节。例如，剪切力的发生导致中间丝异质位移，意味着流体剪切力导致细胞骨架中机械事件的空间梯度。中间丝网络中的机械张力高度会聚在细胞内分散的位置，说明细胞骨架张力重新分布在推测的和单分子支架（如黏着斑）相关的位置。只有经过剪切力启动时的活内皮细胞四维荧光数据仔细量化分析后，这样的张力焦点才能被检测到（见下文）。这样的量化光学分析已经揭示了与机械化学信号转导启动相关的细胞间机械行为的新细节。

观察机械压力下活细胞的培养皿

前面章节（第 18 章）讨论的许多细节对于成功地进行机械压力下的活细胞成像过程是非常关键的。这些细节包括为了满足细胞对机械压力的适应性的长时间观察，而对培养皿和物镜的温度控制和无菌状态的维护。另外，为了细胞间过程精确的三维荧光重建，因为绝大多数显微镜物镜根据 0.17μm 厚盖玻片设计，因此要使用一个 1.5 号的盖玻片。如同第 18 章和第 31～33 章介绍的，应选择尽量降低对荧光强度影响的流体介质。这里介绍应力情况下活细胞图像时需要特殊考虑的因素。

受力情况下的盖玻片稳定性

对于亚细胞分辨率下的精确延时图像，与盖玻片移动有关的几个错误来源必须减少和清除。接近显微镜载物台的空气流或温度改变通常导致焦点漂移。要减少房间空气流，要为显微镜选择一个有相对稳定空气流和温度的地方或安装通风口从显微镜偏转空气流。对于一个封闭的培养皿试验，通过隔离显微镜载物台在环境罩中局部封闭皿周围的气流。这个办法能降低隔夜试验的温度变化，一般由于要保存能量需要晚上调节温控器的设置。进入观察皿中的液体应该保持和已经在观察皿中的液体相等的温度以防止焦面由于传导引起的温度梯度而漂移。并且，高数值孔径物镜应该加热以避免由于介质液体造成的热量丧失。

应用机械外力到细胞这样的实验性干预可能导致盖玻片在三维空间的移动。使用厚玻璃设计的培养皿降低受外力情况的盖玻片位移，但高分辨率荧光图像需要的 1.5 号盖玻片随着细胞受力明显折曲。甚至更重要的是施加张力的仪器使用能弯曲或震动的弹性基质。在延时实验时，通过在细胞表面设置固定可靠的定位标志可以将随盖玻片或基质移动的细胞成分位移扣除。例如，盖玻片上细胞底层的荧光微球可被用来追踪测量盖玻片的位移（本章末的流程 1）。小于等于 200nm 的微球很容易被检测，选择何种荧光波长对测量没有影响。在三维图像中，共平面的微球代表盖玻片表面。在二维图像里，可选择保持稳定形状并且在焦的一系列微球最大程度确定微球在盖玻片表面。这样一系列微球的移位代表着实验中盖玻片的位移，扣除微球位置变化将得到以时间为函数的真正细胞运动过程。

使用 GFP 融合蛋白瞬态转染的时间选择

对于在机械压力下的活细胞图像实验，GFP 融合蛋白通常用于将结构蛋白形象化。就内皮细胞来说，需要用融合的单层作为一个物理模型。使用脂质体进行瞬态转染，导致 10%～15%内皮细胞表达 GFP 就能测量单层中单个细胞中结构动力学细节。实验的时间应该提前计划好，以保持 GFP 融合蛋白的表达水平和细胞密度的平衡为最佳（本章末的流程 2）。增强性 GFP 的最大表达一般发生在转染后 48h，但表达的时间随不同 GFP 变种的选择而略有不同。然而，因为脂质体转染一般在低细胞密度下进行，合并直到转染后 3～4 天才会实现，要依赖细胞数量倍增率。

接近细胞表面的开放式培养皿

手动测量和细胞表面操作需要接近细胞，通常会在开放式培养皿进行。正如第 18 章和上文讨论的，温控培养皿或载物台插板更适合实验活动过程中保持细胞的生理活性。例如，加热的盖玻片底壁培养皿允许加力状态下高分辨率活细胞荧光显微镜（BIOPTECHS，INC）；另外，高数值孔径物镜应该使用物镜加热器以减少通过浸油时造成的热损失。

对于开放式培养皿，保持实验中的 pH 也很重要。第一个方法是使用包括有机缓冲液（如 HEPES）而没有碳酸氢盐缓冲液是因为标准碳酸氢盐缓冲液需通过和环境 CO_2 平衡而达到缓冲。替代方法是，显微镜载物台可以封闭在被 5%CO_2 和 95%空气混合气平衡的培养罩内以模拟培养条件。第二个方法的优点是通过加热吹进培养罩内的空气，同时可保持温度控制。当然缺点是不容易物理接近细胞培养皿，尤其使用较大仪器需要经常干预时。

使用微针内皮细胞表面变形

开放式培养皿应用中的一个例子是用玻璃微针扭曲细胞表面。使用拉针仪，用硼硅酸盐玻璃拉制微针。尖端直径达 1μm 可以对细胞表面局部进行加力。可以对细胞表面非特异性施力，或者在微针上覆盖细胞外介质配体，如纤维蛋白、层黏连蛋白或胶原对特异性黏着受体施力。微针的硬度和弯曲度系数可校准并从压向细胞表面的弯曲量计算施力大小。在一个校正方法中，在微针尖悬挂一个已知质量的丝圈，针尖偏折的距离通过光学方法测量。硬度一般为 10～30nN/μm（Davidson et al. 1999）. 通过使用这个方法，已知施力可以应用在细胞表面。

用于剪切力的流动培养皿

机械生物学最近对流体流动产生的细胞介导反应产生兴趣。要揭示在内皮细胞和其他细胞的机械化学信号机制需要明确的细胞表面的流体应力。另外，适合高分辨率荧光显微镜的培养皿选择可以进行细胞外流体力学的活细胞动力学测量。

流体动力学考虑

对于绝大多数细胞培养实验，细胞都暴露在不能压缩的牛顿液体中，这种液体充当培养基或者生理缓冲液。不压缩性意味着流体有不受流速影响的恒定密度。对于牛顿流体来讲，剪切力和剪切速度呈正比，恒定比例常数是黏滞度。流体的运动可以从质量和动量的基本公式推导出。运动公式称为 Navier－Stokes 公式。

$$\rho \frac{D\vec{v}}{Dt}=\rho \frac{\partial \vec{v}}{\partial t}+\rho \vec{v}\cdot \nabla \vec{v}=-\nabla p+\mu \nabla^2 \vec{v} \tag{1}$$

生物反应的变化一直基于流动状态是层流还是湍流进行记录。在层流面，流体被定量描述成从一层到另一层连续速度变化互相滑动的流体片或流体层。相反，湍流的特点是位于平均大量流体运动之上单个流体粒子的随意波动。湍流趋势由惯性力与黏性阻尼的比值决定。可用没有维度的参数 Reynolds 数来表示。

$$\mathrm{Re}=\frac{\rho v L}{\mu}=\frac{vL}{V}, \tag{2}$$

式中，v 为平均流动速度；V 是流体的运动黏滞度；L 为和流动相关的典型长度。按惯例，平行板流动培养皿的典型长度是它的高度，玻璃管的 L 是它的直径。高 Reynolds 数表明黏性阻尼被流体惯性控制时高湍流结构的可能性。根据形态一般转变发生在 Reynolds 数为 1400～2500 时。绝大多数生理流动落在层流状态。然而，也有几个湍流发生的例子。例如，咳嗽或喷嚏时的空气流，峰收缩时主动脉弓的血流，血压计测量血压时的肱动脉血流。另外，湍流经常能诊断包括心脏瓣膜确实或狭窄状态下血流的病理状态。

实验组装的设计依靠流动培养皿形态和需要的流动面。对于短期小量低速实验可使用蠕动泵进行灌流。然而，对于研究细胞适应性的长时间实验或比较复杂的流动面实验，灌流是不够的。在这样的实验中，要用一个连续封闭的流动循环（图 1）。一个封闭循环系统无菌安装在生物安全柜中以防止显微镜在观察实验过程中受到污染，并且灌流方法能被设计以产生需要的流动面。对于稳定流动，可从位于显微镜载物台上面的上游储水槽利用重力驱动流速的恒定量。水静力压和储水槽的高度呈线性变化。液体被吸到下游储水槽，一个蠕动泵再重新将液体循环回上游储水槽中。通过用包含 5% CO_2 和 95%空气的加湿气体平衡使包含碳酸盐培养基维持在正常 pH，下游储水槽加热以维持温度。

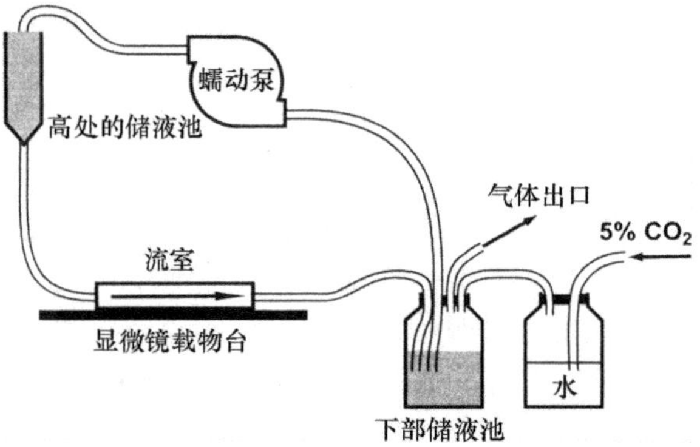

图 1　用于长时间活细胞成像的连续灌流系统

液体首先从高处的储液池流下，然后流入显微镜的载物台，最终流入下部的储液池。一个蠕动泵不停的将下部储液池的液体泵到上部储液池。含有 5%CO_2 的空气通过水后被泵入系统以维持系统的 pH 稳定。下部储液池和水瓶都被置于 37℃的环境中

平行板流动培养皿

平行板流动培养皿广泛应用在对培养细胞影响的流体动力学实验研究中。如果培养皿尺寸的高宽比和高长比小（一般<1/50），那么一个完全发展起来的抛物线速率曲线足够计算施加在细胞上的剪切力。在这个例子里，速度里的唯一非零成分是在流速方向并且是培养皿高度的函数。

$$v(y) = \frac{3Q}{2wh}\left[1-\left(\frac{2y}{h}\right)^2\right] \tag{3}$$

式中，v 为速度；Q 为容量流速；w 和 h 为培养皿的宽度和长度；y 为从两个金属片中间线的垂直距离。从这个公式，剪切应力 T 来自于速度梯度和黏滞度 μ 的乘积

$$\tau(y) = -\mu\frac{\mathrm{d}v}{\mathrm{d}y} = \frac{12\mu Q}{wh^3}y \tag{4}$$

对于恒定黏滞度流体，式（4）显示两个金属片中间线的剪切力为零，而金属表面线形达到最高。细胞壁剪切力公式如下：

$$\tau_{\mathrm{w}} = \frac{6\mu Q}{wh^2} \tag{5}$$

对于应力下的活细胞图像，一般使用两个平行板流动培养皿设计。首先，细胞生

长在盖玻片上，然后置于灌流室的底部，真空密封。这个设计容易快速装卸，方便几秒中施加剪切力并且细胞能迅速恢复好进行如蛋白磷酸化或 G 蛋白活化等生理生化检测。在这个设计中，温度通过加热液体的流动实现。第二个是 BIOTECH 公司的设计，通过将盖玻片和培养皿顶保持在所需温度，可以很方便地将剪切力降低到 0（一般 37℃）。另外，Biotech 公司的培养皿顶光学清晰，能够进行高分辨率透射光明场、相差、DIC 模式的显微观察。在这些培养皿设计中，Reynolds 数基本为 0～20，一个完整的椭圆形速度曲线存在于培养皿除中心外的各处。需要获得完整速度曲线的开口长度为培养皿长度的 1/100。

直接接触细胞的平行板流动培养皿

为了在暴露于血流动力学应力时测量和操作而直接接触细胞，我们已经设计了平行板流动培养皿允许仪器接触贴壁细胞以尽量较少对流速场的影响（Levitan et al 2000）。由于平行板流动培养皿的设计，最小损害流动（MIF）仪器在金属片上端有一个 1mm 宽的长条狭缝用来插入记录、测量或刺激仪器。狭缝开口处的表面张力应力比培养皿里的流体力学压力大，所以可防止超过稳定剪切力（0～1sdyn/cm^2）生理范围从狭缝溢出的发生。培养皿的部件和组成在图 2 中显示。像微管一样的探针位置接近细胞表面，可以直接接触细胞膜，或者进入细胞同时产生通过检测在流体中的微球轨迹显示的接近细胞表面的比较小的层流。例如，MIF 仪器可以实现用膜片钳等电生理技术进行流动导致的膜电位变化。通过使用电生理和电流测定技术、细胞膜机械探针技术、局部控制的化学释放或生物传感器和微注射技术，MIF 仪器提供大量的可能去研究可靠离体流动条件下的实时内皮细胞反应（图 3）。

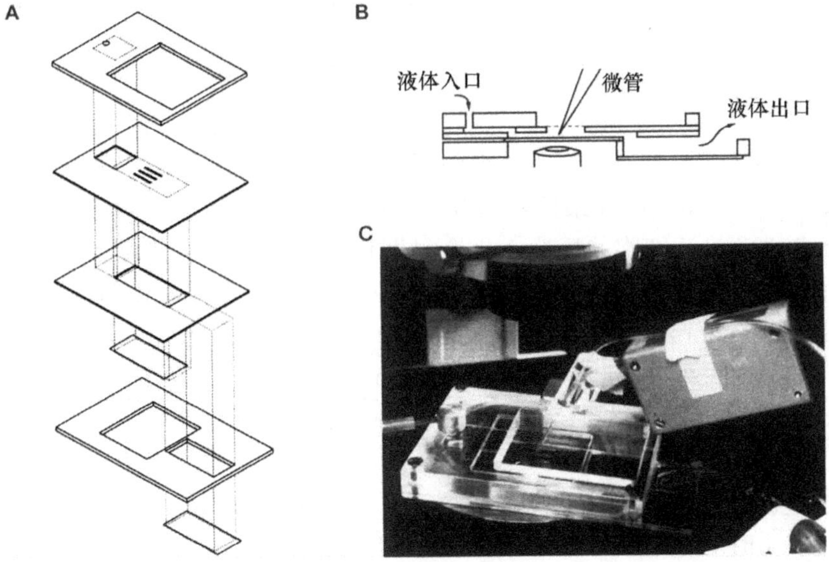

图2　各个组件（A）MIF（B）的侧视图。该装置可通过表面的开槽来使装置和细胞物理接触。C. 一个 MIF 被安装在载物台上，一个典型的用于电生理研究的微管正处于灌流室中

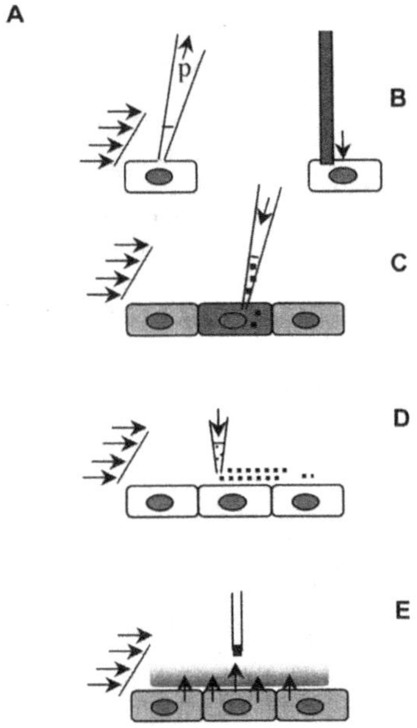

图 3 MIF 的应用实例

A. 膜吸气；B. 细胞刺激；C. 细胞注射；D. 释放细胞内容物；E. 探测局部的细胞产物释放

玻璃毛细管

内皮细胞一直培养在圆形或矩形面玻璃毛细管中。圆柱形管有接近在体血管形态模型的优势，尤其是选择小管和血管直径与曲率半径匹配。直线型管除了提供接近细胞形态的优点外，还有额外的优点，即细胞生长在光学平面可以进行高分辨率显微镜观察。缺点包括有限的细胞数目，这影响了图像测量后续的生理生化分析。

对于层流状态下的 Reynolds 数目，Navier - Stokes 等式能被求解：

$$v\ (r)\ =\frac{2Q}{\pi a^2}\left[1-\left(\frac{r}{a}\right)^2\right] \tag{6}$$

$$\tau\ (r)\ =-\mu\frac{\mathrm{d}v}{\mathrm{d}r}=\frac{4\mu Q}{\pi a^4}r \tag{7}$$

$$\tau_{\mathrm{w}}=\frac{4\mu Q}{\pi a^3} \tag{8}$$

生产的玻璃毛细管的精度对于精确计算剪切应力面非常重要。可靠的来源包括 Stoelting（Kiel，Wisconsin）和 VitroCom（Mountain Lake，New Jersey）。最适合高分辨率观察的管壁厚度为 0.17mm 的毛细管可以由 VitroCom 提供。流动循环的紧密连接可以直接用内径稍小于玻璃毛细管外径的管子制作。对于直线型毛细管，可在连接到流动循环的管子前，仔细在玻璃管末端封上石蜡。为了保持无菌，石蜡不要接触毛细管内的液体。

应用在基质应力的仪器

大量的仪器被开发出来用于通过细胞基质来给细胞施加模拟周期性或恒定的张力（Lee et al. 1996）（Sumpioet 案例，1987；Sotoudeh et al. 1998）然而，只有最近才有仪器考虑到需要测量活细胞的反应。一个早期自制的仪器能评估对于基质拉伸产生的细胞质和细胞核张力（Caille et al. 1998）。尤其最近，一个商品化的仪器（StageFlex-er，Flexcell International，Hillsborough，North Carolina）已经能进行亚细胞反应的图像检测，如黏着斑蛋白组装（Sawada and Sheetz 2002）、活性氧亚基产生（Chapman et al. 2005）和细胞内钙释放（Wall et al . 2007）。

应力仪器的基质由一个薄的（一般 0.25mm 厚）聚合物膜组成。聚二甲硅氧烷或硅胶垫能被塑造成一个不压缩的高弹材料（Vande Geest et al. 2004）。例如，在 x 轴方向的单轴应力时的对基质的 Cauchy 压力由下列公式得来：

$$T_x=2C\left(\lambda_x^2-\frac{1}{\lambda_x}\right) \tag{9}$$

式中，λ_x 为 x 方向的拉伸比；C 为一般经验值为常数 0.28MPa（Vande Geest et al.

2004)。作为张力量级函数，式（9）提供了一种评估应用到细胞腹面压力的方法。下面将介绍一个例子方法从细胞内特征去决定拉伸比。

机械压力导致的快速细胞内活动工程学分析

中间丝位移分析

使用上面讨论的方法，在 Bioptechs 平行板流动培养皿中观察表达了 GFP－vimentin 的内皮细胞成片的单层。以每隔 90s 间隔采集系列光学切片并使用限制性迭代方法进行反卷积运算（Agard and Sedat 1983)。GFP－vimentin 分布在内源性中间丝细胞骨架（Helmke et al. 2000)，它主要由大量的核周环和中间丝向周围辐射的网络组成（图 4A)。在三维图像里，中间丝通常可以在细胞核的上下看见。在延时录像中，由于纤维本身随机的发生抖动和扭曲，因此中间网络中的单个纤维并没有多大变化（图 4B、C)。

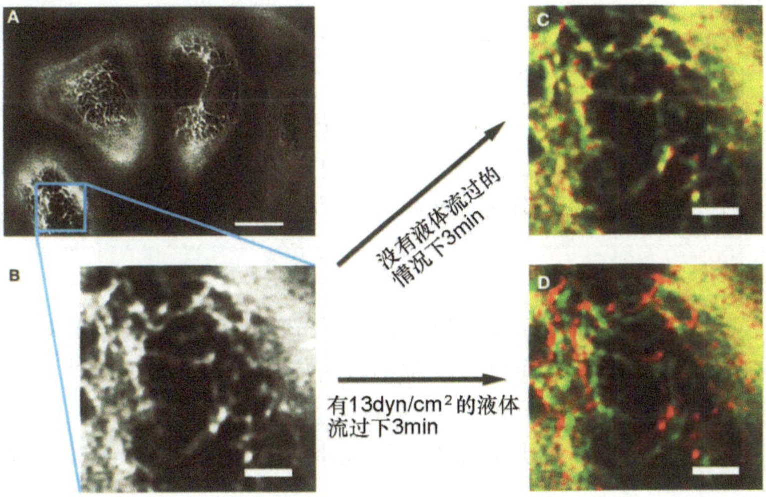

图 4

A. 对内皮细胞的中间纤维网架进行光学切片，中间纤维网架使用 GFP－vimentin 标记。标尺为 10μm。B. A 中方框区域的放大展示。标尺为 2μm。C. 通过对 GFP－vimentin 在没有液体流过的情况下对 GFP－vimentin 进行成像可以得出 GFP－vimentin 的随机位移。黄色表明没有任何位移。D. 当有切向压力（13dyn/cm²）的情况下，中间纤维网架发生了明显的位移，红色标记为开始时的位置，绿色标记为灌流后的位置

单一方向的层流剪切力启动导致明显的细胞局部中间丝方向性位移。一些纤维段在 3min 内几乎位移 1μm（图 4B、D)，尽管在三维中通过细胞质的位移是异质性的。位移随剪切力持续，位移速率随细胞内位置而变化。

一个细胞骨架结构动力学定量分析方法已经形成。GFP－vimentin 标记的中间丝的位移可以通过分析空间位置的荧光分布进行检测。例如，通过比较两个时间点的线强度曲线可检测 x 轴的位移。强度峰值的位移表明该时间间隔内 x 轴纤维的移动，而峰值中叠加部分代表 0 位移。间隔期间的峰值强度的改变表明位移进入或离开焦平面。

通过分析来自图像空间区域的三维荧光分布函数，中间丝位移的定量测量已经扩

展到三维。作为一个单空间区域对整个图像的分析可得到细胞的位移数据，但由于通过细胞质的中间丝连续运动，这种分析用处还是有限。但是，亚细胞尺度的位移分析揭示了中间丝运动的局部异质性。通过实验开始分析三维多层图像的空间强度谱确立一个合适的长度标尺。在分析 GFP - vimentin 图像时，需要选择 1.7μm×1.7μm×0.68μm 尺度的子图像。将三维图像分成多个子图像后，位移指数（DI）由测量在两个时间点的荧光强度分布重叠度的参数——交叉相关系数求得。增加位移指数意味着增加中间丝间隔过程中子图像内的位移。

下面两个序列的步骤和等式用于选择长度标尺并决定位移指数。

为亚细胞分析选择一个长度标尺

（1）用数学软件如 MATLAB 或 IDL 读一序列 TIFF 图到三维矩阵中。

（2）利用式（10），从 $x \times y \times z$ 三维计算矩阵三维傅里叶变换

$$F_{\mathrm{uvw}} = \sum_{x=0}^{X-1} \sum_{y=0}^{Y-1} \sum_{z=0}^{Z-1} f_{xyz} \mathrm{e}^{-2\pi i \left(\frac{ux}{X} + \frac{vy}{Y} + \frac{wz}{Z}\right)} \tag{10}$$

（3）利用式（11），计算功率谱量级矩阵

$$S_{\mathrm{uvw}} = F_{\mathrm{uvw}} F_{\mathrm{uvw}}^{*} \tag{11}$$

（4）变化矩阵 S_{uvw} 到园柱形坐标 $S_{r\theta w}$，其中 $r^2 = u^2 + v^2$，$\tan\theta = v/u$

（5）对整个 θ 和 w 积分矩阵 S，产生在 r 轴上的谱投影。

$$S_r = \sum_{w=0}^{W-1} \sum_{\theta=0}^{2\pi} S_{r\theta w} \tag{12}$$

（6）曲线 S_r 对 r，并寻找局部峰值；这表明光学平面的优势空间频率。关于这个频率的空间分割用 $1/r$ 求得。空间位置的位移分析应该至少 2 倍大小才能整个区域包括至少一个纤维片段。

（7）用相似方法在光轴上决定最小区域大小。对整个 θ 和 r 积分矩阵 S，产生在 z 轴上的投影：

$$S_w = \sum_{r=0}^{R-1} \sum_{\theta=0}^{2\pi} S_{r\theta w} \tag{13}$$

注意：R 是矩阵在 r 轴上的维度，由公式 $R^2 = U^2 + V^2$ 求得。曲线 S_w 对 w，并寻找局部峰值；这表明光学平面的优势空间频率。关于这个频率的空间分割用 $1/w$ 求得。选择 z 轴至少 2 倍大小的空间区域。

计算位移指数

（1）荧光分布重叠程度与纤维在空间区域位移量成反比。通过计算一个空间叉乘量或空间协方差来测量不同时间点 t 和 T 的重叠程度。

$$\mathrm{Cov}[f_{xyzt},\ f_{xyzT}] = \frac{1}{XYZ} \sum_{z=0}^{Z-1} \sum_{y=0}^{Y-1} \sum_{x=0}^{X-1} [(f_{xyzt} - \bar{f}_{xyzt})(f_{xyzt} - \bar{f}_{xyzT})] \tag{14}$$

$$\bar{f}_{xyzt} = \frac{1}{XYZ} \sum_{z=0}^{Z-1} \sum_{y=0}^{Y-1} \sum_{x=0}^{X-1} f_{xyzt} \tag{15}$$

（2）计算每个时间点的空间协方差。

$$\mathrm{Var}[f_{xyzt}] = \frac{1}{XYZ}\sum_{z=0}^{Z-1}\sum_{y=0}^{Y-1}\sum_{x=0}^{X-1}(f_{xyzt} - \bar{f}_{xyzt})^2 \tag{16}$$

（3）去除非零数据点的数值和绝对强度值的空间协方差影响，使用式（13）和式（15）计算积差相关系数：

$$\mathrm{PMCC}(t, T) = \frac{\mathrm{Cov}[f_{xyzt}, f_{xyzT}]}{\mathrm{Var}[f_{xyzt}]\ \mathrm{Var}[f_{xyzT}]} \tag{17}$$

（4）要简化解释，计算 DI 为

$$\mathrm{DI}(t, T) = 1 - \mathrm{PMCC}(t, T) \tag{18}$$

DI 有最小值 0 代表没有位移并且在时间间隔内空间区域中纤维位移的增加而增加。

来自内源性中间丝网络的细胞质应力分析

邻近中间丝之间的相对位移表明细胞骨架网络内的机械应力。由于针对细胞表面的剪切力可通过细胞骨架传导到细胞质，使用内源性结构的细胞内应力分析将揭示在细胞内具体位置细胞内机械刺激启动生物化学信号的直接相关机制。

计算 2D 光学切面的细胞质应力场

（1）选择标准化到一个盖玻片上恒定高度的二维光学切面的一系列时间序列。应用 median 滤镜减少高频发射噪声，并且应用一个高通滤镜增强反差。应用一个低通滤镜平滑已经产生的强度分布。

（2）要最好地提出纤维位置，强度低于一定阈值的所有像素被设置为 0。从下列公式决定阈值：

$$I_{\text{thresh}} = \bar{I} - \frac{\sigma}{3}, \tag{19}$$

（3）使用绝大多数图像处理或数学软件（如 Scion Image、MATLAB 和 IDL）设置背景像素到 0 强度，产生一个二阶骨架图像（图 5A）。

（4）在每个骨架，顶点被定义为三个或更多的纤维交叉的位置。在二阶骨架图像中（黑像素在白背景上），识别被至少三个其他黑像素包围的黑像素坐标。在稠密的纤维连接区域，这种寻找将产生一群而不是一个像素坐标。在这里，交叉位置由群的平均形态决定。

（5）跟踪目前时间点和下一个时间点的顶点位置获取初始和最终坐标（图 5B）。几个自动跟踪算法很容易获得。例如，我们已经完成了一个基于两个时间点距离移动的概率模型的粒子追踪算法（Crocker and Grier 1996）。

（6）要插入应力场，使用一个 Delaunay 三角化函数，连接相邻顶点成三角形。在 MATLAB 里提供的这个函数创造一系列三角形，没有顶点位于另一个三角形内，因此提供了估计应力场的最大空间分辨率。

（7）从三角形的顶点的初始和最终坐标计算 Lagrangian 应力张量。对于每对顶点，Lagrangian 应力张量是一个 2×2 矩阵，具体计算如下：

$$ds^2-ds_0^2=2E_{11}dX^2+4E_{12}dX\cdot dY+2E_{22}dY^2 \tag{20}$$

$$ds_0^2=dX^2+dY^2 \text{和} ds^2=dx^2+dy^2 \tag{21}$$

（8）式（20）包括应力张量的三个位置解，使用每个三角形的三个边决定的顶点对衍生的三个等式的求解将给三个应力张量提供唯一一个解。产生的应力张量描述空间区域的平均变形程度。应力程度能被投影到光学切面的骨架上（图 5D）。

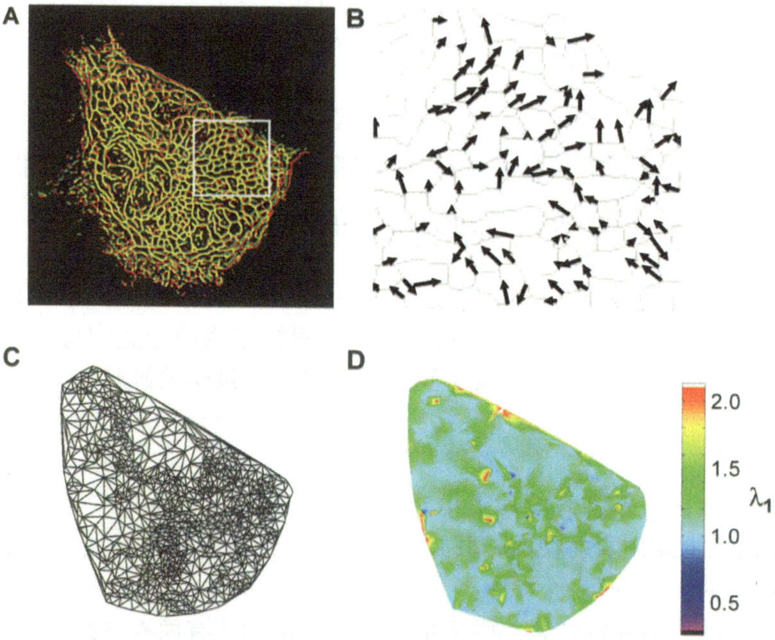

图 5

A. 通过对 GFP－vimentin 进行光学成像，细胞骨架在受到切向压力前（红）后（绿）的比较；B. A 图中方框的放大，展示了 A 图中骨架顶点位移情况；C. 通过对细胞骨架的顶点进行 Delaunay 三角化操作，相邻顶点被衔接起来构成了张力场图；D. 主要伸长率的强度分布图，表明了经受 3min 切向力后最大张力的分布。注意张力分布的集中点往往是中间骨架上纤维密集连接的地方

（9）应力张量 E_{ij} 的本征值是由矩阵的单位本征值决定的主轴方向的应力主值。主值是对于包括零剪切成分的相等应力场空间区域的最大和最小应力值。对于计算矩阵本征值方法，读者可参考线性代数教科书［如 Boas（1983）］。

（10）在一些例子里，需要将应力 E_1 和 E_2 的主值表达成伸缩比 λ_1 和 λ_2，由式（22）计算得来。

$$E_i=\frac{1}{2}(\lambda_i^2-1) \tag{22}$$

实验方案 1

盖玻片上覆盖微球

盖玻片上覆盖微球悬液可以追踪可能的图像中盖玻片位移。下面步骤产生一个密度 3×10^5 微球/cm^2（100nm 微球）的表面。这个密度一般在成片的单层细胞产生一个 3 个微球/细胞的共面。

材料

注意：标记有<!>的材料请参考附录正确处理。

试剂

乙醇<!>（100%）
100nm 荧光羧化聚苯乙烯微球悬液（液体中 2%固体）

部件

盖玻片（No. 1.5，圆形，直径 4cm）
组织培养皿

方法

（1）超声处理微球悬液（2%固体）5min，获得单分散悬液。一个直径 0.1μm 的聚苯乙烯微球 2%悬液（乙醇里），浓度为 3.6×10^{11} 微球/mL。这个值通过下列公式求得

$$\frac{微球}{mL}=\frac{6C\times10^{12}}{\pi\rho\phi^3}$$

式中，C 为以每毫升多少克表示的微球浓度（如 0.02g/mL 对于 2%的固体悬液）；ρ 为以每毫升多少克表示的多聚体密度（对于多聚体是 1.05）；ϕ 为以微米表示的微球直径。

（2）准备放在 100%乙醇中按 1∶1000 稀释的微球悬液-悬液 A，如加 1μL 微球悬液到 999μL 的乙醇中。

使用纯乙醇作为溶剂非常重要，因为水会随蒸发后残留在盖玻片上在荧光成像中散射光。

（3）准备悬液 B：放在 100%乙醇中按 1∶100 稀释的微球悬液 A，如加 1μL 微球悬液到 99μL 的乙醇中。

经过步骤（2）和步骤（3）后的总的稀释比为 10^5，产生最终浓度为 3.6×10^6 微球/mL。

（4）计算被微球覆盖的盖玻片的表面积（cm^2）

（5）根据（0.08X 表面积以平方厘米计）计算悬液 B 的容量（mL）。例如，一个 4cm 直径的圆形盖玻片有一个 12.6cm^2 的表面积和需要 1.0mL 悬液 B。

（6）将一个干的消毒后的 No. 1.5 盖玻片放在组织培养皿的中央的层流罩上。不要让盖玻片接触皿的边缘。①仔细将需要的悬液 B 用微量管滴在盖玻片上产生一个表面张力泡；②让盖玻片通过蒸发完全干掉。

（7）根据常规步骤将细胞置于干燥的微球覆盖的盖玻片上。

实验方案 2

4cm 盖玻片的转染和覆盖步骤

下面脂质体介导的转染在 GFP 表达和在 4cm 直径圆形盖玻片上获取成片单层细胞之间提供的一种折中方法。时间和细胞数量应根据表达水平、盖玻片表面积和细胞增殖率的变化需要而调整。

材料

试剂

完全培养基
要被转染的内皮细胞
脂质体/脂质转染试剂（如 Lipofectin，GIBCO 公司）
低血浆介质（如 Opti-MEM，GIBCO 公司）
质粒 DNA，感兴趣与 GFP 融合的编码基因

仪器

玻璃盖玻片（圆形，4cm 直径）
组织培养皿（6cm）

方法

（1）在 6cm 培养皿上以 2.5×10^4 个细胞/cm^2 的密度铺上内皮细胞。让细胞在完全培养基上扩散 16h。

（2）使用脂质体方法，用在低血浆培养基中 3～11μg 的脂粒 DNA/每皿转染内皮细胞。

需要的 DNA 的量要随着使用的质粒略微变化并在剂量依赖型研究中优化。

（3）让细胞在完全培养基中过夜恢复。

（4）在已经预铺荧光微球的 4cm 直径消毒玻璃盖玻片上重铺细胞（根据流程 1）。

细胞密度应该至少 7×10^4 个细胞/cm^2

（5）可选：如果细胞密度太低，铺片前从相同细胞系中加未转染的内皮细胞到悬液中以获取需要的细胞密度。加入的细胞将降低表达 GFP 的细胞比例但是将增加获得成片的单层细胞。

（6）让细胞长成成片的单层细胞，一般至少在铺片开始后 2 天。

致谢

我们感谢 David Thakker 和 Amy Rosen 在这些技术开发过程中的帮助，以及宾州大学 John Murrays、Paul Janmey 和 Arjun Yodh 博士的有意义讨论。感谢 Robert Goldman 提供 GFP－Vimentin 载体，使得中间纤维动态的研究能开始。

影像说明

影像可以从 www. cshprotocols. org/livecellimaging 网站免费获得。

影像 34. 1. 去卷积光学切片的时程影像显示 GFP（绿色）标记的波形蛋白丝在 90s 间隔内的运动，该图像叠加了在开始没有液体流动和有液体流动期间静止的图片（红色）。红色和绿色表示中间纤维分离运动；黄色代表最初零位移的对比。流动方向从左到右；剪应力 12dyn/cm^2；标尺，2μm。经过时间，ms：ss（经过 Helmke 许可转载）。

影像 34. 2. 去卷积光学切片的时程影像展示了靠近顶端细胞表面的 GFP（绿色）标记的波形蛋白的运动，相应的区域显示在图 4B～D 中。中间纤维在 90s（绿色）间隔的运动，叠加了显示在有和没有液体流动的情况下的静止图片（红色）。红色和绿色表示中间纤维分离运动；黄色代表绿色的分离，红色代表中间纤维的运动；黄色代表最初零位移的对比。流动方向从左到右；剪应力 12dyn/cm^2；标尺，2μm。经过时间，ms：ss（经过 Helmke 许可转载）。

参考文献

Agard DA, Sedat JW. 1983. Three-dimensional architecture of a polytene nucleus. *Nature* **302:** 676–681.

Boas ML. 1983. *Mathematical methods in the physical sciences.* Wiley, New York.

Caille N, Tardy Y, Meister JJ. 1998. Assessment of strain field in endothelial cells subjected to uniaxial deformation of their substrate. *Ann Biomed Eng* **26:** 409–416.

Chapman KE, Sinclair SE, Zhuang D, Hassid A, Desai LP, Waters CM. 2005. Cyclic mechanical strain increases reactive oxygen species production in pulmonary epithelial cells. *Am J Physiol* **289:** L834–L841.

Crocker JC, Grier DG. 1996. Methods of digital video microscopy for colloidal studies. *J Colloid Interface Sci* **179:** 298–310.

Davidson LA, Oster GF, Keller RE, Koehl MAR. 1999. Measurements of mechanical properties of the blastula wall reveal which hypothesized mechanisms of primary invagination are physically plausible in the sea urchin *Strongylocentrotus purpuratus. Dev Biol* **209:** 221–238.

Davies PF. 1995. Flow-mediated endothelial mechanotransduction. *Physiol Rev* **75:** 519–560.

Frangos JA, McIntire LV, Eskin SG. 1988. Shear stress induced stimulation of mammalian cell metabolism. *Biotechnol Bioeng* **32:** 1053–1060.

Heidemann SR, Kaech S, Buxbaum RE, Matus A. 1999. Direct observations of the mechanical behaviors of the cytoskeleton in living fibroblasts. *J Cell Biol* **145:** 109–122.

Helmke BP, Goldman RD, Davies PF. 2000. Rapid displacement of vimentin intermediate filaments in living endothelial cells exposed to flow. *Circ Res* **86:** 745–752.

Helmke BP, Thakker DB, Goldman RD, Davies PF. 2001. Spatio-temporal analysis of flow-induced intermediate filament displacement in living endothelial cells. *Biophys J* **80:** 184–194.

Helmke BP, Rosen AB, Davies PF. 2003. Mapping mechanical strain of an endogenous cytoskeletal network in living endothelial cells. *Biophys J* **84:** 2691–2699.

Lee AA, Delhaas T, Waldman LK, MacKenna DA, Villarreal FJ, McCulloch AD. 1996. An equibiaxial strain system for cultured cells. *Am J Physiol* **271:** C1400–C1408.

Levitan I, Helmke BP, Davies PF. 2000. A chamber to permit invasive manipulation of adherent cells in laminar flow with minimal disturbance of the flow field. *Ann Biomed Eng* **28:** 1184–1193.

Sawada Y, Sheetz MP. 2002. Force transduction by Triton cytoskeletons. *J Cell Biol* **156:** 609–615.

Sotoudeh M, Jalali S, Usami S, Shyy JYJ, Chien S. 1998. A strain device imposing dynamic and uniform equi-biaxial strain to cultured cells. *Ann Biomed Eng* **26:** 181–189.

Sumpio BE, Banes AJ, Levin LG, Johnson G. 1987. Mechanical stress stimulates aortic endothelial cells to proliferate. *J Vasc Surg* **6:** 252–256.

Vande Geest JP, Di Martino ES, Vorp DA. 2004. An analysis of the complete strain field within Flexercell membranes. *J Biomech* **37:** 1923–1928.

Wall ME, Weinhold PS, Siu T, Brown TD, Banes AJ. 2007. Comparison of cellular strain with applied substrate strain in vitro. *J Biomech* **40:** 173–181.

Wang N, Butler JP, Ingber DE. 1993. Mechanotransduction across the cell surface and through the cytoskeleton. *Science* **260:** 1124–1127.

（齐冬　译　李紫煜　方玉达　校）

第 35 章　基于全内反射荧光显微镜的单分子成像

Samara L. Reck－Peterson[1], Nathan D. Derr[1], and Nico Stuurman[2]

[1]Department of Cell Biology, Harvard Medical School, Boston, Massachusetts 02115, [2]Department of Cellular and Molecular Pharmacology, University of California San Francisco, San Francisco, California 94158

全内反射荧光显微镜（total internal reflection fluorescence microscopy, TIRFM）技术使单分子荧光成像上升到一个前所未有的高信噪比水平。这得益于 TIRF 的照明只发生在和盖玻片表面临界的薄层内，而不会深入内部。利用这项技术我们可以看到距盖玻片约 100nm 范围内的荧光分子，只要两个分子间的距离大于光学衍射极限距离（约 200nm），我们就可以分辨出这两个分子。利用质心追踪法（centroid－tracking method）甚至可以将分子的定位精度确定到 1nm 范围内（Greenleaf et al. 2007）。此外，将现代的新型荧光染料技术、成像技术与质心追踪法结合，我们甚至可以在分子相互靠近在光学衍射极限以内的高浓度条件下解析出单个分子的分布情况（Betzig et al. 2006; Rust et al. 2006）。因为 TIRF 的照明只发生在盖玻片表面约 100nm 以内，所以 TIRF 适合离体或者在体的发生于质膜表面或靠近质膜表面的蛋白质动力学研究。

Axelrod 和同事在 20 世纪 80 年代发明了 TIRFM 技术（Axelrod et al. 1984），然而直到 90 年代中期才第一次利用 TIRF 技术采集到了单分子图像（Funatsu et al. 1995）。伴随着新荧光蛋白、新有机染料和量子点技术的快速发展，以及 TIRFM 的商品化使这项技术的实用性明显提高，同时也被更多的生物学用户接受。在这篇综述中，首先，我们讲解 TIRFM 的原理；其次，我们将基于商品化的 TIRFM 系统描述其主要组成部件；再次，我们将以基于微管的马达动力蛋白（dynein）的运动为例，讲述单分子荧光成像方法；最后，我们将讨论新的可以在细胞胞内浓度水平下进行单分子成像的超分辨率定位技术。

TIRFM 概念

TIRFM 利用了光在两种不同光学性质介质中传播的基本性质，在玻片表面和细胞或其他样品间形成薄层照明。当一束光从折射率较高的介质中照射到折射率较低的介质时，两种介质的临界面会产生反射和折射效应，进入低折射率介质时折射光的角度会产生变化（图 1A）。折射角的大小取决于入射角的大小和两种介质的折射率，Snell 法则量化了这些参数之间的关系。当入射角越接近两种介质的临界角时，折射光线就会越趋向平行于临界面。当入射角大于临界角时，折射光线就会完全平行于临界面，所有的入射光线被反射，这时也就达到了全内反射状态（total internal reflection，TIR）。当入射光以大于临界角照射到介质表面时，光线的电场就会以消逝波形式进入低折射率的介质中，这种消逝波的能量随着传播深度的增加成指数级衰减，因此它在第二个介质中只能形成非常薄的照明。Axelrod 等（1984）的综述给出了全内反射这种物理现象的全面的数学解析。

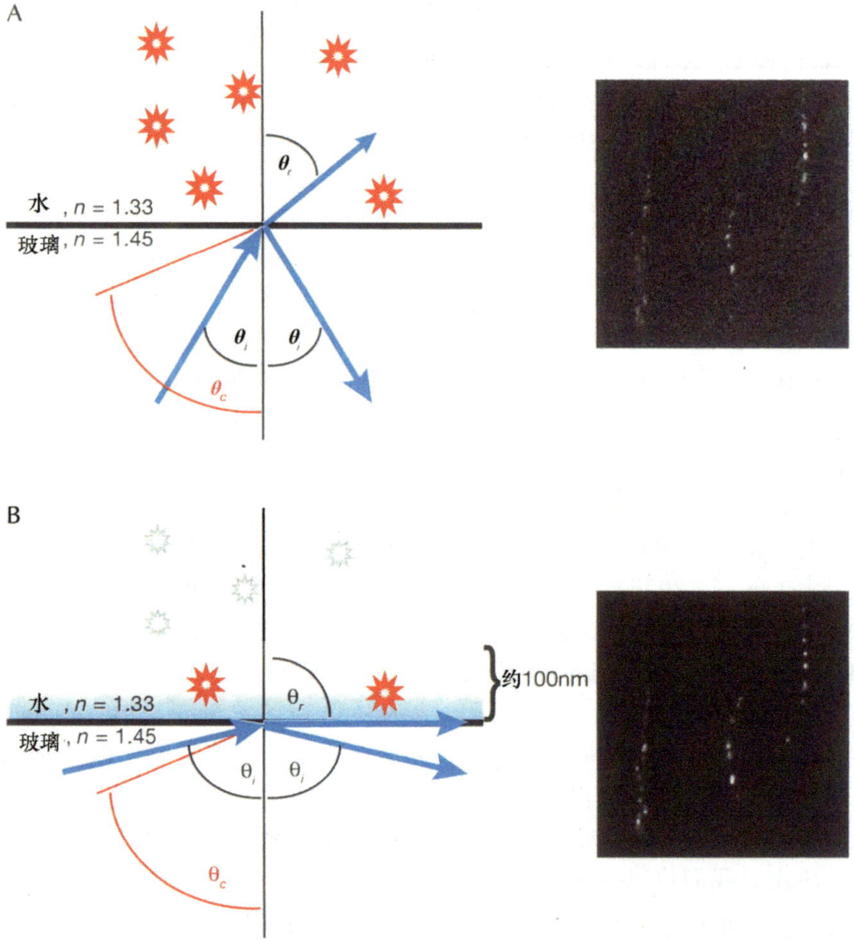

图 1　全内反射

A. 入射角 θ_i 小于临界角 θ_c（红线），大部分的光线以折射角 θ_r 进入到水中。折射光光线会激发光路上的所有荧光分子发光。B. 入射角大于临界角时产生全内反射现象。折射光产生了消逝波，消逝波的强度随着进入水中的深度成指数级衰减。消逝波的电场只能激发玻璃-水临界面上约 100nm 范围内的荧光分子发光，其余部分的荧光分子由于未受到激发而不发光。右边的图片显示使用 561nm 激光在宽场照明（A）和 TIRF（B）状态下激发结合到微管上的肌动蛋白- TMR（四甲基-罗丹明）分子成像

TIRFM 技术利用了这种发生在盖玻片表面溶液内的薄层照明光学现象。因为消逝波在第二种介质中传播时成指数级衰减，当传播距离超过 100nm 时其电场已经非常微弱，不足以激发更深层的荧光分子。因此只有在消逝波场范围内的荧光分子由于受到激发而产生荧光，而在这个范围之外的荧光分子则不产生荧光（图 1B）。通过这种排除

背景的方法，TIRFM 技术可以获得非常高信噪比的图像。

显微镜技术中可以使用几种方法来实现消逝波照明（Stuurman and Vale 2005）。将棱镜放置在含有样品的容器上是最常用的 TIRF 实现方法之一。利用高数值孔径（numerical aperture，NA）物镜，照明光线经过物镜照射标本也是实现 TIRF 的常用方法。后一种方法可以非常方便地集成到现代研究级倒置显微镜上，并且这种方法不需要破坏样品的生长环境，因此是活细胞 TIRF 成像的理想选择。

组装一个 TIRFM 系统

商品化的 TIRFM

尽管安装一个 TIRFM 系统（Stuurman and Vale 2005）是一件相对简单的事情，但大多数的活细胞或在体成像实验室更喜欢直接购买商品化的 TIRFM 系统。所有的主要显微镜生产商，如 Leica、Olympus、Nikon 和 Carl Zeiss 公司现在都有商品化的 TIRFM。这些厂家的产品都是采用物镜法实现全内反射照明，因此需要配备 NA 值≥1.4 的物镜（如希望获得更理想的结果，最好能够使用 NA≥1.45 的物镜）。商品化的 TIRFM 包括一个标准的反射型荧光显微镜，一个或多个激光通过耦合后，经由光纤、TIRF 照明器进入显微镜实现消逝波照明。如果使用 TIRF 进行单分子成像实验，选择合适的相机和滤色片非常重要（参考下文）。因此如考虑到节省经费，从荧光显微镜升级到 TIRFM 需要增加的部件包括激光和 TIRF 照明光路，并且在有可能的情况下需要升级相机和滤色片。商品化的 TIRFM 系统给用户留下的可调节空间很少，但仍然有一些调节步骤对于采集到漂亮的 TIRF 图像至关重要，我们将在下面章节中讨论。

激光校准

激光照明光路被光纤分割为两个部分。在光纤前，激光器发出的激光需要经过耦合（详情参考下面描述），这一部分基本不需要用户调节（图 2）。光纤的输出端经过 TIRF 照明器连接到显微镜。由光纤发出的激光必须会聚到物镜的后焦平面上，最终变成准直光束从物镜射出。如果这一步骤调节有误，会有非临界照明激光混入形成宽场照明，使图片背景增加。所有的商品化 TIRFM 都使用倒置显微镜，这种显微镜的聚焦不是通过载物台移动，而是通过物镜移动方式实现。当使用者调节聚焦平面时，物镜的后焦平面位置随着物镜的移动会产生变化。因此，当物镜聚焦到样品表面时，需要相应的调节激光光路中的聚焦透镜使激光重新汇聚到物镜后焦平面。

在调节激光之前，必须先使物镜大概聚焦在样品上，然后将激光投影到合适的表面上（如天花板），调节激光聚焦透镜（一般在照明器上）使激光光斑尽可能最小。因为物镜后焦平面的具体位置和波长相关，不同波长激光的汇聚位置会略微不同，因此在更换激发光波长时，需要反复重新调节该步骤（或者为了方便可以选择一个居中位置）。但样品厚度的轻微变化造成的聚焦位置变化对物镜后焦平面位置几乎没有影响。

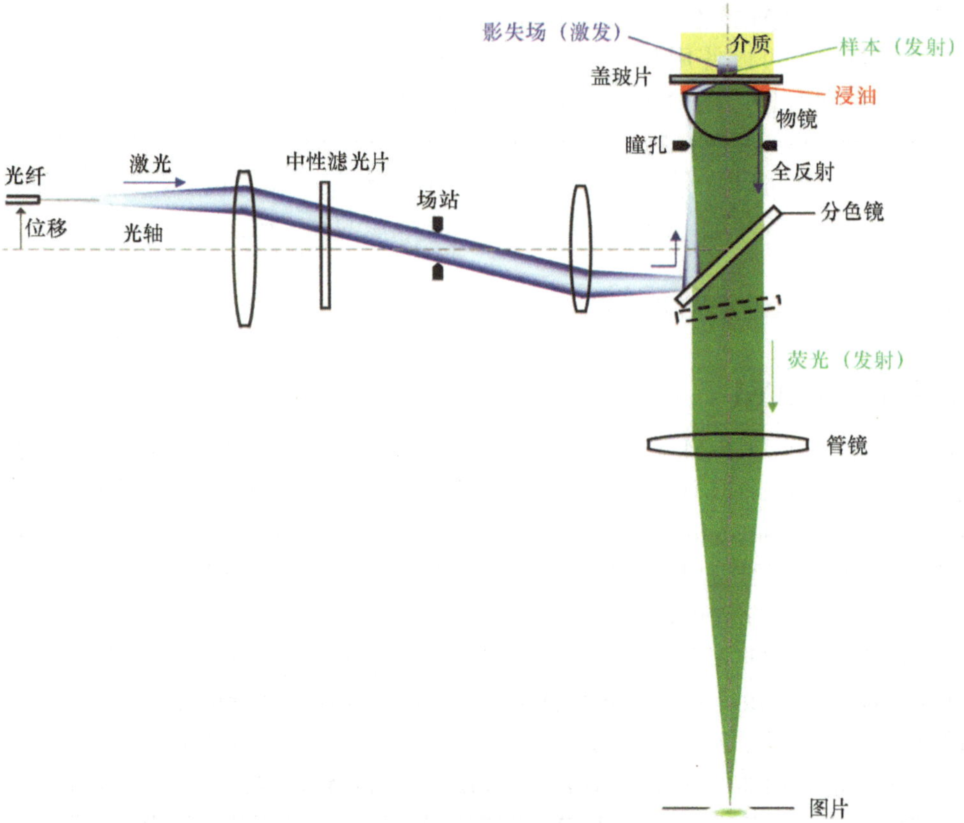

图 2　商品化 TIRFM 光路

从光纤发出的激光（蓝色）通过透镜后准直。光路中可以使用中性（neutral density，ND）滤色片削弱光强。准直激光经过第二个透镜后被汇聚到物镜后焦平面。垂直光轴方向移动光纤使汇聚到物镜后焦平面的激光同步水平移动，从而改变从物镜射出激光的角度。标本发出的荧光（绿色）被物镜收集后通过分色镜，最终经过显微镜的结像透镜汇聚到相机

临界角调节

如上所述，当激光的入射角大于临界角时会产生全内反射现象（图 1）。激光光纤（聚焦在物镜后焦面）的瞳孔出口沿着垂直于光轴方向移动使物镜后焦平面上的汇聚光斑的水平位置发生改变，最终改变激光的照出角度。所有的商品化 TIRFM 都通过千分尺（x 和 y 方向都如此）调节临界角。不同波长的临界角不同，因此针对不同波长的激光设置不同的千分尺位置是非常必要的。一些新的 TIRFM 使用了可以用电脑控制的电动千分尺来调节临界照明位置。例如，Leica 公司新的 TIRF 系统可以使用计算机控制，并且使用了一个检测器检测反射光光线，通过反射光的反馈信息自动调节临界角。为了解决不同波长临界角不同（和聚焦位置不同）的问题，一些厂家（如 Olympus，可能还有 Nikon 公司）同时使用两个或多个独立照明光路，这种方法可以使多个波长同时都处于最佳校直照明状态。

除了对激光光束进行调焦和调节临界角外，TIRF 系统几乎不需要调节其他部位。

这使得任何使用过荧光显微镜的人都可以非常容易地操作 TIRFM。

TIRFM 的基本外围设备

高敏感度、高分辨率 TIRF 成像系统的其他外围设备包括照明光源、分色镜和滤色片、物镜及相机等。这些组成部分在其他章节已经有详细描述（见第 4 章），我们这里将讨论它们和 TIRFM 相关的特性。

照明光源

TIRFM 通常使用激光作为照明光源，但这不是唯一的选择，也可以使用一些非相干性光源，如弧光灯和发光二极管等。实际上 Nikon 公司和 Olympus 公司都可以提供白光 TIRF 照明器，这种 TIRFM 只需要使用标准的反射荧光照明光源。然而，使用大于临界角的照明光线调节标本聚焦会变得非常困难。使用白光照明的 TIRF 光强度非常低，因此不能用于单分子成像，只能对荧光相对较亮的样品成像。

任何可见光激光都可以用于 TIRFM，这些激光包括气体激光（氩、氪和氩氪等）、二极管激光、固态激光和宽带白激光等。选择激光需要考虑的参数包括激光波长（取决于荧光染料的种类）、输出功率、体积、激光产热情况、有效寿命和价格。所有的激光需要通过分色镜进行整合后进入光纤，光纤一般选择保偏光纤或非保偏光纤，但在一些产品中会注明选择保偏光纤（如 Carl Zeiss 公司的 TIRFM 需要使用偏振分光镜将激光导入物镜）。多数的商品化 TIRFM 不需要考虑光纤的偏振性，一部分原因是这些系统不能在 TIRF 模式下操作偏振［一种在 TIRF 中使用偏振光激发的应用，参考 Sund 等（1999）］。

使用光闸和能够进行光强调节都是很必要的。二极管激光可以在微秒时间内快速调节激光，也因此可以使用电子信号来控制开闭。其他类型的激光则需要额外配备快速光闸或使用声光调制滤色片（AOTF）。AOTF 的优点是可以在微秒时间内快速开关和调节激光输出强度，其缺点是即使将 AOTF 设定到关闭状态，仍然有极少量的激光会漏出。选择机械光闸的速度非常重要，因为如果光闸开关速度较慢，则在光闸关闭指令下达后，我们仍然需要等待一段时间才能进行成像操作，这样还会造成一定程度上的标本漂白和光毒性。开闭速度在 1ms 左右的激光光闸比较适合 TIRF 实验。

使用激光的一个常见问题是激光的强度。这通常取决于两个方面，一方面是激光和样品间光路造成的激光损失有多少；另一方面是具体的应用，如单分子成像实验就需要更高的激光强度。典型的固态激光可以提供 10mW 到 100mW 的输出功率。当其通过 AOTF 和光纤后，功率剩余 40%～70%。我们的实际使用经验是，20%～50%的激光会从物镜输出（这些损失一部分是由于光路中的滤色片和分色镜造成的，但也有一部分是光路设计造成的，这些设计的目的是为了保证照明的均匀度等）。因此当发现到达样品的激光只有 8%～20%时，请不用担心，这并不是什么异常现象。

标本荧光染料受光的多少不单单取决于出物镜的激光强度，还要取决于其照射面积的大小。重要的参数是功率密度，单位是 W/cm^2。商品化的 TIRF 照明器一般都可以使激光照射到物镜的全视野，物镜的视野大小可以通过物镜的视场数（中间像平面的大小的毫米值）除以物镜的放大倍率来计算。例如，100×、视场数为 18 的物镜，照明视野的直径为 180μm 或面积为 $0.0254mm^2$。当照射到样品上的激光强度为 1mW 时，功率密度为 $3.9W/cm^2$。将物镜视场数缩小到 11（一些商品化的 TIRF 照明器可以实现该功能），照明的视场面积变成 $0.0095mm^2$。同样照射强度为 1mW 的激光，其功率密度则变成 $10.5W/cm^2$。投影到 1024×1024 分辨率相机上，刚好满足 Nyquest 取样频率的物镜视野面积约为 $0.0068mm^2$。因此在 TIRF 实验中将视场数减小到 11 后，仍然足以满足大多数的成像分辨率需求，并且在单分子实验中人们通常会更希望能够进行这种调节，因为其照明功率密度会提高到近 3 倍（这样带来的问题是可能会造成照明视野的均匀性下降）。请参考本章末的实验方案 1 来判断染料的饱和激发功率密度。

分色镜和滤色片

因为在 TIRFM 中照明激光会在玻片-样品临界表面产生全反射，几乎所有的激光都会返回显微镜，所以照明光源的光谱纯度和阻挡反射光进入相机的装置对于采集高信噪比图像来说都至关重要。即使有非常微弱的激发光漏过，也会造成很高的图像背景。因为返回的激光和激发光光路是截然分开的，所以可以在光路中设置阻挡装置或用反射镜将返回激光屏蔽（多数的商品化 TIRF 系统没有设计这种装置）。下面的滤色片对采集到理想的 TIRF 图像很关键。

（1）激光净化滤色片。可以将这个滤色片直接放在激光的前面。当激光光谱不纯，如使用某些气体和二极管激光时，这个滤色片的作用就非常必要。

（2）激发滤色片。显微镜荧光激发块（包括激发滤色片、分色镜和发射滤色片）中的激发滤色片即使在激发光波长纯度很高时也可以明显降低图像背景。我们猜测原因可能是由于激发滤色片削弱了非光轴的反射光强度，光路中的很多光学部件表面都会产生这种反射光。系统中所有的滤色片表面都采用干涉式镀膜，干涉式镀膜对光线的入射角很敏感，在没有激发滤色片阻挡的情况下，这些离轴光线可以比较容易的到达相机。

（3）分色镜。和常规荧光显微镜一样，分色镜的作用是尽可能反射更多的激发光，并透过尽可能多的荧光。用户通常希望使用多通分色镜，这种分色镜可以同时反射多个波长激发光，以便在使用多色成像时不必切换分色镜（这通常是多色荧光成像的限速步骤，并且在多色成像过程中频繁的更换分色镜会造成成像位置的偏移）。尽管设计这种多通滤色片的技术非常复杂，但近年来该领域的进步非常显著，很多厂家，如 Chroma Technology Corp.、Semrock 和 Omega Optical 公司都能提供很多性能非常优异的分色镜。对于 TIRFM 而言，分色镜的平坦度至关重要，任何表面弯曲都会导致光束的散光现象，当我们将激光光束汇聚到物镜后焦平面后，我们很容易在天棚上看到这种现象。光束的散光会导致光束以各个方向照射到标本上，从而在 TIRF 中引入宽场照明。安装方式不合适也会造成分色镜的表面弯曲，如激发块中固定分色镜用的弹簧会使玻片受力弯曲。如果购买的分色镜已经被安装在激发块中，用户也仍然有必要仔细测试一下这个滤色片。

（4）发射滤色片。由于激发光几乎完全被反射，同时分色镜也会透过一小部分激发光，所以图像背景的高低通常取决于发射滤色片的阻挡效果。当标本的荧光足够强时，它的效果可能不是很明显，但当进行单分子成像时，它的作用就会变得非常显著。激发光的透过率在 10^{-7} 或更低时，图像的背景就可以控制得很好。因此最好能够在使用这个滤色片之前知道它在激发光部位的透过率数据情况。当然我们也要考虑让尽可能多的荧光透过这个滤色片。

（5）发射滤色片转轮。当使用激发块中的发射滤色片不能完全阻挡激发光时，或者希望发射滤色片能够快速切换时，我们需要使用电动的发射滤色片转轮。这个滤色片转轮放置在相机前，在结像透镜之前（显微镜内）或之后均可。后者通常是显微镜上唯一能够安装发射滤色片转轮的地方，但这个地方的光线不是平行光线，干涉式镀膜的滤色片不能发挥最优性能。

物镜

所有的商品化 TIRFM 都使用物镜型设计，所以使用高 NA 值物镜非常重要。临界角 θ 的计算公式是 $\sin(\theta)=n(1)/n(2)$，$n(1)$ 是标本的折射率，$n(2)$ 是盖玻片的折射率。活细胞的折射率比水（1.33）的折射率略高，而且不同细胞间，甚至在同一细胞的不同部位其折射率也略有差别，文献中通常引用的是 1.38。数值孔径的计算公式是 $\sin(\alpha)=\mathrm{NA}/n(2)$，$\alpha$ 就是最大的射出角度。因此为了使激光射出角（α）大于临界角（θ），NA 值需要大于样品的折射率 $n(1)$。使用 NA 值为 1.4 的物镜可以达到 TIRF 状态，但使用更高 NA 值的物镜可以更方便的达到临界状态。所有的主要显微镜生产商都可以提供 NA 值为 1.45 甚至为 1.49 的物镜，这些物镜可以使用标准的镜油和盖玻片。

Olympus 公司制作了一个 NA 值为 1.65 的物镜。但要想实现这么高的 NA 值，必须增加镜油和玻片的折射率。这个物镜需要使用特殊的镜油 [$n(\mathrm{d})=1.78$]，这种镜油具有挥发性，操作时要非常小心。同时必须使用特制的盖玻片 [$n(\mathrm{d})=1.78$]。虽然这个物镜可以获得更大的入射角，从而使进入样品的消逝波更浅（可以获得更好的信噪比），但由于需要使用特殊的镜油和盖玻片，使用它的人不是很多。

选择物镜时需要考虑的其他因素和选择其他类型荧光显微镜时要考虑的一样，包括物镜的激发光和发射光透过率，色差校正和视野平坦度等。一些新的物镜配有球差校正环可以校正由于样品折射率和镜油折射率不同而造成的球差现象（因为成像通常发生在临界表面，所以在 TIRF 技术中效果通常不显著）。这个校正环通常还可以校正由于温度变化造成的镜油折射率偏差。仔细的调节这个校正环可以获得更理想信噪比的图像。

相机

选择 TIRFM 用相机的标准和其他类型荧光显微镜的选择标准一样（见第 4 章）。但当需要使用 TIRFM 做单分子成像时，相机能否快速地捕捉到分子运动则变得至关重要。单纯的增加相机的读出速度会增加读出噪声。这种噪声是相机的固有噪声，与曝光时间没有关系（第 4 章）。解决这个问题的方案通常是使用成像放大器（image intensifier）或芯片电子倍增（on - chip electron multiplication，EM）的方法。成像放大器的作用是在图像到达相机之前，预先将其信号放大，使读出的噪声可以忽略不计。但使用图像放大器时，其量子效率（quantum efficiency，即光电转换效率）和动态范围（dynamic range）都很低，而且耦合到相机时还会造成一定程度的模糊。在 EM 相机中，信号通过互碰电离（impact ionization）方式直接在芯片上放大，这种放大是一种随机的过程（这会引入新的噪声），所以很难保证每个像素的放大标准完全相同。不过，如果单分子成像需要成像速度大于2 幅/s时，使用带 EM 增益的相机是最理想的选择。这种 EM 相机可以从很多厂家购买，如 Photometrics、Hamamatsu、Andor 和 QImaging 公司等。

除了考虑使用 EM 增益外，另一个非常重要的因素是使用尽可能高量子效率的相机。背照式芯片电耦合元器件（charge - couple device，CCD）在可见光范围内的最高量子效率可以达到 95%。几乎所有的现有 EM 相机都可以选择常规的读出模式。当成像速度小于 2 幅/s 时，这时的曝光时间可以保证图像信号足够强，常规读出方式得到的图像信噪比会高于 EM 的读出方式。

数据分析

尽管不同的实验方法的数据分析方法不尽相同，但大家通常还是会使用一些典型的分析方法。这里我们将主要介绍示波图（kymograph）和质心确认法（centroid finding）。

示波图（图 3）是研究单分子运动状态的非常有用的方法。它记录了视野内和时间相关的所有空间历史信息，因此可以很方便地检查和分析分子在该区域内运动的情况。单分子测量相关的关键参数，如速度、移动方向和停留时间都可以从示波图中计算。此外，它也可以用于观察不同分子的收敛和发散特性以及光漂白速率等实验参数。在免费软件 ImageJ 中可以使用“reslice”功能自动生成示波图。

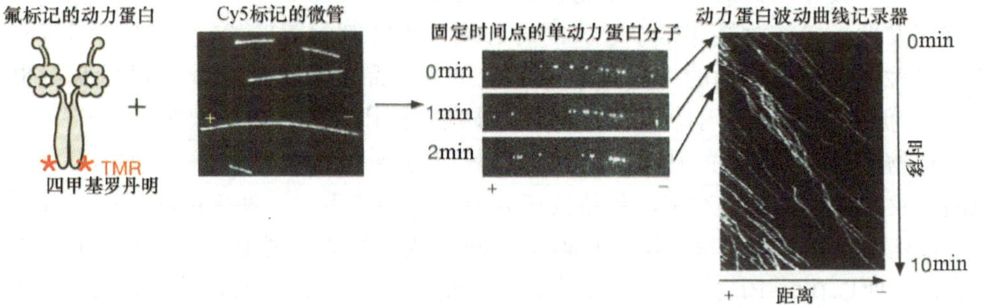

图 3　单分子动力蛋白（dynein）运动示波图

将 TMR 标记的动力蛋白加入含有 ATP 的微管溶液中。中间的静态图像分别拍摄于 0min、1min 和 2min，整个记录过程为 10min。将 10min 内每一时间点微管轴上静态图像沿纵向展开，我们可以得到示波图。通过对角线条纹我们可以看出正在移动的单分子马达的运动状态

TIRFM 可以获得超高信噪比的荧光分子图像，但 TIRFM 本身属于光学显微镜，其分辨率仍然受到光学衍射极限的限制。由于光线本身的特性，一个无限小的点（如单个分子）通过显微镜成像后会变成一个扩散了的点，其大小取决于物镜的 NA 值和波长。典型显微镜的点扩张函数的大小约为 200nm。当对空间上独立的荧光基团成像时，我们可以使用与其点扩散函数符合的质心确认法确定它的精确位置，该方法精确度极高，可以达到 1nm（Thompson et al. 2002）。但是当多个相邻的荧光基团都分布在 200nm 的光学极限距离以内时，它们的点扩张函数相互重叠，很难区分每个荧光基团的荧光信号，因此不能使用质心确认法来精确定位。当荧光基团的密度增加时这个问题会变得更加复杂。近几年发展出的超分辨率方法，如随机光学重建显微镜技术（stochastic optical reconstruction microscopy，STORM）和光活化定位显微镜技术（photoactivatable localization microscopy，PALM）可以在分子间距小于光学极限的情况下获得超过光学衍射极限的图像分辨率。我们将在本章末讨论这两项技术。

分子马达单分子成像

第一个报道的单分子 TIRF 实验使用的标本是纯化的离体标记蛋白（Funatsu et al. 1995）。这种方法在研究分子机械移动和工作原理上非常成功。例如，使用 TIRFM 进行的单分子实验已经测量了所有细胞骨架分子马达，如肌球蛋白（myosin）、驱动蛋白（kinesin）和动力蛋白（dynein）的步进机制（Yildiz et al. 2003；2004；Reck - Peterson et al. 2006；Joo et al. 2008）。TIRFM 还被用于探测基于核酸的分子马达机制（Zhuang et al. 2000；Joo et al. 2008）。由于消逝波照射深度的限制，在体单分子，TIRFM 实验（见第 36 章）主要用于观察质膜上或靠近质膜表面的一些动态。这种实验对于一些特定的动态过程研究非常重要，如信号事件（Sako et al. 2000）、细胞骨架动态（Watanabe and Mitchison 2002）、膜上特定微区内的蛋白质动态（Douglass and Vale 2005）等。

我们列举了制备这些蛋白质的一般注意事项（纯化和标记），并且提供了常规的成像流程（见本章末的实验方案 2）。

纯化和标记马达蛋白

纯化和标记蛋白质通常是实验过程中最困难和最费时的部分，而且不同蛋白质的实验条件也不相同。一般来说，重组蛋白的表达比较适合这种实验，以便蛋白质的特定结构域可以标记上特定的荧光标签。最常用的荧光标签是绿色荧光蛋白（GFP）或 GFP 相关的蛋白质，尽管这些荧光基团的光稳定性不高并且量子效率也不是很高。半胱氨酸标记法已经很成功地应用于小蛋白质标记，在这些蛋白质中可以通过生物工程手段将其内在的半胱氨酸去除［如 Rice 等（1999）］。

自标记遗传标签

近期发展出的自标记遗传标签，如 HaloTag（Promega 公司）和 CLIP 及 SNAP 标签（New England BioLabs 公司）已经广泛用于标记离体蛋白，这些标签可以携带比GFP 更亮而且更稳定的荧光物质。HaloTag 是一个经过修饰的 33kDa 的单体水解酶，它可以和脂肪族卤化物底物中的碳卤键产生反应生成共价键。HaloTag 底物可以连接很多有机染料、化学反应基团或生物素，从 Promega 公司可以直接购买到这些底物。SNAP 和 CLIP 标签是 DNA 修复蛋白 *O*-烷基鸟嘌呤- DNA 烷基转移酶的 19kDa 突变体，它们可以分别和苄基鸟嘌呤及苯甲酰基胞嘧啶发生化学反应生产共价键。与 HaloTag 类似，New England BioLabs 公司可以提供很多种 SNAP 和 CLIP 底物连接试剂。通常用于单分子研究的荧光基团有 Cy3、Cy5 和四甲基罗丹明（TMR）。因为这些自标记遗传标签可以和生物素连接，所以它也可以连接链霉素和 Qdot。Qdot 的荧光非常明亮，而且稳定性非常高，但它们的缺点是尺寸很大（10～15nm），所以必须做对照实验来确定加入 Qdot 后是否会改变蛋白质的运动特征。HaloTag、CLIP 和 SNAP 底物的膜渗透变种还可以标记在体蛋白（McMurray and Thorner 2008；Svendsen et al. 2008）。将这些试剂和 STORM 成像技术（见下文）相结合可以为在体单分子动态研究提供更加强有力的方法。

STORM 和 PALM：在胞内高浓度蛋白质条件下进行超分辨率单分子成像

多数单分子测量使用质心确认法定位超过光学衍射极限的精确分子位置。然而当荧光基团的浓度较高时，这个技术将会变得很困难，甚至不可用。在这种条件下，荧光基团的点扩张函数相互重叠，因此不能确定每个荧光基团的质心位置。最近两个新技术——PALM 和 STORM 使用了新的荧光基团和照明方法可以及时拆分荧光颗粒，这使得它们可以在高浓度荧光分子的状态下获得超过光学衍射极限的定位信息（Betzig et al. 2006；Rust et al. 2006）。这两种方法通过光活化和成像反复交替进行的方式解决了点散张函数相互重叠的问题，实际上也就解决了胞内高浓度蛋白质单分子成像的问题。在给定的时间内只活化一小部分荧光基团，结果每次成像时都可以得到独立的分子位置信息，使用质心确认法可以在纳米水平上定位这些分子。一次成像后将这些荧光基团漂白（或关闭），然后再活化新一批的分子，反复操作可以得到一系列新的高精度的定位信息。TIRFM 在这里被用来减低信号的背景噪声和获得高信噪比图像。活化、用质心确认法定位和将这些光开关荧光基团失活，这几个过程反复交替进行，可以获得定位精度在 20nm 的合成的超分辨率图像。STORM 技术使用光开关有机染料对（photoswitchable organic dye pair）标记细胞内的目标物（Rust et al. 2006）。PALM 技术则使用能和感兴趣蛋白质融合表达的光活化蛋白（Betzig et al. 2006）。

STORM 和 PALM 技术的超分辨率数据都是从成百上万张的独立荧光图像合成计算得来的。两项技术都是从使用短暂的活化脉冲激光开始，这些脉冲激光只活化众多荧光分子中的一小部分。经过脉冲激光活化后，荧光分子可以用标准的荧光成像方法激发产生荧光（图 4）。因为荧光分子的活化是随机的，所以活化概率和照射的激光强度成正比。活化后的荧光分子可以使用特定波长的成像激光照射定位，在这个波长的激光照射下，荧光分子吸收能量重新释放出特定波长的荧光。通过数字相机记录这些各自分离的荧光基团的位置。由于荧光基团的活化比较分散，通常情况下它们的点扩散函数并不会重叠，所以我们可以放心地使用质心确认法定位这些荧光基团。之后可以使用光漂白方法（PALM）或使用成像激光随机失活方法（STORM）使这一批次的活化荧光失活。随后样品使用活化激光再次活化，随机的不同位置的荧光分子被活化进入下一次循环。从这些众多的活化、成像和失活循环中，我们最终可以获得每个荧光基团的定位信息，并且最终可以构建出合成图像（图 4）。STORM 和 PALM 通过合理的使用光开关染料对和光活化蛋白还可以进行多色成像，可以在高蛋白质浓度条件下对多个成分进行定位。

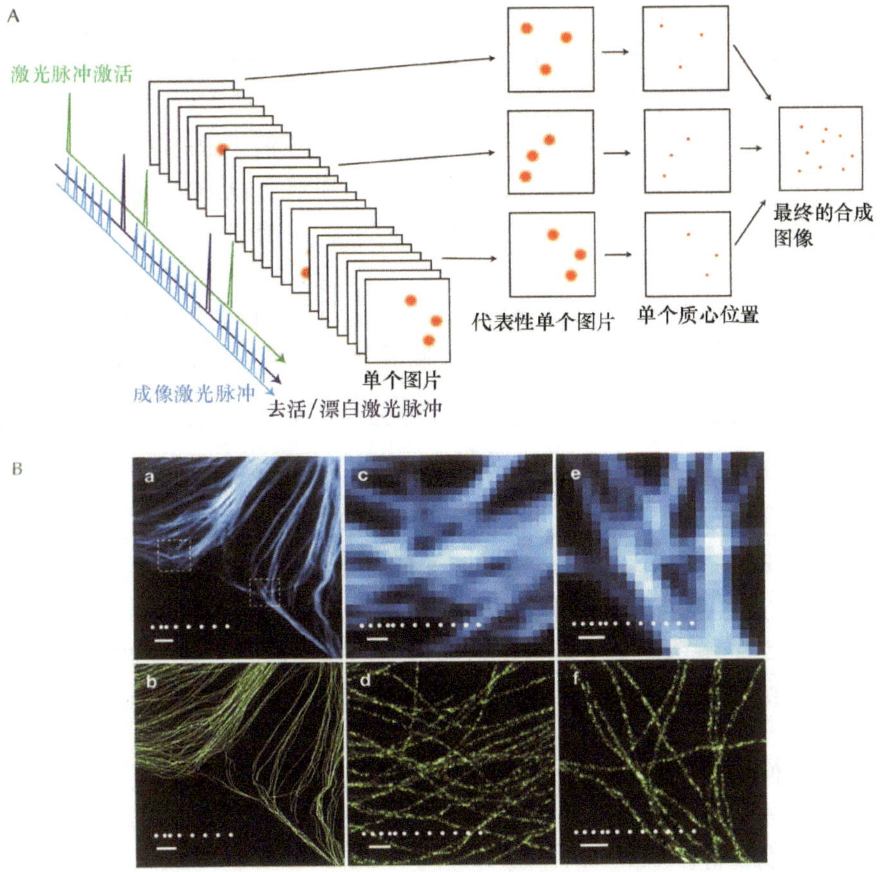

图 4　STORM 和 PALM 超分辨率显微镜

A. STORM 和 PALM 成像流程原理图。脉冲激光（绿色）活化了一小部分光活化荧光基团。成像激光（淡蓝色）可以激发当前活化的荧光基团产生荧光。更高强度的成像激光（深蓝色）将当前活化的荧光基团失活。对于每个独立的成像过程，我们都可以确定荧光基团的质心位置。这些独立的质心定位信息最终被用来计算合成超分辨率图像。B. 微管的 STORM 数据：a. 常规显微镜的微管图像；b. 和 a 同一位置的 STORM 图像；c～f. 是对 a 和 b 图中所示区域的放大图像（文中所展示 STORM 图像已经得到作者允许，Bates et al. 2007）

PALM 和 STORM 超分辨率技术的巨大潜力对胞内成像研究有非常大的吸引力。然而它们要面临很多技术上的挑战，使其现在还很难应用于活细胞和胞内成像。第一，为了避免点扩散函数的重叠，需要确保活化的荧光在空间分布上尽量稀疏。但要使用尽量多的循环才能保证足够稀疏的活化结果，这导致整个过程需要进行几小时（Betzig et al. 2006；Rust et al. 2006）。这个时间限制通常需要在成像之前对细胞进行固定。第二，采集数据只能在全内反射照明的消逝波范围内进行。因为照明的范围非常薄，所以只能采集到靠近盖玻片表面的细胞荧光图像。或者可以先将细胞固定、切片，然后才有可能使用超分辨率方法成像。第三，由于 STORM 使用的染料对不能进行遗传表达，并且成像还需要使用染料结合抗体来识别感兴趣的蛋白质，所以现在 STORM 只能用于固定的、渗透的或切片的细胞成像。具备自我标记功能的 Halo Tag、SNAP 和 CLIP 标签等的使用，使 STORM 在活细胞成像中的应用具备了很大的潜力。

最近，已经有关于使用 PALM 技术追踪细胞质膜上自由扩散蛋白的报道，这些蛋白质通常定位在细胞外部的 TIRF 照明范围内（Manley et al. 2008）。这个实验描述了多个膜上蛋白质的运动轨迹。PALM 技术最近还使用了非 TIRF 照明方法，这种方法的蛋白质水平定位精度约为 50nm，成像深度可以达到胞内 10μm（Vaziri et al. 2008）。在 STORM 方面，最近的报道表示，使用散光校正方法进行光学修饰后可以使用 STORM 进行三维成像，利用这个技术 STORM 的水平分辨率仍然可以达到约 25nm，轴向分辨率可以达到约 55nm（Huang et al. 2008）。随着 PALM 和 STORM 技术的进一步发展，将来可以使荧光显微镜的分辨率接近分子水平，成为新的观察分子定位和相互作用的重要工具。

单分子成像的未来

我们认为 TIRFM 最激动人心的发展前景是商品化系统可以更加经济实惠并且容易使用。问世几年以来，TIRFM 使很多实验室已经可以执行单分子成像实验，可以探索更多样的生物学过程。继续研发更明亮和光稳定性更好的荧光染料、提供更合适的激光光源和成像装置同样是非常重要的发展方向，这将会拓展这项显微镜技术的应用领域。近 TIRF 照明技术可以使照明深度突破消逝波的限制，这项技术可以的对距离盖玻片较远的分子成像，其高信噪比可以达到单分子测量的要求（Tokunaga et al. 2008）。随着荧光激光、光学技术和新的分析方法的不断改进，超分辨率显微镜将会成为很多成像实验室的标准装备。

实验方案 1

确定单分子灰度和激光功率的函数关系

在荧光达到激发饱和态前，荧光的灰度和激发光的强度线性相关。当激发光功率刚好使荧光分子到达饱和激发态时，我们可以采集到最高信噪比的图像。必须事先测量出荧光强度和激发光功率的函数关系才能确定染料的饱和激发光功率（参考图 5 实验结果）。

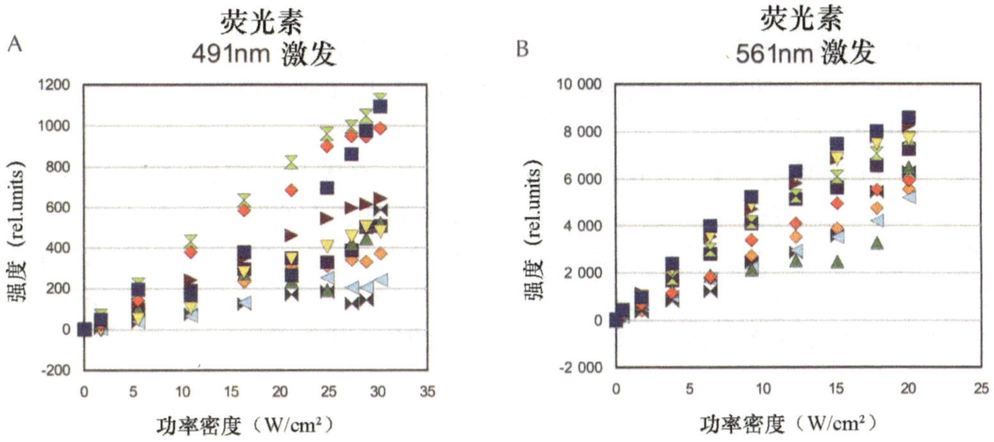

图 5　单分子荧光强度与功率密度间的关系

在不同功率密度下测定 10 个荧光素分子强度（由不同的颜色符号表示）。除去背景后的原始图像被显示。A. 585 Qdots 在 491nm 光下激发；B. TAMRA 在 561nm 光下激发。两种情况下，在最高的功率密度下，染料都没有饱和

材料

注意：标记有<!>的材料请参考附录正确处理试剂。

试剂

防漂白试剂

参考［Yildiz 等（2003)］讨论的除氧系统以尽量减少光漂白现象。

合适的缓冲液［如磷酸缓盐冲液（PBS)］。

染料

我们测试了几种类型的染料［teramethyl－6－carboxyrhodamine（四甲基-6-羟基罗丹明，TAMRA)、Alexa－488 标记的抗体、牛血清白蛋白偶联抗体、Qdot]。

乙醇<!>（100%）

设备

盖玻片
TIRFM

方法

(1) 使用 100%乙醇清洗盖玻片并烤干。

(2) 将染料用 100%乙醇稀释到 25pmol/L（根据实际观察到的情况适当调节样品浓度)。

(3) 用移液器将 5μL 样品加到盖玻片上，在空气中晾干。

(4) 用约 5μL 缓冲液（一般使用 PBS）将盖玻片固定到载玻片上。加入防漂白剂，如除氧剂，以减少光漂白。

(5) 用 TIRFM 采集单分子图像，将激光强度从 0mW 逐步调节到约 30mW。

(6) 测量单分子荧光的灰度，与激发光强度绘制相关性曲线。

图 5 列举了 TAMRA（561nm 激光激发）和 Qdots 585（491nm 激光激发）的实验结果。从曲线可以看出在我们的装置（561nm 激光 50mW，491nm 激光 100mW，视场数 18）即使使用最高激光功率，也不能达到染料的饱和激发态。

实验方案 2

分子运动测试

我们在这里提供了分子马达沿微管移动时成像的常用实验方法。我们的实验方法设计用于研究从 *Saccharomyces cerevisiae* 中纯化的胞质动力蛋白（Reck - Peterson et al. 2006），但它代表了一种体外单分子测试的常规实验架构（影像 35.1）。

材料

试剂

封闭试剂（如 BSA 或酪蛋白，1mg/mL）

MgATP（100 mmol/L）

分子马达或其他感兴趣的蛋白质（按照前面章节描述方法标记）

分子运动测试缓冲液

根据所研究分子马达的特性使用不同的缓冲液条件。要小心调节缓冲液的 pH 和盐浓度，这些参数的变化会导致体外分子马达运动状态的明显改变（Kapitein et al. 2008）

除氧试剂

参考 Yildiz 等（2003）讨论的除氧系统以尽量减少光漂白现象。

分子马达轨道

微管或鞭毛轴丝可以作为动力蛋白和驱动蛋白的轨道，微丝作为肌球蛋白的轨道。

鞭毛轴丝可以很容易的从海胆精子的尾部中提取（Gibbons and Fronk 1979）。它用于微管马达研究时的优点是在－20℃ 下非常稳定，而且它很容易直接粘到未洗的玻璃上。微管和微丝可以通过生物素-抗生蛋白链菌素（亲和素）-生物素的桥连方式黏贴到盖玻片上。

设备

分子运动腔室

制备分子运动腔室的简单和便宜的方法是：将两片盖玻片（18mm×18 mm）通过双面胶粘到一起形成三明治结构。我们使用的培养室宽度约为 5mm。

使用酸-碱洗的方法可以很容易清洗盖玻片（25％硝酸浸泡 10min，清水洗 2 次，2mol/L NaOH 浸泡 10min，使用清水洗 6 次）。

TIRFM

方法

（1）将分子马达轨道加入分子运动腔室。孵育 1～2min 使其结合到盖玻片上。

（2）使用无 ATP 的分子运动测试缓冲液冲洗 2 次，以去掉未结合到盖玻片上的轨道分子（每次冲洗的溶液体积至少要相当于培养器容积的 2 倍）。

（3）使用封闭试剂，如酪蛋白或 BSA，用于阻止马达蛋白非特异性结合到盖玻片上（封闭液体积至少要相当于培养器容积的 2 倍）。

（4）在除氧（Yildiz et al. 2004）条件下加入马达蛋白（在 2 倍于培养室体积的溶液中稀释到可以进行单分子观察的亚纳摩尔浓度范围内）。

（5）使用 TIRFM 进行单分子成像。激光对中、TIRF 角度调节、激光强度、相机设计和成像速率设定都是非常重要的项目，必须提前确认（参考实验方案 1 和上述讨论）。

在我们的测试条件下，动力蛋白的移动速度约为 100nm/s，并且方向总是向前。我们使用的成像条件是 1 帧/s，持续 10min。

致谢

我们感谢 Steve Ross 博士和 Kumiko Matsui 博士（NIKON 公司）提供了图 2，并感谢 Weihong Qiu 博士对手稿的评审。

影像说明

影像可以从 www. cshprotocols. org/livecellimaging 网站免费获得。

影像 35. 1. 标记了 TMR（绿色）的单个动力蛋白分子沿着 Cy5（红色）标记的轴丝微管运动的全内反射显微镜成像结果。60×真实时间。

参考文献

Axelrod D, Burghardt TP, Thompson NL. 1984. Total internal reflection fluorescence. *Annu Rev Biophys Bioeng* **13:** 247–268.

Bates M, Huang B, Dempsey GT, X. Zhuang X. 2007. Multicolor super-resolution imaging with photo-switchable fluorescent probes. *Science* **317:** 1749–1753.

Betzig E, Patterson GH, Sougrat R, Lindwasser OW, Olenych S, Bonifacino JS, Davidson MW, Lippincott-Schwartz J, Hess HF. 2006. Imaging intracellular fluorescent proteins at nanometer resolution. *Science* **313:** 1642–1645.

Douglass AD, Vale RD. 2005. Single-molecule microscopy reveals plasma membrane microdomains created by protein–protein networks that exclude or trap signaling molecules in T cells. *Cell* **121:** 937–950.

Funatsu T, Harada Y, Tokunaga M, Saito K, Yanagida T. 1995. Imaging of single fluorescent molecules and individual ATP turnovers by single myosin molecules in aqueous solution. *Nature* **374:** 555–559.

Gibbons IR, Fronk E. 1979. A latent adenosine triphosphatase form of dynein 1 from sea urchin sperm flagella. *J Biol Chem* **254:** 187–196.

Greenleaf WJ, Woodside MT, Block SM. 2007. High-resolution, single-molecule measurements of biomolecular motion. *Annu Rev Biophys Biomol Struct* **36:** 171–190.

Huang B, Wang W, Bates M, Zhuang X. 2008. Three-dimensional super-resolution imaging by stochastic optical reconstruction microscopy. *Science* **319:** 810–813.

Joo C, Balci H, Ishitsuka Y, Buranachai C, Ha T. 2008. Advances in single-molecule fluorescence methods for molecular biology. *Annu Rev Biochem* **77:** 51–76.

Kapitein LC, Kwok BH, Weinger JS, Schmidt CF, Kapoor TM, Peterman EJ. 2008. Microtubule cross-linking triggers the directional motility of kinesin-5. *J Cell Biol* **182:** 421–428.

Manley S, Gillette JM, Patterson GH, Shroff H, Hess HF, Betzig E, Lippincott-Schwartz J. 2008. High-density mapping of single-molecule trajectories with photoactivated localization microscopy. *Nat Methods* **5:** 155–157.

McMurray MA, J. Thorner J. 2008. Septin stability and recycling during dynamic structural transitions in cell division and development. *Curr Biol* **18:** 1203–1208.

Reck-Peterson SL, Yildiz A, Carter AP, Gennerich A, Zhang N, Vale RD. 2006. Single-molecule analysis of dynein processivity and stepping behavior. *Cell* **126:** 335–348.

Rice S, Lin AW, Safer D, Hart CL, Naber N, Carragher BO, Cain SM, Pechatnikova E, Wilson-Kubalek EM, Whittaker M, et al. 1999. A structural change in the kinesin motor protein that drives motility. *Nature* **402:** 778–784.

Rust MJ, Bates M, Zhuang X. 2006. Sub-diffraction-limit imaging by stochastic optical reconstruction microscopy (STORM). *Nat Methods* **3:** 793–795.

Sako Y, Minoghchi S, T. Yanagida T. 2000. Single-molecule imaging of EGFR signalling on the surface of living cells. *Nat Cell Biol* **2:** 168–172.

Stuurman N, Vale RD. 2005. Imaging single molecules using total internal reflection fluorescence microscopy. In *Live cell imaging: A laboratory manual* (ed. RD Goldman, DL Spector), pp. 585–601. Cold

Spring Harbor Laboratory Press, Cold Spring Harbor, NY.
Sund SE, Swanson JA, Axelrod D. 1999. Cell membrane orientation visualized by polarized total internal reflection fluorescence. *Biophys J* **77**: 2266–2283.
Svendsen S, Zimprich C, McDougall MG, Klaubert DH, Los GV. 2008. Spatial separation and bidirectional trafficking of proteins using a multi-functional reporter. *BMC Cell Biol* **9**: 17.
Thompson RE, Larson DR, Webb WW. 2002. Precise nanometer localization analysis for individual fluorescent probes. *Biophys J* **82**: 2775–2783.
Tokunaga M, Imamoto N, Sakata-Sogawa K. 2008. Highly inclined thin illumination enables clear single-molecule imaging in cells. *Nat Methods* **5**: 159–161.
Vaziri A, Tang J, Shroff H, C.V. Shank CV. 2008. Multilayer three-dimensional super resolution imaging of thick biological samples. *Proc Natl Acad Sci* **105**: 20221–20226.
Watanabe N, Mitchison TJ. 2002. Single-molecule speckle analysis of actin filament turnover in lamellipodia. *Science* **295**: 1083–1086.
Yildiz, A, Forkey JN, McKinney SA, Ha T, Goldman YE, Selvin PR. 2003. Myosin V walks hand-over-hand: Single fluorophore imaging with 1.5-nm localization. *Science* **300**: 2061–2065.
Yildiz A, Tomishige M, Vale RD, Selvin PR. 2004. Kinesin walks hand-over-hand. *Science* **303**: 676–678.
Zhuang X, Bartley LE, Babcock HP, Russell R, Ha T, Herschlag D, Chu S. 2000. A single-molecule study of RNA catalysis and folding. *Science* **288**: 2048–2051.

（齐冬 译 李紫煜 方玉达 校）

第 36 章　基于全内反射荧光显微技术的细胞成像

Derek Toomre

Department of Cell Biology，Yale University School of Medicine，SHM－C227，Yale University，New Haven，Connecticut 06520-8002

对细胞成像主要是为了观察细胞内发生的各种过程，从而扩展我们对细胞功能的理解。活细胞荧光显微镜在解释细胞动态过程中尤为重要，如细胞信号、膜运输、细胞骨架重塑等过程。许多情况下，短暂中间态被大量的细胞信号所掩盖，因此只能在对单分子、单个囊泡或单个细胞器进行成像时才能被记录和量化。所有这些观察都和显微镜方法的时空分辨率和灵敏度紧密相关。

正如第 8 章描述的，共聚焦显微镜相比传统荧光显微镜能够对细胞进行光学切片、改善图像反差和轴分辨率（大于 600nm）。这种光学切片效应一般通过共聚焦针孔遮掉非焦平面发出的光线，或者在双光子显微镜下通过选择性激发来实现。另外一种只激发非常窄的光学面（小于 100nm）内的荧光分子来实现，这就是全内反射荧光显微镜（以下简称 TIRFM）。

TIRFM 的主要原理是：激发光在折射率不同的两个介质交界面（如玻璃盖玻片和生物标本之间）形成一个薄的指数衰减的消逝场。所以，TIRFM 不适合细胞和组织内的深度图像获取。但是对于靠近底端的细胞表面来讲，TIRFM 的敏感度和图像的信噪比相当高，甚至对于单个荧光标记的分子也能采集和追踪到（Selvin and Ha 2008）。所有主流显微镜厂家最近均推出了非常高数值孔径的物镜（NA 大于 1.45）和易用型 TIRFM 系统，这些都使 TIRFM 对于生物学家，尤其是以定量方式进行和采用遗传或分子生物学方法完成实验的生物学家来讲越来越有吸引力，同时也更容易接受。

本章的目的是提供在活细胞上如何进行 TIRFM 实验的操作指南。它主要面对的是正在或计划使用商品化的物镜型 TIRFM 系统的生物学家。那些准备自己组装复杂的个性化系统或者使用棱镜型 TIRFM 系统的人请参考 Oheim（2001）和 Axelrod（2008）的综述。本章特殊考虑的是如何快速校准光路、解决各种问题和调整 TIRFM 系统，以便采集活细胞数据、观察和量化。我们这里也包括了一些 TIRFM 应用的案例，如胞吞/胞吐过程和细胞骨架动力学以及与其他成像模块相整合。

理论：TIRFM 的光学原理

TIRFM 是基于光在两个不同折射率介质交界面的表现和麦克斯韦电磁理论演化而

来。在全内反射条件下，光的消逝场能选择性照射在靠近交界面的荧光分子上。这里介绍 TIRFM 的基本原理；如果对消逝场的细节（如偏振光）也感兴趣的学者可以参考 Axelrod（Axelrod et al. 1983；Axelrod 2008）——TIRFM 先驱的非常深入的论文。重点做细胞研究方面的综述还包括 Thompson 和 Lagerholm（1997）、Oheim 等（1999）、Steyer 和 Almers（2001）、Toomre 和 Manstein（2001）、Beaumont（2003）、Rappoport 等（2004）和 Groves 等（2008）的论述。

Snell's 定律

Snell's 定律解释了一束光，当它在不同折射率介质中穿过时如何弯曲或者折射的。当光以相对小的入射角进入较低折射率的第二介质时，它会折射偏离原入射方向。准确的折射角能够通过 Snell' s 定律进行计算［式（1)］，其中 n_1 和 n_2 分别代表较高和较低介质的折射率。θ_1 和 θ_2 代表入射和折射角度。

$$n_1 \sin\theta_1 = n_2 \sin\theta_2 \tag{1}$$

全内反射和临界角

当入射角增加到临界角时出现了一种特殊情况，光线不再折射到低折射率介质中，而是沿着介质面平行方向传播（褐色光线，图 1)，在这个条件下，sin90°＝1，因此 Snell's 定律可简化为

$$\theta_c = \sin^{-1}(n_2/n_1) \tag{2}$$

提示 n_1 必须大于 n_2 才能有全反射发生。

要计算临界角，只需知道高折射率和低折射率介质的折射率就行。表 1 列出 TIRFM 研究一般使用的介质的折射率。例如，如果使用的是玻璃盖片和水，那么临界角是 $\sin^{-1}$（1.33/1.51）＝61.7°，而对于生长在玻璃上的细胞是 64°～66°。两个介质折射率差别越大，临界角越小。在空气和玻璃交界面，临界角发生在 41.5°。而蓝宝石/空气界面，它发生在 33.7°。知道临界角对于设置 TIRFM 的最低入射角非常重要。

穿透深度（*d*）的公式

当超过临界角时，入射光被完全反射回高折射率介质（图 1 中的红线)。这种反射是非常高效的，事实上，全反射可使光在光纤中传播几千公里。然而，就我们的目的来讲，尽管光被反射，但它却在低折射率介质中产生一个非常薄的电磁场或消逝场（与激发光波长相同)，而这正是 TIRF 需要的。界面电磁场现象能使用 Maxwell 公式计算，它的强度随离开界面距离成指数衰减（沿 z 轴，虚曲线，图 1)。消逝场强度的空

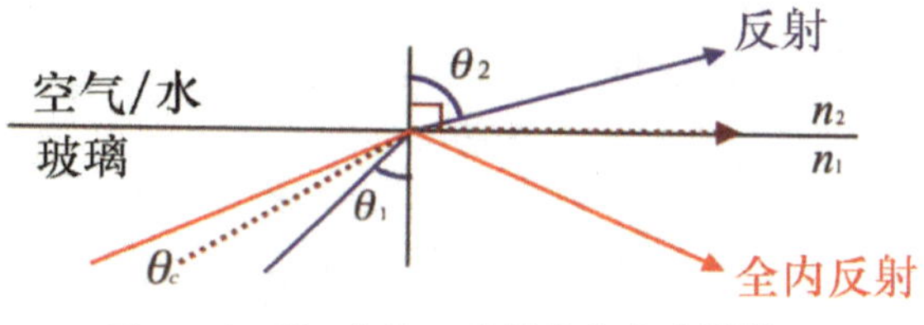

图 1　Snell's 定律，临界角和全内反射

当光通过低折射率介质时，它被折射远离法线（蓝线)。在临界角（褐色线)，光束平行两个介质界面。在超过临界角时（红)，它完全全内反射进玻璃

间分布是连续的并在比较大的入射角时衰减更快。离开玻璃盖片不同距离（z）的消逝场强度 I 和其能穿透的深度 d 能用下面两个公式表示：

$$I(z)=I(0)\ e^{-z/d}, \tag{3}$$

其中

$$d=\frac{\lambda_0}{4\pi\sqrt{n_1^2\sin^2\theta_1-n_2^2}} \tag{4}$$

一个薄的消逝场可在以下条件下得到：①两个介质折射率差别大；②短波长激发光；③大的入射角。然而实验中这些参数往往受到限制：盖片和细胞的折射率是固定的，激发光需要激发给定的荧光染料（如 GFP），使用物镜型 TIRFM 时最大的照明角度已经由物镜的数值孔径决定了。

$$\mathrm{NA}=n_3\sin\theta_1 \tag{5}$$

式中，n_3 为浸油的折射率，对于高数值孔径油浸物镜来讲，一般是 1.51。由于物镜透镜的数值孔径决定了最大的入射角，这也就进一步限制了物镜型 TIRFM 的最小穿透深度。

表 1　一般物质的折射率

物质	折射率（RI）
空气	1.0
水	1.33
细胞质	1.36～1.38
玻璃盖玻片	1.51
蓝宝石	1.76～1.78

标本穿透深度（*d*）的计算

假设一个数值孔径 1.45 的物镜，玻璃光学器件，匹配的油（1.51），那么 $\theta_1=73.8°$［式（5）］。如果使用 488nm 激发光和生长在标准盖玻片（$n=1.51$）的细胞（$n=1.37$），那么根据计算最薄的穿透深度［式（4）］约为 82nm。如果用的是 1.49 数值孔径的物镜（$\theta_1=80.7°$）这个值降到约 66nm。

一般来说，采集细胞图像时，最薄的穿透深度基本在 $\lambda_0/5$ 到 $\lambda_0/7$，是在使用 1.45～1.5NA 物镜时得到的。而使用 1.65NA 物镜和高折射率镜油（这个镜油实际是二碘甲烷，RI=1.74；注意它毒性非常大，使用要小心）能得到 $\lambda_0/12$ 的穿透深度。可能由于物镜透镜中的散射光的原因，实验中得到的 d 一般比理论计算的数值高（Mattheyses and Axelrod 2006）而且发射光也存在近场光学效应，使简单的指数曲线有所偏差（Steyer and Almers 2001；Axelrod 2008）。

关键点

TIRFM 光学原理的关键点如下所述。

（1）TIRFM 发生条件，$n_1>n_2$。

（2）消逝场在低折射率介质中成指数衰减。

(3) 消逝场的穿透深度（d）是 s，定义为 $I(z)$ 衰减到 $1/e$（或者约为最大强度的 37%）。

(4) d 是由两个介质折射率的差别（n）、激发光波长（λ_0）和入射角（θ_1）共同决定的。

(5) 使用 1.45～1.5NA 物镜时，d 为 $\lambda_0/5$ 到 $\lambda_0/7$。

共聚焦显微镜和 TIRFM 的比较

细胞动力学的 TIRFM 图像和共聚焦图像相比有很多优点，尤其在速度和信噪比方面。但是 TIRFM 图像限制在细胞底层表层接近玻璃的位置。如表 2 所示，TIRFM 图像比点扫描共聚焦显微镜与转盘共聚焦显微镜（SDCM）更为相似，因为 SDCM 和 TIRFM 能产生的实像直接被肉眼和灵敏的相机采集。

表 2　共聚焦和 TIRFM 的比较

参数	点扫描共聚焦	转盘式共聚焦	TIRFM
轴分辨率	约 600nm	约 600nm	约 80nm[a]
细胞图像 z 轴范围	横穿整个细胞达约 20μm	横穿整个细胞达约 20μm	<1μm，只能在接近细胞表面
图像类型	计算机合成	单次真实成像	单次真实成像
检测器	光电倍增管	照相机（CCD）	照相机（CCD）
检测器典型量子效率	10%～20%	50%～90%	50%～90%
最大采图速度（在 1000 像素×1000 像素）	约 1fps	约 30fps	约 30fps
反差或信噪比	中等	好	非常好。比共聚焦高 5～100 倍
敏感度	几百个分子	10～100 个分子	可在单分子水平
漂白	中等	低	非常低
系统大概价格	25 万～40 万美元	25 万～40 万美元	10 万～20 万美元

a 使用高折射率介质最高可达 30nm。

fps. 每秒采集帧数。

棱镜型 TIRFM 和物镜型 TIRFM 的比较

一个物镜型或非棱镜型 TIRFM 利用一束光穿过高数值孔径物镜（NA 大于 1.4）全反射产生一个消逝波场（发射光也通过同一物镜进行检测，图 3）。而棱镜型 TIRFM 使用一个梯形或半圆柱型棱镜产生一个消逝场，一个水浸物镜收集远场发射的光。这类系统在 Oheim（2001）、Steyer 和 Almers（2001）、Toomre 和 Manstein（2001）、Axelrod（2008）中有详细的解释。正如表 3 阐明的，每个系统都有自己独特的优势和缺点。棱镜型 TIRFM 的背景更低（单光子成像中的优势），而物镜型 TIRFM 更容易接近标本，所以系统更广泛的商业化（这样更被需要采集细胞图像的生物学家所青睐）。

表 3　物镜型和棱镜型 TIRFM 装置的比较

参数	棱镜型 TIRFM	物镜型 TIRFM
激发和发射光路	独立（未结合）	相同（结合）
物镜-透镜类型/数值孔径/放大倍数	水型（0.9～1.2NA）（20～63 倍）a	油型（1.4～1.65NA）（60～150 倍）
$x-y$ 分辨率	好到非常好	最好（高数值孔径物镜）
测量信号［作为 $I(z)$ 的函数］b	收集的光能随距离发生非指数变化	收集的光能随距离接近指数变化
接近标本顶部	不能或受限制	完全可以
信噪比	非常好，因为没耦合光路，和物镜型 TIRFM 比少背景光。更适合单分子图像	非常好，但因为耦合光路，物镜内的散射光可能产生背景噪声
照明角度（θ_1）	超过临界角仍有宽的扩展范围	超过临界角扩展范围有限（受制于物镜数值孔径）
商业化 TIRFM 系统	目前没有	有，所有主要显微镜厂家（Olympus、Leica、Nikon、Zeiss、Till）

a 油镜可用于封闭培养室，但当经过超过 10μm 液面成像时会产生折射率的不匹配问题，因而会产生图像模糊问题。

b 这是消逝波产生指数的和收集发射光的近场效应的函数。

仪器：TIRFM 装置的部件组成

简介

图 2 为典型的商业化物镜型 TIRFM 系统俯视图。图 3 是一个放大的通过物镜的全反射照明侧面图。简而言之，就是激光被耦合进一个单模光纤，激发光（绿色）被扩散和聚焦到高数值孔径物镜的后焦平面。发射光（红色）进入敏感相机（通常是 CCD 或 EMCCD）成像。激发光的 $x-y$ 轴位置由显微操纵杆或螺丝控制。聚焦也可调节以确保全内反射照明光路共轴。

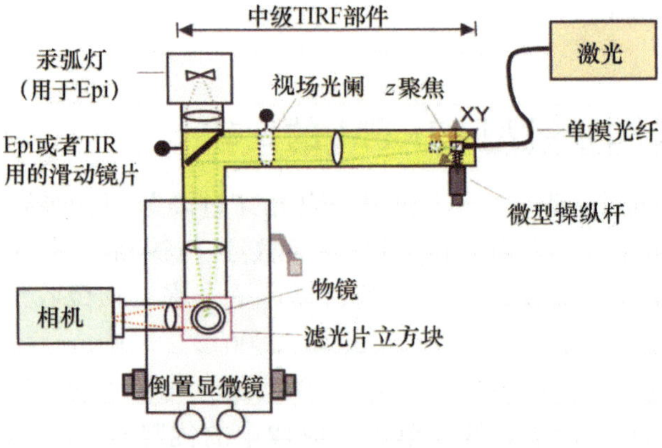

图 2　物镜型 TIRFM 系统的原理图

布局基于 OLYMPUS 的 IX71 显微镜，其他厂家的系统也比较相似

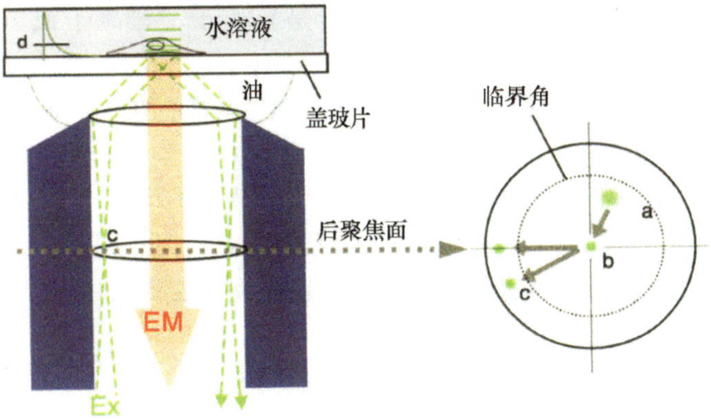

图 3　高数值孔径物镜的全内反射照明原理图

激发光（绿）聚焦到物镜后焦平面边缘产生 TIR。右．关键的校准步骤将带来（a）一个没有校准的激光光束到物镜中心（b）。要取得全反射，光束要移到 C——物镜后焦平面边缘。示意图没有定标尺。EM. 发射（EX）激发。注意：激光危险，带合适的防护镜，采用其他合适的安全措施

一个物镜型全内反射荧光显微镜和标准的倒置落射荧光显微镜非常相似，另外还额外具有以下部件。

（1）TIRFM 照明采用更有效率的激光通过单模光纤来实现，而不是汞灯或单色仪（例外：OLYMPUS 和 NIKON 提供使用汞灯的白光 TIRFM 系统）。

（2）TIRFM 需要可移动外置中间光学部件（通常被生产厂家称为 TIRF 照明器）去控制聚焦和光束相对于物镜后焦平面的位置。（图 2 中显示黄色）或者使用一个光学平台和合适的透镜及反光镜，它能外加进去。

（3）在标准玻璃盖片上采集细胞图像，TIRFM 需要一个高数值孔径物镜（通常 60×～100×和 1.45～1.5NA）。

以下按光路中的顺序具体解释各部件。

照明光源

激光和“白光”

用于 TIRFM 的典型光是激光。它的最主要的优点是能够在保持高强度（10～100μW/μm^2）的同时高度瞄准和聚焦在后焦平面的小点上。另外的选择是使用汞灯，它的灯丝聚焦到物镜后焦平面（NIKON 和 OLYMPUS 都商业化销售白光 TIRFM）。白光 TIRFM 的优点是价格便宜（激光每条谱线 5000～15 000 美元）。另外，由于白光不是相干的，因此它没有影响激光照明的干涉条纹。但是汞灯一般强度低、聚焦差，会产生大的入射角和较深的穿透深度。尽管是这样，白光系统仍是昂贵的 TIRFM 系统一个很好的替代。理想的最佳方法是对您的标本分别使用激光和白光，并放在一起进行比较。

传统激光器

可以提供适合活细胞图像波长范围的激光器。一般来讲每条谱线 20～100mW 最

佳。历史上，用于活细胞图像最流行的激光器是氩离子、氪离子或氩氪激光器。这些激光器泵气体介质产生主要谱线为 488nm、514nm、568nm 和 647nm（适合 GFP、YFP、dsRed/Texas red 和 Cy5）。氦铬（HeCd）激光器能在 442nm 产生一条谱线，最适合 CFP；而氦氖激光器也能产生 633nm 激光激发 Cy5 染料。氩离子、氪离子激光器的主要缺点包括：①它们需要高电压和高电流（220V，15～40A）；②它们需要风冷或水冷；③它们的大小超过 1.5m；④它们的激光管寿命一般在 1000～3000h。当然它们的一个优点是一些型号 100Mw 能提供的多条谱线（多达 7 条），可以使用声光调制器 AOTF 来进行选择。

新式固体激光器

最近，通过泵一个固体增益介质实现的二极管泵固体激光器（DPSS）变得极为流行。主要因为：①使用标准 110V/15A 电源输出；②无需特殊制冷；③体积小（小于 20cm）；④有相当长的寿命（约 10 000h）。许多已经有了和传统激光器相同或相似的波长（440nm、488nm、523nm、561nm、638nm）和新的谱线（如 405nm）。目前它们根据波长、功率和控制方式（如可调节和 TTL 门控方式）的不同，一般价格在 5000～10 000美元。

激光整合和衰减

许多厂家提供多个激光器或多线激光器被耦合在一起的激光系统（带分光镜），各条谱线能被 AOTF 迅速（小于 5ms）调制或者切换，也可使用 TTL 控制的机械光闸在单独的激光器内于 50～100ms 内开关光路。

单模光纤

激光必须被耦合到光学部件中。这个过程可以通过将合适的反光镜和其他光路装在光-机底座得以有效实现。然而这需要相当大的平台空间，而且激光制冷（风冷和水冷）也能使底座震动。一种流行的替代方式是将激光发射到灵活的单模光纤中并将激光器放在隔离架上。但它的缺点是一半左右的激光能量在耦合过程中损失（如果对中不好，损失更大）。

注意如果高能激光聚焦到外包皮上的话，高功率激光可能损害光纤。而且在光纤的核心，光通过全反射方式传播的截面横跨只有 5μm，甚至能被一个灰尘颗粒阻挡或损坏。因此当不用时，光纤头应该立刻被盖上。

中间光学部件（TIRFM 照明器）和显微镜

物镜型 TIRFM 几乎总是在倒置显微镜上以便最完整地接触标本。所有主要显微镜厂家生产 TIRFM 照明器都能添加在新的或已有的倒置显微镜上，绝大多数是手动或半自动控制的。Leica 的系统由于能自动调中和确定入射角而显得比较复杂。这些中间光学附件或 TIRFM 照明器的主要功能是：

（1）以机械稳定方式从光纤耦合进显微镜；

（2）聚焦光线到物镜后焦平面；

（3）调节光纤顶端 z 轴位置确保 TIR 光路的良好准直；

（4）调整光纤架水平 $x-y$ 位置（一般使用显微操纵器或步进马达），校正光线在后焦平面的离轴位置进而控制入射角度以在需要的穿透深度获取全反射效果（图 3）；

（5）使用视场光阑（可选）限制照明区域；

（6）在反射宽场荧光照明和全反射照明间转换（通常需要一个插板装有反光镜或棱镜，可选）。

注意由于显微镜中的光学部件和 TIRFM 照明器随生产厂家不同而布局不同，图 3 只作为一个代表。

荧光滤光片块

荧光滤光片块的安装和使用与普通反射荧光显微镜相似，也由激发滤光片、分光镜、发射滤光镜组成。众所周知，"每个光子都很宝贵"，因此非常有必要使用高质量滤光片，通过曲线接近垂直、高透过率、硬镀膜（如 Semorock 和 Chroma 的硬镀膜滤光片块）。为了完全将激发散射光排除，分光镜和发射滤光片也应该使用。

注意：所有的滤块都以稍微不同的角度安装，因此每次更换滤光片块时都需要调整入射角。也要注意一些滤光片块的镀膜能使激光发生干涉产生干涉条纹；如果发生，可能需要测试另一个滤光片块以替代。

高数值孔径物镜透镜

除了中间光学部件外，高数值孔径物镜是物镜型 TIRFM 最核心的部件。TIRFM 系统几乎是伴随全自动的计算机系统推出和新的物镜出现而逐步流行的。十几年前，最好的商品化物镜数值孔径 1.4。而现在 1.45、1.5，甚至 1.65 的物镜也有（当然它要使用特殊的盖玻片和镜油）。有几点值得考虑。

（1）TIRFM 的黄金定律：物镜数值孔径必须大于要研究的介质的折射率。在细胞学研究中，一个 1.4 数值孔径的物镜是最低要求。

（2）物镜数值孔径越高，全反射越容易实现。例如，当使用 1.4 数值孔径物镜采集细胞图像时，全反射只能发生在物镜后焦平面外边 3%的狭长范围内，而数值孔径到 1.45 时，比例提高到 10%。

（3）可以使用不同放大倍数的物镜，如 60×、100×、150×，理想的放大倍数依赖照相机的像素大小和需要的分辨率。例如，如果物镜的放大倍数是 100×，照相机像素大小是 12μm，那么每个像素的分辨率是 120nm，满足 2 倍奈奎斯特（Nyguist）采样定律要求的采样需要（假设 250nm 是分辨率极限）。

照相机

几乎所有 TIRFM 图像都基于 CCD 采集。通常决定使用何种 CCD 适合的主要因素是像素数、像素大小、光子效率（QE）、读出噪声、读出速度和价格。一个好的高级 CCD 可完全满足许多 TIRFM 应用（第 4 章）（如那些基于索尼 ICX061 芯片的 Orca ER－65％QE 和 6 个电子的读出噪声）。然而，对于需要高灵敏度的图像采集，一个背照式－70℃制冷、92％QE 值、一个电子读出噪声的 EMCCD 更加合适（如 ANDOR 的 iXon 897 EMCCD 或者同级别 CCD）。另外一个合适的选择是 ICCD，加强型 CCD 系统非常敏感并且具有非常快的门控速度（可实现荧光寿命图像显微镜 FLIM 功能），但是它的空间分辨率比较低，另外电子溢出也比较复杂。

温控箱

活细胞图像需要合适的生理温度和环境条件。维持一个稳定的温度是一项非常重要也比较困难的工作。主要问题是室温 1℃的漂移将导致标本 z 轴漂移 1μm，这是非常明显的，尤其是对于 TIRFM 这种所有的动作都在一个非常薄的光学平面上完成的设备。所以，即使加热器是恒定的，如果室内温度发生改变，金属收缩或扩张，标本也将漂移。纠正这个问题的一个有效方法是使用一个主动型自动聚焦设备（如 OLYMPUS 或 NIKON），它能监测近红外光的反射，并且运行良好并能到达标本，但这种系统只能应用在某些显微镜上而且比较贵（价格一般大于 25 000 美元）。

另外一个被动方案是用一个温控箱将显微镜与周边环境隔离起来。我倾向于用一个聚苯乙烯和树脂混合箱子，因为聚苯乙烯折射率比树脂高 5 倍并且比较轻，容易用热钢丝切割。对于温度的维持，一个循环的加热空气系统就非常有效（如 air－therm、WPI）

根据环境情况，对于短时间延时图像（1h），保持 pH 的缓冲液就可满足（如 20mmol/L HEPES 缓冲液，pH 7.4）。对于长时间延时图像，5％～10％的 CO_2 是需要的，通过将 10％CO_2 引入定制水槽中（调节 pH）对水加湿。另外一个挑战来自加热的空气导致介质蒸发，渗透压急速上升。限制蒸发的一个方法是用石蜡或矿物油盖在液体介质上面，另一个方法是加湿空气。

TIRFM 与其他成像模块的结合

TIRFM 与其他成像方法互相补充，尤其是那些能提供不同细胞层次的方法。一般配合使用的方法包括以下几种。

（1）明场透射光成像。这对于聚焦新的细胞标本或识别细胞边缘是非常有帮助的。不太有利的是，微分干涉和相差的方法一般不装在物镜型 TIRFM 中，尽管相差环也可装在共焦面（目镜前面）。

（2）TIRFM 结合普通宽场荧光成像。对合适的荧光标本（如微管）在反射宽场荧光和全反射下的图像进行比较是正确调节 TIRF 图像的极佳方法（两个图像应该明显不同，图 5B、C）。当两个独立的光路交替转换时（如使用 50/50 反光镜整合两个光路，分别被 TTL 控制的机械光闸控制开关），我们就能获取活细胞的宽场荧光和全反射荧光图像。

(3) 一个比较复杂的 EPI/TIRFM 是多角度 TIRFM，通过电动偏转器或棱镜型 TIRFM 的快速转换声光偏转器在多个深度采集全反射图像（Olveczky et al. 1997；Loerke et al. 2000；Rohrbach 2000）。多角度 TIRFM 的一个优势是信号和较深 TIRFM 背景的比值要远好于宽场反射荧光观察，并且它能获取三维位置信息（Loerke et al. 2000；Lassalle et al 2007）。

(4) 其他可配合的方法包括荧光相关光谱 FCS（Lieto et al. 2003）、荧光漂白后恢复 FRAP（Swaminathan et al. 1996）、原子力显微镜（Mathur et al. 2000）和共聚焦显微镜。

实验方案

对中和校准

下列顺序描述的是如何使用标准细胞样品对中和校准 TIRFM 系统。目的是面对下游光学器件正确地校准和对中 TIRFM 照明器。对于照明，这里使用的是 488nm 激光器和 GFP 滤光片块。光路校准后，系统必须被正确的校正。

注意使用激光时要非常小心。高功率（大于 1MW）激光器对眼睛存在潜在的危害，不正确的使用可能导致失明。正确使用包括但不仅限于下面内容。

（1）使用合适的激光防护眼睛。

（2）所有用户的激光安全培训。

（3）使用警告标记、标签和互锁开关。

（4）绝不能直接看光线和其反射光。

（5）确保光路即使在打开状态也在肉眼可接受强度之下。

（6）校准时将激光减弱到最低水平。

（7）使用挡光器件或盒子防止偶尔发生的光路方向偏差。

（8）调节时从手中移走反射部件。

（9）对光线直接成像或对样本成像应由 CCD 实现。

（10）从侧面或者面向显微镜后面调整光路（绝不能直对眼睛）。

（11）除非光路中插入合适的滤光片，否则决不能直接看目镜。

（12）当通过观察筒看时，决不能转换激发块（如转换错误，光线将直接进入观察筒）。

许多商品化的系统有完整的互锁系统；然而，这可能被忽视或不正常工作。请查看：http：//www. laserinstitute. org/网站了解激光安全方面的信息。

重要提示：当调节系统时一定注意要减弱光强（低功率或中性滤光片和或使用安全护目镜），并保证肉眼远离激光光路。并使用阻光器件防止光线进入不需要走的方向。当调节时一定清楚光路所在。

材料

试剂

细胞样品标记

使用可靠正确的标记。可选择的细胞器标记物包括 GFP -标记微管蛋白、微管结合蛋白（MAP）、特异表达在细胞膜载体上的蛋白质（如 GPI）

用于测试图像的细胞样品和标记物

一个理想的样品应该有清晰的深层结构。例如，微管组织中心（MTOC）或者高尔基体，以及其他标记表面的样品，或者使用 488nm 激发，DiI 作为表面标记的大小 100nm 的荧光微球。用于活细胞图像标本准备请看下面部分

与折射率匹配的浸油（1.515）

仪器

玻璃盖片成像培养皿（如 MatTek 皿）

改锥或通用扳手

荧光笔（墨水荧光笔，黄或红），染料被密封在脂滴溶液中，自由染料（没被密封的）很容易黏在盖片上；这种标记示踪剂是用于 TIRFM 对中的方便而便宜的荧光探针。

方法

对中

（1）移走高数值孔径物镜，在开口处放上一张名片。打开激光，确认 488nm 蓝激光照在名片上，使用（TIRFM 自带的）x-y 显微操纵器粗略对中孔上面的光路中心。

如果没有或光极弱，尽量顺着光路确认光是否从光纤照出，是否透过棱镜，是否有合适的滤光片块在光路中，光闸是否打开以解决问题。

（2）挡住激光（使用光闸或挡片），重新装好高数值孔径物镜（如 60×，1.45NA），将镜油点在物镜透镜上，放一个空的（干的）MatTek 盖片底培养皿在上面，然后慢慢地向上聚焦物镜接触到皿底部。

尽量用蓝笔标记一个小点，使用明场方法确保正聚焦接近皿底玻璃上表面，然后移开这个区域。

（3）粘一张白纸在正对物镜中心正上方的培养皿上盖上（根据肉眼判断）。打开光闸，确认蓝光照出并照在上盖上。

（4）使用 x-y 显微操纵器仔细调节使光线位于显微镜中心之上（图 3B)。

（5）延着 z 轴滑动光纤插头，使光点进入上盖的焦点内。这个点应该有较强的高斯分布中心和较暗的边缘环。略微关小视场光阑以改善光束质量。重复步骤（4）确保光线良好校准和对中。并用笔将光线位置标记在纸上为将来参考。

（6）遮住激光加 2mL 水到 MatTek 皿中，并迅速（小于 1s）将斑马纹黄色荧光标记物蘸到水中。肉眼看溶液呈现淡黄色。使用改锥或通用扳手在皿底上表面划一个 3×3 的井字形（图 4）。

（7）打开光闸，你可以看到一条准直明亮的锥形光束从物镜垂直照出（如果发散，校准后才能继续后去步骤）。①使用 x 或 y 显微操纵器（但不是都使用），缓慢移动光束到你的右侧或左侧（为安全原因，远离走动的人）。当你移动光束到边缘时，在某一点光会迅速消失。这就是 TIRFM 的临界角。②保持缓慢地移动光束到边缘，在某一点将有很少的光透射出物镜（这可能是物镜后焦平面的边缘）；现在往回移动一点，在这

一点，如果所有一切都操作正确，你将有 TIRFM，详见问题解答。

（8）打开相机，确认 TIRF 信号能够看见。最容易做到的就是使用相机稳定采图和改变穿透深度（通过 $x-y$ 显微操纵器调整光束）。

详见问题解答。

（9）现在系统已经正确校准好了，请尝试采集一个细胞器标记的测试用细胞标本。

详见问题解答。

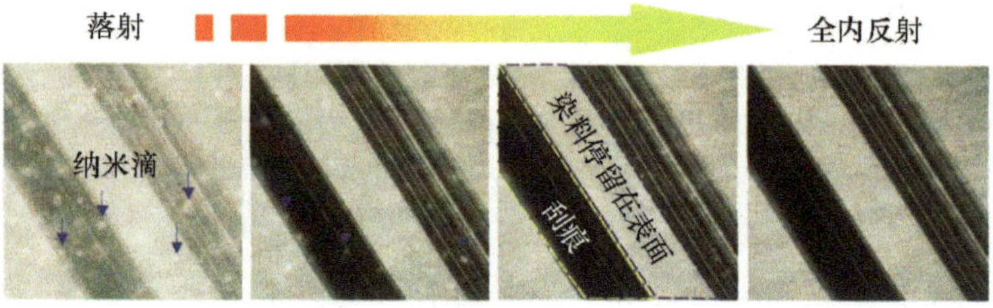

图 4　测试正确的 TIRFM 校准

从黄色荧光笔中荧光染料溶液（由微滴或微珠和自由染料组成）加到 MatTek 皿中。盖玻片被改锥刮几下（移除黏在盖片上的染料）。盖片的焦面在不同的入射角情况下被成像。在宽场照明条件下，信噪比低，弥散的微珠也能看见。超过临界角，信噪比明显提高。在全反射最高角（74°左右）看不见微珠

校正

理论值在确定系统期望的效果时是有用的。然而由于散射，光学器件不正确的校准以及发射光的近场效应都能产生相当程度的偏差。这时唯一正确的就是校正系统。

（10）有几种校正方法，理想情况是应该采用一种以上的方法进行。

①当用油将棱镜耦合到物镜时，计算真实的从物镜出来的角度。通过测量射出的光束位置（如在墙壁上），并了解不同界面和形状的 Snell's 定律（如果棱镜的折射率不是 1.51），人们能计算临界角，也能计算给定临界角情况下的理论效果。然而，实际的穿透深度（d）并不能从实验中测量到。

②使用一个大的 10～20μm 荧光珠和匹配的折射率，我们可根据已知形状计算衰减曲线（Mattheyses and Axelrod 2006）。

③使用压电或步进电机，顶端结合有荧光珠的尖端能精确地下降，作为位置的函数，测量荧光珠强度值。

④将小（20～100nm）的荧光珠分散在细胞或人造面上（透镜），使用压电控制的物镜（z 轴，50～100μm）步进采集标本，决定实际每个荧光珠的位置（如通过图像的清晰锐利。Olveczky et al. 1997）。然后将这种观察结果与给定角度的 TIRFM 强度进行比较。

答疑

问题［步骤（7）］：不清楚是否您已经得到 TIRF 图像。

解决：比较荧光珠的宽场图像和 TIRFM 图像。

问题［步骤（8）］：图像上有规则的线性条纹。

解决：尝试在外 TIR 环的边缘照明其他的点，看是否有改善。如果仍不管用，换另外匹配的分光镜块试试。

问题［步骤（8）］：图像上有一个非常难看的相干环。

解决：检查确认是否使用正确的分光镜块。使用 $x-y$ 显微操纵器移动光束到物镜后焦平面的不同位置。有时灰尘和油在物镜上，因此试着换一个位置，另外也要擦掉光学器件上的灰尘。

问题［步骤（9）］：信噪比差。

解决：确认光束很好地准直。尝试使用视场光阑降低视场大小（减少的散射）。重新刮盖片表面确保新染料没结合上。使用新的盖片，用干净的镜油重复校准步骤。使用传统反射荧光方法检查标本，确认图像可以接受；如果仍不行，物镜可能脏了（通常是顶透镜）需要清洁（使用光学级 MeOH）。

活细胞成像的标本准备

荧光标记策略

有多种方法进行 TIRFM 细胞进行标记。选择主要依据细胞结构或者待研究的途径和实验目标。

活染料和有机探针。标记细胞最容易的方法之一是使用活染料。一般包括脂质标记物（DiI、Biodipy - ceramide 等）、流相标记物（荧光右旋糖酐）、细胞核标记物（Hoescht 33342）和细胞器标记物（如 LysoTracker 和 MitoTracker）。有几百个不同的标记物，而“分子探针手册”（http：//www. probes. com）对活染料和特殊细胞标记方法就是一个非常好的在线参考。

荧光抗体和细胞骨架标记物。染料结合抗体（如 Cy 或 Alexa 的衍生物）和细胞骨架蛋白（肌动蛋白和微管蛋白）能被显微注射到细胞并被实时观察（第 2 章、第 32 章）。尽管有些乏味，但蛋白质错误定位或需要更高信噪比时，Cy 染料可能仍然是 GFP 非常好的替代（如 Speckle microscopy）。

荧光蛋白表达。有许多方法可以表达基因编码荧光标记物，即 GFP 及其不同颜色（青、黄、红）的探针家族（CFP、YFP、RFP）。一般的表达方法包括：

（1）脂基转染（如脂质体、FuGENE）；

（2）磷酸钙转染；

（3）电穿孔（如 Amaxa）；

（4）细胞核微注射；

（5）病毒转染（如腺病毒和逆转录病毒）。

细胞被转染或感染 8～24h（或者微注射几个小时后），可以对其进行研究。另外，也可选择已经稳定整合进质粒 DNA 的细胞。推荐先采用短暂转染（transient transfection）的方法证实报告物（reporter）是否开始起作用（如果许多研究需要特殊的报告物）再进行稳定转染（stable transfection）。没有单一方法是通用的，根据细胞系和特殊的报告物不同采用不同的方法和策略才能成功，并且需要在时间精力（显微注射比较慢）、花费（磷酸钙方法比较便宜）和效率（腺病毒法在细胞系表达科萨奇腺病毒受体方面是非常有效的）等方面对各种方法进行权衡。具体方法和策略详见第 19 章。

活细胞成像用培养皿

活细胞成像培养皿可选择自制或商品化产品。绝大多数培养皿使用的基本目的有两点：①有一个干净水平的与物镜匹配的盖玻片（我一般使用 1.5 号的盖玻片，0.17mm 厚）；②一个没有介质渗漏可进行图像采集的小池。

一个好的自制培养皿为一个 Rose 培养皿或一个铝制载玻片上打洞贴上两个玻璃盖玻片，内有 50μL 溶液。它们尤其适合密闭培养皿长时间延时图像采集，而且价格也不贵。

另外，许多生产厂家制造出底上带孔并被玻璃盖玻片黏在孔上的灭菌塑料培养皿（如 MatTek、WillCo、Bioptechs）。它们工作良好、不会漏液、方便使用，但每个培养皿价格为 2～4 美元。所有的培养皿应该放在一个支架上保证被加热或确保标本稳定不漂移。

成像培养基溶液

活细胞成像选择的培养液根据情况选择比较灵活，主要根据实验的长短。在这里选择培养液最主要的目的是保持细胞的健康和正常生理功能，但同时也要保持背景信号保持最低。例如，一个纯液体生理缓冲液（如 Ringer 液）对于比较短的时程成像实验比较好，但是对于比较长的延时图像实验就必须选择加有牛胎血清（FBS）的完整培养基。

有些细胞（如神经元细胞）对培养基的改变非常敏感，而另外一些细胞（如 HeLa、Cos 等）就比较耐受。关键点如下：

（1）成像的培养基应该有低自发荧光（避免使用酚红）；

（2）通过缓冲调节 pH。如果使用一个没有 CO_2 调节的开放式培养皿，那么 HEPES 缓冲液（约 25mmol/L，pH 7.4）对于许多细胞是个好的选择；

（3）必须维持正常渗透压（小心培养基在长时间实验中蒸发）；

（4）长时间（大于 1h）实验培养基应保证无菌状态；

（5）CO_2 和湿度应该被控制（可选）；

（6）细胞应该有正常的形态和细胞动力（如可使用相差方法成像）。

时程实验影像的采集

细胞过程的延时成像带来的问题是：应该多快，一张图需要多长？答案是，这取决于这个过程动态速度和人们希望提取的信息多少。例如，以 1μm/s 速度移动的囊泡需要 10Hz（10 帧每秒）的采集速度，而较慢的微管动态过程可能只需要 0.1Hz（每 10s 采一张图）。图像采集速度也受限于硬件（快门速度）照相机整合时间和传输速率、计算机资源（硬盘空间）最重要的降低光漂白。一般情况下，特殊软件（如 MetMorph、Andor iQ、Openlab）用于控制相机、开关和同步转换多激光谱线（通过 TTL 转换或 AOTF）。有时也使用定制硬件作为整合中枢或与计算机进行同步的控制箱。合理的优化策略如下所述。

（1）将荧光标记细胞置于显微镜观察下，设置最佳 TIRFM 角度、激光功率、照相机整合时间后去观察感兴趣的过程。比较表浅区域 TIRF 信号和较深区域 TIRF/宽场荧光信号非常有用。如果使用多荧光染料，要确保每个染料的状态，确保不同通道的串色最低。

（2）新创一个采集流程，选择超过感兴趣过程速度的一个采样速度作为采集速度（总能以快采慢），这样在回放时就能视频追踪到需要研究的目标。

（3）微调需要设置的条件。尤其是激光功率、照相机增益、曝光时间（调节显示器图像显示也是需要的）。

（4）裁剪图像到需要采集的细胞大小，采集图像数据。

（5）以能同时记录采集条件和不压缩图像的图像格式存取图像数据（如带文件头格式的 TIFF）。记录仪器和采集设置条件（激光器、滤色片、照相机等）。设置或保存两份备份文件以免其中有一份损坏。

下面是采集不同细胞过程图像的例子并描述这个方法的优势。

例子：采集细胞骨架动力学图像

通过采集细胞膜下几百纳米图像，人们能采集到宽场荧光和共聚焦不能获取的细胞骨架过程。举例来说，通过使用 TIRFM，我们能看到定向到黏着斑的微管正端（Krylyshkina et al. 2003）（看影像 36.1 和影像 36.2）。其他人观察到微管向黏着连接的优先定向，从而使得间隙连接蛋白（connexin）释放到细胞-细胞交界（Shaw et al. 2007）。

TIRFM 强大的可视能力已经用于探索肌动蛋白领域。细胞浆分裂沟的消逝场图像表明，补充肌动蛋白和肌球蛋白到卵裂沟的独立机制（Zhou and Wang 2008）。TIRFM 也对采集到细胞迁移过程中细胞骨架的重构图像非常有吸引力（Etienne - Manneville et al. 2005；Patel et al . 2008；Weiger et al . 2009）。也有用 TIRFM 观察黏附组装过程中对肌动蛋白作用进行研究的（Choi et al. 2008），使人联想到 TIRFM 的第一个细胞学应用——观察和绘制细胞基质间的联系图（Truskey et al. 1992；Burmeister et al. 1994）。

答疑

问题：在细胞的大范围都不能看到细胞骨架。

解决：可能的解释是细胞在大范围被“抬离“盖片上。这可通过细胞膜标记物或染料在宽场荧光条件下得到证实。您也可只找其他细胞或事先用多聚糖或基质蛋白，如纤连蛋白和层黏连蛋白使细胞和底壁黏得更紧密.

问题：当使用细胞骨架解聚药加到细胞中时出现明显的离焦现象（伴随缓慢的恢复）。

解决：预热药物并最大程度减少加药的容积以减小温度的变化。

例子：胞吐和胞吞过程的成像

TIRFM 是一个观察囊泡运输中出入细胞过程非常精妙的技术，尤其是第一步囊泡形成和进入以及最后一步胞吐过程。主要因为 TIRFM 能观察到囊泡“停泊”和融合的形态过程。我们使用 TIRFM 能直接（通常是第一时间）在各种细胞和细胞过程中看到胞吐作用，如递质囊泡融合、颗粒分泌、溶酶体分泌、组成型胞吐等。这些过程不仅在时间上也在空间上被调控。例如，我们能够看到组成型囊泡在空间热点区域和分裂细胞的卵裂沟优先胞吐。TIRFM 在胞吞过程中的应用研究也迅速增加，在研究参与胞吞作用的蛋白质时空关系方面取得了很多成果。

答疑

问题：不清楚胞吐过程中消失的囊泡是真的融合了，还是实际上是进入深层的细胞浆中了。

解决：真正的融合过程在融合时有明显的特征印记（Toomre et al. 2000）。当囊泡开始融合时，强度开始增加（更多染料在消逝波区域）。融合过程中，如果膜蛋白被采集到，信号在二维空间扩散；如果分泌的分子被采集到，信号在三维空间扩散（可被峰值分布图证实，图 5E 显示一个融合过程中大的强度变化）。然而需要非常小心的是：消逝场的深度和囊泡的大小将很大程度影响囊泡融合期间信号强度的相对改变。因此，标本和照明形状也应予以考虑。例如，在一个 200nm 穿透深度的消逝场中成像一个 30nm 突触囊泡，在融合过程中荧光信号强度只会有轻微改变。宽场荧光和 TIRF 图像共采集应能提供真正融合的有力证据。

问题：不确定在胞吞过程中是发生了胞浆衔接蛋白解离还是囊泡被吸收（都导致信号损失，没有明显区别）？

解决：不像通过 TIRFM 观察胞吐过程，胞吞过程没有清晰的空间印记。

囊泡消失还是标记物解离，从图像看并不总是清晰。可结合宽场荧光和 TIRFM（或使用多角度 TIRFM）观察细胞深部判断囊泡是否发生。

TIRFM 另外一个尤其令人振奋的应用是单分子动力学研究，无论细胞还是离体。使用更为明亮的探针，如量子点追踪单独的分子使细胞表面的研究变得可行。

定量分析

图像的一个挑战是如何分析和输出数据放时程影像是有帮助的，但一幅总结影像主要特征的图片同样是有用的。图 5D、E（胞吐）和图 6A～E（胞吞）显示的一个方法是截取一个区域显示单个事件的动态过程。另外的方法是显示一个波动曲线图，它在 $x-y$ 轴呈现一个随时间波动的线条。波动曲线图的优点是能在一个比较小的空间展示多个目标。它们在示踪微管动态过程非常有用，因为点的坡度能揭示微管增长或收缩的比例。

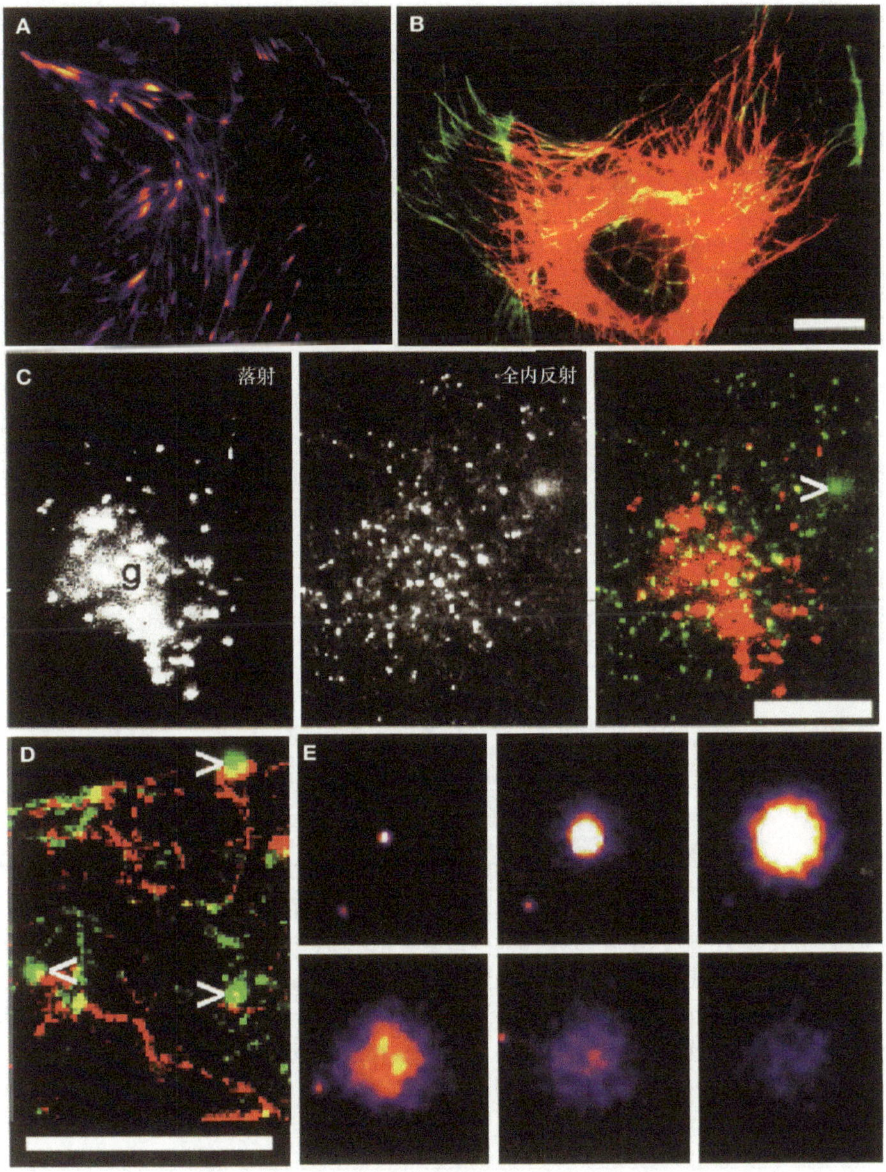

图 5 使用 TIRFM 采集细胞骨架和膜运动图像

A、B. TIR 荧光信号标记伪色；从最亮到最暗的信号为：白>黄>红>紫。B～D. 正常宽场荧光（EPI）被显示为红色；全反射荧光信号（TIR）被显示为绿色。所有图像均来自表达了各种 YFP 融合蛋白的 PtK2 上皮样细胞。A. 肌动蛋白- YFP，注意张力纤维末端（像黏着斑）特别亮。B. 微管蛋白- YFP，靠近盖玻片的微管是黄绿色。注意在传统宽场反射荧光观察下非常密的微管区域使用 TIRFM（绿）甚至能清晰地看到单个微管。C. 膜转运的不同视角。VSVG - YFP，一种膜蛋白，被高尔基体摄取再被释放。箭头表示一个囊泡刚和细胞膜融合。注意 EPI（宽场反射荧光）和 TIR（全内反射荧光）是非常不同的，尽管焦面没有改变。在宽场反射荧光观察下，高尔基体被标记的非常亮，而在全反射荧光下，接近细胞膜的囊泡最亮。由于 VSVG - YFP 已经被融合，因此细胞膜标记比较弱。D. 示踪运输和融合。一个 200 帧的图像序列文件被剪辑，差别文件被挑出。移出的囊泡在宽场反射荧光下给予红色示踪，当接近细胞膜时给予黄绿色，当自身融合时，如箭头所指给予绿色环形闪光。E. 囊泡融合的序列图。从左上图开始，从左到右 1s 间隔。标尺，5μm，E 图中的方格标尺，2μm（经 Elsevier 允许重印，来自 Toomre and Manstein 2001）

然而，简单地显示数据是不够的；它必须定量化，尤其在对照组和处置组的标本之间。分析分为手动、半自动（通过设置计算机选择）和全自动。有些工作可以非常简单地量化，如随时间变化的目标点数（图 6C、D）。然而追踪每个目标点随时间变化而产生的运动轨迹就比较头痛，尤其是反差比较弱或者目标点大小和强度还有变化时。目前量化数据的方法还只是部分确立，所以定量化仍是未来发展的一个重要领域。

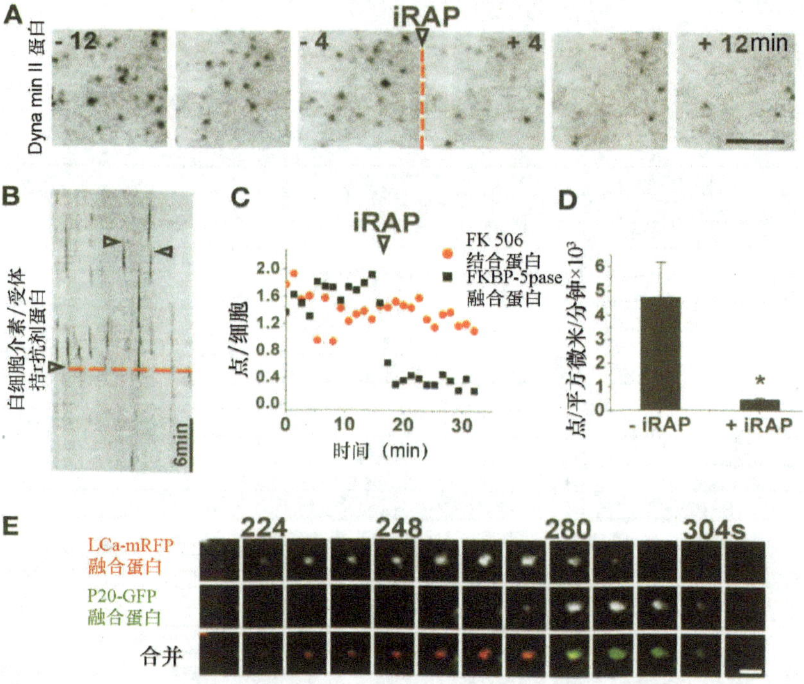

图 6　使用 TIRFM 观察和分析内吞过程

当 PI（4，5）P2 被耗尽时，观察 Dynamin 和 Arp2/3 的运动情况。A、B. 表达 Dyn2 - GFP 和 mRFP - FKBP - 5Pase 的 COS - 7 细胞，从 TIRFM 时程观察得到的部分图像和波形记录。A～C、E. 箭头和红色曲线表明 iRAP 的释放。B. 箭头 Dyn2 - GFP 的亮点。C. 图像展示了 iRAP 加入前后 Dyn2 - GFP 的亮点数量。D. 图像 iRAP 前后新形成的 Dyn2 - GFP 的亮点数量/（μm^2 · min）。显示的三个细胞的平均值。P=0.041（student t 检验）。E. 含有 LCa - mRFP 的单个 clathrin 包裹的小体在延时摄影后选出部分帧（上部），p20 - GFP（中部）和叠加的图像（下部）。招募 Arp2/3（p20 - GFP）发生在后期。

前景

对于深入细胞内几百纳米的观察，TIRFM 是一种极为强大的工具，它能够观察细胞自身的动态过程。未来可能会进一步提高 TIRFM 潜力的领域有：①多角度五棱镜 TIRFM 及其分析可以更好地在三维层面示踪囊泡、细胞器、细胞骨架结构；②更好地结合其他显微镜方法［如转盘式共聚焦、FRAP、FLIM（Schneckenburger et al. 2004)］、超高分辨率（Chung et al. 2007；Fiolka et al. 2008)；③定量追踪和分析的新的分析方法和软件。

而后者的前景则更加清晰，因为细胞成像正在发生从描述性到定量性的转变，而这一转变的长期目标正是产生一个可验证的动态系统的计算机模型。

致谢

我诚挚感谢我的许多合作者提出非常有价值的意见，给予的良好的合作和指导。尤其是 Pietro Pietro De Camilli、Ira Mellman、Graham Warren、James Duncan、Elena Diaz、Jim Rothman 等教授。我也要感谢我实验室目前和曾经的成员，感谢他们富有创造性而又努力的工作，尤其是目前还在的 Roberto Zoncu、Rushika Pererahe 和 John Goss。最后，我要感谢我的妻子 Kayoko 给予我最亲爱的支持。这个工作得到了 Kirby 基金会、Ludwig 癌症研究所、国家科学基金和 National Institutes of Health Director's New Innovator award 的资助。

网络资源

优秀的在线 TIRFM 教育培训资源包括好用的 java 小程序

http：//www. microscopyu. com/articles/fluorescence/tirf/tirfintro. html

http：//www. olympusmicro. com/primer/techniques/fluorescence/tirf/tirf-home. html

参考图书馆（TIRFM）：PDF 格式的综述和主要文章

http：//zeiss-campus. magnet. fsu. edu/referencelibrary/tirfm. html

重要的染料和操作步骤

http：//www. invitrogen. com/site/us/en/home/References/Molecular-Probes-The-Handbook. html

TIRF 照明系统供应商

http：//www. leica-microsystems. com

http：//www. nikoninstruments. com

http：//www. olympusamerica. com

http：//www. till-photonics. com

http：//www. zeiss. com/micro

激光安全

http：//www. laserinstitute. org/

影像说明

影像可以从 www. cshprotocols. org/livecellimaging 网站免费获取。除了特别注明的以外，所有的影像都是通过 TIRFM 获得的。实验细节请参考最初文献。

影像 36. 1. GFP－tubulib 标记的微管导向 CAR 成纤维细胞皮层，通常沿着相似的路径。图像是倒置的，当微管接近下皮层细胞时强度更高。在 0.2Hz 下收集的数据［见 Krylyshkina 等（2003）］

影像 36.2. YFP－tubulib 标记的微管导向 PtK2 上皮细胞皮层。在 0.2Hz 下收集的数据（D Toomre，未发表）。

影像 36.3. YFP 标记的肌动蛋白展示了逆行流动和点状消失（就像 PtK2 细胞中的包被网格蛋白经历的内吞作用），在 0.2Hz 下收集的数据（D Toomre，未发表）。

影像 36.4. 在同一图像平面的 EPI 荧光（红色）和 TIRFM（绿色），反映了 YFP－水泡型口炎病毒糖蛋白（VSVG）标记的囊泡发生胞吐。注意，红色小泡排出高尔基体，运输到周边，形态变化（变得更绿），融合时产生明亮的绿光。在 1Hz 下收集的数据［见 Toomre 等（2000）］

影像 36.5. TIRFM 影像显示两个子细胞融合时 VSVG－YFP 囊泡运输到 BSC－1 细胞的胞质沟。在约 22Hz 下收集的数据［见 Goss 和 Toomre 等（2008）］

影像 36.6. COS 细胞中 GFP 标记的网格蛋白轻链表达揭示了很多点状，相当于网格蛋白小窝，当小窝开始内吞，信号就消失了（见周期）。在 0.25Hz 下收集的数据［见 Zoncu 等（2007）］。

参考文献

Axelrod D. 2008. Total internal reflection fluorescence microscopy. *Methods Cell Biol* **89**: 169–221.

Axelrod D, Thompson NL, Burghardt TP. 1983. Total internal inflection fluorescent microscopy. *J Microsc* **129**: 19–28.

Beaumont V. 2003. Visualizing membrane trafficking using total internal reflection fluorescence microscopy. *Biochem Soc Trans* **31**: 819–823.

Bowser DN, Khakh BS. 2007. Two forms of single-vesicle astrocyte exocytosis imaged with total internal reflection fluorescence microscopy. *Proc Natl Acad Sci* **104**: 4212–4217.

Burmeister JS, Truskey GA, Reichert WM. 1994. Quantitative analysis of variable-angle total internal reflection fluorescence microscopy (VA-TIRFM) of cell/substrate contacts. *J Microsc* **173**: 39–51.

Choi CK, Vicente-Manzanares M, Zareno J, Whitmore LA, Mogilner A, Horwitz AR. 2008. Actin and α-actinin orchestrate the assembly and maturation of nascent adhesions in a myosin II motor-independent manner. *Nat Cell Biol* **10**: 1039–1050.

Chow A, Toomre D, Garrett W, Mellman I. 2002. Dendritic cell maturation triggers retrograde MHC class II transport from lysosomes to the plasma membrane. *Nature* **418**: 988–994.

Chung E, Kim D, Cui Y, Kim YH, So PT. 2007. Two-dimensional standing wave total internal reflection fluorescence microscopy: Superresolution imaging of single molecular and biological specimens. *Biophys J* **93**: 1747–1757.

Etienne-Manneville S, Manneville JB, Nicholls S, Ferenczi MA, Hall A. 2005. Cdc42 and Par6-PKC regulate the spatially localized association of Dlg1 and APC to control cell polarization. *J Cell Biol* **170**: 895–901.

Fiolka R, Beck M, Stemmer A. 2008. Structured illumination in total internal reflection fluorescence microscopy using a spatial light modulator. *Opt Lett* **33**: 1629–1631.

Goss JW, Toomre D. 2008. Both daughter cells traffic and exocytose membrane at the cleavage furrow during mammalian cytokinesis. *J Biol Chem* **181**: 1047–1054.

Groves JT, Parthasarathy R, Forstner MB. 2008. Fluorescence imaging of membrane dynamics. *Annu Rev Biomed Eng* **10**: 311–338.

Huang S, Lifshitz LM, C. Jones C, Bellve KD, Standley C, Fonseca S, Corvera S, Fogarty KE, Czech MP. 2007. Insulin stimulates membrane fusion and GLUT4 accumulation in clathrin coats on adipocyte plasma membranes. *Mol Cell Biol* **27**: 3456–3469.

Keller P, Toomre D, Diaz E, White J, Simons K. 2001. Multicolour imaging of post-Golgi sorting and trafficking in live cells. *Nat Cell Biol* **3**: 140–149.

Krylyshkina O, Anderson KI, Kaverina I, Upmann I, Manstein DJ, Small JV, Toomre DK. 2003. Nanometer targeting of microtubules to focal adhesions. *J Cell Biol* **161**: 853–859.

Lassalle HP, Baumann H, Strauss WS, Schneckenburger H. 2007. Cell-substrate topology upon ALA-PDT using variable-angle total internal reflection fluorescence microscopy (VA-TIRFM). *J Environ Pathol Toxicol Oncol* **26**: 83–88.

Lieto AM, Cush RC, Thompson NL. 2003. Ligand-receptor kinetics measured by total internal reflection with fluorescence correlation spectroscopy. *Biophys J* **85**: 3294–3302.

Loerke D, Preitz B, Stuhmer W, Oheim M. 2000. Super-resolution measurements with evanescent-wave fluorescence excitation using variable beam incidence. *J Biomed Opt* **5**: 23–30.

Loerke D, Stuhmer W, Oheim M. 2002. Quantifying axial secretory-granule motion with variable-angle evanescent-field excitation. *J Neurosci Methods* **119**: 65–73.

Mathur AB, Truskey GA, Reichert WM. 2000. Total internal reflection microscopy and atomic force microscopy (TIRFM-AFM) to study stress transduction mechanisms in endothelial cells. *Crit Rev Biomed Eng* **28**: 197–202.

Mattheyses AL, Axelrod D. 2006. Direct measurement of the evanescent field profile produced by objective-based total internal reflection fluorescence. *J Biomed Opt* **11**: 014006.

Merrifield CJ, Feldman ME, Wan L, Almers W. 2002. Imaging actin and dynamin recruitment during invagination of single clathrin-coated pits. *Nat Cell Biol* **4**: 691–698.

Merrifield CJ, Qualmann B, Kessels MM, Almers W. 2004. Neural Wiskott Aldrich Syndrome Protein (N-WASP) and the Arp2/3 complex are recruited to sites of clathrin-mediated endocytosis in cultured fibroblasts. *Eur J Cell Biol* **83**: 13–18.

Nagamatsu S, Ohara-Imaizumi M. 2008. Imaging exocytosis of single insulin secretory granules with TIRF microscopy. *Methods Mol Biol* **440**: 259–268.

Nofal S, Becherer U, Hof D, Matti U, Rettig J. 2007. Primed vesicles can be distinguished from docked vesicles by analyzing their mobility. *J Neurosci* **27**: 1386–1395.

Ohara-Imaizumi M, Nagamatsu S. 2006. Insulin exocytotic mechanism by imaging technique. *J Biochem* **140**: 1–5.

Ohara-Imaizumi M, Nishiwaki C, Kikuta T, Kumakura K, Nakamichi Y, Nagamatsu S. 2004. Site of docking and fusion of insulin secretory granules in live MIN6 beta cells analyzed by TAT-conjugated anti-syntaxin 1 antibody and total internal reflection fluorescence microscopy. *J Biol Chem* **279**: 8403–8408.

Oheim M. 2001. Imaging transmitter release. II. A practical guide to evanescent-wave imaging. *Lasers Med Sci* **16**: 159–170.

Oheim M, Loerke D, Chow RH, Stuhmer W. 1999. Evanescent-wave microscopy: A new tool to gain insight into the control of transmitter release. *Philos Trans R Soc London Ser B* **354**: 307–318.

Oheim M, Loerke D, Stuhmer W, Chow RH. 1998. The last few milliseconds in the life of a secretory granule. Docking, dynamics and fusion visualized by total internal reflection fluorescence microscopy (TIRFM). *Eur Biophys J* **27**: 83–98.

Olveczky BP, Periasamy N, Verkman AS. 1997. Mapping fluorophore distributions in three dimensions by quantitative multiple angle-total internal reflection fluorescence microscopy. *Biophys J* **73**: 2836–2847.

Patel H, Konig I, Tsujioka M, Frame MC, Anderson KI, Brunton VG. 2008. The multi-FERM-domain-containing protein FrmA is required for turnover of paxillin-adhesion sites during cell migration of *Dictyostelium*. *J Cell Sci* **121**: 1159–1164.

Rappoport JZ, Simon SM, Benmerah A. 2004. Understanding living clathrin-coated pits. *Traffic* **5**: 327–337.

Rohrbach A. 2000. Observing secretory granules with a multiangle evanescent wave microscope. *Biophys J* **78**: 2641–2654.

Schneckenburger H. 2005. Total internal reflection fluorescence microscopy: Technical innovations and novel applications. *Curr Opin Biotechnol* **16**: 13–18.

Schneckenburger H, Stock K, Lyttek M, Strauss WS, Sailer R. 2004. Fluorescence lifetime imaging (FLIM) of rhodamine 123 in living cells. *Photochem Photobiol Sci* **3**: 127–131.

Selvin PR, Ha T. 2008. *Single molecule techniques: A laboratory manual*, pp. 1–507. Cold Spring Harbor Laboratory Press, Cold Spring Harbor, NY.

Shaw RM, Fay AJ, Puthenveedu MA, von Zastrow M, Jan YN, Jan LY. 2007. Microtubule plus-end-tracking proteins target gap junctions directly from the cell interior to adherens junctions. *Cell* **128**: 547–560.

Steyer JA, Almers W. 2001. A real-time view of life within 100 nm of the plasma membrane. *Nat Rev Mol Cell Biol* **2**: 268–275.

Swaminathàn R, Bicknese S, Periasamy N, Verkman AS. 1996. Cytoplasmic viscosity near the cell plasma membrane: Translational diffusion of a small fluorescent solute measured by total internal reflection-fluorescence photobleaching recovery. *Biophys J* **71**: 1140–1151.

Thompson NL, Lagerholm BC. 1997. Total internal reflection fluorescence: Applications in cellular biophysics. *Curr Opin Biotechnol* **8**: 58–64.

Toomre D, Manstein DJ. 2001. Lighting up the cell surface with evanescent wave microscopy. *Trends Cell Biol* **11**: 298–303.

Toomre D, Steyer JA, Keller P, Almers W, Simons K. 2000. Fusion of constitutive membrane traffic with the cell surface observed by evanescent wave microscopy. *J Cell Biol* **149**: 33–40.

Truskey GA, Burmeister JS, E. Grapa E, Reichert WM. 1992. Total internal reflection fluorescence microscopy (TIRFM). II. Topographical mapping of relative cell/substratum separation distances. *J Cell Sci* **103**: 491–499.

Tsuboi T, McMahon HT, Rutter GA. 2004. Mechanisms of dense core vesicle recapture following "kiss and run" ("cavicapture") exocytosis in insulin-secreting cells. *J Biol Chem* **279**: 47115–47124.

Weiger MC, Wang CC, Krajcovic M, Melvin AT, Rhoden JJ, Haugh JM. 2009. Spontaneous phosphoinositide 3-kinase signaling dynamics drive spreading and random migration of fibroblasts. *J Cell Sci* **122**: 313–323.

Zhang Z, Chen G, Zhou W, Song A, Xu T, Luo Q, Wang W, Gu XS, Duan S. 2007. Regulated ATP release from astrocytes through lysosome exocytosis. *Nat Cell Biol* **9**: 945–953.

Zhou M, Wang YL. 2008. Distinct pathways for the early recruitment of myosin II and actin to the cytokinetic furrow. *Mol Biol Cell* **19**: 318–326.

Zoncu R, Perera RM, Sebastian R, Nakatsu F, Chen H, Balla T, Ayala G, Toomre D, De Camilli PV. 2007. Loss of endocytic clathrin-coated pits upon acute depletion of phosphatidylinositol 4,5-bisphosphate. *Proc Natl Acad Sci* **104**: 3793–3798.

（郭连峰　译　方玉达　校）

第 37 章　活细胞中单个 RNA 分子的观测与定量分析

Yaron Shav - Tal[1], Shailesh M. Shenoy[2], and Robert H. Singer[2]

[1] The Mina and Everard Goodman Faculty of Life Sciences & Institute of Nanotechnology, Bar - Ilan University, Ramat Gan 52900, Israel; [2] Department of Anatomy and Structural Biology, and Neuroscience, Gruss - Lipper Biophotomics Center, Albert Einstein College of Medicine, Bronx, New York 10461

由于活细胞成像领域的不断发展，通过显微镜对活细胞进行观测为细胞生物学家开启了一个全新的、动态的亚细胞世界。在固定细胞中分子的识别现在引申为这些分子在活细胞中的运动。这使我们可以追踪到分子随着环境变化而产生的位置变化并同时可以描述其运动的动力学以及不同分子与细胞结构间的特异性作用。这些数据可以用数学与统计的方法分析，从而加深我们对活细胞中分子动力学的了解。另外，利用荧光显微镜技术还可以量化不同结构中的分子数目。对单一活细胞的研究把我们带到生物研究的新境界，以往的生物研究都是基于一个细胞群体使我们对一个细胞的理解往往是一个群体平均后的结果（Levsky and Singer 2003）。本章描述了一些常用的在活细胞中检测 RNA 的方法以及如何定量分析单个 RNA 分子。

荧光标记蛋白在很多实验室中被广泛使用，是跟踪研究不同蛋白质在活细胞中运动的非常好的工具。这些荧光标记蛋白很容易得到，可以很有效地引入进细胞，同时通常情况下它们的运动都与内源的相应蛋白质一致（参见第 1、2 章）。但是 RNA 在活细胞中的动力学并不像蛋白质那样直接明了。一个主要的障碍是如何为 RNA 加上荧光标记的同时又不影响它在活细胞中正常的活性。目前有几种技术可以用于活细胞中 RNA 分子的观测，但是各有各的优缺点［更多综述可以参考 Dirks 等（2001）；Fusco 等（2004）］。

活细胞中 RNA 的观测

在固定细胞中研究 RNA 最普遍的方法是荧光原位杂交技术（fluorescent *in situ* hybridization，FISH）。这个概念被改造并用于活细胞（Politz et al. 1999），命名为荧光活体内杂交（fluorescent *in vivo* hybridization，FIVH）。两种情况下，合成的与 RNA 序列互补的寡核苷酸需要与荧光染料共价结合。然后这些荧光探针被引入细胞，与要研究的 RNA 分子杂交在一起，之后就可以在活细胞中被跟踪研究了。这种方法最明显的好处是，可以研究内源性的 RNA 分子。但是被杂交的 RNA 分子中会含有一段双链区域。另外，在观测这些 RNA 分子的同时，翻译机制会出现问题，这会影响细胞的新陈代谢。双链的 RNA 在细胞中被认为是非正常分子，所以通常会被酶降解掉。

根据活体内杂交而衍生出来的几种技术在很多研究中被使用。第一，荧光探针在细胞内的引入有几种不同的方法（Dirks et al. 2001）。推荐的方法是把荧光探针直接显微注射入活细胞（Ainger et al. 1993；Theurkauf and Hazelrigg 1998；Wilkie and Davis 2001），然而这种方法只能研究外源性的 RNA。也可以用 SYTO14 染料对内源性的 RNA 分子进行染色，但是这种染料会对细胞内所有的 RNA 进行染色（Knowles et al. 1996；Knowles and Kosik 1997）。其他一些实验方法通过对细胞膜进行酶消化透膜（Barry et al. 1993）或者用玻璃珠（McNeil and Warder 1987）来提高探针进入细胞的效率。一些生物机制，如胞饮（Okada and Rechsteriner 1982）或者受体介导的内吞作用（Loke et al. 1989）也被应用在探针的引入过程中。

在活体内杂交实验中使用的探针种类在不同的系统中已经被测试和比较。简单地说，我们可以在 DNA 寡核苷酸和 RNA 荧光探针中任选一种（Leonetti et al. 1991；Fisher et al. 1993；Politz et al. 1995，1998）。在使用这些探针时需要考虑的因素是这些探针的稳定性、探针进入细胞的效率、探针长度、利于杂交的序列、信噪比及亚细胞下探针的分布。在某些方面已经有了成功的改进，如笼荧光（caged fluorophore）的使用（Politz et al. 1991；Pederson 2001），这种探针只有在光催化激活后才会发光，避免了未杂交探针的干扰从而改善了信号。稳定性的改善可以使用磷硫酰化寡核苷酸（phosphorothioate oligodeoxynucleotide）（Fisher et al. 1993；Agrawal et al. 1997；Lorenz et al. 1998；2000）、2′-O-甲基-RNA（Carmo-Fonseca et al. 1991；Molenaar et al. 2001）或者多肽核酸探针（Dirks et al. 2001），在多肽核酸探针中，其核苷酸序列磷酸二酯骨架被甘氨酸替代而从结构上符合多肽。在 RNA 检测中使用的另一个工具是分子信标（molecular beacon）（Tyagi and Kramer 1996；Matsuo 1998；Sokol et al. 1998）。这些 DNA 探针在序列上含有茎环结构同时有荧光分子连接在探针的任一端。当茎环结构闭合时，荧光分子互相接近发生荧光灭活。只有当杂交后茎环结构解开、荧光分子相互分开才发光。这种技术被成功地用于活细胞内信使 RNA 的跟踪（Vargas et al. 2005；Tyagi 2009）；但是在这种技术中的很多细节（包括需要进行显微注射探针）阻滞了制种技术的广泛使用。

MS2-GFP 系统

显然理想的情况是在活细胞中不用经过杂交来直接观测特定的 RNA。MS2-GFP（GFP）系统为我们提供了在活细胞中观测 RNA 的途径，它融合了荧光蛋白使用的简便和在目的 RNA 中插入一段特异性序列的高特异性的优点（Bertrand et al. 1998）。一段含有能结合单链 RNA 序列的噬菌体衣壳蛋白 MS2 茎环结合位点（6、12、24 位点）的噬菌体序列被加入到 RNA 序列中（图 1）。这个质粒以及另一个编码 GFP 标记的 MS2 蛋白的质粒被同时转染到细胞中。由于 MS2 结合到茎环结合位点的高特异性和稳定性[Kd=39nm；体外（Lago et al. 1998)]，以及这个二聚化结合进一步强化了信号强度，从而为我们提供了一个在活细胞内跟踪特异 RNA 分子非常有力的手段。

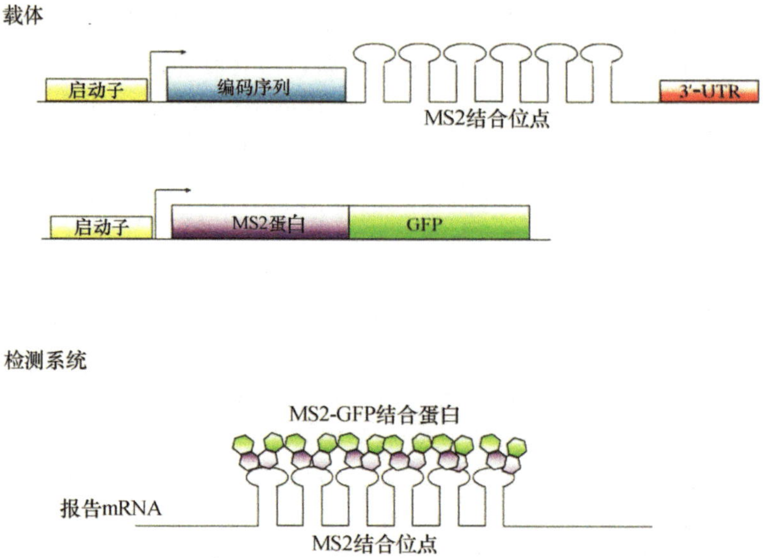

图 1 两个被用来在活细胞中检测 RNA 的质粒

上面的质粒编码报告信使 RNA，它含有 MS2 识别的茎环重复序列，在这里被插入在编码序列和 3′- UTR 之间。第二个质粒编码了 MS2 - GFP 融合蛋白。当两个质粒在细胞中被同时表达，MS2 - GFP 二聚体会特异地结合在信使 RNA 的 MS2 结合位点上，由此就可以通过 GFP 的荧光观测到这些 RNA

我们要注意的是在这种方法里我们引入了一段外源性 RNA 的过表达。即使有一种方法可以克服这个缺点来跟踪 GFP 标记的 RNA 结合蛋白在正常情况下结合 RNA 分子，虽然这种方法有特定的用途但同时也会有不少缺点。一个研究采用 GFP 标记的蛋白质来识别果蝇中的控制头胸发育的一个关键母体基因的 RNA（Theurkauf and Hazelrigg 1990）；另一个研究利用一般信使 RNA 结合蛋白，如 GFP 标记的 PABP2（聚 A 结合蛋白 II）会与细胞内所有的信使 RNA 结合（Calapez et al. 2002）。但是第一个系统只能用于一种信使 RNA，后一种只对 RNA 聚合酶 II（PolII）转录产物有效。另外，我们不能判断哪些 GFP 标记的蛋白质与 RNA 结合，哪些没有结合。因此会在分析运动结果中造成问题。MS2 - GFP 系统由于其与 RNA 分子结合的高特异性可以克服这个问题。另外，把 MS2 蛋白加上一个细胞核定位序列（NLS），就可以使游离在细胞质中的 MS2 蛋白回到细胞核中。

MS2 结合 RNA 的实验已经被应用在几个跟踪细胞质与细胞核内 RNA 运动的研究中。在细胞质中，两个含有 LacZ、MS2 结合位点，以及人类生长激素基因或者 SV40 基因的 3′非翻译区（3′- UTR）的信使 RNA 分子在活细胞中被时程影像跟踪（Fusco et al. 2003）。在 cos - 7 细胞系中建立了观测细胞之中分散的信使核糖核蛋白体（mRNP）系统后，通过单一 RNA 定量分析（参见下文）发现，MS2 - GFP 标记的信使核糖核蛋白体与所包含的 RNA 是一对一的。在另一个细胞质 RNA -外周蛋白信使 RNA 的研究中发现，大多数 RNA 都是以簇而非单个来运送的（Chang et al. 2006）。在细胞核内类似的研究运用了一个细胞系统可以在同一个细胞内同时检测到一个基因、其转录的信使 RNA 及其翻译的蛋白（Janicki et al. 2004）。单一 RNA 的定量分析发现在细胞核质内运送的信使核糖核蛋白体是包含一个 RNA 分子的复合体形式（Shav-Tal et al. 2004)。这些实时跟踪的信使 RNA 的运输被定量的分析，这里列举了信使 RNA 在核质中运输的随机路线（参看影像 37.1 和影像 37.2)。这样基于 MS2 的系统也被运用到在哺乳动物细胞中定量研究 RNA-RNA 聚合酶Ⅱ的转录动力学（Boireau et al. 2007；Darzacq et al. 2007)、盘基网（*Dictyostelium*）中研究转录动力学（Chubb et al. 2006）以及细菌的研究（Golding and Cox 2004；Golding et al. 2005）中去。

在活细胞内检测和定量单个 RNA 的方法的概述

本章内，我们将描述一种应用 MS2 系统在活细胞内检测单个 RNA 分子的方法。这个系统的灵敏性可以让我们解决 RNA 在细胞内移动的核心问题，这些问题包括：实时观测不同 mRNP 在细胞核和细胞质之间的移动，跟踪这些 RNA 移动的路径，分析它们移动的速度，对观测到的不同种类的移动进行分类，以及测算移动的颗粒里面转录的 RNA 分子数量。这个方法包括 4 个步骤：①构建包含多个 MS2 结合位点的报告 mRNA；②构建有适合的启动子的表达 MS2-GFP 的质粒；③同时表达报告 mRNA（有 MS2 位点）和 MS2-GFP 结合蛋白，并且在细胞内感兴趣的地方观测 mRNP；④测算每个 mRNA 颗粒里的 RNA 分子数量。我们现在将讨论一般的考虑因素以及进行每部试验所需考虑的特殊事项。具体步骤在本章之后。

第一步：构建包含多个 MS2 结合位点的报告 mRNA

MS2 结合位点的数目

MS2 结合位点是能够结合 MS2 蛋白二聚体的茎环结构。插入到能表达可溶的 mRNP 的 mRNA 序列里的 MS2 结合位点的合适数目已经被确定，我们发现，在哺乳动物细胞内检测到单个 RNA 分子需要包含有 24 个 MS2 位点的 RNA 颗粒，在这种情况下才有足够的 MS2-GFP 融合蛋白聚集在一个 mRNA 分子上来被检测到。

MS2 的插入位点

通常情况下，MS2 位点应该被插入到非内含子区域而且不影响编码序列的地方，因为内含子会在 mRNA 前体剪切过程中被切掉。一个比较好的插入区域是编码序列和 3′-UTR 之间，因为这样保留了编码区域和影响 RNA 稳定性、多腺苷酸化和定位的非编码区。

第二步：构建有适合启动子的表达 MS2-GFP 的质粒

MS2-GFP 蛋白的表达水平

我们应该控制 MS2-GFP 的表达水平，因为其过表达可能导致高水平的没结合的融合蛋白背景，而这会干扰 mRNP 的检测。因此，应该测试不同强度的启动子来检测形成可溶解的 RNA 颗粒的效率。我们已经使用过三种启动子：CMV 启动子、RNA - Pol Ⅱ大亚基启动子及核糖体 L30 启动子。通常，CMV 启动子过表达融合蛋白，而其他两种启动子的表达更加合适。

MS2 蛋白的荧光标记

虽然我们本章所说为 MS2 - GFP，用其他荧光蛋白来连接 MS2 也是很有用的，尤其是当需要在系统中用其他荧光蛋白时。例如，当需要在 RNA 之外用其他标记时，结合使用黄色荧光蛋白（YFP）和青色荧光蛋白（CFP）就比较合适。我们用过 MS2-GFP 和 MS2-YFP（当有 CFP 蛋白表达时），发现两者都很可靠，虽然 YFP 融合蛋白比 GFP 融合蛋白更容易被光漂白。

NLS

MS2 - GFP 质粒里可以携带编码 NLS 的序列（Bertrand et al. 1998）。这在需要观测细胞质 RNA 颗粒的时候尤其有用，因为只有结合 mRNA 分子的 MS2 - GFP 才可能出现在细胞质里，而未结合的融合蛋白会被定向运送到细胞核里。我们也发现含有 NLS 的 MS2 - GFP 也可以用来有效地观测核内 mRNP。

第三步：同时表达报告 mRNA（有 MS2 位点）和 MS2 - GFP 结合蛋白，并且在细胞内感兴趣的位置观测 mRNP

转染报告 mRNA 和 MS2 - GFP 质粒

这个系统要求同时表达含有 MS2 结合位点的报告 mRNA 和表达能结合转录报告 mRNA 的 MS2 - GFP 的质粒。这两个质粒可以通过瞬时转染导入细胞，也可以制作稳定整合该质粒的稳定表达细胞株，稳定整合更好，因为这样的细胞都是由同一个细胞发展而来，因此有着相似的表达水平，这让我们可以比较一个群体内的单个不同的细胞。这种方法也排除了过表达的细胞。需要表达的基因也可以通过可诱导的启动子来调控，这样提供了一种能在细胞内调控 mRNA 水平的方法。这种情况下，只需瞬时转染 MS2 - GFP 质粒。另有一种方法是通过病毒感染或其他常用的转染方法来稳定整合 MS2 - GFP（参见第 2 章）。

对于瞬时转染 MS2 - GFP，我们可以用钙-磷酸盐沉淀法过夜转染，也可以用商业化的转染试剂或者电转染/核转染，这些方法可以在同一天看到转染结果。然而，后几种方法需要将细胞从培养皿中移走，电击，然后重新将细胞在适合活细胞成像的盖玻片上铺板。对于同一天观测，应该用有涂层的盖玻片以加速细胞的附着。我们觉得 Cell - Tak（BD Biosciences 公司）是一种有效的涂层试剂。

细胞类型

用于在活细胞中观察移动的 mRNP 的哺乳动物细胞应该是黏附型的，最好是在盖玻片上不太移动的细胞（这个特点会让成像过程更容易）。其他需要考虑的细节包括细胞质和细胞核的厚度，这也是影响成像效果的因素。有非常薄的板状伪足的细胞具有最好的光学性质。

在活细胞中观察 mRNP

一旦选定了细胞种类并且做好了质粒，就必须确定转染和观察 RNA 的实验条件。本章后面的实验方案 1 详细介绍了这些实验步骤。

第四步：测算每个 mRNA 颗粒里的 RNA 分子数量

对于固定的细胞，我们可以通过 RNA FISH 将荧光探针杂交到 RNA 上，然后用定量数码显微镜成像这些细胞来计算 RNA 分子的数目和空间分布（Femino et al. 1998；Fusco et al. 2003）。我们可以测量每一个直接标记的 FISH 探针所发出的光，并且校正由光线引起的图像模糊，来计算相关联的 RNA 分子的数目。类似的，可以通过测量 GFP 荧光来估算 RNA 分子数量。

由数码荧光显微镜得到的一个细胞的理想荧光图像，其每个像素点的强弱是和细胞中那个像素点所代表的区域的荧光强度相关联。由 Beer－Lambert 定理可知，荧光发射是和观测到的荧光分子的浓度相关的。如果每个荧光分子的光强可以被测定，观测到的荧光分子数就可以被确定。通过收集一个细胞的理想的三维数码体积，一个细胞可以被数码分割到被称为三维像素的各个体积单元里，然后逐步测算整个细胞的荧光分子数［完整的技术性综述参见 Femino 等（2003）］。

FISH 探针的荧光发射量可以通过测量已知数目的纯化了的探针来获得。通过成像一系列不同稀释程度的探针溶液，以及了解探针的分子质量，可以将总荧光强度（total fluorescence intensity，TFI）和探针分子数的关系做成一个图表。最佳拟合曲线的斜率即是每个分子的 TFI。

没有哪个光学系统能给出完美的图像，因为由光学系统得到的图像特异性的被在数学上称为卷积的过程而变模糊。每一个光学系统所特有的模糊特性被称为其点散布函数（point spread function，PSF），并且 PSF 是可以被测量的。一个 PSF 是一个空间里点光源的三维图像，可用来描述这个成像系统的光学特征。PSF 会被很多因素影响，如物镜的数值孔径、放大倍数、发射光波长、封固剂的反射常数及浸润油。光学图像体积里光学模糊的效果可以被约束迭代去卷积（constrained iterative deconvolution）算法逆转，这种算法用荧光显微镜的 PSF 将图像体积恢复到没有模糊化的状态。数学上，去卷积过程只能逼近无模糊的或者完美图像体积。

原位杂交

为了计算每个颗粒里的 RNA 分子数，需要用能结合特异 mRNA 序列的探针进行灵敏的原位杂交实验。FISH 有很多实验方案，我们一般用在 Chartrand 等（2000）里描述的方案（也可参考 www. singerlab. org）。通过获取三维的 FISH 信号图像来进行定量计算。为了定量计算这些图像，需要在成像过程中用固定的放大倍数、电荷耦合器像素合并、曝光时间和 z 轴步移。因为要计算每个颗粒发出的光，通过使用基于约束迭代去卷积算法的去卷积软件，如 Huygens Professional（Scientific Volume Imaging 公司）和 AutoQuant（Media Cybernetics 公司），将图像中模糊的光线去除是很重要的。这些算法会将点光源偏焦的光线重新分配到其起始点。去卷积可以通过实际 PSF 或者计算 PSF 来进行。使用获得的实际 PSF 进行去卷积可以提高数据的准确性。结合使用去卷积和宽视场荧光显微镜比共聚焦装置灵敏度更高（Murray et al. 2007）。

实验方案 1

在活细胞中转染质粒和成像 RNA

下述步骤描述了共转染表达感兴趣的 RNA 的报告质粒和表达 MS2 - GFP 的质粒的方法，并且描述了接下来对这些转染的细胞进行成像和观测 RNA 的条件。

材料

试剂

待转染的细胞系

适合所选细胞的培养液（有或无血清）

含血清的 Leibovitz L - 15 标准培养液（不含酚红）

MS2 - GFP 质粒

正常的瞬时转染试剂（如由钙-磷酸盐介导的、溴化甲基苯羟乙胺葡聚糖介导的或者脂质转染法；有多种可购买的商业化试剂盒和试剂）

胰蛋白酶消化试剂（用于电转化）

报告质粒，编码感兴趣的 RNA

剪切的鲑鱼精子 DNA

仪器

CCD 或者电耦合电子倍增装置（EMCCD）相机

盖玻片（覆盖了明胶、或聚 L -赖氨酸或 Cell - Tak，取决于不同的细胞系）

电转槽和电转仪（用于电转化）

为活细胞成像的加热箱

方法

质粒转染

转染细胞

过夜的瞬时转染。

第一天：将待成像的细胞在转染前一天铺到盖玻片上，铺满 50%～70%。在 37℃ 培养生长过夜。

第二天：用选定的方法将报告质粒和 MS2 - GFP 质粒共转染到细胞里。最佳转染效率所需的质粒的浓度比例需要实验测定（我们用每个质粒 5μg 能得到成功的转染）。

对于钙-磷酸盐共沉淀法，可加入剪切的鲑鱼精子 DNA 提高转染效率。转染的时间长度需要调整以达到最佳的表达和检测效果。

第三天：观测前，将培养液换成含血清的 Leibovitz L－15 培养液（不含酚红）。

电转染

第一天：转染前一天分细胞，铺板浓度 30%～50%。需要将细胞很好地悬浮以便在铺板的时候有单细胞悬浮。37℃培养过夜。

第二天：胰蛋白酶消化细胞，重新悬浮在小体积里。通常，直径 10cm 的培养皿里的细胞可被悬浮在 1mL 含血清的培养液里。转移 200μL 细胞悬浮液到电转槽里。

同时电转报告质粒和 MS2－GFP 质粒。质粒间的比率需要通过实验决定以达最好的转染效率。加入 400μg 剪切的鲑鱼精子 DNA 可提高转染效率。

常用细胞系各自的电转染条件可在 Bio－Rad Laboratories，Inc. 公司的网页上找到（http：//www.biorad.com 搜索电转方案）。否则，需要校准这些条件。

转染后，将电转槽内的细胞铺在适用于活细胞成像的盖玻片的中央。让细胞自行落下着片，然后在培养皿内加入培养液。若干小时后，当细胞完全分布好后，将培养液换成含血清的 Leibovitz L－15 培养液（不含酚红）。

参见问题排除。

活细胞成像

（1）为活细胞成像在适当的加热箱内固定盖玻片。

（2）搜索成功转染的细胞，尽量不要在发现后将它们光漂白。

通常，在细胞内出现 MS2 颗粒或者团块应该很明显。标记的 mRNP 的移动一般肉眼不易察觉，即使使用 100× 目镜。

参见问题排除。

（3）用 CCD（或 EMCCD）相机对转染的细胞进行快速成像。

获取的图像序列应该能提供一个有可被分析的移动的 mRNP 的影像文件。要得到最好的图像质量，应该适用配备 CCD 相机的宽视场显微镜，而不是共聚焦显微镜系统。

问题排除

问题［步骤（1）］：不能找到被转染的细胞。

解决方法。

（1）试着在转染实验里尝试不同的转染方案和不同的 DNA 质粒比率。

（2）mRNP 有时在活细胞里很难看见。这时，需在固定的细胞里（用 4%的多聚甲醛固定 20min，然后用磷酸缓冲溶液洗两次，每次 10min）检测整个实验过程。MS2－GFP 标记的 mRNP 在固定的细胞里更易被发现，因为它们不移动。

(3) 共转染一个已知的荧光蛋白（有别于 MS2 融合蛋白），以便帮助发现被转染的细胞。依我们的经验，共转染的 MS2 - GFP 报告系统比单转染报告系统更难被观测到。

问题［步骤（3）］：不能找到 RNA 颗粒。

解决方法。

(1) 筛选尽可能多的细胞是很重要的。有时候，被两个质粒共转染的细胞很稀少。

(2) 在高表达 MS2 - GFP 的细胞里，有可能很难看到单独的 mRNP 颗粒。如果看到一个很强的绿色背景，需要考虑变换转染中用的 MS2 - GFP 质粒的浓度，或者更换支配表达的启动子。另外一个方法是降低转染中的 MS2 - GFP 质粒的量，或者转染后早点开始成像实验。

(3) 一种检测 mRNA 报告质粒是否表达的方法是 RNA FISH，适用针对报告 mRNA 的编码区域或者 MS2 结合位点间的区域的探针进行原位杂交。第二种探针会产生更强的信号，因为重复的 MS2 序列提供了很多探针结合的位点。通过这种方法，可以确定实验中的 mRNA 是否真的被表达而且进入到细胞质中（细节参见实验方案 2）。

实验方案 2

通过测量 RNA FISH 探针的光产出来计算 mRNA 颗粒里的 RNA 分子数量

用在 RNA FISH 里的 DNA 探针通常有 50 个碱基的长度，序列匹配报告 mRNA 的编码区域或者 MS2 结合位点之间的区域。探针的选择有两个标准：探针应该至少在 4 个可能的标记处含有 T；为保证不同探针有相同的杂交动力学常数，G/C 常数应该为 50%。荧光染料［如 Cy3、Cy5 或 FITC（异硫氰酸荧光素）］可被用来标记探针，通过将其结合到修饰过的 T 上。修饰过的 T 通常互相间隔至少 8～10 个碱基，而且含有胺连接臂。如有需要，一个修饰过的 T 可以被加到 5′端。RNA FISH 进行后（参见 http://www.singerlab.org/protocols/insitu_mammalian.htm 以了解需要的试剂和具体方法），不同稀释程度的 FISH 探针就可以被成像了。成像不同稀释程度的 FISH 探针是为了确定单个探针所发出的光。一旦知道了单个探针的光强，就可以用来计算 FISH 后细胞里 RNA 颗粒里探针的数目。

材料

试剂

RNA FISH 所需的 DNA 探针

荧光小珠子（PS-Speck，Life Technologies，Inc. 公司）

GFP，纯化的，已知浓度的（Clontech 公司）

封固剂

仪器

将摩尔浓度转化为质量浓度的计算程序：Oligo（由 Molecular Biology Insighs，Inc. 公司出的软件）或者在线计算器［Oligo Calc（http：//www.basic.northwestern.edu/biotools/oligocalc.html)］

CCD 检测器

盖玻片和载玻片

图像处理软件（如 Bitplane 公司的 Imaris）

压电控位装置（piezoelectric-positioning device），或者显微镜内部调焦马达（在机动化的显微镜里很常见）

载物台测微器

有 CCD 相机的宽视场显微镜

方法

准备探针稀释液

（1）测量 FISH 实验所用的探针浓度，单位为纳克/微升（ng/μL）（计算模板参见补充表格）。

①计算探针浓度：一种方法是用 Beer 定律：$A=\varepsilon cd$，其中 A 为吸光率（光学密度），ε 为消光系数（$cm^{-1}\cdot mol/L^{-1}$），c 为浓度（mol/L），d 为测量管路径长度（cm）。一个计算消光系数的简便方法是把探针里每个碱基的系数相加：$A=15\ 400$，$T=8700$，$G=11\ 500$，$C=7400$（$cm^{-1}\cdot mol/L^{-1}$）。

②为了把浓度从摩尔/升（mol/L）转化为克/升（g/L），可用商业软件，如 Oligo（由 Molecular Biology Insighs，Inc. 公司）或者在线计算器（Oligo Calc [http：//www. basic. northwestern. edu/biotools/oligocalc. html]），将克/升乘上探针的分子质量 [（g/mol）]。

（2）用双蒸水制备 5 个探针的浓度梯度；用重量单位来计算稀释溶液，这样能提高稀释的准确性。建议的起始浓度为

Cy3 -标记的探针	10～20ng/μL
Cy5	75ng/ μL
FITC	130ng/ μL

进一步将这些浓度梯度溶液用 10 倍的封固剂稀释。

（3）制备稀释的荧光小珠液（PS－Speck）。我们建议用 175nm 的蓝色珠子，并且以 1∶2000～1∶1000 倍的水来稀释；荧光珠的光谱特性应该和探针的荧光集团不同。将小珠子放在盖玻片的多个区域以及载玻片的表面上，让其自然风干。

（4）对每个载玻片，加上 5μL 用封固剂稀释的探针稀释液（从第二步得到的）。将盖玻片压牢在载玻片上，并用重的书压在上面若干小时。盖玻片有荧光珠的一面应该对着载玻片有荧光珠的那一面。

测量单个探针的荧光强度［参考 Femino 等（1998；2003）］

为了测量每个分子的 TFI，首先测量校准过的探针的浓度梯度溶液并且计算每个载玻片上特定体积内的 TFI。需要用有 CCD 相机的宽视场显微镜来成像。

为了得到高精确度的测量，同时成像 FISH 样品和探针稀释液是很重要的。对两者要用相同的光学配置和成像参数。并且要确保 CCD 的信号收集、读出速度、合并模式都是一样的。

对于每个探针的浓度梯度的载玻片，进行下列步骤。

（5）寻找静止的荧光珠。有些应该黏附在盖玻片上，还有一些应该在载玻片上。测量这两者的高度差，也计算两个玻璃平面的距离。这个距离将被用来计算成像的体

积。为了获得精确的距离值去计算成像体积，应该使用压电控位装置或者显微镜内部调焦马达（在机动化的显微镜里很常见）。图像获取软件应该能以微米为单位报告目镜的位置。将两个玻璃面上的荧光珠聚焦平面的位置相减以得到平面间距离。

（6）在同一个视野内，移动 z 轴位置到两个玻璃平面的聚焦位置的正中间［由步骤（5）得到］，用成像样品的相同光学配置和曝光时间收集一张图像。确保这个区域没有荧光珠。这张图像记录了这个区域的荧光探针发出的 TFI。记录下这个值。

（7）因为不同视野内的两个玻璃平面的距离会有变化，对每个载玻片，需要在多个位置重复步骤（5）和步骤（6）。

（8）计算每个像素所代表的尺寸（μm）。这可以通过把 CCD 检测器的每个像素的物理尺寸除以成像细胞所用的总放大倍数。如果有 CCD 合并，将前述计算的像素大小乘以合并系数（binning factor）。用镜台测微器（stage micrometer）测量像素尺寸来验证这些计算。

（9）对每个视野收集的数据进行如下处理。

①计算剪裁的视野内两片玻璃平面之间探针溶液的体积：

体积（μm^3）＝剪裁的视野内的像素数 × 像素的 x 方向尺寸（μm）×像素的 y 方向尺寸（μm）× 视野内两片玻璃平面间的距离（μm）

②计算体积内探针分子的数目：

分子数目＝Avogadro 常数（分子数/mol）× 探针分子质量（mol/g）× 探针浓度（g/ μm^3）× 体积（μm^3）

（Avogadro 常数：6.02×10^{23}）

③以探针分子的数目为 x 轴，TFI 为 y 轴，将步骤（6）和步骤（9）②测量的数值作图，然后用线性方程拟合这些数据点。这条直线的斜率就是单个荧光探针的荧光强度（光强/探针分子）。

测量 mRNP 的荧光强度

（10）现在已知了单个探针分子的荧光强度，就可以计算每个被 FISH 染出的颗粒里结合的探针数量，进而得知相应的 RNA 分子数量。

①用商业软件，如 Imaris，定义成像空间里的 RNA 颗粒。

②计算每个颗粒的 TFI，然后除以单个探针分子的荧光强度。

③因为成像空间是去卷积的，需要对数据使用另一个校正系数，因此，将 TFI 除以成像空间里的图层数。

测量 MS2－GFP mRNP 里的 GFP 的荧光强度

（11）为了计算被 MS2－GFP 标记的 mRNP 里的 GFP 分子数，可以用上述计算 FISH 探针数相似的方法。在这种情况下，用纯化的已知浓度的 GFP，而不是标记的探针，来制作浓度梯度（图 2）。

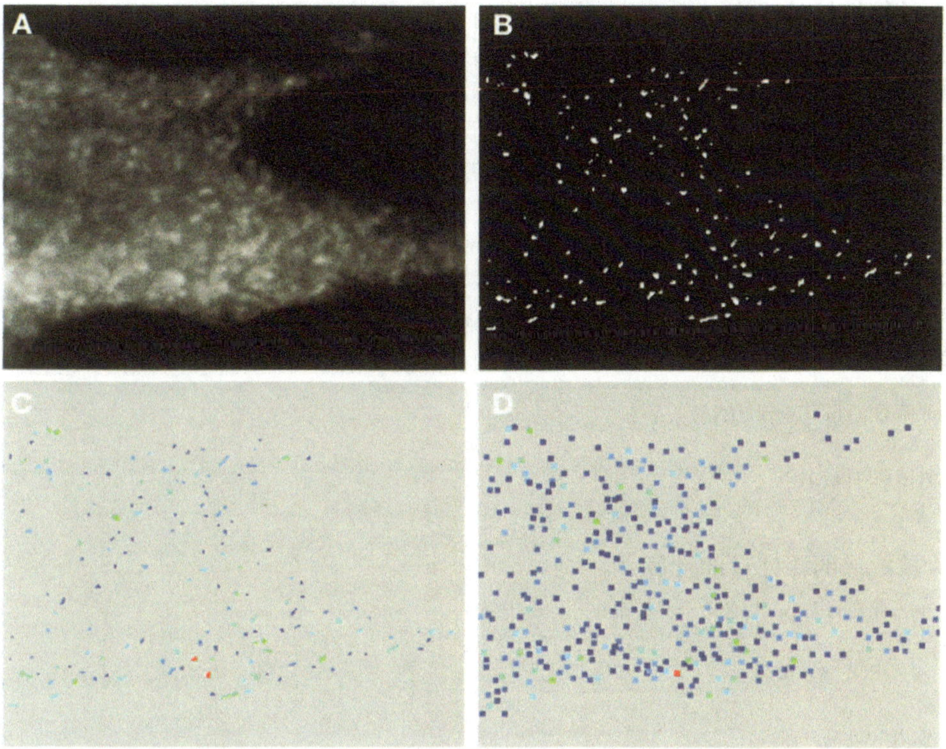

图 2　分析 MS2 - GFP -标记的 RNA 颗粒的一个例子

A. 从立体影像中截取的一个聚焦平面，显示了细胞质中在与不在焦点上的 MS2 - GFP 颗粒。B. 经过去卷积处理后的 A；C. 显示在立体去卷积处理中探测到的目标彩色图的一个截面；D. 细胞内目标的二维地图。每一个目标的质心被标记为一个黑色的小方块。颜色编码（C、D）显示的 GFP 分子数目。蓝色代表数目最低，红色代表最高的数目

附录 Excel 表格：计算单个探针的荧光强度

为了简化单分子荧光强度的计算过程，请参考反映真实实验数据的例表。

附录的数据表

单一 RNA 分子在活细胞中的观测与定量

Yaron Shav - Tal，Shailesh M Sheony and Robert H Singer

单个探针荧光强度的计算

说明：

将要求的数据填写入黄色项

中间数计算显示在绿色项

结果显示在紫色项

1. 计算探针的浓度

a. 输入序列：（空格会被忽略，用任何字符来表示修饰的 T 碱基）

clc cct ctg atg ltt alt tgt att taa atg ccc ala tgc cct tcc gag lg

b. 输入吸收值（OD）：

1.3

c. 输入比色杯的长度（cm）：

1

序列长度（核苷数）：

50 [9：A，15：T，8：G，13：C，5：被修饰的碱基]

探针的分子质量（g/mol）：

15 314

消光系数（cm^{-1} · mol/L^{-1}）：

500 800

探针浓度（ng/μL）

39.8

2. 被成像的探针量的计算

a. 输入像素的大小（用像素合并作调整）（μm/像素）：

0.0645

b. 输入 ROI 宽（像素）：

256

c. 输入 ROI 高（像素）：

256

d. 完成表格的输入：

盖玻片样本号	1	2	3	4	5
浓度/（ng/μL）	0.400 000 0	0.400 000 0	0.400 000 0	0.040 000 0	0.040 000 0
盖玻片到载玻片的距离/μm	9.5	10.00	9.00	17.00	12.00
ROI 的荧光强度	73 285 160	71 835 640	70 723 856	35 375 076	27 272 086
浓度（ng/μm^3）	4.0000×10^{-10}	4.0000×10^{-10}	4.0000×10^{-10}	4.0000×10^{-11}	4.0000×10^{-11}
浓度（probes/μm^3）	15.72	15.72	15.72	1.57	1.57
ROI 的体积（μm^3）	2 590.14	2 726.46	2 453.82	4 634.98	3 271.75
ROI 中探针分子数	40 728	42 871	38 584	7 288	5 145

盖玻片样本号	6	7	8	9	10
浓度（ng/μL）	0.040 000 0	0.004 000 0	0.004 000 0	0.004 000 0	0.000 400 0
盖玻片到载玻片的距离（μm）	10.00	19.00	24.00	13.30	9.00
ROI 的荧光强度	27 322 336	25 824 320	29 903 504	21 543 098	24 414 720
浓度（ng/μm^3）	4.0000×10^{-11}	4.0000×10^{-12}	4.0000×10^{-12}	4.0000×10^{-12}	4.0000×10^{-13}
浓度（probes/μm^3）	1.57	0.16	0.16	0.16	0.02
ROI 的体积（μm^3）	2 726.46	5 180.28	6 543.51	3 626.19	2 453.82
ROI 中探针分子数	4 287	815	1 029	570	39

续表

盖玻片样本号	11	12	13	14	15
浓度（ng/μL）	0.000 400 0				
盖玻片到载玻片的距离（μm）	10.00				
ROI 的荧光强度	24 180 936				
浓度（ng/μm³）	4.0000×10^{-13}	0.0000E+00	0.0000E+00	0.0000E+00	0.0000E+00
浓度（probes/μm³）	0.02	0.00	0.00	0.00	0.00
ROI 的体积（μm³）	2 726.46	0.00	0.00	0.00	0.00
ROI 中探针分子数	43	0	0	0	0

3. ROI 荧光强度对 ROI 中探针分子数的函数图

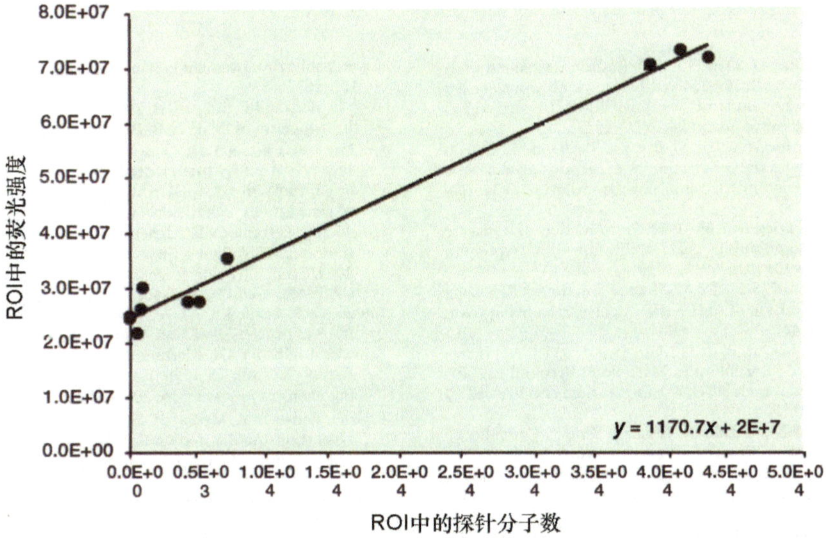

4. 计算出单个探针的荧光强度

1170.7

影像说明

影像免费在线 www.cshprotocols.org/livecellimaging.。

影像 37.1. 在人类细胞（U2OS）表达一个在其信使 RNA 3′-UTR 含有 24 个 MS2 结合位点的基因，这个细胞同时被 CFP-LacI、YFP-MS2 质粒转染。基因被诱导转录 30min（Tet-On 和强力霉素）[参见 Shav-Tal 等（2003)]。影像呈现的是细胞核，其中基因（DNA）被标记为红色（与 CFP-LacI 结合）而转录的信使 RNA 被标记为绿色（YFP-MS2）。RNA 在转录位点以及作为信使核糖核蛋白体（mRNP）在和核质内的运动被观测。

影像 37.2. 一个人类细胞（U2OS）中表达一个在其信使 RNA 3′-UTR 含有 24 个 MS2 结合位点的基因，这个细胞同时被 CFP-LacI、YFP-MS2 质粒转染。基因被诱导转录 30min（Tet－On 和强力霉素）［参见 Shav－Tal 等（2003）］。影像展现的是细胞核以及 YFP－MS2 标记的信使核糖核蛋白体。细胞核中心的一个转录位点以及 mRNP 的释放被检测到。

致谢

此项研究是由国力健康研究院给予 R. H. S. 的 GM57071 和 AR41480 经费所支持的。Y. S. －T. 是 BIU 生命科学院的 Jane Stern Lebell Familly 学者。作者们感谢 A. Femino 在单分子检测上的有用的建议，以及 D. Fusco 提供图 2 中的图像。

参考文献

Agrawal S, Jiang Z, Zhao Q, Shaw D, Cai Q, Roskey A, Channavajjala L, Saxinger C, Zhang R. 1997. Mixed-backbone oligonucleotides as second generation antisense oligonucleotides: In vitro and in vivo studies. *Proc Natl Acad Sci* **94:** 2620–2625.

Ainger K, Avossa D, Morgan F, Hill SJ, Barry C, Barbarese E, Carson JH. 1993. Transport and localization of exogenous myelin basic protein mRNA microinjected into oligodendrocytes. *J Cell Biol* **123:** 431–441.

Barry EL, Gesek FA, Friedman PA. 1993. Introduction of antisense oligonucleotides into cells by permeabilization with streptolysin O. *BioTechniques* **15:** 1016–1018, 1020.

Bertrand E, Chartrand P, Schaefer M, Shenoy SM, Singer RH, Long RM. 1998. Localization of ASH1 mRNA particles in living yeast. *Mol Cell* **2:** 437–445.

Boireau S, Maiuri P, Basyuk E, de la Mata M, Knezevich A, Pradet-Balade B, Bäcker V, Kornblihtt A, Marcello A, Bertrand E. 2007. The transcriptional cycle of HIV-1 in real-time and live cells. *J Cell Biol* **179:** 291–304.

Calapez A, Pereira HM, Calado A, Braga J, Rino J, Carvalho C. Tavanez JP, Wahle E, Rosa AC, Carmo-Fonseca M. 2002. The intranuclear mobility of messenger RNA binding proteins is ATP dependent and temperature sensitive. *J Cell Biol* **159:** 795–805.

Carmo-Fonseca M, Pepperkok R, Sproat BS, Ansorge W, Swanson MS, Lamond AI. 1991. In vivo detection of snRNP-rich organelles in the nuclei of mammalian cells. *EMBO J* **10:** 1863–1873.

Chang L, Shav-Tal Y, Trcek T, Singer RH, Goldman RD. 2006. Assembling an intermediate filament network by dynamic cotranslation. *J Cell Biol* **172:** 747–758.

Chartrand P, Bertrand E, Singer RH, Long RM. 2000. Sensitive and high-resolution detection of RNA in situ. *Methods Enzymol* **318:** 493–506.

Chubb JR, Trcek T, Shenoy SM, Singer RH. 2006. Transcriptional pulsing of a developmental gene. *Curr Biol* **16:** 1018–1025.

Darzacq X, Shav-Tal Y, de Turris V, Brody Y, Shenoy SM, Phair RD, Singer RH. 2007. In vivo dynamics of RNA polymerase II transcription. *Nat Struct Mol Biol* **14:** 796–806.

Dirks RW, Molenaar C, Tanke HJ. 2001. Methods for visualizing RNA processing and transport pathways in living cells. *Histochem Cell Biol* **115:** 3–11.

Femino AM, Fay FS, Fogarty K, Singer RH. 1998. Visualization of single RNA transcripts in situ. *Science* **280:** 585–590.

Femino AM, Fogarty K, Lifshitz LM, Carrington W, Singer RH. 2003. Visualization of single molecules of mRNA in situ. *Methods Enzymol* **361:** 245–304.

Fisher TL, Terhorst T, Cao X, Wagner RW. 1993. Intracellular disposition and metabolism of fluorescently-labeled unmodified and modified oligonucleotides microinjected into mammalian cells. *Nucleic Acids Res* **21:** 3857–3865.

Fusco D, Accornero N, Lavoie B, Shenoy SM, Blanchard JM, Singer RH, Bertrand E. 2003. Single mRNA molecules demonstrate probabilistic movement in living mammalian cells. *Curr Biol* **13:** 161–167.

Fusco D, Bertrand E, Singer RH. 2004. Imaging of single mRNAs in the cytoplasm of living cells. *Prog Mol Subcell Biol* **35:** 135–150.

Golding I, Cox EC. 2004. RNA dynamics in live *Escherichia coli* cells. *Proc Natl Acad Sci* **101:** 11310–11315.

Golding I, Paulsson J, Zawilski SM, Cox EC. 2005. Real-time kinetics of gene activity in individual bacteria. *Cell* **123:** 1025–1036.

Janicki SM, Tsukamoto T, Salghetti SE, Tansey WP, Sachidanandam R, Prasanth KV, Ried T, Shav-Tal Y, Bertrand E, Singer RH, et al. 2004. From silencing to gene expression: real-time analysis in single cells. *Cell* **116:** 683–698.

Knowles RB, Kosik KS. 1997. Neurotrophin-3 signals redistribute RNA in neurons. *Proc Natl Acad Sci* **94:** 14804–14808.

Knowles RB, Sabry JH, Martone ME, Deerinck TJ, Ellisman MH, Bassell GJ, Kosik KS. 1996. Translocation of RNA granules in living neurons. *J Neurosci* **16:** 7812–7820.

Lago H, Fonseca SA, Murray JB, Stonehouse NJ, Stockley PG. 1998. Dissecting the key recognition features of the MS2 bacteriophage translational repression complex. *Nucleic Acids Res* **26:** 1337–1344.

Leonetti JP, Mechti N, Degols G, Gagnor C, Lebleu B. 1991. Intracellular distribution of microinjected antisense oligonucleotides. *Proc Natl Acad Sci* **88:** 2702–2706.

Levsky JM, Singer RH. 2003. Gene expression and the myth of the average cell. *Trends Cell Biol* **13:** 4–6.

Loke SL, Stein CA, Zhang XH, Mori K, Nakanishi M, Subasinghe C, Cohen JS, Neckers LM. 1989. Characterization of oligonucleotide transport into living cells. *Proc Natl Acad Sci* **86:** 3474–3478.

Lorenz P, Baker BF, Bennett CF, Spector DL. 1998. Phosphorothioate antisense oligonucleotides induce the formation of nuclear bodies. *Mol Biol Cell* **9:** 1007–1023.

Lorenz P, Misteli T, Baker BF, Bennett CF, Spector DL. 2000. Nucleocytoplasmic shuttling: A novel in vivo property of antisense phosphorothioate oligodeoxynucleotides. *Nucleic Acids Res* **28:** 582–292.

Matsuo T. 1998. In situ visualization of messenger RNA for basic fibroblast growth factor in living cells. *Biochim Biophys Acta* **1379:** 178–184.

McNeil PL, Warder E. 1987. Glass beads load macromolecules into living cells. *J Cell Sci* **88:** 669–678.

Molenaar C, Marras SA, Slats JC, Truffert JC, Lemaitre M, Raap AK, Dirks RW, Tanke HJ. 2001. Linear 2′ O-methyl RNA probes for the visualization of RNA in living cells. *Nucleic Acids Res* **29:** E89–E89.

Murray JM, Appleton PL, Swedlow JR, Waters JC. 2007. Evaluating performance in three-dimensional fluorescence microscopy. *J Microsc* **228:** 390–405.

Okada CY, Rechsteiner M. 1982. Introduction of macromolecules into cultured mammalian cells by osmotic lysis of pinocytic vesicles. *Cell* **29:** 33–41.

Pederson T. 2001. Fluorescent RNA cytochemistry: Tracking gene transcripts in living cells. *Nucleic Acids Res* **29:** 1013–1016.

Politz JC, Taneja KL, Singer RH. 1995. Characterization of hybridization between synthetic oligodeoxynucleotides and RNA in living cells. *Nucleic Acids Res* **23:** 4946–4953.

Politz JC, Browne ES, Wolf DE, Pederson T. 1998. Intranuclear diffusion and hybridization state of oligonucleotides measured by fluorescence correlation spectroscopy in living cells. *Proc Natl Acad Sci* **95:** 6043–6048.

Politz JC, Tuft RA, Pederson T, Singer RH. 1999. Movement of nuclear poly(A) RNA throughout the interchromatin space in living cells. *Curr Biol* **9:** 285–291.

Shav-Tal Y, Darzacq X, Shenoy SM, Fusco D, Janicki SM, Spector DL, Singer RH. 2004. Dynamics of single mRNPs in nuclei of living cells. *Science* **304:** 1797–1800.

Sokol DL, Zhang X, Lu P, Gewirtz, A. M. 1998. Real time detection of DNA.RNA hybridization in living cells. *Proc Natl Acad Sci* **95:** 11538–11543.

Theurkauf WE, Hazelrigg TI. 1998. In vivo analyses of cytoplasmic transport and cytoskeletal organization during *Drosophila oogenesis:* Characterization of a multi-step anterior localization pathway. *Development* **125:** 3655–3566.

Tyagi S. 2009. Imaging intracellular RNA distribution and dynamics in living cells. *Nat Methods* **6:** 331–338.

Tyagi S, Kramer FR. 1996. Molecular beacons: Probes that fluoresce upon hybridization. *Nat Biotechnol* **14:** 303–308.

Vargas DY, Raj A, Marras SA, Kramer FR, Tyagi S. 2005. Mechanism of mRNA transport in the nucleus. *Proc Natl Acad Sci* **102:** 17008–17013.

Wilkie GS, Davis I. 2001. *Drosophila wingless* and pair-rule transcripts localize apically by dynein-mediated transport of RNA particles. *Cell* **105:** 209–219.

（赵芮　译　方玉达　校）

附录　注意事项

常见注意事项

该书的注意事项附录不详尽，读者需查阅不同生产商及当前的、特殊产品信息资源。正文中提到的用图标＜!＞标示的化学试剂和其他试剂是有害物质。如果不进行专门处理，对使用者会造成伤害。为获得更多信息需与当地安全工作室联系或查阅生厂商的安全指南。

下文中的常见注意事项需时常留心。

（1）开始实验之前，需充分熟悉所用试剂的特点。

（2）没有警告并不意味着所用试剂是安全的，因为与其有关信息有时不完整或者无法得到。

（3）如接触有毒试剂，需及时与当地安全工作室商量了解其使用说明。

（4）需合理处理所有化学、生物及放射性废弃物。

（5）对于专用手套的使用指南，需与当地安全工作室商量。

（6）谨慎处理浓酸和浓碱。带上护目镜和专用手套。当进行大量处理时需带上面罩。

勿将强酸与有机溶剂混合，它们会发生反应。尤其是硫酸和硝酸，其反应会释放大量的热，可能引起火灾或爆炸。

勿将强碱与卤化物混合，它们会形成活化的碳烯，能引起爆炸。

（7）需谨慎处理和储放密封的气体罐，其中可能装有易燃、有毒性或腐蚀性气体；或者是窒息剂或氧化剂。可查阅供应商提供的材料安全数据单进行合理处理。

（8）切勿用口吸取溶液，该方法不仅会污染而且很危险。通常使用移液管或洗耳球吸取。

（9）将卤化物与非卤化物分开存放（如将三氯甲烷和丙酮混合会引起意想不到的反应）。卤化物是有机溶剂，如三氯甲烷、二氯甲烷、三氯三氟乙烷和二氯乙烷。非卤化物包括戊烷、庚烷、乙醇、甲醇、苯、甲苯、二甲基甲酰胺、二甲亚砜和乙腈。

（10）可见或不可见的激光辐射会对眼睛和皮肤造成严重伤害，需采取适当的预防措施避免暴露于直接照射和反射照射。需遵循生产商的安全指南并与当地安全工作室商量。下文的注意事项可获得更多细节信息。

（11）闪光灯，因其光强度对眼睛有伤害，还可能偶然发生爆炸，需戴上专门眼罩并遵循生产商的指南。

（12）定影剂、显影剂和光致抗蚀剂也含有害化学物质，需小心处理并遵循生产商的用法说明。

（13）电源及电泳设备使用不合理会造成严重的火灾危险与电火花危险。

（14）实验室的微波炉及高压锅需要提防，在其使用过程中可能会发生事故（如当熔解瓶中的琼脂糖或细菌培养用琼脂时或当进行灭菌时）。如果螺旋盖未完全取走，或瓶中没有足够的空间使蒸汽放出，从微波炉或高压锅中取出瓶时瓶会发生爆炸，造成严重的伤害。通常在使用微波炉或高压锅前需完全移走瓶盖。对于日常使用的不需无菌琼脂糖的琼脂糖凝胶有一个可选择的方法，称量琼脂糖并倒入到锥形瓶中。

（15）超声振荡器使用高频声波（16～100kHz）破碎细胞或用于其他用途，这“超声”是通过空气传导的，不会对人造成直接危害，但与其相关的可听得见的声波音量很高，会引起一系列反应，如头疼、恶心、耳鸣。需避免身体与高强度超声（不是医疗成像设备）的直接接触。戴上专门护耳罩并在该设备使用的实验室门上标示提醒。

（16）当使用切割器件，如显微镜用薄片切片机的刀片、解剖刀、剃须刀片或针头时需非常谨慎。显微镜用薄片切片机的刀片非常锋利，切片时得小心。如不熟悉它们的使用方法，可请有经验的使用者说明其使用的具体过程。在实验室使用过的刀片应置于收集罐中进行适当处理。未加掩盖的针头使用后应套上注射器再丢弃。这样可避免处理时发生刺伤和可能的感染，因为在尝试替换针头时会发生很多意外。巴斯德加样器、盖玻片或载玻片破碎时也可能会引起受伤。

（17）对待动物需时刻注意仁慈，可向当地动物中心咨询具体方法。动物如大鼠会引起过敏症，反复曝光会增加过敏症的强度。处理这类动物时通常需穿上实验服，戴上手套。如对动物身上的皮屑、唾液过敏，需戴上口罩。

常用化学试剂的特点

有害试剂的目录会在下文中分类总结。

（1）无机酸，如盐酸、硫酸、硝酸或磷酸是强挥发性无色液体。勿将其溅到皮肤或衣服上，若溢出需用大量水稀释。这些酸的浓酸形式会损坏纸张、纺织品、皮肤，并引起眼睛严重受伤。

（2）无机盐，如氢氧化钠为白色固体，在水中或热显影条件下会溶解。浓溶液会慢慢腐蚀皮肤甚至是手指甲。

（3）重金属盐通常是有色的，粉末状固体，溶于水。其中很多是强有效的酶抑制剂，因此对人及环境是有毒性的（如鱼和藻类）。

（4）大多数有机溶剂是易燃的挥发性液体，如吸入其蒸汽，会引起恶心或头晕。也不要与皮肤接触。

（5）其他有机化合物包括有机硫酸化合物，如巯基乙醇或有机胺类，会产生令人很不愉快的气味。其他活性很高的有机化合物，需谨慎操作。

（6）如操作不适当，染料及其溶液不仅会给样品染色，也会使你的皮肤和衣服染色。有些染料是致突变的（如溴化乙锭）、致癌的和有毒性的。

(7) 几乎所有的以“ase”结尾的命名（如过氧化氢酶、β-半乳糖苷酶或裂解酶）都指的酶，也有其他非系统性命名的酶，如胃蛋白酶。其中很多由生产商供应并提供相应的缓冲液。需注意缓冲液中各种成分的特点。

(8) 有毒化合物常用来处理细胞。它们很危险，操作时需小心。

(9) 需注意的是上面所提到的有些化合物因其毒学特征还未被完全研究。处理每种化学试剂需适当留心。尽管一种化合物的毒性效应可以量化（如半致死剂量，LD50 values)，但对于致癌剂、诱变剂这类仅一次简单曝光也会产生效应的化合物是不可能量化的。还需注意的是给定化合物的危险性也可能与其物理状态有关（细粉末 VS 大晶体；乙醚 VS 甘油；干冰 VS 气体罐中压力下的 CO_2）。需预先考虑实验在哪种情况下最可能会发生爆炸，以及如何最好地保护自己和实验室。

有毒试剂

乙酸（acetic acid，glacial）强腐蚀性，使用时需特别小心，它可能是一种致癌剂。其液体和薄雾会引起身体所有组织严重烧伤，吸入、咽下或皮肤吸收是有害的。需戴上专门手套和护目镜，并在化学通风橱中使用。远离热、火花和明火。

丙酮（acetone）会使眼睛、皮肤受刺激，还会刺激黏膜和上呼吸道。勿吸入其蒸汽。它极其易燃，需戴上专门手套和安全镜。远离热、火花和明火。

丙烯酰胺（acrylamide）(未聚合）是一种强性的神经毒素，通过皮肤吸收（其效应是累积的)。勿吸入其蒸汽。当称量粉末状丙烯酰胺和亚甲基双丙烯酰胺时需戴上专门手套和面罩。在化学通风橱中使用，聚合的丙烯酰胺一般认为是无毒的，但使用时仍需小心因为其可能会含有少量的未聚合的丙烯酰胺。

氯化铵（ammonium chloride，NH_4Cl）经吸入、咽下或皮肤吸收后可能是有害的。需戴上专门手套和安全镜，并在化学通风橱中使用。

氟化铵（ammonium fluoride）强毒性，过度接触会致死。吸入、咽下或皮肤吸收是有害的。需戴上专门手套和安全镜，并在化学通风橱中使用。勿吸入其粉尘，避免延长接触时间。

氨苄青霉素（ampicillin）经吸入、咽下或皮肤吸收后可能是有害的。需戴上专门手套和安全镜，并在化学通风橱中使用。

麻醉剂（anesthetics）需遵循生产商的安全指南使用。

抑肽酶（aprotinin）经吸入、咽下或皮肤吸收后可能是有害的，还可能会引起过敏性反应。接触它会引起胃肠反应、肌肉疼痛、血压变化或支气管痉挛。需戴上专门手套和安全镜，仅在化学通风橱中使用。勿吸入其粉尘。

BAL，见二巯基丙醇。

赫斯特荧光染料（bisbenzimide，Hoechst No. 33342）经吸入、咽下或皮肤吸收后可能是有害的。需戴上专门手套和安全镜，并在化学通风橱中使用。勿吸入其粉尘。

次氯酸钠（sodium hypochlorite，Bleach）有毒，具爆炸性，与有机溶剂会发生反应。吸入后可能会致命，咽下有害，破坏皮肤。需戴上专门手套和安全镜，并在化学通风橱中使用使其接触最少，气味最弱。

$CaCl_2$，见氯化钙（calcium chloride）。

氯化钙（calcium chloride，$CaCl_2$）易吸潮，会引起心脏紊乱。吸入、咽下或皮肤吸收后可能是有害的，勿吸入其粉尘。需戴上专门手套和安全镜。

羧苄青霉素（carbenicillin）经吸入、咽下或皮肤吸收后会引起致敏作用。需戴上专门手套和安全镜。

氨噻肟头孢菌素（cefotaxime）会引起过敏反应。吸入、咽下或皮肤吸收后可能是有害的。需戴上专门手套和安全镜，并在化学通风橱中使用。勿吸入其粉尘。

CH_3CH_2OH，见乙醇。

$C_7H_7FO_2S$，见苯甲基磺酰氟。

氯霉素（chloramphenicol）很可能致癌，经吸入、咽下或皮肤吸收后可能是有害的。需戴上专门手套和安全镜，并在化学通风橱中使用。

秋水仙素（colchicime）强毒性，可能致死，会引起癌症和可遗传性基因损伤。吸入、咽下或皮肤吸收后可能是有害的。需戴上专门手套和安全镜，仅在化学通风橱中使用。勿吸入其粉尘。如果皮肤划伤或擦伤切忌使用它。

硫酸铜（copper sulfate，$CuSO_4$）有毒，危害环境。吸入、咽下或皮肤吸收后可能是有害的。需戴上专门手套和安全镜，并在化学通风橱中使用。

$CuSO_4$，见硫酸铜。

氰基丙烯酸盐黏合剂（cyanoacrylate adhesives）经吸入、咽下或皮肤吸收后可能是有害的，会引起组织的立马黏合。勿将其撕开，吸入后会引起眩晕。需戴上专门手套和安全镜，并在化学通风橱中使用。

放线菌酮（cycloheximide）强毒性，吸入、咽下或皮肤吸收会致死。会对未出生的婴儿造成伤害，是一种环境有害剂。需戴上专门手套和安全镜，仅在化学通风橱中使用。勿吸入其粉尘。避免延长或重复接触。

DAB，见二胺基联苯胺。

脱氧胆酸（deoxycholic acid）（脱氧胆酸钠盐）经吸入、咽下或皮肤吸收后可能是有害的，勿吸入其粉尘，需戴上专门手套和安全镜。

二胺基联苯胺（3，3′-diaminobenzidine，DAB）是一种致癌剂，使用时需非常谨慎，勿吸入其蒸汽，需戴上专门手套和安全镜，并在化学通风橱中使用。

二巯基丙醇（2，3-dimercapto-1-propanol，BAL）有毒，吸入、咽下或皮肤吸收后可能是有害的，需戴上专门手套和安全镜。

二甲胺甲醛［*N*，*N*-dimethylformamide，$HCON(CH_3)_2$，DMF］可能是一种致癌剂，可吸入到眼睛、皮肤和黏膜上。经吸入、咽下或皮肤吸收发挥其毒性作用。长期吸入会引起肝脏、肾脏受损。需戴上专门手套和安全镜，并在化学通风橱中使用。

二甲亚砜（dimethylsulfoxide，DMSO）经吸入、咽下或皮肤吸收后可能是有害的。易穿透皮肤，溶于其中或与之混合的任何物质也会被吸收。需戴上专门手套和安全镜，并在化学通风橱中使用。易燃，需储于高度密封容器中。远离热、火花和明火。

二硫苏糖醇（dithiothreitol，DTT）是一种强还原性试剂，发出刺鼻的气味。吸入、咽下或皮肤吸收后可能是有害的。当实验需固体形式或高浓度大量样品时，需戴上专门手套和安全镜，并在化学通风橱中使用。

DMF，见二甲胺甲醛。

DMSO，见二甲亚砜。

DTT，见二硫苏糖醇。

EDT，见乙二硫醇。

EDTA，见乙二胺四乙酸。

乙二硫醇（ethanedithiol）有毒，吸入、咽下或皮肤吸收后可能是有害的。使用时小心，避免与皮肤接触。需戴上专门手套和安全镜，仅在化学通风橱中使用。

乙醇（ethanol，EtOH）易燃，吸入、咽下或皮肤吸收后可能是有害的，需戴上专门手套和安全镜。远离热、火花和明火。

乙二胺四乙酸（ethylenediamenetetraacein acid，EDTA）经吸入、咽下或皮肤吸收后可能是有害的，需戴上专门手套和安全镜。过度接触会导致死亡。

EtOH，见乙醇。

FITC，见异硫氰酸荧光素。

固定剂，遵循生产商的安全指南。

异硫氰酸荧光素（fluorescein isothiocyanate，FITC）经吸入、咽下或皮肤吸收后可能是有害的，需戴上专门手套和安全镜。

草胺膦（glufosinate ammonium）经吸入、咽下或皮肤吸收后可能是有害的，需戴上口罩、专门手套和安全镜。勿吸入其粉尘。

戊二醛（glutaraldehyde）有毒，通过皮肤吸收，刺激并破坏皮肤、黏膜和上呼吸道。需戴上专门手套和安全镜，常在化学通风橱中使用。

HCl，见盐酸。

$HCON(CH_3)_2$，见二甲基甲酰胺。

庚烷（heptane）经吸入、咽下或皮肤吸收后可能是有害的，需戴上专门手套和安全镜。非常易燃，需远离热、火花和明火。

6-庚炔酸（6-heptynic acid）严重破坏黏膜和上呼吸道，引起烧伤。吸入、咽下或皮肤吸收后可能是有害的，需戴上专门手套和安全镜，勿吸入其蒸汽。

Hg，见水银。

β-巯基乙醇（2-mercaptoethanol，$HOCH_2CH_2SH$），见β-巯基乙醇。

Hoechst No. 33342，见赫斯特荧光染料。

盐酸（hydrochloric acid，HCl）易挥发，吸入、咽下或皮肤吸收后可能会致死。严重破坏黏膜、上呼吸道、眼睛和皮肤，需戴上专门手套和安全镜，在化学通风橱中使用时需小心。当使用大量时需戴上护目镜。

潮霉素（hygromycin B）强毒性，吸入、咽下或皮肤吸收后可能会致死。需戴上专门手套和安全镜，仅在化学通风橱中使用，勿吸入其粉尘。

次黄嘌呤（hypoxanthine）会刺激眼睛，引起化学结膜炎，还会刺激皮肤。咽下后会引起肠胃刺激伴随有恶心、呕吐和腹泻。吞食有害，吸入会引起呼吸道刺激。

IPTG，见异丙基硫代半乳糖苷。

异氟烷（isofluorane）是一种刺激剂，吸入、咽下或皮肤吸收后可能是有害的，长期接触有害。需戴上专门手套和安全镜。

异丙醇（isopropanol）易燃有刺激性。吸入、咽下或皮肤吸收后会有害，需戴上专门手套和安全镜，勿吸入其蒸汽。远离热、火花和明火。

异丙基硫代半乳糖苷（isopropyl－β－D－thiogalactopyranoside，IPTG）经吸入、咽下或皮肤吸收后会有害，需戴上专门手套和安全镜。

卡那霉素（kanamycin）吸入、咽下或皮肤吸收后会有害，需戴上专门手套和安全镜，仅在通风处使用。

KCl，见氯化钾。

KCN，见氰化钾。

KOH，见氢氧化钾。

KOH/methanol，见氢氧化钾。

亮抑肽酶（leupeptin 或者其半硫酸盐）经吸入、咽下或皮肤吸收后会有害，需戴上专门手套和安全镜，在化学通风橱中使用。

左旋咪唑（levamisole）咽下有毒。吸入、皮肤吸收后会有害，需戴上专门手套和安全镜。

氯化镁（magnesium chloride，$MgCl_2$）经吸入、咽下或皮肤吸收后可能是有害的，需戴上专门手套和安全镜，并在化学通风橱中使用。

硫酸镁（magnesium sulfate，$MgSO_4$）对身体引起慢性危害作用，影响中枢神经系统和胃肠。吸入、咽下或皮肤吸收后可能是有害的，需戴上专门手套和安全镜，并在化学通风橱中使用。

2－巯基乙醇，见β-巯基乙醇。

β-巯基乙醇（2－mercaptoethanol，$HOCH_2CH_2SH$），吸入或通过皮肤吸收会致死，咽下有害。高浓度形式严重破坏黏膜、上呼吸道、皮肤和眼睛。具刺鼻气味。需戴上专门手套和安全镜，并在化学通风橱中使用。

水银（mercury，Hg）经吸入、咽下或皮肤吸收后可能会致死。由于会在肝脏中累积并干扰肝脏功能，水银具长期危害作用。需戴上专门手套和安全镜，并在化学通风橱中使用。因其具高蒸汽压，溢出时需立刻使用能吸收水银的试剂清除。

甲氨蝶呤（methotrexate，MTX）是一种致癌剂、致畸剂。吸入、咽下或皮肤吸收后会有害。接触会引起胃肠反应、骨髓压制或肝脏、肾脏损坏，还会引起刺激反应。勿吸入其蒸汽。需戴上专门手套和安全镜，并在化学通风橱中使用。

$MgCl_2$，见氯化镁。

$MgSO_4$，见硫酸镁。

MTX，见甲氨蝶呤。

NaF，见氟化钠。

NaN_3，见叠氮钠。

NaOCl，见次氯酸钠。

NaOH，见氢氧化钠。

Na_3PO_4，见磷酸钠。

Na_3VO_4，见钒酸钠。

新霉素（neomycin）吸入、咽下或皮肤吸收后会有害，需戴上专门手套和安全镜。

NH_4Cl，见氯化铵。

NH_4F，见氟化铵。

四甲基乙二胺（*N*，*N*，*N*′，*N*′-tetramethylethylenediamine，TEMED）对眼睛、黏膜具强腐蚀性，吸入、咽下或皮肤吸收后会有害，需戴上专门手套和密封性很好的安全镜。

噻氨酯哒唑（nocodazole）是一种可能的诱变剂，吸入、咽下或皮肤吸收后会有害，需戴上专门手套和安全镜。

诺乃清洁剂（nonidet P40，NP-40）会引起严重的眼睛刺激与烧伤。吸入、咽下或皮肤吸收后会有害，需戴上专门手套和安全镜。

NP-40，见诺乃清洁剂。

锇酸（osmic acid），见四氧化锇。

OsO_4，见四氧化锇。

四氧化锇（osmium tetroxide）吸入、咽下或皮肤吸收后会有强毒性。其蒸汽与角膜组织反应引起失明。四氧化锇反应很可能是不可逆的。需戴上专门手套和安全镜，并在通风处使用。勿吸入其蒸汽。

多聚甲醛（paraformakedehyde，PFA）强毒性，会致死，可能是一种致癌剂。通过皮肤被吸收，严重破坏皮肤、眼睛、黏膜和上呼吸道。勿吸入其粉尘或蒸汽。需戴上专门手套和安全镜，并在通风处使用。远离热、火花和明火。

PFA，见多聚甲醛。

苯甲基磺酰氟（phenylmethylsulfonyl fluoride，PMSF，$C_7H_7FO_2S$）是一种强毒性的胆碱酯酶抑制剂，严重破坏胃肠黏膜、眼睛和皮肤。吸入、咽下或皮肤吸收可能会致命。需戴上专门手套和安全镜，并在通风处使用。万一接触到需立即用大量水冲洗眼睛或皮肤，并丢掉污染的衣服。

定影剂、显影剂和光致抗蚀剂（photographic fixatives、developers 和 photoresists）也含有害化学物质，需小心处理并遵循生产商的用法说明。

PMSF，见苯甲基磺酰氟。

氯化钾（potassium chloride，KCl）吸入、咽下或皮肤吸收后会有害，需戴上专门手套和安全镜。

氰化钾（potassium cyanide，KCN）吸入、咽下或皮肤吸收后会有害，需戴上专门手套和安全镜，并在化学通风橱中使用时非常小心。远离酸。

氢氧化钾（potassium hydroxide，KOH 和 KOH/methanol）强毒性，吞食会致死，吸入、咽下或皮肤吸收后会有害。溶液有腐蚀性，会引起严重烧伤，使用时需非常小心，需戴上专门手套和安全镜。

树脂（resin）易燃，可能是一种致癌剂。其未聚合成分及粉尘会引起毒性反应，包括长时间接触引起的过敏反应。勿吸入其蒸汽和粉尘。需戴上专门手套和安全镜，并在化学通风橱中使用。反复接触会导致对这些化学试剂的敏感性。远离热、火花和明火。

硅烷（silane）非常易燃，强腐蚀性。吸入、咽下或皮肤吸收后会有害，远离热、火花和明火。蒸汽会刺激眼睛、皮肤、黏膜和上呼吸道。需戴上专门手套和安全镜，并在化学通风橱中使用。

有机硅表面活性剂（Silwet L－77）吸入、咽下或皮肤吸收后会有害，需戴上专门手套和安全镜，勿吸入其悬浮颗粒。

叠氮钠（sodium azide，NaN_3）剧毒性，会阻断细胞色素电子传递系统，其溶液需清楚标示。吸入、咽下或皮肤吸收后会有害，需戴上专门手套和安全镜，并谨慎处理。叠氮钠是一种氧化物，储存时需远离易燃化学试剂。

二甲砷酸钠（sodium cacodylate）可能会致癌，其中含有成分砷，强毒性，吸入、咽下或皮肤吸收后会致死，还会对未出生的婴儿造成伤害。接触或吸入后的反应可能会延迟。勿吸入其粉尘。需戴上专门手套和安全镜，仅在化学通风橱中使用。

碳酸钠（sodium carbonate，Na_2CO_3）吸入、咽下或皮肤吸收后会有害，需戴上专门手套和安全镜，并在化学通风橱中使用。

氟化钠（sodium fluoride，NaF）强毒性，引起严重的刺激反应。吸入、咽下或皮肤吸收后会有害，需戴上专门手套和安全镜，仅在化学通风橱中使用。

氢氧化钠（sodium hydroxide，NaOH）和氢氧化钠溶液强毒性、腐蚀性，使用时需小心，需戴上专门手套和面罩。其他所有浓碱按类似方法处理。

次氯酸钠（sodium hypochlorite，NaOCl），见漂白剂。

钒酸钠（sodium orthovanadate，Na_3VO_4）吸入、咽下或皮肤吸收后会有害，需戴上专门手套和安全镜，并在化学通风橱中使用。

磷酸钠（sodium phosphate，Na_3PO_4）有腐蚀性，会引起烧伤。吸入、咽下或皮肤吸收后会有害，会刺激黏膜、上呼吸道、眼睛和皮肤，需戴上专门手套和安全镜。

链霉素（sterptomycin）有毒，可能是一种致癌剂和诱变剂，会引起过敏反应。吸入、咽下或皮肤吸收后会有害，需戴上专门手套和安全镜。

TEMED，见四甲基乙二胺。

胸腺嘧啶（thymine）咽下有危险，接触或刺激皮肤、眼睛或吸入时引起轻微伤害。

曲拉通 X（TritonX－100）会引起严重的眼睛刺激和烧伤。吸入、咽下或皮肤吸收后会有害，需戴上专门手套和安全镜。勿吸入其蒸汽。

胰蛋白酶（trypsin）会引起过敏性呼吸作用。吸入、咽下或皮肤吸收后会有害，勿吸入其粉尘。需戴上专门手套和安全镜，并在通风橱中使用。

乙酸双氧铀（uranyl acetate）吸入、咽下或皮肤吸收后有毒。需戴上专门手套和安全镜，并在化学通风橱中使用。

尿素（urea）吸入、咽下或皮肤吸收后会有害，需戴上专门手套和安全镜。

甲苯噻嗪（Xylazine）吸入、咽下或皮肤吸收后会有害，需戴上专门手套和安全镜。

塞罗卡因（xylocaine）吸入、咽下或皮肤吸收后会有害，需戴上专门手套和安全镜。

（刘音　译　王贝　校）

索 引